普通高等教育"十二五"规划教材

工科基础化学

赵振波　孙国英　侯瑞斌　任　清　主编

化学工业出版社

·北京·

本书是长春工业大学"提升本科教育教学质量"教学改革重大项目"基础化学教学内容及课程体系的改革"课题的研究成果。

　　全书共分 19 章，主要内容有：气体、热力学；化学热力学；化学动力学；界面化学；光化学；催化作用；原子结构与元素周期性；共价键与分子的结构；分析质量保证与控制；样品采集与处理；化学定量分析；电化学原理及应用；吸光光度法；色谱；有机化合物的分类命名、结构和物理性质；基本有机化合物；元素化学。

　　本书可作为高等院校非化学多学时专业，如化学工程与工艺、生物技术、生物工程、制药工程、环境工程、高分子材料与工程、资源循环科学与工程、食品科学与工程等专业的基础化学教材，也可作为金属材料工程专业、材料成型及控制工程专业、材料物理专业的高校师生的基础化学教材和参考书。

图书在版编目（CIP）数据

工科基础化学/赵振波等主编．—北京：化学工业出版社，2015.8

普通高等教育"十二五"规划教材

ISBN 978-7-122-24524-3

Ⅰ.①工…　Ⅱ.①赵…　Ⅲ.①化学-高等学校-教材

Ⅳ.①O6

中国版本图书馆 CIP 数据核字（2015）第 149860 号

责任编辑：满悦芝　石　磊　　　　　　　　文字编辑：颜克俭
责任校对：王素芹　　　　　　　　　　　　装帧设计：史利平

出版发行：化学工业出版社（北京市东城区青年湖南街 13 号　邮政编码 100011）
印　　装：三河市延风印装有限公司
787mm×1092mm　1/16　印张 42¾　字数 1066 千字　2015 年 10 月北京第 1 版第 1 次印刷

购书咨询：010-64518888（传真：010-64519686）　售后服务：010-64518899
网　　址：http://www.cip.com.cn
凡购买本书，如有缺损质量问题，本社销售中心负责调换。

定　　价：98.00 元

前言
FOREWORD

    本书是长春工业大学"提升本科教育教学质量"教学改革重大项目"基础化学教学内容及课程体系的改革"课题的研究成果。

    课程体系是传统教学内容各门课的整合。我国传统上实施的是沿袭前苏联"无机化学"、"有机化学"、"分析化学"和"物理化学"的传统模式。随着美国、英国等国世界著名大学在物理化学基础之上营造化学大厦课程体系在人才培养上所取得的骄人成绩的冲击，近年来我国一些高校结合国情、校情，尝试实施了一些新课程体系。

    教育部化学类专业教学指导委员会规定的教学内容是教育教学改革、培养合格人才的指南。无论是基本教学内容还是特色教学内容都要不折不扣地在课程内容中予以贯彻，都要尽可能赋予新内涵、尽可能用最新的学术成果阐述、尽可能与科学技术前沿相结合，做到"常教常新、常教常精"，不断实现教学内容的创新。

    教学内容的内在逻辑关联和学校具体的人才培养情况是课程体系制定的根本依据。

    本书根据《高等学校化学类专业指导性专业规范》，在一级学科层面安排教学内容，知识点一旦出现，就要讲到位，达到教学基本要求，避免内容重复，并对原有教学大纲安排进行适当调整。

    本书由长春工业大学化学与生命科学学院赵振波、孙国英、侯瑞斌和任清任主编，关爽、傅海、朱晓飞、姜春竹、尚小红、杨国程老师也参加了部分章节的编写工作。

    本书在编写过程中，得到了校、院领导，以及许多其他老师的大力支持和热情帮助，在此向所有支持者表示衷心的感谢！

    本书是对工科基础基础化学教材改革的尝试，内容选择和章节编排上难免存在疏漏之处，匆忙之际，不当之处在所难免，恳请读者不吝指正。

编者

2015 年 9 月于长春

目录
CONTENTS

◎ 第3章　化学热力学

49

◎ 第4章　化学动力学 　104

◎ 第11章　分析质量保证与控制

204

◎ 第15章 吸光光度法   319

◎ 第19章　元素化学　　571

参考文献

第1章

气　体

在物质常见的三种状态中，气体与液体均可流动，统称为流体；液体和固体又统称为凝聚态。其中，固体虽然结构复杂，但粒子排布规律性较强，对它的研究也较为深入；液体由于其中的分子在不停地运动，且分子间的相互作用极其复杂，人们对其研究还很不充分；气体较液体和固体对温度和压力的变化更敏感。所以历史上人们对气态物质的性质研究得比较多，获得了很多有用的规律。通过对本章的学习，也让我们认识和了解一种正确的科学研究方法，就是从宏观现象开始，总结经验规律，对所研究的对象设计微观运动模型，利用微观图像使宏观现象得到解释，使之上升为理论，再从理论的角度进行深入的研究，最后把研究成果应用于实际。

1.1　理想气体

1.1.1　理想气体状态方程

17～19 世纪人们在测量低压气体性质时发现了三个著名的对各种纯气体在低压时都适用的经验定律。

波义尔定律（R. Boyle，1662）：　　　　　　　$pV=$ 常数　　　　（T，n 一定）

盖·吕萨克定律（J. Gay-Lussac，1808）：　　$V/T=$ 常数　　　　（n，p 一定）

阿伏加德罗定律（A. Avogadro，1811）：　　$V/n=$ 常数　　　　（T，p 一定）

气体分子运动公式可以对几个经验定律作出解释。反过来也证明了气体分子运动基本公式的正确性。

将以上三式归纳整理，得到理想气体状态方程：

$$pV=nRT \qquad \text{或} \qquad pV_m=RT$$

这是实际气体在低压下的极限情况：

$$\lim_{p\to 0}(pV_m)=RT$$

式中，$V_m=V/n$ 称为气体摩尔体积；R 为摩尔气体常数。

单位：p——Pa、kPa、MPa；

V——m^3、dm^3、cm^3；

T——K；$T=t+273.15K$，表示温差，间隔相同；

n——mol、mmol、kmol；

R——$J \cdot mol^{-1} \cdot K^{-1}$。

$$\text{国际单位制} \begin{cases} \text{SI 单位} \begin{cases} \text{SI 基本单位，如千克、米、秒、安培、……} \\ \text{SI 导出单位，如牛顿、焦耳、帕斯卡、……} \\ \text{SI 辅助单位，如弧度、球面度} \end{cases} \\ \text{SI 词头，如兆、千、百、十、分、厘、毫、微、……} \\ \text{SI 单位的倍数与分数单位，如兆、千、百、十、分、厘、毫、微、……} \end{cases}$$

物理量的表示：

$$\text{物理量} = \text{数值} \times \text{单位}$$
$$A = \{A\}[A]$$

物理量的符号用拉丁字母或希腊字母表示，有时用上、下标加以说明，量的符号用斜体，上、下标如为物理量也用斜体，其他说明则用正体。单位符号一般用小写正体，如单位名称来源于人名，则首字母大写。

由三个经验定律导出理想气体状态方程的过程。

设 $V = V(T, p, n)$ 则有：

$$dV = \left(\frac{\partial V}{\partial T}\right)_{p,n} dT + \left(\frac{\partial V}{\partial p}\right)_{T,n} dp + \left(\frac{\partial V}{\partial n}\right)_{T,p} dn$$

由盖·吕萨克定律 $\qquad \left(\frac{\partial V}{\partial T}\right)_{p,n} = \frac{V}{T}$

由波义尔定律 $\qquad \left(\frac{\partial V}{\partial p}\right)_{T,n} = -\frac{V}{p}$

由阿伏加德罗定律 $\qquad \left(\frac{\partial V}{\partial n}\right)_{T,p} = \frac{V}{n}$

代入得： $\qquad\qquad dV = \frac{V}{T} dT - \frac{V}{p} dp + \frac{V}{n} dn$

整理得： $\qquad\qquad \frac{dp}{p} + \frac{dV}{V} = \frac{dT}{T} + \frac{dn}{n}$

或写成： $\qquad\qquad d\ln(pV) = d\ln(nT)$

积分 $\qquad\qquad \ln(pV) = \ln(nT) + \ln C$

C 是积分常数，通常用 R 表示，去掉对数得：

$$pV = nRT$$

理想气体状态方程也可写为： $\qquad pV = Nk_B T \quad k_B = R/L \quad N/L = n$

$$pV_m = RT \quad \text{或} \quad pV = \frac{m}{M} RT$$

以此可相互计算 $\quad p, V, T, n, m, M, \rho (= m/V)$。

1.1.2 摩尔气体常数

理想气体状态方程中的摩尔气体常数 R 的准确数值，是通过实验测定得到的。实际气体只有在压力趋于零时才严格遵守理想气体状态方程，所以应测量一定量的气体在压力趋于零时的 p、V、T 数据，代入理想气体状态方程，计算 R 的数值。但此时数据不易测准，所以采用外推法进行。首先测定某些气体在指定温度下一系列不同压力下的 pV_m 值，然后以 $pV_m/[pV_m]$ 对 $p/[p]$ 作图，外推至压力 $p \rightarrow 0$ 处，得到对应的 pV_m 值，进而计算 R 值。

图 1-1 中给出了 300K 下 N_2、He、CH_4 在不同压力下的 pV_m 值，按波义耳定律，理想气体的 pV_m 值应不随 p 变化，如图中虚线所示。但 3 种气体尽管等温线形状不同但在 $p \rightarrow 0$

时，趋于共同极限 2494.35J·mol^{-1}。由此得出：

$$R = \lim_{p \to 0}(pV_m)/T = 2494.35 \text{J·mol}^{-1}/300\text{K}$$

$$= 8.3145 \text{J·mol}^{-1}·\text{K}^{-1}$$

仅在压力趋于零的极限条件下，各种气体的 pVT 行为才准确服从 $pV_m = RT$ 的定量关系，R 才确实是一个普适比例常数。

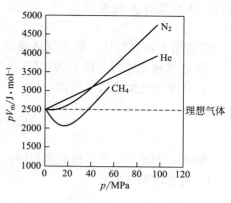

图 1-1　pV_m-p 图

1.1.3　理想气体模型

定义：凡在任何 T、p 下均服从 $pV_m = RT$ 的气体才是理想气体。

特征：理想气体是一种分子本身没有体积并且分子间无相互作用力的气体。

理想气体是一个理想模型，在客观上是不存在的，它只是真实气体在 $p \to 0$ 时的极限情况。

建立理想气体模型的意义如下。

① 建立了一种简化的模型：理想气体不考虑气体的体积及相互作用力，使问题大大简化，为研究实际气体奠定了基础。

② 低压下的实际气体可近似按理想气体对待。

1.1.4　理想气体混合物

（1）混合物的组成

① 摩尔分数 x 或 y：$x_B(y_B) = \dfrac{n_B}{\sum\limits_B n_B}$，显然 $\sum\limits_B x_B = 1$

② 质量分数　$w_B = \dfrac{m_B}{\sum\limits_B m_B}$，$\sum\limits_B w_B = 1$

③ 体积分数　$\varphi_B = \dfrac{x_B V_{m,B}^*}{\sum\limits_B x_B V_{m,B}^*}$，$\sum\limits_B \varphi_B = 1$

（2）理想气体混合物状态方程

理想气体混合物状态方程为：

$$pV = n_{总} RT = \left(\sum_B n_B\right) RT$$

或

$$pV = \frac{m}{M_{mix}} RT$$

（3）道尔顿定律与分压力

① 道尔顿定律　混合气体的总压力等于各组分单独存在于混合气体的温度、体积条件下所产生压力的总和。

$$p = \frac{n_{总} RT}{V} = (n_A + n_B + \cdots)\frac{RT}{V} = \frac{n_A RT}{V} + \frac{n_B RT}{V} + \cdots = \sum_B \frac{n_B RT}{V} = \sum_B p_B$$

适用于理想气体和低压气体。

② 分压力　在总压为 p 的混合气体中，任一组分 B 的分压力 p_B 是它的摩尔分数 y_B 与

混合气体总压力 p 的乘积。

$$p_B = y_B p_{总}$$

它适用于理想气体、低压气体及非理想气体。

③ 道尔顿定律与分压力的比较

a. 对理想气体或低压气体：

$$p_B = y_B p_{总} = \frac{n_B}{\sum\limits_B n_B} \times \frac{\sum n_B RT}{V} = \frac{n_B RT}{V}$$

此时，分压力与道尔顿定律相同，均可适用。

b. 对非理想气体：

$$p_B = y_B p_{总} \neq \frac{n_B RT}{V}$$

所以，对非理想气体道尔顿分压不再适用，而分压力可适用。此时分压力可通过实验测定或计算。

分压力计算举例如下。

某温度下	$NO_2 \longrightarrow \frac{1}{2} N_2 O_4$	
初始	p_0	0
t 时刻	p_{NO_2}	$\frac{1}{2}(p_0 - p_{NO_2})$
因为	$p_{总} = p_{NO_2} + \frac{1}{2}(p_0 - p_{NO_2})$	
所以	$p_{NO_2} = 2p_{总} - p_0$	

（4）阿马格定律

理想气体混合物的总体积 V 等于各组分分体积之和，即 $V = \sum\limits_B V_B^*$。

$V_B^* = \dfrac{n_B RT}{p}$ 为理想气体混合物中任一组分 B 的分体积，即纯 B 单独存在于混合气体的温度、总压力条件下所占有的体积。

综合道尔顿定律和阿马格定律可得：$y_B = \dfrac{n_B}{n} = \dfrac{V_B^*}{V} = \dfrac{p_B}{p}$。

1.2 实际气体

物质无论以何种状态存在，其内部分子之间都存在着相互作用——分子间力（吸引力＋排斥力）：

$$E = E_{吸引} + E_{排斥} = -\frac{A}{r^6} + \frac{B}{r^{12}}$$

实际气体就会表现出非理想性。

① 在温度足够低、压力足够大时会变成液体。

② 其 pVT 性质偏离理想气体状态方程。

1.2.1 实际气体的行为

在压力较高或温度较低时，实际气体与理想气体的偏差较大。今引入压缩因子来修正理想气体状态方程，来描述实际气体的 pVT 性质：

$$Z=\frac{pV}{nRT}=\frac{pV_{m}}{RT}$$

Z 的单位为1。

Z 的大小反映了真实气体对理想气体的偏差程度：

$$Z=\frac{V_{m}（真实）}{V_{m}（理想）}$$

理想气体　$Z=1$。

真实气体　$Z<1$ 则易于压缩；$Z>1$ 则难以压缩。

图 1-2 给出了几种气体在 273K 时 Z 随压力变化情况的示意。

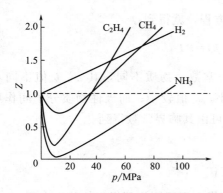

图 1-2　几种气体在 273K 时 Z 随压力变化情况的示意

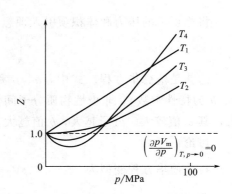

图 1-3　N_2 的 Z-p 曲线示意

Z 随压力变化有两种类型：一种是 Z 随压力增加而单调增加的类型；另一种是随压力增加 Z 值先降后升，有最低点的类型。

图 1-3 是 N_2 的 Z-p 曲线示意图，当温度是 T_4 和 T_3 时，属于第二种类型曲线，曲线上出现最低点。当温度升高到 T_2 时，开始转变，成为第一种类型，此时曲线以较缓的趋势趋向于水平线，并与水平线（$Z=1$）相切。此时在相当一段压力（几百 kPa）范围内 Z 约为 1，随压力变化不大，并符合理想气体的状态方程式。

此时的温度称为 Boyle 温度，以 T_B 表示。在数学上的定义为：

$$\lim_{p\to0}\left\{\frac{\partial(pV_m)}{\partial p}\right\}_{T_B}=0$$

每种气体有自己的波义尔温度。只要知道了状态方程式，就可以根据上式求得波义尔温度 T_B。当气体的温度高于波义尔温度时，气体可压缩性变小，难以液化。

1.2.2　范德华方程

范德华从实际气体与理想气体的区别提出范氏模型。

范德华认为，理想气体状态方程 $pV_m=RT$ 实质为：

（分子间无相互作用力时气体的压力）×（1mol 气体分子的自由活动空间）$=RT$。

范德华的硬球模型：分子间存在范德华力（相互吸引力）；气体分子是具有确定体积的刚性硬球。

由这两点，范德华在方程中引入了压力和体积两个修正项。

① 分子间有相互作用力——压力修正项　分子间相互作用减弱了分子对器壁的碰撞

（图 1-4），所以：

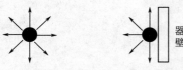

内部分子　　　　靠近器壁的分子

图 1-4　内部分子与靠近器壁的分子

$$p = p_{理} - p_{内}$$
$$p_{内} = a/V_m^2$$

所以　　　　$$p_{理} = p + p_{内} = p + a/V_m^2$$

② 分子本身占有体积——体积修正项　设 1mol 分子自身所占体积为 b，则 1mol 真实气体分子自由活动的空间 $= V_m - b$，经分析研究，范德华得出：

$$b = 4V_m^*,$$

式中

$$V_m^* = L \times \frac{4}{3}\pi r^3 。$$

将修正后的压力和体积项引入理想气体状态方程，就得到：

$$\left(p + \frac{a}{V_m^2}\right)(V_m - b) = RT$$

这就是范德华方程。式中，a、b 称为范德华常数。物质不同，其 a、b 值不同（因为 a、b 为特性参数）。非极性物质分子间作用力较小，a 值较小；而极性物质分子间作用力较大，其 a 值较大。分子越大，b 值越大。a、b 值可由其临界常数得到。

讨论：

将范德华方程变型为　　　　$$pV_m = RT + bp - \frac{a}{V_m} + \frac{ab}{V_m^2}$$

① 当 $p \to 0$，$V_m \to \infty$，则 $a \to 0$，$b \to 0$，范德华方程还原为理想气体状态方程。

② 范德华方程是一个半理论半经验的真实气体状态方程，在中压范围内精度较好，但在高压下与实际气体偏差较大。

③ 在高温时，分子间的互相吸引可以忽略，即含 a 的项可以略去，得到 $pV_m = RT + bp$，所以 $pV_m > RT$，其超出的数值，随着 p 的增加而增加。这就是波义尔温度以上的情况。

④ 在低温时，分子间的引力项不能忽略，若气体同时处于相对低压范围，则由于气体的体积大，含 b 的项可以略去，得到 $pV_m = RT - a/V_m$，即 $pV_m < RT$，其数值随着 p 的增加而减小。但当继续增加压力达到一定限度后，b 的效应越来越显著，又会出现 $pV_m > RT$ 的情况。因此在低温时 pV_m 的值先随 p 的增加而降低，经过最低点又逐渐上升，这就是波义尔温度以下的情况。

⑤ 范德华气体的波义尔温度　将范德华方程变形为：

$$pV_m = \frac{RTV_m}{V_m - b} - \frac{a}{V_m}$$

据波义尔温度的数学定义式，立即可得：

$$\left(\frac{\partial pV_m}{\partial p}\right)_{T_B, p \to 0} = \left(\frac{\partial pV_m}{\partial V_m}\right)_T \left(\frac{\partial V_m}{\partial p}\right)_T = \left[\frac{RT}{V_m - b} - \frac{RTV_m}{(V_m - b)^2} + \frac{a}{V_m^2}\right]\left(\frac{\partial V_m}{\partial p}\right)_T = 0$$

前一个方括弧通分后再令其等于零，得：

$$RT_B = \frac{a}{b}\left(\frac{V_m - b}{V_m}\right)^2$$

$$RT_B = \frac{a}{b}\left(\frac{V_m - b}{V_m}\right)^2 ，由于 \frac{V_m - b}{V_m} \approx 1 ，所以 T_B = \frac{a}{Rb}$$

1.2.3 其他状态方程式

自从范德华提出他的实际气体方程式（1873 年）以来，迄今已有 200 多种实际气体状态方程式问世，其中有些有一定的理论依据，有些则是纯经验公式。

常见的状态方程式的基本类型有三种形式。

① $p=f(T，V，n)$，显压型，如迭特夕方程、贝塞罗方程等。

② $V=f(T，p，n)$，显容型，如卡兰达方程等。

③ $pV=A+Bp+Cp^2+...$ 或 $pV=A+B'/V+C'/V^2+\cdots$，维利型，如卡末林-昂尼斯方程。卡莫林-昂尼斯于 20 世纪初提出的纯经验式：

$$pV_m=RT\left(1+\frac{B'}{V_m}+\frac{C'}{V_m^2}+\frac{D'}{V_m^3}+\cdots\right)$$

$$\text{或}\quad pV_m=RT(1+Bp+Cp^2+Dp^3+\cdots)$$

式中，B，C，D，B'，C'，D' 分别为第二、第三、第四维里系数。第二维里系数反映了二分子间的相互作用对气体 pVT 关系的影响。第三维里系数反映了三分子间的相互作用对气体 pVT 关系的影响。

1.3 气液间的转变-实际气体的等温线和液化

1.3.1 液体的饱和蒸气压

饱和蒸气压是描述物质气-液平衡关系的一种性质，是指一定条件下能与液体平衡共存的蒸气的压力。在一定温度下，某物质的气体与液体共存并达到平衡的状态称为气液平衡。

气液平衡时：气体称为饱和蒸气；液体称为饱和液体；压力称为饱和蒸气压。

饱和蒸气压是温度的函数（表 1-1）。

表 1-1 水、乙醇和苯在不同温度下的饱和蒸气压

水		乙 醇		苯	
$t/℃$	p^*/kPa	$t/℃$	p^*/kPa	$t/℃$	p^*/kPa
20	2.338	20	5.671	20	9.9712
40	7.376	40	17.395	40	24.411
60	19.916	60	46.008	60	51.993
80	47.343	78.4	101.325	80.1	101.325
100	101.325	100	222.48	100	181.44
120	198.54	120	422.35	120	308.11

饱和蒸气压=外压时的温度称为沸点；

饱和蒸气压=1 个大气压时的温度称为正常沸点。

一定温度下体系不同压力时发生的变化：

$p_B<p_B^*$，B 液体蒸发为气体至 $p_B=p_B^*$；$p_B>p_B^*$，B 气体凝结为液体至 $p_B=p_B^*$。此规律不受其他气体存在的影响。

相对湿度的概念：

$$\text{相对湿度}=\frac{\text{空气中}\ p_{H_2O}}{p_{H_2O}^*}\times100\%$$

1.3.2 临界参数

T_c——临界温度：使气体能够液化所允许的最高温度。显然，当 $T>T_c$ 时，加压不再能使气体液化。不再有液体存在。即单组分相图中气液平衡曲线终止于临界温度。

p_c——临界压力：临界温度 T_c 时的饱和蒸气压。临界压力是气体在 T_c 时发生液化所需的最低压力。

$V_{m,c}$——临界摩尔体积：在 T_c、p_c 下物质的摩尔体积。

T_c、p_c、V_c 统称为物质的临界参数。

1.3.3 真实气体的 p-Vm 图及气体的液化

将 1mol 实际气体放置于汽缸中，控制不同的温度进行压缩。所得 p-V_m 关系如图 1-5 所示。

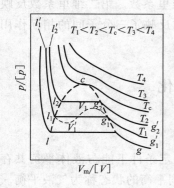

图 1-5 p-V_m 关系

图中可分成 $T>T_c$、$T<T_c$、$T=T_c$ 三个区域。

(1) $T>T_c$

等温线为一光滑曲线。无论加多大压力，气态不会变为液体，只是偏离理想行为的程度不同。

一般，同一温度下压力越高，偏离越大，同一压力时，温度越低，偏离越大。

(2) $T<T_c$

等温线由三段构成，即气体等温线＋气液平衡线＋液体等温线。

g_1 处：饱和蒸气 V_m（g）；l_1 处：饱和液体 V_m（l）。

(3) $T=T_c$

l-g 线缩变为一点 c，而此点正好是临界温度等温线上的拐点。称为临界点。临界点处气、液两相摩尔体积及其他性质完全相同，气态、液态无法区分，此时：

$$\left(\frac{\partial p}{\partial V_m}\right)_{T_c}=0, \left(\frac{\partial^2 p}{\partial V_m^2}\right)_{T_c}=0$$

进一步分析：lcg 虚线内为气液两相共存区；lcg 虚线外为单相区。其中左侧三角区为液相区，虚线右侧及临界温度以上区域为气相区。

1.3.4 范德华方程式的等温线

按范德华方程绘制的等温线与实际气体的实验曲线大致一样（图 1-6）。不同处在于液化过程段，范氏方程为波纹形，实际气体为水平线。纯净液体蒸发出现过热，可从 A 到达 G，纯净蒸气压缩出现过饱和，可从 B 到达 F。实验做不出 FG 段。

1.3.5 范德华气体的临界参数

将范德华方程写成：$p=\dfrac{RT}{V_m-b}-\dfrac{a}{V_m^2}$

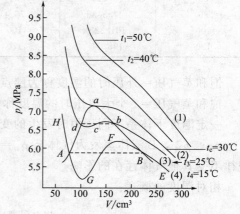

图 1-6 按范德华方程绘制的等温线

代入临界点方程，得：

$$\left(\frac{\partial p}{\partial V_m}\right)_{T_c}=\frac{-RT_c}{(V_m-b)^2}+\frac{2a}{V_m^3}=0$$

$$\left(\frac{\partial^2 p}{\partial V_m^2}\right)_{T_c}=\frac{2RT_c}{(V_m-b)^3}-\frac{6a}{V_m^4}=0$$

由此解得：$V_{m,c}=3b$，$T_c=\frac{8a}{27Rb}$，$p_c=\frac{a}{27b^2}$

反过来，$a=\frac{27}{64}\times\frac{R^2T_c^2}{p_c}$，$b=\frac{RT_c}{8p_c}$，

即从临界参数可以计算范德华常数。

1.3.6 对比状态和对比状态定律

将以临界参数表示的 a、b 值代回范德华方程，R 值也以临界参数表示。$R=(8/3)p_c V_{m,c}/T_c$。

$$\left(p+\frac{3p_c V_{m,c}^2}{V_m^2}\right)\left(V_m-\frac{V_{m,c}}{3}\right)=\frac{8}{3}\times\frac{p_c V_{m,c}}{T_c}T$$

两边同除以 $p_c V_{m,c}$，得到：

$$\left[\frac{p}{p_c}+3\left(\frac{V_{m,c}}{V_m}\right)^2\right]\left(\frac{V_m}{V_{m,c}}-\frac{1}{3}\right)=\frac{8}{3}\times\frac{T}{T_c}$$

引入新变量，定义：

$$p_r=p/p_c,V_r=V_m/V_{m,c},T_r=T/T_c$$

定义中 p_r 称为对比压力，V_r 称为对比体积，T_r 称为对比温度。代入前式得：

$$\left(p_r+\frac{3}{V_r^2}\right)(3V_r-1)=8T_r$$

上式称为普遍化范德华方程式，式中不含因物质而异的常数，且与物质的量无关。是一个较普适性的方程式。公式告诉我们，在相同的对比温度和对比压力下就有相同的对比体积。此时，各物质的状态称为对比状态。这个关系称为对比状态定律。

实验数据证明，凡是组成、结构、分子大小相近的物质都能比较严格地遵守对比状态定律。当这类物质处于对比状态时，它们的许多性质如压缩性、膨胀系数、逸度系数、黏度、折射率等之间具有简单关系。这个定律能比较好地确定结构相近的物质的某种性质，反映了不同物质间的内部联系，把个性和共性统一起来了。

1.4 压缩因子图——实际气体的有关计算

1.4.1 普遍化压缩因子

将对比参数引入压缩因子，有：

$$Z=\frac{pV_m}{RT}=\frac{p_c V_{m,c}}{RT_c}\cdot\frac{p_r V_r}{T_r}=Z_c\frac{p_r V_r}{T_r}$$

因为 Z_c 近似为常数，称为临界压缩因子（$Z_c\approx0.27\sim0.29$），所以当 p_r、V_r、T_r 相同时，Z 大致相同，$Z=f(T_r,p_r)$——适用于所有真实气体。

1.4.2 普遍化压缩因子图

通过大量实际气体的实验数据，做出 $Z=f(T_r,p_r)$ 的关系图，称为压缩因子图（图

1-7）。可供工程计算使用。

由图 1-7 可看出：

① $p_r \to 0$，$Z \to 1$，符合理想气体模型；

② $T_r < 1$ 时，等温线都很短，加压可液化；

③ $T_r > 1$ 时，随 $p_r \uparrow$，Z 先 $\downarrow$，后 $\uparrow$，反映出气体低压易压缩，高压难压缩；

④ $T_r = 1$ 且 $p_r = 1$ 时，Z 偏离最远，T_c 时气体偏离理想气体最大。

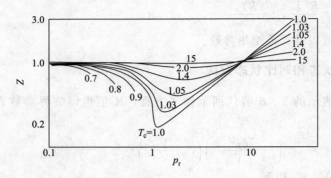

图 1-7　压缩因子图

1.4.3　压缩因子图的应用

① 已知 T、p，求 Z 和 V_m。

第一步：由已知 T、p，查出 T_c、p_c，求得 T_r、p_r。

第二步：由 T_r、p_r 读图，在图上找到 Z 值。

第三步：由 $pV_m = ZRT$ 求得 V_m 值。

② 已知 T、V_m，求 Z 和 p_r。

需在压缩因子图上作辅助线，辅助线方程为：

$$Z = \frac{pV_m}{RT} = \frac{p_c V_m}{RT} \cdot p_r$$

式中，$p_c V_m / RT$ 为常数，故 Z-p_r 为直线关系，该直线与所求 τ 线交点对应的 Z 和 p 即为所求值。

热力学

2.1 热力学概论

2.1.1 热力学的目的和内容

什么是热力学？热力学是物理学的组成部分之一，从字面看，仅涉及热与机械能间的联系，但实际上是研究自然界中与热有关的各种状态变化和能量转化的规律的一门科学。

什么是化学热力学？把热力学中最基本的原理用来研究化学现象以及与化学有关的物理现象，就称为化学热力学。

什么是热力学中最基本的原理？热力学第一定律、热力学第二定律和热力学第三定律就是热力学中最基本的原理。而热力学第一定律和热力学第二定律是热力学的主要基础。

化学热力学的主要内容：用热力学第一定律计算变化中的热效应，用热力学第二定律解决变化的方向和限度问题，用热力学第三定律解决了规定熵的数值问题。有了热力学第三定律，原则上从热化学的数据就能解决有关化学平衡的计算问题。

2.1.2 热力学方法的重要性和局限性

（1）重要性

热力学第一定律、热力学第二定律是几百年来人们科学实践的总结与升华，是解决实际变化过程中某些问题的理论依据。解决实际问题，一般包括两个方面的问题，一是可能性问题，二是现实性问题。可能性问题即热力学要解决的问题。如一个化学反应，其可能性为零或很小，人们也就没有必要耗费精力再去研究它。如以前曾有人尝试用甲烷和苯蒸气的混合物在不同温度下通过各种催化剂来制备甲苯，即 $CH_4(g)+C_6H_6(g)\longrightarrow C_6H_5CH_3(g)+H_2(g)$，但都以失败而告终，后经热力学计算，反应的可能性几乎为零。另一个例子是 19 世纪末进行的从石墨制造金刚石的尝试，所有的实验也都以失败而告终，后来的热力学计算表明，只有当压力超过大气压力的 15000 倍时，石墨才有可能转变成金刚石。现在人们已成功地实现了这个转变过程。

（2）局限性

热力学的研究对象是大量分子的集合体，讨论的是研究对象的宏观性质，使用的方法是一种演绎的方法。热力学方法的特点是不考虑物质的微观结构和反应进行的机理。这两个特点决定了它的优点和局限性。热力学只能告诉我们，在某种条件下，变化是否能够发生以及进行到什么程度；但不能告诉我们变化需要多长时间、发生变化的根本原因及变化所经过的历程。热力学只考虑平衡问题，只计算变化前后的净结果，不考虑反应进行的细节，无需知道物质微观结构的知识。因此它只能对现象之间的联系作宏观的了解，而不能给出微观的说明或给出宏观性质的数值。

虽然热力学的方法有一定的局限性，但它仍不失为是一种非常有用的理论工具。这是因为热力学中的基本定律都是大量实验事实的总结，具有极其牢固的实验基础，再从这些定律出发，通过严密的逻辑推理而得出结论，具有高度的普遍性和可靠性。

前面提到的现实性问题，从理论上讲是动力学问题，我们将在以后讨论。一个有用的化学变化，从可能变为现实，除了理论方面的问题外还有工程实践等多方面问题，需各方面的知识互相配合。

2.2 热力学基本概念

2.2.1 体系与环境

定义：在进行科学研究时，把要研究的那部分物质与其余的分开，这种被划定的我们所要研究那一部分真实世界就称为**体系**或**系统**（system），也称物系或系。在体系以外且与体系密切相关的，有影响所能及的未选作系统的一切事物则称为体系的**环境**（surroundings），也称**外界**。

2.2.2 体系的分类

根据体系与环境间的联系，即体系与环境间是否有物质和（或）能量的交换，将体系分类如下。

体系与环境之间既无物质交换也无能量交换者，称为**隔离体系**（isolated system），如图 2-1。

体系与环境之间虽无物质交换但有能量交换者，称为**封闭体系**（closed system），如图 2-2。

体系与环境之间既有物质交换也有能量交换者，称为**敞开体系**（open system），如图 2-3。

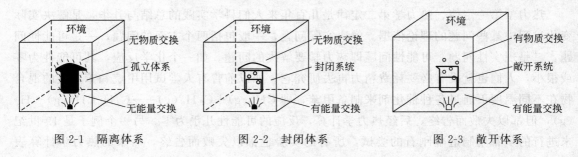

图 2-1 隔离体系　　　　　图 2-2 封闭体系　　　　　图 2-3 敞开体系

明确所研究的体系属于何种体系是至关重要的。这是因为，处理问题的对象不同，描述它们的变量可能也不同，所适用的热力学公式也会有所不同。

2.2.3 体系的性质

人们可以用一些宏观可测的物理量如温度、压力、体积、黏度、表面张力等来描述体系的热力学状态。这些描述体系热力学状态的性质又称为热力学变量。按其与物质的量的关系，体系的这些性质可分为两类：广度性质和强度性质。

（1）广度性质

其数值与体系的物质的量成正比，如质量、体积、热力学能等。

（2）强度性质

其数值由体系自身的特性决定，与体系的物质的量无关，如温度、压力、密度等。

体系的某种广度性质除以体系的物质的量（或体系的另一广度性质）就成为强度性质，如摩尔体积、摩尔热力学能、密度（质量除以体积）、比体积（体积除以质量）等。

2.2.4　热力学平衡态

当体系的各种性质不随时间而变时体系就处于热力学平衡态。热力学平衡态包括下列几个平衡。

① 热平衡　体系的各个部分温度相等。体系内部无绝热壁。

② 力平衡　体系内部无刚性壁，体系内各部分压力相等。

③ 相平衡　达相平衡后各相的组成和数量不随时间而变，在相间没有物质的净转移。

④ 化学平衡　达化学平衡后体系的组成和数量不随时间而变。

注意：在上述热力学平衡态中若没有外力作用，才是真正的平衡态。有时在外力的作用下系统的各性质不随时间而变，所能维持的这种状态称为稳态。稳态和平衡态是两个不同的概念。以后经常提到的体系的某种状态（定态）一般都是指热力学平衡态。

2.2.5　状态和状态函数

热力学体系的状态是体系内部的物理化学性质的综合体现。这些用来规定和描写体系状态的性质，称为状态性质（状态函数）。当体系处于一定的状态时，体系的一系列性质也就被确定了，即一系列的性质都有定值。状态变化了，体系的性质也随之改变，改变了多少，只取决于体系的初始和终了状态，与变化所经历的途径无关，所以称体系的性质是体系的状态函数。

状态函数的特征如下。

① 状态一定，状态函数的值一定。设 X 为状态函数，则 X 是状态变化的单值函数，X 的微分可用全微分表示，若 $X = X(y, z)$，则：

$$\mathrm{d}X = \left(\frac{\partial X}{\partial y}\right)_z \mathrm{d}y + \left(\frac{\partial X}{\partial z}\right)_y \mathrm{d}z$$

状态变化时，状态函数的变化值仅由体系的始末态决定，与经历的具体过程无关：

$$\Delta X = \int_1^2 \mathrm{d}X = X_2 - X_1$$

② 体系经过一个循环变化后，又回到原来的状态时，状态函数的变化值为零，即：

$$\oint \mathrm{d}X = 0$$

p、V、T 等是体系的性质，是体系的状态函数。pV、$(p+V)$、TV 等也都是状态函数。状态函数有许许多多，但是有实际意义的状态函数则是有限的。在这许许多多状态函数中，它们也并非都是独立的。一个体系，究竟有几个独立的状态函数呢？也就是说，一个体系，至少需要指定几个性质，体系才能处于定态？广泛的实验事实证明：对于没有化学变化，只含有一种物质的均相封闭体系，一般说来只要指定两个强度性质，其他的强度性质也就随之而定了。如果再知道了体系的总量，则广度性质也就确定了。即至少需要确定两个状态函数，体系的状态才能唯一被确定，这是一个普遍正确的经验事实，我们称它为多变数公理。

2.2.6 过程和途径

系统从某一状态变化到另一状态的经历，称为**过程**。系统由始态到末态这一过程的具体步骤，称为**途径**。

描述一个过程包括系统的始末态和途径。

按照系统内部物质变化的类型将过程分为 3 类：单纯 pVT 变化、相变化和化学变化。

常见过程及所经途径的特征如下。

① **等温过程**（isothermal process） $T_1=T_2=T_环$（恒）或 $dT=0$ 或 $T=T_环$。

② **等压过程**（isobaric process） $p_1=p_2=p_环$（恒）或 $dp=0$ 或 $p=p_环$。

③ **等容过程**（isochoric process） $V_1=V_2$ 或 $dV=0$。

④ **绝热过程**（adiabatic process） 在变化过程中，系统与环境不发生热的传递。对那些变化极快的过程，如爆炸、快速燃烧，系统与环境来不及发生热交换，可近似作为绝热过程处理。

⑤ **循环过程**（cyclic process） 系统从始态出发，经过一系列变化后又回到了始态的变化过程。在这个过程中，所有状态函数的变量等于零。

2.2.7 热和功

热和功是体系发生状态变化时与环境交换能量的仅有的两种形式。

（1）热

体系与环境之间由温度差而引起的能量交换。

① 符号：Q。

② 单位：J、kJ。

③ 交换方向：体系吸热为正值，放热为负值。

④ 热的本质：体系与环境之间因内部粒子无序运动的强度不同而交换的能量。

⑤ 热的特点：除了与体系的始末态有关，还与具体途径有关。微变用 δQ 表示。

⑥ 分类：热分为显热和潜热。潜热有相变热和反应热。相变热又包括汽化热、熔化热、凝固热、冷凝热等。反应热又有恒压反应热和恒容反应热之分。

（2）功

除热以外，体系与环境之间的任何能量交换都称做功。

① 符号：W。

② 单位：J、kJ。

③ 交换方向：体系对环境做功为负值，环境对体系做功为正值。

④ 功的本质：体系与环境之间因粒子有序运动而交换的能量。

⑤ 功的特点：除了与体系的始末态有关，还与具体途径有关。微变用 δW 表示。

⑥ 功的表达式：功＝±强度性质×广度性质的改变量。

$$\delta W=\delta W_体+\delta W'$$

⑦ 分类：体积功 $W_体$ 和非体积功 W'，非体积功包括机械功、电功和表面功

$$机械功＝力×位移$$

$$\delta W = f \, \mathrm{d}l$$

$$电功＝电场强度×电荷电量$$

$$\delta W = E \, \mathrm{d}q$$

$$表面功＝表面张力×表面积$$

$$\delta W = \gamma \, \mathrm{d}A$$

⑧ 体积功的定义式：

$$\delta W_体 = -p_外 \, \mathrm{d}V$$

此时体系内部的压力大于外界压力，体系膨胀，对外做功，因此，定义式中有一负号"－"，所以有教材称为膨胀功。

2.3 热力学第一定律

热力学第一定律的实质是能量守恒，是人类长期实践经验的总结。热力学第一定律的原则在 1693 年提出，19 世纪中叶得以确立。1775 年巴黎科学院宣布"不再接受关于永动机的所谓发明了"。

2.3.1 热力学第一定律的文字表述

① 在隔离体系中，能的形式可以相互转化，但不会凭空产生，也不会自行消灭。
② 第一类永动机是不能实现的。

第一类永动机：一种不需要供给任何能量或供应一次能量后能永远动作的机器。

这类永动机的特点是热与功的转换效率大于 100%，就是说有能量创造出来。由于这种机器不符合能量守恒规律，所以到现在也没人能制造出来。

2.3.2 热力学能

通常，体系的总能量由三部分组成：体系整体运动的动能；体系在外力场中的位能；热力学能。

热力学能是体系能量的总和，热力学能的绝对值是无法确定的，但这无关紧要，热力学关心的是体系变化时热力学能的变化量是多少。热力学能的符号是 U，变化量以 ΔU 表示。ΔU 为正即变化后热力学能增加，为负表示减少。

热力学能是体系的容量性质，是状态函数。一般说来，体系发生简单的 p、V、T 变化时，只有质点的动能和势能发生改变，而分子、原子、电子内部的能量不会改变；只有体系发生化学变化时，分子、原子、电子内部的能量才会改变。一般地，T 变化时引起分子动能的变化，p 或 V 变化引起分子势能的变化。对于只含一种物质的单相封闭体系，选取 T、V 做独立变量时 $U = f(T, V)$，热力学能的微变可写为：

$$\mathrm{d}U = \left(\frac{\partial U}{\partial T}\right)_V \mathrm{d}T + \left(\frac{\partial U}{\partial V}\right)_T \mathrm{d}V$$

选取 T、p 做独立变量时，有：

$$U = f(T, p)$$

热力学能的微变可写为：

$$dU = \left(\frac{\partial U}{\partial T}\right)_p dT + \left(\frac{\partial U}{\partial p}\right)_T dp$$

注意

$$\left(\frac{\partial U}{\partial T}\right)_V \neq \left(\frac{\partial U}{\partial T}\right)_p$$

热力学能也称为内能。

2.3.3 热力学第一定律的数学表达式

我们设想体系由态（1）变化到态（2），据能量守恒定律，若在变化中，体系从环境吸热 Q，环境对体系做功 W，则体系热力学能的变化是：

$$\Delta U = U_2 - U_1 = Q + W$$

这就是热力学第一定律的数学表达式。体系发生微小的变化，内能的微变为：

$$dU = \delta Q + \delta W$$

2.4 热的计算

2.4.1 单纯变温过程热的计算

需知 1mol 物质温度升高 1K 所需的热。

（1）定容摩尔热容

1mol 物质在恒容不做非体积功时温度升高 1K 所需的热量称为定容摩尔热容。

$$C_{V,m} = \frac{\delta Q_V}{dT}$$

恒容非体积功为零的条件下，体系与环境交换的热称为恒容热。

根据热力学第一定律，$dU = \delta Q + \delta W$

$$dU = \delta Q_V - p_{外} dV,$$

由于 $dV = 0$，所以：

$$dU = \delta Q_V$$

$$C_{V,m} = \frac{dU}{dT}$$

$$dU = C_{V,m} dT$$

$$Q_V = \Delta U = \int_{T_1}^{T_2} C_V dT = \int_{T_1}^{T_2} n C_{V,m} dT$$

若 $C_{V,m}$ 与温度无关，则：

$$Q_V = \Delta U = n C_{V,m}(T_2 - T_1)$$

（2）恒压摩尔热容

1mol 物质在恒压不做非体积功时温度升高 1K 所需的热量称为恒压摩尔热容。

$$C_{p,m} = \frac{\delta Q_p}{dT}$$

恒压非体积功为零的条件下体系与环境交换的热称为恒压热 Q_p

此时热力学第一定律：

$$\Delta U = Q + W = Q_p - p_{外} \Delta V$$

$$U_2 - U_1 = Q_p - p(V_2 - V_1)[因为 p_1 = p_2 = p_{环}(恒) = p]$$

$$(U_2 + p_2 V_2) - (U_1 + p_1 V_1) = Q_p$$

定义

$$U + pV = H$$

所以上式成为：$\qquad H_2 - H_1 = Q_p$ 亦即 $\Delta H = Q_p$

其微分式即为：

$$dH = \delta Q_p$$

因此恒压摩尔热容的定义式成为：$C_{p,\mathrm{m}} = \dfrac{\delta Q_p}{dT} = \dfrac{dH}{dT}$

$$Q_p = \Delta H = \int_{T_1}^{T_2} C_p \, dT = \int_{T_1}^{T_2} n C_{p,\mathrm{m}} \, dT$$

（3）理想气体的热力学能和焓——盖·吕萨克-焦耳实验

盖·吕萨克和焦耳分别做了这样一个实验：将两个较大且容量相等的容器，放在大水浴中，它们之间由旋塞连通，其一个装满气体，另一个抽为真空。打开旋塞，气体就向抽为真空的容器中膨胀，最后体系达到平衡，这时没有观察到水浴的温度发生变化（图 2-4）。

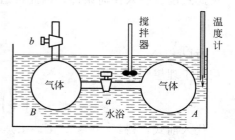

图 2-4　实验装置

对实验做简单的热力学分析：向真空膨胀，$W = 0$。没有观察到水浴的温度发生变化，说明膨胀前后气体温度没变，$dT = 0$。真空膨胀可瞬间完成，体系与环境之间来不及有热量传递，$Q = 0$。根据热力学第一定律，$\Delta U = 0$。结论是气体在自由膨胀中热力学能不变。

对于只含一种物质的单相封闭体系，选取 T、V 做独立变量：

$$U = f(T, V)$$

热力学能的微变写为：

$$dU = \left(\frac{\partial U}{\partial T}\right)_V dT + \left(\frac{\partial U}{\partial V}\right)_T dV$$

实验中温度不变，$dT = 0$，又 $dU = 0$，故有：

$$\left(\frac{\partial U}{\partial V}\right)_T dV = 0$$

因为 $dV \neq 0$，所以只有：

$$\left(\frac{\partial U}{\partial V}\right)_T = 0$$

即在恒温时，气体体积的变化不会引起热力学能的改变。同理可得：

$$\left(\frac{\partial U}{\partial p}\right)_T = 0。$$

这两个结论说明气体的热力学能仅是温度的函数，与体积、压力无关。即 $U = f(T)$。

值得说明的是：盖·吕萨克和焦耳的实验是不够精确的。这是因为水浴中水的热容量很大，即使气体膨胀时吸收了一点热量，水温的变化也未必能够测得出来。尽管如此，但是实验证明，气体的始态压力越低，$U = f(T)$ 的结论越正确。当 $p \to 0$ 时（即理想气体）完全正确，即理想气体的热力学能 $U = f(T)$。$H = U + pV$，对理想气体，$pV = nRT$ 也仅是温度的函数，所以理想气体的焓也仅是温度的函数，即 $H = f(T)$。又因为：

$$C_V = \left(\frac{\partial U}{\partial T}\right)_V, \quad C_p = \left(\frac{\partial H}{\partial T}\right)_p,$$

所以理想气体的 C_V 与 C_p 也仅是温度的函数。

（4）理想气体的 C_p 与 C_V 之差

因为 H 恒大于 U，所以 C_p 恒大于 C_V。对任意的体系，有：

$$C_p - C_V = \left(\frac{\partial H}{\partial T}\right)_p - \left(\frac{\partial U}{\partial T}\right)_V = \left[\frac{\partial(U+pV)}{\partial T}\right]_p - \left(\frac{\partial U}{\partial T}\right)_V = \left(\frac{\partial U}{\partial T}\right)_p + p\left(\frac{\partial V}{\partial T}\right)_p - \left(\frac{\partial U}{\partial T}\right)_V$$

将 $dU = \left(\frac{\partial U}{\partial T}\right)_V dT + \left(\frac{\partial U}{\partial V}\right)_T dV$ 在恒压下对温度求偏导，得：

$$\left(\frac{\partial U}{\partial T}\right)_p = \left(\frac{\partial U}{\partial T}\right)_V + \left(\frac{\partial U}{\partial V}\right)_T \left(\frac{\partial V}{\partial T}\right)_p$$

代入前式，得： $C_p - C_V = \left(\frac{\partial U}{\partial V}\right)_T \left(\frac{\partial V}{\partial T}\right)_p + p\left(\frac{\partial V}{\partial T}\right)_p = \left[\left(\frac{\partial U}{\partial V}\right)_T + p\right]\left(\frac{\partial V}{\partial T}\right)_p$

此式没有引入任何条件，因此可适用于任何均匀体系。对液体或固体，有：

$$\left(\frac{\partial V}{\partial T}\right)_p \approx 0$$

所以

对于理想气体，因 $C_{p,m} \approx C_{V,m}$

$$\left(\frac{\partial U}{\partial V}\right)_T = 0, \text{ 及 } \left(\frac{\partial V}{\partial T}\right)_p = \frac{nR}{p}$$

代入前式，得： $C_p - C_V = nR$ 或 $C_{p,m} - C_{V,m} = R$

对理想气体，$C_{V,m} = \frac{3}{2}R$（单原子分子），$C_{V,m} = \frac{5}{2}R$（双原子分子），$C_{V,m} \geqslant 3R$（多原子分子）

（5）热容与温度的关系

对理想气体，其 $C_{p,m}$ 或 $C_{V,m}$ 已知，对非理想体系如真实气体、液体及固体，其热容与温度有关。

常用的关系式有：$C_{p,m} = a + bT + cT^2$ 或 $C_{p,m} = a + bT + c'T^{-2}$，其中 a，b，c，c' 为经验常数，从实验数据总结而来。需要时，可以查阅物理化学手册。

由 $Q_p = \Delta H = \int_{T_1}^{T_2} C_p dT = \int_{T_1}^{T_2} nC_{p,m} dT$

将 $C_{p,m} = a + bT + cT^2$ 代入可得：

$$Q_p = \Delta H = \int_{T_1}^{T_2} C_{p,m} dT = \int_{T_1}^{T_2} n(a + bT + cT^2)dT$$

$$Q_p = \Delta H = n\left\{a(T_2 - T_1) + \frac{b}{2}(T_2^2 - T_1^2) + \frac{c}{3}(T_2^3 - T_1^3)\right\}$$

或 $$Q_p = \Delta H = n\left\{a(T_2 - T_1) + \frac{b}{2}(T_2^2 - T_1^2) - c'\left(\frac{1}{T_2} - \frac{1}{T_1}\right)\right\}$$

2.4.2 相变过程热的计算

相：体系性质完全相同的均匀部分称为一相。

相变：体系中的物质在不同相间的转变，如蒸发（vap）、升华（sub）、熔化（fus）、晶型转变（trans）等。

相变焓：1mol 纯物质于恒定温度 T 以及该温度的平衡压力下发生相变时对应的焓变，表示成 $\Delta_{相变}H_m$（T）。如：

$$H_2O(l) \xrightleftharpoons[101325Pa]{373.15K} H_2O(g)$$

该相变过程的 $\Delta_{vap}H_m(373.15K) = 40.637kJ \cdot mol^{-1}$。

此时又满足恒压且非体积功为零的条件,此时 $\Delta H = Q_p$ 也称相变热,还因为此时温度保持不变,所以亦称相变潜热。

正常相变:体系处于相互搭配的一组 T、p 下进行的相变。

再如:$H_2O(l) \underset{101325Pa}{\overset{273.15K}{\rightleftharpoons}} H_2O(s)$ 也是正常相变。过冷水结冰或过热蒸汽冷凝等均属于非正常相变。

例如已知 H_2O (l) 在温度 T_1 压力 p 下进行正常相变时的相变焓 $\Delta_{vap}H_m$ (T_1),求 1mol 水在温度 T_2 压力 p 下相变焓:

$$H_2O \ (l) \xrightarrow[p]{T_2} H_2O \ (g) \qquad \Delta H_2$$

$$\downarrow \Delta H' \qquad \uparrow \Delta H''$$

$$H_2O \ (l) \xrightarrow[p]{T_1} H_2O \ (g) \qquad \Delta H_1$$

$$\Delta H_2 = \Delta H' + \Delta H_1 + \Delta H''$$

$$\Delta H' = \int_{T_2}^{T_1} C_{p,m} [H_2O(l)] \, dT$$

$$\Delta H'' = \int_{T_1}^{T_2} C_{p,m} [H_2O(g)] \, dT$$

$$\Delta H_2 = \Delta H_1 + \int_{T_1}^{T_2} \Delta C_{p,m} \, dT$$

$\Delta C_{p,m} = C_{p,m} [H_2O(g)] - C_{p,m} [H_2O(l)]$,$\Delta C_{p,m}$ 是相变时末态与始态的热容差,也称为相变焓的温度系数。

【例 2-1】 25℃,101325Pa 时 1mol 的水向蒸发为同温同压下的水蒸气,求此过程的 W、Q 以及体系的 ΔU 和 ΔH。已知水在 100℃、101.325kPa 的摩尔蒸发焓为 40.64kJ·mol^{-1},水蒸气在此温度的热容为 $C_{p,m}/J·K^{-1}·mol^{-1} = 30.36 + 9.61 \times 10^{-3} T - 11.8 \times 10^{-7} T^2$,已知水在 25~100℃ 的平均热容为 72J·$K^{-1}·mol^{-1}$。

解 计算 ΔH 时可根据已知条件,设计可逆途径进行计算

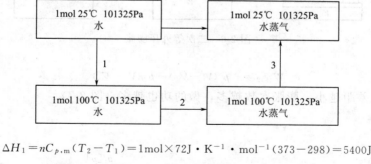

$$\Delta H_1 = nC_{p,m}(T_2 - T_1) = 1mol \times 72J·K^{-1}·mol^{-1}(373-298) = 5400J$$

$$\Delta H_2 = n\Delta_V H_m = 1mol \times 40.64kJ·mol^{-1} = 40.64kJ$$

$$\Delta H_3 = n \int_{T_2}^{T_1} (30.36 + 9.61 \times 10^{-3} T - 11.8 \times 10^{-7} T^2) dT = -2509J$$

$$\Delta H = \Delta H_1 + \Delta H_2 + \Delta H_3 = (5.4 + 40.64 - 2.51)kJ = 43.53kJ$$

$$\Delta U = \Delta H - \Delta(pV) \approx \Delta H - pV_{气} = \Delta H - nRT = 43.53kJ - 1 \times 8.314 \times 298 \times 10^{-3}kJ = 41.05kJ$$

$$Q = \Delta H = 43.53kJ$$

$$W = \Delta U - Q = 41.05kJ - 43.53kJ = -2.48kJ$$

2.5 可逆过程

2.5.1 不同过程时的体积功

体积功的定义式：

$$\delta W_体 = -p_外\, dV$$

可逆过程是物理化学研究中非常重要的一类变化过程，下面以恒温下理想气体的体积从 V_1 膨胀到 V_2 所做的功的具体过程为例来说明。

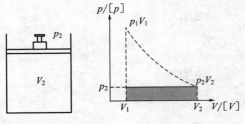

图 2-5　一次膨胀做功 p-V 图

（1）一次恒外压膨胀（$p_外$ 保持不变）

假设将装有一定量理想气体的带活塞（无重量、无摩擦）的汽缸置于一恒温热源中，汽缸的活塞上放置 4 个砝码，为始态（p_1，V_1），若一次砝码将移去 3 个，则气体会膨胀达到的末态（p_2，V_2），如图 2-5 所示。

恒外压膨胀做功：

$$\delta W_体 = -p_外\, dV$$

$$W_1 = -\sum p_外\, dV = -p_外 \sum dV = -p_2(V_2 - V_1)$$

体系所做的功可在 p-V 图上表示出来（图 2-5），如阴影面积所示。

（2）多次等外压膨胀

① 移走 2 个砝码，外压降为 p'，体系克服外压为 p'，体积从 V_1 膨胀到 V'；

② 再移走 1 个砝码，外压降为 p_2 克服外压为 p_2，体积从 V' 膨胀到 V_2。

二次等外压膨胀做功如图 2-6。

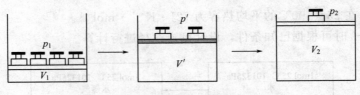

图 2-6　二次等外压膨胀

$$W_{体,2} = -p'(V' - V_1) - p_2(V_2 - V')$$

可见，外压差距越小，膨胀次数越多，做的功也越多（图 2-7）。

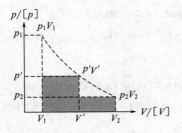

图 2-7　二次膨胀做功 p-V 图

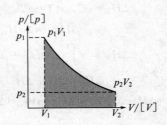

图 2-8　无限多次膨胀做功 p-V 图

（3）外压比内压小一个无穷小的变化过程

活塞上放一堆与砝码同质量的细砂，每次取走一粒细砂，使外压降低 dp，气体体积膨胀 dV，每一步都无限接近于平衡态。若细沙粒是无限细小的，这样的膨胀过程是无限缓慢的。

外压相当于一杯水，水不断蒸发，这样的膨胀过程是无限缓慢的，每一步都接近于平衡态，所做的功为：

$$W_3 = -\sum p_外 \, dV = -\sum (p_内 - dp) dV \approx -\int_{V_1}^{V_2} p_内 \, dV \text{（略去二价无限小）}$$

若为理想气体则 $W_3 = -\int_{V_1}^{V_2} \dfrac{nRT}{V} dV = nRT \ln \dfrac{V_1}{V_2}$

这种过程近似地可看作可逆过程，所做的功最大（图 2-8）。

从 p-V 图上看到 $W_3 > W_2 > W_1$。

现在我们再考虑压缩过程，把气体从 V_2 压缩到 V_1，有如下 3 种途径。

① 一次压缩（图 2-9）

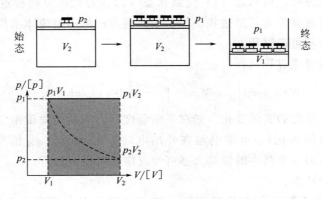

图 2-9　一次压缩过程环境做功 p-V 图

即一次在 p_1 的恒外压下将气体从 V_2 压缩到 V_1，则：

$$W_4 = p_1(V_1 - V_2)$$

② 二次压缩（图 2-10）

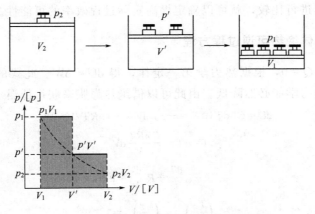

图 2-10　二次压缩过程环境做功 p-V 图

第一步：用 p' 的压力将系统从 V_2 压缩到 V'。

第二步：用 p_1 的压力将系统从 V' 压缩到 V_1。

$$W_5 = -p'(V'-V_2) - p_1(V_1-V')$$

③ 无限多次压缩　不断地调节外压 $p_{外}$ 总是比内压 $p_{内}$ 大一个无限小，即 $p_{外}=p_{内}+dp$，保持至体积压缩到 V_1。

$$W_6 = -\sum p_{外}dV = -\sum(p_{内}+dp)dV$$

无限多次加和，略去二级无限小，取积分，则 $W_6 = \int_{V_1}^{V_2} p_{内}\,dV$。

从 p-V 图上看到 $|W_4|>|W_5|>|W_6|$。

以上对于功的计算说明了功不是状态函数，也不是体系的性质。同样，由热力学第一定律可以说明热不是状态函数，也不是体系的性质。

2.5.2　可逆过程

体系经某一变化过程，由状态（1）变到状态（2），若能按原途径返回，对环境不留下任何影响，这样的过程就称为**可逆过程**。如果用任何方法都不能使体系和环境完全复原，则这样的变化过程称为**不可逆过程**。

理想气体的恒温可逆过程功：

$$W_{T.R} = -\int_{V_1}^{V_2} p\,dV = -\int_{V_1}^{V_2} \frac{nRT}{V}dV = -nRT\ln\frac{V_2}{V_1}$$

有很多接近可逆过程的实际变化。如在平衡温度压力下的纯物质相变（液体在沸点时的蒸发，固体在熔点时的熔化）。可逆电池在外加电动势 $E_{外路}\approx E_{电池}$ 情况下的充电和放电。化学反应达平衡后施加一个微小的推动力亦可使反应在可逆下进行。

可逆过程的几个特点。

① 可逆过程是以无限小的变化进行的，整个过程是由一连串非常接近平衡的状态所构成。

② 在反向的过程中，用同样的手续，循着原来过程的逆过程，可以使体系和环境都完全恢复到原来的状态。

③ 在等温可逆膨胀过程中体系做最大功，在等温可逆压缩过程中体系做最小功。

由最后一个特点，从消耗及获得能量的观点看，它们是效率最高的过程。如果将实际过程与理想的可逆过程进行比较，就可以确定提高实际过程效率的可能性。

2.5.3　理想气体绝热可逆过程方程

在绝热过程中，$Q=0$，根据热力学第一定律，得 $dU=\delta W$。此式的含义是：若体系对外做功，则体系的热力学能必然降低。由此可以借绝热膨胀来获得低温。

已知理想气体　　　$dU=C_V dT,\delta W=-p_{外}dV=-(nRT/V)dV$

所以　　　$$C_V dT=-\frac{nRT}{V}dV$$

整理得　　　$$C_{V,m}\frac{dT}{T}+R\frac{dV}{V}=0$$

于是　　　$$\left(\frac{T_2}{T_1}\right)^{C_{V,m}}\left(\frac{V_2}{V_1}\right)^R=1$$

$$\left(\frac{T_2}{T_1}\right)^{C_{p,m}} \left(\frac{p_2}{p_1}\right)^{-R} = 1$$

$$\left(\frac{p_2}{p_1}\right)^{C_{V,m}} \left(\frac{V_2}{V_1}\right)^{C_{p,m}} = 1$$

这三个式子，称为理想气体的绝热可逆**过程方程式**。过程方程是气体经历某变化过程所遵循的关系式，像 $pV=$ 常数是理想气体等温过程方程，$T/p=$ 常数是理想气体等容过程方程，$T/V=$ 常数是理想气体等压过程方程。

当从相同的初始状态分别经恒温可逆过程和绝热可逆过程膨胀到相同的体积时 $W_{T,R} > W_{S,R}$，在 p-V 图上，恒温线的坡度小于绝热线的坡度。

绝热线的坡度为：
$$\left(\frac{\partial p}{\partial V}\right)_S = -\gamma\frac{p}{V}$$

"S" 表示绝热可逆，恒温线的坡度是：$\left(\frac{\partial p}{\partial V}\right)_T = -\frac{p}{V}$

2.5.4 卡诺循环

（1）理想气体的卡诺循环

法国工程师卡诺为研究热功转换，设计了一种循环。循环由四个过程组成。

① 等温（T_2）可逆膨胀： 由 p_1V_1 到 p_2V_2（1→2）
② 绝热可逆膨胀： 由 p_2V_2 到 p_3V_3（2→3）
③ 等温（T_1）可逆压缩： 由 p_3V_3 到 p_4V_4（3→4）
④ 绝热可逆压缩： 由 p_4V_4 到 p_1V_1（4→1）

理想气体依次经①、②、③、④四步可逆过程，最后气体恢复到原状。这四步过程可在 p-V 图上来表示。热机中的工作物质在 p-V 图上依顺时针方向循环，从高温热源吸热 Q_2，一部分做功 W，一部分热 Q_1 放给低温热源。曲线所围的面积即体系所做的功。卡诺循环是在两个热源之间进行的可逆循环，故由卡诺循环（图 2-11）构成的热机是理想的热机。

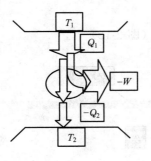
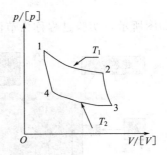

图 2-11　卡诺循环

（2）热机效率

热机是将热能部分地直接转变为机械能的机器。热机对外做的功 W 与从高温热源吸收的热 Q_1 之比称为热机效率，用 η 表示，$\eta = \dfrac{-W}{Q_1}$。

下面我们来考察卡诺热机的效率。

$n\,\mathrm{mol}$ 理想气体经卡诺循环 $1\to2\to3\to4\to1$ 后，有：

$$\Delta U=Q+W=0,\ Q=Q_1+Q_2=-W$$

计算 Q_1，Q_2，对 $1\to2$ 过程和 $3\to4$ 过程，分别有：

$$Q_1=-W_{1\to2}=nRT_1\ln\frac{V_2}{V_1},\ Q_2=-W_{3\to4}=nRT_2\ln\frac{V_4}{V_3}$$

因状态 2 和状态 3 在同一条绝热线上，$\left(\dfrac{T_2}{T_1}\right)^{C_{V,m}}\left(\dfrac{V_3}{V_2}\right)^R=1$。

状态 1 和状态 4 也在同一条绝热线上，$\left(\dfrac{T_2}{T_1}\right)^{C_{V,m}}\left(\dfrac{V_4}{V_1}\right)^R=1$

两式相除得 $\dfrac{V_3}{V_2}=\dfrac{V_4}{V_1}$ 亦即 $\dfrac{V_2}{V_1}=\dfrac{V_3}{V_4}$

从而，

$$-W=Q_1+Q_2=nRT_1\ln\frac{V_2}{V_1}+nRT_2\ln\frac{V_4}{V_3}=nR(T_1-T_2)\ln\frac{V_2}{V_1}$$

$$\eta=\frac{-W}{Q_1}=\frac{nR(T_1-T_2)\ln(V_2/V_1)}{nRT_1\ln(V_2/V_1)}=\frac{T_1-T_2}{T_1}=1-\frac{T_2}{T_1}$$

从结果看出，可逆热机的效率只与两个热源的温度有关。

从上面的关系我们知道 $\dfrac{Q_1+Q_2}{Q_1}=\dfrac{T_1-T_2}{T_1}$

$$1+\frac{Q_2}{Q_1}=1-\frac{T_2}{T_1},\ \text{导致}\ \frac{Q_2}{Q_1}=-\frac{T_2}{T_1}\ \text{或}\ \frac{Q_1}{T_1}+\frac{Q_2}{T_2}=0$$

这是个重要的关系式，后面将要用到它。

2.6 实际气体的 ΔU 和 ΔH

2.6.1 焦耳-汤姆逊效应

(1) 焦耳-汤姆逊实验

焦耳为了克服以前做的自由膨胀实验的不足，在 1852 年与汤姆逊一起又做了另外一个实验。

实验装置如图所示，实验过程称为节流膨胀过程（图 2-12）。

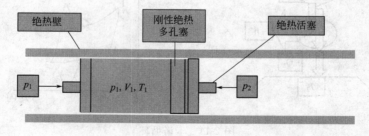

图 2-12 节流膨胀过程

节流膨胀过程的热力学分析：首先，环境对气体做功 p_1V_1，然后，气体又对环境做功 p_2V_2，则体系对环境做的净功为 $W=p_2V_2-p_1V_1$，过程绝热，$Q=0$，由热力学第一定律 $U_2-U_1=\Delta U=-W=-(p_2V_2-p_1V_1)$，移项，得 $U_2+p_2V_2=U_1+p_1V_1$，所以 $H_2=H_1$ 或 $\Delta H=0$，这说明节流膨胀过程是恒焓过程。

（2）焦耳-汤姆逊系数

因节流膨胀过程是恒焓过程，故定义 $\left(\dfrac{\partial T}{\partial p}\right)_H = \mu$，称为节流膨胀系数。膨胀时 $\mathrm{d}p$ 为负值，所以当 μ 为正值时，$\mathrm{d}T$ 必为负值，气体温度降低，出现致冷效应；当 μ 为负值时，$\mathrm{d}T$ 必为正值，气体温度升高，出现致热效应。

（3）转化温度、等焓线、转化曲线

在常温时，一般气体之 μ 值均为正。例如空气的 $\mu_{\text{J-T}} = 0.4\text{K}/101.325\text{kPa}$，，即压力下降 101.325kPa，气体温度下降 0.4K。但氢和氦等气体在常温下，μ 值变为负，经节流过程，温度反而升高。若要降低温度，可调节操作温度，使其 $\mu_{\text{J-T}} > 0$，当 $\mu_{\text{J-T}} = 0$ 时的温度，称为转化温度。此时气体经焦-汤实验，温度不变。

为了求 $\mu_{\text{J-T}}$ 的值，必须作出等焓线，这要作若干个节流过程实验。实验 1，左方气体为 $p_1 T_1$，经节流过程后终态为 $p_2 T_2$，在 T-p 图上标出 1、2 两点。实验 2，左方气体仍为 $p_1 T_1$，调节多孔塞或小孔大小，使终态的压力、温度为 $p_3 T_3$，这就是 T-p 图上的点 3。如此重复，得到若干个点，将点连接就是等焓线。

选择不同的起始状态 $p_1 T_1$，作若干条等焓线。将各条等焓线的极大值相连，就得到一条虚线，将 T-p 图分成两个区域。在虚线以左，$\mu_{\text{J-T}} > 0$，是致冷区，在这个区内，可以把气体液化；在虚线以右，$\mu_{\text{J-T}} < 0$，是致热区，气体通过节流过程温度反而升高（图 2-13）。

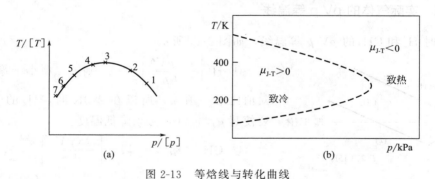

图 2-13　等焓线与转化曲线

显然，工作物质（即筒内的气体）不同，转化曲线的 T，p 区间也不同。例如，N_2 的转化曲线温度高，能液化的范围大；而 H_2 和 He 则很难液化。

决定 $\mu_{\text{J-T}}$ 值的因素

对定量气体 $H = H(T, p)$

$$\mathrm{d}H = \left(\frac{\partial H}{\partial T}\right)_p \mathrm{d}T + \left(\frac{\partial H}{\partial p}\right)_T \mathrm{d}p$$

经过 Joule-Thomson 实验后，$\mathrm{d}H = 0$ 故：$\left(\dfrac{\partial T}{\partial p}\right)_H = -\dfrac{\left(\dfrac{\partial H}{\partial p}\right)_T}{\left(\dfrac{\partial H}{\partial T}\right)_p}$

$$\left(\frac{\partial T}{\partial p}\right)_H = \mu_{\text{J-T}}$$

$$H = U + pV$$

$$\left(\frac{\partial H}{\partial T}\right)_p = C_p$$

$$\mu_{\text{J-T}} = -\frac{\left[\dfrac{\partial(U+pV)}{\partial p}\right]_T}{C_p} = \left[-\frac{1}{C_p}\left(\frac{\partial U}{\partial p}\right)_T\right] + \left[-\frac{1}{C_p}\left[\frac{\partial(pV)}{\partial p}\right]_T\right]$$

$\mu_{\text{J-T}}$ 值的正或负由两个括号项内的数值决定。

第一项 $\quad\left[-\dfrac{1}{C_p}\left(\dfrac{\partial U}{\partial p}\right)_T\right]\geqslant 0$

理想气体 第一项等于零,因为 $\left(\dfrac{\partial U}{\partial p}\right)_T=0$。

实际气体 第一项大于零,因为 $C_p>0$ $\left(\dfrac{\partial U}{\partial p}\right)_T<0$ 实际气体分子间有引力,在等温时,升高压力,分子间距离缩小,分子间位能下降,热力学能也就下降。

第二项 $\quad\left\{-\dfrac{1}{C_p}\left[\dfrac{\partial(pV)}{\partial p}\right]_T\right\}$

理想气体:第二项也等于零,因为等温时 $pV=$ 常数,所以理想气体的 $\mu_{\text{J-T}}=0$。

实际气体:第二项的符号由 $\left[\dfrac{\partial(pV)}{\partial p}\right]_T$ 决定,其数值可从 $pV\text{-}p$ 等温线上求出,这种等温线由气体自身的性质决定。

2.6.2 实际气体的 $pV\text{-}p$ 等温线

273K 时 H_2 和 CH_4 的 $pV\text{-}p$ 等温线,如图 2-14 所示。

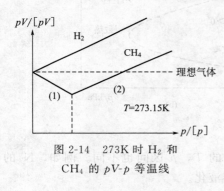

图 2-14 273K 时 H_2 和
CH_4 的 $pV\text{-}p$ 等温线

① H_2 $\left[\dfrac{\partial(pV)}{\partial p}\right]_T>0$,则第二项小于零,而且绝对值比第一项大,所以在 273K 时,H_2 的 $\mu_{\text{J-T}}<0$。要使其 $\mu_{\text{J-T}}>0$,必须降低温度。

② CH_4 第（1）段,$\left[\dfrac{\partial(pV)}{\partial p}\right]_T<0$,所以第二项大于零,$\mu_{\text{J-T}}>0$;第（2）段,$\left[\dfrac{\partial(pV)}{\partial p}\right]_T>0$,所以第二项小于零,$\mu_{\text{J-T}}$ 的符号决定于第一、二项的绝对值大小。通常,只有在第一段压力较小时,才有可能将它液化。

2.6.3 实际气体的 ΔU 和 ΔH

实际气体的 ΔU 和 ΔH 不仅与温度有关,还与体积（或压力）有关。因为实际气体分子之间有相互作用,在等温膨胀时,可以用反抗分子间引力所消耗的能量来衡量热力学能的变化。将 $\left(\dfrac{\partial U}{\partial V}\right)_T$ 称为内压力,即 $p_{内}=\left(\dfrac{\partial U}{\partial V}\right)_T$,$\mathrm{d}U=p_{内}\mathrm{d}V$。

设 $U=U（T，V）$,则 $\mathrm{d}U=\left(\dfrac{\partial U}{\partial T}\right)_V\mathrm{d}T+\left(\dfrac{\partial U}{\partial V}\right)_T\mathrm{d}V$,式中 $\left(\dfrac{\partial U}{\partial T}\right)_V=C_V$,$\left(\dfrac{\partial U}{\partial V}\right)_T=\dfrac{a}{V_m^2}$ 即前面所说的内压力。所以 $\mathrm{d}U=C_V\mathrm{d}T+\dfrac{a}{V_m^2}\mathrm{d}V$。

设 $H = H(T, p)$，则 $dH = \left(\dfrac{\partial H}{\partial T}\right)_p dT + \left(\dfrac{\partial H}{\partial p}\right)_T dp = C_p dT + \left(\dfrac{\partial H}{\partial p}\right)_T dp$。

在温度不变时 $dT = 0$，$dU = \dfrac{a}{V_m^2} dV$，此热力学能的变化是因为实际气体分子之间有相互作用而产生的；而 $dH = \dfrac{a}{V_m^2} dV + d(pV_m)$。即等温时，实际气体的 ΔU 和 ΔH 都不等于零。

2.7 热化学

热化学是热力学第一定律在化学变化过程中的具体应用，是讨论化学反应热效应的学科。若发生化学变化，要计算 Q_p、Q_V 以及 ΔU、ΔH 必须准确掌握热力学中化学反应表达式、反应进度、物质的标准态、标准摩尔反应焓等。

2.7.1 标准态

热力学量 U、H 等的绝对值现在未知，对于这些量可以确定的只有像 T、p、组成等参数的变化引起的变化。为使同一物质在不同的化学反应中有一个公共的参考状态，以此作为一个基准，标准态就是这样一种基线。

对于纯物质，标准态是任意选择的标准压力 $p^{\ominus}$ 下的物质的确切的聚集状态。

对液体、固体物质就是标准压力 $p^{\ominus}$ 下的纯液体、固体（任意温度），此为实际的状态。

对气体物质就是标准压力 $p^{\ominus}$ 下的纯理想气体，遵守 $pV_m = RT$，此为假想状态。

2.7.2 化学反应计量式（标准式）

任何化学反应都可写成 　　$a\text{A} + b\text{B} + \cdots = l\text{L} + m\text{M} + \cdots$

移项　　　　　　　　　　$0 = -a\text{A} - b\text{B} + \cdots l\text{L} + m\text{M} + \cdots$

反应式统一写成　　　　　　$0 = \sum_B \nu_B \text{B}$

式中，B 代表参加反应的任何物质；ν_B 是其计量系数。显然，B 为反应物时 ν_B 是负值；B 为产物时 ν_B 是正值。

计量方程表达了反应物与生成物之间原子守恒与电子守恒。不能代表研究体系里有多少量的反应物变成了产物。为定量研究反应过程的热效应，明确反应物的反应量，为此介绍一个新概念。

2.7.3 反应进度

当 $t = 0$ 时，$n_B = n_{B,0}$，$\xi = 0$；$t = t$ 时，$n_B = n_B$，$\xi = \xi$。

定义反应进度　$\xi = \dfrac{n_B - n_{B,0}}{\nu_B}$，$d\xi = \dfrac{dn_B}{\nu_B}$，$\Delta\xi = \dfrac{\Delta n_B}{\nu_B} = \xi - 0 = \xi$

反应进度的单位 $[\xi]$ 为 mol，对于指定的计量方程，当 $\Delta n_B / \text{mol} = \nu_B$ 时，$\xi = \Delta\xi = 1\text{mol}$。就是体系按计量方程配料，进行了一次完全反应。

引入反应进度的优点：在反应进行到任意时刻，可以用任一反应物或生成物来表示反应进行的程度，所得的值都是相同的，即

$$d\xi = \frac{dn_A}{\nu_A} = \frac{dn_B}{\nu_B} = \frac{dn_L}{\nu_L} = \frac{dn_M}{\nu_M}$$

注意 ξ 或 $\Delta\xi$ 的数值与化学反应的方程式有关。如 $H_2 + 1/2O_2 \longrightarrow H_2O$ 和 $2H_2 + O_2 \longrightarrow 2H_2O$，$\xi$ 的数值相同时，其中某种物质在两个反应中的变化量是不一样的，即反应的摩尔单元是不同的。

2.7.4 标准摩尔反应焓

化学反应热效应如下所述。

当产物的温度 T_p 等于反应物的温度 T_r，$W' = 0$ 时，体系吸收或放出的热，称为化学反应热效应。也叫反应热，常用 Q_p、Q_V 表示。也叫恒压热或恒容热。由于 $Q_p = \Delta H$，所以也称为反应焓。

温度 T、标准压力 $p^{\ominus}$ 下，反应进度 $\xi = 1mol$ 时的反应焓称为标准摩尔反应焓，以 $\Delta_r H_m^{\ominus}$ 表示。下列反应在 $T = 298.15K$、$p^{\ominus} = 100kPa$ 当 $\xi = 1mol$ 的反应焓表示为：

$$N_2(g) + 3H_2(g) \Longrightarrow 2NH_3(g), \Delta_r H_m^{\ominus}(298.15K) = -92.38kJ \cdot mol^{-1}$$

这种表示化学反应焓变的方程式，称为热化学方程式。

注意：a. 化学反应计量式；

b. 注明相态；

c. 计量方程与 $\Delta_r H_m^{\ominus}$（T）间用"，"或"；"隔开。

2.7.5 盖斯定律

一个化学反应，不管是一步完成，还是分几步完成，反应的热效应是相同的。或反应的热效应只与起始状态和终了状态有关，而与变化的途径无关。这就是**盖斯定律**。

盖斯定律的使用条件是等压过程和等容过程。这实际上就是 $Q_p = \Delta H$ 和 $Q_V = \Delta U$ 的具体表现。

盖斯定律应用举例如下。

例如：求 $C(s)$ 和 $O_2(g)$ 生成 $CO(g)$ 的反应热效应。

已知：(1) $C(s) + O_2(g) \longrightarrow CO_2(g)$，$\Delta_r H_{m,1}^{\ominus} = -393.3kJ \cdot mol^{-1}$

(2) $CO(g) + \frac{1}{2}O_2(g) \longrightarrow CO_2(g)$，$\Delta_r H_{m,2}^{\ominus} = -282.8kJ \cdot mol^{-1}$

则 (1)-(2) 得 (3)

(3) $C(s) + \frac{1}{2}O_2(g) \longrightarrow CO(g)$，$\Delta_r H_{m,3}^{\ominus} = -110.5kJ \cdot mol^{-1}$

因为 $\Delta_r H_{m,3}^{\ominus} = \Delta_r H_{m,1}^{\ominus} - \Delta_r H_{m,2}^{\ominus}$

对两个反应的要求是应在相同的温度和压力条件下进行。对一些不容易测定反应热的物质，利用盖斯定律可以很方便地得到它们的反应热。

2.7.6 标准摩尔生成焓

定义：在温度 T 的标准态下，由稳定相态的单质生成 $1mol$ β 相的化合物 B 的焓变即化合物 B（β）在 T 温度下的标准摩尔生成焓以 $\Delta_f H_m^{\ominus}$ 表示。

特别强调：稳定单质。

如：$C(金刚石)+O_2(g) \longrightarrow CO_2(g)$，$\Delta_r H_m^{\ominus}(g,T) \neq \Delta_f H_m^{\ominus}(g,T)$。

推论：$\Delta_f H_m^{\ominus}$(稳定单质)$=0$。

由标准摩尔生成焓计算标准摩尔反应焓。

任何反应的始态和末态，均可由同样物质的量的相同种类的单质来生成。以温度 T 的标准态为例，可得如下框图（图 2-15）。

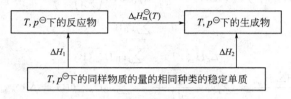

图 2-15　反应的始态和末态框图

ΔH_1 是稳定单质生成反应物的标准摩尔生成焓之和，即 $\Delta H_1 = \sum\limits_{B(反应物)} \nu_{B(反应物)} \Delta_f H_{m,B(反应物)}^{\ominus}$。

ΔH_2 是稳定单质生成产物的标准摩尔生成焓之和，即 $\Delta H_2 = \sum\limits_{B(生成物)} \nu_{B(生成物)} \Delta_f H_{m,B(生成物)}^{\ominus}$。

由盖斯定律　　　$\Delta H_1 + \Delta_r H_m^{\ominus}(T) = \Delta H_2$　得　$\Delta_r H_m^{\ominus}(T) = \Delta H_2 - \Delta H_1$

于是

$$\Delta_r H_m^{\ominus}(T) = \sum_{B(生成物)} \nu_{B(生成物)} \Delta_f H_{m,B(生成物)}^{\ominus} - \sum_{B(反应物)} \nu_{B(反应物)} \Delta_f H_{m,B(反应物)}^{\ominus} = \sum_B \nu_B \Delta_f H_{m,B}^{\ominus}$$

2.7.7　标准摩尔燃烧焓

定义：在温度 T 的标准态下，由 $1\,mol\,\beta$ 相的化合物 B 与氧进行生成指定燃烧产物的反应焓变，即为物质 B 在温度 T 时的标准摩尔燃烧焓，以 $\Delta_c H_m^{\ominus}$ 表示。

指定燃烧产物：$C \longrightarrow CO_2$（g）

$\qquad\qquad\qquad H \longrightarrow H_2O$（l）

$\qquad\qquad\qquad N \longrightarrow N_2$（g）

$\qquad\qquad\qquad P \longrightarrow P_2O_5$（s）

$\qquad\qquad\qquad S \longrightarrow SO_2$（g）

$\qquad\qquad\qquad Cl \longrightarrow HCl$（aq）

从标准摩尔燃烧焓计算标准摩尔反应焓，如下所述。

$$a A + b B \xrightarrow[T,p^{\ominus}]{\Delta_r H_m^{\ominus}} l L + m M$$

指定燃烧产物

$$\Delta H_1 = \Delta_r H_m^{\ominus}(T) + \Delta H_2 \qquad\qquad \Delta_r H_m^{\ominus}(T) = \Delta H_1 - \Delta H_2$$

ΔH_1 是反应物生成指定燃烧产物的标准摩尔生成焓之和 $\Delta H_1 = \sum\limits_{B(反应物)} \nu_{B(反应物)} \Delta_c H_{m,B(反应物)}^{\ominus}$。

ΔH_2 是产物生成指定燃烧产物的标准摩尔生成焓之和 $\Delta H_2 = \sum\limits_{B(生成物)} \nu_{B(生成物)} \Delta_c H_{m,B(生成物)}^{\ominus}$。

于是

$$\Delta_r H_m^{\ominus}(T) = \sum_{B(反应物)} \nu_{B(反应物)} \Delta_c H_{m,B(反应物)}^{\ominus} - \sum_{B(生成物)} \nu_{B(生成物)} \Delta_c H_{m,B(生成物)}^{\ominus} = -\sum_B \nu_B \Delta_c H_{m,B}^{\ominus}$$

2.7.8 标准摩尔反应焓与温度的关系——基尔霍夫定律

在标准压力 $p^{\ominus}$ 下，一个化学反应在不同的温度下进行了单位反应进度时，其化学反应热效应 $\Delta_r H_m^{\ominus}$ 是不同的。处于标准状态下的纯物质，其焓的变化仅是温度的函数。

$$\Delta H_m^{\ominus} = f(T), \Delta H_m^{\ominus} = \int_{T_1}^{T_2} C_{p,m} dT, \left(\frac{d\Delta H_m^{\ominus}}{dT}\right)_p = \Delta C_{p,m}$$

设有反应

$$0 = \sum_B \nu_B B$$

则

$$\Delta_r H_m^{\ominus}(T) = \sum_B \nu_B H_m^{\ominus}(B)$$

对温度求微商

$$\frac{d\Delta_r H_m^{\ominus}}{dT} = \sum_B \nu_B \frac{dH_m^{\ominus}(B)}{dT} = \sum_B \nu_B C_{p,m}(B) = \Delta_r C_{p,m}$$

此式称为基尔霍夫微分公式，将微分式积分可得：

$$\Delta_r H_m^{\ominus}(T) = \Delta_r H_m^{\ominus}(298.15K) + \int_{298.15K}^T \Delta_r C_{p,m} dT$$

此式称为基尔霍夫积分公式，若各物质的 $C_{p,m}$ 值均以下式表示：

$$C_{p,m} = a + bT + cT^2$$

则

$$\Delta_r C_{p,m} = \Delta a + \Delta bT + \Delta cT^2$$

式中

$$\Delta a = \sum \nu_B a_B, \Delta b = \sum \nu_B b_B, \Delta c = \sum \nu_B c_B$$

代入积分式，积分后得：

$$\Delta_r H_m^{\ominus}(T) = \Delta_r H_m^{\ominus}(298.15K) + \Delta a(T - 298.15K) + \frac{\Delta b}{2}[T^2 - (298.15K)^2] + \frac{\Delta c}{3}[T^3 - (298.15K)^3]$$

或 $\Delta_r H_m^0(T) = \Delta aT + \frac{\Delta b}{2}T^2 + \frac{\Delta c}{3}T^3 + 常数$

$$aA + bB \xrightarrow[298.15K]{\Delta_r H_m^{\ominus}} lL + mM$$

$$\Delta H_1 \uparrow \qquad\qquad \Delta H_2 \downarrow$$

$$aA + bB \xrightarrow[T]{\Delta_r H_m^{\ominus}} lL + mM$$

$$\Delta_r H_m^{\ominus}(T) = \Delta H_1 + \Delta_r H_m^{\ominus}(298.15K) + \Delta H_2$$

$$\Delta H_1 = \int_T^{298.15K} [aC_{p,m,A} + bC_{p,m,B}] dT$$

$$\Delta H_2 = \int_{298.15K}^T [lC_{p,m,L} + mC_{p,m,M}] dT$$

$$\Delta H_1 + \Delta H_2 = \int_{298.15K}^T [lC_{p,m,L} + mC_{p,m,M} - aC_{p,m,A} - bC_{p,m,B}] dT$$

$$= \int_{298.15K}^T \sum_B \nu_B C_{p,m,B} dT = \int_{298.15K}^T \Delta_r C_{p,m} dT$$

$$\Delta_r H_m^{\ominus}(T) = \Delta_r H_m^{\ominus}(298.15K) + \int_{298.15K}^T \Delta_r C_{p,m} dT$$

2.7.9 恒压热效应和恒容热效应

恒压热效应：$Q_p = \Delta H$，恒压非体积功为零时热效应与焓变相等。

恒容热效应：$Q_V = \Delta U$，恒容非体积功为零时热效应与热力学能变相等。

两者的关系（参与反应的气体视为理想气体）如下。

$$H = U + pV$$

$$\Delta_r H = \Delta_r U + \Delta_r (pV) = \Delta_r U + \Delta_r (pV)_g = \Delta_r U + RT \Delta n_{B(g)}$$

$$\Delta \xi = \Delta n_{B(g)} / \nu_B$$

$$\Delta_r H / \Delta \xi = \Delta_r H_m, \Delta_r H_m = \Delta_r U_m + RT \sum_B \nu_{B(g)},$$

$$Q_p = Q_V + RT \Delta n_g, \Delta n_g = \Delta \xi \cdot \left(\sum \nu_B \right)_g$$

2.8 两个热力学定律简介

热力学第一定律解决了一个变化过程中体系与环境之间的能量交换问题，即能量是守恒的。但是热力学第一定律不能告诉我们：在一定的条件下，什么样的变化过程是能够进行的，什么样的变化过程是不能够进行的。能够进行的过程，进行到什么程度为止。这两个问题（即过程的方向和限度问题）需要有一个新的定律来解决。这新定律就是热力学第二定律。

热力学第二定律是从哪些问题出发来考虑变化过程的方向与限度的问题呢？

在能量转换过程中，其表现形式是热与功的转换。我们知道：热是体系与环境之间因内部粒子的无序运动强度不同而交换的能量；而功是体系与环境之间因粒子的有序运动而交换的能量。在热功转换中，一个有序，一个无序。从有序向无序转化是可以自发的，无条件的；而从无序向有序转化则是非自发的，需要有条件的控制才能实现。这就预示着一种方向性。就是说，实际能够进行的过程有一定的方向性，不是任意可以进行的。

热力学第二定律就是从热转化为功要有一定的限制条件出发，引出状态变化时存在的新状态函数——熵，来判断变化过程方向性的一个基本定律。

2.9 自发过程的不可逆性

2.9.1 自发过程的方向和限度

"**自发过程**（spontaneous process）"是指无需外力帮助而自然发生的过程。自然发生的过程都有一定的方向和限度。如水往低处流，流至水位相等；热传导过程，热量从高温物体传入低温物体，至温度相等为止；气体向真空膨胀，至压力相等止。

2.9.2 自发过程的不可逆性

$H_2(g) + O_2(g) =\!=\!= 2H_2O(g)$ 该反应在点燃的条件下可以爆炸的方式进行。反应放出大量的热。通过电解可以使体系恢复原状，但环境须对体系做功，之前得到的却是热。再如自由落体过程，势能转化为热，可以使体系复原，但须对体系做功。这两个过程若使其逆转，环境都是失去了功，得到的是热。也就是体系和环境不能同时恢复原状的过程，称为不可逆过程。

　　一切自发过程都是不可逆过程。自发过程发生后，能否使体系恢复原状而不留下任何痕迹，最后都可归结为"能否将热全部转化为功而不留下其他任何变化"的问题。人们从无数的实践经验中总结出：这是不可能的。历史上人们正是从探讨功热转换而得出热力学第二定律并推理论证，发现了判断过程自发进行的方向和限度的共同判据。

　　从上述例子可以看出，一切自发变化都有一定的变化方向，并且都不会自动地逆向进行。这告诉我们"自发变化是热力学的不可逆过程"。

　　自发变化不会自动地逆向进行，并不意味着它们根本不可能逆转。若借助外力则可使一个自发变化发生后再返回原来的状态。如用一个泵可以把流入低位槽的水再抽回到高位槽中去。

　　有人设想：水自动地从高位槽流向低位槽，水的势能转变成动能。将这些动能从低位槽的水中以热的形式取出，并完全转变为功，带动水泵把流入低位槽的水再抽回到高位槽中去。实践证明，这个设想是不可能实现的。这个设想可总结为"从单一热源吸热，全部转化为功，而不引起其他变化"。

　　其他的几个例子也都可以转换为能否"从单一热源吸热，全部转化为功，而不引起其他变化"的问题。经验证明，后一过程是不可能实现的，从而导出这样一个结论：一个自发变化发生后，不可能使体系和环境都恢复到原来的状态而不留下任何影响，也就是说自发变化是不可逆的。这个结论是一切自发变化的共同特征。

2.10　热力学第二定律

2.10.1　热力学第二定律的经典叙述

　　热力学第一定律确立以后，人们就不再设计所谓的"第一类永动机"了。但是人们在遵守热力学第一定律的条件下，设想从大海、空气这些巨大的热源取出热来，推动热机对外做功，也就是从事所谓的"第二类永动机"的设计。

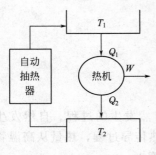

图 2-16　第二类永动机

　　第二类永动机就是能够连续不断地从单一热源取出热量，使其全部转化为功，而又不产生其他后果的机器（图 2-16）。但是所有的努力无一例外地最后都归于失败。

　　于是人们总结：热全部转化为功，而又不产生其他后果，这是不可能的。热机工作必须在温度不同的至少二热源间，从高温热源吸热，对外做功，还要放出部分热给低温热源。所以大海储能虽多，人们也只能"望洋兴叹"了。

　　克劳修斯说法（Clausius，1850）："热不可能自动地从低温物体传到高温物体，而不引起其他变化"。

　　开尔文说法（Kelvin，1851）："不可能从单一热源取出热使之全部转换为功，而不留下其他后果"。

　　开尔文说法的反面就是"从单一热源吸热可以完全变为功"，即 $Q_2 = 0$，从而 $\eta = (Q_1 + Q_2)/Q_1 = 100\%$。这并不违反热力学第一定律，所以，曾有人试图制造这种从单一热源吸热可以完全变为功的机器，这就是第二类永动机。人类的经验表明，第二类永动机是不可能实现的。所以，"第二类永动机是不可能造成的"也是开尔文对第二定律的一种说法。

克劳修斯和开尔文的表述虽然不同，但实际上是等价的。

2.10.2　两种经典叙述的等效性

（1）若克氏说法不成立，则开氏说法也不成立（图 2-17）

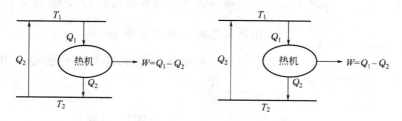

图 2-17　若克氏说法不成立，则开氏说法也不成立

若有热 Q_2 自动地从低温热源 T_2 传向高温热源下，可以使一热机在高低温热源 T_1、T_2 间工作，传给低温热源 Q_2 的热量，循环终了，则热机从单一热源取出了 Q_1-Q_2 的热量而全部用来做功，而无其他变化。这显然违背了开氏说法。

（2）若开氏说法不成立，则克氏说法也不成立（图 2-18）

若开氏说法不成立，设热机从高温热源取出热量 Q_1，使之全部转化为功 W，则可用来带动制冷机工作，从低温热源取出热量 Q_2，完成一个循环后，$\Delta U=0$。制冷机接受的功 W 全部转换为热 Q_1，（$W=Q_1$），还给高温热源，则联合机组净的结果：有 Q_2 的热量从低温热源传给了高温热源，违反了克氏说法。

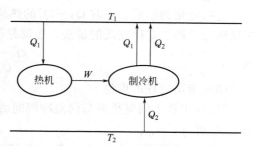

图 2-18　若开氏说法不成立，则克氏说法也不成立

假如热能自动的从低温流向高温，则可制成一种抽热装置。用这种抽热装置和一部热机配合，显然就成了一台第二类永动机。事实证明，第二类永动机是不可能实现的，也就是说自动抽热装置是制不成的。即热不可能自动地从低温物体流向高温物体。若可以制造出把所吸之热全部转变为功的热机，则把这一热机同一制冷机相连，就可以将热从低温物体无代价地输送到高温物体，变成一台自动抽热机。

结论：单一热源吸热可以完全变为功的热机是制不出来的。不用外力推动的抽热机也造不出来。

热力学第二定律和第一定律一样，是建立在无数事实的基础之上，是人类经验的总结。无须用其他的定律来推导和证明。

热既然不可能全部转换为功，也就是 $\eta=\dfrac{-W}{Q_1}=1-\dfrac{T_2}{T_1}$，不可能到达 1，那么，其高限是多少？与哪些因素有关？这就要由卡诺定理来回答。

2.10.3　卡诺定理

（1）卡诺定理

在 T_2 和 T_1 两热源间工作的所有热机中，可逆热机的效率最高。其数学表达式为

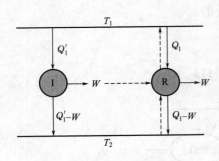

图 2-19　卡诺定理的证明

$\eta_R \geqslant \eta_I$。

（2）卡诺定理的证明（图 2-19）

设在两个热源之间有可逆机 R 与任意机 I 在工作。调节两个热机使所做的功相等。

可逆机从高温热源吸热 Q_1，做功 W，放热 $Q_1 - W$ 给低温热源，热机效率 $\eta_R = -\dfrac{W}{Q_1}$。

任意机吸热 Q_1'，做功 W，放热 $Q_1' - W$，热机效率 $\eta_I = -\dfrac{W}{Q_1'}$。

用反证法，若卡诺定理不成立，假设 $\eta_I > \eta_R$ 则有 $\dfrac{|W|}{|Q_1'|} > \dfrac{|W|}{|Q_1|}$，即 $Q_1 > Q_1'$，令任意机正向运行，带动可逆机逆向运行（成为制冷机）。可逆机所需的功正好由任意机提供。整个联合机组运行一个循环后的结果如下。

在高温热源　$(Q_1 - Q_1') > 0$，得到热。

在低温热源　$(Q_1' - W) - (Q_1 - W) = (Q_1' - Q_1) < 0$，放出热。

净功　$W - W = 0$。

总的变化的结果是：有 $Q_1 - Q_1'$ 的热从低温热源传到高温热源而没有发生其他变化，这违反热力学第二定律克氏的说法，也就是假设的 $\eta_I > \eta_R$ 不成立，应有 $\eta_I = \eta_R$。

或　$$\frac{Q_1 + Q_2}{Q_1} \leqslant \frac{T_1 - T_2}{T_1}$$

（3）卡诺定理的推论

"所有工作于同温热源与同温冷源间的可逆机，其热机效率都相等，与工作物质的性质无关。" 即 $\eta_{R_1} = \eta_{R_2}$。

若两热源间有两热机 R_1、R_2，其工质不同，若其热机效率不同，可以组成联合机组，高效者正转带动低效者制冷，则结果违反了热力学第二定律克氏说法。因此，只能是：

$$\eta_{R_1} = \eta_{R_2}$$

有了这个推论，我们可以在任意工作物质的场合引用理想气体卡诺循环的结果。

卡诺定理的意义：引入了一个不等号 $\eta_R \geqslant \eta_I$，原则上解决了化学反应的方向问题；原则上解决了热机效率的极限值问题。

2.11　熵

2.11.1　可逆过程的热温商与熵

（1）可逆循环的热温商

尽管第二定律有几种表述方法，但对解决各种变化过程的方向和限度还不具体，因此需要根据第二定律找到一个统一的物理量，由此来判断任何过程的方向和限度。

由热机效率的定义 $\eta = \dfrac{-W}{Q_1}$，在卡诺循环中，得到：

$$\frac{Q_1 + Q_2}{Q_1} = \frac{T_1 - T_2}{T_1}$$

$$\frac{Q_1}{T_1}+\frac{Q_2}{T_2}=0$$

我们将体系与环境交换的热量与热源温度之比称为过程的热温商。理想气体卡诺循环两等温传热过程的热温商之和为零。

这一结论能否推广到任意的可逆循环？

从图 2-20 中看到，一个任意的可逆循环可用多个小卡诺循环来代替。

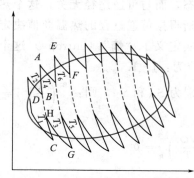

图 2-20　一个任意的可逆循环可用多个小卡诺循环来代替

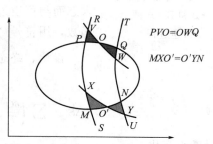

图 2-21　众多小卡诺循环的总效应与任意可逆循环的封闭曲线相当

如图 2-21，证明如下：（1）在任意可逆循环的曲线上取很靠近的 PQ 过程；（2）通过 P、Q 点分别作 RS 和 TU 两条可逆绝热膨胀线；（3）在 P、Q 之间通过 O 点作等温可逆膨胀线 VW 使两个三角形 PVO 和 OWQ 的面积相等，这样使 PQ 过程与 $PVOWQ$ 过程所做的功相同。

同理，对 MN 过程作相同处理，使 $MXO'YN$ 折线所经过程做功与 MN 过程相同。

$VWYX$ 就构成了一个卡诺循环。

用相同的方法把任意可逆循环分成许多首尾连接的小卡诺循环。前一循环的等温可逆膨胀线就是下一循环的绝热可逆压缩线（如图 2-20 所示的虚线部分），这样两个绝热过程的功恰好抵消。从而使众多小卡诺循环的总效应与任意可逆循环的封闭曲线相当（图 2-21）。

每一个小的卡诺循环都有：

$$\frac{\delta Q_1}{T_1}+\frac{\delta Q_2}{T_2}=0;\frac{\delta Q_3}{T_3}+\frac{\delta Q_4}{T_4}=0;\frac{\delta Q_5}{T_5}+\frac{\delta Q_6}{T_6}=0$$

$$\frac{\delta Q_1}{T_1}+\frac{\delta Q_2}{T_2}+\frac{\delta Q_3}{T_3}+\frac{\delta Q_4}{T_4}+\ldots=0$$

$$\sum_i \frac{\delta Q_{Ri}}{T_i}=0$$

$$\oint \frac{\delta Q_R}{T}=0$$

任意可逆循环的热温商之和等于零，这就是克劳修斯原理。

（2）可逆过程的热温商与熵函数

用一闭合曲线代表任意可逆循环。在曲线上任意取 A，B 两点，把循环分成 A→B 和 B→A 两个可逆过程（图 2-22）。根据克劳修斯原理，有：

$$\oint \frac{\delta Q_R}{T}=0$$

将上式分成两项的加和。

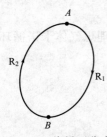

图 2-22 将循环分成
A→B 和 B→A 两个
可逆过程

$$\int_A^B \left(\frac{\delta Q}{T}\right)_{R_1} + \int_B^A \left(\frac{\delta Q}{T}\right)_{R_2} = 0,\ \text{第二项交换积分上下限,并移项}$$
至等号右边:

$$\int_A^B \left(\frac{\delta Q}{T}\right)_{R_1} = \int_A^B \left(\frac{\delta Q}{T}\right)_{R_2}$$

说明这定积分值代表了体系在 AB 两状态间其任意可逆过程的热温商之和的值决定于始末状态,而与可逆途径无关,这个热温商具有状态函数的性质。克劳修斯根据可逆过程的热温商值决定于始末态而与可逆过程无关这一事实定义了 **"熵"**（entropy）这个状态函数,用符号 "S" 表示,单位为: $J \cdot K^{-1}$。

设始、终态 A,B 的熵分别为 S_A 和 S_B,则: $\int_A^B \left(\frac{\delta Q}{T}\right)_R = \Delta S = S_B - S_A$

或

$$\Delta S = \sum_i \left(\frac{\delta Q_i}{T_i}\right)_R \quad \Delta S - \sum_i \left(\frac{\delta Q_i}{T_i}\right)_R = 0$$

对微小变化

$$dS = \left(\frac{\delta Q}{T}\right)_R$$

这几个熵变的计算式习惯上称为熵的定义式,即熵的变化值可用可逆过程的热温商之和来衡量。熵值大小与体系所含物质的量有关,为容量性质;而摩尔熵 S_m 这一强度性质,其单位: $J \cdot K^{-1} \cdot mol^{-1}$。

（3）熵的物理意义

熵是体系物质的状态函数。状态确定的系统,有确定的 p、V、T、U、H、…值,也就有确定的熵值。

对于熵的确切物理意义,将在统计热力学中讲述。现在,只能给出简单的说法:"熵是量度系统无序程度的函数。"

当两种纯净气体在等温、等压下混合时,熵也增大。很明显,气体分子在空间活动的范围增大了,彼此之间的排列更为混乱。这就是无序度的增大。

2.11.2 不可逆过程的热温商

（1）不可逆循环的热温商

设温度相同的两个高、低温热源间有一个可逆热机和一个不可逆热机,则有:

$$\eta_I = \frac{Q_1 + Q_2}{Q_1} = 1 + \frac{Q_2}{Q_1}; \eta_R = \frac{T_1 - T_2}{T_1} = 1 - \frac{T_2}{T_1}$$

根据卡诺定理:

$$\eta_I < \eta_R$$

$$\frac{Q_1 + Q_2}{Q_1} < \frac{T_1 - T_2}{T_1}$$

$\frac{Q_1}{T_1} + \frac{Q_2}{T_2} < 0$;其中 T_1、T_2 为热源温度

推广为与 n 个热源接触的任意不可逆循环,得:

$$\left(\sum_i^n \frac{\delta Q_i}{T_i}\right)_I < 0$$

此为克劳修斯不等式。

（2）不可逆过程的热温商与熵判据

用一闭合曲线代表任意不可逆循环。在曲线上任意取 A，B 两点，把循环分成 A→B 和 B→A 两个过程。其中 A→B 为不可逆过程；B→A 为可逆过程（图 2-23）。则有：

$$\left(\sum_i \frac{\delta Q_i}{T_{热源}}\right)_{I,A→B} + \left(\sum_i \frac{\delta Q_i}{T}\right)_{R,B→A} < 0;$$

亦即

$$\left(\sum_i \frac{\delta Q_i}{T_{热源}}\right)_{I,A→B} < \left(\sum_i \frac{\delta Q_i}{T}\right)_{R,A→B}$$

$$\left(\sum_i \frac{\delta Q_i}{T}\right)_{R,A→B} = \int_A^B \left(\frac{\delta Q}{T}\right)_R = \Delta S_{A→B};$$

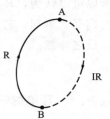
图 2-23 A→B 为不可逆过程，
B→A 为可逆过程

则有：
$$\Delta S_{A→B} > \left(\sum_i \frac{\delta Q_i}{T_{热源}}\right)_{I,A→B}$$

合并上述二式则有：

$$\Delta S_{A→B} \geq \sum \frac{\delta Q}{T} \begin{cases} > 不可逆 \\ = 可逆 \end{cases}$$

δQ 是实际过程的热效应，T 是环境温度。若是不可逆过程，用"＞"号，可逆过程用"＝"号，这时环境与系统温度相同。

对于微小变化：$dS - \frac{\delta Q}{T} \geq 0$；或 $dS \geq \frac{\delta Q}{T}$。这些都称为克劳修斯不等式，也可作为热力学第二定律的数学表达式。

对绝热过程，$\delta Q = 0$，所以 $\Delta S_{绝热} \geq 0 \begin{matrix} > 绝热不可逆 \\ = 绝热可逆 \end{matrix}$

$$\begin{cases} dS \geq \dfrac{\delta Q}{T} & > 不可逆 \\[2mm] \Delta S \geq \sum \dfrac{\delta Q}{T} & = 可逆 \end{cases}$$

熵增加原理可表述为：在绝热条件下，趋向于平衡的过程使系统的熵增加。

或者说在绝热条件下，不可能发生熵减少的过程。

一个孤立系统，体系与环境间既无热的交换，又无功的交换，当然进行的是绝热过程，则熵增加原理可表述为：孤立体系的熵值永远不会减少。

孤立体系中的一切实际过程都是向着体系熵值增大的方向变化，直到体系的熵值最大（$dS = 0$），整个体系达到了平衡态。

$$\Delta S_{U,V,W'=0} \geq 0 \begin{matrix} > 不可逆，自发 \\ = 可逆，平衡 \end{matrix}$$

可以用来判断自发变化的方向和限度。

等号表示可逆过程，系统已达到平衡；不等号表示不可逆过程，也是自发过程。

因为系统常与环境有着相互的联系，若把与系统密切相关的环境部分包括在一起，作为一个隔离系统，则有：

$$dS_{iso} = \Delta S_{sys} + \Delta S_{sur} \geq 0$$

熵增原理是判断隔离系统内发生的过程的可逆与否的依据，所以又称为熵判据。

环境，通常由大量不发生相变化与化学变化的物质组成。它本身处于热力学平衡态。

当系统与环境间交换了一定量的热和功之后，其温度、压力的变化极微，实际上不能觉察。所以可以认为，环境内部不存在不可逆变化。环境恒温，其熵变可由热温商表示。并且由熵的判据式可知，若整个隔离物系进行的过程为不可逆，即是说，系统内进行的过程为不可逆；反之亦然。

$$dS_{sur} = \frac{\partial Q_{sur}}{T_{sur}} ; \Delta S_{sur} = \frac{Q_{sur}}{T_{sur}} = \frac{-Q_{sys}}{T_{sur}}$$

说明：① 环境的热量与体系变化的热量数值相等，符号相反，$\partial Q_{sys} = -\partial Q_{sur}$，$Q_{sys} = -Q_{sur}$；

② 环境视为热容量很大的热源，始终态都是等温过程，为可逆熵变。

2.11.3 热力学第二定律的本质和熵的统计意义

（1）热力学第二定律的本质——热与功转换的不可逆性

热是分子混乱运动的一种表现，而功是分子有序运动的结果。功转变成热是从规则运动转化为不规则运动，混乱度增加，是自发的过程；而要将无序运动的热转化为有序运动的功就不可能自动发生。

例如：气体混合过程的不可逆性。

将 N_2 和 O_2 放在一盒内隔板的两边，抽去隔板，N_2 和 O_2 自动混合，直至平衡。这是混乱度增加的过程，也是熵增加的过程，是自发的过程，其逆过程绝不会自动发生。

再如：热传导过程的不可逆性。

处于高温时的系统，分布在高能级上的分子数较集中；而处于低温时的系统，分子较多地集中在低能级上。当热从高温物体传入低温物体时，两物体各能级上分布的分子数都将改变，总的分子分布的花样数增加，是一个自发过程，而逆过程不可能自动发生。

以上两个不可逆过程的例子可以看出：一切不可逆过程都是向混乱度增加的方向进行，而熵函数作为体系混乱度的量度，这就是热力学第二定律所阐明的不可逆过程的本质。

（2）熵和热力学概率的关系——Boltzmann 公式

热力学概率就是实现某种宏观状态的微观状态数，通常用 Ω 表示。与数学概率不同，数学概率是热力学概率与总的微观状态数之比。

$$数学概率 = \frac{热力学概率}{微观状态总数}$$

例如，有 4 个不同颜色的小球 a，b，c，d 放在两个盒子中，总的分装方式应该有 16 种。因为这是一个组合问题，有如下几种分布方式，其热力学概率是不等的（表 2-1）。

表 2-1　几种分布方式

分布方式	$\Omega(4,0)$	$\Omega(3,1)$	$\Omega(2,2)$	$\Omega(1,3)$	$\Omega(0,4)$
热力学概率	$\Omega(4,0)=C_4^4=1$	$\Omega(3,1)=C_4^3=4$	$\Omega(2,2)=C_4^2=6$	$\Omega(1,3)=C_4^1=4$	$\Omega(0,4)=C_4^0=1$

其中，均匀分布的热力学概率 Ω（2，2）最大，为 6。如果粒子数很多，则以均匀分布的热力学概率将是一个很大的数字。每一种微态数出现的概率是相同的，都是 1/16，但以（2，2）均匀分布出现的数学概率最大，为 6/16，数学概率的数值总是从 0→1。

宏观状态实际上是大量微观状态的平均，自发变化的方向总是向热力学概率增大的方向进行。这与熵的变化方向相同。

另外，热力学概率 Ω 和熵 S 都是热力学能 U，体积 V 和粒子数 N 的函数，两者之间必定有某种联系，用函数形式可表示为：

$$S = S(\Omega)$$

玻尔兹曼（Boltzmann）认为这个函数应该有如下的对数形式：$S = k\ln\Omega$。这就是玻尔兹曼公式，式中，k 是玻尔兹曼常数。

因熵是容量性质，具有加和性，而复杂事件的热力学概率应是各个简单、互不相关事件概率的乘积，所以两者之间应是对数关系。

玻尔兹曼公式把热力学宏观量 S 和微观量热力学概率 Ω 联系在一起，建立了热力学与统计热力学的关系，奠定了统计热力学的基础。

2.12　熵变的计算

2.12.1　理想气体体系熵变的计算

由熵变的定义式

$$\Delta S = \int_1^2 \left(\frac{\delta Q}{T}\right)_R$$

当发生非体积功为零的可逆过程 $dQ = \delta Q_R$；
若等温过程，热力学第一定律：$dU = \delta Q - p\,dV$
若单纯变温的恒容、恒压过程：$\delta Q = dU = C_V dT$；或 $\delta Q = dH = C_p dT$

因此，$\Delta S = \int_1^2 \frac{dU + p\,dV}{T} = \int_1^2 \frac{C_V dT + p\,dV}{T}$

（1）等温过程

$$\Delta S = \int_1^2 \frac{C_V dT + p\,dV}{T} = \int_1^2 \frac{p\,dV}{T} = \int_1^2 \frac{nR\,dV}{V} = nR\ln\frac{V_2}{V_1}$$

（2）等容变温过程

$$\Delta S = \int_1^2 \frac{C_V dT + p\,dV}{T} = \int_1^2 \frac{C_V dT}{T} = nC_{V,m}\ln\frac{T_2}{T_1} = nC_{V,m}\ln\frac{p_2}{p_1}$$

（3）等压变温过程

此时 $\delta Q_p = dH = nC_{p,m}dT$；代入

$$\Delta S = \int_1^2 \left(\frac{\delta Q}{T}\right)_R = \int_1^2 \frac{nC_{p,m}dT}{T} = nC_{p,m}\ln\frac{T_2}{T_1}$$

（4）理想气体 pVT 同时变化

这里定义的理想气体指遵循 $pV = nRT$，$C_{p,m} - C_{V,m} = R$ 及 $C_{p,m}$ 不随压力及温度变化的气体。理想气体 pVT 可逆变化，非体积功等于零时，$\delta W' = 0$；此时，可逆热为：$\delta Q_R = dU + p\,dV$，根据熵的定义式 $dS = \frac{\delta Q_r}{T}$

$$dS = \frac{\delta Q_R}{T} = \frac{dU}{T} + \frac{p\,dV}{T} = nC_{V,m}\frac{dT}{T} + nR\frac{dV}{V}$$

$$\Delta S = nC_{V,m}\int_{T_1}^{T_2}\frac{dT}{T} + nR\int_{V_1}^{V_2}\frac{dV}{V} = nC_{V,m}\ln\frac{T_2}{T_1} + nR\ln\frac{V_2}{V_1}$$

描述一定量的气体有 pVT 三种变量。其中独立的变量只有两种，描述方式一共有 3 种，即为 (T, V)、(T, p) 及 (p, V)。以下讨论另两种组合的熵差计算。

若已知 (T_1, p_1) 及 (T_2, p_2)，而要计算熵差，只需应用 V 与 (T, p) 的关系即可。

因为 $\dfrac{p_1 V_1}{T_1} = \dfrac{p_2 V_2}{T_2}$ 所以 $\dfrac{V_2}{V_1} = \dfrac{p_1 T_2}{p_2 T_1}$ 将此式代入 $\Delta S = nC_{V,m} \ln \dfrac{T_2}{T_1} + nR \ln \dfrac{V_2}{V_1}$，略加整理，得：$\Delta S = nC_{p,m} \ln \dfrac{T_2}{T_1} - nR \ln \dfrac{p_2}{p_1}$。

若已知 (p_1, V_1) 及 (p_2, V_2)，而要计算熵变，只需应用 T 与 (p, V) 的关系即可。

因为 $\dfrac{p_1 V_1}{T_1} = \dfrac{p_2 V_2}{T_2}$ 所以 $\dfrac{T_2}{T_1} = \dfrac{p_2 V_2}{p_1 V_1}$ 仍代入前式可得 $\Delta S = nC_{V,m} \ln \dfrac{p_2}{p_1} + nC_{p,m} \ln \dfrac{V_2}{V_1}$

这样我们得到计算理想气体 pVT 变化的全部公式。

总之，在 p-V 图上的一个任意过程，总可以用两个或多个可逆过程之和来代替，熵值之和即为此任意过程的熵值。

【例 2-2】 1mol 理想气体在等温下体积增加 10 倍，求体系的熵变：(1) 设为可逆过程；(2) 设为真空膨胀过程。

解 (1) 可逆过程：

$$\Delta S_{体系} = \frac{Q_R}{T} = \frac{W_R}{T} = \frac{\int_{V_1}^{V_2} p\,\mathrm{d}V}{T} = nR \ln \frac{V_2}{V_1} = nR\ln 10 = 19.14 \text{J} \cdot \text{K}^{-1}$$

(2) 真空膨胀过程：在变化过程中，两过程始末状态相同，熵是状态函数，两过程熵变相同。$\Delta S_{体系} = 19.14 \text{J} \cdot \text{K}^{-1}$

【例 2-3】 等温下理想气体混合过程的熵变。设某恒定温度下，将一个体积为 V 的盒子用隔板从中间隔开，一方放 n_A 摩尔 A 气体，另一方放 n_B 摩尔 B 气体，抽去隔板后，两种气体均匀混合。求过程的熵变。

解 (1) $$V = \frac{(n_A + n_B)RT}{p} = \frac{n_A RT}{p} + \frac{n_B RT}{p} = V_A + V_B$$

抽去隔板后，对 A 气体来说，相当于等温下，体积从 V_A 胀大到 V，所以有：

$$\Delta S_A = nR \ln \frac{V}{V_A}$$

同理对 B 气体来说也是如此 $\Delta S_B = nR \ln \dfrac{V}{V_B}$，所以有：

$$\Delta S_{混合} = \Delta S_A + \Delta S_B = n_A R \ln \frac{V}{V_A} + n_B R \ln \frac{V}{V_B} = -n_A R \ln x_A - n_B R \ln x_B = -R \sum_B n_B \ln x_B$$

例 2-2 (1) 可逆过程：$\Delta S_{环境} = -19.14 \text{J} \cdot \text{K}^{-1}$，$\Delta S_{孤立} = 0$；

(2) 真空膨胀过程：$Q_{体系} = 0$，$\Delta S_{环境} = 0$，$\Delta S_{孤立} = 19.14 \text{J} \cdot \text{K}^{-1}$，不可逆自发过程。

例 2-3，$\Delta S_{混合} > 0$，$\Delta S_{环境} = 0$，$\Delta S_{孤立} > 0$，不可逆自发过程。

例如某理想气体，其初始状态为 T_0、p_0，经绝热可逆膨胀和绝热恒外压膨胀，使两途径最终压力都降为 p_1，设两种情况下的最终温度分别为 $T_{R,1}$ 和 $T_{i,1}$，则由公式

$$\Delta S = nC_{p,m} \ln \frac{T_2}{T_1} - nR \ln \frac{p_2}{p_1}, \text{可知 } T_{i,1} > T_{R,1}$$

现将初始状态为 T_0、p_0 的理想气体经绝热可逆压缩和绝热恒外压压缩，使两途径最终

压力都升为 p_2，设两种情况下的最终温度分别为 $T_{R,2}$ 和 $T_{i,2}$，同理由公式

$$\Delta S = nC_{p,m} \ln \frac{T_2}{T_1} - nR \ln \frac{p_2}{p_1}, \text{ 可知 } T_{i,2} > T_{R,2}$$

2.12.2 相变过程

要计算某相变过程的熵变首先要确定，该相变是可逆相变，还是不可逆相变。

(1) 可逆相变

纯物质两相平衡时，相平衡温度与相平衡压力间有确定的函数关系。压力确定后，温度就确定了，反之亦然。

可逆相变，即是指在两相平衡压力与温度下的相变。

因为在可逆相变中压力恒定，所以可逆热即为相变焓。又由于温度一定，所以，物质 B 由 α 相转化为 β 相 $B(\alpha) \underset{T}{\overset{p}{\rightleftharpoons}} B(\beta)$，$\Delta_\alpha^\beta H_m$；其相变过程中体系的熵变为：

$$\Delta_\alpha^\beta S = \frac{n\Delta_\alpha^\beta H_m}{T}$$

例如：已知 $\Delta_{vap} H_m[H_2O(l)] = 40.6 kJ \cdot mol^{-1}$。现有 10mol H_2O (l) 在 373K、101325Pa 下汽化为水蒸气，求体系的熵变。

$$\Delta S = \int_1^2 \left(\frac{\delta Q}{T}\right)_R = \left(\frac{Q_R}{T}\right) = \frac{\Delta H}{T} = \frac{n\Delta_{vap} H_m}{T} = \frac{10mol \times 40.6 kJ \cdot mol^{-1}}{373.15K} = 1088 J \cdot K^{-1}$$

(2) 不可逆相变

不是在相平衡温度与其相平衡压力下进行的相变即为不可逆相变。要计算不可逆相变的熵变，必须设计一个包含可逆相变的可逆途径，由计算该可逆途径的热温商，计算不可逆相变的熵变。

在标准压力下，低于正常熔点（凝固点）温度下过冷液体的凝固；在一定温度下，在低于液体饱和蒸气压下液体的汽化等，都属于不可逆相变。

例如，已知 1atm、273K 下 $C_{p,m}[H_2O(l)] = 75.31 J \cdot K^{-1} \cdot mol^{-1}$；$C_{p,m}[H_2O(s)] = 37.65 J \cdot K^{-1} \cdot mol^{-1}$；水的凝固焓 $\Delta_{凝固} H_m = -6.02 kJ \cdot mol^{-1}$，求 1mol 水 263K 凝固为冰的熵变 ΔS。

设计如下途径：

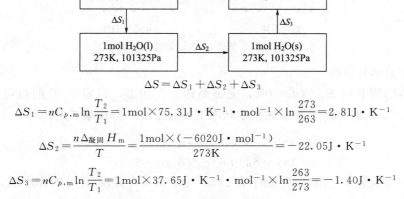

$$\Delta S = \Delta S_1 + \Delta S_2 + \Delta S_3$$

$$\Delta S_1 = nC_{p,m} \ln \frac{T_2}{T_1} = 1mol \times 75.31 J \cdot K^{-1} \cdot mol^{-1} \times \ln \frac{273}{263} = 2.81 J \cdot K^{-1}$$

$$\Delta S_2 = \frac{n\Delta_{凝固} H_m}{T} = \frac{1mol \times (-6020 J \cdot mol^{-1})}{273K} = -22.05 J \cdot K^{-1}$$

$$\Delta S_3 = nC_{p,m} \ln \frac{T_2}{T_1} = 1mol \times 37.65 J \cdot K^{-1} \cdot mol^{-1} \times \ln \frac{263}{273} = -1.40 J \cdot K^{-1}$$

$$\Delta S = \Delta S_1 + \Delta S_2 + \Delta S_3 = 2.81 J \cdot K^{-1} + (-22.05) J \cdot K^{-1} + (-1.40) J \cdot K^{-1} = -20.65 J \cdot K^{-1}$$

2.13 热力学第三定律和化学反应的熵变

2.13.1 热力学第三定律

恒温恒压下的化学变化，通常是不可逆的，反应热也不是可逆热，因而，反应热与反应温度的比不等于化学反应的熵变。要由熵变定义计算，必须设计含有可逆化学变化在内的一条可逆途径。这就首先需要可逆化学反应的数据。

但由于能斯特热定理的发现及热力学第三定律的提出，物质标准摩尔熵的确立，使化学变化熵变的计算变得简单了。

（1）能斯特热定理与第三定律

20世纪初，人们在研究低温化学反应中发现，温度越低，同一个恒温化学变化过程的熵变越小。

1906年，能斯特（Nernst W. H.）提出：凝聚体系在恒温化学变化过程中的熵变，随温度趋于0K而趋于零。即：$\lim\limits_{T \to 0K} \Delta_r S(T) = 0$ 或写成 $\Delta_r S(0K) = 0$，这就是能斯特热定理。

也就是在温度趋近于0K的等温过程中，体系的熵值不变。1912年，Planck把热定理推进了一步，他假定：在热力学温度0K时，纯凝聚态物质的熵值等于零。在1920年，Lewis和Gibson指出，Planck的假定只适用于完美晶体。

完美晶体：质点处于最低能级，规则地排列在完全有规律的点阵结构中，形成一种唯一的排布方式。所以，就有热力学第三定律的表述。

纯物质B的完美晶体在热力学温度T趋于0K时，其熵值为零，其表达式为：

$$\lim\limits_{T \to 0K} S_B^*(T, 完美晶体) = 0$$

第三定律之所以要规定纯物质，是由于若有杂质，至少会使物质增加混合熵；完美晶体是针对某些物质晶体可能存在无序排列，而这种无序排列也会使熵增大。

例如，NO分子晶体中分子的规则排列应为 NO NO NO NO…，但若有的分子反向排列，成为 NO NO ON…，会使熵增大。前一种排列的晶体为完美晶体，后一种不规则排列不是完美晶体（图2-24）。

完美晶体　　　　　　　　　非完美晶体

图2-24　完美晶体与非完美晶体

（2）规定熵和标准熵

定义：纯物质B以 S_B^*（$T = 0K$，完美晶体）为始态，以温度T的指定状态为末态，算出的熵变 ΔS_B^*，即为物质B在该指定状态下的规定熵。亦称第三定律熵。

$$B(0K) \xrightarrow{\Delta S_B^*} B(TK)$$

$$\Delta S_B^* = S_B^*(TK) - S_B^*(0K) = S_B^*(T)$$

定义：在标准态下，温度T时的规定熵，为该物质在温度T时的标准熵。标准熵的符号为 $S_m^{\ominus}$（B，T），测出298.15K下的数据列于物理化学手册中。

2.13.2 由标准熵计算标准摩尔反应熵

定义：一定温度 T 下，反应物与产物均为标准态下纯物质时的摩尔反应熵称为该温度 T 下该化学变化的标准摩尔反应熵。

类似于由标准摩尔生成焓计算标准摩尔反应焓，对于任意化学反应

$$0 = \sum_B \nu_B B$$

有

$$\Delta_r H_m^\ominus = \sum_B \nu_B \Delta_f H_{m,B}^\ominus$$

$$\Delta_r S_m^\ominus(298.15K) = \sum_B \nu_B S_{m,B}^\ominus(298.15K)$$

它等于同样温度下，参加反应的各物质的标准摩尔熵与其相应化学计量数乘积之和。

有了 $\Delta_r S_m^\ominus$（298.15K），我们计算温度 T 的标准摩尔反应熵变 $\Delta_r S_m^\ominus$（T）

$$d\Delta_r S_m^\ominus = dS_1 + dS_2$$

$$dS_1 = \frac{aC_{p,m,A}dT}{T} + \frac{bC_{p,m,B}dT}{T} = (aC_{p,m,A} + bC_{p,m,B})\frac{dT}{T}$$

$$dS_2 = \frac{eC_{p,m,E}dT}{T} + \frac{fC_{p,m,F}dT}{T} = (eC_{p,m,E} + fC_{p,m,F})\frac{dT}{T}$$

$$\Delta_r S_m^\ominus = \Delta S_1 + \Delta S_2 = \int_{T+dT}^{T}(aC_{p,m,A} + bC_{p,m,B})\frac{dT}{T} + \int_{T}^{T+dT}(eC_{p,m,E} + fC_{p,m,F})\frac{dT}{T}$$

$$\int_{T}^{T+dT} d\Delta_r S_m^\ominus = \int_{T}^{T+dT}\left(\sum_B \nu_B C_{p,m,B}\right)\frac{dT}{T}$$

$$\frac{d\Delta_r S_m^\ominus}{dT} = \frac{\sum_B \nu_B C_{p,m,B}}{T}$$

若 $C_{p,m} = a + bT + cT^2$，$T_1 - T_2$ 间作定积分：

$$\Delta_r S_m^\ominus(T_2) = \Delta_r S_m^\ominus(T_1) + \int_{T_1}^{T_2}\left(\sum_B \nu_B C_{p,m,B}\right)\frac{dT}{T}$$

不定积分：

$$\Delta_r S_m^\ominus(T) = \int\left(\frac{\Delta a + \Delta bT + \Delta cT^2}{T}\right)dT = \int\left(\frac{\Delta a}{T} + \Delta b + \Delta cT\right)dT = \Delta a\ln T + \Delta bT + \frac{\Delta c}{2}T^2 + I$$

2.14 亥姆霍兹函数和吉布斯函数

2.14.1 亥姆霍兹函数及其判据

热力学第一定律导出了热力学能这个状态函数，为了处理热化学中的问题，又定义了焓。热力学第二定律导出了熵这个状态函数，但用熵作为判据时，系统必须是隔离系统，也就是说必须同时考虑系统和环境的熵变，这很不方便。通常反应总是在等温、等压或等温、等容条件下进行，有必要引入新的热力学函数，利用系统自身状态函数的变化，来判断自发

变化的方向和限度：

从 $\Delta S_{\text{iso}} = \Delta S_{\text{sys}} + \Delta S_{\text{sur}} \geqslant 0$

$$\Delta S - \frac{Q}{T_{\text{sur}}} \geqslant 0$$

等温条件下，$T_1 = T_2 = T_{\text{sur}} = T$，$T\Delta S - Q \geqslant 0$；$\Delta U = Q + W$

$$T\Delta S - (\Delta U - W) \geqslant 0 ; -(\Delta U - T\Delta S) \geqslant -W$$

$$-[\Delta U - \Delta(TS)] \geqslant -W$$

$-\Delta[U - TS] \geqslant -W$；定义 $U - TS \equiv A$，称为亥姆霍兹自由能或 Helmholtz 函数，其为状态函数，属于容量性质。

$-\Delta A \geqslant -W$ 意为等温条件下体系亥姆霍兹自由能的减少不小于体系对外所做的功。

若恒容，则 $-\Delta A \geqslant -W'$，或 $-\mathrm{d}A \geqslant -\delta W'$ 意为等温等容条件下体系亥姆霍兹自由能的减少不小于体系对外所做的非体积功。

若等温等容，且非体积功为零，则 $-\Delta A \geqslant 0$ 或 $-\delta A \geqslant 0$；意为等温等容且非体积功为零时，过程的方向是亥姆霍兹自由能减少的方向，一直减小到最小值，体系达到平衡。

$-(\mathrm{d}A)_{T,V,W'=0} \geqslant 0$ ">"表示不可逆，自发；"＝"表示可逆，平衡。

2.14.2　吉布斯函数及其判据

等温条件下，已得到：$-[\Delta U - \Delta(TS)] \geqslant -W$

若等压条件下，$p_1 = p_2 = p_{\text{外}} = p$；$W = W' - p\Delta V$

则有：$-[\Delta U - \Delta(TS) + \Delta(pV)] \geqslant -W'$

$-\Delta(U - TS + pV) \geqslant -W'$ 定义 $U - TS + pV \equiv G$ 称为吉布斯自由能或吉布斯函数，为状态函数，属于容量性质。

则有：$-\Delta G \geqslant -W'$ 或 $-\mathrm{d}G \geqslant -\delta W'$ 等温等压条件下体系吉布斯函数的减少不小于体系对外所做的非体积功。

若再加上非体积功为零的条件，$-\Delta G \geqslant 0$ 或 $-\delta G \geqslant 0$；意为等温等压，且非体积功为零的条件下，过程向着体系吉布斯自由能减少的方向进行，一直减少到最小值，体系达到了平衡。

$-(\mathrm{d}G)_{T,p,W'=0} \geqslant 0$ "＞"表示不可逆，自发；"＝"表示可逆，平衡。

2.15　热力学状态函数间的关系式

2.15.1　热力学基本方程

热力学第一定律微分表达式：　　　$\mathrm{d}U = \mathrm{d}Q + \mathrm{d}W$

若非体积功为零，则：$\mathrm{d}U = \delta Q - p_{\text{外}}\mathrm{d}V$

可逆条件下，$\mathrm{d}S = \dfrac{\delta Q_R}{T}$ 代入上式，得 $\mathrm{d}U = T\mathrm{d}S - p\mathrm{d}V$，此即为热力学基本方程，有人称为热力学第一、第二定律联合表达式。

结合焓的定义式 $H = U + pV$ 其微分式为：

$$\mathrm{d}H = \mathrm{d}U + p\mathrm{d}V + V\mathrm{d}p$$

将热力学基本方程代入，得　　　$\mathrm{d}H = T\mathrm{d}S + V\mathrm{d}p$

Helmholtz 自由能定义　　　　　　　$A = U - TS$

其微分表达式为　　　　　　　　$dA = dU - TdS - SdT$

将热力学基本方程代入，得：　　$dA = -SdT - pdV$

吉布斯函数定义 $G = H - TS$；微分表达式 $dG = dH - TdS - SdT$

将 $dH = TdS + Vdp$ 代入，得　$dG = -SdT + Vdp$

有人将此四个关系式称为热力学基本关系式或称热力学基本方程。

$$dU = TdS - pdV$$
$$dH = TdS + Vdp$$
$$dA = -SdT - pdV$$
$$dG = -SdT + Vdp$$

2. 15. 2　对应系数关系式

从热力学基本方程可以看出：$U = U(S, V)$、$H = H(S, p)$、$A = A(T, V)$、$G = G(T, p)$，写出其全微分表达式：

$$dU = \left(\frac{\partial U}{\partial S}\right)_V dS + \left(\frac{\partial U}{\partial V}\right)_S dV (= TdS - pdV)$$

$$dH = \left(\frac{\partial H}{\partial S}\right)_p dS + \left(\frac{\partial H}{\partial p}\right)_S dp (= TdS + Vdp)$$

$$dA = \left(\frac{\partial A}{\partial T}\right)_V dT + \left(\frac{\partial A}{\partial V}\right)_T dV (= -SdT - pdV)$$

$$dG = \left(\frac{\partial G}{\partial T}\right)_p dT + \left(\frac{\partial G}{\partial p}\right)_T dp (= -SdT + Vdp)$$

得出对应系数：　$T = \left(\frac{\partial U}{\partial S}\right)_V = \left(\frac{\partial H}{\partial S}\right)_p$；$-S = \left(\frac{\partial G}{\partial T}\right)_p = \left(\frac{\partial A}{\partial T}\right)_V$；

$$V = \left(\frac{\partial G}{\partial p}\right)_T = \left(\frac{\partial H}{\partial p}\right)_S$$；$-p = \left(\frac{\partial U}{\partial V}\right)_S = \left(\frac{\partial A}{\partial V}\right)_T$。

2. 15. 3　其他判据式

对于 U、H、S、A、G 等热力学函数，只要其独立变量选择适当，就可以从一个已知的热力学函数求得所有其他热力学函数，从而可以把一个热力学系统的平衡性质完全确定下来。这个已知函数就称为特性函数，所选择的独立变量就称为该特性函数的特征变量。常用的特征变量为：$U(S, V)$，$H(S, p)$，$S(H, p)$，$A(T, V)$，$G(T, p)$。

当特征变量保持不变，特性函数的变化值可以用作判据。因此，对于组成不变、不做非体积功的封闭系统，可用作判据的有以下方面。

从热力学第二定律，$dS \geqslant \dfrac{\delta Q}{T}$，从热力学第一定律 $dU = \delta Q + \delta W$；非体积功为零，第一定律代入第二定律，得 $dS \geqslant \dfrac{dU + pdV}{T}$。

若 $dU = 0$，$dV = 0$ 且 $W' = 0$ 则，$dS_{UVW} \geqslant 0$；即为孤立体系的熵增原理，即熵判据。

仍讨论上式，若 $dS = 0$，$dV = 0$，且 $W' = 0$，则 $dU \leqslant 0$，可写作 $-dU_{SVW} \geqslant 0$；该式称为热力学能判据，意为恒熵恒容，非体积功为零条件下，过程向体系热力学能减少的方向进行，减少至最小值，体系达到了平衡态。

仍讨论上式，从焓的定义式 $dH = dU + p\,dV + V\,dp$ 代入上式，得 $dS \geqslant \dfrac{dH - V\,dp}{T}$。

若 $dS = 0$，$dp = 0$，且 $W' = 0$，则 $dH \leqslant 0$，可写作 $H_{S,P,W'}$；该式称为焓判据，意为恒熵恒压，非体积功为零条件下，过程向体系焓值减少的方向进行，减少至最小值，体系达到了平衡态。

2.15.4 麦克斯韦关系式

从热力学基本方程出发，根据复合函数二阶导数与求导次序无关可得一组关系式。

$$dU = T\,dS - p\,dV$$
$$dH = T\,dS + V\,dp$$
$$dA = -S\,dT - p\,dV$$
$$dG = -S\,dT + V\,dp$$

例如：从热力学基本方程第一式，

$$T = \left(\frac{\partial U}{\partial S}\right)_V \ \text{及} \ -p = \left(\frac{\partial U}{\partial V}\right)_S \ \text{因此得到} \ \frac{\partial^2 U}{\partial S \partial V} = \left(\frac{\partial T}{\partial V}\right)_S \ \text{及} \ \frac{\partial^2 U}{\partial V \partial S} = -\left(\frac{\partial p}{\partial S}\right)_V,$$

则得到

$$\left(\frac{\partial T}{\partial V}\right)_S = -\left(\frac{\partial p}{\partial S}\right)_V$$

同理可得：$\left(\dfrac{\partial T}{\partial p}\right)_S = \left(\dfrac{\partial V}{\partial S}\right)_p$；$\left(\dfrac{\partial S}{\partial V}\right)_T = \left(\dfrac{\partial p}{\partial T}\right)_V$ 及 $\left(\dfrac{\partial V}{\partial T}\right)_p = -\left(\dfrac{\partial S}{\partial p}\right)_T$ 此四组关系式称为麦克斯韦关系式，用来计算难于实验测定的物理量。

2.15.5 麦克斯韦关系式的应用

麦克斯韦关系式的主要应用是用可测的物理量的偏微商代替不可测物理量的偏微商。

（1）求 U 随 V 的变化关系

从基本公式第一式得 $\left(\dfrac{\partial U}{\partial V}\right)_T = T\left(\dfrac{\partial S}{\partial V}\right)_T - p$ $\left(\dfrac{\partial S}{\partial V}\right)_T$ 不易直接测定，但是 $\left(\dfrac{\partial S}{\partial V}\right)_T = \left(\dfrac{\partial P}{\partial T}\right)_V$，上式可写作 $\left(\dfrac{\partial U}{\partial V}\right)_T = T\left(\dfrac{\partial p}{\partial T}\right)_V - p$ 等号后面都是可测量。把理想气体状态方程代入得 $\left(\dfrac{\partial U}{\partial V}\right)_T = 0$，从理论上证明了焦耳实验的结论。由上式还可求非理想气体的 $\left(\dfrac{\partial U}{\partial V}\right)_T$。

（2）求 H 随 p 的变化关系

从基本公式第二式得 $\left(\dfrac{\partial H}{\partial p}\right)_T = T\left(\dfrac{\partial S}{\partial p}\right)_T + V$

$\left(\dfrac{\partial S}{\partial p}\right)_T$ 不易直接测定，但是 $\left(\dfrac{\partial S}{\partial p}\right)_T = \left(\dfrac{\partial V}{\partial T}\right)_p$，上式可写作

$$\left(\frac{\partial H}{\partial p}\right)_T = V - T\left(\frac{\partial V}{\partial T}\right)_p$$

等号后面都是可测量。把理想气体状态方程代入得 $\left(\dfrac{\partial H}{\partial p}\right)_T = 0$。

$\left(\dfrac{\partial U}{\partial V}\right)_T = T\left(\dfrac{\partial p}{\partial T}\right)_V - p$，$\left(\dfrac{\partial H}{\partial p}\right)_T = V - T\left(\dfrac{\partial V}{\partial T}\right)_p$ 是非常有用的两个式子，代入到 $U = U(T, V)$，$H = H(T, p)$ 的全微分式子中得：

$$dU = C_V\,dT + \left[T\left(\frac{\partial p}{\partial T}\right)_V - p\right]dV$$

$$dH = C_p dT + \left[V - T \left(\frac{\partial V}{\partial T} \right)_p \right] dp$$

由此两式可求出非理想气体由状态（p_1，V_1，T_1）变到状态（p_2，V_2，T_2）时的 ΔU 和 ΔH。

（3）S 随 p 或 V 的变化关系

由 $\left(\frac{\partial S}{\partial p} \right)_T = -\left(\frac{\partial V}{\partial T} \right)_p$，得 $(dS)_T = -\left(\frac{\partial V}{\partial T} \right)_p dp$，积分式 $\Delta_T S = -\int_{p_1}^{p_2} \left(\frac{\partial V}{\partial T} \right)_p dp$ 将状态方程代入可求。

（4）C_p 与 p 的关系

从基本公式第二式得 $\left(\frac{\partial S}{\partial T} \right)_p = \frac{C_p}{T}$，则 $\left[\frac{\partial}{\partial p} \left(\frac{\partial S}{\partial T} \right)_p \right]_T = \frac{1}{T} \left(\frac{\partial C_p}{\partial p} \right)_T$

$$\left(\frac{\partial C_p}{\partial p} \right)_T = T \left[\frac{\partial}{\partial p} \left(\frac{\partial S}{\partial T} \right)_p \right]_T = T \left[\frac{\partial}{\partial T} \left(\frac{\partial S}{\partial p} \right)_T \right]_p = -T \left[\frac{\partial}{\partial T} \left(\frac{\partial V}{\partial T} \right)_p \right]_p = -T \left(\frac{\partial^2 V}{\partial T^2} \right)_p$$

（5）C_V 与 V 的关系

同法可得
$$\left(\frac{\partial C_V}{\partial V} \right)_T = T \left(\frac{\partial^2 p}{\partial T^2} \right)_V$$

（6）求焦耳-汤姆逊系数

已知 $\mu = -\frac{1}{C_p} \left(\frac{\partial H}{\partial p} \right)_T$，从（2）知 $\left(\frac{\partial H}{\partial p} \right)_T = V - T \left(\frac{\partial V}{\partial T} \right)_p$

所以
$$\mu = -\frac{1}{C_p} \left[V - T \left(\frac{\partial V}{\partial T} \right)_p \right]$$

给出气体的状态方程，就可求得 μ 值，并判断出气体经节流膨胀后，温度如何变化。如某气体状态方程为 $p(V_m - b) = RT$，b 是大于零的常数，判断该气体经节流膨胀后，温度如何变化。

可求出该气体之 $\left(\frac{\partial V}{\partial T} \right)_p = \frac{R}{p}$，代入焦耳-汤姆逊系数公式，得 $\mu = -\frac{b}{C_p}$，即 $\mu = \left(\frac{\partial T}{\partial p} \right)_H$ 为负值。膨胀 dp 为负，则 dT 为正，温度升高。

2.15.6 吉布斯-亥姆霍兹方程

从 $dA = -SdT - pdV$ 及 $dG = -SdT + Vdp$ 可得：

$$\left(\frac{\partial A}{\partial T} \right)_V = -S \text{ 及 } \left(\frac{\partial G}{\partial T} \right)_p = -S$$

$$\left[\frac{\partial \left(\frac{A}{T} \right)}{\partial T} \right]_V = \frac{1}{T} \left(\frac{\partial A}{\partial T} \right)_V - \frac{A}{T^2} = \frac{-ST - A}{T^2} = -\frac{U}{T^2}$$

$$\left[\frac{\partial \left(\frac{G}{T} \right)}{\partial T} \right]_p = \frac{1}{T} \left(\frac{\partial G}{\partial T} \right)_p - \frac{G}{T^2} = \frac{-ST - G}{T^2} = -\frac{H}{T^2}$$

相应地
$$\left[\frac{\partial \left(\frac{\Delta A}{T} \right)}{\partial T} \right]_V = -\frac{\Delta U}{T^2} \text{ 及 } \left[\frac{\partial \left(\frac{\Delta G}{T} \right)}{\partial T} \right]_p = -\frac{\Delta H}{T^2}$$

2.16 ΔG 的计算

G 是状态函数，在指定的始态和末态之间 ΔG 是定值。因此，总可以设计可逆途径进行计算。

由定义计算
$$G = U + pV - TS = H - TS = A + pV$$
$$\Delta G = \Delta U + \Delta(pV) - \Delta(TS) = \Delta H - \Delta(TS) = \Delta A + \Delta(pV)$$

在等温情况下
$$\Delta G = \Delta H - T\Delta(S)$$

也可以从热力学基本方程得到
$$dG = -SdT + Vdp$$

① 可逆的相变过程：可逆的相变过程在恒温恒压下进行，且无非体积功，所以 $dG = 0$ 或 $\Delta G = 0$。

② 恒温变压过程
$$\Delta G = \int_{p_1}^{p_2} Vdp$$

物质不同，处理结果不同。固体和液体，体积随压力的变化很小，可忽略不计，即体积可按常量看待：
$$\Delta G = V(p_2 - p_1)$$

对于气体，体积不能当常量看待，应代入状态方程或过程方程再积分计算。如理想气体，有：
$$\Delta G = nRT\ln\frac{p_2}{p_1} = nRT\ln\frac{V_1}{V_2}$$

如某气体的状态方程为 $p(V_m - b) = RT$，则：
$$V_m = \frac{RT}{p} + b, V = \frac{nRT}{p} + nb,$$

积分结果为：
$$\Delta G = nRT\ln\frac{p_2}{p_1} + nb(p_2 - p_1)$$

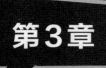

化学热力学

3.1 多组分体系的热力学

3.1.1 概述

前几章介绍了简单系统发生 pVT 变化、相变化和化学变化时 W、Q、ΔS、ΔU、ΔH、ΔA、ΔG 的计算。但所涉及的都是简单体系，所谓简单体系是指由纯物质形成的相及组成不变的相组成的平衡体系。但常见体系多数为多组分体系和相组成发生变化的体系。此即以下所研究的内容。

多组分体系包括多组分单相体系和多组分多相体系，而后者可看作几个多组分单相体系的组合。多组分单相体系是由两种或两种以上物质以分子大小的粒子相互均匀混合而成的均匀体系。多组分单相体系包括溶液和混合物。

广义地说，两种或两种以上物质均匀混合且彼此呈分子状态分布的均相体系称为溶液。溶液可分为气态溶液、液态溶液和固态溶液。液态溶液即是通常所说的溶液。在液态溶液中，一般把溶解在液体中的气体或固体叫做溶质，而把液体叫做溶剂。当液体溶于液体时，通常把含量较多的液体叫做溶剂，含量较少的液体叫做溶质。但当两个组分的含量差不多时，溶质和溶剂就没有明显的区别。通常对溶液中的溶剂和溶质，将分别按不同的标准态来研究。若对溶液中所有物质都按相同的标准态来研究，则这样的体系称为混合物。显然，气态溶液是一种混合物。

溶液又可分为电解质溶液与非电解质溶液。本节只讨论非电解质溶液，电解质溶液将在电化学部分讨论。本章的重点是液态溶液，但其中很多概念和公式也适用于固态溶液和气态混合物。对多相体系，将在相平衡中讨论。

混合物可分为理想混合物及真实混合物；溶液可分为理想稀溶液及真实溶液。理想混合物在全部组成范围内及理想稀溶液在小范围内均有简单的规律性。

3.1.2 组成的表示法

溶液的组成有多种表示方法。

（1）物质 B 的物质的量分数（摩尔分数）x_B

$$x_B = \frac{n_B}{n_A + \sum_B n_B} = \frac{n_B}{n_{总}}$$

习惯上，对液体和固体体系用 x_B，对气体体系用 y_B。

（2）物质 B 的质量摩尔浓度 b_B（或 m_B）

$$b_B = \frac{n_B}{m_A} \text{或} m_B = \frac{n_B}{m_A}$$

x_B 和 b_B 的关系：$x_B = \dfrac{b_B}{\dfrac{1}{M_A} + \sum\limits_B b_B} = \dfrac{b_B M_A}{1 + M_A \sum\limits_B b_B}$，$x_B = b_B M_A$（极稀溶液）

（3）物质 B 的物质的量浓度 c_B

$$c_B = \frac{n_B}{V}$$

c_B 和 x_B 的关系：$x_B = \dfrac{c_B}{\dfrac{\rho - M_B c_B}{M_A} + c_B} = \dfrac{c_B M_A}{\rho - M_B c_B + M_A c_B}$，

极稀溶液时

$$x_B = \frac{c_B M_A}{\rho}, \rho \approx \rho_A$$

（4）物质 B 的质量分数 w_B

$$w_B = \frac{m_B}{\sum\limits_B m_B}, \quad \text{B 既包含溶质又包含溶剂。}$$

3.1.3 偏摩尔量

在前面的章节里所研究的对象多为单组分体系（纯物质）或组成不变的体系。这样的体系有两个变量即可描述。如已学过的四个热力学基本公式都只涉及两个变量。但常见的体系绝大部分是多组分体系或变组成体系。在研究这样的体系时，变量的数目要增加，因此，体系中各物质的量 n_B 应该是决定体系状态的变量（表 3-1）。

表 3-1　20℃、10^5 Pa 下，乙醇-水混合物体积与各物质的量的关系

$n(C_2H_5OH)/\text{mol}$	$n(H_2O)/\text{mol}$	混合前两液体总体积 $\sum n_B V_m/10^{-6}\,m^3$	混合后溶液体积 $/10^{-6}\,m^3$	混合前后体积差 $\Delta V/10^{-6}\,m^3$
0	1.00	—	—	—
0.04	0.96	19.8	19.5	−0.3
0.14	0.86	23.7	23.1	−0.6
0.28	0.72	29.3	28.3	−1.0
0.37	0.63	33.0	31.9	−1.1
0.48	0.52	37.3	36.1	−1.2
0.61	0.39	42.7	41.6	−1.1
0.78	0.22	49.5	48.5	−1.0
1.00	0	—	—	—

研究发现：在均匀的多组分体系中，体系的某种容量性质不等于各个纯组分这种容量性质之和，而等于各组分此容量性质的偏摩尔量与其物质的量的乘积之和，即：

$$V(\text{溶液}) = n_A V_{A,m} + n_B V_{B,m} \neq n_A V_A^* + n_B V_B^*$$

式中，V_B^* 表示纯物质 B 的摩尔体积；$V_{B,m}$ 表示物质 B 在溶液中的偏摩尔体积。

（1）偏摩尔量的定义

我们知道，不论在什么体系中，质量总是具有加和性的，即体系的质量等于构成该体系的各部分质量的总和。但是，除了质量以外，其他的容量性质除非在纯物质中或在理想液态混合物中，一般都不具有加和性。

设有一均相体系是由组分 B、C、D、⋯ 所组成的，体系的任一种容量性质 X（如 V、U、H、S、A、G 等）除了与温度、压力有关外，还与体系中各组分的物质的量 n_B、n_C、n_D、⋯ 有关，写作函数的形式为：

$$X = X(T、p、n_B、n_C、n_D、\cdots)$$

如果温度、压力以及组成有微小的变化，则 X 亦相应的有微小的变化，写出全微分：

$$dX = \left(\frac{\partial X}{\partial T}\right)_{p,n_B,n_C,\cdots} dT + \left(\frac{\partial X}{\partial p}\right)_{T,n_B,n_C,\cdots} dp + \left(\frac{\partial X}{\partial n_B}\right)_{T,p,n_C,n_D,\cdots} dn_B + \left(\frac{\partial X}{\partial n_C}\right)_{T,p,n_B,n_D,\cdots} dn_C + \cdots$$ 式中

第一项，$\left(\frac{\partial X}{\partial T}\right)_{p,n_B,n_C,\cdots}$　表示当压力与各组分的物质的量均不变时，广度量 X 随温度的变化率；

第二项，$\left(\frac{\partial X}{\partial p}\right)_{T,n_B,n_C,\cdots}$　表示当温度与各组分的物质的量均不变时，广度量 X 随压力的变化率；

第三项，$\left(\frac{\partial X}{\partial n_B}\right)_{T,p,n_C,n_D,\cdots}$　表示当温度、压力与除 B 以外各组分的物质的量均不变时，广度量 X 随 B 的物质的量的变化率。它被称为组分 B 的偏摩尔量，以 X_B 标记。

简写作：

$$dX = \left(\frac{\partial X}{\partial T}\right)_{p,n_B,n_C,\cdots} dT + \left(\frac{\partial X}{\partial p}\right)_{T,n_B,n_C,\cdots} dp + \sum_B \left(\frac{\partial X}{\partial n_B}\right)_{T,p,n_C,n_D,\cdots} dn_B$$

在等温等压下，上式可写为：

$$dX = \sum_B \left(\frac{\partial X}{\partial n_B}\right)_{T,p,n_{C \neq B}} dn_B$$

令

$$X_B = \left(\frac{\partial X}{\partial n_B}\right)_{T,p,n_{C \neq B}}$$

我们定义：在 T，p 及除了组分 B 以外其他各组分物质的量均不改变的情况下，广度量 X 随组分 B 的物质的量 n_B 的变化率 X_B，称为组分 B 的偏摩尔量。

偏摩尔量的物理意义：在等温等压下，在无限大量的体系中，除了 B 组分以外，保持其他组分的数量不变，加入 1mol B 时所引起的体系容量性质 X 的改变。或者是在有限量的体系中由于组分 B 的物质的量发生了微小的变化引起体系容量性质 X 随组分 B 的物质的量的变化率。

若体系只有一种组分（即纯物质），则偏摩尔量就等于摩尔量。

只有广度量才有偏摩尔量，且只有 T，p 及除组分 B 以外其余各组分的物质的量均保持不变的条件下，广度量随某一组分物质的量的变化率才能称为偏摩尔量。其他条件下的变化率不是偏摩尔量。

常见的偏摩尔量定义式有：

$$V_B \xlongequal{def} \left(\frac{\partial V}{\partial n_B}\right)_{T,p,n_{C(C \neq B)}} \quad U_B \xlongequal{def} \left(\frac{\partial U}{\partial n_B}\right)_{T,p,n_{C(C \neq B)}} \quad H_B \xlongequal{def} \left(\frac{\partial H}{\partial n_B}\right)_{T,p,n_{C(C \neq B)}}$$

$$S_B \xlongequal{def} \left(\frac{\partial S}{\partial n_B}\right)_{T,p,n_{C(C \neq B)}} \quad A_B \xlongequal{def} \left(\frac{\partial A}{\partial n_B}\right)_{T,p,n_{C(C \neq B)}} \quad G_B \xlongequal{def} \left(\frac{\partial G}{\partial n_B}\right)_{T,p,n_{C(C \neq B)}}$$

（2）偏摩尔量的集合公式

偏摩尔量是强度性质，与混合物的组成有关，但与总量无关。若按混合物原有组成的比

例同时微量的加入组分 B、C、D、…以形成混合物，因在过程中组成恒定，故 X_B 为定值，可对上式积分。

前已有

$$dX = \left(\frac{\partial X}{\partial T}\right)_{p,n_B,n_C\cdots} dT + \left(\frac{\partial X}{\partial p}\right)_{T,n_B,n_C\cdots} dp + \sum_B \left(\frac{\partial X}{\partial n_B}\right)_{T,p,n_C,n_D\cdots} dn_B$$

则，温度压力一定时，有：$dX = \sum_B \left(\frac{\partial X}{\partial n_B}\right)_{T,p,n_{C\neq B}} dn_B$

积分可得：

$$X = X_B \int_0^{n_B} dn_B + X_C \int_0^{n_C} dn_C + \cdots = n_B X_B + n_C X_C + \ldots = \sum_B n_B X_B$$

此式即为偏摩尔量的集合公式。

（3）吉布斯-杜亥姆公式

如果在溶液中不按比例地添加各组分，则溶液的组成会发生改变，这时各组分的物质的量和偏摩尔量均会改变。

根据集合公式

$$X = n_B X_B + n_C X_C + \cdots$$

对 X 进行微分：

$$dX = n_B dX_B + X_B dn_B + n_C dX_C + X_C dn_C \cdots \tag{3-1}$$

在等温、等压下某均相体系任一容量性质的全微分为：

$$dX = X_B dn_B + X_C dn_C + \cdots \tag{3-2}$$

（1）（2）两式相比，得：

$$n_B dX_B + n_C dX_C + \cdots = 0$$

即

$$\sum_B n_B dX_B = 0$$

对上式两端同时除以 $n = \sum_B n_B$ 即可得到：$\sum_B x_B dX_B = 0$

此二式均可称为吉布斯-杜亥姆公式，说明偏摩尔量之间是具有一定联系的。它说明，恒温恒压下，当混合物组成发生微小变化时，若某一组成偏摩尔量增加，则另一组分的偏摩尔量必然减小。且变化大小比例与两组分的摩尔分数成反比。某一偏摩尔量的变化可从其他偏摩尔量的变化中求得。

（4）偏摩尔量的求法

以二组分的体积为例，介绍几种方法。

① 公式解析法　若能用公式来表示体积与组成的关系，则直接从公式求偏微商，就可以得到偏摩尔体积。

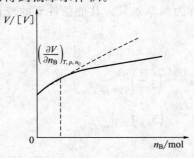

图 3-1　求得水的偏摩尔体积值

如某物质 B 的水溶液，溶液体积与物质 B 的浓度关系为：

$$V = A + B n_B + C n_B^2$$

则

$$V_B = \left(\frac{\partial V}{\partial n_B}\right)_{T,p,n_C} = B + 2C n_B$$

代入 n_B 的具体数值，就可以求得在此数值时的偏摩尔体积值。再根据集合公式还可以求得水的偏摩尔体积值（图 3-1）。

② 图解法　在 T、p 下向组成一定的体系加入组分

B，测出加入不同 B 的物质的量 n_B 时体系的体积 V，画出 V-n_B 图，得一条实验曲线，曲线上某点的切线的斜率 $\left(\dfrac{\partial V}{\partial n_B}\right)_{T,p,n_C}$ 即为组成为 x_B 时偏摩尔体积 V_B（图 3-2）。

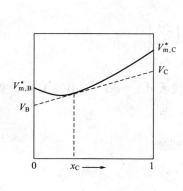

图 3-2 图解法求偏摩尔体积

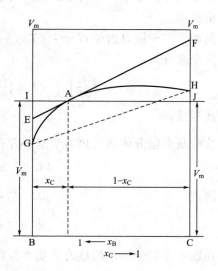

图 3-3 截距法求偏摩尔体积

③ 截距法 若有 B、C 两组分形成液态混合物，定义 $V_m = \dfrac{V}{n_1 + n_2}$，$V_m$ 是溶液的平均摩尔体积。通过实验可以求得不同 x_C 时的平均摩尔体积 V_m。$V_{m,B}^*$、$V_{m,C}^*$ 为两种纯液体的体积。

然后以 V_m 对 x_C 作图得一曲线（图 3-3 中实线）。在任意一点 A 处作曲线的切线，该切线在 $x_C = 0$ 的轴上的截距即为该组成时的 B 的偏摩尔体积 V_B，该切线在 $x_C = 1$ 的轴上的截距即为该组成时 C 的偏摩尔体积 V_C。

（5）同一组分的各种偏摩尔量之间的函数关系

定义式：$\qquad H_B = U_B + pV_B, A_B = U_B - TS_B, G_B = H_B - TS_B$

热力学基本关系式：

$$dU_B = TdS_B - pdV_B$$

$$dH_B = TdS_B + V_Bdp$$

$$dA_B = -S_BdT - pdV_B$$

$$dG_B = -S_BdT + V_Bdp$$

3.1.4 化学势

（1）化学势的定义

在各偏摩尔量中，以偏摩尔吉布斯函数应用最为广泛，是最重要的热力学函数之一。混合物（或溶液）中组分 B 的偏摩尔吉布斯函数 G_B 又称为 B 的化学势。也就是在温度、压力以及除 B 以外的其余各组分的物质的量保持不变时，体系的吉布斯自由能随组分 B 的物质的量 n_B 的变化率即为化学势，并用符号"μ_B"表示。所以其定义式为：

$$G_B = \mu_B = \left(\frac{\partial G}{\partial n_B}\right)_{T,p,n_C(C \neq B)}$$

所以化学势就是偏摩尔 Gibbs 自由能。化学势在判断相变和化学变化的方向和限度方面有重要作用。

（2）多组分体系的热力学基本方程

在多组分体系中，热力学函数的值不仅与其特征变量有关，还与组成体系的各组分的物质的量有关。

例如：吉布斯自由能 $G = G$（T，p，n_B，n_C，n_D，…）

其全微分为：

$$dG = \left(\frac{\partial G}{\partial T}\right)_{p,n_C} dT + \left(\frac{\partial G}{\partial p}\right)_{T,n_C} dp + \sum_B \left(\frac{\partial G}{\partial n_B}\right)_{Tp,n_C(C \neq B)} dn_B$$

或写成：

$$dG = -SdT + Vdp + \sum_B \mu_B dn_B$$

这就是多组分体系的热力学基本方程之一。将 dG 代入 $dA = dG - pdV - Vdp$，得：

$$dA = -SdT - pdV + \sum_B \mu_B dn_B$$

同理

$$dH = TdS + Vdp + \sum_B \mu_B dn_B$$

$$dU = TdS - pdV + \sum_B \mu_B dn_B$$

在四个多组分体系的热力学基本方程中，都多出了 $\sum_B \mu_B dn_B$ 一项，表示体系各组分的物质的量对体系各热力学函数的贡献。

（3）广义化学势

将 $U = U$（S，V，n_B，n_C，n_D，…），$H = H$（S，p，n_B，n_C，n_D，…），$A = A$（T，V，n_B，n_C，n_D，…）微分，再和热力学基本方程比较得：

$$\mu_B = \left(\frac{\partial U}{\partial n_B}\right)_{S,V,n_C(C \neq B)} = \left(\frac{\partial H}{\partial n_B}\right)_{S,p,n_C(C \neq B)} = \left(\frac{\partial A}{\partial n_B}\right)_{T,V,n_C(C \neq B)}$$

这三个式子再加上偏摩尔 Gibbs 自由能式合起来定义为广义化学势。其含义为：保持特征变量和除 B 以外其他组分不变，某热力学函数随其物质的量 n_B 的变化率称为化学势。

（4）化学势与温度、压力的关系

根据偏微商的规则，可以导出化学势与温度、压力的关系。

① 化学势与压力的关系

$$\left(\frac{\partial \mu_B}{\partial p}\right)_{T,n_B,n_C} = \left[\frac{\partial}{\partial p}\left(\frac{\partial G}{\partial n_B}\right)_{T,n_B,n_C}\right]_{T,n_B,n_C} = \left[\frac{\partial}{\partial n_B}\left(\frac{\partial G}{\partial p}\right)_{T,n_B,n_C}\right]_{T,p,n_C} = \left(\frac{\partial V}{\partial n_B}\right)_{T,p,n_C} = V_B$$

② 化学势与温度的关系

$$\left(\frac{\partial \mu_B}{\partial T}\right)_{p,n_B,n_C} = \left[\frac{\partial}{\partial T}\left(\frac{\partial G}{\partial n_B}\right)_{T,n_C}\right]_{p,n_B,n_C} = \left[\frac{\partial}{\partial n_B}\left(\frac{\partial G}{\partial T}\right)_{p,n_B,n_C}\right]_{T,p,n_C} = -\left(\frac{\partial S}{\partial n_B}\right)_{T,p,n_C} = -S_B$$

（5）化学势判据及其应用

在恒温恒压下，一个多组分多相系统发生相变化或化学变化时，系统的吉布斯函数变化为：

$$dG = dG(\alpha) + dG(\beta) + dG(\gamma) + \cdots = \sum_B \mu_B(\alpha) dn_B(\alpha) + \sum_B \mu_B(\beta) dn_B(\beta) + \cdots = \sum_\alpha \sum_B \mu_B(\alpha) dn_B(\alpha)$$

由吉布斯函数判据，可得化学势判据：

$$\sum_\alpha \sum_B \mu_B(\alpha) dn_B(\alpha) = 0 \quad (< 0 \text{自发}, = 0 \text{平衡})$$

判据使用条件： $dT = 0, dp = 0, dW' = 0$ 或 $dT = 0, dV = 0, dW' = 0$

或 $dS = 0$，$dp = 0$，$dW' = 0$ 或 $dS = 0$，$dV = 0$，$dW' = 0$

判据应用举例：水在恒温恒压下由液相到气相的平衡相变，转变的物质的量为 dn（g）。

$$H_2O(l) \longrightarrow H_2O(g)$$
$$\mu(l) \qquad \mu(g)$$
$$-dn(l) = dn(g)$$

由化学势判据知：

$$dG = \sum_\alpha \sum_B \mu_B(\alpha)dn_B(\alpha) = \mu(l)dn(l) + \mu(g)dn(g) = [\mu(g) - \mu(l)]dn(g)$$

若此相变化能自发进行，则必定 $dG < 0$，即 $\mu(g) < \mu(l)$

若两相处于相平衡状态，则 $dG = 0$。即 $\mu(g) = \mu(l)$

在恒温恒压下，系统自发变化（相变化或化学变化）的方向必然是由化学势高的一方到化学势低的一方，即朝着化学势减小的方向进行；若系统处于平衡状态，则其化学势必然相等。

3.1.5　气体组分的化学势

化学势 μ_B 是状态函数，化学势和许多热力学量一样，其绝对值是不知道的，可以确定的只是由于 T、p、组成等性质的变化而引起的变化值，而且我们所需要的也只是其相对大小。所以，重要的问题是要为其选择一个基线（base line）。

标准状态（standard state）简称标准态就是这样一种基线，标准态下的化学势称为**标准化学势**，以符号 $\mu_B^\ominus$ 记之。上标 $\ominus$ 便是标准状态的标识。

对于纯物质，标准态是任意选择的标准压力 $p^\ominus$ 下的物质的确切的聚集状态。

对液体、固体物质就是标准压力 $p^\ominus$ 下的纯液体、固体（任意温度），此为实际的状态。

对气体物质就是标准压力 $p^\ominus$ 下的纯理想气体，遵守 $pV_m = RT$，此为假想状态。

对气体在标准态下的化学势称为气体的标准化学势 $\mu_{B(g)}^\ominus$。气体的标准化学势是温度的函数。

（1）纯理想气体的化学势

1mol 纯理想气体 B 在 T 温度下，压力由标准压力 $p^\ominus$ 变到某压力 p，则化学势由 $\mu_g^\ominus$ 变为 μ_{pg}^*。

$$B(pg, p) \longrightarrow B(pg, p)$$
$$\mu(g) \qquad \mu^*(pg)$$

由

$$d\mu^* = dG_m^* = -S_m^* dT + V_m^* dp$$

$dT = 0$，所以

$$d\mu^* = V_m^* dp = \frac{RT}{p} dp$$

积分：

$$\int_{\mu_g^\ominus}^{\mu_{pg}^*} d\mu^* = \int_{p^\ominus}^{p} \frac{RT}{p} dp$$

$$\mu_{pg}^* - \mu_g^\ominus = RT \ln \frac{p}{p^\ominus}$$

$$\mu_{pg}^* = \mu_g^\ominus + RT \ln \frac{p}{p^\ominus}$$

（2）混合理想气体的化学势

对于理想气体混合物，其任一组分 B 的标准态为，该气体处于该温度及标准压力下的纯态。因为分子间无相互作用力，因而其中某一组分 B 在某温度 T，总压力 p，摩尔分数

y_B，（即分压力 p_B）下的化学势与它在 T，p_B 下的纯理想气体的化学势相同

$$\mu_{B(pg)} = \mu_{B(g)}^{\ominus} + RT\ln\frac{p_B}{p^{\ominus}}$$

（3）纯真实气体的化学势

真实气体的标准态规定为温度 T，标准压力 $p^{\ominus}$ 下的纯理想气体（假想的状态）。设计如下途径，保持温度 T 不变。

① 经 $\Delta G_{m,1}$ 让标准态下理想气体变为 p 的理想气体。

② 此 p 的理想气体经 $\Delta G_{m,2}$ 再变为 $p \to 0$ 真实气体；此状态也是 $p \to 0$ 理想气体。

③ 最后该 $p \to 0$ 的真实气体经 $\Delta G_{m,3}$ 变为压力 p 的真实气体。

$$
\begin{array}{ccc}
\text{B(pg}, T, p^{\ominus}) & \xrightarrow{\Delta G} & \text{B(g}, T, p) \\
\mu^{\ominus}(\text{g}, T) & & \mu^{*}(\text{g}, T, p) \\
\Big\downarrow \Delta G_1 & & \Big\uparrow \Delta G_3 \\
\text{B(pg}, T, p) & \xrightarrow{\Delta G_2} & \text{B(g}, T, p \to 0) \text{ 此即 B(pg}, p \to 0)
\end{array}
$$

$$\Delta G = \mu^{*}(\text{g}, T, p) - \mu^{\ominus}(\text{g}, T)$$

$$\Delta G_1 = RT\ln\frac{p}{p^{\ominus}}$$

$$\Delta G_2 = \int_{p}^{0} V_m^{*}(\text{pg}, T, p)\mathrm{d}p = -\int_{0}^{p} V_m^{*}(\text{pg}, T, p)\mathrm{d}p$$

$\Delta G_3 = \int_{0}^{p} V_m^{*}(\text{g})\mathrm{d}p$，$V_m^{*}(\text{g})$ 为该温度下，纯真实气体的摩尔体积，它是压力的函数。

$$\Delta G = \Delta G_1 + \Delta G_2 + \Delta G_3$$

$$\mu^{*}(\text{g}) - \mu^{\ominus}(\text{g}) = RT\ln(p/p^{\ominus}) + \int_{0}^{p}[V_m^{*}(\text{g}) - V_m^{*}(\text{pg})]\mathrm{d}p$$

$$\mu^{*}(\text{g}) = \mu^{\ominus}(\text{g}) + RT\ln(p/p^{\ominus}) + \int_{0}^{p}\left[V_m^{*}(\text{g}) - \frac{RT}{p}\right]\mathrm{d}p$$

其中 $[V_m^{*}(\text{g}) - V_m^{*}(\text{pg})]$ 表示同样温度、压力下真实气体的摩尔体积与理想气体摩尔体积之差，可见纯真实气体与理想气体的化学势的差别是由于两者在同样温度、压力下摩尔体积的不同所造成。

（4）混合真实气体任一组分的化学势

在某一温度下，真实气体混合物中任一组分 B 的化学势 μ_B 与其标准化学势的推导方法与上类似。假设有如下途径：

$$
\begin{array}{ccc}
\text{B(pg}, T, p^{\ominus}) & \xrightarrow{\Delta G_B} & \text{B(g, mix}, p_B = y_B p) \\
\text{B(pg}, T, \text{mix}, y_B, p_B = p^{\ominus}) & \xrightarrow{\Delta G_B} & \text{B(g}, T, \text{mix}, p_B = y_B p) \\
\mu_B^{\ominus}(\text{g}, T) & & \mu_B(\text{g}, T) \\
\Big\downarrow \Delta G_{B,1} & & \Big\uparrow \Delta G_{B,3} \\
\text{B(pg}, T, \text{mix}, p_B = y_B p) & \xrightarrow{\Delta G_{B,2}} & \text{B(g}, T, \text{mix}, p \to 0) \text{ 此即 B(pg, mix}, p \to 0)
\end{array}
$$

其中，ΔG_B 均为 B 的偏摩尔吉布斯函变。三个假想步骤如下。

① 将理想气体混合物总压 p 改变到与真实气体混合物总压 p 相等。

② 总压 p 的理想气体混合物减压到 $p \to 0$，此时，它的状态与 $p \to 0$ 的真实气体混合物相同。

③ 将 $p \to 0$ 的真实气体混合物压缩到总压为 p 的末态。

$$\Delta G_B = \mu_B(g, T, p) - \mu_B^\ominus(g, T)$$

$$\Delta G_{B,1} = RT \ln \frac{p_B}{p^\ominus}$$

$$\Delta G_{B,2} = \int_p^0 V_B(pg) \mathrm{d}p = \int_p^0 V_m^*(pg) \mathrm{d}p = -\int_0^p V_m^*(pg) \mathrm{d}p$$

$$\Delta G_{B,3} = \int_0^p V_{B(g)} \mathrm{d}p \ ; \ V_B \ \text{为真实气体，总压} \ p \ \text{下偏摩尔体积。}$$

$$\Delta G_B = \mu_{B(g,T,p)} - \mu_{B(g,T)}^\ominus = \Delta G_{B,1} + \Delta G_{B,2} + \Delta G_{B,3}$$

$$\mu_{B(g,T,p)} - \mu_{B(g,T)}^\ominus = RT \ln \frac{p_B}{p^\ominus} + \int_0^p [V_{B(g)} - V_m^*(pg)] \mathrm{d}p$$

$$\mu_{B(g)} = \mu_{B(g)}^\ominus + RT \ln \frac{p_B}{p^\ominus} + \int_0^p \left\{ V_{B(g)} - \frac{RT}{p} \right\} \mathrm{d}p$$

(5) 逸度和逸度因子

理想气体混合物中组分 B 的化学势为：$\mu_{B(pg)} = \mu_{B(g)}^\ominus + RT \ln (y_B p / p^\ominus)$ 而真实气体混合物中任一组分 B 的化学势为：

$$\mu_{B(g)} = \mu_{B(g)}^\ominus + RT \ln \frac{p_B}{p^\ominus} + \int_0^p \left(V_{B(g)} - \frac{RT}{p} \right) \mathrm{d}p$$

为了使真实气体及其混合物中组分 B 的化学势表达式也具有如理想气的简单形式，引入了气体逸度与逸度因子的概念。

① 逸度与逸度因子　定义：气体 B 的逸度 $\tilde{p}_B$ 是具有压力单位 Pa 的物理量，它在 T，p 下满足如下方程：

$$\mu_{B(g)} = \mu_{B(g)}^\ominus + RT \ln (\tilde{p}_B / p^\ominus)$$ 若使此式等于真实气体混合物任一组分化学势的表达式。

$$RT \ln(\tilde{p}_B / p^\ominus) = RT \ln(p_B / p^\ominus) + \int_0^p \left[V_{B(g)} - \frac{RT^\ominus}{p} \right] \mathrm{d}p$$ 可得 $\tilde{p}_B = p_B \exp \int_0^p \left[\frac{V_{B(g)}}{RT} - \frac{1}{p} \right] \mathrm{d}p$

其中 $V_{B(g)}$ 为气体混合物中 B 的偏摩尔体积，为 T、p 的函数。对于纯真实气体，它是 B 的摩尔体积。对纯真实气体有：$\tilde{p}_B^* = p^\ominus \exp \left[\int_0^p \left(\frac{V_{m(g)}}{RT} - \frac{1}{p} \right) \mathrm{d}p \right]$ 可以看出，对理想气体 $\tilde{p}_B = p_B$，即理想气体混合物中任一组分的逸度等于其分压力，而纯理想气体的逸度等于其压力。

气体 B 的逸度对其分压之比，称为逸度因子 φ_B，$\varphi_B = \tilde{p}_B / p_B$。

由图 3-4 可见，理想气体的 $\tilde{p}$-p 线为通过原点的斜率为 1 的直线，在任意压力下均有：$\tilde{p} = p$ 而真实气体的 $\tilde{p}$-p 线在离开原点后，随压力变大，就偏离理想气体的直线。

气体标准态为压力为 $p^\ominus$ 的理想气体，即 a 点，真实气体的 b 点，虽然 $\tilde{p} = p^\ominus$，但不是标准态。

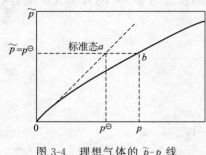

图 3-4 理想气体的 $\widetilde{p}$-p 线

② 路易斯-兰德尔逸度规则　逸度的定义式 $\widetilde{p}_B = p_B \exp \int_0^p \left[\dfrac{V_{B(g)}}{RT} - \dfrac{1}{p} \right] \mathrm{d}p$ 对真实气体的纯气体与混合物均适用。由此可知，当 $V_{B(g)} = V_{m,B(g)}^*$ 时，即在温度 T，总压 p 下 B 的偏摩尔体积等于温度 T，压力 p 下的纯 B 的摩尔体积时，即 $V_{(g)} = \sum_B n_B V_{B(g)} = \sum_B n_B V_{m,B(g)}^*$ 混合物中 B 的逸度因子等于在该温度及总压下纯态的逸度因子。$\varphi_B(T, p) = \varphi_B^*(T, p)$

$$\widetilde{p}_B = \varphi_B \times p_B = \varphi_B p y_B = \varphi_B^* \times p y_B = \widetilde{p}_B^* y_B$$

此即路易斯-兰德尔 (Lewis-Randall) 逸度规则：真实气体混合物中组分 B 的逸度等于该组分在该混合气体温度与总压下单独存在时的逸度与 B 的摩尔分数 y_B 的乘积。

局限性：在压力增大时，体积加和性往往有偏差，尤其含有极性组分或临界温度相差较大的组分时，偏差更大，这个规则就不完全适用了。

3.1.6 稀溶液中的两个经验定律

（1）拉乌尔定律

描述一定温度下理想稀溶液中溶剂或理想液态混合物中任一组分的蒸气压与液相组成的公式即为 Raoult's Law。

1886 年 Raoult 从实验得出：定温下，在稀溶液中，溶剂的蒸气压等于纯溶剂的蒸气压乘以溶液中溶剂的物质的量分数。

$$p_A = p_A^* x_A$$

（2）亨利定律

1803 年，亨利发现：一定温度下，气体在液体溶剂中的溶解度与该气体的压力成正比，这一规律对稀溶液中挥发性溶质也适用。

亨利定律：在一定温度下，稀溶液中挥发性溶质在气相中的平衡分压与其在溶液中的摩尔分数（质量摩尔浓度、物质的量浓度）成正比。

$$p_B = k_{x,B} x_B = k_{b,B} b_B = k_{c,B} c_B$$

式中，k_x、k_b、k_c 都叫亨利常数，它们之间的关系是 $k_{x,B} = \dfrac{k_{b,B}}{M_A} = \dfrac{k_{c,B} \rho_A}{M_A}$。

$$[k_{x,B}] = \mathrm{Pa}$$
$$[k_{b,B}] = \mathrm{Pa \cdot kg \cdot mol^{-1}}$$
$$[k_{c,B}] = \mathrm{Pa \cdot m^3 \cdot mol^{-1}}$$

虽然，亨利定律式与拉乌尔定律式形式相似，但亨利定律适用于挥发性溶质 B，拉乌尔定律适用于溶剂 A。亨利定律的比例系数 $k_{x,B}$ 并不具有纯溶质 B 在同温度下液体饱和蒸气压 p_A^* 的含义。亨利定律式与拉乌尔定律都仅适用于稀溶液。若溶液中溶剂适用于拉乌尔定律，则挥发性溶质适用于亨利定律。

使用亨利定律时须注意下列几点。

① p_B 是该气体在液面上方的分压力。对混合气体，在总压力不大时，亨利定律能分别适用于每一种气体，可近似地认为与其他气体无关。

② 溶质在气相中和在溶液中的分子形式必须是相同的。例如 HCl，在气相中为 HCl 分子，在苯中也为 HCl 分子，所以对 HCl 的苯溶液，可应用亨利定律。但 HCl 在水中电离，所以对 HCl 的水溶液，不可应用亨利定律。

③ 亨利常数是温度的函数，压力不变时，温度升高气体的溶解度降低。但在有机溶剂中除外。

④ 亨利常数与溶剂溶质两者的本性有关。

3.1.7 理想液态混合物

(1) 理想液态混合物（有的教科书称为理想溶液）的定义

宏观定义：任一组分在全部组成范围内都遵守拉乌尔定律的溶液称为理想液态混合物。严格的理想混合物是不存在的，但某些结构上的异构体的混合物，如 o-二甲苯与 p-二甲苯……可认为是理想混合物。光学异构体、同位素、立体异构体和紧邻同系物混合物属于这种类型。

从分子的角度来看，理想液态混合物中各组分物理性质相近，异种分子间的相互作用力，与它们混合前，各自处于纯态时的同种分子间的相互作用力相同。所以单位混合物液体表面上任一组分 B 所占分数，由纯态的 1 下降为 x_B 时，混合物的蒸气压由纯态的 p_B^* 下降为 $p_B^* x_B$，即：$p_B = p_B^* x_B$

定义理想液态混合物的意义：理想液态混合物服从的规律比较简单，且好多混合物在一定的组成范围内与理想液态混合物有类似的性质。因此只要对从理想液态混合物所得到的公式作一些修正，就能用于实际液态混合物。

(2) 理想液态混合物中任一组分 B 的化学势

利用任一组分在气、液两相平衡时，化学势相等的原理，结合气体化学势表达式及理想液态混合物的定义式，推导理想液态混合物任一组分化学势与混合物组成的关系。

温度 T 时，组分、B、C、D、…形成理想液态混合物，其各组分的组成分别为 x_B、x_C、x_D、…，气、液两相平衡时，$\mu_B^l = \mu_B^g$；若与理想液态混合物成平衡的蒸气压与标准压力相差不大，可近似看作理想气体混合物，则：

$$\mu_B^l = \mu_B^g = \mu_B^\ominus(g, T) + RT \ln \frac{p_B}{p^\ominus}$$

因任一组分在全部组成范围内遵守拉乌尔定律 $p_B = p_B^* x_B$，代入上式，有：

$$\mu_B^l = \mu_B^g = \mu_B^\ominus(g, T) + RT \ln \frac{p_B^*}{p^\ominus} + RT \ln x_B$$

而对纯液体，即 $x_B = 1$ 时，在 T，p 下纯液体的化学势，有：

$$\mu_{B(l)}^* = \mu_{B(g)}^\ominus + RT \ln \frac{p_B^*}{p^\ominus}$$

所以：

$$\mu_{B(l)} = \mu_{B(l)}^* + RT \ln x_B$$

因为理想液态混合物组分 B 的标准态为同样温度 T 压力为 $p^\ominus$ 下的纯液体，其标准化学势为 $\mu_{B(l)}^\ominus$

下面用 $dG_m = -S_m dT + V_m dp$ 求出 $\mu_{B(l)}^*$ 与 $\mu_{B(l)}^\ominus$ 的关系

当压力从 $p^\ominus \to p$，纯液体的化学势从 $\mu_{B(l)}^\ominus \to \mu_{B(l)}^*$

$$\int_{\mu_{B(l)}^{\ominus}}^{\mu_{B(l)}^*} d\mu_{B(l)} = \int_{p^{\ominus}}^{p} V_{m,B(l)}^* dp$$

$\mu_{B(l)}^* = \mu_{B(l)}^{\ominus} + \int_{p^{\ominus}}^{p} V_{m,B(l)}^* dp$ 将此式代入到 $\mu_{B(l)} = \mu_{B(l)}^* + RT\ln x_B$ 中，可得：

$$\mu_{B(l)} = \mu_{B(l)}^{\ominus} + \int_{p^{\ominus}}^{p} V_{m,B(l)}^* dp + RT\ln x_B,$$

通常情况下 p 与 $p^{\ominus}$ 相差不大，积分项可略去。则：$\mu_{B(l)} = \mu_{B(l)}^{\ominus} + RT\ln x_B$

例如：298K 时，若 $p = 2p^{\ominus}$，已知液态水的摩尔体积 $V_m^*[H_2O(l)] = 1.8 \times 10^{-5} m^3 \cdot mol^{-1}$，则 $\int_{p^{\ominus}}^{p} V_m^*[H_2O(l)]dp = 1.8 J \cdot mol^{-1}$，数值很小，可以略去。

（3）理想液态混合物的混合性质

所谓"理想液态混合物的混合性质"是指，在恒温恒压下，n_B 摩尔纯液体 B 与 n_c 摩尔纯液体 C 形成组成为 x_B 的理想液态混合物的过程中，系统热力学性质 V、H、S、G 等的变化。即 $\Delta_{mix}V$、$\Delta_{mix}H$、$\Delta_{mix}S$、$\Delta_{mix}G$ 以及由此导出的 $\Delta_{mix}U$、$\Delta_{mix}A$。

导出的依据就是理想液态混合物任一组分 B 的化学势的表达式。

① 混合摩尔体积 $\Delta_{mix}V$ $\quad \Delta_{mix}V = \sum_B n_B V_B - \sum_B n_B V_{m,B}^*$

$$\mu_{B(l)} = \mu_{B(l)}^* + RT\ln x_B$$

对此式在温度一定，且混合物组成不变的（恒温、恒组成）条件下将上式对压力求偏导数，得到：$\left(\dfrac{\partial \mu_B}{\partial p}\right)_{T,x} = \left[\dfrac{\partial(\mu_B^* + RT\ln x_B)}{\partial p}\right]_{T,x} = \left(\dfrac{\partial \mu_B^*}{\partial p}\right)_{T,x}$

因为 $\left(\dfrac{\partial \mu_B}{\partial p}\right)_{T,x} = V_B$ 及 $\left(\dfrac{\partial \mu_B^*}{\partial p}\right)_{T,x} = V_{m,B}^*$，也就是 $V_B = V_{m,B}^*$ 代入到

$\Delta_{mix}V = \sum_B n_B V_B - \sum_B n_B V_{m,B}^*$，则得到 $\Delta_{mix}V = 0$，即理想混合无体积效应。

② 混合摩尔焓 $\Delta_{mix}H$ $\quad \Delta_{mix}H = \sum_B n_B H_B - \sum_B n_B H_{m,B}^*$。

对 $\mu_{B(l)} = \mu_{B(l)}^* + RT\ln x_B$ 两端同时除以 T，得：$\dfrac{\mu_{B(l)}}{T} = \dfrac{\mu_{B(l)}^*}{T} + R\ln x_B$

然后在恒压、恒组成条件下对温度求偏导数

$$\left[\dfrac{\partial(\mu_B/T)}{\partial T}\right]_{p,x} = \left[\dfrac{\partial(\mu_B^*/T + R\ln x_B)}{\partial T}\right]_{p,x} = \left[\dfrac{\partial(\mu_B^*/T)}{\partial T}\right]_{p,x}$$

再考虑到吉布斯-亥姆霍兹公式 $\left[\dfrac{\partial\left(\dfrac{\Delta G}{T}\right)}{\partial T}\right]_p = -\dfrac{\Delta H}{T^2}$，则：

$-\dfrac{H_B}{T^2} = -\dfrac{H_m^*}{T^2}$ 即 $H_B = H_{m,B}^*$ 代入到 $\Delta_{mix}H = \sum_B n_B H_B - \sum_B n_B H_{m,B}^*$ 则，得到 $\Delta_{mix}H = 0$，即理想混合无热效应。

③ 混合摩尔熵 $\Delta_{mix}S$ $\quad \Delta_{mix}S = \sum_B n_B S_B - \sum_B n_B S_{m,B}^*$

在恒压、恒组成条件下对温度求偏导数 $\mu_{B(l)} = \mu_{B(l)}^* + RT\ln x_B$ 则得到：

$$\left(\dfrac{\partial \mu_B}{\partial T}\right)_{p,x} = \left[\dfrac{\partial(\mu_B^* + RT\ln x_B)}{\partial T}\right]_{p,x} = \left(\dfrac{\partial \mu_B^*}{\partial T}\right)_{p,x} + R\ln x_B$$

又有 $\left(\dfrac{\partial G_B}{\partial T}\right)_{p,n_B}=-S_B$ 及 $\left(\dfrac{\partial G}{\partial T}\right)=-S$

可得：$\qquad\qquad\left(\dfrac{\partial \mu_B}{\partial T}\right)_{p,x}=-S_B$ 以及 $\left(\dfrac{\partial \mu_B^*}{\partial T}\right)_{p,x}=-S_{m,B}^*$

则有 $S_B=S_{m,B}^*-R\ln x_B$，将此式代入到

$$\Delta_{mix}S=\sum_B n_B S_B-\sum_B n_B S_{m,B}^*$$

可得到：

$$\Delta_{mix}S=\sum_B n_B(S_{m,B}^*-R\ln x_B)-\sum_B n_B S_{m,B}^*=-\sum_B n_B R\ln x_B=-R\sum_B n_B\ln x_B$$

由于 $x_B=\dfrac{n_B}{\displaystyle\sum_B n_B}$，两端同时除以 $\displaystyle\sum_B n_B$，得 $\Delta_{mix}S=-R\displaystyle\sum_B x_B\ln x_B$

即在恒温、恒压下，由纯液体形成理想液态混合物时混合熵的计算公式，也可用于计算理想气体恒温、恒压下混合熵。

前已得到，$\Delta_{mix}V=0$，理想混合无体积效应以及 $\Delta_{mix}H=0$，理想混合无热效应。对于非体积功为零时，又无体积效应，则 $W=0$ 无热效应即 $Q=0$，因此，$\Delta_{mix}U=0$，可以得出两个导出的辅助函数 $\Delta_{mix}A$ 及 $\Delta_{mix}G$。

$\Delta_{mix}A=\Delta_{mix}U-T\Delta_{mix}S$ 以及 $\Delta_{mix}G=\Delta_{mix}H-T\Delta_{mix}S$ 可以得出：

$$\Delta_{mix}A=\Delta_{mix}G=RT\sum_B x_B\ln x_B$$

从 $\Delta_{mix}S$、$\Delta_{mix}A$ 及 $\Delta_{mix}G$ 都可以推断出，体系各组分的混合过程是自发过程。

无热效应、无体积效应表明体系与环境间无能量交换，也没有物质传递到环境，因此为孤立的，环境熵变为零，则体系的混合熵 $\Delta_{mix}S=-R\displaystyle\sum_B x_B\ln x_B>0$，可以用来判断过程为自发过程。混合过程既是等温等容又是等温等压过程，可用

$$\Delta_{mix}A=\Delta_{mix}G=RT\sum_B x_B\ln x_B<0$$ 判断过程为自发过程。总之，混合过程为自发进行的。

④ 拉乌尔定律与亨利定律的一致性　理想液态混合物，气、液两相平衡时，两相化学势相等，$\mu_B^l=\mu_B^g$；若与理想液态混合物成平衡的蒸气压与标准压力相差不大，可近似看作理想气体混合物，则：

$$\mu_B^l=\mu_B^g$$
$$\mu_B^l=\mu_B^*+RT\ln x_B\,;\mu_B^g=\mu_B^\ominus+RT\ln(p_B/p^\ominus)$$

$\mu_B^*+RT\ln x_B=\mu_B^\ominus+RT\ln(p_B/p^\ominus)$ 移项，取反对数得：$\dfrac{p_B/p^\ominus}{x_B}=\exp\left[\dfrac{\mu_B^*-\mu_B^\ominus}{RT}\right]$

令 $k_B p^\ominus=k_{x,B}$；$\dfrac{p_B}{x_B}=k_B p^\ominus=k_{x,B}$；

$$x_B=1,k_{x,B}=p_B^*\,;p_B=p_B^* x_B$$

3.1.8　理想稀溶液

前已提及对于混合物的任意组分用同样的标准态研究；对于溶液的溶质与溶剂用采用不同的标准态加以研究。

上文对理想液态混合物用同样的标准态推导了化学势与组分的关系，下面将对理想稀溶

液的溶剂 A 与溶质 B 采用不同的标准态推导化学势与组分的关系。

以二组分体系为例。设 A 为溶剂、B 为溶质。在理想稀溶液中溶剂服从拉乌尔定律，溶质服从亨利定律（有的教科书称为**稀溶液**）。所以理想稀溶液中溶剂的化学势与理想液态混合物中任一组分的化学势相同。

定义：理想稀溶液指的是溶质的相对含量趋于零的溶液。在这种溶液中，溶质分子间的距离非常远，几乎每一个溶剂分子或溶质分子周围都是溶剂分子。

（1）溶剂的化学势

若在一定温度 T 下，与理想稀溶液平衡的气体为理想气体混合物，因溶剂遵循拉乌尔定律，所以按上节理想液态混合物的推导方法，可知溶剂标准态即为温度 T，标准压力 $p^{\ominus}$ 下的纯溶剂。溶剂的化学势为与理想液态化合物中任一组分的化学势相同。

$$\mu_{A(l)} = \mu_{A(l)}^{*} + RT \ln x_A \quad （精确式）；若 p 与 p^{\ominus} 相差不大，积分项可略去。则：$$

$$\mu_{A(l)} = \mu_{A(l)}^{\ominus} + RT \ln x_A \quad （近似式）$$

实际上
$$\mu_{A(l)}^{*} = \mu_{A(l)}^{\ominus} + \int_{p^{\ominus}}^{p} V_{m,A(l)}^{*} \, dp,$$

下面看如何将 x_A 化为 b_B：

$$x_A = \frac{m_A/M_A}{m_A/M_A + \sum_B n_B} = \frac{1}{1 + \sum_B M_A b_B}$$

两端取自然对数：
$$\ln x_A = -\ln\left(1 + M_A \sum_B b_B\right) = -M_A \sum_B b_B$$

$$\left[理想稀溶液 \sum_B b_B \to 0，故只取第一项因为 \ln(1+x) = x - \frac{1}{2}x^2 + \frac{1}{3}x^3 - \frac{1}{4}x^4 + \cdots \right]$$

$$\mu_{A(l)} = \mu_{A(l)}^{\ominus} + \int_{p^{\ominus}}^{p} V_{m,A(l)}^{*} \, dp + RT \ln x_A = \mu_{A(l)}^{\ominus} + \int_{p^{\ominus}}^{p} V_{m,A(l)}^{*} \, dp - RTM_A \sum_B b_B$$

所以 $\mu_{A(l)} = \mu_{A(l)}^{*} - RTM_A \sum_B b_B$ 或近似为 $\mu_{A(l)} = \mu_{A(l)}^{\ominus} - RTM_A \sum_B b_B$。此为理想稀溶液溶剂化学势的表达式。

（2）溶质的化学势

以挥发性溶质为例，导出溶质化学势的表达式，再推广到非挥发性溶质。在一定的 T，p 下，理想稀溶液溶质 B 达两相平衡时，溶液中溶质 B 的化学势 $\mu_{B(溶质)}$ 与气相中 B 的化学势 $\mu_{B(g)}$ 相等。根据亨利定律，气相中 B 的分压为 $p_B = k_{b,B} b_B$，气相若视为混合理想气体，有：

$$\mu_{B(溶质)} = \mu_{B(g)} = \mu_{B(g)}^{\ominus} + RT \ln(p_B/p^{\ominus})$$

若亨利定律组成标度为质量摩尔浓度 b_B 则：

$$\mu_{B(溶质)} = \mu_{B(g)}^{\ominus} + RT \ln(k_{b,B} b_B/p^{\ominus})$$

$$\mu_{B(溶质)} = \mu_{B(g)}^{\ominus} + RT \ln(k_{b,B} b^{\ominus}/p^{\ominus}) + RT \ln(b_B/b^{\ominus})$$

$b^{\ominus} = 1 \text{mol} \cdot \text{kg}^{-1}$，为溶质的标准质量摩尔浓度

溶质标准态是在标准压力 $p^{\ominus} = 100\text{kPa}$ 且当组成表示形式 $b^{\ominus} = 1\text{mol} \cdot \text{kg}^{-1}$、$c^{\ominus} = 1\text{mol} \cdot \text{m}^{-3}$ 及 $x_B = 1$ 下具有理想稀溶液性质的假想状态，因为此时已不遵守亨利定律。

$\mu_{B(g)}^{\ominus} + RT \ln(k_{b,B} b^{\ominus}/p^{\ominus})$ 为 T，p 下 $b_B = b^{\ominus} = 1\text{mol} \cdot \text{kg}^{-1}$ 且遵守亨利定律时的化学势，它与同温度、$p^{\ominus} = 100\text{kPa}$ 下溶质 B 的标准化学势不同，其差值为：

$$\mu_{B(g)}^{\ominus} + RT \ln(k_{b,B} b^{\ominus}/p^{\ominus}) = \mu_{B(溶质)}^{\ominus} + \int_{p^{\ominus}}^{p} V_{B(溶质)}^{\infty} \, dp$$

所以：
$$\mu_{B(溶质)} = \mu_{B(溶质)}^{\ominus} + RT\ln(b_B/b^{\ominus}) + \int_{p^{\ominus}}^{p} V_{B(溶质)}^{\infty}\,\mathrm{d}p$$

若 p 与 $p^{\ominus}$ 相差不大，也可近似为：
$$\mu_{B(溶质)} = \mu_{B(溶质)}^{\ominus} + RT\ln(b_B/b^{\ominus})$$

类似地：
$$\mu_{B(溶质)} = \mu_{B(g)} = \mu_{B(g)}^{\ominus} + RT\ln(p_B/p^{\ominus})$$

若 $p_B = k_{c,B}c_B$，则 $\mu_{B(溶质)} = \mu_{B(g)}^{\ominus} + RT\ln(k_{c,B}c_B/p^{\ominus})$
$$\mu_{B(溶质)} = \mu_{B(g)}^{\ominus} + RT\ln(k_{c,B}c^{\ominus}/p^{\ominus}) + RT\ln(c_B/c^{\ominus})$$

$\mu_{B(溶质)} = \mu_{B(g)}^{\ominus} + RT\ln(k_{c,B}c^{\ominus}/p^{\ominus})$ 为 T，p 下 $c_B = c^{\ominus} = 1\text{mol}\cdot\text{m}^{-3}$ 且遵守亨利定律时的化学势，它与同温度、$p^{\ominus} = 100\text{kPa}$ 下溶质 B 的标准化学势不同，其差值为：
$$\mu_{B(g)}^{\ominus} + RT\ln(k_{c,B}c^{\ominus}/p^{\ominus}) = \mu_{B(溶质)}^{\ominus} + \int_{p^{\ominus}}^{p} V_{B(溶质)}^{\infty}\,\mathrm{d}p$$

所以：
$$\mu_{B(溶质)} = \mu_{B(溶质)}^{\ominus} + RT\ln(c_B/c^{\ominus}) + \int_{p^{\ominus}}^{p} V_{B(溶质)}^{\infty}\,\mathrm{d}p$$

若 p 与 $p^{\ominus}$ 相差不大，也可近似为：$\mu_{B(溶质)} = \mu_{B(溶质)}^{\ominus} + RT\ln(c_B/c^{\ominus})$

若组成标度以 x_B 表示，类似地：
$$\mu_{B(溶质)} = \mu_{B(g)} = \mu_{B(g)}^{\ominus} + RT\ln(p_B/p^{\ominus})$$

$p_B = k_{x,B}x_B$ 代入上式 $\mu_{B(溶质)} = \mu_{B(g)}^{\ominus} + RT\ln(k_{x,B}x_B/p^{\ominus})$
$$\mu_{B(溶质)} = \mu_{B(g)}^{\ominus} + RT\ln(k_{x,B}/p^{\ominus}) + RT\ln x_B$$

其中：
$$\mu_{B(溶质)} = \mu_{B(g)}^{\ominus} + RT\ln(k_{x,B}/p^{\ominus})$$

为 T，p 下 $x_B = 1$ 且遵守亨利定律时的化学势，它与同温度、$p^{\ominus} = 100\text{kPa}$ 下溶质 B 的标准化学势不同，其差值为：
$$\mu_{B(溶质)} = \mu_{B(g)}^{\ominus} + RT\ln(k_{x,B}/p^{\ominus}) = \mu_{B(溶质)}^{\ominus} + \int_{p^{\ominus}}^{p} V_{B(溶质)}^{\infty}\,\mathrm{d}p$$

所以：$\mu_{B(溶质)} = \mu_{B(溶质)}^{\ominus} + RT\ln x_B + \int_{p^{\ominus}}^{p} V_{B(溶质)}^{\infty}\,\mathrm{d}p$

若 p 与 $p^{\ominus}$ 相差不大，也可近似为：
$$\mu_{B(溶质)} = \mu_{B(溶质)}^{\ominus} + RT\ln x_B$$

（3）理想稀溶液溶质化学势表示式的应用-分配定律

实验上经常遇到把两种完全不互溶的液体搅混在一起，然后静置，它们就各自分成两个具有明显界面的液层，如 $H_2O\text{-}CCl_4$ 即是如此。若让第三种物质，如碘溶于它们之中就会发现，当两层液体之间的溶解达于平衡之后，碘在这两层液体之间量的比值是常数，即不随加入碘量不同而改变。

设 B 在 α，β 相中有相同的分子形式，在一定的温度压力下，质量摩尔浓度分别为 $b_B(\alpha)$ 与 $b_B(\beta)$，化学势与标准化学势分别为：$\mu_B(\alpha)$，$\mu_B(\beta)$ 及 $\mu_B^{\ominus}(\alpha)$，$\mu_B^{\ominus}(\beta)$。则根据

$\mu_{B(溶质)} = \mu_{B(溶质)}^{\ominus} + RT\ln(b_B/b^{\ominus})$ 有：$\mu_B(\alpha) = \mu_B^{\ominus}(\alpha) + RT\ln[b_B(\alpha)/b^{\ominus}]$ 及 $\mu_B(\beta) = \mu_B^{\ominus}(\beta) + RT\ln[b_B(\beta)/b^{\ominus}]$

当 B 在 α、β 两相中达到相平衡时，B 的化学势相等。所以有：
$$\mu_B^{\ominus}(\alpha) + RT\ln\frac{b_B(\alpha)}{b^{\ominus}} = \mu_B^{\ominus}(\beta) + RT\ln\frac{b_B(\beta)}{b^{\ominus}}$$

因为 T 与 $\mu_B^{\ominus}(\alpha)$ 及 $\mu_B^{\ominus}(\beta)$ 为常数，$\ln\dfrac{b_B(\alpha)}{b_B(\beta)} = \dfrac{\mu_B^{\ominus}(\beta) - \mu_B^{\ominus}(\alpha)}{RT} = \text{const}$

$K = b_B(\alpha)/b_B(\beta)$，$K$ 称为分配系数。

在一定温度，压力下，当溶质在共存的，两不互溶液体间达成平衡时，若形成理想稀溶液，则溶质在两液相中质量摩尔浓度比为一常数。这就是分配定律。溶解过程中不发生解离、缔合、化学变化。

3.1.9 稀溶液的依数性

当非挥发性溶质溶入某一溶剂时，会发生下列现象：溶液的蒸气压将比纯溶剂的蒸气压降低，沸点将比纯溶剂的有所升高，凝固点（固态纯溶剂与溶液平衡共存的温度）将比纯溶剂降低，另外在溶液与纯溶剂间还会产生渗透压。

当溶液很稀时，其蒸气压下降、沸点升高、凝固点降低以及渗透压现象，仅与溶液中溶质质点数目有关，而与溶质本性无关，因此上述四种性质被称为稀溶液的依数性。

（1）蒸气压下降

在溶剂中加入非挥发性溶质后，溶液中溶剂的蒸气压 p_A 低于同温度下纯溶剂的饱和蒸气压 p_A^*，这一现象称为溶剂的蒸气压下降。其定量关系已由拉乌尔定律给出：

$$p_A = p_A^* x_A$$

因 $x_A + x_B = 1$，上式又可写为：$p_A = p_A^*(1 - x_B)$

所以有：

$$\Delta p_A = p_A^* - p_A = p_A^* x_B$$

即稀溶液溶剂的蒸气压的降低值仅与溶液中溶质的物质的量分数成正比，而与溶质的本性无关。这也是其他依数性的基础。

溶液中溶剂的化学势 $\mu_A = \mu_A^* + RT\ln x_A$，由于 $x_A < 1$，故 $\mu_A < \mu_A^*$。

（2）凝固点降低（析出固态纯溶剂）

凝固点定义：在一定外压下，使液体逐渐冷却至开始析出固体时的平衡温度称为液体的凝固点。若外压为标准压力，则该平衡温度为标准凝固点，以 T_f 表示。

同样，在一定外压下，固态物质被加热而开始析出液体的温度，称为该固态物质的熔点。若外压为标准压力，则该平衡温度为标准熔点，以 T_m 表示。

对纯物质：$T_f^* = T_m^*$，对溶液或混合物 $T_f \neq T_m$。

在不形成固态溶液的情况下，稀溶液中析出固态纯溶剂的温度 T_f（溶液的凝固点）低于纯溶剂在同样外压下的凝固点 T_f^*，称为凝固点降低现象。

下面，用热力学原理推导凝固点降低值 ΔT_f 与溶液组成 b_B 的定量关系式。

压力 p 恒定，溶液组成为 b_B，溶液凝固点为 T_f。溶液中溶剂的化学势等于固态纯溶剂的化学势：

$$\mu_A = \mu_{A(s)}^*$$

若使溶液的组成由 $b_B \to b_B + db_B$，溶液凝固点由 $T \to T + dT$ 则相应的化学势变化为：

$$\mu_{A(s)}^* + d\mu_{A(s)}^* = \mu_A + d\mu_A \text{ 则有 } d\mu_{A(s)}^* = d\mu_A$$

固态纯溶剂的化学势只是温度的函数（压力一定），而溶液中溶剂 A 的化学势是 T、b_B 的函数：

$$d\mu_{A(s)}^* = \left[\frac{\partial \mu_{A(s)}^*}{\partial T}\right]_p dT; d\mu_A = \left(\frac{\partial \mu_A}{\partial T}\right)_{p,b_B} dT + \left(\frac{\partial \mu_A}{\partial b_B}\right)_T db_B \text{ 而 } \mu_A = \mu_A^* - RTM_A b_B$$

$$\left[\frac{\partial \mu_{A(s)}^*}{\partial T}\right]_p dT = \left(\frac{\partial \mu_A}{\partial T}\right)_{p,b_B} dT + \left(\frac{\partial \mu_A}{\partial b_B}\right)_T db_B$$

$$-S_{m,A(s)}^* \, dT = -S_{B,A} \, dT - RTM_A \, db_B$$

$$[S_{B,A} - S_{m,A(s)}^*] \, dT = -RTM_A \, db_B$$

$S_{B,A} - S_{m,A(s)}^*$ 为固态纯溶剂 A 变为溶液中溶剂的摩尔熔化熵，熔化为可逆过程，则：

$$S_{m,A(s)}^* - S_{m,A(s)} = \frac{H_{B,A} - H_{m,A(s)}^*}{T}$$，$H_{B,A} - H_{m,A(s)}^*$ 为固态纯溶剂变为溶液中溶剂

的摩尔熔化焓，对稀溶液 $H_{B,A} \approx H_{m,A(l)}^*$，则有 $H_{B,A} - H_{m,A(s)}^* \approx H_{m,A(l)}^* - H_{m,A(s)}^* = \Delta_{fus} H_{m,A(s)}^*$，所以有：

$$-M_A \, db_B = \frac{\Delta_{fus} H_{m,A(s)}^*}{RT^2} \, dT$$

纯溶剂变成溶液 $b_B = 0 \rightarrow b_B$，$T = T_f^* \rightarrow T_f$ 以此作为边界条件，对上式积分：

$$-\int_0^{b_B} M_A \, db_B = \int_{T_f^*}^{T_f} \frac{\Delta_{fus} H_{m,A(s)}^*}{RT^2} \, dT$$ 得到：$M_A b_B = \frac{\Delta_{fus} H_{m,A(s)}^*}{R}\left(\frac{1}{T_f} - \frac{1}{T_f^*}\right)$

$$M_A b_B = \frac{\Delta_{fus} H_{m,A(s)}^*}{RT_f T_f^*}(T_f^* - T_f);$$

常压下 $\Delta_{fus} H_{m,A(s)}^* \doteq \Delta_{fus} H_{m,A(s)}^{\ominus}$ 通常 T_f^* 与 T_f 相差不大，$T_f^* T_f \doteq (T_f^*)^2$，$T_f^* - T_f = \Delta T_f$

$$M_A b_B = \frac{\Delta_{fus} H_{m,A(s)}^*}{RT_f T_f^*}(T_f^* - T_f)$$ 写作：$\Delta T_f = \left[\frac{R(T_f^*)^2 M_A}{\Delta_{fus} H_{m,A(s)}^{\ominus}}\right] \cdot b_B$；令 $\frac{R(T_f^*)^2 M_A}{\Delta_{fus} H_{m,A(s)}^{\ominus}} =$

K_f，称为凝固点降低系数，与溶剂性质有关，则：

$$\Delta T_f = K_f b_B$$

常见溶剂的凝固点降低系数值有表可查，K_f 的单位 K·mol^{-1}·kg。

（3）沸点升高

沸点是液体饱和蒸气压等于外压时的温度。若纯溶剂中加入非挥发性溶质 B，溶液中溶剂 A 的蒸气压小于同温度下纯溶剂 A 的蒸气压。图 3-5 中纯溶剂的饱和蒸气压曲线和 $p_{外}$ 压力线交于一点，此点对应的温度 T_b^* 是纯溶剂的沸点。而溶液的蒸气压曲线低于纯溶剂的液体蒸气压曲线，同 $p_{外}$ 压力线交于另一点，对应的温度 T_b 是溶液的沸点。$T_b > T_b^*$，所以溶液的沸点升高。

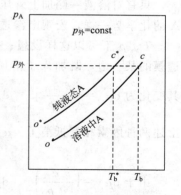

图 3-5 沸点升高示意

推导 ΔT_b 与溶液组成 b_B 的关系如下所述。

类似地，可以得到：
$$M_A b_B = -\frac{\Delta_{vap} H_{m,A}^*}{R}\left(\frac{1}{T_b} - \frac{1}{T_b^*}\right)$$

$$M_A b_B = \frac{\Delta_{vap} H_{m,A}^*}{RT_b T_b^*}(T_b^* - T_b)$$ 大气压力下 $\Delta_{vap} H_{m,A}^* \doteq \Delta_{vap} H_{m,A}^{\ominus}$ 并且 $T_b T_b^* \doteq (T_b^*)^2$

令 $T_b - T_b^* = \Delta T_b$，称为沸点升高值，$\Delta T_b = \left[\frac{R(T_b^*)^2 M_A}{\Delta_{vap} H_{m,A}^{\ominus}}\right] \cdot b_B = K_b \cdot b_B$

其中 $K_b = \frac{R(T_b^*)^2 M_A}{\Delta_{vap} H_{m,A}^{\ominus}}$ 称为沸点升高系数，其数值只与溶剂的性质有关。

结果表明，溶液的沸点升高值只与溶质的质量摩尔浓度成正比，与溶质的性质无关。

（4）渗透压（osmotic pressure）

半透膜：对于物质的透过有选择性的人造或天然的膜。

例如，亚铁氰化铜膜，只允许水透过，而不允许水中的糖透过。动物膀胱，只可使水透过，不能使摩尔质量高的溶质或胶体粒子透过。

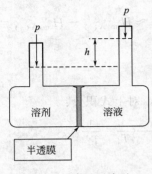

图 3-6　渗透压演示

定温下，在一个 U 形的容器内，用半透膜将纯溶剂和溶液分开，半透膜只容许溶剂分子通过（图 3-6）。

在一定温度下，用一个能透过溶剂，不能透过溶质的半透膜将纯溶剂与溶液分开。溶剂会通过半透膜渗透到溶液中，使溶液液面上升，直到液面升到一定高度，达到平衡状态，渗透才停止，如图 3-6 所示。这种对于溶剂的膜平衡，叫作渗透平衡。

渗透平衡时溶剂液面所受压力为 p，溶液液面所受压力也为 p。所以与溶剂液面同一水平上的溶液截面上的压力为 $p+\rho gh$。其中，ρ 为平衡时溶液密度，g 为重力加速度，h 为溶液液面高度-纯溶剂液面高度。ρgh 即是所谓渗透压。符号 Π。

T，p 下，设纯溶剂的化学势为 μ_A^*，溶液中溶剂的化学势为 μ_A，则有：

$\mu_A=\mu_A^*+RT\ln x_A$，由于 $x_A<1$；因此 $\mu_A^*>\mu_A$，此为渗透产生的原因。任何溶液都有渗透压，但若没有用半透膜来分隔溶液与纯溶剂，渗透压即无法表现出来。

测定渗透压的另一种方法，是在溶液一侧加一外压，使达到渗透平衡。此外压即为渗透压 Π。

只有对溶液一侧加上外压，使它压力由 p 增为 $p+\Pi$，使溶液中 A 的化学势升高，与纯 A 的化学势一样，宏观上渗透才会停止，重新达到平衡。

T、p 下可以这样设想；如果最初半透膜两边均为纯溶剂，两端化学势相等，如果在半透膜的某一边，既加入了溶质，又施加了压力，此二因素均使组分 A 的化学势发生改变，其变化为 $\mathrm{d}\mu_A=\left(\dfrac{\partial \mu_A}{\partial p}\right)_{T,b_B}\mathrm{d}p+\left(\dfrac{\partial \mu_A}{\partial b_B}\right)_{T,p}\mathrm{d}b_B=0$，若达渗透平衡，$\mu_A=\mu_A^*$，即 $\mathrm{d}\mu_A$ 已由上述两种因素相互抵消了。$\mu_A^*(p,b_B=0)\xrightarrow{\mathrm{d}\mu_A}\mu_A(p+\Pi,b_B)$

$$\mu_A=\mu_A^*-RTM_Ab_B$$

由于 $\mathrm{d}\mu_A=\left(\dfrac{\partial \mu_A}{\partial p}\right)_{T,b_B}\mathrm{d}p+\left(\dfrac{\partial \mu_A}{\partial b_B}\right)_{T,p}\mathrm{d}b_B$ 并且 $\mathrm{d}\mu_A=0$；$\left(\dfrac{\partial \mu_A}{\partial p}\right)_T=V_A\approx V_{m,A}^*$

所以 $\mathrm{d}\mu_A=V_{m,A}^*\mathrm{d}p-RTM_A\mathrm{d}b_B=0$；当溶液组成由 0 变为 b_B 时，外压需由 p 变为 $p+\Pi$，此即积分上下限。$\displaystyle\int_p^{p+\Pi}V_{m,A}^*\mathrm{d}p=RTM_A\int_0^{b_B}\mathrm{d}b_B$，积分，得：$\Pi V_{m,A}^*=RTM_Ab_B$，

$\Pi=\dfrac{RTM_A}{V_{m,A}^*}b_B=K_\Pi b_B$，其中 K_Π 称为渗透压系数。

而 $b_B=\dfrac{n_B}{m_A}=\dfrac{n_B}{n_AM_A}$，$n_AV_{m,A}^*=V_A\doteqdot V$，所以 $\Pi V=n_BRT$，$\Pi=c_BRT$。

3.1.10　活度与活度因子

（1）真实液态混合物中各组分的化学势——活度的概念

将理想气体化学势表达式中 B 的分压 p_B 换为真实气体 B 的逸度 $\tilde{p}_B$，即可表示真实气体

B 的化学势。从这个思路出发，将理想液态混合物中组分 B 的摩尔分数 x_B（组成标度）用活度 a_B 来代替，即可表示真实溶液中组分 B 的化学势。为了处理真实液态混合物，路易斯引入了活度的概念。在理想液态混合物中，任意组分 B 的化学势可以表示为 $\mu_B = \mu_B^*(T,p) + RT\ln x_B$，在获得这个公式时，引用了拉乌尔定律，即 $\dfrac{p_B}{p_B^*} = x_B$，对于非理想液态混合物，路易斯将拉乌尔定律修正为：

$$\frac{p_B}{p_B^*} = \gamma_B x_B$$

相应的，任意组分 B 的化学势可以修正为：

$$\mu_B = \mu_B^*(T,p) + RT\ln\gamma_B x_B$$

令

$$a_{B,x} = \gamma_B x_B, \lim_{x_B \to 1}\gamma_B = 1$$

$a_{B,x}$ 是 B 组分用物质的量分数表示时的活度，γ_B 称为活度系数，表示实际液态混合物与理想液态混合物的偏差。任意组分 B 的化学势也可以表示为：

$$\mu_B = \mu_B^*(T,p) + RT\ln a_{B,x}$$

从任意组分 B 的化学势中可以看到 $\mu_B^*(T,p)$ 是 $x_B = 1$，$\gamma_B = 1$ 即 $a_{B,x} = 1$ 的那个状态的化学势，这个状态就是纯组分 B。

若标准态压力为 $p^\ominus$，则压力 p 下的化学势，与 $p^\ominus$ 下化学势有如下关系：

$$\mu_{B(l)} = \mu_{B(l)}^\ominus + RT\ln a_B + \int_{p^\ominus}^{p} V_{m,B(l)}^* \, dp；常压下，p 与 p^\ominus 相差不大，所以有 \mu_{B(l)} = \mu_{B(l)}^\ominus + RT\ln a_B。$$

可见，活度 a_B 相当于"有效浓度"，活度系数 γ_B 衡量了 B 偏离理想情况的程度。

在压力不大情况下，组分 B 的活度可由测定与液相平衡的气相中 B 的分压 p_B 及同温度下纯 B 的饱和蒸气压 p_B^* 求得。气液平衡时液相的化学势为 $\mu_{B(l)} = \mu_{B(l)}^* + RT\ln a_B$。

因为，压力不大时，气相 B 的逸度 $\tilde{p}_B$ 可用分压 p_B 代替，所以气相化学势为：

$$\mu_{B(g)} = \mu_{B(g)}^\ominus + RT\ln(p_B/p^\ominus) = \mu_{B(g)}^\ominus + RT\ln(p_B^*/p^\ominus) + RT\ln(p_B/p_B^*)$$

因为 $\mu_{B(l)}^* = \mu_{B(l)}^\ominus + RT\ln\dfrac{p_B^*}{p^\ominus}$；$\mu_{B(g)} = \mu_{B(l)}^* + RT\ln(p_B/p_B^*)$；

而液相化学势 $\mu_{B(l)} = \mu_{B(l)}^* + RT\ln a_B$ 气液平衡时。气，液两者化学势相等，所以得到：

$$\mu_{B(g)} = \mu_{B(l)}^* + RT\ln(p_B/p^*) = \mu_{B(l)}^* + RT\ln(a_B) = \mu_{B(l)}；$$

所以得到：$a_B = p_B/p_B^*$；以及 $\gamma_B = a_B/x_B = p_B/(p_B^* x_B)$。

（2）真实溶液溶剂的化学势

为使真实溶液中溶剂与溶质的化学势与理想稀溶液的相同，用溶剂活度 a_A 代替 x_A，溶质活度 a_B 代替 $\dfrac{b_B}{b^\ominus}$、$\dfrac{c_B}{c^\ominus}$ 以及 x_B。

对溶剂 A，在 T，p 下，有：$\mu_{A(l)} = \mu_{A(l)}^* + RT\ln(a_A)$，常压下，$p$ 与 $p^\ominus$ 相差不大，所以 $\mu_{A(l)} = \mu_{A(l)}^\ominus + RT\ln a_A$；

溶剂 A 的活度因子 γ_A，$a_A = \gamma_A x_A$；$\mu_{A(l)} = \mu_{A(l)}^* + RT\ln(\gamma_A x_A)$ 及 $\lim_{x_A \to 1}\gamma_A = \lim_{x_A \to 1}(a_A/x_A) = 1$。

因稀溶液中活度近于 1，溶液中溶剂占多数，如果也用活度因子 γ_A 来表示，偏差不明显，所以 Bjerrum 建议用渗透因子 φ 来表示溶剂的非理想程度。

因为在稀溶液中有：$\ln(x_A) = -\ln(1 + M_A \sum_B b_B) \approx -M_A \sum_B b_B$；

定义 A 的渗透因子 $\varphi = -\dfrac{\ln(a_A)}{(M_A \sum_B b_B)}$；$\ln a_A = -\varphi \times M_A \sum_B b_B$，其中 φ 量纲为一，于是得到 $\mu_{A(l)} = \mu_{A(l)}^* - \varphi \times RT \times M_A \sum_B b_B$；$p$ 与 $p^{\ominus}$ 相差不大时，得到 $\mu_{A(l)} = \mu_{A(l)}^{\ominus} - \varphi \times RT \times M_A \sum_B b_B$，与稀溶液中溶剂的化学势表达式只是在 RT 前乘以 φ。

（3）真实溶液溶质的化学势

在稀溶液中，溶质服从亨利定律。若组成用不同的方法表示时，溶质的化学势也有不同的形式。

① 组成用质量摩尔浓度表示　在非理想溶液中，亨利定律修正为 $p_B = k_b b_B \gamma_b = k_b b^{\ominus} a_{B,b}$

$a_{B,b} = \gamma_b b_B / b^{\ominus}$，式中 γ_b 是组成用质量摩尔浓度表示时的活度系数，且有 $\lim\limits_{b_B \to 0} \gamma_b = 1$。代入气液平衡时组分 B 的化学势表示式，有：

$$\mu_B^l = \mu_B^g = \mu_B^{\ominus}(T) + RT \ln \frac{p_B}{p^{\ominus}} = \mu_B^{\ominus}(T) + RT \ln \frac{k_b b_B \gamma_b}{p^{\ominus}}$$

$$= \mu_B^{\ominus}(T) + RT \ln \frac{k_b b^{\ominus}}{p^{\ominus}} + RT \ln \frac{\gamma_b b_B}{b^{\ominus}} = \mu_B^{\oplus}(T, p) + RT \ln a_{B,b}$$

式中 $\mu_B^{\oplus}(T, p) = \mu_B^{\ominus}(T) + RT \ln \dfrac{k_b b^{\ominus}}{p^{\ominus}}$，它是浓度 $b_B = 1\text{mol} \cdot \text{kg}^{-1}$，且能满足亨利定律状态的化学势。显然此状态是个假想态。

在真实溶液中，亨利定律修正为 $p_B = k_x x_B \gamma_{B,x} = k_x a_{B,x}$

式中，$\gamma_{B,x}$ 是当组成用物质的量分数表示时的活度系数。

当溶液极稀时 $\gamma_{B,x} \to 1$，$a_{B,x} = x_B$，代入气液平衡时组分 B 的化学势表示式，有：

$$\mu_B^l = \mu_B^g = \mu_B^{\ominus}(T) + RT \ln \frac{p_B}{p^{\ominus}} = \mu_B^{\ominus}(T) + RT \ln(k_x / p^{\ominus}) + RT \ln a_{B,x} = \mu_B^*(T, p) + RT \ln a_{B,x}$$

$\mu_B^*(T, p)$ 是在 T、p 时，当 $x_B = 1$，$\gamma_{B,x} = 1$，即 $a_{B,x} = 1$（也就是说浓度一直到 $x_B = 1$ 时，仍然服从亨利定律）的那个状态的化学势。它实际上是一个假想态。

② 组成用物质的量浓度表示　在非理想溶液中，亨利定律修正为 $p_B = k_c c_B \gamma_c = k_c c^{\ominus} a_{B,c}$

$a_{B,c} = \gamma_c c_B / c^{\ominus}$，式中 γ_c 是当浓度用物质的量浓度表示时的活度系数，且有 $\lim\limits_{c_B \to 0} \gamma_c = 1$。代入气液平衡时组分 B 的化学势表示式，有：

$$\mu_B^l = \mu_B^g = \mu_B^{\ominus}(T) + RT \ln \frac{p_B}{p^{\ominus}} = \mu_B^{\ominus}(T) + RT \ln \frac{k_c c_B \gamma_c}{p^{\ominus}} = \mu_B^{\ominus}(T) + RT \ln \frac{k_c c^{\ominus}}{p^{\ominus}} + RT \ln \frac{\gamma_c c_B}{c^{\ominus}}$$

$$= \mu_B^{\otimes}(T, p) + RT \ln a_{B,c}$$

式中 $\mu_B^{\otimes}(T, p) = \mu_B^{\ominus}(T) + RT \ln \dfrac{k_c c^{\ominus}}{p^{\ominus}}$，它是浓度 $c_B = 1\text{mol} \cdot \text{kg}^{-1}$，且能满足亨利定

律状态的化学势。显然此状态也是个假想态。

对于非理想溶液，引入了活度的概念以后，其化学势仍保留了理想溶液化学势的表示形式。但注意 μ_B^*、$\mu_B^\oplus$、$\mu_B^\otimes$ 都不是标准态的化学势，而属于参考态的化学势，它们都是 T、p 的函数，数值也不相同。只有当各自的浓度数值都等于 1 且服从亨利定律，各自的活度系数也等于 1，即各自的活度都等于 1，且压力为 $p^\ominus$ 时，才是标准状态。但也都是假想的状态，可分别表示为 $\mu_{B,x}^\ominus$（T）、$\mu_{B,b}^\ominus$（T）、$\mu_{B,c}^\ominus$（T）。

（4）活度与活度系数的测定

① 蒸气压法

$$p_A = p_A^* x_A \gamma_A,\qquad \gamma_A = \frac{p_A}{p_A^* x_A}。$$

② 凝固点降低法

理想稀溶液

$$\ln x_A = \frac{\Delta_{fus} H_m(A)}{R} \cdot \left(\frac{1}{T_f^*} - \frac{1}{T_f}\right)$$

真实溶液

$$\ln a_A = \frac{\Delta_{fus} H_m(A)}{R} \cdot \left(\frac{1}{T_f^*} - \frac{1}{T_f}\right)$$

3.2　化学平衡

1861~1863　Berthelot，de Saint Gilles（法）提出逆反应和动态平衡的概念。

1864~1879　Guldberg-Waage（挪威）建立了质量作用定律，提出了平衡时正逆反应速率相等，正逆反应速率常数之比只是温度的函数。

1878　Gibbs 用化学势导出了平衡条件。

1884　Le Chatelier 平衡移动原理。

1889　vant Hoff 定义了平衡常数建立其与温度的关系方程。

1970's ISO（International Standard Organization）定义标准平衡常数。

研究化学反应主要包括两方面的问题：一个是化学反应的方向和限度；另一个是化学反应进行的快慢，即反应的速率。化学平衡着重研究化学反应的方向和限度。

任何化学反应都有正反两个方向，从微观上看，这两个方向总是同时进行的，但化学反应达平衡时，宏观上反应不再进行，微观上反应仍在进行，只是正反两方向反应的速率相等。

反应：

$$SO_2(g) + 0.5O_2(g) \Longrightarrow SO_3(g)$$

SO_2 分子与 O_2 分子会化合生成 SO_3 分子；但同时，SO_3 分子也会分解为 SO_2 和 O_2 分子。若体系的初始组成是原料 SO_2 和 O_2，那么在反应初期，体系中主要为 SO_2 和 O_2 分子，它们之间的碰撞频率较高，而 SO_3 的分子数很少，其分解的速率自然较低，故在宏观上，反应向正方向进行。随着反应的进行，SO_3 分子的浓度逐步提高，其分解速率也随之提高；SO_2 和 O_2 的浓度逐步降低，故合成 SO_3 的速率也随之降低，当达到一定程度时，两者的速率相等，此时，从宏观上看，体系的组成不再变化，化学反应达到了平衡。

从以上分析，化学反应平衡是一种动态的平衡，微观上，体系的正、反两方向的反应并没有停止，只是两者速率相等而已。这种平衡只是相对的，不是绝对的，一旦环境条件，如温度、压力等发生变化，反应体系的平衡就可能被打破，反应会向某一方向进行，直至达到新的平衡为止。

由热力学的基本原理，可以确定化学反应进行的方向和限度。只要弄清了反应体系的条件，即可由热力学公式求出反应达平衡的状态，并可求出平衡时，各组分的数量之间的关系。对反应可能性的判断，对新反应、新工艺的研究和设计具有特别重要的意义。可以避免人们徒劳地从事某些实际上不可能发生的反应及过程。

本节主要处理下列问题。

① 反应的推动力问题。即反应趋向平衡所需的热力学条件。

② 反应达平衡时的热力学关系。

③ 反应达平衡时的转化率、产率。

④ 影响化学平衡状态的一些因素。

3.2.1 化学反应的摩尔吉布斯函数

(1) 化学反应平衡条件

在恒温恒压下，一切变化都是向着吉布斯函数减小的方向进行的。化学反应也不例外。所以，吉布斯函数变化就是化学反应的推动力。

对任意的化学反应 $$0 = \sum_B \nu_B B$$

它是一个多组分体系，其吉布斯函数 $G = G(T, p, n_B, n_C, \cdots)$ 发生的微变可以表示为：

$$dG = -SdT + Vdp + \sum_B \mu_B dn_B$$

在恒温、恒压时 $$dG_{T,p} = \sum_B \mu_B dn_B$$

由反应进度 $dn_B = \nu_B d\xi$，则 $$dG_{T,p} = \sum_B \nu_B \mu_B d\xi$$

此式可写成 $$\left(\frac{\partial G}{\partial \xi}\right)_{T,p} = \sum_B \nu_B \mu_B \quad 定义 \left(\frac{\partial G}{\partial \xi}\right)_{T,p} = (\Delta_r G_m)_{T,p}$$

当 $\xi = 1 \text{mol}$ 时，又成为 $$(\Delta_r G_m)_{T,p} = \sum_B \nu_B \mu_B$$

这就是化学反应的平衡条件。其适用条件：等温、等压、非体积功为零的化学反应；反应过程中，各物质的化学势保持不变。前者表示有限体系中发生微小的变化；后者表示在大量的体系中发生了反应进度等于 1mol 的变化。这时各物质的组成基本不变，化学势也保持不变。

(2) 化学反应的方向与限度

将吉布斯函数判据用于化学反应，可得：

$(\Delta_r G_m)_{T,p} < 0$，反应自发的向右进行；

$(\Delta_r G_m)_{T,p} > 0$，反应自发的向左进行，不可能自发的向右进行；

$(\Delta_r G_m)_{T,p} = 0$，反应达到平衡。

用 $(\Delta_r G_m)_{T,p}$、$\left(\frac{\partial G}{\partial \xi}\right)_{T,p}$ 和 $\sum_B \nu_B \mu_B$ 判断化学反应的方向与限度是等效的。用 $\left(\frac{\partial G}{\partial \xi}\right)_{T,p}$ 判断，这相当于 G-ξ 图上曲线的斜率，因为是微小变化，反应进度处于 $0 \sim 1 \text{mol}$ 之间 (图 3-7)。

$$\left(\frac{\partial G}{\partial \xi}\right)_{T,p} < 0，反应自发向右进行，趋向平衡。$$

$$\left(\frac{\partial G}{\partial \xi}\right)_{T,p} > 0，反应自发向左进行，趋向平衡。$$

$\left(\dfrac{\partial G}{\partial \xi}\right)_{T,p}=0$，反应达到平衡。

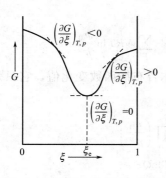

图 3-7 G-ξ 图

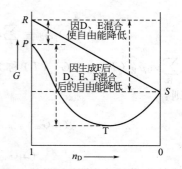

图 3-8 反应过程中吉布斯自由
能随反应过程的变化

（3）为什么化学反应通常不能进行到底？

严格讲，反应物与产物处于同一体系的反应都是可逆的，不能进行到底。

只有逆反应与正反应相比小到可以忽略不计的反应，可以粗略地认为可以进行到底。这主要是由于存在混合吉布斯自由能的缘故。

以反应 $D+E \longrightarrow 2F$ 为例，在反应过程中吉布斯自由能随反应过程的变化如图 3-8 所示。

① R 点　D 和 E 未混合时吉布斯自由能之和。

② P 点　D 和 E 混合后吉布斯自由能之和。

③ T 点　反应达平衡时，所有物质的吉布斯自由能之总和，包括混合吉布斯自由能。

④ S 点　纯产物 F 的吉布斯自由能。若要使反应进行到底，须在范霍夫平衡箱中进行，防止反应物之间或反应物与产物之间的任何形式的混合，才可以使反应从 R 点直接到达 S 点（图 3-9）。

（4）化学反应的亲和势（affinity of chemical reaction）

1922 年，比利时热力学专家德唐德（De donder）首先引进了化学反应亲和势的概念。他定义化学亲和势 A 为：$A=-\left(\dfrac{\partial G}{\partial \xi}\right)_{T,p}=-\sum_{B}\nu_{B}\mu_{B}=-(\Delta_{r}G_{m})_{T,p}$

图 3-9 范霍夫平衡箱

A 是状态函数，体系的强度性质。用 A 判断化学反应的方向具有"势"的性质，即：$A>0$，反应正向进行。$A<0$，反应逆向进行。$A=0$，反应达到平衡。可见化学反应的亲和势是化学反应的推动力。

3.2.2　化学反应等温方程式和标准平衡常数

（1）化学反应等温方程式

理想气体混合物任一组分 B 的化学势的表达式为：

$$\mu_{B}(T,p)=\mu_{B}^{\ominus}(T)+RT\ln\dfrac{p_{B}}{p^{\ominus}}$$

对任意化学反应，有：

$$0 = \sum_B \nu_B B$$

将化学势表达式代入 $(\Delta_r G_m)_{T,p}$ 的计算式，得：

$$(\Delta_r G_m)_{T,p} = \sum_B \nu_B \mu_B = \sum_B \nu_B \mu_B^\ominus(T) + \sum_B \nu_B RT \ln \frac{p_B}{p^\ominus}$$

令 $\sum_B \nu_B \mu_B^\ominus(T) = \Delta_r G_m^\ominus(T)$ 称为化学反应标准摩尔吉布斯函数变化值，它只是温度的函数，则：

$$(\Delta_r G_m)_{T,p} = \Delta_r G_m^\ominus(T) + RT \ln \prod_B \left(\frac{p_B}{p^\ominus}\right)^{\nu_B}$$

$$(\Delta_r G_m)_{T,p} = \Delta_r G_m^\ominus(T) + RT \ln Q_p$$

这就是化学反应等温方程式。Q_p 称为"压力商"，当化学反应写作 $dD + eE + \cdots \longrightarrow gG + hH + \cdots$ 时，$Q_p = \dfrac{(p_G/p^\ominus)^g (p_H/p^\ominus)^h \cdots}{(p_D/p^\ominus)^d (p_E/p^\ominus)^e \cdots}$，可以通过各物质的分压求算。$\Delta_r G_m^\ominus(T)$ 值可以通过多种方法计算，从而可得 $(\Delta_r G_m)_{T,p}$ 的值。

（2）标准平衡常数

当体系达到平衡，$(\Delta_r G_m)_{T,p} = 0$，则：

$$\Delta_r G_m^\ominus(T) = -RT \ln \frac{(p_G^e/p^\ominus)^g (p_H^e/p^\ominus)^h \cdots}{(p_D^e/p^\ominus)^d (p_E^e/p^\ominus)^e \cdots} = -RT \ln K^\ominus$$

$K^\ominus$ 仅是温度的函数。在数值上等于平衡时的"压力商"，是量纲为一的量，单位为1。因为它与标准化学势有关，所以称为标准平衡常数。该式左端代表的是标准态，右端代表的是平衡态。

$$K^\ominus = \prod_B \left(\frac{p_B^e}{p^\ominus}\right)^{\nu_B} = (p^\ominus)^{-\sum_B \nu_B} \cdot \prod_B (p_B^e)^{\nu_B}$$，早年标准压力取为 $p^\ominus = 101.325 \text{kPa}$，

现取为 $p^\ominus = 100 \text{kPa}$，则其标准平衡常数之比为 $\dfrac{K_1^\ominus}{K_2^\ominus} = \left(\dfrac{100}{101}\right)^{\sum_B \nu_B}$

（3）化学反应等温方程式用来判断反应方向

参加反应物质为理想气体的化学反应等温式可表示为：

$$\Delta_r G_m = -RT \ln K^\ominus + RT \ln Q_p = RT \ln \frac{Q_p}{K^\ominus}$$

$K^\ominus > Q_p$，$\Delta_r G_m < 0$，反应正向进行。

$K^\ominus < Q_p$，$\Delta_r G_m > 0$，反应逆向进行。

$K^\ominus = Q_p$，$\Delta_r G_m = 0$，反应达到平衡。

$$K^\ominus = \prod_B \left(\frac{p_B^e}{p^\ominus}\right)^{\nu_B} = \exp\left(-\frac{\Delta_r G_m^\ominus}{RT}\right) = \exp\left(-\frac{\sum_B \nu_B \mu_B^\ominus}{RT}\right)$$

（4）标准平衡常数与化学反应计量方程式的写法有关

标准平衡常数与标准摩尔反应吉布斯函数变化之间的关系为 $\Delta_r G_m^\ominus(T) = -RT \ln K^\ominus$

下标 m 表示反应进度为 1mol 时的标准 Gibbs 函数的变化值。显然，化学反应方程中计量系数呈倍数关系时，$\Delta_r G_m^\ominus(T)$ 的值也呈倍数关系，而 $K^\ominus$ 值则呈指数的关系。

例如，
$$H_2(g) + I_2(g) \longrightarrow 2HI(g) \tag{3-3}$$

$$\frac{1}{2}H_2(g)+\frac{1}{2}I_2(g)\longrightarrow HI(g) \tag{3-4}$$

$$\Delta_r G_{m,1}^{\ominus}(T)=2\Delta_r G_{m,2}^{\ominus}(T) \quad K_1^{\ominus}=(K_2^{\ominus})^2$$

（5）不同表示形式平衡常数间的关系

在气相反应中，还有几个常用的经验平衡常数。下面给出它们的定义及与标准平衡常数 $K^{\ominus}$ 的关系。

① 用分压表示的平衡常数 K_p

$$K_p=\prod_B (p_B^e)^{\nu_B}, K^{\ominus}=K_p \cdot (p^{\ominus})^{-\sum\nu_B}$$

K_p 与 $K_p^{\ominus}$ 一样，非理气时与 T，p 有关，理气时与 T 有关。

② 用摩尔分数表示的平衡常数 K_y

$$K_y=\prod_B (y_B)^{\nu_B}, y_B=p_B/p_总, K^{\ominus}=K_y \cdot \left(\frac{p_总}{p^{\ominus}}\right)^{\sum\nu_B}$$

K_y 与 T，p 有关。

③ 用浓度表示的平衡常数 K_c

$$K^{\ominus}=\prod_B \left(\frac{p_B^e}{p^{\ominus}}\right)^{\nu_B}=\prod_B \left(\frac{c_B^e RT}{p^{\ominus}}\right)^{\nu_B}=\prod_B \left(\frac{c_B^e c_B^{\ominus} RT}{c_B^{\ominus} p^{\ominus}}\right)^{\nu_B}=\left(\frac{c_B^{\ominus} RT}{p}\right)^{\sum_B \nu_B}\prod_B \left(\frac{c_B^e}{c_B^{\ominus}}\right)^{\nu_B}$$

$$=K_c^{\ominus}\left(\frac{c_B^{\ominus} RT}{p^{\ominus}}\right)^{\sum_B \nu_B}$$

理想气体时 K_c 与 T 有关。

④ 平衡常数 K_n

$$K_n=\prod_B n_{B,e}^{\nu_B}, y_B=\frac{n_B}{\sum n_B}, p_B=p y_B, K^{\ominus}=K_n \cdot \left(\frac{p}{p^{\ominus}\sum n_B}\right)^{\sum\nu_B}$$

K_n 与 T，p，$\sum n_B$ 有关。当 $\sum\nu_B=0$ 时，$K^{\ominus}=K_p=K_y=K_c=K_n$。

（6）包含纯凝聚相的理想气体反应的标准平衡常数

① 多相化学平衡 什么叫多相化学反应？有气相和凝聚相（液相、固体）共同参与的反应称为多相化学反应。只考虑凝聚相是纯态的情况，纯态的化学势就是它的标准态化学势，所以多相反应的标准平衡常数只与气态物质的分压有关。

例如，有下述反应，并设气体为理想气体：$CaCO_3(s)\longrightarrow CaO(s)+CO_2(g)$

达平衡，$K^{\ominus}=p(CO_2)/p^{\ominus}$

$p(CO_2)$ 称为 $CaCO_3$ （s）的分解压力。

$$\Delta_r G_m^{\ominus}(T)=-RT\ln K^{\ominus} \quad \Delta_r G_m=\sum_B \nu_B \mu_B^{\ominus}$$

常压下，压力对凝聚态的影响可忽略不计，凝聚态物质的化学势等于其标准化学势 $\mu_{B(凝聚态)}=\mu_{B(凝聚态)}^{\ominus}$；对纯物质，$\mu^{\ominus}=G_m$，平衡时，$\sum_B \nu_B \mu_B=0$。

$$-\mu_{CaCO_3}^{\ominus}+\mu_{CaO}^{\ominus}+\mu_{CO_2}^{\ominus}+RT\ln\frac{p_{CO_2}}{p^{\ominus}}=0$$

$$\Delta_r G_m^{\ominus}=\sum_B \nu_B \mu_B^{\ominus}=-RT\ln\frac{p_{CO_2}}{p^{\ominus}}$$

$K^{\ominus}=\dfrac{p_{CO_2}}{p^{\ominus}}$，其中 p_{CO_2} 为该温度下 CO_2 的平衡压力，称为 $CaCO_3$ 的分解压力。

$p_{CO_2} = p_环$ 时的温度为分解温度。

② 分解压力　某固体物质发生解离反应时，所产生气体的压力，称为分解压力，显然这压力在定温下有定值。

如果产生的气体不止一种，则所有气体压力的总和称为解离压力。

例如：

$$NH_4HS(s) \Longrightarrow NH_3(g) + H_2S(g)$$

分解压力：

$$p = p(NH_3) + p(H_2S)$$

则标准平衡常数：

$$K^{\ominus} = \frac{p(NH_3)}{p^{\ominus}} \cdot \frac{p(H_2S)}{p^{\ominus}} = \frac{1}{4}\left(\frac{p}{p^{\ominus}}\right)^2$$

③ 分解温度　在某温度 T 时，若某固体物质发生解离反应达平衡，所产生气体的压力刚好和外界大气压相等（即 $p = p^{\ominus}$），则此温度称为该物质发生分解反应的分解温度。依据下式可求出此分解温度。

$$\Delta_r G_m^{\ominus}(T) = -RT\ln K^{\ominus}$$

3.2.3　标准摩尔反应吉布斯函数的计算

(1) 由标准摩尔生成吉布斯函数计算标准摩尔反应吉布斯函数

因为吉布斯自由能的绝对值不知道，所以只能用相对标准，即将标准压力下稳定单质（包括纯的理想气体，纯的固体或液体）的生成吉布斯自由能看作零，则在标准压力下，由稳定单质生成 1mol 化合物时吉布斯自由能的变化值，称为该化合物的标准生成吉布斯自由能，用下述符号表示：$\Delta_f G_m^{\ominus}$（化合物、物态、温度）通常在 298.15K 时的值有表可查。

与由标准摩尔生成焓计算标准摩尔反应焓类似，$\Delta_r G_m^{\ominus} = \sum\limits_B \nu_B \Delta_f G_{m,B}^{\ominus}$；也就是对于稳定单质 $\Delta_f G_{m,B}^{\ominus} = 0$。

(2) 规定熵法

$G = H - TS$；等温条件下，$\Delta_r G_m^{\ominus} = \Delta_r H_m^{\ominus} - T\Delta_r S_m^{\ominus}$

(3) 由有关反应计算

例如，求 $C(s) + \frac{1}{2}O_2(g) \longrightarrow CO(g)$ 的平衡常数

① $\qquad\qquad C(s) + O_2(g) \longrightarrow CO_2(g) \qquad\qquad\qquad\qquad \Delta_r G_m^{\ominus}$

② $\qquad\qquad CO(g) + \frac{1}{2}O_2(g) \longrightarrow CO_2(g) \qquad\qquad\qquad \Delta_r G_m^{\ominus}$

①－②得③

③ $\qquad\qquad C(s) + \frac{1}{2}O_2(g) \longrightarrow CO(g) \qquad\qquad\qquad\quad \Delta_r G_m^{\ominus}$

$$\Delta_r G_m^{\ominus}(3) = \Delta_r G_m^{\ominus}(1) - \Delta_r G_m^{\ominus}(2)$$

$$K^{\ominus}(3) = \frac{K^{\ominus}(1)}{K^{\ominus}(2)}$$

3.2.4　平衡常数的测定和平衡转化率的计算

(1) 平衡常数的测定

① 物理方法　直接测定与浓度或压力呈线性关系的物理量，如折射率、电导率、颜色、

光的吸收、定量的色谱图谱和磁共振谱等，求出平衡的组成。这种方法不干扰体系的平衡状态。

② 化学方法 用骤冷、抽去催化剂或冲稀等方法使反应停止，然后用化学分析的方法求出平衡的组成。

（2）平衡转化率的计算

平衡转化率又称为理论转化率，是达到平衡后，反应物转化为产物的百分数。

$$平衡转化率 = \frac{达平衡后原料转化为产物的量}{投入原料的量} \times 100\%$$

工业生产中称的转化率是指反应结束时，反应物转化为产物的百分数，因这时反应未必达到平衡，所以实际转化率往往小于平衡转化率。

【例 3-1】 已知 $C_2H_4(g) + H_2O(g) \longrightarrow C_2H_5OH(g)$ 在 400K 时，$K^{\ominus} = 0.1$，若原料是由 1mol C_2H_4（g）和 1mol H_2O（g）组成，计算该温度及压力为 $p = 10p^{\ominus}$ 时 C_2H_4 的转化率，并计算平衡体系中各物质的摩尔分数（气体可当作理想气体）。

解 设 C_2H_4 转化了 α mol $C_2H_4(g) + H_2O(g) \longrightarrow C_2H_5OH(g)$

平衡时 $1-\alpha$ $1-\alpha$ α

平衡时混合物总量等于 $2-\alpha$ mol

$$K^{\ominus} = \frac{\alpha}{2-\alpha} \times \frac{p}{p^{\ominus}} \bigg/ \left(\frac{1-\alpha}{2-\alpha} \times \frac{p}{p^{\ominus}} \right)^2 = \frac{\alpha(2-\alpha)}{(1-\alpha)^2} \times \frac{p^{\ominus}}{p} = 0.1$$

将 $p = 10p^{\ominus}$ 代入，解得 $\alpha = 0.293$ mol，混合物总量 1.707mol。平衡转化率为 29.3%。进一步计算出平衡体系中各物质的摩尔分数为：

$$x_{C_2H_4} = x_{H_2O} = \frac{1-\alpha}{2-\alpha} = \frac{0.707}{1.707} = 0.414$$

$$x_{C_2H_5OH} = \frac{\alpha}{2-\alpha} = \frac{0.293}{1.707} = 0.172$$

3.2.5 温度、 压力及惰性气体对化学平衡的影响

（1）温度对化学平衡的影响

已知 $\dfrac{d(\Delta_r G_m^{\ominus}/T)}{dT} = -\dfrac{\Delta_r H_m^{\ominus}}{T^2}$，又知 $\Delta_r G_m^{\ominus}(T) = -RT\ln K^{\ominus}$，得 $\dfrac{d\ln K^{\ominus}}{dT} = \dfrac{\Delta_r H_m^{\ominus}}{RT^2}$

定性分析：对吸热反应，$\Delta_r H_m^{\ominus} > 0$，升高温度，$K^{\ominus}$ 增加，对正反应有利。对放热反应，$\Delta_r H_m^{\ominus} < 0$，升高温度，$K^{\ominus}$ 降低，对正反应不利。

定量计算：对微分式积分，须分两种情况来讨论。

① 温度变化不大，$\Delta_r H_m^{\ominus}$ 可近似看作常数处理

$$\ln \frac{K^{\ominus}(T_2)}{K^{\ominus}(T_1)} = -\frac{\Delta_r H_m^{\ominus}}{R} \left(\frac{1}{T_2} - \frac{1}{T_1} \right)$$

这一公式常用来从已知一个温度下的平衡常数求出另一温度下的平衡常数。

不定积分得：$\ln K^{\ominus} = -\dfrac{\Delta_r H_m^{\ominus}}{RT} + C$，$C$ 为不定积分常数。

等温下，$\Delta_r G_m^{\ominus} = \Delta_r H_m^{\ominus} - T\Delta_r S_m^{\ominus}$，两端同时除以 $-RT$ 得：

$$-\frac{\Delta_r G_m^{\ominus}}{RT} = -\frac{\Delta_r H_m^{\ominus}}{RT} + \frac{\Delta_r S_m^{\ominus}}{R}$$

$$\Delta_r G_m^{\ominus}(T) = -RT\ln K^{\ominus}$$

所以 $\ln K^{\ominus} = -\dfrac{\Delta_r H_m^{\ominus}}{RT} + \dfrac{\Delta_r S_m^{\ominus}}{R}$，所以不定积分常数 $C = \dfrac{\Delta_r S_m^{\ominus}}{R}$。

经验方程 $\ln K^{\ominus} = A + \dfrac{B}{T/K}$，其中 $A = \dfrac{\Delta_r S_m^{\ominus}}{R}$；$B = -\dfrac{\Delta_r H_m^{\ominus}}{R \cdot K}$。

② 温度间隔较大时，需考虑 $\Delta_r H_m^{\ominus}$ 与温度的关系

$$\Delta_r H_m^{\ominus}(T) = \Delta_r H_m^{\ominus}(298K) + \int_{298K}^{T} \Delta_r C_p \, dT = \Delta H_0 + \Delta a T + \frac{\Delta b}{2}T^2 + \frac{\Delta c}{3}T^3 + \cdots$$

ΔH_0 是积分常数，由 298K 时热数据求得。将此式代入微分式，得：

$$\frac{d\ln K^{\ominus}}{dT} = \frac{\Delta H_0}{RT^2} + \frac{\Delta a}{RT} + \frac{\Delta b}{2R} + \frac{\Delta c}{3R}T + \cdots$$

移项积分得 $\quad \ln K^{\ominus} = \left(-\dfrac{\Delta H_0}{R}\right)\dfrac{1}{T} + \dfrac{\Delta a}{R}\ln(T/K) + \dfrac{\Delta b}{2R}T + \dfrac{\Delta c}{6R}T^2 + \cdots + I$

式中，I 是积分常数，知道一个温度下的 $K^{\ominus}$，即可求得。将上式两边同乘以 $-RT$，可得 $\Delta_r G_m^{\ominus}$ 与温度的关系式 $\Delta_r G_m^{\ominus} = \Delta H_0 - \Delta a T\ln(T/K) - \dfrac{\Delta b}{2}T^2 - \dfrac{\Delta c}{6}T^3 - \cdots - IRT$

（2）压力对化学平衡的影响

根据勒沙特列（Le Chatelier）原理，增加压力，反应向体积减小的方向进行。这里可以用压力对平衡常数的影响从本质上对原理加以说明。

① 气相反应　对非理想气体体系，压力对其的影响比较复杂。我们只讨论理想气体体系。

在前面讲过的经验平衡常数中，以物质的量分数表示的平衡常数 K_y 是温度、压力的函数。

$$K_y = K_p^{\ominus}\left(\frac{p}{p^{\ominus}}\right)^{-\sum \nu_B}$$

取对数 $\qquad\qquad \ln K_y = \ln K_p^{\ominus} - \sum \nu_B \ln p + \sum \nu_B \ln p^{\ominus}$

在恒温下对压力求偏导 $\qquad\qquad \left(\dfrac{\partial \ln K_y}{\partial p}\right)_T = \dfrac{-\sum \nu_B}{p}$

$\sum \nu_B$ 又可写成 Δn，一定温度、压力下的理想气体反应 $p\Delta V = \Delta n RT$，即 $\dfrac{\Delta n}{p} = \dfrac{\Delta V}{RT} = \dfrac{\Delta_r V_m}{RT}$

所以上式又可写成：$\qquad\qquad \left(\dfrac{\partial \ln K_y}{\partial p}\right)_T = \dfrac{-\Delta_r V_m}{RT}$

定性分析如下。

当 $\sum \nu_B < 0$ 时（气体分子数减小的反应或体积减少的反应），$\left(\dfrac{\partial \ln K_y}{\partial p}\right)_T > 0$，压力增加，$K_y$ 增加。即加压时平衡向生成物方向移动。

当 $\sum \nu_B > 0$ 时（气体分子数增加的反应或体积增加的反应），$\left(\dfrac{\partial \ln K_y}{\partial p}\right)_T < 0$，压力增加，$K_y$ 降低。即加压时平衡向反应物方向移动。

定量计算如下。

$$\ln \frac{K_{y,2}}{K_{y,1}} = - \sum \nu_B \ln \frac{p_2}{p_1}$$

② 凝聚相反应 若凝聚相彼此没有混合，都处于纯态（一般固相反应均如此），则 $\left(\frac{\partial \mu_B^*}{\partial p} \right)_T = V_{m,B}^*$，得

$$\left(\frac{\partial \Delta_r G_m}{\partial p} \right)_T = \left(\frac{\partial \sum \nu_B \mu_B^*}{\partial p} \right)_T = \Delta_r V_m$$

定性分析如下。

$\Delta_r V_m > 0$，增加压力使 $\Delta_r G_m$ 增加，对正向反应不利。

$\Delta_r V_m < 0$，增加压力使 $\Delta_r G_m$ 降低，对正向反应有利。

定量计算如下。

$$\Delta_r G_m(p_2) = \Delta_r G_m(p_1) + \Delta_r V_m(p_2 - p_1)$$

（3）惰性气体对化学平衡的影响

惰性气体（氮气或水蒸气）的存在不会影响热力学平衡常数，但会影响以物质的量定义的经验平衡常数，进而影响平衡组成。

$$K_n = K_p^{\ominus} \left(\frac{p^{\ominus} \sum n_B}{p} \right)^{\sum \nu_B}$$

定性分析如下。

当 $\sum \nu_B > 0$ 时（气体分子数增加的反应），$\sum n_B$ 增加（加入惰性气体），K_n 增加，反应向生成物方向移动。当 $\sum \nu_B < 0$ 时（气体分子数减少的反应），$\sum n_B$ 增加（加入惰性气体），K_n 下降，反应向反应物方向移动。

3.2.6 同时平衡

（1）同时平衡

在一个反应体系中，如果同时发生几个反应，当到达平衡态时，这种情况称为同时平衡。

如
$$C(s) + H_2O(g) \longrightarrow CO(g) + H_2(g)$$
$$CO(g) + H_2O(g) \longrightarrow CO_2(g) + H_2(g)$$

H_2O、CO、H_2 同时参加了上述两个反应，当到达平衡态时，这种情况称为同时平衡。

（2）同时反应平衡组成计算的原则

① 找出其中的独立反应数目

这是因为：一个独立反应有一个反应进度，可列出一个独立的平衡常数关系式。从而使

未知数的个数＝方程式数　　　　有解

② 给出原始组成，由独立方程式数设定未知数。据同时反应的计量方程写出平衡时的组成关系。写这种组成关系时，要考虑每个物质的数量在各个反应中的变化，并在各个平衡方程式中同一物质的数量应保持一致。

③ 将平衡时的组成关系代入独立的平衡常数关系式，联立方程，解出未知数。

④ 确定具体的平衡组成。

【例 3-2】 600K 时，$CH_3Cl(g)$ 与 $H_2O(g)$ 发生反应生成 $CH_3OH(g)$，继而又生成 $(CH_3)_2O(g)$，同时存在两个平衡：

① $CH_3Cl(g) + H_2O(g) \longrightarrow CH_3OH(g) + HCl(g)$

② $2CH_3OH(g) \longrightarrow (CH_3)_2O(g) + H_2O(g)$

已知在该温度下，$K_1^{\ominus} = 0.00154$，$K_2^{\ominus} = 10.6$。今以等量的 CH_3Cl 和 H_2O 开始，求 CH_3Cl 的平衡转化率。

解　设开始时 CH_3Cl 和 H_2O 的用量各为 1mol，到达平衡时，生成 HCl 的量为 x mol，生成 $(CH_3)_2O$ 的量为 y mol，则在平衡时各物质的量为：

$$CH_3Cl(g) + H_2O(g) \longrightarrow CH_3OH(g) + HCl(g)$$
$$1-x \qquad 1-x+y \qquad x-2y \qquad x$$
$$2CH_3OH(g) \longrightarrow (CH_3)_2O(g) + H_2O(g)$$
$$x-2y \qquad\qquad y \qquad\qquad 1-x+y$$

因为两个反应的 $\sum \nu_B$ 都等于 0，所以 $K^{\ominus} = K_n$，

$$K_1^{\ominus} = \frac{x(x-2y)}{(1-x)(1-x+y)} = 0.00154, \quad K_2^{\ominus} = \frac{y(1-x+y)}{(x-2y)^2} = 10.6$$

将两个方程联立，解得 $x = 0.048$，$y = 0.009$。CH_3Cl 的转化率 $= \dfrac{x}{1} \times 100\% = 4.8\%$。

3.3　相平衡

一些比较简单的相平衡我们已经接触过，如 1atm、25℃ 水以单一液相存在；1atm、100℃ 水以气液两相平衡共存；1atm、110℃ 水以单一气相存在。而在工业生产和科学研究实践活动中我们所接触的相平衡体系大多较为复杂，其中所含的物种数以及相的数目较多，此时相的情况如何？相的数目多少？哪几个相？各个相的状态？解决这些问题都需要相平衡知识。相平衡的学习首先要掌握相律，这是相平衡体系共同遵守的普遍规律。其次相平衡学习中要掌握相图，是根据实验数据作出多相体系的状态随 T、p、x 等强度性质变化的情况以几何图形表示出来。利用相律，研究相图，解决生产科研实践的问题，化学化工科研生产有关物质传递之单元操作的理论基础。如气液间的吸收、蒸馏、液固间的蒸发、结晶以及液液间的萃取等选择分离方法、设计分离装置等的主要理论基础。另外在钢铁及合金的冶炼中生产条件及成分应该如何控制？水泥、陶瓷耐火材料等无机盐在工业生产中怎样确定最佳配料比，怎样从盐湖和海洋中提取无机盐？有机物的分离和提纯都是是热力学在化学领域中的重要应用。

3.3.1　相律

（1）基本概念

① **相**　相是体系内部物理性质与化学性质完全均匀相同的一部分。相与相之间在指定条件下有明显的界面，在界面上宏观性质的改变是飞跃式的。如折射率、密度等。

② **相数**　体系中相的总数叫**相数**，用 p 表示。并且 $p \geqslant 1$。

③ 相数的确定

a. 气体　凡气体成一相。

气体体系无论有多少种气体，一般都达到分子水平的混合，故为一相。

b. 液体　若可以相互溶解，即为一相；若出现分层，则每层液体为一相；同一体系中

最多可以三液相并存。

c. 固体　一般一种固体为一相。两种固体粉末无论混合得多么均匀仍是两相。（固溶体除外，固熔体是单相）。

④ 物种和物种数

a. 物种　相平衡体系中独立存在的化学物质。

b. 物种数　相平衡体系中独立存在的化学物质的数目。

⑤ 自由度（degrees of freedom）　确定相平衡体系的状态所必需的独立的强度变量的数目称为自由度，用字母 f 表示。这些强度变量通常是压力、温度和组成等。这些变量的数值，在一定的范围内，可以任意的改变而不会引起相的内容和数量的改变。约束的条件就是既没有旧相的消失也没有新相的生成。所以说，"自由"是有条件的。

$f=0$，称为无变量体系；$f=1$，称为单变量体系；$f=2$，双变量体系；$f=3$，多变量体系。

⑥ 相图（phase diagram）　表达多相体系的状态如何随温度、压力、组成等强度性质变化而变化的图形，称为**相图**。

一个多组分体系，往往也是多相体系。平衡体系中的各个相所以能够共存，必然依赖于一定的条件，这些条件通常是压力、温度和组成等。研究相平衡，就是研究当体系发生变化时，这些条件之间相互变化的规律。相平衡的基本规律是相律，研究的基本方法是相图。

（2）多相体系平衡的一般条件

① 多相体系的热力学平衡状态　在一个多相的热力学封闭体系中，相与相之间应该是互相敞开的，即在相之间应该有热和（或）功的交换以及物质的传递。

在无非体积功时，如果体系的各种性质都不随时间而改变，则体系就处于热力学的平衡状态。热力学的平衡状态种包括四种平衡：热平衡、力平衡、相平衡和化学平衡。

② 热力学平衡条件

a. 热平衡条件　若体系由 α、β 两相组成，在 U、V 不变的条件下，有微量的热自 α 相流入 β 相，引起体系的熵变为 $dS=dS^\alpha+dS^\beta$，平衡时 $dS=0$，有 $-\dfrac{\delta Q}{T^\alpha}+\dfrac{\delta Q}{T^\beta}=0$，所以 $T^\alpha=T^\beta$，这就是热平衡条件。

b. 力平衡条件　在体系的温度、总体积和组成都不变的情况下，设 α 相膨胀了 dV^α，β 相收缩了 dV^β，体系达平衡时 $dA=dA^\alpha+dV^\beta=0$，即 $dA=-p^\alpha dV^\alpha-p^\beta dV^\beta=0$。因为 $dV^\alpha=-dV^\beta$，所以 $p^\alpha=p^\beta$，这就是力平衡条件。

c. 相平衡条件　在体系的温度、压力和组成都不变的情况下，任意物质 B 在两相中达平衡的条件是：

$$\mu_B^\alpha=\mu_B^\beta$$

d. 化学平衡条件　在温度、压力都不变的情况下，化学反应达平衡的条件是：

$$\sum_B \nu_B \mu_B=0$$

（3）相律的推导

使用的方程：$f=$ 描述平衡体系的总变量数－满足平衡条件的变量间关系式数

设一热力学体系，含有 S 个物种，并在 p 个相平衡共存。并假设每个物种在每个相中均有分配。该体系只受 T，p 两个外界条件影响。

　　则影响该平衡体系的变量总数：体系共含 p 个相，每个相中含有 S 种化学物质，故共有 Sp 个组成，再加上外界条件 T、p，最多可能有的变量数为 $Sp+2$。

　　变量之间存在的关系如下所述。

　　① 每一相各组分的组成必满足关系式：

$$x_1^{(\text{I})}+x_2^{(\text{I})}+\cdots+x_s^{(\text{I})}=1 \qquad (\text{I 相})$$
$$x_1^{(\text{II})}+x_2^{(\text{II})}+\cdots+x_s^{(\text{II})}=1 \qquad (\text{II 相})$$
$$\cdots$$
$$x_1^{p}+x_2^{p}+\cdots+x_s^{p}=1 \qquad (\text{p 相})$$

体系共有 p 个相，故有 p 个关系式。

　　② 平衡时，同一物种在各相的化学势相等。

$$\mu_1^{(\text{I})}=\mu_1^{(\text{II})}=\cdots=\mu_1^{p} \quad p \text{ 个相共有 } p-1 \text{ 个关系式}$$
$$\mu_2^{(\text{I})}=\mu_2^{(\text{II})}=\cdots=\mu_2^{p} \quad p \text{ 个相共有 } p-1 \text{ 个关系式}$$
$$\cdots$$
$$\mu_s^{(\text{I})}=\mu_s^{(\text{II})}=\cdots=\mu_s^{p} \quad p \text{ 个相共有 } p-1 \text{ 个关系式}$$

化学势之间关系式共有 $S(p-1)$

　　若体系内独立的化学平衡 R 个：R 个关系式

　　若体系内独立的组成限制条件 R' 个：R' 个关系式

　　所以　　$f=$ 描述平衡体系的总变量数－满足平衡条件的限制变量方程式数

$$=Sp+2-[p+S(p-1)+R+R']$$
$$=S-R-R'-p+2$$
$$=C-p+2$$

　　(4) 相律的说明

　　① 相律适用于受 T、p 影响的相平衡体系。"2"代表一个是温度 T，一个是压力 p，且各相的温度、压力相等，如渗透平衡不适用。

　　相平衡体系若还受除 T、p 外的电场、磁场、重力场的外界影响，则写作 $f=C-p+n$。若 T 或 p 某一个固定，则相律写作：$f^*=C-p+1$，此时相律称为简相律，f^* 称为条件自由度。

　　② f 是保持相数不变时的自由度，也就是说，"自由"是有条件的。

　　③ 若某一物质在某一相内没有分配，此时相律依然成立。

　　④ 相律只能定性地给出自由度的数目，但不能给出自由度间具体的函数关系式。

　　⑤ 关于 C 的意义：$C=S-R-R'$

　　R 代表独立的化学反应数目，R' 代表独立组成限制条件的数目，但这个附加的组成限制条件必须是在同一相中的。

　　(5) 相律的应用

　　【例 3-3】 将 $NH_4Cl(s)$ 置于一真空容器中，分解达平衡，求其组分数、相数和自由度数。

　　解　　$NH_4Cl(s)\rightleftharpoons NH_3(g)+HCl(g)$

　　$S=3$，$R=1$，$R'=1$，所以 $C=1$。$p=2$，$f=C-p+2=1-2+2=1$。这个自由度就是温度，在不同的温度时有不同的平衡常数，温度确定了，平衡常数也确定了。

　　【例 3-4】 将 $CaCO_3(s)$ 置于一真空容器中，分解达平衡，求其组分数、相数和自由度数。

解　$CaCO_3(s) \Longrightarrow CaO(s) + CO_2(g)$

$S=3$，$R=1$，$R'=0$，所以 $C=2$。$p=3$，$f=C-p+2=2-3+2=1$。这个自由度也是温度。

【**例 3-5**】　碳酸钠和水可形成三种水合物：$Na_2CO_3 \cdot H_2O$，$Na_2CO_3 \cdot 7H_2O$，$Na_2CO_3 \cdot 10H_2O$，试说明：① 压力一定时，最多有几个相可同时呈平衡？

② 在 101.325kPa 下，与碳酸钠水溶液、冰平衡共存的含水盐最多有几种？

③ 温度一定时，能与水蒸气平衡共存的含水盐有几种？

解　① 解决了，②、③很容易得到答案。

① 由相律 $f=C-p+2$，压力一定时，$f=C-p+1$，$p=C-f+1$，显然当 $f=0$ 时，平衡体系的相数最多，此时 $p=C+1$，此平衡体系 $S=5$，存在形成三种水合物的三个平衡反应 $R=3$，$R'=0$，$C=2$，所以 $p=C+1=3$，即压力一定时，最多有 3 个相可同时呈平衡。

② 在 101.325kPa 下，最多有一种含水盐与碳酸钠水溶液、冰平衡共存。

③ 温度一定时，与压力一定时相同，最多有 3 个相平衡共存，即与水蒸气平衡共存的含水盐有两种。

3.3.2　单组分体系的相平衡

（1）单组分体系相律分析

对单组分体系，根据相律 $f=C-p+2=3-p$。

当 $p=1$ 时，$f=2$，称为双变量体系，p、T 同时可变，在 p-T 图上为一平面；

当 $p=2$ 时，$f=1$，称为单变量体系，p、T 只有一个可变，在 p-T 图上为线；

当 $p=3$ 时，$f=0$，称为无变量体系，p、T 都不能变，在 p-T 图上为一点。

通过分析可知，单组分体系最大的自由度是 2，所以单组分体系的相平衡关系可用平面相图来描述，此图即 p-T 图。

在单组分体系 p-T 图上，指定了一个温度和一个压力，在图上就确定了一个点，这个点称为体系的**状态点**（也称物系点），由此点可知体系处在什么状态。

（2）单组分体系的两相平衡

设在一定温度 T 和压力 p 下，某物质 B 的两个相（α 和 β）呈平衡。$B(\alpha) \Longrightarrow B(\beta)$ 若温度改变 dT，相应地压力改变 dp 后，两相仍呈平衡。根据在等温等压下平衡时 $\Delta G=0$ 的条件，列出下列过程：

$$B(\alpha, T, p) \overset{\Delta G_i}{\Longrightarrow} B(\beta, T, p)$$

$$\Delta G' \downarrow \qquad\qquad \uparrow \Delta G''$$

$$B(\alpha, T, p^\ominus) \overset{\Delta G^\ominus}{\longrightarrow} B(\beta, T, p^\ominus)$$

$$\Delta G_1 = \Delta G' + \Delta G^\ominus + \Delta G'' = 0$$

$$-\Delta G^\ominus = \Delta G' + \Delta G''$$

$$dG = -SdT + Vdp$$

$$dT=0 \quad dG=Vdp \quad \Delta G' = \int_p^{p^\ominus} V(\alpha)dp \quad \Delta G'' = \int_{p^\ominus}^p V(\beta)dp$$

所以 $\Delta G' + \Delta G'' = -\Delta G^\ominus = \int_{p^\ominus}^p [V(\beta)-V(\alpha)]dp$

此即任意两相平衡时的 $p\text{-}T$ 关系式。

（3）纯物质气-液平衡

为了方便，假定（1）$V(g) \Longrightarrow V(l)$、$V(g) - V(l) \approx V(g)$；（2）$V(g) = \dfrac{RT}{p}$

$$\Delta G^{\ominus} = \Delta_{vap}G^{\ominus} \text{ 所以} -\Delta_{vap}G^{\ominus} = \int_{p^{\ominus}}^{p} \frac{RT}{p}\mathrm{d}p$$

一定温度下，$-\Delta_{vap}G^{\ominus} = RT\ln\dfrac{p}{p^{\ominus}}$，此时还有 $\Delta G = \Delta H - T\Delta S$

$$-\Delta_{vap}G^{\ominus} = -\Delta_{vap}H^{\ominus} + T\Delta_{vap}S^{\ominus} = RT\ln\frac{p}{p^{\ominus}} \text{ 所以 } R\ln\frac{p}{p^{\ominus}} = -\frac{\Delta_{vap}H^{\ominus}}{T} + \Delta_{vap}S^{\ominus}$$

此为纯物质气液平衡时的 $p\text{-}T$ 关系式。

对 T 微分，得：$\dfrac{\mathrm{d}\ln\dfrac{p}{p^{\ominus}}}{\mathrm{d}T} = \dfrac{\Delta_{vap}H^{\ominus}}{RT^2}$，若 $\Delta_{vap}H^{\ominus}$ 与 T 无关，作不定积分，得

$$R\ln\frac{p}{p^{\ominus}} = -\frac{\Delta_{vap}H^{\ominus}}{T} + C，亦即 C = \Delta_{vap}S^{\ominus}$$

楚顿规则如下所述。

关于摩尔蒸发热，有一个近似的规则称为楚顿规则：

$$\frac{\Delta_{vap}H_m}{T_b} \approx 88\mathrm{J} \cdot \mathrm{K}^{-1} \cdot \mathrm{mol}^{-1}$$

式中，T_b 是指在标准压力 $p^{\ominus}$ 下液体的正常沸点。在液态中若分子没有缔合现象，则能较好地符合这个规则。但对极性高的液体或在 150K 以下沸腾的液体不适用。

（4）水的相图

水的相图是根据实验绘制的（图 3-10）。图上有以下内容。

① 三个单相区　在气、液、固三个单相区内，$p=1$，$f=2$，温度和压力独立地有限度地变化不会引起相的改变。

② 三条两相平衡线　在两相平衡线上，$p=2$，$f=1$，压力与温度只能改变一个，指定了压力，则温度由体系自定。

OA 是气-液两相平衡线，即水的蒸气压曲线。它不能任意延长，终止于临界点。临界点 $T=647\mathrm{K}$，$p=2.2\times10^7\mathrm{Pa}$，这时气-液界面消失。高于临界温度，不能用加压的方法使气体液化。

OB 是气-固两相平衡线，即冰的升华曲线，理论上可延长至 0K 附近。

OC 是液-固两相平衡线，当 C 点延长至压力大于 $2\times10^8\mathrm{Pa}$ 时，相图变得复杂，有不同结构的冰生成。

OD 是 AO 的延长线，是过冷水和水蒸气的介稳平衡线。因为在相同温度下，过冷水的蒸气压大于冰的蒸气压，所以 OD 线在 OB 线之上。过冷水处于不稳定状态，一旦有凝聚中心出现，就立即全部变成冰。

O 点是**三相点**（triple point），气-液-固三相共存，$p=3$，$f=0$。三相点的温度和压力皆由体系自定。H_2O 的三相点温度为 273.16K，压力为 610.62Pa。

③ 两相平衡线上的相变过程　在两相平衡线上的任何一点都可能有三种情况，如 OA 线上的 P 点（图 3-11）。a. 处于 f 点的纯水，保持温度不变，逐步减小压力，在无限接近于 P 点之前，气相尚未形成，体系自由度为 2。用升压或降温的办法保持液相不变。b. 到

达 P 点时，气相出现，在气-液两相平衡时，$f=1$。压力与温度只有一个可变。c. 继续降压，离开 P 点时，最后液滴消失，成单一气相，$f=2$。通常只考虑 b. 的情况。

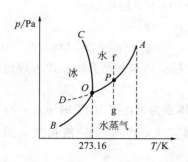

图 3-10　水的相图

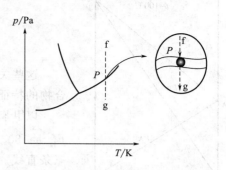

图 3-11　水的相图（P 点细节）

④ 三相点与冰点的区别　三相点是物质自身的特性，不能加以改变，如 H_2O 的三相点温度为 273.16K，压力为 610.62Pa。

冰点是在大气压力下，水、冰、气三相共存的点。当大气压力为 10^5Pa 时，冰点温度为 273.15K，改变外压，冰点也随之改变。

冰点温度比三相点温度低 0.01K 是由两种因素造成的：因外压增加，使凝固点下降 0.00748K；因水中溶有空气，使凝固点下降 0.00241K。

⑤ 两相平衡线的斜率　三条两相平衡线的斜率均可由 Clausius-Clapeyron 方程或 Clapeyron 方程求得。

OA 线 $\dfrac{\mathrm{d}p}{p\,\mathrm{d}T}=\dfrac{\Delta_{\mathrm{vap}}H_{\mathrm{m}}}{RT^2}$，$\Delta_{\mathrm{vap}}H_{\mathrm{m}}>0$，斜率为正。

OB 线 $\dfrac{\mathrm{d}p}{p\,\mathrm{d}T}=\dfrac{\Delta_{\mathrm{sub}}H_{\mathrm{m}}}{RT^2}$，$\Delta_{\mathrm{sub}}H_{\mathrm{m}}>0$，斜率为正。

OC 线 $\dfrac{\mathrm{d}p}{p\,\mathrm{d}T}=\dfrac{\Delta_{\mathrm{fus}}H_{\mathrm{m}}}{RT^2}$，$\Delta_{\mathrm{fus}}H_{\mathrm{m}}>0$，$\Delta_{\mathrm{fus}}V_{\mathrm{m}}<0$，斜率为负。

3.3.3　二组分体系理想液态混合物气液平衡相图

对二组分体系 $C=2$，$f=2-p+2=4-p$，p 最少为 1，f 最大为 3，三变量体系，温度、压力和组成。因此要完整地描述二组分体系的相平衡，须以此三变量为坐标作立体图。

若此时指定温度 T 或压力 p，则 $f^*=2-p+1=3-p$，$p=1$ 时，$f^*=2$。

若保持温度不变，则得 $p\text{-}x(y)$ 图；若保持压力不变，则得 $T\text{-}x(y)$ 图。则可用平面图形来描述相平衡关系。

二组分理想液态混合物气液平衡相图是气液平衡相图中最有规律、最为重要的相图，是讨论其他类型气液平衡相图的基础。

（1）恒温下压力-组成 $[p\text{-}x(y)]$ 图

凡能形成理想溶液（理想液态混合物）的二组分体系，一般都是理想的完全互溶的双液系（图 3-12）。如苯和甲苯，正己烷与正庚烷等结构相似的化合物可形成这种双液系。

若组分 A 和 B 形成理想液态化合物，在一定温度下，气液两相平衡时，根据拉乌尔定律：设 p_A^* 和 p_B^* 分别为液体 A 和 B 在指定温度时的饱和蒸气压，p_A、p_B 分别为与液相成

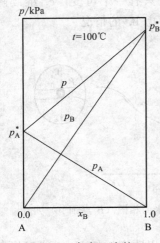

图 3-12 完全互溶的双
液系压力-组成图

平衡的蒸气中 A 和 B 的分压；x_A、x_B 则为液相中 A 和 B 的摩尔分数；p 为体系的蒸气总压。

$$p_A = p_A^* x_A = p_A^*(1 - x_B)$$
$$p_B = p_B^* x_B$$
$$p = p_A + p_B = p_A^* + (p_B^* - p_A^*)x_B$$

这些关系在 p-x 图上标示出来都是直线。此为理想液态混合物的特征。

以甲苯（A）-苯（B）体系为例，将 100℃时 $p_A^* = 74.17$kPa，$p_B^* = 180.1$kPa 代入前面三式，作蒸气压-液相组成图，可得三条直线。

由图 3-12 可知，理想液态混合物的蒸气总压总是介于两纯液体的饱和蒸气压之间，即：

$$p_A^* < p < p_B^*$$

p-x 线表示系统压力（即蒸气总压）与其液态组成之间的关系，称为液相线。从液相线上可以找出指定组成液相的蒸气总压，或指定蒸气总压下的液相组成。

根据在温度恒定下两相平衡时的自由度数 $f^* = C - p + 1 = 1$，若我们选液相组成为独立变量，那么不仅系统的压力为液相组成的函数，而且气相组成也应为液相组成的函数，即 $p = f(x_B)$ 及 $y = f(x_B)$。

以 y_A 和 y_B 表示蒸气相中 A 和 B 的摩尔分数，若蒸气为理想气体混合物，根据道尔顿分压定律有：

$$y_A = \frac{p_A}{p} = \frac{p_A^* x_A}{p} = \frac{p_A^*(1 - x_B)}{p}$$

$$y_B = \frac{p_B}{p} = \frac{p_B^* x_B}{p}$$

将 $p = p_A + p_B = p_A^* + (p_B^* - p_A^*)x_B$ 代入，则有 $y_A = \dfrac{p_A}{p} = \dfrac{p_A^*(1 - x_B)}{p_A^* + (p_B^* - p_A^*)x_B}$ 及

$y_B = \dfrac{p_B}{p} = \dfrac{p_B^* \cdot x_B}{p_A^* + (p_B^* - p_A^*)x_B}$。此二式即表明了气相组成对液相组成的依赖关系。

对本系统，因 $p_A^* < p < p_B^*$，即 $p_A^*/p < 1$，$p_B^*/p > 1$，故有：

$$y_A = \frac{p_A}{p} = \frac{p_A^* x_A}{p} < x_A$$

$$y_B = \frac{p_B}{p} = \frac{p_B^* \cdot x_B}{p} > x_B$$

这说明，饱和蒸气压不同的两种液体形成理想液态混合物，达气-液平衡时，两相的组成并不相同，易挥发组分在气相中的相对含量大于它在液相中的含量。

已知 p_A^*、p_B^*、x_A 或 x_B，就可把各液相组成对应的气相组成求出，画在 p-x 图上就得 p-x-y 图（图 3-13）。在等温条件下，p-x-y 图分为三个区域。在液相线之上，体系压力高于任一混合物的饱和蒸气压，气相无法存在，是**液相区**。在气相线之下，体系压力低于任一混合物的饱和蒸气压，液相无法存在，是**气相区**。在液相线和气相线之间的区域内，是

气-液两相平衡。

气液两相平衡区根据吉布斯相律条件自由度 $f^* = C - p + 1$，$p = 1$ 时 $f^* = 2$；$p = 2$ 时 $f^* = 1$，此时气（液）组成是压力的函数。即 $x_B(y_B) = f(p)$，若指定了压力，则气相及液相组成也已确定。

应用相图可以了解指定系统在外界条件改变时的相变化情况。

若在一个带活塞的导热汽缸中有总组成为 $x_B(M)$（简写为 x_M）的 A-B 二组分系统，将汽缸置于 100℃ 恒温槽中。起始系统压力 p_a，系统的状态点相当于右图中的 a 点。当压力缓慢降低时，系统点沿恒组成线垂直向下移动。在到达 L_1 前，一直是单一的液相。到达 L_1 后，液相开始蒸发，

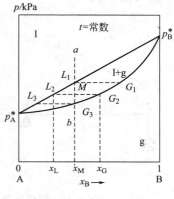

图 3-13　*p-x-y* 图

最初形成的蒸气相的状态为 G_1 所示，系统进入气-液平衡两相区。在此区内，压力继续降低，液相蒸发为蒸气。当系统点为 M 点时，两相平衡的液相状态点为 L_2，气相状态点为 G_2，这两点均为相点。两个平衡相点的连接线称为结线。压力继续降低，系统点到达 G_3 时，液相全部蒸发为蒸气，最后消失的一滴液相的状态点为 L_3。此后系统进入气相区，G_3 至 b 为气相减压过程。

当系统点由 L_1 变化到 G_3 的整个过程中，系统内部始终是气液两相共存，但平衡两相的组成和两相的相对数量均随压力而改变。

平衡时两相相对数量的计算可依据**杠杆规则**。

（2）杠杆规则

系点：由体系的温度 T、压力 p 和体系的总组成 $x_{总组成}$ 来描述体系状态的点称为系点。

相点：由体系的温度 T、压力 p 和体系相平衡时的某一相的组成 $x_{相组成}$ 来描述的平衡点称为相点。

结线：两个平衡相点的连接线称为结线。

当系统点为 M 点时，系统的总组成为 $x_B(M)$ 记为 x_M，平衡时，气相点为 G_2，组成为 $x_B(G_2)$，简写为 x_G，液相点为 L_2，液相组成为 $x_B(L_2)$，简写为 x_L。也 n_G 和 n_L 分别代表气相和液相的物质的量，每个相的物质的量则等于该相中组分 A 和 B 物质的量之和，现对组分 B 作物料衡算：

$$\begin{cases} n x_M = n_L x_L + n_G x_G \\ n = n_L + n_G \end{cases}$$

解得：$\dfrac{n_L}{n_G} = \dfrac{x_G - x_M}{x_M - x_L}$，等式两端加 1，得到如下的杠杆规则的常用形式：

$$\frac{n_L + n_G}{n_G} = \frac{x_G - x_L}{x_M - x_L}$$

由图 3-14 可以看出，在气液共存相区内系统点由 L_1 减压汽化到 G_3 过程中，各不同压力的结线上，按杠杆规则，比例于气相量的线段长度由 0 增大到 $L_3 G_3$，比例于液相量的线段长度则由 $L_1 G_1$ 减小到 0。

（3）温度-组成图

恒定压力下表示二组分系统气-液平衡时的温度与组成关系的相图，叫做温度-组成图即

T-x 图（图 3-15）。

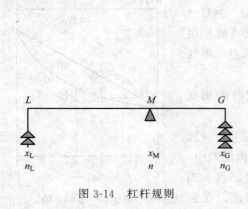

图 3-14 杠杆规则

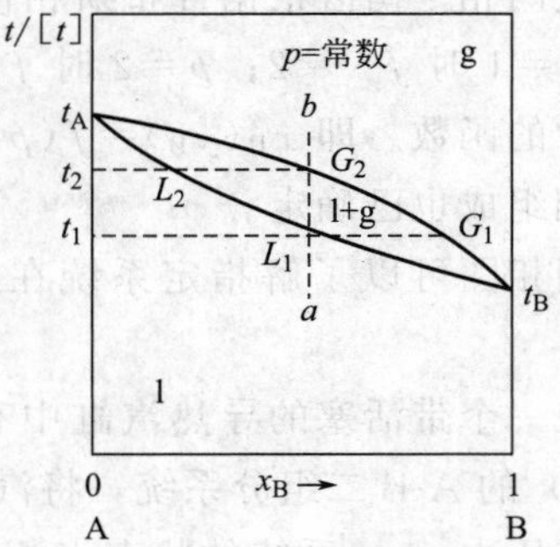

图 3-15 温度-组成图

对理想液态混合物，若已知两个纯液体在不同温度下的蒸气压数据，则可通过计算得出其温度-组成图。

例如，已知在 101.325kPa 下，纯甲苯和纯苯的沸点分别为 110.6℃和 80.11℃。将这两个值画在图 3-14 中 t_A 和 t_B 两点。

甲苯-苯液态混合物的沸腾温度应介于两纯组分的沸点之间。如有在 80.11℃与 110.6℃之间两纯液体蒸气压的数据，就可以逐个计算不同温度下的气液平衡时的两相组成，然后将不同温度下的气、液相点画在图上，连接各液相点、气相点构成液相线、气相线。

气相线在液相线的右上方。这是因为易挥发组分苯（B）在同一温度下，在气相中相对含量大于它在液相中的相对含量。两线交于 t_A 和 t_B 两点。

液相线下为液相区，气相线上为气相区，之间为两相平衡共存区。

若有状态为 a 的液态混合物恒压升温，到达液相上的 L_1 点时，液相开始起泡沸腾，t_1 称为该液相的泡点。液相线表示了液相组成与泡点关系，所以也叫泡点线。若将状态为 b 的蒸气恒压降温，到达气相线上的 G_2 点时，气相开始凝结出露珠似的液滴，t_2 称为该气相的露点。

气相线表示了气相组成与露点的关系，所以气相线也叫露点线。

液相 a 加热到泡点 t_1 产生的气泡的状态点为 G_1 点，气相 b 冷却至露点 t_2，析出的液滴的状态点为 L_2 点。

在恒定压力下，亦称为沸点-组成图。外压为大气压力，当溶液的蒸气压等于外压时，溶液沸腾，这时的温度称为沸点。某组成的蒸气压越高，其沸点越低；反之亦然。

T-x 图在讨论蒸馏时十分有用，因为蒸馏通常在等压下进行。T-x 图可以从实验数据直接绘制。也可以从已知的 p-x 图求得。

3.3.4 二组分真实液态混合物气液平衡相图

实际上，可以认为是理想液态混合物的系统是极少的。绝大多数二组分完全互溶液态混合物是非理想的，被称为真实液态混合物。

两者的差别在于：在定温下，前者各组分在全部组成范围内均遵循拉乌尔定律，所以总压与组成（摩尔分数）呈直线关系。而后者除摩尔分数接近 1 的组分以外，其余组分的蒸气分压均对拉乌尔定律产生明显的偏差。所以蒸气总压与组成不呈直线关系。

若组分的蒸气压大于按拉乌尔定律计算的值，则称为正偏差；若组分的蒸气压小于按拉乌尔定律计算的值，则称为负偏差。

通常，真实液态混合物中两种组分或均为正偏差，或均为负偏差。但在某些情况下，也可能一个（或两个）组分在某一组成范围内为正偏差，而在另一范围内为负偏差。

（1）蒸气压-液相组成图

根据蒸气总压对理想状况下的偏差程度，真实液态混合物可分为 4 种类型。

具有一般正偏差的系统：蒸气总压对理想情况为正偏差，但在全部范围内，混合物的蒸气总压均介于两个纯组分的饱和蒸气压之间。

这类例子如苯-丙酮系统（图 3-16）。虚线为按拉乌尔定律的计算值，实线为实验值。

具有一般负偏差的系统：蒸气总压对理想情况为负偏差，但在全部组成范围内混合物的蒸气总压均介于两个纯组分的饱和蒸气压之间。

例子见氯仿（A）-乙醚（B）系统（图 3-17）。

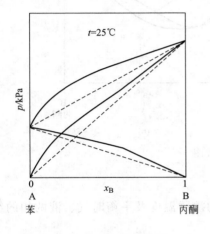

图 3-16　苯-丙酮系统

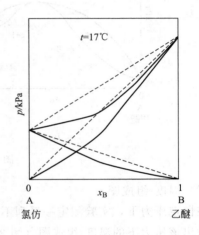

图 3-17　氯仿-乙醚系统

具有最大正偏差的系统：蒸气总压对理想情况为正偏差，但在某一组成范围内，混合物的蒸气总压比易挥发组分的饱和蒸气压还大，因而蒸气总压出现最大值。这类系统的例子如图的甲醇（A）-氯仿（B）系统（图 3-18）。

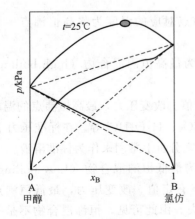

图 3-18　甲醇-氯仿系统

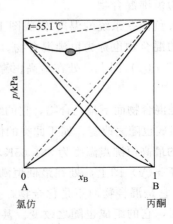

图 3-19　氯仿-丙酮系统

具有最大负偏差的系统：蒸气总压对理想情况为负偏差，但在某一组成范围内，混合物的蒸气总压比不易挥发组分的饱和蒸气压还小，因而蒸气总压出现最小值。

这类例子如氯仿（A）-丙酮（B）系统（图 3-19）。

（2）压力-组成图

一定温度下的压力-组成图，由液相线和气相线将相图分成液相区、气相区和气-液平衡两相区。液相线为液相混合物的蒸气总压曲线。

真实系统的液相线和气相线均由实验测得。

一般正偏差与一般负偏差的压力-组成图与理想系统的相似，只是液相线不是直线，而是略微上凸或下凹的曲线（图 3-20）。

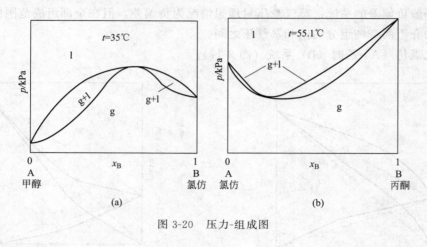

图 3-20　压力-组成图

（3）温度-组成图

在恒定压力下，实验测定一系列不同组成液体的沸腾温度及平衡时气、液两相的组成，即可做出该压力下的温度-组成图（图 3-21）。

一般正偏差与一般负偏差系统的温度-组成图与理想系统的类似。

最大正偏差系统的温度-组成图上出现最低点。在该点，气相线与液相线相切。

对应于此点组成的液相在该指定压力下沸腾时产生的气相与液相组成相同，故沸腾时温度恒定，且这一温度又是液态混合物沸腾的最低温度，所以被称为最低恒沸点，该组成的混合物称为恒沸混合物。

最大负偏差系统的温度-组成图上出现最高点，该点对应的温度为最高恒沸点。具有该点组成的混合物也称为恒沸混合物。

在 T-$x(y)$ 图上，处在最高恒沸点时的混合物称为最高恒沸混合物（high-boiling azeo-trope）。

它是混合物而不是化合物，它的组成在定压下有定值。改变压力，最高恒沸点的温度会改变，其组成也随之改变。属于此类的体系有：H_2O-HNO_3、H_2O-HCl 等。在标准压力下，H_2O-HCl 的最高恒沸点温度为 381.65K，含 HCl 20.24%，分析上常用来作为标准溶液。

在 T-$x(y)$ 图上，处在最低恒沸点时的混合物称为最低恒沸混合物（Low-boiling azeo-trope）。它是混合物而不是化合物，它的组成在定压下有定值。改变压力，最低恒沸点的温度也改变，它的组成也随之改变。甚至恒沸点可以消失。由此可见，恒沸混合物不是一种化合物。

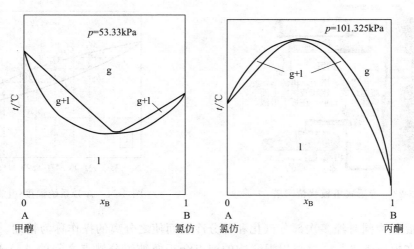

图 3-21　温度-组成图

属于此类的体系有：$H_2O-C_2H_5OH$、$CH_3OH-C_6H_6$、$C_2H_5OH-C_6H_6$ 等。在标准压力下，$H_2O-C_2H_5OH$ 的最低恒沸点温度为 351.28K，含乙醇 95.57%。

具有最低恒沸点的相图可以看作由两个简单的 T-$x(y)$ 图的组合。在组成处于恒沸点之左，精馏结果只能得到纯 B 和恒沸混合物。组成处于恒沸点之右，精馏结果只能得到恒沸混合物和纯 A。

对于 $H_2O-C_2H_5OH$ 体系，若乙醇的含量小于 95.57%，无论如何精馏，都得不到无水乙醇。只有加入 $CaCl_2$、分子筛等吸水剂，使乙醇含量超过 95.57%，再精馏可得无水乙醇。

（4）蒸馏（或精馏）原理

① 简单蒸馏　简单蒸馏只能把双液系中的 A 和 B 粗略分开（图 3-22）。在 A 和 B 的 T-x 图上，纯 A 的沸点高于纯 B 的沸点，说明蒸馏时气相中 B 组分的含量较高，液相中 A 组分的含量较高。

一次简单蒸馏，馏出物中 B 含量会显著增加，剩余液体中 A 组分会增多。

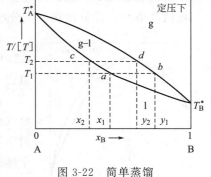

图 3-22　简单蒸馏

如有一组成为 x_1 的 A，B 二组分溶液，加热到 T_1 时开始沸腾，与之平衡的气相组为 y_1，显然 B 含量显著增加。

将组成为 y_1 的蒸气冷凝，液相中含 B 量下降，组成沿 OA 线上升，沸点也升至 T_2，这时对应的气相组成为 y_2。

接收 T_1~T_2 间的馏出物，组成在 y_1 与 y_2 之间，剩余液组成为 x_2，A 含量增加。这样，将 A 与 B 粗略分开。

② 精馏　精馏是多次简单蒸馏的组合。使用的设备是精馏塔。精馏塔底部是加热区，温度最高；塔中间有若干层塔板，温度随塔板的升高而逐渐降低，塔顶温度最低。

精馏结果，塔顶冷凝收集的是纯低沸点组分，纯高沸点组分则留在塔底。精馏塔有多种类型，如图 3-23 所示是板式精馏塔的示意。

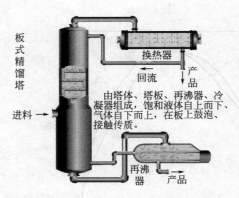

图 3-23 泡罩式塔板状精馏塔

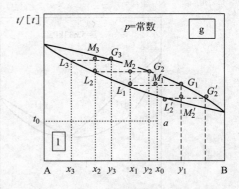

图 3-24 A-B 系统温度-组成图

将液态混合物同时经多次部分汽化和部分冷凝而使之分离的操作称为精馏。

精馏多在恒压下进行，这里以混合物的泡点介于两纯组分沸点之间的某 A-B 系统为例，其温度-组成图如图 3-24。

设液态混合物原始组成为 x_0，温度 t_0，在恒压下升温到 t_1 时，系统点为 M_1，平衡的气、液两相相点分别为 G_1 与 L_1。组成为 y_1 与 x_1。气液两相分开。液相 L_1 被加热到 t_2 到达 M_2，液体又部分汽化，气、液两相相点分别为 G_2 与 L_2。组成为 y_2 与 x_2。气液两相再度分开，如此等等，当液相每汽化一次，A 在液相中的相对含量就增大一些，这种操作多次重复，可得到 x_B 很小的液相，最后得到纯 A。而将 t_1 温度下得到的气相 G_1 冷却到 t_2'，到 M_2' 点，气体部分冷凝，气相点为 G_2'，液相点为 L_2'，组成分别为 y_2' 和 x_2'。气液两相分开后，气相中 B 的含量增大，如此反复操作，可得到 y_B 很大的气相，最后得到纯 B。

在精馏塔中，部分汽化与部分冷凝同时连续进行，即可将 A、B 分开。

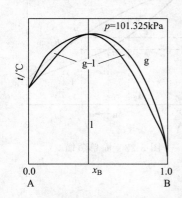

图 3-25 具有最低恒沸点或最高恒沸点的二组分系统相图

具有最低恒沸点或最高恒沸点的二组分系统相图（图 3-25），可看作是以恒沸混合物为分界的左、右两个相图的组合。

由于恒沸混合物沸腾时，气相组成与液相组成一样，部分气化或部分液化均不能改变混合物的组成，所以在指定压力下若二组分液态混合物具有恒沸点，则精馏后只能得到一个纯组分及恒沸混合物，不可能同时得到两个纯组分。

在精馏塔中的每一层塔板上相当于进行了一次简单的蒸馏。精馏塔中所必需的塔板数可以从理论计算得到。每一个塔板上都经历了一个热交换过程：蒸气中的高沸点物在塔板上凝聚，放出凝聚热后流到下一层塔板，液体中的低沸点物得到热量后升入上一层塔板。即在每一层塔板上进行部分冷凝、部分气化（物质交换）的同时，还同时进行着能量交换。因此，精馏塔相对于简单蒸馏，是既高效又节能的操作设备。

3.3.5 二组分液态部分互溶的双液系

（1）部分互溶液体的相互溶解度

当两液体性质相差较大时，它们只能部分互溶。例如在水中加入少量苯酚时，苯酚可以完全溶解，继续加入苯酚，可以得到苯酚在水中的饱和溶液。若再加入苯酚时，系统会出现两个液层：一层是苯酚在水中的饱和溶液（水层），一层是水在苯酚中的饱和溶液（苯酚层），这两个平衡共存的液层，称为共轭溶液。

根据相律，在恒定压力下，液-液两相平衡时，自由度数 $f=2-2+1=1$。可见两个饱和溶液的组成只是温度的函数。

我们将测得的实验数据绘制在温度-组成图上，即得到两条溶解度曲线（图 3-26）。如果此外压力足够大，使得在所讨论的温度范围内并不产生气相，则水-苯酚的温度-组成图如图 3-25 所示。

图中 MC 为苯酚在水中的溶解度曲线，NC 为水在苯酚中的溶解度曲线。随着温度升高，水与苯酚的相互溶解度增大，至可以完全互溶，所以交于 C 点而成一条光滑曲线。

曲线以外为单液相区，曲线以内为液-液两相平衡区。溶解度曲线最高点 C 称为高临界会溶点。对应于 C 点的温度 t_c，称为高临界溶解温度或高会溶温度（critical consolute temperature）。

温度高于高会溶温度，液体水与液体苯酚可完全互溶，温度低于高会溶温度，两液体只能部分互溶。

在 MCN 内的液-液平衡系统在加热中的变化有 3 种类型。

过 C 作垂线 ce（恒组成线），若系统点在 ce 右侧，如 a，过 a 作等温线（水平线）与溶解度曲线交于 L_1 及 L_2，L_1 和 L_2 即为两共轭溶液的相点，直线 L_1L_2 为结线，两液相 L_1 及 L_2 的质量比为线段 aL_2 与 L_1a 长度比。

当系统由 a 升温到 L_2' 时，两个共轭液相的相点分别沿 L_1L_1' 和 L_2L_2' 变化，两液相的质量也不断变化，水层减少，苯酚层逐渐增加。在 L_2' 水层状态为 L_1'，然后水层消失，只剩一个苯酚层。此为第一种类型。

第二种类型为系统点在 ce 线左侧，升温过程中相变化的分析与上类似，只是升到 MC 线时是苯酚层消失，只剩下水层。

第三种类型为系统点正好在 ce 线上如在 d 点，平衡两相为 L_1 与 L_2。在升温过程中，两液相的量均有变化，到达 C 时，两液相组成完全相等，界面消失，成为均匀的一个相。C 点以上为此液相的升温过程。

会溶温度的高低反映了一对液体间的互溶能力，可以用来选择合适的萃取剂。

具有高会溶点的系统除水-苯酚外，常见的还有水-苯胺、正己烷-硝基苯、水-正丁醇等系统。

（2）具有最低会溶温度

水-三乙基胺的溶解度图如图 3-27 所示。

在 T_C 温度（约为 291.2K）以下，两者可以任意比例互溶，升高温度，互溶度下降，出现分层。以下是单一液相区，以上是两相区。

（3）同时具有最高、最低会溶温度

① 如图 3-28 所示是水和烟碱的溶解度图。

在最低会溶温度（约 334K）以下和在最高会溶温度（约 481K）以上，两液体可完全互溶，而在这两个温度之间只能部分互溶。形成一个完全封闭的溶度曲线，曲线之内是两液相区。

② 苯-硫系统在 163℃ 以下部分互溶，在 226℃ 以上也部分互溶，但在这两个温度之间却完全互溶。此类系统的低会溶点位于高会溶点的上方。

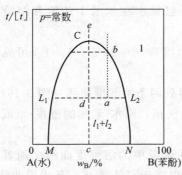

图 3-26 水-苯酚的温度-组成图

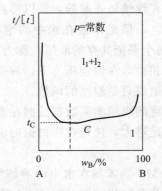

图 3-27 水-三乙基胺的溶解度图

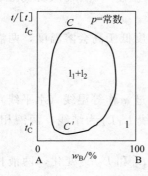 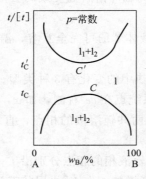 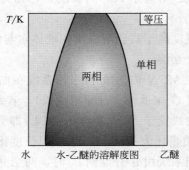

图 3-28 水和烟碱的溶解度图

（4）不具有会溶温度

乙醚与水组成的双液系，在它们能以液相存在的温度区间内，一直是彼此部分互溶，不具有会溶温度。

（5）二组分液态部分互溶气液平衡相图

在某恒定温度下，将适量共轭溶液置于一真空容器中，溶液蒸发的结果，使系统内成气-液-液三相平衡。

根据相律，二组分三相平衡时自由度数 $F=2-3+2=1$，表明系统的温度一定时，两液相组成、气相组成和系统的压力均为定值。

系统的压力，既为这一液层的饱和蒸气压，又为另一液层的饱和蒸气压。即气相与两个液相均平衡，而这两个液相相互平衡。

与此同时，根据这三相组成的关系，可将部分互溶系统分为两类：一类是两个液相组成分居于气相组成两侧；另一类是两个液相组成处于气相组成同一侧。

若在共轭溶液本身饱和蒸气压下，对系统加热，则将有液体蒸发。若保持压力恒定，由相律：$F=2-3+1=0$，可见温度及气-液-液三相的组成均不改变。

由杠杆规则可知，对上面提到的第一类系统是两个共轭溶液彼此按一定比例转化为气相，对后一类系统是组成居中的液相转化为一定比例的气相与另一种液相。

① 气相组成介于两液相组成之间的系统　在适当压力下水-正丁醇系统的相互溶解度曲线具有高会溶点。但在 101.325kPa 下将共轭溶液加热到 92℃时，溶液的饱和蒸气压即等于

外压，于是出现气相，此气相组成介于两液相组成之间，系统的温度-组成图如图 3-29(a)。

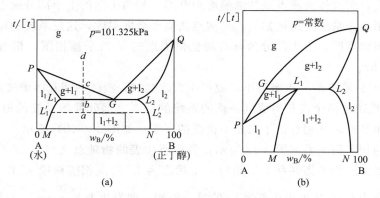

图 3-29 二组分液态部分互溶气液平衡相图

图中 P、Q 为水与正丁醇的沸点，L_1、L_2 和 G 为一对共轭饱和溶液与饱和蒸气的相点。L_1M 为正丁醇在水中的溶解度曲线，L_2N 为水在正丁醇中的溶解度曲线。

PL_1 为正丁醇在水中的溶液的沸点与组成曲线，即液相线；QL_2 为水在正丁醇中的溶液沸点与组成曲线，也是液相线。PG 线为与 PL_1 对应的气相线，QG 为与 QL_2 对应的气相线。

PGQ 以上为气相区，PL_1M 以左为正丁醇在水中的溶液（l_1）单相区，QL_2N 线以右为水在正丁醇中的溶液（l_2）单相区，

PL_1GP 内为气-液（l_1）两相区，QL_2GQ 内为气-液（l_2）两相区，ML_1L_2N 以下为液（l_1）-液（l_2）两相区。

以下讨论系统的总组成 a 在 L_1L_2 之间，温度低于 L_1L_2 对应的温度的样品在加热过程中的相变化。在 a 点两个共轭溶液 L_1' 和 L_2' 平衡共存。将样品加热，系统点由 a 移向 b 时，两个共轭溶液的相点由 L_1'，L_2' 分别沿 ML_1、NL_2 线移向 L_1、L_2 点。系统到达 b 点所对应的温度时，两个液相（相点分别是 L_1 及 L_2）同时沸腾产生与之成平衡的气相（相点为 G），即发生 $l_1+l_2 \underset{\text{冷却}}{\overset{\text{加热}}{\rightleftharpoons}} g$ 的相变化而成三相共存，该温度称为共沸温度。根据相律，在该温度，$f=2-3+1=0$，即恒定压力下共沸温度及三个平衡相的组成均不能任意变动，故为三个确定的点 L_1、G、L_2，其连接线为三相平衡线，系统点位于三相线上时，即出现三相平衡共存，在此情况下加热，温度和三相组成均不变，但三相的数量却在改变，状态 L_1 和 L_2 的两个液相量按线段长度 GL_2 与 L_1G 的比例蒸发成状态 G 的气相。

因系统点 b 位于 G 点左侧 L_1G 线段上，在产生气相之前 L_1 和 L_2 两液相的量之比为线段 bL_2 和 L_1b 长度之比，液相 L_1 过量，故蒸发的结果是组成为 L_2 的液相先消失而使系统组成为 L_1 的液相及气相 G。液相 L_2 的消失使系统成为两相共存，故再加热时，系统的温度升高而进入气-液（l_1）两相区。系统点在 b 与 c 之间时皆为气-液两相共存。至 c 点液相全部蒸发为气相。c 点至 d 点为单一气相的升温过程。

若系统的总组成在 G 和 L_2 对应的组成之间，加热至共沸温度时，系统点位于 GL_2 线段上，故蒸发的结果是组成为 L_1 的液相消失，进入气-液（l_2）两相区，然后进入气相区。

若系统的总组成恰好等于 G 点所对应的组成，在加热过程中刚到共沸温度而未产生气相时，系统内两共轭液相 L_1 的量、L_2 的量之比等于线段长度 GL_2 与 L_1G 之比，共沸时两液相也正是按这一比例转变为气相 G，因此，系统点离开三相线时是两液相同时消失而成为

单一气相。

若压力增大，两液体的沸点及共沸温度均升高，相当于图的上半部分向上适当移动。若压力足够大，则不论系统的组成如何，其泡点均高于会溶温度，这时系统的相图的下半部分为液体的相互溶解度图，上半部分为具有最低恒沸点的气-液平衡相图，相当于两个图的组合，如图 3-28(b)。

由于压力对液-液平衡的影响很小，故在压力改变时，液体的相互溶解度曲线改变不大。

② 气相组成位于两个液相组成同一侧的系统的相图 部分互溶系统的另一类温度-组成图是气液液三相平衡时气相点位于三相平衡线的一端。如图 3-28(b) 所示。

六个相区的相平衡关系如图 3-28 所示，各线所代表的物理意义与水-正丁醇系统的相类似，所不同的是在三相平衡共存下加热时，是状态为 L_1 的液相按线段 L_1L_2 和线段 GL_1 的比例转变为状态为 G 的气相和状态为 L_2 的另一液相，即发生 $l_1 \underset{冷却}{\overset{加热}{\rightleftharpoons}} g + l_2$ 的相变化。

(6) 不互溶的双液系

① 不互溶双液系的特点 如果 A，B 两种液体彼此互溶程度极小，以致可忽略不计。则 A 与 B 共存时，各组分的蒸气压与单独存在时一样，液面上的总蒸气压等于两纯组分饱和蒸气压之和：

$$p = p_A^* + p_B^* 。$$

某温度下 p 等于外压，则两液体同时沸腾，这一温度被称为共沸点。当两种液体共存时，不管其相对数量如何，其总蒸气压恒大于任一组分的蒸气压，而沸点则恒低于任一组分的沸点。通常在水银的表面盖一层水，企图减少汞蒸气，其实是徒劳的（图 3-30）。

② 液态完全不互溶系统的气液平衡相图 完全不互溶系统的温度-组成图如图 3-31 所示，四个区域的相平衡关系如图所标。在恒压下，三相平衡时，$f = 2 - 3 + 1 = 0$。所以，共沸点为定值。只要这三相共存，平衡时的温度及三相的组成就不变。气相组成为：

$$y_B = \frac{p_B^*}{p_B^* + p_A^*}$$

图 3-30 完全不互溶双液系

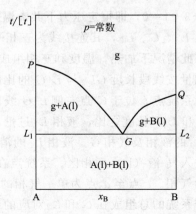

图 3-31 完全不互溶系统的温度-组成图

L_1L_2 线为三相线，L_1 点 L_2 点为平衡时两液相点，G 点为气相点。在共沸点，两液相受热转变为气相时

$$A(l) + B(l) \xrightleftharpoons[\text{冷却}]{\text{加热}} g$$

液体 A 和 B 的物质的量是按线段 GL_2 和线 L_1G 之比转变为气相的。如果系统中两液体的量正好是这一比例，系统受热离开三相线时是两液体同时消失而进入气相区。若系统中 A 液体的量较大，在系统受热离开三相线时，B 线消失而 A 与气相平衡，成为两组分两相系统。因 $f = 2 - 2 + 1 = 1$，故两相平衡温度可以改变。

气相组成是温度的函数。在 $g + A(l)$ 两相区内，气相中 A 的蒸气是饱和的，B 的蒸气是不饱和的。

利用共沸点低于每一种纯液体沸点这个原理，可以把不溶于水的高沸点的液体和水一起蒸馏，使两液体在略低于水的沸点下共沸，以保证高沸点液体不至于因温度过高而分解，达到提纯的目的。馏出物经冷却成为该液体和水，由于两者不互溶，所以很容易分开。这种方法称为水蒸气蒸馏。

③ 水蒸气蒸馏　以水-溴苯体系为例（表 3-2），两者互溶程度极小，而密度相差极大，很容易分开，图 3-32 中是蒸气压随温度变化的曲线。

表 3-2　水-溴苯体系参数

物　系	蒸气压曲线	沸点/K	物　系	蒸气压曲线	沸点/K
溴苯	QM	429	水+溴苯	QO	368.15
水	QN	373.15			

由表 3-2 可见，在溴苯中通入水气后，双液系的沸点比两个纯物的沸点都低，很容易蒸馏。由于溴苯的摩尔质量大，蒸出的混合物中溴苯含量并不低。

馏出物中两组分的质量比计算如下：

$$p_B^* = p y_B = \frac{p n_B}{n_A + n_B} \qquad p_A^* = p y_A = \frac{p n_A}{n_A + n_B}$$

$$\frac{p_B^*}{p_A^*} = \frac{n_B}{n_A} = \frac{m_B M_A}{m_A M_B} \qquad \frac{m_B}{m_A} = \frac{p_B^* M_B}{p_A^* M_A}$$

虽然 p_B^* 小，但 M_B 大，所以 m_B 也不会太小。

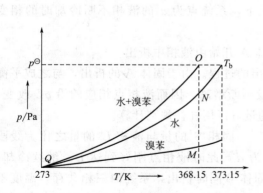

图 3-32　水-溴苯体系蒸气压随温度变化的曲线

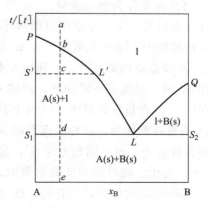

图 3-33　简单低共熔体系相图

3.3.6　二组分液固平衡相图

(1) 液相完全互溶固相完全不互溶

① 低共熔体系相图的分析　由于压力对固液系统相平衡关系影响很小，可以不予考虑。所以对于此类凝聚体系相图，相律可写为：$f=C-p+1$。

二组分凝聚体系相图，比二组分气-液平衡相图复杂得多，因为液态可能有互溶现象，固态有晶型转变，二组分间可生成一种或多种化合物。

我们主要介绍几种典型的二组分凝聚体系相图，即液态完全互溶固态完全不互溶系统相图、液态完全互溶固态完全互溶系统相图、液态完全互溶固态部分互溶系统相图、生成化合物系统相图（稳定化合物，不稳定化合物）。

液态完全互溶而固态完全不互溶的二组分液-固平衡相图是二组分凝聚系统相图中最简单的，例子如图 3-33。

图 3-33 中 P 点为组分 A 的凝固点，Q 为 B 的凝固点。PL 线表示析出固体 A 的温度（凝固点）与液相组成的关系。由于 B 的加入使 A 的凝固点降低，且凝固点是液相组成的函数，故称 PL 线为 A 的凝固点降低曲线。它也表示固体 A 与液相两相平衡时组成与温度的关系，所以也可说 PL 线是固体 A 的溶解度曲线。同理，QL 线为 B 的凝固点降低曲线，或固体 B 的溶解度曲线。PL 线和 QL 线以上的区域是单一液相区，$f=2-1+1=2$。L 点是 PL 线和 QL 线的交点，故状态为 L 的液相对固体 A 和固体 B 均达到饱和，因此该液相在冷却时即按一定比例同时析出的状态为 S_1 的固体 A 和状态为 S_2 的固体 B：

$$l \xrightarrow[\text{加热}]{\text{冷却}} A(s)+B(s)$$

这时三相共存，S_1S_2 线称为三相线。根据相律在该点，$f=0$，是个无变量系统，温度和三相组成都保持不变，只有冷却到液相 L 完全凝固后，温度才下降。

液相 L 完全凝结后形成的固体 A 和固体 B 的两种固相的机械混合物在加热到该温度时可以熔化。因此，该温度是液相能够存在的最低温度，亦是固相 A 和固相 B 能够同时熔化的最低温度。此温度称为低共熔点，该两相固体混合物称为低共熔混合物。

PL 线和 S_1L 线之间的区域是固体 A 和液相的两相区，QL 线和 LS_2 线之间的区域是固体 B 和液相的两相区，S_1S_2 线以下的区域是固体 A 和固体 B 的两相区。在这三个两相区内 $f=1$，可选温度作为独立变量。

现在来研究一下，在系统总组成不变的情况下，系统点为 a 的液相不断冷却时的相变化。冷却过程中，系统点沿垂直线 ae 移动。

在 ab 段是液相降温过程。到达 b 点，纯固体 A 开始由液相中析出。

在 bd 段，是温度不断降低，固体 A 不断析出的过程。由于固体 A 的析出，与之成平衡的液相中 A 的含量逐渐减少，液相中 B 的相对量不断增高。因而液相点相应的沿 bL 改变，固体 A 的量逐渐增多，液相量逐渐减少，两相的量可以用杠杆规则计算。

例系统点为 c 时，固相点为 S'，液相点为 L'。固相 S' 的量与液相 L' 的量之比为线段 cL' 与 $S'c$ 之比。刚冷却到低共熔点时，系统点为 d，此时液相点刚好到达 L。继续冷却，液相 L 不断凝固成低共熔混合物，即固体 A 和固体 B 同时析出，系统内三相共存，温度不降低，系统点仍为 d 点。冷却到液相 L 刚好消失时，系统点仍为 d 点，两个固相点分别为 S_1 及 S_2。再继续冷却，系统点离开 d 点，de 段是固体 A 和固体 B 的降温过程。此固体混合物是由原先析出的固体 A（bd 段）与低共熔混合物所构成的，低共熔混合物中的固体 A 与原析出的固体 A 是一个相，低共熔混合物中的固体 B 是另一个相。虽然如此，由低共熔混合物析出的 A 与 B，比早先析出的固体 A 更为细小，而且晶相显得十分均匀。

这一类固态完全不互溶的系统有：铋和镉、锗和锑、水和氯化铵、水和硫酸铵等。

凝聚物系相图是根据实验数据绘制的，实验方法主要有热分析法与溶解度法等。

② 热分析法　对于二组分体系，配制出总组成递变的系列样品，加热至全部熔化为液态，然后放在一定温度的环境中自行冷却，记录样品温度随时间的变化情况，根据所得数据以温度为纵坐标，时间为横坐标，绘制温度-时间曲线，即冷却曲线，因为图上曲线是在逐步冷却中得到的，所以又称为步冷曲线，然后由若干条组成不同的体系的步冷曲线可绘出相图。

下面以 Bi-Cd 体系为例，说明如何绘制冷却曲线及相图，如图 3-34。

图 3-34(a) 中的 a 线是纯 Bi[w(Cd)＝0] 的冷却曲线。其中 aa_1 为液体 Bi 冷却，水平线 a_1a_1' 是 Bi 固液两相平衡，a_1' 以后为固体 Bi 冷却。

e 线是纯 Cd[w(Cd)＝0] 的冷却曲线，形状与 a 相似。

b 线是 w(Cd)＝0.2 的 Bi-Cd 混合物的冷却曲线。b_1 点前，为液体冷却，b_1 点固体 Bi 开始析出，由相律 $f＝2-2+1＝1$，说明有一个自由度，若温度下降，则液体组成是温度的函数。到达 b_2 时，开始同时有 Bi 与 Cd 析出，是为三相平衡，由相律，$f＝2-3+1＝0$，说明在此出现水平线段 b_2b_2'，液体组成为 c_1 不变，只有当液相全部凝固消失后，$f＝2-2+1＝1$，温度才继续下降，这相当于 b_2' 及它后边的部分，那是固体 Bi 与 Cd 的降温过程。b_2b_2' 段析出的为低共熔混合物，对应温度为低共熔点。

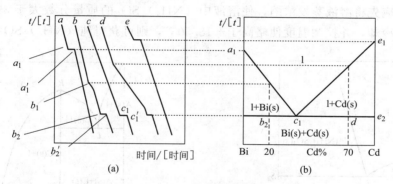

图 3-34　Bi-Cd 体系的冷却曲线及相图

d 线是 w(Cd)＝0.7 的 Bi-Cd 混合物的冷却曲线，与 b 线类似。有一个转折点和一个水平线段。水平线对应的温度是低共熔点。

c 线是 w(Cd)＝0.4 的 Bi-Cd 混合物的冷却曲线，由于它的组成正好是低共熔混合物的组成，所以液相开始凝固时，即同时析出固体 Bi 和 Cd，相当于 c_1 点。到 c_1' 时液相完全凝固。以后为固体低共熔混合物的降温。这条冷却曲线的形状与纯物质相似，没有转折点，只有水平段。

将上述五条曲线中的转折点、水平段的温度及相应的系统组成描绘在温度-组成图上，如图 3-34(b) 中 a_1，b_1，b_2，c_1，d_1，d_2 及 e_1 点。连接 a_1，b_1，c_1 三点所构成的 a_1c_1 线是 Bi 的凝固点降低曲线；连接 e_1，d_1，c_1 三点所构成的 e_1c_1 线是 Cd 的凝固点降低曲线，通过 b_2，c_1，d_2 三点的 a_2e_2 水平线是三相平衡线。图中注明各相区的稳定相，于是绘得 Bi-Cd 系统的相图。

热分析法之核心是对二组分体系一系列组成递变的样品测其平衡时相数发生突变时的温度。步冷曲线可提供如下信息：平滑线段，相数不变；折点对应，相数突变；水平台阶，自由度为零。

③ 溶解度法 若冷却一个 $(NH_4)_2SO_4$ 质量分数小于 39.75％的水溶液，则将在低于 0℃的某温度下开始有冰析出。溶液中盐的浓度较大时，开始析出冰的温度就较低。

$(NH_4)_2SO_4$ 质量分数大于 39.75％的水溶液，在冷却到 $(NH_4)_2SO_4$ 达到饱和温度时，将有固体 $(NH_4)_2SO_4$ 析出，这是因为 $(NH_4)_2SO_4$ 在水中的溶解度随温度的降低而减小。

溶液中盐的浓度越大，开始析出固体 $(NH_4)_2SO_4$ 的温度也就高。

溶液中 $(NH_4)_2SO_4$ 的质量分数若等于 39.75％，在冷却到 $-18.50℃$ 时，冰和固体 $(NH_4)_2SO_4$ 同时析出。$-18.50℃$ 是 H_2O-$(NH_4)_2SO_4$ 系统中液相能够存在的最低温度。

图中 P 点是水的凝固点，PL 线是水的凝固点降低曲线。LQ 线是 $(NH_4)_2SO_4$ 的溶解度曲线，Q 点是在 101.325kPa 下，$(NH_4)_2SO_4$ 饱和溶液可能存在的最高温度。如温度比 Q 再高，液相就要消失而成为水蒸气和固体 $(NH_4)_2SO_4$，但如增大外压，LQ 线还可向上延长。状态为 L 点的溶液在冷却时析出的低共熔混合物——冰和固体 $(NH_4)_2SO_4$ 又称为低熔冰盐合晶。

L 点所对应的温度即低共熔点，通过 L 点的 S_1S_2 水平线是三相线。

水-盐系统相图可应用于结晶法分离盐类。

例如，欲自 $(NH_4)_2SO_4$ 的质量分数为 30％的水溶液中获得纯 $(NH_4)_2SO_4$ 晶体，如图 3-35，只靠冷却是不可能的，因为冷却中，首先会析出冰，最后，在 $-18.5℃$，冰与盐同时析出。所以，应先将溶液蒸发浓缩，使溶液中 $(NH_4)_2SO_4$ 的质量分数大于 39.75％，再将浓缩后的溶液冷却，并控制温度使略高于 $-18.50℃$，则可获得纯 $(NH_4)_2SO_4$ 晶体。

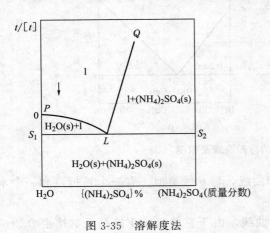

图 3-35　溶解度法

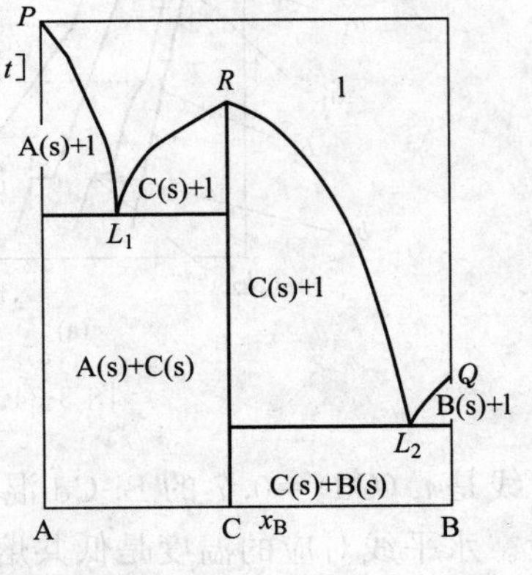

图 3-36　苯酚（A）-苯胺（B）系统的液-固平衡相图

(2) 生成化合物的二组分凝聚系统相图

若两种物质反应生成第三种物质，有化学平衡存在，所以，组分数 $C=S-R-R'=3-1-0=2$，仍为二组分系统。若两物质的数量比正好使之全部生成化合物，则又多一个独立组成限制条件，$C=S-R-R'=3-1-1=1$，就成为单组分系统。

按生成化合物的稳定性，分为两种情况讨论。

① 生成稳定化合物系统 将熔化后液相组成与固相组成相同的固体化合物称为稳定化合物。稳定化合物具有相合熔点。生成稳定化合物系统中最简单的是两物质之间只能生成一种化合物，且这种化合物与两物质在固态时完全不互溶。

以苯酚（A）-苯胺（B）系统为例。苯酚的熔点为 40℃，苯胺的熔点为 −6℃，两者生成分子比例为 1∶1 的化合物 $C_6H_5OH \cdot C_6H_5NH_2$（C），其熔点为 31℃。此系统的液-固平衡相图如图 3-36。

此图可以看成是由两个相图组合而成，一个是 A-C 系统相图，另一个是 C-B 系统相图。两相图均是具有低共熔点的固态不互溶系统相图。

Mg-Si 系统也属于这种类型。Mg 与 Si 可形成组成为 Mg_2Si 的稳定化合物。且与 Mg 和 Si 在固态时完全不互溶。

有时，两种物质可生成两种或两种以上的稳定化合物。这时，看上去，相图要复杂一些，但是基本上仍可将它分解成几个简单相图来分析。

② 生成不稳定化合物系统　所谓的不稳定化合物，是指一种固体化合物，当它熔化时分解为一液体及另一固体物质。所生成的液体的组成与原来的不稳定化合物组成不同。也称不稳定化合物有不相合熔点。

生成不稳定化合物系统中最简单的系统是两物质 A、B 只生成一种不稳定化合物 C，且 C 与 A、B 均在固态时完全不互溶，如图 3-37。

将固体化合物 C 加热，系统点由 C 垂直上移至 S_1' 所对应温度时，分解为固体 B 和溶液，即：

$$C(s) \underset{冷却}{\overset{加热}{\rightleftharpoons}} l + B(s)$$

固相点为 S_2'，液相点为 L'。C 分解生成的固相 B 的量与液相量之比符合杠杆规则。分解所对应的温度称为不相合熔点或转熔温度。在此温度下三相平衡，自由度为零，系统的温度和各相的组成都不变。

加热到固体化合物全部分解后，温度才开始上升，离开三相线。继续加热，不断有固体 B 熔入溶液，使溶液中 B 的量增加，使液相点沿 $L'b$ 线移动，固相点相应地沿 $S_2'b'$ 线移动。系统点到达 b 时，固相 B 全部熔化而消失，b 也即是液相点，此液相的组成与原来化合物 C 相同。b 以上为液相升温过程。

系统点为 a 的样品的冷却曲线如图 3-38。此样品在冷却过程中的变化与前面分析的化合物 C，在加热中的相变化正相反。在实际中，这一类系统有：SiO_2-Al_2O_3（生成不稳定化合物 $3Al_2O_3 \cdot 2SiO_2$）等。

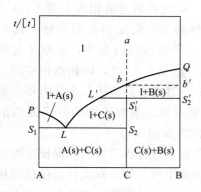

图 3-37　生成不稳定化合物的相图

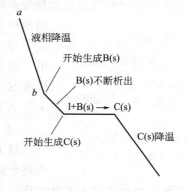

图 3-38　系统点为 a 的样品的冷却曲线

在水-盐系统中，也有此类例子，如 H_2O-NaCl 系统，不稳定化合物 $NaCl \cdot 2H_2O$（C）

在熔化时分解，系统相图如下：由于 NaCl 熔点很高，盐的溶解度曲线 $L'Q$ 不可能与右侧纵坐标相交。若盐与水生成多种水合晶体，则相图中可能有多种不稳定化合物（图 3-39）。

（3）二组分固态互溶体系液固平衡相图

固态混合物（固溶体）或固态溶液——两物质形成以分子、原子或离子尺度相互均匀混合的固相。

两物质具有同种晶型，分子、原子或离子大小相近，一种物质晶体中的粒子可被另一种物质的粒子以任何比例取代时，可形成固态完全互溶系统。

两物质液态完全互溶，固态相互溶解度是有限的而且又不同，（即 A 在 B 中的溶解度不同于 B 在 A 中溶解度），形成两种平衡共存的固态共轭溶液，这样形成的为固态部分互溶系统。溶质粒子填入到溶剂晶体空隙中的固态溶液称为填隙型固态溶液；溶质粒子代替了溶剂晶体的相应粒子的固态溶液形成取代型固态溶液。

① 固态完全互溶系统　Sb-Bi 系统是液态与固态都能完全互溶的例子。其固-液平衡相图如图 3-40。此图形状与二组分液态完全互溶系统相图相似。

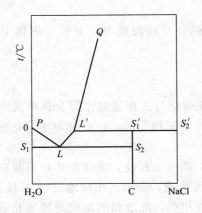

图 3-39　H_2O-NaCl 系统

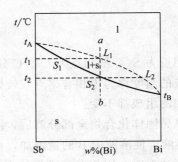

图 3-40　固态完全互溶系统液固平衡相图

图中虚线表示液态混合物凝固点与组成的关系，称为液相线或凝固点曲线。下面的实线表示固态混合物熔点与其组成的关系，称为固相线或熔点曲线。液相线以上为液相区，固相线以下为固相区，液相线与固相线间为两相平衡共存区。

将状态点为 a 的液态混合物冷却降温到温度 t_1 时，系统点到达液相线上的 L_1 点，便有

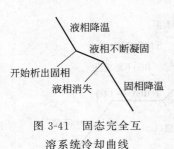

图 3-41　固态完全互溶系统冷却曲线

固相析出，此固相不是纯物质，而是固态混合物，其相点为 S_1。继续冷却，温度从 t_1 降到 t_2 的过程中，不断又有固相析出，液相点沿液相线由 L_1 点变至 L_2 点，固相点相应的沿固相线由 S_1 点变至 S_2 点。在 t_2 温度下系统状态点与固相点重合为 S_2。液相消失，系统完全凝固，最后消失的一滴液相组成为 L_2。这一类样品的冷却曲线如图 3-41。

以上系统的冷却过程要求进行得很慢，以保证在凝固过程中整个固相与液相始终保持平衡。若冷却太快，仅仅固相表面与液相平衡，固相内部来不及变化，在液相点由 L_1 变为 L_2 的过程中，将析出一连串不同组成的固相层，而出现固相变化滞后的现象。可能使体系在 t_2 以下的某一个温度范围内，液相仍不能完全凝固。

属于这一类型的系统还有 Ag-Au、Cu-Pd 等。

以上系统的特点为固态混合物的熔点在两纯组分的熔点之间。

二组分固态完全互溶系统相图还具有最低熔点［图 3-42(a)］与最高熔点［图 3-42(b)］的两种类型。它们与具有最低恒沸点或最高恒沸点的二组分气-液平衡的温度-组成图有类似形状。其中，具有最高熔点的系统较少。

② 固态部分互溶系统　二组分固态部分互溶系统的相图可分为两类。

a. 系统有一低共熔点

图 3-43 中 α 代表 B 溶于 A 中的固态溶液，β 代表 A 溶于 B 中的固态溶液。S_1S_2 为三相线，液、固（α）、固（β）三相共存，三个相点分别为 L、S_1 和 S_2。其所对应的温度为低共熔点。系统总组成介于 S_1 及 S_2 所对应的组成之间，样品冷却时通过三相线。状态点为 a 的样品冷却到 b 点时，开始析出固态溶液 α，bc 段不断析出 α 相。刚刚冷却到低共熔点时，固相点为 S_1，液相点为 L，再冷却，温度不变，液相 L 即按比例同时析出 α 相及 β 相而成三相平衡。

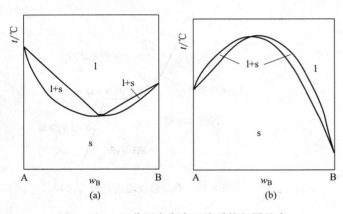

图 3-42　二组分固态完全互溶系统相图具有
最低熔点和最高熔点的两种类型

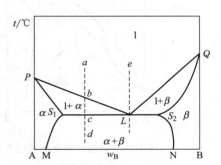

图 3-43　固态部分互溶系统有
一低共熔点的示例

$$l \underset{\text{加热}}{\overset{\text{冷却}}{\rightleftharpoons}} \alpha + \beta$$

两固相点分别为 S_1 及 S_2，系统点 c。待液相全部凝固为 α 及 β 后，系统点离开 c 点。cd 段是两共轭固态溶液的降温过程，由于固体 A 和 B 的相互溶解度与温度有关，在降温过程中两固态溶液的浓度及两相的量均要发生相应的变化。状态点为 e 的样品冷却到低共熔点时，系统由一个液相变成液、固 α、固 β 共存，液相消失后，也是两共轭固态溶液降温。a 的冷却曲线如图 3-44。

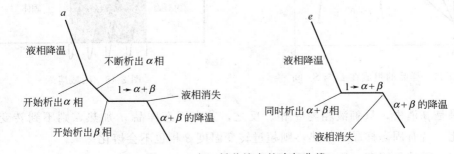

图 3-44　有一低共熔点的冷却曲线

属于这类系统的实例有 Pb-Sn、Cu-Ag、Zn-Cd 等。

b. 系统有一转变温度

这类相图如图 3-45 所示。

以系统点为 a 冷却过程为例说明这类相图的应用。ab 段为液态混合物的降温过程。到达 b 点开始析出固态溶液 β。bc 段不断析出 β 相且温度不断降低，液相组成及 β 相组成随温度降低相应的改变。到 c 点，液相点为 L，β 相点为 S_2。再冷却，即发生相变化：

$$1+\beta \underset{\text{加热}}{\overset{\text{冷却}}{\rightleftharpoons}} \alpha$$

状态点为 L 的液相与状态点为 S_2 的 β 相的量按 S_1S_2 与 LS_1 线段长度的比例转变为状态点为 S_1 的固态溶液 α。此时液相呈三相平衡，$f=2-3+1=0$，温度不再改变，此温度称为转变温度。液相消失后，剩余的 β 相与转变成的 α 相成两相平衡。cd 段为两共轭固态溶液的降温过程，两相的组成随温度变化（图 3-46）。

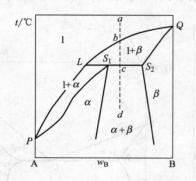

图 3-45　固态部分互溶系统有
一转变温度的示例

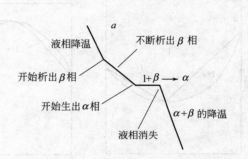

图 3-46　有一转变温度的冷却曲线

若样品的组成在 L 与 S_1 间（图 3-47），在 c 也是三相平衡：

$$\beta(S_2)+l(L) \longrightarrow \alpha(S_1)$$

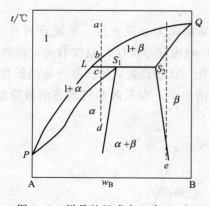

图 3-47　样品的组成在 L 与 S_1 间

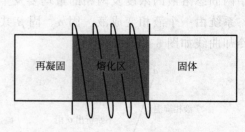

图 3-48　区域熔炼

但结果是 β 消失，只剩液相与 α 相。反之，若有固态样品 d 加热，则不到转变温度 α 相就会熔化。若有固态样品 e 加热，则超过转变温度 β 相也不会熔化。

属于这一类的系统有：Pt-W、AgCl-LiCl 等。

（4）区域熔炼（zone melting）

区域熔炼是制备高纯物质的有效方法。可以制备 8 个 9 以上的半导体材料（如硅和锗），5 个 9 以上的有机物或将高聚物进行分级。

一般是将高频加热环套在需精炼的棒状材料的一端，使之局部熔化，加热环再缓慢向前推进，已熔部分重新凝固。由于杂质在固相和液相中的分布不等，用这种方法重复多次，杂质就会集中到一端，从而得到高纯物质（图 3-48）。

① 分凝系数　设杂质在固相和液相中的浓度分别为 C_s 和 C_1，则分凝系数 K_s 为：$K_s = C_s/C_1$，$K_s < 1$，杂质在液相中的浓度大于固相。如果加热环自左至右移动，杂质集中在右端。

$K_s > 1$，杂质在固相中的浓度大于液相，当加热环自左至右移动，杂质集中在左端。

② $K_s < 1$ 的情况　材料中含有杂质后，使熔点降低。进行区域熔炼的材料都经过预提纯，杂质很少，为了能看清楚，将 T-x 图的左边放大如图 3-49 所示。相图上面是熔液，下面是固体，双线区为固液两相区。当加热至 P 点，开始熔化，杂质浓度为 C_1。加热环移开后，组成为 N 的固体开始析出，杂质浓度为 C_s。

因为 $K_s < 1$，$C_s < C_1$，所以固相含杂质比原来少，杂质随加热环移动至右端。

③ $K_s > 1$ 的情况　杂质熔点比提纯材料的熔点高。当组成为 P 的材料熔化时，液相中杂质含量为 C_1，当凝固时对应固体 N 点的杂质含量为 C_s，由于 $K_s > 1$，$C_s > C_1$，所以固相中杂质含量比原来多，区域熔炼的结果，杂质集中在左端（图 3-50）。

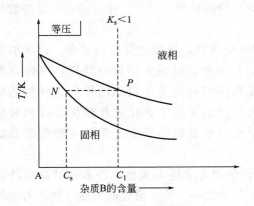

图 3-49　分凝系数 $K_s < 1$ 的情况

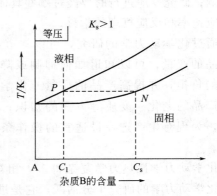

图 3-50　分凝系数 $K_s > 1$ 的情况

如果材料中同时含有 $K_s > 1$ 和 $K_s < 1$ 的杂质，区域熔炼结果必须"斩头去尾"，中间段才是高纯物质。

化学动力学

对于任何化学反应，既要研究变化的可能性，也要研究变化的速率。例如，氢和氧化合成水，此反应的摩尔吉布斯函数变化 $\Delta_r G_m^{\ominus} = -237.2\text{kJ} \cdot \text{mol}^{-1}$，其反应趋势是很大的，但实际上将氢气和氧气放在一个容器中，好几年也觉察不到有水生成的痕迹，这是由于此反应在该条件下的速率太慢了；而盐酸和氢氧化钠的中和反应，其 $\Delta_r G_m^{\ominus} = -79.91\text{kJ} \cdot \text{mol}^{-1}$，反应趋势比上述反应要小，但此反应的速率非常快。因此化学热力学只解决了反应可能性的问题，反应究竟能否实现还需要由化学动力学来解决。关于变化速率及变化的机理，则为化学动力学的研究范围。化学动力学研究浓度、压力、温度以及催化剂等各种因素对反应速率的影响；研究反应进行时要经过哪些具体步骤，即反应的机理。因此，化学动力学是研究化学反应速率和反应机理的学科。

通过化学动力学的研究，可以知道如何控制反应条件，提高主反应的速率，以增加化工产品的产量；可以知道如何抑制或降慢副反应的速率，以减少原料的消耗，减轻分离操作的负担，并提高产品的质量。化学动力学能提供如何避免危险品的爆炸、材料的腐蚀或产品的老化、变质等方面的知识；还可以为科研成果的工业化进行最优设计和最优控制，为现有生产选择最适宜的操作条件。化学动力学是化学反应工程的主要理论基础之一。

化学动力学比热力学复杂得多，相对来说，化学动力学还不成熟，许多领域尚有待开发。化学动力学的研究十分活跃，它是进展迅速的科学之一。为了研究的方便，在动力学研究中，往往将化学反应分为均相反应与非均相（或多相）反应。化学动力学和热力学是相辅相成的。若热力学研究表明是不可能进行的反应，则没有必要再去研究如何提高反应速率的问题了。若某化学反应经热力学研究认为是可能的，但实际进行时反应速率太小，对此，可以通过动力学研究，降低其反应阻力，加快反应速率，缩短达到平衡的时间。但过程的可能性与条件有关，有时改变条件可使原条件下热力学上不可能的过程成为可能。

4.1 化学反应的反应速率及速率方程

影响反应速率的基本因素是反应物的浓度和反应的温度。为使问题简化，先研究温度不变时的反应速率与浓度的关系，再研究温度对反应速率的影响。表示一化学反应的反应速率与浓度等参数间的关系式，或浓度与时间等参数间的关系式，称为化学反应的速率方程式，简称速率方程，或称为动力学方程。

4.1.1 反应速率的定义

对于任意反应

$$aA + bB \longrightarrow yY + zZ \tag{4-1}$$

可简写成 $0 = \sum_{B} \nu_B B$，随着反应进行，反应进度 ξ 不断增大。用单位体积内反应进度随时间的变化率来表示反应进行的快慢，称为反应速率，用符号 "v" 表示，即：

$$v = \frac{1}{V} \times \frac{d\xi}{dt} \tag{4-2}$$

式中，V 为体积；t 为时间；ξ 为反应进度，mol，v 为反应速率，[浓度]/[时间]。

由反应进度定义可知，$d\xi = dn_B/\nu_B$，所以反应速率 v 的定义式也可写成：

$$v = \frac{1}{\nu_B V} \times \frac{dn_B}{dt}$$

对于恒容反应，$\dfrac{dn_B}{V} = dc_B$，所以上式可简化为：

$$v = \frac{1}{\nu_B} \times \frac{dc_B}{dt} \tag{4-3}$$

式中，c_B 为 B 的物质的量浓度，$mol \cdot m^{-3}$ 或 $mol \cdot L^{-1}$；ν_B 为 B 的化学计量系数。这就是恒容反应速率的定义式。dc_B/dt 代表物质 B 浓度随时间的变化率。对于产物，dc_B/dt 和 ν_B 同时为正；对于反应物，dc_B/dt 和 ν_B 同时为负，因此反应速率永远为正值。对于式(4-1)表示任意反应，恒容反应速率可具体表示为：

$$v = \frac{1}{a} \times \frac{dc_A}{dt} = \frac{1}{b} \times \frac{dc_B}{dt} = \frac{1}{y} \times \frac{dc_Y}{dt} = \frac{1}{z} \times \frac{dc_Z}{dt} \tag{4-4}$$

显然反应速率与物质 B 的选择无关，但与化学计量方程式的写法有关。为了讨论问题方便，常采用某指定反应物的消耗速率或某指定产物的生成速率来表示反应进行的快慢。在恒容的情况如下所述。

反应物的消耗速率为：

$$v_A = -\frac{dc_A}{dt} \tag{4-5}$$

$$v_B = -\frac{dc_B}{dt}$$

产物的生成速率为：

$$v_Y = \frac{dc_Y}{dt} \tag{4-6}$$

$$v_Z = \frac{dc_Z}{dt}$$

由于反应物不断消耗，$\dfrac{dc_A}{dt}$ 与 $\dfrac{dc_B}{dt}$ 为负值，为使消耗速率为正值，故在其前面加一负号。因此反应速率与反应物消耗速率、产物生成速率的关系为：

$$v = \frac{v_A}{a} = \frac{v_B}{b} = \frac{v_Y}{y} = \frac{v_Z}{z} \tag{4-7}$$

因此，各不同物质的消耗速率与生成速率，与各自的化学计量数的绝对值成正比。

例如：

$$N_2 + 3H_2 \longrightarrow 2NH_3$$

$$-\frac{dc_{N_2}}{dt}/1 = -\frac{dc_{H_2}}{dt}/3 = \frac{dc_{NH_3}}{dt}/2$$

为了区别不同定义的反应速率可用下标来表示。例如：

$$v_p = \frac{1}{\nu_B} \times \frac{\mathrm{d}p_B}{\mathrm{d}t} \qquad \text{(恒容)} \tag{4-8}$$

以及 　　A 的消耗速率

$$v_{p,A} = -\frac{\mathrm{d}p_B}{\mathrm{d}t} \tag{4-9}$$

　　Z 的消耗速率

$$v_{p,Z} = \frac{\mathrm{d}p_Z}{\mathrm{d}t} \tag{4-10}$$

同样

$$v_p = \frac{1}{\nu_A} \times \frac{\mathrm{d}p_A}{\mathrm{d}t} = \frac{1}{\nu_B} \times \frac{\mathrm{d}p_B}{\mathrm{d}t} = \frac{1}{\nu_Y} \times \frac{\mathrm{d}p_Y}{\mathrm{d}t} = \frac{1}{\nu_Z} \times \frac{\mathrm{d}p_Z}{\mathrm{d}t} \tag{4-11}$$

因为 $p_B = \dfrac{n_B RT}{V} = c_B RT$

$$\mathrm{d}p_B = RT\mathrm{d}c_B$$

故有

$$v_p = vRT \tag{4-12}$$

4.1.2 反应速率的图解表示

对于恒容均相反应，若测出不同时刻 t 时反应物 A 的浓度 c_A 或产物 D 的浓度 c_D，则

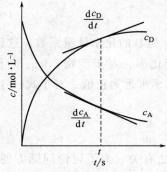

图 4-1 反应物和产物的浓度与时间的关系

可绘出如图 4-1 所示的 c-t 曲线。c_A-t 曲线上各点切线斜率的绝对值，即为相应时刻反应物 A 的消耗速率 $v_A = -\dfrac{\mathrm{d}c_A}{\mathrm{d}t}$。$c_D$-$t$ 曲线上各点切线斜率的绝对值，即为相应时刻产物 D 的生成速率 $v_D = \dfrac{\mathrm{d}c_D}{\mathrm{d}t}$。本章如不特别指明，所讨论的反应均为恒容反应。

4.1.3 基元反应和复合反应

许多化学反应并不是按照化学反应计量方程式所表示的那样，由反应物直接转变成产物的。例如 HCl 的气相合成反应为：

$$H_2 + Cl_2 \longrightarrow 2HCl$$

已经证明，该反应需要经过以下一系列单一的、直接的反应步骤（即基元反应）来完成：

(1) 　　　　　　　　　$Cl_2 + M^0 \longrightarrow 2Cl\cdot + M_0$

(2) 　　　　　　　　　$Cl\cdot + H_2 \longrightarrow HCl + H\cdot$

(3) 　　　　　　　　　$H\cdot + Cl_2 \longrightarrow HCl + Cl\cdot$

(4) 　　　　　　　　　$Cl\cdot + Cl\cdot + M_0 \longrightarrow Cl_2 + M^0$

式中 M 指反应器壁和其他第三体的分子，只起传递能量作用。$Cl\cdot$ 代表自由原子氯，其中的黑点"·"表示未配对的价电子。在 (1) 中表示 Cl_2 分子与动能足够高的 M^0 分子碰撞，发生能量传递而使 Cl_2 分子中共价键发生均裂产生两个 $Cl\cdot$ 自由原子和一个能量较小的 M_0 分子。所谓基元反应，就是反应物微粒（分子、原子、离子或自由基）在碰撞中一步直接转化为产物微粒的反应。由两种或两种以上基元反应所组成的总反应称为非基元反应，或称为复合反应。绝大多数宏观反应都是复合反应，如 HCl 的气相合成就是复合反应。复合反应由哪几个基元反应组成，即反应物分子变成产物分子所经历的途径，称为反应机理或反应历程。(1)~(4) 的总和就是 HCl 的气相合成反应的反应机理。基元反应的反应方程式代表的真实过程，所以它的写法是唯一的。

基元反应中，反应物微粒数目为反应分子数。根据反应分子数可以将基元反应分为单分子反

应、双分子反应、三分子反应。最常见的是双分子反应，单分子反应次之，三分子反应较罕见。目前尚未发现四分子反应。在 HCl 的气相合成的机理中，基元反应（1）～（3）都是双分子反应，（4）是三分子反应。化学反应方程，除非特别指明，一般都属于化学计量方程，而不是基元反应。

4.1.4　基元反应的速率方程——质量作用定律

基元反应式中各反应物分子数之和称为反应分子数。经过碰撞而活化的单分子分解反应或异构化反应，为单分子反应，例如：

$$A \longrightarrow 产物$$

因为是一个个活化分子独自进行的反应，所以这种分子在单位体积内的数目越多（即浓度越大），则单位体积内，单位时间起反应的分子的数量就越多，即反应物的消耗速率与反应物的浓度成正比：$v = kc_A$。

双分子反应可分为异类分子间的反应与同类分子间的反应：

$$A + B \longrightarrow 产物$$
$$A + A \longrightarrow 产物$$

两个分子之间要发生反应，则它们必须碰撞，否则彼此远离是不可能反应的，所以反应速率应与单位体积单位时间的碰撞数成正比。按分子运动论，单位体积、单位时间内的碰撞数与浓度乘积成正比，因此，反应物 A 的消耗速率与浓度乘积成正比。对于上两反应，分别有：

$$v = kc_A c_B$$
$$v = kc_A^2$$

依次类推，对于基元反应：

$$aA + bB + \cdots \longrightarrow 产物$$

其速率方程应为：

$$v = kc_A^a c_B^b \cdots \tag{4-13}$$

就是说基元反应的速率与各反应物浓度的幂乘积成正比，其中各浓度的方次为反应方程中相应组分的计量系数。这就是质量作用定律。速率方程中的比例常数 k，叫做反应速率常数。温度一定，反应速率常数为一定值，与浓度无关。基元反应的速率常数 k 是该反应的特征基本物理量，该量是可传递的，即其值可用于任何包含该基元反应的气相反应。同一温度下，比较几个反应的 k，可以大略知道它们反应能力的大小，k 越大，则反应越快。

质量作用定律只适用于基元反应。对于非基元反应，只能对其反应机理中的每一个基元反应应用质量作用定律。如果一物质同时在机理中两个或两个以上的基元反应中，则对该物质应用质量作用定律时应当注意：其净的消耗速率或净的生成速率应是基元反应的总和。

例如，化学计量反应 $A + B \longrightarrow Z$ 的反应机理为：

$$A + B \xrightarrow{k_1} X$$
$$X \xrightarrow{k_{-1}} A + B$$
$$X \xrightarrow{k_2} Z$$

则有：

$$-\frac{dc_A}{dt} = -\frac{dc_B}{dt} = k_1 c_A c_B - k_{-1} c_X$$

$$\frac{dc_X}{dt} = k_1 c_A c_B - k_{-1} c_X - k_2 c_X$$

$$\frac{\mathrm{d}c_Z}{\mathrm{d}t} = k_2 c_X$$

4.1.5 反应级数

实验表明,许多化学反应的速率方程具有以下幂函数形式:

$$v = kc_A^\alpha c_B^\beta c_D^\gamma \cdots \tag{4-14}$$

式中 α、β、γ、$\cdots$ 分别称为物质 A、B、D、$\cdots$ 的反应分级数,令 $n = \alpha + \beta + \gamma + \cdots$,$n$ 称为反应的总级数,简称反应级数。一个反应的级数,无论是 $\alpha + \beta + \gamma + \cdots$ 或是 n,都是实验确定的常数,其值可为整数、分数、负数或者是零。一般 n 不大于 3。反应速率常数 k 的单位为 [浓度]$^{1-n}$ [时间]$^{-1}$,即 (mol·m^{-3})$^{1-n}$·s^{-1},与反应级数有关,反应级数的大小反映了浓度对反应速率影响的程度。级数越大,浓度对反应速率影响越大。例如 HCl 的气相合成反应的速率方程为 $v = k[\mathrm{H_2}][\mathrm{Cl_2}]^{0.5}$,即该反应对 H$_2$ 为一级,对 Cl$_2$ 为 0.5 级,而该反应为 1.5 级反应,此式表明 H$_2$ 浓度对反应速率的影响比 Cl$_2$ 大些。对于基元反应来说,反应分子数与反应级数是相同的,如单分子反应就是一级反应,双分子反应就是二级反应。

4.1.6 用气体组分的分压表示的速率方程

对于气体组分参加的 $\sum v_B(\mathrm{g}) \neq 0$ 的化学反应,在恒温、恒容下,随着反应的进行,系统的总压必随之而变。这时只要测定系统在不同时间的总压,即可得知反应的进程。由反应的化学计量式,可得出反应中某气体组分 A 的分压与系统总压之间的关系。在这种情况下,往往用反应中某气体 A 的分压 p_A 随时间的变化率来表示反应的速率。

若 A 代表反应物,反应为:

$$\alpha A \longrightarrow 产物$$

反应级数为 n,则 A 的消耗速率为 $-\mathrm{d}c_A/\mathrm{d}t = k_A c_A^n$,基于分压 A 的消耗速率为 $-\mathrm{d}p_A/\mathrm{d}t = k_{p,A} p_A^n$,式中 $k_{p,A}$ 为基于分压的速率常数,其单位为 Pa^{1-n}·s^{-1},因恒温、恒容下 A 为理想气体时,$p_A = c_A RT$,将其代入上式:

$$-(\mathrm{d}c_A/\mathrm{d}t)RT = k_{p,A} c_A^n (RT)^n$$

得

$$-\mathrm{d}c_A/\mathrm{d}t = k_{p,A} c_A^n (RT)^{n-1}$$

对比 $-\mathrm{d}c_A/\mathrm{d}t = k_A c_A^n$ 可知: $k_A = k_{p,A}(RT)^{n-1}$ $\qquad$ (4-15)

由此可见,T、V 一定时,$\mathrm{d}c_A/\mathrm{d}t$ 和 $\mathrm{d}p_A/\mathrm{d}t$ 均可用来表示气相反应的速率,两者的速率常数 k_A 和 $k_{p,A}$ 不相等。同时应看到,不论用 c_A 或用 p_A 随时间的变化率来表示 A 的消耗速率,反应的级数是不变的。

4.2 具有简单级数的化学反应

凡是反应速率只与反应物浓度有关,而且反应级数,无论是 α、β、$\cdots$ 或 n 都只是零或正整数的反应,称为具有简单级数的反应。基元反应都是具有简单级数的反应,但具有简单级数的反应不一定是基元反应。本节讨论零级反应、一级反应、二级反应及 n 级反应的速率方程的微分式、积分式及其特征。

4.2.1 零级反应

对于反应 A→产物,若反应的速率与反应物 A 浓度的零次方成正比,该反应即为零级反应:

$$-\frac{\mathrm{d}c_A}{\mathrm{d}t} = kc_A^0 = k \tag{4-16}$$

零级反应实际是反应速率与反应物浓度无关的反应。一些光化学反应只与光的强度有关，光的强度保持恒定则为等速反应，反应速率并不随反应物的浓度变小而有所变化，所以它是零级反应。因此，零级反应的速率常数 k 的物理意义是单位时间内 A 的浓度减小量，其单位与 v_A 相同，为 $\mathrm{mol \cdot m^{-3} \cdot s^{-1}}$。将式（4-16）积分：

$$-\int_{c_{A,0}}^{c_A} \mathrm{d}c_A = k\int_0^t \mathrm{d}t$$

得

$$c_{A,0} - c_A = kt \tag{4-17}$$

式中，$c_{A,0}$ 为反应开始（$t=0$）时反应物 A 的浓度，即 A 的初始浓度；c_A 为反应至某一时刻 t 时反应物 A 的浓度。可见零级反应，c_A-t 呈直线关系，见图 4-2。反应物反应掉一半所需要的时间定义为反应的半衰期：

$$c_A(t_{1/2}) = c_{A,0}/2 \tag{4-18a}$$

将 $c_A = c_{A,0}/2$ 代入式（4-17），得零级反应的半衰期为：

$$t_{1/2} = c_{A,0}/(2k) \tag{4-18b}$$

此式表明零级反应的半衰期正比于反应物的初始浓度。

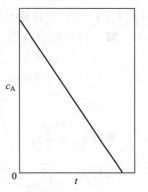

图 4-2 零级反应
的直线关系

4.2.2 一级反应

反应速率与反应物浓度的一次方成正比的反应，称为一级反应。若某一级反应的计量方程式为：

$$A \longrightarrow P$$

$$\begin{aligned} t &= 0 & c_{A,0} \\ t &= t & c_A \end{aligned}$$

则其反应速率方程为 $-\dfrac{\mathrm{d}c_A}{\mathrm{d}t} = kc_A$，定积分上式 $-\displaystyle\int_{c_{A,0}}^{c_A} \frac{\mathrm{d}c_A}{c_A} = \int_0^t k\,\mathrm{d}t$

$$\ln\frac{c_{A,0}}{c_A} = kt \tag{4-19}$$

式中，t 为时间；k 为反应速率常数，$[时间]^{-1}$；$c_{A,0}$ 为 A 的初始浓度，$\mathrm{mol \cdot m^{-3}}$ 或 $\mathrm{mol \cdot L^{-1}}$；$c_A$ 为 t 时刻 A 的浓度，$\mathrm{mol \cdot m^{-3}}$ 或 $\mathrm{mol \cdot L^{-1}}$。

由上述关系式可知，一级反应具有如下三个特征。

① 一级反应速率常数 k 的单位为 $[时间]^{-1}$，说明 k 的数值与时间单位有关，但与浓度单位无关。

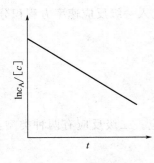

图 4-3 一级反应的
$\ln c_A/[c]$-t 图

② 反应物浓度消耗掉一半所需的时间称为该反应的半衰期，用符号 $t_{1/2}$ 表示。将 $c_A = c_{A,0}/2$ 代入式（4-19）可得：

$$t_{1/2} = \frac{\ln 2}{k} = \frac{0.693}{k} \tag{4-20}$$

由此可见，一级反应的半衰期与 k 成反比，与反应物初始浓度无关。这就是说对于一级反应，不管反应物 A 的浓度从 $2\mathrm{mol \cdot L^{-1}}$ 降至 $1\mathrm{mol \cdot L^{-1}}$，还是从 $0.6\mathrm{mol \cdot L^{-1}}$ 降至 $0.3\mathrm{mol \cdot L^{-1}}$，所需的时间是相同的。

③ 式（4-19）可改写成 $\ln c_A/[c] = -kt + \ln c_{A,0}/[c]$
这是直线方程。以 $\ln c_A/[c]$ 对 t 作图应得一直线（如图 4-3 所

示），其斜率为 $-k$，截距为 $\ln c_{A,0}/[c]$。

根据这些特征，可以判断一个反应是否为一级反应。多数的复杂结构分子的热分解反应，分子内部重排反应以及所有放射性元素的蜕变，都是一级反应。除此之外，还有一些反应，在一定条件下可近似为一级反应，如：

$$C_{12}H_{22}O_{11}+H_2O \longrightarrow C_6H_{12}O_6+C_6H_{12}O_6$$
$$\text{蔗糖} \qquad\qquad\qquad \text{葡萄糖} \quad \text{果糖}$$

该水解反应实际上是二级反应，由于水溶液中水过量很多，其浓度在反应过程中近似为常数，所以反应变为一级反应。通常把在这种特殊情况下得到的一级反应，称为准一级反应。

【例 4-1】 在 313K 下，N_2O_5 在惰性溶剂 CCl_4 中进行分解，反应为一级。设初速率 $v_0 = 1.00 \times 10^{-5}$ mol·L^{-1}·s^{-1}，1h 后反应速率 $v = 3.26 \times 10^{-6}$ mol·L^{-1}·s^{-1}。试求 (1) k_A；(2) 半衰期 $t_{1/2}$；(3) N_2O_5 的初始浓度 $c_{A,0}$。

解 （1）反应速率 $\qquad\qquad v = k_A c_A$

$t=0 \qquad\qquad v_0 = k_A c_{A,0} = 1.00 \times 10^{-5}$ mol·L^{-1}·s^{-1}

$t=3600s \qquad\qquad v = k_A c_A = 3.26 \times 10^{-6}$ mol·L^{-1}·s^{-1}

$$\frac{v_0}{v} = \frac{c_{A,0}}{c_A} = \frac{1.00 \times 10^{-5}}{3.26 \times 10^{-6}}$$

所以 $k_A = \dfrac{1}{t}\ln\dfrac{c_{A,0}}{c_A} = \dfrac{1}{3600}\ln\dfrac{1.00 \times 10^{-5}}{3.26 \times 10^{-6}}$ s^{-1} = 3.11×10^{-4} s^{-1}

（2）$t_{1/2} = \dfrac{\ln 2}{k} = \dfrac{0.693}{3.11 \times 10^{-4}}$ s = 2.23×10^3 s

（3）$c_{A,0} = \dfrac{v_0}{k} = \dfrac{1.00 \times 10^{-5}}{3.11 \times 10^{-4}}$ mol·L^{-1} = 3.22×10^{-2} mol·L^{-1}

【例 4-2】 777K 将气态二甲醚放到一个抽空的容器中，发生如下反应

$$(CH_3)_2O(g) \longrightarrow CH_4(g)+H_2(g)+CO(g)$$

已知反应为一级，且 $(CH_3)_2O(g)$ 可充分分解。再经 777s 后测得容器中压力为 65.06kPa，经无限长时间后压力为 124.12kPa。求反应速率常数 k。

解 $\qquad\qquad (CH_3)_2O(g) \longrightarrow CH_4(g)+H_2(g)+CO(g)$

$t=0 \qquad\quad p_0 \qquad\qquad 0 \qquad\quad 0 \qquad\quad 0$

$t=777s \qquad p \qquad\quad p_0-p \quad p_0-p \quad p_0-p \quad p_t=3p_0-2p$

$t=\infty \qquad\quad 0 \qquad\qquad p_0 \qquad\quad p_0 \qquad\quad p_0 \qquad p_\infty=3p_0$

所以 $\qquad\qquad p_0 = p_\infty/3 = 124.12/3$ kPa = 41.37kPa

$$p = (3p_0-p_t)/2 = (124.12-65.06)/2 \text{ kPa} = 29.53\text{kPa}$$

因为气体压力不高，可视为理想气体，由 $p=cRT$ 得 $\dfrac{p_0}{p}=\dfrac{c_0}{c}$，代入一级反应速率方程积分式 $k = \dfrac{1}{t}\ln\dfrac{c_0}{c} = \dfrac{1}{777}\ln\dfrac{41.37}{29.53}$ s^{-1} = 4.33×10^{-4} s^{-1}

4.2.3 二级反应

反应速率与反应物浓度的二次方成正比的反应，称为二级反应。二级反应有两种类型：类型 I 反应速率仅与一个反应物浓度的二次方成正比，如：

$$2A \longrightarrow P \qquad\qquad v = kc_A^2$$

类型 II 反应速率与两个反应物浓度的乘积成正比，如：

$$A+B \longrightarrow P \qquad\qquad v = kc_A c_B$$

若在反应过程中始终保持 $c_A = c_B$，则 $v = kc_A c_B = kc_A^2$，反应类型Ⅱ变为反应类型Ⅰ，所以反应类型Ⅰ可看做是反应类型Ⅱ的特例。因而只讨论反应类型Ⅱ就可以了。对于反应类型Ⅱ，设 A 和 B 的初始浓度分别为 $c_{A,0}$ 和 $c_{B,0}$，反应过程中任意时刻 t 时 A 减少的浓度为 x，即：

$$
\begin{array}{ccc}
\text{A} & + & \text{B} \longrightarrow \text{P}
\end{array}
$$

$t=0$ 　　　　　　　　　 $c_{A,0}$ 　 $c_{B,0}$ 　 0

$t=t$ 　　　　　　　　 $c_{A,0}-x$ 　 $c_{B,0}-x$ 　 x

则速率方程为：

$$-\frac{\mathrm{d}(c_{A,0}-x)}{\mathrm{d}t} = k(c_{A,0}-x)(c_{B,0}-x)$$

即

$$\frac{\mathrm{d}x}{\mathrm{d}t} = k(c_{A,0}-x)(c_{B,0}-x) \tag{4-21}$$

分两种情况讨论。

一类是若 $c_{A,0} = c_{B,0}$，则上式变为：

$$\frac{\mathrm{d}x}{\mathrm{d}t} = k(c_{A,0}-x)^2 \tag{4-22}$$

定积分上式

$$\int_0^x \frac{\mathrm{d}x}{(c_{A,0}-x)^2} = \int_0^t k\,\mathrm{d}t$$

$$\frac{1}{c_{A,0}-x} - \frac{1}{c_{A,0}} = kt \tag{4-23}$$

式中，t 为时间；k 为反应速率常数，[浓度]$^{-1}$[时间]$^{-1}$；$c_{A,0}$ 为 A 的初始浓度，$mol\cdot m^{-3}$ 或 $mol\cdot L^{-1}$；x 为 t 时刻 A 消耗掉的浓度，$mol\cdot m^{-3}$ 或 $mol\cdot L^{-1}$。

由此可见，反应速率仅与一个反应物浓度的平方有关。此类二级反应有如下特征。

① k 的单位为 [浓度]$^{-1}$[时间]$^{-1}$，表明 k 的数值与浓度和时间单位有关。

② 将 $x=c_{A,0}/2$ 代入式(4-23)，得反应半衰期：

$$t_{1/2} = \frac{1}{kc_{A,0}} \tag{4-24}$$

此式表明，此类二级反应的半衰期与反应物的初始浓度成反比，反应物的初始浓度越大，反应掉一半所需的时间越短。

③ 式(4-23)可改写成：

$$\frac{1}{c_{A,0}-x} = kt + \frac{1}{c_{A,0}}$$

这是直线方程。以 $1/(c_{A,0}-x)$ 对 t 作图应得一直线，其斜率为 k，截距为 $1/c_{A,0}$。

另一类是若 $c_{A,0} \neq c_{B,0}$，定积分式(4-21)：

$$\int_0^x \frac{\mathrm{d}x}{(c_{A,0}-x)(c_{B,0}-x)} = \int_0^t k\,\mathrm{d}t$$

$$\frac{1}{c_{A,0}-c_{B,0}} \ln\frac{c_{B,0}(c_{A,0}-x)}{c_{A,0}(c_{B,0}-x)} = kt \tag{4-25}$$

此类二级反应有如下特征：

k 的单位为 [浓度]$^{-1}$ [时间]$^{-1}$，表明 k 的数值与浓度和时间单位有关；因为 $c_{A,0} \neq c_{B,0}$，所以 A 和 B 的半衰期不同，整个反应没有半衰期；式(4-25)可改写成 $\ln\frac{c_{A,0}-x}{c_{B,0}-x} = (c_{A,0}-$

$$c_{B,0})kt + \ln\frac{c_{A,0}}{c_{B,0}}$$

这是直线方程。以 $\ln[(c_{A,0}-x)/(c_{B,0}-x)]$ 对 t 作图应得一直线，其斜率为 $(c_{A,0}-c_{B,0})k$。二级反应是最常见的反应，在溶液中进行的很多有机化学反应都是二级反应。

【例 4-3】 在 298K 时，乙酸乙酯（A）和氢氧化钠（B）皂化反应的 $k = 6.36 L \cdot mol^{-1} \cdot min^{-1}$。

（1）若酯和碱的初始浓度均为 $0.02 mol \cdot L^{-1}$，试求反应的半衰期和反应进行到 10min 时的反应速率；

（2）若酯的初始浓度为 $0.02 mol \cdot L^{-1}$，碱的初始浓度为 $0.03 mol \cdot L^{-1}$，试求酯反应掉 50% 所需要的时间。

解 由速率常数的单位可知此反应为二级反应。

（1）两种反应物的初始浓度相同

$$t_{1/2} = \frac{1}{kc_{A,0}} = \frac{1}{6.36 \times 0.02} min = 7.86 min$$

反应进行到 10min 时的 c_A：

$$\frac{1}{c_A} = kt + \frac{1}{c_{A,0}} = \left(6.36 \times 10 + \frac{1}{0.02}\right) L \cdot mol^{-1} = 113.6 L \cdot mol^{-1}$$

$$c_A = 8.803 \times 10^{-3} mol \cdot L^{-1}$$

反应进行到 10min 时的反应速率：

$$v = kc_A^2 = 6.38 \times (8.803 \times 10^{-3})^2 mol \cdot L^{-1} \cdot min^{-1} = 4.94 \times 10^{-4} mol \cdot L^{-1} \cdot min^{-1}$$

（2）两种反应物的初始浓度不相同

$$t = \frac{1}{k(c_{A,0}-c_{B,0})} \ln\frac{c_{B,0}(c_{A,0}-x)}{c_{A,0}(c_{B,0}-x)}$$

$$= \frac{1}{6.36 \times (0.02-0.03)} \ln\frac{0.03 \times (0.02-0.01)}{0.02 \times (0.03-0.01)} min = 4.52 min$$

从上面的计算可以看出，当酯和碱的初始浓度均为 $0.02 mol \cdot L^{-1}$ 时，酯转化 50% 所需时间为 7.86min；若碱的浓度增大到 $0.03 mol \cdot L^{-1}$，则酯转化 50% 所需时间缩短到 4.52min。

4.2.4 n 级反应

表 4-1 符合 $-dc_A/dt = k_A c_A^n$ 反应的动力学方程积分式及反应特征

级数	积分式	特 征		
		直线关系	k 的单位	$t_{1/2}$
0	$c_{A,0} - c_A = kt$	c_A-t	（浓度）（时间）$^{-1}$	$\dfrac{c_{A,0}}{2k}$
1	$\ln\dfrac{c_{A,0}}{c_A} = kt$	$\ln c_A/[c]$-t	（时间）$^{-1}$	$\dfrac{\ln 2}{k}$
2	$\dfrac{1}{c_A} - \dfrac{1}{c_{A,0}} = kt$	$\dfrac{1}{c_A}$-t	（浓度）$^{-1}$（时间）$^{-1}$	$\dfrac{1}{kc_{A,0}}$
3	$\dfrac{1}{2}\left(\dfrac{1}{c_A^2} - \dfrac{1}{c_{A,0}^2}\right) = kt$	$\dfrac{1}{c_A^2}$-t	（浓度）$^{-2}$（时间）$^{-1}$	$\dfrac{1}{2kc_{A,0}^2}$
n	$\dfrac{1}{n-1}\left(\dfrac{1}{c_A^{n-1}} - \dfrac{1}{c_{A,0}^{n-1}}\right) = kt$	$\dfrac{1}{c_A^{n-1}}$-t	（浓度）$^{1-n}$（时间）$^{-1}$	$\dfrac{2^{n-1}-1}{(n-1)kc_{A,0}^{n-1}}$

在 n 级反应的诸多形式中，只考虑最简单的情况（表 4-1）：

$$-\frac{dc_A}{dt} = k_A c_A^n \tag{4-26}$$

此式应用于以下情况。

① 只有一种反应物：

$$a\text{A} \longrightarrow 产物$$

② 反应物浓度符合化学计量比 $c_\text{A}/a = c_\text{B}/b = \cdots$ 的多种反应物的如下反应：

$$a\text{A} + B b + \cdots \longrightarrow 产物$$

方程式中反应级数可以为除 1 外的整数 0，2，3，$\cdots$，也可以为分数。式(4-26) 可以直接积分：

$$-\int_{c_\text{A,0}}^{c_\text{A}} \frac{\mathrm{d}c_\text{A}}{c_\text{A}^n} = k_\text{A} \int_0^t \mathrm{d}t$$

$$\frac{1}{n-1}\left(\frac{1}{c_\text{A}^{n-1}} - \frac{1}{c_\text{A,0}^{n-1}} \right) = k_\text{A} t \tag{4-27}$$

k 的单位为 $(\text{mol} \cdot \text{m}^{-3})^{1-n} \cdot \text{s}^{-1}$。$\dfrac{1}{c_\text{A}^{n-1}} - t$ 呈线性关系。

将 $c_\text{A} = c_\text{A,0}/2$ 代入式(4-27)，整理可得半衰期：

$$t_{1/2} = \frac{2^{n-1} - 1}{(n-1)k_\text{A} c_\text{A,0}^{n-1}} \qquad n \neq 1 \tag{4-28}$$

半衰期与 $c_\text{A,0}^{n-1}$ 成反比。

4.3　温度对反应速率的影响

人们早已发现，温度对反应速率的影响比浓度的影响大得多。温度对反应速率的影响，主要体现在对速率常数（k）的影响上。对于不同类型的反应，温度的影响是不相同的，温度对反应速率常数的影响如图 4-4 所示，有 5 种类型。

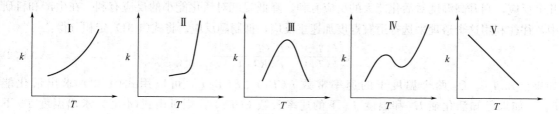

图 4-4　温度对反应速率常数影响的几种类型

第Ⅰ种类型是反应速率数随温度升高而逐渐增大。它们之间为指数关系，这种类型最常见，称为阿伦尼乌斯型。第Ⅱ种类型是有爆炸极限的反应，其特点是温度升高到某一值后，反应速率常数迅速增大，发生爆炸。第Ⅲ类型是酶催化反应，开始反应速率常数随温度升高而增大，而后又随温度的继续升高而减小，反应速率常数出现一个极大值。某些受吸附控制的多相催化反应也有类似情况。第Ⅳ类型是碳的氧化反应，反应速率常数不仅出现极大值，还出现极小值。第Ⅴ类型是反应速率常数随温度升高而逐渐下降的反常类型，如 $2\text{NO} + \text{O}_2 \longrightarrow 2\text{NO}_2$ 反应。

4.3.1　范特霍夫规则

1884 年，范特霍夫（J. H. Van't Hoff）由实验总结归纳出一个近似规则：在室温附近每升高 10K，反应速率常数大约要增至原来的 2~4 倍，即：

$$\frac{k_{(T+10)}}{k_T} = (2 \sim 4)$$

式中，k_T 为温度 T 时的速率常数；$k_{(T+10)}$ 为 $(T+10)$K 时的速率常数。这个规则不太准确，但当数据不全时，可用它粗略地估计温度对反应速率的影响。

4.3.2 阿伦尼乌斯方程

在 1889 年阿伦尼乌斯（Arrhenius）总结了大量实验数据后，提出一个经验方程式，较准确地表示速率常数 k 与温度 T 的关系：

$$k = A\mathrm{e}^{-E_a/RT} \tag{4-29}$$

式中，A 为指前因子或频率因子，单位与 k 的单位相同；E_a 为实验活化能，简称活化能，$\mathrm{J \cdot mol^{-1}}$ 或 $\mathrm{kJ \cdot mol^{-1}}$；$R$ 为摩尔气体常数，$R = 8.314 \mathrm{J \cdot mol^{-1} \cdot K^{-1}}$；$T$ 为热力学温度，K；$\mathrm{e}^{-E_a/RT}$ 为玻尔兹曼因子或活化分子百分数。

A 和 E_a 都是与温度无关的经验常数。由于温度 T 和活化能 E_a 是在 e 的指数项中，故它们对 k 的影响甚大。温度或活化能的微小变化将引起 k 值显著的变化。反应温度越高，k 值越大；活化能越小，k 值越大。将式(4-29) 两端取对数，得：

$$\ln k/[k] = -\frac{E_a}{RT} + \ln A/[k] \tag{4-30}$$

由式(4-30) 可知，以 $\ln k/[k]$ 对 $1/T$ 作图得一直线，其斜率为 $-E_a/R$，截距为 $\ln A/[k]$。将式(4-29) 两端对温度求导，得：

$$\frac{d\ln k/[k]}{\mathrm{d}T} = \frac{E_a}{RT^2} \tag{4-31}$$

由式(4-31) 可知，$\ln k/[k]$ 随 T 的变化率与活化能 E_a 成正比。也就是说，活化能越大，则速率常数 k 随温度的升高而增加得越快，即活化能越大，速率常数 k 对温度 T 越敏感。所以若同时存在几个反应，则升高温度对活化能大的反应有利，降低温度对活化能小的反应有利。在生产和科研中，往往利用这个道理来选择适宜温度加速主反应，抑制副反应。将式(4-31) 定积分得：

$$\ln \frac{k(T_2)}{k(T_1)} = \frac{E_a(T_2 - T_1)}{RT_1T_2} \tag{4-32}$$

如果已知 T_1、T_2 两个温度下的速率常数 $k(T_1)$、$k(T_2)$，可以用式(4-32) 求出活化能 E_a。如果已知活化能 E_a 和温度 T_1 下的速率常数 $k(T_1)$，则可由式(4-32) 求出温度 T_2 下的速率常数 $k(T_2)$。以上四个公式是阿伦尼乌斯方程的不同形式，在温度变化范围不太宽（约在 100K 内），基元反应和大多数复合反应都能很好地符合阿伦尼乌斯方程。

【例 4-4】 已知在 H^+ 浓度为 $0.1\mathrm{mol \cdot L^{-1}}$ 时，蔗糖水解反应在 303K 时速率常数 k $(303\mathrm{K}) = 1.83 \times 10^{-5}\mathrm{s^{-1}}$。该反应的活化能 $E_a = 106.46\mathrm{kJ \cdot mol^{-1}}$。求（1）反应在 333K 时的速率常数 $k(333\mathrm{K})$；（2）在 333K 时该反应进行 2h 后，蔗糖的转化率。

解（1）根据阿伦尼乌斯方程的定积分式(4-32)

$$\ln \frac{k(T_2)}{k(T_1)} = \frac{E_a(T_2 - T_1)}{RT_1T_2}$$

将 $T_1 = 303\mathrm{K}$、$k(T_1) = 1.83 \times 10^{-5}\mathrm{s^{-1}}$、$T_2 = 333\mathrm{K}$ 代入上式，即：

$$\ln \frac{k(333\mathrm{K})}{1.83 \times 10^{-5}\mathrm{s^{-1}}} = \frac{106460 \times (333 - 303)}{8.314 \times 303 \times 333}$$

$$k(333\mathrm{K}) = 8.24 \times 10^{-4}\mathrm{s^{-1}}$$

（2）由速率常数的单位可知此反应是一级反应。设蔗糖的转化率为 α，将 $k(333\mathrm{K}) =$

$8.24 \times 10^{-4} \text{s}^{-1}$、$t = 7200 \text{s}$ 代入一级反应速率方程积分式(4-19)：

$$\ln \frac{c_{A,0}}{c_A} = kt$$

$$\ln \frac{1}{1-\alpha} = kt = 8.26 \times 10^{-4} \times 7200$$

$$\alpha = 0.9974$$

【例 4-5】 已测得反应 $N_2O_5 \longrightarrow N_2O_4 + \frac{1}{2}O_2$ 在不同温度时的速率常数，数据如下：

T/K	273	298	308	318	328	338
$k \times 10^5 / \text{s}^{-1}$	0.0787	3.46	13.5	49.8	150	487

求反应的活化能。

解 可用作图法或计算法求活化能

（1）作图法

根据题给数据算出所需数据列于下表

T/K	273	298	308	318	328	338
$10^3/T$	3.66	3.36	3.25	3.14	3.05	2.96
$\ln k/\text{s}^{-1}$	−14.06	−10.27	−8.91	−7.61	−6.5	−5.32

以 $\ln k/\text{s}^{-1}$ 对 $1/T$ 作图得一直线（如图 4-5 所示），求得斜率 m。

$$m = \frac{E_a}{R} = -12.3 \times 10^3 \text{K}$$

则 $E_a = -mR = 12.3 \times 10^3 \times 8.314 \text{J} \cdot \text{mol}^{-1}$

$\qquad = 1.02 \times 10^5 \text{J} \cdot \text{mol}^{-1}$

（2）计算法

令 $T_1 = 273 \text{K}$ 和 $T_2 = 338 \text{K}$，代入阿伦尼乌斯方程的定积分式(4-32)

$$\ln \frac{k(T_2)}{k(T_1)} = \frac{E_a(T_2 - T_1)}{RT_1 T_2}$$

$$E_a = \frac{RT_1 T_2}{(T_2 - T_1)} \ln \frac{k(T_2)}{k(T_1)}$$

$$= \frac{8.314 \times 273 \times 338}{(338 - 273)} \times \ln \frac{487}{0.0787} \text{J} \cdot \text{mol}^{-1}$$

$$= 1.03 \times 10^5 \text{J} \cdot \text{mol}^{-1}$$

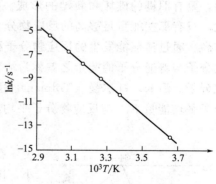

图 4-5 例 4-5 的附图

令 $T_1 = 273 \text{K}$ 和 $T_2 = 318 \text{K}$，代入式(4-32) 得：

$$E_a = \frac{8.314 \times 273 \times 318}{(318 - 273)} \times \ln \frac{49.8}{0.0787} \text{J} \cdot \text{mol}^{-1} = 1.03 \times 10^5 \text{J} \cdot \text{mol}^{-1}$$

令 $T_1 = 298 \text{K}$ 和 $T_2 = 328 \text{K}$，代入式(4-32) 得：

$$E_a = \frac{8.314 \times 298 \times 328}{(328 - 298)} \times \ln \frac{150}{3.46} \text{J} \cdot \text{mol}^{-1} = 1.02 \times 10^5 \text{J} \cdot \text{mol}^{-1}$$

平均值 $\qquad E_a = \frac{1}{3}(1.03 + 1.03 + 1.02) \times 10^5 \text{J} \cdot \text{mol}^{-1} = 1.03 \times 10^5 \text{J} \cdot \text{mol}^{-1}$

【例 4-6】 在气相中，乙丙烯基醚（A）异构化为丙烯基丙酮（B）的反应是一级反应，其速率常数与温度的关系为：

$$\ln k / s^{-1} = -\frac{14734}{T/K} + 27.02$$

（1）求反应的活化能 E_a 及指前因子 A；（2）要使反应物在 20min 内转化率达到 60%，反应温度应控制在多少？

解 （1）因为阿伦尼乌斯方程的不定积分式为：

$$\ln k = -\frac{E_a}{RT} + \ln A$$

与题给的经验式对比，得 $E_a = 14734 K \times R = 122.5 kJ/mol$，$A = e^{27.02} s^{-1} = 5.43 \times 10^{11} s^{-1}$

（2）若要使反应物在 20min 内转化率达到 60%，所对应的速率常数应为：

$$k = \frac{1}{t} \times \ln \frac{c_{A,0}}{c_A} = \frac{1}{20 \times 60} \times \ln \frac{1}{1-0.6} s^{-1} = 7.6 \times 10^{-4} s^{-1}$$

将此 k 代入题给的经验式：

$$\ln(7.6 \times 10^{-4}) = -\frac{14734}{T} + 27.02$$

$$T = 431K$$

所以要使反应物在 20min 内转化率达到 60%，反应温度应控制在 431K。

4.3.3 活化能

阿伦尼乌斯为了解释经验方程式中的经验常数 E_a，提出了活化分子和活化能的概念。他认为反应分子通过碰撞发生反应，但是并不是每次碰撞都能发生反应，这是因为反应发生时，要有旧键的破坏和新键的形成。旧键的破坏需要能量，而形成新键时要放出能量，因此，只有那些能量足够高的反应物分子间的碰撞，才能使旧键断裂而发生反应。这些能量足够高、通过碰撞能发生的反应物分子称为活化分子，活化分子所处的状态称为活化状态。活化分子与普通分子的能量之差称为活化能，普通反应物分子只有吸收能量 E_a，才能变为活化分子。后来，托尔曼（Tolman）用统计力学证明，对于基元反应来说，活化能等于活化分子平均能量 $\overline{E}^*$ 与反应物分子平均能量 $\overline{E}_r$ 之差（不能将其简单地看作能垒），即：

$$E_a = \overline{E}^* - \overline{E}_r$$

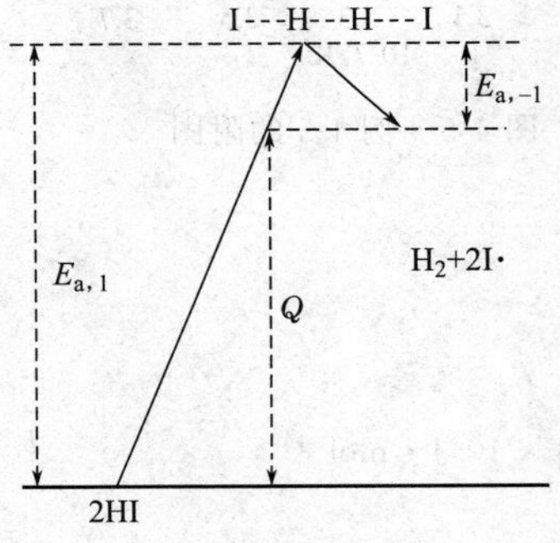

图 4-6　正、逆反应的活化能与反应热

$E_{a,1} = 180 kJ \cdot mol^{-1}$，$E_{a,-1} = 21 kJ \cdot mol^{-1}$，$Q = 159 kJ \cdot mol^{-1}$

在一定温度下，活化能越大，活化分子所占的比例就越小，因而反应速率常数就越小。对于一定的反应，温度越高，活化分子所占的比例就越大，则反应速率常数就越大。

基元反应 $2HI \longrightarrow H_2 + 2I \cdot$ 的进行需要活化能。此反应逆向进行，即 $H_2 + 2I \cdot \longrightarrow 2HI$，也同样需要活化能。这是因为要使 H—H 键断开并生成 H—I 键，反应物分子必须具有足够的能量。正、逆向反应的活化分子均要通过同样的活化状态 I---H---H---I 才能实现反应。此状态两边的键断开即得到正向反应的产物 $H_2 + 2I \cdot$，若中间的键断开即得到逆向反应的产物 2HI。因此无论是正向反应还是逆向反应，活化状态下每摩尔活化分子的能量既高于相应每摩尔反应物分子的能量，也高于相应每摩尔产物分子的能量，如图 4-6 所示。图中 $E_{a,1}$，$E_{a,-1}$ 分别代表正向反应和逆向反应的活化能。因此，无论是正向反应还是逆向反应，反应物分子均要翻越一定高度的"能峰"才能变成产物分子。这一能峰即为反应的临界能。能峰越高，反应的阻力就越大，反应就越难于进行。图中用箭头示意反应 $2HI \longrightarrow H_2 + 2I \cdot$ 进行时，系统能量的变化图，反应 $H_2 + 2I \cdot \longrightarrow 2HI$ 进行时能量的变化为上述箭头表示方向的逆方向。每摩尔普通能量的反应物分子要吸收 $E_{a,1}$ 的活化能变成活化分子，再反应生成普通能量的产物分子，并放出能量 $E_{a,-1}$，净结果是从反应物到产物，反应净吸收了 $E_{a,-1} - E_{a,1}$ 的能量。这一差值等于反应的摩尔恒容热 Q_V，即 $Q_V = \Delta U = E_{a,-1} - E_{a,1}$。

4.4 典型复合反应

复合反应就是两个或两个以上基元反应的组合。基元反应或具有简单级数的复合反应，还可以进一步组合成更为复杂的反应。典型的复合反应方式有三类：对行反应、平行反应和连串反应。通常的复合反应不外乎这三种典型反应之一，或者是它们的组合。

4.4.1 对行反应

正向和逆向同时进行的反应称为对行反应，或称为对峙反应。从理论上说所有的化学反应都是对行反应。若化学反应的平衡常数很大（即正向反应速率常数远远大于逆向反应速率常数），反应达到平衡时，反应物几乎完全转化为产物，则逆向反应可以忽略不计而直接当作单向反应处理。前面所讨论的简单级数反应就属于这种情况。

对行反应中正向反应和逆向反应可能级数相同，也可能级数不同。下面以正向、逆向都是一级反应的对行反应（简称 1-1 级对行反应）为例，分析对行反应的特征与一般规律。设反应为

$$A \underset{k_{-1}}{\overset{k_1}{\rightleftharpoons}} B$$

$$
\begin{array}{lll}
t = 0 & c_{A,0} & 0 \\
t = t & c_A = c_{A,0} - x & c_B = x \\
\text{平衡时} & c_{A,e} = c_{A,0} - x_e & c_{B,e} = x_e
\end{array}
$$

正向反应 A 的消耗速率 $= k_1 c_A$，逆向反应 A 的生成速率 $= k_{-1} c_B$。正向反应消耗 A 物质，逆向反应生成 A 物质，因此 A 物质的净消耗速率（即总反应速率）为：

$$-\frac{dc_A}{dt} = k_1 c_A - k_{-1} c_B \tag{4-33}$$

即

$$\frac{dx}{dt} = k_1 c_{A,0} - (k_1 + k_{-1})x$$

这就是 1-1 级对行反应速率方程的微分式。定积分式(4-33)，得：

$$\int_0^x \frac{dx}{k_1 c_{A,0} - (k_1 + k_{-1})x} = \int_0^t dt$$

$$\ln \frac{k_1 c_{A,0}}{k_1 c_{A,0} - (k_1 + k_{-1})x} = (k_1 + k_{-1})t \tag{4-34}$$

式中，t 为时间；k_1 为正向反应速率常数，[时间]$^{-1}$；k_{-1} 为逆向反应速率常数，[时间]$^{-1}$；$c_{A,0}$ 为 A 的初始浓度，$mol \cdot m^{-3}$ 或 $mol \cdot L^{-1}$；x 为 t 时刻 A 消耗掉的浓度（即 B 的浓度），$mol \cdot m^{-3}$ 或 $mol \cdot L^{-1}$。

这就是 1-1 级对行反应的速率方程的积分形式，它描述了产物浓度 x 与时间 t 的关系。

反应达到平衡时，正向反应速率等于逆向反应速率，即：

$$k_1 c_{A,e} = k_{-1} c_{B,e}$$

所以有：

$$\frac{c_{B,e}}{c_{A,e}} = \frac{x_e}{c_{A,0} - x_e} = \frac{k_1}{k_{-1}} = K_c \tag{4-35}$$

式中，K_c 为对行反应的平衡常数，它等于正、逆反应速率常数之比。由式(4-35) 得：

$$k_1 c_{A,0} = (k_1 + k_{-1}) x_e$$

代入式(4-34)，得：

$$\ln \frac{x_e}{x_e - x} = (k_1 + k_{-1}) t$$

式中，x_e 为 B 的平衡浓度。此式形式上与一级反应速率方程的积分式相似。只要测定一系列的 t-x 数据和平衡浓度 x_e，即可根据上式，以 $\ln(x_e - x)/[c]$ 对 t 作图得一直线，其斜率为 $-(k_1 + k_{-1})$。再结合平衡常数 $K_c = k_1/k_{-1}$，即可求得 k_1 和 k_{-1}。

1-1 级对行反应的动力学特征是经过足够长的时间，反应物和产物的浓度分别趋于它们的平衡浓度 $c_{A,e}$ 和 $c_{B,e}$。式(4-33) 可改写成 $-\frac{dc_A}{dt} = k_1 \left(c_A - \frac{1}{K_c} c_B \right)$，由此式可知，对于一定的 c_A 和 c_B，反应速率与 k_1 和 K_c 有关。

下面看一下温度变化对对行反应的影响。对于正向吸热的对行反应来说，升高温度将使 k_1 和 K_c 增大，而 K_c 的增大使 $(c_A - c_B/K_c)$ 增大，所以升高温度不仅使平衡转化率提高也使反应速率加快。总之，升高温度有利于正向吸热的对行反应。但不可认为反应温度越高越好，因为实际生产中还需考虑其他客观因素（如能量消耗、副反应、催化剂活性等）的限制。对于正向放热的对行反应来说，升高温度使 k_1 增大，同时使 K_c 减小，而 K_c 减小使 $(c_A - c_B/K_c)$ 减小。在低温下，k_1 增大是影响反应速率的主导因素，因此随着温度升高反应速率增大；但随着温度的升高，K_c 的减小逐渐上升为主导因素，所以温度升高到某一值后，再升温则反应速率反而降低。如图 4-7 所示，升温过程中反应速率会出现极大值。反应速率达到最大时的温度，称为最佳反应温度 T_m。

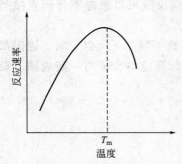

图 4-7 正向放热的对行反应速率随温度变化图

对于其他类型的对行反应，也可参照上面的方法进行处理，当然它们的速率方程与 1-1 级对行反应的不同，但基本规律都是相同的。

4.4.2 平行反应

反应物能同时进行两个或两个以上不同的反应，称为平行反应。在有机化学中经常遇到平行反应，如甲苯硝化反应，可同时生成邻、间、对位硝基甲苯。一般将生成目的产物的反应称为主反应，其余称为副反应。下面讨论由两个一级反应组合成的平行反应（简称为 1-1 级平行反应）。

	A	B	D	
$t=0$	$c_{A,0}$	0	0	
$t=t$	c_A	c_B	c_D	$c_A + c_B + c_D = c_{A,0}$

反应 1 的速率

$$\frac{dc_B}{dt} = k_1 c_A \tag{4-36}$$

反应 2 的速率

$$\frac{dc_D}{dt} = k_2 c_A \tag{4-37}$$

A 的消耗速率

$$-\frac{dc_A}{dt} = (k_1 + k_2)c_A \tag{4-38}$$

定积分上式，得：

$$\ln \frac{c_{A,0}}{c_A} = (k_1 + k_2)t \tag{4-39}$$

式中，t 为时间；k_1 为反应 1 的速率常数，[时间]$^{-1}$；k_2 为反应 2 的速率常数，[时间]$^{-1}$；$c_{A,0}$ 为 A 的初始浓度，$mol \cdot m^{-3}$ 或 $mol \cdot L^{-1}$；c_A 为 t 时刻 A 的浓度，$mol \cdot m^{-3}$ 或 $mol \cdot L^{-1}$。此式与一级反应的速率方程形式相似，所不同的是其中的速率常数换成了 $(k_1 + k_2)$。这表明，1-1 级平行反应，对反应物来说相当于一个以 $(k_1 + k_2)$ 为速率常数的一级反应。由式(4-36)与式(4-37)之比，得：

$$\frac{dc_B}{dc_D} = \frac{k_1}{k_2}$$

积分上式得：

$$\frac{c_B}{c_D} = \frac{k_1}{k_2} \tag{4-40}$$

在同一时刻 t，测出 B 及 D 两种物质的浓度即可求得 k_1/k_2。再由式(4-39)求出 $(k_1 + k_2)$，二者联立即可求得 k_1 和 k_2。由式(4-40)可知，对于级数相同的平行反应，其产物的浓度之比等于速率常数之比，与反应物的初始浓度及反应时间无关，速率常数大的浓度高。这是级数相同的平行反应的一个特征。如果平行反应的级数不相同，就不会有上述特征。

如果希望多获得目的产物，就要设法改变 k_1/k_2 的比值。有两种方法可以改变 k_1/k_2 的比值：一种方法是选择适当的催化剂，提高催化剂对某一反应的选择性以改变 k_1/k_2 的比值；另一种方法是通过改变温度来改变 k_1/k_2 的比值。两个平行反应的活化能往往不同，升温利于活化能大的反应，降温有利活化能小的反应。

4.4.3　连串反应

一个反应的产物是另一个反应的反应物，这种组合称为连串反应，或称为连续反应。例如苯的氯化反应，生成的氯苯能进一步与氯反应生成二氯苯，二氯苯还能与氯反应生成三氯苯等。现对由两个一级反应组合的连串反应（简称为 1-1 级连串反应），进行讨论。设反应为：

$$A \xrightarrow{k_1} B \xrightarrow{k_2} D$$

$$
\begin{array}{llll}
t=0 & c_{A,0} & 0 & 0 \\
t=t & c_A & c_B & c_D \quad c_A + c_B + c_D = c_{A,0}
\end{array}
$$

A 的消耗速率

$$-\frac{dc_A}{dt} = kc_A \tag{4-41}$$

中间产物 B 的生成速率

$$\frac{dc_B}{dt} = k_1 c_A - k_2 c_B \tag{4-42}$$

产物 D 的生成速率

$$\frac{dc_D}{dt} = kc_B \tag{4-43}$$

分别积分或解微分方程（推导过程不作要求），得 A、B、D 的浓度与时间的关系为：

$$c_A = c_{A,0} e^{-k_1 t} \tag{4-44}$$

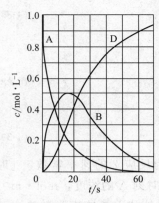

图 4-8 1-1 级连串反应中各
物质浓度与时间关系
$(k_1 = 0.1 s^{-1}, k_2 = 0.05 s^{-1})$

$$c_B = \frac{k_1 c_{A,0}}{k_2 - k_1}(e^{-k_1 t} - e^{-k_2 t}) \tag{4-45}$$

$$c_D = c_{A,0}\left[1 - \frac{1}{k_2 - k_1}(k_2 e^{-k_1 t} - k_1 e^{-k_2 t})\right] \tag{4-46}$$

根据式（4-44）、式（4-45）、式（4-46）作浓度-时间曲线，如图 4-8所示。由图 4-8 看出，A 物质的浓度随时间的增长而降低，D 物质的浓度随时间的增长而增加，中间产物 B 的浓度随时间的增长先增加，经一极大值 c_{Bmax} 后，又降低，这是连串反应的重要特征。若中间产物 B 为目的产物，则 c_B 达到极大值的时间称为中间产物 B 的最佳时间 t_{max}。反应进行到最佳时间就必须及时中断反应并分离出产物 B，否则目的产物 B 的产率就会下降。将式（4-45）对 t 求导，并令 $dc_B/dt = 0$，即可求得中间产物 B 的最佳时间。

$$t_{max} = \frac{\ln(k_2/k_1)}{k_2 - k_1} \tag{4-47}$$

将上式代入式（4-45），即可求得 B 的最大浓度。

$$c_{B,max} = c_{A,0}\left(\frac{k_1}{k_2}\right)^{k_2/(k_2 - k_1)} \tag{4-48}$$

上面讨论了一般连串反应的特点，即 k_1 和 k_2 相差不大的情况。如果第一步和第二步的反应速率常数相差很大，则总反应速率由速率常数最小的一步（即最难进行的一步）所控制。这个速率常数最小的一步反应，称为总反应的速率控制步骤。若 $k_1 \gg k_2$，则 B 变成 D 的反应是总反应的速率控制步骤，即总反应速率近似等于 B 变成 D 的反应速率；若 $k_1 \ll k_2$，则 A 变成 B 的反应是总反应的速率控制步骤，即总反应速率近似等于 A 变成 B 的反应速率。

4.5 复合反应速率近似处理方法

通常，化学反应由一系列的基元反应组成，其中每一个基元反应的速率方程由质量作用定律给出，因此一个反应系统的动力学行为就由一微分方程组确定。由于反应中涉及的每个中间体参与一个以上的基元反应，从而这一微分方程组是耦合的。虽然拉普拉斯变换法、矩阵法或数值法等对其加以求解，但随着反应步骤和组分数的增加，其求解的复杂程度将急剧增加，甚至无法求解。因此，研究速率方程的近似处理方法就是一个很现实的问题。

4.5.1 稳态近似法

以最简单的连串反应为例：

$$A \xrightarrow{k_1} B \xrightarrow{k_2} C$$

所谓稳态，严格而论，应该是 A、B、C 的浓度均不随时间而变化的状态。显然，这只有在不断引入 A 移走 C 的开放流动系统中方可能实现。对于封闭的反应系统，A 和 C 都不可能达到稳定，除非反应实际上没有进行。但是，反应进行一段时间后，中间产物 B 有可能达到近似的稳定，即物质 B 的生成速率和消耗速率相差甚微，B 的浓度随时间的变化几乎可以忽略不计，即：

$$\frac{dc_B}{dt} = k_1 c_A - k_2 c_B = 0 \tag{4-49}$$

由此可以比较方便地求出物质 B 达到稳态时的浓度：

$$c_B = \frac{k_1}{k_2} c_A$$

c_B 表示物质 B 的稳定浓度。将 $c_A = a e^{-k_1 t}$ 代入式(4-49)，则：

$$c_B = \frac{k_1}{k_2} a e^{-k_1 t} \tag{4-50}$$

前节通过严格求解微分方程，得到 c_B 的表示式即式(4-45)为：

$$c_B = \frac{k_1 c_{A,0}}{k_2 - k_1} (e^{-k_1 t} - e^{-k_2 t})$$

然后结合条件 $k_2 \gg k_1$，则该式化为：

$$c_B = \frac{k_1 c_{A,0}}{k_2 - k_1} e^{-k_1 t} = \frac{k_1}{k_2} c_A$$

也得到完全相同的结果。然而稳态法却绕过了先求精确解的麻烦，使数学处理大为简化。

【例 4-7】　实验表明气相反应 $2N_2O_5 \Longrightarrow 4NO_2 + O_2$ 的速率方程为 $v = k[N_2O_5]$，并对其提出了以下反应机理：

$$N_2O_5 \underset{k_{-1}}{\overset{k_1}{\rightleftharpoons}} NO_2 + NO_3$$

$$NO_2 + NO_3 \overset{k_2}{\longrightarrow} NO + O_2 + NO_2$$

$$NO + NO_3 \overset{k_3}{\longrightarrow} 2NO_2$$

试应用稳态近似法推导该反应的速率方程。

解　选择产物 O_2 的生成速率表示反应的速率

$$\frac{d[O_2]}{dt} = k_2 [NO_2][NO_3]$$

对中间产物 NO_3 应用稳态近似：

$$\frac{d[NO_3]}{dt} = k_1 [N_2O_5] - k_{-1}[NO_2][NO_3] - k_2[NO_2][NO_3] - k_3[NO][NO_3] = 0$$

解得：

$$[NO_3] = \frac{k_1 [N_2O_5]}{(k_{-1} + k_2)[NO_2] + k_3[NO]}$$

对上式中出现的中间产物 NO 继续应用稳态近似：

$$\frac{d[NO]}{dt} = k_2 [NO_2][NO_3] - k_3[NO][NO_3] = 0$$

得到：

$$[NO] = k_2 [NO_2]/k_3$$

将其代入 $[NO_3]$ 的表达式：

$$[NO_3] = \frac{k_1 [N_2O_5]}{(k_{-1} + 2k_2)[NO_2]}$$

最后得到：

$$v = \frac{d[O_2]}{dt} = \frac{k_1 k_2}{(k_{-1} + 2k_2)}[N_2O_5]$$

比较该式与经验速率方程可知 $k = \dfrac{k_1 k_2}{(k_{-1} + 2k_2)}$。

4.5.2　平衡态近似法

对于反应机理：

$$A + B \underset{k_{-1}}{\overset{k_1}{\rightleftharpoons}} C \qquad (快速平衡)$$

$$C \xrightarrow{k_2} D \qquad (慢)$$

若 k_1 或 k_{-1} 很大且 $k_1 + k_{-1} \gg k_2$，则第二步为控制步骤，而第一步的对行反应事实上处于化学平衡，其正向、逆向反应速率应近似相等：

$$k_1 c_A c_B = k_{-1} c_C$$

$$\frac{c_C}{c_A c_B} = \frac{k_1}{k_{-1}} = K_c \tag{4-51}$$

反应的总速率等于控制步骤的反应速率：

$$dc_D/dt = k_2 c_C \tag{4-52}$$

将 $c_C = K_c c_A c_B$ 代入上式得：

$$\frac{dc_D}{dt} = K_c k_2 c_A c_B = \frac{k_1 k_2}{k_{-1}} c_A c_B$$

令 $k = \dfrac{k_1 k_2}{k_{-1}}$ 得速率方程：

$$\frac{dc_D}{dt} = k c_A c_B \tag{4-53}$$

这就是平衡态近似法由反应机理求得的速率方程。

4.6　链反应

链反应也是由基元反应组合而成的更为复杂的复合反应，它与一般反应不同，一旦开始，若不加控制，则自动按一系列的连串反应进行下去，其发展方式就好似一条锁链一样，一环套一环。链反应的中间物通常是自由原子或自由基，均含有未配对的电子，非常活泼。石油的热裂及高分子化合物的聚合、燃烧、爆炸等都与链反应有关，因此，链反应的研究已成为化学动力学的一个重要分支。链反应可分为单链和支链反应两类。

4.6.1　单链反应的特征

实验表明，在一定条件下，$H_2 + Cl_2 \longrightarrow 2HCl$ 的反应机理如下：

① $Cl_2 + M \xrightarrow{k_1} 2Cl\cdot + M$　　　　链的开始

② $Cl\cdot + H_2 \xrightarrow{k_2} HCl + H\cdot$ 　⎫

③ $H\cdot + Cl_2 \xrightarrow{k_3} HCl + Cl\cdot$ 　⎬　链的传递

④ $Cl\cdot + Cl\cdot + M \xrightarrow{k_4} Cl_2 + M$　　链的终止

式中 $Cl\cdot$ 旁边的一点，如前所述，代表自由原子 Cl 具有一个未配对电子。有时为了简化而将此点略去。基元反应①为 Cl_2 分子与一个能量大的分子 M 相碰撞而解离为两个自由原子 $Cl\cdot$。活泼的 $Cl\cdot$ 在反应②中与 H_2 反应转化为产物 HCl，自身被消耗，同时生成另一个自由原子 $H\cdot$。$H\cdot$ 也很活泼，在反应③中与 Cl_2 反应生成产物 HCl，同时重新生成自由原子 Cl·，Cl· 又按式②与 H_2 反应，再生成 H·，如此循环往复，一直进行下去，直至所有的反应物被转化为产物，或者按基元反应④，两个 Cl· 与不活泼分子 M 或与容器壁相碰撞而复合为 Cl_2。也就是说，由反应①产生的每一个 Cl·，都会如锁链一般的一环扣一环地进行下去，据统计，一个 Cl· 往往能循环反应生成 $10^4 \sim 10^6$ 个 HCl 分子。从这个例子可以看出，链反应一般由三个步骤组成，即链引发、链传递、链终止三个阶段。

① 链的引发　采用加热、光热、光照或加入引发剂使正常分子形成自由基的步骤为链的引发，由于这一步反应需使化学键断裂，因此，需要的活化能较高，是整个链反应中最困难的步骤。

② 链的传递　链引发产生的自由基与正常分子相互作用生成产物，同时又生成一个或几个自由基的步骤为链的传递，由于过程中有高活性的自由基参加，因此，需要的活化能较小。

③ 链的终止　如反应④，自由基、自由原子等传递物一旦变为一般分子而销毁，则由原始传递物引发的这一条链就被中断。在链的传递步骤中，消耗一个链的传递物的同时只产生一个新的链的传递物的链反应称为单链反应。对于单链反应，链的传递步骤中链的传递物的数量不变。因此，上述 $H_2 + Cl_2 \rightarrow 2HCl$ 即为单链反应。链是由产生传递物（自由原子或自由基）开始的，这个例子是由热分解产生传递物，此外，光的照射、放电、加入引发剂等，也都可以产生传递物。

4.6.2　单链反应的机理推导反应速率方程

有了反应机理，就可以用质量作用定律，结合稳态近似法导出其速率方程。由 $H_2 + Cl_2 \rightarrow 2HCl$ 的反应机理推导其速率方程。由以上四个基元反应可以看出，只有反应②和③是生成 HCl 的，因此生成 HCl 的速率公式可写为：

$$\frac{d[HCl]}{dt} = k_2[Cl\cdot][H_2] + k_3[H\cdot][Cl_2] \tag{4-54}$$

上式中不仅含有 $[H_2]$ 和 $[Cl_2]$，还有 $[Cl\cdot]$ 和 $[H\cdot]$，由于自由基非常活泼，他们的浓度都很小，故可采用稳态近似法处理，即：

$$\frac{d[H\cdot]}{dt} = k_2[Cl\cdot][H_2] - k_3[H\cdot][Cl_2] = 0$$

$$k_2[Cl\cdot][H_2] = k_3[H\cdot][Cl_2] \tag{4-55}$$

$$\frac{d[Cl\cdot]}{dt} = 2k_1[Cl_2] - k_2[Cl\cdot][H_2] + k_3[H\cdot][Cl_2] - 2k_4[Cl\cdot]^2 = 0$$

将式(4-55) 代入上式，即得：

$$k_1[Cl_2] = k_4[Cl\cdot]^2$$

$$[Cl\cdot] = \left(\frac{k_1}{k_4}[Cl_2]\right)^{1/2} \tag{4-56}$$

将式(4-55) 和式(4-56) 代入式(4-54) 即得：

$$\frac{d[HCl]}{dt} = 2k_2[Cl\cdot][H_2] = 2k_2\sqrt{\frac{k_1}{k_4}}[H_2][Cl_2]^{1/2}$$

$$= 2k[H_2][Cl_2]^{1/2}$$

该式与实验所得的速率公式一致，反应的总级数为 1.5 级。

4.6.3　支链爆炸反应

爆炸是人们常见的现象，就化学爆炸的原因而言有两种：一种是热爆炸，其原因是在一有限空间内发生强烈的放热反应，所放出的热无法迅速散开，促使温度急速上升，而温度的升高又使反应速率按指数规律加快，又放出更大量的热，如此恶性循环，在短时间内即可导致爆炸。例如，黄色炸药在炸弹内的爆炸，黑火药在爆竹内的爆炸都属于热爆炸；另一种爆炸有一个特点，只在一定的压力范围内方发生爆炸，在此压力范围以外，反应仍可平稳地进行，这就不能用热爆炸来解释其原因，人们在对链反应有所了解以后，方认识到这是由于支链反应而引起的爆炸。

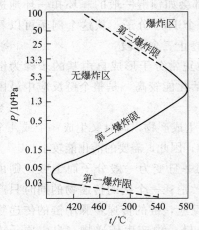

图 4-9 H_2 和 O_2 混合物的爆炸区域与温度、压力的关系

首先以化学计量的 H_2 和 O_2 混合物（即其比例为2：1）的燃烧反应为例介绍有关实验现象，其爆炸区域和温度压力的关系示于图 4-9。由图可看出，在 400℃ 以下，H_2 和 O_2 的反应比较平稳，不会发生爆炸；在 600℃ 以上，则几乎任意压力均能发生爆炸；在 400～600℃ 这一温度区间是否发生爆炸，要看所处的压力而定。例如，在 500℃ 时，压力在约 7kPa 以上不爆炸，但在 7kPa 以下就要发生爆炸，如果压力降低到 200Pa 以下，又不会发生爆炸。故在 500℃ 时，只有在压力处于 200Pa 和 7kPa 之间才爆炸，所以将 200Pa 称为该温度下的"第一爆炸限"，而将 7kPa 称为该温度下的"第二爆炸限"。至于图上的第三爆炸限是 H_2 和 O_2 的反应系统所特有，在其他系统中尚未发现。在第三爆炸限以上一般认为属于热爆炸。图 4-9 还表明，第一爆炸限几乎与温度无关，但实验表明它与容器的大小有关，容器越大，其数值越低。而第二爆炸限则与温度有关，温度越高，其值越大，但实验表明它与容器的大小无关。这些实验事实如何解释呢？近代的研究结果表明，这些现象都与支链反应有关。

假设发生下列链反应。

链引发：$\qquad\qquad\qquad\qquad A \xrightarrow{k_1} R\cdot$

链传递：$\qquad\qquad\qquad\quad R\cdot + A \xrightarrow{k_2} P + \alpha R\cdot$

链终止：$\qquad\qquad\qquad\quad R\cdot \xrightarrow{k_w} 在器壁表面销毁$

$\qquad\qquad\qquad\qquad\qquad\quad R\cdot \xrightarrow{k_g} 在气相销毁$

其中，$R\cdot$ 代表作为链传递物的自由基；P 是反应的产物；α 是每一次链传递过程中所产生的链传递物——自由基的数目。

链的终止有两种方式，一种是自由基在器壁上发生碰撞变为普通分子；另一种是在气相中经过碰撞变成普通分子。采用稳态近似法即得：

$$\frac{d[R\cdot]}{dt} = k_1[A] - k_2[R\cdot][A] + \alpha k_2[R\cdot][A] - k_w[R\cdot] - k_g[R\cdot] = 0$$

所以有：
$$[R\cdot] = \frac{k_1[A]}{k_2[A](1-\alpha) + k_w + k_g} \qquad\qquad (4-57)$$

生成产物 P 的反应速率应为：
$$r = \frac{d[P]}{dt} = k_2[R\cdot][A] = \frac{k_1 k_2 [A]^2}{k_2[A](1-\alpha) + k_w + k_g} \qquad (4-58)$$

在直链反应中 $\alpha = 1$，故反应速率总是一有限值。但在支链反应中，如果 $\alpha > 1$，$k_2[A](1-\alpha)$ 这一项为负值，当 α 大到这样的程度，使 $k_2[A](1-\alpha)$ 的数值接近 $-(k_w +$

k_g），则上式得分母接近零，此时反应速率趋于无限大，即发生爆炸。对支链反应的动力学有了上述了解之后，就可解释为什么由支链反应所引起的爆炸有第一爆炸限和第二爆炸限之分了。因自由基在器壁销毁的速率取决于自由基扩散到器壁的速率，压力越低，分子之间的碰撞就越少，自由基扩散到器壁销毁的可能性就越大，当压力低到这样的数值，恰好自由基在器壁上销毁的速率和产生自由基的速率相等时，此压力即为第一爆炸限；当小于此压力时，由于自由基销毁速率大于再生速率，故不能发生爆炸；高于此压力时，由于自由基销毁速率小于再生速率，当然发生爆炸。另外，反应容器越大，自由基能跑到器壁上去的数目就越少，故第一爆炸限与容器大小有关。在压力较高时，自由基的销毁主要在气相中发生。压力越高，分子间碰撞数越大，自由基在气相中的销毁速率就越大，当压力大到这样的程度，恰好自由基在气相销毁的速率和再生速率相等，此压力即为第二爆炸限，当压力超过此值时，由于自由基在气相中的销毁速率大于再生速率，故不能发生爆炸。另外，第二爆炸限随温度而变化，是由于自由基的产生需要活化能，而自由基的销毁不需要活化能，所以升温时，产生自由基的速率增大，故必须提高压力方能增加自由基的销毁速率。关于 H_2 和 O_2 反应的详细机理还没有完全弄清，但反应过程的几个基本步骤大致如下。

链引发：$\qquad\qquad\qquad H_2 \longrightarrow H\cdot + H\cdot$

链支化：$\qquad\qquad\qquad H\cdot + O_2 \longrightarrow HO\cdot + O\cdot$

$\qquad\qquad\qquad\qquad O\cdot + H_2 \longrightarrow HO\cdot + H\cdot$

链传递：$\qquad\qquad\qquad HO\cdot + H_2 \longrightarrow H_2O + H\cdot$

$\qquad\qquad\qquad\qquad H\cdot + O_2 \longrightarrow HO_2\cdot$

$\qquad\qquad\qquad\qquad HO_2\cdot + H_2 \longrightarrow H_2O + HO\cdot$

链终止：$\qquad\qquad\qquad H\cdot + H\cdot + M \longrightarrow H_2 + M$

$\qquad\qquad\qquad\qquad HO\cdot + H\cdot + M \longrightarrow H_2O + M$

链终止通常在气相销毁，一部分 $H\cdot$、$HO\cdot$ 和 $HO_2\cdot$ 在器壁销毁。如果 H_2 和 O_2 不按 2∶1 的比例混合，也可能爆炸。实验表明，在 H_2 和 O_2 的混合气中，H_2 的体积分数在 4％～94％ 这样宽的区间，遇到火种等能产生自由基的条件，均有可能发生爆炸。4％ 和 94％ 分别称为 H_2 在 O_2 中的"爆炸下限"和"爆炸上限"。

测定各种易燃气体在空气中的爆炸下限和爆炸上限，对煤矿开采、石油化工、化工生产和实验室的安全操作有重要意义。表 4-2 列出了部分可燃气体的爆炸极限数据。应该说明的是，其他一些活泼中间体如碳正离子、碳负离子等也能够成链反应，其动力学处理与自由基的相同，不再赘述。

表 4-2　一些可燃气体在空气中的爆炸极限（按体积比值）

气体	下限	上限	气体	下限	上限
H_2	4	74	C_5H_{12}	1.6	7.8
NH_3	16	27	C_2H_2	2.5	80
CS_2	1.25	44	C_2H_4	3	29
CO	12.5	74	C_6H_6	1.4	6.7
CH_4	5.3	14	CH_3OH	7.3	36
C_2H_6	3.2	12.5	C_2H_5OH	4.3	19
C_3H_8	2.4	9.5	$(C_2H_5)_2O$	1.9	48
C_4H_{10}	1.9	8.4	$CH_3COOC_2H_5$	2.1	8.5

4.7 双分子反应的碰撞理论

碰撞理论是 1916～1923 年由路易斯等在接受了阿伦尼乌斯关于"活化状态"和"活化能"的概念的基础上首先提出来的。碰撞理论以气体分子的相互碰撞为基础，所解决的是双分子气相反应的速率系数如何计算的问题。以双分子基元反应 A＋B ——→ 产物为例。气体分子 A 和 B 必须通过碰撞，而且只有其碰撞动能大于或等于某临界能（或域能）ε_c 的活化碰撞才能发生反应。因此，求出单位时间单位体积中 A、B 分子间的碰撞数，以及活化碰撞数占上述碰撞数的分数，即可导出反应速率方程。单位时间单位体积内分子 A 与 B 的碰撞次数称为碰撞数，以符号 Z_{AB} 表示，单位为 $m^{-3} \cdot s^{-1}$。如果 A 与 B 为半径分别为 r_A 和 r_B 的硬球，B 静置，A 对 B 的相对速率为 μ_{AB}。显然，当 A 与 B 间的距离 d_{AB} 小于两球半径之和 $r_A + r_B$ 时，A 和 B 发生碰撞。A 与静置 B 的碰撞频率 $Z_{A \to B}$（单位为 s^{-1}）可以如下计算：设想一个以 $(r_A + r_B)$ 为半径的圆，这个圆的面积 $\sigma = \pi(r_A + r_B)^2$ 称为碰撞截面。当这个以 A 的中心为圆心的碰撞截面，沿 A 前进的方向运动时，单位时间内在空间要扫过一个圆柱形的体积 $\pi(r_A + r_B)^2 \mu_{AB}$。凡中心在此圆柱体内的 B 球，都能与 A 相碰，如图 4-10。一个 A 分子单位时间能碰到 B 分子的次数，即碰撞频率 $Z_{A \to B}$ 应等于此圆柱体的体积与气体分子 B 的分子浓度 c_B（B 的分子浓

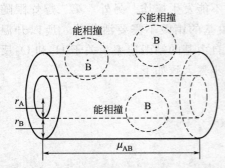

图 4-10 单位时间碰撞截面 $\pi(r_A + r_B)^2$ 在空间扫过的体积（外圆柱体）

度定义为 B 分子个数 N_B 除以体积 $c_B = N_B/V$，单位为 m^{-3}。即分子浓度等于单位体积内的分子个数。）的乘积，即：

$$Z_{A \to B} = \pi(r_A + r_B)^2 \mu_{AB} c_B \tag{4-59}$$

如果 A 的分子浓度为 c_A，则单位时间单位体积内分子 A 与分子 B 的碰撞总数为：

$$Z_{A \to B} = \pi(r_A + r_B)^2 \mu_{AB} c_A c_B \tag{4-60}$$

由分子运动论可知，气体分子 A 与 B 的平均相对速率为：

$$\mu_{AB} = \left(\frac{8k_B T}{\pi \mu}\right)^{1/2} \tag{4-61}$$

式中，k_B 为玻尔兹曼常数；μ 为这两个分子的折合质量。
即：

$$\mu = \frac{m_A m_B}{m_A + m_B} \tag{4-62}$$

m_A 和 m_B 分别为分子 A 和 B 的质量。将式(4-61)代入式(4-60)，整理得碰撞数：

$$Z_{A \to B} = (r_A + r_B)^2 \left(\frac{8\pi k_B T}{\mu}\right)^{1/2} c_A c_B \tag{4-63}$$

碰撞的一对分子称为相撞分子对（简称分子对）。相撞分子对的运动可以分解为两项：一项是分子对整体的运动，一项是两分子相对于其共同质心的运动。分子对作为整体的质心运动对反应毫不相干，只有相对于质心运动的平动能，才能克服两分子间的斥力以及旧键的引力转化为势能，从而翻越反应的能峰。所谓碰撞动能 ε，就是指这种相对于质心运动的平动能，即沿 A、B 分子连心线相互接近的平动能。由分子运动论知，相撞分子对的碰撞动能

$\varepsilon \gg \varepsilon_c$ 的活化碰撞数占碰撞数的分数，即为活化碰撞分数：

$$q = e^{-E_c/(RT)} \tag{4-64}$$

$E_c = L\varepsilon_c$，L 为阿伏加德罗常数。E_c 为摩尔临界能，常简称临界能。因此，用单位时间单位体积反应掉的反应物的分子个数表示的速率方程为：

$$-\frac{dc_A}{dt} = Z_{AB}e^{-E_c/(RT)} \tag{4-65}$$

将式（4-65）代入上式，得：

$$-\frac{dc_A}{dt} = (r_A+r_B)^2\left(\frac{8\pi k_B T}{\mu}\right)^{1/2}e^{-E_c/(RT)}c_A c_B \tag{4-66}$$

对于同类双分子反应 $A+A \longrightarrow$ 产物，有：

$$-\frac{dc_A}{dt} = 16r_A^2\left(\frac{\pi k_B T}{m_A}\right)^{1/2}e^{-E_c/(RT)}c_A^2 \tag{4-67}$$

可以看出式（4-66）和式（4-67）是按碰撞理论导出的双分子基元反应的速率方程。适用于基元反应的质量作用定律是碰撞理论的自然结果。

4.8 单分子反应理论

在基元反应中，绝大多数是双分子反应。也有一个分子独自进行的单分子反应的可能，如原子的辐射蜕变，就是非碰撞活化分子的单分子反应。还有一类反应，分子一经碰撞活化后，确实能独自进行分解或异构化反应，这样的分解或异构化反应，往往称为单分子反应。因此，单分子反应是只有单一反应物分子参与而实现的反应。下面讨论通过碰撞活化的单分子反应。林德曼反应历程：1922 年林德曼提出单分子反应历程，认为在单分子碰撞过程中，活化分子（或称增能分子）不断产生，同时又有部分已活化分子因碰撞而失活重新变为非活化分子，在分子浓度不太小的情况下，这种活化与失活间存在平衡，当活化分子进一步分解速率比失活速率小时，上述平衡不受其影响。单分子反应系统仍然是因为分子间的频繁碰撞并交换能量而使一部分反应物分子获得了活化能。

① 碰撞活化 反应物分子 A 可通过分子间的碰撞而获得高于反应临界能 ε_c 的能量，变成活化分子 A^*：

$$A+M \xrightarrow{k_1} A^*+M$$

M 可以是其他 A 分子，也可以是其他不参与化学反应的惰性分子。

② 失活 活化分子 A^* 可通过分子间碰撞而失活，恢复到能量较低的稳定状态：

$$A^*+M \xrightarrow{k_2} A+M$$

③ 生成产物 活化分子 A^* 可发生化学反应生成产物：

$$A^* \xrightarrow{k_3} P$$

上述机理简要表示为：

$$A+M \underset{k_2}{\overset{k_1}{\rightleftharpoons}} A^*+M \xrightarrow{k_3} P$$

活化分子 A^* 非常活泼，寿命很短，生成后很快就会消耗掉，所以 A^* 的浓度 $[A^*]$ 很小，可以推断 $[A^*]$ 随时间的变化率 $d[A^*]/dt$ 必然是很低的，可近似为零。根据上述过程得：

$$\frac{d[A^*]}{dt} = k_1[A][M]-k_2[A^*][M]-k_3[A^*] = 0$$

整理得：

$$[A^*] = \frac{k_1[A][M]}{k_2[M] + k_3}$$

单分子反应速率用产物的生成速率表示：

$$r = \frac{d[P]}{dt} = k_3[A^*] = \frac{k_1 k_3[A][M]}{k_2[M] + k_3} \tag{4-68}$$

将式（4-68）写成对 A 为一级速率公式：

$$r = k_{uni}[A] \tag{4-69}$$

k_{uni} 为林德曼理论中单分子反应的速率常数，即：

$$k_{uni} = \frac{k_1 k_3[M]}{k_2[M] + k_3} \tag{4-70}$$

若系统中压力足够高，$k_2[M] \gg k_3$，即：

$$k_{uni} = \frac{k_1 k_3}{k_2} = k_\infty \tag{4-71}$$

代入式（4-69）得：

$$r = \frac{k_1 k_3}{k_2}[A] = k_\infty[A] \tag{4-72}$$

可见，单分子反应在高压下表现为一级反应。

若系统中压力逐渐降低，$[M]$ 逐渐减小，k_{uni} 也会逐渐变小。当压力足够低时，$k_2[M] \ll k_3$

$$k_{uni} = k_1[M] = k_0 \tag{4-73}$$

代入式（4-69）得：

$$r = k_0[A] = k_1[M][A]$$

若系统中没有惰性气体，$[M] = [A]$，则　　　$r = k_1[A]^2$ (4-74)

可见，单分子反应在低压下表现为二级反应。

林德曼历程有很多局限性，该理论的一些假设求出的活化过程速率常数 k_1、单分子反应速率常数 k_{uni}、k_∞ 和 k_0 在数值上与实验结果常有较大差距。林德曼理论的正确性在于他指明了在单分子反应中，反应物分子活化的原因是分子之间的碰撞，而且碰撞活化与压力较高条件下呈一级反应动力学规律并不矛盾，成功地解释了单分子反应在高压下为一级反应，压力降低时速率常数减小，降压至足够低时转化为二级反应。林德曼理论概括了单分子反应的总的动力学特征。从式（4-68）看出，单分子反应从本质上并无简单级数。

4.9　过渡态理论

过渡态理论又称活化配合物理论或绝对反应速率理论，是 1931～1935 年由艾林和波兰尼提出的。这个理论的基本看法是：当两个具有足够能量的反应物分子相互接近时，分子的价键要经过重排，能量要经过重新分配，方能变成产物分子，在此过程中要经过一过渡态，处于过渡态的反应系统称为活化配合物。反应物分子通过过渡态的速率就是反应速率。

4.9.1　势能面和反应途径

过渡态理论是以势能面为基础的，是过渡态理论用来描述反应如何进行时采用的物理模型。如图 4-11 所示，一个原子与一个分子的置换反应：

$$A+B—C \longrightarrow A\cdots B\cdots C \longrightarrow A—B+C$$

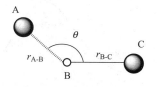

图 4-11　A+B—C 反应系统

若原子间的相互作用表现为原子间存在势能 V，该反应势能 V 应当是 r_{A-B}、r_{B-C} 及夹角 θ 的函数，用 $V(r_{A-B}, r_{B-C}, \theta)$ 表示，可通过量子化学计算得到。由于 $V(r_{A-B}, r_{B-C}, \theta)$ 的图形为 r_{A-B}、r_{B-C}、θ 和 V 为坐标所构成坐标系中的曲面，故称为势能面。势能面需要四维空间图形来表示，这是不可能的，故必须固定一个变量，以便转化为三维立体图表示。通常固定 $\theta = \pi$，即 A、B、C 三个原子在一条直线上进行所谓的共线碰撞，以势能 V 对 r_{A-B} 和 r_{B-C} 作图得势能面。该势能面为空间三维曲面，为了方便，通常将立体的势能曲面投影到 r_{A-B} 和 r_{B-C} 平面上，凡势能相同的点连成曲线，这种曲线称为等势能线。像地图上用等高线来表示地形的高低一样，如图 4-12 所示。图中每一点代表了反应系统中一特定的线性构型 A—B—C 的势能。在等势能线旁标注的数值是指势能的相对值，数值越大，表示系统的势能越高；数值越小，表示势能越低。图中等势能线的密集程度代表势能变化的陡度。当 r_{A-B} 和 r_{B-C} 很小时，势能急剧升高；当 r_{A-B} 和 r_{B-C} 很大时，势能升高缓慢。位于"高原"顶端的 S 点，代表 3 个原子 A、B、C 完全分离的高势能态。图中 R 点处于势能低谷中，代表 A 远离 B—C 分子的状态，即反应的始态；P 点处于另一侧的势能深谷中，代表 C 远离 A—B 分子的状态，即反应的终态。从反应物到产物，可以有许多途径，但只有图中虚线所表示的途径 $R\cdots Q\cdots P$ 所需爬越的势垒（或称能峰）最低，即所需的能量最小，这是反应最有可能实现的捷径，这条途径称为"最小能量途径"或"反应坐标"，也就是沿 R 点附近的深谷翻过 Q 点附近的马鞍峰地区（图 4-13 所示），然后直下 P 点处的深谷。沿着反应坐标 $R\cdots Q\cdots P$ 进行反应时，可不必先破坏 B—C 键再进行 A—B 键的形成。这时 B—C 键的断裂和 A—B 键的形成同时进行，这就要求形成一个中间过渡的三原子状态，即图中 Q 点所示的状态，这种三原子状态称为反应的过渡态，A$\cdots$B$\cdots$C 称为活化配合物。可见，任何反应进行时均分为两步：①反应物先一同形成活化配合物；②活化配合物分解为产物。这两步并不是截然分开的，也就是说活化配合物或过渡态并不是一个稳定的平衡态。整个反应是沿着势能最低的虚线 RQP 进行的，因此将之称为反应途径。一个反应必须得到足够的势能，才能达到马鞍点，因而才能起反应生成产物。一般来讲这个势能就来自于反应分子 A 的迎头相对运动的平动能（即碰撞动能）。如果原有的平动能不够大，沿 RQ 线前进转化的势能不足以达到 Q 点，则系统将沿原途径回到 R 点。这就是单纯的弹性碰撞。只有原来具备足够多碰撞动能的反应物，才有可能转化成足够的势能，登上马鞍点翻越能峰生成产物。

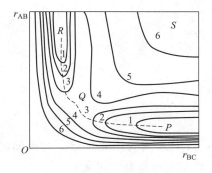

图 4-12　反应系统势能面投影

图 4-13　反应途径示意

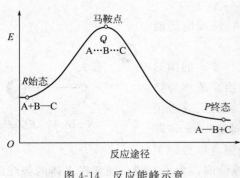

图 4-14　反应能峰示意

活化能的物理概念，就更明显而具体化了。如果将上述反应途径，即虚线 RQP 示意地"扳直"投影到一个平面上，就得到如图 4-14 的能峰示意。显然，当始态与马鞍点都处于基态时，它们之间的势能差即为活化能（严格地讲为 0K 时的活化能）。上面讲到的反应途径 RQP 为势能最小的途径，也是可能性最大的途径。

4.9.2　过渡态理论速率常数公式的建立

过渡态理论是以反应系统的势能面为基础的。此理论认为，一旦反应物达到过渡态的构型，即势能面上的代表点一旦自反应物深谷 R 达到过渡态 Q，则反应物就一定向产物深谷 P 转化。因此，只要计算出单位体积、单位时间内由反应物深谷越过过渡态的分子数，就可得知反应速率。但在具体求算速率常数时，需作以下两点近似和假设。

①　反应系统的能量分布总是符合玻尔兹曼分布，而且假设即使系统处于不平衡态，活化配合物的浓度也总是可以从平衡态理论计算。以双分子反应为例：

$$A + B \Longleftrightarrow AB_{\neq} \longrightarrow 产物$$

为例，其中 $AB_{\neq}$ 为活化配合物。

$$K_{\neq}^{\ominus} = \frac{c_{AB\neq}/c^{\ominus}}{(c_A/c^{\ominus}) \cdot (c_B/c^{\ominus})} = \frac{c_{AB\neq}}{c_A c_B} \cdot c^{\ominus} \qquad 或 \qquad c_{AB\neq} = K_{\neq}^{\ominus} c_A c_B (c^{\ominus})^{-1} \tag{4-75}$$

应该强调指出的是，这里的 $AB_{\neq}$ 并不是一个稳定的物质或是一个反应的中间产物，而仅仅是由反应物到产物的连续过渡中的一个阶段，不存在活化配合物既可转化为产物又可返回为反应物的情况；所谓平衡也不是活化配合物与反应物有什么真正的化学平衡，而只是近似地可用平衡方法来处理而已。

②　系统越过过渡态的运动可从与活化配合物相联系的其他运动中分离出来。如果把这种运动看作振动形式，则此振动自由度可单独从活化配合物的其他振动、转动和平动运动中分离出来。可以说活化配合物构型中有某个能断裂成产物的振动自由度很松弛，其振动频率很小，每一次振动均可导致产物的形成，而不可能具有反向变化能力。因此反应速率应当既与活化配合物的浓度 $c_{AB\neq}$ 有关，又与此种简正振动频率 $v_{\neq}$ 有关，可表示为：

$$r = v_{\neq} c_{AB\neq}$$

将式（4-75）代入上式，可得：

$$r = v_{\neq} K_{\neq}^{\ominus} c_A c_B (c^{\ominus})^{-1} \tag{4-76}$$

而双分子基元反应的速率公式应为：

$$r = k c_A c_B$$

将此式与式（4-76）对比，可得速率常数公式：

$$k = v_{\neq} K_{\neq}^{\ominus} (c^{\ominus})^{-1} \tag{4-77}$$

量子力学指出，任一振动自由度的能量为 $hv_{\neq}$，其中 h 为普朗克常数。又根据能量均分原理，任一振动自由度的能量为 $k_B T$，其中 k_B 为玻尔兹曼常数。可见：

$$hv_{\neq} = k_B T$$

$$v_{\neq} = \frac{k_B T}{h} \tag{4-78}$$

将式(4-78) 代入式(4-77) 可得:

$$k = \frac{k_B T}{h} K_{\neq}^{\ominus} (c^{\ominus})^{-1} \tag{4-79}$$

这是基元反应过渡态理论的基本公式。其中 $\frac{k_B T}{h}$ 在一定温度下为一常数。由式(4-79) 可见，只要从理论上求出平衡常数 $K^{\ominus}$ 即可求算速率常数。

4.9.3 热力学关系式

根据热力学公式，有:

$$\Delta G_{\neq}^{\ominus} = -RT \ln K_{\neq}^{\ominus} \tag{4-80}$$

$$\Delta G_{\neq}^{\ominus} = \Delta H_{\neq}^{\ominus} - T \Delta S_{\neq}^{\ominus} \tag{4-81}$$

$\Delta G_{\neq}^{\ominus}$、$\Delta H_{\neq}^{\ominus}$ 和 $\Delta S_{\neq}^{\ominus}$ 分别为标准态下由反应物变为活化配合物的吉布斯函数、焓和熵变化，分别简称为"活化吉布斯函数"、"活化焓" 和 "活化熵"。由式(4-80) 和式(4-81) 可得:

$$K_{\neq}^{\ominus} = \exp\left(\frac{-\Delta G_{\neq}^{\ominus}}{RT}\right) = \exp\left(\frac{-\Delta H_{\neq}^{\ominus}}{RT}\right) \cdot \exp\left(\frac{\Delta S_{\neq}^{\ominus}}{R}\right) \tag{4-82}$$

此式代入 (4-79) 得:

$$k = \frac{k_B T}{h} (c^{\ominus})^{-1} \cdot \exp\left(\frac{-\Delta H_{\neq}^{\ominus}}{RT}\right) \cdot \exp\left(\frac{\Delta S_{\neq}^{\ominus}}{R}\right) \tag{4-83}$$

为与阿伦尼乌斯方程比较，需要找出阿伦尼乌斯活化能与活化焓 $\Delta H_{\neq}^{\ominus}$ 之间的关系。将式(4-79) 取对数后对 T 求导得:

$$\frac{\mathrm{d}\ln k}{\mathrm{d}T} = \frac{1}{T} + \frac{\mathrm{d}\ln K_{\neq}^{\ominus}}{\mathrm{d}T} \tag{4-84}$$

$K_{\neq}^{\ominus}$ 是用浓度表示的平衡常数 K_c，引用吉布斯-亥姆霍兹方程:

$$\frac{\mathrm{d}\ln K_{\neq}^{\ominus}}{\mathrm{d}T} = \frac{\Delta U_{\neq}^{\ominus}}{RT^2}$$

$\Delta U_{\neq}^{\ominus}$ 为标准状态下活化配合物与反应物的热力学能之差，称为"活化热力学能"。将此式及 $\Delta H_{\neq} = \Delta U_{\neq} + p\Delta V_{\neq}$ 代入式(4-84) 得:

$$\frac{\mathrm{d}\ln k}{\mathrm{d}T} = \frac{1}{T} + \frac{\Delta U_{\neq}^{\ominus}}{RT^2} = \frac{\Delta H_{\neq}^{\ominus} - p\Delta V_{\neq}^{\ominus} + RT}{RT^2} \tag{4-85}$$

与阿伦尼乌斯方程比较，有下列关系:

$$E_a = \Delta H_{\neq}^{\ominus} - p\Delta V_{\neq}^{\ominus} + RT \tag{4-86}$$

对于液相，$p\Delta V_{\neq}^{\ominus} \approx 0$，故有:

$$E_a = \Delta H_{\neq}^{\ominus} + RT \tag{4-87}$$

对于气相，$p\Delta V_{\neq}^{\ominus} = (1-n)RT$，其中 n 为反应分子数，故有:

$$E_a = \Delta H_{\neq}^{\ominus} + RT - (1-n)RT = \Delta H_{\neq}^{\ominus} + nRT \tag{4-88}$$

将此式代入式(4-83) 得:

$$k = \frac{k_B T}{h} (c^{\ominus})^{-1} \cdot e^{\Delta S_{\neq}^{\ominus}/R} \cdot e^n \cdot e^{-E_a/RT} \tag{4-89}$$

此式是过渡态理论的反应速率常数热力学表达式。与阿伦尼乌斯方程比较可得:

$$A = \frac{k_B T}{h} (c^\ominus)^{-1} \cdot e^{\Delta S_{\neq}^\ominus /R} \cdot e^n = \frac{RT}{Lh} (c^\ominus)^{-1} \cdot e^{\Delta S_{\neq}^\ominus /R} \cdot e^n \tag{4-90}$$

说明指前因子 A 与活化熵 $\Delta S_{\neq}^\ominus$ 有关。

由式(4-89) 可以看出，各种不同反应的速率常数 k 会有很大差别，是因为两个因素决定。一是活化能 E_a，二是活化熵 $\Delta S_{\neq}^\ominus$。这是由过渡态理论得到的一个重要结论。通常，活化能的大小是由形成活化配合物时将断裂或形成的键的键能所决定的，对于各种不同的反应，由于活化能的差别导致速率常数的差别可达 10^{50} 倍，因此，活化能是决定反应速率的主要因素。而活化熵对 k 的影响远不像活化能那样显著。

第5章

界面化学

界面化学是化学、物理、生物、材料和信息等科学之间相互交叉和渗透的一门重要的边缘学科，是当今三大科学技术（即生命科学、材料科学和信息科学）前沿领域的桥梁。界面化学研究两相界面处物质分子（或原子）的特性，由于界面的存在引起系统的局部力学性质、各组分分布的变化，以及由于界面的显著增加所导致的系统物理化学性质改变等。

两种物理相态之间存在界面，界面可分为气-液、气-固、液-液、液-固和固-固等，通常把与气相组成的界面称为表面，其余的称为界面。其实二者并无严格区分，常常通用。通常情况下，系统的表面积不大，表面层上的分子数目相对于内部分子而言是微不足道的，因此忽略表面性质对系统的影响。但当物质高度分散时，系统有巨大的表面积，表面层分子在整个系统中所占的比例较大，表面性质就显得十分突出了。例如所研究的系统是雾、固体粉末或肥皂泡时等，在处理这类问题时，应考虑表面分子的特殊性。

5.1 表面自由能与表面张力、溶液表面吸附、表面吸附剂

5.1.1 表面自由能与表面张力

表面张力概念的建立要比表面自由能早一个世纪，对于表面张力的认识起源于毛细现象的观察。18 世纪中叶，Segner 提出液体内聚力所产生的压力被表面上均匀的张力所抵消，这个力就是表面张力，所以液体表面张力的提出是从一些典型的宏观表面现象所得到的。与体相的分子不同，表面的分子受周围分子的引力是不对称的。如图 5-1 所示，液体体相的分子受周围分子的吸引力的合力为零，而在液体表面上的分子，则由于周围分子引力的不对称受到一个指向液体内部的合力。因此，在没有其他作用力存在时，所有的液体都有缩小其表面积的自发趋势。相反地，若要扩展液体的表面，即把一部分分子由内部移到表面上来，则需要克服向内的拉力而做功。此功称为"表面功"，即扩展表面做的功。表面扩展完成后，表面功转化为表面分子的能量，因此，表面上的分子比内部分子具有更高的能量。

在一定的温度与压力下，对一定的液体来说，扩展表面所做的表面功 $\delta W'$ 应与增加的表面积 $\mathrm{d}A$

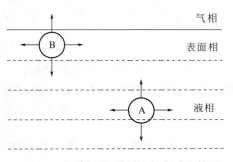

图 5-1 表面分子与内部分子的受力情况

成正比。

$$\delta W' = -\gamma dA \tag{5-1}$$

若表面扩展过程可逆，则 $\delta W' = -dG_{T,P}$，所以式(5-1) 又可以表示为：

$$dG_{T,P} = \gamma dA \quad \text{或} \quad \gamma = \left(\frac{\partial G}{\partial A}\right)_{T,P} \tag{5-2}$$

γ 的物理意义是：在定温定压条件下，增加单位表面积引起系统吉布斯自由能的增量。因此 γ 称为"比表面积吉布斯自由能"，或简称为"比表面能"，单位是 $J \cdot m^{-2}$。狭义地说是当以可逆方式形成新表面时，环境对系统所做的表面功变成了单位表面层分子的吉布斯自由能了。由于 $J = N \cdot m$，所以 γ 单位也可以为 $N \cdot m^{-1}$，此时 γ 称为"表面张力"。其物理意义是：在相表面的切面上，垂直作用于表面上任何单位长度切线的表面紧缩力。一种物质的比表面能与表面张力数值完全一样，量纲也相同，但物理意义有所不同，所用单位也不同。如果没有特别指明，物质的表面张力均指界面的另一侧为空气的情况。

表面张力是物质的特性，是强度性质，其值与温度、压力以及组成有关。对于液体，分子间作用力强的物质具有较大的表面张力，通常形成金属键、离子键的液体物质具有较大的表面张力，如汞；极性液体次之，如水；非极性的共价键物质最小。除此之外，由于升高温度时液体分子间引力减弱，所以表面分子的吉布斯自由能减少。因此，多数物质的表面张力随温度升高而降低，而压力对表面张力的影响较小（通常可以忽略不计）。

研究表明液体的表面张力是从力的角度来分析液体表面现象，是微观分子作用力的宏观表现；比表面自由能是从能量的角度来研究液体表面现象。从微观结构分析可以得出液体的表面张力是液体表面空穴作用的结果，比表面自由能是液体分子间作用力做功的结果，两者都与液体分子间的作用力有关。通常有多种方法来测定表面张力，如毛细管上升法、滴重法、吊环法、最大压力气泡法、吊片法和静液法等，这些方法的具体操作和计算方法均可在一些实验教材或专著中找到。

5.1.2 溶液表面吸附和 Gibbs 吸附公式

在一定温度下，任何纯液体都有一定的表面张力。无论用什么方法使溶液混匀，但表面上一薄层的浓度总是与内部不同。当加入溶质后，溶液表面张力发生变化。根据能量最低原则理解，溶质若能降低表面能量（即降低表面张力），则溶质会在表面层相对浓集；而导致表面能量增加的物质则在表面层相对地降低浓度以降低系统的表面能量。这样就造成了溶液表面层浓度与溶液本体浓度不同的现象，称为溶液表面的吸附现象。溶液表面的吸附作用导致表面浓度与内部浓度的差别，这种差别则称为表面过剩。

Gibbs 从热力学的角度研究了表面过剩现象，并导出了 Gibbs 吸附公式。若溶质在表面相浓度小于体相浓度，称为负吸附；若大于体相浓度，则称为正吸附。

$$\Gamma = -\frac{a_B}{RT}\left(\frac{d\gamma}{da_B}\right)_T \tag{5-3}$$

式中，a_B 为溶液中溶质的活度；γ 为溶液的表面张力；Γ 为表面吸附量。如果溶液的浓度较稀，可用浓度代替活度，上述可写为：

$$\Gamma = -\frac{c_B}{RT}\left(\frac{d\gamma}{dc_B}\right)_T \tag{5-4}$$

式(5-3) 和式(5-4) 称为吉布斯方程。值得指出的，Γ 是过剩量，其值可正可负。

表面积的缩小和表面张力的降低，都可以降低系统的 Gibbs 自由能，定温下纯液体的表面张力为定值，因此对于纯液体来说，降低系统吉布斯自由能的唯一途径是尽可能地缩小液体表面积。对于溶液来说，溶液的表面张力和表面层的组成有着密切的关系，因此还可以由溶液自动调节不同组分在表面层中的数量来促使系统的 Gibbs 自由能降低。当所加入的溶质能降低表面张力时，溶质力图浓集在表面层上以降低系统的表面能；反之，当溶质使表面张力升高时，它在表面层中的浓度就比在内部的浓度来得低。但是，与此同时由于浓差引起的扩散，则趋向于使溶液中各部分的浓度均一。在这两种相反过程中达到平衡之后，溶液表面层的组成和本体溶液的组成不同，这种现象通常称为在表面层发生吸附作用。

从 Gibbs 公式可以得到如下的结论。

① 若加入溶质能降低溶液的表面张力，即 $\dfrac{\mathrm{d}\gamma}{\mathrm{d}c_\mathrm{B}}<0$ 时，则 $\Gamma>0$，溶质在表面发生正吸附，溶质在表面层中的浓度大于溶液内部的浓度。表面活性物质（如有机酸、醇、醛、醚、酮等）就是属于这种情况。

② 若加入溶质能增加溶液的表面张力，即 $\dfrac{\mathrm{d}\gamma}{\mathrm{d}c_\mathrm{B}}>0$ 时，则 $\Gamma<0$，溶质在表面发生负吸附，溶质在表面层中的浓度低于溶液内部的浓度。非表面活性物质（如无机酸、碱、盐及蔗糖和甘油等）就属于这种情况。

在推导式(5-4)时，对所考虑的组分及相界面没有附加限制条件，所以原则上对于任何两相的系统都适用。

5.1.3　表面活性剂

某些物质当它们以低浓度存在于某一系统（通常是指水为溶剂的系统）中时，可被吸附在该系统的表面（界面）上，使这些表面的表面张力（或表面自由能）发生明显降低的现象，这些物质被称为表面活性剂（surface-active agent），现在被广泛地应用于石油、纺织、农药、医药、采矿、食品、民用洗涤等各个领域。至今，人类的生活和生产基本上没有不应用表面活性剂的。

表面活性剂分子的结构特点是它具有不对称性，即分子由极性部分与非极性部分组成。极性部分与水亲和力强，称为亲水基；非极性部分称为憎水基或亲油基。因此，表面活性剂分子具有两亲性质，常称为两亲分子。表面活性剂分子在水溶液表面吸附时，其亲水基团（通常表述为"头"）插入水中，而其憎水基团（通常表述为"尾"）则由于被水分子排斥而竖起在水面上。表面活性剂的这种排列形式，可使表面水分子的不对称立场在一定程度上降低，从而降低表面表面张力。

表面活性剂的分类如下。

表面活性剂是多种多样的，通常按照其在水中能否电离，分为离子型和非离子型两大类，如图 5-2 所示。

表面活性剂的应用举例。

表面活性剂具有极其广泛的应用，下面仅举几个方面的实例予以说明。

（1）润湿作用

在生活中常遇到需要控制液、固之间的润湿程度。人们根据不同需要有时希望润湿程度增大，有是又希望润湿程度减小，通常可利用表面活性剂来满足这种要求。

液体对固体的润湿程度通常以接触角 θ 来表示，当把液体滴在固体表面上达到平衡时，液滴以一定的形状存在，如图 5-3 所示。其中 O 是液滴边缘上的一点，所以是气-液-固三相的交界点，作用在该点处的 3 个界面张力已在图中标出。所谓接触角 θ 是指液体表面张力 γ_{l-g} 和固-液界面张力 γ_{s-l} 之间的夹角，它可以通过实验测量。由于 O 点受力平衡，所以有：

$$\gamma_{s-g} = \gamma_{s-l} + \gamma_{l-g}\cos\theta \tag{5-5}$$

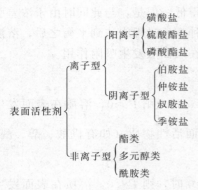

图 5-2　表面活性剂的分类

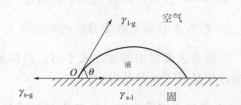

图 5-3　液滴在表面活性剂上的接触角

此式称为 Young 方程。其中接触角 θ 用于描述液体对固体表面的润湿情况：θ 角越小，润湿程度越高，当 $\theta < 90°$ 时，称液体对固体表面润湿；当 $\theta = 0°$ 时，称液体对固体表面完全润湿；$\theta > 90°$ 时称不润湿。

表面活性剂的润湿作用有极为广泛的应用，例如给植物喷洒农药，由于植物叶子都是非极性表面，不被农药液体润湿，结果不仅造成极大浪费而且杀虫效果很差。若往药液中加入少量的表面活性剂，由于表面吸附作用致使农药液滴表面被一层表面活性剂分子所覆盖，且憎水基朝外，于是液滴表面成为非极性表面。当其落在植物叶子上时就会铺展开来，从而大大提高药液的杀虫效果。在这种情况下，加入表面活性剂后增大了润湿程度，因而这种场合的表面活性剂常称作润湿剂。

降低润湿程度的例子也很多，例如冶炼金属前的浮游选矿，开采来的粗矿中含部分有用的矿苗，同时含有大量无用的岩石。首先将粗矿磨成小颗粒，然后倾入水池中，结果矿苗颗粒与无用的岩石一起沉入水底。如果加入某种合适的表面活性剂（此处常称作捕集剂和起泡剂），由于矿苗表面与岩石不同，它是极性的亲水表面，对于表面活性剂有较强的吸附作用，于是表面活性剂分子就被吸附在矿苗颗粒表面，且极性基朝向矿苗表面，而非极性基朝向水中。不断加入表面活性剂直至饱和，于是矿苗颗粒相当于一个个非极性憎水颗粒。然后从水池底部通入大量气泡，由于气泡内气体极性较水小得多，于是矿苗颗粒倾向于进入气泡，便附着在气泡上，随气泡上升到水面上，最后在水面上被收集浓缩，而岩石等无用物质则留在水底而被去除。

另外，人们所穿用的棉布，由于纤维中有醇羟基而呈亲水性，所以极易被水润湿，不可做雨衣用。若在其表面涂上胶或油，虽然可以防雨，但透气性差，穿上极不舒服。如果用合适的表面活性剂处理，使其极性基与棉布纤维上的醇羟基相结合，而其非极性基朝外，结果使棉布变成憎水物质。用这种方法处理过的棉布做成雨衣，既防水又透气。实验证明，用季铵盐与氟氢化合物混合处理过的棉布经大雨淋 168h 而不漏水。

（2）乳化作用

表面活性剂的另一重要作用是使乳状液易于生成并变得稳定。乳状液是一种液体分散到另一种与其不相混溶液体中的分散体系。以小液珠形式存在的液相称为分散相或内相，作为连续相的液体称为分散介质或外相。通常，乳状液中一相是水，另一相是与水不相混溶的有机液体，统称为"油"。乳状液可分为两类：一类为"油"分散在水中即水包油型（oil in water emulsion），用符号油/水（或 O/W）表示，如牛奶；另一类为水分散在"油"中即油包水型（water in oil emulsion），用符号水/油（或 W/O）表示，如天然含水原油。这主要与形成的乳状液时所添加的乳化剂性质有关。决定和影响乳状液形成的因素很多，其中主要有：油和水相的性质、油与水相的体积比、乳化剂和添加剂的性质及温度等。不管形成何种类型的有一定稳定性的乳状液，都要有乳化剂存在。乳状液中分散相粒子的大小约在100nm 以上，用显微镜可以清楚地观察到，因此从粒子的大小看，应属于粗分散系统，但由于它具有多相和易聚结的不稳定性等特点，所以也作为胶体化学研究的对象。乳状液的应用十分广泛，在医药、食品、化妆品、农药、污水处理等方面都涉及乳状液制备和破坏的问题。

（3）增溶作用

非极性的碳氢化合物如苯在水中几乎不能溶解于水，但能溶解于浓的肥皂溶液，或者说溶解于浓度大于临界胶束浓度（CMC）且已经大量生成胶束（或称胶团）时的离子型表面活性剂溶液，这种现象叫做增溶作用。

增溶作用既不同于溶解作用又不同于乳化作用，它具有下列几个特点。

① 增溶作用可以使被溶物的化学势大大降低，是自发过程，使整个系统更加稳定。

② 增溶作用是一个可逆的平衡过程。增溶时一种物质在肥皂液中的饱和溶液可以从两方面得到：从饱和溶液或从物质的逐渐溶解而达到饱和，实验证明所得结果完全相同。这说明增溶作用是可逆的平衡过程。

③ 增溶后不存在两相，溶液是透明的。但增溶作用与真正的溶解作用也不相同，真正溶解过程会使溶剂的依数性质（如熔点、渗透压等）有很大的改变，但碳氢化合物增溶后，对溶剂的依数性质影响很小。这说明增溶过程中溶质并未拆开成分子或离子，而是"整团"溶解在肥皂溶液中，所以质点数目没有增多。

（4）起泡作用和消泡作用

泡沫是人类常遇到的一类系统，洗衣服时的肥皂泡就是最常见的一种。泡沫又是气体以肉眼可见的程度分散到液体（有时可以是固体）中所构成的系统。由于气体与液体的密度相差悬殊，因此泡沫中的气泡总是很快上升到液面，形成被一层由液膜隔开的气泡聚集体。通常所说的泡沫即是指这种比较稳定的、被液膜所隔开的气泡聚集体。

对于人类来说，泡沫具有两重性。在前面所提到的浮选分离过程，就是利用泡沫使矿苗富集于水面；泡沫灭火器是利用 CO_2 泡沫将火源与空气隔绝。在这种情况下，人们希望泡沫能够稳定存在。而在其他一些场合，泡沫往往给人们造成许多麻烦。例如减压蒸馏、过滤等工艺中，泡沫的存在会引起操作困难甚至影响产品质量。煮牛奶时泡沫会使牛奶溢出，这时人们就希望泡沫能够尽快破坏。

当泡沫对人们不利的时候就要设法将它破坏，称做消泡。消泡的方法有许多种，其中之一就是喷洒表面活性剂（即消泡剂），向泡沫喷洒消泡剂，能使液膜局部的表面张力很快降低，于是消泡剂在气泡表面迅速展开，同时会带走表面下的一层液体，使液膜局部厚度变薄而破裂，造成泡沫破坏。乙醚、硅油、异戊醇等就是经常使用的消泡剂。

5.2 固体表面对气体的吸附

5.2.1 物理吸附与化学吸附

气体分子碰到固体表面上后发生吸附，按吸附分子与固体表面作用力的性质不同，根据大量实验结果可将吸附分为物理吸附和化学吸附两类。

第一类吸附一般是无选择性。这就是说，任何固体可吸附任何气体（当然吸附量会随不同的系统而有所不同）。一般说来，越是容易液化的气体就越容易被吸附。吸附可以是单分子层的也可以是多分子层的，同时解吸也比较容易。其吸附热（分子从气相吸附到表面相上这一过程中所放出的热）的数值与气体的液化热相近，这类吸附与气体在表面上的凝聚很相似。此外，此类吸附的吸附速率和解吸速率都很快，且一般不受温度的影响，也就是说此类吸附过程不需要活化能。从以上各种现象不难看出这类吸附的实质是一种物理作用，在吸附过程中没有电子转移，没有化学键的生成与破坏，没有原子重排等，而产生吸附的只是范德华引力，所以这类吸附叫做物理吸附。

第二类吸附是有选择性的。一些吸附剂只对某些气体才会发生吸附作用。其吸附热的数值很大（>42kJ·mol^{-1}），与化学反应差不多是同一个数量级。这类吸附是单分子层的，且不易解吸。由此可见，它与化学反应相似，可以看成是表面上的化学反应。它的吸附与解吸的速率都很小，而且随温度的升高其吸附（和解吸）速率增加。像化学反应一样，这类吸附过程需要一定的活化能（当然也有少数需要很少甚至不需要活化能的化学吸附，其吸附和解吸速率也很快）。气体分子与吸附表面的作用力和化合物中原子间的作用力相似。这种吸附实质上是一种化学反应，所以叫做化学吸附。由于物理吸附和化学吸附在分子间作用力上有本质的不同，所以表现出许多不同的吸附性质，见表 5-1。

表 5-1 物理吸附与化学吸附的区别

性 质	物理吸附	化学吸附
吸附力	范德华力	化学键力
吸附层数	单层或多层	单层
吸附热	小(近于液化热)	大(近于反应热)
选择性	无或很差	较强
可逆性	可逆	不可逆
吸附平衡	易达到	不易达到

实验可以直接证明物理吸附和化学吸附的存在。例如，可以通过吸收光谱来观察吸附后的状态，在紫外、可见及红外光谱区，若出现新的特征吸收带，这是存在化学吸附的标志。物理吸附只能使原吸附分子的特征吸收带有某些位移或者在强度上有所改变，而不会产生新的特征谱带。

这两类吸附之间是有联系的，它们有差异但也有共同之处。例如两类吸附的吸附热都可以用克劳修斯-克拉贝龙公式来计算，又如朗格缪尔吸附等温式可用于两类吸附。这两类吸附也可以同时发生。例如氧在金属 W 上的吸附同时有三种情况：①有的氧是以原子状态被吸附的，这是纯粹的化学吸附；②有的氧是以分子状态被吸附的，这是纯粹的物理吸附；③还有一些氧是以分子状态被吸附在氧原子上面的，形成多层吸附。由此可见，物理吸附和化学吸附可以共同发生，因此不能认为某一吸附只有化学吸附或物理吸附。所以需要同时考虑这两种吸附对整个吸附过程的影响。

5.2.2　朗格缪尔（Langmuir）吸附

朗格缪尔在研究低压下气体在金属上的吸附时，根据实验数据发现了一些规律，然后又从动力学的观点提出了一个吸附等温式，并总结出了朗格缪尔单分子吸附理论。这个理论的基本观点是认为气体在固体表面上的吸附乃是气体分子在吸附剂表面的凝集和逃逸两种相反过程达到动态平衡的结果。他所持的基本假定如下。

（1）气体只能在固体表面上呈单分子层吸附

既然认为不接触表面的气体分子不可能被吸附，因此不会有两个以上的分子重叠起来停留在表面上，即表面上的被吸附分子最多只能覆盖一层。

（2）固体表面的吸附作用是均匀的

这就是说，表面上的任何位置对于吸附分子的作用力相同，即当一个气体分子与固体表面发生碰撞时，无论碰到什么位置，它被吸附的概率是完全相同的。一旦它被吸附，这吸附的牢固程度也完全相同。

（3）被吸附的分子之间无相互作用

这表明被吸附在表面上的分子式相互独立的，因此每个分子的脱附都不受其邻近分子的影响，即它们逃离表面的可能性是完全相同的。

如以 θ 代表表面被覆盖的分数，即表面覆盖率，则 $(1-\theta)$ 就表示表面尚未被覆盖的分数。气体吸附速率与气体的压力成正比，由于只有当气体碰撞到空白表面部分时才可能被吸附，即又与 $(1-\theta)$ 成正比，所以，吸附速率 r_a 为：

$$r_a = k_a p (1-\theta) \tag{5-6}$$

被吸附的分子脱离表面重新回到气相中的解吸速率与 θ 成正比，即解吸速率 r_d 为：

$$r_d = k_d \theta \tag{5-7}$$

式中，k_a、k_d 都是比例系数。在等温下达到平衡时，吸附速率等于解吸速率，所以有：

$$k_a p (1-\theta) = k_d \theta \tag{5-8}$$

如令

$$\frac{k_a}{k_d} = a$$

则得：

$$\theta = \frac{ap}{1+ap} \tag{5-9}$$

式中，a 是吸附作用的平衡常数，a 值的大小代表了固体表面吸附气体能力的强弱程度。

如果以 V_m 代表当表面吸满单分子层时的吸附量，V 代表压力为 p 时的实际吸附量，则覆盖率

$$\theta = \frac{V}{V_m}$$

代入式(5-9) 后，得到：

$$\theta = \frac{V}{V_m} = \frac{ap}{1+ap} \tag{5-10}$$

式(5-10) 重排后得：

$$\frac{p}{V} = \frac{1}{V_m a} + \frac{p}{V_m}$$

(5-11)

这是朗格缪尔等温式的一种写法。朗格缪尔对吸附的设想，以及据此所导出的吸附公式，确能符合一些吸附过程的实验事实。

5.2.3 弗罗德利希（Freundlich）等温式

由于大多数系统都不能再比较宽广的 θ 范围内都能符合朗格缪尔等温式，因此后来又有人提出了其他一些等温式，比较常见的有弗罗德利希等温式等。弗罗德利希方程式是吸附等温线其中的一种，吸附等温线建立了吸附在吸附剂上溶质的浓度与在液相中溶质的浓度二者之间的关系。1909 年，赫伯特·弗罗德利希提出了一个经验表达式用以表示每单位质量固体吸附剂上已吸附气体的量与气体压力这两者之间的等温变动。该方程亦被称为弗罗德利希吸附等温线或弗罗德利希吸附方程。

弗罗德利希归纳了 CO 在炭上的吸附曲线得到了一个经验公式：

$$q = kp^{\frac{1}{n}}$$

(5-12)

式中，q 为单位质量固体吸附量（$cm^3 \cdot g^{-1}$），p 是气体的平衡压力，k 及 n 的值在一定温度下对一定的系统都是一些常数。值得注意的是，由于弗罗德利希方程是一个经验方程，故其中的参数是没有实际意义的；但 k 一般随温度的升高而降低，n 在 $0 \sim 1$ 之间，大体反映压力对吸附量影响的强弱。弗罗德利希公式一般适用于中压范围。

对式(5-12) 取对数，可得：

$$\lg q = \lg k + \frac{1}{n} \lg p$$

上式表明若以 $\lg q$ 对 $\lg p$ 作图，可得一直线，由直线的斜率和截距可求出 n 和 k。

若吸附剂的质量为 m，吸附气体的质量为 x，则吸附等温式也可表示为：

$$\frac{x}{m} = k' p^{\frac{1}{n}}$$

(5-13)

弗罗德利希经验式的形式简单，计算方便，应用相当广泛。但经验式中的常数没有明确的物理意义，在此式适用的范围内，只能概括地表达一部分实验事实，而不能说明吸附作用的机理。

5.2.4 BET 多层吸附公式

从实验测得的许多吸附等温线表明，大多数固体对气体的吸附并不是单分子层的，尤其是物理吸附基本上都是多分子层吸附。所谓多分子层吸附，就是除了吸附剂表面接触的第一层外，还有相继的各层吸附。Brunauer-Emmett-Teller 三人提出了多分子层理论的公式，简称 BET 公式。这个理论是在朗格缪尔理论基础上加以发展而得到的。他们接受了朗格缪尔理论中关于吸附作用是吸附和解吸两个相反过程达到平衡的概念，以及固体表面是均匀的，吸附分子的解吸不受四周其他分子的影响等看法。他们的改进之处是认为表面已经吸附了一层分子之后，由于被吸附气体本身的范式引力，还可以继续发生多分子层的吸附。如图 5-4所示。

当然第一层的吸附与以后各层的吸附有本质的不同。前者是气体分子与固体表面直接发生联系，而第二层以后各层则是相同分子之间的相互作用。第一层的吸附热也与以后的各层吸附热不尽相同，而第二层以后各层吸附热都相同，而且接近于气体的凝聚热。当吸附达到

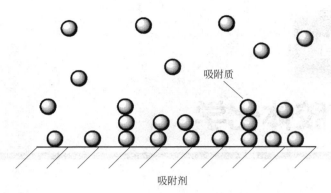

图 5-4　多分子层吸附示意

平衡时，气体的吸附量（V）等于各层吸附量的总和。可以证明在等温下有如下的关系：

$$V = V_m \frac{Cp}{(p_s - p)\left[1 + (C-1)\dfrac{p}{p_s}\right]}$$ (5-14)

式(5-14) 就称为 BET 吸附公式。式中，V 为平衡压力 p 时的吸附量；V_m 为在固体表面上铺满单分子层时所需气体体积；p_s 为实验温度下气体的饱和蒸气压；C 为与吸附热有关的常数，称 $\dfrac{p}{p_s}$ 为吸附比压。

BET 公式主要应用于测定固体的比表面。对于固体催化剂来说，比表面的数据很重要，它有助于了解催化剂的性能。测定比表面的方法有很多，但 BET 法仍旧是经典的重要方法。实际使用中，式(5-14) 可写成：

$$\frac{p}{V(p_s - p)} = \frac{1}{V_m C} + \frac{C-1}{V_m C} \times \frac{p}{p_s}$$ (5-15)

或

$$V = \frac{V_m C x}{1-x} \times \frac{1}{1+(C-1)x}$$ (5-16)

式中 $x = \dfrac{p}{p_s}$。如以 $\dfrac{p}{V(p_s - p)}$ 对 $\dfrac{p}{p_s}$ 作图，则应得到一直线，直线的斜率是 $\dfrac{C-1}{V_m C}$，直线的截距是 $\dfrac{1}{V_m C}$。由此可以得到 $V_m = \dfrac{1}{截距 + 斜率}$。从 V_m 值可以算出铺满单分子层时所需的分子个数。若已知每个分子的截面积，就可以求出吸附剂的总表面积和比表面积：

$$S = A_m L n$$ (5-17)

式中，S 为吸附剂的总面积；A_m 为一个吸附质分子的横截面积；L 是 Avogadro 常数；n 为吸附质的物质的量。若 V_m 的单位用 cm^3 表示，则 $n = \dfrac{V_m}{22400\ cm^3 \cdot mol^{-1}}$。

实际上，固体表面经常是不均匀的，各点的吸附能力不尽相同，而最初的吸附总是发生在能量最有利的位置上。另外假设同一吸附层的分子间无相互作用力，而上下层的分子间却存在吸引力，这本身就是矛盾的。再有在低温、低压下，在吸附剂的毛细孔中可能会发生毛细凝结等因素也未加考虑。多年来，许多人想建立一个包括表面不均匀性和被吸附分子间有相互作用的吸附理论，但至今没有取得满意结果。BET 理论尽管有一些缺陷，但它仍是现今应用最广、最成功的吸附理论。

第6章

胶体化学

6.1 胶体的光学性质

溶胶的光学性质，是其高度的分散性和多相的不均匀性特点的反映。通过对光学性质的研究，不仅可以帮助我们理解溶胶的一些光学现象，还可以帮助我们研究溶胶粒子的大小、形状及其运动规律。

6.1.1 丁铎尔效应

1896年丁铎尔（Tyndall）发现，若令一束会聚的光通过溶胶，则从侧面（即与光束前进方向垂直的方向）可以看到在溶胶中有一个发光的圆锥体，这就是丁铎尔效应，如图6-1所示。其他分散系统也会产生这种现象，但是远不如溶胶显著，因此，丁铎尔效应实际上就成为判别溶胶与真溶液的最简便的方法。丁铎尔效应的另一特点就是当光通过分散系统时，在不同的方向观察光柱有不同的颜色，例如AgCl、AgBr的溶胶，在光透过的方向观察，呈浅红色；而在与光垂直的方向观测时，则呈淡蓝色（有时称为Tyndall blue）。

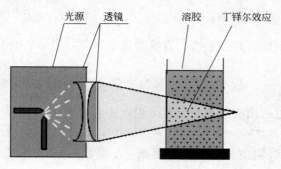

图6-1 丁铎尔效应

光束投射到分散系统上，可以发生光的吸收、反射、散射或折射。当入射光的频率与分子的固有频率相同时，则发生光的吸收；当光束与系统不发生任何相互作用时，则可透过；当入射光的波长小于分散相粒子的尺寸时，则发生光的反射；若入射光的波长大于分散相粒子的尺寸时，则发生光的散射现象。可见光的波长在$400\sim760$nm放入范围，一般胶粒的尺寸为$1\sim1000$nm，当可见光束投射于溶胶时，如粒子的直径小于可见光波长，则发生光的散射现象。光是一种电磁波，其震动的频率高达10^{15}Hz的数量级，光的照射相当于外加电磁场作用于胶粒，使围绕分子或原子运动的电子产生被迫振动，这样被光照射的微小晶体上的每个分子，便以一个次级光源的形式，向四面八方辐射出与入射光有相同频率的次级光波，由此可知，产生丁铎尔效应的实质是光的散射。丁铎尔效应又称乳光效应，散射光的强度可用瑞利公式计算。

6. 1. 2　瑞利公式

瑞利（Rayleigh）研究了散射作用，对于单位体积的被研究系统，它所散射出的光能总量为：

$$I = \frac{24\pi^2 A^2 \nu V^2}{\lambda^4} \left(\frac{n_1^2 - n_2^2}{n_1^2 + 2n_2^2} \right)^2 \tag{6-1}$$

式中，A 为入射光的振幅；λ 为入射光的波长；ν 为单位体积中的粒子数；V 为每个粒子的体积；n_1 和 n_2 分别为分散相和分散介质的折射率。这个公式称为 Rayleigh 公式，它适用于不导电粒子并且半径 $\leqslant 47$nm 的系统，对于分散程度更高的系统，该式的应用不受限制。从式(6-1) 可以得到如下几点结论。

① 散射光的总能量与入射光波长的四次方成反比。因此入射光的波长越短，散射越多。若入射光为白光，则其中的蓝色与紫色部分的散射作用最强。还可以解释为什么当用白光照射有适当分散程度的溶胶时，从侧面看到的散射光呈蓝紫色，而透过光则呈橙红色，这种情况在硫或乳香的溶胶中都可以清楚地看到。由此可以预计，若要观察散射光，光源的波长以短者为宜；而观察透过光时，则以较长的波长为宜。例如在测定多糖、蛋白质之类物质的旋光度时多采用钠光，其原因之一即由于黄色光的散射作用较弱。

② 分散介质与分散相之间折射率相差越显著，则散射作用越显著（应该指出，纯液体或气体由于密度的涨落，折射率也会有某些改变，所以也会产生散射作用）。

③ 当其他条件均相同时，式(6-1) 可以写成：

$$I = K \frac{\nu V^2}{\lambda^4}$$

式中，$K = 24\pi^2 A^2 \left(\dfrac{n_1^2 - n_2^2}{n_1^2 + 2n_2^2} \right)^2$。若分散相粒子的密度为 ρ，浓度为 $\dfrac{I_t}{I_0} = e^{-\tau l} c$（以 kg·dm^{-3} 表示），则 $\nu = \dfrac{c}{V\rho}$，若再假定粒子为球形，即 $V = \dfrac{4}{3}\pi r^3$，代入上式，得：

$$I = K \frac{cV}{\lambda^4 \rho} = \frac{Kc}{\lambda^4 \rho} \times \frac{4}{3}\pi r^3 = K' c r^3 \tag{6-2}$$

即在瑞利公式实用的范围之内（$r \leqslant 47$nm），散射光的强度和 r^3 及粒子的浓度 c 成正比。因此，若有两个浓度相同的溶胶，则从式(6-2) 可得：

$$\frac{I_1}{I_2} = \frac{r_1^3}{r_2^3} \tag{6-3a}$$

如果溶胶粒子大小相同而浓度不同，则从式(6-2) 可得：

$$\frac{I_1}{I_2} = \frac{c_1}{c_2} \tag{6-3b}$$

因此，当在上述条件下比较两份相同物质所形成的溶胶的散射光强度时，就可以得知粒子的大小或浓度的相对比值。如果其中一份溶胶的粒子大小或浓度为已知，则可以求出另一份溶胶的粒子大小或浓度。用于进行这类测定的仪器称为乳光计，其原理与比色计相似，所不同者在于乳光计中光源是从侧面照射溶胶，因此观察到的是散射光的强度。

分散系统的光散射能力也常用浊度（turbidity）表示，浊度的定义为：

$$\tau = \frac{1}{l} \qquad \frac{I_t}{I_0} = e^{-\tau l} \tag{6-4}$$

式中，I_t 和 I_0 分别表示透射光和入射光的强度；$\tau = \dfrac{1}{l}$；l 是样品池的长度；τ 是浊度。它表示在光源、波长、粒子大小相同的情况下，通过不同浓度的分散系统时，其透射光的强度将不同。当 $I_t/I_0 = 1/e$ 时，$\tau = \dfrac{1}{l}$。

对于半径大于波长的粒子及大分子化合物在对光吸收、反射的同时，也会发生散射现象，不过这种散射不遵守瑞利公式，而要用 Mie（马埃）散射理论或 Debye 散射理论进行研究，由于这些理论要考虑光的干涉，较为复杂，本书从略。

6.2 胶体的动力性质

动力性质（或称动态性质，dynamic properties）主要是指溶胶中粒子的不规则运动以及由此而产生的扩散、渗透压以及在重力场下浓度随高度的分散平衡等性质。根据分子运动的观点，不难理解溶胶的布朗运动。溶胶与稀溶液有某些形式上相似之处，因此可以用处理稀溶液中类似问题的方法来讨论溶胶的动力性质。

6.2.1 布朗运动

1827 年，植物学家布朗（Brown）用显微镜观察到悬浮在液面上的花粉粉末不断地做不规则的折线运动（zigzag motion），后来又发现许多其他物质如煤、化石、金属等的粉末也都有类似的现象。在溶胶分散系统中，随着超显微镜的出现，人们观察到了分散介质中溶胶粒子也处于永不停息、无规则的运动之中，这种运动即为布朗运动。

爱因斯坦和斯莫鲁霍夫斯基（Smoluchowski）分别于 1905 年和 1906 年提出了布朗运动的理论，其基本假定是认为：布朗运动和分子运动完全类似，溶胶中每个粒子的平均动能和液体分子一样，都等于 $\dfrac{3}{2}kT$。布朗运动乃是不断热运动的液体分子对微粒冲击的结果。对于很小但又远远大于液体介质分子的微粒来说，由于不断受到不同方向、不同速度的液体分子的冲击，受到的力不平衡 [图 6-2(b)]，所以时刻以不同的方向、不同的速度做不规则的运动。图 6-2(a) 是每隔相同的时间间隔所观察到的粒子位置的变化在平面上的投影图。粒子真实的运动状况远比该图复杂得多，并且实际上也不能直接观察出来。尽管布朗运动看来复杂而无规则，但在一定条件下，在一定时间内粒子所移动的平均位移却具有一定的数值。爱因斯坦利用分子运动理论的一些基本概念和公式，并假设胶体粒子是球形的，得到布朗运动的公式为：

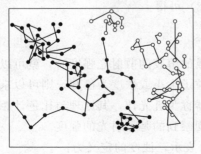 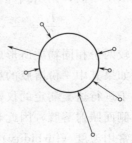

(a) 超显微镜下胶粒的布朗运动　　(b) 胶粒受介质分子冲击示意

图 6-2　布朗运动

$$\overline{x} = \sqrt{\frac{RT}{L} \times \frac{t}{3\pi\eta r}}$$

(6-5)

式中，$\overline{x}$ 为在观察时间 t 内粒子沿 x 轴方向所移动的平均位移；r 为微粒半径；η 为介质黏度；L 为 Avogadro 常数。此式也称为爱因斯坦-布朗运动公式。

斯威德伯格（Svedberg）用超分子显微镜，把直径分别为 54nm 和 104nm 的金溶胶摄影在感光胶片上，然后再测定不同的曝光时间间隔 t 时的位移平均值 $\overline{x}$，其实验测量值与理论计算值如表 6-1 所示。

表 6-1　爱因斯坦-布朗位移公式的验证

时间间隔 t/s	平均位移 $\overline{x}$ /μm			
	$d = 54$nm		$d = 104$nm	
	测量值	计算值	测量值	计算值
1.48	3.1	3.2	1.4	1.7
2.96	4.5	4.4	2.3	2.4
4.44	5.3	5.4	2.9	2.9
5.92	6.4	6.2	3.6	3.4
7.40	7.0	6.9	4.0	3.8
8.80	7.8	7.6	4.5	4.2

表 6-1 中数据表明，理论计算与实验测量的结果相当符合，这不仅表明爱因斯坦-布朗平均位移公式是准确的，而且有力地证明了分子运动论完全可以适用于溶胶分散系统。可见，就质点运动而言，溶胶分散系统和分子分散系统（真溶液）并无本质区别，溶胶粒子的布朗运动和真溶液中的分子热运动都符合分子运动规律。

6.2.2　扩散和渗透压

既然溶胶和稀溶液中的粒子一样也具有热运动，也应该有扩散作用和渗透压。设在如图 6-3 的管内盛溶胶，在某一截面 AB 的两边所盛溶胶的浓度不同，$\Pi = \frac{n}{V}RT c_1 > c_2$。由于分子的热运动和胶粒的布朗运动，从宏观上可观察到胶粒从高浓度区向低浓度区迁移的现象，这就是扩散作用。

而稀溶液中，设任意平行于 AB 面的截面上的浓度是均匀的，而沿垂直于 AB 面的轴的方向上浓度有变化，浓度梯度为 $\frac{\mathrm{d}c}{\mathrm{d}x}$，设通过 AB 面的扩散质量为 m，通过 AB 面的扩散速率则为 $\frac{\mathrm{d}m}{\mathrm{d}t}$，扩散速率与浓度梯度以及 AB 截面的面积（ A ）成正比，用式（6-6）表示为：

$$\frac{\mathrm{d}m}{\mathrm{d}t} = -DA\frac{\mathrm{d}c}{\mathrm{d}x}$$

(6-6)

式（6-6）就是斐克（Fick）第一定律，式中 D 是扩散系数。

斐克第一定律只适用于浓度梯度不变的情况，实际上在扩散过程中浓度梯度是变化的。设 AB 与 EF 两截面之间的距离为 $\mathrm{d}x$，进入 AB 面的扩散量为 $-DA\frac{\mathrm{d}c}{\mathrm{d}x}$，离开 EF 面的扩散量为 $-DA\left[\frac{\mathrm{d}c}{\mathrm{d}x} + \frac{\mathrm{d}}{\mathrm{d}x}\left(\frac{\mathrm{d}c}{\mathrm{d}x}\right)\mathrm{d}x\right]$，在 $ABFE$ 体积范围内粒子的增长速率为：

$$-DA\frac{\mathrm{d}c}{\mathrm{d}x} + DA\left[\frac{\mathrm{d}c}{\mathrm{d}x} + \frac{\mathrm{d}}{\mathrm{d}x}\left(\frac{\mathrm{d}c}{\mathrm{d}x}\right)\mathrm{d}x\right] = DA\left[\frac{\mathrm{d}}{\mathrm{d}x}\left(\frac{\mathrm{d}c}{\mathrm{d}x}\right)\mathrm{d}x\right]$$

所以，在单位体积内粒子浓度随时间的变化为：

$$\frac{dc}{dx} = \frac{DA\left[\frac{d}{dx}\left(\frac{dc}{dx}\right)dx\right]}{A \cdot dx} = D\frac{d^2c}{dx^2} \tag{6-7}$$

式(6-7)是斐克第二定律，若考虑扩散系数受浓度的影响，则应表示为：

$$\frac{dc}{dt} = \frac{d}{dx}\left(D\frac{dc}{dx}\right) \tag{6-8}$$

斐克第二定律是扩散的普遍公式。

爱因斯坦首先指出扩散作用与渗透压之间有着密切的联系。一个只允许溶剂分子通过的半透膜将不同浓度的两溶液隔开，则溶剂分子将通过该半透膜从低浓度（c_2）向高浓度（c_1）方向渗透，溶剂分子定向移动的力（$A \cdot d\Pi$）起源于渗透压力之差（$d\Pi$），使溶质分子扩散的扩散力与使溶剂分子穿过半透膜的渗透力大小相等，但方向相反。

溶胶的渗透压（Π）可以借用稀溶液的渗透压公式来计算，即：

$$\Pi = \frac{n}{V}RT$$

式中，n 为体积等于 V 的溶液中所含溶质的物质的量。

对于高分子溶液或胶体电解质溶液，由于它们的溶解度大，可以配制相当高浓度的溶液，因此渗透压可以测定，而且实际上也广泛地应用于测定高分子物质的摩尔质量。

6.2.3 沉降与沉降平衡

多相分散系统中的粒子，因受重力作用而下沉的过程，称为沉降。分散相粒子所受作用力的情况，大致可分为两个方面：一方面是重力场作用，它力图把粒子拉向容器底部，使之发生沉降；另一方面是因布朗运动所产生的扩散作用，当沉降作用使底部粒子的浓度高于上部时，由浓差引起的扩散作用使粒子趋于均匀分布。沉降和扩散是两个相反的作用。当粒子很小，受重力影响很小可以忽略时，主要表现为扩散，例如真溶液；当粒子较大，受重力影响占主导作用时，主要表现为沉降，如一些粗分散系统，像浑浊的泥水悬浮液等；当粒子的大小相当、重力作用和扩散作用相近时，构成沉降平衡，粒子沿高度方向形成浓度梯度，如图6-3所示，粒子在底部的数密度较高，上部数密度较低，一些胶体系统在适当条件下会出现沉降平衡。

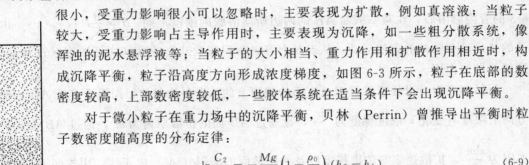
图 6-3 沉降平衡

对于微小粒子在重力场中的沉降平衡，贝林（Perrin）曾推导出平衡时粒子数密度随高度的分布定律：

$$\ln\frac{C_2}{C_1} = -\frac{Mg}{RT}\left(1 - \frac{\rho_0}{\rho}\right)(h_2 - h_1) \tag{6-9}$$

式中，C_1 和 C_2 分别为在高度 h_1 和 h_2 处粒子的数浓度（或数密度）；M 为粒子的摩尔质量；g 为重力加速度；ρ 和 ρ_0 分别为粒子和介质的密度。式(6-9)不受粒子形状的限制，但要求粒子大小相等。由于溶胶粒子的沉降与扩散速度皆很慢，因此要达到沉降平衡，往往需要很长时间。而在普通条件下，温度的波动即可引起溶胶的对流而妨碍沉降平衡的建立。所以实际上，很难看到高分散系统的沉降平衡。

式(6-9)也适用于在重力场作用下地球表面上大气分子的浓度随距地面高度变化的计算。因气体压力不大，可近似看作理想气体，若不考虑大气温度随高度的变化，则不同高度处 $1 - (\rho_0/\rho) = 1$，$p_2/p_1 = C_2/C_1$。对于大气中的气体分子，因不存在浮力，不必进行浮力校正，即 $1 - (\rho_0/\rho) = 1$，于是式(6-9)变为：

$$\ln \frac{p_2}{p_1} = \frac{-Mg(h_2 - h_1)}{RT} \tag{6-10}$$

式中，M 为气体的摩尔质量。对于空气中任一种气体，则 p 为其分压。如对于 O_2，可以计算出在 25℃，高度每增加 5.473km，其浓度或分压要降低一半。

从式(6-10) 可以看出越接近地面，在空气中 CO_2、NO_2 等相对分子质量较大的气体含量越高。

6.3 胶体的电学性质

凝胶是个高度分散的非均相系统，分散相的固体粒子与分散介质之间存在着明显的相界面，实验发现：在外电场的作用下，固、液两相可发生相对运动；反过来，在外力的作用下，迫使固、液两相进行相对运动时，又可产生电势差。人们把溶胶这种与电势差有关的相对运动称为电动现象。电泳、电渗、流动电势和沉降电势均属于电动现象。

6.3.1 电动现象

在液-固界面处，固体表面上与其附近的液体通常会分别带有电性相反、电荷量相同的两层离子，从而形成双电层。在固体表面的带电离子称为定位离子，在固体表面附着的液体中，存在于定位离子电荷相反的离子称为反离子。固体表面上产生定位离子的原因，可归纳为如下几方面原因。

① 吸附 例如，当用 $AgNO_3$ 和 KI 制备 AgI 溶胶时，若 $AgNO_3$ 过量，则所得胶粒表面由于吸附了过量的 Ag^+ 而带正电荷。若 KI 过量时，则胶粒由于吸附了过量的 I^- 而带负电荷。实验表面，凡是与溶胶粒子中某一组分成相同的离子则优先被吸附。在没有雨溶胶粒子组成相同的离子存在时，则胶粒一般先吸附水化能力较弱的阴离子，而使水化能力较强的阳离子留在溶液中，所以通常带负电荷的胶粒居多。

② 电离 对于可能发生电离的大分子的溶胶而言，则胶粒带电主要是其本身发生电离引起的。例如蛋白质分子，当它的羧基或氨基在水中解离成—COO^- 或—NH_3^+ 时，整个大分子就带负电或正电荷。当介质的 pH 较低时，蛋白质分子一般带正电，当 pH 较高时，则带负电。当蛋白质分子所带的净电荷为零时，这时介质的 pH 称为蛋白质的等电点。在等电点时蛋白质分子的移动已不受电场影响，它不稳定且易发生凝聚。对于血浆蛋白，在 pH＝4.72 或更大些时，移向正极；在 pH＝4.68 或更小些时，移向负极，因此它的等电点在 4.72～4.68 之间。在等电点上，蛋白质溶液的很多性质如膨胀、黏度、渗透压等皆有最小值。

③ 同晶置换 黏土矿物中如高岭土，主要由铝氧四面体和硅氧四面体组成，而 Al^{3+} 与周围 4 个氧的电荷不平衡，要由 H^+ 或 Na^+ 等正离子来平衡电荷。这些正离子在介质中会电离并扩散，所以使黏土微粒带负电。如果 Al^{3+} 被 Mg^{2+} 或 Ca^{2+} 同晶置换，则黏土微粒带的负电更多。

④ 溶解量的不均衡 离子型固体物质如 AgI，在水中会有微量溶解，所以水中会有少量的 Ag^+ 和 I^-。由于一般正离子半径较小，负离子半径较大，所以半径较小的 Ag^+ 扩散比 I^- 快，因而易于脱离固体表面而进入溶液，所以 AgI 微粒带负电。

6.3.2 电泳

在外电场的作用下带有电荷的溶胶粒子作定向的迁移，称为电泳。这和电解质溶液中带电荷的离子，在外电场的作用下的定向迁移本质上是一样的。

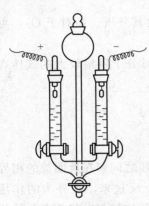

图 6-4　界面移动电泳的最简装置

如图 6-4 是测定电泳最简单的装置。在 U 形管的两个支管上标有刻度，底部有口径与支管粗细系相同的活塞，活塞的另一端则连接一个玻管和一个漏斗，分散系统就是通过这个管道注入 U 形管的底部，仔细控制注入量，使液面恰与两活塞的上口持平时关闭活塞。在 U 形管的两活塞以上的部分注入水或其他辅助溶液，两管中液面的高度应彼此持平。将电极插入辅助液中，接通电源，然后打开 U 形管上的两个活塞，开始观测分散系统与辅助液间界面的移动方向和相对速度，以确定分散系统中质点所带电荷的符号和电动电势。

如被测系统是有色溶胶，则可直接观测到界面的移动。若试样是无色溶胶，则可在仪器的侧面用光照射，通过所产生的 Tyndall 现象以判定胶粒的移动方向和速度。实验证明，$Fe(OH)_3$、$Al(OH)_3$ 等碱性溶胶带正电，而金、银、铝、As_2S_3、硅酸等溶胶以及淀粉颗粒、微生物等负电荷。要注意介质的 pH 以及溶胶的制备条件，这些常常会影响溶胶所带电荷的正负号。例如蛋白质，当介质的 pH 大于等电点时荷负电，小于等电点时荷正电。

胶体的电泳证明了胶粒是带电的。实验还证明，若在溶胶中加入电解质，则对电泳会有显著的影响。随外加电解质的增加，电泳速度常会降低甚至变为零，外加电解质还能够改变胶粒带电的符号。

影响电泳的因素有：带电粒子的大小、形状，粒子表面的电荷数目，溶剂中电解质的种类、离子强度以及 pH、温度和所加的电压等。对于两性电解质如蛋白质，在其等电点处，粒子在外加电场中不移动，不发生电泳现象，而在等电点前后粒子向相反的方向电泳。

6.3.3　电渗

在外加电场下，可以观察到分散介质会通过多孔性物质（如素瓷片或固体粉末压制成的多孔塞）而移动，即固相不动而液相移动，这种现象称为电渗。用图 6-5 的仪器可以直接观察到电渗现象。图中 3 为多孔塞，1、2 中盛液体，当在电极 5、6 上施以适当的外加电压时，从刻度毛细管 4 中液体弯月面的移动可以观察到液体的移动。实验表明，液体移动的方向因多孔塞的性质而异。例如当用滤纸、玻璃或棉花等构成多孔塞时，则水向阴极移动，这表示此时液相带正电荷；而当用氧化铝、碳酸钡等物质构成多孔塞时，则水向阳极移动，显然此时液相带负电荷。和电泳一样，外加电解质对电渗速度的影响显著，随电解质浓度的增加电渗速度降低，甚至会改变流体流动的方向。

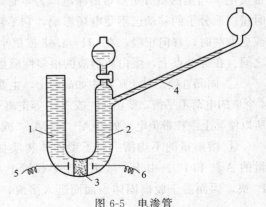

图 6-5　电渗管

1,2—盛液管；3—多孔塞；4—毛细管；5,6—电极

液体运动的原因是在多孔性固体和液体的界面上有双电层存在。在外电场的作用下，与表面结合不牢固的扩散层离子向带反向电荷的

电极方向移动，而与表面结合得紧的 Stern 层则是不动的，扩散层中的离子移动时带动分散介质一起运动。

6.3.4　沉降电势和流动电势

在外力作用下（主要是重力）分散相粒子在分散介质中迅速沉降，则在液体介质的表面层与其内层之间会产生电势差，称为沉降电势，它是电泳作用的伴随现象，电泳是带电胶粒在电场作用下作定向移动，是因电而动，而沉降电势是在胶粒沉降时产生的电动势，是因胶粒移动而产生电。贮油罐中的油内常含有水滴，水滴的沉降常形成很高的沉降电势，甚至达到危险的程度。通常解决的方法是加入有机电解质，以增加介质的电导。

在外力作用下（例如加压）使液体在毛细管中经毛细管或多孔塞时（后者是由多种形式的毛细管所构成的管束），液体介质相对于静止带电表面流动而产生的电势差，称为流动电势，它是电渗作用的伴随现象。毛细管的表面是带电的，如果外力迫使液体流动，由于扩散层的移动，即液体将双电层的扩散层中的离子带走，因而与固体表面产生电势差，从而产生了流动电势。用泵输送碳氢化合物，在流动过程中产生流动电势，高压下易产生火花。由于此类液体易燃，故应采取相应的防护措施，如将油管接地或加入油溶性电解质，增加介质的电导，减小流动电势。

在四种电动现象中，以电泳和电渗最为重要。通过电动现象的研究，可以进一步了解胶体粒子的结构以及外加电解质对溶胶稳定性的影响。电泳还有多方面的实际应用，例如应用电泳的方法可以使橡胶的乳状液汁凝结而使其浓缩，可以使橡胶电镀在金属、布匹或木材上，这样镀出的橡胶容易硫化，可以得到拉力很强的产品。此外，电泳镀漆、陶器工业中高岭土的精炼、石油工业中天然石油乳状液中油水分离以及不同蛋白质的分离等都应用到电泳作用。当前工业上的静电除尘，实际上就是烟尘气溶胶的电泳现象。工业和工程中泥土和泥炭的脱水则是电渗实际应用的一个例子。

在四种电动现象中，流动电势和沉降电势相对来说研究得较少，尤其是沉降电势，其研究方法较为复杂，非一般常规实验所能胜任。

6.4　溶胶的稳定性与聚沉作用

6.4.1　溶胶的经典稳定理论——DLVO 理论

溶胶是热力学不稳定系统，但有些溶胶却能在相当长的时间范围内稳定存在。例如法拉第所制成的红色金溶胶，静置数十年以后才聚沉。这里仅定性地介绍 DLVO 理论，来说明溶胶稳定的原因。

1941 年由杰里亚金（Derjaguin）和朗道（Landau）以及 1948 年由维韦（Verwey）和奥弗比克（Overbeek）分别提出了带电胶体粒子稳定的理论，简称为 DLVO 理论。该理论认为以下几点。

① 胶团之间既存在着斥力势能，也存在着引力势能。分散在介质中的胶团，可视为表面带电的胶核及环绕其周围带有相反电荷的离子氛所组成。如图 6-6 所示，图中的虚线圈为胶核所带正电荷作用的范围，即胶团的大小。在胶团之外的任一点 A 处，则不受正电荷的影响；在扩散层内任一点 B 处，因正电荷的作用未被完全抵消，仍表现出一定的正电性。因此，当两个胶团的扩散层未重叠时，见图 6-6(a)，两者之间不产生任何斥力；当两个胶团的扩散层发

生重叠时，见图 6-6(b)，在重叠区内反离子的浓度增加，使两个胶团扩散层的对称性同时遭到破坏。这样既破坏了扩散层中反离子的平衡分布，也破坏了双电层的静电平衡。前一平衡的破坏使重叠区内过剩的反离子向未重叠区扩散，因而导致渗透性斥力的产生。后一平衡的破坏，则导致两胶团之间产生静电斥力。随着重叠区的加大，这两种斥力势能皆增加。

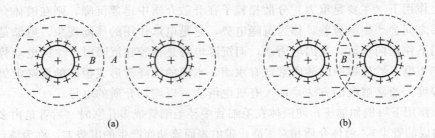

图 6-6　胶团相互作用示意

一般分子或原子间的范德华引力与两者之间距离的 6 次方成反比，也就是说，随着距离的增加，分子或原子间的范德华力将迅速消失，故称其为近程范德华力。溶胶中分散相微粒间的引力势能，从本质上来看，仍具有范德华引力的性质，但这种范德华引力作用的范围，要比一般分子的大千百倍之多，故称其为远程范德华力。而远程范德华力所产生的引力势能与粒子间距离的一次方或二次方成反比，也可能是其他更为复杂的关系。

② 溶胶的相对稳定性或聚沉取决于斥力势能或引力势能的相对大小。当粒子间的斥力势能在数值上大于引力势能，而且足以阻止由于布朗运动使粒子相互碰撞而聚结时，则溶胶处于相对稳定的状态；当粒子间的引力势能在数值上大于斥力势能时，粒子将互相靠拢而发生聚沉。调整斥力势能和引力势能的相对大小，可以改变胶体系统的稳定性。

③ 斥力势能、引力势能以及总势能都随着粒子间距离的变化而变化，但是，由于斥力势能及引力势能与距离关系的不同，因此必然会出现在某一距离范围内引力势能占优势；而在另一范围内斥力势能占优势的现象。

④ 理论推导表明，加入电解质时，对引力势能影响不大，但对斥力势能的影响却十分明显。所以电解质的加入会导致系统的总势能发生很大的变化。适当调整电解质的浓度，可以得到相对稳定的溶胶。

以上是 DLVO 理论的要点。为了进一步分析引力势能及斥力势能对溶胶稳定性的影响，可参看图 6-7 所示的势能曲线。

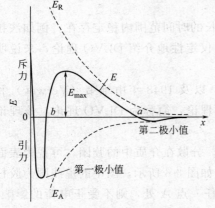

图 6-7　斥力势能、引力势能及总势能曲线

一对分散微粒之间相互作用的总势能 E，可以用其斥力势能 E_R 以及引力势能 E_A 之和来表示，即 $E = E_R + E_A$。

图 6-7 中 x 代表粒子间的距离，虚线 E_A 和 E_R 分别为引力势能曲线和斥力势能曲线，实线为总势能曲线。距离较远时，E_A 和 E_R 皆趋于零；在较短距离时，E_A 曲线要比 E_R 曲线陡得多；当距离 x 趋于零时，E_R 和 E_A 分别趋于正无穷大和负无穷大；当两个粒子从远处逐渐接近时，首先起作用的是引力势能，即在 a 点以前 E_A 起主导作用；在 a 点与 b 点之间斥力势能 E_R 起主导作用，且总势能曲线出现极大值 E_{max}。此后，

引力势能 E_A 在数值上迅速增加，且形成第一极小值。若两粒子再进一步靠近，由于两带电胶核之间产生强大的静电斥力而使总势能急剧加大。

图中 E_{max} 为胶体粒子间净的斥力势能的数值。它代表溶胶发生聚沉时必须克服的"势垒"，当迎面相撞的一对溶胶粒子所具有的平动能足以克服这一势垒，它们才能进一步靠拢而发生聚沉。如果势垒足够高，超过 $15kT$（k 为玻尔兹曼常数），一般胶体粒子的热运动则无法克服它，而使溶胶处于相对稳定的状态；若这一势垒不存在或者很小，则溶胶易发生聚沉。

在总的势能曲线上出现两个极小值。距离较近而又较深的称为第一极小值。它如同一个陷阱，落入此陷阱的粒子则形成结构紧密而又稳定的聚沉物，故称其物不可逆聚沉或永久性聚沉。距离较远而又很浅的极小值称为第二极小值，并非所有溶胶皆可出现第二极小值，若粒子的线度小于 10nm，即使出现第二极小值也一定是很浅的。对于较大的粒子，特别是形状较不对称的粒子，第二极小值会明显出现，其值一般仅几个 kT 的数量级，粒子落入此处可形成较疏松的沉积物，但不稳定，外界条件稍有变动，沉积物可重新分离而成溶胶。

除胶粒带电是溶胶稳定的主要因素之外，溶剂化作用也是使溶胶稳定的重要原因，若水为分散介质，构成胶团双电层结构的全部离子都应当是水化的，在分散相离子的周围，形成一个具有一定弹性的水化外壳。因布朗运动使一对胶团相互靠近时，水化外壳因受到挤压而变形，但每个胶团都力图恢复其原来的形状而又被弹开，由此可见，水化外壳的存在势必增加溶胶聚合的机械阻力，而有利于溶胶的稳定。最后，分散相粒子的布朗运动足够强时，就能够克服重力场的影响而不下沉，溶胶的这种性质，称为动力稳定。一般说来，分散相与分散介质的密度相差越小，分散介质的黏度越大，分散相的颗粒越小，布朗运动越强烈，溶胶的动力稳定就越强。

综上所述，分散相粒子的带电、溶剂化作用以及布朗运动是溶胶三个重要的稳定原因。可想而知，中和分散相粒子所带的电荷，降低溶剂化作用，皆可使溶胶聚沉。

6.4.2　溶胶的聚沉

溶胶中的分散相微粒互相聚结，颗粒变大，进而发生沉淀的现象，称为聚沉。任何溶胶从本质上来看都是不稳定的，所谓的稳定只是暂时的，总是要发生聚沉的。例如通过加热、辐射或加入电解质皆可导致溶胶的聚沉。许多溶胶对电解质都特别敏感，在这方面的研究也较为深入。

① 电解质的聚沉作用　适量的电解质对溶胶起到稳定剂的作用。但如果电解质加入得过多，尤其是含高价反离子的电解质的加入，往往会使溶胶发生聚沉。这主要是因为电解质的浓度或价数增加时，都会压缩扩散层，使扩散层变薄，斥力势能降低，当电解质的浓度足够大时就会使溶胶发生聚沉；若加入的反离子发生特性吸附时，斯特恩层内的反离子数量增加，使胶粒的电荷量降低，而导致碰撞聚沉。一般说来，当电解质的浓度或价数增加使溶胶发生聚沉时，所必须克服的势垒的高度和位置皆发生变化，由 c_1 至 c_3 电解质的浓度依次增加，所对应的势垒的高度也相应地降低。这表明随着电解质浓度的加大，溶胶聚沉时所克服的势垒变得更低，当电解质的浓度加大到 c_3 以后，引力势能占绝对优势，分散相粒子一旦相碰，即可合并。使溶胶发生明显的聚沉所需电解质的最小浓度，称为该电解质的聚沉值。某电解质的聚沉值越小，表明其聚沉能力越大，因此，将聚沉值的倒数定义为聚沉能力。

Schulze-Hardy（舒尔策-哈迪）价数规则：电解质中能使溶胶发生聚沉的离子，是与胶粒带电符号相反的离子，即反离子，反离子的价数越高，聚沉能力越大，这种关系称为价数规则。例如 As_2S_3 溶胶的胶粒带负电荷，其聚沉作用的是电解质阳离子。KCl、$MgCl_2$、

$AlCl_3$ 的聚沉值分别为 $49.5mol \cdot m^{-3}$、$0.7mol \cdot m^{-3}$、$0.093mol \cdot m^{-3}$；若以 K^+ 为比较标准，其聚沉能力有如下关系：

$$Me^+ : Me^{2+} : Me^{3+} = 1 : 70.7 : 532$$

一般可以近似地表示为反离子价数的 6 次方之比，即：

$$Me^+ : Me^{2+} : Me^{3+} = 1^6 : 2^6 : 3^6 = 1 : 64 : 729$$

上述比值是在其他因素完全相同的条件下导出的，表明同号离子的价数越高，聚沉能力越强。但也有许多反常现象，如 H^+ 虽为一价，却有很强的聚沉能力。应当指出，上述比例关系仅可作为一种粗略的估计，而不能作为严格的定量计算的依据。

对于同价离子来说，聚沉能力也各不相同。例如，同价正离子，由于正离子的水化能力很强，而且离子半径越小，水化能力越强，所以，水化层越厚，被吸附的能力越小，使其进入斯特恩层的数量减少，而使聚沉能力减弱；对于同价的负离子，由于负离子的水化能力很弱，所以负离子的半径越小，吸附能力越强，聚沉能力越强。根据上述原则，某些一价正、负离子，对带相反电荷胶粒的聚沉能力大小的顺序，可排列为：

$$H^+ > Cs^+ > Rb^+ > NH_4^+ > K^+ > Na^+ > Li^+$$
$$F^- > Cl^- > Br^- > NO_3^- > I^- > SCN^- > OH^-$$

这种将带有相同电荷的离子，按聚沉能力的大小排列的顺序，称为感胶离子序。

豆浆（带负电的大豆蛋白溶胶）中加入卤水（含 Ca^{2+}、Mg^{2+}、Na^+ 等离子的电解质）制作豆腐的过程实际就是利用电解质使溶胶发生聚沉的实例。

② 高分子化合物的聚沉作用　在溶胶中加入高分子化合物既可使溶胶稳定，也可使溶胶聚沉。作为一个好的聚沉剂，应当是相对分子质量很大的线型聚合物。例如，聚丙烯酰胺及其衍生物就是一种良好的聚沉剂，其相对分子质量可高达几百万。聚沉剂可以是离子型的，也可以是非离子型的。我们仅从以下三个方面，来说明高分子化合物对溶胶的聚沉作用。

a. 搭桥效应　一个长碳链的高分子化合物，可以同时和许多个分散相的微粒发生吸附，起到搭桥作用，把胶粒连接起来，变成较大的聚集体而聚沉，如图 6-8(a) 所示。

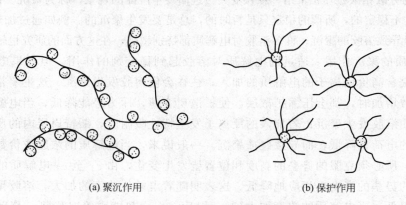

(a) 聚沉作用   (b) 保护作用

图 6-8　高分子化合物对溶胶聚沉和保护作用示意

b. 脱水效应　高分子化合物对水有更强的亲和力，由于它的溶解与水化作用，使胶粒脱水，失去水化外壳而聚沉。

c. 电中和效应　离子型的高分子化合物吸附在带电的胶粒上，可以中和分散相粒子的表明电荷，使离子间的斥力势能降低，而使溶胶聚沉。

若在溶解中加入较多的高分子化合物，许多个高分子化合物的一端吸附在同一个分散相粒子的表面上，如图 6-8(b) 所示，或者是许多个高分子线团环绕在胶粒的周围，形成水化外壳，将分散相粒子完全包围起来，对溶胶则起到保护作用。

在工业生产中就利用上述作用，如氧化铝球磨料在酸洗除铁杂质时，为防止 Al_2O_3 细颗粒成胶粒流失，就加入 $0.21\%\sim0.23\%$ 的阿拉伯树胶，促使 Al_2O_3 粒子快速聚沉；而在注浆成型时，又加入 $1.0\%\sim1.5\%$ 的阿拉伯树胶，以提高料浆的流动性和稳定性。高分子化合物的这种保护作用应用很广，例如血液中所含的难溶盐类物质，如碳酸钙、磷酸钙等就是靠血液中蛋白质保护而存在。医学上的滴眼用的蛋白银就是蛋白质所保护的银溶胶。

第7章

光化学

由于光的作用而发生的化学反应通称为"光化学反应",简单来讲光化学就是研究光化学反应规律的学科。人们对光化学现象早已熟知,如植物的光合作用、照相底片的感光作用等,一般认为最早从事光化学研究的是意大利化学家贾科莫·恰米奇安,他在 1912 年第 8 届国际应用化学大会上发表了一篇名为"光化学的未来"的主题演讲,被看作是对光化学研究的第一次展望。但直到最近几十年,光化学的研究才迅速发展起来。随着对光化学反应研究的深入,大多数学者同意哥伦比亚大学化学家 Nicholas J. Turro 对现代光化学的定义"光化学研究的是电子激发态分子的物理特性和所发生的化学反应,而激发态分子主要由分子吸收光子产生。"上述定义更好地体现了光化学反应的实质——电子激发态分子反应。

相对于光化学反应,普通的化学反应称为"热反应",而光化学反应与热反应有许多不同的地方。在恒温恒压条件下,热反应遵守 Gibbs 函数减少原理,而很多光化学反应却能使 Gibbs 函数增加,如植物的光合作用,大气中氧气转变为臭氧的反应等。另外,光化学反应依靠光活化而不是热活化,因此反应速率受温度影响较小,而主要受光的波长和强度影响。

综上所述,与普通热反应相比,光化学反应具有许多独特的优势,所以光化学的研究对生物学、环境、医学、化工、材料等行业都有着重要意义。

7.1　单分子电子激发态衰变的相关光物理过程

7.1.1　光化学基本定律

光化学第一定律:只有被物质吸收的光才能引起光化学反应。

也就说研究光化学反应时我们发现以下规律。

① 只有被反应物质吸收的光才能引起反应,而反应过程中被反应体系反射或透射的光对引发光化学反应是无效的。

② 由于分子基态与激发态能量的不连续,不是任意波长的光都能被反应体系吸收,也就说光化学反应的引发对光的波长具有选择性。

光化学第一定律是 19 世纪时由格罗特斯(Grotthus)和德波拉(Draper)总结出来的,故又被称为格罗斯特-德波拉定律。光化学第一定律在现在看来显而易见,而在当时是需要非常精确复杂的实验来进行验证的,也正是由于第一定律的提出,我们知道在光化学研究中应当考虑光源(光的波长)、反应体系或溶剂的光吸收性等因素对反应的影响。

光化学第二定律：在光化学反应的初级过程中，每吸收一个光子，则活化一个反应物分子（或原子）。

光化学反应是从物质吸收光能开始的，这个吸收光子而使反应物激发的过程称为光化学反应的初级过程。在初级过程中，反应物分子或原子由基态变至激发态。初级过程的产物还要进行一系列的化学、物理过程，如荧光、磷光、猝灭等，统称为光化学反应的次级过程。

作为第一定律的延伸，第二定律在 20 世纪初由 Stark（斯塔克）和 Einstein（爱因斯坦）提出，又被称为 Stark-Einstein 定律，其主要说明了以下内容

光化学反应由吸收光子开始，而一个反应物分子（原子）只能吸收 1 个光子，吸收的结果是反应物分子（原子）被活化处于激发态。

由于光是一种电磁辐射，我们可以计算 1mol 相应波长光子的能量来表示 1mol 反应物分子活化所需的能量：

$$E = Lh\nu = Lhc/\lambda = 0.1196 \times \lambda^{-1}$$

式中，L 为阿伏伽德罗常数；h 为普朗克常量；ν 为光的频率；λ 为光的波长；c 为光速。

通常我们把 1mol 光子的能量称为 1 Einstein（爱因斯坦），而它的值与波长有关。

7.1.2　单分子电子激发态衰变——雅布伦斯基（Jablonski）图

我们知道分子内部的各种能级按照转动、振动、电子、核的顺序依次增大。在光化学反应体系中，反应物分子吸收光子后被激发（活化），由基态转变为激发态，而处于转动、振动激发态的分子所需激发能量较小，但是无法发生化学变化，只有当激发能量较高，分子处于电子激发态时，激发态电子的得失才会引发光化学反应。

如果分子中的电子是一一配对的（电子自旋方向相反），这种状态在光谱学上称为单重态（在分子式左上角用上标 1 表示，如 ^1A，或记作 S，依能量由低至高分别用 S_0、S_1、⋯表示）。若分子中有两个电子的自旋平行，这种状态称为激发三重态（用 ^3A 或 T_1、T_2、⋯表示）。单重态的激发态寿命很短，一般在 $10^{-9} \sim 10^{-8}$s 的量级；当基态为单重态时，激发三重态的寿命一般较长，可达到 $10^{-3} \sim 100$s 的量级；所以一般光化学反应大都是激发三重态的反应。

在光化学反应的次级过程中，反应物分子（原子）吸收光子处于激发态后所发生的各种光物理过程可用雅布伦斯基（Jablonski）图表示。当分子（原子）得到能量后，可能激发到各种 S 和 T 态，到 S 态的电子多于到 T 态的电子（图 7-1 中箭头所示）。

在雅布伦斯基（Jablonski）图中，垂直向上表示能量增加，水平方向无物理意义。S_0 表示电子基态，S_1、S_2 分别表示第一、第二激发单重态，T_1、T_2 分别表示第一、第二激发三重态，图中水平方向的每一组线表示一个电子能级，每个电子能级上又包含 0～5 等多个振动能级（图 7-1 未体现转动能级）。

电子激发态分子不能长时间稳定存在，其能量很快会通过多种途径衰变，这种衰变或者减活化途径主要分为：辐射跃迁、无辐

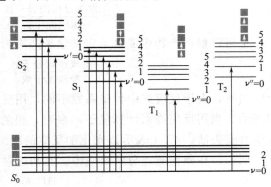

图 7-1　雅布伦斯基（Jablonski）图

射跃迁和分子间传能三种。分子间传能过程可分为进一步的光化学反应和猝灭两种情况，我们会在下一节着重讨论，本节我们主要介绍前两种方式，它们都属于分子内传能过程。

辐射跃迁，主要指能量透过辐射出光子的形式衰变，主要分为荧光、磷光两种。

荧光：当激发态分子从激发单重态 S_1 态的某个能级跃迁到 S_0 态并发射出一定波长的辐射，这称为荧光。荧光寿命很短，约 10^{-8} s，入射光停止，荧光也立即停止。荧光的波长一般与入射光相同，偶尔也有例外。

磷光：当激发态分子从三重态 T_1 跃迁到 S_0 态时所放出的辐射称为磷光。磷光寿命较长，约 $10^{-4} \sim 10^{-2}$ s，有时甚至可以达到数秒。

前面讲到，反应物吸收光跃迁时处于 S 态的电子多余处于 T 态的电子，所以一般由 S 态衰变形成的荧光相比磷光强度更大。

无辐射跃迁是指分子内部不发生光子的能量衰变过程，主要包括振动弛豫、内部转变、系间窜跃三种。

振动弛豫：在同一电子能级中，处于较高振动能级的电子将能量变为平动能或快速传递给介质，自己迅速降到能量较低的振动能级，这过程只需几次分子碰撞即可完成，称为振动弛豫。

内部转变：在相同的重态中，电子从某一能级的低能态按水平方向窜到下一能级的高能级，这种转变是等能的，如图 7-1 中水平粗线所示。

系间窜跃：电子从某一重态等能地窜到另一重态，如从 S_1 态窜到 T_1 态，这过程重态改变了，而能态未变，如图 7-1 中水平细线所示。

所有上述过程都属于分子激发态衰变的光物理过程，也就说在上述过程中分子本身保持完整。

7.2 光化学反应动力学 量子产率 光敏与猝灭

7.2.1 量子产率

光化学第二定律指出每吸收一个光子，使得一个反应物分子活化，但要注意的是，第二定律只适用于光化学反应的初级过程，并不是指一个光子只能使一个分子发生反应。实际上，一个反应物分子在初级过程吸收一个光子活化后，在次级过程中可能引发多个分子的链反应，也可能在进一步反应前就衰变失去能量回到基态。由于上述次级过程的存在，一个光子不一定使一个分子反应，为了衡量光化学反应的效率，引入量子产率的概念，用 ϕ 表示：

$$\phi = \frac{发生反应的分子数}{吸收光子数} = \frac{发生反应的物质的量}{吸收光子的物质的量}$$

也可以根据产物生成量来定义量子产率为：

$$\phi = \frac{生成产物分子数}{吸收光子数} = \frac{生产产物的物质的量}{吸收光子的物质的量}$$

当然，由于反应式中计量系数不同，用反应物及产物计算出的量子产率其数值可能是不相等的。当用反应物来计算量子产率时，很明显，$\phi < 1$ 表示激发态分子未发生后续反应即发生衰变失活；$\phi > 1$ 表示该光化学反应的次级过程中包含了链反应。

例如，在碘化氢光分解反应中，在初级过程中 HI 吸收光子：

$$HI + h\nu \longrightarrow H \cdot + I \cdot$$

其次级过程：

$$H \cdot + HI \longrightarrow H_2 + I \cdot$$

和

$$2I \cdot + M \longrightarrow I_2 + M$$

是两个非常快的反应，使得每吸收一个光子会使两个 HI 分子分解，所以通过反应物计算量子产率 $\phi = 2$。

7.2.2　光化学反应动力学

光化学反应分为初级过程和次级过程两个阶段，初级过程的反应速率与入射光的波长、强度有关。要具体计算光化学反应的速率，就需要确定反应进程，知道初级过程如何，包含哪些次级过程，这通常比热反应要复杂，需要依靠实验及测试数据进行分析。

下面给出光化学反应机理推导其速率方程的一般原则。

假设有光化学反应 $A_2 \longrightarrow 2A$，其机理如下：

$$A_2 + h\nu \xrightarrow{k_1} A_2^* \text{（活化）} \qquad \text{初级过程}$$

$$\left. \begin{array}{l} A_2^* \xrightarrow{k_2} 2A \text{（解离）} \\[2mm] A_2^* + A_2 \xrightarrow{k_3} 2A_2 \text{（失活）} \end{array} \right\} \qquad \text{次级过程}$$

初级过程的速率仅取决于吸收光子的速率，即正比于吸收光的强度 I_a，对 A_2 为零级。根据稳态法：

$$d[A_2^*]/dt = k_1 I_a - k_2 [A_2^*] - k_3 [A_2^*][A_2] = 0 \tag{7-1}$$

解得：

$$[A_2^*] = \frac{k_1 I_a}{k_2 + k_3 [A_2]} \tag{7-2}$$

最终产物 A 只由解离反应生成，因 k_2 是以 A_2^* 表示的速率常数，故：

$$\frac{d[A]}{dt} = 2k_2 [A_2^*] \tag{7-3}$$

将前式代入，得：

$$\frac{d[A]}{dt} = \frac{2k_1 k_2 I_a}{k_2 + k_3 [A_2]} \tag{7-4}$$

吸收光的强度 I_a 表示单位时间、单位体积内吸收光子的物质的量，A_2 的消耗速率为 A 生成速率的二分之一，故此反应的量子产率为：

$$\varphi = \frac{1}{I_a} \times \frac{d[A_2]}{dt} = \frac{1}{2I_a} \times \frac{d[A]}{dt} = \frac{k_1 k_2}{k_2 + k_3 [A_2]} \tag{7-5}$$

7.2.3　光敏和猝灭

前面几节我们讲到了多种电子激发态分子能量的衰变途径，主要介绍了分子内传能的几种方式，本节我们讨论分子间传能的途径，其主要包括光化学反应及猝灭。

有时，我们希望通过特定的光化学反应来使分子快速回到基态，而避免发生其他反应，这时，我们也将这种特定的光化学反应称为光化学猝灭，与之对应的其他猝灭方式又被称为光物理猝灭，本书所指的猝灭均指除此以外的光物理猝灭过程。

激发态分子与其他分子碰撞，或与器壁、溶剂杂质分子碰撞而发生无辐射的失活回到基态，称为光物理猝灭，简称猝灭。例如：

溶剂（S）猝灭	$A^* + S \longrightarrow A + S + 热$
自身猝灭	$A^* + A \longrightarrow 2A + 热$
杂质（M）猝灭	$A^* + M \longrightarrow A + M + 热$
电子能量转移	$A^* + B \longrightarrow A + B^* + 热$

显而易见，猝灭过程中分子本身保持完成，属于物理过程，而且任何形式的猝灭都会终止次级过程，结束光化学反应。

在化学、化工实践中，很多物质对光不敏感，不能直接吸收光子发生光化学反应。这时可以引入能吸收光的分子，使它变成激发态，然后再将能量传递给反应物，使反应物活化反应，这种能吸收光又能传递能量的分子，我们称之为光敏剂，又叫感光剂。如植物体内的叶绿素就属于光敏剂。

越来越多的光敏剂的开发和使用，使得光化学可以应用于那些原本对光不敏感的反应，从而大大拓展了光化学的应用领域，也促使光化学成为化学的一门重要分支学科。

第8章

催化作用

8.1 催化剂与催化作用

8.1.1 概念

如果将某种物质加入反应体系中，可以显著改变化学反应速率，而反应前后该物质本身的数量和化学性质不发生改变，那么我们把这种物质称为催化剂。当催化剂的作用是加快反应速率时，被称为正催化剂；当催化剂的作用是减缓反应速率时，被称为负催化剂。一般人们在工业及研究中更关注正催化剂，通常所说的催化剂都是指正催化剂，当然负催化剂在某些领域也有着重要的应用，如橡胶的抗老化、抑制副反应等。

催化剂所起的改变化学反应的作用则被称为催化作用，某些反应的产物对反应自身具有催化作用，也被称为自催化作用。例如用 $KMnO_4$ 滴定草酸时，开始几滴 $KMnO_4$ 溶液加入时并不立即退色，但到后来退色显著变快，这是由于产物 Mn^{2+} 对反应有催化作用。催化作用可分为以下三类。

均相催化：催化剂与反应物在同一相中。

复相催化：催化剂与反应物在不同相中，反应在相界面上发生，例如气-固催化反应，反应物为气相，催化剂为固相，实例如用铁催化剂将氢与氮合成氨。

酶催化：催化剂为酶类，可以说介于均相催化与复相催化之间，很多生物体内的化学反应都是酶催化反应。

8.1.2 催化反应机理

催化剂之所以能够改变化学反应速率，是由于其催化剂与反应物生产了不稳定的中间产物，从而改变了反应历程，降低（或增加）了反应所需的活化能。

假设催化剂 K 能加速反应 $A + B \longrightarrow AB$，若机理为：

① $A + K \underset{k_{-1}}{\overset{k_1}{\rightleftharpoons}} AK$

② $AK + B \overset{k_2}{\longrightarrow} AB + K$

则反应速率为：

$$\frac{dc_{AB}}{dt} = k_2 c_{AK} c_B \tag{8-1}$$

根据平衡假设：

$$c_{AK} = \frac{k_1}{k_{-1}} c_A c_K \tag{8-2}$$

代入前式，得：

$$\frac{dc_{AB}}{dt} = \frac{k_1 k_2}{k_{-1}} c_A c_B c_K \tag{8-3}$$

因为在反应过程中催化剂浓度 c_K 为常数，所以将 c_K 与速率系数写在一起，即：

$$\frac{dc_{AB}}{dt} = \frac{k_1 k_2 c_K}{k_{-1}} c_A c_B \tag{8-4}$$

这就是有催化剂时的速率方程，可简写作：

$$\frac{dc_{AB}}{dt} = k_{催} c_A c_B \tag{8-5}$$

其中表观速率系数为：

$$k = \frac{k_1 k_2 c_K}{K_{-1}} = \frac{A_1 A_2 c_K}{A_{-1}} \exp\left(-\frac{E_1 + E_2 - E_{-1}}{RT}\right) \tag{8-6}$$

设催化反应的表观活化能为 E，则：

$$E = E_1 + E_2 - E_{-1} \tag{8-7}$$

将上述机理用能峰图示意为图 8-1。图中非催化反应要克服较高能峰 E_0，而催化反应改变了反应途径，需要克服的是两个较小的能峰 E_1、E_2，从而使反应较易进行。这里的条件就 $E_1 + E_2 - E_{-1} < E_0$。

催化剂通过改变反应途径降低活化能使得反应速率加快，但它不能改变反应的平衡点（即反应的始末状态）。因此，热力学上不能发生的反应，不可能通过加入催化剂来实现。催化剂不能改变平衡点也就意味着对于正方向反应优良的催化剂对于逆反应同样也是优良的催化剂。利用这一特点，可便于人们对于合适催化剂的寻找。

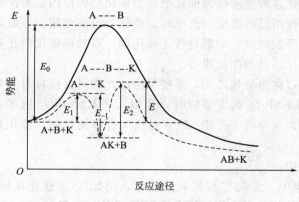

图 8-1　催化反应机理的能峰图示意

关于催化反应还有以下两点应该指出。

① 催化反应机理是复杂多样的，上述催化机理只是一般情况，也有少数催化反应是通过增大指前因子来加速反应的。

② 因为催化剂改变了化学反应的进程，所以催化反应和未加催化剂的原反应可能有不同形式的速率方程，两者的反应级数也可能不同。

8.1.3　催化剂的基本特征

① 在化学反应前后，催化剂的数量和化学性质未发生变化，但是催化剂的某些物理性质（如光泽、形态、颗粒度）等可能发生变化，这是因为催化剂实际上是参与了化学反应的。

② 催化剂只能改变化学反应的反应速率，而不能改变反应的平衡状态，即不能改变化学平衡的位置及反应平衡常数。这一特征告诉我们：催化剂对统一反应的正逆反应都具有等

效的催化作用，这也是实践中寻找可用催化剂的重要方法。

③ 催化剂具有选择性。也就是说一种催化剂对 A 反应有作用，对 B 反应就可能毫无作用，这无疑使寻找合适的催化剂更加困难，但是在化学实践中这种选择性通常可以使反应更好地得到控制（如减少副反应等）。

8.2 均相催化 复相催化 酶催化

8.2.1 均相催化

均相催化是催化剂与反应物同处于一均匀物相中的催化作用，有液相和气相均相催化。液态酸碱催化剂，可溶性过渡金属化合物催化剂和碘、一氧化氮等气态分子催化剂的催化属于这一类。均相催化剂的活性中心比较均一，选择性较高，副反应较少，易于用光谱、波谱、同位素示踪等方法来研究催化剂的作用，反应动力学一般不复杂。但均相催化剂有难以分离、回收和再生的缺点。

最简单的均相催化剂反应的机理可表示为：

$$S+C \underset{k_-}{\overset{k_+}{\rightleftharpoons}} X \overset{k_2}{\longrightarrow} R+C$$

式中，S 和 R 分别表示反应物和产物，C 是催化剂，X 是不稳定中间化合物。

其反应速率可表示为：

$$\frac{d[R]}{dt} = k_2[X] \tag{8-8}$$

由于中间化合物是不稳定的，反应进行一段时间之后，会达到稳定态，即：

$$\frac{d[R]}{dt} = k_+[S][C] - k_2[X] - k_-[X] = 0 \tag{8-9}$$

故

$$[X] = \frac{k_+}{k_- + k_2}[S][C] \tag{8-10}$$

所以

$$\frac{d[R]}{dt} = \frac{k_+ k_2}{k_- + k_2}[S][C] = k[S][C] \tag{8-11}$$

由式(8-11)可看出，均相催化剂的速率不仅与反应物浓度有关，还与催化剂的浓度成正比。

8.2.2 复相催化

复相催化反应中，不论是液体反应物或是气体反应物都是在固化催化剂表面进行反应，其中气体在固体催化剂表面的反应在工业上尤为常见。一般来说，复相催化反应需由下列几个步骤构成：

（1）反应物分子扩散到固体催化剂表面；
（2）反应物分子在固体催化剂表面发生吸附；
（3）产物分子从固体催化剂表面解吸；
（4）产物分子通过扩散离开固体催化剂表面。

如果两种反应物分子在固体催化剂表面按下列方式进行反应：

$$A+B+\text{—S—S—} \longleftrightarrow A\text{—S—S—}B \quad （吸附平衡）$$
$$A\text{—S—S—}B \longrightarrow X+\text{—S—S—} （表面反应）$$

根据朗格缪尔复合吸附等温式，有：

$$\theta_A = \frac{b_A p_A}{1 + b_A p_A + b_B p_B}; \theta_B = \frac{b_B p_B}{1 + b_A p_A + b_B p_B} \qquad (8\text{-}12)$$

反应速率公式可表示为：

$$r = k\theta_A\theta_B = \frac{kb_A b_B p_A p_B}{(1 + b_A p_A + b_B p_B)^2} \qquad (8\text{-}13)$$

8.2.3 酶催化

酶是生物体内产生的催化剂，作为生物催化剂，生物体内的大多数新陈代谢反应均是由酶进行催化的，至今我们对酶催化反应尚在研究过程中，很多原理不能合理解释，很多反应还不能进行完整的生物体外模拟。

酶是一种蛋白质分子，是由氨基酸按一定顺序聚合起来的大分子，有些酶还结合了一些金属，例如：催化 CO_2 分解的酶中含有铬，固氮酶中含有铁、钼、钒等金属离子。

许多生物化学反应都是酶催化反应。由于酶分子的大小约为 $3 \sim 100nm$。因此就催化剂的大小而言，酶催化反应处于均相催化与复相催化之间。酶催化反应具有以下四个特点。

① 酶催化剂具有高选择性。绝大多数生物化学反应中，一种酶只能催化一种反应，就像一把钥匙只能开一把锁，这也使得酶催化反应具有极强的反应控制性。

② 酶催化反应具有高效性。一般情况下，酶的催化效率是普通催化剂的 $10^7 \sim 10^{13}$ 倍，这主要是由于酶催化反应所需的活化能很低。

③ 酶催化反应条件温和，一般在常温常压下即可，如人体内各种酶催化反应均可在 $37℃$、$pH = 7$ 的环境下进行。

④ 酶容易失掉活性。酶催化剂对热、pH 值等都很敏感，很容易中毒失去活性。

酶催化反应机理十分复杂，下面只对最简单的反应模型进行分析。

设反应 $S \longrightarrow B$，主要步骤是反应物 S 先与酶 E 生成配合物 ES，然后 ES 分解为产物：

$$E + S \xrightarrow{k_1} ES \xrightarrow{k_{-1}} E + S; \ ES \xrightarrow{k_2} B + E$$

整个催化反应速率为： $\qquad r = k_2 c_{ES} \qquad (8\text{-}14)$

根据稳态假设

$$\frac{dc_{ES}}{dt} = k_1 c_E c_S - k_{-1} c_{ES} - k_2 c_{ES} = 0 \qquad (8\text{-}15)$$

解得： $\qquad c_{ES} = \frac{k_1}{k_{-1} + k_2} c_E c_S \qquad (8\text{-}16)$

其中 c_E 是反应过程中酶的浓度。通常我们知道的是反应前系统中酶的浓度 $c_{E,0}$，反应过程中一部分以配合物 ES 形式存在，所以 c_E 具体为多大是不知道的。

第9章

原子结构与元素周期性

9.1 原子结构的近代概念

19世纪末20世纪初，是人类揭开原子结构面纱的关键时期。科学发展史上取得的一系列重要成就，为原子结构理论的确立奠定了基础。

1897年英国人 Thomson 测得电子的荷质比，发现电子；1905年瑞士人 Einstein 运用 Planck 的量子论解释光电效应，提出光子论；1911年英国人 Rutherford 根据 α 粒子散射实验，提出原子的有核模型；1913年丹麦人 Bohr 提出 Bohr 理论。

9.1.1 玻尔氢原子模型

高中物理学过，原子光谱是不连续的线状光谱，每种原子都有自己的特征线状光谱，氢原子光谱是最简单的原子光谱。

在一个熔接两个电极高真空的玻璃管内，充入极少量氢气，气体原子被火花、电流等激发产生的光经棱镜分光后，在屏幕上呈现出可见光区的四条谱线（图9-1），即所谓的线状光谱或原子光谱。氢原子光谱在可见光区的四条谱线（图9-2）。

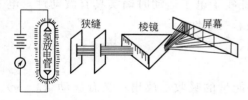

图 9-1 氢原子的线状光谱实验示意

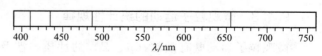

图 9-2 氢原子的线状光谱

丹麦科学家 Bohr 首先认识到氢原子光谱和氢原子结构之间的内在联系，提出 Bohr 理论的要点如下。

① 氢原子中，电子不能沿任意轨道运动，而只能在有确定半径和能量的圆形轨道上运动。电子在这些轨道上运动时，不吸收能量也放出能量。即轨道能量状态稳定，称为定态轨道。

② 不同定态轨道能量是不同的，轨道的不同能量状态称为能级。

正常情况下，原子中的电子尽可能处在离核最近的轨道上，这时原子的能量最低，即原子处于基态。当原子受到辐射、加热或通电时，获得能量后电子跃迁到离核较远的轨道上，

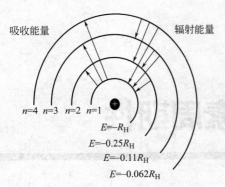

吸收能量　　　　　　辐射能量

$n=4\ n=3\ n=2\ n=1$

$E=-R_H$
$E=-0.25R_H$
$E=-0.11R_H$
$E=-0.062R_H$

图 9-3　氢原子能级图

即电子被激发到高能量的轨道上，这时原子处于激发态。图 9-3 为氢原子能级图。

③ 电子由不稳定的激发态返回到基态或能量较低状态时，就会辐射能量，产生原子光谱。由于能级是不连续的，即量子化的，产生的谱线也是不连续的。各能级间的能量差决定原子光谱中各谱线频率 ν 的大小。跃迁所吸收或辐射光子的能量等于电子跃迁后的能级（E_2）与跃迁前的能级（E_1）的能量差：

$$h\nu = E_2 - E_1 \tag{9-1}$$

式中，ν 是光子的频率；h 为普朗克常量（Planck constant），等于 6.626×10^{-34} J·s。Bohr 理论提出能级概念，引入量子化条件，成功解释了氢原子光谱，对原子结构理论发展起到了重要推动作用。但 Bohr 理论有其局限性，不能说明多电子原子光谱，也不能说明氢原子光谱的精细结构，其根源在于不能全面反映微观粒子的运动规律。人们运用量子力学（波动力学）理论研究原子结构，逐步形成了原子结构的近代概念。

9.1.2　电子的波粒二象性

通过光的干涉、衍射及其光电效应实验，证实了光具有波粒二象性。

1923 年法国年轻的物理学家 L. de Broglie 提出电子等微观粒子也具有波粒二象性。

根据光的波粒二象性关系式：

$$E = h\nu \qquad E = m\nu^2 \qquad p = m\nu$$

则有：

$$\lambda = \frac{h}{p} = \frac{h}{m\nu} \tag{9-2}$$

式(9-2)就是著名的 de Broglie 关系式，它把微观粒子的粒子性和波动性统一起来了。

式中，p 为粒子的动量；m 为粒子的质量；ν 为粒子的速度；λ 为粒子波波长。

1927 年两位美国科学家进行了电子衍射实验，证实了电子运动时确实具有波动性。电子的粒子性是显而易见的，即电子等微观粒子具有波粒二象性。

9.1.3　微观粒子运动的统计性规律

微观粒子运动既有微粒（p、E）的性质，涉及能量的吸收、放出；又有波动（λ、ν）的性质，涉及干涉、衍射。

若使用电子枪一粒粒发射电子 [图 9-4(a)]，通过狭缝打到感光屏幕上，时间较短时，电子数目少，每个电子的分布无规律 [图 9-4(b)]；当时间较长时，电子的数目足够多时，屏幕上出现衍射环 [图 9-4(c)]。衍射环的出现，表明了电子运动的波动性。

衍射实验证实了电子的波动性，波动性是粒子性的统计结果。在明暗相间的衍射环中，亮度大的地方，电子出现机会大，即概率大；而暗的地方，电子出现机会少，即概率小。这种电子的分布是有规律的，电子的运动遵循统计性规律，需要用量子力学理论来描述。

9.1.4　测不准原理

宏观物体的位置和运动速度（或动量）可以同时确定，但微观粒子具有波粒二象性，不

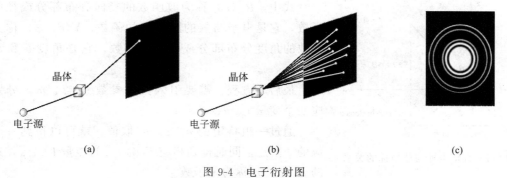

图 9-4　电子衍射图

能同时测准确定它的空间位置和动量。微观粒子位置测得越准确，动量（或速度）就越不准确。反之，它的动量测得越准确，位置就越不准确。这就是著名的测不准原理：

$$\Delta x \Delta p \geqslant h/4\pi \tag{9-3}$$

式中，Δx 为微观粒子位置的测量偏差；Δp 为微观粒子动量的测量偏差。

该式表明，Δx 越小，Δp 越大，反之亦然。

对于微观粒子而言，不可能同时测准其空间位置和动量。微观粒子的运动符合统计性规律，必须用量子力学来描述。

9.2　核外电子运动状态的描述

1926 年，奥地利物理学家 Schrödinger 提出了描述微观粒子运动的波动方程，即量子力学基本方程亦称 Schrödinger 方程。

Schrödinger 方程是一个二阶偏微分方程：

$$\frac{\partial^2 \psi}{\partial x^2}+\frac{\partial^2 \psi}{\partial y^2}+\frac{\partial^2 \psi}{\partial z^2}+\frac{8\pi^2 m}{h^2}(E-V)\psi=0 \tag{9-4}$$

对于氢原子来说，m 是电子的质量；E 是总能量，V 是势能；h 为普朗克常量；ψ 是波函数，是空间坐标 x、y、z 的函数。

解 Schrödinger 方程比较复杂，本课程只需了解 Schrödinger 方程的基本形式和一些重要结论，以及用量子力学处理原子结构问题的思路。

9.2.1　波函数与原子轨道

解 Schrödinger 方程就是要求出描述微观粒子运动的波函数 ψ，以及微观粒在该运动状态下的能量 E。方程每个合理的解 ψ 表示电子的一种运动状态，称为原子轨道。与这个解相对应的 E 就是电子在该状态下的能量，即电子所在轨道的能量。

Schrödinger 方程中，电子的势能 V 与核电荷数 Z、电子电荷 e、电子与核的距离 r 的关系为：

$$V=-Ze^2/r \tag{9-5}$$

式中，$r^2=x^2+y^2+z^2$

解 Schrödinger 方程时，为了求解方便，首先将直角坐标变换成球坐标，即直角坐标的 $\psi(x、y、z)$ 转换成球坐标的 $\psi(r,\theta,\varphi)$。直角坐标与球坐标的关系如图 9-5 所示。

然后分离变量，　　　　$$\psi(r,\theta,\varphi)=R(r)\cdot Y(\theta,\varphi) \tag{9-6}$$

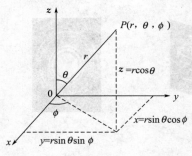

图 9-5　直角坐标与球坐标的关系

式中，$R_l(r)$ 称为波函数的径向分布部分或径向波函数，它是电子与核的距离 r 的函数；$Y(\theta, \varphi)$ 称为波函数的角度分布部分或角度波函数，它是角度 θ 和 φ 的函数。

最后解方程，需要引入三个参数 n、l、m，分别对应三个变量 r、θ、φ。

通过一组特定的 n、l、m 取值，就可以得到一个相应的 $\psi_{n,l,m}$，同时得到相应于 $\psi_{n,l,m}$ 的能量 $E_{n,l,m}$，这里的 n、l、m 称为量子数。

通常，波函数 ψ 也称为原子轨道。原子在不同条件（n、l、m）下的波函数称作相应条件下的原子轨道。波函数 ψ 的空间图像就是原子轨道，原子轨道的数学表达式就是波函数 ψ。

9.2.2　原子轨道角度分布图

波函数 $\psi(r, \theta, \varphi)$ 可以分为径向部分 $R(r)$ 和角度部分 $Y(\theta, \varphi)$，我们主要研究其角度部分。将波函数角度部分 $Y(\theta, \varphi)$ 随 θ 和 φ 变化作图，所得的图像称为原子轨道角度分布图。

（1）s 轨道角度分布图

s 原子轨道角度分布图是一个球面见图 9-6(a)，球面上任一点到球心（原子核）的距离都一样，$Y(\theta, \varphi)$ 是常数说明 s 原子轨道分布与角度无关。s 原子轨道角度分布是一个球体，如图 9-6(b) 所示。

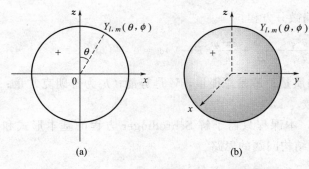

图 9-6　s 轨道角度分布

（2）p 轨道角度分布图

p 轨道的角度波函数的值随角度 θ 和 φ 的改变而改变。

以 p_z 轨道为例，$Y_{pz} = \sqrt{3/4\pi}\cos\theta$，$\cos\theta$ 变化如下：

θ	0°	30°	60°	90°	120°	150°	180°
$\cos\theta$	1	0.866	0.5	0	−0.5	−0.866	−1

将 $\cos\theta$ 值代入 Y_{pz}，绘出图 9-7 即 p_z 轨道的角度分布图。

p 轨道角度分布如图 9-8(a) 所示，p 轨道有三种空间取向，p_x、p_y、p_z 图形一样，都是哑铃形，分别对称于 x 轴、y 轴、z 轴。

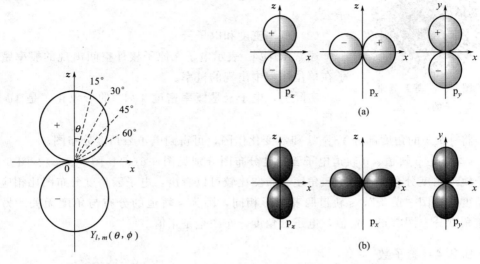

图 9-7 p_z 轨道角度分布

图 9-8 p 轨道角度分布

（3）d 轨道角度分布图

d 轨道角度分布如图 9-9（a）所示。d 轨道角度分布呈瓣形，有五种空间取向。包括 d_{xy}、d_{yz}、d_{xz}、$d_{x^2-y^2}$、d_{z^2}。注意：原子轨道角度分布图中有"＋"、"－"号，表示函数 $Y(\theta,\varphi)$ 是正值、负值，在成键时代表轨道的对称性，不是电荷的正、负。

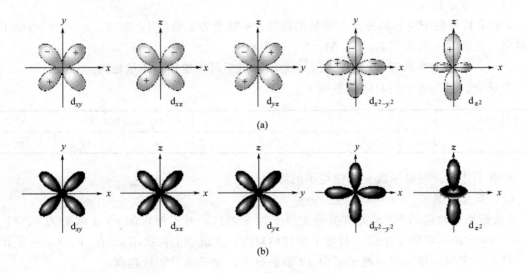

图 9-9 d 轨道角度分布

9.2.3 电子云

（1）电子云的概念

假想将核外一个电子，每个瞬间的运动状态，用照相的方法摄影，并将这样数百万张照片重叠，可以得到一个统计效果图，称为电子云。如图 9-10 所示。

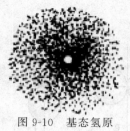

图 9-10 基态氢原子的电子云

图中离核越近，小黑点越密；离核远些，小黑点越稀。这些小黑点像一团带负电的云，把原子核包围起来，人们形象地称它为电子云。

（2）概率密度和电子云

通常用 $|\psi|^2$ 表示电子在原子核外空间出现的概率密度。即电子在单位体积中出现的概率。

实际上，电子云是概率密度 $|\psi|^2$ 的形象化，是 $|\psi|^2$ 的空间图形。

将 $|\psi|^2$ 的角度部分 Y^2 随 θ 和 φ 变化作图，可得到电子云角度分布图。

s 轨道、p 轨道、d 轨道电子云角度分布图分别见图 9-6（c）、图 9-8（b）、图 9-9（b）。将原子轨道角度分布图与电子云角度分布图比较可以看出：电子云角度分布图比相应的原子轨道角度分布图"苗条"，s 轨道两者图形相同，因为 s 轨道的分布与角度无关。另外，原子轨道角度分布图有正、负值，电子云角度分布图全是正值。

9.2.4 量子数

在解 Schrödinger 方程时，为了使方程有合理的解，引入的三个参数 n、l、m 称为量子数。一组量子数 n、l、m 决定一个波函数 $\psi_{n,l,m}$，俗称原子轨道。

三个量子数 n、l、m 可将一个原子轨道描述出来。电子还做自旋运动，完全确定一个电子的运动状态，还需要第四个量子数 m_s，即自旋量子数来描述。

完整描述一个电子的运动状态要用四个量子数（n、l、m、m_s）。

（1）主量子数 n

n 表示核外电子离核的远近和能量的高低。n 取值为正整数 1、2、3、4、…，与电子层相对应，光谱学上依次用 K、L、M、N、…表示。

$n=1$，电子离核最近，能量最低。n 越大，电子离核越远，能量越高。

主量子数 n 与电子层对应关系如下。

电子层符号	K	L	M	N	O	P	…
n	1	2	3	4	5	6	…

单电子体系，主量子数 n 决定电子的能量。

（2）角量子数 l

l 决定原子轨道的形状。l 取值受主量子数 n 制约，对于确定的 n，l 取值为 0、1、2、3、…、$(n-1)$，可取 n 个值，与电子亚层相对应，光谱学上依次用 s、p、d、f、…表示。

当 n 一定时，即在同一电子层中，l 取值越大，原子轨道能量越高。

角量子数 l 与电子亚层（或原子轨道）对应关系如下。

电子亚层符号	s	p	d	f	g	…
l	0	1	2	3	4	…
原子轨道形状	球形	哑铃形	花瓣形	…	…	…

多电子体系，电子的能量由主量子数 n 和角量子数 l 共同决定。

（3）磁量子数 m

m 表示原子轨道的空间取向。m 取值受角量子数 l 制约，m 取值为 0、±1、±2、…、±l，取 $2l+1$ 个值。例如 $l=1$ 时，磁量子数 m 可以取三个值，即 $m=0$、±1，表示 p 轨道有三种空间取向。这 3 个 p 轨道的能量相等，称为简并（等价）轨道。

磁量子数 m 只决定原子轨道的空间取向，不影响轨道的能量。

n 和 l 一定，原子轨道的能量则为一定，原子轨道空间取向不影响能量。

（4）自旋量子数 m_s

自旋量子数 m_s 用来描述核外电子的自旋状态。m_s 取值为 $+\frac{1}{2}$ 和 $-\frac{1}{2}$，表示电子有两种自旋方式，通常用箭头符号"↑"和"↓"表示。

总之，描述一个电子的运动状态需要用 n、l、m、m_s 四个量子数。

同一个原子中，没有运动状态完全相同的两个电子同时存在。或者说同一个原子中，各个电子的四个量子数不可能完全相同。即每个原子轨道最多容纳两个自旋相反的电子。

如表 9-1 所示，电子层为 n 层时，轨道总数为 n^2，最多容纳 $2n^2$ 个电子。

表 9-1　量子数、电子层、原子轨道和电子容量的关系

主量子数 n	角量子数 l	磁量子数 m	自旋量子数 m_s	电子层	原子轨道	原子轨道数	各层的轨道数（n^2）	各层电子最大容量（$2n^2$）
1	0	0	+1/2,−1/2	K	1s	1	1	2
2	0	0		L	2s	1	4	8
	1	+1,0,−1			2p	3		
3	0	0		M	3s	1	9	18
	1	+1,0,−1			3p	3		
	2	+2,+1,0,−1,−2		\	3d	5		
4	0	0		N	4s	1	16	32
	1	+1,0,−1			4p	3		
	2	+2,+1,0,−1,−2			4d	5		
	3	+3,+2,+1,0,−1,−2,−3			4f	7		

9.3　原子中电子的分布

9.3.1　多电子原子轨道能级

（1）原子轨道近似能级图

① Pauling 近似能级图　美国著名结构化学家 Pauling 根据光谱实验结果，将能量相近的原子轨道组合，形成若干个能级组，提出多电子原子轨道近似能级图（图 9-11）。图中用每一个圆圈代表一个原子轨道，其位置的高低代表能量的高低。

能量相近轨道组成一组，称为能级组。依 1，2，3，…，能级组的顺序，能量依次增高。

$$E_{1s}<E_{2s}<E_{2p}<E_{3s}<E_{3p}<E_{4s}<E_{3d}<E_{4p}<\cdots$$

由图 9-11 可见，角量子数 l 相同的能级能量由主量子数 n 决定，例如：$E_{1s}<E_{2s}<E_{3s}<E_{4s}<\cdots$，主量子数 n 相同，角量子数 l 不同的能级能量随 l 的增大而升高，例如：$E_{ns}<E_{np}<E_{nd}<E_{nf}<\cdots$，这种现象称为"能级分裂"；当主量子数 n 和角量子数 l 均不同时，出现

"能级交错"现象，例如：$E_{4s} < E_{3d} < E_{4p} < \cdots$

后来有人注意到，原子轨道的能量和原子序数有关，提出了新的能级图，Cotton 能级图便是其中的一种。

② Cotton 原子轨道能级图 Cotton 认为，不同元素的原子轨道能级顺序不同，不是所有元素的原子轨道都发生能级交错。Cotton 原子轨道能级图（图 9-12），反映了原子轨道能量与原子序数的关系，即原子序数改变，原子轨道能量相应变化。

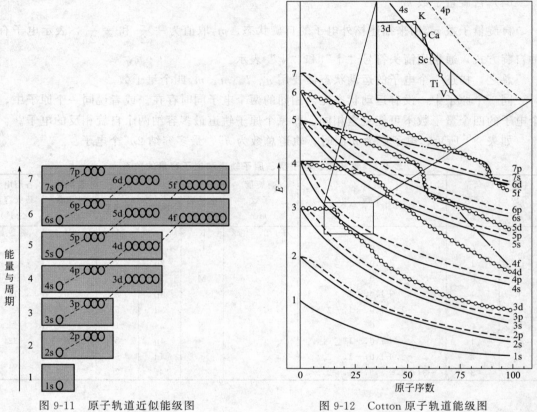

图 9-11 原子轨道近似能级图　　　　　　　图 9-12 Cotton 原子轨道能级图

Cotton 原子轨道能级图有以下特点。

a. 原子序数为 1 的氢元素轨道能级不发生分裂，主量子数相同轨道能量相同。

b. 从 2 号元素开始，轨道能级都发生能级分裂，主量子数 n 相同而角量子数 l 不同的轨道能量不相等。

c. 原子轨道能量随着原子序数的增大而降低。

d. 随着原子序数增大，原子轨道能级下降幅度不同，产生能级交错现象。

（2）屏蔽效应和钻穿效应

① 屏蔽效应 多电子原子中电子的能级，除了与核电荷 Z 有关，还需要考虑电子之间的相互作用。对于多电子原子，可以将原子核和指定电子以外的其他电子看做整体，设想原子中指定电子受其他电子的排斥，相当于其他电子抵消了部分核电荷后的原子核与指定电子之间的引力。被抵消了部分核电荷后的有效核电荷 Z^* 与核电荷 Z 关系为：

$$Z^* = Z - \sigma$$

式中，σ 为屏蔽常数，其大小与量子数 n 和 l 有关。

多电子体系中，这种将其他电子对指定电子的排斥作用归结为对部分核电荷的抵消作用称为屏蔽效应。

多电子体系中屏蔽作用主要来自内层电子，n 相同 l 不同的原子轨道能量不相同，称为能级分裂。l 越大轨道受到的屏蔽作用越强，轨道能量越高。

$$E_{ns} < E_{np} < E_{nd} < E_{nf} < \cdots$$

② 钻穿效应 多电子原子中，电子的屏蔽作用使 n 相同，l 不同的轨道发生能级分裂，轨道能量由 n 和 l 共同决定。对于 n 相同，l 不同的轨道，电子穿过内层钻到核附近回避其他电子屏蔽的能力不同，从而使其能量不同。这种电子穿过内层轨道钻穿到核附近而使其能量降低的现象称为钻穿效应。屏蔽效应和钻穿效应是相互联系的。

n 相同、l 不相同时，各轨道的钻穿效应的能力是：$ns > np > nd > nf$，钻穿能力越强，离核越近，受到其他电子的屏蔽就越小，其能量就越低。因此轨道能量顺序是：

$$E_{ns} < E_{np} < E_{nd} < E_{nf} < \cdots$$

n、l 都不相同时，一般 n 越大，轨道能量越高。有时会出现反常现象，比如 $E_{4s} < E_{3d}$，称为能级交错。这种现象可以用 4s 轨道的钻穿效应较强，而 3d 轨道受的屏蔽效应较大来解释。

因此，钻穿效应能解释能级分裂现象，也能解释能级交错现象。

9.3.2 基态原子中电子的分布

（1）电子分布原理

① 能量最低原理 基态时，多电子原子的电子在轨道上的分布，要尽量使原子能量最低。即电子先填充能量低的轨道，后填充能量的高轨道。

② Pauli 不相容原理 在同一个原子中，没有四个量子数完全相同电子，即在同一个原子中没有运动状态完全的电子。每个原子轨道中只能容纳两个自旋方向相反的电子。

③ Hund 规则 电子在能量相同的轨道（简并轨道）排布时，要尽可能分占不同的轨道，并且保持自旋方向相同。这样分布对称性高，原子能量低，体系稳定。

例如 N 原子组态是 $1s^2 2s^2 2p^3$，

用轨道表示式为：

$$_7N \quad \boxed{\uparrow\downarrow}_{1s} \quad \boxed{\uparrow\downarrow}_{2s} \quad \boxed{\uparrow}\boxed{\uparrow}\boxed{\uparrow}_{2p}$$

C 原子（$1s^2 2s^2 2p^2$）的轨道表示式为：

$$_6C \quad \boxed{\uparrow\downarrow}_{1s} \quad \boxed{\uparrow\downarrow}_{2s} \quad \boxed{\uparrow}\boxed{\uparrow}\boxed{\ }_{2p}$$

作为 Hund 规则的特例，等价轨道全充满，半充满或全空的的状态是比较稳定的。即

全充满：p^6、d^{10}、f^{14}

半充满：p^3、d^5、f^7

全　空：p^0、d^0、f^0

（2）基态原子中电子的分布

原子中电子的分布服从电子分布三原则，即能量最低原理、Pauli 不相容原理、Hund 规则。根据 Pauling 原子轨道近似能级图和电子分布三原则，可以写出个各元素原子的电子分布式。表 9-2 列出了周期表中各元素原子核外电子的分布。

　　为了简化原子的电子分布式写法，通常把内层电子已达到稀有气体结构的部分，用稀有气体元素符号加方括号的形式表示，这部分称为"原子实"。例如 Ca 的电子分布式 $1s^2 2s^2 2p^6 3s^2 3p^6 4s^2$ 简化写作 $[Ar] 4s^2$。

　　价电子所处的电子亚层称为价层。价层电子构型反映原子电子层结构的特征，指元素价层的电子分布式。例如 Ca、价层电子构型是 $4s^2$。

　　电子填充按 Pauling 原子轨道近似能级图，自能量低的轨道向能量高的轨道分布，写电子分布式时，要把同一电子层的轨道写在一起。例如 26 号元素的电子分布式为 Fe：$1s^2 2s^2 2p^6 3s^2 3p^6 3d^6 4s^2$，简化写作 $[Ar] 3d^6 4s^2$，虽然电子填充顺序是先填 $4s^2$ 后填 $3d^6$。

表 9-2　基态原子核外电子的分布

周期	原子序数	元素名称	元素符号	K	L		M			N				O				P			Q
				1s	2s	2p	3s	3p	3d	4s	4p	4d	4f	5s	5p	5d	5f	6s	6p	6d	7s
1	1	氢	H	1																	
	2	氦	He	2																	
2	3	锂	Li	2	1																
	4	铍	Be	2	2																
	5	硼	B	2	2	1															
	6	碳	C	2	2	2															
	7	氮	N	2	2	3															
	8	氧	O	2	2	4															
	9	氟	F	2	2	5															
	10	氖	Ne	2	2	6															
3	11	钠	Na	2	2	6	1														
	12	镁	Mg	2	2	6	2														
	13	铝	Al	2	2	6	2	1													
	14	硅	Si	2	2	6	2	2													
	15	磷	P	2	2	6	2	3													
	16	硫	S	2	2	6	2	4													
	17	氯	Cl	2	2	6	2	5													
	18	氩	Ar	2	2	6	2	6													
4	19	钾	K	2	2	6	2	6		1											
	20	钙	Ca	2	2	6	2	6		2											
	21	钪	Sc	2	2	6	2	6	1	2											
	22	钛	Ti	2	2	6	2	6	2	2											
	23	钒	V	2	2	6	2	6	3	2											
	24	铬	Cr	2	2	6	2	6	4	1											
	25	锰	Mn	2	2	6	2	6	5	2											
	26	铁	Fe	2	2	6	2	6	6	2											
	27	钴	Co	2	2	6	2	6	7	2											
	28	镍	Ni	2	2	6	2	6	8	2											
	29	铜	Cu	2	2	6	2	6	10	1											
	30	锌	Zn	2	2	6	2	6	10	2											
	31	镓	Ga	2	2	6	2	6	10	2	1										
	32	锗	Ge	2	2	6	2	6	10	2	2										
	33	砷	As	2	2	6	2	6	10	2	3										
	34	硒	Se	2	2	6	2	6	10	2	4										
	35	溴	Br	2	2	6	2	6	10	2	5										
	36	氪	Kr	2	2	6	2	6	10	2	6										

续表

周期	原子序数	元素名称	元素符号	K	L		M			N				O				P			Q
				1s	2s	2p	3s	3p	3d	4s	4p	4d	4f	5s	5p	5d	5f	6s	6p	6d	7s
5	37	铷	Rb	2	2	6	2	6	10	2	6			1							
	38	锶	Sr	2	2	6	2	6	10	2	6			2							
	39	钇	Y	2	2	6	2	6	10	2	6	1		2							
	40	锆	Zr	2	2	6	2	6	10	2	6	2		2							
	41	铌	Nb	2	2	6	2	6	10	2	6	4		1							
	42	钼	Mo	2	2	6	2	6	10	2	6	5		1							
	43	锝	Tc	2	2	6	2	6	10	2	6	5		2							
	44	钌	Ru	2	2	6	2	6	10	2	6	7		1							
	45	铑	Rh	2	2	6	2	6	10	2	6	8		1							
	46	钯	Pb	2	2	6	2	6	10	2	6	10									
	47	银	Ag	2	2	6	2	6	10	2	6	10		1							
	48	镉	Cd	2	2	6	2	6	10	2	6	10		2							
	49	铟	In	2	2	6	2	6	10	2	6	10		2	1						
	50	锡	Sn	2	2	6	2	6	10	2	6	10		2	2						
	51	锑	Sb	2	2	6	2	6	10	2	6	10		2	3						
	52	碲	Te	2	2	6	2	6	10	2	6	10		2	4						
	53	碘	I	2	2	6	2	6	10	2	6	10		2	5						
	54	氙	Xe	2	2	6	2	6	10	2	6	10		2	6						
6	55	铯	Cs	2	2	6	2	6	10	2	6	10		2	6						
	56	钡	Ba	2	2	6	2	6	10	2	6	10		2	6						
	57	镧	La	2	2	6	2	6	10	2	6	10		2	6	1					
	58	铈	Ce	2	2	6	2	6	10	2	6	10	1	2	6	1					
	59	镨	Pr	2	2	6	2	6	10	2	6	10	3	2	6						
	60	钕	Nd	2	2	6	2	6	10	2	6	10	4	2	6						
	61	钷	Pm	2	2	6	2	6	10	2	6	10	5	2	6						
	62	钐	Sm	2	2	6	2	6	10	2	6	10	6	2	6						
	63	铕	Eu	2	2	6	2	6	10	2	6	10	7	2	6						
	64	钆	Gd	2	2	6	2	6	10	2	6	10	7	2	6	1					
	65	铽	Tb	2	2	6	2	6	10	2	6	10	9	2	6						
	66	镝	Dy	2	2	6	2	6	10	2	6	10	10	2	6						
	67	钬	Ho	2	2	6	2	6	10	2	6	10	11	2	6						
	68	铒	Er	2	2	6	2	6	10	2	6	10	12	2	6						
	69	铥	Tm	2	2	6	2	6	10	2	6	10	13	2	6						
	70	镱	Yb	2	2	6	2	6	10	2	6	10	14	2	6						
	71	镥	Lu	2	2	6	2	6	10	2	6	10	14	2	6	1					
	72	铪	Hf	2	2	6	2	6	10	2	6	10	14	2	6	2					
	73	钽	Ta	2	2	6	2	6	10	2	6	10	14	2	6	3					
	74	钨	W	2	2	6	2	6	10	2	6	10	14	2	6	4					
	75	铼	Re	2	2	6	2	6	10	2	6	10	14	2	6	5					
	76	锇	Os	2	2	6	2	6	10	2	6	10	14	2	6	6					
	77	铱	Ir	2	2	6	2	6	10	2	6	10	14	2	6	7		2			
	78	铂	Pt	2	2	6	2	6	10	2	6	10	14	2	6	9		1			
	79	金	Au	2	2	6	2	6	10	2	6	10	14	2	6	10		1			
	80	汞	Hg	2	2	6	2	6	10	2	6	10	14	2	6	10		2			
6	81	铊	Tl	2	2	6	2	6	10	2	6	10	14	2	6	10		2	1		
	82	铅	Pb	2	2	6	2	6	10	2	6	10	14	2	6	10		2	2		
	83	铋	Bi	2	2	6	2	6	10	2	6	10	14	2	6	10		2	3		
	84	钋	Po	2	2	6	2	6	10	2	6	10	14	2	6	10		2	4		
	85	砹	At	2	2	6	2	6	10	2	6	10	14	2	6	10		2	5		
	86	氡	Rn	2	2	6	2	6	10	2	6	10	14	2	6	10		2	6		

续表

周期	原子序数	元素名称	元素符号	K	L		M			N				O				P			Q
				1s	2s	2p	3s	3p	3d	4s	4p	4d	4f	5s	5p	5d	5f	6s	6p	6d	7s
	87	钫	Fr	2	2	6	2	6	10	2	6	10	14	2	6	10		2	6		1
	88	镭	Ra	2	2	6	2	6	10	2	6	10	14	2	6	10		2	6		2
	89	锕	Ac	2	2	6	2	6	10	2	6	10	14	2	6	10		2	6	1	2
	90	钍	Th	2	2	6	2	6	10	2	6	10	14	2	6	10		2	6	2	2
	91	镤	Pa	2	2	6	2	6	10	2	6	10	14	2	6	10	2	2	6	1	2
	92	铀	U	2	2	6	2	6	10	2	6	10	14	2	6	10	3	2	6	1	2
	93	镎	Np	2	2	6	2	6	10	2	6	10	14	2	6	10	4	2	6	1	2
	94	钚	Pu	2	2	6	2	6	10	2	6	10	14	2	6	10	6	2	6		2
	95	镅	Am	2	2	6	2	6	10	2	6	10	14	2	6	10	7	2	6		2
	96	锔	Cm	2	2	6	2	6	10	2	6	10	14	2	6	10	7	2	6	1	2
	97	锫	Bk	2	2	6	2	6	10	2	6	10	14	2	6	10	9	2	6		2
7	98	锎	Cf	2	2	6	2	6	10	2	6	10	14	2	6	10	10	2	6		2
	99	锿	Es	2	2	6	2	6	10	2	6	10	14	2	6	10	11	2	6		2
	100	镄	Fm	2	2	6	2	6	10	2	6	10	14	2	6	10	12	2	6		2
	101	钔	Md	2	2	6	2	6	10	2	6	10	14	2	6	10	13	2	6		2
	102	锘	No	2	2	6	2	6	10	2	6	10	14	2	6	10	14	2	6		2
	103	铹	Lr	2	2	6	2	6	10	2	6	10	14	2	6	10	14	2	6	1	2
	104	𬬻	Rf	2	2	6	2	6	10	2	6	10	14	2	6	10	14	2	6	2	2
	105		Db	2	2	6	2	6	10	2	6	10	14	2	6	10	14	2	6	3	2
	106		Sg	2	2	6	2	6	10	2	6	10	14	2	6	10	14	2	6	4	2
	107		Bh	2	2	6	2	6	10	2	6	10	14	2	6	10	14	2	6	5	2
	108		Hs	2	2	6	2	6	10	2	6	10	14	2	6	10	14	2	6	6	2
	109		Mt	2	2	6	2	6	10	2	6	10	14	2	6	10	14	2	6	7	2

用原子实表示电子分布式，即内层已经达到稀有气体原子的结构，要用原子实表示。

例如：24 号元素 Cr，$1s^2 2s^2 2p^6 3s^2 3p^6 3d^5 4s^1$ 则写成 $[Ar] 3d^5 4s^1$。

29 号元素 Cu，$1s^2 2s^2 2p^6 3s^2 3p^6 3d^{10} 4s^1$ 则写成 $[Ar] 3d^{10} 4s^1$。

电子正常填充是先填 ns 轨道，达到 ns^2 之后再填 $(n-1)$d 轨道；但有一些特殊的是先填 ns 轨道只填一个电子成 ns^1，未达到 ns^2 就开始填 $(n-1)$d 轨道，这种现象在 $(n-1)$d 轨道处于半充满、全充满左右发生。电子填充反常的元素主要有 10 个过渡元素：Cr、Cu、Nb、Mo、Ru、Rh、Pd、Ag、Pt、Au。

9.3.3 元素周期系与核外电子分布的关系

（1）能级组与元素周期

原子轨道按能级的高低划分为若干个能级组，每一个能级组对应元素周期表的一个周期。周期表有七个周期，第一周期为特短周期，只有 2 种元素；第一能级组只有 1 个能级 1s，1s 轨道最多容纳 2 个电子。第二周期和第三周期为短周期，各有 8 种元素；对应第二、三能级组各有 ns 和 np 两个能级，各有 4 个轨道最多容纳 8 个电子。第四周期和第五周期为长周期，各有 18 种元素，应第四、五能级组各有 ns、$(n-1)$d、np 三个能级，各有 9 个轨道最多容纳 18 个电子。第六周期和第七周期为超长周期，第六周期有 32 种元素，第七周期为未完成周期。

（2）元素分区

周期表中的元素，根据原子结构特征分成 5 个区（图 9-13）。

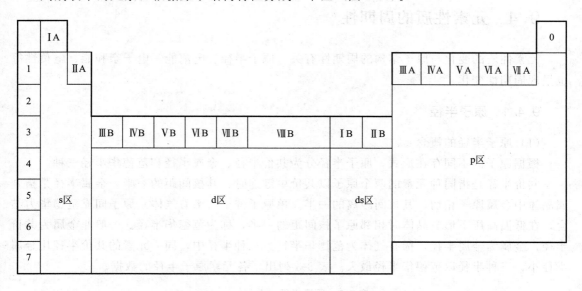

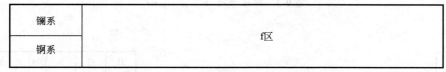

图 9-13 周期表中元素的分区

① s 区元素 价层电子构型是 ns^1 和 ns^2，最后的电子填充在 ns 轨道上。包括 I A 和 II A 族元素，属于活泼金属（氢除外）。

② p 区元素 价层电子构型是 $ns^2np^{1\sim6}$，最后的电子填充在 np 轨道上。包括 III A～VII A 族元素以及零族元素，为非金属元素和少数金属。

③ d 区元素 价层电子构型为 $(n-1)d^{1\sim9}ns^{1\sim2}$，最后的电子填充在 $(n-1)d$ 轨道上。包括 III B～VII B 族元素以及 VIII 族元素，为过渡元素，都是金属。

④ ds 区元素 价层电子构型为 $(n-1)d^{10}ns^{1\sim2}$，$(n-1)d$ 轨道全充满，最后的电子填充在 $(n-1)d$ 轨道上。包括 I B 和 II B 族元素，为过渡元素，也都是金属。

⑤ f 区元素 价层电子构型一为 $(n-2)f^{0\sim14}(n-1)d^{0\sim2}ns^2$，包括镧系和锕系元素，称为内过渡元素。f 区元素属于 III B，都是金属。

（3）价层电子构型与族

元素周期表中，族是原子价层电子构型的反应，包括为主族和副族。同族元素原子的价层电子构型相同。

① 主族 在周期表中，s 区和 p 区元素属于主族，包括 I A～VII A 族元素以及零族元素。主族元素的族数等于原子最外层（$ns+np$）的电子数，（$ns+np$）的电子数等于 8 时，则为零族元素（He 除外）。

② 副族 在周期表中，d 区、ds 区和 f 区元素属于副族，d 区元素包括 III B～VII B 族元素以及 VIII 族元素，其族数等于（$n-1$）d 及 ns 电子数的总和；VIII 族有三列元素，其（$n-1$）d 及 ns 电子数的和为 8～10。ds 区元素包括 I B、II B 族元素，其（$n-1$）d^{10} 电全充满，ns

中的电子数等于族数。f 区元素包括镧系和锕系元素，也称内过渡系元素属于ⅢB族。

9.4 元素性质的周期性

元素性质的变化与原子结构的周期性有关，原子半径、电离能、电子亲和能、电负性等也呈现周期性变化。

9.4.1 原子半径

（1）原子半径的概念

根据原子的不同存在形式，原子半径分为共价半径、金属半径和范德华半径三种。

共价半径是指同种元素的两个原子以共价单键连时，其核间距的一半。金属半径是指金属晶体中金属原子相切，其核间距离的一半。单原子分子（稀有气体）原子间靠范德华力结合，在低温高压下形成晶体时相邻原子核间距的一半，称为范德华半径。一般非金属为共价半径，金属为金属半径，稀有气体为范德华半径。三种半径中，同一元素的共价半径比金属半径小，三种半径以范德华半径最大。表 9-3 列出了各元素原子半径的数据。

表 9-3 原子半径（单位：pm）

H 37																	He 122
Li 152	Be 111											B 88	C 77	N 70	O 66	F 64	Ne 160
Na 186	Mg 160											Al 143	Si 117	P 110	S 104	Cl 99	Ar 191
K 227	Ca 197	Sc 164	Ti 145	V 132	Cr 125	Mn 124	Fe 124	Co 125	Ni 125	Cu 128	Zn 133	Ga 153	Ge 122	As 121	Se 117	Br 114	Kr 198
Rb 248	Sr 215	Y 181	Zr 160	Nb 143	Mo 136	Tc 136	Ru 133	Rh 135	Pd 138	Ag 144	Cd 149	In 163	Sn 141	Sb 141	Te 137	I 133	Xe 217
Cs 265	Ba 217		Hf 159	Ta 143	W 137	Re 137	Os 134	Ir 136	Pt 136	Au 144	Hg 160	Tl 170	Pb 175	Bi 155	Po 153	At	Rn

La 188	Ce 183	Pr 183	Nd 182	Pm 181	Sm 180	Eu 204	Gd 180	Tb 178	Dy 177	Ho 177	Er 176	Tm 175	Yb 194	Lu 173

（2）原子半径的变化规律

同一周期从左到右，主族元素的原子半径逐渐减少，随着核电荷数增加，核对外层电子的引力增大，原子半径减小。过渡元素原子半径先是缓慢减小，然后半径略有增大。镧系 15 种元素从镧（La）到镥（Lu）原子半径减小很少，这种现象称为镧系收缩。镧系收缩的结果，不仅使镧系元素半径相近，性质相似，分离困难；而且更重要的是使第五、六周期过渡元素的原子半径非常接近，性质极其相似，难以分离，如 Zr 与 Hf、Nb 与 Ta、Mo 与 W 等。

同一族从上到下，随着核电荷数增加，电子层数增加，原子半径增大。主族元素原子半径增加幅度大，副族元素原子半径增加幅度小。原子半径的周期性变规律见图 9-14。

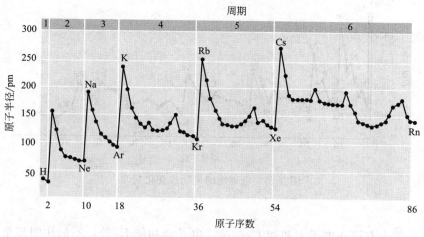

图 9-14　原子半径的周期性变化规律

9.4.2　电离能

（1）电离能的概念

基态气态原子失去电子成为带一个正电荷的气态阳离子所吸收的能量，称为第一电离能，用 I_1 表示。由 +1 价气态阳离子失去电子成为 +2 价气态阳离子所吸收的能量，称为第二电离能，用 I_2 表示。依此类推还有 I_3、I_4 等。随着原子逐步失去电子所形成的离子，正电荷数越来越多，则失去电子越来越难，同一元素原子的各级电离能依次增大，即 $I_1 < I_2 < I_3 < I_4 < \cdots$例如：

$$Li(g) - e^- \rightarrow Li^+(g) \qquad I_1 = 520.2 kJ \cdot mol^{-1}$$
$$Li^+(g) - e^- \rightarrow Li^{2+}(g) \qquad I_2 = 7298.1 kJ \cdot mol^{-1}$$
$$Li^{2+}(g) - e^- \rightarrow Li^{3+}(g) \qquad I_3 = 11815 kJ \cdot mol^{-1}$$

电离能通常不加注明，指的是第一电离能。电离能的大小，反映了气态原子失去电子的难易。电离能越小，气态原子失去电子越容易，金属性越强；反之，电离能越大，气态原子失去电子越难，金属性越弱。

（2）电离能的变化规律

电离能的大小随原子序数的增加呈现周期性变化规律（图 9-15）。

同一周期从左到右，随核电荷数增大，原子半径减小，核对外层电子引力增大，不易失去电子，电离能逐渐增大。但有例外，如第一电离能 Be 大于 B、N 大于 O、Mg 大于 Al、P 大于 S 等。原因在于 Be、Mg 和 N、P 的电子层结构分别是全充满和半充满，结构相对稳定，失去电子比较难，则电离能相对比较大。同一周期。ⅠA 的 I_1 最小，稀有气体的 I_1 最大。

同一族从上到下，随着原子半径的增大，核对外层电子的引力减弱，电子容易于失去，电离能逐渐减小。

9.4.3　电子亲和能

（1）电子亲和能的概念

元素的气态原子在基态时获得一个电子成为一价气态阴离子所放出的能量，称为第一电

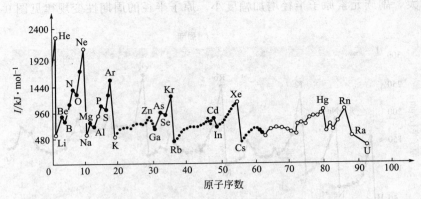

图 9-15　电离能的周期性变化规律

子亲和能 E_1。

电子亲和能也有第一电子亲和能 E_1、第二电子亲和能 E_2 等，不加注明都是指第一电子亲和能。当一价气态阴离子获得电子时，要克服负电荷之间的排斥力，因此要吸收能量。

例如：

$$O(g)+e^- \longrightarrow O^-(g) \qquad E_1=-141.0kJ \cdot mol^{-1}$$

$$O^-(g)+e^- \longrightarrow O^{2-}(g) \qquad E_2=+844.2kJ \cdot mol^{-1}$$

电子亲和能的大小反映了原子得到电子的难易，元素第一电子亲和能 E_1 一般为负值。而稀有气体和ⅡA碱土金属原子的第一电子亲和能均为正值，原因在于稀有气体和碱土金属最外电子亚层已全充满，要加和一个电子必须吸收能量才能实现。

表 9-4 列出了主族元素的电子亲和能数据。

表 9-4　主族元素的电子亲和能（kJ · mol^{-1}）

H −72.7							He +48.2
Li −59.6	Be +48.2	B −26.7	C −121.9	N +6.75	O −141.0	F −328.0	Ne +115.8
Na −52.9	Mg +38.6	Al −42.5	Si −133.6	P −72.1	S −200.4	Cl −349.0	Ar +96.5
K −48.4	Ca +28.9	Ga −28.9	Ge −115.8	As −78.2	Se −195.0	Br −324.7	Kr +96.5
Rb −46.9	Sr +28.9	In −28.9	Sn −115.8	Sb −103.2	Tb −190.2	I −295.1	Xe +77.2

注：本表数据依据 H. Hotop and W. C. Lineberger，J. Phys. Chem. Ref. Data，14，731（1985）。

（2）电子亲和能的变化规律

元素电子亲和能的大小取决于原子半径和原子的电子层结构，电子亲和能的变化规律如图 9-16 所示。

同一周期从左到右，原子半径逐渐减小，核对外层电子的引力增大，元素的电子亲和能的代数值减小。卤素的电子亲和能呈现最大负值。碱土金属和稀有气体的电子亲和能为都是正值。

同一主族从上到下，电子亲和能代数值基本呈现增大的趋势，比较特殊的是 N 原子的电子亲和能是正值，这是由于它具有半充满 p 亚层稳定结构，原子半径小，电子间排斥力

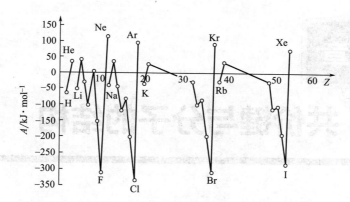

图 9-16 主族元素的电子亲和能变化规律

大，得电子困难。另外，值得注意的是，电子亲和能最大负值不是出现在 O、F 原子，而是 S、Cl 原子。这是由于 O、F 原子半径小，进入的电子会受到原有电子较强的排斥，用于克服电子排斥所消耗的能量相对多些。

9.4.4 元素的电负性

（1）电负性的概念

电离能表示原子失去电子的能力，电子亲和能表示原子得到电子的能力，在许多反应中并非单纯的电子得失，要综合来考虑。1932 年 Pauling 首先提出了元素电负性概念，电负性表示一个元素的原子在分子中吸引电子的能力，用符号 X 表示。规定 F 原子的电负性为 4，其他原子与 F 原子相比较，通过计算得出其他元素原子的电负性数值，即 Pauling 电负性数据见表 9-5。

表 9-5 元素电负性

H 2.18																	He
Li 0.98	Be 1.57											B 2.04	C 2.55	N 3.04	O 3.44	F 3.98	Ne
Na 0.93	Mg 1.31											Al 1.61	Si 1.90	P 2.19	S 2.58	Cl 3.16	Ar
K 0.82	Ca 1.00	Sc 1.36	Ti 1.54	V 1.63	Cr 1.66	Mn 1.55	Fe 1.80	Co 1.88	Ni 1.91	Cu 1.90	Zn 1.65	Ga 1.81	Ge 2.01	As 2.18	Se 2.55	Br 2.96	Kr
Rb 0.82	Sr 0.95	Y 1.22	Zr 1.33	Nb 1.60	Mo 2.16	Tc 1.90	Ru 2.28	Ru 2.20	Pd 2.20	Ag 1.93	Cd 1.69	In 1.73	Sn 1.96	Sb 2.05	Te 2.10	I 2.66	Xe
Cs 0.79	Ba 0.89	La 1.10	Hf 1.30	Ta 1.50	W 2.36	Re 1.90	Os 2.20	Ir 2.20	Pt 2.28	Au 2.54	Hg 2.00	Tl 2.04	Pb 2.33	Bi 2.02	Po 2.00	At 2.20	

（2）电负性的变化规律

从表 9-5 可以看出，同一周期从左到右，元素电负性增大，非金属性增强，金属性减弱。同一族中从上到下，元素电负性减小，金属性增强，非金属性减弱。

一般金属元素的电负性小于 2.0，非金属元素的电负性大于 2.0，但也有例外，所以电负性小于或大于 2.0，不是区分金属和非金属的严格界限。

共价键与分子的结构

物质的性质决定于分子的性质及分子间的作用力，而分子的性质又是由分子的内部结构决定的。因此研究分子中的化学键及分子间的作用力对于了解物质的性质和变化规律具有重要意义。

分子或晶体内相邻原子或离子间强烈的相互作用称为化学键（chemical bond）。化学键包括三种基本类型即离子键、共价键、金属键。在这三种类型化学键中，以共价键相结合的化合物占已知化合物的 90% 以上。本章介绍共价键理论、分子的空间构型、分子间力与氢键、离子极化理论以及晶体结构知识等。

1916 年美国化学家 Lewis 提出，原子之间是通过共用电子对结合形成稳定分子的。1927 年德国化学家 Heitler 和 London F. 首先应用量子力学处理 H_2 分子结构，初步揭示了共价键的本质，使共价键理论从典型的 Lewis 理论发展到今天的现代共价键理论。

现代共价键理论包括价键理论、杂化轨道理论、价层电子对互斥理论和分子轨道理论。

10.1 价键理论

10.1.1 共价键的形成

以 H_2 分子形成为例，当两个氢原子（各有一个自旋方向相反的电子）互相靠近时，随着核间距的减小，两个氢原子的 1s 原子轨道发生重叠，使电子在两核间出现的概率大，即两核间形成负电区，两个氢原子核都被负电区吸引，使氢原子结合形成 H_2 分子（图 10-1）。

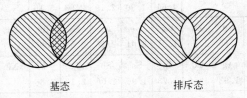

基态　　　　　　排斥态

图 10-1　H_2 分子的核间距

共价键的实质是由于原子轨道重叠，原子核间电子概率密度大，吸引原子核而成键。对 H_2 分子的处理结果推广到其他分子中，形成了以量子力学为基础的价键理论，又称电子配对法。

10.1.2 价键理论的要点

① 形成共价键时，原子双方各提供自旋方向相反的未成对价电子，彼此配对成键。

② 成键电子的原子轨道重叠越多，形成的共价键越牢固。即成键双方的原子轨道尽可

能最大限度地重叠——最大重叠原理。

10.1.3　共价键的特征

共价键的特征是有饱和性和方向性。

（1）饱和性

一个原子有几个单电子，便可与其他原子的几个自旋方向相反的单电子配对成键，原子中的单电子数决定了共价键的数目，即为共价键的饱和性。例如 H 原子 1s 轨道上的 1 个电子与另一个 H 原子 1s 轨道上的自旋相反的 1 个电子配对，形成 H_2 分子后，每个 H 原子就不再具有单电子，也就不可能与第三个 H 原子结合成 H_3 分子，即共价键具有饱和性。

（2）方向性

原子轨道在空间分布有一定的伸展方向，为了满足原子轨道的最大重叠，形成的共价键当然要有方向性。

s 原子轨道是球形对称，s 原子轨道与 s 原子轨道重叠没有方向限制。其他 p、d、f 原在空间都有一定的伸展方向，只有沿着一定的方向才能进行最大重叠，即原子间形成共价键时具有方向性。

例如氢原子与氯原子结合形成 HCl 分子时，要求 H 原子的 1s 原子轨道沿着氯原子具有单电子的 $3p_x$ 轨道的方向重叠，同时保持对称性相同，从而保证达到最大的重叠，形成稳定的共价键［图 10-2(a)］。图 10-2(b)、(c) 所示的重叠方式，不是最大重叠。

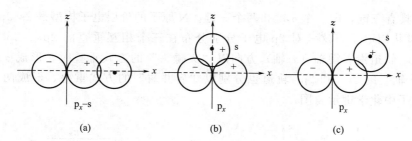

图 10-2　s 和 p_x 轨道的重叠示意图

可见，共价键的方向性与成键时要求原子轨道最大重叠有关。

10.1.4　共价键的类型

根据有无极性，共价键分为极性共价键和非极性共价键；根据重叠方式，共价键主要分为 σ 键和 π 键，还有 δ 键不常见。根据共用电子对来源，将由一方提供电子对形成的共价键归类为配位键。

（1）σ 键

原子轨道沿键轴（即成键两原子核间的连线）方向进行同号重叠形成的共价键称为 σ键。同号重叠是指原子轨道"＋"与"＋"重叠，"－"与"－"重叠，即两个原子轨道以对称性相同的部分重叠。例如 s-s、s-p_x 和 p_x-p_x 原子轨道沿着键轴（x 轴）方向以"头碰头"方式进行重叠形成 σ 键［图 10-3(a)］。σ 键的形象化描述是"头碰头"重叠。σ 键的特点是对键轴呈圆柱形对称，即将成键原子轨道绕键轴旋转任意角度，其图形及符号均保持不变。

（2）π键

原子轨道垂直核间连线（键轴）并相互平行进行同号重叠形成的共价键称为π键。例如 p_y 与 p_y 原子轨道、p_z 与 p_z 原子轨道的重叠。如图 10-3（b）所示为 p_y 与 p_y 原子轨道以"肩并肩"方式进行重叠形成的π键。π键的特点是对键轴所在的 xy 平面具有反对称性。即成键轨道围绕键轴旋转 180°时，图形相同，但符号相反，呈镜面反对称分布。

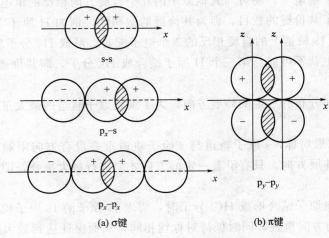

(a) σ键 (b) π键

图 10-3 σ键和π键

N_2 分子具有三键，即一个σ键和两个π键。N 原子的价层电子构型是 $2s^2 2p^3$，形成 N_2 分子时有三对共用电子。这三对 2p 电子分别分布在三个相互垂直的 $2p_x$、$2p_y$、$2p_z$ 轨道内。当两个 p_x 轨道沿着键轴（x 轴）方向以"头碰头"的方式重叠时，形成σ键；这时垂直于键轴（x 轴）的 $2p_y$ 和 $2p_z$ 轨道也分别以"肩并肩"的方式重叠，形成两个π键。图 10-4 为 N_2 分子中化学键示意图。

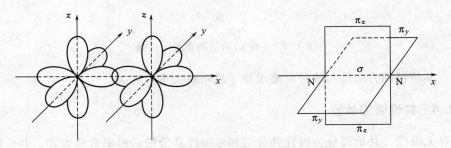

图 10-4 N_2 分子形成示意

（3）δ键

一个原子的 d 轨道与另一个原子相匹配的 d 轨道（例如 d_{xy} 与 d_{xy}）以"面对面"的方式重叠（通过键轴有两个节面），形成的键就称为δ键（图 10-5 所示）。

（4）配位共价键

共价键中共用的两个电子通常由两个原子分别提供，但也可以由一个原子提供一对电子，两个原子共用。凡共用的一对电子由一个原子单独提供形成的共价键称为配位键。配位键用"→"表示，箭头方向是从提供电子对的原子指向接受电子对的原子。

例如在 CO 分子中，O 原子以 2p 轨道中的 2 个单电子与 C 原子 2p 轨道中的 2 个单电子

形成 1 个 σ 键和 1 个 π 键，O 原子单独提供一对孤对电子进入 C
原子的 1 个 2p 空轨道形成 1 个配位键。可表示为：

$$:\overset{\cdot}{\underset{\cdot}{C}} \ + \ \overset{\cdot}{\underset{\cdot}{O}}: \longrightarrow :C \equiv O:$$

配位键的形成条件有两个：即提供共用电子对的原子有孤对
电子；接受共用电子对的原子有空轨道。

很多无机物的分子或离子以及一些天然物质如血红素、叶绿
素等分子里都有配位键。

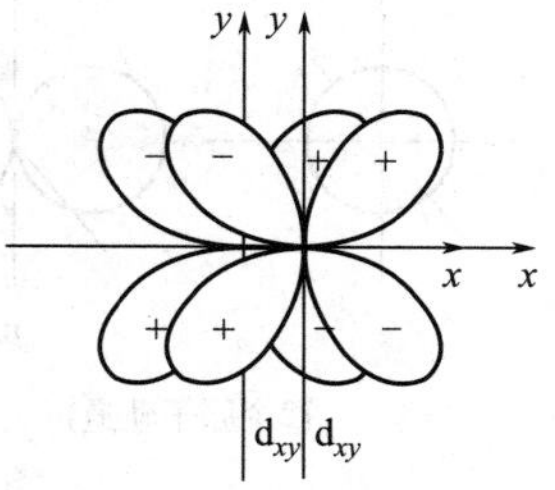

图 10-5　由两个 d_{ry}
轨道重叠而成的 δ 键

10.1.5　价键理论的局限性

价键理论较好地说明了双原子分子价键的形成，解释了共价
键的方向性和饱和性。价键理论的局限性在于，不能解释多原子分子价键的形成和分子的空
间构型问题。

10.2　杂化轨道理论

1931 年 Pauling 在价键理论的基础上提出了杂化轨道理论，该理论可以解释多原子分子
价键的形成和分子的空间构型。

10.2.1　杂化轨道理论的要点

① 原子在成键时，其价层中能量相近的原子轨道，重新组合形成新的原子轨道。轨道
重新组合的过程称为杂化，杂化后形成的新轨道称为杂化轨道。

② 参加杂化的原子轨道数目等于经杂化形成的杂化轨道数目。

③ 杂化轨道形状是一头大、一头小，杂化轨道成键时用大的一头与其他原子成键重叠，
可以满足"轨道最大重叠原理"，提高原子的成键能力。因此杂化轨道比原有的原子轨道成
键能力更强。

总之，不同原子轨道以不同比例组合时，得到的杂化轨道角度分布的最大值方向不同，
能较好地说明成键方向或空间构型。

10.2.2　杂化类型与分子构型

（1）sp 杂化

同一原子的 1 个 ns 轨道和 1 个 np 轨道组合称为 sp 杂化，形成的新轨道称为 sp 杂化轨
道。由于杂化前后轨道数相等，sp 杂化后形成 2 个 sp 杂化轨道。每个 sp 杂化轨道均含有
$\frac{1}{2}$ s 轨道成分和 $\frac{1}{2}$ p 轨道成分，sp 杂化轨道呈一头大、一头小，2 个 sp 杂化轨道间的夹角
为 180°，呈直线形分布（图 10-6）。

实验测知 $BeCl_2$ 分子的空间构型为直线型。

Be 原子的价层电子构型为 $2s^2$，成键时 1 个 2s 电子激发到 1 个空的 2p 轨道，变为激发
态 $2s^1 2p_x^1$，1 个 2s 轨道和 1 个 $2p_x$ 轨道进行 sp 杂化，形成 2 个 sp 杂化轨道且呈直线型分
布，Be 原子的 2 条 sp 杂化轨道分别以大的一头与 2 个 Cl 原子的 3p 轨道成键，形成 2 个
（sp-p）σ 键，故形成的 $BeCl_2$ 分子呈直线型（图 10-7），

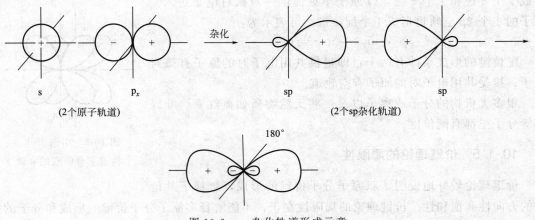

图 10-6　sp 杂化轨道形成示意

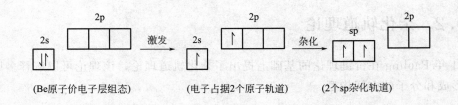

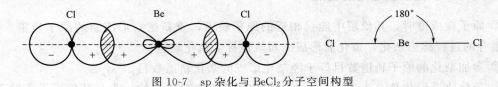

图 10-7　sp 杂化与 $BeCl_2$ 分子空间构型

　　此外ⅡB族 Zn、Cd、Hg 的共价化合物中心原子多采取 sp 杂化方式。

　　（2）sp^2 杂化

　　同一原子的 1 个 ns 轨道和 2 个 np 轨道组合称为 sp^2 杂化，形成的新轨道称为 sp^2 杂化轨道。由于杂化前后轨道数相等，sp^2 杂化后形成 3 个 sp^2 杂化轨道。每个 sp^2 杂化轨道形状也是一头大、一头小，且每个 sp^2 杂化轨道含有 $\frac{1}{3}$ s 轨道成分和 $\frac{2}{3}$ p 轨道成分。3 个 sp^2 杂化轨道之间夹角互为 120°，呈正三角形分布 [图 10-8（a）]。

　　实验测知 BF_3 分子的空间构型为正三角形。

　　B 原子价层电子构型为 $2s^2 2p_x^1$，成键时 2s 轨道上的 1 个电子激发到 2p 空轨道，变为激发态 $2s^1 2p_x^1 2p_y^1$，1 个 2s 轨道和 2 个 2p 轨道进行 sp^2 杂化，形成 3 个 sp^2 杂化轨道，分别与 F 原子的 2p 轨道重叠，形成 3 个（sp^2-p）σ 键，键角为 120°。故 BF_3 分子构型为正三角形 [图 10-8（b）]。

　　除 BF_3 外，其他气态卤化硼分子如 BCl_3 以及 NO_3^{3-}、CO_3^{2-} 等离子的中心原子也是采取 sp^2 杂化。

　　（3）sp^3 杂化

　　同一原子的 1 个 ns 轨道和 3 个 np 轨道组合称为 sp^3 杂化，形成的新轨道称为 sp^3 杂化轨道。由于杂化前后轨道数相等，sp^3 杂化后形成 4 个 sp^3 杂化轨道。sp^3 杂化轨道形状也是

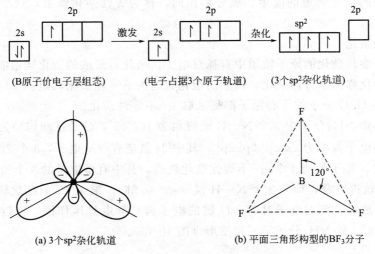

图 10-8　sp^2 杂化和 BF_3 分子构型

一头大、一头小，每个 sp^3 杂化轨道含有 $\frac{1}{4}$ s 轨道成分和 $\frac{3}{4}$ p 轨道成分。4 个 sp^3 杂化轨道的夹角互为 $109°28'$，呈正四面体分布 [图 10-9(a)]。

实验测知 CH_4 分子空间构型为正四面体。

C 原子的价层电子构型为 $2s^2 2p^2$，成键时 2s 轨道上的 1 个电子激发到 2p 空轨道，变为激发态 $2s^1 2p_x^1 2p_y^1 2p_z^1$，1 个 2s 轨道和 3 个 2p 轨道进行 sp^3 杂化，形成 4 个 sp^3 杂化轨道，分别与 H 原子的 1s 轨道重叠，形成 4 个（sp^3-s）σ 键，键角为 $109°28'$。故 CH_4 分子空间构型为正四面体 [图 10-9(b)]。

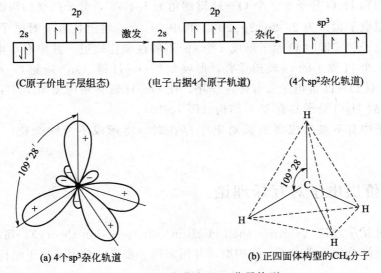

图 10-9　sp^3 杂化和 CH_4 分子构型

除 CH_4 分子外，CCl_4、$CHCl_3$、CF_4、SiH_4、$SiCl_4$、$GeCl_4^-$ 等的中心原子也是采取 sp^3 杂化。

前面介绍的三种 s-p 杂化方式中，参与杂化的均是含有未成对电子的原子轨道，每一种杂化方式所得到的杂化轨道的能量、成分都相同，称为等性杂化轨道，这个过程称为等性杂化。

（4）不等性杂化

若中心原子参与杂化的原子轨道中有孤对电子，杂化后形成的杂化轨道能量、成分不完全相同，这类杂化称为不等性杂化，产生的杂化轨道为不等性杂化轨道。

NH_3 分子和 H_2O 分子的中心原子都是采取 sp^3 不等性杂化。

根据实验测知 NH_3 分子中 3 个 N—H 键键角为 $107°18'$，分子空间构型为三角锥形。

N 原子价层电子构型为 $2s^2 2p_x^1 2p_y^1 2p_z^1$，其中 2s 轨道有一对电子，3 个 2p 轨道各有 1 个单电子，成键时 N 原子形成 4 个 sp^3 不等性杂化轨道，其中有单电子的 3 个 sp^3 杂化轨道与 3 个 H 原子的 1s 轨道重叠，形成 3 个 N—H 键（sp^3-sσ 键），第 4 个 sp^3 杂化轨道为孤对电子所占有，不参与成键。孤对电子对 N—H 键的电子云有静电排斥作用，使键角变小为 $107°18'$ 而不是 $109°28'$。故 NH_3 分子呈三角锥形（图 10-10）。

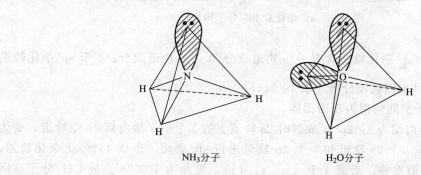

NH_3 分子 H_2O 分子

图 10-10 NH_3 分子和 H_2O 分子结构

根据实验测知 H_2O 分子中 2 个 O—H 键键角为 $104°45'$，分子的空间构型为 V 形。

O 原子价层电子构型为 $2s^2 2p_x^2 2p_y^1 2p_z^1$。其中 2s、$2p_x$ 轨道各有一对电子，$2p_y$、$2p_z$ 轨道各有 1 个单电子。成键时 O 原子形成 4 个 sp^3 不等性杂化轨道，其中有单电子的 2 个 sp^3 杂化轨道各与 1 个 H 原子的 1s 轨道重叠，形成 2 个 O—H 键（sp^3-sσ 键），有孤对电子的 2 个 sp^3 杂化轨道对 O—H 键电子云有排斥作用，使 O—H 键夹角压缩至 $104°45'$（比 NH_3 分子的键角小），故 H_2O 分子具有 V 形结构（图 10-10）。

因此，原子中有不参与成键的孤对电子存在时，将形成不等性杂化，且使键角发生变化。

* 10.3   价层电子对互斥理论

价层电子对互斥理论（valence shell electron pair repulsion theory），简称 VSEPR 法，该理论可以预测简单分子或离子空间构型，并用来进一步确定分子或离子结构。

10.3.1   价层电子对互斥理论要点

① AB_m 型分子或离子的几何构型取决于中心 A 原子价层中电子对（包括成键电子对和孤电子对）的排斥作用，分子的构型总是采取电子对相互排斥力最小的形式。

② 孤电子对比成键电子对接近中心原子，只受中心原子核的吸引，电子云密度大，对

相邻电子对的斥力较大。电子对之间斥力大小顺序为：

　　孤电子对－孤电子对＞孤电子对－成键电子对＞成键电子对－成键电子对

　　③ 如果 AB_m 分子中存在双键或三键，按生成单键来考虑，即只考虑提供一个成键电子。多重键具有较多的电子而斥力大，其斥力大小顺序为：三键＞双键＞单键。

10.3.2　分子的空间结构

利用 VSEPR 法推断分子或离子空间构型的具体步骤如下。

（1）确定中心原子 A 价层电子对数目

中心原子 A 的价电子数与配体 X 提供共用的电子数之和的一半，就是中心原子 A 价层电子对的数目。例如 BCl_3 分子，B 原子有 3 个价电子，三个 Cl 原子各提供 1 个电子，共 6 个电子，所以 B 原子价层电子对数为 3。

　　① 氧族元素原子作为配位原子时，可认为其不提供电子，但氧族元素原子作为中心原子时，认为其提供所有的 6 个价电子。

　　② 如果讨论的是离子，要加减与离子电荷相应的电子数。例如 NH_4^+ 中心 N 原子价层电子数总数为 8，中心则应减去 1。

　　③ 如果价层电子数出现奇数，可把这个单电子当作电子对看待。如 NO_2 中心价层电子总数为 5，O 原子不提供电子。因此中心原子 N 价层电子总数为 5，则电子对数为 3。

（2）确定中心原子价层电子对空间构型

由于价层电子对之间相互排斥，它们趋于尽可能地相互远离。中心原子价层电子对与价层电子对构型的关系如表 10-1 所示。

表 10-1　中心原子价层电子对与电子对构型的关系

价层电子对数目	2	3	4	5	6
价层电子对构型	直线	三角形	四面体	三角双锥	八面体

（3）分子空间构型的确定

价层电子对有成键电子对和孤电子对之分。中心原子周围配位原子数，就是成键电子对数，价层电子对的总数减去成键电子对数，得到孤电子对数。根据成键电子对数和孤电子对数，可以确定分子的空间构型（表 10-2）。

表 10-2　分子空间构型

电子对数目	电子对的空间构型	成键电子对数	孤电子对数	电子对的排列方式	分子的空间构型	实　例
2	直线	2	0		直线	$BeCl_2$ CO_2
3	三角形	3	0	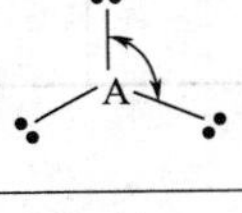	三角形	BF_3 SO_3
		2	1	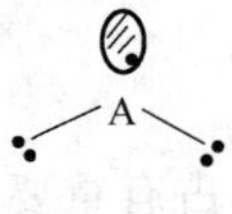	V 形	NO_2 SO_2

续表

电子对数目	电子对的空间构型	成键电子对数	孤电子对数	电子对的排列方式	分子的空间构型	实 例
4	四面体	4	0		四面体	CH_4 CCl_4
		3	1		三角锥	NH_3 NF_3
		2	2		V形	H_2O H_2S
5	三角双锥	5	0		三角双锥	PCl_5 $AsCl_5$
		4	1		变形四面体	SF_4 $TeCl_4$
		3	2		T-形	BrF_3 ICl_3
		2	3		直线形	XeF_2
6	八面体	6	0		八面体	SF_6
		5	1		四角锥	IF_5
		4	2		正方形	XeF_4

10.4 分子轨道理论

分子轨道理论在共价键理论中占有重要地位。价键理论、杂化轨道理论、价层电子对互斥理论都属于现代共价键理论，认为电子在原子轨道中运动，电子属于定域的。分子轨道理论，把分子作为一个整体考虑，认为分子中的电子在整个分子范围内运动，电子属于非定域的，引入了分子轨道的概念。

10.4.1　分子轨道的形成

分子轨道由原子轨道线性组合而成，分子轨道的数目与参与组合的原子轨道数目相等。例如 H_2 分子中，两个 2 个 H 原子有 2 个 1s 原子轨道可以组合成两个 H_2 分子轨道。

如图 10-11 所示，ψ_a 和 ψ_b 表示 2 个 H 原子的 1s 原子轨道，Ψ_I 和 Ψ_{II} 表示两个 H_2 分子轨道。Ψ_I 能量低于原子轨道称为成键分子轨道，在成键轨道中填入电子使体系能量降低，有利于分子的形成；Ψ_{II} 能量高于原子轨道称为反键分子轨道。在反键轨道中填入电子使体系能量升高，不利于分子的形成（图 10-12）。

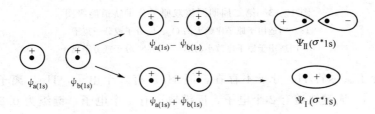

图 10-11　H_2 分子轨道的形成

原子轨道有效地组合成分子轨道应遵循三个原则：对称性匹配原则，能量相近原则，轨道最大重叠原则。其中对称性匹配原则是关键，决定原子轨道能否组合成分子轨道；能量相近原则和轨道最大重叠原则决定原子轨道组合成分子轨道的效率。图 10-13 为原子轨道组合成分子轨道示意图。

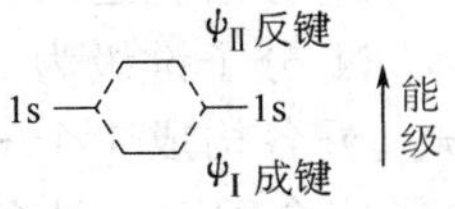

图 10-12　原子轨道和分子轨道的能级

10.4.2　分子轨道能级

分子轨道能级与组成它的原子轨道能级有关，每个分子轨道都有相应的能量，分子轨道能量由低到高排列组成分子轨道能级图。第二周期同核双原子分子轨道能级图（图 10-13）。

10.4.3　电子在分子轨道中的分布

分子中所有电子属于整个分子，电子在分子轨道中的分布依据分子轨道能级图，同时遵循电子分布三原理，电子在分子轨道中的分布可以用分子轨道式表示。

分子轨道理论用键级表示分子或分子离子的稳定性，也表示分子或分子离子中共价键的数目，键级是指分子中净成键电子数的一半。

$$键级 \stackrel{def}{=\!=\!=} (成键轨道上的电子数 - 反键轨道上的电子数)/2$$

一般，键级越大，则成键电子数越多，分子体系能量降低得越多，分子越稳定。

H_2 分子有 2 个电子，其分子轨道式：$H_2[(\sigma 1s)^2]$。H_2 分子键级 $=(2-0)/2=1$，表示 H_2 分子是单键，这与价键理论一致。

He_2 分子有 4 个电子，其分子轨道式：$He_2[(\sigma 1s)^2(\sigma^* 1s)^2]$。由于 He_2 分子有 2 个成键电子，2 个反键电子，其键级为零，说明 He 之间无化学键，He_2 分子不存在，因此稀有

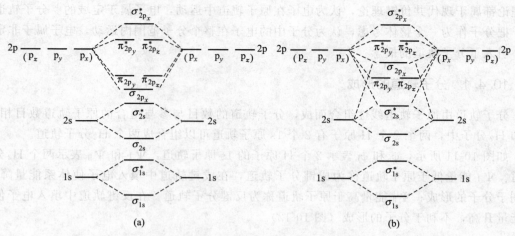

图 10-13　第二周期同核双原子分子轨道能级图

(a) 图适用于原子序数大的 O_2、F_2 分子或分子离子。

(b) 图适用于原子序数小的 B_2、C_2、N_2 分子或分子离子。

气体是单原子分子。尽管 He_2 分子不存在，但 He_2^+ 有 3 个电子，He_2^+ 离子轨道式：He_2^+ [$(\sigma1s)^2(\sigma^*1s)^1$]，成键轨道有 2 个电子，反键轨道有 1 个电子，键级为 0.5。He_2^+ 只有半个共价键，虽然不稳定，但 He_2^+ 能够存在。

根据物质磁性实验，凡是有未成对电子的分子具有顺磁性，具有这种性质的物质叫顺磁性物质。反之，电子完全配对的分子则具有反磁性，具有这种性质的物质叫反磁性物质。

N_2 分子轨道式：N_2[$(\sigma_{1s})^2(\sigma_{1s}^*)^2(\sigma_{2s})^2(\sigma_{2s}^*)^2(\pi_{2py})^2(\pi_{2pz})^2(\sigma_{2px})^2$]

N_2 分子键级为 $(8-2)/2=3$，说明 N_2 分子是三键即 $(\sigma_{2px})^2$ 构成 1 个 σ 键，$(\pi_{2py})^2$、$(\pi_{2pz})^2$ 各构成 1 个 π 键。所以 N_2 分子中有 1 个 σ 键和 2 个 π 键，N_2 分子特别稳定。N_2 分子电子完全配对，具有反磁性。

O_2 分子轨道式：O_2[$(\sigma_{1s})^2(\sigma_{1s}^*)^2(\sigma_{2s})^2(\sigma_{2s}^*)^2(\sigma_{2px})^2(\pi_{2py})^2(\pi_{2pz})^2(\pi_{2py}^*)^1(\pi_{2pz}^*)^1$]，$O_2$ 分子键级为 $(8-4)/2=2$，说明 O_2 分子是双键即 $(\sigma_{2px})^2$ 构成 1 个 σ 键，$(\pi_{2py})^2$ 与 $(\pi_{2py}^*)^1$ 构成 1 个三电子 π 键，$(\pi_{2pz})^2$ 与 $(\pi_{2pz}^*)^1$ 构成 1 个三电子 π 键。所以 O_2 分子中有 1 个 σ 键和 2 个三电子 π 键，其中 2 个三电子 π 键相当于 1 个 π 键。O_2 分子中有 2 个单电子，故 O_2 分子具有顺磁性。

总之，分子轨道理论能预测分子或分子离子能否存在，即键级为零，则不存在。能用键级比较分子或分子离子的稳定性，即键级越大分子越稳定。能说明分子的磁性，即凡是有未成对电子的分子具有顺磁性，电子完全配对的分子则具有反磁性。

10.5　分子间力与氢键

分子内原子之间在的结合靠化学键，物质中的分子之间存在着分子间力。分子间力是由荷兰物理学家 van der Waals 提出，又称 van der Waals 力。分子间力影响物质的熔点、沸点、溶解度等物理性质，分子间力与分子的结构有关，也与分子的极性有关。

10.5.1　分子的极性与偶极矩

分子中有正电荷部分（各原子核）和负电荷部分（电子），分子中的正电重心和负电重心不重合，该分子是极性分子。分子的极性大小可以用偶极矩（$\vec{\mu}$）来衡量。

$$\vec{\mu} = qd$$

分子的偶极矩等于正电重心或负电重心上的电量（q）与正、负电荷重心距离（d）的乘积。$\vec{\mu}$ 单位为库仑·米（C·m），偶极矩是一个矢量，其方向是从正电重心指向负电重心。表 10-3 列出了一些分子的偶极矩数值。

表 10-3　分子的偶极矩 $\vec{\mu}$　　　　　　　单位：10^{-30} C·m

分子	$\vec{\mu}$	分子	$\vec{\mu}$	分子	$\vec{\mu}$
H_2	0	BF_3	0	CO	0.40
Cl_2	0	SO_2	5.33	HCl	3.43
CO_2	0	H_2O	6.16	HBr	2.63
CH_4	0	HCN	6.99	HI	1.27

偶极矩为零的分子是非极性分子，极性分子的偶极矩越大表示分子的极性越强。

双原子分子的极性与键的极性是一致的，例如 H_2、Cl_2、O_2 等分子含有非极性键，都是非极性分子。多原子分子的极性与键的极性不一定一致。例如 CO_2 分子含有极性键，但 CO_2 是直线型分子，其结构对称，键的极性抵消，所以 CO_2 非极性分子。H_2O 分子也含有极性键，但 H_2O 分子是 V 形构型，其结构不对称，键的极性不能抵消，所以 H_2O 分子是极性分子。总之，多原子分子是否具有极性，不仅取决于分子中键的极性，还与分子的空间结构有关。

10.5.2　分子的变形性

在电场中，极性分子和非极性分子的正、负电重心都将发生变化。如图 10-14 所示，非极性分子原来重合的正、负电重心，在电场影响下，互相分离，产生了偶极，这种偶极称为诱导偶极 $\Delta\vec{\mu}$；极性分子的偶极矩称为固有偶极 $\vec{\mu}$，也称永久偶极。极性分子在电场作用下，其偶极可以增大，这种在电场影响下产生的偶极矩是诱导偶极。即极性分子和非极性分子在电场中都产生诱导偶极。

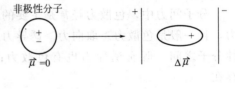

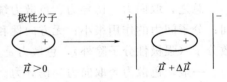

图 10-14　外电对分子极性的影响

诱导偶极 $\Delta\vec{\mu}$ 的大小和电场强度成正比，也和分子变形性成正比。所谓分子变形性即为分子的正、负电重心的可分程度。分子变形性和分子大小有关，分子体积越大，电子越多，分子变形性越大。

另外，非极性分子无外电场时，由于运动、碰撞，原子核和电子的相对位置发生变化，其正、负电重心可有瞬间不重合；极性分子也会由于运动、碰撞，改变正、负电重心。这种由于分子在一瞬间正、负电重心不重合而产生的偶极称为瞬间偶极。总之，分子间偶极矩包括固有偶极、诱导偶极和瞬间偶极。

10.5.3　分子间力

分子间存在的较弱的相互作用力称作分子间力。分子间力包括取向力、诱导力和色散力，统称范德华力。

（1）取向力

极性分子之间靠固有偶极与固有偶极作用称为取向力（图 10-15）。

取向力仅存在于极性分子之间。

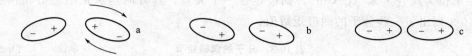

图 10-15　取向力

（2）诱导力

诱导偶极与固有偶极之间的相互作用称为诱导力（图 10-16）。极性分子的作用相当于电场，在极性分子固有偶极的作用下，会使非极性分子产生诱导偶极，或使极性分子的偶极增大（也产生诱导偶极），这时诱导偶极与固有偶极之间形成诱导力。因此诱导力存在于极性分子与非极性分子之间，也存在于极性分子和极性分子之间。

（3）色散力

瞬间偶极与瞬间偶极之间的作用称为色散力（图 10-17）。无论极性分子还是非极性分子都有瞬间偶极，因此色散力存在于极性分子与极性分子之间，极性分子与非极性分子之间，非极性分子与非极性分子之间，可见色散力存在广泛。

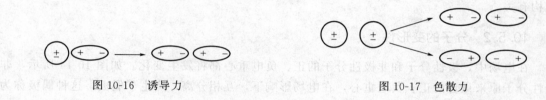

图 10-16　诱导力　　　　　　　　　　　　　　图 10-17　色散力

分子间力中，色散力经常是主要的。对于大多数分子而言，色散力是分子间的主要作用力，且一般是色散力＞取向力＞诱导力。在非极性分子之间只有色散力；在极性分子和非极性分子之间，既有诱导力也有色散力；而在极性分子之间，取向力、诱导力和色散力都存在。

总之，取向力、诱导力、色散力统称为分子间力。其具有以下共性：永远存在于分子之间；分子间力的作用很小；无方向性和饱和性；是近程力，作用范围仅几百皮米；对于大多数分子（强极性分子除外），色散力是主要的。

一般，色散力≫取向力＞诱导力。

色散力与分子变形性有关。分子变形性越大，色散力也就越强。诱导力与分子的极性和变形性有关。极性分子极性越强，非极性分子变形性越大，诱导力越强。取向力与分子的极性，分子间距离及温度有关。分子极性越强，取向力越强；分子间距离越大取向力越弱；温度越高，分子热运动加剧分子取向混乱，取向力越弱。

表 10-4 列出一些分子的分子间力。

分子间力对物质的物理性质起着重要作用。根据分子间力的大小，可以比较物质的沸点、熔点高低。

从上表 10-4 可见，HCl、HBr、HI 的分子间力依次增大，其沸点和熔点则依次递增。因此常温下氯是气体，溴是液体，碘是固体。

表 10-4　分子间力　　　　　　　　　　　　　　　单位：kJ·mol⁻¹

分子	取向力	诱导力	色散力	总能量
Ar	0.000	0.000	8.49	8.49
CO	0.003	0.008	8.74	8.75
HI	0.025	0.113	25.8	25.9
HBr	0.686	0.502	21.9	23.1
HCl	3.30	1.00	16.8	21.1
NH₃	13.3	1.55	14.9	29.8
H₂O	36.3	1.92	8.99	47.2

10.5.4　氢键

（1）氢键的形成

以 HF 分子为例，HF 是非常典型的极性分子，F 的电负性相当大，电子对强烈偏向 F，而 H 几乎成了质子，这种 H 与其他 HF 分子中电负性大、半径小的 F 原子相互接近时，产生的一种静电吸引作用称为氢键。氢键用虚线表示：F—H···F—H，见图 10-18。

H 原子与电负性很大、半径很小的原子（如 F、O、N 等）都能结合形成氢键，F、O、N 与 H 形成氢键最为突出。

形成氢键的两个条件是：①有与电负性大且半径小的原子（F、O、N）相连的 H；②在附近有电负性大且半径小的原子（F、O、N）。

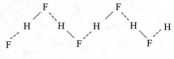

图 10-18　氟化氢、氨水中的分子间氢键

同种分子之间有氢键，不同种分子之间也可以形成氢键。用 X—H···Y 表示氢键。X、Y 可以是同种元素的原子，如 F—H···F，也可以是不同元素的原子，如 N—H···O。

（2）氢键的强度

氢键的强度比化学键弱，但比分子间力强。介于两者之间。氢键的强度与 X、Y 原子的电负性及半径大小有关。X、Y 原子的电负性越大、半径越小，形成的氢键越强。

常见氢键的强弱顺序是：F—H···F＞O—H···O＞O—H···N＞N—H···N，氢键有方向性和饱和性。

（3）分子内氢键

氢键不仅可以在分子间形成，如氟化氢、氨水（图 10-18），也可以在同一分子内形成，如硝酸、邻硝基苯酚（图 10-19）。若 H 两侧的电负性大、半径小的原子属于同一个分子，则形成分子内氢键。

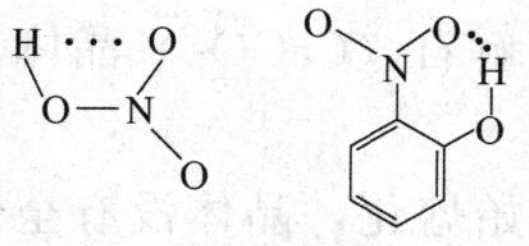

图 10-19　硝酸、邻硝基苯酚中的分子内氢键

（4）氢键对物质的性质的影响

氢键存在于许多化合物中，氢键的形成对物质性质有一定的影响。

如 VA～ⅦA 元素的氢化物中，NH₃、H₂O 和 HF 的沸点比同族其他元素氢化物的沸点高（图 10-20），这是由于 NH₃、H₂O 和 HF 形成了分子间氢键。即分子间氢键的形成一般使化合物的沸点和熔点升高。

某分子具备形成分子内氢键条件时，一定具备形成分子间氢键的条件。当其形成分子内氢键时，势必削弱其分子间氢键的形成。所以分子内氢键的形成一般使化合物的沸点和熔点降低。

氢键的形成也影响物质的溶解度，若溶质和溶剂间形成分子间氢键，可使溶解度增大；若溶质分子内形成氢键，则在极性溶剂中溶解度小，而在非极性溶剂中溶解度增大。如邻硝基苯酚分子可形成分子内氢键，对硝基苯酚分子不能形成分子内氢键，但它能与水分子形成分子间氢键，所以邻硝基苯酚在水中的溶解度比对硝基苯酚的溶解度小。

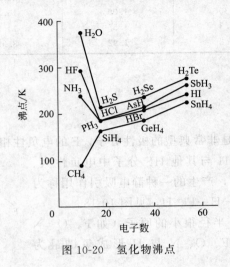

图 10-20　氢化物沸点

10.6　晶体结构

固体通常分为晶体和非晶体。自然界有许多物质，如食盐、石英方解石等具有规则的几何外形，称作晶体。还有一些物质如玻璃、石蜡、松香等没有规则的外形，称作非晶体，也叫无定型体。本节主要研究晶体的结构与性质的关系。

10.6.1　晶体及其内部结构

（1）晶体的特征

所表现的特征是晶体内部结构的反映。晶体是由分子、原子和离子在空间按一定规律周期性重复排列构成的固体。晶体与非晶体的结构不同，则它们的性质也不同。与非晶体相比较，晶体通常具有如下特征。

①　晶体有规则的几何外形　指物质凝固或从溶液中结晶的自然生长过程中出现的外形（图 10-21）。食盐晶体是立方体，石英（SiO_2）晶体是六角柱体，方解石（$CaCO_3$）晶体是棱面体。非晶体则没有规则的外形。

②　晶体有固定的熔点　晶体加热到一定温度（熔点）时，才开始熔化，晶体没有全部熔化之前继续加热，温度仍保持不变，直至晶体完全熔化后温度才继续上升，这说明晶体都具有固定的熔点。例如常压下冰的熔点为 0℃。非晶体则不同，受热时渐渐软化成液态，从开始软化到完全熔化的过程中，温度是不断上升的，有一段较宽的软化温度范围，没有固定的熔点。例如松香在 50～70℃ 之间软化，70℃ 以上才基本成为熔体。

③　晶体呈各向异性　晶体的许多物理性质，如光学性质、力学性质、导热导电性等，在晶体的不同方向上测定时，是各不相同的，晶体的这种性质称为各向异性。非晶体是各向

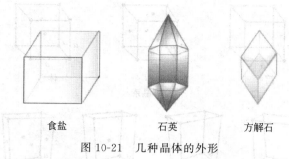

食盐　　　　　石英　　　　　方解石

图 10-21　几种晶体的外形

同性的，其物理性质不随测定方向不同而改变。

应用 X 射线研究表明，晶体内部微粒（原子、离子或分子）的排列总是按一定方向有规律的规重复排列。非晶体内部微粒的排列则是不规律的排列（图 10-22）。

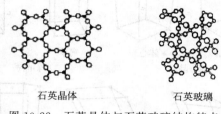

石英晶体　　　　　　　石英玻璃

图 10-22　石英晶体与石英玻璃结构特点

（2）晶体的内部结构

① 晶格与晶胞　在研究晶体中微粒（原子、分子或离子）的排列规律时，把晶体中规则排列的微粒抽象为几何学中的点称为**结点**。按某种规律沿着一定的方向把结点连接起来，得到描述各种晶体内部结构的几何图像——**晶格**。晶格中能代表晶体结构特征的最小重复单元称为**晶胞**。晶胞是晶体的代表，是晶体中的最小结构单位。图 10-23 为最简单的立方晶格示意图。

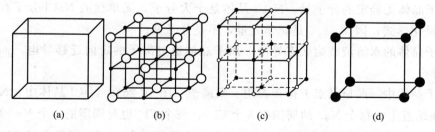

(a)　　　　　(b)　　　　　(c)　　　　　(d)

图 10-23　(a) 晶体外形，(b) 晶体，(c) 晶格与 (d) 晶胞

② 晶格的类型　晶体分为 7 大晶系，14 种晶格（见图 10-24）。即立方晶系、正交晶系、四方晶系、单斜晶系、三方晶系、三斜晶系和六方晶系。

总之，晶体与非晶体之间，在一定条件下可以互相转化。例如把石英晶体熔化并迅速冷却，可以得到石英玻璃。

10.6.2　离子晶体

离子晶体是由阴、阳离子靠静电间引力结合形成的晶体。常温下的离子化合物都是离子

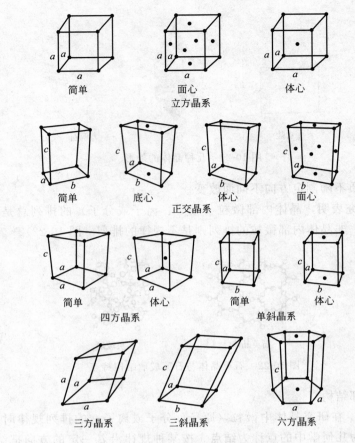

图 10-24　七大晶系和十四晶格

晶体。

（1）离子晶体的特征

① 离子晶体无确定的分子量。NaCl 晶体是个大分子，无单独的 NaCl 分子存在于分子中。NaCl 是化学式，因而 58.5 是化学式量，不是分子量。

② 离子晶体的水溶液或熔融态导电。离子晶体通过离子的定向迁移导电，而不是通过电子流动导电。

③ 离子晶体中，晶格结点上排布着阴、阳离子（图 10-25）。NaCl 晶体中，Na^+ 和 Cl^- 交替排布在结点上。每个 Na^+ 的周围有 6 个 Cl^-，每个 Cl^- 也与周围的 6 个 Na^+ 结合。6 称作配位数。Na^+ 和 Cl^- 的配位数都是 6，Na^+ 和 Cl^- 配位比为 6∶6，习惯上以 "NaCl" 表示其化学组成。

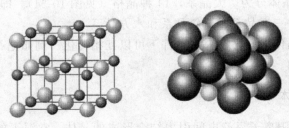

图 10-25　NaCl 的晶胞结构和密堆积层排列

④ 离子晶体中，阴、阳离子间的作用力是静电引力（离子键）。

⑤ 离子晶体一般熔点较高，硬度较大（表 10-5）。

表 10-5　离子化合物的硬度与熔点

离子化合物	硬度	熔点
NaF	2～2.5	993℃
MgF2	5	1261℃

（2）典型离子晶体的结构类型

离子晶体中阳、阴离子的空间排列情况是多种多样的。这主要受离子半径、离子电荷和离子电子层结构的影响。下面介绍 AB 型（阴、阳离子数目相同）离子晶体。

AB 型离子晶体中三种典型的结构类型：NaCl 型、CsCl 型和立方 ZnS 型。

① NaCl 型　NaCl 型是 AB 型离子晶体中最常见的结构类型（图 10-26）。它的 NaCl 晶胞是正立方体结构，结点比较多。阳、阴离子的配位数均为 6。许多晶体如 KI、LiF、NaBr、MgO 等都属于 NaCl 型离子晶体。

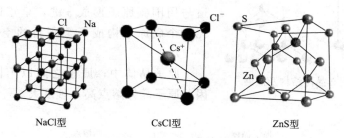

图 10-26　NaCl、CsCl 和 ZnS 型晶体结构

② CsCl 型　CsCl 晶体（图 10-26）的晶胞也是正立方体，其中每个阳离子周围有 8 个阴离子，每个阴离子周围同样也有 8 个阳离子，阴、阳离子的配位数均为 8。许多晶体如 TlCl、CsBr、CsI 等都属于 CsCl 型离子晶体。

③ ZnS 型　ZnS 晶体（图 10-26）的晶胞也是正立方体，但粒子排列较复杂，阴、阳离子配位数均为 4。ZO、ZnSe 等晶体都属于 ZnS 型离子晶体。

离子晶体的构型与外界条件有关。当外界条件变化时，晶体构型也可能改变。例如 CsCl 晶体，常温下是 CsCl 型的，高温下可以转变为 NaCl 型。这种化学组成相同而晶体构型不同的现象称为同质多晶现象。

（3）离子晶体的稳定性

① 离子晶体的晶格能　离子晶体中，阴、阳离子之间静电作用的强度可以用晶格能的大小来衡量。

标准态下，拆开单位物质的量的离子晶体使其变为气态组分离子所需吸收的能量，称为离子晶体的晶格能（U）。例如：298.15K、标准态压力下拆开单位物质的量的 NaCl 晶体变为气态 Na^+ 和气态 Cl^- 时能量变化为：

$$NaCl(s) \xrightarrow{\text{298.15K、标准态压力下}} Na^+(g) + Cl^-(g) \quad U = 786 \text{kJ·mol}^{-1}$$

② 离子晶体的稳定性　破坏离子晶体所消耗的能量越多，离子晶体的越稳定。即离子晶体晶格能（U）越大，离子晶体越稳定。

相同构型的离子晶体，离子电荷数越多，核间距越短，离子间作用力越大，晶格能就越大。离子晶体的晶格能越大，则其熔点和硬度也就越高（表 10-6）。

表 10-6　物理性质与晶格能

NaCl 型晶体	NaI	NaBr	NaCl	NaF	BaO	SrO	CaO	MgO
离子电荷	1	1	1	1	2	2	2	2
核间距/pm	318	294	279	231	277	257	240	210
晶格能/kJ·mol^{-1}	704	747	785	923	3054	3223	3401	3791
熔点/℃	661	747	801	993	1918	2430	2614	2852
硬度（金刚石=10）	—		2.5	2～2.5	3.3	3.5	4.5	5.5

10.6.3　原子晶体和分子晶体

（1）原子晶体

原子晶体晶格结点上排布的粒子都是原子，原子之间通过共价键结合。金刚石是一种典型的原子晶体。在金刚石晶体中，每个碳原子都被相邻的 4 个碳原子包围，碳原子以 sp^3 杂化轨道与周围碳原子形成 σ 键，呈正四面体结构排列，无数个碳原子构成了金刚石的空间网状结构（图 10-27）。

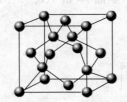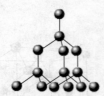

图 10-27　金刚石晶体结构及晶胞

原子晶体中，原子之间以牢固的共价键结合，因此原子晶体熔点高，硬度大。

例如：

原子晶体	硬度	熔点
金刚石	10	＞3550℃
金刚砂（SiC）	9.5	2700℃

原子晶体一般不导电，但除金刚石外，常见的原子晶体有单质硅（Si）、单质硼（B）、金刚砂（SiC）、石英（SiO_2）、氮化硼（BN）和氮化铝（AlN）等。

（2）分子晶体

分子晶体晶格结点上排布的粒子都是分子，分子之间靠分子间力或氢键结合。干冰（固体 CO_2）是一种典型的分子晶体（图 10-28），晶格结点上排布的是 CO_2 分子，CO_2 分子之间以分子间力相结合。由于分子间力比化学键弱得多，所以分子晶体一般熔点低、硬度小、易挥发。例如，白磷的熔点 44.1℃，天然硫黄的熔点为 112.8℃。

非金属之间的化合物（如 HCl、CO_2 等）、稀有气体、大多数非金属单质如氢气、氮气、氧气、卤素单质、磷、硫黄等，以及大部分有机化合物固态时都是分子晶体。还有一些物质，分子之间除了存在分子间力外，同时还存在氢键作用力，例如冰、草酸、硼酸、间苯二酚等均属于氢键型分子晶体。

10.6.4　金属晶体

金属晶体中晶格结点上的粒子是金属原子或金属离子，粒子之间的作用力是金属键。金属晶体中，粒子的排布可看成是等径圆球堆积，并且尽可能紧密的堆积在一起，形成密堆积结构，使体系的能量最低。因此金属密度一般比较大，且配位数也比较高。

金属原子的密堆积方式有三种：面心立方密堆积（图 10-29）、六方密堆积（图 10-30）和体心立方密堆积（图 10-31）。

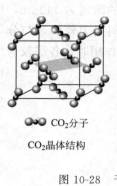
CO₂分子
CO₂晶体结构

固体CO₂(干冰)

图 10-28 干冰的晶体结构

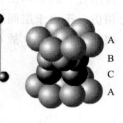
配位数=12

图 10-29 面心立方密堆积

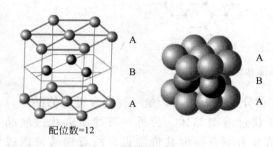
配位数=12

图 10-30 六方密堆积

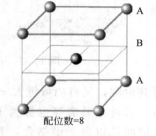

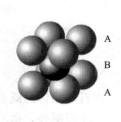
配位数=8

图 10-31 体心立方密堆积

四种晶体的基本类型归纳总结在表 10-7 中。

表 10-7 四种晶体类型对比

晶体类型	晶格结点上的粒子	粒子间的作用力	晶体的一般性质	物质示例
离子晶体	阳、阴离子	静电引力	熔点较高、略硬而脆、水溶液或熔融状态导电	活泼金属的氧化物和盐类等
原子晶体	原子	共价键	熔点高、硬度大、一般不导电	金刚石、单质 Si、单质 B、SiC、SiO₂、BN 等
分子晶体	分子	分子间力氢键	熔点低、易挥发、硬度小、不导电	稀有气体、多数非金属单质、非金属之间化合物、有机化合物等
金属晶体	金属原子金属阳离子	金属键	导电性、导热性、延展性好，有金属光泽，熔点、硬度差别大	金属或合金

10.6.5 混合型晶体

除上述四种典型晶体外，还有一种特殊类型晶体，其晶体内部存在两种或两种以上的作用力，这类晶体称为混合型晶体。石墨晶体就是一种典型的混合型晶体。

石墨晶体具有层状结构（图 10-32），又称层状晶体。处在同一层的碳原子采用 sp² 杂化轨道与相邻的三个碳原子以 σ 键相连接，键角为 120°，形成由无数个正六角形联接起来的、相互平行的平面网状结构层。每个碳原子还剩下一个 p 电子，其轨道与杂化轨道平面垂直，这些 p 电子都参与形成同层碳原子之间的 π 键；这种由多个原子共同形成的 π 键叫做大 π 键；大 π 键中的电子沿层面方向的活动能力很强，与金属中的自由电子有类似之处（石墨可作电极材料）；故石墨沿层面方向电导率大。石墨层内相邻碳原子之间的距离为142pm，以共价键结合。相邻两层间的距离为335pm，相对较远，因此层与层之间引力较弱，与分子间力相仿。正由于层间结合力弱，当石墨晶体受到与石墨层相平行的力作用时，各层较易滑动，裂成鳞状薄片，故石墨可用作铅笔芯和润滑剂。

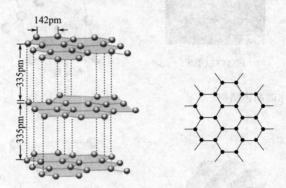

图 10-32　石墨层状结构

石墨晶体内既有共价键，又有离域键大 π 键和分子间力作用，是一种混合键型的晶体。

除石墨外，滑石、云母、黑磷等也都属于层状过渡型晶体。另外，石棉属链状过渡晶体，链内是共价键，链间是以离子键结合，其结合力不及链内共价键强，故石棉易被撕成纤维。

10.6.6　离子极化对物质性质的影响

有些离子晶体，离子电荷相同，离子半径相近，性质却差别很大。例如 NaCl 和 CuCl 晶体，它们离子电荷相同，Na^+ 与 Cu^+ 的半径相近，但 NaCl 极易溶于水，而 CuCl 却难溶于水。主要原因是离子晶体的性质，不仅取决于离子电荷数、离子半径，还受离子电子构型影响。

（1）离子的电子构型

离子晶体中，简单阴离子如 F^- 的最外电子层，有 8 个电子（ns^2np^6），即具有 8e 构型。阳离子比较复杂，除有 8 电子构型的阳离子外，还有其他构型的阳离子存在（表 10-8）。

表 10-8　离子的电子构型

离子外电子层电子分布通式	离子的电子构型	阳离子实例
$1s^2$	2e(稀有气体型)	Li^+、Be^{2+}
ns^2np^6	8e(稀有气体型)	Na^+、Mg^{2+}、Al^{3+}、Sc^{3+}、Ti^{4+}
$ns^2np^6nd^{1-9}$	(9~17)e	Cr^{3+}、Mn^{2+}、Fe^{2+}、Fe^{3+}、Cu^{2+}
$ns^2np^6nd^{10}$	18e	Ag^+、Zn^{2+}、Cd^{2+}、Hg^{2+}
$(n-1)s^2(n-1)p^6(n-1)d^{10}ns^2$	(18+2)e	Sn^{2+}、Pb^{2+}、Sb^{3+}、Bi^{3+}

离子晶体的性质，受离子的电子构型影响，要从离子极化的角度来讨论。

（2）离子极化的概念

① 离子极化　对于孤立的简单离子来说，阳离子、阴离子的电荷分布基本是球形对称的，不存在偶极（图 10-33）。当阳离子、阴离子置于电场中，阳离子靠近负极板，则把离子中电子推开些，把原子核拉近些；阴离子靠近正极板，则把离子中的电子拉近些，而把原子核推开些。这种离子在电场中发生变形产生诱导偶极的现象称为离子极化（图 10-34）。

图 10-33　简单离子　　　　　　　　　图 10-34　离子在电场中的极化

离子晶体中，离子作为带电粒子，自身又可以起电场的作用，使其他离子变形，离子的这种能力称为离子的极化力。阳离子的电场使阴离子发生极化（阴离子变形），阴离子的电场则使阳离子发生极化（阳离子变形）（图 10-35）。因此，离子极化强弱取决定于离子的极化力和离子的变形性大小。

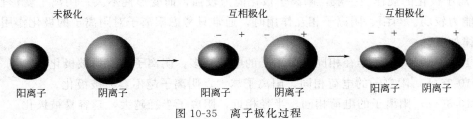

图 10-35　离子极化过程

② 离子的极化力　离子的极化力与离子的半径、离子的电荷数以及离子的电子构型等有关。离子的半径越小，电荷数越多，离子的极化能力越强。当离子电荷相同、半径相近时，离子的外层电子数越多，离子的极化能力越强。18e 或（18＋2）e 构型的离子具有强的极化力，（9～17）e 构型的离子次之，8e 构型的离子极化力最弱。

③ 离子的变形性　在外电场作用下，离子的外层电子与核发生相对位移的性质，称为离子的变形性。

离子变形性主要取决于离子半径的大小。离子半径大，核对外层电子吸引力弱，在外电场作用下，离子的外层电子与核容易发生相对位移，所以离子的变形性大。一般阴离子的半径较大，而阳离子的半径较小，因此阴离子的变形性显得主要，阳离子中只有半径较大的 Ag^+、Hg^{2+}、Pb^{2+} 等才考虑其变形性。

电子构型相同的离子，阳离子的电荷数越多，阳离子变形性越小；而阴离子的电荷数越多，阴离子的变形性越大。一般阴离子比阳离子容易变形。

当离子电荷相同、离子半径相近时，离子的电子构型对离子的变形性起决定性影响。即外层电子构型为 9～17e、18e 和（18＋2）e 的离子，其变形性大。

离子的变形性可以用离子极化率来衡量。离子极化率（α）指离子在单位电场中被极化产生的诱导偶极矩（μ）：

$$\alpha = \mu / E$$

当 E 一定时，μ 越大，α 也越大，即离子变形性越大。

表 10-9 为一些常见离子的极化率。

从表 10-9 离子的极化率数据。可以看出一些规律：离子半径越大，极化率越大，变形性越大；阴离子的极化率一般比阳离子的极化率大，即阴离子一般比阳离子容易变形；阳离子电荷较多的，其极化率较小，不容易变形；阴离子电荷较多的，其极化率较大，变形性较大。

表 10-9　离子的极化率

离子	极化率 /10^{-40}C·m²·V⁻¹	离子	极化率 /10^{-40}C·m²·V⁻¹	离子	极化率 /10^{-40}C·m²·V⁻¹
Li^+	0.034	Ca^{2+}	0.52	OH^-	1.95
Na^+	0.199	Sr^{2+}	0.96	F^-	1.16
K^+	0.923	B^{3+}	0.0033	Cl^-	4.07
Rb^+	1.56	Al^{3+}	0.058	Br^-	5.31
Cs^+	2.69	Hg^{2+}	1.39	I^-	7.9
Be^{2+}	0.009	Ag^+	1.91	O^{2-}	4.32
Mg^{2+}	0.105	Zn^{2+}	0.317	S^{2-}	11.3

综合考虑后，变形性大的有半径大的阴离子和18e、(18＋2)e构型，电荷少的阳离子；变形的性小的有半径小、电荷数多2e、8e构型的阳离子。

④ 离子极化的规律　一般，阳离子极化能力较强，而变形性不大；阴离子变形性较大，而极化能力较弱。当阳、阴离子相互作用时，通常只考虑阳离子对阴离子的极化作用。离子极化规律如下。

图 10-36(a) 阴离子半径相同，阳离子的电荷越多，阴离子越容易被极化。

图 10-36(b) 阳离子的电荷相同，阳离子越大，阴离子越不容易被极化。

图 10-36(c) 阳离子的电荷相同、半径相近，阴离子半径越大，越容易被极化。

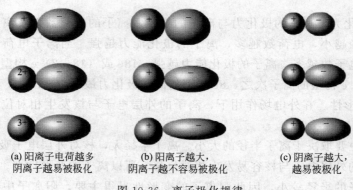

(a) 阳离子电荷越多　　　(b) 阳离子越大，　　　(c) 阴离子越大，
阴离子越易被极化　　　阴离子越不容易被极化　　越易被极化

图 10-36　离子极化规律

⑤ 离子的附加极化作用　一般，只考虑阳离子对阴离子的极化作用，但是当阳离子也容易变形时，这时就必须考虑阴离子对阳离子的极化作用，即离子间的相互极化。

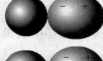

阳离子　阴离子

如图 10-37 所示，阳离子使阴离子极化变形产生的诱导偶极，会反过来使变形性大的阳离子也发生变形，产生诱导偶极。阳离子产生的诱导偶极，会加强阳离子对阴离子的极化能力，使阴离子的诱导偶极增大，这就是离子的附加极化作用。

（3）离子极化对物质结构和性质的影响

① 离子极化对键型的影响　离子键是阳、阴离子之间的静电引力，阳离子的电子转移给了阴离子，阳、阴离子之间无极化作用。当极化能力强、变形性也大的阳离子与变形性大的阴离子相互接近时，会发生相互极化现象。由于阳、阴离子的相互极化作用，阳、阴离子

图 10-37　离子附加极化作用

的电子云都发生变形，并相互重叠，使两核间电子云密度增大，阳、阴离子的核间距缩短（即键长缩短），键的极性减弱，从而使键型由离子键向共价键过渡（如图 10-38 所示）。

离子相互极化作用增强

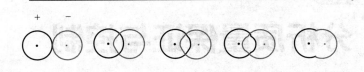

键的极性减小

图 10-38　离子极化对键型的影响

表 10-10　卤化银的键型

卤化银	AgF	AgCl	AgBr	AgI
卤素离子半径/pm	136	181	195	216
阳、阴离子半径之和/pm	262	307	321	342
实测键长/pm	246	277	288	299
键型	离子键	过渡型键	过渡型键	共价键

以卤化银为例，Ag^+ 是 18 电子构型的离子，极化力强，变形性较大。对 AgF 来说，由于 F^- 的离子半径较小，变形性不大，Ag^+ 与 F^- 之间相互极化作用不明显，因此，所形成的化学键属离子键。但是 X^- 随着 Cl^-、Br^-、I^- 离子半径依次递增，Ag^+ 与 X^- 之间相互极化作用不断增强，所形成化学键的极性不断减弱，对 AgI 来说，已经是以共价键结合了（表 10-10）。

从图 10-38 可以看出，由离子键逐步过渡到共价键，中间经过一系列同时含有部分离子键和部分共价键的过渡键型。在无机化合物中，实际上有不少化学键就是属于过渡键型的。

② **离子极化对晶体构型的影响**　离子晶体中，由于离子相互极化，离子电子云相互重叠，造成离子的核间距缩短，使晶体向配位数小的晶体构型转变。

以卤化银为例，由于 AgI 晶体内离子间的极化作用比 AgCl、AgBr 强得多，因此，核间距离大大缩短，AgI 理论晶体构型是 NaCl 型，属于 6 配位；AgI 实际晶体构型却属于 4 配位的 ZnS 型。原因在于 Ag^+ 有显著的相互极化作用，结果使得核间距缩短，则晶体的配位数减小，则 AgI 晶体为 ZnS 型。另外，CuCl 在水中的溶解度比 NaCl 小得多，原因正是由于 Cu^+ 是 18 电子构型而 Na^+ 是 8 电子构为型，Cu^+ 比 Na^+ 极化力要强得多，CuCl 是共价键结合，而 NaCl 则是离子键结合。

③ **离子极化对物质颜色的影响**　离子极化能使化合物的颜色加深。例如卤化银中，Ag^+ 和 I^- 都是没有颜色，但 AgI 固体却是黄色，这是离子极化的结果。在卤素离子中，I^- 半径最大，根据离子极化规律，其最容易极化，所以在卤化银固体中，按 AgF、AgCl、AgBr、AgI 顺序颜色逐渐加深。

又如硫化物，S^{2-} 的变形性大于 O^{2-}，而 O^{2-} 的变形性又大于 OH^-，所以硫化物的颜色通常比氧化物颜色的深，而氢氧化物多为无色（金属有色离子除外）。

第11章

分析质量保证与控制

定量分析的任务是准确测定组分在试样中的含量。实际测定中，由于受分析方法、仪器、试剂、操作技术等限制，测定结果不可能与真实值完全一致。同一分析人员用同一方法对同一试样在相同条件下进行多次测定，测定结果也总不能完全一致，分析结果在一定范围内波动。

由此说明：客观上误差是经常存在的，在实验过程中，必须检查误差产生的原因，采取措施，提高分析结果的准确度。同时，对分析结果（数据）进行合理处理和评价，以判断测得到的数值是否可信，所得结论是否可靠。本章简单介绍与分析化学有关的误差理论和分析数据处理的常用方法。

从质量保证和质量控制的角度出发，为了使分析数据能够准确地反映实际情况。要求分析数据具有代表性、准确性、精密性、可比性和完整性。这些反映了分析结果的可靠性。本章也将对如何保证质量进行了简要介绍。

11.1 分析误差理论

在分析数据的统计处理中，我们经常会遇到总体、样本和个体几个术语，下面就进行简要的解释。

研究对象的全体称为总体（母体），用 X 表示，它是一个随机变量。总体分为有限总体和无限总体。

组成总体的每个研究对象（或每个基本单位）称为个体。

从总体 X 中按一定的规则抽出的个体的全部称为样本，用 X_1，X_2，$\cdots$，X_n 表示。

样本中所含个体的个数称为样本容量，用 n 表示。

11.1.1 误差与偏差

（1）真值（true value，x_T）

某一物理量本身具有的客观存在的真实数值，即为该量的真值。真值分为三类。

① 理论真值：如某化合物的理论组成等。

② 计量学约定真值：国际计量大会上确定的长度、质量、物质的量单位等。

③ 相对真值：认定精度高一个数量级的测定值作为低一级的测量值的真值。例如科研中使用的标准样品及管理样品中组分的含量等。

（2）平均值（mean value，$\overline{x}$）

n 次测量值的算术平均值虽不是真值，但比单次测量结果更接近真值，它表示一组测定数据的集中趋势。

$$\overline{x} = \frac{x_1 + x_2 + \cdots + x_n}{n} = \frac{1}{n}\sum_{i=1}^{n} x_i$$

（3）中位数（median value，x_M）

一组测量数据按大小顺序排列，中间一个数据即为中位数 x_M，当测量值的个数位偶数时，中位数为中间相邻两个测量值的平均值。它的优点是能简单直观说明一组测量数据的结果，且不受两端具有过大误差数据的影响；缺点是不能充分利用数据，因而不如平均值准确。

将平行测定的数据按大小顺序排列。

① 小 10.10，10.20，10.40，10.46，10.50 大；$\overline{x}=10.33$，$x_M=10.40$。

② 小 10.10，10.20，10.40，10.46，10.50，10.54 大；$\overline{x}=10.33$，$x_M=10.43$。

当有异常值时，10.10，10.20，10.40，10.46，10.50，12.80；$\overline{x}=10.74$，$x_M=10.43$。

很多情况下，用中位数表示中心趋势比用平均值更实际。

（4）误差（Error）

测量值（x）与真值（x_T）之间的差值（E）。

绝对误差（absolute error）：表示测量值与真值（x_T）的差。

$$E = x - x_T$$

相对误差（relative error）：表示误差在真值中所占的百分率。

$$E_r = \frac{E}{x_T} \times 100\% = \frac{x - x_T}{x_T} \times 100\%$$

测量值大于真实值，误差为正误值；测量值小于真实值，误差为负误值。误差越小，测量值的准确度越好；误差越大，测量值的准确度越差。

在实际分析中，待测组分含量越高，相对误差要求越小；待测组分含量越低，相对误差要求较大（表 11-1）。

表 11-1　组分含量不同所允许的相对误差

含量(%)	＞90	约 50	约 10	约 1	约 0.1	0.01～0.001
允许 E_r%	0.1～0.3	0.3	1	2～5	5～10	约为 10

【例 11-1】　用分析天平称样，一份 0.2034g，一份 0.0020g，称量的绝对误差均为＋0.0002g，问两次称量的 E_r？

解　第一份试样

$$E_r = +0.0002/0.2034 \times 100\% = +0.1\%$$

第二份试样

$$E_r = +0.0002/0.0020 \times 100\% = +10\%$$

（5）偏差（Deviation）

是表示个别测量值与平均值之间的差值，一组分析结果的精密度可以用平均偏差和标准偏差两种方法来表示。

① 绝对偏差（absolute deviation）：$d_i = x_i - \overline{x}$，$\sum d_i = 0$

② 相对偏差（relative deviation）：$Rd_i = \dfrac{d_i}{\overline{x}} \times 100\%$

d_i 和 Rd_i 只能衡量每个测量值与平均值的偏离程度

③ 平均偏差（average deviation，$\overline{d}$）

$$\overline{d} = \frac{|d_1| + |d_2| + \cdots |d_n|}{n} = \frac{1}{n}\sum_{i=1}^{n}|d_i|$$

④ 相对平均偏差（relative average deviation，$\overline{d}_r$）

$$\overline{d}_r = \frac{\overline{d}}{\overline{x}} \times 100\%$$

⑤ 标准偏差（standard deviation，s）和相对标准偏差（relative standard deviation，RSD，s_r）

$$s = \sqrt{\frac{\sum\limits_{i=1}^{n}(x_i - \overline{x})^2}{n-1}} = \sqrt{\frac{\sum\limits_{i=1}^{n}d_i^2}{n-1}}$$

$$s_r = \frac{s}{\overline{x}} \times 100\%$$

式中，$(n-1)$ 称为自由度，以 f 表示。自由度 f 是指计算一组测量数据分散程度的独立偏差数。统计学上的自由度是指当以样本的统计量来估计总体的参数时，样本中独立或能自由变化的资料的个数，称为该统计量的自由度。在估计总体的方差时，使用的是离差平方和。只要 $n-1$ 个数的离差平方和确定了，方差也就确定了；因为在均值确定后，如果知道了其中 $n-1$ 个数的值，第 n 个数的值也就确定了。这里，均值就相当于一个限制条件，由于加了这个限制条件，估计总体方差的自由度为 $n-1$。例如，有一个有 4 个数据（$n=4$）的样本，其平均值 $\overline{x}=5$，即受到 $\overline{x}=5$ 的条件限制，在自由确定 4、2、5 三个数据后，第四个数据只能是 9，否则 $\overline{x} \neq 5$。因而这里的自由度 $f=n-1=4-1=3$。

【例 11-2】 求下列三组数据的 $\overline{d}$ 和 s

第一组：10.02，10.02，9.98，9.98；$\overline{x}=10.00$，$\overline{d}=0.02$，$s=0.02$

第二组：10.01，10.01，10.02，9.96；$\overline{x}=10.00$，$\overline{d}=0.02$，$s=0.027$

第三组：10.02，10.02，9.98，9.98，10.02，10.02，9.98，9.98；$\overline{x}=10.00$，$\overline{d}=0.02$，$s=0.021$

11.1.2　准确度与精密度

（1）准确度（accuracy）

指测量值与真值之间接近的程度，其好坏用误差来衡量。

（2）精密度（precision）

用相同的方法对同一个试样平行测定多次，得到结果的相互接近程度。以偏差来衡量其好坏。

重复性（repeatability）：同一分析人员在同一条件下所得分析结果的精密度。

再现性（reproducibility）：不同分析人员或不同实验室之间各自的条件下所得分析结果得精密度。

精密度高，不一定准确度高。

准确度高，一定要精密度好。

精密度是保证准确度的先决条件，精密度高的分析结果才有可能获得高准确度。

准确度是反映系统误差和随机误差两者的综合指标。

由图 11-1 可见，人员甲的分析结果的精密度和准确度均很好。人员乙的分析结果的精密度较好，但是准确度稍差。人员丙的分析结果的精密度和准确度均很差。最后，人员丁的分析结果的精密度很差，而准确度更是不好，可以视为偶然现象。

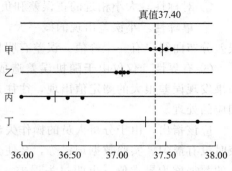

图 11-1　不同分析人员的分析结果

11.1.3　误差的来源（sources of error）

根据误差产生的原因及其性质的不同分为两类，系统误差或称可测误差（determination error），随机误差（random error）或称偶然误差。

（1）系统误差（systematic error or determination error）

系统误差是由某种固定因素引起的。系统误差使得测定结果系统偏高或偏低，重复出现，可用校正法消除。

① 系统误差的特点

a. 单向性　测定结果系统偏高或偏低，即正负、大小有一定地规律性。

b. 重复性　同一条件下，重复测定中，重复地出现。

c. 可测性　误差大小基本不变，对测定结果的影响比较恒定。系统误差的大小可以测定出来，对测定结果进行校正。

② 根据其产生的原因分为以下 4 种

a. 方法误差（method error）　分析方法本身不完善而引起的。如滴定分析中所选指示剂使滴定终点早（或晚）于化学计量点、重量分析法中沉淀的溶解度不够小而使少量待测组分损失于母液中等原因所造成的误差。

b. 仪器和试剂误差（instrument and reagent error）　仪器本身不够精确，试剂不纯引起误差。如天平砝码的质量和容量器皿的容积不准、试剂和蒸馏水中含有待测组分等原因所引起的误差。

c. 操作误差（operational error）　分析人员操作与正确操作差别引起的。如读滴定管刻度时，双眼总是高于弯月面，而使所读体积数偏小；燃烧温度超过方法规定的上限导致待测物质部分分解等。

d. 主观误差（Personal error）　分析人员本身主观因素引起的。如观察颜色偏深或偏浅，第二次读数总是想与第一次重复等。

（2）随机误差（random error or accidental error or indeterminate error）

随机误差亦称偶然误差，是由一些无法控制的可变因素所引起的，如环境的温度、湿度、压力、污染情况等的变化引起样品质量、组成、容器体积、仪器性能等的微小变化；操作人员平等测定每份样品时都有些微小的差别。这类误差的值有时大有时小，有时是正的有时负的，由于是由不可避免的原因和可变因素造成的，因此难以找到具体的原因，更是无法测量它们的值。从每一次的结果看，这类误差是无规律性的，但是从多次测量的结果来看，随机误差符合统计规律，即小误差出现的几率大，大误差出现的概率小，正负误差出现的概率基本上相等。这就是说，很多随机误差在统计加和时会彼此抵消，使多次测量的平均值的随机误差比单次测量的随机误差来得小，因此随机误差要用数理统计的方法来处理。

随机误差分布具有以下性质。

① 对称性　大小相近的正误差和负误差出现的概率相等，误差分布曲线是对称的。

② 单峰性　小误差出现的概率大，大误差出现的概率小，很大误差出现的概率非常小。误差分布曲线只有一个峰值。误差有明显的集中趋势。

③ 有界性　仅仅由于随机误差造成的误差值不可能很大，即大误差出现的概率很小。如果发现误差很大的测定值出现，往往是由于其他过失误差造成的，此时，对这种数据应作相应的处理。

应该指出，由于分析人员的操作失误，如在预处理或滴定过程中溶液溅出容器、配制溶液时没有摇匀、实验数据记错等，会使分析结果与正常值有很大的差异。这种由于过失所产生的数据称为异常值，也叫过失误差。这类异常值因没有意义而必须舍去，相关实验必须重做。

11.1.4　提高分析准确度的方法

虽然，测量过程中的误差是不可避免的，但是多数误差，尤其是系统误差，是可以通过一定的措施加以控制，使其消除或者减小到与实验条件相匹配的最低程度，以保障分析数据的可靠性。在取样、测量到结果计算在内的整个分析过程，为减小误差、提高分析结果的准确度，可以采取以下措施。

（1）选择合适的分析方法

滴定分析的相对误差一般可控制在±0.2%左右，适合于常量组分的分析。仪器分析法灵敏度高，但准确度相对低些，相对误差一般在百分之几水平，适合于微量组分的分析。所以，应根据试样待测组分的含量确定合适的分析方法。如铁矿石中铁含量的测定，因其含量在30%～70%水平，应选用滴定分析法为宜；然而，确定患者是否患缺铁性贫血时，因血清样中铁含量很低（正常值为0.3～1.5mg·L^{-1}），应该选用原子吸收分光光度法或其他仪器分析法。此外，还要考虑样品的组成情况，有哪些共存组分，选择的方法要尽量使干扰少，或者能采取措施消除干扰以保证一定的准确度。在这样的前提下再考虑方法尽量步骤少，操作简单、快速，使随机误差产生的机会少。当然，所用试剂是否易得、价格是否便宜等也是选择方法时所要考虑的。

（2）消除测量中的系统误差

为消除系统误差，可以对仪器进行校准。在常规分析仪器中，需要严格校准的主要有天平、砝码、容量瓶、移液管以及容量瓶与移液管的配套校准，大型分析仪器如各类光谱仪器和色谱仪器也需要经常校准。

此外，为消除系统误差，还常进行对照试验、空白试验和回收试验。

① 对照实验　为了检查某分析方法是否有系统误差存在，做对照试验是最常用的方法。对照实验是用含量已知的标准试样或纯物质，以同一方法对其进行定量分析，由于分析结果与已知含量的差异，求出分析结果的系统误差。

② 空白试验　为了检查蒸馏水、试剂是否有杂质，所用器皿是否被沾污等带来的系统误差，可以做空白试验。空白试验指是的完全按照测量条件和操作步骤，对不加试样的试剂所进行的分析试验，以消除试剂、溶剂或实验器皿引入的杂质所产生的系统误差。空白试验所得的结果为空白值，应该从试样测量的结果中扣除。例如，用原子吸收分光光度法测量人

发样中微（痕）量水平的铅时，需要用浓酸将头发样消化为溶液后才能测定。但所用的浓酸试剂中、消化所用的器皿表面也可能含有痕量的铅，若不经空白校正，则可能使结果偏高。这时，在消化试样时，要带入若干个空白试验，用以测得铅的空白值，以便从总量中合理扣除。

③ 回收试验　当对试样的组成不清楚时，对照试验也难以检查出系统误差的存在，这时可进行回收试验。向试样中加入已知量的被测组分，然后进行测定，检查被加入的组分能否定量回收，以判断分析过程是否存在系统误差的方法。所得结果常用百分数表示，称为"百分回收率"，简称"回收率"。看加入的量是否都已得到"回收"，由此可知是否有系统误差存在。对回收率的要求主要根据待测组分的含量而异，对常量组分回收率要高，一般为99％以上，对微量组分回收率可要求在 90％～110％。

（3）减小测量误差

测量时不可避免地会有随机误差存在，但是如果对测量对象的量能合理地选取，则会减少测量的相对误差。应充分利用仪器所能达到的精度，最大程度减少测量误差。

称量时，一般分析天平的称量误差是 0.0001g，用减重法称量两次的最大误差是0.0002g。为了使称量的相对误差小于 0.1％，取样量就得大于 0.2g。

滴定分析时，一般滴定管的读数误差是±0.01mL，一次滴定需要两次读数，因此可能产生的最大误差是±0.02mL，为了使滴定的相对误差小于 0.1％，应消耗滴定剂的体积就必须大于 20mL。

比色法测定时，要求其相对误差小于 2％。若需称取 0.5g 样品时，称量的绝对误差不大于 0.5×2％＝0.01g，因此无须用万分之一的分析天平称量。所以一切称量都要求准确到0.0001g 是不正确的。

（4）减小随机误差

如前所述，在消除系统误差的前提下，测量次数越多其平均值越接近于真值，帮增加平等测量次数有助于减小随机误差。但测量次数的增加必然增加实验成本，因而分析化学通常要求平等测量 3～5 次。

11.1.5　有效数字的意义及位数

在测量科学中，所用数字分为两类：一类是一些常数（如 π 等）以及倍数（如 2 等）系非测定值，它们的有效数字位数可看作无限多位；另一类是测量值或与测量值有关的计算值，它的位数多少，反映测量的精确程度，这类数字称为有效数字。有效数字是指科学计数时所记录的有意义的数字，也即在测量工作中实际能用到的数字。有效数字由若干位数字组成，其中末位是仪器所示最小刻度以下的估计值（也称可疑值），其余各位都是准确的。因此，有效数字的位数与测量所用的仪器精度有关，它不仅表示数量的大小，还表示测量的精度，不可以随意增减。例如，读取滴定管上的刻度，三个学生可能得到不同的读数。

甲：22.42mL

乙：22.43mL

丙：22.41mL

这三个测量数据中，前三个数字都是准确的，第四位是估计出来的，所以稍有差别，称为可疑数字。这三个测量数据的有效数字都是 4。

接下来，看几个例子：

1.0008	43.181	5 位
0.1000	10.98%	4 位
0.0382	1.98×10^{-10}	3 位
54	0.0040	2 位
0.05	2×10^5	1 位

"零"的作用，当它是观察数字时，就是有效数字，如在 1.0008 中，"0"是有效数字，该数有效数字为五位。但是，当 0 只用作定位时，它就不是有效数字。例如，在 0.0382 中，"0"定位作用，不是有效数字，该数有效数字为三位；在 0.0040 中，前面 3 个"0"不是有效数字，后面一个"0"是有效数字，该数的有效数字为二位。

在 3600 中，一般看成有效数字为无限多位，但当它写作 3.6×10^3、3.60×10^3 或 3.600×10^3 时，其有效数字就分别为二位、三位和四位。

π、e、倍数、分数关系：无限多位有效数字。

要特别注意的是 pH，pM，lg$c$，lg$K$ 等对数值，因整数部分是对数的，仅作定位用，只有小数部分是有效数字，在转换成指数形式时要注意与原对数的位数相符，如 pH＝11.20，有效数字的位数为两位，pM＝4.74，也只有二位有效数字。

当首位数字是 8 或 9 时，有效数字位数可以按多一位处理。如 9.00、9.83，一般认定为 4 位有效数字。

有效数字的位数，直接与测定的相对误差有关。

例如，测定某物质的含量为 0.5180g，即 (0.5180±0.0001)g 相对误差。

$$E_r = \pm \frac{1}{5180} \times 100\% = \pm 0.02\%$$

11.1.6 有效数字的修约规则

在测量数据的后续计算中，往往会遇到因来源不同而位数不同的有效数字，需要按一定的运算规则，将位数较多的有效数字中多余的有效数字舍弃，而后再进行运算。合理保留一定位数的有效数字而将多余数字舍弃的过程称为数字的修约。修约的原则是既不因保留位数过多而使计算复杂化，也不因舍弃必要的有效数字而使准确度受到损害。

数字的修约采用"四舍六入五成双，五后有数就进一，五后没数要留双"规则：当测量值中修约的那个数字等于或小于 4 时，该数字舍去；等于或大于 6 时，进位；等于 5 时，若 5 后面有非零数时，进位。若 5 后面无数据或是 0 时，则要看 5 前面的数字，是奇数则进位，是偶数则舍掉。例如，0.10574、0.10575、0.10576、0.10585、0.105851 五个数均修约为四位有效数字时分别为：0.1057、0.1058、0.1058、0.1058、0.1059。

修约数字时，只允许对原测量值一次修约到所需要的位数，不能分次修约。

有效数字的修约：

0.32554→0.3255

0.36236→0.3624

10.2150→10.22

150.65→150.6

75.5→76

16.0851→16.09

11. 1. 7　计算规则

加减法：当几个数据相加减时，它们和或差的有效数字位数，应以小数点后位数最少的数据为依据，因小数点后位数最少的数据的绝对误差最大。例：

$0.0121 + 25.64 + 1.05782 = ?$

绝对误差：± 0.0001，± 0.01，± 0.00001。

在加合的结果中总的绝对误差值取决于 25.64。

$0.01 + 25.64 + 1.06 = 26.71$

乘除法：当几个数据相乘除时，它们积或商的有效数字位数，应以有效数字位数最少的数据为依据，因有效数字位数最少的数据的相对误差最大，例：

$0.0121 \times 25.64 \times 1.05782 = ?$

相对误差：$\pm 0.8\%$，$\pm 0.4\%$，$\pm 0.009\%$。

结果的相对误差取决于 0.0121，因它的相对误差最大，所以，$0.0121 \times 25.6 \times 1.06 = 0.328$。

用计算器运算时，正确保留最后结果的有效数字。

对数：对数的有效数字只计小数点后的数字，即有效数字位数与真数位数一致。

常数：常数的有效数字可取无限多位。

第一位有效数字等于或大于 8 时，其有效数字位数可多算一位。

在计算过程中，可暂时多保留一位有效数字。

误差或偏差取 1～2 位有效数字即可。

11. 1. 8　分析化学中数据记录及结果表示

① 记录测量结果时，只保留一位可疑数据。

万分之一天平，小数点后 4 位：2.5123g。

滴定管，吸量管，移液管，小数点后 2 位：1.25mL，25.00mL，10.00mL，5.00mL，1.00mL。

容量瓶：100.0mL，250.0mL，50.0mL。

pH，小数点后 2 位：4.58。

吸光度，小数点后 3 位：0.357。

② 分析浓度，4 位有效数字：0.1025mol/L。

③ 分析结果表示的有效数字。

高含量（大于 10%）：4 位有效数字。

含量在 1% 至 10%：3 位有效数字。

含量小于 1%：2 位有效数字。

④ 分析中各类误差的表示。

通常取 1 至 2 位有效数字。

⑤ 各类化学平衡计算。

通过取 2 至 3 位有效数字。

⑥ 正确选用量器和仪器。

选天平如下所述。

a. 称量 2-3g，选千分之一天平，

$$\frac{\pm 0.002}{2.000} = \pm 0.1\% \quad (\text{称两次})$$

$$\left(\frac{\pm 0.2}{2.0} = \pm 10\%，粗天平\right)$$

b. 配制 50mL 0.1% 的甲基橙指示剂，用万分之一天平

$$\frac{\pm 0.0002}{50 \times 0.1\%} = 0.4\%$$

对指示剂，此误差允许。

11.2 分析化学中的数据处理

定量分析的核心是准确。任何定量分析都需要准确地测量与分析对象含量相关的物理量，在此基础上进行正确的计算，以得到准确的测定结果。但在实际测量中，即使经验再丰富的人也会因某些因素导致测量结果与真值不完全一致。因此，有必要了解误差的原因及规律，同时还要对实验结果（数据）进行合理处理和评价，以判断测得的数值是否可信、所得结论是否可靠。接下来介绍与分析化学相关的分析数据处理常用方法。

11.2.1 随机误差的正态分布

随机误差是由一些偶然的因素造成的，其大小、正负具有随机性。如测定次数较多，在系统误差已经排除的情况下，随机误差的分布也有一定的规律，如以横坐标表示随机误差的值，纵坐标表示误差出现的概率大小，当测定次数无限多时，则得随机误差正态分布曲线。随机误差分布具有对称性、单峰性、有界性。

（1）正态分布

由于随机误差的存在，同一试样的多次平等测量所得的数据具有分散性，如果测量非常多，这些数据一般服从正态分布规律，其概率密度函数式是：

$$y = f(x) = \frac{1}{\sigma \sqrt{2\pi}} e^{-(x-\mu)^2/2\sigma^2}$$

这样的正态分布记作 $N(\mu, \sigma^2)$，

其中，y 表示测量值 x 在总体中出现的概率密度；x 表示单次测量值；μ 表示总体平均值，即无限次测定所得数据的平均值，表示无限个数据的集中趋势。

没有系统误差时，$\mu = x_T$。σ 表示总体标准偏差，表征无限次测定数据的分散程度，它体现了数据的分散程度，σ 值越小，数据越集中，正态分布曲线则越瘦高而高（图11-2）。

$(x - \mu)$ 表示随机误差，若以 $(x - \mu)$ 为横坐标，则曲线最高点横坐标为 0。这时表示的是随机误差的正态分布。

测量值和随机误差的正态分布体现了随机误差的概率统计规律。

① 小误差出现的概率大，大误差出现的概率小，特别大的误差出现的概率极小。

② 正态分布曲线以 $x = \mu$ 的直线呈轴对称分布，说明正误差出现的概率与负误差出现的概率相等。

③ 在总体平均值 μ 附近，测量值 x 所对应的 y 都比较高，当 $x = \mu$ 时，y 值达到最大，这表明，大部分的测量值集中在总体平均值附近，即随机误差 $(x - \mu)$ 小的测量值 x 出现

的概率高。

④ $x = \mu$ 时，$y_{(x=\mu)} = \dfrac{1}{\sigma\sqrt{2\pi}}$

表明数据的分散程度与 σ 有关，σ 越大，测量值的分散程度越大，正态分布曲线也就越平坦。

$y \sim x$ 为测量值的正态分布；$y \sim x - \mu$ 为随机误差的正态分布。

（2）标准正态分布

正态分布曲线的形状随 σ 而异，若令 $u = \dfrac{x - \mu}{\sigma}$，也就是以 σ 为单位来表示随机误差，此时函数为：$y = f(x) = \dfrac{1}{\sigma\sqrt{2\pi}} e^{-\frac{u^2}{2}}$，又因为 $\mathrm{d}x = \sigma \mathrm{d}u$，则 $f(x) \cdot \mathrm{d}x = \dfrac{1}{\sqrt{2\pi}} e^{-\frac{u^2}{2}} \cdot \mathrm{d}u$，所以正态分布的概率密度函数可转换为 $y = \varPhi(u) = \dfrac{1}{\sqrt{2\pi}} e^{-\frac{u^2}{2}}$。

这样的分布称为标准正态分布，记作 $N(0, 1)$，标准正态分布与 σ 大小无关（图 11-3）。

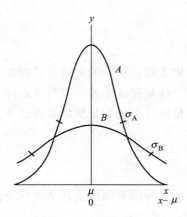

图 11-2 正态分布曲线（μ 同，σ 不同，$\sigma_B > \sigma_A$）

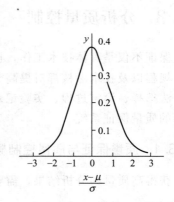

图 11-3 标准正态分布曲线

11.2.2 提高分析结果准确度的方法

（1）选择合适的分析方法

各种分析方法的准确度和灵敏度是不相同的，在实际工作要根据具体情况和要求来选择分析方法。化学分析法中的重量分析和滴定分析，相对于仪器分析而言，准确度高，但灵敏度低，它适于高含量组分的测定。仪器分析方法相对于化学分析而言，其灵敏度高，但准确度低，它适于低含量组分的测定。

（2）用标准样品对照

采用标准样品进行对照，是检验分析方法可靠性的有效方法。

（3）减小测量误差

为了保证分析测试结果的准确度，必须尽量减小测量误差。应该指出，不同的分析方法，准确度要求不同，应根据具体情况，来控制各测量步骤的误差，使测量的准确度与分析方法的准确度相适应。

（4）增加平行测定次数，减小随机误差

由前面讨论已知，在消除系统误差的前提下，平行测定次数越多，平均值越接近其实值。因此，增加平行测定次数，可减小随机误差，但测定次数过多，工作量加大，随机误差减小不大，故一般分析测试，平行 3～4 次即可。

（5）消除测量过程中系统误差

造成系统误差产生的原因有各方面的，可根据具体情况采用不同的方法来检验和消除系统误差。检验分析过程中有无系统误差可采用对照试验，对照试验有以下几种类型。

① 选择组成与试样组成相近的标准试样进行分析，将测定结果与标准值比较，用 t 检验法来确定是否有系统误差。

② 采用标准方法和所选方法同时测定某一试样，用 F 检验和 t 检验法来判断是否有系统误差。

③ 如果对试样的组成不完全清楚，则可以采用"加入回收法"进行对照试验。即取两份等量的试样，向其中一份加入已知量的被测组分，进行平行试验，看看加入的被测组分量是否定量回收，以此来判断有无系统误差。

11.3　分析质量控制

质量保证不仅是具体技术工作，也是一项实验室管理工作。科学的实验室管理制度、正确的操作规程以及技术考核都对提高分析质量大有帮助。质量保证工作必须贯穿取样、样品处理、方法选择、测定过程、实验记录、数据检查、数据统计分析和分析结果表达等，才能建立完善的质量保证系统。

11.3.1　质量保证与质量控制概述

为了获得高质量的分析结果，需要对可能影响结果的各种因素和测量环节进行全面的控制、管理。

（1）分析结果的可靠性

从质量保证和质量控制的角度出发，为了使分析数据能够准确地反映实际情况，要求分析数据具有代表性、准确性、精密性、可比性和完整性。这些反映了分析结果的可靠性。

① 代表性　要使分析试样具有代表性。指在具有代表性的时间、地点，并按规定的采样要求采集有效样品。所采集的样品必须能反映实际情况，分析结果才有效。

② 准确性　指测量值与真实值的符合程度。受到从试样的采集、保存、运输、实验室分析等环节的影响。反映分析方法或测量系统存在的系统误差的综合指标，它决定着分析结果的可靠性。用绝对误差或相对误差表示。准确性的评价方法有标准样品分析、回收率测定、不同方法的比较。

③ 精密性　表示测定值有无良好的平行性、重复性和再现性。反映分析方法或测量系统存在的随机误差的大小。精密性通常用极差、平均偏差和相对平均偏差、标准偏差和相对标准偏差表示。

a. 平行性　同一实验室，分析人员、分析设备和分析时间都相同，用同一分析方法对同一样品进行双份或多份平行样测定，所得结果之间的符合程度。

b. 重复性　同一实验室，分析人员、分析设备和分析时间中的任一项不相同，用同一分析方法对同一样品进行两次或两次以上独立测定结果之间的符合程度。室内精密度用绝对偏差和相对偏差表示。

c. 再现性　用相同的分析方法，对同一样品在不同条件（实验室、分析人员、设备、时间）下获得的单个结果之间的接近程度。室间精密度用相对平均偏差表示。

关于分析方法精密度的几个应注意问题：分析结果的精密度与待测物质的浓度水平有关，应取两个或两个以上不同浓度水平的样品进行分析方法精密度的检查；精密度会因测定实验条件的改变而变动，最好将组成固定样品分为若干批分散在适当长的时期内进行分析，检查精密度；要有足够的测定次数；以分析标准溶液的办法了解方法精密度，与分析实际样品的精密度存在一定的差异；准确度高的数据必须具有高的精密度，精密度高的数据不一定准确度高。

④ 可比性　用不同分析方法测定同一样品时，所得出结果的吻合程度。使用不同标准分析方法测定标准样品得出的数据应具有良好的可比性。并且要求各实验室之间对同一样品的分析结果应相互可比，而且要求每个实验室对同一样品的分析结果应达到相关项目之间的数据可比性。相同项目在没有特殊情况时，历年同期的数据也是可比的。在此基础上，还应通过标准物质的量值传递与溯源，以实现国际间、行业间的数据一致、可比，以及大的环境区域之间、不同时间之间分析数据的可比。

⑤ 完整性　强调工作总体规划的切实完成。即保证按预期计划取得系统和连续的有效样品，无缺漏地获得这些样品的分析结果及有关信息。

分析结果的准确性、精密性在实验室内分析测试。

分析结果代表性、完整性则突出在现场调查、设计布点和采样保存等过程。

可比性则是全过程的综合反映。

分析数据只有达到代表性、准确度、精密度、可比性和完整性，才是正确可靠的，也才能在使用中具有权威性和法律性。

（2）分析方法的可靠性

① 灵敏度　单位浓度或单位量待测物质变化所产生的响应量的变化程度（响应大小）。

$$A = kc + a$$

② 检出限　在给定的置信度内可从样品中检出待测物质的最小浓度或最小量，高于空白值。

a. 仪器检出限　产生的信号比仪器信噪比大 3 倍待测物质的浓度，不同仪器检出限定义有所差别。

b. 方法检出限　指当用一完整的方法，在 99% 置信度内，产生的信号不同于空白中被测物质的浓度。

③ 空白值　就是除了不加样品外，按照样品分析的操作手续和条件进行实验得到的分析结果。全面地反映了分析实验室和分析人员的水平。

当样品中待测物质与空白值处于同一数量级时，空白值的大小及其波动性对样品中待测物质分析的准确度影响很大，直接关系到报出测定下限的可信程度。以引入杂质为主的空白值，其大小与波动无直接关系；以污染为主的空白值，其大小与波动的关系密切。

④ 测定限　测定限为定量范围的两端，分别为测定上限与测定下限，随精密度要求不同而不同（图 11-4）。

a. 测定下限：在测定误差达到要求的前提下，能准确地定量测定待测物质的最小浓度

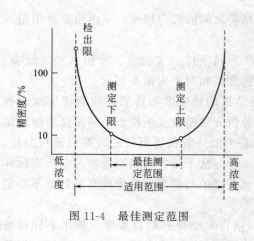

图 11-4 最佳测定范围

或量，称为该方法的测定下限。

b. 测定上限：在测定误差能满足预定要求的前提下，用特定方法能够准确地定量测量待测物质的最大浓度或量，称为该方法的测定上限。

⑤ 校准曲线　校准曲线是描述待测物质浓度或量与相应的测量仪器响应或其他指示量之间的定量关系曲线。包括标准曲线和工作曲线。

a. 标准曲线　用标准溶液系列直接测量，没有经过样品的预处理过程，这对于基体复杂的样品往往造成较大误差。

b. 工作曲线　所使用的标准溶液经过了与样品相同的消解、净化、测量等全过程而绘制出的曲线。

绘制准确的校准曲线，直接影响到样品分析结果的准确与否。此外，校准曲线也确定了方法的测定范围。

⑥ 加标回收率　加标物的形态应该和待测物的形态相同，并且，加标量应和样品中所含待测物的测量精密度控制在相同的范围内，通常作如下规定：加标量应与待测物含量相等或相近，注意样品容积的影响；当待测物含量接近方法检出限时，加标量应在校准曲线低浓度范围；在任何情况下加标量均不得大于待测物含量的 3 倍；加标后的测定值不应超出方法的测量上限的 90%。

（3）质量保证的工作内容

测定均会产生测量误差，误差来源有：取样和样品处理，试剂和水纯度，仪器量度和仪器洁净，分析方法，测定过程、数据处理等。

质量保证的任务就是把所有误差（系统误差、随机误差、过失误差）减至最小。对整个分析过程（从取样到分析结果计算）进行质量控制。采取有效办法，对分析结果进行质量评价，及时发现分析过程中的问题，确保分析结果的可靠性。

质量保证系统：质量保证是在影响数据有效性的各个方面采取一系列的有效措施，将误差控制在一定的允许范围内，是一个对整个分析过程的全面质量管理体系。它包括了保证分析数据正确可靠的全部活动和措施。

制定分析计划要考虑经济成本和效益，确定对分析数据的质量要求。规定相适应的分析测试系统，诸如采样布点、采样方法、样品的采集和保存、实验室供应、仪器设备和器皿的选用、容器和量具的检定、试剂和标准物质的使用、分析测试方法、质量控制程序、技术培训等，都是质量保证的具体内容。

质量保证不仅是实验室内分析的质量控制，还有采样质量控制、运输保存质量控制、报告数据的质量控制等各个分析过程的质量控制。

建立质量保证的体系应包括人员及分析方法的选定、布点采样方案和措施、室内质量控制、室间质量控制、数据处理和报告审核等措施和技术要求。提高人员素质，实行考核持证上岗。合格证考核内容有基本理论、基本操作和实际样品分析三部分。基本理论包括分析化学理论基础、实验室基础知识、数理统计基础知识、质量保证和质量控制基础知识、有关的分析方法原理及注意事项。基本操作包括现场采样技术、玻璃器皿正确使用、分析仪器操作规范性等。实际样品分析是按照规定的操作程序对考核样品进行测试，考查测定结果的准确度和精密度。

保证高质量基础准备工作。

① 标准溶液的配制和标定、空白试验、标准曲线的制备、分析仪器的校正、玻璃量器的校验。

② 现场和实验室操作环境、器皿材质和洁度符合要求。

③ 水和试剂纯度、分析仪器设备精度及选择正确的分析方法。

11.3.2　分析全过程的质量保证与质量控制

分析全过程的质量保证与质量控制包含三部分，分别为分析前、分析中和分析后的质量保证和质量控制。

（1）分析前的质量保证与质量控制

采样的质量保证包括：采样、样品处理、样品运输和样品储存的质量控制。要确保采集的样品在空间与时间上具有合理性和代表性，符合真实情况。采样过程质量保证最根本的是保证样品真实性，既满足时空要求，又保证样品在分析之前不发生物理化学性质的变化。

采样过程质量保证的基本要求。

① 应具有有关的样品采集的文件化程序和相应的统计技术。

② 要切实加强采样技术管理，严格执行样品采集规范和统一的采样方法。

③ 应建立并保证切实贯彻执行的有关样品采集管理的规章制度。

④ 采样人员切实掌握和熟练运用采样技术、样品保存、处理和贮运等技术，保证采样质量。

⑤ 建立采样质量保证责任制度和措施，确保样品不变质，不损坏，不混淆，保证其真实、可靠、准确和有代表性。

采样过程质量保证的控制措施如下。

① 质量保证一般采用现场空白、运输空白、现场平行样和现场加标样或质控样及设备、材料空白等方法对采样进行跟踪控制。

② 现场采样质量保证作为质量保证的一部分，它与实验室分析和数据管理质量保证一起，共同确保分析数据具有一定的可信度。

③ 现场加标样或质控样的数量，一般控制在样品总量的 10% 左右，但每批样品不少于 2 个。

④ 设备、材料空白是指用纯水浸泡采样设备及材料作为样品，这些空白用来检验采样设备、材料的玷污状况。

⑤ 采取防污染措施。

（2）分析中的质量保证和质量控制

分析中的质量控制包括：样品的前处理、分析过程、室内复核、登记及填发报告等。

分析方法选定应遵循权威性、灵敏性（检测限至少低于标准值 1/3，力求 1/10）、稳定性、选择性、实用性的原则。以了解和掌握分析方法的原理和条件，达到方法的各项特性要求；接受质控人员安排的质控样和实验样品测定，经评价测试结果合格后，才能发给测报该项目的合格证书。

实验分析质控程序包括核对采样单、容器编号、包装情况、保存条件和有效期等，符合要求的样品方可开展分析。

准确度控制：采用标准物质或质控样品作为控制手段。质控样品的分析结果应控制在 90％～110％范围，标准物质分析结果应控制在 95％～105％范围，对痕量物质应控制在 60％～140％范围，复杂基质样品应加标回收。

常规质量控制技术包括平行样分析、加标回收分析、密码加标样分析、标准物比对分析、方法对照分析、室内互检及质量控制图。建立质控图首先应分析质控样，按所选质控图的要求积累数据，经过统计处理，求得各项统计量，绘制出质控图。在制得质控图之后，常规分析中把标准物质（或质控样）与试样在同样条件下进行分析。如果标准物质（或质控样）的测定结果落在上、下警告限之内，表示分析质量正常，试样测定结果可信。

实验室内质量控制包括实验室内自控和他控，保证分析结果的精密度和准确度在给定的置信水平内，达到规定的质量要求。

实验室间质量控制也叫外部质量控制，由外部有工作经验和技术水平的第三方或技术组织，对各实验室及其分析工作者进行定期或不定期的分析质量考查的过程。通过发放标准样品在实验室间进行比对分析。实验室间质量控制必须在切实施行实验室内质量控制的基础上进行。实验室间质量控制内容包括标准溶液的校核、统一分析方法、上报分析结果、结果整理和评价。

实验室质量审核最基本的部分为质量保证。审核通常包含两个部分：对质量计划中操作细则所述系统进行定性评价的审核；对测定系统分析数据定性评价的审核质量审核按审核人员来源及其审核活动可分为实验室内审核和实验室间审核。实验室内审核由质量监督员进行，评价全部数据的准确度，规定在一定期间测定质控样和标准物。有条件的实验室可通过制备盲样、质控样，系统分析实验室测定结果。实验室间审核进行实验室间的质量审核是查明与原则、规范和标准的适应性，要求强制性记录，以便评价与记录的一致性。

（3）分析后的质量保证和质量控制

数据处理质量保证：按分析数据处理的基本要求进行，遵守数字修约规则，慎重异常值取舍，数据审核制度。

分析数据处理：分析数据的准确记录，分析数据有效性检查，分析数据离群值检验（Q检验法、格鲁布斯法等），分析数据统计检验（t检验和F检验法），分析数据方差分析，分析数据回归分析。

综合评价质量保证：以综合技术为手段，完成分析数据质量定性结论的转变。综合分析评价技术是高层次的信息加工、分析、利用技术，在一定程度体现了一个分析机构的水平。包含分析数据的表述、分析数据的概括、分析数据的分析、分析数据的解释、分析结果综合评价。

（4）实验室质量保证体系

实验室质量保证包含以下内容。

① 人员的技术能力。

② 仪器设备管理与定期检查。

③ 实验室应具备的基础条件。包含技术管理与质量管理制度、技术资料、实验室环境、水、器皿、化学试剂、溶液配制和标液。

11.3.3 标准方法与标准物质

（1）标准分类与标准化

标准按层级分类，可分为国家标准、行业标准、地方标准、企业标准。

标准按性质分类，可分为强制性标准、推荐性标准。

标准按属性分类，可分为技术标准、管理标准、工作标准。

标准按对象分类，可分为基础、安全、环保、产品、卫生、方法标准等。

（2）分析方法标准

分析方法标准是方法标准中的一种。它是对各种分析方法中的重复性事物和概念所作的规定。分析方法标准的内容包括方法的类别、适用范围、原理、试剂或材料、仪器或设备、采样、分析或操作、结果的计算、结果的数据处理等。

一个理想的分析方法应是：准确度好、精密度高、灵敏度高、检出限低、分析空白值低、线性范围宽、耐变性强。同时，还要适用性强、操作简便、容易掌握、消耗费用低等。标准分析方法会受到准确度、精密度、灵敏度、检出限、空白值、线性范围、耐变性等多种因素的影响。

标准分析方法的研究程序：多个实验室合作研究，用同一方法分析测定相同的样品，以ASTM（美国材料试验学会）、AOAC（美国官方化学家协会）、NBS（美国国家标准局）为例：①有需要或感兴趣者提出和写出研究标准方法的倡议和要求，发表在期刊上，争取合作者；②根据需要提出若干建议方案，并对每个建议方案进行初步实验（一般在两个或两个以上实验室进行）；③ASTM技术委员会对提出建议方法进行研究，选出2～4个方法作为候选标准方法；④多个实验室进行测试，评价结果，并选出两个最好的候选方法，再进一步合作实验和修改，对一致投票赞成的方法作为试用方法颁布；⑤试用方法通过实际应用进一步完善和修改，有的几年后才成正式标准方法。

标准分析方法的编写格式，书写应遵守 GB/T 1.4—1988《化学分析方法标准编写规定》。方法尽可能写得清楚，减少含糊不清的词句。应按国家规定的技术名词、术语、法定计量单位，用通俗的语言编写，并且有一定的格式，通常包括下列内容：方法的编写、方法发布日期及施行日期、标题、引用标准或参考文献、方法适用范围、基本原理、仪器和试剂、方法步骤、计算、统计、注释和附加说明

（3）标准物质与标准样品

标准物质的基本特征：材质均匀性，量值稳定性，量值准确性，量值重复性，自身消耗性。

标准物质的主要用途可用于分析的质量保证，分析仪器的校准，评估分析数据的准确度，作新方法的研究和验证，评价和提高协作实验结果的精密度与准确度，工作标准，控制标准等。

按照国际纯粹与应用化学联合会（IUPAC）分类法，可将标准物质分为原子量标准的参比物质、基础标准、一级标准、工作标准、二级标准、标准参考物质、传递标准。按审批者的权限水平分类法，又可将标准物质分为国际标准物质、国家一级标准物质、地方标准物质标准物质的选择原则，应遵循分析方法的基体效应与干扰组分、定量范围、进样方式与进样量、被测样品的基体组成、测定结果欲达到的准确水平等原则。选择原则应遵循以下几点：采用与待测样品相类似的标准物质；标准物质的准确度水平应与期望分析结果的准确度相匹配；所选标准物质的浓度水平与直接用途相适应。

标准样品（实物标准）是为保证国家标准、行业标准的实施而制定的国家实物标准。我国国家标准样品的编号是GSB。

样品采集与处理

一个完整的分析过程通常包括：试样采集、试样预处理、试样检测、数据处理、分析结果报告5个步骤。

（1）试样采集

在执行一项分析任务时，不可能对分析对象总体进行分析，只能在总体中采集一部分试样，并对这些试样进行有限次的平行测量。例如对于矿物、土壤、食品、水、生物体液等分析对象，都只能从中取小部分进行分析。从分析对象总体中抽出可供分析的代表性物质的过程就是采样，这部分代表性物质称为试样或样品。由此可见，采样是整个分析过程中的第一步，而且是极其重要的第一步，所采集的试样是否具有代表性、采集的精密度如何，直接关系到分析结果的准确性。

（2）试样预处理

采集得到的试样并不一定满足分析方法的要求，往往需要经过试样预处理，使之满足分析测试的要求。分析方法对试样的要求包括试样的物理状态、试样中待测物的适宜浓度以及干扰物的最高限量等。例如，大多数分析方法要求待测试样必须是溶液（称为湿法分析），因此，对于固体试样就必须首先经过溶解、提取、消化等试样预处理过程，使待测物质进入到溶液之中。又如，每一种分析方法都有一定的检出限，如果试样中待测物质的浓度低于检出限，就需对试样中的待测物质进行富集或浓缩，使其浓度达到分析方法的要求。最后，如果试样中的其他共存物质对待测物质的测定产生干扰，则必须采用一定的分离操作将这些干扰物与待测物质分离，使试样得以"净化"。

（3）试样检测

当试样的状态达到分析要求后，就可以选择适当的分析方法对试样进行检测。各种检测方法的原理及适用对象将在后面各章中做详细的讨论。

（4）数据处理

定量分析的目标是得到试样中待测物质的浓度信息，因此需将分析仪器所产生的物理信号转化为浓度值。将分析仪器的物理信号转化为待测组分的浓度值时，首先需明确物理信号与浓度值之间的函数关系，然后采用适当的校正方法，对仪器进行校正，最后对得到的定量数据进行统计处理，求出分析结果的平均值、偏差等；对于定性分析和结构分析，则需对试样谱图的信息与标准图谱进行分析、归纳与对比，这过程需要检索图谱数据库。

（5）分析结果报告

以科学的形式写出分析结果报告。定量分析结果应该以平均值的合理置信区间或平均值±标准偏差的形式给出。

　　下面我们来介绍第一步骤的内容——分析试样的采集与制备。

12.1　采样方法

　　在定量化学分析中取样得具有代表性，即分析试样的组成代表整批物料的平均组成的试样是获得准确、可靠分析结果的关键，试样的采集和制备是至关重要的第一步。

　　由于实际分析对象种类繁多，形态各异，有固体、液体和气体，试样的性质和均匀程度也各不相同，因此取样和处理的各步细节也存在较大的差异。

　　采样过程还涉及试样的保存问题：当试样总体中取出后，存在着可能被污染或发生化学和物理变化的风险。因此，洁净的采样容器、合适的保存方法是保证采样质量的重要因素。本节简单介绍不同物理状态试样的采集方法。

12.1.1　固体试样的采集

　　常见的固体试样包括颗粒物（如矿石、土壤、水泥、化肥、药物、谷物等）、片状和棒状材料（如聚合物薄膜、金属线材和板材等）。固体一般为不均匀体系，为了使采集到的试样具有代表性，合理的采样方法显得尤为重要。由于固体在形态上千差万别，每种类型的固体试样采样方法也会有所不同。对土壤、地质试样、矿样等可采取多点、多层次的方法取样，即根据试样分布面积的大小，按一定距离和不同的地质深度采集。对制成的产品（如水泥、化肥），可按不同批号分别采样，对同一批号的产品须多次采样后充分混匀。

　　按上述方法采集的固体试样不仅量大而且颗粒不均匀，必须通过多次破碎、过筛、混均、缩分等步骤制成少量均匀而有代表性的分析试样。破碎是按规定用适当的机械或人工减小样品粒度。一般先用破碎机对试样进行粗碎，再用圆盘粉碎机等进行中碎，然后用压磨锤、瓷研钵、玛瑙研钵等进行细碎。不同性质的样品要求磨细的程度不同。为了控制试样的粒度，常采用过筛的方法，即让破碎后的试样通过一定筛孔的筛子。一般要求分析试样能通过 100～200 号筛。筛子具有一定的孔径，几种筛号及其孔径的大小见表 12-1。

表 12-1　筛号（网目）及其孔径规格

筛号（网目）	3	6	10	20	40	60	80	100	120	200
筛孔/mm	6.72	3.36	2.00	0.83	0.42	0.25	0.18	0.15	0.125	0.074

　　必须注意的是：每次粉碎后都要通过相应的筛子，未通过筛孔的粗粒不可抛弃，需要进一步粉碎，直至全部通过，以保证所得样品能代表整个被测物料的平均组成。

　　试样每经破碎至所需的粒度后，要将试样仔细混匀后再进行缩分。混匀的方法是把已破碎、过筛的试样用平板铁锹铲起堆成圆锥体，再交互地从试样堆两边对角贴底逐锹铲起堆成另一个圆锥，每锹铲起的试样不应过多，并分两三次撒落在新锥顶端，使之均匀地落在锥四周。如此反复堆掺三次后即可进行缩分。

　　按规定减少样品质量的过程称为缩分。在条件允许时，最好使用分样器进行缩分。如果没有分样器，通常用"四分法"进行人工缩分。四分法是将物料堆成圆锥体，然后压成厚度均匀的圆饼，通过中心将其平均分成四个相等的扇形体。弃去对角的两份，保留余下两份。依照此法可将大量的物料缩分到适宜的待测量。

四分法缩分示意如图 12-1。

图 12-1 四分法缩分示意

保留的试样是否继续缩分取决于试样的粒度与保留试样之间的关系，它们应该符合采样公式 $Q=Kd^2$，否则应进一步破碎后再进行缩分。

为了使所采集的试样能够代表分析对象的平均组成，应根据试样堆放的情况和颗粒的大小，从不同部位和深度选取多个取样点。根据经验，一般试样的采集量可按下述采样经验公式计算：

$$Q=Kd^2$$

式中，Q 为采取平均试样的最小量，kg；d 为物料中最大颗粒的直径，mm；K 为经验常数，可由实验求得，一般在 $0.02\sim 1$kg·mm^{-2} 之间。样品越不均匀，其 K 就越大。可见，颗粒状试样的采集量与颗粒物的大小紧密相关：颗粒物越粗，组分在其中的分布越不均匀，采样量须越多。因实际分析所需的试样量很少，所以采集到的原始试样需用机械方法将之粉碎，然后经过筛、混匀、缩分等步骤，制得细而均匀的试样供分析测试。

【例 12-1】 有一铁矿石最大颗粒直径为 10mm，K 约为 0.1，则应采集的原始试样最低质量是多少？

解 $Q=0.1\times 10^2$kg$=10$kg

【例 12-2】 有一样品 $m=20$kg，$K=0.2$kg/mm^2，用 6 号筛（3.36mm）过筛，问应缩分几次？最终应保留质量多少克？

解 $Q=Kd^2=0.2\times 3.36^2=2.26$（kg）

缩分 1 次剩余试样为 $20\times 0.5=10$kg，缩分 3 次剩余试样为 $20\times 0.5^3=2.5$kg>2.26kg，故缩分 3 次。

对金属片或丝状试样，剪一部分即可进行分析。但对钢锭和铸铁，由于表面与内部的凝固时间不同，铁和杂质的凝固温度也不一样，表面和内部组成是不均匀的，应用钢钻钻取不同部位和深度的碎屑混合。

采集到的固体试样也必须保存在适当的容器中，以避免试样受到外界污染。对于易被氧化的固体试样应作密封处理以隔绝氧气。

12.1.2 液体试样的采集

常见的液体试样包括天然水、工业溶剂、酒等饮料、液体状口服药剂等。

液体试样如水、饮料、体液和工业溶剂等一般都比较均匀，因此取样单元可以较少。

对于完全均匀的液体试样可直接用虹吸管或注射器抽取。然而大多数液体试样并非真正的均匀试样。在试样总量不大的情况下，可通过搅拌或摇匀使试样均匀化。对于总量很大的被测对象，如湖泊水、工业废水等，则必须采用分点、分时采样的方法。不同部位采集的试样可以被单独分析，以了解水体重金属污染的空间分布，也可以将采集的试样混合均匀后再取一定的量进行分析，这样可以得到水体中重金属离子的平均浓度。而对于工业废水，如需了解污染物随时间的变化状况，则需连续监控排放口流出的污染物浓度，一般可用自动采样机定时采集排放物试样。采自来水时，要将最初放出的部分舍去，收集后续部分的水。

液体试样采样器多为塑料或玻璃瓶，一般情况下两者均可使用。但当要检测试样中的有机物时，宜选用玻璃器皿；而要测定试样中微量的金属元素时，则宜选用塑料取样器，以减少容器吸附和产生微量待测组分的影响。

液体试样的化学组成容易发生变化，应立即对其进行测试。如若不能立即测试，应采取适当保存措施，以防止或减少在存放期间试样的变化。

保存措施有：控制溶液的 pH 值、加入化学稳定试剂、冷藏和冷冻、避光和密封等。采取这些措施旨在减缓生物作用、化合物或配合物的水解、氧化还原作用及减少组分的挥发。保存期长短与待测物的稳定性及保存方法有关。表 12-2 所示为几种常见的保存方法。

表 12-2　各类保存剂的应用范围

保存剂	作　用	测定项目
$HgCl_2$	抑制细菌生长	多种形式的氮、磷；有机氯农药
HNO_3, pH＜3	防止金属沉淀	多种金属
H_2SO_4, pH＞2	抑制细菌生长；与有机碱形成盐类	有机水样(COD、油和油脂,有机碳),氨,胺类
NaOH	与挥发性酸性化合物形成盐类	氰化物、有机酸类
冷冻	抑制细菌生长；减慢化学反应速率	BOD、色、嗅、有机磷、有机氯、有机碳等

对于水样，要根据具体情况采用不同的方法采样。如果是水管或者有泵地下水时，应先放水 10~15min，然后再用干净试剂瓶收集水样。对于河水——上、中、下（大河：左右两岸和中心线；中小河：三等分，距岸 1/3 处）；湖水——从四周入口、湖心和出口采样；海水——粗分为近岸和远岸；生活污水——与作息时间和季节性食物种类有关；工业废水——与产品和工艺过程及排放时间有关。

12.1.3　生物样品的采集与制备

生物试样中，待测物的组成会因生物体的器官、部位和生理状态，以及采样的季节和时间因素不同而有很大的差别。因此采样时，应根据分析任务，选取生物体的适当部位，在适当的生长阶段和时间，合理采样。同时，生物的物态既有固体（如植物的叶、果实，动物的毛发、肌肉）、液体（血、尿、唾液、乳汁），还有微生物甚至细胞等，应分类研究。

（1）植物样品的采集和制备

① 采样的一般原则有以下几点

a. 代表性　选择一定数量的能代表大多数情况的植物株作为样品，采集时，不要选择田埂、地边及离田埂地边 2m 范围以内的样品。

b. 典型性　采样部位要能反应所要了解的情况，不能将植株各部位任意混合。

c. 适时性　根据研究需要，在植物不同生长发育阶段，定期采样，以便了解污染物的影响情况。

② 采样量　将样品处理后能满足分析之用。一般要求样品干重 1kg，如用新鲜样品，以含水 80%~90%计，则需 5kg。

③ 采样方法　常以梅花形布点或在小区平行前进以交叉间隔方式布点，采 5~10 个试样混合成一个代表样品，按要求采集植株的根、茎、叶、果等不同部位，采集根部时，尽量保持根部的完整。用清水洗 4 次，不准浸泡，洗后用纱布擦干，水生植物应全株采集。几种

常用的布点方法如表 12-3 所示。

表 12-3   四种常用的布点方法

方法	适用范围	布点法	图示
对角线布点法	适用于面积小,地势平坦的污水灌溉或受废水污染的地形端正的田块	由田块的进水口向对角引一条直线,将对角线划分为若干等分(一般 3～5 等分),在每等分的中点处采样	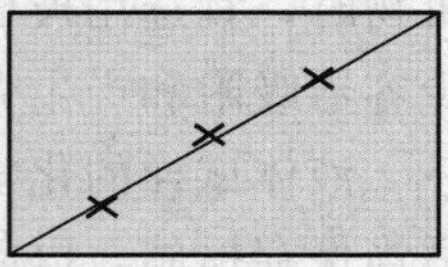
梅花形布点法	适用于面积较小,地势平坦,土壤较均匀的田块	中心点设在两对角线相交处,一般设 5～10 个采样点	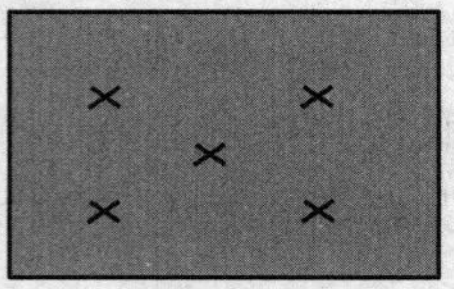
棋盘式布点法	适用于中等面积,地势平坦,地形完整开阔但土壤较不均匀的田块	一般采样点在 10 个以上。也适用于受固体废物污染的土壤,设 20 个以上的采样点	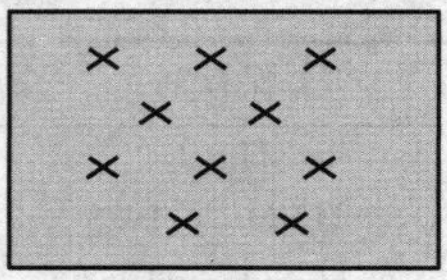
蛇形布点法	适用于面积较大,地形不平坦,土壤不均匀的田块	布设采样点数目较多。为全面客观评价土壤污染情况,在布点的同时要做到与土壤生长作物监测同步进行布点、采样、监测,以利于对比和分析	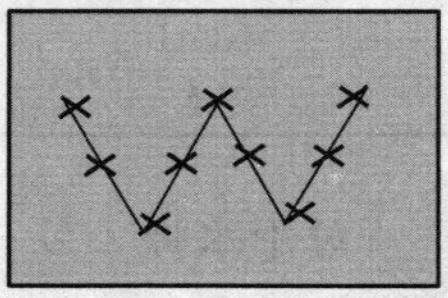

④ 样品制备的方法

a. 新鲜样品的制备。测定植物中易变化的酚、氰、亚硝酸等污染物,以及瓜果蔬菜样品,宜用鲜样分析。其制备方法:样品经洗净擦干,切碎混匀后,称取 100g 放入电动捣碎机的捣碎杯中,加同量蒸馏水,打碎 1～2min,使成浆状。含纤维较多的样品,可用不锈钢刀或剪刀切成小碎块混匀供分析用。如果要分析植物体内蛋白质或酶的活性,则应在低温下将组织捣碎,以免蛋白质变性。

b. 风干样品的制备。若需以干样形式分析的试样,应尽快洗净风干或放在 40～60℃ 鼓风干燥箱中烘干,以免发霉腐烂。样品干燥后,去除灰尘杂物,将其剪碎,电动磨碎机粉碎和过筛(通过 1mm 或 0.25mm 的筛孔),处理后的样品储存在磨口玻璃广口瓶中备用。

(2) 动物样品的收集和制备

① 血液   血液样品一般用注射器抽一定量静脉血后,按不同的用途,不经或经适当处理后使用。不加任何试剂的血液试样称为全血(whole blood)。血液离体后,由于激活了一系列凝血因子,使血中的纤维蛋白原变成蛋白纤维,血液逐渐凝固,离心分离得到的上层淡黄色澄清液称为血清(serum)。若采血后,将血液转入涂有抗凝剂(如肝素)的容器中,血液不再凝结,旋转后血细胞缓慢沉降,这样得到的淡黄色上清液称为血浆(plasma)。应根据不同的分析任务,确定采用何种形式的血液标本。

② 毛发   不同部位的毛发的发龄不同,其中的待测物组成可能也有差异,因此要注意所采的部位。采样后,用中性洗涤剂处理,去离子水冲洗,再用乙醚或丙酮等洗涤,在室温下充分干燥后装瓶备用。

③ 肌肉与组织   采样后,将目标物与其他组织(如脂肪)分离,将待测部分放在搅拌器搅拌均匀,然后取一定的匀浆作为分析用。生物试样容易受到微生物的攻击,而其中的生

物活性物质也会随时间逐步降解，因此常需低温保存。若测定有机污染物，样品要磨碎，并用有机溶剂浸取，若分析无机物，则样品需进行灰化，并溶解无机残渣，供分析用。

12.1.4　气体样品的采集

例如大气的采集，通常选择距地面 50～180cm 的高度用抽气泵或吸筒采样，使所采气样与人呼吸的空气相同。对于大气污染物的测定，则使空气通过适当的吸收剂，由吸收浓缩之后再进行测定。

（1）采样方法

① 吸收液　主要吸收气态和蒸气态物质。常用的吸收液有：水、水溶液和有机溶剂。吸收液的选择依据被测物质的性质及所用分析方法而定。但是，吸收液必须与被测物质发生的作用快，吸收率高，同时便于以后分析步骤的操作。

② 固体吸附剂　有颗粒状吸附剂和纤维状吸附剂两种。前者有硅胶、素陶瓷等，后者有滤纸、滤膜、脱脂棉、玻璃棉等。吸附作用主要是物理性阻留，用于采集气溶胶。硅胶常用的是粗孔及中孔硅胶，这两种硅胶均有物理和化学吸附作用。素陶瓷需用酸或碱除去杂质，并在 110～120℃烘干，由于素陶瓷并非多孔性物质，仅能在粗糙表面上吸附，所以采样后洗脱比较容易。采用的滤纸及滤膜要求质密而均匀，否则采样效率降低。

③ 真空瓶法　当气体中被测物质浓度较高，或测定方法的灵敏度较高，或当被测物质不易被吸收液吸收，而且用固体吸附剂采样有困难时，可用此方法采样。将不大于 1L 的具有活塞的玻璃瓶抽空，在采样地点打开活塞，被测空气立即充满瓶中，然后往瓶中加入吸收液，使其有较长的接触时间以利于吸收被测物质，然后进行化学测定。

④ 置换法　采取小量空气样品时，将采样器（如采样瓶、采样管）连接在一个抽气泵上，使其通过比采样器体积大 6～10 倍的空气，以便将采样器中原有的空气完全置换出来。也可将不与被测物质起反应的液体如水、食盐水注满采样器，采样时放掉液体，被测空气即充满采样器中。

⑤ 静电沉降法　此法常用于气溶胶状物质的采样。空气样品通过 1.2 万～2 万伏电压的电场，在电场中气体分子电离所产生的离子附着在气溶胶粒子上，使粒子带电荷，此带电荷的粒子在电场的作用下就沉降到收集电极上，将收集电极表面沉降的物质洗下，即可进行分析。此法采样效率高、速度快，但在有易爆炸性气体，蒸气或粉尘存在时不能使用。

（2）采样原则

① 采样效率　在采样过程中，要得到高的采样效率，必须采用合适的收集器及吸附剂，确定适当的抽气速度，以保证空气中的被测物质能完全地进入收集器中，被吸收或阻留下来，同时又便于下一步的分离测定。

② 采样点的选择　根据测定的目的选择采样点，同时应考虑到工艺流程、生产情况、被测物质的理化性质和排放情况，以及当时的气象条件等因素。

每一个采样点必须同时平行采集两个样品，测定结果之差不得超过 20%，记录采样时的温度和压力。如果生产过程是连续性的，可分别在几个不同地点，不同时间进行采样。如果生产是间断性的，可在被测物质产生前、产生后以及产生的当时，分别测定。

12.2　样品预处理方法

试样的制备就是将采集到的试样转化成适合于分析测试的过程。在定量化学分析中一般要将试样分解，制成溶液（干法分析除外）后再分析，因此试样的分解是重要的步骤之一。它不仅直接关系到待测组分转变为适合的测定形态，也关系到以后的分离和测定。如果分解方法选择不当，就会增加不必要的分离手续，给测定造成困难和增大误差，有时甚至使测定无法进行。例如，气相色谱分析气体试样时，可以直接吸取一定体积的气体试样进行分析。原子吸收光谱分析矿物试样时，试样必须首先转化成溶液，才能引入原子化器进行测定。而红外光谱对高聚物薄膜材料做定性分析时，可以将薄膜试样直接放入光路进行分析，也可以将薄膜用溶剂溶解后放入吸收池进行分析。对于大多数分析方法，溶液是首先的试样状态。因此对于固体或气态试样，首先需通过试样制备，将它们转化为溶液。

对试样进行分解的过程中，待测组分不应挥发损失，也不能引入被测组分和干扰物质。分解要完全，处理后的溶液中不得残留原试样的细屑或粉末。

实际工作中，应根据试样的性质与测定方法的不同选择合适的分解方法。常用的分解方法主要有溶解法、熔融法、半熔法、干法灰化法和微波消解法。

12.2.1　溶解法

溶解法是采用适当的溶剂将试样溶解后制成溶液，这种方法比较简单、快速。常用的溶剂有水、酸、碱等。对于不溶于水的试样，则采用酸或碱作溶剂的酸溶法或碱溶法进行溶解，以制备分析试液。

（1）水溶法

用水溶解试样最简单、快速，适用于一切可溶性盐和其他可溶性物料。常见的可溶性盐类有硝酸盐、醋酸盐、铵盐、绝大多数的碱金属化合物、大部分的氯化物及硫酸盐。当用水不能溶解或不能完全溶解时，再用酸或碱溶解。

（2）酸溶或碱溶法

酸溶法是利用酸的酸性、氧化还原性及形成配合物的性质，使试样溶解制成溶液。钢铁、合金、部分金属氧化物、硫化物、碳酸盐矿物、磷酸盐矿物等，常采用此法溶解（表 12-4）。

表 12-4　常用酸碱及其分解对象

溶解法	试剂	主要特性	主要分解对象
酸溶法	HCl	强酸性,配位性	比氢更活泼的金属或其合金以及碳酸盐及某些氧化物矿石
	HNO_3	强酸强氧化性,腐蚀性	除金和铂族元素外,绝大部分金属
	H_2SO_4	酸性,脱水性	独居石$(Ce、La、Th)PO_4$、萤石 CaF_2 和锑、铀、钛等矿物,破坏试样中的有机物等
	H_3PO_4	酸性,配位性	铬铁矿 $FeCr_2O_4$、铌铁矿$(FeMn)Nb_2O_6$、钛铁矿 $FeTiO_3$ 等难溶性矿石
	$HClO_4$	强氧化,脱水性,酸性	不锈钢和其他铁合金、铬矿石、钨铁矿等
	HF	配位性	硅铁、硅酸盐及含钨、铌的试样和有关的合金钢
	$HCl-HNO_3$ （体积比 3∶1）	酸性,配位性,强氧化	俗称王水,可溶解 Au、Pt 等贵金属
	$H_2SO_4-H_3PO_4$ H_2SO_4-HF $H_2SO_4-HClO_4$ $HCl-HNO_3-HClO_4$	酸性,配位性,强氧化	硫化汞,贵金属等
碱溶法	NaOH,KOH	碱性	铝、铝两性合金及某些酸性氧化物(如 Al_2O_3)等

少数试样可采用碱溶法来分解，碱溶法的溶剂主要为氢氧化钠和氢氧化钾。碱溶法常用来溶解两性金属，如铝、锌及其合金以及它们的氧化物和氢氧化物等。

（3）加压溶解法（或称闭管法）

对于那些特别难分解的试样效果很好。它是把试样和溶剂置于适合的容器中，再将容器装在保护套中，在密闭情况下进行分解，由于内部高温、高压，溶剂没有挥发损失，对于难溶物质的分解可取得良好效果。例如用 $HF-HClO_4$ 的混合酸在加压条件下可分解刚玉（Al_2O_3）、钛铁矿（$FeTiO_3$）、铬铁矿（$FeCrO_4$）、钽铌铁矿 $[FeMn(Nb \cdot Ta)_2O_6]$ 等难溶物质。目前所使用的加压溶解装置类似一种微型的高压锅。是双层附有旋盖的罐状容器，内层用铂或聚四氟乙烯制成，外层用不锈钢制成，溶解时将盖子旋紧后加热。

（4）有机溶剂溶解法

测定大多数有机化合物时需用有机溶剂溶解，有时有些无机化合物也需溶解在有机溶剂中再测定，或利用它们在有机溶剂中溶解度的不同进行分离。

12.2.2　熔融法

熔融法是将试样与固体熔剂混匀后，置于特定材料制成的坩埚中，在高温条件下熔融，分解试样，再用水或酸浸取熔块，使其转入溶液中。熔融法分解能力强，但熔融时要加入大量熔剂（一般为试样重的 6~12 倍），故将带入熔剂本身的离子和其中的杂质；熔融时坩埚材料的腐蚀，也会引入杂质。根据所用熔剂的化学性质，熔融法可分为酸熔法和碱熔法两种（表 12-5）。

表 12-5　常用熔融酸碱及其分解对象

熔融法	试剂	原理	可分解物质	注意事项
酸熔法	$K_2S_2O_7$ $KHSO_4$	$K_2S_2O_7 \longrightarrow K_2SO_4 + SO_3 \uparrow$ 产生 SO_3 对矿石试样有分解作用 例：$TiO_2 + K_2S_2O_7 \longrightarrow Ti(SO_4)_2 + K_2SO_4$	铁、铝、钛、锆、铌、钽的氧化物矿石	温度不宜超过 500℃，加水溶解时需加少量酸，以防水解沉淀
	KHF_2	F^- 的配位能力	硅酸盐、稀土和钛的矿石	铂皿低温下进行
碱熔法	Na_2CO_3	溶解时显碱性，例： $NaAlSi_3O_8 + 3Na_2CO_3 \longrightarrow NaAlO_2 + 3Na_2SiO_3 + 3CO_2$	钠长石（$NaAlSi_3O_8$）和重晶石（$BaSO_4$）	
	Na_2O_2	强氧化性、强腐蚀性的碱性	铬铁、硅铁、绿柱石 $Be_3(SiO_3)_6$、锡石、独居石、铬铁矿、黑钨矿（FeMn）WO_4、辉钼矿 MoS_2 和硅砖	坩埚腐蚀严重
	$NaOH$ KOH	强碱性	铝土矿、硅酸盐、黏土等	常在铁、银或镍坩埚中进行

12.2.3　半熔法

半熔法又称烧结法，是让试样与固体试剂在低于熔点的温度下进行反应。因为温度较低，加热时间需要较长，但不易侵蚀坩埚，可以在瓷坩埚中进行。

（1）Na_2CO_3-ZnO 半熔法

以 Na_2CO_3 和 ZnO 作熔剂，于 800℃ 左右分解试样，常用于矿石或煤中全硫量的测定。

其中 Na_2CO_3 起熔剂作用；ZnO 起疏松通气作用，使空气中的 O_2 将硫化物氧化为 SO_4^{2-}。熔块用来浸取时，由于析出 $ZnSiO_3$ 沉淀，故能除去大部分硅酸。若试样中含有游离硫，加热时易挥发而损失，故应在混合熔剂中再加入少量 $KMnO_4$ 粉末，并缓慢地升高温度，使游离硫氧化为 SO_4^{2-}。

(2) $CaCO_3$-NH_4Cl 半熔法

常用于测定硅酸盐中的 K^+、Na^+，以分解钾长石为例：分解温度为 750～800℃，反应后的物质仍为粉末状，但 K^+、Na^+ 已转化为可被水浸取的氯化物。

12.2.4 干法灰化法

干法灰化是在一定温度和气氛下加热，使待测物质分解、灰化，留下的残渣再用适当的溶剂溶解。这种方法不用熔剂，空白值低，很适合微量元素分析。

根据灰化条件的不同，干法灰化有两种，一种是在充满 O_2 的密闭瓶内，用电火花引燃有机试样，瓶内可用适当的吸收剂以吸收其燃烧产物，然后用适当方法测定，这种方法叫氧瓶燃烧法，它广泛用于有机物中卤素、硫、磷、硼等元素的测定。另一种是将试样置于蒸发皿中或坩埚内，在空气中，于一定温度范围（500～550℃）内加热分解、灰化，所得残渣用适当溶剂溶解后进行测定，这种方式叫定温灰化法。此法常用于测定有机物和生物试样中的无机元素，如锑、铬、铁、钠、锶、锌等。

12.2.5 微波消解法

(1) 什么是微波

微波是一种电磁波，是频率在 300MHz～300GHz 的电磁波，即波长在 100cm～1mm 范围内的电磁波，也就是说波长在远红外线与无线电波之间。在微波波段中，波长在 1～25cm 的波段专门用于雷达，其余部分用于电信传输。为了防止民用微波功率对无线电通信、广播、电视和雷达等造成干扰，国际上规定工业、科学研究、医学及家用等民用微波的频率为 (2450±50)MHz。因此，微波消解仪器所使用的频率基本上都是 2450MHz，家用微波炉也如此。

(2) 微波的特性

① 金属材料不吸收微波，只能反射微波。如铜、铁、铝等。用金属（不锈钢板）作微波炉的炉膛，来回反射作用在加热物质上。不能用金属容器放入微波炉中，反射的微波对磁控管有损害。

② 绝缘体可以被微波透过，它几乎不吸收微波的能量。如玻璃、陶瓷、塑料（聚乙烯、聚苯乙烯）、聚四氟乙烯、石英、纸张等，它们对微波是透明的，微波可以穿透它们向前传播。这些物质都不会吸收微波的能量，或吸收微波极少。物质吸收微波的强弱实质上与该物质的复介电常数有关，即损耗因子越大，吸收微波的能力越强。家用微波炉容器大都是塑料制品。微波密闭消解溶样罐用的材料是聚四氟乙烯、工程塑料等。

③ 极性分子的物质会吸收微波（属损耗因子大的物质），如水、酸等。它们的分子具有永久偶极矩（即分子的正负电荷的中心不重合）。极性分子在微波场中随着微波的频率而快速变换取向，来回转动，使分子间相互碰撞摩擦，吸收了微波的能量而使温度升高。我们吃的食物，其中都含有水分，水是强极性分子，因此能在微波炉中加热。下面，我们可以进一步理解微波消解试样的原理。

（3）微波消解试样的原理

称取 0.2～1.0g 的试样置于消解罐中，加入约 2mL 的水，加入适量的酸。通常是选用 HNO_3、HCl、HF、H_2O_2 等，把罐盖好，放入炉中。当微波通过试样时，极性分子随微波频率快速变换取向，2450MHz 的微波，分子每秒钟变换方向 2.45×10^9 次，分子来回转动，与周围分子相互碰撞摩擦，分子的总能量增加，使试样温度急剧上升。同时，试液中的带电粒子（离子、水合离子等）在交变的电磁场中，受电场力的作用而来回迁移运动，也会与临近分子撞击，使得试样温度升高。这种加热方式与传统的电炉加热方式决然不同。

① 体加热　电炉加热时，是通过热辐射、对流与热传导传送能量，热是由外向内通过器壁传给试样，通过热传导的方式加热试样。微波加热是一种直接的体加热的方式，微波可以穿入试样的内部，在试样的不同深度，微波所到之处同时产生热效应，这不仅使加热更快速，而且更均匀。大大缩短了加热的时间，比传统的加热方式既快速又效率高。如氧化物或硫化物在微波（2450MHz、800W）作用下，在 1min 内就能被加热到几百摄氏度。又如 1.5g MnO_2 在 650W 微波加热 1min 可升温到 920K，可见升温的速率非常之快。传统的加热方式（热辐射、传导与对流）中热能的利用效率低，许多热量都发散给周围环境中，而微波加热直接作用到物质内部，因而提高了能量利用率。

② 过热现象　微波加热还会出现过热现象（即比沸点温度还高）。电炉加热时，热是由外向内通过器壁传导给试样，在器壁表面上很容易形成气泡，因此就不容易出现过热现象，温度保持在沸点上，因为气化要吸收大量的热。而在微波场中，其"供热"方式完全不同，能量在体系内部直接转化。由于体系内部缺少形成气"泡"的"核心"，因而，对一些低沸点的试剂，在密闭容器中，就很容易出现过热，可见，密闭溶样罐中的试剂能提供更高的温度，有利于试样的消化。

③ 搅拌　由于试剂与试样的极性分子都在 2450MHz 电磁场中快速的随变化的电磁场变换取向，分子间互相碰撞摩擦，相当于试剂与试样的表面都在不断更新，试样表面不断接触新的试剂，促使试剂与试样的化学反应加速进行。交变的电磁场相当于高速搅拌器，每秒钟搅拌 2.45×10^9 次，提高了化学反应的速率，使得消化速度加快。由此综合，微波加热快、均匀、过热、不断产生新的接触表面。有时还能降低反应活化能，改变反应动力学状况，使得微波消解能力增强，能消解许多传统方法难以消解的样品。

由上讨论可知，加热的快慢和消解的快慢，不仅与微波的功率有关，还与试样的组成、浓度以及所用试剂即酸的种类和用量有关。要把一个试样在短的时间内消解完，应该选择合适的酸、合适的微波功率与时间。

（4）微波消解试样的方法

建立对一种试样的微波密闭消解方法，要从三个方面着手考虑与选择，包括样品的称样量、分解试样所用酸的种类及用量、微波加热的功率与时间（压力与温度的设置）。

在考虑上述问题时，我们必须对试样要有所了解。如样品基体的组成和化学性质；待测元素的性质及含量的估计；有关此类样品的分解方法、文献报导、工作经验，尤其是密闭消解的应用。因为试样在微波场中吸收微波的能量、升温的快慢、产生压力的大小以及发生的化学反应的速度和程度都和试样的组成、浓度、性质有关。

① 首先，在考虑样品的称样量时，必须先考虑后面的检测方法。是用化学法、原子吸收光谱法（AAS）、电感耦合等离子发射光谱法（ICP-AES）法还是其他方法。各种测定方

法有不同的灵敏度和检测限。要求消解定容后的浓度要高于检测限。一般高于检测限几倍，几十倍更好，RSD 就更小。同时还要考虑样品的均匀性和代表性，这将影响检测结果的准确性。上述两方面都希望称样量不能太小，要多一些好。用微波消解还有一方面要考虑。从安全性来说，称样量要少些好，因为试样与酸在密闭系统中，反应产生的气体压力增大。样品量越多，产生的气体多，压力就大。如果反应很激烈，产生的气体非常快，使压力瞬间增大，就有引起爆炸的危险，所以要限制称样量。通常无机样品称样量为 0.2~2g，有机样品为 0.1~1g。当然，还要看密闭消解的溶样罐的容积大小，罐大的称样量可多些。当加入酸后最初反应很激烈，产生气体较多时，为了安全，可以先在常压下反应，待反应平缓后再放入微波炉中消解。

② 其次，考虑微波消解所用酸的种类和用量。消解试样的目的是通过试样与酸反应把待测物变成可溶性物质。如金属元素变成可溶性盐，成为离子状态存在于溶液中。酸的用量以完成反应所需量即可。消解试样使用最广泛的酸是 HNO_3、HCl、HF、$HClO_4$、H_2O_2 等。这些都是良好的微波吸收体。

微波消解试样时要注意以下几点。

a. 试样添加酸后，不要立即放入微波炉，要观察加酸后试样的反应。如果反应很激烈，起泡、冒气、冒烟等，需要先放置一段时间，等待激烈反应过后再放入微波炉升温。因为反应激烈的情况下将盖盖上，密闭微波加热，容易引起爆炸。对加酸后初期反应很激烈的试样，一次加酸的量不要太多，可将酸分几次加完。对于有的样品，可将酸加入试样中浸泡过夜，待到次日再放入微波炉中消解，效果会更好。

b. 对于硫酸、磷酸等高沸点酸应在低浓度以及严格温控的条件下使用。

c. 应尽量避免使用高氯酸。

d. 由样品和试剂组成的溶液总体积不要超过 20mL。

e. 对具有突发性反应和含有爆炸组分的样品不能放入密闭系统中消解，如炸药、乙炔化合物、叠氮化合物、亚硝酸盐等物质。

③ 最后，考虑微波加热的功率与时间。分解试样所需的能量取决于样品的用量、组成、试剂（酸）的种类及用量、容器的耐压耐温能力以及炉内样品的个数。炉内样品个数多，所需的微波功率大、时间长。密闭体系中介质的离子强度和极性决定了加热速度，离子强度大，体系升温快。在微波溶样时，可采用预消解把样品组成中一些低分子的有机物、还原性强的有机物、具挥发性的物质在常压下先与酸反应或采用阶梯式升高加热功率的方法，避免因反应过于剧烈或分解产生大量的气体（如硝酸被分解成 NO_2 等）而使压力骤升。实际使用时，先用低档功率、低档压力、低档温度，用短的加热时间，观察压力上升的快慢。经几次实验，当了解了消解试样的特性，方可一次设置高压、高温和长的加热时间。

（5）微波消解使用的酸

用在微波消化方面的绝大多数试剂是酸，前面我们已经介绍了一些酸的特性，但是在微波消解法中还有要特别注意的地方。常用的酸消化试剂可分为两类，非氧化性酸和氧化性酸。非氧化性酸包括盐酸、氢氟酸、磷酸、稀硫酸、稀高氯酸。氧化性酸包括硝酸、热浓盐酸、浓硫酸、过氧化氢。

硝酸的特性：在 65％浓度时，硝酸的沸点为 120℃；当其浓度小于 2mol/L 时，氧化性差，随反应温度升高，浓度升高，其氧化性增加；硝酸对大多数有机基体有典型的氧化反应式；它能溶解除金、铂及铝、硼、铬、钛和锆以外的大多数金属，形成可溶解性硝酸盐，有些金属需要混合酸或稀硝酸；硝酸常与双氧水、盐酸和硫酸混用；并可用在高纯样品的痕量分析中；压力控制 2.5MPa，温度在 225℃。

过氧化氢的特性：它是一种氧化性试剂，通常加到硝酸中混合使用，可以减少氮气生成和升高温度加速有机样品的消化。典型混合为硝酸∶过氧化氢，混合比例为 4∶1。

盐酸的特性：含 20.4％HCl 溶液，沸点 110℃；可利用 38％浓度盐酸；它溶解弱酸盐，如碳酸盐、磷酸盐及大多数金属盐，除 $AgCl$、$HgCl_2$、$TiCl_4$；过量氯化氢能改进 $AgCl$ 的溶解性，转换为 $AgCl_2^-$；并广泛用在铁合金行业；它不溶解 Al、Be、Cr、Ti、Sn、Zr、Sb 的氧化物；压力控制 2.5MPa，温度 205℃。

硫酸的特性：硫酸的沸点 340℃，浓度 98％；由于沸点较高，应细心监视反应，防止容器损坏；硫酸是通过脱水来破坏有机组织；许多硫酸盐是不可溶解（Ba、Sr、Pb）的。在 300℃（仅 1min）时，压力无任何增加，我们推荐用硫酸时，带准确温度控制。

氢氟酸的特性：在浓度 40％时，沸点为 108℃；HF 无氧化性，但具有强的络合性；常用于消化矿石、金属矿、土壤、岩石和包含硅的植物；主要用于分解二氧化硅；常常加入硝酸或高氯酸混合使用。用 HF 溶解后，许多分析需要去除氢氟酸，以防止仪器损坏或溶解不溶性氟化物。为了从溶液中除去氢氟酸，从而加入硼酸，这是 HF 的络合性；若加入 10～50 倍的硼酸，则可加强反应速度。微波加热压力控制 2.5MPa，温度结果 240℃。

高氯酸的特性：在 72％浓度时，高氯酸沸点为 203℃；热和浓的酸有强的氧化性；高氯酸和有机组织反应快速，有时会危险；所以，通常和硝酸一起消化控制有机组织；除高氯酸钾外，所有高氯酸盐是可溶的；在封闭的容器中，高氯酸于 245℃时分解，它依赖产品产生的气体和巨大的压力。[注意：使用高氯酸特别小心，不要用于有机材料，对于无机材料，使用温度不要超过 200℃，体积不要超过总体积 20％（如 100mL 容器中不要超过 20mL）]。

王水的特性：王水是由盐酸与硝酸比为 3∶1 混合配制而成；加热时，产生一氧化氮和氯气；它必须当场配制当场使用，并且能溶解贵金属（注意：压力控制 2.5MPa，温度控制 200℃）。

12.3　分离和富集方法

在分析实际试样时，共存的组分干扰往往是难以避免的。当通过选择合理的实验条件（如光谱分析中合理选择测定波长）或采用掩蔽法仍不能消除干扰时，就需要将待测组分与干扰组分分离后再进行测定。在某些试样中，待测组分的含量较低，而现有测定方法的灵敏度又不够高，则必须先对待测组分进行富集，然后再进行测定。因此，多数试样的处理会涉及组分的分离与富集。例如，海水中铀含量 1～2μg[U(Ⅵ)]/L，不易测量，若把 1L 海水中的 U(Ⅵ) 处理到 5mL 溶液中，等于将 U(Ⅵ) 溶液富集，浓度提高了 200 倍，便可准确测定。

对分离、富集的基本要求，除使干扰组分减少至不再干扰、待测组分浓度达到方法的灵敏度水平以外，待测组分在分离富集过程中的损失应小到可忽略不计。待测组分的损失程度通常用回收率来衡量：

$$回收率 = \frac{分离后测得的 A 的量}{原来 A 的量} \times 100\%$$

理论上要求回收率越高越好，但是在实际分离富集过程，待测组分难免会有损失。在一般情况下，对试样中的主组分，回收率应大于 99.9%；对质量分数为 1% 以上组分，回收率应为 99% 以上；对于微量组分（$mg \cdot kg^{-1}$ 或 $mg \cdot L^{-1}$ 水平），回收率应大于或等于 95%，而对于痕量组分（$\mu g \cdot kg^{-1}$ 或 $\mu g \cdot kg^{-1}$ 水平），回收率可为 90% 或更低。

【例 12-3】 PbS 作共沉淀载体，富集海水中的 Au（Au $0.2\mu g \cdot L^{-1}$，10L），富集后的 Au 为 $1.7\mu g$，回收率为多少？

解

$$回收率 = \frac{1.7}{0.2 \times 10} \times 100\% = 85\%$$

在分析化学中，常用的分离和富集方法有沉淀分离法、液-液萃取分离法、液相色谱分离法、离子交换分离法等。表 12-6 按分离原理列出了一些常用的分离技术，其中的一些最为常用分离富集方法将在下面详细介绍。

表 12-6 各种分离技术的分类

分离原理	分离技术
基于分离对象微粒大小的不同	过滤（filtration）
	透析（dialysis）
	尺寸排阻色谱（size exclusion chromatography）
基于分离对象质量或密度的不同	离心（centrifugation）
改变分离对象的物理状态	蒸馏（distillation）
	升华（sublimation）
	重结晶（recrystallization）
改变分离对象的化学性质	沉淀（precipitation）
	电沉积（electrodeposition）
基于两相分配的分离方法	萃取（extraction）
	固相萃取（solid phase extraction）
	色谱（chromagraphy）

12.3.1 沉淀分离法

沉淀分离一种经典的分离方法，它是利用沉淀反应进行分离的方法。在分析化学中经常遇到的有常量组分的沉淀分离和痕量组分的沉淀分离。

（1）常量组分的沉淀分离

① 氢氧化物沉淀分离法 大多数金属离子能形成氢氧化物沉淀 $M(OH)_n \downarrow$，沉淀的生成与否与溶液中的 OH^- 浓度有直接关系。由于氢氧化物沉淀的溶度积差异很显著，因此可通过控制酸度使某些金属离子相互分离。不过该方法也存在一些缺点，如选择性较差，共沉淀现象严重，所以分离效果不理想。

a. 氢氧化钠 NaOH 是强碱，用作沉淀剂可使两性元素与非两性元素分离，两性元素以含氧酸根阴离子形态留在沉淀里，非两性元素则生成氢氧化物沉淀。例如，Ag^+、Hg_2^{2+}、Hg^{2+}、Bi^{3+}、Cd^{2+}、Fe^{3+}、Fe^{2+}、Co^{2+}、Ni^{2+}、Mn^{2+}、$Ti(IV)$、Mg^{2+}、稀土等与 NaOH 定量沉淀。而两性元素：Pb^{2+}、Zn^{2+}、Al^{3+}、Cr^{3+}、Sn^{2+}、Sn^{4+}、Sb^{3+} 等以含氧酸根形式存在，不生成沉淀，达到分离目的。一般得到的氢氧化物沉淀为胶状沉淀，共沉淀严重，所以分离效果并不理想。如果采用"小体积沉淀分离法"，可改善沉淀的性质，提高分离效率。"小体积沉淀分离法"一般是在尽量小的体积，尽量大的浓度，同时又有大量没有干扰作用的盐类存在下进行的。这样形成的沉淀含水量少，结构紧密。大量无干扰作用的盐类加入，使沉淀对其他组分的吸附量减少，因此提高了分离效果。"小体积沉淀分离法"是先将试液蒸发近干，加入固体 NaCl 约 5g，搅拌成砂糖状，然后加入浓 NaOH 溶液，搅拌使沉淀形成，最后用适量热水稀释后过滤。

b. NH_3-NH_4Cl　在铵盐存在下，加入沉淀剂氨水，调节 pH＝8～9，可使高价金属离子，Hg^{2+}、Al^{3+}、Fe^{3+}、Cr^{3+}、Bi^{3+}、Sb(Ⅳ)、Sn^{4+}、Ti^{4+}、Zr(Ⅳ)、Hf(Ⅳ)、Th^{4+}、V(Ⅴ)、Nb(Ⅴ)、Ta(Ⅴ)、Be^{2+} 等定量生成 $M(OH)_n$ 沉淀。溶液中，Ag^+、Cu^{2+}、Cd^{2+}、Co^{2+}、Ni^{2+}、Zn^{2+} 生成氨络离子，Ba^{2+}、Sr^{2+}、Ca^{2+}、Mg^{2+}、K^+、Na^+ 等则单独在溶液中，Pb^{2+}、Mn^{2+}、Fe^{2+} 部分沉淀。

氨水沉淀分离法中常加入 NH_4Cl 等铵盐，其作用是构成 pH 值为 8～9 的缓冲溶液，防止 $Mg(OH)_2$ 沉淀的生成；同时，大量 NH_4^+ 作为抗衡离子，减少了氢氧化物对其他金属离子的吸附；而且电解质的大量存在，促进胶状沉淀的凝聚。

c. 有机碱及其共轭酸　六亚甲基四胺 $(CH_2)_6N_4$、吡啶、苯胺、苯肼等有机碱，与其共轭酸组成缓冲溶液，可调节和控制溶液的酸度，使某些金属离子生成氢氧化物沉淀，以达到沉淀分离的目的。

例如，将 $(CH_2)_6N_4$ 加入到酸性溶液中，与生成的 $(CH_2)_6N_4H^+$ 构成 pH 值为 5～6 的缓冲溶液。该溶液能与 Al^{3+}、Fe^{3+}、Ti(Ⅳ)、Th(Ⅳ) 等离子生成生成 $M(OH)_n$ 沉淀。Mn^{2+}、Co^{2+}、Ni^{2+}、Cu^{2+}、Zn^{2+}、Cd^{2+} 等则溶解在溶液中。

d. 悬浊液法　ZnO 悬浊液可控制 pH 约为 6，用于定量分离高价离子如 Fe^{3+}、Al^{3+}、Cr^{3+}、Th^{4+} 等，可除去高价金属离子。部分沉淀二价离子如 Be^{2+}、Cu^{2+}、Hg^{2+}、Pb^{2+} 等生成沉淀，留在溶液中的离子包括 Ni^{2+}、Co^{2+}、Mn^{2+}、Mg^{2+}、Ca^{2+}、Sr^{2+} 等。

② 沉淀为硫化物　硫化物沉淀分离与氢氧化物沉淀分离相似，根据各种金属硫化物的溶度积相差比较大的特点，通过控制溶液的酸度来控制硫离子尝试，而使金属离子相互分离。主要用于分离某些重金属离子。常用沉淀剂：硫代乙酰胺（TAA）。

③ 其他无机沉淀剂

常用的无机沉淀剂有 H_2SO_4、H_3PO_4、HF、NH_4F、HCl 等。例如在稀 HCl 中，Ag^+、Hg_2^{2+}、Pb^{2+} 均生成白色沉淀。

例如分析岩石中的 Fe^{3+}、Al^{3+}、Ca^{2+}、Mg^{2+}、Mn^{2+} 等组分，为将 Fe^{3+}、Al^{3+} 与 Ca^{2+}、Mg^{2+} 分离，常使用 NH_3-NH_4Cl 体系，这时 Mn 将留在何处？若以 EDTA 滴定法测定 Al^{3+}、Fe^{3+} 以及 Ca^{2+}、Mg^{2+}，让 Mn 留在沉淀中还是溶液中为好？如何才能达到此目的？

$Mn(OH)_2$ 溶解度不大也不小，Mn 将分别在沉淀与溶液中存在。Mn 不干扰 Fe^{3+}、Al^{3+} 测定，但却干扰 Ca^{2+}、Mg^{2+} 测定（EDTA 配合滴定）。为使 Mn 完全处于沉淀中，可同时加入 H_2O_2 氧化 Mn^{2+} 成 Mn(Ⅳ) 以 $MnO(OH)_2$ 形式沉淀。

$$Mn^{2+} + 2OH^- + H_2O_2 =\!=\!= MnO(OH)_2 \downarrow + H_2O$$

④ 有机沉淀剂分离

有机沉淀剂分离沉淀，具有沉淀吸附无机杂质少、选择性高、过量沉淀剂易灼烧除去等优点，因此，也用于重量分析。

常用的有机溶液剂有 8-羟基喹啉（C_9H_7ON）。8-羟基喹啉是具有弱酸弱碱性的两性试剂，一般归为有机碱类，但在作沉淀剂使用时，主要是它的羟基的成盐作用，故又可作为有机酸来对待。除碱金属外，其他的金属离子几乎都能与 8-羟基喹啉定量生成沉淀。各种金属离子生成沉淀的 pH 各不相同，因此控制酸度可以使部分金属离子沉淀，另一部分金属离子不能成沉淀，从而达到分离的目的。例如，在 pH＝5.0 的 HAc-Ac$^-$ 沉淀中，Al^{3+}、Fe^{3+} 等能定量沉淀，而 Ca^{2+}、Mg^{2+}、Be^{2+}、Ba^{2+}、Sr^{2+} 等留于溶液中。如选用适合的掩蔽剂可提高分离的选择性。例如在酒石酸的强碱性溶液中，Cu^{2+}、Cd^{2+}、Zn^{2+}、Mg^{2+} 能定量沉淀，而 Al^{3+}、Fe^{3+}、Cr^{3+}、Pb^{2+}、Sn^{4+} 等留在沉淀中。

（2）微量组分的共沉淀分离和富集

在重量分析中，共沉淀现象使沉淀沾污，因此它是一种消极因素。但在微量组分测定中，却是利用共沉淀现象来分离和富集微量组分。即加入某种离子同沉淀剂生成沉淀作为载体，将痕量组分定量地沉淀下来，然后将沉淀溶解在少量溶剂中，以达到分离和富集的目的。所使用的共沉淀剂主要是无机共沉淀剂和有机共沉淀剂。

① 无机共沉淀剂　难溶的氢氧化物和硫化物是常用的共沉淀剂（载体），由于这些沉淀的比表面大，吸附能力强，故有利于微量组分的共沉淀。例如，用 PbS 作载体可将 1000L 海水中仅 1μg Au 富集起来。这种利用表面吸附进行的共沉淀选择性往往不够高。

利用混晶进行共沉淀的选择性较吸附共沉淀要高。例如对于 $BaSO_4$-$RaSO_4$ 混晶，利用 $BaSO_4$ 作载体可以使 Ra 富集。常见的这类混晶还有 $BaSO_4$-$PbSO_4$、$MgNH_4PO_4$-$MgNH_4AsO_4$、$ZnHg(SCN)_4$-$CuHg(SCN)_4$ 等。

② 有机共沉淀剂

目前有机共沉淀剂的实际应用较多，它的特点是选择性高、分离效果好。共沉淀剂经灼烧后就能除去，不干扰微量元素的测定。

有机共沉淀剂一般以下述三种方式进行共沉淀分离。

a. 利用生成离子缔合物　一些分子量较大的有机化合物，如甲基紫、孔雀绿、品红及亚甲基蓝等，它们在酸性溶液中带正电荷，当遇到以络阴离子形式存在的金属络离子时，则生成难溶的离子缔合物。

例如，在含微量 Zn^{2+} 的弱酸性溶液中，加入大量的 SCN^-，则生成 $Zn(SCN)_4^{2-}$ 络阴离子，再加入甲基紫，在此条件下有机试剂质子化后带正电荷，$Zn(SCN)_4^{2-}$ 则与甲基紫阳离子缔合为难溶的三元配合物被 SCN^--甲基紫难溶化合物共沉淀下来。

b. 利用胶体的凝聚作用　钨、铌、钽、硅等的含氧酸沉淀常不完全，有少量的含氧酸以带负电荷的胶体微粒留在溶液中，形成胶体溶液。可用辛可宁、丹宁、动物胶等将它们共沉淀下来。例如，在钨酸的胶体溶液中，加入辛可宁，后者在酸性溶液中带有正电荷，能与带负电荷的钨酸胶体凝聚而沉淀下来。此外，丹宁可凝聚铌、钽的含氧酸，动物胶可凝聚硅酸。

c. 利用"固体萃取剂"　在含微量 Ni^{2+} 溶液中，丁二酮肟不能与其生成沉淀，若再加入与其结构相似的丁二酮肟二烷酯的乙醇溶液，由于丁二酮肟二烷酯难溶于水，则在水溶液中析出并将微量镍载带下来。这种共沉淀剂与被测组分和沉淀剂都不发生反应，因此称"惰性共沉淀剂"，是利用"固体萃取剂"进行共沉淀。

12.3.2　液-液萃取分离法

液-液萃取分离法是将一种组分从一个液相（一般为水相）转移到互不相溶的另一个液

相（一般为有机相），从而达到分离目的。液-液萃取分离法也叫溶剂萃取法，通常称为萃取。它是利用溶质在两种互不混溶的溶剂间分配性质的不同而进行分离的方法

在分析化学中，萃取分离法主要用于元素的分离和富集。如果被萃取组分是有色化合物，可直接在有机相中进行分光测定，这种萃取光度法具有较高的选择性和灵敏度，因此在微量分析中具有重要意义。

萃取分离法所需的仪器设备简单，操作方法，分离效果好，应用广泛。但也存在费时、有机溶剂污染环境等不足。

（1）萃取分离的基本原理

① 萃取过程的本质　一般无机盐类都是离子型化合物，溶于水中形成水合离子，它们难溶于有机溶剂。这种易溶于水而难溶于有机溶剂的性质叫亲水性。许多有机化合物难溶于水而溶于有机溶剂的性质叫疏水性和亲油性。萃取分离就是从水相中将无机离子萃取到有机相以达到分离目的。因此萃取过程的本质就是将物质由亲水性变为疏水性的过程。

凡是离子都具有亲水性，物质含亲水基团越多，其亲水性越强，常见的亲水基团有—OH、—SO$_3$H、—NH$_2$等。物质含疏水基团越多，分子量越大，其疏水性越强。常见的疏水基团有烷基（如—CH$_3$、—C$_2$H$_5$）、卤代烷基等，芳香基（如苯基、萘基）等。

现在以 Ni^{2+} 的萃取为例，说明 Ni^{2+} 怎样由亲水性转化为疏水性的。

Ni^{2+} 在水中以水合离子 Ni(H$_2$O)$_6^{2+}$ 形式存在，是亲水的，要使其转化为疏水的，并溶于有机溶剂中，就要中和它的电荷，并用疏水基团取代水合离子中的水分子。为此在 pH 值为 8～9 的氨性溶液中，加入丁二酮肟，使其与 Ni^{2+} 形成螯合物。此螯合物不带电荷，而且 Ni^{2+} 被疏水基团包围，因而具有疏水性，可被 CHCl$_3$ 萃取。

有时需要将有机相的物质再转入水相，这种过程称为反萃取。例如，丁二酮肟螯合物，被 CHCl$_3$ 萃取后，若加入 HCl 于有机相中，当酸的浓度达到 0.5～1.0mol/L 时，螯合物被破坏，Ni^{2+} 又恢复了亲水性。重新回到水相。萃取与反萃取配合使用，能提高萃取分离的选择性。

② 分配系数和分配比　用有机溶剂从水溶液中萃取溶质 A 时，A 在两相之间有一定的分配。如果溶质 A 在两相中存在的形式相同，当分配达到平衡时，在两相中的活度之比在一定的温度下是一常数。

$$A_水 \rightleftharpoons A_有$$

$$\frac{\alpha_有}{\alpha_水} = K_D$$

K_D 叫活度分配系数。如果忽略离子强度的影响，则：

$$\frac{[A]_有}{[A]_水} = K_D$$

此式为分配定律。其浓度表示式叫浓度分配系数，简称分配系数。分配定律只适用于浓度较低的稀溶液，而且溶质在两相中均以单一的相同形式存在。

实际上萃取体系较为复杂，被萃取组分在溶液中可能伴随有离解、缔合和配合等反应发生。溶质 A 在两相中以多种型体存在，这里分配定律就不适用了。因此常把溶质在有机相中的各种存在型体的浓度总和 $c_有$ 与水相中的各种存在型体的浓度总和 $c_水$ 之比称为分配比，以 D 表示。

分配比 D 为：

$$D = \frac{c_有}{c_水}$$

D 可视为静观分配系数。当溶质在两相中以相同的单一形式存在，而且溶液又较稀时，$K_D = D$。在复杂体系中，K_D 和 D 不相等。

③ 萃取百分率 E　萃取的完全程度常用萃取率 E 表示。萃取率是溶质 A 被萃取到有机相中的百分率。

$$E = \frac{被萃取物在有机相中的总量}{被萃取物质的总量} \times 100\%$$

E 与 D 的关系：

$$E = \frac{c_o V_o}{c_o V_o + c_w V_w} = \frac{D}{D + \frac{V_w}{V_o}} \times 100\%$$

式中，w 代表水相，o 代表有机相。若 V_w/V_o 为 1 时，萃取率仅取决于 D，D 越大萃取率越高。

通过增加有机相的体积以及采取多次萃取的方法，可以提高萃取率。但由于有机溶剂体积增大，使溶质在有机相的浓度降低，不利于分离和测定；再者，有机溶剂价格较贵，所以增大体积并不是有效的办法。实际工作中常采取有限溶剂多次萃取的方法，以提高萃取率。

设原水样 V_w(mL)，内含 m_0(g) 被萃取物，用 V_o(mL) 溶剂萃取一次后，水相中剩余被萃取物 m_1(g)，进入有机相 $(m_0 - m_1)$ (g)，则：

$$D = \frac{c_o}{c_w} = \frac{\frac{(m_0 - m_1)}{V_o}}{\frac{m_1}{V_w}}$$

$$m_1 = m_0 \cdot \frac{V_w}{DV_o + V_w}$$

若用 V_o mL 溶剂萃取 n 次，则水相中剩余被萃取物：

$$m_n = m_0 \cdot \left(\frac{V_w}{DV_o + V_w}\right)^n$$

$$E = \frac{m_0 - m_n}{m_0} \times 100\%$$

【例 12-4】　有 100mL 含 I_2 10mg 的水溶液，用 90ml CCl_4 分别按下列情况萃取：(1) 全量一次萃取；(2) 每次用 30mL 分三次萃取。求萃取百分率各为多少。已知 $D = 85$。

解　(1)

$$E = \frac{D}{D + \frac{V_w}{V_o}} \times 100\% = \frac{85}{85 + \frac{100}{90}} \times 100\% = 98.7\%$$

(2)
$$m_s = 10 \times \left(\frac{100}{85 \times 30 + 100}\right)^3 \approx 5.4 \times 10^{-4} \text{mg}$$

$$E = \frac{10 - 5.4 \times 10^{-4}}{10} \times 100\% = 99.995\%$$

【例 12-5】　饮用水中含少量 $CHCl_3$，取水样 100mL，用 10mL 戊醇萃取，有 91.9% $CHCl_3$ 被萃取，计算取水样 10mL，用 10mL 戊醇萃取时，$CHCl_3$ 被萃取的百分率。

解

$$E = \frac{D}{D + \frac{V_w}{V_o}} \times 100\% = \frac{D}{D + \frac{100}{10}} \times 100\% = 91.9\%$$

解得 $D = 113.5$

$$E = \frac{D}{D + \frac{V_w}{V_o}} \times 100\% = \frac{113.5}{113.5 + \frac{10}{10}} \times 100\% = 99.1\%$$

【例 12-6】　吡啶是一弱碱，在水中有下列平衡：

$$K_b = \frac{[HPy^+]_w [OH^-]_w}{[Py]_w} = 3.16 \times 10^{-6}$$

吡啶在水和 $CHCl_3$ 间的分配系数为：

$$K_D = \frac{[Py]_o}{[Py]_w} = 2.74 \times 10^4$$

求 pH=4.00 时，吡啶在水和 $CHCl_3$ 间的分配比。

解　　　　　　　pH=4.00　$[OH^-] = 1.0 \times 10^{-10}$

$$D = \frac{c_{Py_o}}{c_{Py_w}} = \frac{[Py]_o}{[Py]_w + [HPy^+]} = \frac{K_D}{1 + \frac{K_b}{[OH^-]}} = \delta_{吡啶} K_D$$

所以　　$D = \delta_{吡啶} K_D = \frac{[OH^-]}{[OH^-] + K_b} \cdot K_D = \frac{10^{-10}}{10^{-10} + 3.16 \times 10^{-6}} \times 2.74 \times 10^4 = 0.866$

（2）常用的萃取体系

根据萃取过程中金属离子与萃取剂结合方式的不同，可分为螯合物萃取、离子缔合物萃取和溶剂化合物萃取等多种类型。

① 螯合物萃取体系　螯合物萃取广泛用于金属阳离子的萃取。所使用的螯合物为有机弱酸或弱碱。它们与金属离子形成的螯合物难溶于水，而溶于有机溶剂中。该体系要求螯合萃取剂能与待萃取的金属离子形成电中性螯合物，且分子中含有较多的疏水基团（表 12-7）。

表 12-7　常用的螯合物萃取剂

萃取剂	被定量萃取元素
乙酰丙酮（又可作溶剂）	Al^{3+}，$Be(II)$，Fe^{3+}，$Ga(III)$，$In(III)$，$Mn(II)$，$Mo(VI)$，$Pd(II)$，$Sc(III)$，$Th(IV)$，$U(IV)$，$V(V)$
8-羟基喹啉	Al^{3+}，Bi^{3+}，Ca^{2+}，Cd^{2+}，$Ce(III，IV)$，Co^{2+}，$Cr(III)$，Cu^{2+}，Fe^{3+}，$Ga(III)$，Hg^{2+}，$In(III)$，La^{3+}，Mg^{2+}，Ni^{2+}，Pb^{2+}，Sn^{2+}，Zn^{2+} 等 50 多种
铜铁试剂	Al^{3+}，$Au(III)$，Bi^{3+}，Co^{2+}，Cu^{2+}，Fe^{3+}，$Mo(VI)$，Pb^{2+}，Pd^{2+} 等
双硫腙	Ag^+，$Au(III)$，Bi^{3+}，Cd^{2+}，Co^{2+}，Fe^{2+}，Hg^{2+}，Ni^{2+} 等
铜试剂（DDTC）	Ag，$As(III)$，$Au(III)$，Bi^{3+}，Cd^{2+}，Co^{2+}，$Cr(III)$，Cu^{2+}，$Fe(III)$，Hg^{2+}，Zn^{2+} 等

② 离子缔合物萃取体系　阳离子和阴离子通过静电引力相结合而成电中性的化合物称为离子缔合物。这类萃取剂在酸性溶液中形成阳离子，如有机胺离子等。而被萃取的金属离子则以络阴离子形式存在，两者结合为电中性的离子缔合物，该缔合物具有疏水性，能被有机溶剂萃取。离子的体积越大，电荷越低，越容易形成疏水的离子缔合物。

③ 溶剂化合物萃取体系　一些溶剂分子通过其配位原子与无机化合物中的金属离子相键合，形成疏水性的溶剂化合物，溶于该有机溶剂中而被萃取。在这类萃取中最重要的萃取剂是中性含磷化合物，它们的萃取官能团是 $\equiv P \rightarrow O$。如磷酸三丁酯（TBP）、三正辛基氧化磷（POPO）等就属于这类萃取剂。

例如，用磷酸三丁酯萃取 $FeCl_3$，由于 TBP 中 $\equiv P \rightarrow O$ 的氧原子具有很强的配位能力，

它能取代中 $FeCl_3$ 的水分子，形成溶剂化合物而被 TBP 萃取。

$$Fe(H_2O)_3Cl_3 + 3TBP \Longrightarrow FeCl_3 \cdot 3TBP + 3H_2O$$

除中性磷型萃取剂外，一些中性含氧醚、醇、酮等，在弱酸性溶液中，与中性金属盐类也可以形成溶剂化合物，而被萃取，这类萃取也叫中性配合物萃取。

④ 简单分子萃取体系　某些稳定的无机共价化合物如 I_2、Cl_2、Br_2、$GeCl_4$、AsI_3、OsO_4 等在水中以分子形式存在，可被 CCl_4、$CHCl_3$、苯等萃取。

12.3.3　离子交换分离法

利用离子交换树脂与溶液中的离子之间所发生的交换作用而使离子进行分离的方法，称离子交换分离法。此法的分离效果好，不仅可用于带相反电荷的离子之间的分离，也能用于带相同电荷的离子间的分离和性质相近的离子间的分离。还可用于微量元素的富集和高纯度物质的制备。离子交换分离法是分析化学中重要的分离方法，广泛用于各部门。是一种固-液分离法。

离子交换分离法具有分离效率高，适用于带电荷的离子之间的分离，还可用于带电荷与中性物质的分离制备的特点。而且适用于微量组分的富集和高纯物质的制备，不过该方法的缺点是操作较麻烦，周期长。一般只用它解决某些比较复杂的分离问题。

（1）离子交换剂的种类和性质

① 离子交换剂的种类

无机离子交换剂可分为两类：天然沸石交换容量小，使用 pH 值范围窄；高价金属磷酸盐、高价金属水合氧化物。

有机离子交换剂，即离子交换树脂（表 12-8）。

表 12-8　有机离子交换剂分离

分类		功能基团	使用 pH 范围	交换容量/(mmol/g)
凝胶型树脂	阳离子交换树脂　强酸性阳离子交换树脂	—SO_3H	1～14	4～5
	弱酸性阳离子交换树脂	—COOH 或—OH	6～14	≥9
	阴离子交换树脂　强碱性阴离子交换树脂	季铵碱—$N(CH_3)^+OH^-$	0～12	2.5～4
	弱碱性阴离子交换树脂	伯胺、仲胺或叔胺	0～9	5～9
	螯合(离子交换)树脂	—CH_2—$N(CH_2COOH)_2$	弱酸-弱碱	
	氧化还原(离子交换)树脂	含氧化或还原基团	—	
大孔型树脂	阳离子交换树脂　强酸性阳离子交换树脂	—SO_3H	1～14	4～5
	弱酸性阳离子交换树脂	—COOH 或—OH	6～14	—9
	阴离子交换树脂　强碱性阴离子交换树脂	季铵碱—$N(CH_3)^+OH^-$	0～12	3～4
	弱碱性阴离子交换树脂	伯胺、仲胺或叔胺	0～9	—5
	螯合(离子交换)树脂	—CH_2—$N(CH_2COOH)_2$	弱酸-弱碱	
纤维交换剂	阳离子交换树脂	—COOH 或—SO_3H		
	阴离子交换树脂	季铵碱—$N(CH_3)^+OH^-$ 或伯胺、仲胺或叔胺		
萃淋树脂	有机高分子大孔结构与萃取剂的共聚物型树脂	磷酸三丁酯与苯乙烯-二乙烯苯聚合物		

离子交换树脂：是具有网状结构的复杂的有机高分子聚合物，网状结构的骨架部分一般很稳定，不溶于酸、碱和一般溶剂。在网的各处都有许多可被交换的活性基团。现以常用的聚苯乙烯磺酸型阳离子交换树脂为例。这类树脂是由苯乙烯与二乙烯苯聚合后经磺化制得的聚合物。

a. 阳离子交换树脂　阳离子交换树脂的活性基团是酸性的，其中的 H^+ 可被溶液中的阳离子交换。按其活性基团本性的强弱，双可分为强酸型和弱酸型两类。强酸型阳离子交换树脂所含有的活性基团是—SO_3H 基，它在酸性、中性和碱性溶液中均能使用，可用于交换溶液中的阳离子。

$$n R-SO_3H + M_n^+ =\!\!=\!\!= (R-SO_3^-)_n M + n H^+$$

弱酸性阳离子交换树脂含有的活性基团是—$COOH$ 基、—OH 基，由于它对 H^+ 的亲和能力强，不适用于强酸溶液，但同时易用酸洗脱，选择性高，适用于强度不同的有机碱。

$$n R-COOH + M_n^+ =\!\!=\!\!= (R-COO)_n M + n H^+$$

b. 阴离子交换树脂　阴离子交换树脂的活性基团是碱性基团，其中的阴离子可被溶液中的阴离子交换，按其活性基团碱性的强弱，又可分为强碱型和弱碱型两类。强碱型阴离子交换树脂含有的活性基团是季铵基，$[—N(CH_3)_3]$，它在中性、酸性、碱性溶液中都可使用。弱碱性阴离子交换树脂的活性基团是伯胺基（—NH_2）、仲胺基（—$NHCH_3$）、叔胺基 $[—N(CH_3)_2]$，对 OH^- 亲和力大，不易在碱性溶液中使用。

将阴离子树脂水化后，如 $RN+(CH_3)_3OH$ 所联的 OH^- 可交换阴离子。交换反应如下：

$$R-N(CH_3)_3 + OH + NO_3^- =\!\!=\!\!= R-N(CH_3)_3 + NO_3 + OH^-$$
$$R-NH_2 + H_2O =\!\!=\!\!= R-NH_3 + OH^- + H^+$$
$$R-NH_3 + OH^- + SO_4^{2-} =\!\!=\!\!= (R-NH_3^+)_2 SO_4 + OH^-$$

c. 螯合树脂　树脂含有特殊的活性基团，可与某些金属离子形成螯合物，适用于分离富集金属离子或某些有机化合物。螯合树脂具有选择性高、交换容量低、制备难度大、成本高的特点。

d. 大孔树脂　此类树脂内部有永久微孔，无论是湿态或干态比凝胶树脂有更多、更大的孔道，表面积大，离子容易迁移扩散，富集速度快。其中的孔径平均为 $200\sim1000 Å$，适用于无机、有机离子，特别适用于大分子物质的分离。可以应用于水体系和非水体系，而且不需溶胀的情况下可以使用。耐氧化、耐磨、耐冷热变化，具有较高的稳定性。

e. 氧化还原树脂　这类树脂含可逆的氧化还原基团，可与溶液中离子发生电子转移反应，实现分离富集的作用。因为氧化还原反应是在树脂上进行，而不引入杂质，可以提高产品纯度。

② 离子交换树脂的特性

a. 交联度　在上述磺酸型树脂中，二乙烯苯将很多长碳链联成网状结构，这种作用称为"交联"，而二乙烯苯称为交联剂。树脂中含交联剂的程度叫交联度，常用树脂中二乙烯苯的质量分数表示。交联度是树脂的重要性质之一。

交联度大小直接影响树脂的性能，交联度大，网眼小，结构紧密，机械强度高，交换反应速度慢，选择性好，但对水的膨胀性能差。若树脂的交联度小，则对水的溶胀性能好，网眼大，交换反应速度快，选择性差，机械强度也差。在实际工作中，可根据不同的分离对象，选择不同关联度的树脂。树脂的交联度一般以 $4\%\sim14\%$ 为宜。

b. 交换容量　交换容易有重量交换容量 Q_m 和体积交换容量 Q 两种。它表示树脂进行离子交换能力的大小，决定于树脂网状结构内所含活性基团的数目。弱酸性或弱碱性交换树脂的交换容量与 pH 值有关。

交换容量数据可以用实验的方法测得。交换容量是指每克干树脂所能交换离子相当于一价离子的物质的量（mmol/g），一般为 3～6mmol/g。

阳离子交换树脂：

$$交换容量 = \frac{c_{NaOH}V_{NaOH} - c_{HCl}V_{HCl}}{干树脂质量（g）}$$

【例 12-7】 称取 1g 干树脂，置于 250mL 锥形瓶中，准确加入 $0.1mol \cdot L^{-1}$ NaOH 标准溶液 100mL，塞紧后振荡，放置过夜，移取上层清液 25mL，以酚酞为指示剂，用 $0.1mol \cdot L^{-1}$ 标液 12.5mL 滴定至红色消失，计算树脂交换容量。

解 干树脂-强酸型与 Na^+ 交换，剩余的 NaOH 用 HCl 滴定。

$$交换容量 = \frac{(cV)_{NaOH} - (cV)_{HCl} \times \frac{100}{25}}{m_{树脂(g)}} = \frac{0.1 \times 100 - 0.1 \times 12.5 \times \frac{100}{25}}{1} = 5 \ (mmol \cdot g^{-1})$$

（2）离子交换树脂的亲和力

① 离子交换平衡

$$R\text{-}A^+ + B^+ \rightleftharpoons R\text{-}B^+ + A^+$$

$$K_{B/A} = \frac{[B^+]_R[A^+]}{[A^+]_R[B^+]} = \frac{K_D^B}{K_D^A}$$

$K_{B/A}$ 又叫树脂的选择性系数。

② 影响亲和力的因素

水合离子的半径越小，电荷越高，离子的极化程度越大，其亲和力也越大。

③ 亲和力顺序

a. 强酸型阳离子交换树脂

不同价态离子，亲和力随着离子价态增加而变大，例如：$Na^+ < Ca^{2+} < Al^{3+} < Th(IV)$。

当离子价态相同时，亲和力随着水合离子半径减小而增大，例如：一价阳离子 $Li^+ < H^+ < Na^+ < NH_4^+ < K^+ < Rb^+ < Cs^+ < Ag^+ < Tl^+$；二价阳离子 $Mg^{2+} < Zn^{2+} < Co^{2+} < Cu^{2+} < Cd^{2+} < Ni^{2+} < Ca^{2+} < Sr^{2+} < Pb^{2+} < Ba^{2+}$。

稀土元素的亲和力随原子序数增大而减小：$La^{3+} > Ce^{3+} > Pr^{3+} > Nd^{3+} > Sm^{3+} > Eu^{3+} > Gd^{3+} > Tb^{3+} > Dy^{3+} > Y^{3+} > Ho^{3+} > Er^{3+} > Tm^{3+} > Yb^{3+} > Lu^{3+} > Sc^{3+}$。

b. 弱酸型阳离子交换树脂

H^+ 的亲和力比其他阳离子大，其他同强酸型阳离子交换树脂的规律。

c. 强碱型阴离子交换树脂

$F^- < OH^- < CH_3COO^- < HCOO^- < Cl^- < NO_2^- < CN^- < Br^- < C_2O_4^{2-} < NO_3^- < HSO_4^- < I^- < CrO_4^{2-} < SO_4^{2-} < 柠檬酸根离子$

d. 弱碱型阴离子交换树脂

$F^- < Cl^- < Br^- < I^- < CH_3COO^- < PO_4^{3-} < AsO_4^{3-} < NO_3^- < 酒石酸根离子 < CrO_4^{2-} < SO_4^{2-} < OH^-$

（3）离子交换分离操作

① 树脂的处理和装柱　根据不同的分析对象和不同的要求，可选择适当类型和不同粒度的树脂。一般商品树脂中含有少量的有机或无机杂质，使用前需要处理。先将树脂在水中浸泡 12h 左右，使其溶胀。对于强酸型阳离子交换树脂，用 $2mol \cdot L^{-1}$ 的 HCl 浸泡 1～2d，转化为 $R—SO_3H$（H^+ 型），然后将酸滤掉，用蒸馏水洗净至中性。对于—OH 型强碱型阴离子交换树脂要先用 1mol/L 的 HCl、水和 $0.5mol \cdot L^{-1}$ NaOH 溶液处理。如果需要的是 Cl^- 型树脂，最后用 HCl 和水处理，用水洗去残留在树脂中的酸或碱后，浸泡在水中备用。

离子交换分离操作通常都是在交换柱上进行。先向柱中装满水，然后将处理好的树脂连同少量水一起缓缓装入柱中，这样就防止了树脂层中夹有气泡。树脂层的高度通常约为柱高的 90%，应始终保持液体浸没树脂，防止树脂干裂和使树脂床进入气体。

② 交换过程　将欲分离的试液缓慢注入柱内，并以一定的流速由上而下流经柱子进行交换。此时上层树脂被交换，下层树脂未被交换，中层树脂则部分被交换，称为"交界层"。试液流经柱子时，交换了的树脂层越来越厚，而交界层逐渐下移。

试液中有几种离子同时存在，则亲和力大的离子先被交换到柱上，亲和力小的离子后被交换。因此混合离子通过交换柱后，每种离子依据其亲和力大小的顺序分别集中在柱的某一区域内。

③ 洗脱过程　洗脱（或淋洗）就是将交换到树脂上的离子，用洗脱剂（淋洗剂）置换下来的过程。是交换过程的逆过程。例如某种阳离子被交换到柱上后，可用 HCl 淋洗，由于溶液中 H^+ 浓度大，最上层的该阳离子被 H^+ 置换下来，流向柱子下层又与未交换的树脂进行交换，如此反复，使交换层向下推移。在洗脱过程，开始的流出液中没有被交换上去的阳离子，随着 HCl 的不断加入，流出液中该种阳离子的浓度逐渐增加。当大部分阳离子流出后，其浓度将逐渐减小至检查不到该离子。

以流出液中该离子浓度为纵坐标、洗脱液体积为横坐标作图，可得到如图 12-2 洗脱曲线。V_1 为开始流出被交换上离子的洗脱液体积。V_2 为流出的洗脱液中检测不到被交换离子的洗脱液体积。根据洗脱曲线，便可截取 $V_1－V_2$ 这一段的流出液，从中测定该种离子的含量。

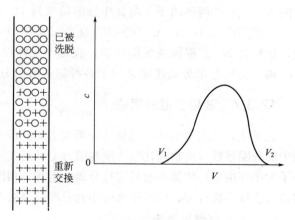

图 12-2　洗脱过程和洗脱曲线

如果有几种离子同时在柱上进行交换，洗脱过程也就是分离过程例如图 12-3 所示的 Li^+、Na^+、K^+ 的洗脱曲线。亲和力大的离子向下移动的速度慢，亲和力小的离子向下移动的速度快，因此可以将它们逐个洗脱下来，达到分离目的。亲和力最小的离子最先被洗脱下来，亲和力最大的离子最后被洗脱下来。阳离子交换树脂常用 HCl、NaCl 或

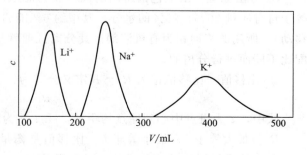

图 12-3　Li^+、Na^+、K^+ 的洗脱曲线

NH₄Cl，也可用配合剂作洗脱剂；阴离子交换树脂常用 HCl、NaCl 或 NaOH 作洗脱剂。

④ 树脂再生 将柱内的树脂恢复到交换前的形式，这种过程称为树脂再生。有时洗脱过程就是树脂的再生过程。一般阳离子交换树脂，可用 3mol·L⁻¹ HCl 处理，将其转化为 H^+ 型；阴离子交换树脂，用 1mol·L⁻¹ NaOH 处理，将其转化为 OH^- 型备用。

（4）离子交换分离法的应用

① 去离子水的制备 自来水中含有许多杂质离子，可用离子交换法净化。在制备纯水时使自来水依次通过阴、阳两个离子交换柱，便可得到"去离子水"。若要求水的纯度更高，可再串联一个混合柱（阳离子和阴离子树脂按交换容量 1∶1 混合装柱）。

② 微量组分的富集 试样中微量组分的测定比较困难，用离子交换法富集微量组分是一种有效的方法。例如，矿石中痕量铂、钯的含量极微，一般要将其从试样中分离富集出来后才能准确进行测定，因此，可先将 Pt^{4+} 或 Pd^{2+} 处理成 $PtCl_6^{2-}$ 或 $PdCl_4^{2-}$ 的形式，然后使其流经装有 Cl^- 型强碱性阴离子交换树脂的微型交换柱，使 $PtCl_6^{2-}$ 或 $PdCl_4^{2-}$ 交换在柱上，取出树脂，高温灰化，再用王水溶解残渣，定容后用比色法测定。

③ 干扰组分的分离 用离子交换法分离干扰组分比较简单。例如，用比色法测定钢铁中的 Al^{3+}，由于存在大量铁离子的干扰，可将试样溶解后处理成 9mol·L⁻¹ 的 HCl 溶液，此时 Fe^{3+} 以 $FeCl_4^-$ 的形式存在。将试液流经 Cl^- 型强碱性阴离子交换树脂，$FeCl_4^-$ 络阴离子交换于柱上，而 Al^{3+} 存在于流出液中，便可测定。

④ 阳离子间和阴离子间的分离 当几种不同的离子同时交换到柱上时，可根据它们亲和力的不同，选用适合的洗脱剂，就能将它们逐个洗出而达到分离。这种分离方法称为离子交换色谱分离法。它既可分离不同性质的元素，又可分离性质相似的元素。例如分离性质相似的 K^+、Na^+ 两种离子。将其中性溶液通过 H^+ 型强酸性阳离子交换树脂，它们被交换于柱上。然后用 0.1mol·L⁻¹ 的 HCl 洗脱，亲和力大小的顺序是 $K^+ > Na^+$，故 Na^+ 先被洗脱，然后是 K^+。根据洗脱曲线图，收集不同体积间的流出液便可达到分离目的。

离子交换色谱分离法还常用于各种氨基酸的分离。

12.3.4 液相色谱分离法

色谱法，又名层析法、色层法，英文为 chromatography，它的分离原理是其利用物质在两相中的分配系数（由物理化学性质如溶解度、蒸气压、吸附能力、离子交换能力、亲和能力及分子大小等决定）的微小差异进行分离。当互不相溶的两相做相对运动时，被测物质在两相之间进行连续多次分配，这样原来微小的分配差异被不断放大，从而使各组分得到分离。

（1）纸上色谱分离法

① 方法原理 纸上色谱所用的固定相为滤纸。利用纸上吸着的水分（一般的纸吸着约等于自身质量 20%～25% 的水分，其中约 6% 能通过氢键与滤纸纤维羟基结合，不随流动相移动）。所用的流动相为有机溶剂。其分离机理就是根据不同物质在固定相和流动相间的分配比不同而进行分离的。

② 比移值 比移值记为 R_f。其定义公式为：

$$R_f = a/b$$

式中，a 为斑点中心到原点的距离，cm；b 为溶剂前沿到原点的距离，cm。

R_f 值最大等于 1，最小等于 0。比移值是衡量各组分的分离情况的数值，R_f 值相差越大，分离效果越好。通常也可以使用 R_f 值定性。

③ 应用　纸上色谱可用于甘氨酸、丙氨酸和谷氨酸混合氨基酸的分离。所采用的展开剂为正丁醇、冰醋酸及水的混合物，其含量比例为 4∶1∶2。使用的显色剂为三苯酮。

再如进行葡萄糖、麦芽糖和木糖混合糖类的分离。所采用的展开剂为正丁醇、冰醋酸和水的混合物，其含量比例为 4∶1∶5。显色剂为硝酸银氨溶液，当用硝酸银氨溶液喷洒，出现 Ag 的褐色斑点。

由 R_f 值可用于定性分析，判断是哪种糖。例如，葡萄糖的 R_f 为 0.16，麦芽糖的 R_f 为 0.11，木糖的 R_f 是 0.28。也可用于分离性质相近的金属元素，如矿石中铌 N(V)-Ta(V) 的分离。

（2）薄层色谱法（TLC, thin-layer chromatography）

① 方法原理　薄层色谱法的固定相为固体吸附剂。将固体吸附剂（如硅胶、活性氧化铝、纤维素等）制成糊状，均匀涂在平滑的玻璃板上，涂层厚度约为 0.25mm，即可制成薄层板。常用的流动相为有机溶剂。薄层色谱的分离机理为不同物质在固体吸附上的吸附能力不同。将薄层板干燥，活化后，在下端用毛细管点上试样，放入盛有展开剂的密闭的层析缸中，试样各组分在两相间反复被溶解吸附，易被吸附的组分移动慢，从而产生差速迁移而得到分离，各组分经显色后得不同斑点，可定量测定。因此，仍用比移值 R_f 衡量分离情况。

② 应用　薄层色谱法在染料、制药、生化工程、农药等方面已广泛地应用在产品质量检验、反应终点控制、生产工艺选择、未知试样剖析等。此外，它在研究中草药的有效成分、天然化合物的组成以及药物分析、香精分析、氨基酸及其衍生物的分析等方面应用也很广泛。

应该指出，由于薄层色谱分离效能还不够高，因此成分太复杂的混合物，用薄层色谱分离、分析还有困难。然而这一缺陷正在得到克服并出现了"高效薄层色谱法"。根据色谱理论，提高柱效能的一个重要途径是减小吸附剂的颗粒直径。由于在高效薄层色谱法中采用了吸附剂平均颗粒直径约为 5μm 的高效薄板，这就大大提高了薄层色谱的分离效能。在高效薄层色谱中还采用了一些改进的色谱装置和色谱技术，加上设备简便易行，快速灵敏，因而薄层色谱法日益显示出它的重要性，并且在分离效能上已能与高效液相色谱法相媲美。

第13章

化学定量分析

滴定分析法和重量分析法是两种经典的化学分析方法。重量分析法（gravimetric analysis）是采用适当的方法将试样中的待测组分与试样中的其他组分分离并形成适当的称量形式，然后用称量的方法测定待测组分的含量。滴定分析法（titrimetry）又称容量分析（volumetric analysis），是将已知准确浓度的溶液即标准溶液（standard solution）滴加到待测溶液中，使其与待测组分按一定的化学计量关系完成化学反应，根据所消耗的标准溶液的浓度和体积，计算得到待测组分的含量。滴定分析法根据所利用的化学反应不同，又可分为酸碱滴定法、沉淀滴定法、配位滴定法和氧化还原滴定法。滴定分析法和重量分析法均适用于常量组分的测定，具有准确度高的特点，本章将对滴定分析法和重量分析法分别作介绍。

13.1　滴定分析基本原理、基准物质与标准溶液、多组分选择滴定

13.1.1　滴定分析法概述

滴定分析是定量分析的一种方法（图13-1）。例如：水是人们日常生活非常重要的组分部分，而水的硬度（钙镁的含量）的测量，就是通过滴定分析方法完成的。准确量取待测水样50mL，置于锥形瓶中，加水稀释至100mL，加NaOH试液15mL与钙紫红素指示剂0.1g，用乙二胺四乙酸二钠（EDTA）标准溶液（0.01mol/L）滴定至溶液由紫色变为纯蓝色，即达滴定终点。

通过这个例子我们可以看出，滴定分析是建立在一个化学反应基础上的，这里就是 Ca^{2+}、Mg^{2+} 与EDTA的配位反应。该方法所需要的仪器简单，操作简便、快速，准确度高。

了解了滴定分析的基本过程，接下来继续学习滴定分析滴定分析中涉及的基本概念，以及滴定分析的基本原理。

（1）基本术语

① 滴定分析法　又叫容量分析法，是根据化学反应进行滴定的方法。就是将一种已知准确浓度的试剂溶液通过滴定管逐滴加到被测物质的溶液中，或将被

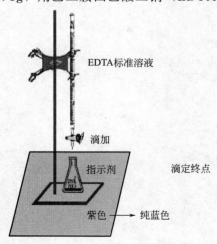

图13-1　滴定分析示意

测物质的溶液滴加到已知准确浓度的溶液中，直到所加的溶液与被测组分正好按化学计量关系完全反应为止，然后根据所加溶液浓度和用量计算被测物质的含量。

② 滴定（titration）　准确取一定量的一种物质放在锥形瓶中，把装在滴定管中的另一种溶液逐滴加入到锥形瓶中的操作。

③ 标准溶液（滴定剂，titrant）　已知准确浓度的试剂溶液。准确浓度一般为四位有效数字。

④ 待测物（被测组分，object under test）　被测定的溶液。

⑤ 化学计量点（理论终点，stoichiometric point，sp）　当所加标准溶液与被测组分恰好符合完全反应的化学计量关系时，即为反应达到化学计量点。

⑥ 指示剂（indicator）　在化学计量点时，反应往往没有易为人察觉的任何外部特征，因此为判断理论终点而在待测溶液中加入的一种辅助试剂即为指示剂。反应前后有颜色变化，帮助判断反应进程。

⑦ 滴定终点（titration end point，ep）　在滴定过程中，指示剂发生颜色变化的转变点。

⑧ 滴定误差（终点误差，titration error）　滴定终点与化学计量点往往不一致，存在一定的差别，这一差别称为滴定误差。

以上就是滴定分析中的基本概念，相信大家已经都有所了解。从定义中我们已经了解到滴定分析是根据化学反应来进行的，那么是不是所有的化学反应都是用滴定分析呢？我们说不是的，并不是所有的化学反应都能用来滴定分析，也就是说，滴定分析对化学反应是有要求的。

（2）滴定分析对滴定反应的要求

滴定分析是以化学反应及其计量关系为基础的。用于滴定分析的化学反应必须满足以下几点要求。

① 反应要按化学计量关系定量地进行，即反应按一定的反应式进行，无副反应发生，而且进行完全（>99.9%），这是定量计算的基础。

② 反应要迅速进行，对于反应速率较慢的反应，可加热或者加入催化剂来加速反应的进行。

③ 有简便可靠的确定终点的方法。如有适当的指示剂。

接下来，我们再了解一下滴定分析的分类方法。

（3）滴定分析的方法分类

化学分析法是以化学反应为基础的，滴定分析法是化学分析中重要的一类分析方法。

① 按照所利用的化学反应不同，滴定分析法一般可分成下列四类。

a. 酸碱滴定法（又称中和法）　这是以质子传递反应为基础的一类滴定分析法，可用来滴定酸、碱，其反应实质可用下式表示：

$$H^+ + B^- \Longrightarrow HB$$

b. 沉淀滴定法（又称容量沉淀法）：这是以沉淀反应进为基础的一种滴定分析法，可用以对 Ag^+、CN^-、SCN^- 及卤素等离子进行测定。如以 $AgNO_3$ 配制成标准溶液，滴定 Cl^-，其反应如下：

$$Ag^+ + Cl^- \longrightarrow AgCl\downarrow$$

c. 氧化还原滴定法　以氧化还原反应为基础的滴定分析法，反应的实质是电子的得失。可用以测定具有氧化还原性质的物质及某些不具有氧化还原性质的物质，如以 $KMnO_4$ 配制成标准溶液，滴定 Fe^{2+}，其反应如下：

$$MnO_4^- + 5Fe^{2+} + 8H^+ = Mn^{2+} + 5Fe^{3+} + 4H_2O$$

d. 配位滴定法（又称络合滴定法）　这是以配位反应为基础的一种滴定分析法，可用以对金属离子进行滴定，如用 EDTA 作配位剂，有如下反应：

$$M^{2+} + Y^{4-} = MY^{2-}$$

上述四种滴定分析法的共性就是它们都遵循化学反应的计量关系。差别就是它们反应类型不同。

② 若是按照滴定方式，可以分为下列几种。

a. 直接滴定法　凡是符合滴定条件的反应，都可以用直接法来滴定，即用标准溶液直接滴定被测物质的溶液。例如用 NaOH 溶液直接滴定 HCl 溶液，EDTA 溶液直接滴定 Ca^{2+}、Mg^{2+} 等。直接滴定法是最常用的和最基本的滴定方式。如果反应不能完全满足滴定分析的条件（例如，反应比较慢，或者溶液中有其他离子对于检测有干扰）时，可采用另外的几种间接滴定方式。

b. 间接滴定法　有些物质不能直接与滴定剂起反应，可以通过间接反应使其转化为可被滴定的物质，再用滴定剂滴定所生成的物质。例如，Ca^{2+} 不会与 $KMnO_4$ 反应，不能用 $KMnO_4$ 标准溶液直接滴定 Ca^{2+}，可先将它沉淀为 CaC_2O_4，沉淀过滤后再用 H_2SO_4 溶解 $Ca_2C_2O_4$，释放出与 Ca^{2+} 反应 $C_2O_4^{2-}$，再用 $KMnO_4$ 标准溶液滴定释放出来的 $C_2O_4^{2-}$，从而间接测定 Ca^{2+}。

c. 返滴定法　当滴定反应速率较慢或试样是固体时，向试样中加入符合化学计量关系的滴定剂后，反应往往不能立即完成。此时，可在试样中先加入一定量过量的滴定剂，待反应完成后，再用另一种标准溶液滴定剩余的滴定剂，这种方法称为返滴定法或加滴法。例如，配位滴定法测定 Al^{3+}，由于 EDTA 跟 Al^{3+} 的反应速率很慢，不能直接滴定。可在 Al^{3+} 溶液中先加入一定过量的 EDTA 标准溶液，并将溶液加热煮沸，待完全反应后，再用 Zn^{2+} 标准溶液返滴定剩余的 EDTA，这个反应比较快，也容易测定，这样我们就可以算出 Al^{3+} 的量了。对于固体 $CaCO_3$ 的滴定，可先加入一定过量的 HCl 标准溶液，待反应完全后，剩余的 HCl 可以用 NaOH 来滴定，这样就可以计算出 $CaCO_3$ 的含量了。

d. 置换滴定法　若被测物质与滴定剂的反应不按确定的反应式进行或伴有副反应时，不能采用直接滴定法。可以先用适当的试剂与待测物质反应，使之被定量地转换成另外一种物质，再用标准溶液滴定此物质，从而求出被测物质的含量，这种方法称为置换滴定法。例如，用 $K_2Cr_2O_7$ 标定 $Na_2S_2O_3$ 的尝试时，不能采用直接滴定法，因为 $K_2Cr_2O_7$ 能将 $Na_2S_2O_3$ 氧化为 $Na_2S_4O_6$ 和 Na_2SO_4 的混合物，两者没有一定的计量关系。可采用置换滴定方式，即在酸性 $K_2Cr_2O_7$ 溶液中加入过量的 KI，$K_2Cr_2O_7$ 与 KI 定量反应生成 I_2，再用 $Na_2S_2O_3$ 来滴定生成的 I_2。

在滴定分析中我们离不开标准溶液，下面我们来学习有关标准溶液方面的知识。

13.1.2　标准溶液和基准物质

滴定分析中必须使用标准溶液，最后要通过标准溶液的浓度和用量来计算待测组分的含量，因此正确地配制标准溶液，准确地标定标准溶液的浓度以及对有些标准溶液进行妥善保存，对于提高滴定分析的准确度有重大意义。

（1）基准物质

能用于直接配制标准溶液或者标定溶液准确浓度的物质称为基准物质（表 13-1）。

表 13-1　常见基准物质的干燥条件和应用

基准物质		干燥后的组成	干燥条件/℃	标定对象
名称	分子式			
碳酸氢钠	$NaHCO_3$	Na_2CO_3	270～300	酸
十水合碳酸钠	$Na_2CO_3 \cdot 10H_2O$	Na_2CO_3	270～300	酸
硼砂	$Na_2B_2O_7 \cdot 10H_2O$	$Na_2B_2O_7 \cdot 10H_2O$		酸
碳酸氢钾	$KHCO_3$	K_2CO_3	270～300	酸
二水合草酸	$H_2C_2O_4 \cdot 2H_2O$	$H_2C_2O_4 \cdot 2H_2O$	室温空气干燥	碱或 $KMnO_4$
邻苯二甲酸氢钾	$KHC_8H_4O_4$	$KHC_8H_4O_4$	110～120	碱
重铬酸钾	$K_2Cr_2O_7$	$K_2Cr_2O_7$	140～150	还原剂
溴酸钾	$KBrO_3$	$KBrO_3$	130	还原剂
碘酸钾	KIO_3	KIO_3	130	还原剂
铜	Cu	Cu	室温干燥器中保存	还原剂
三氧化二砷	As_2O_3	As_2O_3	室温干燥器中保存	氧化剂
草酸钠	$Na_2C_2O_4$	$Na_2C_2O_4$	130	氧化剂
碳酸钙	$CaCO_3$	$CaCO_3$	110	EDTA
锌	Zn	Zn	室温干燥器中保存	EDTA
氧化锌	ZnO	ZnO	900～1000	EDTA
氯化钠	$NaCl$	$NaCl$	500～600	$AgNO_3$
氯化钾	KCl	KCl	500～600	$AgNO_3$
硝酸银	$AgNO_3$	$AgNO_3$	220～250	氯化物

作为基准物质必须符合下列要求。

a. 物质的组成与化学式完全相符。若含结晶水，例如硼砂（$Na_2B_4O_7 \cdot 10H_2O$）、$H_2C_2O_4 \cdot 2H_2O$ 等，基含量也应与化学式相符。

b. 物质的纯度要足够高，一般要求其纯度在 99.9% 以上。

c. 性质稳定，保存或衡量过程组成不变，如不易吸水、不吸收 CO_2。

此外，用作基准物质的试剂最好具有较大的摩尔质量，这样，由于称重引起的误差比较小。

常用的基准物质是纯金属和纯氧化物，它们的质量分数一般都可以达到 99.9%，甚至 99.99%。

在滴定分析中，无论采用哪种滴定方式，都需要标准溶液，并且根据标准溶液的浓度和体积来计算待测组分的含量。因此，在滴定分析中，必须正确地配制标准溶液少准确标定标准溶液的浓度。根据配制标准溶液所用试剂的性质，标准溶液的配制可分为直接配制法和间接配制法。

① 直接配制法　只有基准物质才能采用直接配制法。例如，准确称取一定量基准物质，然后配成一定体积的溶液，根据物质质量和溶液体积，即可计算出该标准溶液的准确浓度。例如配制 $0.01667 mol \cdot L^{-1}$ 的 $K_2Cr_2O_7$ 标准溶液，可以准确称量 $0.4904g$ $K_2Cr_2O_7$，溶解于一定量的水后，定容于 $100mL$ 容量瓶即可。

② 间接配制法 很多化学试剂由于纯度或稳定性不够等原因，不能直接配制成标准溶液。可先将它们配制成近似浓度的溶液，然后再用基准物质或已知准确浓度的标准溶液来标定该标准溶液的准确浓度，这种配制标准溶液的方法称为间接配制法，也称标定法。如 NaOH、HCl、EDTA、$KMnO_4$、$Na_2S_2O_3$ 等的标准溶液都是采用间接法配制。

标准溶液浓度有多种表示方法，这里仅介绍常用的表示方法。

物质的量浓度是最常用的浓度表示方法，物质 A 的物质的量浓度定义为单位体积溶液中所含的溶质 A 的物质的量，用符号 c_A 表示：

$$c_A = \frac{n_A}{V}$$

式中，n_A 为物质 A 的物质的量，mol；V 为标准溶液的体积，L。因此，c_A 的单位为 $mol \cdot L^{-1}$。

表示物质的量浓度时必须指明基本单元。比如硫酸溶液，选择不同的基本单元，其摩尔质量就不同，浓度亦不同：

$$M_{(1/2H_2SO_4)} = 49g \cdot mol^{-1}$$
$$c_{(H_2SO_4)} = 0.1mol \cdot L^{-1}$$
$$c_{(2H_2SO_4)} = 0.05mol \cdot L^{-1}$$
$$c_{(1/2H_2SO_4)} = 0.2mol \cdot L^{-1}$$

基本单元的选择，以化学反应的计量关系为依据。

酸碱反应：以转移 1 个 H^+ 的特定组合为反应物的一个基本单元。

$$H_2SO_4 + 2NaOH = Na_2SO_4 + H_2O$$

$$\frac{1}{2}H_2SO_4 \sim NaOH$$

氧化还原：以转移 1 个 e^- 的特定组合为反应物的一个基本单元。

$$5C_2O_4^{2-} + 2MnO_4^- + 16H^+ = 10CO_2 + 2Mn^{2+} + 8H_2O$$

$$\frac{1}{2}C_2O_4^{2-} \sim \frac{1}{5}MnO_4^-$$

（2）滴定分析当中的计算

滴定分析中的计算涉及标准溶液的配制、标定以及分析结果的计算等。

当滴定反应

$$tT + bB = cC + dD \qquad \text{（T 为滴定剂，B 为待测物质）}$$

达到反应计量点时，各物质的量之比等于化学方程式中各物质的计量数之比。即：

$$\frac{n_T}{n_B} = \frac{t}{b}$$

$$n_B = \frac{b}{t}n_T$$

由于 $n_T = c_T V_T$，$n_B = c_B V_B$，则：

$$c_B V_B = \frac{b}{t}c_T V_T$$

$$m_B = n_B M_B$$

$$m_B = c_T V_T \frac{b}{t}M_B$$

若称取试样的质量为 m_s(g)，则待测组分 B 的质量分数 w_B 为：

$$w_B = \frac{m_B}{m_s} = \frac{c_T V_T \frac{b}{t} M_B}{m_s}$$

【例 13-1】　为标定 HCl 溶液，称取硼砂（$Na_2B_4O_7 \cdot 10H_2O$）0.4710 g，用 HCl 溶液滴定至化学计量点，消耗 25.20mL。求 HCl 溶液的浓度。

解

$$Na_2B_4O_7 + 2HCl + 5H_2O \Longrightarrow 4H_3BO_3 + 2NaCl$$
$$1Na_2B_4O_7 \longrightarrow 2HCl$$

$$c_{HCl} = \frac{\left(\dfrac{m}{M}\right)_{Na_2B_4O_7 \cdot H_2O}}{V_{HCl}} \times 2 = 0.09802 \, mol \cdot L^{-1}$$

【例 13-2】　称取铁矿石试样 0.5000g，将其溶解，使全部还原成亚铁离子，用 $0.01500 mol \cdot L^{-1}$ 的 $K_2Cr_2O_7$ 标准溶液滴定至化学计量点时，用去 $K_2Cr_2O_7$ 标准溶液 33.45mL。求试样中 Fe 和 Fe_2O_3 的质量分数各为多少？

解

$$1Cr_2O_7^{2-} \longrightarrow 6Fe \longrightarrow 3Fe_2O_3$$

$$w_{Fe} = \frac{(cV)_{K_2Cr_2O_7} \times 6M_{Fe}}{m_s} = \frac{0.015 \times 33.45 \times 10^{-3} \times 6 \times 55.85}{0.5000} = 0.3363$$

$$w_{Fe_2O_3} = \frac{(cV)_{K_2Cr_2O_7} \times 3M_{Fe_2O_3}}{m_s} = 0.4808$$

【例 13-3】　称取含铝试样 0.2000g，溶解后加入 0.02082mol/L EDTA 标准溶液 30.00mL，控制条件使 Al^{3+} 与 EDTA 配合完全，然后以 0.02012mol/L Zn^{2+} 标准溶液返滴定，消耗溶液 7.20mL，计算试样中 Al_2O_3 的质量分数。

解

$$Al^{3+} + H_2Y^{2-} \Longrightarrow AlY^- + 2H^+$$
$$Zn^{2+} + H_2Y^{2-} \Longrightarrow ZnY + 2H^+$$
$$1H_2Y^{2-} \longrightarrow 1Zn^{2+} \longrightarrow 1Al^{3+} \longrightarrow 1/2 \, Al_2O_3$$

$$w_{Al_2O_3} = \frac{\left[(cV)_{EDTA} - (cV)_{Zn} \times \dfrac{1}{2} M_{Al_2O_3}\right]}{1000 m_s} = 0.1223$$

【例 13-4】　称取 $K_2Cr_2O_7$ 基准物质来标定 $0.020 mol \cdot L^{-1}$ 的 $Na_2S_2O_3$，要怎么做才使称量误差在 $\pm 0.1\%$ 之内。

解　置换法，其实是借助于 I^- 来完成这个工作。

$$Cr_2O_7^{2-} + 6I^- + 14H^+ \Longrightarrow 2Cr^{3+} + 3I_2 + 7H_2O$$
$$I_2 + 2S_2O_3^{2-} \Longrightarrow 2I^- + S_4O_6^{2-}$$
$$Cr_2O_7^{2-} \sim 6I^- \sim 6S_2O_3^{2-}$$

$$n_{K_2Cr_2O_7} = \frac{1}{6} n_{Na_2S_2O_3}$$

$$m_{K_2Cr_2O_7} = \frac{1}{6} n_{Na_2S_2O_3} M_{K_2Cr_2O_7} = \frac{\dfrac{1}{6}(cV)_{Na_2S_2O_3} M_{K_2Cr_2O_7}}{1000} = \frac{\dfrac{1}{6}(0.020 \times 25) \times 294.2}{1000} = 0.025 \, (g)$$

由于分析天平的绝对误差是 $\pm 0.0001g$，所以 $E_r = \dfrac{0.0002}{0.25} \times 100\% \approx 1\%$。

准确称取 0.25g 左右 $K_2Cr_2O_7$ 于小烧杯中，溶解后定量转移到 250mL 容量瓶中定容，用 25mL 移液管移取 3 份溶液于锥形瓶中，分别用 $Na_2S_2O_3$ 滴定，这样误差就可以小于

±0.1%了。

13.1.3 酸碱滴定法

酸碱滴定是以酸碱反应为基础的一种滴定分析方法，一般的酸、碱以及能与酸、碱直接或间接起反应的物质几乎都可以用酸碱滴定法测定，因此在化工、食品、医疗产品的主成分分析中有着较为广泛的应用。酸碱滴定早在18世纪就被人们用于定量分析。例如，1729年法国化学家日夫鲁瓦利用酸碱滴定的方法来测定醋酸的浓度。他先称取一定质量的碳酸钾固体，溶于水，然后把醋酸溶液逐滴地滴加到碳酸钾溶液中，直至加到不产生气泡为止。根据碳酸钾的质量和消耗醋酸溶液的体积，便可定量计算出醋酸的浓度。

酸碱滴定的理论基础是酸碱平衡理论。由于酸碱平衡还会影响到配位反应、氧化还原反应、沉淀溶解反应、离子交换和萃取反应等，所以有关酸碱平衡的理论是分析化学中最为基础又十分重要的理论。本节将介绍三种酸碱理论，包括酸碱质子理论、酸碱溶剂体系理论、酸碱电子理论。然后应用酸碱质子理论讨论各类酸碱平衡体系中溶液酸度的计算，最后讨论酸碱滴定的基本原理及其应用。

酸碱溶剂体系理论，是在20世纪20年代由Cady和Elsey提出的。在酸碱溶剂体系理论中，最需要关注的问题就是溶剂的自偶解离。我们熟悉的质子溶剂H_2O和液NH_3。它们的自偶解离产生一对特征正负离子。

$$2H_2O \Longleftrightarrow H_3O^+ (特征正离子) + OH^- (特征负离子)$$
$$2NH_3 \Longleftrightarrow NH_4^+ (特征正离子) + NH_2^- (特征负离子)$$

酸碱溶剂体系理论认为，在一种溶剂中能解离出该溶剂的特征正离子或者说能增大特征正离子的浓度的物质称为酸；在一种溶剂中能解离出该溶剂的特征负离子或者说能增大特征负离子的浓度的物质称为碱。液NH_3为溶剂，铵盐如NH_4Cl等为酸，因为它能提供NH_4^+；而氨基化合物，如$NaNH_2$等则为碱，因为它能提供NH_2^-。NH_4Cl与$NaNH_2$之间的反应为：

$$NH_4Cl + NaNH_2 \Longleftrightarrow NaCl + 2NH_3$$

是酸碱中和反应。

酸碱溶剂体系理论在解释非水体系的酸碱反应方面是成功的。若溶剂是水，则体系的特征正离子是H^+，而特征负离子是OH^-。酸碱溶剂体系理论的局限性，在于它只适用于能发生自偶解离的溶剂体系，对于烃类、醚类以及酯类等难于自偶解离的溶剂就不能发挥作用了。

1923年，Lewis提出了酸碱电子理论。酸碱电子理论认为，凡是可以接受电子对的物质是酸，凡是可以给出电子对的物质称为碱。它认为酸碱反应的实质是形成配位键生成酸碱配合物的过程。这种酸碱的定义涉及了物质的微观结构，使酸碱理论与物质结构产生了有机的联系。下列物质均可以接受电子对，是酸：

$$H^+, Cu^{2+}, Ag^+, BF_3$$

而下面的各种物质可以给出电子对，是碱：

$$OH^-, NH_3, F^-$$

酸和碱之间可以反应，如：

$$BF_3 + F^- \Longleftrightarrow BF_4^-$$

$$酸 \quad 碱 \quad 酸碱配合物$$

$$H^+ + OH^- \Longrightarrow H_2O$$
$$Ag^+ + Cl^- \Longrightarrow AgCl$$

这些反应的本质是路易斯酸接受了路易斯碱的电子对，生成酸碱配合物。除酸与碱之间的反应之外，还有取代反应，如：

$$[Cu(NH_3)_4]^{2+} + 4H^+ \Longrightarrow Cu^{2+} + 4NH_4^+$$

酸碱配合物 $[Cu(NH_3)_4]^{2+}$ 中的酸（Cu^{2+}），被另一种酸（H^+）取代，形成一种新的酸碱配合物 NH_4^+。这种取代反应称为酸取代反应。

反应 $Fe(OH)_3 + 3H^+ \Longrightarrow Fe^{3+} + 3H_2O$ 也属于酸取代反应，酸（H^+）被取代了酸碱配合物中 Fe^{3+}，形成了新的酸碱配合物 H_2O。

在下面的取代反应中，碱（OH^-）取代了酸碱配合物 $[Cu(NH_3)_4]^{2+}$ 中的碱 NH_3，形成新的酸碱配合物 $Cu(OH)_2$。

$$[Cu(NH_3)_4]^{2+} + 2OH^- \Longrightarrow Cu(OH)_2\downarrow + 4NH_3$$

在酸碱电子理论中，一种物质空间属于酸还是属于碱，应该在具体的反应中确定。在反应中接受电子对的是酸，给出电子对的是碱。

按这一理论，几乎所有的正离子都能起酸的作用，负离子都能起碱的作用，绝大多数的物质都能归为酸、碱或酸碱配合物。而且大多数反应都只可以归为酸碱之间的反应或酸、碱及酸碱配合物之间的反应。可见这一理论的适应面极广。也正是由于理论的适应面极广这一优点，决定了酸碱的特征不明显，这也是酸碱电子理论的不足之处。

接下来，着重介绍酸碱质子理论。

（1）酸碱质子理论

酸碱质子理论（proton theory）是在 1923 年由 Brønsted 提出的。根据质子理论，凡是能给出质子（H^+）的物质是酸，凡是能接受质子的物质是碱，它们之间的关系可用下式表示：

$$酸 \Longrightarrow 碱 + 质子$$

例如：
$$HAc \Longrightarrow Ac^- + H^+$$

上式中的乙酸 HAc 是酸，它给出质子后，转化成的 Ac^- 对于质子具有一定的亲和力，能接受质子，因而 Ac^- 就是 HAc 的共轭碱。这种因一个质子的得失而互相转变的一对酸碱，称为共轭酸碱对。关于共轭酸碱对还可再举例如下：

$$HClO_4 \Longrightarrow H^+ + ClO_4^-$$
$$HSO_4^- \Longrightarrow H^+ + SO_4^{2-}$$
$$NH_4^+ \Longrightarrow H^+ + NH_3$$

可见酸碱可以是阳离子、阴离子，也可以是中性分子。当一种酸给出质子时，溶液中必定有一种碱接受质子：

$$HAc(酸 1) \Longrightarrow H^+ + Ac^-(碱 1)$$
$$H_2O(碱 2) + H^+ \Longrightarrow H_3O^+(酸 2)$$
$$HAc(酸 1) + H_2O(碱 2) \Longrightarrow H_3O^+(酸 2) + Ac^-(碱 1)$$

两个共轭本碱对通过质子交换，相互作用而达到平衡。

同样，碱在水溶液中接受质子的过程中，也必须有溶剂（水）的分子参加。例如：

$$NH_3 + H^+ \Longrightarrow NH_4^+$$
$$H_2O \Longrightarrow H^+ + OH^-$$

$$NH_3 + H_2O \Longleftrightarrow OH^- + NH_4^+$$

必须有溶剂水分子参加。在这里，溶剂水起到酸的作用。

水是一种两性溶剂：

$$H_2O + H_2O \Longleftrightarrow H_3O^+ + OH^-$$

在水分子之间存在着的质子传递作用，称为水的质子自递作用。这种作用的平衡常数称为水的质子自递常数：

$$K_w = [H^+][OH^-]$$

这个常数也就是水的离子积，在 25℃时等于 10^{-14}。

酸碱中和反应也是一种质子的转移过程：

$$HCl + H_2O \Longleftrightarrow H_3O^+ + Cl^-$$

$$H_3O^+ + NH_3 \Longleftrightarrow NH_4^+ + H_2O$$

盐的水解过程，实质上也是质子的转移过程。总之，各种酸碱反应过程都是质子转移过程，因此运用质子理论就可以找出各种酸碱反应的共同基本特征。

（2）酸碱解离平衡

酸碱的强弱取决于物质给出质子或接受质子能力。给出质子的能力越强，酸性就越强；反之就越弱。同样，接受质子的能力越强，碱性就越强；反之就越弱。

在共轭酸碱对中，如果酸越容易给出质子，酸性越强，则其共轭碱对质子的亲和力就越弱，就越不容易接受质子，碱性就越弱。用解离常数 K_a 和 K_b 定量地说明它们的强弱程度。例如：

$$HAc + H_2O \Longleftrightarrow H_3O^+ + Ac^-$$

$$K_a = \frac{[H^+][Ac^-]}{[HAc]} \qquad K_a = 1.8 \times 10^{-5}$$

HAc 的共轭碱的解离常数 K_b 为：

$$Ac^- + H_2O \Longleftrightarrow HAc + OH^-$$

$$K_b = \frac{[HAc][OH^-]}{[Ac^-]}$$

$$K_a K_b = [H^+][OH^-] = K_w = 10^{-14} \qquad (25℃)$$

多元酸 K_a 与 K_b 的对应关系：

三元酸 H_3A 在水溶液中：

$$\begin{array}{ll} H_3A + H_2O \Longleftrightarrow H_3O^+ + H_2A^- & K_{a_1} \\ H_2A^- + H_2O \Longleftrightarrow H_3A + OH^- & K_{b_3} \\ H_2A^- + H_2O \Longleftrightarrow H_3O^+ + HA^{2-} & K_{a_2} \\ HA^{2-} + H_2O \Longleftrightarrow H_2A^- + OH^- & K_{b_2} \\ HA^{2-} + H_2O \Longleftrightarrow H_3O^+ + A^{3-} & K_{a_3} \\ A^{3-} + H_2O \Longleftrightarrow HA^{2-} + OH^- & K_{b_1} \end{array}$$

则：$K_{a_1} K_{b_3} = K_{a_2} K_{b_2} = K_{a_3} K_{b_1} = [H^+][OH^-] = K_w$

例：试求 HPO_4^{2-} 的 pK_{b_2} 和 K_{b_2}。

解：经查表可知 $K_{a_2} = 6.3 \times 10^{-8}$，即 $pK_{a_2} = 7.20$

由于

$$K_{a_2} K_{b_2} = 10^{-14}$$

所以

$$pK_{b_2} = 14 - pK_{a_2} = 14 - 7.20 = 6.80$$

即

$$K_{b_2} = 1.6 \times 10^{-7}$$

（3）不同 pH 溶液中酸碱存在形式的分布情况——分布曲线

从酸（碱）解离反应式可知，当共轭酸碱处于平衡状态时，溶液中存在着 H_3O^+ 和不同的酸碱形式。这时它们的浓度称为平衡浓度，各种存在形式平衡浓度之和称为总浓度或分析浓度，某一存在形式的平衡浓度占总浓度的分数，即为该存在形式的分布系数，以 δ 表示。$\delta_i = c_i/c$ 当溶液的 pH 发生变化时，平衡随之移动，以致酸碱存在形式的分布情况也跟着变化。分布系数 δ 与溶液 pH 间的关系曲线称为分布曲线。分布曲线（distribution curve）作用有两个：一是深入了解酸碱滴定过程；二是可以用于判断多元酸碱分步滴定的可能性。

① 一元酸　以乙酸（HAc）为例。

溶液中物质存在形式：HAc；Ac^-，总浓度为 c

设：HAc 的分布系数为 δ_1；

$\quad$ Ac^- 的分布系数为 δ_0；

则：$\delta_1 = [HAc]/c = [HAc]/([HAc]+[Ac^-]) = 1/\{1+([Ac^-]/[HAc])\}$

$\qquad = 1/\{1+(K_a/[H^+])\} = [H^+]/([H^+]+K_a)$

$$\delta_0 = [Ac^-]/c = K_a/([H^+]+K_a)$$

由上式，以 δ 对 pH 作图（图 13-2）：

a. $\delta_0 + \delta_1 = 1$

b. $pH = pK_a$ 时；

$\quad \delta_0 = \delta_1 = 0.5$

c. $pH < pK_a$ 时；

$\quad$ HAc（δ_1）为主

d. $pH > pK_a$ 时；

$\quad Ac^-$（δ_0）为主

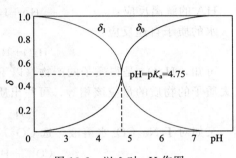

图 13-2　以 δ 对 pH 作图

② 二元酸　以草酸（$H_2C_2O_4$）为例：

存在形式：$H_2C_2O_4$；$HC_2O_4^-$；$C_2O_4^{2-}$；

对应的分布系数（δ_2）；（δ_1）；（δ_0）；

总浓度：$\qquad c = [H_2C_2O_4] + [HC_2O_4^-] + [C_2O_4^{2-}]$

$\quad \delta_2 = [H_2C_2O_4]/c = 1/\{1+[HC_2O_4^-]/[H_2C_2O_4]+[C_2O_4^{2-}]/[H_2C_2O_4]\}$

$\qquad = 1/\{1+K_{a_1}/[H^+]+K_{a_1}K_{a_2}/[H^+]^2\} = [H^+]^2/\{[H^+]^2+[H^+]K_{a_1}+K_{a_1}K_{a_2}\}$

$\qquad \delta_1 = [H^+]K_{a_1}/\{[H^+]^2+[H^+]K_{a_1}+K_{a_1}K_{a_2}\}$

$\qquad \delta_0 = K_{a_1}K_{a_2}/\{[H^+]^2+[H^+]K_{a_1}+K_{a_1}K_{a_2}\}$

H_2A 分布系数与溶液 pH 关系曲线的讨论：

a. $pH < pK_{a_1}$ 时

$H_2C_2O_4$ 为主

b. $pK_{a_1} < pH < pK_{a_2}$ 时

$HC_2O_4^-$ 为主

c. $pH > pK_{a_2}$ 时

$C_2O_4^{2-}$ 为主

d. $pH = 2.75$ 时

δ_1 最大；$\delta_1 = 0.938$；

$\delta_2 = 0.028$；$\delta_3 = 0.034$

（4）酸碱溶液 pH 的计算

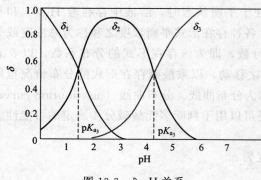

图 13-3 δ-pH 关系

本节计算溶液 pH 的途径是：首先从化学反应出发，全面考察由于溶液中存在的各种物质提供或消耗质子而影响 pH 的因素，找出各因素之间的关系，然后在允许的计算误差范围内，进行合理简化，求得结果（图 13-3）。

① 质子条件　酸碱反应都是物质间质子转移的结果，能够准确反映整个平衡体系中质子转移的严格的数量关系式称为质子条件。列出质子条件的步骤如下。首先，选择参考水平（大量存在，参加质子转移）。其次，判断质子得失。最后，总的得失质子的物质的量（单位 mol）应该相等，列出的等式即为质子条件。

例如，一元弱酸水溶液，选择 HA 和 H_2O 为参考水平：

HA 的解离反应：　　　　　　$HA + H_2O \rightleftharpoons H_3O^+ + A^-$

水的质子自递反应：

$$H_2O + H_2O \rightleftharpoons H_3O^+ + OH^-$$

可知，H_3O^+ 是得质子的产物（以下简称 H^+），而 A^- 和 OH^- 是失质子的产物。总的得失质子的物质的量应该相等，可写出质子条件：

$$[H^+] = [A^-] + [OH^-]$$

又如对于 Na_2CO_3 水溶液，选 CO_3^{2-} 和 H_2O 为参考水平：

$$CO_3^{2-} + H_2O \rightleftharpoons HCO_3^- + OH^-$$
$$CO_3^{2-} + 2H_2O \rightleftharpoons H_2CO_3 + 2OH^-$$
$$H_2O + H_2O \rightleftharpoons H_3O^+ + OH^-$$

质子条件：　　　　$[H^+] + [HCO_3^-] + 2[H_2CO_3] = [OH^-]$

也可通过物料平衡或电荷平衡得出质子条件。

【例 13-5】　写出 Na_2HPO_4 水溶液的质子条件。

解　根据参考水平的选择标准，确定 H_2O 和 HPO_4^{2-} 为参考水平，溶液中质子转移反应有

$$HPO_4^{2-} + H_2O \rightleftharpoons H_2PO_4^- + OH^-$$
$$HPO_4^{2-} + 2H_2O \rightleftharpoons H_3PO_4 + 2OH^-$$
$$HPO_4^{2-} \rightleftharpoons H^+ + PO_4^{3-}$$
$$H_2O + H_2O \rightleftharpoons H_3O^+ + OH^-$$

质子条件：

$$[H^+] + [H_2PO_4^-] + 2[H_3PO_4] = [PO_4^{3-}] + [OH^-]$$

【例 13-6】　写出 NH_4HCO_3 水溶液的质子条件

解　根据参考水平的选择标准，确定 NH_4^+、HCO_3^- 和 H_2O 为参考水平，溶液中质子转移反应有：

$$HCO_3^- + H_2O \rightleftharpoons H_2CO_3 + OH^-$$
$$HCO_3^- \rightleftharpoons H^+ + CO_3^{2-}$$
$$NH_4^+ \rightleftharpoons H^+ + NH_3$$

$$H_2O+H_2O \Longrightarrow H_3O^+ +OH^-$$

质子条件：

$$[H^+]+[H_2CO_3] \Longrightarrow [CO_3^{2-}]+[NH_3]+[OH^-]$$

② 一元弱酸（碱）溶液 pH 的计算　对于一元弱酸 HA 溶液，有下列质子转移反应：

$$HA+H_2O \Longrightarrow H_3O^+ +A^-$$
$$H_2O+H_2O \Longrightarrow H_3O^+ +OH^-$$

质子条件：

$$[H^+]=[A^-]+[OH^-]$$

上列两个质子转移反应式说明一元弱酸溶液中的 $[H^+]$ 来自两部分，即来自弱酸的解离和水的质子自递反应。

$$[A^-]=K_a \frac{[HA]}{[H^+]} \qquad [OH^-]=\frac{K_w}{[H^+]}$$

代入质子条件式，得：

$$[H^+]=\sqrt{K_a[HA]+K_w}$$

由于 $[HA]=cd_{HA}$（c 为总浓度）

$$[H^+]^3+K_a[H^+]^2-(cK_a+K_w)[H^+]-K_aK_w=0$$

显然，解上述议程的计算相当麻烦。这类分析化学的计算通常允许 5% 的误差，所以对于具体情况，可以进行合理简化，作近似处理。

若考虑到弱酸的浓度不是太低，即：$c/K_a=105$，可近似认为 $[HA]$ 等于总浓度 c，则：

$$[H^+]=\sqrt{cK_a+K_w}$$

另一方面，如果弱酸的 K_a 不是非常小，可以推断，由酸提供的 $[H^+]$ 将高于水解离所提供的 $[H^+]$，对于 5% 的允许误差可计算出当 $cK_a \geqslant 10K_w$ 时，可将 K_w 略去，则得：

$$[H^+]=\frac{1}{2}\left(-K_a+\sqrt{K_a^2+4cK_a}\right)$$

若弱酸的 K_a 也不是太小（$cK_a=10K_w$），忽略 K_w 项，则可得最简式：

$$[H^+]=\sqrt{cK_a}$$

【例 13-7】　计算 $10^{-4}\,mol \cdot L^{-1}$ 的 H_3BO_3 溶液的 pH。已知 $pK_a=9.24$。

解　　　　　$cK_a=10^{-4}\times10^{-9.24}=5.8\times10^{-14}<10K_w$

水解离产生的 $[H^+]$ 项不能忽略。

$$c/K_a=10^{-4}/10^{-9.24}=10^{5.24} \gg 10^5$$

可以用总浓度 c 近似代替平衡浓度 $[H_3BO_3]$

$$[H^+]=\sqrt{cK_a+K_w}=\sqrt{10^{-4}\times10^{-9.24}+10^{-14}}=2.6\times10^{-7}\,mol \cdot L^{-1}$$
$$pH=6.59$$

如按最简式计算，则 $[H^+]=\sqrt{cK_a}=\sqrt{10^{-4}\times10^{-9.24}}=2.4\times10^{-7}\,mol \cdot L^{-1}$

$$pH=6.62$$

两种计算相对误差约为 -8%。可见在计算之前根据题设条件，正确选择算式至关重要。

【例 13-8】　求 $0.12\,mol \cdot L^{-1}$ 一氯乙酸溶液的 pH，已知 $pK_a=2.86$。

解　　　　　$cK_a=0.12\times10^{-2.86} \gg 10K_w$

水解离的 $[H^+]$ 项可忽略。

又　　　　　$c/K_a=0.12/10^{-2.86}=87<105$

不能用总浓度近似代替平衡浓度。

$$[H^+]=\frac{1}{2}[10^{-2.86}+\sqrt{(10^{-2.86})^2+4\times0.12\times10^{-2.86}}]=0.012\,mol\cdot L^{-1}$$

$$pH=1.92$$

【例 13-9】 已知 HAc 的 $pK_a=4.74$，求 $0.30\,mol\cdot L^{-1}$ HAc 溶液的 pH。

解
$$cK_a=0.30\times10^{-4.74}\gg10K_w$$
$$c/K_a=0.30/10^{-4.74}\gg105$$

符合两个简化的条件，可采用最简式计算：

$$[H^+]=\sqrt{cK_a}=\sqrt{0.30\times10^{-4.74}}=2.3\times10^{-3}\,mol\cdot L^{-1}$$
$$pH=2.64$$

一元弱酸（碱）和两性物质溶液的 pH 计算在酸碱滴定法中是经常用到的。因而作了较为详细的讨论，但请注意，所用的计算途径和思路对于两性物质、二元弱酸溶液和缓冲溶液的 pH 计算也同样适用，本书不再一一推导。现将几种酸溶液、两性物质溶液和缓冲溶液 pH 计算公式以及允许误差为 5% 范围内的使用条件列于表 13-2 中。

表 13-2　pH 计算公式以及使用条件

项　目	计算公式	使用条件（允许误差为 5%）
一元弱酸	$[H^+]=\sqrt{K_a[HA]+K_w}$	
	$[H^+]=\sqrt{cK_a+K_w}$	$c/K_a=105$
	$[H^+]=\frac{1}{2}(-K_a+\sqrt{K_a^2+4cK_a})$	$cK_a=10K_w$
	$[H^+]=\sqrt{cK_a}$	$c/K_a=105$ $cK_a=10K_w$
两性物质	$[H^+]=\sqrt{K_{a1}K_{a2}}$	$c/K_{a1}=105$； $cK_{a2}=10K_w$
二元弱酸	$[H^+]=\sqrt{K_{a1}[H_2A]}$	$c/K_{a1}=10K_w$ $2K_{a2}/[H^+]\ll1$
	$[H^+]=\sqrt{cK_{a1}}$	$c/K_{a1}=105$ $cK_{a1}\geqslant10K_w$ $2K_{a2}/[H^+]\ll1$
缓冲溶液	$[H^+]=K_ac_a/c_b$	$c_a\gg[OH^-]-[H^+]$ $c_b\gg[H^+]-[OH^-]$

【例 13-10】 计算 $0.10\,mol\cdot L^{-1}$ 的邻苯二甲酸氢钾溶液的 pH。已知邻苯二甲酸氢钾的 $pK_{a1}=2.89$，$pK_{a2}=5.54$

解
$$pK_{b2}=14-2.89=11.11$$
从 pK_{a2} 和 pK_{b2} 可以认为 $[HA^-]\sim c$。
$$cK_a=0.1\times10^{-5.54}\gg10K_w$$
$$c/K_a=0.1/10^{-2.89}=77.6\gg10$$
$$[H^+]=\sqrt{10^{-2.89}\times10^{-5.54}}=10^{-4.22}\,mol\cdot L^{-1}$$
$$pH=4.22$$

【例 13-11】 分别计算 $0.05\,mol\cdot L^{-1}$ NaH_2PO_4 和 $3.33\times10^{-2}\,mol\cdot L^{-1}$ Na_2HPO_4 溶液的 pH。

解　查表得 H_3PO_4 的 $pK_{a1}=2.12$，$pK_{a2}=7.20$，$pK_{a3}=12.36$
(1) 可以认为平衡浓度等于总浓度。

对于 $0.05 mol \cdot L^{-1} NaH_2PO_4$ 溶液

$$cK_{a_2} = 0.05 \times 10^{-7.20} \gg 10K_w$$

$$c/K_{a_1} = 0.05/10^{-2.12} = 6.59 < 10$$

$$[H^+] = \sqrt{0.05 \times 10^{-2.12} \times 10^{-7.20}/(10^{-2.12} + 0.05)} = 2.0 \times 10^{-5} mol \cdot L^{-1}$$

$$pH = 4.70$$

（2）对于 $3.33 \times 10^{-2} mol \cdot L^{-1} Na_2HPO_4$ 溶液

将有关公式中的 K_{a_1} 和 K_{a_2} 分别换成 K_{a_2} 和 K_{a_3}。

$$cK_{a_3} = 3.33 \times 10^{-2} \times 10^{-12.36} = 1.45 \times 10^{-14} \approx K_w$$

$$c/K_{a_2} = 3.33 \times 10^{-2}/10^{-7.20} \gg 10$$

K_w 项不能略去。

$c/K_{a_2} \gg 10$，K_{a_2} 可略去。

$$[H^+] = \sqrt{10^{-7.20}(10^{-12.36} \times 3.33 \times 10^{-2} + 10^{-14})/3.33 \times 10^{-2}} = 2.2 \times 10^{-10} mol \cdot L^{-1}$$

$$pH = 9.66$$

【例 13-12】　已知室温下 H_2CO_3 的饱和水溶液浓度约为 $0.040 mol \cdot L^{-1}$，试求该溶液的 pH。

解　查表得 $pK_{a_1} = 6.38$，$pK_{a_2} = 10.25$。由于 $K_{a_1} \gg K_{a_2}$，可按一元酸计算。

又由于

$$cK_{a_1} = 0.040 \times 10^{-6.38} \gg 10K_w$$

$$c/K_{a_1} = 0.040/10^{-6.38} = 9.6 \times 10^4 \gg 10^5$$

$$[H^+] = \sqrt{0.04 \times 10^{-6.38}} = 1.3 \times 10^{-4} mol \cdot L^{-1}$$

$$pH = 3.89$$

【例 13-13】　计算 $0.20 mol \cdot L^{-1} Na_2CO_3$ 溶液的 pH。

解　查表得 $H_2CO_3\ pK_{a_1} = 6.38$，$pK_{a_2} = 10.25$。

故

$$pK_{b_1} = pK_w - pK_{a_2} = 14 - 10.25 = 3.75,$$

同理

$$pK_{b_2} = 7.62$$

由于

$$K_{b_1} \gg K_{b_2}\quad（可按一元碱处理）$$

$$cK_{b_1} = 0.20 \times 10^{-3.75} \gg 10K_w$$

$$c/K_{b_1} = 0.20/10^{-3.75} = 1125 > 10^5$$

$$[OH^-] = \sqrt{0.20 \times 10^{-3.75}} = 5.96 \times 10^{-3} mol \cdot L^{-1}$$

$$[H^+] = 1.7 \times 10^{-12} mol \cdot L^{-1}$$

$$pH = 11.77$$

（5）酸碱滴定终点的指示方法

滴定分析中判断终点有两类方法，即指示剂法和电位滴定法。指示剂法是利用指示剂在一定条件（如某一 pH 范围）时变色来指示终点；电位滴定法是通过测量两个电极的电位差，根据电位差的突变来确定终点。

本节将结合酸碱滴定讨论上述两类方法，但是它们的基本原理对于其他的分析，如配位滴定、氧化还原滴定都是适用的。

① 指示剂法　酸碱滴定中是利用酸碱指示剂颜色的突然变化来指示滴定终点的。酸碱指示剂一般是有机弱酸或弱碱，当溶液的 pH 改变时，指示剂由于结构的改变而发生颜色的改变。例如，酚酞为三苯甲烷类，碱滴酸时用，变色范围 $8 \sim 10$，无色变红色。颜色及结构的变化如下。

再如，甲基橙，为有机弱碱，黄色的甲基橙分子，在酸性溶液中获得一个 H^+，转变成为红色阳离子（表 13-3）。偶氮类结构，酸滴碱时用。变色范围 3.1~4.4，颜色由橙红色变黄色。

表 13-3　几种常用酸碱指示剂的变色范围（室温）

指示剂	变色范围 pH	颜色变化	pK_{HIn}	浓度	用量（滴/10mL 试液）
百里酚蓝	1.2~2.8	红~黄	1.7	0.1%的20%乙醇溶液	1~2
甲基黄	2.9~4.0	红~黄	3.3	0.1%的90%乙醇溶液	1
甲基橙	3.1~4.4	红~黄	3.4	0.05%的水溶液	1
溴酚蓝	3.0~4.6	黄~紫	4.1	0.1%的20%乙醇溶液或其钠盐水溶液	1
溴甲酚绿	4.1~5.6	黄~蓝	4.9	0.1%的20%乙醇溶液或其钠盐水溶液	1~3
甲基红	4.4~6.2	红~黄	5.0	0.1%的60%乙醇溶液或其钠盐水溶液	1
溴百里酚蓝	6.2~7.6	黄~蓝	7.3	0.1%的20%乙醇溶液或其钠盐水溶液	1
中性红	6.8~8.0	红~黄橙	7.4	0.1%的60%乙醇溶液	1
苯酚红	6.8~8.4	黄~红	8.0	0.1%的20%乙醇溶液或其钠盐水溶液	1
百里酚蓝	8.0~9.6	黄~蓝	8.9	0.1%的20%乙醇溶液	1~4
酚酞	8.0~10.0	无~红	9.1	0.5%的90%乙醇溶液	1~3
百里酚酞	9.4~10.6	无~蓝	10.0	0.1%的90%乙醇溶液	1~2

② 指示剂的变色原理　以 HIn 表示弱酸型指示剂，在溶液中的平衡移动过程可简单表示如下：

$$HIn + H_2O \Longleftrightarrow H_3O^+ + In^-$$

$$K_{HIn} = \frac{[In^-][H^+]}{[HIn]}$$

$$\frac{K_{HIn}}{[H^+]} = \frac{[In^-]}{[HIn]}$$

指示剂的颜色转变依赖于比值：$[In^-]/[HIn]$，其中 $[In^-]$ 代表碱色的深度；$[HIn]$ 代表酸色的深度。K_{HIn} 一定，指示剂颜色随溶液 $[H^+]$ 改变而变。$[In^-]/[HIn]=1$ 时，中间颜色，当比值为 1/10 时，酸色，勉强辨认出碱色，当比值为 10/1 时，呈现碱色，勉强辨认出酸色。所以，指示剂变色范围：$pK_{HIn} \pm 1$。所以，酸碱指示剂的变色范围不一定正好位于 pH＝7 左右，它是由指示剂的 pK_{HIn} 决定的，变色范围 $pK_{HIn} \pm 1$（＝2 个 pH 单位），而且颜色逐渐变化。

混合指示剂是利用颜色之间的互补作用，使变色范围变窄，达到颜色变化敏锐的效果。例如溴甲酚绿（$pK_{HIn}=4.9$）和甲基红（$pK_{HIn}=5.0$），前者当 pH<4.0 时呈黄色（酸色），

pH>5.6 时呈蓝色（碱色），后者当 pH<4.4时呈红色，pH>6.2 时呈浅黄色（碱色）。它们按一定比例混合后，两种颜色叠加在一起，酸色为酒红色（红稍带黄），碱色为绿色。当 pH=5.1 时，甲基红呈橙色而溴甲酚绿呈绿色，两者互为补色而呈现浅灰色，这时颜色发生突变，变色十分敏锐。它们的颜色叠加情况示意如图 13-4 所示。

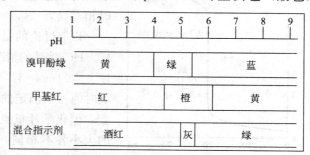

图 13-4　颜色叠加情况

如果把甲基红，溴百里酚蓝，百里酚蓝，酚酞按一定比例混合，溶于乙醇，配成混合指示剂，可随 pH 的不同而逐渐变色，实验室中常用的 pH 滤纸，就是基于混合的原理而制成的。

（6）滴定曲线与指示剂的选择

① 强碱滴定强酸

【例 13-14】　$0.1000 mol \cdot L^{-1}$ NaOH 溶液滴定 20.00mL $0.1000 mol \cdot L^{-1}$ HCl 溶液。

Ⅰ滴定前，加入滴定剂（NaOH）0.00mL 时：

$$0.1000 mol \cdot L^{-1} 盐酸溶液的 \quad pH=1$$

Ⅱ滴定中，加入滴定剂 18.00mL 时：

$$[H^+]=0.1000 \times (20.00-18.00)/(20.00+18.00)=5.3 \times 10^{-3} \ (mol \cdot L^{-1})$$

溶液　pH=2.28

加入滴定剂体积为 19.98mL 时（离化学计量点差约半滴），

$$[H^+]=c \times V_{HCl}/V=0.1000 \times (20.00-19.98)/(20.00+19.98)=5.0 \times 10^{-5} mol \cdot L^{-1}$$

溶液　pH=4.3

Ⅲ化学计量点，即加入滴定剂体积为 20.00mL，反应完全，

$$[H^+]=10^{-7} mol \cdot L^{-1},$$

溶液的 pH=7

Ⅳ化学计量点后，加入滴定剂体积为 20.02，过量 0.02mL（约半滴）

$$[OH^-]=n_{NaOH}/V=(0.1000 \times 0.02)/(20.00+20.02)=5.0 \times 10^{-5} mol/L$$

$$pOH=4.3,$$

$$pH=14-4.3=9.7$$

以上采用分段计算滴定曲线上各点 pH 的方法，所用算式简单，运算也不复杂，但须手工逐点求算，似较费时。作为改进，可以根据溶液电中性条件推导出滴定曲线方程，利用计算机求出标准溶液加入量（体积）与相应 pH 的一组数据，然后绘制滴定曲线。

强酸强碱滴定曲线如图 13-5。

从图 13-5 可以看出，在滴定开始时，溶液中还存在着较多的 HCl，因此 pH 升高十分缓慢。随着滴定的不断进行，溶液中 HCl 含量的减少，pH 的升高逐渐加快。尤其是当滴定接近化学计量点时，溶液中剩余的 HCl 已极少，pH 升高极快。两个红点之间相差不过 1 滴左右，但溶液的 pH 却从 4.3 突然升高到 9.7，因此把化学计量点前后±0.1% 范围内 pH 的

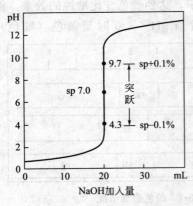

图 13-5 强酸强碱滴定曲线

急剧变化称为"滴定突跃"。在选择指示剂时，应遵循指示剂的变色范围应处于或部分处于滴定突跃范围之内。这时相对误差<0.1%。

以上讨论的是 0.1mol·L⁻¹ NaOH 溶液滴定 0.1mol·L⁻¹ HCl 溶液的情况。若绘制 NaOH 溶液浓度分别为 1mol·L⁻¹、0.1mol·L⁻¹ 及 0.01mol·L⁻¹ 滴定相应浓度的 HCl 溶液时的三条滴定曲线，可以得到，虽然 NaOH 溶液浓度改变，但化学计量点时溶液的 pH 依然是 7，只是滴定突跃的大小各不相同，酸碱溶液越浓，滴定突跃越大，使用 1mol·L⁻¹ 溶液的情况下滴定突跃在 pH=3.3～10.7，有很多指示剂可供选择，而当用 0.01mol·L⁻¹ NaOH 溶液滴定 0.01mol·L⁻¹ HCl 溶液时，滴定突跃在 pH=5.3～8.7，显然若再用甲基橙指示终点就不合适了。

② 强碱滴定弱酸

【例 13-15】 0.1000mol·L⁻¹ NaOH 溶液滴定 20.00mL 0.1000mol·L⁻¹ HAc 溶液。绘制滴定曲线时，通常用最简式来计算溶液的 pH 值（表 13-4）。

表 13-4 用 0.1000mol·L⁻¹ NaOH 溶液滴定 20.00mL 0.1000mol·L⁻¹ HAc 溶液

加入 NaOH 溶液		剩余 HAc 溶液的体积 V/mL	过量 NaOH 溶液的体积 V/mL	pH
/mL	/%			
0.00	0	20.00		2.87
0.00	50.0	10.00		4.74
18.00	90.0	2.00		5.70
19.80	99.0	0.20		6.74
19.98	99.9	0.02		7.74
20.00	100.0	0.00		8.72
20.02	100.1		0.02	9.70
20.20	101.0		0.20	10.70
22.00	110.0		2.00	11.70
40.00	200.0		20.00	12.50

（7.74～9.70 之间标注"滴定突跃"）

Ⅰ 滴定开始前，计算一元弱酸（用最简式计算）的 pH 值。

$$[H^+] = \sqrt{c_a K_a} = \sqrt{0.1000 \times 10^{-4.74}} = 10^{-2.87}$$
$$pH = 2.87$$

Ⅱ 化学计量点前

开始滴定后，溶液即变为 HAc(c_a)-NaAc(c_b) 缓冲溶液，按缓冲溶液的 pH 进行计算。

加入滴定剂体积 19.98mL 时：

$$c_a = 0.02 \times 0.1000/(20.00 + 19.98) = 5.00 \times 10^{-5} \text{mol/L}$$
$$c_b = 19.98 \times 0.1000/(20.00 + 19.98) = 5.00 \times 10^{-2} \text{mol/L}$$
$$[H^+] = K_a c_a/c_b = 10^{-4.74}[5.00 \times 10^{-5}/(5.00 \times 10^{-2})] = 1.82 \times 10^{-8}$$

溶液　pH＝7.74

Ⅲ化学计量点

生成 HAc 的共轭碱 NaAc（弱碱），浓度为：

$$c_b = 20.00 \times 0.1000/(20.00+20.00) = 5.00 \times 10^{-2}\ \text{mol} \cdot \text{L}^{-1}$$

此时溶液呈碱性，需要用 pK_b 进行计算

$$pK_b = 14 - pK_a = 14 - 4.74 = 9.26$$

$$[\text{OH}^-] = (c_b \times K_b)1/2 = (5.00 \times 10^{-2} \times 10^{-9.26})1/2 = 5.24 \times 10^{-6}\ \text{mol} \cdot \text{L}^{-1}$$

溶液　pOH＝5.28

$$pH = 14 - 5.28 = 8.72$$

Ⅳ化学计量点后

加入滴定剂体积 20.02mL

$$[\text{OH}^-] = (0.1000 \times 0.02)/(20.00+20.00) = 5.0 \times 10^{-5}\ \text{mol} \cdot \text{L}^{-1}$$

$$pOH = 4.3$$

$$pH = 14 - 4.3 = 9.7$$

根据计算结果绘制滴定曲线，可得到图 13-6。该图中的虚线为强碱滴定强酸曲线的化学计量点前的部分。通过对比可看出，由于 HAc 是弱酸，滴定开始前溶液中 $[\text{H}^+]$ 就较低，pH 较 NaOH-HCl 滴定时高。滴定开始后，pH 较快地升高，这是由于中和生成的 Ac^- 产生同离子效应，使 HAc 更难解离，$[\text{H}^+]$ 较快地降低。但在继续滴入 NaOH 溶液后，由于 NaAc 的不断产生，在溶液中形成弱酸及其共轭碱的缓冲体系，pH 增加较慢，使这一段曲线较为平坦。当接近化学计量点时，由于溶液中剩余的 HAc 已经较少，溶液的缓冲能力已逐渐减弱，于是随着 NaOH 溶液的不断滴入，溶液的 pH 变化逐渐加快，到达化学计量点时，在其附近出现一个较为短小的滴定突跃，突跃的 pH 范围为 7.74～9.70，处于碱性范围内，这是由于化学计量点时溶液中存在着大量的 Ac^-，它是弱碱，使溶液呈微碱性。

强碱滴定弱酸滴定曲线如图 13-6。

根据化学计量点附近的滴定突跃范围，用酚酞或百里酚蓝指示终点是合适的，也可以用百里酚酞指示终点。

如果被滴定的酸更弱，则滴定到达化学计量点时，溶液的 pH 更高，如图中较高的曲线已看不出滴定突跃。对于这类极弱酸，在水溶液中就无法用一般的酸碱指示剂来指示滴定终点，但是可以使弱酸的酸性增加后测定之，也可以用非水滴定等方法测定（图 13-7）。

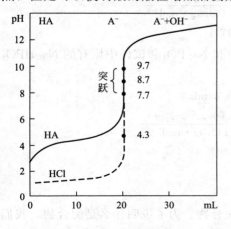

图 13-6　强碱滴定弱酸滴定曲线

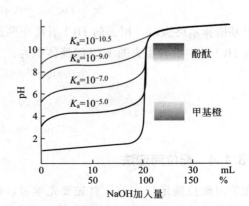

图 13-7　以 NaOH 溶液滴定不同弱酸溶液的滴定曲线

由于化学计量点附近滴定突跃的大小，不仅和被测酸的 K_a 值有关，也和浓度有关，用较浓的标准溶液滴定较浓的试液，可使滴定突跃适当增大，滴定终点较易判断。但这一途径也存在着一定的限度，对于 K_a 约为 10^{-9} 的酸，即使用 $1mol \cdot L^{-1}$ 的标准碱溶液也难以直接滴定。一般来讲，当弱酸溶液的浓度 c 和弱酸的解离常数 K_a 的乘积 $cK_a \geqslant 10^{-8}$ 时，可出现 $\geqslant 0.3pH$ 单位的滴定突跃，这时人眼能够辨别指示剂颜色的改变，滴定就可以直接进行，而终点误差也在允许的 $\pm 0.1\%$ 以内。

目视直接滴定的条件：$cK_a \geqslant 10^{-8}$ 是本节的重要结论，也是本章的学习重点之一。

（7）酸碱滴定法结果计算示例

【例 13-16】 纯 $CaCO_3$ 0.5000g，溶于 50.00mL HCl 溶液中，用 NaOH 溶液回滴，计消耗 6.20mL。1mL NaOH 溶液相当于 1.010mL HCl 溶液。求两种溶液的浓度。

解
$$6.20mL \times 1.010 = 6.26mL$$

所以，与 $CaCO_3$ 反应的 HCl 溶液的体积实际为：

$$50.00mL - 6.26mL = 43.74mL$$

$$n_{HCl} = 2n_{CaCO_3}$$

$$c_{HCl} \times 43.74 \times 10^{-3}L = 2 \times \frac{0.5000g}{100.1g \cdot mol^{-1}}$$

$$c_{HCl} = 0.2284mol \cdot L^{-1}$$

$$c_{NaOH} \times 1.00 \times 10^{-3}L = 0.2284mol \cdot L^{-1} \times 1.010 \times 10^{-3}L$$

$$c_{NaOH} = 0.2307mol \cdot L^{-1}$$

【例 13-17】 可能含 Na_3PO_4、Na_2HPO_4、NaH_2PO_4 或其混合物，及惰性物质。称取试样 2.000g，溶解后用甲基橙指示终点，以 $0.5000mol \cdot L^{-1}$ HCl 溶液滴定时需用 32.00mL。同样质量的试样，当用酚酞指示终点，需用 HCl 标准溶液 12.00mL。求试样中各组分的质量分数。

解 滴定到酚酞变色时，发生下述反应：

$$Na_3PO_4 + HCl == Na_2HPO_4 + NaCl$$

滴定到甲基橙变色时，还发生了下述反应：

$$Na_2HPO_4 + HCl == NaH_2PO_4 + NaCl$$

设试样中 Na_3PO_4 的质量分数量为 $w_{Na_3PO_4}$，可得：

$$0.5000mol \cdot L^{-1} \times 12.00 \times 10^{-3}L = \frac{2.000g \cdot w_{Na_3PO_4}}{163.9g \cdot mol^{-1}}$$

$$w_{Na_3PO_4} = 0.4917 = 49.17\%$$

甲基橙指示终点时，用去的 HCl 消耗在两部分：中和 Na_3PO_4 和试样中原有的 Na_2HPO_4 所需的 HCl 量，后者用去的 HCl 溶液体积为：

$$32.00mL - 2 \times 12.00mL = 8.00mL$$

$$0.5000mol \cdot L^{-1} \times 8.00 \times 10^{-3}L = \frac{2.000g \cdot w_{Na_2HPO_4}}{142.0g \cdot mol^{-1}}$$

$$w_{Na_2HPO_4} = 0.2840 = 28.40\%$$

13.1.4 配位滴定法

在学习配位滴定法之前，首先要先学习，什么是配合物。为了说明什么是配合物，我们先看一下向 $CuSO_4$ 溶液中滴加过量氨水的实验事实。在盛有 $CuSO_4$ 溶液的试管中滴加氨水，边加边摇，开始时有大量天蓝色的沉淀生成，继续滴加氨水时，沉淀逐渐消失，得深蓝色透明溶液（从实验现象证明配合物的组成）。

通常我们把具有空轨道的中心原子或阳离子（原子）和可以提供孤电子对的配位体（可能是阴离子或中性分子）以配位键形成的不易解离的复杂离子（或分子）称为配离子（或配位单元）。带正电荷的配离子称为配阳离子，如 $[Cu(NH_3)_4]^{2+}$、$[Ag(NH_3)_2]^+$ 等；带负电荷的配离子称为配阴离子，如 $[HgI_4]^{2-}$ 和 $[Fe(NCS)_4]^-$ 等。含有配离子的化合物和配位分子统称为配合物（习惯上把配离子也称为配合物）。如 $[Cu(NH_3)_4]SO_4$、$K_4[Fe(CN)_6$、$H[Cu(CN)_2]$、$[Cu(NH_3)_4](OH)_2$、$[PtCl_2(NH_3)_2]$、$[Fe(CO)_5]$ 都是配合物。

(1) 配合物的组成

配合物由内界（inner sphere）和外界（outer sphere）两部分组成。内界为配合物的特征部分（即配离子），是一个在溶液中相当稳定的整体，在配合物的化学式中以方括号标明。方括号以外的离子构成配合物的外界，内界与外界之间以离子键结合。内界与外界离子所带电荷的总量相等，符号相反。

$$配合物 \begin{cases} 内界 \begin{cases} 形成体（离子或原子） \\ 配体（单齿配体或多齿配体） \end{cases} \\ 外界（中性分子配合物无外界） \end{cases}$$

① 形成体 形成体又称中心离子或中心原子，是指在配合物中接受孤电子对的离子或原子。可以是金属离子、金属原子或非金属元素，如 $[Cu(NH_3)_4]SO_4$、$[Fe(CO)_5]$、$[SiF_6]^{2-}$、$[PF_6]^-$ 中的 Cu^{2+}、Fe、Si(Ⅳ)、P(Ⅴ) 等。

② 配体、配位原子和配位个体

a. 配体 在配合物中提供孤电子对的分子或阴离子。

b. 配位原子 配体中直接与形成体形成配位键的原子称为配位原子。

配位原子的最外电子层都有孤对电子，常见的是电负性较大的非金属元素的原子，如 N、O、C、S 及卤素等。

按配体中配位原子的多少，可将配体分为单齿配体（monodentate ligand）和多齿配体（polydentate ligand）。

单齿配体是一个配体中只有一个配位原子的配体。如 NH_3、H_2O、CN^-、F^-、Cl^- 等。

多齿配体是一个配体中有 2 个或 2 个以上配位原子的配体。如乙二胺 $H_2N—CH_2—CH_2—NH_2$（简写为 en）。

c. 配位个体 由形成体结合一定数目的配体所形成的结构单元称配位个体。配位个体是配合物的特征部分，又称为内界。

③ 配位数 在配位个体中与一个形成体成键的配位原子的总数称为形成体的配位数。对单齿配体来说，配体数目就是形成体的配位数；对多齿配体来说，形成体的配位数不等于配体数目。如 $[Cu(NH_3)_4]^{2+}$ 和 $[Cu(en)_2]^{2+}$ 配离子中，配体数分别为 4 和 2，但 Cu^{2+} 的配位数均为 4。

④ 配离子的电荷

形成体和配位体电荷的代数和即为配离子的电荷。如 $K_4[Fe(CN)_6]$ 配合物中，配离子的电荷数为 $(+2)+(-1)\times6=-4$，即 $[Fe(CN)_6]^{4-}$ 的电荷数为 -4。

(2) 配位化合物化学式的书写原则及命名

① 化学式的书写　配合物化学式的书写应遵循以下两条原则。

a. 内界与外界之间应遵循无机化合物的书写顺序，即其化学式中阳离子写在前，阴离子写在后。

b. 将整个内界的化学式括在方括号内，在方括号内的中心原子与配体的书写顺序是：先写出中心原子（形成体）的元素符号，再依次书写阴离子和中性配体。

对于含有多种配体的配合物，无机配体列在前面，有机配体列在后面；若在方括号内含有同类配体，同类配体的先后次序是：以配位原子元素符号的英文字母次序为准。例如NH_3、H_2O 两种中性配体的配位原子分别为 N 原子和 O 原子，因而 NH_3 写在 H_2O 之前。

两可配体具有相同的化学式，但由于配位原子不同，要用不同的名称来表示。书写时要把配位原子写在前面。

② 配合物的命名　配合物的命名方法原则上类同于一般无机化合物。如果配合物的阴离子是简单阴离子，称某化某；如果阴离子是复杂阴离子，称某酸某。配合物命名的复杂性在于配位个体的命名。配位个体的命名顺序为：

配体-合-中心原子（氧化值）

例如：$K_4[Fe(CN)_6]$　六氰合铁（Ⅱ）酸钾

$H_2[SiF_6]$　六氟合硅（Ⅳ）酸

配位个体中有多种配体时，不同配体间用圆点"·"分开，配体列出顺序为：先无机配体后有机配体；多种无机配体或有机配体时，先阴离子配体后中性分子配体；若多种阴离子配体或中性分子配体，按照配体的配位原子英文字母顺序列出；对以上情况均相同的几种配体，则先原子数少的配体，后原子数多的配体，如 $[Cr(OH)(C_2O_4)(H_2O)(en)]$ 一羟基·一草酸根·一水·一乙二胺合铬（Ⅲ）（表 13-5）。

表 13-5　一些配合物的化学式、系统命名实例

类别	化学式	系统命名
配位酸	$H_2[PtCl_6]$	六氯合铂（Ⅳ）酸
	$H[AuCl_4]$	六氯合金（Ⅲ）酸
配位碱	$[Ag(NH_3)_2]OH$	氢氧化二氨合银（Ⅰ）
	$[Ni(NH_3)_4]OH$	氢氧化四氨合镍（Ⅱ）
配位盐	$[Fe(en)_3]Cl_3$	三氯化三（乙二胺）合铁（Ⅲ）
	$[Co(NH_3)_5(H_2O)]_2(SO_4)_3$	硫酸五氨·水合钴（Ⅲ）
	$NH_4[Co(NO_2)_4(NH_3)_2]$	四硝基·二氨合钴（Ⅲ）酸铵
中性分子	$[PtNH_2(NO_2)(NH_3)_2]$	一氨基·一硝基·二氨合铂
	$[Cr(OH)_3(H_2O)(en)]$	三羟基·水·乙二胺合铬

（3）配合物的分类

配合物的范围极其广泛。根据其结构特征，可将配合物分为以下几种类型。

① 简单配合物　由单齿配体与中心原子直接配位形成的配合物叫做简单配合物。在简单配合物的分子或离子中，只有一个中心原子，且每个配体只有一个配位原子与中心原子结合，如：$[Ag(SCN)_2]^-$、$[Fe(CN)_6]^{4-}$、$[Cu(NH_3)_4]^{2+}$、$[PtCl_6]^{2-}$ 等。

② 螯合物　由多齿配体（含有 2 个或 2 个以上的配位原子）与同一中心原子形成的具有环状结构的配合物叫做螯合物（chealate），又称内配合物。例如：Cu^{2+} 与 2 个乙二胺可形成两个五元环结构的二（乙二胺）合铜（Ⅱ）配离子。

③ 多核配合物　分子中含有两个或两个以上中心原子（离子）的配合物称为多核配合物。多核配合物的形成是由于配体中的一个配位原子同时与两个中心原子（离子）以配位键结合形成的。

④ 羰基配合物　以一氧化碳为配体的配合物称为羰基配合物（简称羰合物）。一氧化碳几乎可以和全部过渡金属形成稳定的配合物，如 $Fe(CO)_5$、$Ni(CO)_4$、$Co_2(CO)_8$、$Mn_2(CO)_{10}$ 等，一般是中性分子，也有少数是配离子，如 $[Co(CO)_4]^-$、$[Mn(CO)_6]^+$、$[V(CO)_6]^-$ 等，其中，金属元素处于低氧化值（包括零氧化值）。

羰基配合物用途广泛。如利用羰基配合物的分解可以纯制金属；$Fe(CO)_5$ 或 $Ni(CO)_4$ 还可以用作汽油的抗震剂替代四乙基铅，以减少汽车尾气中铅的污染；另外，羰基配合物在配位催化领域也有广泛的应用。羰基配合物熔点、沸点一般不高，难溶于水，易溶于有机溶剂，较易挥发、有毒，因此必须警惕，切勿将其蒸气吸入人体。

还有金属簇状配合物夹心配合物等。

（4）配位化合物的化学键理论

配合物中的化学键是指配位个体中配体与形成体之间的化学键。为什么配合物具有许多独特的性质，具有空轨道的中心原子与具有孤对电子的配体之间如何形成稳定的化学键。阐明这种键的理论目前较为常用的三种理论是有价键理论、晶体场理论和配位体场理论三种，它们分别从不同角度讨论配体与中心原子形成体之间的作用力，说明配离子中配体与中心原子形成体之间化学键的实质。本节主要介绍价键理论和晶体场理论。

① 配位化合物的价键理论

a. 配合物价键理论的基本要点

中心原子 M 和配体 L 之间以配位键相结合，其中 M 提供空轨道，L 提供孤电子对。

M 提供的空轨道必须进行杂化，杂化轨道的类型决定了配离子的空间构型。

b. 配合物的几何构型

常见杂化轨道类型与配离子空间构型的关系见表 13-6。

表 13-6　杂化轨道类型与配离子空间构型的关系

配位数	杂化类型	空间构型	实例
2	sp	直线形	$[Ag(NH_3)_2]^+$,$[Ag(CN)_2]^-$
3	sp^2	平面三角形	$[CuCl_3]^-$,$[HgI_3]^-$
4	sp^3	正四面体形	$[Zn(NH_3)_4]^{2+}$,$[HgI_4]^{2-}$
4	dsp^2	平面正方形	$[Ni(CN)_4]^{2-}$,$[Cu(H_2O)_4]^{2+}$
5	dsp^3	三角双锥	$[Fe(CO)_5]$,$[Co(CN)_5]^{3-}$
6	d^2sp^3	正八面体	$[Fe(CN)_6]^{3-}$,$[Co(CN)_5]^{3-}$
6	sp^3d^2	正八面体	$[FeF_6]^{3-}$,$[CoF_6]^{3-}$

c. 内外轨配合物和外轨配合物

形成体由 $(n-1)d$-ns-np 轨道杂化而形成的配合物称内轨型配合物；由 ns-np-nd 轨道杂化而形成的配合物称外轨型配合物。对于相同中心离子的配合物，内轨型的稳定性大于外轨型。其影响因素主要有以下几个方面。

ⓐ 形成体的价电子构型　通常，价电子构型为 $(n-1)d^{10}$ 的中心离子，只能形成外轨型的配合物，如 Zn^{2+}、Cd^{2+}、Hg^{2+} 和 Cu^+、Ag^+、Au^+ 的配合物；$(n-1)d^{1\sim3}$ 构型者，

因次外层 d 电子数少于轨道数，所以通常形成内轨型配合物，如 $[Cr(H_2O)_6]^{3+}$、$[CrF_6]^{3-}$、$[CrCl_6]^{3-}$ 均为内轨型配离子；$(n-1)d^{4\sim7}$ 构型的形成体，可形成内轨型也可形成外轨型，取决于配体的电负性大小和形成体的电荷数。

ⓑ 配位原子的电负性　电负性较大的配位原子如 F、O 与形成体成键时，因其电子云集中于靠近配位原子方向，形成外轨型配合物则有利于减少配体之间的斥力，如 $[FeF_6]^{3-}$、$[Fe(H_2O)_6]^{3+}$ 等。电负性较小的配位原子如 C、P 等则常易于形成内轨型配合物，如 $[Fe(CN)_6]^{3-}$、$[Fe(CN)_6]^{4-}$、$[Cu(CN)_4]^{2-}$ 等。

ⓒ 形成体的电荷　形成体的正电荷数越多，对配位原子孤电子对的引力越强，越易形成内轨型配合物，如 NH_3 配体与 Co^{3+} 形成内轨型的 $[Co(NH_3)_6]^{3+}$ 配离子，与 Co^{2+} 形成外轨型的 $[Co(NH_3)_6]^{2+}$ 配离子。

d. 配合物的磁性与键型的关系

物质的磁性强弱（用磁矩 μ 表示）与物质内部未成对电子数的多少有关。外轨型配合物用外层空轨道成键，内层 d 电子几乎不受成键的影响，故未成对电子数较多。内轨型配合物为了"腾出"内层 d 轨道参与杂化，要将 d 电子"挤入"少数轨道，故未成对电子数较少。磁矩（μ）与未成对电子数（n）有近似关系：

$$\mu \approx \sqrt{n(n+2)} \tag{13-1}$$

式中，μ 的单位为玻尔磁子，用 B. M. 表示。

判断配合物属于内轨型还是外轨型的方法如下。

ⓐ 测定配合物的磁矩　由式(13-1)可计算出未成对电子数为 $1\sim5$ 时相对应的磁矩理论值，见表 13-7。

表 13-7　未成对电子数（n）与磁矩（μ）的关系

未成对电子数(n)	1	2	3	4	5
$\mu_{理}$/B. M.	1.73	2.83	3.88	4.90	5.92

依据表 13-7 中 n 与 $\mu_{理}$ 之间的关系以及配合物磁矩的实际测定值，可确定该配合物是内轨型还是外轨型。例如，Fe^{2+} 的价电子构型为 $3d^6$，显然，若 Fe^{2+} 以 sp^3d^2 杂化轨道形成外轨型配离子，所含未成对电子数 $n=4$ 与 Fe^{2+} 未成键前保持一样；若 d^2sp^3 杂化轨道成键形成内轨型配离子，则所含未成对电子数减少为 $n=0$，其 $\mu_{测}=0.00$B. M.。对于 $[Fe(H_2O)_6]^{2+}$ 配离子，$\mu_{测}=5.28$B. M.，与表 13-7 中 $n=4$ 时对应的 $\mu_{理}$ 最为接近，因此该配离子中形成体应以 sp^3d^2 杂化轨道成键形成外轨型配离子；而 $[Fe(CN)_6]^{4-}$ 的 $\mu_{测}=0.00$B. M.，说明配离子中已没有未成对电子，所以 $[Fe(CN)_6]^{4-}$ 应是内轨型配离子。

ⓑ 由几种典型配体直接判断　配体 CN^-、NO_2^-、CO，它们能使 d 电子重排，从而挤出空轨道，故这些配体倾向于形成内轨型配合物；配体 F^-、H_2O（$[Co(H_2O)_6^{3+}]$ 例外）与中心原子作用很弱，不影响 d 电子排布，故一般形成外轨型配合物。

② 晶体场理论　晶体场理论（crystal field theory, CFT）最初是年由 Bethe H 在 1929 首先提出的，直到 20 世纪 50 年代成功地用它解释金属配合物 $[Ti(H_2O)_6]^{3+}$ 的吸收光谱后，这一理论在化学领域才真正受到重视。

a. 晶体场理论的要点

ⓐ 中心原子与配体之间的结合力是静电作用力。即中心原子是带正电的点电荷，配体（或配位原子）是带负电的点电荷。它们之间的作用犹如离子晶体中正、负离子之间的离子

键，即是纯粹的静电吸引和排斥，并不形成共价键。

ⓑ 形成体在周围配体的电场作用下，原来能量相同的 5 个简并 d 轨道发生了能级分裂。有些 d 轨道能量升高，有些降低，这与 5 个 d 轨道在空间的伸展方向不同而受到配体电场作用程度不同有关。如在八面体配合物中，形成体的 5 个简并 d 轨道分裂成两组。一组是能量升高的 $d_{x^2-y^2}$ 和 d_{z^2}，称为 eg 轨道，另一组是能量降低的 d_{xy}、d_{yz} 和 d_{xz}，称为 t_2g 轨道。

能级分裂后，最高能级和最低能级之差称为分裂能（以 Δ 表示），Δ 的大小主要依赖于配合物的几何构型、形成体的电荷和 d 轨道的主量子数 n，还与配位体的种类有很大关系。

几何构型与分裂能 Δ 的关系如下：

平面正方形＞八面体＞四面体

形成体的电荷数越多，对配体吸引力越大，形成体与配体间距越小，形成体外层 d 轨道受到配体的斥力越大，Δ 也越大。形成体电荷数相同，接受的配体相同时，其中 Δ 一般随着 d 轨道主量子数 n 的增大而增大。在上述条件相同时，Δ 随配体场强的强弱不同而变化。配体场强越强，Δ 越大；反之则越小。常见配体场强的强弱顺序如下：

$Cl^-<F^-<OH^-<H_2O<NH_3<en<NO_2^-<CN^-<CO$

b. 高自旋和低自旋配合物　在八面体场中，形成体 t_2g 轨道比 eg 轨道能量低，按照能量最低原理，电子将优先分布在 t_2g 轨道上。因此，对于 $d^{1\sim3}$ 构型的离子，在形成八面体配合物时，d 电子应全部分布在 t_2g 轨道上，只有一种分布方式。对于 d^4-d^7 构型的离子，则可能有两种分布方式。

ⓐ 当 $\Delta>E_p$（电子成对时为了克服电子间的斥力所需的能量，称为电子成对能）时，电子较难跃迁到 eg 轨道，尽可能地分布在能量低的 t_2g 轨道而进行电子配对，成单电子数减少形成低自旋配合物。

ⓑ 当 $\Delta<E_p$ 时，电子较难配对，尽可能地占据较多的 d 轨道保持较多的成单电子，形成高自旋配合物。

注意：在强场配体（如 CN^-）作用下，Δ 值较大，此时 $\Delta>E_p$，易形成低自旋配合物（如 $[Fe(CN)_6]^{3-}$）。在弱场配体（如 H_2O、F^-）作用下，Δ 值较小，此时 $\Delta<E_p$，易形成高自旋的配合物（如 $[Fe(H_2O)_6]^{3+}$）。

（5）配合物在水溶液中的稳定性

在水溶液中，含有配离子的可溶性配合物的解离有两种情况：一种是发生在内界与外界之间的解离，为完全解离；另一种是配离子的解离，即中心原子与配体之间的解离，为部分解离（类似弱电解质），本节主要讨论配离子在水溶液中的解离情况。

配离子的解离平衡及标准解离平衡常数如下所述。

配离子在溶液中类似于弱电解质，存在部分解离。如 $[Cu(NH_3)_4]^{2+}$ 配离子在水溶液中存在着如下解离平衡：

$$[Cu(NH_3)_4]^{2+} \rightleftharpoons Cu^{2+}+4NH_3$$

$$Cu^{2+}+4NH_3 \rightleftharpoons [Cu(NH_3)_4]^{2+}$$

前者是配离子的解离反应，其平衡常数称解离常数或不稳定常数，用 $K_b^{\ominus}$ 或 $K_{不稳}^{\ominus}$ 表示；后者是配离子的生成反应，其平衡常数称生成常数或稳定常数，用 $K_f^{\ominus}$ 或 $K_{稳}^{\ominus}$ 表示。分别表示为：

$$K_b^{\ominus} = K_{不稳}^{\ominus} = \frac{c(\text{Cu}^{2+})c^4(\text{NH}_3)}{c([\text{Cu(NH}_3)_4]^{2+})}$$

$$K_f^{\ominus} = K_{稳}^{\ominus} = \frac{c([\text{Cu(NH}_3)_4^{2+}])}{c(\text{Cu}^{2+})c^4(\text{NH}_3)}$$

可见，$K_{不稳}^{\ominus}$ 值可以量度配离子不稳定性大小，$K_{不稳}^{\ominus}$ 越大，配离子越易解离；$K_{稳}^{\ominus}$ 值用以量度配离子稳定性大小，$K_{稳}^{\ominus}$ 值越大，配离子在水溶液中的稳定性越高。

同一配离子，$K_{稳}^{\ominus}$ 与 $K_{不稳}^{\ominus}$ 具有倒数关系：

$$K_{稳}^{\ominus} = \frac{1}{K_{不稳}^{\ominus}}$$

实际上，配离子在水溶液中的配合（或解离）过程都是分步进行的，每一步都有对应的稳定常数，称逐级稳定常数或分步稳定常数。以上 $K_{稳}^{\ominus}$ 表达式表示的是总稳定常数或累积稳定常数，等于逐级稳定常数的乘积。

（6）配位平衡

配位平衡只是一种相对的平衡状态，它同溶液的 pH 值、沉淀反应、氧化-还原反应等都有密切的联系。

有关配位解离平衡的计算包括单一配合平衡，以及配位解离与酸碱解离平衡、沉淀溶解平衡、氧化还原平衡共存体系等情况。

① 计算配合物溶液中有关离子的浓度　在实际工作中，一般所加配位剂过量，此时中心原子基本上处于最高配位状态，而低级配离子可以忽略不计，因此，通常可以根据总的标准稳定常数 $K_f^{\ominus}$ 进行有关计算。

【例 13-18】　计算溶液中与 $1.0 \times 10^{-3}\,\text{mol} \cdot \text{L}^{-1}$ [Cu(NH$_3$)$_4$]$^{2+}$ 溶液和 $1.0\,\text{mol} \cdot \text{L}^{-1}$ NH$_3$ 处于平衡状态时游离 Cu^{2+} 的浓度。已知 $K_f^{\ominus}$([Cu(NH$_3$)$_4$]$^{2+}$) $= 2.09 \times 10^{13}$。

解　设平衡时 [Cu]$^{2+}$ $= x\,\text{mol} \cdot \text{L}^{-1}$，溶液中存在下列平衡

$$\text{Cu}^{2+} + 4\text{NH}_3 \Longleftrightarrow [\text{Cu(NH}_3)_4]^{2+}$$

平衡浓度/mol·L^{-1}　　　x　　　1.0　　　1.0×10^{-3}

$$K_f^{\ominus} = \frac{c_{eq}[\text{Cu(NH}_3)_4^{2+}]/c^{\ominus}}{[c_{eq}(\text{Cu}^{2+})/c^{\ominus}][c_{eq}(\text{NH}_3)/c^{\ominus}]^4} = \frac{1.0 \times 10^{-3}}{x \times (1.0)^4} = 2.09 \times 10^{13}$$

解得：　　　　　　　　　　$x = 4.8 \times 10^{-17}$

即游离 Cu^{2+} 的浓度为 $4.8 \times 10^{-17}\,\text{mol} \cdot \text{L}^{-1}$。

② 判断配离子与沉淀之间转化的可能性　若在 AgCl 沉淀中加入大量氨水，可使白色 AgCl 沉淀溶解生成无色透明的配离子 [Ag(NH$_3$)$_2$]$^+$。反之，若再向该溶液中加入 NaBr 溶液，立即出现淡黄色沉淀，反应如下：

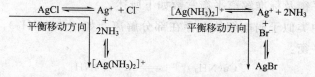

前者因加入配位剂 NH$_3$ 而使沉淀平衡转化为配位平衡，后者因加入较强的沉淀剂而使配位平衡转化为沉淀平衡。配离子稳定性越差，沉淀剂与中心原子形成沉淀的 K_{sp} 越小，配位平衡就越容易转化为沉淀平衡；配体的配位能力越强，沉淀的 K_{sp} 越大，就越容易使沉淀平衡转化为配位平衡。

【例 13-19】　在 1L 例 22-1 所述的溶液中，加入 0.001mol NaOH，问有无 $Cu(OH)_2$ 沉淀生成？若加入 0.001mol Na_2S，有无 CuS 沉淀生成？（设溶液体积基本不变）

解　已知 $Cu(OH)_2$ 的 $K_{sp}=2.2\times10^{-20}$；CuS 的 $K_{sp}=6.3\times10^{-36}$

Ⅰ．当加入 0.001mol NaOH 后，溶液中的各有关离子的浓度为：

$$[OH^-]=0.001\text{mol}\cdot L^{-1}；[Cu^{2+}]=4.8\times10^{-17}\text{mol}\cdot L^{-1}$$

离子积为：$J=[Cu^{2+}]\times[OH^-]^2=4.8\times10^{-23}<K_{sp}(Cu(OH)_2)=2.2\times10^{-20}$

故，加入 0.001mol NaOH 后无 $Cu(OH)_2$ 沉淀生成

Ⅱ．当加入 0.001mol Na_2S 后，溶液中的各有关离子的浓度为：

$$[S^{2-}]=0.001\text{mol}\cdot L^{-1}；[Cu^{2+}]=4.8\times10^{-17}\text{mol}\cdot L^{-1}$$

离子积为：　$J=[Cu^{2+}]\times[S^{2-}]=4.8\times10^{-20}>K_{sp}(CuS)=6.3\times10^{-36}$

故，加入 0.001mol Na_2S 后有 CuS 沉淀生成。

（7）配位滴定法

配位滴定法是以配位反应为基础的一种滴定分析方法。早期，用 $AgNO_3$ 标准溶液滴定 CN^-，发生如下反应形成配合物：

$$Ag^+ +2CN^- \rightleftharpoons [Ag(CN)_2]^-$$

滴定到达化学计量点时，多加一滴 $AgNO_3$ 溶液，Ag^+ 就与 $[Ag(CN)_2]^-$ 反应生成白色的 $Ag[Ag(CN)_2]$ 沉淀，以指示终点的到达。终点时的反应为：

$$[Ag(CN)_2]^- +Ag^+ \rightleftharpoons Ag[Ag(CN)_2]\downarrow$$

配位化合物简称配合物的稳定性以配合物稳定常数 $K_稳$ 表示，如上例中：

$$K_稳=\frac{[Ag(CN)_2^-]}{[Ag^+][CN^-]^2}=10^{21.1}$$

$[Ag(CN)_2]^-$ 的 $K_稳=10^{21.1}$，说明反应进行得很完全。各种配合物都有其稳定常数，从配合物稳定常数的大小可以判断配位反应进行的完全程度以及能否满足滴定分析的要求。

配位滴定中常用的滴定剂即配位剂有二类：一类是无机配位剂，另一类是有机配位剂。一般无机配位剂很少用于滴定分析。因为各级稳定常数相差很小，因而滴定时产物的组成不定，化学计量关系也就不确定。所以无机配位剂在分析化学中的应用受到一定的限制。大多数有机配位剂与金属离子的配位反应不存在上述的缺陷，故配位滴定中常用有机配位剂，其中最常用的是氨羧类配位剂。

氨羧配位剂大部分是以氨基二乙酸基团 $[-N(CH_2COOH)_2]$ 为基体的有机配位剂[或称螯合剂]，这类配位剂中含有配位能力很强的氨氮和羧氧这两种配位原子，它们能与多种金属离子形成稳定的可溶性配合物。最常见的为乙二胺四乙酸，简称 EDTA，它可以直接或间接滴定几十种金属离子。

乙二胺四乙酸，简称 EDTA：

$$\begin{array}{ccc} HOOCH_2C & & CH_2COOH \\ & \diagdown\,\diagup & \\ & N-CH_2-CH_2-N & \\ & \diagup\,\diagdown & \\ HOOCH_2C & & CH_2COOH \end{array}$$

本节主要讨论以 EDTA 为配位剂滴定金属离子的配位滴定法。

① EDTA 的性质　乙二胺四乙酸，简称 EDTA，它是多元酸，可用 H_4Y 表示。EDTA 在水中的溶解度很小（22℃，0.02g/100mL 水），也难溶于酸和一般的有机溶剂，但易溶于氨溶液和苛性碱溶液中，生成相应的盐。因此，常用 EDTA 的二钠盐 $Na_2H_2Y\cdot2H_2O$，[22℃，11.1g·(100mL)$^{-1}$水]，饱和水溶液的浓度约为 0.3mol·L^{-1}，pH 约为 4.5。

若 EDTA 溶于酸度很高的溶液，它的两个羧基可以再接受 H^+ 而形成 H_6Y^{2+}，相当于

形成一个六元酸，EDTA 存在六级离解平衡和七种存在形式：

$$H_6Y^{2+} \underset{+H^+}{\overset{-H^+}{\rightleftharpoons}} H_5Y^+ \underset{+H^+}{\overset{-H^+}{\rightleftharpoons}} H_4Y \underset{+H^+}{\overset{-H^+}{\rightleftharpoons}} H_3Y^- \underset{+H^+}{\overset{-H^+}{\rightleftharpoons}} H_2Y^{2-} \underset{+H^+}{\overset{-H^+}{\rightleftharpoons}} HY^{3-} \underset{+H^+}{\overset{-H^+}{\rightleftharpoons}} Y^{4-}$$

EDTA 各种存在形式的分配情况与 pH 之间的分布曲线如图 13-8 所示。

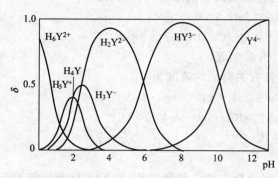

图 13-8　EDTA 各种存在形式在不同 pH 值时的分布曲线

可以看出，在 pH＜1 的强酸性溶液中，EDTA 主要以 H_6Y^{2+} 形式存在；在 pH＞12 时，以 Y^{4-} 形式存在，而 Y^{4-} 形式才是配位的有效形式。

② EDTA 与金属离子的配合物　在 EDTA 分子的结构中，具有六个可与金属离子形成配位键的原子，因而，EDTA 可以与金属离子形成配位数为 4 或 6 的稳定的配合物。EDTA 与金属离子的配位反应具有以下几方面的特点：

a. EDTA 与许多金属离子可形成配位比为 1∶1 的稳定配合物，反应中无逐级配位现象，反应的定量关系明确。只有极少数金属离子例外。

b. EDTA 与多数金属离子形成的配合物具有相当的稳定性。EDTA 与金属离子配位时形成五个五元环一个，具有这种环状结构的配合物称为螯合物。从配合物的研究可知，具有五元环或六元环的螯合物很稳定，而且所形成的环越多，螯合物越是稳定。因而 EDTA 与大多数金属离子形成的螯合物具有较大的稳定性。

c. EDTA 与金属离子的配合物大多带电荷，水溶性好，反应速率较快，而且无色的金属离子与 EDTA 生成的配合物仍为无色，有利于指示剂确定滴定终点。但有色的金属离子与 EDTA 形成配合物其颜色将加深。

上述特别说明 EDTA 和金属离子的配位反应能够符合滴定分析对反应的要求。一些常见金属离子与 EDTA 配合物的稳定常数参见表 13-8。

表 13-8　EDTA 与一些常见金属离子配合物的稳定常数

（溶液离子强度 $I=0.1\text{mol}\cdot\text{L}^{-1}$，温度 293K）

阳离子	$\lg K_{MY}$	阳离子	$\lg K_{MY}$	阳离子	$\lg K_{MY}$
Na^+	1.66	Ce^{4+}	15.98	Cu^{2+}	18.80
Li^+	2.79	Al^{3+}	16.3	Ga^{2+}	20.3
Ag^+	7.32	Co^{2+}	16.31	Ti^{3+}	21.3
Ba^{2+}	7.86	Pt^{2+}	16.31	Hg^{2+}	21.8
Mg^{2+}	8.69	Cd^{2+}	16.46	Sn^{2+}	22.1
Sr^{2+}	8.73	Zn^{2+}	16.50	Th^{4+}	23.2
Be^{2+}	9.20	Pb^{2+}	18.04	Cr^{3+}	23.4
Ca^{2+}	10.69	Y^{3+}	18.09	Fe^{3+}	25.1
Mn^{2+}	13.87	VO_2^+	18.1	U^{4+}	25.8
Fe^{2+}	14.33	Ni^{2+}	18.60	Bi^{3+}	27.94
La^{3+}	15.50	VO^{2+}	18.8	Co^{3+}	36.0

由表 13-8 可见，金属离子与 EDTA 形成配合物的稳定性主要决定于金属离子的电荷、离子半径和电子层结构等因素。碱金属离子的配合物最不稳定，$\lg K_{MY}<3$。碱土金属离子

的 $\lg K_{MY} = 8 \sim 11$。过渡金属、稀土金属离子和 Al^{3+} 的 $\lg K_{MY} = 15 \sim 19$。其他三价，四价金属离子及 Hg^{2+} 的 $\lg K_{MY} > 20$。

表中数据是指无副反应的情况下的数据，不能反映实际滴定过程中的真实状况。配合物的稳定性受两方面的影响：金属离子自身性质和外界条件。

③ 外界条件对 EDTA 与金属离子配合物稳定性的影响 在 EDTA 滴定中，被测金属离子 M 与 EDTA 配位，生成配合物 MY，此为主反应。反应物 M、Y 及反应产物 MY 均可能同溶液中其他组分发生副反应，使 MY 配合物的稳定性受到影响，如下式所示：

a. EDTA 的酸效应及酸效应系数 $\alpha_{Y(H)}$

EDTA 与金属离子的反应本质上是 Y^{4-} 与金属离子的反应，由 EDTA 的解离平衡可知，Y^{4-} 只是 EDTA 各种存在形式中的一种，只有当 $pH \geqslant 12$ 时，EDTA 才全部以 Y^{4-} 形式存在。溶液 pH 减小，将使 EDTA 反应能力逐渐降低。这种由于 H^+ 与 Y^{4-} 作用而使 Y^{4-} 参与主动反应能力下降的现象称为 EDTA 的酸效应。酸效应的大小用酸效应系数 $\alpha_{Y(H)}$ 来衡量。酸效应系数表示在一定 pH 下 EDTA 的各种存在形式的总浓度 $[Y']$ 与能 Y^{4-} 的平衡浓度之比，即 $\alpha_{Y(H)} = [Y']/[Y]$。

$$\alpha_{Y(H)} = \frac{[Y']}{[Y]} = \frac{[Y^{4-}] + [HY^{3-}] + [H_2Y^{2-}] + [H_3Y^-] + [H_4Y] + [H_5Y^+] + [H_6Y^{2+}]}{[Y]}$$

$$= 1 + \frac{[H^+]}{K_{a6}} + \frac{[H^+]^2}{K_{a6}K_{a5}} + \frac{[H^+]^3}{K_{a6}K_{a5}K_{a4}} + \frac{[H^+]^4}{K_{a6}K_{a5}K_{a4}K_{a3}} + \frac{[H^+]^5}{K_{a6}K_{a5}K_{a4}K_{a3}K_{a2}} + \frac{[H^+]^6}{K_{a6}K_{a5}K_{a4}K_{a3}K_{a2}K_{a1}}$$

溶液酸度越大，$\alpha_{Y(H)}$ 值越大，表示酸效应引起的副反应越严重。如果氢离子与 Y^{4-} 之间没有发生副反应，即未参加配位反应的 EDTA 全部以 Y^{4-} 形式存在，则 $\alpha_{Y(H)} = 1$。

不同 pH 时的 $\lg \alpha_{Y(H)}$ 值列于表 13-9。

表 13-9 不同 pH 时的 $\lg \alpha_{Y(H)}$

pH	$\lg \alpha_{Y(H)}$	pH	$\lg \alpha_{Y(H)}$	pH	$\lg \alpha_{Y(H)}$
0.0	23.64	3.8	8.85	7.4	2.88
0.4	21.32	4.0	8.44	7.8	2.47
0.8	19.08	4.4	7.64	8.0	2.27
1.0	18.01	4.8	6.84	8.4	1.87
1.4	16.02	5.0	6.45	8.8	1.48
1.8	14.27	5.8	5.69	9.0	1.28
2.0	13.51	5.8	4.98	9.0	0.83
2.4	12.19	6.0	4.65	10.0	0.45
2.8	11.09	6.4	4.06	11.0	0.07
3.0	10.60	6.8	3.55	12.0	0.01
3.4	9.70	7.0	3.32	13.0	0.00

酸效应系数随溶液酸度增加而增大，随溶液 pH 增大而减小。$\alpha_{Y(H)}$ 的数值大，表示酸效应引起的副反应严重。通常 $\alpha_{Y(H)} > 1$，$[Y'] > [Y]$。当 $\alpha_{Y(H)} = 1$ 时，表示总浓度 $[Y'] = [Y]$。酸效应系数 $= 1/$分布系数。$\alpha_{Y(H)} = 1$。EDTA 与金属离子形成配合物的稳定常数由于酸效应的影响，不能反映不同 pH 条件下的实际情况，因而需要引入条件稳定常数。

b. 金属离子的配位效应及其副反应系数　金属离子常发生两类副反应，一类是金属离子的水解，另一类是金属离子与辅助配位剂的作用。

$$\alpha_{M[L]} = \frac{[M]+[ML]+[ML_2]+\ldots+[ML_n]}{[M]} = 1+\beta_1[L]+\beta_2[L]^2+\beta_3[L]^3+\ldots+\beta_n[L]^n$$

副反应使金属离子与 EDTA 配位的有效浓度降低。金属离子总的副反应系数可用 α_M 表示，即：

$$\alpha_M = \frac{[M']}{[M]}$$

对含辅助配位剂 L 的溶液，经推导可得：

$$\alpha_M = \alpha_{M(L)} + \alpha_{M(OH)} - 1$$

c. 条件稳定常数　由于实际反应中存在诸多副反应，它们对 EDTA 与金属离子的主反应有着不同程度的影响，因此，必须对配合物的稳定常数进行修正，现仅考虑 EDTA 的酸效应的影响，则对于滴定反应：M+Y$\Longrightarrow$MY。

则：$K_{MY} = [MY]/([M][Y])$。　$[Y]$ 为平衡时的浓度（未知），已知 EDTA 总浓度 $[Y']$。

由

$$[Y] = \frac{[Y']}{\alpha_{Y(H)}}$$

得

$$\frac{[MY]}{[M][Y']} = \frac{K_{MY}}{\alpha_{Y(H)}} = K'_{MY}$$

$$\lg K'_{MY} = \lg K_{MY} - \lg \alpha_{Y(H)}$$

同理，对滴定时，金属离子发生的副反应也进行处理。

$$\alpha_M = \frac{[M']}{[M]}$$

$$\frac{[MY]}{[M'][Y']} = \frac{K_{MY}}{\alpha_{Y(H)}\alpha_M} = K_{M'Y'} = K'_{MY}$$

取对数得

$$\lg K'_{MY} = \lg K_{MY} - \lg \alpha_M - \lg \alpha_{Y(H)}$$

此时的条件稳定常数 K'_{MY} 是以 EDTA 总浓度和金属离子总浓度表示的稳定常数，其大小说明溶液酸碱度和辅助配位效应对配合物实际稳定程度的影响。采用 K'_{MY} 能更正确地判断金属离子和 EDTA 的配位反应进行的程度。

④ 配位滴定中适宜 pH 条件的控制　溶液 pH 对滴定的影响可归结为两个方面：一方面，随着溶液 pH 升高，酸效应系数下降，K'_{MY} 上升，有利于滴定；另一方面，溶液 pH 升高，金属离子易发生水解反应，使 $K_{M'Y}$ 下降，不有利于滴定。而这两种因素相互制约。

根据酸效应可确定滴定时允许的最低 pH，根据羟基配位效应可大致估计滴定允许的最高 pH，从而得出滴定的适宜 pH 范围。

滴定时允许的最低 pH 取决于滴定允许的误差和检测终点的准确度。配位滴定的目测终点与化学计量点 pM 的差值 ΔpM 一般为 $\pm(0.2\sim0.5)$，即至少 ±0.2。若允许相对误差为 $\pm0.1\%$，金属离子的分析浓度为 c，根据终点误差公式可得：

$$\lg(cK'_{MY}) = 6$$

通常将上式作为能否用配位滴定法测定单一金属离子的条件。若能满足该条件，则可得到相对误差小于或等于 0.1% 的分析结果。

将上式与之前的式子相结合得

$$\lg c + \lg K_{MY} - \lg \alpha_{Y(H)} \geqslant 6$$

即
$$\lg\alpha_{Y(H)} \leqslant \lg c + \lg K_{MY} - 6$$

由于不同金属离子的 $\lg K_{MY}$ 不同，所以滴定时允许的最低 pH 也不相同。将各种金属离子的 $\lg K_{MY}$ 值与其最低 pH 绘成曲线，称为 EDTA 的酸效应曲线或林邦曲线，如图 13-9 所示。图中金属离子位置所对应的 pH，就是滴定该金属离子时所允许的最低 pH。

⑤ 滴定曲线　配位滴定中，随着配位剂的不断加入，被滴定的金属离子的 [M] 不断减少，与酸碱滴定情况类似，在化学计量点附近 pM 将发生突跃。当溶液中金属离子浓度较小时，通常用金属离子浓度的负对数 $pM(-\lg[M])$ 来表示。以被测金属离子浓度的 pM 对应滴定剂加入体积作图，得配位滴定曲线。

图 13-10 为 EDTA 滴定 Ca^{2+} 的滴定曲线。

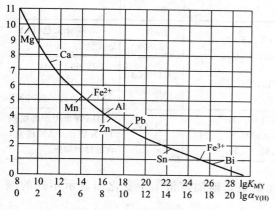

图 13-9　EDTA 的酸效应曲线
（金属离子浓度 $0.01mol \cdot L^{-1}$，允许测定的
相对误差为 $\pm 0.1\%$）

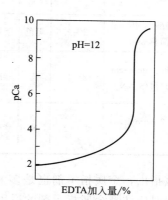

图 13-10　$0.0100mol \cdot L^{-1}$ EDTA 滴定
$0.0100mol \cdot L^{-1}$ Ca^{2+} 的滴定曲线

应该指出，前一节述及的酸碱滴定，其滴定曲线除说明 pH 在滴定过程中的变化规律外，还具有选择酸碱指示剂的重要功能；配位滴定的滴定曲线仅能说明不同 pH 条件下，金属离子尝试在滴定过程中的变化情况，而用于选择配位滴定指示剂的实用意义不大，目前选用的金属指示剂是都是通过实验确定的。

⑥ 金属指示剂及其他指示终点的方法　金属指示剂是一些有机配位剂，可与金属离子形成有色配合物，生成的配合物颜色与游离指示剂的颜色不同（表 13-10）。利用配位滴定终点前后，溶液中被测金属离子浓度的突变造成的指示剂两种存在形式（游离和配位）颜色的不同，指示滴定终点的到达。现以铬黑 T 为例说明其作用原理。铬黑 T 在 pH＝8～11 时呈蓝色，它与 Ca^{2+}、Mg^{2+}、Zn^{2+} 等金属离子形成的配合物呈酒红色。如果用 EDTA 滴定这些金属离子，加入铬黑 T 指示剂，滴定前它与少量金属离子配位成酒红色，绝大部分金属离子处于游离状态。随着 EDTA 的加入，游离金属离子逐步被配位而形成配合物 M-EDTA。等到游离金属离子几乎完全配位后，继续加入 EDTA 时，由于 EDTA 与金属离子配合物的条件稳定常数大于铬黑 T 与金属离子配合物的条件稳定常数，因此 EDTA 夺取 M-铬黑 T 中的金属离子，将指示剂游离出来，溶液的颜色由酒红色突变为游离铬黑 T 的蓝色，指示滴定终点的到达。

$$M\text{-铬黑 T} + EDTA \Longrightarrow \text{铬黑 T} + M\text{-EDTA}$$

　　　　酒红色　　　　　　　　蓝色

表 13-10　常见的金属指示剂

指示剂	适用的 pH 范围	颜色变化		直接滴定的离子	配制	注意事项
		In	MIn			
铬黑 T（eriochrome black T）简称 BT 或 EBT	8～10	蓝	红	pH＝10，Mg^{2+}、Zn^{2+}、Cd^{2+}、Pb^{2+}、Mn^{2+}、稀土元素离子	1∶100NaCl（固体）	Fe^{3}、Al^{3+}、Cu^{2+}、Ni^{2+} 等离子封闭 EBT
酸性铬蓝 K（acid chrome blue K）	8～13	蓝	红	pH＝10，Mg^{2+}、Zn^{2+}、Mn^{2+}　pH＝13，Ca^{2+}	1∶100NaCl（固体）	
二甲酚橙（xylenol orange）简称 XO	＜6	亮黄	红	pH＜1，ZrO^{2+}　pH＝1～3.5，Bi^{3+}、Th^{4+}　pH＝5～6，Tl^{3+}、Zn^{2+}、Pb^{2+}、Cd^{2+}、Hg^{2+}、稀土元素离子	0.5%水溶液	Fe^{3+}、Al^{3+}、Ni^{2+}、TiIV 等离子封闭 XO
磺基水杨酸（sulfo-salicylic acid）简称 ssal	1.5～2.5	无色	紫红	pH＝1.5～2.5，Fe^{3+}	5%水溶液	ssal 本身无色，FeY^- 呈黄色
钙指示剂（calcon-carboxylic acid）简称 NN	12～13	蓝	红	pH＝12～13，Ca^{2+}	1∶100NaCl（固体）	TiIV、Fe^{3+}、Al^{3+}、Cu^{2+}、Ni^{2+}、Co^{2+}、Mn^{2+} 等离子封闭 NN
PAN[1-(2-pyridylazo)-2-naphthol]	2～12	黄	紫红	pH＝2～3，Th^{4+}、Bi^{3+}　pH＝4～5，Cu^{2+}、Ni^{2+}、Pb^{2+}、Cd^{2+}、Zn^{2+}、Mn^{2+}、Fe^{2+}	0.1%乙醇溶液	MIn 在水中溶解度很小，为防止 PAN 僵化，滴定时须加热

应该指出，金属指示剂也是多元弱酸或多元弱碱，能随溶液 pH 变化而显示不同的颜色，使用时应注意金属指示剂的适用 pH 范围。

从以上讨论可知，作为金属指示剂，必须具备下列条件。

a. 在滴定的 pH 范围内，游离指示剂与其金属配合物之间应有明显的颜色差别，这样才能使终点颜色变化明显。

b. 指示剂与金属离子生成的配合物应有适当的稳定性，稳定性不能太大，应使指示剂能够被滴定剂置换出来。如果指示剂与金属离子生成了稳定的配合物而不能被滴定剂置换，这种现象被称为指示剂的封闭；稳定性又不能太小，否则未到终点时游离出来，终点提前。

c. 指示剂与金属离子生成的配合物应易溶于水。如果指示剂与金属离子生成的配合物不溶于水、生成胶体或沉淀，在滴定时，指示剂与 EDTA 的置换作用进行的缓慢而使终点拖后变长，这种现象叫指示剂僵化。例如 PAN 指示剂在温度较低时易发生僵化，可通过加有机溶剂或加热的方法避免。

一般指示剂都不宜久放，最好是用时新配。

13.2　重量分析基本原理　沉淀溶解平衡

重量分析法是化学分析中最经典、最基本的方法。它是用称量的方法测定物质含量的一种方法。测定时，通常先用适当的方法使被测组分与其他组分分离，然后称量，由称量得的质量计算被测组分的含量。

13.2.1　重量分析法的分类和特点

根据被测组分与试样中其他组分分离方法的不同，重量分析法可分为沉淀法、挥发法和电解法三类，其中以沉淀法最为重要。

（1）沉淀法

沉淀法是重量分析法中最常用的方法。这种方法是利用沉淀反应使被测组分以难溶化合物的形式沉淀出来，再使之转化为称量形称量。由称得的质量计算出被测组分的含量。沉淀一般经过过滤、洗涤、烘干或灼烧转变为组成恒定的、用于称量的称量形。沉淀形和称量形可能相同，也可能不同。例如，用硫酸钡重量法测定试样中的 Ba^{2+} 的含量时，其沉淀形与称量形都是 $BaSO_4$，此时沉淀形和称量形相同。但用草酸钙重量法测定 Ca^{2+} 含量时，其沉淀形为 $CaC_2O_4 \cdot H_2O$，而称量形为 $CaCO_3$，这时沉淀形与称量形就不同。

（2）挥发法

挥发法又叫气化法，利用物质的挥发性质，通过加热或其他方法使被测组分从试样中挥发逸出，然后根据试样质量的减轻计算被测组分的含量；或者选择适当的吸收剂将逸出组分吸收，然后根据吸收剂增加的质量计算该组分的含量。例如测定试样中湿存水或结晶水时，可将试样加热烘干至恒重，试样减轻的质量即水分质量。或将逸出的水汽用已知质量的干燥剂吸收，干燥剂增加的质量即为水的质量。

（3）电解法

利用电解的方法使被测金属离子在电极上还原析出，然后将带有沉淀的电极在天平上称量，电极增加的质量即为被测金属质量。

重量分析法直接通过称量得到分析结果，不需基准物质或标准试样进行比较，其准确度较高，相对误差约为 $0.1\% \sim 0.2\%$。缺点是操作复杂、费时，不适用于微量和痕量组分的测定。目前已经逐渐被其他分析方法所代替。但对于某些常量元素如硅、硫、钨、钼、镍以及几种稀有元素的精确测定仍采用重量分析法。由于它准确度高，在国家标准中仍有不少重量分析法。

13.2.2　重量分析法的分析过程及对沉淀的要求

（1）重量分析法的分析过程

试样分解制成试液后，通过加入适当的沉淀剂，使被测组分以沉淀形式析出。沉淀经过过滤、洗涤、在适当温度下烘干或灼烧，转化成称量形，然后称量。根据称量形的化学式计算试样中被测组分的含量。

为了保证测定有足够的准确度并便于操作，重量法对沉淀形和称量形有一定的要求。

（2）重量分析法对沉淀形的要求

① 沉淀的溶解度要小，这样才能使被测组分沉淀完全，不致因沉淀溶解损失而影响测定的准确度。

② 沉淀形要便于过滤和洗涤。

③ 沉淀的纯度要高，尽量避免混进杂质，以获得准确的结果。

④ 沉淀应易于转化为称量形。

（3）重量分析法对称量形的要求

① 称量形必须有确定的化学组成，否则无法计算分析结果。

② 称量形必须稳定，不受空气中水分、CO_2 和 O_2 等的影响，否则将影响测定结果的准确度。

③ 称量形的摩尔质量要大，这样可增大称量形的质量，减小称量误差，提高测定的准

确度。

13.2.3 重量分析法应用选例

重量法由于操作复杂、费时，许多常规测定项目已经逐步为滴定分析法所替代。但是重量法准确度高的特点，使得它在分析化学中依然占有一席之地，尤其是重量法往往作为仲裁分析的标准方法。目前，沉淀重量法主要用于硅、硫、磷、钼等常量组分的测定。以下是几个沉淀重量法的应用实例。

（1）煤中总硫的测定

煤是我国最主要的能源。煤中的硫是环境污染（酸雨）的重要来源，因此煤中硫含量是煤成分分析的重要项目。$BaSO_4$沉淀重量法是测定煤中全硫的标准方法之一。国家标准（GB 214—83）中特别指出，在仲裁分析时，应采用重量法。在该方法中，将煤样与艾氏剂（质量比为 2∶1 的氧化镁和无水碳酸钠混合物）混合均匀后，在 850℃灼烧，使煤中各种形态的硫完全转化为可溶性的硫酸钠和硫酸镁，以热水浸取、过滤后，以 $BaCl_2$溶液沉淀滤液中的硫酸根离子，生成硫酸钡沉淀，经过滤、洗涤、灼烧后，以 $BaSO_4$的形式称量。根据硫酸钡的质量计算煤样中全硫的含量。

（2）硝酸磷肥、硝酸磷钾肥中可溶性磷和有效磷的测定

磷是植物的三大营养元素之一，合理施用磷肥，可增加作物产量，改善作物品质。硝酸磷肥主要成分为正磷酸铵盐和磷酸钙盐以及硝酸铵和硝酸钙，其中水溶性磷（过磷酸钙、重过磷酸钙等）和有效磷（包括水溶性磷和能为柠檬酸溶液溶解的磷）含量的标准测定方法是磷钼酸喹啉重量法。水溶性磷直接用水提取；有效磷用 EDTA 溶液温热提取。提取液中正磷酸根离子在酸性介质中与喹钼柠酮试剂（喹啉、钼酸钠、柠檬酸、丙酮按一定比例的混合液）生成黄色磷钼酸喹啉 $(C_9H_7N)_3 \cdot H_3PO_4 \cdot 12MoO_3 \cdot H_2O$ 沉淀，用玻璃砂芯漏斗过滤、洗涤、烘干后以 $(C_9H_7N)_3 \cdot H_3PO_4 \cdot 12MoO_3$ 形式衡量，最后以 P_2O_5 的形式报道试样磷含量。

（3）药物主成分分析

甲磺酸酚妥拉明（phentolamine mesylate，regitine）是一种 α 肾上腺素受体阻滞药。临床主要用于治疗肺充血或肺水肿的急性心力衰竭、血管痉挛性疾病、手中发绀症、感性中毒性休克及嗜铬细胞瘤的诊断试验等。甲磺酸酚妥拉明为酚妥拉明的甲磺酸盐，酚妥拉明可以与三氯醋酸形成沉淀，因此采用重量法测定甲磺酸酚妥拉明注射液中甲磺酸酚妥拉明的含量。沉淀反应如下：

$$C_{17}H_{19}N_3O \cdot CH_4O_3S + CCl_3COOH \longrightarrow C_{17}H_{19}N_3O \cdot CCl_3COOH \downarrow + CH_4O_3S$$

精密称定试样后溶于水，在搅拌下缓缓加入三氯醋酸溶液使待测物沉淀，放置陈化后，析出的沉淀用干燥至恒重的垂熔玻璃坩埚滤过，先后用少量的三氯醋酸溶液和冷水分次洗涤后，置五氧化二磷干燥器中减压干燥至恒重，精密称定，所得沉淀的质量与 0.8487（称量形式的换算因子）相乘，即得供试品中含有甲磺酸酚妥拉明的质量。

13.2.4 沉淀溶解平衡

沉淀物的溶解度直接影响沉淀滴定和沉淀重量分析的准确度。本小节提出条件溶度积的概念，并借助它处理复杂化学平衡体系中的沉淀溶解平衡，讨论影响沉淀物溶解度的主要因素。

（1）溶解度、溶度积和条件溶度积

微溶化合物 MA 在饱和水溶液中存在如下平衡：

$$MA_{(固)} \longleftrightarrow M^+ + A^-$$

在一定条件下，M^+ 和 A^- 的浓度积是一常数，称为该微溶化合物的溶度积常数，简称溶度积（solubility product），用 K_{sp} 表示：

$$K_{sp} = [M^+][A^-]$$

实际上，除上面所示的 MA 沉淀溶解主反应外，还可能存在多种副反应，如酸效应、配位效应等，此时组成沉淀的构晶离子在溶液中会以多种形体存在，若各种形体的总溶度分别为 [M'] 和 [A']，引入相应的副反应系数 α_M、α_A（为简化书写，略去了离子的电荷）后可以得到：

$$K_{sp} = [M] \cdot [A]$$

即

$$K'_{sp} = K_{sp} \alpha_M \alpha_A$$

K'_{sp} 称为条件溶度积（conditional solubility product）。由上式可见，由于副反应的发生，使 $K'_{sp} > K_{sp}$，此时沉淀溶解度 s 为：

$$s = [M'] = [A'] = \sqrt{K'_{sp}}$$

对于 $M_m A_n$ 型微溶化合物，设其溶解度为 s，则

$$M_m A_n \longleftrightarrow mM + nA'$$

$$K'_{sp} = [M']^m \cdot [A']^n = (m_s)^m \cdot (n_s)^n = K_{sp} \cdot (\alpha_M)^m \cdot (\alpha_A)^n$$

（2）影响沉淀溶解度的因素

影响沉淀溶解度的因素很多，主要有盐效应同离子效应、酸效应、配位效应，现分别加以讨论。

① 盐效应　沉淀的溶解度随着溶液中电解质溶度的增加而有所增大的现象称为盐效应（salt effect）。盐效应的发生是由于溶液离子强度的增大使离子的活度系数下降所致。同其他因素相比，盐效应对溶液溶解度的影响较小，常常可以忽略。

② 同离子效应　向待沉淀的待测离子溶液中，加入过量的沉淀剂，由于沉淀剂过量构晶离子的作用，而使沉淀溶解度下降的现象，称为同离子效应（common ion effect）。例如，$BaSO_4$ 在纯水溶解度为 1.0×10^{-5} mol·L^{-1}，但 $BaSO_4$ 在 0.01mol·L^{-1} Na_2SO_4 中溶解度只有 1.1×10^{-8} mol·L^{-1}，溶解度下降近 3 个数量级，就是由于构晶离子 SO_4^{2-} 的同离子效应所导致的。

在实际工作中，沉淀剂的过量程度要合适。若沉淀剂过量太多，会由于离子强度的增加，或由于酸效应及配位效应，反而使沉淀溶解度增大。对非挥发性沉淀剂，一般以过量 20%～30% 为宜。

③ 酸效应　溶液酸度对沉淀溶解的影响称为酸效应。很多沉淀为弱酸强碱盐，当酸度较高时，将使沉淀溶解平衡向生成弱的方向移动，从而增加沉淀的溶解度。

④ 配位效应　因溶液中含有能与欲沉淀的离子生成可溶性配合物的配体，从而使沉淀溶解度增大甚至完全溶解的现象，称为配位效应。

第14章

电化学原理及应用

电化学是研究化学现象和电现象之间关系的一门科学，主要涉及通过化学反应来产生电能以及通过电流导致化学变化方面的研究。1833 年英国物理学家和化学家法拉第在大量实验的基础上总结归纳出了著名的法拉第定律，为电化学的定量研究及电解工业奠定了理论基础。科学技术飞速发展的今天，电化学已成为内容非常广泛的科学领域，如化学电源、电化学分析、电化学合成、光电化学、生物电化学、电催化、电冶金、电解、电镀、腐蚀与防护等都属于电化学的范畴。从手机的可充电电池到宇宙飞船上使用的燃料电池，从电渗析法自咸水中获得饮用水到环境的"三废"治理，从电泳分离技术和心脑电图检测技术到各种电化学传感器，无不展现了电化学在能源、材料、环境、生命和信息等领域的广泛应用。这些应用在当今不断发展的科学技术领域中起到了至关重要的作用，古老的电化学科学至今仍充满着巨大的活力。

电化学装置可分为两大类：一类是将化学能转化为电能的装置，称为原电池；另一类是将电能转化为化学能的装置，称为电解池。无论是原电池还是电解池，其内部工作介质都离不开电解质溶液。因此在介绍原电池和电解池的化学原理之前，先介绍电解质溶液的基本性质。

14.1 电化学原理

14.1.1 电解质溶液的导电机理

（1）电解质溶液的导电特点

能导电的物质统称为导体，导体可分为两大类。一类是电子导体，如金属、石墨等。它们的导电机理主要是靠自由电子的运动。当电流通过这类导体时，可产生热效应。通常，金属导电能力随温度升高而降低。另一类是离子导体，如 NaCl 的水溶液或熔化的 NaCl 等。它们的导电机理是依靠电解质溶液中阴、阳离子的迁移。如用金属铂作电极电解盐酸水溶液，如图 14-1 所示。与电源负极相链接的电极称为阴极，而与电源正极相连接的电极称为阳极。通电后，由于电场力的作用，H^+ 向阴极移动，并在阴极上获得电子，还原为 H_2；Cl^- 向阳极移动，并在阳极上放出电子，氧化为 Cl_2：

阴极上 $2H^+ + 2e^- \longrightarrow H_2$

阳极上 $2Cl^- \longrightarrow Cl_2 + 2e^-$

可见，只有电极反应的不断进行才能使电路中的电子不断地做定向运动而导电。由于离子迁移的速率随温度升高而加快，所以离子导电能力随着温度升高而增大，与电子导体正好相反。由上述电解离子可知，进行氧化反应的是阳极，进行还原反应的是阴极，而电位高的为正极，电位低的为负极。这是电化学中正负极、阴阳极的命名规则。可知，电解池的正极为阳极，负极为阴极。

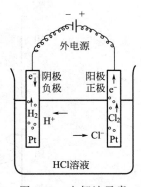

图 14-1　电解池示意

（2）法拉第定律

英国科学家 M. Faraday（法拉第）研究了大量电解过程后，在 1833 年提出了著名的法拉第定律——电解时电极上反应的物质的量与通过电解池的电荷量成正比。也就是说通过的电荷量越多，表明电极与溶液间得失电子的数目越多，发生化学变化的物质的量必然会越多，因为电子的电荷量是一定的。以 Q 表示通过的电荷量（单位为库伦 C），$n_{电}$ 表示电极反应得失电子的物质的量，法拉第定律可表示为：

$$Q = n_{电} F \tag{14-1}$$

式中，F 称为法拉第常数，其物理意义为 1mol 电子的电荷量。已知一个电子的电荷量 $e = 1.602\ 176\ 487 \times 10^{-19} C$，因此有：

$$F = Le = (6.022\ 141\ 79 \times 10^{23} \times 1.602\ 176\ 487 \times 10^{-19}) C \cdot mol^{-1} = 96\ 485.340 C \cdot mol^{-1}$$

通常取值为 $1F = 96\ 500\ C \cdot mol^{-1}$。

若发生电极反应的物质的量为 1mol，一般来说，n 的数值就等于该离子的价态变化数。例如，对于 Zn 电极 $n = 2mol$，对于 Ag 电极 $n = 1mol$。电极反应的通式可写为：

$$\nu M_{(氧化态)} + z e^- \Longrightarrow \nu M_{(还原态)} \quad 或 \quad \nu M_{(还原态)} \Longrightarrow \nu M_{(氧化态)} + z e^-$$

式中，z 为电极反应的电荷数（即转移电子数）；ν 为化学计量数。当电极反应的进度为 ξ 时，得失电子的物质的量 $n_{电} = z\xi$，代入式（14-1）得：

$$Q = z F \xi \tag{14-2}$$

式（14-2）为法拉第定律的数学表达式。

法拉第定律虽然是在研究电解池时得出的，但对于原电池也同样适用。人们常常从电解过程中电极上析出或溶解的物质的量来精确推算所通过的电荷量，用到的装置称为电量计或库仑计。

14.1.2　离子在电场中的迁移

电解质溶液导电的机理是依靠正、负离子的定向迁移。电化学中把在电场作用下溶液中正离子、负离子分别向两极运动的现象称为电迁移。

如图 14-2，假设溶液只含一价的正离子和一价的负离子，且正离子移动的速率为负离子移动速率的 3 倍。即 $\nu_+ = 3\nu_-$。接通直流电源后，正离子从阳极区迁出向阴极区移动，负离子从阴极区迁出向阳极区移动。由于正离子的移动速率为负离子的 3 倍，故当 3 个正离子从阳极区移出时，必有 1 个负离子从阴极区移出，情况如图 14-2（通电中）所示。阴极区减少的 1 对离子正是移出 1 个负离子所造成的，而阳极区减少的 3 对离子则是移出正离子所造成的。通过溶液的电量等于正负离子迁移电荷之和，即等于 4 个电子的电荷量。

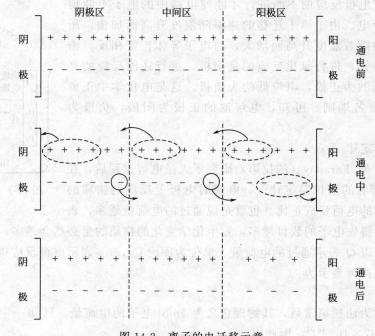

图 14-2 离子的电迁移示意

为了表示正负离子在溶液中所迁移的电量占通过溶液总电量的分数，我们引入离子迁移数的概念，即：每一种离子所传输的电荷量在通过溶液的总电荷量中所占的分数，称为该种离子的迁移率，用符号 t 表示。

$$t_+（正离子迁移数）=\frac{正离子传输的电荷量\ Q_+}{总电荷量\ Q} \tag{14-3}$$

$$t_-（负离子迁移数）=\frac{负离子传输的电荷量\ Q_-}{总电荷量\ Q} \tag{14-4}$$

如果以 ν_+ 和 ν_- 分别表示正负离子的移动速率，而 $t_++t_-=1$，$Q=Q_++Q_-$，$\nu=\nu_++\nu_-$，则有：

$$t_+=\frac{Q_+}{Q_++Q_-}=\frac{\nu_+}{\nu_++\nu_-}, \quad t_-=\frac{Q_-}{Q_++Q_-}=\frac{\nu_-}{\nu_++\nu_-} \tag{14-5}$$

$$\frac{t_+}{t_-}=\frac{Q_+}{Q_-}=\frac{\nu_+}{\nu_-} \tag{14-6}$$

式(14-6) 表明，离子的迁移数主要取决于溶液中离子的运动速度、与离子的价数及浓度无关。不过离子的运动速度可受许多因素的影响，如温度、浓度、离子的大小、离子的水化程度等。因此在给出离子的某种溶液中的迁移数时，应当指明相应的条件，特别是温度和浓度条件。

浓度较低时，离子间的相互作用不明显。当浓度较大时，离子间的相互作用随距离的减小而增大，这时正、负离子的运动速率均会减慢。如果正、负离子的价数相同，t_+ 和 t_- 的变化不是很大。例如 KCl 溶液中 K^+ 和 Cl^- 的迁移数基本不受浓度的影响。其他离子的迁移数一般会受到不同程度的影响，价数高的离子的迁移速率随浓度增加而较小比低价离子更显著。

离子在电场中的运动速率与离子本性、溶剂性质、溶液浓度及温度等因素有关外，还与电场强度有关。为了便于比较，通常将离子 B 在指定溶剂中电场强度 $E=1V \cdot m^{-1}$ 时的运动速度称为该离子的电迁移率（也称为离子淌度），用 μ_B 表示：

$$\mu_B = \frac{\nu_B}{E} \tag{14-7}$$

电迁移率的单位为 $m^2 \cdot V^{-1} \cdot s^{-1}$。将式(14-7) 代入式(14-5)，可得：

$$t_+ = \frac{\mu_+}{\mu_+ + \mu_-}, \quad t_- = \frac{\mu_-}{\mu_+ + \mu_-} \tag{14-8}$$

需要指明的是，电场强度虽然影响离子的运动速度，但并不影响离子迁移数，因为当电场强度改变时，阴、阳离子的速度都按照相同比例改变（表 14-1）。

表 14-1　列出了 25℃ 时正离子的迁移数

电解质	$c/mol \cdot dm^{-3}$					
	0(外推)	0.01	0.02	0.05	0.1	0.2
HCl	0.8209	0.8251	0.8266	0.8792	0.8314	0.8337
LiCl	0.3364	0.3289	0.3261	0.3211	0.3166	0.3112
NaCl	0.3963	0.3918	0.3902	0.3876	0.3854	0.3621
KCl	0.4906	0.4902	0.4901	0.4899	0.4898	0.4894
KBr	0.4849	0.4833	0.4832	0.4831	0.4833	0.4887
I	0.4892	0.4884	0.4883	0.4882	0.4883	0.4887
KNO_3	0.5072	0.5084	0.5087	0.5093	0.5103	0.5120
$\frac{1}{2}K_2SO_4$	0.4790	0.4829	0.4848	0.4870	0.4890	0.4910
$\frac{1}{2}CaCl_2$	0.4360	0.4264	0.4220	0.4140	0.4060	0.3953
$\frac{1}{3}LaCl_3$		0.4625		0.4482	0.4375	

14.1.3　电解质溶液的电导

（1）电导

电解质溶液导电的难易程度通常用电导表示。电阻的倒数称为电导，用符号"G"表示，定义式为：

$$G = \frac{1}{R} \tag{14-9}$$

式中，G 为电导，S（西门子，简称西），$1S = 1\Omega^{-1}$；R 为电阻，Ω（欧姆）。

电导越大，电流越易通过溶液。显然，根据欧姆定律，G 的定义式也可写为：

$$G = \frac{I}{U} \tag{14-10}$$

式中，U 为外加电压，V；I 为电流强度，A。

为了比较不同导体的导电能力，引出电导率的概念。

（2）电导率

若导体具有均匀截面，则其电导与截面积 A_s 成正比，与长度 l 成反比，比例系数用 κ 表示，即：

$$G = \kappa \frac{A_s}{l} \tag{14-11}$$

κ 称为电导率（以前称为比电导），单位为 $S \cdot m^{-1}$。可见，导体的电导率为单位截面积、单位长度时的电导。电导率 κ 的大小与电解质的种类、浓度及温度等因素有关。其值与电阻率 ρ 互为倒数关系。与金属导体不同,电解质溶液的电导率还与其浓度 c 有关。强电解质溶液较稀时电导率近似与浓度成正比。随着浓度的增大,因为离子之间的相互作用增大,电导率增加逐渐缓慢。浓度很大时的电导率经过一极大值后逐渐下降。而弱电解质溶液起导电作用的只是解离了的那部分离子,故当浓度从小到大时,即使单位体积中弱电解质的量增加,但因为解离度减小,离子的数量增加不多,因此弱电解质溶液的电导率很小。

(3)摩尔电导率

溶液的电导率与电解质溶液的浓度有关,为了比较不同浓度、不同类型电解质溶液的电导率,给出了摩尔电导率的概念。相距单位长度两平行电极之间充满单位浓度的电解质溶液时的电导为摩尔电导率,用符号"Λ_m"表示,即:

$$\Lambda_m = \frac{\kappa}{c} \tag{14-12}$$

Λ_m 的单位为 $S \cdot m^2 \cdot mol^{-1}$。

【例 14-1】 在 25℃时,一电导池中盛以 $0.01mol \cdot dm^{-3}$ KCl 溶液,电阻为 150.00Ω;盛 $0.01mol \cdot dm^{-3}$ HCl 溶液,电阻为 51.40Ω。试求 $0.01mol \cdot dm^{-3}$ HCl 溶液的电导率和摩尔电导率。(已知 25℃时 $0.01mol \cdot dm^{-3}$ KCl 的 $\kappa = 0.140877S \cdot m^{-1}$)

解 由 $G = \kappa \dfrac{A_s}{l}$ 得:

$$l/A_s = k/G = k \cdot R = (0.140877 \times 150.00)m^{-1} = 21.13m^{-1}$$

所以 25℃时 $0.01mol \cdot dm^{-3}$ HCl 的电导率及摩尔电导率分别为

$$\kappa = G(l/A_s) = (21.13/51.40)S \cdot m^{-1} = 0.4111S \cdot m^{-1}$$

$$\Lambda_m = \kappa/c = (0.4111/1000 \times 0.01)S \cdot m^2 \cdot mol^{-1} = 0.04111S \cdot m^2 \cdot mol^{-1}$$

(4)摩尔电导率与浓度的关系

几种不同的强、弱电解质电导率随浓度的变化关系绘于图 14-3。对于强电解质而言,浓度在低于 $5mol \cdot dm^{-3}$ 之前,κ 随浓度的增大而明显增大,大致成正比。这是因为随着浓度的增加,单位体积溶液中离子的数目不断增加的缘故。当浓度超过一定范围后,κ 反而有减小的趋势。因为溶液中的离子已相当密集,正、负离子之间的引力明显增大,束缚了离子的导电能力。

对于弱电解质而言,电导率 κ 虽然也随浓度增大而有所增大,但变化的趋势不明显。这是因为浓度增大时,虽然单位体积溶液中电解质分子数增加了,但是电解质的电离度却随之减小了,因此使离子数目增加得不显著。

摩尔电导率与浓度的关系由实验得出。科尔劳施(Kohlrausch)根据实验结果得出结论:在很稀的溶液中,强电解质的摩尔电导率与其浓度的平方根呈线性关系,即:

$$\Lambda_m = \Lambda_m^{\infty} - A\sqrt{c} \tag{14-13}$$

式中,Λ_m^{∞} 和 A 都是常数。

由图 14-4 可以看出,无论是强电解质还是弱电解质,其溶液的摩尔电导率 Λ_m 均随溶液的稀释而增大。对于强电解质,溶液浓度降低,摩尔电导率增加,这是因为随着浓度的降低,离子间引力减小,离子运动速度增加,导致摩尔电导率增大。在低浓度范围,图 14-4 中曲线接近一条直线,将直线外推至纵坐标,所得截距为无限稀释的摩尔电导率 Λ_m^{∞},也称为极限摩尔电导率。而对于弱电解质,溶液浓度降低时,摩尔电导率也增加。在溶液极稀时，随着溶液浓度的降低，摩尔电导率急剧增加。因为弱电解质的解离度随着溶液的稀释而增加，浓度越低，离子越多，摩尔电导率也越大。由图 14-4 可见，弱电解质无下限稀释时的摩尔电导率无法用外推法求得。因此式(14-13)不适用于弱电解质。需要科尔劳施的离子独立运动定律解决这个问题。

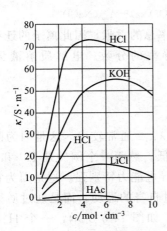

图 14-3　电导率与浓度关系

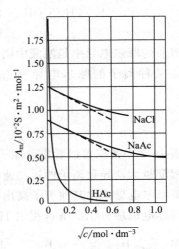

图 14-4　摩尔电导率与浓度的关系

（5）离子独立运动定律

科尔劳施通过对大量的强电解质溶液的极限摩尔电导率的研究，发现在无限稀释的电解质溶液中，具有相同正离子的两种电解质的极限摩尔电导率之差为一恒定的数值，数值的大小与正离子的本性无关。而具有相同负离子的两种电解质的极限摩尔电导率之差同样为一恒定的数值，数值的大小与负离子的本性无关。例如，25℃时，一些电解质在无限稀释时的摩尔电导率的实验数据如下：

$$\Lambda_m^\infty(KCl) = 0.01499 S \cdot m^2 \cdot mol^{-1}$$

$$\Lambda_m^\infty(LiCl) = 0.01150 S \cdot m^2 \cdot mol^{-1}$$

$$\Lambda_m^\infty(KNO_3) = 0.01450 S \cdot m^2 \cdot mol^{-1}$$

$$\Lambda_m^\infty(LiNO_3) = 0.01101 S \cdot m^2 \cdot mol^{-1}$$

$$\Lambda_m^\infty(KCl) - \Lambda_m^\infty(LiCl) = \Lambda_m^\infty(KNO_3) - \Lambda_m^\infty(LiNO_3) = 0.00349 S \cdot m^2 \cdot mol^{-1}$$

$$\Lambda_m^\infty(KCl) - \Lambda_m^\infty(KNO_3) = \Lambda_m^\infty(LiCl) - \Lambda_m^\infty(LiNO_3) = 0.00049 S \cdot m^2 \cdot mol^{-1}$$

其他电解质也有相同的规律。由此科尔劳施提出了离子独立运动定律：在无限稀释的电解质溶液中，所有电解质全部电离，各种离子互不影响，彼此独立运动。每种离子对电解质溶液的导电能力的贡献恒定不变，电解质溶液的极限摩尔电导率是各离子的电导率之和。若电解质 $C_{\nu_+} A_{\nu_-}$ 在水中完全解离：

$$C_{\nu_+} A_{\nu_-} \longrightarrow \nu_+ C^{z+} + \nu_- A^{z-}$$

ν_+、ν_- 分别表示阳、阴离子的化学计量数。若以 $\lambda_{m,+}^\infty$ 及 $\lambda_{m,-}^\infty$ 分别表示无限稀释时阳离子 C^{z+} 和阴离子 A^{z-} 的摩尔电导率，则有：

$$\Lambda_m^\infty = \nu_+ \lambda_{m,+}^\infty + \nu_- \lambda_{m,-}^\infty \tag{14-14}$$

此式为科尔劳施离子独立运动定律的数学表达式。

根据离子独立运动定律，一定溶剂中无限稀释时的离子摩尔电导率是一个定值，与共存的其他离子性质无关。因此可以应用强电解质无限稀释摩尔电导率计算弱电解质无限稀释摩尔电导率。

例如，弱电解质 CH_3COOH 的无限稀释摩尔电导率可由强电解质 HCl、CH_3COONa 及 NaCl 的无限稀释摩尔电导率计算：

$$\Lambda_m^\infty(CH_3COOH) = \Lambda_m^\infty(H^+) + \Lambda_m^\infty(CH_3COO^-)$$
$$= \Lambda_m^\infty(HCl) + \Lambda_m^\infty(CH_3COONa) - \Lambda_m^\infty(NaCl)$$

电解质的摩尔电导率是溶液中阴、阳离子摩尔电导率总的贡献，因此离子的迁移数也可以看作是某种离子的摩尔电导率占电解质总摩尔电导率的分数。电解质溶液无限稀释时，有：

$$t_+^\infty = \frac{\nu_+ \Lambda_{m,+}^\infty}{\Lambda_m^\infty}, \quad t_-^\infty = \frac{\nu_- \Lambda_{m,-}^\infty}{\Lambda_m^\infty} \tag{14-15}$$

从表 14-2 中数据可以看出，原子序数低的阳离子，$\lambda_{m,+}^\infty$ 通常较小。这是因为阳离子越小水化程度越大，导致离子的运动速度越慢，电导率降低。然而一个例外是 H^+ 和 OH^- 的无限稀释摩尔电导率比其他离子高出一个数量级，促使导电能力特别强。这是因为它们可能有不同的导电机理。Grotthus 提出 H^+ 和 OH^- 不是通过自身的运动，而是通过质子转移传递电流的，如图 14-5 所示，一个 H_3O^+ 把质子 H^+ 交给邻接的 H_2O，后者就变成了 H_3O^+。新形成的 H_3O^+ 再把质子交给下一个 H_2O，如此继续下去。同样，OH^- 的迁移也是通过 H_2O 之间相反方向传递质子 H^+ 来实现。

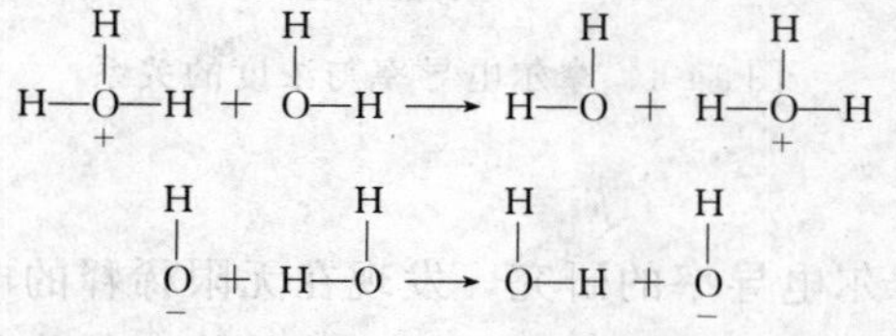

图 14-5　水溶液中 H^+ 和 OH^- 的导电机理示意

表 14-2　298.15K 时，一些离子在无限稀释水溶液中的摩尔电导率

正离子	$\lambda_{m,+}^\infty \times 10^4/(S \cdot m^2 \cdot mol^{-1})$	负离子	$\lambda_{m,-}^\infty \times 10^4/(S \cdot m^2 \cdot mol^{-1})$
H^+	349.8	OH^-	198.3
Li^+	38.7	F^-	55.4
Na^+	50.10	Cl^-	76.3
K^+	73.50	Br^-	78.4
Ag^+	61.9	I^-	76.8
NH_4^+	73.5	NO_3^-	71.5
Mg^{2+}	106.0	ClO_3^-	64.6
Ca^{2+}	119.0	ClO_4^-	67.3
Sr^{2+}	118.9	CH_3COO^-	40.9
Ba^{2+}	127.2	$C_6H_5COO^-$	32.4
Fe^{2+}	108.0	CO_3^{2-}	138.6
Cu^{2+}	107.2	SO_4^{2-}	160.6
Zn^{2+}	105.6	$C_2O_4^{2-}$	148.2
Al^{3+}	183.0	PO_4^{3-}	207.0
La^{3+}	209.1	$[Fe(CN)_6]^{3-}$	302.7

（6）电导测定的应用举例

① 计算弱电解质的解离度 α 和解离常数 K_c　定温下电解质的摩尔电导率大小取决于两个因素：1 是含 1mol 电解质溶液中所具有的离子数目；2 是离子在电场作用下迁移速度的大小。后一因素与离子浓度、离子间作用力大小有关。

弱电解质无限稀释时的摩尔电导率 Λ_m^∞ 的值能够反映该电解质全部解离且离子间没有相

互作用力时的导电能力；而在一定浓度之下的 Λ_m 能够反映的是部分解离以及所产生的离子间存在一定相互作用力时的导电能力。如果一弱电解质的解离度 α 较小，解离产生出的离子浓度较低，使离子间作用力可以忽略不计，则 Λ_m 与 Λ_m^∞ 的差别可近似看成是由部分解离与全部解离产生的离子数目不同造成的，即是由于解离度不同而造成的。所以有：

$$\alpha = \frac{\Lambda_m}{\Lambda_m^\infty} \tag{14-16}$$

设电解质为 AB 型，c 为电解质起始浓度，则：

$$AB \longrightarrow A^+ + B^-$$

起始时 c 0 0

平衡时 $c(1-\alpha)$ $c\alpha$ $c\alpha$

$$K_c = \frac{c\alpha^2}{1-\alpha}$$

代入式(14-16)后整理得：

$$K_c = \frac{c\Lambda_m^2}{\Lambda_m^\infty(\Lambda_m^\infty - \Lambda_m)} \tag{14-17}$$

该式称为奥斯特瓦尔德稀释定律。

② 难溶盐的溶解度和溶度积的测定   一些难溶盐如 $AgCl$、$BaSO_4$ 和 $AgIO_3$ 等的溶解度很难直接测定，因为其饱和溶液的浓度太低，但可用电导法测定。下面举例说明该法的原理。

【例 14-2】 在 25℃时，测出 $AgCl$ 饱和溶液及配制此溶液的高纯水的电导率 κ 分别为 $3.41 \times 10^{-4} S \cdot m^{-1}$ 和 $1.60 \times 10^{-4} S \cdot m^{-1}$，试求 $AgCl$ 在 25℃时的溶解度和溶度积（K_{sp}）。

解 $\kappa(AgCl) = \kappa - \kappa(H_2O)$

$$= (3.41 - 1.60) \times 10^{-4} S \cdot m^{-1} = 1.81 \times 10^{-4} S \cdot m^{-1}$$

查表得 $\Lambda_m^\infty(AgCl) = 0.01383 S \cdot m^2 \cdot mol^{-1}$，所以 $AgCl$ 饱和溶液的浓度：

$$c = \kappa(AgCl)/\Lambda_m^\infty(AgCl) = (1.81 \times 10^{-4}/0.01383) mol \cdot m^{-3}$$

$$= 0.0131 mol \cdot m^{-3} = 1.31 \times 10^{-5} mol \cdot dm^{-3}$$

溶解度也常以 s 表示，以 $g \cdot dm^{-3}$ 为单位。$AgCl$ 的摩尔质量 $M = 143.4 g \cdot mol^{-1}$

$$s = Mc = (143.4 \times 1.31 \times 10^{-5}) g \cdot dm^{-3} = 1.88 \times 10^{-3} g \cdot dm^{-3}$$

$AgCl$ 的溶度积 $K_{sp} = c(Ag^+) \cdot c(Cl^-) = c^2 = (1.31 \times 10^{-5})^2 mol^2 \cdot dm^{-6}$

$$= 1.72 \times 10^{-10} mol^2 \cdot dm^{-6}$$

14.1.4 强电解质的活度和活度系数

(1) 溶液中离子的活度和活度系数

理想溶液中某一组分的化学势当浓度用质量摩尔浓度表示时，可写为：$\mu_B = \mu_B^\ominus(T) + RT \ln \frac{b}{b^\ominus}$。而非理想溶液不遵从这个公式。为了使热力学计算仍然能保持简单的数学关系式，路易斯提出了活度的概念，定义：

$$a_B = \gamma_B \cdot \frac{b}{b^\ominus} \tag{14-18}$$

a_B 和 γ_B 分别为活度和活度系数。

对于非理想溶液，化学势的表示式为：

$$\mu_B = \mu_B^\ominus(T) + RT \ln \gamma_B \frac{b}{b^\ominus} = \mu_B^\ominus(T) + RT \ln a_B \tag{14-19}$$

强电解质溶于水后，全部解离成阴、阳离子，且离子之间存在着静电引力。

$$a_+ = \gamma_+ \frac{b_+}{b^\ominus}, \quad a_- = \gamma_- \frac{b_-}{b^\ominus} \tag{14-20}$$

式中，$a_+(a_-)$、$\gamma_+(\gamma_-)$ 及 $b_+(b_-)$ 分别表示阳（阴）离子的活度、离子活度系数及离子质量摩尔浓度。

现以强电解质 $C_{\nu_+} A_{\nu_-}$ 为例，假设在水中全部解离：

$$C_{\nu_+} A_{\nu_-} \longrightarrow \nu_+ C^{z+} + \nu_- A^{z-}$$

整体电解质的化学势 μ_B 应为阳离子和阴离子化学势 μ_+ 和 μ_- 的代数和：

$$\mu_B = \nu_+ \mu_+ + \nu_- \mu_- \tag{14-21}$$

根据活度的定义，整体化学势表示为：

$$\mu_B = \mu_B^\ominus(T) + RT \ln a_B$$

得到阳离子、阴离子的化学势分别为：

$$\mu_+ = \mu_B^\ominus(T) + RT \ln a_+, \quad \mu_- = \mu_-^\ominus(T) + RT \ln a_- \tag{14-22}$$

式中，a_B、a_+ 和 a_- 分别为整体电解质、阳离子和阴离子的活度；$\mu_B^\ominus$、$\mu_+^\ominus$ 和 $\mu_-^\ominus$ 分别为三者的标准化学势。将式(14-22) 代入式(14-21)，整理得：

$$\mu_B = \mu_B^\ominus + RT \ln(a_+^{\nu_+} a_-^{\nu_-}) \tag{14-23}$$

其中

$$\mu_B^\ominus = (\nu_+ \mu_+^\ominus + \nu_- \mu_-^\ominus) \tag{14-24}$$

将式(14-23) 与式(14-19) 对比，可有：

$$a_B = a_+^{\nu_+} a_-^{\nu_-} \tag{14-25}$$

此式为整体电解质的活度与阳离子、阴离子活度之间的关系式。

由于不能单独测出电解质溶液中某种离子的活度，只能测出阴、阳离子的活度的平均值，因此给出平均离子活度 $a_\pm$ 的概念：

$$a_\pm = (a_+^{\nu_+} a_-^{\nu_-})^{1/\nu} \tag{14-26}$$

$$\nu = \nu_+ + \nu_- \tag{14-27}$$

结合式(14-25) 和式(14-26) 可得：

$$a_B = a_\pm^\nu = a_+^{\nu_+} a_-^{\nu_-} \tag{14-28}$$

可得整体电解质化学势为：

$$\mu_B = \mu_B^\ominus + RT \ln a_\pm^\nu \tag{14-29}$$

与非电解质溶液不同，电解质溶液中电解的活度是阳离子和阴离子活度贡献的总和，但这种总和并非不同离子活度的简单加和，而是遵循式(14-28) 给出的关系。对于强电解质 $C_{\nu_+} A_{\nu_-}$，b 表示电解质溶液的质量摩尔浓度，根据前面给出的解离式，溶液中阳离子和阴离子的质量摩尔浓度分别为：

$$b_+ = \nu_+ b, \quad b_- = \nu_- b \tag{14-30}$$

$$\gamma_+ = \frac{a_+}{\left(\dfrac{b_+}{b^\ominus}\right)}, \quad \gamma_- = \frac{a_-}{\left(\dfrac{b_-}{b^\ominus}\right)} \tag{14-31}$$

将式(14-31) 代入式(14-22)，可将离子的化学势写为：

$$\mu_+ = \mu_+^\ominus + RT \ln(\gamma_+ b_+ / b^\ominus), \quad \mu_- = \mu_-^\ominus + RT \ln(\gamma_- b_- / b^\ominus) \tag{14-32}$$

因此式(14-23) 可表示为：

$$\mu_B=\mu_B^{\ominus}+RT\ln\{\gamma_+^{\nu_+}\gamma_-^{\nu_-}(b_+/b^{\ominus})^{\nu_+}(b_-/b^{\ominus})^{\nu_-}\} \tag{14-33}$$

因为单独一种离子的活度系数也无法测定，所以只能使用其总体的平均值。电解质的平均离子活度系数以 $\gamma_\pm$ 表示，则有：

$$\gamma_\pm=(\gamma_+^{\nu_+}\gamma_-^{\nu_-})^{1/\nu} \tag{14-34}$$

与 $a_\pm$ 和 $\gamma_\pm$ 相应，定义电解质的 $b_\pm$ 为：

$$b_\pm=(b_+^{\nu_+}b_-^{\nu_-})^{1/\nu} \tag{14-35}$$

将 $\gamma_\pm$ 和 $b_\pm$ 的定义式代入式(14-33) 并与式(14-29) 比较得如下等式：

$$\mu_B=\mu_B^{\ominus}+RT\ln\{\gamma_\pm^{\nu}(b_\pm/b^{\ominus})^{\nu}\}=\mu_B^{\ominus}+RT\ln a_\pm^{\nu} \tag{14-36}$$

可见

$$a_\pm=\gamma_\pm b_\pm/b^{\ominus} \tag{14-37}$$

而且，当 $b\to0$ 时，$\gamma_\pm\to1$。

当已知某电解质溶液的质量摩尔浓度 b 时，可查出 $\gamma_\pm$ 计算出 $b_\pm$，进而算出 $a_\pm$，然后可进行各种其他的计算。

【例14-3】 利用表14-3数据计算25℃时 $0.1\text{mol}\cdot\text{kg}^{-1}$ H_2SO_4 水溶液中平均离子活度。

表14-3 298.15K 时，一些电解质的离子平均活度系数（$\gamma_\pm$）

$b/\text{mol}\cdot\text{kg}^{-1}$	0.001	0.005	0.01	0.05	0.10
HCl	0.965	0.928	0.904	0.830	0.796
NaCl	0.966	0.929	0.904	0.823	0.778
KCl	0.965	0.927	0.901	0.815	0.769
HNO₃	0.965	0.927	0.902	0.823	0.785
CaCl₂	0.887	0.783	0.724	0.574	0.518
H₂SO₄	0.830	0.639	0.544	0.340	0.265
CuSO₄	0.74	0.53	0.41	0.21	0.16
ZnSO₄	0.734	0.477	0.387	0.202	0.148

解 先求出 H_2SO_4 的平均离子质量摩尔浓度 $b_\pm$

对于 H_2SO_4，$\nu_+=2$，$\nu_-=1$，$\nu=\nu_++\nu_-=3$，$b_+=\nu_+b=2b$，$b_-=\nu_-b=b$，$b=0.1\text{mol}\cdot\text{kg}^{-1}$，于是由式(14-35)

$$b_\pm=(b_+^{\nu_+}b_-^{\nu_-})^{1/\nu}=\{(2b)^2b\}^{1/3}=4^{1/3}b=0.1587\text{mol}\cdot\text{kg}^{-1}$$

由表14-3查得 25℃时 $0.1\text{mol}\cdot\text{kg}^{-1}$ H_2SO_4 的 $\gamma_\pm=0.265$，于是得 $a_\pm=\gamma_\pm b_\pm/b^{\ominus}=0.265\times0.1587=0.0421$

（2）影响离子平均活度系数的因素

在稀溶液范围内，影响 $\gamma_\pm$ 大小的主要是浓度和价数两个因素，而且离子价数比浓度的影响更加显著。为了能综合反映这两个因素对 $\gamma_\pm$ 的影响，1921年，路易斯提出了一个新的物理量——离子强度，用 I 表示，定义为：

$$I=\frac{1}{2}\sum b_B z_B^2 \tag{14-38}$$

式中，b_B 为离子的质量摩尔浓度；z 为离子的价数；B 为指溶液中某种离子。

$\gamma_\pm$ 与 I 的经验关系为：

$$\ln\gamma_\pm=-A'\sqrt{I} \tag{14-39}$$

在指定温度和溶剂时，A' 为常数。由上式看出，在稀溶液中，影响电解质离子平均活度系数 $\gamma_\pm$ 的不是该电解质离子的本性，而是与溶液中所有离子的浓度及价数有关的离子强度。某电解质若处于离子强度相同的不同溶液中，尽管该电解质在各溶液中浓度可能不一样，但

其 $\gamma_\pm$ 却相同。

【例 14-4】 同时含 $0.1\mathrm{mol \cdot kg^{-1}}$ 的 KCl 和 $0.01\mathrm{mol \cdot kg^{-1}}$ 的 $BaCl_2$ 的水溶液,其离子强度为多少?

解 溶液中共有三种离子:$b(K^+)=0.1\mathrm{mol \cdot kg^{-1}}$,$z(K^+)=1$;$b(Ba^{2+})=0.01\mathrm{mol \cdot kg^{-1}}$,$z(Ba^{2+})=2$;$b(Cl^-)=b(K^+)+2b(Ba^{2+})=0.12\mathrm{mol \cdot kg^{-1}}$,$z(Cl^-)=-1$,根据式 (14-38) 得 $I=\frac{1}{2}\sum b_B z_B^2 = \frac{1}{2}[0.1\times 1^2 + 0.01 \times 2^2 + 0.12 \times (-1)^2]\mathrm{mol \cdot kg^{-1}} = 0.13\mathrm{mol \cdot kg^{-1}}$

(3) 德拜-休克尔极限公式

1923 年,德拜和休克尔提出了能解释强电解质溶液性质的离子互吸理论。该理论认为,强电解质在溶液中是完全解离的,强电解质溶液与理想溶液的偏差主要是由溶液中阴、阳离子之间的静电作用所引起。德拜和休克尔根据离子间静电作用与离子热运动的关系,提出了离子氛的概念,结合离子强度的概念,并借助玻尔兹曼分布定律,导出了强电解质稀溶液离子活度因子的极限公式,即:

$$\lg\gamma_i = -Az_i^2\sqrt{I} \tag{14-40}$$

式中,A 在温度和溶剂一定时为定值,在 298.15K 的水溶液中,$A=0.509\mathrm{mol^{-1/2} \cdot kg^{1/2}}$。由于单个离子的活度因子无法直接测定,必须将式(14-40)转换为离子平均活度因子的表达形式,即:

$$\lg\gamma_\pm = -Az_+|z_-|\sqrt{I} \tag{14-41}$$

式(14-40) 和式(14-41) 均为德拜-休克尔极限公式,适用于离子强度小于 $0.01\mathrm{mol \cdot kg^{-1}}$ 的强电解质溶液。由德拜-休克尔极限公式可知,$\lg\gamma_\pm$ 与 $\sqrt{I}$ 应呈直线关系,直线斜率为 $-Az_+|z_-|$。图 14-6 给出了三种不同价型电解质溶液的 $\lg\gamma_\pm$ 与 $\sqrt{I}$ 的关系。可以看到,在稀溶液范围内,德拜-休克尔极限公式计算的理论结果(虚线)与实验(实线)有较好的吻合。当溶液的离子强度增大,两者出现较大的偏差,此时需对德拜-休克尔极限公式加以修正。

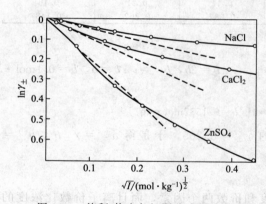

图 14-6 德拜-休克尔极限公式的验证

【例 14-5】 试用德拜-休克尔极限公式计算 298.15K 时 $0.002\mathrm{mol \cdot kg^{-1}}$ Na_2SO_4 和 $0.002\mathrm{mol \cdot kg^{-1}}$ $ZnCl_2$ 溶液中 $ZnCl_2$ 的离子平均活度因子 $\gamma_\pm$。

解 混合溶液中的离子强度为:

$$I=\frac{1}{2}\sum b_B z_B^2 = \frac{1}{2}[2\times 0.002 \times 1^2 + 0.002 \times 2^2 + 0.002 \times 2^2 + 2\times 0.002 \times (-1)^2]$$

$$=0.012\mathrm{mol \cdot kg^{-1}}$$

$$\lg\gamma_\pm = -Az_+|z_-|\sqrt{I} = -0.509 \times 2 \times |(-1)|\sqrt{0.012} = -0.1115$$

$$\gamma_\pm = 0.774$$

14.1.5 可逆电池与不可逆电池

(1) 可逆电池

热力学研究的对象必须是平衡系统,对一个过程来说,平衡就意味着可逆,所以在用热力学的方法研究电池时，要求电池是可逆的。具有热力学意义的可逆电池必须具备两个条件。

　　首先，电池中的化学反应必须是可逆的。例如图 14-7 所示的电池（1），将电池与一外加电源（V 为可调外加电压）并联。当 $E>V$ 时为放电反应：

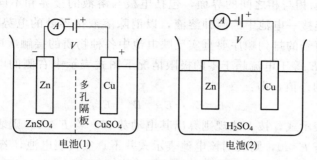

图 14-7　可逆电池和不可逆电池

负极（锌极）　　　　　　　$Zn \longrightarrow Zn^{2+} + 2e^-$
正极（铜极）　　　　　　　$Cu^{2+} + 2e^- \longrightarrow Cu$
电池反应（放电反应）　　　$Zn + Cu^{2+} \Longrightarrow Zn^{2+} + Cu$

当 $E<V$ 时为充电反应：

阴极（锌极）　　　　　　　$Zn^{2+} + 2e^- \longrightarrow Zn$
阳极（铜极）　　　　　　　$Cu \longrightarrow Cu^{2+} + 2e^-$
电池反应（充电反应）　　　$Zn^{2+} + Cu \longrightarrow Zn + Cu^{2+}$

　　可见电池（1）的放电反应与充电反应互为逆反应。对于图 14-7 所示的电池（2），当 $E>V$ 放电时：

负极（锌极）　　　　　　　$Zn \longrightarrow Zn^{2+} + 2e^-$
正极（铜极）　　　　　　　$2H^+ + 2e^- \longrightarrow H_2$
电池反应（放电反应）　　　$Zn + 2H^+ \Longrightarrow Zn^{2+} + H_2$

当 $E<V$ 充电时：

阴极（锌极）　　　　　　　$2H^+ + 2e^- \longrightarrow H_2$
阳极（铜极）　　　　　　　$Cu \longrightarrow Cu^{2+} + 2e^-$
电池反应（充电反应）　　　$Cu + 2H^+ \Longrightarrow Cu^{2+} + H_2$

　　可见电池（2）的放电反应与充电反应无互逆关系，它是不可逆电池。

　　其次，能量可逆。要求电池在无限接近平衡的状态下工作，电池在充电时吸收的能量严格等于放电时放出的能量，并使系统和环境都能够复原。要满足能量可逆的要求，电池必须在电流趋于无限小，即 $I \rightarrow 0$ 的状态下工作。

　　总之，可逆电池必须同时满足上述两个条件，即在充、放电时物质和能量的变化都必须是可逆的。若把电池放电时所放出的能量全部储存起来再用于充电，则系统和环境将同时恢复原来的状态。反之，凡不能同时满足上述两个条件的电池均为不可逆电池。严格来说，有液体接界的电池是不可逆的，因为离子扩散过程是不可逆的，但用盐桥消除液接电势后，则可作为可逆电池。

　　（2）可逆电池的表示方法

　　书写上要表达一个电池的组成和结构，若都像图 14-7 那样画出来过于费时、费事。IU-

PAC 规定了科学的表达电池过程的方式。通用惯例如下。

① 以化学式表示电池中各种物质的组成，并需分别注明固、液、气等物态。对气体注明压力，对溶液注明浓度或活度。

② 以"┆"表示相与相之间的界面，包括电极与溶液的接界和不同溶液间的接界。通常在实验中用盐桥连接一电池中的两种溶液，以消除溶液接界处的电势差，书写中用"‖"表示。各化学式及符号的排列顺序要真实反映电池中各种物质的接触次序。

③ 电池电动势 E 等于电流趋于零的极限情况下图式表示中右侧的电极电动势 $E_右$ 与左侧的电极电势 $E_左$ 的差值，即：

$$E = E_右 - E_左 = E_+ - E_- \tag{14-42}$$

对于一个电池表示式，按上述规则算出其电动势 E。若 $E > 0$，则表明该电池表示式确实代表一个电池；若 $E < 0$，则表明该电池表示式并不真实代表电池，若要正确表示成电池，需将表示式中左右两极互换位置。

例如，图 14-7 电池（1）（被称为丹尼耳电池）的电池图式表示如下：

$$Zn(s) \vdots ZnSO_4(a_1) \vdots CuSO_4(a_2) \vdots Cu(s)$$

又如，氢电极与银-氯化银电极组成的电池图式表示如下：

$$Pt(s) \vdots H_2(p_{H_2}) \vdots HCl(a_\pm) \vdots AgCl(s) \vdots Ag(s)$$

为了简便，一般略去金属电极的物态。

根据电池图式的书写规定，可以由电池图式写出相应的电池反应，也可以把某些反应设计成电池。若写出一个电池表示式所对应的化学反应，只需分别写出左侧电极发生氧化作用，右侧电极发生还原作用的电极反应，然后将两者相加即可。

【例 14-6】 写出下列电池所对应的化学反应：

(1) $(Pt)H_2(g) \vdots H_2SO_4(a) \vdots Hg_2SO_4(s)\text{-}Hg(l)$

(2) $(Pt) \vdots Sn^{4+}, Sn^{2+} \parallel Tl^{3+}, Tl^+ \vdots (Pt)$

(3) $(Pt)H_2(g) \vdots NaOH(a) \vdots O_2(g)(Pt)$

解 (1) 左侧负极 $\qquad\qquad H_2 \longrightarrow 2H^+ + 2e^-$

右侧正极 $\qquad\qquad Hg_2SO_4 + 2e^- \longrightarrow 2Hg + SO_4^{2-}$

电池反应 $\quad H_2(g) + Hg_2SO_4(s) \longrightarrow 2Hg(l) + H_2SO_4(a)$

(2) 左侧负极 $\qquad\qquad Sn^{2+} \longrightarrow Sn^{4+} + 2e^-$

右侧正极 $\qquad\qquad Tl^{3+} + 2e^- \longrightarrow Tl^+$

电池反应 $\qquad Sn^{2+} + Tl^{3+} \longrightarrow Sn^{4+} + Tl^+$

(3) 左侧负极 $\qquad\qquad H_2 + 2OH^- \longrightarrow 2H_2O + 2e^-$

右侧正极 $\qquad \frac{1}{2}O_2 + H_2O + 2e^- \longrightarrow 2OH^-$

电池反应 $\qquad H_2(g) + \frac{1}{2}O_2(g) \longrightarrow H_2O(l)$

14.1.6 电池电动势的产生及测定

(1) 电池电动势的产生

一般说来，电池电动势可看成是组成电池的各相间（固-液、液-液、固-固）电位差的总和。

① 金属接触电势 相互接触的两金属相之间的电位差称为金属接触电势。由于各种金

属的电子结构不同，金属中的自由电子逸出金属相的难易程度就不同。通常以电子离开金属逸入真空中所需要的最低能量来衡量电子逸出金属的难易程度，这一能量称为电子的逸出功。显然电子逸出功高的金属中，电子较难逸出。当两种金属接触时，由于电子逸出功不同，相互逸入的电子数目就不同。故在电子逸出功高的金属相一侧电子过剩，带负电；在电子逸出功低的金属相一侧电子缺乏，带正电。随着电子的转移，在两相界面间形成一定的电位差，此为金属接触电势。

② 电极和溶液界面电势差　将金属插入水中，由于金属离子在金属中和在水中的化学势不等，金属离子将在金属和水两相间转移，若金属离子在金属相的化学势大于在水中的化学势，则金属离子将从金属相向水中转移，而将电子留在金属上，使金属表面带负电，这将吸引正离子在金属表面聚集，并形成双电层，双电层将阻止金属离子进入水中，平衡时电极表面与溶液本体的电势差一定。又由于离子的热运动，正离子不可能很整整齐齐地排列在金属表面，而是形成如图 14-8 所示的形式，即双电层分为两层：一层是紧密层，另一层是扩散层。紧密层的厚度约为 $10^{-10}\,\text{m}$，扩散层的厚度与溶液的浓度、温度以及金属表面的电荷有关，为 $10^{-10}\sim10^{-6}\,\text{m}$。与此相似，若将金属插入含有该金属离子的溶液中，也将在金属和溶液的界面上形成双电层，产生电势差，若金属离子在溶液中的化学势大于它在金属上的化学势，则金属离子将从溶液转移至金属电极上，而使金属表面带正电，并吸引负离子在表面聚集，形成双电层，平衡时金属电极与溶液本体的电势差一定，这就是电极电势。设电极的电势为 φ_{M}，溶液本体的电势为 φ_1，则电极-溶液界面电势差 $\varepsilon=|\varphi_{\text{M}}-\varphi_1|$。$\varepsilon$ 在双电层中的分布情况如图 14-9 所示。即 ε 是紧密层电势差 ψ_1 和扩散层电势差 ψ_2 的加和。

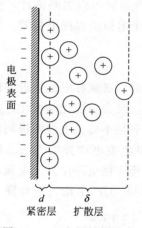

图 14-8　双电层结构示意

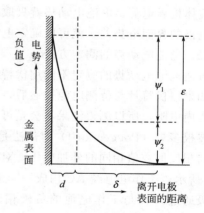

图 14-9　双电层电势分布示意图

综上所述，电极-溶液界面电势差是由于化学势之差造成。化学势的高低与物质本性、浓度及温度有关，因此影响电极-溶液界面电势差的因素有电极种类、溶液中相应离子的浓度以及温度等。

③ 液体接界电势　当组成不同或浓度有别的两种电解质溶液接触时，在浓度梯度驱动下，两种电解质溶液中的离子发生扩散，由于离子扩散速度的不同而形成的电势差即为液体接界电势。这种电势差是由于离子扩散速率不同而产生，故又称为扩散电势。如图 14-10(a) 两种不同浓度的 HCl 溶液接界，HCl 将会由浓的一侧向稀的一侧扩散。而 H^+ 比 Cl^- 扩散得快，所以在浓溶液一边因 Cl^- 过剩而荷负电，因此在溶液接界处产生了电势差。又如图

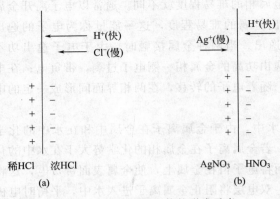

图 14-10　液体接界电势的形成示意

14-10(b)　浓度相同的 $AgNO_3$ 与 HNO_3 溶液接界时，可以认为界面上没有 NO_3^- 的扩散，但 H^+ 向 $AgNO_3$ 一侧扩散比 Ag^+ 向 HNO_3 一侧扩散得快，必然使界面处 $AgNO_3$ 一侧荷正电而 HNO_3 一侧荷负电，因此在溶液接界处产生电势差。当界面两侧荷电后，由于静电作用，会使扩散快的离子减慢而扩散慢的离子加快，很快达成稳定状态，使两种离子以等速通过界面，在界面处形成稳定的液体接界电势。

由于溶液界面上的离子迁移是不可逆过程，界面上的双电层是稳定但不是热力学平衡态，此时测得的电动势不是完全可逆的电动势，而且在实验测定时很难获得重复数据。因此，要精确测量电池电动势，如果不能避免两溶液的接触，就必须设法消除液体接界电势。消除液体接界电势的通用方法是"盐桥法"。在两种溶液之间放置一 U 形管，里面充满了高浓度的正、负离子迁移数近似相等的电解质溶液，用琼脂固定。最常用的是 KCl 浓溶液，因为 K^+ 和 Cl^- 的迁移数几乎相等，在界面上产生的液体接界电势很小，且由于 KCl 的浓度远大于两旁溶液中电解质的浓度，扩散作用主要出自盐桥，相当于把没有盐桥时的一个大的液体接界电势由两个非常小的液体接界电势所代替，从而使总的液体接界电势降低到只有 $1\sim2mV$，达到了可以忽略不计的程度。可见，若接触电势可以忽略不计，并采用盐桥消除液体接界电势，电池电动势就只取决于正极和负极两个电极的界面电势差。如果能确定各个电极的界面电势差，就可以确定电池电动势。

（2）电池电动势的测定方法

可逆电池电动势的测定不能用伏特计直接测量，因为测定必须在电流接近零的条件下进行。如果将伏特计与待测电池接通后，电池中有电流通过，就会引起化学变化，加上电池本身也有内电阻，所以测得结果不会是可逆电池的电动势，而是不可逆电池两极间的电位差。

波根多夫（Poggendorff）对消法是人们常采用的测量电池电动势的方法。原理是用一个方向相反但数值相同的外加电压，对抗待测电池的电动势，使电路中并无电流通过。如图 14-11 所示，工作电池经 AC 构成一个通路，在均匀电阻 AC 上产生均匀电势降。待测电池的负极通过开关与工作电池的负极相连，正极经过检流计与滑动电阻的滑动端相连。这样，就在待测电池的外电路中加上了一个方向相反的电势差，它的大小由滑动接触点的位置决定。改变滑动接触点的位置，找到 B 点，若电键闭合时，检流计中无电流通过，则待测电池的电动势恰为 AB 段的电势差完全抵消。

若求 AB 段的电势差，可换用标准电池与开关相连。标准电池的电动势 E_N 是已知的，而且保持恒定。用同样的方法可以找出检流计中无电流通过时的另一点 B'。AB' 段的电势差就等于 E_N。因电势差与电阻线的长度成正比，故待测电池的电动势为：

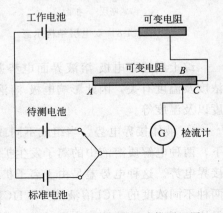

图 14-11　对消法测电动势原理图

$$E_x = E_N \frac{\overline{AB}}{\overline{AB'}}$$

实验测量原电池电动势时，如果电池的外接导线与电极材料不同时，导线与电极间也会存在接界电势，所以只有当导线与电极材料相同时所测得的电动势才是原电池电动势。

14.1.7　可逆电池的热力学

可逆电池可采用热力学方法进行研究，反过来，可逆电池的测量结果又可用来计算系统热力学函数的改变。

（1）可逆电池电动势和电池反应的吉布斯函数变的关系

根据吉布斯自由能的定义知，在等温等压条件下，当体系发生变化时，体系吉布斯自由能的减少等于对外所做的最大非体积功（即可逆非体积功）：

$$\Delta G_{T,p} = W'_r \tag{14-43}$$

原电池在恒温恒压可逆放电时所做的可逆电功就是系统发生化学反应对环境所做的可逆非体积功 W'_r，其值等于可逆电动势 E 与电荷量 Q 的乘积。

电池反应所输出的电荷量可由法拉第定律式(14-2)计算：$Q = zF\xi$。对于一微小过程 $dQ = zF d\xi$，那么可逆电功为：

$$\delta W'_r = -(zF d\xi)E \tag{14-44}$$

电池对外做功，其值为负，因此上式中右边添加一负号。恒温恒压可逆过程中有：

$$\Delta G_{T,p} = \delta W'_r = -zFE d\xi \tag{14-45}$$

化学反应的摩尔吉布斯函数变为反应的吉布斯函数随反应进度的变化率，上式两边同除以反应进度微变 $d\xi$ 得：

$$\Delta_r G_m = \left(\frac{\partial G}{\partial \xi}\right)_{T,p} = -zFE \tag{14-46}$$

式(14-46)是一个十分重要的关系式，它是联系热力学和电化学的主要桥梁，它说明可逆电池的电动势是化学反应的摩尔吉布斯自由能的线性函数。可通过对可逆电池电动势的测量推算出化学反应的摩尔吉布斯函数变。但应注意，E 具有强度性质，而 $\Delta_r G_m$ 是容量性质，只有在 z 为已知时，才可直接由 E 算出相应的 $\Delta_r G_m$。

（2）由电动势的温度系数计算电池反应的熵变

因 $\left[\frac{\partial(\Delta_r G_m)}{\partial T}\right]_p = -\Delta_r S_m$，将式(14-46)代入得：

$$\left[\frac{\partial(\Delta_r G_m)}{\partial T}\right]_p = -zF\left(\frac{\partial E}{\partial T}\right)_p = -\Delta_r S_m$$

因此

$$\Delta_r S_m = zF\left(\frac{\partial E}{\partial T}\right)_p \tag{14-47}$$

式中，$\left(\frac{\partial E}{\partial T}\right)_p$ 称为电动势的温度系数，它表示等压下，电动势随温度的变化率，其值可由实验测定，再由式(14-47)计算电池反应的熵变。

（3）由电池电动势及电动势的温度系数计算电池反应的焓变

将式(14-46)和式(14-47)代入吉布斯-亥姆霍兹方程，得：

$$\Delta_r G_m = \Delta_r H_m + T\left[\frac{\partial(\Delta_r G_m)}{\partial T}\right]_p$$

即得

$$\Delta_r H_m = -zFE + zFE\left(\frac{\partial E}{\partial T}\right)_p \tag{14-48}$$

因此，等压时测定不同温度下电池的电动势便可计算出电动势的温度系数。应该注意，此时 $\Delta_r H_m$ 并不等于电池放电过程中的恒压热，因为电池要做电功，即非体积功不为零。因电池的电动势能准确地测定，故由式（14-48）所得出的 $\Delta_r H_m$ 值，较用量热法测出的数值更为可靠。但因不少化学反应无法设计成可逆电池，故此法的应用尚有局限性。

【例 14-7】 已知电池 $Ag(s) \mid AgCl(s) \mid KCl(aq) \mid Hg_2Cl_2(s) \mid Hg(l)$ 的电动势与温度的关系为：$E/V = 0.0455 + 3.38 \times 10^{-4}(T/K - 298)$。

(1) 写出电池反应；

(2) 计算反应的 $\Delta_r H_m$。

解 (1) 负极反应：$\qquad\qquad 2Ag + 2Cl^- \longrightarrow 2AgCl + 2e^-$

正极反应：$\qquad\qquad Hg_2Cl_2 + 2e^- \longrightarrow 2Hg(l) + 2Cl^-$

电池反应：$\qquad\qquad 2Ag + Hg_2Cl_2 \Longrightarrow 2Hg(l) + 2AgCl$

(2) 由公式 $\Delta_r H_m = -zFE + zFE\left(\dfrac{\partial E}{\partial T}\right)_p$

可知 298K 时，$E = 0.0455V$，$\left(\dfrac{\partial E}{\partial T}\right)_p = 3.38 \times 10^{-4} V \cdot K^{-1}$

故 $\Delta_r H_m = -2 \times 0.0455V \times 96500C \cdot mol^{-1} + 2 \times 96500C \cdot mol^{-1} \times 298K \times 3.38 \times 10^{-4}V \cdot K^{-1}$

$\qquad\quad = 10.6kJ \cdot mol^{-1}$

(4) 计算可逆电池放电时反应过程的热效应

可逆电池放电时，反应过程的热效应为 Q_r，等温下 $Q_r = T\Delta_r S_m$，将式（14-47）代入，得：

$$Q_r = zFT\left(\frac{\partial E}{\partial T}\right)_p \qquad\qquad (14-49)$$

分析式（14-49），可知，在恒温下电池可逆放电时：

① $\left(\dfrac{\partial E}{\partial T}\right)_p = 0$，则 $Q_r = 0$，电池不吸热也不放热。

② $\left(\dfrac{\partial E}{\partial T}\right)_p > 0$，则 $Q_r > 0$，电池从环境吸热。

③ $\left(\dfrac{\partial E}{\partial T}\right)_p < 0$，则 $Q_r < 0$，电池向环境放热。

恒温条件下，根据 $\Delta_r G_m = \Delta_r H_m - T\Delta_r S_m = W'$，代入电池反应的可逆热 Q_r，$\Delta_r H_m - W' = Q_r$，可见 Q_r 是化学反应的 $\Delta_r H_m$ 中不能转化为可逆非体积功的那部分能量。另外还可以看出，当电池温度系数大于零、$Q_r > 0$ 时，电池对外所做的可逆非体积功在绝对值上将大于反应的 $\Delta_r H_m$，此时电池的能量转化效率可能大于100%，意味着环境要向电池提供热量。

【例 14-8】 298K 时，电池 $Ag \mid AgCl(s) \mid HCl(a) \mid Cl_2(p^{\ominus}) \mid Pt$ 的电动势 $E = 1.137V$，电动势的温度系数 $\left(\dfrac{\partial E}{\partial T}\right)_p = -59.5mV \cdot K^{-1}$，电池反应为 $Ag + \dfrac{1}{2}Cl_2(g, p^{\ominus}) \Longrightarrow AgCl(s)$，试计算该反应的 $\Delta_r G_m$、$\Delta_r S_m$、$\Delta_r H_m$ 以及等温可逆放电过程的热效应 Q_r。

解 $\qquad\qquad \Delta_r G_m = zFE = -1 \times 96500C \cdot mol^{-1} \times 1.137V = -109.70kJ/mol$

$\qquad\qquad \Delta_r S_m = zF\left(\dfrac{\partial E}{\partial T}\right)_p = 1 \times 96500C \cdot mol^{-1} \times (-59.5mV \cdot K^{-1}) = -57.41J \cdot K^{-1} \cdot mol^{-1}$

等温条件下，$\Delta_r G_m = \Delta_r H_m - T\Delta_r S_m$

得 $\Delta_r H_m = \Delta_r G_m + T\Delta_r S_m = -109.70 \text{kJ} \cdot \text{mol}^{-1} + 298\text{K} \times (-57.41\text{J} \cdot \text{K}^{-1} \cdot \text{mol}^{-1}) = -126.8\text{kJ} \cdot \text{mol}^{-1}$

$$Q_r = T \cdot \Delta_r S_m = 298\text{K} \times (-57.41\text{J} \cdot \text{K}^{-1} \cdot \text{mol}^{-1}) = -17.11\text{kJ} \cdot \text{mol}^{-1}$$

（5）能斯特方程

任意反应 $\sum \nu_B B = 0$，在等温条件下有：

$$\Delta_r G_m = \Delta_r G_m^\ominus + RT\ln \prod_B (\tilde{p}_B/p^\ominus)^{\nu_B} \qquad （气相反应）$$

$$或 \Delta_r G_m = \Delta_r G_m^\ominus + RT\ln \prod_B a_B^{\nu_B}（凝聚相反应）$$

上式适用于各类反应，也适用于电池反应。式中，$\Delta_r G_m = -zFE$

$$\Delta_r G_m^\ominus = -zFE^\ominus \tag{14-50}$$

$E^\ominus$ 为原电池的标准电动势，等于参加电池反应的各物质均处在各自标准态时的电动势。将式（14-46）和式（14-50）代入等温方程，得：

$$E = E^\ominus - \frac{RT}{zF}\ln \prod_B a_B^{\nu_B} \tag{14-51}$$

此式称为电池的能斯特（Nernst）方程，是原电池的基本方程式。它表示一定温度下可逆电池的电动势与参加电池反应各组分的活度或逸度之间的关系，反映了各组分的活度或逸度对电池电动势的影响。当电池反应达到平衡时，$\Delta_r G_m = 0$，$E = 0$，根据 $\Delta_r G_m^\ominus = -RT\ln K^\ominus$ 可以得到：

$$E^\ominus = -\frac{RT}{zF}\ln K^\ominus \tag{14-52}$$

式中，$K^\ominus$ 为反应的标准平衡常数。由（14-52）可知，如能求得原电池的标准电动势，即可求得该反应的标准平衡常数。需要指出的是，原电池电动势 E 是强度量，对于一个原电池，只有一个电动势 E，与电池反应计量式的写法无关。但电池反应的摩尔反应吉布斯函数 $\Delta_r G_m$ 却与反应计量式的写法有关。例如丹尼尔电池的反应式可写作以下两种形式：

① $Zn + Cu^{2+} = Zn^{2+} + Cu \qquad E_1，\Delta_r G_{m,1}$

② $\frac{1}{2}Zn + \frac{1}{2}Cu^{2+} = \frac{1}{2}Zn^{2+} + \frac{1}{2}Cu \qquad E_2，\Delta_r G_{m,2}$

根据能斯特方程有：

$$E_1 = E^\ominus - \frac{RT}{2F}\ln \frac{a(Zn^{2+})a(Cu)}{a(Zn)a(Cu^{2+})}$$

$$E_2 = E^\ominus - \frac{RT}{F}\ln \frac{\{a(Zn^{2+})\}^{1/2}\{a(Cu)\}^{1/2}}{\{a(Zn)\}^{1/2}\{a(Cu^{2+})\}^{1/2}} = E^\ominus - \frac{RT}{2F}\ln \frac{a(Zn^{2+})a(Cu)}{a(Zn)a(Cu^{2+})}$$

可见，$E_1 = E_2 = E$。而反应的吉布斯函数变，根据 $\Delta_r G_m = -zFE$，有：

$$\Delta_r G_{m,1} = -z_1 FE = -2FE$$

$$\Delta_r G_{m,2} = -z_2 FE = -FE$$

$$\Delta_r G_{m,1} = 2\Delta_r G_{m,2}$$

以上我们看到，对于同一原电池，若电池反应计量式的写法不同，则转移的电子数不同，由于摩尔反应吉布斯函数是与反应计量式相对应的，所以也不同；但电池的电动势是电池固有性质，只要组成电池的各种条件，如温度、组成的浓度等确定了，电池电动势也就随之确定了，不会因为反应计量式的写法不同而改变。

14.1.8　电极电势

原电池电动势 E 为 $I \to 0$ 时右电极与左电极的电极电势之差，这个差值实际上是电池内部的各个相界面上所产生电势差的总和。以丹尼尔电池为例：

$$\text{Zn}\,|\,\text{ZnSO}_4(a_1)\,\vdots\,\text{CuSO}_4(a_2)\,|\,\text{Cu}$$

$$\Delta\varphi_1 \qquad\qquad \Delta\varphi_2 \qquad\qquad \Delta\varphi_3$$

$$E = \Delta\varphi_1 + \Delta\varphi_2 + \Delta\varphi_3$$

式中，$\Delta\varphi_1$ 为阳极电势差，即 Zn 与 $CuSO_4$ 溶液间的电势差；$\Delta\varphi_2$ 为液体接界电势，即 $ZnSO_4$ 与 $CuSO_4$ 溶液间的电势差，也叫扩散电势；$\Delta\varphi_3$ 为阴极电势差，即 Cu 与 $CuSO_4$ 溶液间的电势差。

（1）电极电势

单个电极电势差的绝对值是无法直接测定的，为了方便计算和理论研究，人们提出了相对电极电势的概念，即选一个参考电极作为共同的比较标准，将所研究的电极与参考电极构成一个电池，该电池的电动势即为所研究电极的电极电势。利用这样得到的电极电势数值，人们就可以方便地计算由任意两个电极所组成的电池电动势了。原则上任何电极都可以作为比较基准，但习惯上，选用标准氢电极作为阳极，待定电极作为阴极，组成如下电池：

$$\text{Pt}\,|\,\text{H}_2(\text{g},100\text{kPa})\,|\,\text{H}^+\{a(\text{H}^+)=1\}\,\|\,\text{待定电极}$$

标准氢电极中，氢气的压力为 100kPa，溶液中 H^+ 的活度为 1。规定此电池的电动势为待定电极的电极电势，以 E（电极）表示。这样定义的电极电势为还原电极电势，因为待测电极发生的总是还原反应，这与电极实际发生的反应无关。当待定电极中各组成均处在各自的标准态时，相应的电极电势称为标准电极电势，以 $E^{\ominus}$（电极）表示。显然，按此规定，任意温度下，氢电极的标准电极电势恒为 0，即 $E^{\ominus}\{\text{H}^+\,|\,\text{H}_2(\text{g})\}=0$。下面结合锌电极讨论电极电势。

以锌电极作为阴极与标准氢电极组成如下电池：

$$\text{Pt}\,|\,\text{H}_2(\text{g},100\text{kPa})\,|\,\text{H}^+\{a(\text{H}^+)=1\}\,\|\,\text{Zn}^{2+}\{a(\text{Zn}^{2+})\}\,|\,\text{Zn}$$

电极反应： 阳极 $\text{H}_2(\text{g},100\text{kPa}) \Longleftrightarrow 2\text{H}^+\{a(\text{H}^+)=1\}+2\text{e}^-$

阴极 $\text{Zn}^{2+}\{a(\text{Zn}^{2+})\}+2\text{e}^- \Longleftrightarrow \text{Zn}$

电池反应： $\text{Zn}^{2+}\{a(\text{Zn}^{2+})\}+\text{H}_2(\text{g},100\text{kPa}) \Longleftrightarrow \text{Zn}+2\text{H}^+\{a(\text{H}^+)=1\}$

根据能斯特方程有

$$E = E^{\ominus} - \frac{RT}{2F}\ln\frac{a(\text{Zn})\{a(\text{H}^+)\}^2}{a(\text{Zn}^{2+})p(\text{H}_2)/p^{\ominus}}$$

标准氢电极中 $a(\text{H}^+)=1$，$p=p^{\ominus}=100\text{kPa}$，故上式

$$E = E^{\ominus} - \frac{RT}{2F}\ln\frac{a(\text{Zn})}{a(\text{Zn}^{2+})}$$

按规定，此电池的电动势 E 即是锌电极的电极电势 $E(\text{Zn}^{2+}\,|\,\text{Zn})$，电池的标准电动势即 $E^{\ominus}$ 为锌电极的标准电极电势 $E^{\ominus}(\text{Zn}^{2+}\,|\,\text{Zn})$，因此上式可写作：

$$E(\text{Zn}^{2+}\,|\,\text{Zn}) = E^{\ominus}(\text{Zn}^{2+}\,|\,\text{Zn}) - \frac{RT}{2F}\ln\frac{a(\text{Zn})}{a(\text{Zn}^{2+})}$$

将上述方法推广到任意电极，由于待定电极的电极反应均规定为还原反应，以符号 O 表示氧化态，R 表示还原态，有：

$$\nu_{\text{O}}\text{O} + z\text{e}^- \Longleftrightarrow \nu_{\text{R}}\text{R}$$

由此可得电极的能斯特方程的通式为：

$$E(\text{电极}) = E^{\ominus}(\text{电极}) - \frac{RT}{zF}\ln\frac{\{a(\text{R})\}^{\nu_{\text{R}}}}{\{a(\text{O})\}^{\nu_{\text{O}}}} \tag{14-53}$$

式中的 $E^{\ominus}$（电极）为电极的标准电极电势。如有气体参加反应时，应将活度 a 换为相对压力 $p/p^{\ominus}$ 进行计算。如氯电极的电极反应为：

$$Cl_2(g)+2e^-\Longrightarrow 2Cl^-$$

电极的能斯特方程为：

$$E(Cl_2\mid Cl^-)=E^{\ominus}(Cl_2\mid Cl^-)-\frac{RT}{2F}\ln\frac{\{a(Cl^-)\}^2}{p(Cl_2)/p^{\ominus}}$$

又如：

$$MnO_4^-+8H^++5e^-\Longrightarrow Mn^{2+}+4H_2O$$

$$E(MnO_4^-\mid Mn^{2+})=E^{\ominus}(MnO_4^-\mid Mn^{2+})-\frac{RT}{5F}\ln\frac{a(Mn^{2+})[a(H_2O)]^4}{a(MnO_4^-)[a(H^+)]^8}$$

在稀溶液中可近似认为 $a(H_2O)$ 约为 1。

由于规定了标准电极电势对应的反应均为还原反应，所以若 $E^{\ominus}$ 为正值，例如 $E^{\ominus}$ ($Cu^{2+}\mid Cu$)=0.3400V，则 $\Delta G_m^{\ominus}(T,p)<0$，表示当各反应组分均处在标准态时，电池反应 $Cu^{2+}+H_2(g)\longrightarrow Cu+2H^+$ 能自发进行，即在该条件下 $H_2(g)$ 能还原 Cu^{2+}，电池自然放电时，铜电极上实际进行的确为还原反应。相反，若 $E^{\ominus}$（电极）为负值，如 $E^{\ominus}$($Zn^{2+}\mid Zn$)=−0.7630V，则 $\Delta G_m^{\ominus}(T,p)>0$，表明当各反应组分均处在标准态时，电池反应 $Zn^{2+}+H_2(g)\longrightarrow Zn+2H^+$ 不能自发进行，即在该条件下，$H_2(g)$ 不能还原 Zn^{2+}，而其逆反应则能自发进行，也就是说，电池自然放电时，锌电极上实际进行的不是还原反应，而是氧化反应。可见，还原电极电势的高低，反映了电极氧化态物质获得电子变成还原态物质趋向的大小。随电势的升高，氧化态物质获得电子变为还原态物质的能力在增强；而反过来，随电势的降低，还原态物质失去电子，氧化态物质的趋势在增强。原电池电动势是两个电极电势之差，即 $E=E_右-E_左$，这样计算出的 E 若为正值，则表示在该条件下电池反应能自发进行（表 14-4）。原电池的标准电动势 $E^{\ominus}$ 为：

$$E^{\ominus}=E_右^{\ominus}-E_左^{\ominus} \qquad (14-54)$$

表 14-4 25℃时一些电极上电极反应的标准电势

电极	电极反应	$E^{\ominus}$/V
$Na^+\mid Na$	$Na^++e^-\longrightarrow Na$	−2.71
$OH^-\mid H_2,Pt$	$2H_2O+2e^-\longrightarrow H_2+OH^-$	−0.8277
$Zn^{2+}\mid Zn$	$Zn^{2+}+2e^-\longrightarrow Zn$	−0.7630
$Fe^{2+}\mid Fe$	$Fe^{2+}+2e^-\longrightarrow Fe$	−0.447
$Cd^{2+}\mid Cd$	$Cd^{2+}+2e^-\longrightarrow Cd$	−0.4032
$SO_4^{2-}\mid PbSO_4(s),Pb$	$PbSO_4+2e^-\longrightarrow Pb+SO_4^2$	−0.3590
$I^-\mid AgI(s),Ag$	$AgI+e^-\longrightarrow Ag+I^-$	−0.15241
$Sn^{2+}\mid c$	$Sn^{2+}+2e^-\longrightarrow Sn$	−0.1377
$Pb^{2+}\mid Pb$	$Pb^{2+}+2e^-\longrightarrow Pb$	−0.1264
$H^+\mid H_2,Pt$	$2H^++2e^-\longrightarrow H_2$	0
$Br^-\mid AgBr(s),Ag$	$AgBr+e^-\longrightarrow Ag+Br^-$	0.07116
$Cl^-\mid AgCl(s),Ag$	$AgCl+e^-\longrightarrow Ag+Cl^-$	0.22216
$Cl^-\mid Hg_2Cl_2(s),Hg$	$Hg_2Cl_2+2e^-\longrightarrow 2Hg+2Cl^-$	0.26791
$Cu^{2+}\mid Cu$	$Cu^{2+}+2e^-\longrightarrow Cu$	0.337
$OH^-\mid Ag_2O(s),Ag$	$Ag_2O+H_2O+2e^-\longrightarrow 2OH^-+Ag$	0.342
$OH^-\mid O_2,Pt$	$O_2+2H_2O+4e^-\longrightarrow 4OH^-$	0.401
$Cu^+\mid Cu$	$Cu^++e^-\longrightarrow Cu$	0.521
$I^-\mid I_2(s),Pt$	$I_2+2e^-\longrightarrow 2I^-$	0.536

续表

电极	电极反应	$E^{\ominus}/V$
$SO_4^{2-}\mid Hg_2SO_4(s),Hg$	$Hg_2SO_4+2e^-\longrightarrow 2Hg+SO_4^{2-}$	0.6123
$Fe^{3+},Fe^{2+}\mid Pt$	$Fe^{3+}+e^-\longrightarrow Fe^{2+}$	0.771
$Hg_2^{2+}\mid Hg$	$Hg_2^{2+}+2e^-\longrightarrow 2Hg$	0.7971
$Ag^+\mid Ag$	$Ag^++e^-\longrightarrow Ag$	0.7994
$Br^-\mid Br_2(l),Pt$	$Br_2+2e^-\longrightarrow 2Br^-$	1.066
$H^+\mid O_2,Pt$	$4H^++O_2+4e^-\longrightarrow 2H_2O$	1.229
$Cr^{3+},Cr_2O_7^{2-},H^+\mid Pt$	$Cr_2O_7^{2-}+14H^++6e^-\longrightarrow 2Cr^{3+}+7H_2O$	1.232
$Cl^-\mid Cl_2(g),Pt$	$Cl_2+2e^-\longrightarrow 2Cl^-$	1.35793
$MnO_4^-,H^+\mid MnO_2,Pt$	$MnO_4^-+4H^++3e^-\longrightarrow MnO_2+2H_2O$	1.679
$S_2O_8^{2-},SO_4^{2-}\mid Pt$	$S_2O_8^{2-}+2e^-\longrightarrow 2SO_4^{2-}$	2.010

（2）原电池电动势的计算

利用标准电极电势和能斯特方程，可以计算由任意两个电极构成的电池的电动势。方法有二：一是先按电极的能斯特方程（14-53）分别计算两个电极的电极电动势 $E_左$ 和 $E_右$，然后按照 $E=E_右-E_左$ 计算电池的电动势 E；二是先按式（14-54）计算电池的标准电动势 $E^{\ominus}$，然后按电池的能斯特方程式（14-51）计算电池的电动势 E。

【例 14-9】 试计算 25℃时下列电池的电动势

$$Zn\mid ZnSO_4(b=0.001mol\cdot kg^{-1})\parallel CuSO_4(b=1.0mol\cdot kg^{-1})\mid Cu$$

解 采用第一种方法，由两电极的电极电势求电池的电动势。先写出电极反应：

阳极反应 $\qquad\qquad\qquad\qquad Zn\longrightarrow Zn^{2+}+2e^-$

阴极反应 $\qquad\qquad\qquad\qquad Cu^{2+}+2e^-\longrightarrow Cu$

电极电势表达式中，纯固体的活度为 1。由于单个离子的活度因子无法测定，故常近似认为 $\gamma_+=\gamma_-=\gamma_\pm$。查表 14-3，$0.001mol\cdot kg^{-1}$ $ZnSO_4$ 水溶液的 $\gamma_\pm=0.734$，$1.0mol\cdot kg^{-1}$ $CuSO_4$ 水溶液的 $\gamma_\pm=0.047$。查表 14-4，$E^{\ominus}(Zn^{2+}\mid Zn)=-0.7620V$，$E^{\ominus}(Cu^{2+}\mid Cu)=0.3417V$。电极反应 $z=2$，于是有：

$$
\begin{aligned}
E_左 &=E(Zn^{2+}\mid Zn)=E^{\ominus}(Zn^{2+}\mid Zn)-\frac{0.05916(V)}{2}\lg\frac{a(Zn)}{a(Zn^{2+})}\\
&=E^{\ominus}(Zn^{2+}\mid Zn)-\frac{0.05916(V)}{2}\lg\frac{1}{\gamma(Zn^{2+})\cdot[b(Zn^{2+})/b^{\ominus}]}\\
&=-0.7620(V)-\frac{0.05916(V)}{2}\lg\frac{1}{0.734\times0.001}\\
&=-0.8547(V)
\end{aligned}
$$

$$
\begin{aligned}
E_右 &=E(Cu^{2+}\mid Cu)=E^{\ominus}(Cu^{2+}\mid Cu)-\frac{0.05916(V)}{2}\lg\frac{a(Cu)}{a(Cu^{2+})}\\
&=E^{\ominus}(Cu^{2+}\mid Cu)-\frac{0.05916(V)}{2}\lg\frac{1}{\gamma(Cu^{2+})\cdot[b(Cu^{2+})/b^{\ominus}]}\\
&=-0.3417(V)-\frac{0.05916(V)}{2}\lg\frac{1}{0.047\times1.0}\\
&=-0.3024(V)
\end{aligned}
$$

得电池电动势：$E=E_右-E_左=-1.1571V$

【例 14-10】 写出下列电池的电极和电池反应，并利用电池的能斯特方程计算 25℃下 b(HCl)$=0.1mol\cdot kg^{-1}$时的电池电动势。

$$Pt\mid H_2(g,100kPa)\mid HCl(b)\mid AgCl(s)\mid Ag$$

解　阳极反应

$$\frac{1}{2}H_2(g,100kPa)\longrightarrow H^+(b)+e^-$$

阴极反应

$$AgCl(s)+e^-\longrightarrow Ag+Cl^-(b)$$

电池反应

$$\frac{1}{2}H_2(g,100kPa)+AgCl(s)=\!\!=Ag+H^+(b)+Cl^-(b)$$

首先计算电池的标准电动势，查表 14-4，可知 $E^\ominus[AgCl(s)|Ag]=0.22216$ （V），$E^\ominus\{H^+|H_2(g)\}=0$ （V），电池的标准电动势为：

$$E^\ominus=E^\ominus\{AgCl(s)|Ag\}-E^\ominus\{H^+|H_2(g)\}=(0.22216-0)(V)=\!\!=0.22216 （V）$$

根据电池反应，可由电池的能斯特方程计算电池的电动势

$$E=E^\ominus-\frac{RT}{F}\ln\frac{a(Ag)a(H^+)a(Cl^-)}{[p(H_2)/p^\ominus]^{1/2}a(AgCl)}$$

$a(Ag)=1$，$a(AgCl)=1$，$p(H_2)/p^\ominus=1$ 所以实际只要计算 $a(H^+)a(Cl^-)$ 的值代入即可。由于此题中 H^+ 和 Cl^- 是构成一个电解质溶液的两种离子，故可通过平均离子活度 $\alpha_\pm$ 及平均离子活度因子 $\gamma_\pm$ 来计算（如离子不在同一溶液中，则需分别计算其活度）：

$$a(H^+)a(Cl^-)=\alpha_\pm^2=\gamma_\pm^2(b_\pm/b^\ominus)^2=\gamma_\pm^2(b/b^\ominus)^2$$

查表 14-4，25℃下 $b(HCl)=0.1mol\cdot kg^{-1}$ 的 $\gamma_\pm=0.796$，代入上面的能斯特方程可有：

$$E=E^\ominus-\frac{RT}{F}\ln a(H^+)a(Cl^-)=E^\ominus-\frac{RT}{F}\ln a_\pm^2=E^\ominus-\frac{2RT}{F}\ln a_\pm=E^\ominus-\frac{2RT}{F}\ln(\gamma_\pm b/b^\ominus)$$

$$=0.22216(V)-2\times0.05916(V)\times lg(0.796\times0.1)=0.3522(V)$$

由该题可知，在已知电解质浓度 b 的情况下，只要查出该浓度下的 $\gamma_\pm$，即可通过能斯特方程计算电池的电动势。反过来，这也为测定电解质的平均离子活度和平均离子活度因子提供了一个方便准确的方法。将待测电解质溶液和适当的电极组成电池，测定其在不同浓度下的电动势，即可通过电池的能斯特方程计算不同浓度下的 $\alpha_\pm$，进而得到不同浓度的 $\gamma_\pm$。许多电解质溶液的 $\gamma_\pm$ 是由这种方法测得的。

14.1.9　电解与极化

（1）分解电压

原电池是利用自身物质的化学反应，将化学能转变为电能而得到电功的。如果欲使电池内的反应人为地逆向进行，必须供给适当的能量，即对原电池施加一个正负极相反的外加电压才能完成。从理论上讲，所施加的外加电源的电动势只要大于原电池的电动势，就能使原电池逆向工作，进行电解，但实际上往往要高出一定的数值才能进行，这可从下面 HCl 的电解中看出。

将两个铂电极插入 $1mol\cdot L^{-1}$ HCl 溶液中，按照图 14-12 所示的装置进行电解。图中 G 为安培计，V 为伏特计，R 为可变电阻。滑动可变电阻，逐渐增加电压，同时记录相应的电流，然后绘制电流-电压曲线，如图 14-13 所示。在开始时，外加电压很小，几乎没有电流通过电解池。此后电压增加，电流略有增加，但当电压增加到某一数值以后，曲线的斜率激增，同时两极出现气泡，继续增加电压，电流就随电压直线上升。人们把使电解正常进行所需施加的最小外电压称为电解质的分解电压（图 14-13 中的 D 点）。电解 HCl 的反应为：

阴极：

$$2H^+(a)+2e^-\longrightarrow H_2(p)$$

阳极：

$$2Cl^-(a)\longrightarrow Cl_2(p)+2e^-$$

电解时，当两极上出现 H_2 和 Cl_2 后，电解池中就形成了下面的电池：

$$Pt|H_2|HCl(1mol\cdot L^{-1})|Cl_2|Pt$$

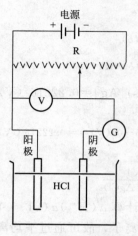

图 14-12 测定分解电压的装置

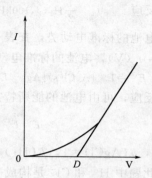

图 14-13 电流-电压曲线

这个电池产生了一个反电动势，和外加电压相对抗。刚产生的 H_2 和 Cl_2 压力远小于外界压力，气体非但不能离开电极自由逸出，反而可能扩散到溶液中而消失。由于电极上的产物扩散掉了，需要通过极微小的电流使电极产物得到补充。继续增加外加电压，电极上就有 H_2 和 Cl_2 继续产生并向溶液中扩散，因而电流也有少许增加，当达到分解电压时，电解产物的浓度达到最大，氢和氯的压力达到大气压力而呈气泡逸出。此时反电动势达到极大值，此后如再增大外加电压，电流就直线上升。当外加电压等于分解电压时，两极的电极电位称为各自物质的析出电位。表 14-5 列出几种常见电解质的分解电压。

表 14-5 几种电解质溶液的分解电压（溶液浓度为 1N，室温，铂电极）

电解质	$E_{分解}/V$	电解产物	$E_{理论}/V$
HNO_3	1.69	H_2 和 O_2	1.23
H_2SO_4	1.67	H_2 和 O_2	1.23
NaOH	1.69	H_2 和 O_2	1.23
HCl	1.31	H_2 和 Cl_2	1.37
$CdSO_4$	2.03	Cd 和 O_2	1.26
$NiCl_2$	1.85	Ni 和 Cl_2	1.64

（2）极化与超电压

理论上，外加电压只要略大于原电池所产生的反电动势，就可以对电解质溶液进行电解。例如对 H_2SO_4 溶液的电解，其原电池的反电动势可计算如下。

负极反应： $H_2 \longrightarrow 2H^+ + 2e^-$

正极反应： $\frac{1}{2}O_2 + H_2O + 2e^- \longrightarrow 2OH^-$

电池反应： $H_2 + \frac{1}{2}O_2 + H_2O \longrightarrow 2OH^- + 2H^+$

$$E = 0.401 - \frac{RT}{2F}\ln\frac{a(H^+)^2 a(OH^-)^2}{[p(H_2)/p^\ominus][p(O_2)/p^\ominus]^{1/2}} = 0.401 - \frac{8.314 \times 298.15}{2 \times 96500}\ln(10^{-14})^2 \approx 1.23 （V）$$

对于 H_2SO_4 的电解，外加电压只要略大于 1.23V 就能进行电解，但 H_2SO_4 的分解电压经测定为 1.67V。通常将前者称为理论分解电压，后者称为实际分解电压。人们把实际分解电压超过理论分解电压的现象称为极化，极化现象是由于电解池中的不可逆过程而引起的。

通常把分解电压（实际分解电压）与原电池反电动势（理论分解电压）的差值称为超电压，用 η 表示，即：

$$\eta = E_{实际} - E_{理论}$$

14.1.10 析出电位及金属的分离

（1）析出电位

某一离子的析出电位是指能使这一离子在电极上析出所需的最小电压。而某一离子析出电位与理论电极电位之差称为该离子的超电位或过电位。要注意析出电位、超电位与分解电压、超电压的区别，前者是对于单个电极上的某一离子，而后者是对于整个电解池中某一物质。其定量关系可从图 14-14 所示电解池的极化曲线中看出。图 14-14 所示是实际测定超电位的结果图，它是测定有电流流过电极时的电极电位，然后用电流密度为纵坐标，电极电位为横坐标得到的极化曲线图。

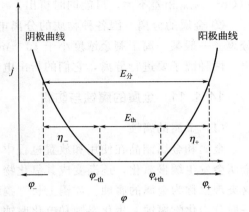

图 14-14 电解池的极化曲线

超电压（η）、超电位（η_+、η_-）为正值，电解时的超电压是阴、阳极超电位之和，即：

$$\eta = \eta_+ + \eta_-$$

因为

$$\eta = E_{分解} - E_{理论}$$

所以

$$E_{分解} = (\varphi_+ - \varphi_-) + (\eta_+ + \eta_-) = (\varphi_+ + \eta_+) - (\varphi_- - \eta_-)$$

阳极的析出电位：

$$\varphi_{阳、析出} = \varphi_+ + \eta_+$$

阴极的析出电位：

$$\varphi_{阴、析出} = \varphi_- - \eta_-$$

所以

$$E_{分解} = \varphi_{阳、析出} - \varphi_{阴、析出}$$

由于超电位的存在，离子在阳极更难氧化，因而离子在阳极上的析出电位比理论电位更正一些；离子在阴极更难还原，离子在阴极上的析出电位比理论电极更负一些。

（2）金属的共沉积及分离

① 金属的共沉积 对一个含有多种电解质的溶液进行电解，电解反应是怎样进行的呢？很显然，哪一个电解质的分解电压小，哪一个物质首先发生反应，这是一个总的原则。具体到某一个电极上，由于 $E_{分解} = \varphi_{阳、析出} - \varphi_{阴、析出}$ 所以阴极上离子被还原的次序应该是按照各离子析出电位从大到小的次序进行，阳极上离子被氧化的次序是按照各离子析出电位从小到大的次序进行。

【例 14-11】 在锌的湿法冶金过程中，经过中性浸出之后，溶液中含有离子的浓度 $c(Zn^{2+})$ 为 3.67 mol·L^{-1}，$c(Cd^{2+})$ 为 0.0089 mol·L^{-1}，$c(Co^{2+})$ 为 0.0017 mol·L^{-1}，$c(H^+)$ 为 10^{-7} mol·L^{-1}，试分析这些离子沉积的先后次序。设 Co、H$_2$ 析出超电位分别为 0.4V 和 0.7V。

解 先计算各个离子的析出电位，按下式计算：

$$\varphi_{阴、析出} = \varphi_- - \eta_-$$

所以

$$\varphi(Zn^{2+})_{析出} = -0.763 + \left(\frac{RT}{2F}\ln 3.67\right) - 0 = -0.746 \text{ (V)}$$

$$\varphi(Cd^{2+})_{析出} = -0.402 + \frac{RT}{2F}\ln 0.0089 = -0.463 \text{（V）}$$

$$\varphi(Co^{2+})_{析出} = -0.27 + \left(\frac{RT}{2F}\ln 0.00017\right) - 0.4 = -0.781 \text{（V）}$$

$$\varphi(H^{+})_{析出} = 0 + \left(\frac{RT}{2F}\ln 10^{-7}\right) - 0.7 = -1.114 \text{（V）}$$

$$\varphi(Cd^{2+})_{析出} > \varphi(Zn^{2+})_{析出} > \varphi(Co^{2+})_{析出} > \varphi(H^{+})$$

故各离子沉积（析出）的先后次序为 Cd^{2+}、Zn^{2+}、Co^{2+} 和 H^+。但 $\varphi(Zn^{2+})_{析出}$ 和 $\varphi(Co^{2+})_{析出}$ 相差不大，可能同时析出。

② 金属的分离　因各种物质的分离电压不同，故可通过控制外加电压使金属离子彼此分离。一般某一离子剩余浓度小于 10^{-5} mol·L^{-1} 时，就认为该种离子已分离完全，由此算出，两种离子要进行分离，它们的析出电位至少应相差 0.2V 左右。

14.1.11　金属的腐蚀与防腐

（1）金属的腐蚀

金属和金属制品在使用和放置过程中，由于环境中的水汽、氧气和酸性氧化物的影响，金属会发生缓慢氧化，逐渐变成其氧化物、氢氧化物或各种金属盐，而金属本身遭到破坏，这类现象称为金属的腐蚀。如铜上长"铜绿"、铝制品上长"毛"和钢铁生锈等。金属腐蚀一般分为化学腐蚀、生化腐蚀和电化腐蚀。化学腐蚀是金属与化学试剂发生反应而被破坏。生化腐蚀是金属被生物寄生，被其排泄物侵蚀而破坏。电化腐蚀是金属与其环境中其他物质形成微生电池，金属作为阳极发生氧化而被破坏。这种情况尤以钢铁的腐蚀最为严重，本节主要讨论铁的腐蚀情况。将金属铁放入酸性溶液中，铁会自动溶解，同时放出氢气。H^+ 在 $Fe(s)$ 上发生还原：

$$Fe(s) \longrightarrow Fe^{2+} + 2e^-$$
$$2H^+ + 2e^- \longrightarrow H_2(g)$$

这里 $Fe(s)$ 既是阳极，又是阴极，故称为"二重电极"。这样构成的原电池的电动势不太大，在 H^+ 浓度较小时腐蚀不是很严重。这种腐蚀又称为"析氢腐蚀"。如果 Fe 里含有 Cu 等比 Fe 不活泼的金属，则组成类似微电池时，Fe 为阳极，Cu 为阴极，腐蚀会更严重些，所以铜板上的铁铆钉很容易生锈。如果将铁板露置在空气中，一旦上面积了水或有水汽凝聚，空气中有较多的酸性氧化物或盐雾，则铁板很快就生锈。如化工厂附近的铁制品特别容易被腐蚀就是这个原因，因为在阴极上发生了另外一个反应：

$$O_2(g) + 4H^+ + 4e^- \longrightarrow 2H_2O$$

如果阳极上仍是 Fe 氧化成 Fe^{2+} 的话，这个电池的电动势比刚才析氢腐蚀的要大得多，电动势越大，吉布斯自由能变化值越小，腐蚀趋势越严重。有 $O_2(g)$ 存在时不但可以把 Fe 氧化成 Fe^{2+}，还可氧化成 Fe^{3+}。铁锈是一个 Fe^{3+}、Fe^{2+} 及其氢氧化物和氧化物的疏松混合物。这种腐蚀也称为耗氧腐蚀。

（2）金属的防腐

既然金属的电化腐蚀是由于形成微电池发生氧化而引起的，则防腐就要从如何不让微电池形成，或一旦形成微电池让被保护金属作为阴极，将 Fe 置于安全区，远离腐蚀区等方面着手考虑。

① 用保护层防腐　保护层有非金属层和金属保护层两类。保护层防腐是将被保护金属

与 H_2O、O_2 和 H^+ 等介质隔离，使之无法形成微电池。常用的非金属保护层为油漆、搪瓷、陶瓷、玻璃和多种类型的高分子材料，将金属"严密"包裹好，使之无法与介质接触。金属保护层是用电镀的方法在 Fe 的外面镀上一层其他金属，如镀 Ni、Cr、Zn 和 Sn 等。如果镀层是完整的，则都能起到相同的保护作用。一旦镀层有破损，则有两种情况：如果镀层比 Fe 活泼，如镀 Zn，一旦形成微电池，Zn 为阳极，Fe 为阴极，Zn 仍有保护作用；如果镀层不如 Fe 活泼，如镀 Sn，则 Fe 为阳极，Sn 为阴极，Fe 被腐蚀得更快。但是 Sn^{2+} 常与有机酸形成络合离子，使其电位变得比 Fe 还低，所以罐头食品常用镀锡铁（俗称"马口铁"）作包装。

② 牺牲性阳极保护法　将电极电势较低的金属与被保护金属紧密连接在一起，一旦形成微电池，电势较低的金属作为阳极而被氧化，被保护金属作阴极而避免了腐蚀。例如，在海船底上镶嵌锌块，形成微电池时，Zn 作为阳极而被氧化溶解，Fe 的船体作阴极而免遭腐蚀。过一段时间，再更换锌块。这里 Zn 就作了牺牲性阳极。由于这样要耗费大量 Zn 块，目前这种方法逐渐少用了。

③ 阴极电保护法　在电势小于 $-0.7V$ 时，在所有 pH 范围内，Fe(s) 是稳定的。所以用外加电源的方法，将被保护的金属与负极相接，让它作为阴极，维持 $-0.7V$ 以下的低电势。将正极接到一些无用的金属上，使之成为牺牲性阳极。这种用外加电源使被保护金属成为阴极而不被腐蚀的方法称为阴极电保护法。这种方法广泛用于化工厂中的贮罐、管道的防腐以及地下水管、输油管和闸门的防腐等。

④ 钝化保护法　当 Fe 外面包裹了一层致密的氧化物后，也可保护里面的金属不被继续腐蚀，这时金属处于钝态。使金属钝化大致有两种方法：一种是化学钝化，将被保护金属放在具有强氧化性的化学试剂（如浓 HNO_3、$HClO_3$、$K_2Cr_2O_7$、$KMnO_4$、$AgNO_3$ 等）中，使之钝化。钝化后的金属其电极电势升高，甚至高到可以与贵金属（如 Au、Pt）近似。另一种是电化学钝化，将被保护金属作为电解池的阳极，插在一定的介质中使之氧化，并采用一定的设备不断使阳极电势升高，极化越来越严重。

⑤ 加缓蚀剂保护　对于那些不得不与介质接触的金属，设法改变介质的性质，防止或延缓金属的腐蚀，就是要在介质中加缓蚀剂。缓蚀剂的作用一般是降低阳极（或阴极）过程的速度，或者是覆盖在电极表面而达到腐蚀目的。常用的缓蚀剂有无机盐类，如硅酸盐、亚硝酸盐、铬酸盐等。也有的是有机缓蚀剂，一般是含有 N、S、O 和三键的胺类或吡啶类化合物。由于缓蚀剂的用量少，方便而经济，故是一种常用的防腐方法。

⑥ 提高金属本身的抗腐能力　在冶炼加工金属的过程中，适当加入一些其他元素，如在 Fe 中加入 Cr、Ni 和 Mn 等制成耐蚀合金，俗称"不锈钢"。其实它也不是绝对不生锈，只是比一般 Fe 更耐腐蚀而已。例如，在 Fe 中加入 Cr 后，由于 Cr 的钝化电势很低，使得合金的钝化电势也变低。若 Cr 的质量分数在 $0.12\sim0.18$，这种铬钢的耐蚀性能与铬近似。

研究防腐是很有意义的，因为据不完全统计，世界上每年报废的金属制品绝大部分是因腐蚀造成的，其质量几乎占了金属年产量的 1/3，防腐相当于提高了金属产量。当然，如能研制出性能与金属近似，而又不会腐蚀的新材料则意义更加重大。随着特种陶瓷、各种功能合成材料的出现，看来这不是梦想。

14.2　电位分析法

电化学分析法是应用电化学原理和技术，利用化学电池内被分析溶液的组成及含量与其电化学性质的关系而建立起来的一类分析方法。其操作方便，用途广。许多电化学分析法既可定性，又可定量；既能分析无机物，又能分析有机物；并且许多方法可以自动进行，还可用于在线分析，在生产、生活等各个领域有着广泛的应用。

14.2.1 电位分析法的基本原理

电位分析法是利用电极电位与溶液中待测物质离子的活度（或浓度）的关系进行分析的一种电化学分析法。Nernst 方程是表示电极电位与离子的活度（或浓度）的关系式，所以 Nernst 方程是电位分析法的理论基础。

电位分析法利用一支指示电极（对待测离子响应的电极）及一支参比电极（常用饱和甘汞电极——SCE）构成一个测量电池（原电池）。在溶液平衡体系不发生变化及电池回路零电流条件下，测得电池的电动势（或指示电极的电位）：

$$E = E_{参比} - E_{指示}$$

由于 $E_{参比}$ 不变，$E_{指示}$ 符合 Nernst 方程，所以 E 的大小取决于待测物质离子的活度（或浓度），从而达到分析的目的。

（1）离子选择性电极的基本结构

离子选择性电极（ion-selective electrode，ISE）是其电极电位对离子具有选择性响应的一类电极，它是一种电化学传感器，敏感膜是其主要组成部分，其基本结构如图 14-15。

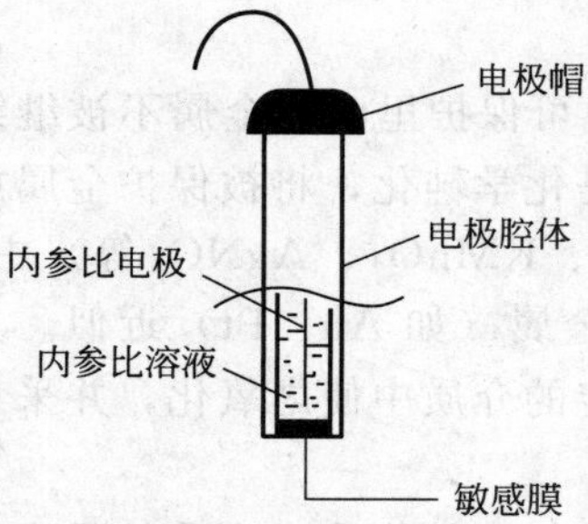

图 14-15　离子选择性电极示意

ISE 由四个基本部分组成：

电极腔体——玻璃或高分子聚合物材料做成；

内参比电极——通常为 Ag/AgCl 电极；

内参比溶液——由氯化物及响应离子的强电解质溶液组成；

敏感膜——对离子具有高选择性的响应膜。

（2）离子选择性电极的电极电位构成

① 液接电位 E_d　两种不同离子或离子相同而活度不同的溶液，其液液界面上由于离子的扩散速度不同，能形成液接电位，也称为扩散电位。离子的扩散属于自由扩散，没有强制性和选择性，正、负离子均可进行。扩散电位不仅存在于液液界面，也存在于固体内部。在 ISE 的敏感膜中也可产生扩散电位。扩散电位与离子的迁移数 t_i 有关，当扩散阳离子和阴离子的迁移数（t_+、t_-）相同时，$E_d = 0$。对于一价离子 E_d 可表示为：

$$E_d = \frac{RT}{F}(t_+ - t_-)\ln\frac{a_2}{a_1}$$

（a_1 和 a_2 分别表示同一离子在两种溶液中的活度）

② 道南（Donnan）电位 E_D　若有一种带负电荷载体的膜（阳离子交换物质）或选择性渗透膜。它能发生交换或只让被选择的离子通过，当膜与溶液接触时，膜相中可活动的阳离子的活度比溶液中高，或者只允许阳离子通过，而阻止阴离子通过，最终结果造成液和膜两相界面上正、负电荷分布不均匀，形成双电层结构而产生电势差。这种电荷的迁移形式带有选择性或强制性，产生的电位是相间电位，称为道南电位。

$$E_D = E_{液} - \overline{E}_{膜} = \pm\frac{RT}{F}\ln\frac{a}{a}$$

（a、$\overline{a}$ 分别为离子在溶液中及膜界面上的活度；式中"$\pm$"号表示阳离子为"＋"，阴离子为"－"）

③ 膜电位 E_M　E_M 包括液、膜两相界面离子扩散或交换所产生的道南电位 E_D 及膜中内、外两表面间离子扩散产生的扩散电位 E_d：

$$E_M = E_{D外} + \overline{E}_d + E_{D内} = \frac{RT}{zF}\ln\frac{a}{a_外} + \frac{RT}{zF}(t_+ + t_-)\ln\frac{\overline{a}_外}{\overline{a}_内} + \frac{RT}{zF}\ln\frac{\overline{a}_内}{a_内}$$

（式中 z 为离子的电荷数）

因为膜的响应具有选择性，可认为只有一种阳离子或阴离子能进行交换或扩散。对于阳离子来说，$t_- = 0$，$t_+ = 1$，则：

$$E_M = k + \frac{RT}{zF}\ln\frac{a}{a_内}，a_内 \text{ 为定值。}$$

所以 $E_M = k + \dfrac{RT}{zF}\ln a$。

对阴离子来说，$E_M = k - \dfrac{RT}{zF}\ln a$。

④ 电极电位 E_{ISE}　$E_{ISE} = E_M + E_{内参}$，$E_{内参}$ 是定值。

所以：$E_{ISE} = K \pm \dfrac{RT}{zF}\ln a$（阳离子为"＋"，阴离子为"－"）。

可见 E_{ISE} 取决于待测离子的活度，因此上式也称为离子选择性电极的 Nernst 方程，它是离子选择性电极分析法的依据。

K 也可以写成 $E_{ISE}^{\ominus}$，它包括 $E_{内参}$、内膜界面电位、膜内扩散电位、膜不对称电位等。

14.2.2　离子选择性电极的分类

（1）晶体膜电极

晶体膜电极分为均相、非均相晶膜电极。均相晶膜由一种化合物的单晶或几种化合物混合均匀的多晶压片而成。非均相膜由多晶中掺惰性物质经热压制成。晶体膜电极结构如图 14-16 所示［图 14-16(b) 为全固态型电极］。

晶体膜电极的响应机理包括两个方面。

晶膜表面与溶液两相界面上响应离子的扩散形成界面电位（道南电位）——响应离子进入晶体中可能存在的晶格离子空穴，而晶膜中的晶格离子也会扩散进入溶液而在膜中留下空穴，平衡时在界面上形成双电层而产生电位。

晶膜内部离子的导电机制形成了扩散电位——由于膜、液界面上响应离子的扩

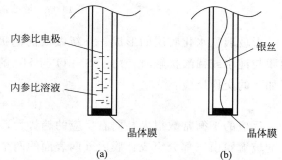

图 14-16　晶体膜电极的结构

散，使膜内晶格离子分布不均匀，即空穴不均匀，引起晶格离子的扩散，空穴的移动，如 LaF_3 晶体中 F^- 的扩散

$$LaF_3 + 空穴 \longrightarrow LaF_2^+（新空穴）+ F^-$$

能传递的电荷只是少数晶格能小的晶体，而且只能是半径最小、电荷最少的晶格离子才能扩散移动。如 LaF_3 中 F^-。扩散的结果产生了扩散电位。此类电极的干扰是共存离子与晶

格离子生成难溶盐或稳定的络合物，改变晶膜表面的性质，而不是共存离子进入膜参与响应。如 OH^- 对 F^- 电极的干扰是产生 $La(OH)_3$ 沉淀所致。因此，晶膜电极的选择性取决于膜化合物和共存离子与晶格离子生成化合物溶解度的相对大小，而检测限取决于膜化合物的 K_{sp}。

晶体膜电极常用的有：氟电极——膜为 LaF_3 单晶片，掺入少量 Eu^{2+}、Ca^{2+} 以改善其导电性能。

电极电位：

$$E_F = K - \frac{RT}{F}\ln a_{F^-}$$

测量电池：

$$(F^-_{ISE})Ag\,|\,AgCl,Cl^-(0.1mol\cdot L^{-1}),F^-(0.1mol\cdot L^{-1})\,|\,试液(a_F^-)\,\|\,Cl^-(饱和),Hg_2Cl_2\,|\,Hg(SCE)$$

氟电极使用的酸度范围 pH 为 5.0～5.5。

（2）玻璃电极

① 玻璃电极的响应机理　硅酸盐玻璃的结构——玻璃中含有金属离子、氧和硅，Si—O 键在空间中构成固定的带负电荷的三维网络骨架，金属离子与氧原子以离子键的形式结合，存在并活动于网络之中，承担着电荷的传导作用，其结构如图 14-17 所示。

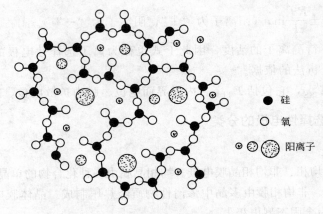

图 14-17　硅酸盐玻璃的结构

干玻璃膜水化胶层的形成——新做成的电极，干玻璃膜的网络中由 Na^+ 所占据。当玻璃膜与纯水或稀酸接触时，由于 Si—O 与 H^+ 的结合力远大于与 Na^+ 的结合力，因而发生了如下的交换反应：

$$G^-Na^+ + H^+ \Longrightarrow G^-H^+ + Na^+$$

反应的平衡常数很大，向右反应的趋势大，玻璃膜表面形成了水化胶层。因此水中浸泡后的玻璃膜由三部分组成：膜内外两表面的两个水化胶层及膜中间的干玻璃层。

② 玻璃电极的膜电位及电极电位　形成水化胶层后的电极浸入待测试液中时，在玻璃膜内外界面与溶液之间均产生界面电位，而在内、外水化胶层中均产生扩散电位，膜电位是这四部分电位的总和。即：

$$E_{M玻} = E_{D外} + E_{d外} + E_{d内} + E_{D内}$$

Baucke 认为水化胶层中 $\equiv$Si—O^- H^+ 的离解平衡及水化胶层中 H^+ 与溶液中 H^+ 的交换是决定界面电位的主要因素，即：

$$\equiv Si-O^-\,H^+ \;+\; H_2O \Longrightarrow \equiv Si-O^- \;+\; H_3^+O$$

[水化胶层] [溶液] [水化胶层] [溶液]

而且，当玻璃膜内外表面的性状相同，可以认为：

$$\overline{a}_{H^+内}=\overline{a}_{H^+外}[\overline{a} \text{ 为膜界面上 } H^+ \text{ 浓度}] \qquad E_{d内}\approx-E_{d外}$$

所以：

$$E_M=E_{M外}+E_{M内}=\frac{RT}{F}\ln\frac{a_{H^+外}}{a_{H^+内}}=k+\frac{RT}{F}\ln a_{H^+外}=k-0.0591\,\mathrm{pH}_外$$

则玻璃电极的电极电位为：

$$E_G=E_{内参}+E_M=K+\frac{RT}{F}\ln a_{H^+外}\xlongequal{25℃}K-0.0591\,\mathrm{pH}_外$$

a. 玻璃电极的不对称电位 $E_不$——按照上面推得的膜电位公式，当膜内外的溶液相同时，$E_M=0$，但实际上仍有一很小的电位存在，称为不对称电位，其产生的原因是由于膜的内外表面的性状不可能完全一样，即 $\overline{a}_{H^+内}$ 与 $\overline{a}_{H^+外}$、$E_{d内}$ 与 $E_{d外}$ 不同引起的。影响它的因素主要有：制作电极时玻璃膜内外表面产生的表面张力不同，使用时膜内外表面所受的机械磨损及化学吸附、浸蚀不同。

b. 不同电极或同一电极使用状况、使用时间不同，都会使 $E_不$ 不一样，所以 $E_不$ 难以测量和确定。干的玻璃电极使用前经长时间在纯水或稀酸中浸泡，以形成稳定的水化胶层，可降低 $E_不$；pH 测量时，先用 pH 标准缓冲溶液对仪器进行定位，可消除 $E_不$ 对测定的影响。各种离子选择电极均存在不同程度的 $E_不$，而玻璃电极较为突出。

c. 玻璃电极的"钠差"和"酸差"

ⓐ "钠差" 当测量 pH 较高或 Na^+ 浓度较大的溶液时，测得的 pH 值偏低，称为"钠差"或"碱差"。每一支 pH 玻璃电极都有一个测定 pH 高限，超出此高限时，"钠差"就显现了。产生"钠差"的原因是 Na^+ 参与响应。

ⓑ "酸差" 当测量 pH 小于 1 的强酸、或盐度大、或某些非水溶液时，测得的 pH 值偏高，称为"酸差"。产生"酸差"的原因是：当测定酸度大的溶液时，玻璃膜表面可能吸附 H^+，当测定盐度大或非水溶液时，溶液中 a_{H^+} 变小。

③ pH 的实用（操作性）定义及 pH 的测量 pH 的热力学定义为：

$$\mathrm{pH}=-\lg a_{H^+}=-\lg\gamma_{H^+}[H^+]$$

活度系数 γ_{H^+} 难以准确测定，此定义难以与实验测定值严格相关。因此提出了一个与实验测定值严格相关的实用（操作性）定义。如下的测量电池：

$$\underline{Ag|AgCl,HCl(0.1mol\cdot L^{-1})|玻璃|待测溶液}|\underline{KCl(饱和),Hg_2Cl_2|Hg}$$
$$\text{pH 玻璃电极} \qquad\qquad\qquad \text{饱和甘汞电极}$$

$$E=E_{SCE}-E_G\xlongequal{25℃}E_{SCE}-K+0.0591\mathrm{gH}_外=K'+0.0591\mathrm{gH}_外$$

因此 K' 是一个不确定的常数，所以不能通过测定 E 直接求算 pH，而是通过与标准 pH 缓冲溶液进行比测，分别测定标准缓冲溶液（$\mathrm{pH_S}$）及试液（$\mathrm{pH_X}$）的电动势（E_S 及 E_X），得到：

$$E_S=K_1'+0.059\mathrm{pH_S}$$
$$E_S=K_2'+0.059\mathrm{pH_X}$$
$$K_1'=K_2'$$

得：

$$\mathrm{pH_X}=\mathrm{pH_S}+\frac{E_X-E_S}{0.0591}$$

即 pH 值是试液和 pH 标准缓冲溶液之间电动势差的函数，这就是 pH 的实用（操作性）

定义。

　　美国国家标准局已确定了七种 pH 标准溶液。我们常用的三种标准溶液为：邻苯二甲酸氢钾、磷酸二氢钾-磷酸一氢钾、硼砂，25℃时的 pH 分别为 4.01、6.86、9.18。实际工作中，用 pH 计测量 pH 值时，先用 pH 标准溶液对仪器进行定位，然后测量试液，从仪表上直接读出试液的 pH 值。

14.2.3　电位分析法

（1）直接比较法

如测量离子 A，组成电池为：ISE$_A$|A^Z(a_A)|SCE

则

$$E = E_{SCE} - E_{ISE} = K \pm \frac{RT}{zF}\ln a_A \xrightarrow{25℃} K \pm \frac{0.0591}{z}\lg a_A \begin{pmatrix} 阳离子为 + \\ 阴离子为 - \end{pmatrix}$$

或

$$E = K \pm \frac{0.0591}{z}pA \begin{pmatrix} 阳离子为 + \\ 阴离子为 - \end{pmatrix}$$

先测定标准溶液 pA$_S$ 的电动势 E_S，再测未知溶液 pA$_X$ 的电动势 E_X

得到 $pA_X = pA_S \pm \dfrac{z(E_X - E_S)}{0.0591}$（阳离子为 +，阴离子为 -）

　　在实际测量中，需用两个不同浓度的标准溶液 PA$_{S1}$、pA$_{S2}$，且 pA$_{S1}$ < pA$_X$ < pA$_{S2}$，分别用两个标准溶液对离子计进行斜率校正及定位，然后测定未知溶液，从离子计上直接读出 pA$_X$ 值。

（2）标准曲线法——适于大批量且组成较为简单的试样分析

　　配制一系列（一般为 5 个）与试样溶液组成相似的标准溶液 c_i，与试样溶液同样加入 TISAB，分别测量 E。绘制 E-$\lg c_i$（或 E-pc_i）标准曲线，由未知试样溶液所测的 E_X 从曲线中求得 c_X。

（3）标准加入法——也称添加法

　　将小体积——V_s（一般为试液的 1/100～1/50）而大浓度——c_s（一般为试液的 50～100 倍）的待测组分标准溶液，加入到一定体积的试样溶液中，分别测量标准加入前后的电动势，从而求出 c_X。可分为单次标准加入法和连续标准加入法两种。

　　① 单次标准加入法　按照上述测量电池的构成图示式，对于阳离子的测量来说先测量体积为 V_X 的试样溶液的电动势 E_X，则 $E_X = K_1' - S\lg c_X$，再加入浓度为 c_s，体积为 V_s 的标准溶液后测定 E_{X+s}，则 $E_{X+s} = K_2' - S\lg\dfrac{c_X V_X + c_s V_s}{V_X + V_s}$

$K_1' \approx K_2'$（标准加入前后测量溶液的组分基本不变）

则

$$\Delta E = E_X - E_{X+s} = S\lg\frac{c_X V_X + c_s V_s}{V_X + V_s}$$

整理后得到 $c_X = \dfrac{c_s V_s}{V_s}\left(10^{\Delta E/S} - \dfrac{V_X}{V_X + V_s}\right)^{-1}$　（S 为 ISE 的实际响应斜率，而非 $\dfrac{0.0591}{z}$）

当 $V_s \ll V_X$ 时，$c_X = \dfrac{c_s V_s}{V_X}\ (10^{\Delta E/S} - 1)^{-1}$

若是测定阴离子，则 $\Delta E = E_X - E_{X+s}$，而 c_X 的结果表达式和上式一样。

　　因此，测定阴阳离子的统一式为 $c_X = \dfrac{c_s V_s}{V_X}\ (10^{|\Delta E|/S} - 1)^{-1}$

② 连续标准加入法—格兰（Gran）作图法　在测定过程中，连续多次（3～5 次）加入标准溶液，多次测定 E 值，按照上述电池的图示式，对于阴离子测量来说，每次 E 值为

$$E = K' + S\lg\frac{c_X V_X + c_S V_S}{V_X + V_S}$$

变换整理后得：

$$(V_X + V_S)10^{E/S} = (c_X V_X + c_S V_S)10^{K'/S} = K'(c_X V_X + c_S V_S)$$

所以 $(V_X + V_S)$ $10^{E/S}$ 与 V_S 呈线性关系。

每次加入 V_S（累加值），测出一个 E 值，并计算出 $(V_X + V_S)$ $10^{E/S}$ 的值，绘制 $(V_X + V_S)$ $10^{E/S}$-V_S 曲线，如图 14-18 所示，延长直线交于 V_S 轴的 V_S'（呈负值），

即：$(V_X + V_S)10^{E/S} = 0$

也就是：$K''(c_X V_X + c_S V_{S'}) = 0$

所以：$c_X = -\dfrac{c_S V_S'}{V_X}$

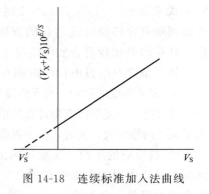

图 14-18　连续标准加入法曲线

（对于阳离子，则前面函数式中指数项的指数为负值，即 $10^{-E/S}$ 及 $10^{-K'/S}$，其余不变）

14.3　氧化还原滴定法

氧化还原滴定法是以氧化还原反应为基础的滴定分析法。氧化还原反应是基于电子转移的反应，反应机理比较复杂。氧化剂和还原剂均可作为滴定剂，一般根据滴定剂的名称来命名氧化还原滴定法，常用的有高锰酸钾法、重铬酸钾法、碘量法、溴酸钾法及硫酸铈法等。氧化还原滴定法的应用很广泛，能够运用直接滴定法或间接滴定法测定许多无机物和有机物。

14.3.1　氧化还原反应平衡

条件电极电位如下所述。

氧化还原半反应（redox half-reaction）为：

$$Ox + ne^- \Longrightarrow Red$$

$$\text{氧化态} \qquad \text{还原态}$$

可逆电对的电位可用能斯特方程式（Nernst Equation）表示：

$$\varphi_{Ox/Red} = \varphi_{Ox/Red}^{\ominus} + \frac{RT}{nF}\ln\frac{a_{Ox}}{a_{Red}} = \varphi_{Ox/Red}^{\ominus} + \frac{0.059}{n}\lg\frac{a_{Ox}}{a_{Red}} \quad (25℃)$$

式中，a_{Ox} 和 a_{Red} 分别为氧化态和还原态的活度；$\varphi^{\ominus}$：电对的标准电极电位。但在实际应用时，存在着两个问题，一是不知道活度 a（或活度系数 γ），则需要引入活度系数 γ，$a = \gamma c$。二是离子在溶液中可能发生配合、沉淀等副反应，还需要引入副反应系数，$\alpha_M = [M']/[M]$。

考虑到这两个因素，需要引入条件电极电位：

$$\varphi_{Ox/Red} = \varphi_{Ox/Red}^{\ominus} + \frac{0.059}{n}\lg\frac{a_{OX}}{a_{Red}}$$

$$\varphi_{Ox/Red} = \varphi_{Ox/Red}^{\ominus} + \frac{0.059}{n}\lg\frac{\gamma_{Ox}\alpha_{Red}c_{Ox}}{\gamma_{Red}\alpha_{Ox}c_{Red}} = \varphi_{Ox/Red}^{\ominus'} + \frac{0.059}{n}\lg\frac{c_{Ox}}{c_{Red}}$$

条件电极电位：

$$\varphi_{Ox/Red}^{\ominus'} = \varphi_{Ox/Red}^{\ominus} + \frac{0.059}{n}\lg\frac{\gamma_{Ox}\alpha_{Red}}{\gamma_{Red}\alpha_{Ox}}$$

φ' 称为条件电极电位。它是在特定条件下氧化态和还原态的总浓度均为 $1\,mol \cdot L^{-1}$ 时

的实际电极电位，它在条件不变时为一常数，此时该式可以写为一般通式

$$\varphi_{Ox/Red} = \varphi_{Ox/Red}^{\ominus'} + \frac{0.059}{n}\lg\frac{c_{Ox}}{c_{Red}}$$

标准电极电位与条件电极电位的关系，与在配位反应中的稳定常数 K 和条件稳定常数 K' 的关系相似。当 $c_{Ox}/c_{Red} = 1$ 时，条件电极电位等于实际电极电位。用条件电极电位能更准确判断氧化还原反应进行的方向、次序及反应完成的程度。显然，在引入条件电极电位后，计算结果比较符合实际情况。

外界条件对电极电位的影响有两点。

① 离子强度的影响　离子强度较大时，活度系数远小于1，活度和浓度的差别较大，若用浓度代替活度，用能斯特方程计算的结果与实际情况有差异。但由于各种副反应对电位的影响远比离子强度的影响大，同时，离子强度的影响又难以校正。因此，一般都忽略离子强度的影响。

② 副反应的影响　主要影响因素。当加入一种可与电对的氧化态或还原态生成沉淀的沉淀剂时，电对的电极电位就会发生改变。电对的氧化态（c_{Ox}）生成沉淀（或配合物）时，电极电位降低。还原态（c_{Red}）生成沉淀（或配合物）时，电极电位增加。例如，碘化物还原 Cu^{2+} 的反应式及半反应的标准电极电位为：

$$2Cu^{2+} + 4I^- = 2CuI + I_2$$

$$\varphi_{Cu^{2+}/Cu^+} = 0.16V; \qquad \varphi_{I_2/I^-} = 0.54V$$

从数据看，不能反应，但实际上反应完全。

主要原因是因为反应生成了难溶物 CuI，改变了反应的方向。

$$K_{sp(CuI)} = [Cu^+][I^-] = 1.1 \times 10^{-12}$$

$$\varphi_{Cu^{2+}/Cu^+} = \varphi_{Cu^{2+}/Cu^+}^{\ominus} + 0.059\lg\frac{[Cu^{2+}]}{[Cu^+]} = \varphi_{Cu^{2+}/Cu^+}^{\ominus} + 0.059\lg\frac{[Cu^{2+}][I^-]}{K_{sp[CuI]}}$$

若控制 $[Cu^{2+}] = [I^-] = 1.0 mol \cdot L^{-1}$ 则：$\varphi_{Cu^{2+}/Cu^+} = 0.87V$

酸度的影响。若有 H^+ 或 OH^- 参加氧化还原半反应，则酸度变化直接影响电对的电极电位。

14.3.2　氧化还原反应进行的程度

条件平衡常数如下所述。

氧化还原反应进行的程度可用平衡常数的大小来衡量，氧化还原反应的平衡常数可根据能斯特方程式从有关电对的标准电极电位或条件电极电位求得。若考虑了溶液中各种副反应的影响，引用的是条件电极电位，则求得的是条件平衡常数 K'。

氧化还原反应通式为：

$$n_2 Ox_1 + n_1 Red_2 = n_2 Red_1 + n_1 Ox_2$$

两个半电池反应的电极电位为：

$$\varphi_1 = \varphi_1^{\ominus'} + \frac{0.059}{n_1}\lg\frac{c_{Ox1}}{c_{Red1}}$$

$$\varphi_2 = \varphi_2^{\ominus'} + \frac{0.059}{n_2}\lg\frac{c_{Ox2}}{c_{Red2}}$$

滴定过程中，当达到平衡时（$\varphi_1 = \varphi_2$）：

$$\varphi_1^{\ominus'} - \varphi_2^{\ominus'} = \frac{0.059}{n_1 n_2}\lg\left(\frac{c_{Red1}}{c_{Ox1}}\right)^{n_2}\left(\frac{c_{Ox2}}{c_{Red2}}\right)^{n_1} = \frac{0.059}{n_1 n_2}\lg K'$$

K' 越大，反应越完全。K' 与两电对的条件电极电位差和 n_1、n_2 有关。对于 $n_1 = n_2 = 1$ 的反应，若要求反应完全程度达到 99.9%，即在到达化学计量点时：

$$c_{Red1}/c_{Ox1}=10^3, \quad c_{Ox2}/c_{Red2}=10^3$$

$$\Delta\varphi=\varphi_1^{\ominus\prime}-\varphi_2^{\ominus\prime}=\frac{0.059}{n_1 n_2}\lg(10^{3n_1}10^{3n_2})=\frac{0.059}{n_1 n_2}3(n_1+n_2)$$

当 $n_1=n_2=1$ 时，为保证反应进行完全，两电对的条件电极电位差必须大于 $0.4V$，这样的反应才能用于滴定分析。

在某些氧化还原反应中，虽然两个电对的条件电极电位相差足够大，符合上述要求，但由于其他副反应的发生，氧化还原反应不能定量地进行，即氧化剂与还原剂之间没有一定的化学计量关系，这样的反应仍不能用于滴定分析。

14.3.3 氧化还原反应的速率与影响因素

不同的氧化还原反应，其反应速率会有很大的差别。有的反应虽然从理论上看是可以进行的，但由于反应速率太慢而可以认为氧化剂与还原剂之间并没有发生反应。所以对于氧化还原反应，一般不能单从平衡观点来考虑反应的可能性，还应从它们的反应速率来考虑反应的现实性。

影响反应速率的主要因素，除了氧化还原电对本身的性质外，还有反应时外界的条件，如反应物浓度、酸度、温度、催化剂等，下面分别讨论之。

（1）反应物浓度

根据质量作用定律，反应速率与反应物浓度的乘积成正比。由于氧化还原反应的机理较为复杂，不能从总的反应式来判断反应物浓度对反应速率的影响程度。但一般来说，反应物浓度越高，反应速率越快。

对于有 H^+ 参加的反应，反应速率也与溶液的酸度有关。例如对于反应式 $Cr_2O_7^{2-}+6I^-+14H^+\rightleftharpoons 2Cr^{3+}+3I_2+7H_2O$，提高 I^- 和 H^+ 的浓度，有利于反应的加速进行，其中酸度的影响更大。

（2）温度

对于大多数反应来说，升高溶液的温度可加快反应速率。通常溶液温度每升高 $10℃$，反应速率可提高 $2\sim3$ 倍。但升温时还应考虑到其他一些可能引起的不利因素。对于一些反应式，温度升高可能会引起反应物或生成物分解。又如有些物质很容易被空气中的氧所氧化，使测定结果出现大的失误。只有采用别的办法提高反应速率。

（3）催化剂

氧化还原反应经常利用催化剂来改变反应速率。催化剂可分为正催化剂和负催化剂。正催化剂加快反应速率，负催化剂减慢反应速率。催化反应的机理较为复杂。在高锰酸钾法滴定中，MnO_4^- 与 $C_2O_4^{2-}$ 的滴定反应需要在 $75\sim85℃$ 下进行，以提高反应速率。但温度太高将使草酸分解。所以在反应开始时，加入的 Mn^{2+} 参加了反应的中间步骤，加速了反应，但在最后又重新产生出来，它起到了催化的作用。实际滴定时可以不加 Mn^{2+}，利用反应开始后生成的 Mn^{2+} 的自动催化作用。

（4）诱导作用

有的氧化还原反应在通常情况下不发生或反应速率极慢，但在另一反应进行时会促进这一反应的发生。例如，在酸性溶液中 $KMnO_4$ 与 Fe^{2+} 的反应加速了 $KMnO_4$ 氧化 Cl^- 的反应。由于一种氧化还原反应的发生而促进另一种氧化还原反应进行的现象，称为诱导作用。

$$MnO_4^-+5Fe^{2+}+8H^+\rightleftharpoons Mn^{2+}+5Fe^{3+}+4H_2O \quad (诱导反应)$$

$$2MnO_4^-+10Cl^-+16H^+\rightleftharpoons 2Mn^{2+}+5Cl_2+8H_2O \quad (受诱反应)$$

其中，MnO_4^- 称为作用体；Fe^{2+} 称为诱导体；Cl^- 称为受诱体。

由前面的讨论中可见，为了使氧化还原反应能按所需方向定量地、迅速地进行，选择和控制适当的反应条件和滴定条件（包括温度、酸度、浓度和滴定速度等）是十分重要的。

14.3.4 氧化还原滴定曲线及终点的滴定

滴定过程中存在着滴定剂电对和被滴定物电对：

$$n_2 Ox_1 + n_1 Red_2 \Longrightarrow n_2 Red_1 + n_1 Ox_2$$

随着滴定剂的加入，两个电对的电极电位不断发生变化，并随时处于动态平衡中。可由任意一个电对计算出溶液的电位值，对应加入的滴定剂体积绘制出滴定曲线。滴定等当点前，常用被滴定物（量大）电对进行计算；滴定等当点后，常用滴定剂（量大）电对进行计算。

现以在 $1mol \cdot L^{-1}$ H_2SO_4 中用 $0.1000mol \cdot L^{-1}$ $Ce(SO_4)_2$ 溶液滴定 $0.1000mol \cdot L^{-1}$ Fe^{2+} 的酸性溶液为例说明可逆的、对称的氧化还原电对的滴定曲线（表 14-6、图 14-19）。

表 14-6 以 $0.1000mol \cdot L^{-1}Ce^{4+}$ 溶液滴定含 $1mol \cdot L^{-1}$ H_2SO_4 的 $0.1000mol \cdot L^{-1}$ Fe^{2+} 溶液时电极电位的变化

滴定百分数	c_{Ox}/c_{Red} $c_{Fe(III)}/c_{Fe(II)}$	电极电位/V	
9	10^{-1}	0.62	
50	10^0	0.68	
91	10^1	0.74	
99	10^2	0.80	滴定突跃
99.9	10^3	0.86	
100	化学计量点	1.06	
	$c_{Fe(IV)}/c_{Fe(III)}$		
100.1	10^{-3}	1.26	
101	10^{-2}	1.32	
110	10^{-1}	1.38	
200	10^0	1.44	

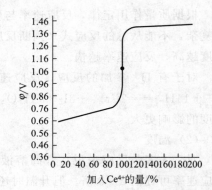

图 14-19 以 $0.1000mol \cdot L^{-1}Ce^{4+}$ 溶液滴定 $0.1000mol \cdot L^{-1}Fe^{2+}$ 溶液的滴定曲线

滴定反应为

$$Ce^{4+} + Fe^{2+} \Longrightarrow Ce^{3+} + Fe^{3+}$$

$$\varphi^{\ominus'}_{Ce^{4+}/Ce^{3+}} = 1.44V; \qquad \varphi^{\ominus'}_{Fe^{3+}/Fe^{2+}} = 0.68V$$

每加入一定量滴定剂，反应达到一个新的平衡，此时两个电对的电极电位相等，即

$$\varphi^{\ominus}_{Fe^{3+}/Fe^{2+}} + 0.059\lg \frac{c_{Fe^{3+}}}{c_{Fe^{2+}}} = \varphi^{\ominus}_{Ce^{4+}/Ce^{3+}} + 0.059\lg \frac{c_{Ce^{4+}}}{c_{Ce^{3+}}}$$

（1）化学计量点前

滴定加入的 Ce^{4+} 几乎全部被 Fe^{2+} 还原成 Ce^{3+}，Ce^{4+} 的浓度极小，根据滴定百分数，由铁电对来计算电极电位值。二价铁反应了 99.9% 时，溶液电位：

$$E_{Fe^{3+}/Fe^{2+}} = E^{\ominus'}_{Fe^{3+}/Fe^{2+}} + \frac{0.059}{n_2}\lg \frac{c_{Fe^{3+}}}{c_{Fe^{2+}}} = 0.68 + 0.059\lg \frac{99.9}{0.1} = 0.86V$$

（2）化学计量点时

$$E_{eq} = E^{\ominus'}_{Ce^{4+}/Ce^{3+}} + \frac{0.059}{n_1}\lg \frac{c_{Ce^{4+}}}{c_{Ce^{3+}}} = E^{\ominus'}_{Fe^{3+}/Fe^{2+}} + \frac{0.059}{n_2}\lg \frac{c_{Fe^{3+}}}{c_{Fe^{2+}}}$$

$$n_1 E_{eq} = n_1 E_{Ce^{4+}/Ce^{3+}}^{\ominus\prime} + 0.059 \lg \frac{c_{Ce^{4+}}}{c_{Ce^{3+}}}$$

$$n_2 E_{eq} = n_2 E_{Fe^{3+}/Fe^{2+}}^{\ominus\prime} + 0.059 \lg \frac{c_{Fe^{3+}}}{c_{Fe^{2+}}}$$

$$(n_1 + n_2) E_{eq} = n_1 E_{Ce^{4+}/Ce^{3+}}^{\ominus\prime} + n_2 E_{Fe^{3+}/Fe^{2+}}^{\ominus\prime} + 0.059 \lg \frac{c_{Ce^{4+}} \, c_{Fe^{3+}}}{c_{Ce^{3+}} \, c_{Fe^{2+}}}$$

此时，反应物：$c_{Ce^{4+}}$ 和 $c_{Fe^{2+}}$ 很小，且相等；反应产物，$c_{Ce^{3+}}$ 和 $c_{Fe^{3+}}$ 很小，且相等。
化学计量点时的溶液电位的通式：

$$(n_1 + n_2) E_{eq} = n_1 E_1^{\ominus\prime} + n_2 E_2^{\ominus\prime}$$

$$E_{eq} = \frac{n_1 E_1^{\ominus\prime} + n_2 E_2^{\ominus\prime}}{n_1 + n_2}$$

该式仅适用于可逆对称（$n_1 = n_2$）的反应。
化学计量点电位：　　$E_{eq} = (0.68 + 1.44)/(1+1) = 2.12/2 = 1.06V$

（3）化学计量点后
此时需要利用 Ce^{4+}/Ce^{3+} 电对来计算电位值。当溶液中四价铈过量 0.1%：

$$E_{Ce^{4+}/Ce^{3+}} = E_{Ce^{4+}/Ce^{3+}}^{\ominus\prime} + \frac{0.059}{n_1} \lg \frac{c_{Ce^{4+}}}{c_{Ce^{3+}}} = 1.44 + \lg \frac{0.1}{99.9} = 1.26V$$

化学计量点前后电位突跃的位置由 Fe^{2+} 剩余 0.1% 和 Ce^{4+} 过量 0.1% 时两点的电极电位所决定。即电位突跃范围：$0.86 \sim 1.26V$。

14.3.5　氧化还原滴定指示剂

在氧化还原滴定中，除了用电位滴定确定终点外，还经常用指示剂来指示终点。氧化还原滴定中常用的指示剂有以下几类。

（1）氧化还原指示剂
具氧化还原性质的有机化合物，其氧化态和还原态颜色不同。滴定中随溶液电位变化而发生颜色改变。例如二苯胺磺酸钠指示剂，它的氧化态呈紫红色，还原态是无色的（表14-7）。其氧化还原反应如下：

$$\varphi = E_{In}^{\ominus\prime} + \frac{0.059}{n} \lg \frac{氧化态}{还原态}$$

变色范围：　　　　$\varphi_{In}^{\ominus} \pm \dfrac{0.059}{n}; \qquad \left(\dfrac{氧化态}{还原态} = \dfrac{1}{10} \sim \dfrac{10}{1} \right)$

表 14-7　一些氧化还原指示剂的条件电极电位及颜色变化

指示剂	$\varphi_{In}^{\ominus}/V$ [H$^+$]=1mol/L	颜色变化	
		氧化形	还原形
亚甲基蓝	0.36	蓝	无色
二苯胺	0.76	紫	无色
二苯胺磺酸钠	0.84	红紫	无色
邻苯胺基苯甲酸	0.89	红紫	无色
邻二氮杂菲-亚铁	1.06	浅蓝	红
硝基邻二氮杂菲-亚铁	1.25	浅蓝	紫红

（2）自身指示剂

利用标准溶液或被滴物本身颜色变化来指示滴定终点，称为自身指示剂。例如：在高锰酸钾法滴定中，可利用稍过量的高锰酸钾自身的粉红色来指示滴定终点（此时 MnO_4^- 的浓度约为 $2\times10^{-6}\,mol\cdot L^{-1}$）。

（3）专属指示剂

可溶性淀粉与游离碘生成深蓝色配合物的反应是专属反应。当 I_2 被还原为 I^- 时，蓝色消失；当 I^- 被氧化为 I_2 时，蓝色出现。当 I_2 溶液的浓度达到 $5\times10^{-6}\,mol\cdot L^{-1}$ 时即能看到蓝色，反应极为灵敏。因此淀粉为碘量法的专属指示剂。

14.3.6 高锰酸钾法

高锰酸钾是一种强氧化剂。在强酸性溶液中，氧化性最强，可得 5 个电子，还原为 Mn^{2+}，

$$MnO_4^- + 8H^+ + 5e^- = Mn^{2+} + 4H_2O \qquad \varphi^\ominus = 1.491V$$

在中性或弱碱性中，可得 3 个电子：

$$MnO_4^- + 2H_2O + 3e^- = MnO_2 + 4OH^- \qquad \varphi^\ominus = 0.58V$$

在碱性（$[OH^-]>2\,mol\cdot L^{-1}$）条件下与有机物的反应：

$$MnO_4^- + e^- = MnO_4^{2-} \qquad \varphi^\ominus = 0.56V$$

$KMnO_4$ 还可以使 H_2O_2 氧化：

$$H_2O_2 + e^- = O_2 + 2H^+ \qquad \varphi^\ominus = 0.682V$$

高锰酸钾法可用于间接测定某些氧化剂。例：MnO_2 与 $Na_2C_2O_4$（一定过量）作用后，用 $KMnO_4$ 标准溶液滴定过量的 $C_2O_4^{2-}$，间接求得 MnO_2 的含量。利用类似的方法，还可测定 PbO_2、Pb_3O_4、$K_2Cr_2O_7$、$KClO_3$ 以及 H_3VO_4 等氧化剂的含量。还可用间接法测定某些不具氧化还原性物质，例如用 Ca^{2+} 滴定生成的 CaC_2O_4 沉淀，用稀 H_2SO_4 溶解沉淀，再用 $KMnO_4$ 标准溶液滴定溶解的 $C_2O_4^{2-}$，间接求得 Ca^{2+} 的含量。同理可测：Sr^{2+}、Ba^{2+}、Ni^{2+}、Cd^{2+}、Zn^{2+}、Cu^{2+}、Pb^{2+}、Hg^{2+}、Ag^+、Bi^{3+}、Ce^{3+}、La^{3+} 等。

标准溶液的配制与标定（间接法配制）：

由于 $KMnO_4$ 自行分解反应，而且易受水、空气中还原性物质影响，所以用间接法配置。

$$4KMnO_4 + 2H_2O = 4MnO_2\downarrow + 4KOH + 3O_2\uparrow$$

为了配制较稳定的 $KMnO_4$ 溶液，可称取稍多于理论量的 $KMnO_4$ 固体，溶于一定体积的蒸馏水中，加热煮沸，冷却后贮于棕色瓶中，于暗处放置几天，使溶液中可能存在的还原性物质完全氧化。然后过滤除去析出的 MnO_2 沉淀，再进行标定。使用经久放置的 $KMnO_4$ 溶液时应重新标定其浓度。

$KMnO_4$ 溶液可用还原剂为基准物来标定。$Na_2C_2O_4$、$H_2C_2O_4\cdot2H_2O$、As_2O_3 和纯铁等都可用作基准物。其中草酸钠不含结晶水，容易提纯，是最常用的基准物质。涉及的标定反应：

$$2MnO_4^- + 5C_2O_4^{2-} + 16H^+ = 2Mn^{2+} + 10CO_2\uparrow + 8H_2O$$

$$5AsO_3^{3-} + 2MnO_4^- + 6H^+ = 5AsO_4^{3-} + 2Mn^{2+} + 3H_2O$$

为了使滴定较迅速准确地进行，应注意下述滴定条件。

① 速率：室温下反应速率极慢，利用反应本身产生的 Mn^{2+} 起自身催化作用加快反应

进行。

② 温度：常将溶液加热到 $70\sim80℃$。反应温度过高会使 $C_2O_4^{2-}$ 部分分解，低于 $60℃$ 反应速率太慢。

③ 酸度：保持的酸度（$0.5\sim1.0mol\cdot L^{-1}H_2SO_4$）。为避免 Fe^{3+} 诱导 $KMnO_4$ 氧化 Cl^- 的反应发生，不使用 HCl 提供酸性介质。

④ 滴定终点：高锰酸钾自身指示终点（淡粉红色 30s 不退）。

应用示例如下。

① 过氧化氢的测定　可用 $KMnO_4$ 标准溶液直接滴定，其反应为：
$$5H_2O_2+2MnO_4^-+6H^+ \Longrightarrow 2Mn^{2+}+5O_2+8H_2O$$

此滴定在室温时可在硫酸或盐酸介质中顺利进行，但开始时反应进行较慢，反应生产的 Mn^{2+} 可起催化作用，使以后的反应加速。

② 高锰酸钾法测钙　某些金属离子能与 $C_2O_4^{2-}$ 生成难溶草酸盐深沉，如果将生成的草酸盐深沉溶于酸中，然后用 $KMnO_4$ 标准溶液来滴定 $C_2O_4^{2-}$，就可间接测定这些金属离子。钙离子的测定就可采用此法。

③ 铁的测定　试样溶解后，生成的 Fe^{3+}，应先用还原剂还原为 Fe^{2+}，然后用 $KMnO_4$ 标准溶液滴定。常用的还原剂是 $SnCl_2$，多余的 $SnCl_2$ 可以借加入 $HgCl_2$ 而除去。
$$SnCl_2+2HgCl_2 \Longrightarrow SnCl_4+Hg_2Cl_2\downarrow$$

但是 $HgCl_2$ 有剧毒，为了避免对环境的污染，近年来采用了各种不同汞盐测定铁的方法。

在以 $KMnO_4$ 溶液滴定前还需加入硫磷锰、硫酸及磷酸的混合酸，其作用是，首先避免 Cl^- 存在下所发生的诱导反应；其次 PO_4^{3-} 与 Fe^{3+} 生成无色的 $Fe(PO_4)_2^{2-}$，终点易于观察，同时降低铁电对的电位。

④ 返滴定法测定有机物　在强碱性中过量的 $KMnO_4$ 能定量氧化甘油、甲醇、甲醛、甲酸、苯酚和葡萄糖、酒石酸、柠檬酸等有机化合物。测甲酸的反应如下：
$$MnO_4^-+HCOO^-+3OH^- \Longrightarrow CO_3^-+MnO_4^{2-}+2H_2O$$

反应完毕将溶液酸化，用亚铁盐还原剂标准溶液滴定剩余的 MnO_4^-。根据已知过量的 $KMnO_4$ 和还原剂标准溶液的浓度和消耗的体积，即可计算出甲酸的含量。

⑤ 水样中化学耗氧量（COD）的测定　COD：（Chemical Oxygen Demand。用 $KMnO_4$ 法测定时称为 COD_{Mn}，或称为"高锰酸盐指数"）。COD 是量度水体受还原性物质污染程度的综合性指标。测样时在水样中加入 H_2SO_4 及一定量过量的 $KMnO_4$ 溶液，置沸水浴中加热，使其中的还原性物质氧化。用一定过量的 $Na_2C_2O_4$ 还原剩余的 $KMnO_4$ 溶液，再以 $KMnO_4$ 溶液标准溶液返滴定剩余的 $Na_2C_2O_4$。Cl^- 对此法有干扰，应该注意避免。
$$4MnO_4^-+5C+12H^+ \Longrightarrow 4Mn^{2+}+5CO_2\uparrow+6H_2O$$
$$2MnO_4^-+5C_2O_4^{2-}+16H^+ \Longrightarrow 4Mn^{2+}+10CO_2\uparrow+8H_2O$$

14.3.7　重铬酸钾法

$K_2Cr_2O_7$ 在酸性条件下与还原剂作用，$Cr_2O_7^{2-}$ 得到 6 个电子而被还原成 Cr^{3+}：
$$Cr_2O_7^{2-}+14H^++6e^- \Longrightarrow 2Cr^{3+}+7H_2O \qquad \varphi^{\ominus}=1.33V$$

可见，$K_2Cr_2O_7$ 氧化能力比 $KMnO_4$ 稍弱，但它仍属强氧化剂。该方法能测定许多无机物和有机物，但此方法只能在酸性条件下使用，所以应用范围比 $KMnO_4$ 法窄。不过，$K_2Cr_2O_7$ 具有易提纯的优点，可以准确称取一定质量干燥纯净的 $K_2Cr_2O_7$，直接配制成一定浓度的标准溶液，不必再进行标定。$K_2Cr_2O_7$ 溶液相当稳定，只要保存在密闭容器中，浓度可长期保持不变。在 $1mol \cdot L^{-1}$ HCl 溶液中，在室温下不受 Cl^- 还原作用的影响，可在 HCl 溶液中进行滴定。但是，$K_2Cr_2O_7$ 有毒，在使用时要建立环保意识。

应用示例如下。

（1）铁的测定

重铬酸钾法测定铁的反应：

$$6Fe^{2+} + Cr_2O_7^{2-} + 14H^+ = 6Fe^{3+} + 2Cr^{3+} + H_2O$$

试样（铁矿石等）一般用 HCl 溶液加热分解。在热的浓 HCl 溶液中，将铁还原为亚铁，然后用 $K_2Cr_2O_7$ 标准溶液滴定。铁的还原方法除了用 $SnCl_2$ 还原外，还可采用 $SnCl_2 + TiCl_3$ 还原（无汞测铁法）。重铬酸钾法测定铁是测定矿石中全铁量的标准方法。

（2）水样中化学耗氧量（COD）的测定

在酸性介质中以 $K_2Cr_2O_7$ 为氧化剂，测定水样中化学耗氧量的方法记作 COD_{Cr}。测定方法是在水样中加入过量 $K_2Cr_2O_7$ 溶液，加热回流使有机物氧化成 CO_2，过量 $K_2Cr_2O_7$ 用 $FeSO_4$ 标准溶液返滴定，用亚铁灵指示滴定终点。本方法在银盐催化剂存在下，直链烃有 $85\% \sim 95\%$ 被氧化，芳烃不起作用，因此所得结果不够严格。

14.3.8 碘量法

碘量法是基于 I_2 氧化性及 I^- 的还原性的分析法。

$$I_3^- + 2e^- = 3I^-, \qquad \varphi_{I_2/I^-}^{\ominus} = 0.534V$$

用 I_2 标准溶液直接滴定还原剂的方法是直接碘法；利用 I^- 与强氧化剂作用生成定量的 I_2，再用还原剂标准溶液与 I_2 反应，测定氧化剂的方法称为间接碘法（亦称碘量法）。

碘量法（间接碘法）的基本反应：

$$I_3^- + 2e^- = 3I^-$$
$$I_2 + 2S_2O_3^{2-} = S_4O_6^{2-} + 2I^-$$

反应在中性或弱酸性中进行，pH 过高，I_2 会发生歧化反应，$3I_2 + 6OH^- = IO_3^- + 5I^- + 3H_2O$，而在强酸性溶液中，$Na_2S_2O_3$ 会发生分解，I^- 容易被氧化。所以，通常控制溶液的 pH<9。

碘量法的主要误差来源：一是 I_2 易挥发；二是 I^- 在酸性条件下容易被空气所氧化。所以可以采取措施，加入过量 KI，生成 I_3^- 配离子；氧化析出的 I_2 立即滴定；避免光照；控制溶液的酸度。

碘法中常用淀粉作为专属指示剂。该反应的灵敏度为 $[I_2] = 0.5 \sim 1 \times 10^{-5} mol \cdot L^{-1}$。无 I^- 时，反应的灵敏度降低。而且，反应的灵敏度还随溶液温度升高而降低（50℃时，灵敏度下降为原来的 1/10）。

$Na_2S_2O_3$ 标准溶液的配制与标定如下。

① 含结晶水的 $Na_2S_2O_3 \cdot 5H_2O$ 容易风化潮解，且含少量杂质，不能直接配制标准溶液。

② $Na_2S_2O_3$ 化学稳定性差，能被水中溶解的 O_2、CO_2 和微生物所分解而析出硫。因此配制 $Na_2S_2O_3$ 标准溶液时应采用新煮沸（除氧、杀菌）并冷却的蒸馏水。

③ 加入少量 Na_2CO_3 使溶液呈弱碱性（抑制细菌生长），溶液保存在棕色瓶中，置于暗处放置 8～12 天后标定。

④ 标定 $Na_2S_2O_3$ 所用基准物有 $K_2Cr_2O_7$、KIO_3 等。采用间接碘法标定。在酸性溶液中使 $K_2Cr_2O_7$ 与 KI 反应，以淀粉为指示剂，用 $Na_2S_2O_3$ 溶液滴定。

⑤ 淀粉指示剂应在近终点时加入，否则吸留 I_2 使终点拖后。

⑥ 滴定终点后，如经过五分钟以上溶液变蓝，属于正常，如溶液迅速变蓝，说明反应不完全，遇到这种情况应重新标定。

氧化还原滴定结果的计算如下。

【例 14-12】 用 25.00mL $KMnO_4$ 溶液恰能氧化一定量的 $KHC_2O_4 \cdot H_2O$，而同量 $KHC_2O_4 \cdot H_2O$ 又恰能被 20.00mL 0.2000mol $\cdot$ L^{-1} KOH 溶液中和，求 $KMnO_4$ 溶液的浓度。

解
$$2MnO_4^- + 5C_2O_4^{2-} + 16H^+ === 2Mn^{2+} + 10CO_2 + 8H_2O$$
$$n_{KMnO_4} = (2/5)n_{C_2O_4^{2-}}$$
$$(cV)_{KMnO_4} = (2/5) \cdot (m/M)_{KHC_2O_4 \cdot H_2O}$$
$$m_{KHC_2O_4 \cdot H_2O} = (cV)_{KHC_2O_4 \cdot H_2O} \cdot (5M_{KHC_2O_4 \cdot H_2O}/2)$$

在酸碱反应中：
$$n_{KOH} = n_{HC_2O_4^{2-}}$$
$$(c \cdot V)_{KOH} = (m/M)_{KHC_2O_4 \cdot H_2O}$$
$$m_{KHC_2O_4 \cdot H_2O} = c_{KOH}V_{KOH}M_{KHC_2O_4 \cdot H_2O}$$

已知两次作用的 $KHC_2O_4 \cdot H_2O$ 的量相同，而 $V_{KMnO_4} = 25.00mL$
$$V_{KOH} = 20.00mL, \quad c_{KOH} = 0.2000mol \cdot L^{-1}$$

故
$$(cV)_{KMnO_4} \times (5/2) \cdot (M_{KHC_2O_4 \cdot H_2O}/1000) = c_{KOH}V_{KOH} \cdot (M_{KHC_2O_4 \cdot H_2O}/1000)$$
即
$$c_{KMnO_4} \times 25.00mL \times (5/2000) = 0.2000mol \cdot L^{-1} \times 20.00mL \times (1/1000)$$
$$c_{KMnO_4} = 0.06400mol \cdot L^{-1}$$

【例 14-13】 以 KIO_3 为基准物采用间接碘量法标定 0.1000mol $\cdot$ L^{-1} $Na_2S_2O_3$ 溶液的浓度。若滴定时，欲将消耗的 $Na_2S_2O_3$ 溶液的体积控制在 25mL 左右，问应当称取 KIO_3 多少克？

解 反应式为：
$$IO_3^- + 5I^- + 6H^+ === 3I_2 + 3H_2O$$
$$I_2 + 2S_2O_3^{2-} === 2I^- + S_4O_6^{2-}$$
$$IO_3^- \longrightarrow 3I_2^- \longrightarrow 6S_2O_3^{2-}$$

因此：
$$n_{IO_3^-} = (1/6)n_{S_2O_3^{2-}}$$
$$n_{Na_2S_2O_3} = (c \cdot V)_{Na_2S_2O_3}$$
$$n_{KIO_3} = (1/6)n_{Na_2S_2O_3} = (1/6)(c \cdot V)_{Na_2S_2O_3} = (1/6) \times 0.1mol \cdot L^{-1} \times 25 \times 10^{-3}L = 0.000417mol$$

应称取 KIO_3 的量为：$m_{KIO_3} = (n \cdot M)_{KIO_3} = 0.000417 \times 214.0 = 0.089g$

【例 14-14】 0.1000g 工业甲醇，在 H_2SO_4 溶液中与 25.00mL 0.01667mol $\cdot$ L^{-1} $K_2Cr_2O_7$ 溶液作用。反应完成后，以邻苯氨基苯甲酸作指示剂，0.1000mol $\cdot$ L^{-1} $(NH_4)_2Fe(SO_4)_2$ 溶液滴定剩余的 $K_2Cr_2O_7$，用去 10.00mL。求试样中甲醇的质量分数。

解 H_2SO_4 介质中，甲醇被过量的 $K_2Cr_2O_7$ 氧化成 CO_2 和 H_2O：
$$CH_3OH + Cr_2O_7^{2-} + 8H^+ === CO_2 \uparrow + 2Cr^{3+} + 6H_2O$$

过量的 $K_2Cr_2O_7$，以 Fe^{2+} 溶液滴定，其反应如下：

$$Cr_2O_7^{2-} + 6Fe^{2+} + 14H^+ \rightleftharpoons 2Cr^{3+} + 6Fe^{3+} + 7H_2O$$

与 CH_3OH 作用的 $K_2Cr_2O_7$ 的物质的量应为加入的 $K_2Cr_2O_7$ 的总物质的量减去与 Fe^{2+} 作用的 $K_2Cr_2O_7$ 的物质的量。

由反应可知：
$$CH_3OH \longrightarrow Cr_2O_7^{2-} \longrightarrow 6Fe^{2+}$$

因此：
$$n_{CH_3OH} = n_{Cr_2O_7^{2-}}$$
$$n_{Cr_2O_7^{2-}} = (1/6)n_{Fe^{2+}}$$
$$w_{CH_3OH} = [(c \cdot V)_{K_2Cr_2O_7} - (1/6)(c \cdot V)_{Fe^{2+}}] \times 10^{-3} \cdot M_{CH_3OH}/m_{试样}$$
$$= [25.00 \times 0.01667 - (1/6) \times 0.1000 \times 10.00) \times 10^{-3} \times 32.04/0.1000] \times 100\%$$
$$= 8.01\%$$

第15章

吸光光度法

15.1　吸光光度法基本原理

许多物质的溶液显现出颜色，例如 $KMnO_4$ 溶液呈紫红色，邻二氮菲亚铁络合物的溶液呈红色，等等，而且溶液颜色的深浅往往与物质的浓度有关，溶液浓度越大，颜色越深，而浓度越小，颜色越浅。历史上，人们用肉眼来观察溶液颜色的深浅来测定物质浓度，建立了"比色分析法"，即"目视比色法"。随着科学技术的发展，出现测量颜色深浅的仪器，即光电比色计，建立"光电比色法"。再到后来，出现了分光光度计，建立"分光光度法"。并且其原理已早不局限于溶液颜色深浅的比较。用光电比色计、分光光度计不仅可以客观准确地测量颜色的强度，而且还把比色分析扩大到紫外和红外吸收光谱，即扩大到无色溶液的测定。

基于物质对光选择性吸收而建立起来的分析方法，称为吸光光度法。在选定波长下，被测溶液对光的吸收程度与溶液中的吸光物质的浓度有简单的定量关系。被利用的光波范围是紫外，可见和红外光区。它所测量的是物质的物理性质——物质对光的吸收，测量所需的仪器是特殊的光学电子学仪器，所以光度法不属于传统的化学分析法，而属于近代的仪器分析，这里只是按照我国现行教学习惯把可见光的光度法作为化学分析部分的一章。

因为光度法本质上属于仪器分析法。主要应用于测定试样中微量组分的含量，所以与化学分析法相比，它有一些不同于化学分析法的特点。

（1）灵敏度高

光度法常用于测定物质中的微量组分（为 $1\% \sim 10^{-3}\%$）。对固体试样一般可测至 $10^{-4}\%$。如果对被测组分进行先期的分离富集，灵敏度还可以提高 2～3 个数量级。

（2）准确度高

一般吸光光度法测定的相对误差为 2%，虽然这比一般化学分析法的相对误差要大（3% 以内），但由于光度法多是用来测定微量组分的，故由此引出的绝对误差并不大，完全能够满足微量组分的测定要求。如果用精密性能更高的分光光度计测量，相对误差可低至 $1\% \sim 2\%$。

（3）操作简便快速

吸光光度法所用的仪器都不复杂，操作方便。先把试样处理成溶液，一般只经历显色和测量吸光度两个步骤，就可得出分析结果。

（4）应用广泛

吸光光度法广泛地应用于痕量分析的领域。几乎所有的无机离子和许多有机化合物都可直接或间接地用吸光光度法测定。还可用来研究化学反应的机理，例如测定溶液中配合物的组成，测定一些酸碱的离解常数等。因此，吸光光度法是生产和科研部门广泛应用的一种分析方法。

15.1.1 物质对光的选择性吸收

（1）光的基本性质

光是一种电磁波，如果按照波长或频率排列，可得到电磁波谱。光具有二象性，即波动性和粒子性。波动性是指光按波动形式传播。例如光的折射、衍射、偏振和干涉等现象，就明显地表现其波动性。光的波长 λ，频率 γ 与速度 c 的关系为：$c=\lambda\gamma$。式中，λ 以 cm 表示；γ 以 Hz 表示；c 为光速，在真空中等于 2.9979×10^{10} cm/s，约为 3×10^{10} cm/s。光同时又具有粒子性。光是由"光微粒子"（光量子或光子）所组成的。光量子的能量与波长的关系为：$E=h\gamma=hc/\lambda$ 式中：E 为光量子能量，γ 为频率，h 为普朗克常数 6.6262×10^{-34} J·s。不同波长（或频率）的光，其能量不同，短波的能量大，长波的能量小。

（2）物质对光的选择性吸收

① 物质对光产生选择性吸收的原因 物质的分子具有一系列不连续的特征能级，如其中的电子能级就分为能量较低的基态和能量较高的激发态。在一般情况下，物质的分子都处于能量最低的能级，只有在吸收了一定能量之后才有可能产生能级跃迁，进入能量较高的能级。

在光照射到某物质以后，该物质的分子就有可能吸收光子的能量而发生能级跃迁，这种现象就叫做光的吸收。但是，并不是任何一种波长的光照射到物质上都能够被物质所吸收。只有当照射光的能量与物质分子的某一能级恰好相等时，才有可能发生能级跃迁，与此能量相应的那种波长的光才能被吸收。或者说，能被吸收的光的波长必须符合公式。$\Delta E=hc/\lambda$ 这里，$\Delta E=E_2-E_1$，表示某一能吸级差的能量。由于不同物质的分子其组成与结构不同，它们所具有的特征能级不同，能级差也不同，所以不同物质对不同波长的光的吸收就具有选择性，有的能吸收，有的不能吸收。

② 物质的颜色与吸收光的关系 在可见光中，通常所说的白光是由许多不同波长的可见光组成的复合光。由红、橙、黄、绿、青、蓝、紫这些不同波长的可见光按照一定的比例混合得到白光。进一步的研究又表明，只需要把两种特定颜色的光按一定比例混合，就可以得到白光，如绿光和紫光混合，黄光和蓝光混合，都可以得到白光。

按照一定比例混合后能够得到白光的那两种光就称为互补光，互补光的颜色就称为互补色。当一束阳光即白光照射到某一溶液上时，如果该溶液的溶质不吸收任何波长的可见光，则组成白光的各色光将全部透过溶液，透射光依然两两互补组成白光，溶液无色。如果溶质选择性地吸收了某一颜色的可见光，则只有其余颜色的光透过溶液，透射光中除了仍然两两互补的那些可见光组成的白光以外，还有未配对的被吸收光的互补光，于是溶液呈现出该互补光的颜色。例如：当白光通过 $CuSO_4$ 溶液时，Cu^{2+} 选择性地吸收了黄色光，使透过光中的蓝色光失去了其互补光，于是 $CuSO_4$ 溶液呈现出蓝色。

③ 吸收曲线（吸收光谱） 为了更精细地研究某溶液对光的选择性吸收，通常要做该溶

液的吸收曲线，即该溶液对不同波长的光的吸收程度的形象化表示。吸收程度用吸光度 A 表示，后面将详细讨论。A 越大，表明溶液对某波长的光吸收越多。吸收曲线中吸光度最大处的波长称为最大吸收波长，以 λ_{max} 表示，如 $KMnO_4$ 的 $\lambda_{max}=525nm$。

对于同一物质，当它的浓度不同时，同一波长下的吸光度 A 不同，但是最大吸收波长的位置和吸收曲线的形状不变。而对于不同物质，由于它们对不同波长的光的吸收具有选择性，因此它们的 λ_{max} 的位置和吸收曲线的形状互不相同。可以据此进行物质的定性分析。对同一种物质，在一定波长时，随着其浓度的增加，吸光度 A 也相应增大；而且由于在 λ_{max} 处吸光度 A 最大，在此波长下 A 随浓度的增大更为明显。可以据此进行物质的定量分析。光度法进行定量分析的理论基础就是光的吸收定律-朗伯-比耳定律。

15.1.2　光的吸收基本定律

（1）物质对光的选择性吸收

肉眼能感觉到的光称为可见光，其波长范围为 $400\sim750nm$。具有同一波长的光为单色光，由不同波长光组成的混合光称为复合光。不同物质对各种波长光的吸收具有选择性，当一束白光通过某一有色溶液时，某些波长的光被吸收，而其余波长的光透过溶液。透射光与吸收光组成白光，故称为互补色光，溶液显示的颜色为吸收光的互补色。

（2）吸收曲线

测量溶液对不同波长光的吸光度，然后以波长为横坐标，吸光度为纵坐标，即可得到一曲线，称为光吸收曲线（absorption curve）。吸收曲线是吸光物质的特征曲线。从吸收曲线可看出物质对光的吸收具有选择性，在 λ_{max} 处有最大吸光度，测定的灵敏度最高利用这一特性，在吸光光度法测定中常选择 λ_{max} 作为入射光的波长。

15.1.3　朗伯-比耳定律

Lambert-Beer（朗伯-比耳）定律：当一束平行单色光垂直照射某均匀溶液时，一部分光被溶液吸收；另一部分光通过溶液。用透光度 T（transmittance）表示通过溶液光的强度与入射光强度之比，

$$T=\frac{I}{I_0}$$

式中，I_0 为入射光强度；I 为透射光强度。透光度的负对数是吸光度（absorbance）A，$A=-\lg T=\lg\dfrac{I_0}{I}$ 溶液的吸光度 A 与液层厚度 b 和溶液浓度 c 的乘积成正比，即 $A=kbc$。这就是 Lambert-Beer 定律。式中 k 为比例系数，与入射光波长、溶剂、有色物质本身的性质和温度有关，并随浓度 c 所用单位不同而异。当 c 以 $g\cdot L^{-1}$ 为单位，b 用 cm 为单位时，则常数 k 用 a 表示，称为吸光系数（absorption coefficient），a 的单位为 $L\cdot g^{-1}\cdot cm^{-1}$。当 c 以 $mol\cdot L^{-1}$ 为单位，b 用 cm 为单位时，k 用 e 表示，称为摩尔吸光系数（molar absorptivity），e 的单位为 $L\cdot mol^{-1}\cdot cm^{-1}$。$e$ 是吸光物质在特定波长下的特征常数，数值上等于浓度为 $1mol\cdot L^{-1}$，液层厚度为 1cm 的溶液所具有的吸光度。对于微量组分的测定，应选用 e 较大（$>10^4$）的吸光物质，以提高测定的灵敏度。

Lambert-Beer 定律的偏离　在实际工作中，常出现偏离 Lambert-Beer 定律的现象。偏离的原因主要是由于单色光不纯，另外溶液的浓度较高、介质不均匀、液中发生离解、缔

合、异构化等因素也会造成对 Lambert-Beer 定律的偏离。

15.2　光度计及其基本部件

15.2.1　分光光度计的主要部件

（1）光源（或称辐射源）

分光光度计所用的光源，应该在尽可能宽的波长范围内给出连续光谱，应有足够的辐射强度，良好的辐射稳定性等特点。可见分光光度计的光源一般是钨灯，钨灯发出的复合光波长约在 $400 \sim 1000nm$ 之间，覆盖了整个可光光区。为了保持光源发光强度的稳定，要求电源电压十分稳定，因此光源前面装有稳压器。

（2）单色器（分光系统）

分光系统（单色器）是一种能把光源辐射的复合光按波长的长短色散，并能很方便地从其中分出所需单色光的光学装置。包括狭缝和色散元件两部分。色散元件用棱镜或光栅做成。棱镜是根据光的折射原理而将复合光色散为不同波长的单色光。然后再让所需波长的光通过一个很窄的狭缝照射到吸收池上。由于狭缝的宽度很窄，只有几个纳米，故得到的单色光比较纯。光栅是根据光的衍射和干涉原理来达到色散目的。然后也是让所需波长的光经过狭缝照射到吸收池上，所以得到的单色光也比较纯。光栅色散的波长范围比棱镜宽，而且色散均匀。

（3）吸收池（比色皿）

吸收池又称比色皿，是由无色透明的光学玻璃或熔融石英制成的，用于盛装试液和参比溶液。比色器一般为长方形。有各种规格，如 $0.5cm$、$1cm$、$2cm$ 等。（这里规格指比色器内壁间的距离，实际是液层厚度。）同一组吸收池的透光率相差应小于 0.5%。

（4）检测系统

检测系统是把透过吸收池后的透射光强度转换成电信号的装置。故又称为光电转换器。只有通过接收器，才能将透射光转换成与其强度成正比的电流强度 i，也才有可能通过监测电流的大小来获得透光强度 I 的信息。检测系统应具有灵敏度高，对透过光的响应时间短，同响应的线性关系好，以及对不同波长的光具有相同的响应可靠性等特点。分光光度计中常用的检测器是光电池、光电管和光电倍增管三种。

①　光电池　光电池是用某些半导体材料制成的光电转换元件。在分光光度计中广泛应用的是硒光电池。硒光电池是由三层物质所组成的，其表层是导电性能良好的可透光金属，如用金、铂等制成的薄膜；中层是具有光电效应的半导体材料硒；底层是铁或铝片。当光透过上层金属照射到中层的硒片时，就有电子从半导体硒的表面逸出。由于电子只能单向流动到上层金属薄膜，使之带负电，成为光电池的负极。硒片失去电子后带正电，使下层铁片也带正电，成为光电池的正极。这样，在金属薄膜和铁片之间就会产生电位差，线路接通后，便会产生与照射光强度成正比的光电流。硒光电池产生的光电流可以用普通的灵敏检流计测量。但当光照射时间较长时，硒光电池会产生"疲劳"现象，无法正常工作，必须暂停使用。

②　光电管　光电管是一种二极管，它是在波动或石英泡内装有两个电极，阳极通常是一个镍环或镍片。阴极为一金属片上涂一层光敏物质，如氧化铯的金属片，这种光敏物质受

到光线照射时可以放出电子。当光电管的两极与一个电池相连时，由阴极放出的电子将会在电均的作用下流向阳极，形成光电流，并且光电流的大小与照射到它上面的光强度成正比。管内可以抽成真空，叫做真空光电管；也可以充进一些气体，叫充气光电管。由于光电管产生的光电流很小，需要用放大装置将其放大后才能用微安表测量。灵敏度更高的有光电倍增管。

（5）信号显示系统

分光光度计中常用的显示装置为较灵敏的检流计。检流计用于测量光电池受光照射之后产生的电流。但其面板上标示的不是电流值，而是透光率 T 和吸光度 A，这样就可直接从检流的面板上读取透光率和吸光度。因 $A = -\lg T$，故板面上吸光度的刻度是不均匀的。

15.2.2 吸光度的测量原理

分光光度计实际上测得的是光电流或电压，通过转换器将测得的电流或电压转换为对应的吸光度 A。测定时，只要将待测物质推入光路，即可直接读出吸光度值。

测定步骤如下。

① 调节检测器零点，即仪器的机械零点。

② 应用不含待测组分的参比溶液调节吸光零点。

③ 待测组分吸光度的测定。

15.3 显色反应及显色条件的选择

15.3.1 显色反应和显色剂

在光度分析中，将试样中被测组分转变成有色化合物的化学反应叫显色反应。

（1）显色反应

显色反应可分两大类，即配位反应和氧化还原反应，而配位反应是最主要的显色反应。与被测组分化合成有色物质的试剂称为显色剂。同一被测组分常可与若干种显色剂反应，生成多种有色化合物，其原理和灵敏度亦有差别。一种被测组分究竟应该用哪种显色反应，可根据所需标准加以选择。

① 选择性要好 一种显色剂最好只与一种被测组分起显色反应。或若干扰离子容易被消除，或者显色剂与被测组分和干扰离子生成的有色化合物的吸收峰相隔较远。

② 灵敏度要高 灵敏度高的显色反应有利于微量组分的测定。灵敏度的高低，可从摩尔吸光系数值的大小来判断（但灵敏度高，同时应注意选择性）。

③ 有色化合物的组成更恒定，化学性质要稳定 有色化合物的组成若不符合一定的化学式，测定的再现性就较差。有色化合物若易受空气的氧化，光的照射而分射，就会引入测量误差。

④ 显色剂和有色化合物之间的颜色差别要大 这样，试剂空白一般较小。一般要求有色化合物的最大吸收波长与显色剂最大吸收波长之差在 60nm 以上。即：

$$\Delta\lambda = \lambda_{最大}^{mR} - \lambda_{最大}^{R} > 60nm$$

⑤ 显色反应的条件要易于控制 如果条件要求过于严格，难以控制，测定结果的再现性就差。

（2）显色剂

许多无机试剂能与金属离子起显色反应，如 Cu^{2+} 与氨水生成 $Cu(NH_3)_4^{2+}$；硫氰酸盐与 Fe^{3+} 生成红色的配离子 $FeSCN^{2+}$ 或 $Fe(SCN)_5^{2-}$ 等。许多有机试剂在一定条件下能与金属离子生成有色的金属螯合物。它的优点有以下几点。

① 灵敏度高　大部分金属螯合物呈现鲜明的颜色，摩尔吸光系数都大于 10^4。而且螯合物中金属所占比率很低，提高了测定灵敏度。

② 稳定性好　金属螯合物都很稳定，一般离解常数很小，而且能抗辐射。

③ 选择性好　绝大多数有机螯合剂在一定条件下只与少数或某一种金属离子配位。而且同一种有机螯合物与不同的金属离子配位时，生成各有特征颜色的螯合物。

④ 扩大光度法应用范围　虽然大部分金属螯合物难溶于水，但可被萃取到有机溶剂中，大大发展了萃取光度法。有机显色剂与金属离子能否生成具有特征颜色的化合物，主要与试剂的分子结构密切相关。有机显色剂分子中一般都含有生色团和助色团。生色团是某些含不饱和键的基团，如：—N＝N—（偶氮基）、＝C＝O（羰基）、＝C＝S（硫羰基）等，这些基团中的Ⅱ电子被激发时所需能量较小，波长小于 200nm 以上的光就可以做到，故往往可以吸收可见光而表现出颜色。助色团是某些含孤电子对的基团，如氨基（—NH₂）、羟基（—OH）和卤代基（—Cl、—Br、—I）等。这些基团与生色团上的不饱和键相互作用，可以影响生色团对光的吸收，使颜色加深。所以，简单地说，某些有机化合物及其螯合物之所以表现出颜色，就在于它们具有特殊的结构。而它们的结构中含有生色团和助色团则是它们有色的基本原因。常用的有机显色剂有邻二氮菲、双硫腙、偶氮胂（Ⅲ）、铬天青 S 等。

15.3.2　显色反应条件的选择

显色反应的进行是有条件的，只有控制适宜的反应条件才能使显色反应按预期方式进行，才能达到利用光度法对无机离子进行测定的目的，因此显色反应条件的选择是十分重要的。适宜的反应条件主要是通过实验来确定的。

（1）显色剂的用量

为了保证显色反应进行完全，使待测离子 M^{n+} 全部转化为有色配合物 MR_m^{n+}，均需加入过量的显色剂 R，但显色剂浓度究竟过量多少，要通过实验确定。具体做法是，保持待测离子 M^{n+} 的浓度不变，配制一系列显色剂 R 的浓度不同的溶液，分别测定其吸光度 A。以 A 对 C 作图，可能出现三种情况比较常见的是，开始 A 随 C 的增加而增加，当 C 达到一定数值后，C 趋于平坦，表明此时 M^{n+} 已全部转化为 MR_m^{n+}。这样可以在平坦区域选择一个合适的 C 作为测定时的适宜浓度。当平坦区域出现之后，从某一点开始，A 又随着 C 的增加而下降。这可能是由于 C 较大时，形成了多种配位数的络合物。此时必须严格控制 C 在平坦区。如果 A 总是随着 C 的增大而增加，不出现 A 较稳定的区域，则测定条件很难控制。一般这样的显色反应不适于进行曲行光度分析。

（2）溶液的酸度

酸度对显色反应的影响很大。例如邻二氮菲与 Fe^{2+} 的反应，酸度大高，邻二氮菲将发生质子化副反应，降低反应的完全度；酸度太低，Fe^{2+} 又会水解甚至沉淀；故合适 pH 是 2～9。另外，酸度对络合物的存在形态也可能有影响，从而使其颜色发生改变。所以，也必须通过实验确定适宜的酸度范围。具体做法是，固定其他条件不变，配制一系列 pH 值不同的溶液，分别测定它们的吸光度 A。作 A-pH 曲线。曲线中间一段 A 较大而又恒定的平坦部分所对应的 pH 值范围就是适宜的酸度范围，可以从中选择一个 pH 值作为测定时的酸度条件。

（3）时间和温度

时间对显色反应的影响表现在两个方面：一方面它反映了显色反应速度的快慢；另一方面它又反映了显色配合物的稳定性。因此测定时间的选择必须综合考虑这两个方面。对于慢反应，应等待反应达到平衡后再进行测定；而对于不稳定的显色配合物，则应在吸光度下降之前及时测定。当然，对那些反应速度很快、显色配合物又很稳定的体系，测定时间影响很小。多数显色反应的反应速度很快，室温下即可进行。只有少数显色反应速度较慢，需加热以促使其迅速完成。但温度太高可能使某些显色剂分解。故适宜的温度也应由实验确定。

（4）有机溶剂和表面活性剂

溶剂对显色反应的影响表现在下列几方面。

① 溶剂影响配合物的离解度　许多有色化合物在水中的离解度大，而在有机溶剂中的离解度小，如在 $Fe(SCN)_3$ 溶液中加入可与水混溶的有机试剂（如丙酮），由于降低了 $Fe(SCN)_3$ 的离解度而使颜色加深，提高了测定的灵敏度。

② 溶剂改变配合物颜色的原因可能是各种溶剂分子的极性不同、介电常数不同，从而影响到配合物的稳定性，改变了配合物分子内部的状态或者形成不同的溶剂化物的结果。

（5）共存离子的干扰及消除

在光度法中共存离子的干扰是一个经常要遇到的问题。例如待测离子 M^{n+} 与显色剂到 R 发生显色反应生成 MR_m^{n+}，如果有共存离子 N^{p+} 存在，则 N^{p+} 可能对 M^{n+} 的测定发生干扰。这种干扰或者直接表现为 N^{p+} 有色，或者虽然 N^{p+} 无色，但它也能与 R 生成有色配合物 NR_n^{p+}，从而造成测 M^{n+} 的误差。通常可以采取以下一些措施来消除干扰。

① 控制酸度　这实际上是利用显色剂的酸效应来控制显色反应的完全程度。例如用双硫腙光度法测 Hg^{2+}，共存的 Cd^{2+}、Pb^{2+} 等离子也能与双硫腙生成有色配合物，因而干扰 Hg^{2+} 的测定。但由于双硫腙汞配合物的 K 值最大因而最稳定，故可以在强酸条件下测定；而此时其他离子的双硫腙配合物则由于 K 值较小而不能稳定存在，因而无法显色。通过控制强酸条件就可以消除 Cd^{2+}、Pb^{2+} 等离子对测 Hg^{2+} 的干扰。

② 加入掩蔽　例如用光度法测 MnO_4^-，在 $\lambda_{max}=525min$ 下共存的 Fe^{3+} 的干扰（络合提高）。又如用罗丹明萃取光度法测 Ga^{3+}，在 λ_{max} 下 Fe^{3+} 有一定吸收而干扰 Ga^{3+} 的测定。可以加入 T：C/3 将 Fe^{3+} 还原为 Fe^{2+}，由于 Fe^{2+}、Ga^{3+} 配合物的 λ_{max} 处没有吸收，故干扰被消除（氧化还原掩蔽）。

③ 选择合适的波长　例如在 $\lambda_{max}=525nm$ 处测定 MnO_4^- 时，共存的 $Cr_2O_7^{2-}$ 也有吸收因而产生干扰，为此可改在 $545nm$ 处测定 MnO_4^-。此时虽然测定 MnO_4^- 的灵敏度有所降低，但由于 $Cr_2O_7^{2-}$ 在此波长无吸收，它的干扰被消除。

④ 选择合适的参比溶液　例如在用铬天青 S 光度法测 Al^{3+} 时，在 $\lambda_{max}=525nm$ 下共存的 Co^{2+}、Ni^{2+} 等有色离子也有吸收因而发生干扰。此时可将一份待测试液中加入 NH_4F 及铬天青，以此作为参比溶液。由于 Al^{3+} 可以与 F^- 形成稳定的无色配合物，无法再与铬天青等反应而显色，而此时 Co^{2+}、Ni^{2+} 等有色物质仍然在溶液中。所以当以此溶液作为参比溶液时，就即可以抵消显色剂本身有色所造成的干扰，也可以抵消 Co^{2+}、Ni^{2+} 等有色离子所造成的干扰。

15.3.3 吸光度测量条件的选择

在光度分析中，为使测得的吸光度有较高的灵敏度和准确度，还必须选择合适的测量条件。

(1) 入射光波长的选择

一般以 λ_{max} 作为入射光波长。如有干扰，则根据干扰最小而吸光度尽可能大的原则选择入射光波长。

(2) 参比溶液的选择

参比溶液主要是用来消除由于吸收皿壁及试剂或溶剂等对入射光的反射和吸收带来的误差。应视具体情况，分别选用纯溶剂空白、试剂空白、试液空白作参比溶液。

(3) 吸光度读数范围的选择

吸光光度分析所用的仪器为分光光度计，测量误差不仅与仪器质量有关，还与被测溶液的吸光度大小有关。由下式可计算在不同吸光度或透光度读数范围引起的浓度的相对误差。

$$\frac{\Delta c}{c} = \frac{0.434}{T \lg T} \Delta T$$

若分光光度计的读数误差 DT 为 5%，当 $T = 65\% \sim 20\%$，（或 $A = 0.19 \sim 0.70$），则测量误差

$$\frac{\Delta c}{c} < 2\%$$

通常应控制溶液吸光度 A 在 $0.2 \sim 0.7$ 之间，此范围是最适读数范围。通过调节溶液的浓度或比色皿的厚度可以将吸光度调节到最适范围内。当 $T\% = 36.8$ 或 $A = 0.434$ 时，由于读数误差引起的浓度测量相对误差最小。

15.4 吸光光度法的应用

吸光光度法应用十分广泛。几乎所有的无机物和许多有机物都可用此法进行测定，并常用于化学反应机理和化学平衡的研究以及某些常数的测定。

15.4.1 定量分析

(1) 单组分的测定

① 一般方法 A-c 标准曲线法。

② 示差分光光度法 普通分光光度法只适用于微量组分的分析，而不适合于常量组分的分析。这主要是因为测量误差较大。即使能将 A 控制在合适的吸光度范围 $0.2 \sim 0.8$ 之内，测量误差也仍有 4% 左右。这样大的相对误差如果说对微量组分的测定还是可以接受的话，那么对常量组分测定就是不能允许的，因为此时不仅相对误差较大，而且绝对误差也较大。但差示分光光度法却可以应用于常量组分的测定，因为它们的测量相对误差可以降低到 0.5% 以下，从而使测量准确度大大提高。

差示分光光度法与普通分光光度法的主要区别在于它所采用的参比溶液不同。差示分光光度法是以浓度比待测定溶液浓度稍低的标准溶液作为参比溶液。假设待测溶液浓度为 C_x，参比溶液浓度为 C_s，则 $C_s < C_x$。根据朗伯-比耳定律，在普通分光光度法中：

$$A_x = \varepsilon b c_x = -\lg T_x = -\lg \frac{I_x}{I_o}$$

$$A_s = \varepsilon b c_s = -\lg T_s = -\lg \frac{I_s}{I_o}$$

但是在差示法中，是以 C_s 溶液为参比，即以 C_s 溶液的透射光强 I_s 作为假想的入射光强 I_o^1，来调节吸光度零点的 $I_s = I_o^1$ 而当把待测溶液推入光路后，其透光率为：

$$T_差 = \frac{I_x}{I_o^1} = \frac{I_x}{I_s} = \frac{I_x}{I_o} = \frac{I_o}{I_s} = \frac{T_x}{T_s}$$

所测得的吸光度

$$A_差 = -\lg T_差 = -\lg \frac{T_x}{T_s} = (-\lg T_x) - (-\lg T_s) = A_x - A_s = \Delta A$$

可见，在差示分光光度法中，实际测得的吸光度 A 差就相当于在普通分光光度法中待测溶液与参比溶液的吸光度之差 ΔA。"差示"一词即原于此。将朗伯-比耳定律代入：

$$\Delta A = A_x - A_s = \varepsilon b (C_x - C_s) = \varepsilon b \Delta C$$

其中 $\Delta C = C_x - C_s$ 即在差示法中，朗伯-比耳定律可表示为：$\Delta A = \kappa b \Delta C$ 据此测得的浓度并不是 C_x 而是浓度差 ΔC。但由于 C_s 是已知的标准溶液的浓度，由 $C_x = C_s + \Delta C$ 可间接推算出待测溶液的浓度 C_x。这即为差示法测定的原理。在差示法中，由仪器噪声引起的测量误差依然存在，因此即使控制吸光度 ΔA 在合适范围 $0.2 \sim 0.8$ 之内，测量相对误差也仍将达到约 4%。但与普通分光光度法不同的是，在差示法中这个近 4% 的相对误差是相对于 ΔC 而言的，而不是相对于 C_x 而言的。如果是相对于 C_x 而言的，则相对误差为：

$$RE = \frac{4(\%) \times \Delta C}{C_x}$$

由于 C_x 仅仅是稍大于 C_s，故 C_x 总是远大于 ΔC。假设 C_x 为 ΔC 的 10 倍，则测量相对误差就等于 0.4%。这就使得差示分光光度法的准确度大大提高，可适用于常量组分的分析。从仪器构造上讲，差示分光光度法需要一个大发射强度的光源，才能用高浓度的参比溶液调节吸光度零点。因此必须采用专门设计的差示分光光度计，这使它的应用受到一定限制。

（2）多组分的同时测定

应用光度法可以同时测定同一溶液中的两个甚至更多的组分。以两组分的混合物分析为例。如果两组分的吸收峰互不干扰，则可以分别在 λ_{max}^I 和 λ_{max}^{II} 处测定 I 和 II 两组分，这本质上与单组分测定没有区别。而如果两组分的吸收峰互相干扰，则可以利用吸光度的加和性用解联立方程的方法求得各组分的含量。吸光度的加和性是指如果溶液中各组分之间的相互作用可以忽略不计，则某波长下溶液的总吸光度是其各组分单独存在时的吸光度之和：

$$A_总 = A_1 + A_2 + \cdots + A_n$$

首先分别用单一组分 I 和单一组分 II 的标准溶液在 λ_{max}^I 和 λ_{max}^{II} 处测得它们的摩尔吸光系数 $\varepsilon_{\lambda_1}^I$、$\varepsilon_2^I$ 和 $\varepsilon_{\lambda_1}^{II}$、$\varepsilon_2^{II}$。然后分别在 λ_{max}^I 和 λ_{max}^{II} 处测得待测混合溶液的总吸光度 $A_{\lambda_1}^总$ 和 $A_{\lambda_2}^总$。根据吸光度的加和性，有：

$$A_{\lambda_1}^总 = A_{\lambda_1}^I + A_{\lambda_1}^{II} = \varepsilon_{\lambda_1}^I b c_1 + \varepsilon_{\lambda_1}^{II} b c_1$$

$$A_{\lambda_2}^总 = A_{\lambda_2}^I + A_{\lambda_2}^{II} = \varepsilon_{\lambda_2}^I b c_2 + \varepsilon_{\lambda_2}^{II} b c_2$$

在这两个独立的方程中，未知量只有 c_1 和 c_2，故解方程就可以同时得到组分 I 的浓度 c_1 和组分 II 的浓度 c_2。

15.4.2　配合物组成和酸碱离解常数的测定

应用光度法测定配合物的组成有多种方法，这里介绍较常用的两种方法。

（1）摩尔比法

设配合反应

$$M^{n+} + mR \rightleftharpoons MR_m^{n+}$$

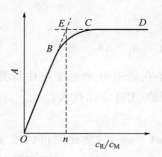

图 15-1　配合物的摩尔比法图示

若在某波长下只有配合物 MR_m^{n+} 有吸收，M^{n+} 和 R 及其他中间配合物均无吸收。可配制一系列溶液金属离子 M^{n+} 的浓度相等，而配位剂浓度各不相同的溶液，使摩尔比 c_R/c_M 分别等于 0.5、1、1.5、2、…测定这一系列溶液的吸光度 A，绘制 A-c_R/c_M 曲线，如图 15-1 所示：分别作曲线上升部分和平台部分两条直线的延长线，二者交点的横坐标等于多少，配位比就是多少。如图中交点的横坐标等于 2，形成的络合物就是 MR_2^{n+}。摩尔比法的原理是，当 c_R/c_M 小于 2 时，溶液中的 M^{n+} 只有一部分转变为 MR_2^{n+}，因此当 R 浓度增大，即比值 c_R/c_M 增大时，MR_2^{n+} 的量也逐渐增多，吸光度逐渐增大，表现为一条随 c_R/c_M 增大而增大的直线。而当 c_R/c_M 大于 2 时，溶液中的 M^{n+} 已全部转变为 MR_2^{n+}，MR_2^{n+} 的量不会随 R 浓度的增加而增加。因此吸光度不变，表现为一条水平的直线。从上升的直线到水平的直线的转折点对应的摩尔比就是配合物的配位比。在实际测定中，两条直线之间并非明显法转折点。而是一段曲线。这是由于配合物 MR_2^{n+} 离解所造成的，故采用延长线的交点作为实际的转折点。

显然，所生成的有色配合物越稳定，转折点就越容易得到，配合比就越好求，所以摩尔比法只适用于求稳定配合物的组成，另外，在可能形成的各级配合物中，如果 MR_1^{n+}、MR_2^{n+}、…、MR_{n-1}^{n+} 等中间配合物也很稳定，则摩尔比法也不适用。只有最后一级配合物 MR_m^{n+} 稳定且有色，其配位比才适用于摩尔比法测定。

（2）等摩尔连续变化法

此法是保持溶液中 $c_M + c_R$ 为常数，连续改变 c_R/c_M 配制出一系列溶液。分别测量系列溶液的吸光度 A，以 A 对 $c_M/(c_M + c_R)$ 作图，曲线折点对应的 c_R/c_M 值就等于配合比 n。

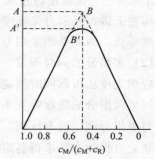

图 15-2　等摩尔连续变化法图示

等摩尔连续变化法实用于配合比低、稳定性较高的配合物组成的测定。此外还可以测定配合物的不稳定常数（图 15-2）。

15.4.3　酸碱离解常数的测定

（1）作图法

如果一种有机化合物的酸性官能团或碱性官能团是发色团的一部分，则该物质的吸收光谱随溶液的 pH 值而改变，且可以不同 pH 值时所获得的吸光物质测定该物质的离解常数。

例如，酸 HA 在水溶液中的离解平衡可表示为：

$$HA+H_2O \Longrightarrow H_3O^+ + A^-$$

$$K_a = \frac{[H_3O^+][A^-]}{[HA]}$$

当 $[HA]=[A^-]$ 时，则：

$$K_a = [H_3O^+]$$

$$pK_a = -lg[H_3O^+] = pH$$

因此，只要找出 $[HA]=[A^-]$ 时溶液的 pH 值，该 pH 值就是该酸的 pK_a 值。

测定方法是：配制一系列 pH 标准溶液（用 pH 计精确校正），每个 pH 溶液中准确加入一定量的待测酸 HA。然后以水做空白，测量不同溶液的吸光度，以吸光度为纵坐标，pH 值为横坐标，绘制一条曲线。曲线 A 点以前，溶液中全为酸 HA；B 点以后，全为其共轭碱 A^-；曲线 AB 间溶液中 HA 和 A^- 的形式共存，C 点为 $[HA]=[A^-]$ 时吸光度，C 点所对应的 pH 值即为 pK_a 值。

（2）代数法

以一元弱酸 HB 为例，其反应和离解常数表达式为：

$$HB \Longrightarrow H^+ + B^-$$

$$K_a = \frac{[H^+][B^-]}{[HB]} \qquad \text{①}$$

设其分析浓度为 c，则：

$$c = [HB] + [B^-] \qquad \text{②}$$

设在某波长下，酸 HB 和碱 B^- 均有吸收，液层厚度 $b=1\text{cm}$，则根据吸光度的加和性

$$A = A_{HB} + A_{B-} = \kappa_{HB}[HB] + \kappa_{B-}[B^-] \qquad \text{③}$$

将②代入③，则：

$$A = \kappa_{HB}[HB] + \kappa_{B-}(c - [HB]) = c\kappa_{B-} + [HB](\kappa_{HB} - \kappa_{B-})$$

故：

$$[HB] = \frac{c\kappa_{B-} - A}{\kappa_{B-} - \kappa_{HB}} \qquad \text{④}$$

同理：

$$[B^-] = \frac{A - c\kappa_{HB}}{\kappa_{B-} - \kappa_{HB}} \qquad \text{⑤}$$

将④⑤代入①，则：

$$K_a = [H^+] \frac{A - c\kappa_{HB}}{c\kappa_{B-} - A}$$

这里 $c\kappa_{HB}$ 实际上是弱酸全部以 HB 型体存在时的吸光度，定义为 A_{HB}。$c\kappa_{B-}$ 实际是弱酸全部以 B^- 型体存在时的吸光度，定义为 A_{B-}，于是有：

$$K_a = [H^+] \frac{A - A_{HB}}{A_{B-} - A}$$

或

$$pK_a = pH + lg\frac{A_B - A}{A - A_{HB}}$$

测定时，调节溶液的 pH 值。当 $pH \ll pK_a$ 时，弱酸几乎全部以 HB 型体存在，可测得 A_{HB}；当 $pH \gg pK_a$ 时，弱酸几乎全部以 B^- 型体存在，可测得 A_{B-}；而在 $pH = pK_a \pm 1$ 范围内，可测得某一确定的 pH 值及对应的 A，根据上式即可得 pK_a。

15.5 紫外吸收光谱法简介

紫外-可见吸收光谱法（ultraviolet-visible absorption spectrometry，Uv-Vis）是根据溶

液中物质的分子或离子对紫外和可见光谱区辐射的选择性吸收研究物质的组成和结构的方法，又称紫外-可见分光光度法。

紫外光是波长为 $10\sim400nm$ 的电磁辐射，分为远紫外光（$10\sim200nm$）和近紫外光（$200\sim400nm$）。远紫外光可被大气中的水气、氮、氧和二氧化碳等气体所吸收，只能在真空中研究，故又称真空紫外。可见光是指波长为 $400\sim780nm$ 的电磁辐射，它可被人们的眼睛所感觉。当溶液中的某种物质选择性地吸收可见光中某种颜色的光时，溶液就会呈现出对应的互补色。表 15-1 列出了物质的颜色与吸收光颜色之间的互补关系。

表 15-1　物质颜色与吸收光颜色之间的互补关系

物质外观颜色	吸收光的颜色	波长范围/nm	物质外观颜色	吸收光的颜色	波长范围/nm
黄绿	紫	400	紫	黄绿	560
黄	蓝	450	蓝	黄	580
橙	绿蓝	480	绿蓝	橙	610
红	蓝绿	490	蓝绿	红	650
红紫	绿	500			

紫外-可见吸收光谱法具有灵敏度高的特性，适用于微量组分的测定，一般可测定微克级的物质，其摩尔吸收系数可以达到 $10^4\sim10^5$ 数量级；准确度较高，其相对误差一般在 $1\%\sim5\%$ 之内；方法简便，操作容易、分析速度快；应用广泛，不仅用于无机化合物的分析，更重要的是用于有机化合物的鉴定及结构分析（鉴定有机化合物中的官能团）。可对同分异构体进行鉴别。此外，还可用于配合物的组成和稳定常数的测定。紫外-可见吸收光谱法也有一定的局限性，有些有机化合物在紫外可见光区没有吸收谱带，有的仅有较简单而宽阔的吸收光谱，更有个别的紫外可见吸收光谱大体相似。例如，甲苯和乙苯的紫外吸收光谱基本相同。因此，单根据紫外可见吸收光谱不能完全决定这些物质的分子结构，只有与红外吸收光谱、核磁共振波谱和质谱等方法配合起来，得出的结论才会更可靠。

15.5.1　基本原理

紫外-可见吸收光谱（ultraviolet-visible absorption spectra）是由分子或离子吸收能量激发价电子或外层电子跃迁而产生的吸收光谱，也称电子光谱。当一束紫外可见光通过一透明的物质溶液时，若光子的能量等于电子能级的能量差时，则此能量的光子被吸收，并使电子由基态跃迁到激发态。物质对光的这种选择性吸收的特征，可用吸收曲线来描述。以波长 λ 为横坐标、吸光度 A 为纵坐标作图，得到的紫外可见吸收曲线 A-λ 即为紫外-可见吸收光谱。物质在某一波长处对光的吸收最强，称为最大吸收峰，对应的波长称为最大吸收波长（λ_{max}）；低于最高吸收峰的峰称为次峰；吸收峰旁边的一个小的曲折称为肩峰；曲线中的低谷称为波谷其所对应的波长称为最小吸收波长（λ_{min}）；在吸收曲线波长最短的一端，吸收强度相当大，但不成峰形的部分，称为末端吸收。同一物质的浓度不同时，光吸收曲线形状相同，最大吸收波长不变，只是相应的吸光度大小不同。物质不同，其分子结构不同，则吸收光谱曲线不同，λ_{max} 不同，所以可根据吸收光谱曲线对物质进行定性鉴定和结构分析。

（1）电子跃迁的类型

有机化合物的紫外-可见吸收光谱，是其分子中价电子跃迁的结果。根据分子轨道理论，有机化合物分子中的价电子有三种：形成单键的 σ 电子、形成双键的 π 电子和未成键的孤对电子（n 电子）。通常外层电子处于分子轨道的基态，即成键轨道或非键轨道上。当外层电子吸收紫外或可见光后，就从基态跃迁到激发态，其跃迁方式主要有四种类型，所需能量大小顺序为：$n \rightarrow \pi^* < \pi \rightarrow \pi^* < n \rightarrow \sigma^* < \sigma \rightarrow \sigma^*$，如图 15-3 所示。

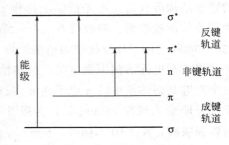

图 15-3　电子能级跃迁示意

$\sigma \rightarrow \sigma^*$ 跃迁：分子中成键 σ 电子由基态跃迁到 σ^* 轨道，所需的能量很大，σ 电子只有吸收远紫外光的能量才能发生跃迁。在有机化合物中，由单键构成的化合物，如饱和烃类能产生 $\sigma \rightarrow \sigma^*$ 跃迁，吸收峰出现在远紫外区（吸收波长 $\lambda < 200\text{nm}$），只能被真空紫外分光光度计检测到。在近紫外、可见光区内不产生吸收，故常采用饱和烃类化合物做紫外可见吸收光谱分析的溶剂，如甲烷的 λ_{max} 为 125nm，乙烷 λ_{max} 为 135nm，可以作溶剂。

$n \rightarrow \sigma^*$ 跃迁：分子中未共用 n 电子由基态跃迁到 σ^* 轨道，所需能量较大，吸收波长为 150~250nm，大部分在远紫外和近紫外区，仍不易观察到。凡含有 n 电子（含 N、O、S 和卤素等杂原子）的饱和化合物都可发生 $n \rightarrow \sigma^*$ 跃迁。如一氯甲烷、甲醇、三甲基胺 $n \rightarrow \sigma^*$ 跃迁的 λ_{max} 分别为 173nm、183nm 和 227nm。

$\pi \rightarrow \pi^*$ 跃迁：成键 π 电子由基态跃迁到 π^* 轨道，所需能量较小，吸收波长处于远紫外区的近紫外端或近紫外区，吸收峰在 200nm 附近。不饱和烃、共轭烯烃和芳香烃类均可发生该类跃迁，如乙烯 $\pi \rightarrow \pi^*$ 跃迁的 λ_{max} 为 162nm。共轭体系中的 $\pi \rightarrow \pi^*$ 跃迁，吸收峰向长波方向移动，在 200~700nm 的紫外可见光区。摩尔吸光系数 e_{max} 一般在 10^4 以上，属于强吸收。

$n \rightarrow \pi^*$ 跃迁：未共用 n 电子跃迁到 π^* 轨道，跃迁的能量较小，吸收峰出现在 200~400nm 的紫外光区，属于弱吸收。含有杂原子的不饱和有机化合物能产生这种跃迁。如含有 $\diagdown C=O$、$\diagdown C=S$、$-N=O$、$-N=N-$ 等杂原子的双键化合物。

$n \rightarrow \pi^*$ 及 $\pi \rightarrow \pi^*$ 跃迁都需要有不饱和官能团存在，以提供 π 轨道。这两类跃迁在有机化合物中具有非常重要的意义，是紫外可见吸收光谱的主要研究对象。

（2）常用名词术语

发色团（chromophore）又称生色团，含有不饱和键，能吸收紫外、可见光产生 $\pi \rightarrow \pi^*$ 或 $n \rightarrow \pi^*$ 跃迁的基团。一般为带有 π 电子的基团，如羰基、双键、三键和芳环等。**助色团**（auxochrome）含有未成键 n 电子，本身不产生吸收峰，但与发色团相连，能使发色团吸收峰向长波方向移动，吸收强度增强的杂原子基团称为助色团。一般为带有孤电子对的基团，如—OH、—OR、—NHR、—SH、—SR、—X。**红移**（red shift）**与蓝移**（blue shift）吸收带的最大吸收波长向长波方向移动为红移；吸收带的最大吸收波长向短波方向移动为蓝移。**增色效应**（hyperchromic effect）**与减色效应**（hypochromic effect）使吸收带强度增加的效应为增色效应；使吸收带强度减小的效应为减色效应。

吸收带 K 带是由两个或两个以上双键形成共轭体系后，跃迁能量降低，吸收波长红移，吸收强度增加，光谱学上将其称为 K 带（德文 konjugierte，共轭）。其特点是吸收强度较大，$\varepsilon > 10^4 \text{L} \cdot \text{mol}^{-1} \cdot \text{cm}^{-1}$，吸收峰通常在 210~250nm。K 吸收带的波长及强度与共轭体系数目、位置、取代基的种类有关。K 吸收带是紫外可见吸收光谱中应用最多的吸收带，用于判断化合物的共轭结构。B 带是由芳香族化合物的 $\pi \rightarrow \pi^*$ 跃迁和苯环的振动相重叠引起的精细结构吸收带，在光谱学上称作 B 带（德文 Benzienoid，苯型谱带），是芳香族化合物的紫外特征吸收带。吸收峰在 230～270nm 之间，强度较弱，摩尔吸光系数 ε 较小，一般在 250～3000 之间。B 吸收带的精细结构常用来判断芳香族化合物，但苯环上有取代基且与苯环共轭或在极性溶剂中测定时，这些精细结构会简单化或消失。E 带由芳香族化合物苯环上三个双键共轭体系中的 π 电子向 π^* 反键轨道 $\pi \rightarrow \pi^*$ 跃迁所产生的，是芳香族化合物的特征吸收。E_1 带出现在 185nm 处，为强吸收，$K > 10^4 \, L \cdot mol^{-1} \cdot cm^{-1}$；$E_2$ 带出现在 204nm 处，为较强吸收，$K > 10^3 \, L \cdot mol^{-1} \cdot cm^{-1}$。当苯环上有发色团且与苯环共轭时，$E_1$ 带常与 K 带合并且向长波方向移动，B 吸收带的精细结构简单化，吸收强度增加且向长波方向移动。例如苯乙酮和苯的紫外吸收光谱。R 带是与双键相连接的杂原子（例如 $C = O$、$C = N$、$S = O$ 等）上未成键电子的孤对电子向 π^* 反键轨道跃迁的结果，可简单表示为 $n \rightarrow \pi^*$。其特点是强度较弱，一般 $K < 10^2 \, L \cdot mol^{-1} \cdot cm^{-1}$；吸收峰位于 200～400nm 之间。

15.5.2　紫外可见分光光度计

用于测量和记录待测物质对紫外光、可见光的吸光度及紫外-可见吸收光谱，并进行定性定量以及结构分析的仪器，称为紫外可见吸收光谱仪或紫外可见分光光度计。

（1）仪器的基本构造

紫外可见分光光度计，其波长范围 200～1000nm，构造原理与可见光分光光度计（如 721 型分光光度计）相似，都是由光源、单色器、吸收池、检测器和显示器五大部件构成。

光源是提供入射光的装置。要求在所需的光谱区域内，发射连续的具有足够强度和稳定的紫外及可见光，并且辐射强度随波长的变化尽可能小，使用寿命长。在可见区常用的光源为钨灯，可用的波长范围 350～1000nm。在紫外区常用的光源为氢灯或氘灯，它们发射的连续光波长范围为 180～360nm。其中氘灯的辐射强度大，稳定性好，寿命也长。

单色器是将光源辐射的复合光分成单色光的光学装置。单色器一般由狭缝、色散元件及透镜系统组成。最常用的色散元件是棱镜和光栅。棱镜通常用玻璃、石英等制成。玻璃适用于可见光区，石英材料适用于紫外光区。

吸收池是用于盛装试液的装置。吸收池材料必须能够透过所测光谱范围的光，一般可见光区使用玻璃吸收池，紫外光区使用石英吸收池。

检测器是将光信号转变成电信号的装置。要求灵敏度高，响应时间短，噪声水平低且有良好的稳定性。常用的检测器有硒光电池、光电管、光电倍增管和光电二极管阵列检测器。

硒光电池构造简单，价格便宜，使用方便，但长期曝光易"疲劳"，灵敏度也不高。光电管灵敏度比硒光电池高，它能将所产生的光电流放大，可用来测量很弱的光。常用的光电管有蓝敏和红敏光电管两种。前者是在镍阳极表面沉积锑和铯，适用波长范围 210～625nm；后者是在阴极表面沉积银和氧化铯，适用范围 625～1000nm。光电倍增管比普通光电管更灵敏，是目前高中档分光光度计中常用的一种检测器（其工作原理见第 8 章中"光电转换器"）。光电二极管阵列检测器（photo-diode array detector）是紫外可见光度检测器的一个重要进展。这类检测器用光电二极管阵列作检测元件，阵列由数百个光电二极管组成，各自测量一窄段即几十微米的光谱。通过单色器的光含有全部的吸收信息，在阵列上同时被检测，并用电子学方法及计算机技术对二极管阵列快速扫描采集数据，由于扫描速度非常快，可以得到三维（A、λ、t）光谱图。显示器是将检测器输出的信号放大并显示出来的装置。常用的装置有电表指示、图表指示及数字显示等。

（2）仪器的分类

紫外可见分光光度计主要有单光束分光光度计、双光束分光光度计、双波长分光光度计以及光电二极管阵列分光光度计。

单光束分光光度计光路是一束经过单色器的光，轮流通过参比溶液和样品溶液来进行测定。这种分光光度计结构简单，价格便宜，主要用于定量分析。但这种仪器操作麻烦，如在不同的波长范围内使用不同的光源、不同的吸收池，且每换一次波长，都要用参比溶液校正等，也不适于作定性分析。国产的 751 型和 WFD-8A 型分光光度计都是单光束分光光度计。

双光束分光光度计的光路设计基本上与单光束相似，如图 15-4 所示，经过单色器的光被斩光器一分为二，一束通过参比溶液，另一束通过样品溶液，然后由检测系统测量即可得到样品溶液的吸光度。由于采用双光路方式，两光束同时分别通过参照池和测量池，使操作简单，同时也消除了因光源强度变化而带来的误差。国产的双光束分光光度计有 710 型和 730 型。图 15-4 是一种双光束记录式分光光度计光路系统。

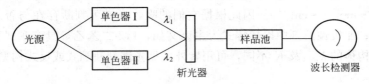

图 15-4　双光束分光光度计示意

单光束和双光束分光光度计，就测量波长而言，都是单波长的。双波长分光光度计是用两种不同波长（λ_1 和 λ_2）的单色光交替照射样品溶液（不需使用参比溶液）。经光电倍增管和电子控制系统，测得的是样品溶液在两种波长 λ_1 和 λ_2 处的吸光度之差 ΔA，$\Delta A = A_{\lambda_1} - A_{\lambda_2}$，只要 λ_1 和 λ_2 选择适当，ΔA 就是扣除了背景吸收的吸光度。双波长分光光度计不仅能测定高浓度试样、多组分混合试样，并能测定混浊试样（双波长分光光度计在测定相互干扰的混合试样时，不仅操作简单，而且精确度高）

光电二极管阵列分光光度计是一种利用光电二极管阵列作多道检测器，由微型电子计算机控制的单光束紫外可见分光光度计，具有快速扫描吸收光谱的特点。从光源发射的复合光，通过样品吸收池后经全息光栅色散，通过一个可移动的反射镜使光束通过几个吸收池，色散后的单色光由光电二极管阵列中的光电二极管接受，光电二极管与电容耦合，当光电二极管受光照射时，电容器就放电，电容器的带电量与照射到光电二极管上的总光量成正比。由于单色器的谱带宽度接近于光电二极管的间距，每个谱带宽度的光信号由一个光电二极管接受，一个光电二极管阵列可容纳 400 个光电二极管，可覆盖 200～800nm 波长范围，分辨率为 1～2nm，其全部波长可同时被检测而且响应快，在极短时间内（2s）给出整个光谱的全部信息。

15.5.3　紫外可见吸收光谱法的应用

（1）定性分析

以紫外可见吸收光谱进行定性分析时，通常是根据吸收光谱的形状，吸收峰的数目以及最大吸收波长的位置和相应的摩尔吸收系数进行定性鉴定。一般采用比较光谱法，即在相同的测定条件下，比较待测物与已知标准物的吸收光谱曲线，如果它们的吸收光谱曲线完全等同（λ_{max} 及相应的 K 均相同），则可以认为是同一物质。进行这种对比法时，也可借助前人汇编的标准谱图进行比较。

（2）结构分析

根据化合物的紫外可见吸收光谱推测化合物所含的官能团。例如，某化合物在紫外可见光区无吸收峰，则它可能不含双键或环状共轭体系，它可能是饱和有机化合物。如果在200～250nm有强吸收峰，可能是含有两个双键的共轭体系；在260～350nm有强吸收峰，则至少有3～5个共轭发色团和助色团。如果在270～350nm区域内有很弱的吸收峰，并且无其他强吸收峰时，则化合物含有带n电子的未共轭的发色团（$\underset{\diagdown}{\overset{\diagup}{C}}=O$，—$NO_2$，—N=N—等），弱峰由n→π* 跃迁引起的。如在260nm附近有中吸收且有一定的精细结构，则可能有芳香环结构（在230～270nm的精细结构是芳香环的特征吸收）。

利用紫外可见吸收光谱来判别有机化合物的同分异构体。例如，乙酰乙酸乙酯的互变异构体（图15-5）。

酮式没有共轭双键，在206nm处有中吸收；而烯醇式存在共轭双键，在245nm处有强吸收（$K=18000 L \cdot mol^{-1} \cdot cm^{-1}$）。因此根据它们的吸收光谱可判断存在与否。一般在极性溶剂中以酮式为主；非极性溶剂中以烯醇式为主。又如，1,2-二苯乙烯具有顺式和反式两种异构体：由于顺反异构体的λ_{max}及K不同，可用紫外可见光谱判断顺式或反式构型（图15-6）。

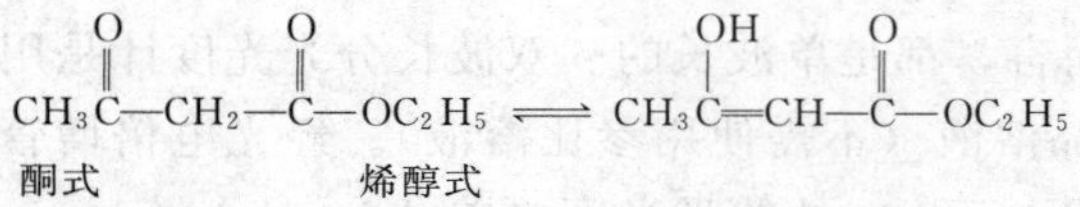

图 15-5　乙酰乙酸乙酯的互变异构体　　　　图 15-6　1,2-二苯乙烯的顺式和反式异构体

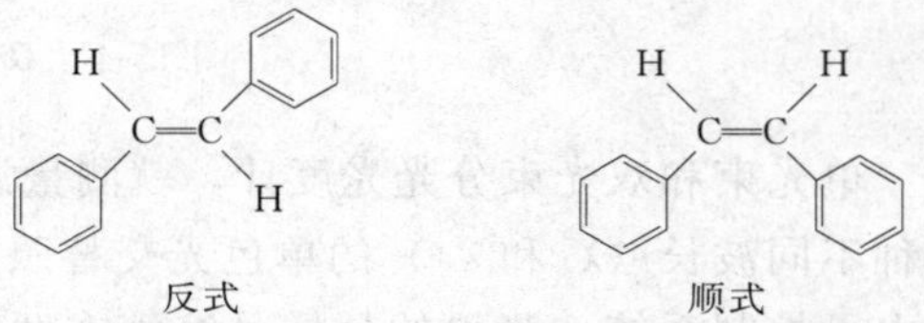

$\lambda_{max}=295nm$ 　$K=27000 L \cdot mol^{-1} \cdot cm^{-1}$ 　$\lambda_{max}=280nm$ 　$K=14000 L \cdot mol^{-1} \cdot cm^{-1}$

（3）定量分析

紫外可见分光光度法用于定量分析的依据是朗伯-比耳定律，即物质在一定波长处的吸光度与它的浓度呈线性关系。故通过测定溶液对一定波长入射光的吸光度，便可求得溶液的浓度和含量。紫外可见分光光度法不仅用于测定微量组分，而且用于常量组分和多组分混合物的测定。

单组分物质的定量分析包括比较法和标准曲线法。比较法是在相同条件下配制样品溶液和标准溶液（与待测组分的浓度近似），在相同的实验条件和最大波长λ_{max}处分别测得吸光度为A_x和A_s，然后进行比较，求出样品溶液中待测组分的浓度［即$c_x=c_s \times (A_x/A_s)$］。标准曲线法首先配制一系列已知浓度的标准溶液，在λ_{max}处分别测得标准溶液的吸光度，然后，以吸光度为纵坐标、标准溶液的浓度为横坐标作图，得A-c的校正曲线图（理想的曲线应为通过原点的直线）。在完全相同的条件下测出试液的吸光度，并从曲线上求得相应的试液浓度。

多组分物质的定量分析根据吸光度加和性原理，对于两种或两种以上吸光组分的混合物的定量分析，可不需分离而直接测定。根据吸收峰的互相干扰情况，分为以下三种，吸收光谱不重叠，混合物中组分a，b的吸收峰相互不干扰，即在λ_1处，组分b处，无吸收，而在λ_2处，组分a无吸收，因此，可按单组分的测定方法分别在λ_1和λ_2处测得组分a和b的浓度。吸收光谱单向重叠，在λ_1处测定组分a，组分b有干扰，在λ_2处测定组分b，组分a无干扰，因此可先在 λ_2 处测定组分 b 的吸光度 $A_{\lambda_2}^b$。

$$A_{\lambda_2}^b = K_{\lambda_2}^b c^b L$$

式中，$K_{\lambda_2}^b$ 为组分 b 在 λ_2 处的摩尔吸收系数，可由组分 b 的标准溶液求得，故可由上式求得组分 b 的浓度。然后再在 λ_1 处测定组分 a 和组分 b 的吸光度 $A_{\lambda_1}^{a+b}$。

$$A_{\lambda_1}^{a+b} = A_{\lambda_1}^a + A_{\lambda_1}^b = K_{\lambda_1}^a c^a L + K_{\lambda_1}^b c^b L$$

式中，$A_{\lambda_1}^a$、$A_{\lambda_1}^b$ 分别为组分 a、b 在 λ_1 处的摩尔吸收系数，它们可由各自的标准溶液求得，从而可由上式求出组分 a 的浓度。

吸收光谱双向重叠，组分 a、b 的吸收光谱互相重叠，同样有吸光度加和性原则在 λ_1 和 λ_2 处分别测得总的吸光度 $A_{\lambda_1}^{a+b}$、$A_{\lambda_2}^{a+b}$。

$$A_{\lambda_1}^{a+b} = A_{\lambda_1}^a + A_{\lambda_1}^b = K_{\lambda_1}^a c^a L + K_{\lambda_1}^b c^b L$$
$$A_{\lambda_2}^{a+b} = A_{\lambda_2}^a + A_{\lambda_2}^b = K_{\lambda_2}^a c^a L + K_{\lambda_2}^b c^b L$$

式中，$K_{\lambda_1}^a$、$K_{\lambda_2}^a$、$K_{\lambda_1}^b$、$K_{\lambda_2}^b$ 分别为组分 a、b 在 λ_1、λ_2 处的摩尔吸收系数，它们同样可由各自的标准溶液求得，因此，通过解方程求得组分 a 和 b 的浓度 c^a 和 c^b。显然，有 n 个组分的混合物也可用此法测定，联立 n 个方程组便可求得各自组分的含量，但随着组分的增多，实验结果的误差也会增大，准确度降低。

用双波长分光光度法进行定量分析，对于吸收光谱互相重叠的多组分混合物，除用上述解联立方程的方法测定外，还可用双波长法测定，且能提高测定灵敏度和准确度（图 15-7）。

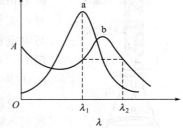

图 15-7　双波长测定法

在测定组分 a 和 b 的混合样品时，一般采用作图法确定参比波长和测定波长，如图 15-7，选组分 a 的最大吸收波长 λ_1 为测定波长，而参比波长的选择，应考虑能消除干扰物质的吸收，即使组分 b 在 λ_1 处的吸光度等于它在 λ_2 处的吸光度，即 $A_{\lambda_1}^b = A_{\lambda_2}^b$，根据吸光度加和性原则，混合物在 λ_1 和 λ_2 处的吸光度分别为：

$$A_{\lambda_1}^{a+b} = A_{\lambda_1}^a + A_{\lambda_1}^b$$
$$A_{\lambda_2}^{a+b} = A_{\lambda_2}^a + A_{\lambda_2}^b$$

由双波长分光光度计测得 $\Delta A = A_{\lambda_1}^{a+b} - A_{\lambda_2}^{a+b} = A_{\lambda_1}^a + A_{\lambda_1}^b - A_{\lambda_2}^a - A_{\lambda_2}^b$

因为 $A_{\lambda_1}^b = A_{\lambda_2}^b$ 所以 $\Delta A = A_{\lambda_1}^a - A_{\lambda_2}^a = K_{\lambda_1}^a c^a L - K_{\lambda_2}^a c^a L$

$$c^a = \frac{\Delta A}{(K_{\lambda_1}^a - K_{\lambda_2}^a)L}$$

式中，$K_{\lambda_1}^a$、$K_{\lambda_2}^a$ 分别为组分 a 在 λ_1 和 λ_2 处的摩尔吸收系数，可由组分 a 的标准溶液在 λ_1 和 λ_2 处测得的吸光度求得，由上式求得组分 a 的浓度。同理，也可以测得组分 b 的浓度。

双波长法还可用于测定浑浊样品、吸光度相差很小而干扰又多的样品及颜色较深的样品，测定的准确度和灵敏度都较高。

第16章

色谱

色谱法早在 1903 年由俄国植物学家茨维特（Tswett）分离植物色素时采用（图 16-1）。

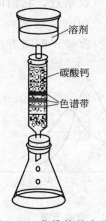

图 16-1 茨维特的实验

后来不仅用于分离有色物质，还用于分离无色物质，并出现了种类繁多的各种色谱法。但不管属于哪一类色谱法，其共同的基本特点是具备两个相：不动的一相，称为固定相；另一相是携带样品流过固定相的流动体，称为流动相。当流动相中样品混合物经过固定相时，就会与固定相发生作用，由于各组分在性质和结构上的差异，与固定相相互作用的类型、强弱也有差异，因此在同一推动力的作用下，不同组分在固定相滞留时间长短不同，从而按先后不同的次序从固定相中流出。

色谱法的本质，从根本上说是一种物理分离方法。它的原理是利用不同物质在两相（固定相和流动相）中具有不同的分配系数（或吸附系数等），当两相做相对运动时，这些物质将在两相中发生反复多次的分配（或吸附），致使那些分配系数（或吸附系数）只有微小差异的组分也能产生很大的分离效果，从而使不同组分得到完全分离。

色谱法具有分离效率高、分析速度快、检测灵敏度高、样品用量少、选择性好、多组分同时分析、易于自动化的优点。但同时色谱法也存在定性能力较差的不足。下面我们来介绍色谱基础理论。

16.1 色谱基础理论

16.1.1 色谱法的分类

色谱法按流动相为状态分类，可分为气相色谱和液相色谱。

色谱法按固定相的形状分类，可分为柱色谱和薄层色谱。柱色谱是将很细的固定相装入玻璃管内。因固定相装填方法不同，又可分为填充柱色谱和空心毛细管色谱。气相色谱、高效液相色谱均为柱色谱。具有柱效能高，分析速度快，定量较为可靠的优点。平板色谱是一类将固定相作成平面板状的色谱。纸色谱是用多孔滤纸作固定相，试样溶液在滤纸上进行展开和分离的一类色谱。薄层色谱是将粉末状的吸附剂或载体均匀铺在玻璃板或塑料板上，让液体通过毛细现象或重力作用携带样品通过固定相进行分离的色谱。具有设备和操作简单，易于普及的特点。

色谱法按色谱动力学过程分类可分为淋洗色谱法、置换色谱法、迎头色谱法。淋洗色谱法，又称洗提法，以与固定相作用力比分离组分弱的流体为流动相，各组分按与固定相作用力，从弱到强先后洗出。置换色谱法，也称为排代法、顶替法，用含与固定相作用力较被分离组分强的物质流体为流动相，依次将组分从固定相上置换出来，与固定相作用力弱的组分先被置换洗出。迎头色谱法，也称为前沿法。只适用于少数几个组分混合物的分离、纯化。其中，淋洗色谱法，是使用最广泛的色谱分析方法。

色谱法按按分离过程的物理化学原理分类可分为吸附色谱，分配色谱，离子交换色谱和空间排阻色谱也叫凝胶色谱。利用吸附剂表面对不同组分物理吸附性能的差异进行分离的叫做吸附色谱。如碳酸钙做固定相。利用不同组分在两相中分配系数的不同进行分离的叫分配色谱。如氨基酸在硅胶柱上的分离。利用组分离子与离子交换剂的交换能力不同进行分离的是离子交换色谱。例如用钠离子置换出 H 离子。利用多孔物质对不同大小分子的阻碍作用进行分离的是空间排阻色谱。如分子筛做固定相。

16.1.2 色谱法基础知识及术语

待测各组分经色谱分离后，随流动相依次流出色谱柱，再经检测器转换为相应的电信号，用记录仪将各组分的流出情况记录下来即得色谱图。色谱图（色谱流出曲线）是以检测器对组分的响应信号为纵坐标，流出时间（或流出体积/距离）为横坐标作图（图 16-2）。

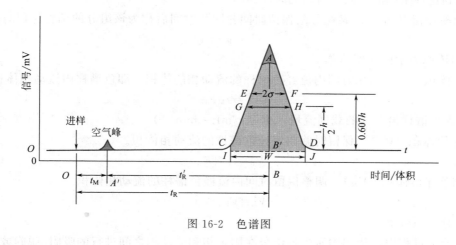

图 16-2　色谱图

（1）基线

是柱中仅有流动相通过时，检测器响应信号的记录值。稳定的基线应该是一条水平直线。

（2）峰高

色谱峰顶点与基线之间的垂直距离，以 h 表示。

（3）色谱峰区域宽度

色谱峰的区域宽度是组分在色谱柱中谱带扩张的函数，它反映了色谱操作条件的动力学因素，度量色谱峰区域宽度通常有三种方法。

① 标准差 σ，即 0.607 倍峰高处色谱峰宽的一半。

② 半峰高宽度 $2\Delta X_{1/2}$，即峰高一半处对应的峰宽，它与标准差 σ 的关系是：

$$2\Delta X_{1/2}=2.354\sigma$$

③ 色谱峰底宽 W。即色谱峰两侧拐点上的切线在基线上的截距。它与标准差 σ 的关系是：

$$W=4\sigma$$

（4）色谱峰面积

色谱曲线与基线间包围的面积。

（5）保留值

保留值是用来描述待测试样中各组分在色谱柱中滞留情况的物理量，通常用将各组分带出色谱柱所需的时间或流动相体积表示。在一定的固定相和操作条件下，任何一种物质都有一个固定的保留值，故组分的保留值可用于该组分的定性鉴定。

① 用时间表示的保留值如下。

a. 死时间 t_M　不被固定相吸附或溶解的物质进入色谱柱时，从进样到出现峰极大值所需的时间称为死时间。因为这种物质不被固定相吸附或溶解，故其流动速度与流动相的流动速度相近。测定死时间 t_M 时，可用柱长 L 与流动相平均线速 $\bar{u}$ 的比值计算：

$$t_M=\frac{L}{\bar{u}}$$

b. 保留时间 t_R　组分从进样开始到柱后出现该组分响应信号极大值所需的时间。它相应于样品到达柱末端的检测器所需的时间。

c. 调整保留时间 t_R'　某组分的保留时间扣除死时间后称为该组分的调整保留时间，即：

$$t_R'=t_R-t_M$$

② 用体积表示的保留值如下。

a. 死体积 (V_M)　死时间内流经色谱柱的流动相的体积，即色谱柱内流动相体积。

$$V_M=t_M F_C$$

（F_C 为色谱柱出口处的载气流量，单位：mL·min^{-1}）

b. 保留体积 (V_R)　保留时间内流经色谱柱的流动相体积。

$$V_R=t_R\times F_C$$

c. 调整保留体积 (V_R')　调整保留时间内流经色谱柱的流动相体积。

$$V_R'=V_R-V_M$$

（6）分配系数 K

色谱分离过程中，待测物质中各组分在固定相和流动相之间进行的吸附/脱附或溶解/挥发过程。一定温度和压力下，处于分配平衡状态的物质，各组分在两相间的分配行为通常用分配系数 K 加以描述。在一定温度和压力下，两相达平衡时组分在固定相和流动相中的浓度比，即：

$$K=\frac{c_S}{c_M}$$

式中，c_S 为组分在固定相中的浓度；c_M 为组分在流动相中的浓度。

（7）保留因子 k（又称容量因子或分配比）

保留因子是指在一定的温度、压力下，溶质分布在固定相和流动相的分子数或物质的量之比，即：

$$k = \frac{n_S}{n_M} = \frac{c_S V_S}{c_M V_M} = K \frac{V_S}{V_M}$$

式中，n_S 为物质在色谱柱内任一段固定相中的摩尔分数；n_M 为物质在流动相中的摩尔分数；c 和 V 分别代表浓度和体积。

k 值越大，说明组分在固定相中的量越多，相当于柱的容量大，因此又称分配容量或容量因子。它是衡量色谱柱对被分离组分保留能力的重要参数。k 值也决定于组分及固定相热力学性质。它不仅随柱温、柱压变化而变化，而且还与流动相及固定相的体积有关。

【例 16-1】 已知 $V_S = 2.0 \text{mL}$，$F_C = 50 \text{mL} \cdot \text{min}^{-1}$，$t_R = 5 \text{min}$，$t_M = 1 \text{min}$。求 V_M，V_R，V_R'，k，K。

解
$$V_M = t_M \times F_C = 1 \times 50 = 50 \ (\text{mL})$$
$$V_R = t_R \times F_C = 5 \times 50 = 250 \ (\text{mL})$$
$$V_R' = 250 - 50 = 200 \ (\text{mL})$$
$$k = t_R' / t_M = (5-1) / 1 = 4$$
$$k = K(V_S / V_M)$$
$$K = k(V_M / V_S) = 4 \times (50/2.0) = 100$$

(8) 相对保留值 a

某组分 2 的调整保留值与组分 1 的调整保留值之比，称为相对保留值，也称为选择性因子。它反映不同溶质与固定相作用力的差异。任何两组分 1，2 的 a 为两者 K，k 或 t' 之比。

$$a = \frac{t_{R2}'}{t_{R1}'} = \frac{\dfrac{t_{R2}'}{t_M}}{\dfrac{t_{R1}'}{t_M}} = \frac{k_2}{k_1} = \frac{k_2 / \beta}{k_1 / \beta} = \frac{K_2}{K_1}$$

通过相对保留值 a 把实验测量值 k（保留因子）与热力学性质的分布系数 K 直接联系起来，a 对固定相的选择具有实际意义。如果两组分的 K 或 k 值相等，则 $a=1$，两个组分的色谱峰必将重合，说明分不开。两组分的 K 或 k 值相差越大，则分离得越好。因此两组分具有不同的分布系数是色谱分离的先决条件。

式中 t_{R2}' 为后出峰的调整保留时间，所以这时 a 总是大于 1 的。由于相对保留值 a 只与柱温及固定相的性质有关，而与柱径、柱长、填充情况及流动相流速无关，因此，它是色谱法中，特别是气相色谱法中，广泛使用的定性数据。

【例 16-2】 有一份 A，B，C 三组分的混合物，经色谱分离后，其保留时间分别为 $t_{R(A)} = 4.5 \text{min}$，$t_{R(B)} = 7.5 \text{min}$，$t_{R(C)} = 10.4 \text{min}$，死时间 $t_M = 1.4 \text{min}$，求：

(1) B 对 A 的相对保留值；

(2) C 对 B 的相对保留值；

(3) B 组分在此柱中的保留因子是多少？

解 (1) $a_{B,A} = t_{R(B)}' / t_{R(A)}' = (7.5 - 1.4) \text{min} / (4.5 - 1.4) \text{min} = 1.97$

(2) $a_{C,B} = t_{R(C)}' / t_{R(B)}' = (10.4 - 1.4) \text{min} / (7.5 - 1.4) \text{min} = 1.48$

(3) $k = t_{R(B)}' / t_M = (7.5 - 1.4) \text{min} / 1.4 \text{min} = 4.36$

16.1.3 色谱动力学基础理论

色谱理论不仅要能够说明组分在色谱柱中移动的速率，还应该说明组分在移动过程中引起区域展宽的各种因素。

（1）塔板理论

塔板理论模型，是假设色谱柱由若干块塔板组成的分馏塔。在每一塔板内，一部分空间为固定相所占据；另一部分空间则为流动相所占据，流动相占据的空间称为板体积。待分离组分随流动相进入色谱柱后，在每块塔板里的两相间达成一次分配平衡（在柱内每达成一次分配平衡所需要的柱长就叫做塔板高度 H）。经过这样多次分配平衡之后，分配系数不同的组分彼此分离，分配系数小者最先从塔顶逸出。

色谱柱分成 N 段，每段高为 H。N 为理论塔板数，表示柱效；H 为理论塔板高度。

$$N = L/H$$

所有组分开始时都加在 0 号塔板上，且不考虑沿色谱柱方向的纵向扩散。在每块塔板上，平衡是瞬间建立的。在所有塔板上，同一组分的分配系数是常数，即和组分的量无关。流动相是以脉冲式进入色谱柱进行冲洗的，每次恰好为一个塔板体积 ΔV。

假设：进样量 $m = 1\mu g$，$k = 1$，$K = 1$，理论塔板数 $N = 5$（表 16-1）。

表 16-1 单一溶质（$k=1$）量为 1 份随流动相体积在柱内各板（$N=5$）上的分布

分配 塔板号 r 载气板体积数 N	0	1	2	3	4	柱出口
$N=0$	1	0	0	0	0	0
1	0.5	0.5	0	0	0	0
2	0.25	0.5	0.25	0	0	0
3	0.125	0.375	0.375	0.125	0	0
4	0.063	0.25	0.375	0.25	0.063	0
5	0.032	0.157	0.313	0.313	0.157	0.032
6	0.016	0.095	0.235	0.313	0.235	0.079
7	0.008	0.056	0.165	0.274	0.274	0.118
8	0.004	0.032	0.111	0.22	0.274	0.138
9	0.002	0.018	0.072	0.166	0.247	0.138
10	0.001	0.010	0.045	0.094	0.207	0.124
11	0	0.005	0.028	0.070	0.151	0.104
12	0	0.002	0.016	0.049	0.110	0.076
13	0	0.001	0.010	0.033	0.08	0.056
14	0	0	0.005	0.022	0.057	0.040
15	0	0	0.002	0.014	0.040	0.028
16	0	0	0.001	0.008	0.027	0.020

流出组分浓度有一个极大值（当 $t > t_R$ 或 $t < t_R$ 时，$C < C_{max}$，$h < h_{max}$），流出曲线呈峰形。最大及整个分布曲线随时间/体积向右推进，流出柱子被检测。流出曲线方程（也称塔板理论方程），即数学表达式

$$C = \frac{\sqrt{n}M}{\sqrt{2\pi}V_R} e^{-\frac{N}{2}\left(1-\frac{V}{V_R}\right)^2}$$

式中，C 为不同时间 t 时的组分浓度；M 为进样量；N 为塔板数。

理论塔板数与色谱参数之间的关系为：

$$N = 5.54\left(\frac{t_R}{2\Delta X_{1/2}}\right)^2 = 16\left(\frac{t_R}{W}\right)^2$$

式中，t_R 为保留时间。

从上两式可以看出，色谱峰 W 越小，N 就越大，而 H 就越小，柱效能越高。因此，N 和 H 是描述柱效能的指标。

通常填充色谱柱的 $N > 10^3$，$H < 1\text{mm}$。而毛细管柱 $N = 10^5 \sim 10^6$，$H < 0.5\text{mm}$。

由于死时间 t_M 包括在 t_R 中，而实际的 t_M 不参与柱内分配，所计算的 N 值很大，H 很小，但与实际柱效能相差甚远。所以，提出把 t_M 扣除，采用有效理论塔板数 N_{eff} 和有效塔板高 H_{eff} 评价柱效能。

为了准确评价色谱柱效能，宜采用有效塔板数 N_{eff} 和有效塔板高度 H_{eff}

$$N_{\text{eff}} = 5.54 \left(\frac{t'_R}{2\Delta X_{1/2}} \right)^2 = 16 \left(\frac{t'_R}{W} \right)^2$$

$$H_{\text{eff}} = \frac{L}{N_{\text{eff}}}$$

【例 16-3】　在一个 3m 长的色谱柱上，分离一个样品结果为 $t_M = 1\text{min}$，$t_{R1} = 14\text{min}$，$t_{R2} = 17\text{min}$，$W_2 = 1\text{min}$. 计算：

（1）两组分的调整保留时间 t'_{R1} 及 t'_{R2}

（2）两组分的容量因子 k'_1 及 k'_2。

（3）用组分 2 计算色谱柱的有效塔板数 N_{eff} 及有效塔板高度 H_{eff}。

解　（1）$t'_{R1} = t_{R1} - t_M = 14\text{min} - 1\text{min} = 13\text{min}$

$\qquad\quad t'_{R2} = t_{R2} - t_M = 17\text{min} - 1\text{min} = 16\text{min}$

（2）$k'_1 = t'_{R1} / t_M = 13\text{min} / 1\text{min} = 13$

$\qquad k'_2 = t'_{R2} / t_M = 16\text{min} / 1\text{min} = 16$

（3）$N_{\text{eff}} = = 16 \left(\frac{t'_R}{W} \right)^2 = 16 \times (16\text{min} / 1\text{min})^2 = 4096$

$\qquad H_{\text{eff}} = L / N_{\text{eff}} = 3\text{m} / 4096 = 0.73\text{mm}$

塔板理论仅考虑热力学因素，未考虑动力学因素的影响，该理论无法解释同一色谱柱在不同的载气流速下柱效不同的实验结果，也无法指出影响柱效的因素及提高柱效的途径。

（2）速率理论

1956 年荷兰学者 van Deemter 等在研究气液色谱时，提出了色谱过程动力学理论——速率理论。他们吸收了塔板理论中板高的概念，并充分考虑了组分在两相间的扩散和传质过程，从而在动力学基础上较好地解释了影响板高的各种因素。该理论模型对气相、液相色谱都适用。van Deemter 方程的数学简化式为：

$$H = A + \frac{B}{u} + Cu$$

式中，A 为涡流扩散项；B/u 为分子扩散项；Cu 为传质阻力项；u 为流动相的线速度，$10^{-2}\text{m} \cdot \text{s}^{-1}$，一定时间里流动相在色谱柱中移动的距离。

① 涡流扩散项 A　在填充色谱柱中，当组分随流动相向柱出口迁移时，流动相由于受到固定相颗粒障碍，不断改变流动方向，使组分分子在前进中形成紊乱的类似"涡流"的流动。固定相颗粒大小形状各异，填充状态不均匀组分各分子在色谱柱中经过的通道直径和长度不同在流出时间上产生差异，引起谱峰展宽（图 16-3）。

② 分子扩散项 B/u　样品进入色谱柱后，便在色谱柱的轴向上造成浓度梯度，使组分分子产生浓差扩散，其方向是沿着柱子纵向扩散（又称为纵向扩散项）。组分的浓差扩散和随机热运动导致相同组分的不同分子从柱端流出的时间存在差异（图 16-4）。

③ 传质阻力项 Cu　气相传质过程是指试样组分从气相移动到固定相表面的过程。这一过程中试样组分将在两相间进行质量交换，即进行浓度分配。有的分子还来不及进入两相界

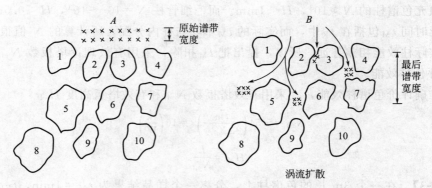

图 16-3　色谱柱中的涡流扩散

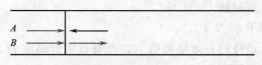

图 16-4　分子非定向热运动

面，就被气相带走；有的则进入两相界面又来不及返回气相。这样，使得试样在两相界面上不能瞬间达到分配平衡，引起滞后现象，从而使色谱峰变宽。

④ 载气流速与柱效——最佳流速 u_{opt}　载气流速高时，传质阻力项是影响柱效的主要因素，流速越大，柱效越低。当载气流速较低时，分子扩散项成为影响柱效的主要因素，流速越大，柱效越高。由于流速对这两项完全相反的作用，流速对柱效的总影响使得存在着一个最佳流速值，即速率方程式中塔板高度对流速的一阶导数有一极小值。

以塔板高度 H 对应载气流速 u 作图，曲线最低点的流速即为最佳流速（图 16-5）。

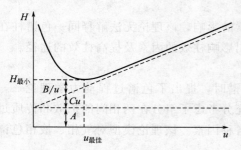

图 16-5　H-u 曲线与最佳流速

⑤ 分离度　分离度 R 定义：相邻两组分色谱峰保留值之差与两个组分色谱峰峰底宽度总和的一半的比值。

实验估算为：

$$R = \frac{t_{R(2)} - t_{R(1)}}{\frac{1}{2}(W_1 + W_2)}$$

式中，$t_{R(2)}$，$t_{R(1)}$ 为两组分保留时间；W_1，W_2 为两组分色谱峰峰底宽度。

相邻两组分完全分离的条件：$R = 1.5$ 时，分离程度可达到 99.7%。通常用 $R = 1.5$ 作为相邻两色谱峰完全分开的标志。

分离度的理论估算：

$$N_2 = 16\left(\frac{t_{R2}}{W_2}\right)^2 \longrightarrow W_2 = \frac{4}{\sqrt{N_2}}t_{R2}$$

$$R = \frac{t_{R2} - t_{R1}}{t_{R2}}\frac{\sqrt{N_2}}{4} = \frac{\sqrt{N_2}}{4}\frac{t'_{R2} - t'_{R1}}{t'_{R2} + t_M} = \frac{\sqrt{N_2}}{4}\frac{\frac{t'_{R2}}{t_M} - \frac{t'_{R1}}{t_M}}{\frac{t'_{R2}}{t_M} + 1} = \frac{\sqrt{N_2}}{4}\frac{k_2 - k_1}{k_2 + 1}$$

$$\alpha = \frac{k_2}{k_1} \Rightarrow k_1 = \frac{k_2}{\alpha}$$

$$R = \frac{\sqrt{N_2}}{4} \frac{k_2 - \frac{k_2}{\alpha}}{k_2 + 1} = \frac{\sqrt{N_2}}{4} \left(\frac{\alpha - 1}{\alpha} \right) \left(\frac{k_2}{k_2 + 1} \right)$$

分离的可能性取决于试样混合物中各组分在固定相中的分配系数的差别，而不是取决于分配次数的多少。由此，色谱柱效可推导为：

$$N = 16 R^2 \left(\frac{\alpha}{\alpha - 1} \right)^2 \left(\frac{k + 1}{k} \right)^2$$

$$N_{eff} = N \left(\frac{k}{k + 1} \right)^2 = 16 R^2 \left(\frac{\alpha}{\alpha - 1} \right)^2$$

（3）色谱定性分析

在一定的色谱条件下（固定相、操作条件等），各种物质均有确定不变的保留值，利用物质的保留值不变对物质进行定性分析，这种定性方法是最常用的色谱定性方法。该方法具有操作简便，不需其他仪器设备的优点。不过由于不同化合物在相同色谱条件下常具有近似或完全相同的保留值，该方法在应用时有一定应用局限性，而且必须有标准物质进行对比，才能进行定性分析。

（4）色谱定量分析

定量分析要求，首先准确测定峰面积 A_i。然后，准确求出比例常数 f_i（定量校正因子）。最后正确选用定量方法，把测得的峰面积换算为百分含量。

① 峰面积 A 的测量方法　峰面积是色谱图提供的基本定量数据，峰面积测量的准确与否直接影响定量结果。对于不同峰形的色谱峰采用不同的测量方法。

对称形峰面积的测量：

$$A = 1.065 h \times 2 \Delta X_{1/2}$$

不对称峰面积的测量：

$$A = 1/2 h (\Delta X_{0.15} + \Delta X_{0.85})$$

式中，$\Delta X_{0.15}$ 和 $\Delta X_{0.85}$ 分别为峰高 0.15 倍和 0.85 倍处的峰宽。

② 定量校正因子　色谱定量分析是基于峰面积与组分的量成正比关系。但由于同一检测器对不同物质具有不同的响应值，即对不同物质，检测器的灵敏度不同，所以两个相等量的物质得不出相等峰面积。或者说，相同的峰面积并不意味着相等物质的量。因此，在计算时需将面积乘上一个换算系数，使组分的面积转换成相应物质的量，即：

$$m_i = f_i A_i$$

式中，A_i 为峰面积；f_i 为换算系数，称为定量校正因子。

定量校正因子定义为：单位峰面积的组分的量。

③ 相对定量校正因子　由于准确测定定量校正因子 f_i 不易达到。在实际工作中，常用相对定量校正因子 f_i'。f_i' 定义为：样品中各组分的定量校正因子与标准物的定量校正因子之比。

$$f_i' = \frac{f_i}{f_s} = \frac{A_s m_i}{A_i m_s}$$

式中，m 和 A 分别代表质量和面积；下标 i 和 s 分别代表待测组分和标准物；f_i' 表示相对质量校正因子。

④ 定量方法

a. 标准曲线法（外标法） 将待测组分的纯物质配成不同浓度的标准溶液。然后取固定量的标准溶液进行分析，从所得色谱图上测出峰面积和峰高，然后绘制响应信号（纵坐标）对浓度（横坐标）的标准曲线。分析样品时，取与制标准曲线同量的试样，测得该试样的响应信号，由标准曲线查其浓度。

外标法具有操作简单、计算方便的优点，但一定要保证进样的重现性和操作条件的稳定性，两者对分析结果的准确度有着十分重要的影响。它的最大缺点就是不能校正基体效应。

b. 内标法 当只需测定试样中某几个组分，且试样中所有组分不能全部出峰时，可采用此法。内标法是将一定量的纯物质作为内标物，加入到准确称取的试样中，根据待测物和内标物的重量及其在色谱图上相应的峰面积比，求出某组分的含量。

例如，要测定试样中组分 i（质量为 m_i）的百分含量 $m_i\%$ 时，可于试样中加入重量为 m_{is} 的内标物 is，试样重为 m，则：

$$m_i = f_i' A_i \frac{m_s}{A_s}; \quad m_{is} = f_{is}' A_{is} \frac{m_s}{A_s}; \quad \frac{m_i}{m_{is}} = \frac{f_i' A_i}{f_{is}' A_{is}}$$

$$m_i = \frac{f_i' A_i}{f_{is}' A_{is}} m_{is}$$

$$w_i\% = \frac{f_i' A_i}{f_{is}' A_{is}} \times \frac{m_{is}}{m} \times 100\%$$

注意 m_i、m_{is}、m 三者的区别。以内标物为基准，则 $f_{is}' = 1$，计算可简化为：

$$w_i\% = \frac{A_i}{A_{is}} \times \frac{m_{is}}{m} \cdot f_i' \times 100\%$$

内标法具有定量准确的优点。不过也存在每次分析都要称取样品和内标物的重量，不适于作快速控制分析的缺点。

内标物的选择原则：内标物和试样应互溶；内标物与试样组分的峰能分开，且内标物和待测物峰靠近；加入内标物的量应接近于待测组分的量；内标物与待测组分的物理化学性质相近。

c. 归一化法 当试样中各组分都能流出色谱柱，并在色谱图上显示色谱峰时，可用此法进行定量计算。设试样中有 n 个组分，各组分的量分别为 m_1，m_2，…，m_n，各组分含量的总和 m 为 100%，其中组分 i 的百分含量 $m_i\%$ 可按下式计：

$$w_i\% = \frac{m_i}{m} \times 100\% = \frac{m_i}{m_1 + m_2 + \cdots + m_i + \cdots + m_n} \times 100\% = \frac{A_i f_i}{A_1 f_1 + A_2 f_2 + \cdots + A_i f_i + \cdots + A_n f_n} \times 100\%$$

归一化法操作简单、准确，当操作条件（进样量、载气流量等）变化时，对结果影响小。但此法在实际应用中仍有一些限制，如样品的全部组分必须流出且出峰，某些不需要定量的组分也必须测出其峰面积及 f 值等。

16.2 气相色谱

气相色谱法（GC）是英国生物化学家 Martin 和 James 等在研究液-液分配色谱的基础上，于 1952 年创立的一种极有效的分离方法，它可以分析和分离复杂的多组分混合物。目前由于使用了高效能的色谱柱，高灵敏度的检测器及微处理机，使得气相色谱法成为一种分析速度快、灵敏度高、应用范围广的分析方法。如气相色谱与质谱（GC-MS）联用、气相色谱与 Fourier 红外光谱（GC-FTIR）联用、气相色谱与原子发射光谱（GC-AES）联用等。

气相色谱的分离原理是当待测各组分随载气进入色谱柱后，气相中的待测组分立即吸附到固定相中去。载气连续不断的流经色谱柱时，固定相中的待测组分又经脱附回到气相中去。随着载气的流动，脱附到气相中的待测组分又吸附到前面的固定液中。由于各组分在固定相中的溶解、挥发能力不同，那么，在反复多次的吸附、溶解过程中，溶解度大的组分在柱中停留的时间长，向前移动慢；溶解度小的组分在柱中停留的时间短，向前移动快，经过一定时间待测物质中的各个组分就彼此分离，先后流出色谱柱（图 16-6）。

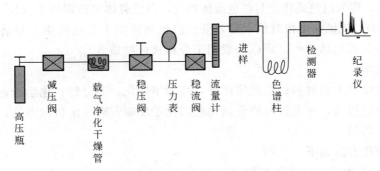

图 16-6 气相色谱仪流程

气相色谱仪的组成部分如下所述。

气路系统：提供气体流动相并确保载气的质量，包括气源、气体净化、气体稳压恒流控制和流量测定。

进样系统：样品引入系统，包括进样器和气化室。

分离系统：组分分离的场所，是色谱仪的核心部件，包括色谱柱、柱箱。

温控系统：直接影响色谱柱的效果，包括恒温控制装置。

检测记录系统：包括检测器、放大器、记录仪、数据处理系统。

16.2.1　气相色谱固定相

（1）固体固定相

适用于分析永久性气体、低沸点碳氢化合物等化合物。

① 固体吸附剂　主要有强极性的硅胶，弱极性的氧化铝，非极性的活性炭和特殊作用的分子筛等。为多孔性固体材料，其色谱性能常受预处理、操作和环境条件影响，重复性较差。因为易形成不对称拖尾峰，所以要求进样量小。

② 高分子多孔微球　高分子多孔微球多为人工合成的多孔共聚物。适用性广，它既是载体又起固定液作用，可在活化后直接用于分离，也可作为载体在其表面涂渍固定液后再用。由于是人工合成的，可控制其孔径大小及表面性质。圆球形颗粒容易填充均匀，数据重现性好，具有疏水性能。这类高分子多孔微球特别适用于有机物中痕量水的分析，也可用于多元醇、脂肪酸、脂类、胶类的分析。

（2）载体（又称担体）

气液色谱固定相由固定液和载体（担体、支持体）共同组成。是小颗粒表面涂渍上一薄层固定液。固定液在常温下不一定为液体，但在使用温度下一定呈液体状态。担体多为大比表面积的化学惰性多孔性固体颗粒。

按化学成分大致可分为硅藻土型和非硅藻土型载体两大类。

硅藻土型载体由天然硅藻土煅烧而成。其中天然硅藻土与木屑在 900℃ 下加热而成，破碎过筛，因天然硅藻土中含有的铁经加热变成红色的 Fe_2O_3 而得名，称为红色载体。它的比表面积大（约 $4m^2 \cdot g^{-1}$），孔径较小（约 $2\mu m$），能涂较多的固定液，色谱分离效率高。而且，机械强度高，抗气体冲击力强。不过，也存在表面存有极性基团或吸附中心而产生催化或吸附作用的不足，故化学稳定性差分析极性物质烃、醇、酸时有拖尾现象。若天然硅藻土＋助溶剂 Na_2CO_3，在 1100℃ 烧，在加热过程中，天然硅藻土中的铁与 Na_2CO_3 作用变成无色的铁硅酸钠而得名，称为白色载体。与红色载体相比，白色载体表面积较小（$1m^2 \cdot g^{-1}$），表面孔较大（$8 \sim 9\mu m$）。机械强度相对低，柱效低。白色载体的表面活性中心显著减少，对极性物质的吸附性小，催化活性小，所以一般用于分析极性物质。

对载体的要求：

多孔且比表面积大的材料；热稳定性好，高温不熔化，不分解；化学稳定性好，表面没有吸附性或吸附性很弱，不允许与待分离物质起化学反应；有一定机械强度，耐高压气流冲击；粒度细小，均匀。

载体的预处理方法如下。

① 酸洗法（处理除硅以外的其他活性组分） 用 $3mol \cdot L^{-1}$（或 $6mol \cdot L^{-1}$）的 HCl 溶液。浸煮担体 2h，过滤后，去离子水洗至中性，于 110℃ 烘干 16h。可除去无机盐，Fe、Al 等金属氧化物。适用于分析酸性物质。

② 碱洗法（处理除硅以外的其他活性组分） 在酸洗之后，用 10% NaOH 的甲醇溶液回流或浸泡担体，然后以甲醇和水洗至中性，干燥，除去表面的 Al_2O_3 等酸性作用基团，用于分析碱性物质。

③ 硅烷化（处理硅表面，钝化降低或消除活性中心） 硅烷化试剂和担体表面的硅醇（或硅醚）基团反应，以消除担体表面的氢键结合能力，从而改进担体的性能，常用的硅烷化试剂有二甲基二氯硅烷和三甲基硅烷。

（3）液体固定液

液体固定相亦称固定液，其应用远比固体固定相广泛。采用液相固定相有如下优点：溶质在气液两相间的分布等温线呈线性，可获得较对称的色谱峰，保留值重现性好；有众多的固定液可供选择，适用范围广；可通过改变固定液的用量调节固定液膜的厚度，控制 k 值，改善传质，获得高柱效。

对固定液的基本要求如下。

① 选择性好，对沸点相同或相近的不同组分，有尽可能高的分离能力。

② 热稳定性好，黏度低，在标定的极限温度范围内使用。化学稳定性好，不分解，不聚合，不与待测组分起化学反应。

③ 在操作柱温下呈液态，蒸气压低，不流失。

④ 润湿性好，固定液能均匀地涂渍在载体表面或毛细管柱壁内壁。

固定液选择的总原则：先根据样品沸程选择温度范围适宜的固定液，然后根据"相似互溶"原则，即固定液的性质和待测组分的性质有某些相似时，其溶解度就大，分配系数也大，选择性就高。通常可按下述几点来选择固定液。

① 分离非极性物质，一般选用非极性固定液，此时试样中各组分按沸点顺序先后流出色谱柱，沸点低的先流出，沸点高的后流出。

② 分离极性物质，一般选用极性固定液，此时试样中各组分主要按极性顺序分离，极

性小的先流出，极性大的后流出。

③ 分离非极性和极性混合物时，一般选用极性固定液，此时非极性组分先流出，极性组分后流出。

④ 对于能形成氢键的试样，如醇、酚、胺和水等的分离，一般选极性的或氢键型固定液，此时试样中各组分按与固定液分子间形成氢键的能力大小先后流出。不易形成氢键的先流出，最易形成氢键的后流出。

⑤ 对于复杂的难分离的物质，可以用两种以上的混合固定液（表 16-2）。

表 16-2　固定液选择的基本原则

被测物	固定液	先流出	后流出
非极性	非极性	沸点低	沸点高
极性	极性	极性小	极性大
极性＋非极性	一般用极性	非极性	极性
氢键	氢键（极性）	没形成氢键的	形成氢键的

16.2.2　典型的气相色谱检测器

（1）热导池检测器（TCD）

热导池由池体和热敏元件组成，如图 16-7。有双臂和四臂两种，常用的是四臂。热导池由不锈钢制成，有四个大小相同、开关完全对称的孔道，内装长度、直径及电阻完全相同的铂丝或钨丝合金，称为热敏元件，且与池体绝缘。

由四个热敏元件组成的惠斯通电桥的四臂，其测量线路如图 16-7 所示。其中两臂为试样测量臂，另两臂为参考臂。最初时，$R_1=R_4$，$R_2=R_3$，电桥平衡。当电流通过时，热丝被加热，其电阻值增加且两池中电

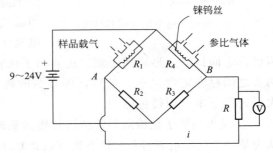

图 16-7　热导池工作原理

阻增加值相同。当仅有载气流经参比池和测量池时，由于一部分热量被载气所带走，热丝温度下降，电阻减小。当载气流量恒定时，两只池中热丝温度下降值和电阻减小值相同，即 $\Delta R_1=\Delta R_4$。即两个池中只通过载气时，电桥仍处于平衡状态，此时 A、B 两端电位相等，$\Delta E_{AB}=0$，没有信号输出，电位差计记录的是一条零位直线，称为基线。

当经色谱柱分离后的样品进入测量池时，由于待测组分与载气组成的混合物的导热系数与纯载气不同，使测量池中热丝散热情况发生变化，导致测量池中热丝温度和电阻值发生改变，使电桥失去平衡，即 $\Delta R_1 \neq \Delta R_4$，电桥 A、B 之间将产生不平衡电位差，故有信号输出。载气中待测组分浓度越大，热丝电阻值改变越显著，电桥上 A、B 间电位差 ΔE_{AB} 越大。用自动平衡电位差计记录其响应得到各组分的色谱峰。

① 桥路工作电流的选择　增加桥路电流，热丝温度升高，热丝和池体温差加大，气体容易将热量传递出去，提高灵敏度。增大桥电流能使灵敏度迅速增加，但桥电流过大，热丝处于灼烧状态，寿命缩短甚至烧坏，且检测器噪声增大，稳定性下降。热丝电阻桥电流常设为 $150\sim200\text{mA}$。

② 载气的选择　载气与组分的热导率相差越大，灵敏度越高。物质的热导率一般都比较小，可选择热导率大的气体作载气来提高检测器的灵敏度，通常选择 H_2 或 He，不过由于 He 贵，所以常用氢气（使用氢气发生器）。

③ 热导池池体温度的选择　当桥路电流一定时，热丝温度一定。池体温度低，池体和热丝的温差就大，灵敏度提高。但池体温度不能太低，否则待测组分将在检测器内冷凝沉积，产生记忆效应。一般池体温度应不低于柱温。

（2）氢火焰离子化检测器（FID）

具有结构简单、灵敏度高、响应快、稳定性好的特点。

氢火焰离子化检测器是典型的质量型、破坏型检测器，它对于含碳的有机物具有很高的灵敏度，一般来说它的灵敏度要比热导型的高几个数量级（图 16-8）。

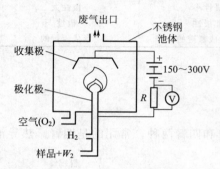

图 16-8　氢火焰离子化检测器结构示意

氢焰检测器的工作原理。首先，在离子化室的底部，氢气与携带待测组分的载气混合后进入离子化室，由毛细管喷嘴喷出。随后，氢气在空气的助燃下经引燃后燃烧，以燃烧产生的高温火焰为能源，使待测有机物组分电离成正负离子。然后，在收集极（即正极，在火焰的上方）与极化极（即负极，在火焰的下方）间施加恒定的直流电压，形成一个静电场。通常两极间离子很少，即基流很小；当载气中有待测组分时，由于化学电离反应产生带电离子对。随后，这些带电离子对在电场作用下向两极作定向运动，形成离子流。进入离子化室的待测组分含量越大，产生的离子流越大，两者之间存在定量关系。最后，将微弱的离子流通过高阻值电阻取出信号，经放大器放大后记录下来，即得色谱图。

① 氢火焰离子化检测器的结构及检测机理　火焰离子化机理至今还不十分清楚，普遍认为是一个化学电离过程。以有机有机物 C_nH_m 为例，在氢焰中的化学电离过程如下。

有机物 C_nH_m 在高温火焰 C 层中裂解产生自由基·CH

$$C_nH_m \longrightarrow \cdot CH（自由基）$$
$$2\cdot CH + O_2 \longrightarrow 2CHO^+ + e^-$$
$$CHO^+ + H_2O \longrightarrow H_3O^+ + CO$$

② 影响氢火焰离子化检测器灵敏度的因素　离子室的结构，如喷嘴的孔径大小与材料、极化极与喷嘴的相对位置等对 FID 灵敏度有直接影响，孔径较大时，线性范围宽，而灵敏度较低；孔径较小时，离子化效率高。喷嘴孔径一般在 0.2～0.6mm 之间。喷嘴采用绝缘和惰性较好的石英、不锈钢、铂等材料，有机物不易在表面沉积。极化极必须处在喷嘴出口的平面中心。

FID 操作条件，如放大器输入高阻的大小，载气、氢气、空气的流量比等影响灵敏度。输入高阻大，灵敏度高，但噪声会增大。空气量加大有利于提高离子化效率与提高灵敏度。一般的流量比为 1:1:10。

（3）电子捕获检测器

电子捕获检测器（ECD）是一种用 ^{63}Ni 或 ^3H 为放射源的离子化检测器，浓度型检测器（图 16-9）。它是一种选择性很强的检测器，对具有电负性物质（如含卤素、硫、磷、氰等的物质）的检测有很高灵敏度（检出限约 $10^{-14}\,\mathrm{g \cdot cm^{-3}}$）。它是目前分析痕量电负性有机物最有效的检测器。电子捕获检测器已广泛应用于农药残留量、大气及水质污染分析，以及生物化学、医学、药物学等领域中。它的缺点是线性范围窄，只有 10^3 左右，且响应易受操作条件的影响，重现性较差。

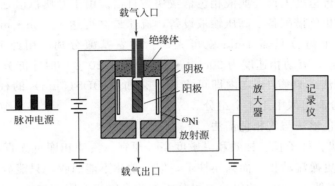

图 16-9　电子捕获检测器

（4）火焰光度检测器（FPD）

火焰光度检测器，又称硫、磷检测器（图 16-10），它是一种对含磷、硫有机化合物具有高选择性和高灵敏度的质量型检测器，检出限可达 $10^{-8}\,\mathrm{g \cdot s^{-1}}$（对 P）或 $10^{-11}\,\mathrm{g \cdot s^{-1}}$（对 S）。这种检测器可用于大气中痕量硫化物以及农副产品，水中的毫微克级有机磷和有机硫农药残留量的测定。高灵敏度，高选择性，质量型，火焰无害。

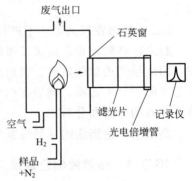

图 16-10　火焰光度检测器结构示意

实际上它是一种放射性离子化检测器，与火焰离子化检测器相似，也需要一个能源和一个电场。能源多数用 ^{63}Ni 或 ^{3}H 放射源，其结构如下图。解释各个部件均为何种东西，外层是检测器池体，圆形不锈钢金属外壳，里面套上一层与外壳呈同心圆筒状的 β 放射源（H³ 或 Ni⁶³），将其贴在阴极壁上，为负极，以中间红色的棒体为正极。检测器内腔有两个电极和筒状的 β 放射源。β 放射源贴在阴极壁上，以不锈钢棒作正极，在两极施加直流或脉冲电压。放射源的 β 射线将载气（N₂ 或 Ar）电离，产生自由电子和正离子，在电场作用下，电子向正极走向移动，形成恒定基流。当载气带有电负性组分，比如氯、硫这些元素，进入检测器时，电负性物质就能捕获这些低能量的自由电子，形成稳定的负离子，使得基流信号下降，产生检测信号，由于测定的是基流的降低值，得到的是倒峰。生成的负离子再与载气正离子复合成中性化合物。

16.3　液相色谱与高效液相色谱

高效液相色谱法（HPLC）是 20 世纪 60 年代末 70 年代初发展起来的一种新型分离分析技术，随着不断改进与发展，目前已成为应用极为广泛的化学分离分析的重要手段。它是在经典液相色谱基础上，引入了气相色谱的理论，在技术上采用了高压泵、高效固定相和高灵敏度检测器，因而具备速度快、效率高、灵敏度高、操作自动化的特点。为了更好地了解高效液相色谱法优越性，现从两方面进行比较。

（1）高效液相色谱法与经典液相色谱法

高效液相色谱法比起经典液相色谱法的最大优点在于高速、高效、高灵敏度、高自动化。高速是指在分析速度上比经典液相色谱法快数百倍。由于经典色谱是重力加料，流出速度极慢；而高效液相色谱配备了高压输液设备，流速最高可达 $10^3 cm \cdot min^{-1}$。例如分离苯的羟基化合物，7 个组分只需 1min 就可完成。对氨基酸分离，用经典色谱法，柱长约 170cm，柱径 0.9cm，流动相速度为 $30 cm^3 \cdot h^{-1}$，需用 20 多小时才能分离出 20 种氨基酸；而用高效液相色谱法，只需 1h 之内即可完成。又如用 ODS（$5\mu m$）的柱，采用梯度洗脱，可在不到 0.5h 内分离出尿中 104 个组分。

（2）高效液相色谱法与气相色谱法

GC 分析速度快、柱子长、柱效和灵敏度高、便宜。流动相廉价无毒，对分离基本不起作用，故一般不用更换流动相，而只换柱子，但流动相不能回收，只能分析热稳定性好、分子量小于 400、沸点低于 500℃ 的组分。可分析的化合物很有限（15%～20%），检测器种类有限。

HPLC 分析对象广，几乎所有化合物都能分析。可用的检测器种类很多。流动相对分离起很大作用。检测时，一般不更换柱子，而是广泛改变流动相的组成或比例，流动相可回收。

GC 一般都在较高温度下进行的，而 HPLC 则经常可在室温条件下工作。

总之，高效液相色谱法是吸取了气相色谱与经典液相色谱优点，并用现代化手段加以改进，因此得到迅猛的发展。目前高效液相色谱法已被广泛应用于分析对生物学和医药上有重大意义的大分子物质，例如蛋白质、核酸、氨基酸、多糖类、植物色素、高聚物、染料及药物等物质的分离和分析。

高效液相色谱法的仪器设备费用昂贵，操作严格，这是它的主要缺点。

16.3.1 高效液相色谱仪

高效液相色谱仪的流程如图 16-11。

（1）流动相储器和溶剂处理系统

现代高效液相色谱仪配备一或多个流动相储器，一般为玻璃瓶，亦称为贮液器。这类容器一般为耐压、耐腐蚀、易于脱气的瓶子（玻璃、四氟等材料制成），容积 0.5～2.0L。内部装的流动相要求为高纯度的色谱纯溶剂，一般要过滤后，才能进入高效液相色谱仪。

流动相也需要经过脱气后才可进入高效液相色谱仪，这是因为流动相中气体进入色谱柱影响分离效果和信号的稳定性（噪声大）。常用的脱气方法有四种。第一种是低压（抽真空）脱气。第二种是通 He 气，利用 He 气在液体中溶解度小，不影响检测。但此方法费用高。第三种方法是加热，利用温度升高，气体溶解度减小来排出气体。第四种是超声波脱气，利用振动除气，虽然噪声大，但目前实验室常用的便是第四种方法。

（2）高压泵系统

由于液体在色谱柱中流动时所受的阻力很大，必须采用高压输液泵来输送流动相。高压泵必须满足流量可调，并有较大的调节范围的特点。流速控制在 0.001～10mL，精度好于

0.5%，流量恒定并且无脉冲，同时耐溶剂腐蚀，抗酸碱腐蚀，有较高的输送压力，高效分离，柱前液压达到 $(1.5 \sim 3.0) \times 10^7 Pa$（相当于 150～300 个大气压）或更高，同时需要满足死体积小，便于迅速更换流动相和进行梯度淋洗。

常用的高压泵可分为恒流泵和恒压泵。

① 恒流泵　输液流量恒定，流量大小不受色谱柱内阻力影响。

a. 往复柱塞泵（图 16-12）　由柱塞往复运动将液体输出，柱塞左拉时，阀 1 开而阀 2 关，液体经阀 1 充满液缸。柱塞右拉时，阀 1 关而阀 2 开，液体经阀 2 流入色谱柱进行分离检测。泵容积一般只有几微升到几毫升，死体积小，容易清洗和更换流动相。缺点是输液脉动性大，需加阻尼器。

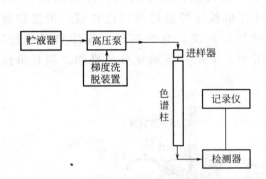

图 16-11　高效液相色谱仪的流程　　　　图 16-12　高效液相色谱仪往复柱塞泵结构示意

b. 螺旋泵　螺旋泵相当于一个大医用注射器，筒体由不锈钢制成，体积为 200～300mL（图 16-13）。步进电动机带动螺杆使柱塞成直线运动，把液体自液缸中推出。流量借改变电动机的转速来调节。

具有流量平稳、无脉动的优点，而且可装的液体多，但是也存在死体积大，更换溶剂不方便的不足。

② 恒压泵　输出液体压力恒定。常用气动放大泵，结构如图 16-14。

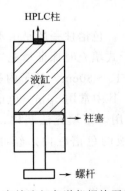

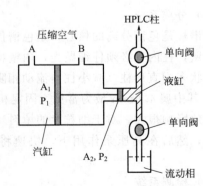

图 16-13　高效液相色谱仪螺旋泵结构示意　　图 16-14　高效液相色谱仪恒压泵结构示意

两个大小不一活塞，气缸活塞的面积 A_1 大于液缸活塞面积 A_2。工作原理为：关 A 口，压缩空气从 B 口进入气缸时，推动汽缸和液缸活塞向左拉，阀 1 开而阀 2 关，液体经阀 1 充满液缸。关 B 口，压缩空气从 A 口进入汽缸时，推动汽缸和液缸活塞向右动，阀 1 关而阀 2 开，液体经阀 2 流入色谱柱。它的工作原理与水压机相似，以低压气体作用在大面积汽缸活塞上，压力传递到小面积液缸活塞，利用压力放大获得高压。

梯度洗脱装置：在液相色谱中，改变流动相可以改善分离效果。因此在分离复杂混合物时，按照一定的程序连续改变流动相的组成，可以提高分离效率和加快分析速度。梯度洗脱主要是指流动相的组成或组成比随时间变化而变化。

（3）进样系统

通常高效液相色谱有三种进校装置。第一种进样装置是隔膜-注射进样，具有简单、方便，进样快，进样体积易改变，谱带扩宽小的优点。缺点是人为因素使进样量不易控制，进样口隔膜不耐高压，隔膜的针刺部分容易泄漏。第二种是高压六通阀进样，结构如图16-15。它具有能用于高压，适于大体积进样，重现性好的优点。但是六通阀操作麻烦、进样阀进样时需排掉一部分试样，浪费样品，而且进样量不同时，需更换取样环。还有一种自动进样，现代高效液相色谱亦装有计算机程序控制的自动进样器，带定量管的试样阀取样、进样、复位、试样管路清洗和试样盘转动，全部按预定程序自动进行，一次可连续进行几十甚至上百个试样分析，适用于大量试样自动化分析操作。但是价格昂贵。

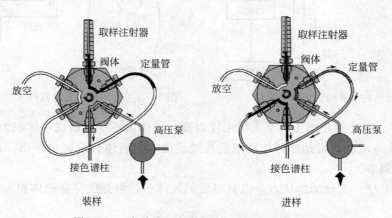

图 16-15 高效液相色谱仪高压六通定量进样阀

（4）分离系统

色谱柱是色谱分离的核心，是色谱仪最重要的组件之一。色谱柱一般是由不锈钢管或玻璃作外壁，柱内管必须仔细抛光，内壁特别光滑，便于在干式填充时保证填充均匀，提高柱效。形状多为直形柱（减小柱内流动相阻力）。柱长一般为 $10 \sim 30 cm$。柱子内径一般为 $2 \sim 6 mm$，其中属 $4.6 mm$ 最为常见。固定相粒径为 $2 \sim 10 \mu m$，其中常用 $5 \mu m$。色谱柱的装填效果对柱效影响很大。对于细粒度的填料（$< 20 \mu m$）一般采用匀浆填充法装柱，先将填料调成匀浆，然后在高压泵作用下，快速将其压入装有洗脱液的色谱柱内，经冲洗后，即可备用。

（5）检测系统

高效液相色谱的检测器包括紫外检测器、荧光检测器、示差折射率检测器、蒸发光散射检测器等。

① 紫外光度检测器　这是目前液相色谱使用最普遍的检测器，几乎所有液相色谱仪都有紫外吸收检测器（图16-16）。紫外光度检测器是基于待测试样对特定波长的紫外光有选择性吸收的原理进行分析测试的。试样浓度与吸光度的关系服从比耳定律。

　　紫外光度检测器具有灵敏度高，最小检测限低（$10^{-9}g \cdot mL^{-1}$）的特点。而且对温度和流速不敏感。可用于梯度洗脱法中。不过限制就是只能用于对紫外光有吸收的组分的测定。

　　② 荧光检测器　荧光检测器（fluorescence detector，FD）是利用化合物具有光致发光性质，受紫外光激发，能发射比激发波长较长的荧光对组分进行检测。对不产生荧光的物质可通过与荧光试剂反应，生成可发生荧光的衍生物进行检测。为避免干扰，检测器光路设计上激发光与荧光发射光路互相垂直。可发射 $250\sim600nm$ 连续波长的氙灯常用作检测器光源。荧光检测器的灵敏度比紫外检测器高 2～3 数量级，特别适合于痕量组分测定，可用于梯度淋洗，但是线性范围窄。用荧光探针衍生无荧光待测物，也可进行间接荧光检测。对多环芳烃、维生素 B、黄曲霉素、卟啉类化合物、农药、药物、氨基酸、甾类化合物等有响应。

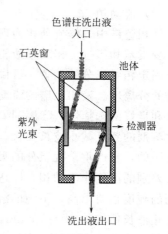

图 16-16　紫外吸收检测器流通池

16.3.2　高效液相色谱的固定相、流动相

（1）固定相

　　高效液相色谱固定相以承受高压能力来分类，可分为刚性固体和硬胶两大类。刚性固体以二氧化硅为基质，可承受 $7.0\times10^8\sim1.0\times10^9 Pa$ 的高压，可制成直径、形状、孔隙度不同的颗粒。如果在二氧化硅表面键合各种官能团，就是键合固定相，可扩大应用范围，它是目前最广泛使用的一种固定相。硬胶主要用于离子交换和尺寸排阻色谱中，它由聚苯乙烯与二乙烯苯基交联而成。

　　固定相按孔隙深度分类，可分为表面多孔型和全多孔型固定相两类。

　　① 表面多孔固定相　这类固定相多为直径为 $10\sim25\mu m$ 的实心微球单体，外面有一层厚度为 $1\sim2\mu m$ 的多孔表面，一般为一层多孔活性材料，如硅胶、氧化铝、离子交换剂、分子筛、聚酰胺等（图 16-17）。这类固定相的多孔层厚度小、孔浅，相对死体积小，出峰迅速、柱效亦高，而且颗粒较大，渗透性好，装柱容易，梯度淋洗时能迅速达平衡，较适合做常规分析。只是由于多孔层厚度薄，最大允许量受限制。

　　② 全多孔微粒固定相　全多孔微粒固定相通常颗粒很细，孔仍然很浅（图 16-18）。传质速度较快，柱效高。在梯度淋洗时，孔内外流动相成分的平衡速度较快。其最大特点是柱容量大，最大允许样品量是表面多孔型的 5 倍，但装填的渗透性低，因而需要更高的操作压力。制柱比表面多孔型的难。这种固定相特别有利于痕量组分及多组分复杂混合物的分离分析。

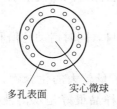

图 16-17　表面多孔固定相的示意

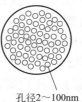

图 16-18　全多孔微粒固定相的示意

（2）流动相

气相色谱中气体流动相为理想气体，其主要功能是携带试样组分通过固定相，对分离没有多少贡献和影响。相反，液相色谱流动相对分离起非常重要作用，它对组分有亲和力，并参与固定相对组分的竞争。可供选择的流动相种类亦较多。因此，正确选择流动相直接影响组分的分离度。液相色谱的流动相要符合如下要求。①溶剂对于待测样品，必须具有合适的极性和良好的选择性。②溶剂要与检测器匹配，对于紫外吸收检测器，应注意选用检测器波长比溶剂的紫外截止波长要长。否则，溶剂对此辐射产生强烈吸收，此时溶剂被看作是光学不透明的，它严重干扰组分的吸收测量。对于示差折射率检测器，要求选择与组分折射率有较大差别的溶剂作流动相，以达最高灵敏度。③高纯度，由于高效液相灵敏度高，对流动相溶剂的纯度也要求高。不纯的溶剂会引起基线不稳，或产生"伪峰"。痕量杂质的存在，将使截止波长值增加 $50 \sim 100nm$。④化学稳定性好，不能选与样品发生反应或聚合的溶剂。⑤低黏度，若使用高黏度溶剂，势必增高压力，不利于分离。常用的低黏度溶剂有丙酮、乙醇、乙腈等。但黏度过于低的溶剂也不宜采用，例戊烷、乙醚等，它们易在色谱柱或检测器内形成气泡，影响分离。

16.4 色谱-质谱联用

质谱（MS）由四大部分构成，包括真空系统、离子源、质量分析器、检测器和记录仪系统。

真空系统，消减不必要的离子碰撞，散射效应，复合反应和离子-分子反应，减小本底与记忆效应，仪器处在优于 $10^{-5}mbar$ 的真空下工作。使用分子涡轮泵抽真空。离子源是用来接受样品产生离子，可分成多种，其中电喷雾离子源（ESI）、大气压力化学电离源（APCI）为液相色谱-质谱联用中常用，热电离（EI）和化学电离（CI）为气相色谱-质谱联用中常用。质量分析器的作用是将离子源产生的离子按质核比（m/z）顺序分开并排列成谱。常用的质量分析器有四极杆分析器、离子阱分析器、飞行时间分析器、磁式双聚焦分析器等。检测器和记录系统常用电子倍增器、光电倍增管。

色谱的分离和质谱数据的采集是同时进行的。为了使每个组分都得到分离和鉴定，必须设置合适的色谱和质谱分析条件（电离电压或电子电流，扫描范围或质量范围）。

色谱条件包括色谱柱类型（填充柱或毛细管柱）、固定液种类、汽化温度、载气流量、分流比、温升程序等。设置的原则是：一般情况下均使用毛细管柱，极性样品使用极性毛细管柱，非极性样品采用非极性毛细管柱，未知样品可先用中等极性的毛细管柱，试用后再调整。当然，如果有文献可以参考，就采用文献所用条件。

质谱条件包括电离电压、电子电流、扫描速度、质量范围，这些都要根据样品情况进行设定。为了保护倍增器，在设定质谱条件时，还要设置溶剂去除时间，使溶剂峰通过离子源之后再打开倍增器。

在所有的条件确定之后，将样品用微量注射器注入进样口，同时启动色谱和质谱，进行GC-MS 或 LC-MS 分析（图 16-19）。

LC-MS 适合于热不稳定、不易衍生化、不易挥发和分子量较大的化合物，选择性和灵敏度都较好，但分析的时间相对较长。进行 LC-MS 分析的样品最好是水溶液或甲醇溶液，LC 流动相中不应含不挥发盐。对于极性样品，一般采用 ESI 源，对于非极性样品，采用

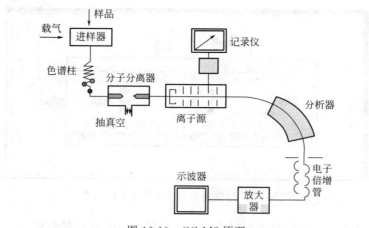

图 16-19　GC-MS 原理

APCI 源。LC-MS 联用最主要的是要解决如何有效除去大量流动相液体。早期使用"传动带技术"，现多采用"电喷雾"或"化学电离"技术。

16.5　毛细管电泳

毛细管电泳（capillary electrophoresis，CE）又称高效毛细管电泳（high performance capillary electrophoresis，HPCE），是一类以毛细管为分离通道、以高压直流电场为驱动力的新型液相分离技术。毛细管电泳实际上包含电泳、色谱及其交叉内容，它使分析化学得以从微升水平进入纳升水平，并使单细胞分析，乃至单分子分析成为可能。长期困扰我们的生物大分子如蛋白质的分离分析也因此有了新的转机。毛细管电泳基本原理是在电解质溶液中，位于电场中的带电离子在电场力的作用下，以不同的速度向其所带电荷相反的电极方向迁移的现象，称为电泳。由于不同离子所带电荷及性质的不同，迁移速率不同可实现分离。

不过经典电泳分离法存在一些不足，例如所用分离柱的柱径大、柱较短、分离效率不高（远低于 HPLC）、温度影响大等。高效毛细管电泳在技术上采取了两项重要改进：一是采用了 0.05mm 内径的毛细管；二是采用了高达数千伏的电压。

毛细管的采用使产生的热量能够较快散发，大大减小了温度效应，使电场电压可以很高。电压升高，电场推动力大，又可进一步使柱径变小，柱长增加，高效毛细管电泳的柱效远高于高效液相色谱，理论塔板数高达几十万块/米，特殊柱子可以达到数百万的理论塔板数。

（1）电泳现象与电渗流现象

电泳现象是带电离子在电场作用下的迁移，速度为 $V_{电泳}$。

电渗流现象是玻璃表面存在硅羟基，pH＞3 时，形成双电层，在高电场的作用下引起柱中的溶液整体向负极移动，速度 $V_{电渗流}$（图 16-20）。

分离过程如下，电场作用下，柱中出现：电泳现象和电渗流现象。带电粒子的迁移速度＝电泳和电渗流两种速度的矢量和。正离子由于两种效应的运动方向一致，在负极最先流出。中性粒子无电泳现象，受电渗流影响，在阳离子后流出。阴离子：两种效应的运动方向相反，$V_{电渗流}＞V_{电泳}$ 时，阴离子在负极最后流出，在这种情况下，不但可以按类分离，除中

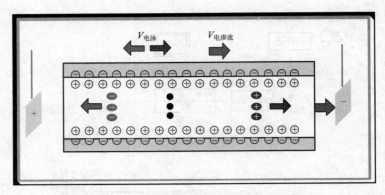

图 16-20　电泳现象与电渗流现象的示意

性粒子外，同种类离子由于受到的电场力大小不一样也同时被相互分离。

（2）影响柱效的因素及改进方法

热效应：焦耳热仍是影响柱效的主要因素。采用外部冷却的方法散热，择合适的电压和电解质也是提高柱效的有效途径。选择合适的电解质降低电阻，电流低于 $200\mu A$，一般几十微安。

电渗流控制：电渗流的大小和方向依赖于毛细管壁与溶液间电势的极性和大小。

使用添加剂可以改变电渗流的大小和方向，如添加 NaCl 和甲醇可降低电渗流；加入乙腈则可以增大电渗流。加入反转剂。则可以改变电渗流的方向。

毛细管电泳的主要特点和应用如下。

① 高分辨率：理论塔板数高达数百万块，甚至数千万块。

② 高灵敏度：可检测出低至 10^{-21} mol·L^{-1} 浓度的物质。

③ 高分析速度：可在 3min 内分离 30 种阴离子；1.7min 分离 19 种阳离子；4min 可分离 10 种蛋白质。

④ 试样用量少：仅需几纳升（10^{-9}L）的试样。

⑤ 仪器简单，操作成本低：分析一个试样仅需几毫升流动液。

不过，毛细管电泳也存在不足之处：一是进样不够方便。应用范围相对较窄；二是分析阴离子时，由阴极进样，在阳极检测。但电渗流方向与阴离子受电场力作用移动方向相反，出峰时间较长。

有机化合物的分类、命名、结构和物理性质

有机化合物，结构复杂、数目繁多，目前数目已达几千万种以上。为了便于学习和研究必须对有机化合物进行科学的分类，将性质相近的有机化合物分为一类，放在一起进行研究和学习。

17.1　有机化合物的分类

有机化合物可以按照它们的结构分成许多类。一般有两种分类方法：一种方法是根据分子中碳原子的连接方式（碳的骨架）进行分类；另一种方法是按照分子中决定化合物性质的原子或原子团，即官能团来进行分类。

17.1.1　按照碳的骨架分类

根据碳的骨架可以把有机化合物分成三类。

（1）开链有机化合物

这类有机化合物的碳的骨架不成环，碳原子互相接成链状。因这类化合物最初是从动物脂肪中获取的，所以也称为脂肪族化合物（alicyclic organic compounds）。例如，丁烷、丙烯、乙醇和乙酸。

<table>
<tr>
<td>

H H H H
| | | |
H—C—C—C—C—H
| | | |
H H H H

丁烷
</td>
<td>

H   CH₃
\　　/
C＝C
/　　\
H   H

丙烯
</td>
<td>

H
|
H—C—O—H
|
H

乙醇
</td>
<td>

H O
| ‖
H—C—C—O—H
|
H

乙酸
</td>
</tr>
</table>

（2）碳环有机化合物

这类有机化合物分子中含有完全由碳原子构成的环。根据碳环化合物的性质又可以把它们分为两类。

① 脂环族化合物　性质与脂肪族化合物相似的环状化合物，叫脂环族化合物。例如，环己烷、环己酮。

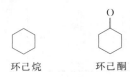

环己烷　　　环己酮

② 芳香族化合物　这类化合物大多数含有苯环，它们的性质与脂肪族和脂环族化合物不同。例如，苯、萘、联苯、菲。

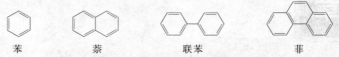

| 苯 | 萘 | 联苯 | 菲 |

（3）杂环有机化合物　这类有机化合物分子中的环上有碳之外的其他元素的原子（如 O、N、S 等）。碳环化合物的性质也可分为两类。

① 脂杂环化合物　性质与脂肪族化合物相似含杂原子环状化合物。例如，环氧乙烷、β-丙内酯、四氢吡咯、哌嗪。

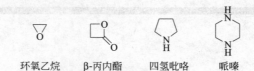

| 环氧乙烷 | β-丙内酯 | 四氢吡咯 | 哌嗪 |

② 芳杂环化合物　具有芳香特性的杂环化合物，我们平时说的杂环化合物实际指上是芳杂环化合物。例如，噻吩、呋喃甲酸、吡啶、噻唑。

| 噻吩 | 呋喃甲酸 | 吡啶 | 噻唑 |

17.1.2　按官能团分类

官能团是有机化合物分子中比较活泼而易于进行化学反应的原子或原子团，它决定了化合物的主要性质。按官能团分类的方法，是将具有相同官能团的有机化合物分为一类。一般说来，含有相同官能团的化合物它们在结构上相似，组成上只是相差若干个 CH_2，化学性质基本相同。它们组成的一个系列，称为同系列。一个同系列中的化合物称为同系物。同系列是有机化学的普遍现象。各同系列中的同系物的性质（特别是高级同系物）很相似。因此，在每一个同系列里，只要研究几个化合物的性质就可以推论出同系列中其他同系物的性质，为我们学习和研究有机化合物带来许多方便。

当然，学习和研究时，除了注意同系物的共性，还要注意它们的个性（特别是同系物中的第一个化合物往往具有较为突出的特性）。从分子结构上的差异来理解同系物性质上的异同和系列间化合物性质的差异，这是学习有机化学的较好方法之一。

重要的有机化合物系列和它们的官能团，见表 17-1。

表 17-1　有机化合物的类别和官能团

化合物类别	官能团结构	官能团名称	举　　例
烯（alkenes）	>C=C<	碳碳双键	$CH_2=CH_2$　乙烯
炔（alkynes）	—C≡C—	碳碳三键	$HC≡CH$　乙炔
卤代烃	—X(F,Cl,Br,I)	卤原子	$CHCl_3$　三氯甲烷
			CH_3CH_2Br　溴乙烷
			CHI_3　三碘甲烷（碘仿）
			$CF_2=CF_2$　四氟乙烯
醇（alcohols）	—OH	羟基	CH_3CH_2OH　乙醇
酚（phenols）	—OH	羟基	$C_6H_5—OH$

续表

化合物类别	官能团结构	官能团名称	举 例
醚(ethers)	C—O—C	醚基	$C_2H_5OC_2H_5$ 乙醚
腈(nitriles)	—CN	氰基	CH_3CN 乙腈
醛(aldehydes)	—CHO	醛基	CH_3CHO 乙醛
酮(ketones)	$\diagdown CO$	羰基	CH_3COCH_3 丙酮
磺酸(sulfonic acids)	—SO₂OH	磺酸基	$C_6H_5SO_3H$ 苯磺酸
羧酸(carboxylic acids)	—COOH	羧基	CH_3CO_2H 乙酸
酯(esters)	—COOR	酯基	$CH_3CO_2C_2H_5$ 乙酸乙酯
酰卤(acid halides)	—COX	酰卤基	CH_3COCl 乙酰氯
酰胺(amides)	—CONH₂	酰氨基	CH_3CONH_2 乙酰胺
酸酐(anhydrides)	—COOOC—	酸酐基	$CH_3COOOCCH_3$ 乙酸酐
胺(amines)	—NH₂	氨基	$CH_3CH_2NH_2$ 乙胺
硝基化合物	—NO₂	硝基	$C_6H_5NO_2$ 硝基苯
亚硝基化合物	—NO	亚硝基	$(CH_3CH_2)_2N-NO$ N-乙基-N-亚硝基乙胺

17.2 有机化合物的表示方法

分子中原子的连接次序和键合性质叫做构造。表示分子构造的化学式叫做构造式，表示构造式的方法有四种，现结合下面两个化合物作具体说明（表 17-2）。

表 17-2 有机化合物构造式的表达方式

化合物名称	路易斯结构式	蛛网式	结构简式	键线式
1-戊烯-4-炔				
2-戊醇				

用价电子（即共价结合的外层电子）表示的电子结构式称为路易斯结构式。在路易斯结构式中，用黑点表示电子，两个原子之间的一对电子表示共价单键，两个原子之间的两对或三对电子表示共价双键或共价三键。只属于一个原子的一对电子称为孤电子对。将路易斯结构式中一对共价电子改成一条短线，就得到了蛛网式，因其形似蛛网而得名。为了简化构造式的书写，常常将碳与氢之间的键线省略，或者将碳氢单键和碳碳单键的键线均省略，这两种表达方式统称为结构简式。还有一种表达方式是只用键线来表示碳架，两根单键之间或一根双键和一根单键之间的夹角120°，一根单键和一根三键之间的夹角为180°，而分子中的碳氢键、碳原子及与碳原子相连的氢原子均省略，而其他杂原子及与杂原子相连的氢原子须保留。用这种方式表示的结构式为键线式。在上述表示式中，结构简式和键线式应用较广泛，键线式最简便。

17.3 有机化合物的命名

有机化合物数目庞大，结构复杂。为了学习和交流必须有一个科学的命名法，用该命名法对一个有机化合物命名，全世界能够通用。最好，看到一个有机化合物的名称就能够写出它的结构式。反之，知道一个有机化合物的结构式就能够写出世界通用的名称。有机化合物的命名法是学习有机化学的重要内容，书写名称时一定要严格和规范化。

17.3.1 俗名和普通命名法

在对化合物的结构还不清楚的情况下，只能根据来源或性质来命名，这种名称称为俗名。如，酒精、醋酸、蚁酸等。一些常见的俗名列举如下：

CH_4	CH_3CH_2OH	$CHCl_3$	CH_3CO_2H	HO_2CCO_2H
沼气	酒精	氯仿	醋酸	草酸

俗名不能反映结构特征。但是，许多俗名仍在使用，特别是复杂的化合物。例如，青霉素、紫杉醇、喜树碱等。

普通命名法是根据分子中所含碳原子的数目来命名。碳原子数目在十以内用天干字命名（甲、乙、丙、丁、戊、己、庚、辛、壬、癸），十个碳原子以上的，则用中文数字表示。例如，CH_4 叫甲烷；$CH_3CH_2CH_3$ 叫丙烷；$C_{11}H_{24}$ 叫十一烷。用正、异、新等字区别同分异构体，例如，$CH_3CH_2CH_2CH_2CH_3$ 叫正戊烷；$(CH_3)_2CHCH_2CH_3$ 叫异戊烷；$(CH_3)_4C$ 叫新戊烷；$CH_3(CH_2)_{16}CO_2H$ 叫十八酸。

显然，普通命名法对于较复杂的有机化合物不能适用。例如，普通命名法就无法对己烷的五个异构体命名。所以，对于比较复杂的有机化合物必须使用系统命名法来命名。

17.3.2 衍生物命名法

人们总是希望看到一个有机化合物的名称就能够写出它的结构式，知道一个有机化合物的结构式就能够写出它的世界通用的名称。衍生物命名法就是人们早期在这方面做的一种尝试。它是用每类化合物中最简单的化合物为母体，其他化合物当做这个母体的衍生物来命名的方法。例如：

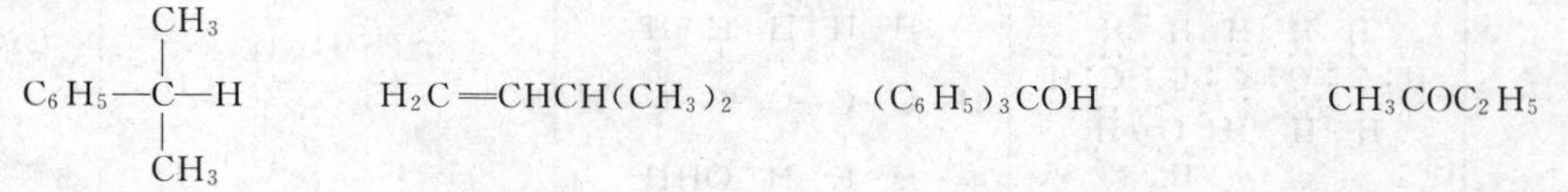

二甲基苯基甲烷　　异丙基乙烯　　三苯（基）甲醇　　甲（基）乙（基）（甲）酮

烷基是有机化合物结构中经常出现的原子团，它是相应烷烃去掉一个氢原子所剩下来的形式上的一价原子团。主要的烷基为：

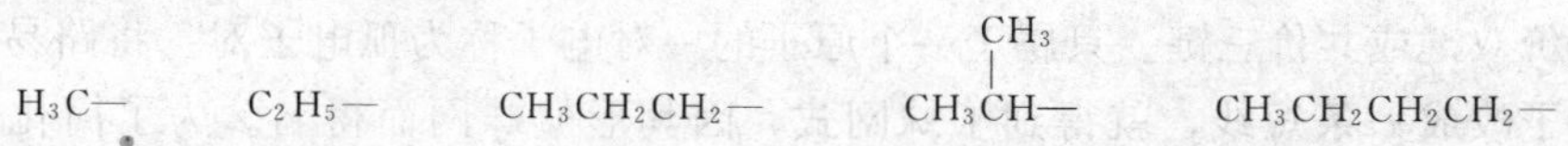

甲基　　乙基　　丙基　　异丙基　　（正）丁基

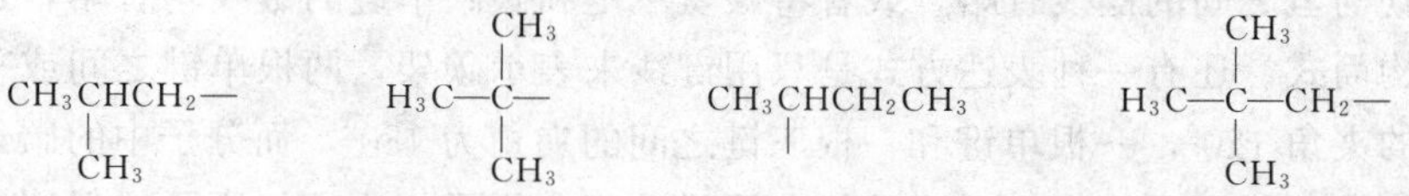

异丁基　　叔丁基　　仲丁基　　新戊基

衍生物命名法的名称能较好地表示出烷烃的结构，但对于碳原子数较多、结构复杂的化合物仍难以适用。有些衍生物命名的名称至今还在使用。

17.3.3 系统命名法

为了解决有机化合物命名的困难。求得名词的统一，1892 年世界各国的化学家在日内瓦召开了国际化学会议，拟定了一种系统的有机化合物命名法，叫做日内瓦命名法。其基本精神是体现化合物的系列和结构的特点。后来又经国际纯粹与应用化学联合会（International Union of Pure and Applied Chemistry，简称 IUPAC）作了几次修改，最后一次修订是 1979 年进行的。IUPAC 系统命名法（又称日内瓦系统命名法）的原则已普遍为各国所采用。我国所用的系统命名法是中国化学会根据 IUPAC 系统的原则，结合我国文字的特点制定的，也称 CCS 系统命名法。

系统命名法是从有机化合物的结构出发，对有机化合物命名时，尽可能地规定一些可以共同遵循的原则，从而使化合物的名称和结构不致混淆，遵循这些原则得到的化合物名称能够代表了它的组成和结构，并且具有系统性。

命名法研究的最终目标是实现一物一名。目前，从结构的观点出发，多数有机化合物可能有几个名称，命名原则要求选用较简便明确的名称（包括习惯使用的俗名）。

（1）烷烃的系统命名

对于支链烷烃的名称与习惯命名法相似，支链烷烃的名称用"碳原子数＋烷"来表示。当碳原子数为 1～10 时，依次用天干——甲、乙、丙、丁、戊、己、庚、辛、壬、癸，十个碳原子以上的，则用中文数字表示。例如六个碳的支链烷烃称为己烷。十四个碳的直链烷烃称为十四烷。

带有支链的烷烃，可看作直链烷烃的衍生物，给予命名。命名时必须遵循下列原则。

① 选择最长的连续碳链作为母体，把支链烷基看作是母体的取代基，根据主链的碳原子数称"某基某烷"。选择主链时要注意碳原子的四面体结构在纸面上的平面投影可以是转弯的。例如：

正确的选择是虚线内的五碳链，而不是直线所代表的四碳链。

当存在两条等长主链时，则选择连有取代基多的那条主链为母体。例如：

正确的选择是 2 不是 1。

② 母体确定后，将母体中的碳原子从最接近取代基的一端（即取代基所处位次应尽可能小）始，依次给予编号，用阿拉伯数字 1 2，3，4，…来表示。

③ 当对主链以不同方向编号，得到两种或两种以上的不同编号系列时，须遵循"最低系列"编号原则，即顺次逐项比较各系列的不同位次，最先遇到的位次最小者，定为"最低系列"。

在 3 中的编号，取代基的位置为 2，5，7。

在 4 中的编号，取代基的位置为 2，4，7。

按照取代基编号依次最小规则，在 4 中的编号是正确的。

④ 当支链较为复杂时，可将支链从和主链连接的碳原子开始编号，并将支链名称放在括号中。

⑤ 在书写化合物名称时，应将简单基团放在前，复杂基团放在后，相同基团应予合并，取代基团的列出顺序应按"基团次序规则"（参见烯烃命名），较优基团后列出的原则处理。例如：

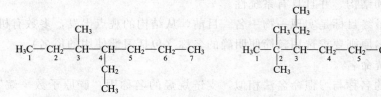

命名：2-甲基-3-乙基庚烷　　　　　命名：2,2-二甲基-3-乙基庚烷

命名：2-甲基-4-仲丁基-5-(1,1-二甲基丙基)壬烷

下面的特别情况，两种编号方式都符合编号原则：

中文命名时，给小的取代基较小的编号，选择 5，命名为，3-甲基-4-乙基己烷。

（2）烯烃的系统命名

含有碳碳双键的烃称为烯烃。直链烯烃的名称根据碳原子数称为某烯，烯烃命名与烷烃相似，必须遵循以下原则。

a. 选择包含碳碳双键的最长碳链作为母体，在母体上的支链作为取代基。

b. 母体确定后，碳原子的位次从最接近碳碳双键的一端开始，先数到的双键碳原子的编号作为双键的位次号。根据此顺序标出取代基的位次。

c. 当分子中含有多个双键时，应选择包含最多双键的最长碳链作为母体，并分别标出各个双键的位次，以中文数字一、二、三、……来表示双键的数目，称为几烯。

d. 在书写化合物名称时，取代基写在前，随后标出双键位次（简单的 1-烯烃可省略"1"），最后根据碳原子数称为某烯。例如：

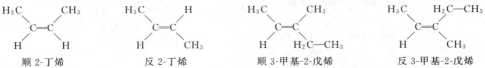

$$H_3C-CH=CH_2 \qquad H_3C-CH=CH-CH_3$$

丙烯　　　　　　　　　　2-丁烯　　　　　　　　　　2,4-二甲基-3-己烯

2-甲基-1,3-丁二烯　　　　　　　　　　1,3,5-己三烯

为了表示烯烃化合物的构型异构体，可采用顺/反命名法和 Z/E 命名法给予区别。

① 顺/反命名法　当烯烃双键的两个碳原子分别连有两个不同的原子或基团时，并且双键上两个碳原子上有一对或两对相同原子或基团时可采用顺/反命名法命名。例如：

顺 2-丁烯　　　　　　反 2-丁烯　　　　　　顺 3-甲基-2-戊烯　　　　反 3-甲基-2-戊烯

若双键的两个碳原子上的四个基团都不相同，则用顺/反命名法难以命名。例如：

② Z/E 命名法　对于不能用顺/反的方法来说明构型的这类烯烃，在系统命名中，采用字母 "Z" 和 "E" 来表示构型。"Z" 表示在碳碳双键上的优先基团在双键同一侧，"E" 表示它们在相反的两侧。　（"Z" 和 "E" 分别来自德文 Zusammen 意为 "一起"，和 Entgegen 意为 "相反"）。那么什么是优先基团呢？基团的优先次序又是怎样排定的呢？化学家们是用 "定序规则" 定序的，其内容如下。

a. 与双键碳原子直接相连的原子（或基团中直接相连的原子）按原子序数排列，原子序数大的为 "优先基团"。若为同位素，质量大的优先。例如：

$$I>Br>Cl>S>P>F>O>N>C>D>H$$

b. 如果两个基团与双键碳直接相连的原子相同，则依次比较其以后连接的原子的原子序数，直到比出差别，原子序数大的为 "优先基团"，例如：$(CH_3)_3C—$，$(CH_3)_2CH—$，$CH_3CH_2—$，$CH_3—$四个基团，它们直接连接的第一个原子都是 C，然后依次比较第二个原子，在叔丁基中是 C，C，C；在异丙基中是 C，C，H；在乙基中是 C，H，H；在甲基中是 H，H，H。由于碳原子序数大于氢，所以它们的优先次序是 $(CH_3)_3C—>$ $(CH_3)_2CH—>CH_3CH_2—>CH_3—$。

c. 与双键直接相连的是双键或叁键基团，可将其看作连有两个或三个相同的原子，然后进行比较。

例如：比较乙烯和异丙基

$$H_2C=C-\quad\text{即}\quad -\underset{(C)\,(C)}{\overset{\overset{H}{|}\,\overset{H}{|}}{\underset{1}{C}\,\underset{2}{C}}}-H \qquad C^1(C,C,H), C^2(C,H,H)$$

$$-\underset{\underset{CH_3}{|}}{\overset{\overset{CH_3}{|}}{\underset{1}{C}}}H \qquad C^1(C,C,H), C^2(H,H,H)$$

可得出乙烯大于异丙基。

根据定序规则，下列化合物可命名为：

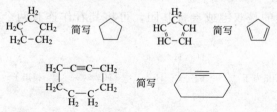

(Z)或(反)-2,4-二甲基-3-乙基-3-己烯   (Z)或(顺)-3-甲基-2-氯-2-戊烯

注意 Z 和 E、顺和反是两种不同的表示烯烃构型的方法。一般在二取代乙烯中 Z-顺或 E-反是一致的，在许多情况下则不同。

（3）炔烃的系统命名

含有碳碳三键的烃称为炔烃。炔烃命名与烯烃和烷烃相似，命名原则如下。

a. 选择包含碳碳三键的最长碳链为母体，并使三键的位次处于最小，支链作为取代基。

b. 当分子中同时存在双键和三键时，必须选择包含双键和三键的最长碳键为母体，编号时应使不饱和键的位次尽可能小；当母体链中双键和三键处于同等编号位次时，应使双键的位次尽可能小。

c. 书写时同烯炔。含双键和三键的化合物，书写时以某烯炔表示。

例如：

$H_3C-CH_2-C\equiv C-CH_3$ $H_3C-\underset{\underset{CH_3}{|}}{CH}-CH_2-C\equiv CH$ $H_3C-CH=CH-C\equiv CH$ $H_2C=CH-C\equiv CH$

   2-戊炔   4-甲基-1-戊炔   3-戊烯-1-炔   1-丁烯-3-炔

（4）脂环烃的系统命名

脂环烃包含环烷烃、环烯烃、桥环和螺环化合物。碳环可简写成相同大小的多边环，每一个角表一个亚甲基，单线表示单键，双线表示双键，三线表示叁键。例如

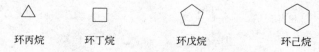

① 环烷烃　环烷烃根据成环碳原子数称为环某烷；环上带有的支链作为取代基，当有多个取代基时，则给母体环按一定方向编号，并使取代基位次最小，同时给较小取代基以较小的位次。例如：

    △   □   ⬠   ⬡

环丙烷   环丁烷   环戊烷   环己烷

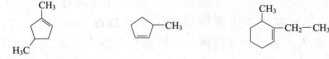

甲基环丙烷　　　　1,1-二甲基环戊烷　　　　1-甲基-3-乙基环己烷

若将环烷烃近似看作平面型分子的话，当环上两个或两个以上取代基分别处于不同碳原子上时，存在构型异构体，可以用顺/反命名法则给予注明。例如：

反-1-甲基-4-乙基环己烷　　　　　　顺-1-甲基-4-乙基环己烷

② 环烯烃　以不饱和碳环作为母体，支链作为取代基。碳原子位次编号应使不饱和键的位次最小，不饱和键两端碳原子位次应连续。

1,4-二甲基-1-环戊烯　　　3-甲基-1-环戊烯　　　6-甲基-1-乙基-1-环己烯

③ 桥环和螺环化合物　脂环烃分子中含有两个或两个以上碳环的化合物称为多环烃，其中两个或两个以上碳环共用两个以上碳原子的称为桥环烃，而通过共用一个碳原子的双环结构称为螺环化合物。

桥环化合物中共用的两个碳原子称作"桥头碳"，两个桥头碳之间由三条"桥"所连接。桥环化合物命名原则。

a. 对组成桥环化合物的碳原子进行编号。从某一"桥头碳"作起点，首先沿最长的桥编至另一个"桥头碳"，随后继续编较长桥至起始"桥头碳"，最后编余下最短的桥。

b. 在满足上述原则 a. 的条件下，应尽可能使不饱和键或取代基的位次较小。

c. 桥环化合物书写格式为：取代基双环 [$x.y.z$] 某烷。方括号中的三个数字分别代表不包括桥头碳的最长桥的碳原子数 x，较长桥的碳原子数 y，和最短桥的碳原子数 z。组成桥环化合物的成环碳原子总数称为某烷。例如：

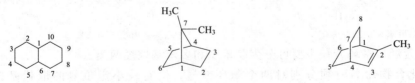

双环[4.4.0]癸烷　　7,7-二甲基双环[2.2.1]庚烷　　2-甲基双环[2.2.2]-2-辛烷

螺环化合物中两环共用的碳原子称为螺原子。螺环化合物命名原则如下。

a. 从小环一端与螺原子相邻的碳原子沿环编号，经螺原子再编另一大环，编号时注意取代基位置应尽可能小。

b. 螺环化合物书写格式为取代基螺 [$y.x$] 某烷。方括号中的两个数字分别代表不包括螺原子的小环碳原子数 y 和大环碳原子数 x。

1, -5-二甲基螺[3.5]壬烷　　　　2-甲基螺[4.5]-6-癸烯

（5）芳烃的系统命名

芳烃即为芳香族碳氢化合物，其分子结构中通常含有苯环结构。

① 单环芳烃　单环芳烃的基本结构单元是苯环，命名原则如下。

a. 以苯环为母体，支链作为取代基。当支链较长或支链上带有官能团时，则将支链作为母体，苯环作为取代基（通常用 Ph-）表示苯基 C_6H_5-，例如：

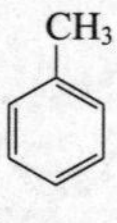

甲苯 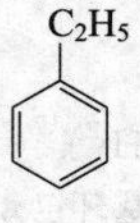　　　乙苯 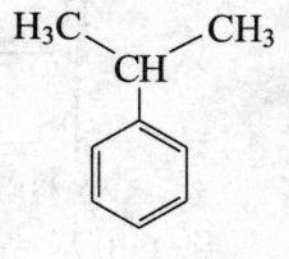　　　异丙苯 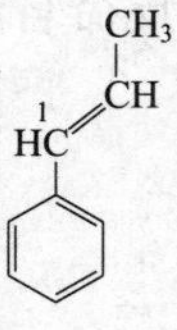　　1-苯基-1-丙烯 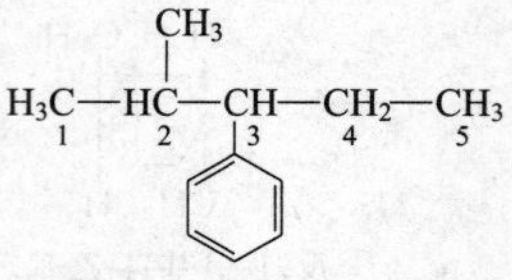　　2-甲基-3-苯基戊烷

b. 苯环的二元和多元取代物命名，取代基位置可用数字或形容词给予确定。在二元取代苯中可用数字 1,2 或邻（*ortho-*）、1,3 或（*meta-*）、1,4 或对（*para-*）表示三种异构体位置。在相同取代基的三元取代苯中可用数字 1,2,3 或连（*vic-*），1,2,4 或偏（*unsym-*）、1,3,5 或均（*sym-*）来表示不同的异构体；不同取代基的多元取代苯可用 1,2,3,4，…表示取代位置。例如：

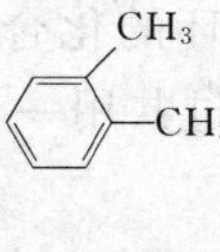

1,2-二甲苯（*o*-二甲苯） 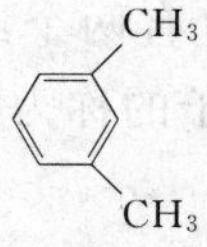　　1,3-二甲苯（*m*-二甲苯） 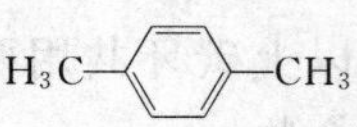　　1,4-二甲苯（*p*-二甲苯）

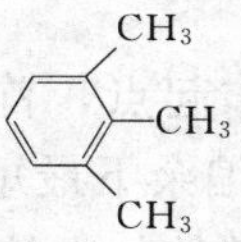

1,2,3-三甲苯（*vic*-三甲苯） 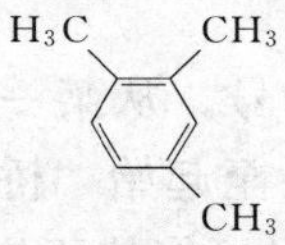　　1,2,4-三甲苯（*unsym*-三甲苯） 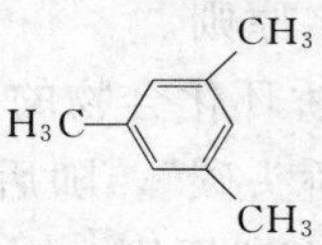　　1,3,5-三甲苯（*sym*-三甲苯）

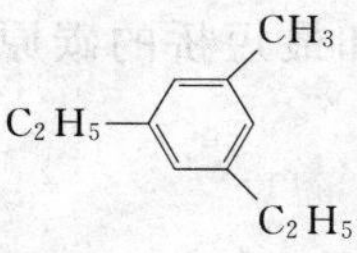

1-甲苯-3,5-二乙基苯 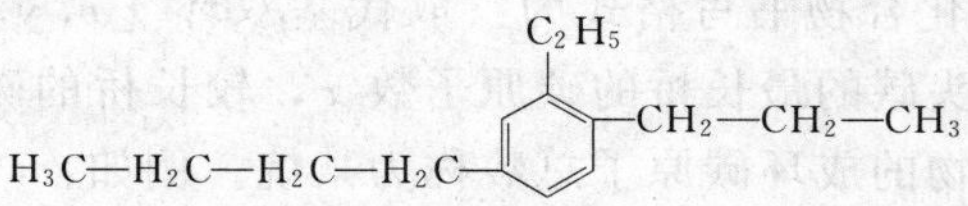　　　　　　　1-乙基-2-丙基-5-丁基苯

② 多环芳烃　多环芳烃主要可分为联苯型和多苯基烷烃两类。

联苯型化合物命名时须分别对两个苯环编号，给有较小定位号的取代基以不带撇的数字。

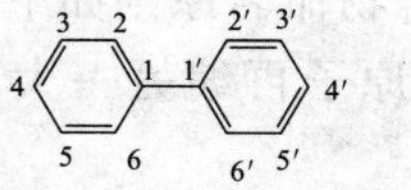

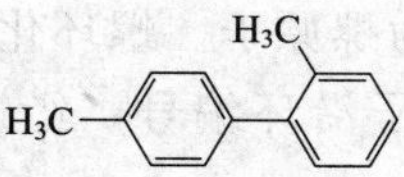

2,4'-甲基联苯 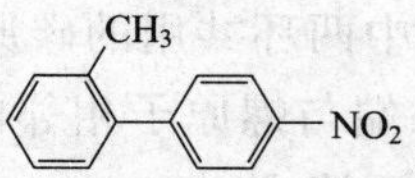　　　　　　　2-甲基-4'-硝基联苯

多苯基烷烃的命名是将苯环作为取代基，烷烃作为母体。

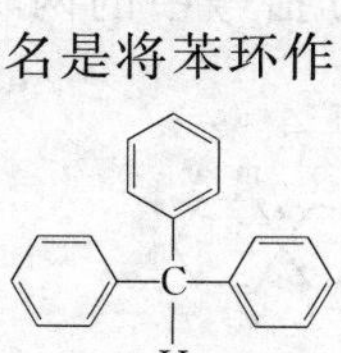

三苯甲烷 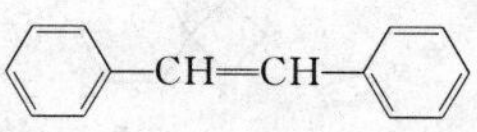　　　　　　　　　1,2-二苯基乙烷

③ 稠环芳烃　两个或两个以上苯环组成的化合物，每个环与其他环共享两个或更多的碳原子，这种化合物称为稠环芳烃。简单的稠环芳烃主要是萘、蒽、菲、芘，环上各个位置的编号方法如下：

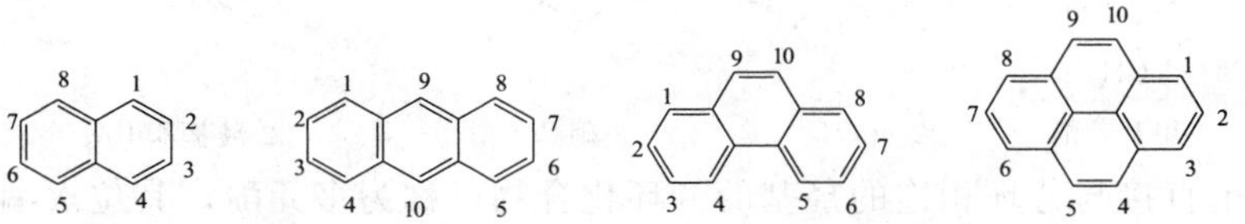

萘分子中 1，4，5，8 四个等同位置称为 α 位；2，3，6，7 四个等同位置称为 β 位。

蒽分子中 1，4，5，8 四个等同位置称为 α 位；2，3，6，7 四个等同位置称为 β 位；9，10 两个等同位置称为 γ 位。

菲分子中分别有五对等同的位置。即：1 和 8，2 和 7，3 和 6，4 和 5，9 和 10。

根据上述规定取代的稠环芳烃命名与单环芳烃命名相似。

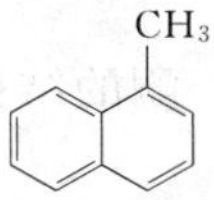

1-甲基萘（α-甲基萘） 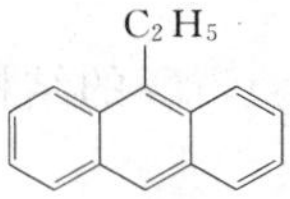　　　　9-乙基蒽 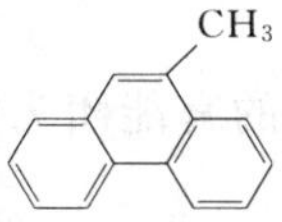　　　　　9-甲基菲

（6）醇的系统命名

醇在结构上可看作烃分子中的氢被羟基（—OH）取代的产物，所以命名时通常取含有羟基的最长碳链作为母体，并使羟基编号尽能小，支链作为取代基，称为某基某醇。例如：

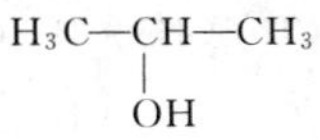

2-丙醇 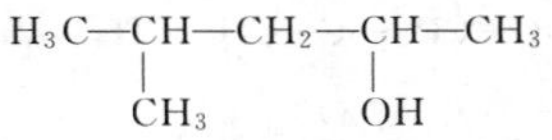　　　　　　　4-甲基-2-戊醇 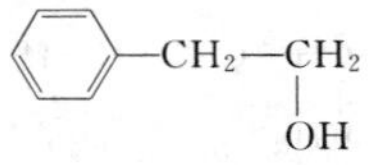　　　　　　2-苯基乙醇

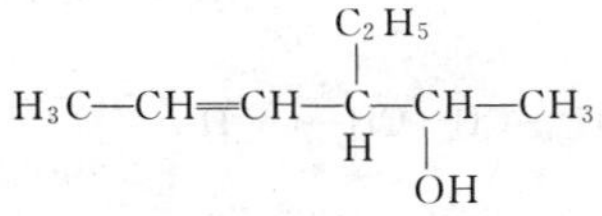

3-乙基-4-己烯-2-醇 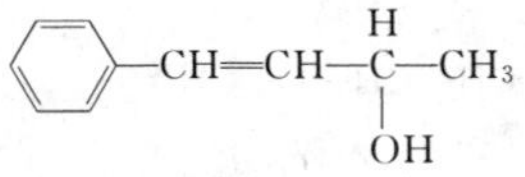　　　　　　4-苯基-3-丁烯-2-醇

分子中含有两个羟基的醇称为二元醇，含有多个羟基的醇称为多元醇。多元醇的命名应选择含尽可能多的羟基直碳链作为母体，有必要时需标明各个羟基的位置。例如：

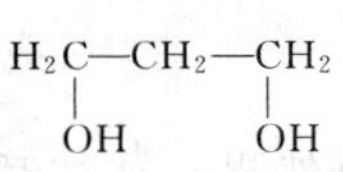

1,3-丙二醇 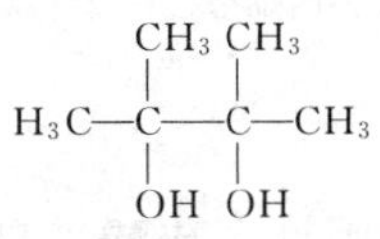　　　　2,3-二甲基-2,3-丁二醇 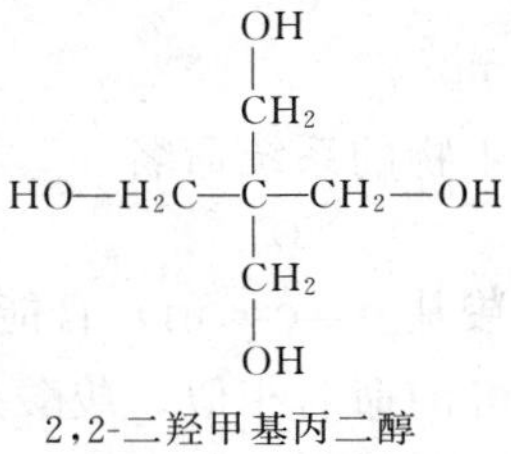　　　　2,2-二羟甲基丙二醇 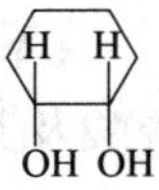　　　顺-1,2-环己二醇

（7）酚的系统命名

羟基直接与芳环上的碳原子相连的一类化合物称为酚。其名称根据芳环的不同结构命名为"某酚"，若有位次差异应予注明。例如：

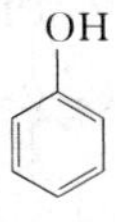

苯酚 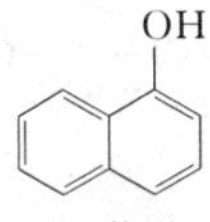　　　　　　　α-萘酚 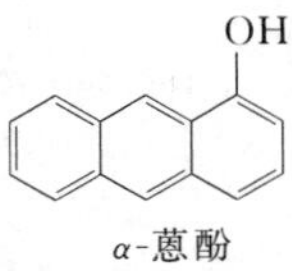　　　　　　　α-蒽酚

当芳环上有不止一种取代基时，必须按取代基排列的先后顺序选择确切的母体。只有当羟基

优先时，才能称为酚。不然，只能把羟基看作取代基给予命名，编号从优先基团始。例如：

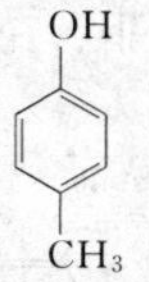

4-甲基苯酚 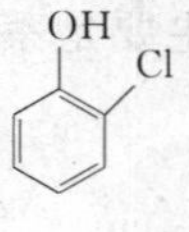　　2-氯苯酚 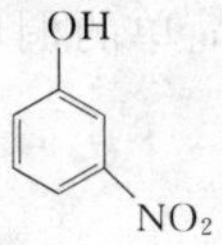　　3-硝基苯酚 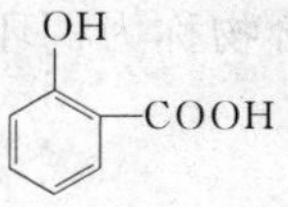　　2-羟基苯甲酸

含有两个或多个直接与芳环相连的羟基的芳环化合物可称为多元酚，其位次编号与多取代烷基苯的命名相似。例如：

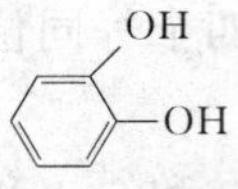

1,2-苯二酚 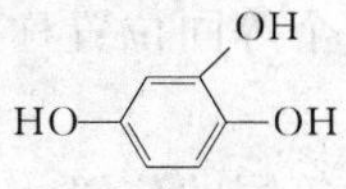　　　　1,2,4-苯三酚

（8）醛和酮的系统命名

醛、酮化合物的官能团为羰基（ C=O），醛的结构为 R—C=O（H），酮的结构为 R—C=O（R'）。

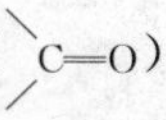

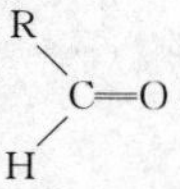

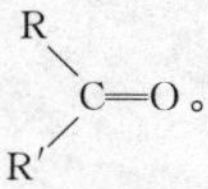

醛、酮的系统命名与醇相似，即选择含羰基最长碳链为母体，从靠近羰基的一端编号。因为醛基总是在分子的链端，所以不必标明其位置序号，而酮羰基处在分子中间，命名时一般需要指明位次。例如：

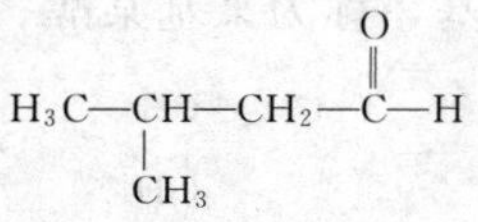

3-甲基丁醛 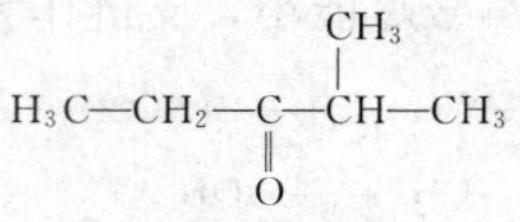　　　　2-甲基-3-戊酮 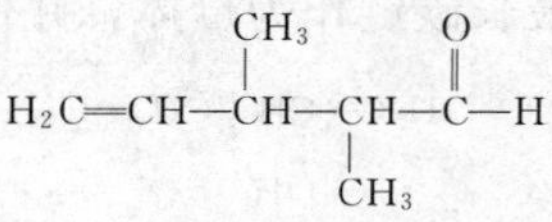　　　　2,3-二甲基-4-戊烯醛

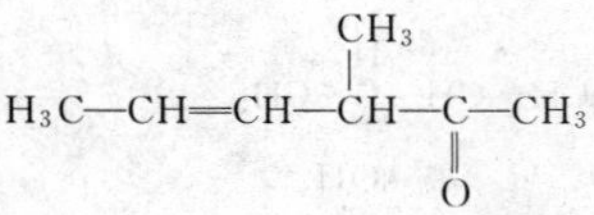

3-甲基-4-己烯-2-酮 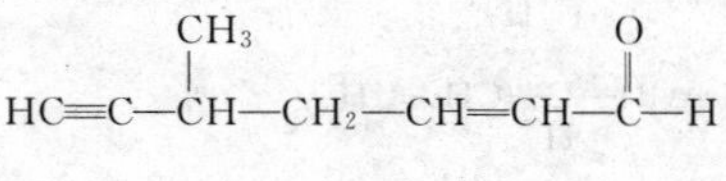　　5-甲基-2-庚烯-6-炔醛 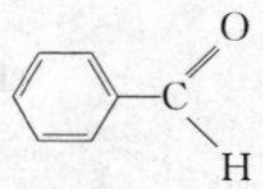　　苯甲醛

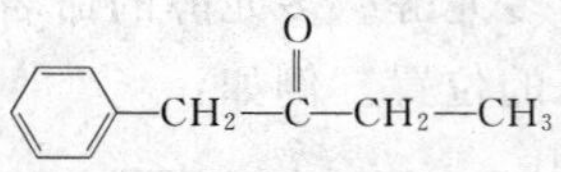

1-苯基-2-丁酮 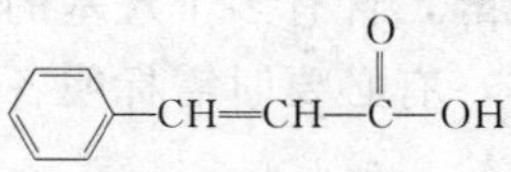　　3-苯基-2-丙烯醛 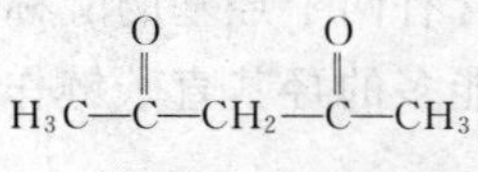　　2,4-戊二酮

（9）羧酸及其衍生物的系统命名

羧酸化合物含有羧基（—C—OH）官能团。因许多羧酸来自于自然界，往往都带有俗名。羧酸的系统命名法与醛的命名相似。羧酸是氧化态高的化合物，在系统命名法中，一般以它为母体，选含羧基的最长碳链，当然编号应从羧基碳起始。若有其他官能团则应标明它们的位置。例如：

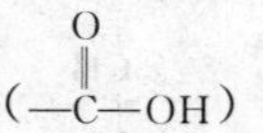

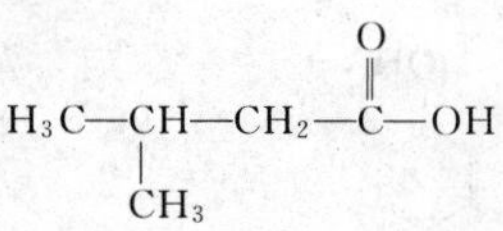

3-甲基丁酸 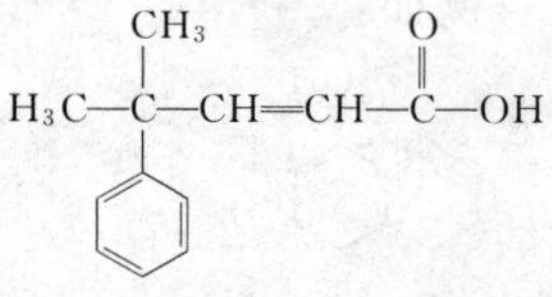　　4-甲基-4-苯基-2-戊烯酸 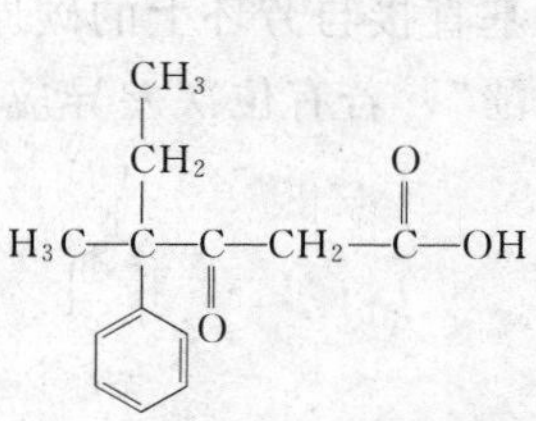　　4-甲基-4-苯基-3-己酮酸

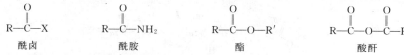

3-甲氧基苯甲酸   1,2-苯二甲酸   顺-丁烯二酸

羧酸的羟基被其他基团取代的化合物叫做羧酸衍生物，有以下四种基本结构：

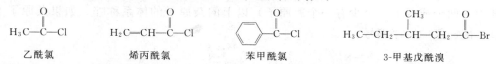

酰卤   酰胺   酯   酸酐

① 酰卤   酰卤名称由相应酸的酰基和卤素组成，例如：

$$H_3C-\overset{O}{\underset{}{C}}-Cl \qquad H_2C=CH-\overset{O}{\underset{}{C}}-Cl \qquad C_6H_5-\overset{O}{\underset{}{C}}-Cl \qquad H_3C-CH_2-CH(CH_3)-CH_2-\overset{O}{\underset{}{C}}-Br$$

乙酰氯   烯丙酰氯   苯甲酰氯   3-甲基戊酰溴

② 酸胺   酰胺是由酰基和"胺"组成它的名字。若氮上有取代基，在其名称前加 N 标出。

2-甲基戊酰胺   N-甲基丙酰胺   N,N-二甲基甲酰胺

③ 酯   从结构形式上看酯是相应酸羧基氢被烃基取代的产物，因此它的名称是由相应酸和烃基名称组合而成。

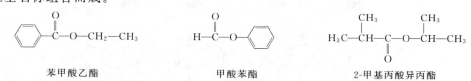

苯甲酸乙酯   甲酸苯酯   2-甲基丙酸异丙酯

④ 酸酐   中文名称由相应酸加"酐"字组成。

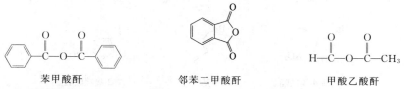

苯甲酸酐   邻苯二甲酸酐   甲酸乙酸酐

（10）硝基化合物和胺的系统命名

硝基化合物的命名，总是把烃作为母体，硝基作为取代基。

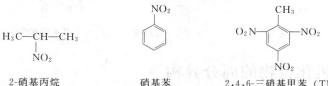

2-硝基丙烷   硝基苯   2,4,6-三硝基甲苯（TNT）

结构简单的胺主要采用习惯命名法，与醚的命名相似。较为复杂的胺采用系统命名法，以烃为母体，氨基作为取代基。

二甲胺   4-甲基苯胺   2-甲基-4-甲氨基戊烷

（11）杂环芳烃的系统命名

芳杂环的数目很多，可根据环的大小、杂原子的多少以及单环和稠环来分类。常见的杂环为五元、六元单杂环及稠杂环。稠杂环是由苯环及一个或多个单杂环稠合而成的。

杂环化合物的命名采用外文名的译音，用带"口"字旁的同音汉字表示。编号从杂原子开始，用阿拉伯数字（1,2,…）表示顺序，也可以将杂原子旁的碳原子依次 α、β、γ 表示。

五元杂环

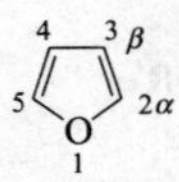

呋喃 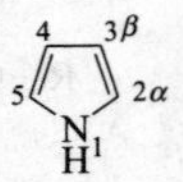　　　　吡咯 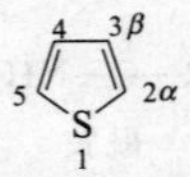　　　　噻吩

五元环中含两个或两个（至少有一个氮原子）以上的杂原子的体系称唑。如果杂原子不同，则按氧、硫、氮的顺序编号。

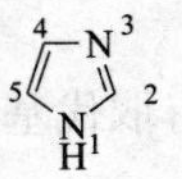

咪唑 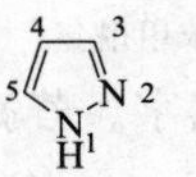　　　吡唑 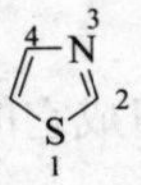　　　噻唑 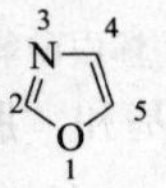　　　噁唑

六元杂环

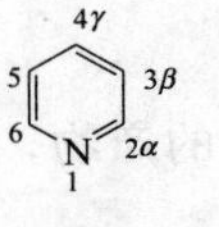

吡啶 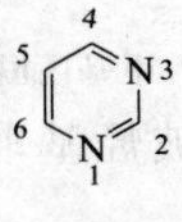　　　嘧啶 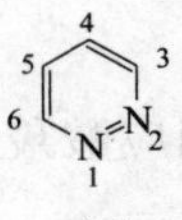　　　哒嗪 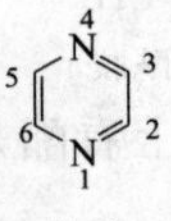　　　吡嗪

稠环

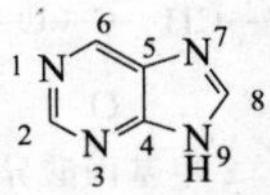

嘌呤 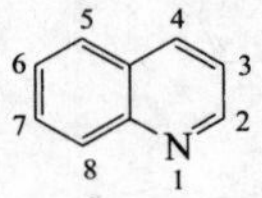　　　喹啉 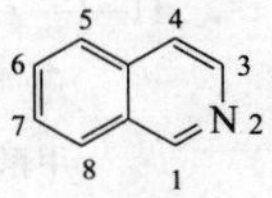　　　异喹啉 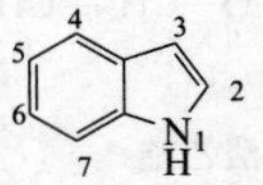　　　吲哚

例如：

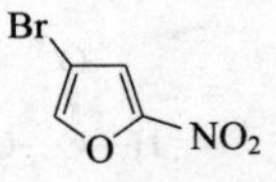

2-硝基-4-溴呋喃 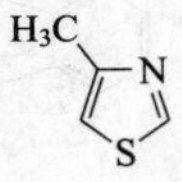　　　4-甲基噻唑 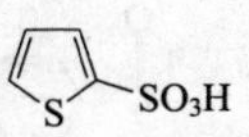　　　2-噻唑磺酸

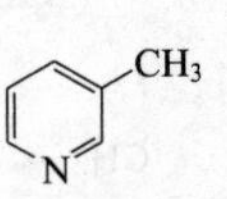

3-甲基吡啶 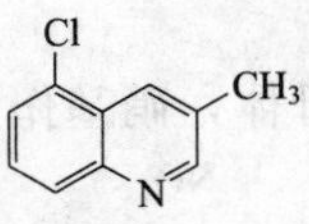　　　3-甲基-5-氯喹啉 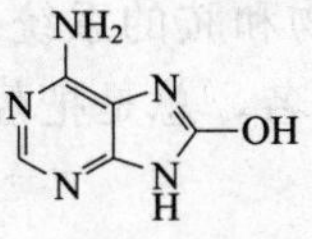　　　6-氨基-8-羟基嘌呤

17.4　有机化合物的同分异构

17.4.1　同分异构现象

有机化合物主要是共价键连接而成，共价键具有饱和性和方向性。因此，有机化合物中的同分异构现象十分普遍。同分异构分为：构造异构（constitutional isomerism）、构型异构（configurational isomerism，包括顺反异构和对映异构）和构象异构（conformational isomerism）。构型异构和构象异构又称为立体异构。下面讨论构造异构，对映异构和构象异构在

以后的章节中讨论。

17.4.2　构造异构

分子式相同，而原子的连接顺序不同形成的不同的化合物相互称为构造异构体。它又分以下四种情况。

（1）碳架（碳链）异构

仅是碳原子的排列方式不同形成不同的碳链，这种具有不同碳链的异构体称为碳链异构体，这种现象又称碳架异构。烷烃的异构就属于此类。按照烷烃的通式，丁烷的分子式为 C_4H_{10}。丁烷中碳可有两种不同的排列方式：

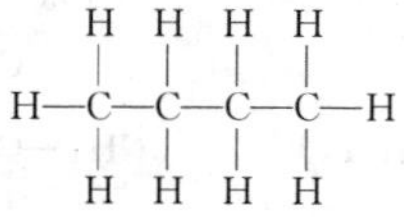

丁烷 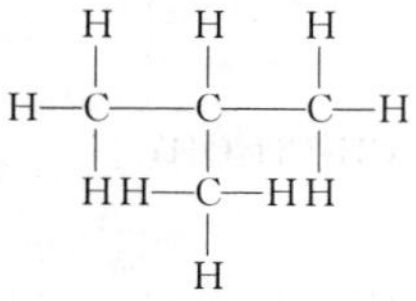　　　　　　　　　　2-甲基丁烷

显然，烷烃分子中碳原子数目越多，则连接方式也就越多。因此，随着碳原子数目的增加，异构体的数目也增加（表 17-3）。

表 17-3　烷烃构造异构体的数目

碳数	6	7	8	9	10	20
异构体数	5	9	18	35	75	366319

（2）官能团位置异构

由于官能团（或取代烃）在碳链或碳环上的位置不同而产生的异构现象，称为官能团位置异构。例如：丙醇就有 1-丙醇和 2-丙醇两种异构体。

1-丙醇　　　　　　　　　　2-丙醇

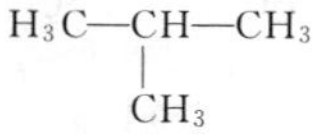

（3）官能团异构

分子式相同，构成官能团的原子连接顺序和方式不同，形成不同类化合物，称为官能团异构体。例如，分子式为 C_2H_6O 的化合物有：乙醇 CH_3CH_2OH 和甲醚 CH_3OCH_3 两种官能团异构体。

（4）互变异构

互变异构现象是指有机化合物两种异构体之间发生一种动态平衡中的可递异构化作用，通常伴有氢原子和双键的转移。例如，烯醇式与酮式互变异构。

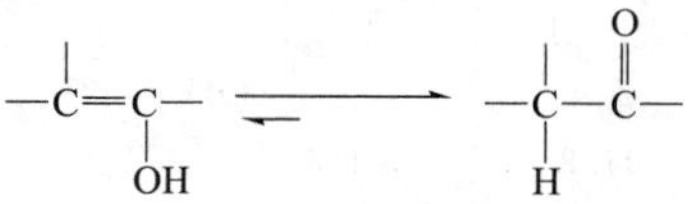

烯醇式　　　　　　　　　　酮式

17.5　有机化合物物理性质及与结构的关系

17.5.1　沸点与分子结构的关系

化合物沸点的高低，主要取决于分子间引力的大小，分子间引力越大，沸点就越高。而

分子间引力的大小受分子的偶极矩、极化度、氢键等因素的影响。

① 在同系物中，分子的相对质量增加，沸点升高；直链异构体的沸点＞支链异构体；支链越多，沸点越低。例如：

$CH_3CH_2CH_2CH_3$ $CH_3CH_2CH_2CH_2CH_3$ $CH_3CHCH_2CH_3$
CH_3

沸点（℃）：   −0.5   36.1   27.9

② 含极性基团的化合物（如醇、卤代物、硝基化合物等）偶极矩增大，比母体烃类化合物沸点高。同分异构体的沸点一般是：伯异构体＞仲异构体＞叔异构体。例如：

$CH_3CH_2CH_2CH_3$ $CH_3CH_2CH_2CH_2—Cl$ $CH_3CH_2CH_2CH_2—NO_2$

沸点（℃）：   −0.5   78.4   153

$CH_3CH_2CH_2CH_2OH$； $CH_3CHCH_2CH_3$； $CH_3—C—CH_3$
OH CH_3 / OH

沸点（℃）：   117.7   99.5   82.5

③ 分子中引入能形成分子间氢键的原子或原子团时，则沸点显著升高，且该基团越多，沸点越高。

$CH_3CH_2CH_3$ $CH_3CH_2CH_2OH$ $CH_2CH_2CH_3$ $CH_2CHCH_2—OH$
OH OH   OH OH

沸点（℃）：   −45   97   216   290

CH_3CH_2OH $CH_3CH_2OCH_2CH_3$ CH_3COOH $CH_3COOC_2H_5$

沸点（℃）：   78   34.6   118   77

④ 顺反异构体中，一般顺式异构体的沸点高于反式

沸点(℃)：   60.1   48   37   29

17.5.2 熔点与分子结构的关系

熔点的高低取决于晶格引力的大小，晶格引力越大，熔点越高。而晶格引力的大小，主要受分子间作用力的性质、分子的结构和形状以及晶格的类型所支配。

① 在分子中引入极性基团，偶极矩增大，熔点、沸点都升高，故极性化合物比相对分子质量接近的非极性化合物的熔点高。但在羟基上引入烃基时，则熔点降低。

熔点（℃）：   5.4   41.8   105   32

② 能形成分子间氢键的比形成分子内氢键的熔点高。

沸点(℃)：   116   −7   213   159

③ 同系物中，熔点随分子相对质量的增大而升高，且分子结构越对称，其排列越整齐，

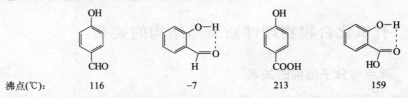

晶格间引力增加，熔点升高。

17.5.3 溶解度与分子结构的关系

有机化合物的溶解度与分子的结构及所含的官能团有密切的关系，可用"相似相溶"的经验规律判断。

① 一般离子型的有机化合物易溶于水，如有机酸盐、胺的盐类。

② 能与水形成氢键极性化合物易溶于水，如：单官能团的醇、醛、酮、胺等化合物，其中直链烃基<4 个碳原子，支链烃基<5 个碳原子的一般都溶于水，且随碳原子数的增加，在水中的溶解度逐渐减小。

$$CH_3OH \qquad C_2H_5OH \qquad CH_3CH_2CH_2OH \qquad CH_3CH_2CH_2CH_2OH$$

任意比例互溶 溶解度较小

③ 能形成分子内氢键的化合物在水中的溶解度减小。

④ 一些易水解的化合物，遇水水解也溶于水，如酰卤、酸酐等。

⑤ 一般碱性化合物可溶于酸，如有机胺可溶于盐酸。

⑥ 一般酸性有机化合物可溶于碱，如羧酸、酚、磺酸等可溶于 NaOH 中。

第18章

基本有机化合物

18.1 饱和烃

分子中只含有碳和氢两种元素的有机化合物叫做碳氢化合物，简称烃。烃是最简单的有机化合物，可以看作是其他有机化合物的母体，而其他有机化合物可以看作是烃的衍生物。

烃分子中碳原子间以单键相连，碳原子的其余价键被氢原子所饱和的化合物称为饱和烃。饱和烃根据分子中碳原子间连接方式，分为链烷烃和环烷烃。

18.1.1 链烷烃

链烷烃的分子通式为 C_nH_{2n+2}，n 为正整数。分子中的碳原子为 sp^3 杂化原子，具有四面体构型，形成碳碳 σ 键和碳氢 σ 键。

（1）链烷烃的结构

最简单的链烷烃是甲烷（CH_4），沸点 $-164℃$，常温下是气体，它是天然气和沼气的主要成分。碳原子的价电子排布为：$2s^2 2p_x^1 2p_y^1$，只有两个未成对电子。但是，碳在有机化合物中总是形成四个共价键。用碳原子的价电子发生了跃迁可以说明碳原子形成四个共价键的实验事实。

碳原子上的四个共价键都是相同的，可以说明一元取代甲烷没有同分异构体的实验事实。那么，跃迁了的第二层原子轨道要杂化：

范特霍夫 1874 年提出的碳原子的正四面体的概念，可以说明二元取代甲烷也没有同分异构体的实验事实。碳原子在四面体的中心，四个 sp^3 杂化轨道伸向四面体的四个顶点。甲烷分子中四个氢原子的 s 轨道和碳原子的四个 sp^3 杂化轨道重合，形成四个 C—H σ 键，整个分子的形状是正四面体，如图 18-1 所示。

链烷烃中的碳为 sp^3 杂化，所形成的键都是 σ 键，σ 键的电子云呈轴对称，可以绕轴旋转而不影响原子轨道的重叠。并且链烷烃不是直线型的。X 射线研究证明，高级烷烃晶体的碳链是锯齿形的。

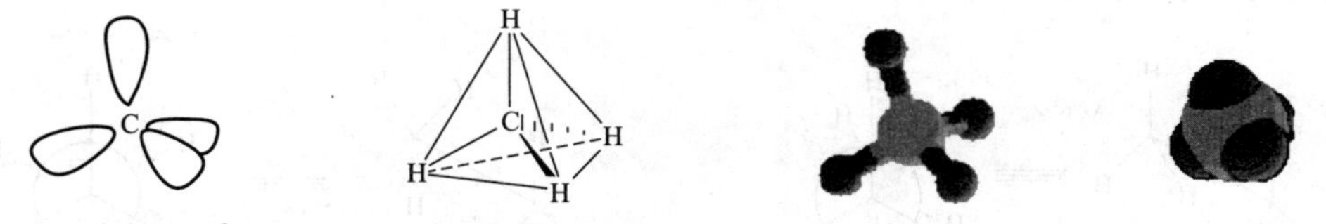

碳原子的sp³杂化轨道　　甲烷的正四面体结构　　开库勒模型　　斯陶持模型

图 18-1　甲烷的分子结构

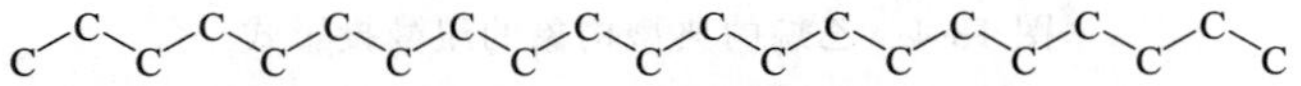

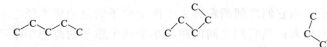

但是气态或液态，碳链可有不同的形式，如戊烷：

讨论有机化合物的同分异构现象时，就已经指出，分子结构包含分子的构造、构型和构象三个层次。分子的构造是指具有一定分子式的物质，其分子中各个原子成键的顺序和成键的性质，而分子的构型是指具有一定构造的分子，分子中各原子在空间的排列状况。

那么，什么是链烷烃的构象？

（2）链烷烃的构象

① 烷烃构象的产生　烷烃分子中，只含有碳原子的 sp³ 杂化轨道相互重叠的碳碳 σ 键或碳原子的 sp³ 杂化轨道与氢原子的 1s 轨道重叠形成的碳氢 σ 键。σ 键的特征是：一键轴为对称轴并可以自由旋转。这种由于绕 σ 键轴旋转而产生的分子中原子或基团在空间的不同排列方式称为分子的构象异构。

② 乙烷的构象　烷烃系列中第二个成员是乙烷 $CH_3—CH_3$，沸点 $-88.5℃$，常温下也是气体。它是由两个甲基用 C—Cσ 键连接而成（图 18-2）。

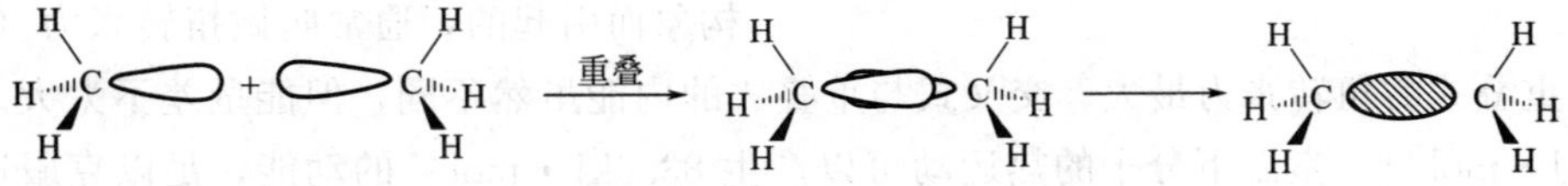

图 18-2　乙烷分子中 C—Cσ 键的形成

在乙烷分子中，两个甲基仍然是四面体构型，C—Cσ 键的电子云是以键轴为轴对称的。因此，两个甲基可以绕 C—Cσ 键的键轴旋转，形成许多分子的形象，这些形象称为构象。下面讨论两种典型的构象（图 18-3）。

常用纽曼投影式（Newman projection）讨论构象，它的画法是，把眼睛对准 C—C 键轴的延长线，圆表示远离眼睛的碳原子，其上连接的三个氢原子画在圆外。圆的三叉表示离

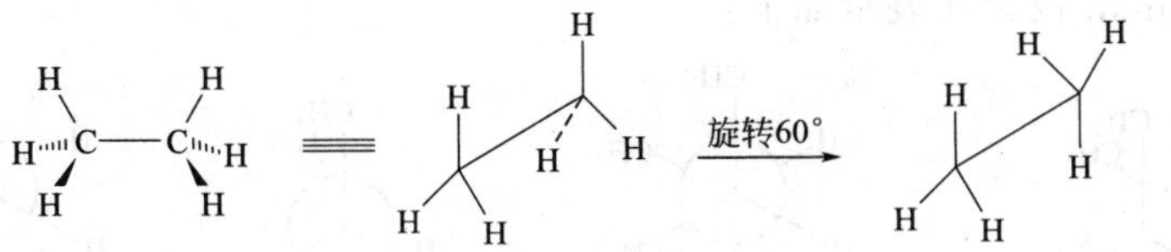

重叠式构象　　　交叉式构象

图 18-3　乙烷的典型构象

眼睛较近的甲基（图 18-4）。

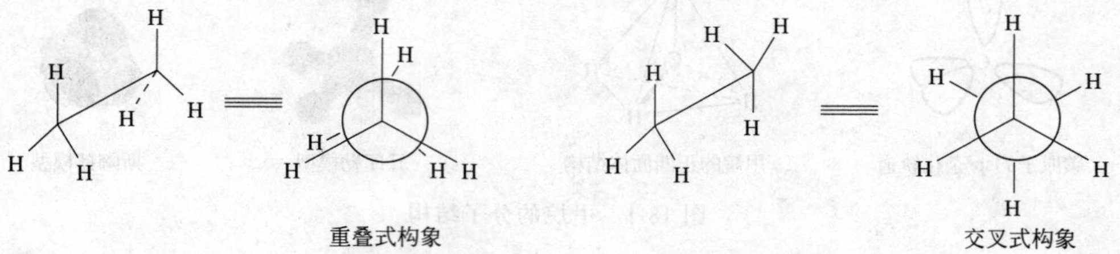

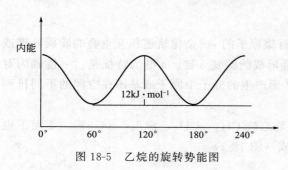

重叠式构象　　　　　　　　　　　　　　　交叉式构象

图 18-4　乙烷的典型构象的纽曼投影式

　　在重叠式构象中，两个碳原子上的氢原子两两相对，距离最近（154pm），它们的相互排斥作用（非键合原子，当它们之间的距离大于两个原子的范德华半径之和时，存在范德华引力，距离越近，引力越大；当它们之间的距离小于两个原子的范德华半径之和时，存在范德华排斥力，距离越近，斥力越大）。两个氢原子的范德华半径之和为 240pm，使分子的内能最高，也就是最不稳定的构象。在交叉式构象中，两个碳原子上的氢原子相距最远（189pm），相互间的排斥力最小，因而分子的内能最低，是最稳定的构象。交叉式与重叠式是乙烷的两种极端构象。介于这两者之间，还可以有无数种构象，称为扭曲式。

　　乙烷分子的各种构象的能量关系如图 18-5 所示。图中曲线上任何一点代表一种构象及其相应的内能。交叉式位于曲线中最低的一点。即谷底，能量最低。它所代表的构象最稳定。只要稍离开谷底一点，就意味着内能的升高，分子的构象就变得不稳定，这种不稳定性使分子产生一种"张力"。这种张力是由于键的扭转要恢复成最稳定的交叉式构象而引起的，通常叫做扭转张力（torsional

图 18-5　乙烷的旋转势能图

strain），重叠式的扭转张力最大。交叉式与重叠式的内能虽然不同，但能量差不太大。据推测只有 $12kJ \cdot mol^{-1}$。室温下分子的热运动可以产生 $83.6kJ \cdot mol^{-1}$ 的动能，足以克服这种扭转张力造成的能垒。所以在常温下乙烷的各种构象之间迅速互变。分子在某一构象停留的时间很短（$<10s$）。因此，不能把某一构象"分离"出来。当然，在某一瞬间，乙烷分子中交叉式构象所占的比例要比重叠式构象大得多（在 25℃，交叉式与重叠式构象出现的概率比是 160：1）。

　　从乙烷分子构象的分析得知，不同构象的内能不同，要想彼此互变，必须越过一定的能垒才能完成。因此，所谓绕单键的自由旋转并不是完全自由的。丙烷的构象与乙烷类似，也只有交叉式和重叠式两种极端构象。

　　③ 正丁烷的构象　正丁烷分子绕 $C_2—C_3\sigma$ 键轴旋转时，情况较乙烷要复杂、有四个典型构象，用 Newman 投影式表示如下：

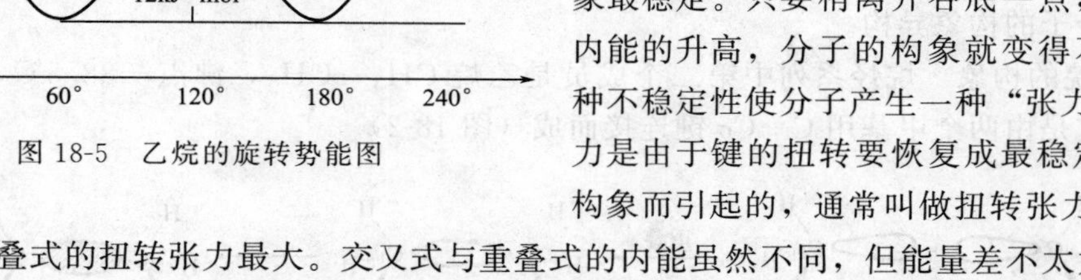

全重叠式　　　　　　邻位交叉式　　　　　　部分重叠式　　　　　　对位交叉式

两个乙基绕 C_2—$C_3\sigma$ 键轴旋转时的构象变化如下：

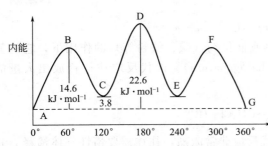

从能量曲线中可以看出（图 18-6），能量最低的构象为对位交叉式（A，G），能量最高的构象为全重叠式（D）。从能量上看 C 与 E 相同，B 与 F 相同。四种典型的构象能量高低顺序为：对位交叉式＜邻位交叉＜部分重叠式＜全重叠式。它们的稳定性顺序正好相反。从图中还可以看到构象 A、C 和 E 的分子能量都处于谷底。处于谷底的各种构象比较稳定。所以正丁烷有三个比较稳定的构象异构体：一个对位交叉式，两个邻位交叉式。邻位交叉式构象异构体 C 和 E 互为镜影和实物的关系。因此，是（构象）对映体（参看立体化学部分）。在室温下，约 68%

图 18-6 正丁烷绕 C_2—$C_3\sigma$ 键轴旋转势能图

为对位交叉式，约 32% 为邻位交叉式。部分重叠式和全重叠式极少。由于正丁烷各构象之间能量差（能垒）不大，最大为 $22.6\text{kJ}\cdot\text{mol}^{-1}$，所以分子的热运动可使各种构象迅速互变，这些异构体不能分离。理论上，在绝对零度（$-273℃$）分子的热运动停止，将有可能将构象异构体分离开。

其他脂肪族化合物的构象都与乙烷和正丁烷的构象相似、占优势的构象通常是对位交叉式，即分子中两个最大的基团处于对位。

（3）链烷烃的物理性质

① 物质的状态 室温下，$C_1 \sim C_4$ 为气体，$C_5 \sim C_{16}$ 为液体，C_{17} 以上是固体。

② 熔点和沸点 烷烃的熔点和沸点都很低，并且熔点和沸点随分子量的增加而升高。但值得注意的是以下几点。

a. 对同数碳原子的烷烃来说，结构对称的分子熔点高。因为结构对称的分子在固体晶格中可紧密排列，分子间的色散力作用较大，因而使之熔融就必须提供较多的能量。含偶数碳原子的正烷烃比奇数碳原子的熔点高。这主要取决于晶体中碳链的空间排布情况。X 射线证明，固体正烷烃的碳链在晶体中伸长为锯齿形，奇数碳原子的链中两端的甲基处在同一边，而偶数碳原子的链中，两端的甲基处在相反的位置，从而使这种碳链比奇数碳链的烷烃可以彼此更为靠近，于是它们之间的色散力就大些。

b. 烷烃的沸点上升比较有规则，每增加一个 CH_2 基，上升 $20 \sim 30℃$，越到高级系列上升越慢。在相同碳原子数的烷烃中，直链的沸点比带支链的高，这是由于在液态下，直链的烃分子易于相互接近，而有侧链的烃分子空间阻碍较大，不易靠近。

③ 比重、溶解度、折射率（略）

（4）链烷烃化学性质

烷烃的化学性质很不活泼。在常温常压下，烷烃不易与强酸、强碱、强氧化剂、强还原剂等反应。烷烃的稳定性是由于分子完全被氢原子所饱和，分子中 C-C 和 C-Hσ 键比较牢固的缘故。此外，碳（电负性为 2.5）和氢（电负性为 2.1）原子的电负性差别很小。因而烷烃的 σ 键极性很小，故对亲核或亲电试剂，都没有亲和力。但烷烃的这种稳定性也是相对的，在适当的温度、压力或催化剂存在下，烷烃也可以与一些试剂起反应，烷烃的主要反应如下。

① 烷烃的燃烧-氧化　有机化学中的氧化是指在分子中加入氧或从分子中去掉氢的反应。烷烃的燃烧就是它和空气中的氧所发生的剧烈的氧化反应，生成 CO_2 和水，同时放出大量的热。燃烧反应的通式为：

$$2C_nH_{2n+2}+(3n+1)O_2 \longrightarrow 2nCO_2+2(n+1)H_2O+Q$$

② 裂解反应　把烷烃在没有氧气的条件下加热到 400℃ 以上，使 C—C 键和 C—H 键断裂，生成较小的分子的过程。

$$C_nH_{2n+2} \xrightarrow{\text{高温}} C_mH_{2m+2}+C_zH_{2z} \qquad n=m+z$$

③ 取代反应-卤代反应　烷烃在紫外光、热或催化剂（碘、铁粉等）的作用下，它的氢原子容易被卤素取代，这种反应叫卤代反应（halogenation）。卤代反应往往释放出大量的热。例如：

$$CH_4+Cl_2 \xrightarrow[\text{或加热}]{\text{光照}} CH_3Cl+HCl$$

烷烃的卤代反应一般是指氯代和溴代。氟代反应非常激烈，往往需要惰性气体稀释，并在低压下进行。否则发生爆炸！例如：

$$CH_4+2F_2 \longrightarrow C+HF$$

而碘化反应却很难直接发生，一方面是 C-I 键能低，碘原子的活性低；另一方面是因为反应中产生的 HI 属强还原剂，可把生成的 RI 还原成原来的烷烃。

$$RH+I_2 \Longrightarrow RI+HI$$

C—F 486kJ·mol^{-1}，C—Cl 339kJ·mol^{-1}，C—Br 283kJ·mol^{-1}，C—I 218kJ·mol^{-1}。因此，卤素的反应活泼性为 $F_2>Cl_2>Br_2>I_2$。

甲烷的氯代反应是工业上制备一氯甲烷和四氯化碳的重要反应。但作为实验室中的制备方法就不适用。这是因为反应不能停留在一氯代阶段，随着 CH_3X 浓度的加大，它可以继续氯代下去。如：

$$CH_3Cl+Cl_2 \longrightarrow CH_2Cl_2+HCl$$
$$CH_2Cl_2+Cl_2 \longrightarrow CHCl_3+HCl$$
$$CHCl_3+Cl_2 \longrightarrow CCl_4+HCl$$

CH_4 和 Cl_2 反应的实际产物是一氯甲烷、二氯甲烷、三氯甲烷、四氯化碳的混合物，混合物的组成取决于原料的配比和反应条件，如果反应中使用大大过量的甲烷，则反应可以控制在一氯取代阶段，如果反应温度在 400℃ 时，使原料比为 $CH_4:Cl=0.263:1$，则反应产物主要是 CCl_4。

a. 反应机理　一般有机反应比较复杂，它并不是由反应物到产物的一步反应，反应历程描述了反应所经历的全部过程 是了解有机反应的重要内容，反应历程也称反应机理

（reaction mechanism）。了解反应历程，可使我们认清反应本质，从而达到控制和利用反应的目的。了解反应历程还可以帮助我们认清各种反应之间的联系，以利于归纳、总结和记忆大量的有机反应。

反应机理是在综合实验实事后提出的理论假说，如果一个假说能完满地解释观察到的实验事实和新发现的现象，同时根据这个假说所作的推断被实验所证实，它与其他有关反应的机理又没有矛盾，这个假说则称为反应机理。

氯与甲烷反应有如下的实验现象：烷与氯在室温和暗处不发生反应。在紫外光照射或温度高于 250℃ 时，反应立即发生；反应一经光引发，在黑暗处也能进行，体系每吸收一个光子，可以产生许多（几千个）氯甲烷分子；有少量氧存在时会使反应推迟一段时间，这段时间过后，反应又正常进行；产物中还有少量的乙烷和氯乙烷。怎样说明这些实验事实呢？化学家根据这些实验事实提出了一些反应机理。

目前，被普遍接受的甲烷氯代反应的游离基的链式反应历程如下。

首先，氯分子在光照或高温下，吸收能量，均裂为氯原子，这叫做链引发步骤：

$$Cl:Cl \xrightarrow{\text{光照或高温}} 2 \cdot Cl \tag{1}$$

Cl· 游离基非常活泼，它有强烈的获得一个电子而成为完整的八偶体倾向，于是有下列碰撞：

$$CH_4 + Cl \cdot \longrightarrow \cdot CH_3 + HCl \tag{2}$$

同样，·CH$_3$ 也非常活泼，

$$Cl_2 + \cdot CH_3 \longrightarrow CH_3Cl + \cdot Cl \tag{3}$$

Cl· 再继续重复（2）、（3）以上反应。这一步称为链增长反应。

直到反应物之一完全耗尽，此时，游离基可能相互碰撞结合，或者和体系中的杂质碰撞生成活性低的产物。例如：

$$Cl \cdot + \cdot Cl \longrightarrow Cl_2 \tag{4}$$

$$\cdot CH_3 + \cdot CH_3 \longrightarrow CH_3CH_3 \tag{5}$$

$$2 \cdot CH_3Cl + \longrightarrow ClCH_2CH_2Cl \tag{6}$$

此时链式反应结束。我们称反应（4）、反应（5）和反应（6）为链的终止步骤（chain termination step）。

如果体系中有氧，氧气和甲基游离基结合生成新的游离基：

$$\cdot CH_3 + O_2 \longrightarrow CH_3OO \cdot$$

CH$_3$OO· 活性很低，不能使链反应继续下去。因此，发生一个这样的反应，就中断了一条反应链，因此使反应速度减慢，待氧气消耗完后，反应又可恢复正常。

均裂所得的带有孤单（不成对的）电子的原子或原子团称为自由基（free radical）。在书写时用"·"表示孤单电子，如甲基自由基表示为"CH$_3$·"，烷基自由基表示为"R·"。凡是有自由基参加的反应均称自由基反应。

b. 烷烃的卤代产物 烷烃分子中的碳原子所处的化学环境是不相同的。我们把连有一个碳原子的碳，叫伯碳原子，用 1℃ 表示；连有两个碳原子的碳，叫仲碳原子，用 2℃ 表示；连有三个碳原子的碳，叫叔碳原子，用 3℃ 表示；连有四个碳原子的碳，叫季碳原子，用 4℃ 表示。相应的连在伯碳原子上的氢原子，称为伯氢，用 1°H 表示；连在仲碳原子上的氢原子，称为仲氢，用 $2^{\circ}H$ 表示；连在叔碳原子上的氢原子，称为叔氢，用 $3^{\circ}H$ 表示；

对于乙烷的卤代反应和 CH_4 一样，只能生成一种一氯乙烷。而丙烷的氯代，却能生成两种一氯代产物。如：

$$CH_3CH_2CH_3 + Cl_2 \xrightarrow[25℃]{光照} \begin{array}{l} CH_3CH_2CH_2Cl \quad 45\% \\ (CH_3)_2CHCl \quad 55\% \end{array}$$

丙烷分子中有 6 个伯氢和 2 个仲氢，氯原子与伯氢相遇的机会为仲氢的 3 倍，但一氯代产物中 2-氯丙烷反而比 1-氯丙烷多说明仲氢比伯氢活性大，更容易被取代。排除碰撞概率因素的影响，计算出伯氢和仲氢反应的相对活性：

$$\frac{伯氢}{仲氢} = \frac{45/6}{55/2} = 1 : 3.8$$

其活性比 1:3.8。这里的相对活性是指有机分子中的不同位置对同一试剂的反应活性。2-甲基丙烷在同样条件下氯代也生成两种一氯代产物。

$$CH_3-\overset{\overset{\displaystyle CH_3}{|}}{CH}-CH_3 + Cl_2 \xrightarrow[25℃]{光照} (CH_3)_2CHCH_2Cl + (CH_3)_3CCl$$
$$\qquad\qquad\qquad\qquad\qquad\qquad\qquad 64\% \qquad\qquad\qquad 36\%$$

计算出伯氢与叔氢的相对活性为：

$$\frac{伯氢}{叔氢} = \frac{63/9}{37/1} = 1 : 5$$

许多实验表明，氢原子的反应活性主要取决于它的种类，而与它所连接的烷基无关。

例如丙烷的伯氢几乎与正丁烷或异丁烷中的伯氢活性相同。基于上述实验事实，可得出三种氢的反应活性比为：

$$伯氢 : 仲氢 : 叔氢 = 1 : 3.8 : 5$$

将等摩尔的甲烷和乙烷混合与少量的氯气反应，相应得到的氯乙烷约为氯甲烷的 400 倍。

$$CH_3Cl \xleftarrow{CH_4} Cl_2 \xrightarrow{CH_3CH_3} CH_3CH_2Cl$$
$$1 \qquad\qquad 光照，25℃ \qquad\qquad 400$$

除去几率因子的影响，可知伯氢比甲烷上的氢活泼 267 倍。这里采用竞争法来测定不同有机合物对同一试剂的反应活性。

$$\frac{伯氢}{甲烷氢} = \frac{400/6}{1/4} = 267 : 1$$

烷烃在氯代反应中不同氢的反应活性顺序可扩大为：

$$叔氢 > 仲氢 > 伯氢 > CH_4$$

c. 反应活性与自由基稳定性的关系　上面列出了烷烃在氯代反应中不同氢的反应活性顺序，怎么解释这个活性顺序呢？反应中的能量变化是关键。

下面列出不同氢的均裂能：

$$CH_4 \xrightarrow[甲基自由基]{} CH_3 \cdot + H \cdot \qquad \Delta H = 435 kJ \cdot mol^{-1}$$

$$CH_3CH_2CH_3 \underset{\text{仲氢}}{\overset{\text{伯氢}}{\Big\langle}} \begin{array}{l} \underset{伯自由基}{\longrightarrow} CH_3CH_2CH_2 \cdot \quad + \quad H \cdot \qquad \Delta H = 410 kJ \cdot mol^{-1} \\ \underset{伯自由基}{\longrightarrow} CH_3\overset{\cdot}{C}H CH_3 \quad + \quad H \cdot \qquad \Delta H = 397 kJ \cdot mol^{-1} \end{array}$$

$$\begin{array}{c} CH_3 \\ | \\ H_3C-C-CH_3 \\ | \\ H \end{array} \xrightarrow{\text{叔氢}} \begin{array}{c} CH_3 \\ | \\ H_3C-C-CH_3 \\ | \\ \cdot \end{array} + H\cdot \quad \Delta H = 381 kJ \cdot mol^{-1}$$

叔自由基

不同的氢均裂能不同。均裂能较小，形成自由基需要的能量也较少，也就是说明相对于原有的烷烃更稳定。可见自由基稳定性的顺序是：

$$叔自由基 > 仲自由基 > 伯自由基 > 甲基自由基$$

越是稳定的自由基，越容易形成，与之相应的氢越活泼。

甲烷去掉一个氢原子，形成甲基自由基。

$$\begin{array}{c} H \\ H : \overset{\displaystyle H}{\underset{\displaystyle H}{C}} : H \end{array} \longrightarrow \begin{array}{c} H \\ H : \overset{\displaystyle H}{\underset{\displaystyle H}{C}} \cdot \end{array} + H\cdot$$

甲基自由基

甲基自由基最外层有 7 个电子，其中 6 个电子处于三个成键轨道中，剩下 1 个未成对的孤电子，整个质点呈中性。为了使三个成键轨道远离，设想碳为 sp^2 杂化，三个键键角为 120°，在同一平面，剩下的一个孤电子在垂直于这个平面的 p 轨道中，自由基的四个原子处于一个平面上。甲基自由基的平面结构已为光谱研究进一步证实。其他的烷基自由基结构与甲基自由基类似（图 18-7）。

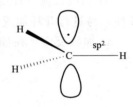

图 18-7 甲基自由基

d. 卤素的活泼性及反应选择性 烷烃溴代时，溴原子对伯、仲和叔三种氢原子的选择性较高。例如：

$$CH_3CH_2CH_3 \xrightarrow[\text{光照, 146℃}]{Br_2} \underset{3\%}{CH_3CH_2CH_2Br} + \underset{97\%}{\begin{array}{c} Br \\ | \\ CH_3CHCH_3 \end{array}}$$

$$\begin{array}{c} CH_3 \\ | \\ H_3C-C-CH_3 \\ | \\ H \end{array} \xrightarrow[\text{光照, 146℃}]{Br_2} \underset{\text{痕量}}{\begin{array}{c} CH_3 \\ | \\ H_3C-C-CH_2Br \\ | \\ H \end{array}} + \underset{>99\%}{\begin{array}{c} CH_3 \\ | \\ H_3C-C-CH_3 \\ | \\ Br \end{array}}$$

三种氢的相对反应活性为：

$$叔：仲：伯 = 1600：82：1$$

为什么溴代反应的选择性比氯的高？这是由于溴原子活性比氯原子小，绝大部分溴原子只能夺取较活泼的氢，这也是一个普遍的规律。一般地说，在一组相似的反应中，试剂越不活泼，它在进攻时的选择性越强。

18.1.2 环烷烃

环烷烃指碳原子的单键相互连接成环的碳氢化合物，原指环族化合物。将链烃变为环烃，要在分子中增加如 C—C 单键，同时减少两个氢原子，因此，单环烷烃的通式为 C_nH_{2n}。分子中每增加一个环，就要增加一个 C—C 键，减少两个氢原子。

（1）物理性质

环烷烃熔点：沸点、密度较相应的开链烷烃高。因环烷烃的环状结构，分子较有序，排列较紧密，分子间作用力较大。而直链烷烃分子自由摇摆，有序度小，分子间作用力较弱，故熔点、沸点、密度较小。

（2）化学性质

有机化合物的结构决定有机化合物的性质。

环烷烃的化学性质与相应的烷烃类似，但由于具有环状结构，且环有大有小，表现出某些特性。结构特点是饱和烃，分子中的原子以 σ 键相连，键的极性较小，键能较大环烷烃与直链烃结构相似，所表现出的化学性质也相似，常温下，不与强酸、强碱、强氧化剂、强还原剂起反应，可以起燃烧、热解、卤代等反应。但小环烷烃有一些特殊的性质，即容易开环生成开链化合物。

① 游离基取代反应　脂环烃的化学性质与开链烃类似，主要能发生游离基取代反应。

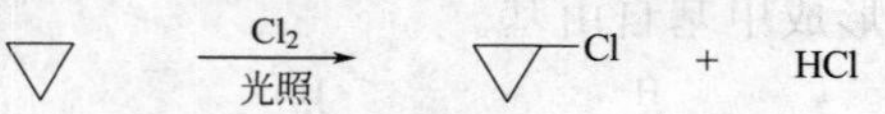

$$\triangle \xrightarrow[\text{光照}]{Cl_2} \triangle\text{—Cl} + HCl$$

$$\pentagon \xrightarrow[\text{光照}]{Br_2} \pentagon\text{—Br} + HBr$$

② 加成反应　环烷烃中的小环化合物，主要时环丙烷和环丁烷，具有类似烯烃的不饱和性，易进行开环加成反应。

a. 加氢反应　在催化剂作用下，环烷烃与氢可以开环加成生成烷烃。

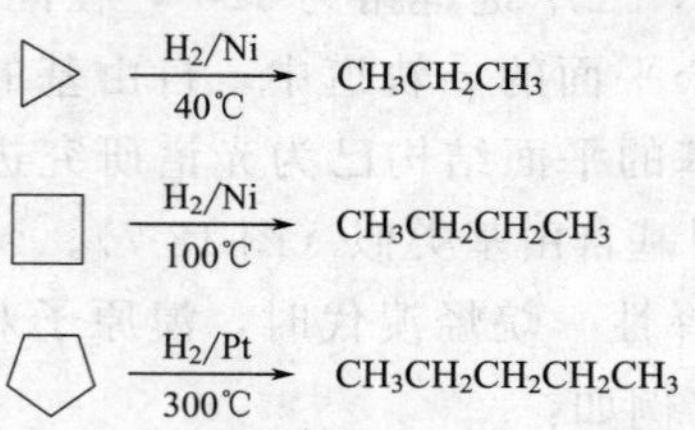

$$\triangleright \xrightarrow[40℃]{H_2/Ni} CH_3CH_2CH_3$$

$$\square \xrightarrow[100℃]{H_2/Ni} CH_3CH_2CH_2CH_3$$

$$\pentagon \xrightarrow[300℃]{H_2/Pt} CH_3CH_2CH_2CH_2CH_3$$

从加氢反应的难易程度不同，也说明环的稳定性顺序是：五元环 ＞ 四元环 ＞三元环。

b. 加卤素反应

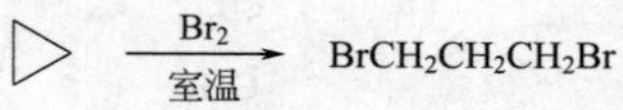

$$\triangleright \xrightarrow[\text{室温}]{Br_2} BrCH_2CH_2CH_2Br$$

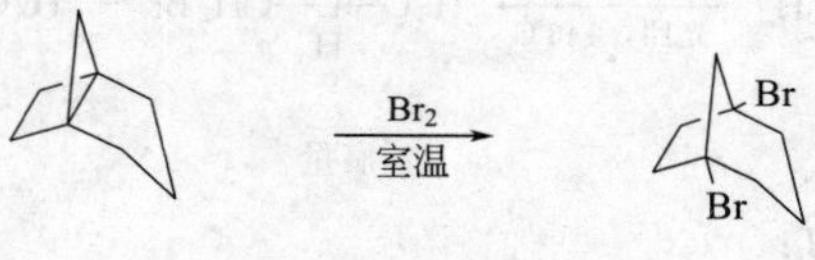

$$\xrightarrow[\text{室温}]{Br_2}$$

c. 加卤化氢

$$\triangleright \xrightarrow[\text{室温}]{HBr} CH_3CH_2CH_2\overset{Br}{|}$$

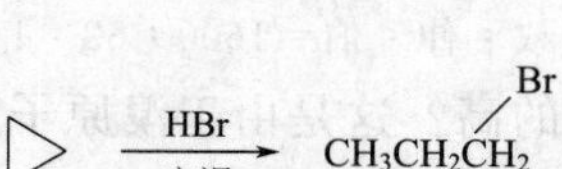

环丙烷的烷基衍生物加成时，在环上取代最少和取代最多的 C—C 处开裂。与氢卤酸加成时，产物符合马尔可夫尼可夫规则。例如：

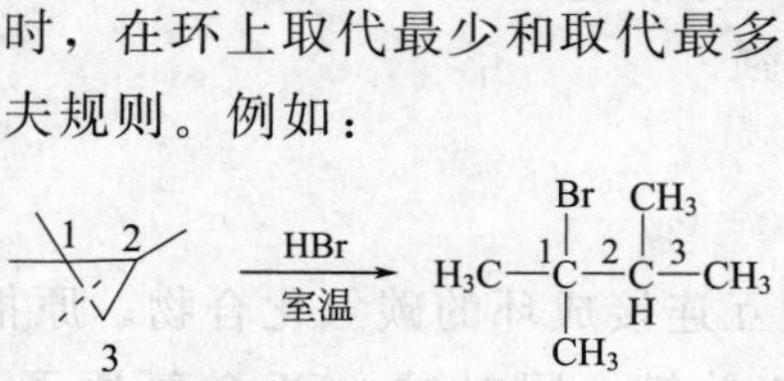

$$\xrightarrow[\text{室温}]{HBr} H_3C\overset{Br}{\underset{1}{C}}\overset{CH_3}{\underset{2}{C}}\overset{3}{CH_3}\text{（CH}_3\text{）}$$

环丁烷在常温下和 X_2 或 HX 不起加成反应。五元、六元环较稳定，不易开环。

环丙烷与烯烃既类似又有区别，它有抗氧化性，不使高锰酸钾水溶液退色，可用此性质区分它与不饱和烃。

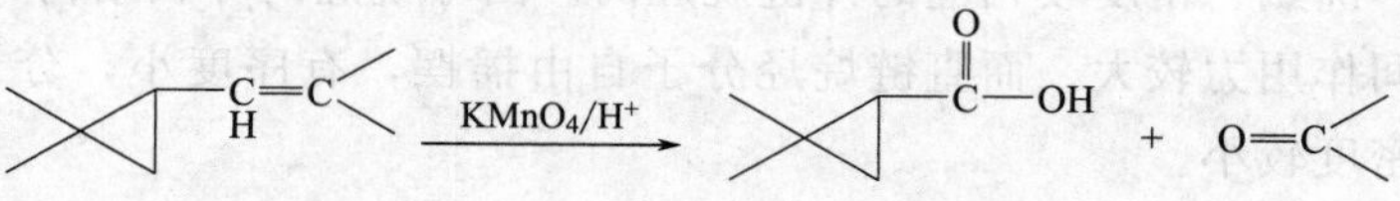

$$\xrightarrow{KMnO_4/H^+} + O{=}C$$

环丙烷也不易臭氧化。含三元环的多环化合物氧化时，反应发生在三元环的 α 位，三元环保持不变，例如：

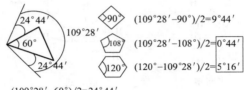

（3）拜尔张力学说

为什么环丙烷及环丁烷易开环，而环戊烷及环己烷却相对稳定呢？为了解释这些现象，1885 年拜尔提出张力学说。

① 假设成环所有的碳原子都在同一平面上，构成正多边形。

② 假设所有键角为 $109°28'$（即四面体结构）。

根据假定：如果环中的夹角大于或小于 $109°28'$ 就会产生角张力，键角变形越大，角张力越大，环不稳定。

24°44′　109°28′　60°　24°44′　　◇90 $(109°28'-90°)/2=9°44'$
$(109°28'-60°)/2=24°44'$　　⬠108 $(109°28'-108°)/2=0°44'$
　　　　　　　　　　　　　　⬡120 $(120°-109°28')/2=5°16'$

对环丙烷为例进行分析如下，在环丙烷中，三原子在同一平面上，夹角为 $60°$，但是 C 为 sp^3 杂化正常的键角应为 $109.5°$，故 C—C 键电子云重叠方向不可能是沿两原子连线方向，必然有一定的偏离，即未达到最大重叠，所成 σ 键不稳定，这种不稳定的 σ 键常称为弯键或香蕉键，如图 18-8。

环丁烷的结构与环丙烷的类似，它的原子轨道重叠也互成角度，但其程度不及环丙烷，碳-碳-碳键角约为 115℃，因此活性不如环丙烷明显。

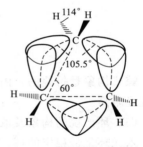

图 18-8　环丙烷的香蕉键

根据拜尔张力学说推断：环戊烷与正常键角差别最小为 $0.5\times(109.5°-108°=0.75°)$，应最稳定，环己烷为 $0.5\times(109.5°-120°=-5.25°)$，有一定的张力。环增大张力也增大，因此大环化合物很难合成。这些结论都是错误的！因为这些错误的结论是在假设环状化合物是平面结构的。

近代测试结果表明，五碳及其以上的环中碳碳键的夹角都是 109.5℃，组成环的碳原子不是处在一个平面上，因此它们几乎不存在角张力。

有机化学中最常碰到并最易合成的环是五元环及六元环，因为它们大到足以不具有角张力，同时又小到足以使闭环成为可能。

（4）影响环状化合物稳定性的因素和环状化合物的构象

① 角张力　任何与正常键角的偏差，降低轨道重叠性而引起的张力。环丙烷和环丁烷的角张力是由分子特定的几何形状引起的，角张力反映在键能上。在正常环中，角张力很小。

② 扭转张力　乙烷由交叉式构象转变为重叠式构象，内能升高。前后两个 C—H 键之间有电子云的斥力，这种斥力是由于键的扭转而产生的，故称为扭转张力。

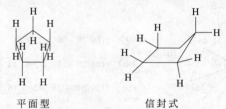

交叉式　　　　　　　重叠式

③ 范德华（vander Weals）张力　当两个不成键的原子靠近时，它们之间的吸引力逐渐增强，当原子之间距离等于范德华半径之和，吸引力达到最大，这种分子中非键原子相互吸引的力是范德华引力。如果迫使原子进一步接近，则范德华引力立即被范德华斥力所代替，这个斥力称为范德华张力或空间张力。

④ 非键原子或基团间偶极和偶极之间的相互作用　氢键就是这种作用的结果。

环状化合物的稳定构象，是上述四种力共同作用的结果。

平面型的环戊烷虽有较小的角张力，由于所有的碳氢键都处于重叠式，却有很大的扭转张力。环戊烷较稳定的构象是略往上信封式。虽然增加了角张力，却部分解除扭转张力。

平面型　　　　　　　信封式

同样原因，环丁烷采用蝶式构象，"两翼"上下摆动，两个构象迅速变换。

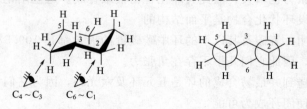

蝶式构象

蝶式构象是折叠的，由于分子内氢原子较为拥挤，存在着范德华斥力，因此燃烧热比直链烷烃略高

（5）环己烷的构象及取代环己烷的构象

六元环是最稳定的环，在自然界中存在最普遍。因此，对环己烷的构象研究得最多。

① 环己烷的构象　环己烷的内能最低，这与它的构象有关。椅式是环己烷最稳定的构象，其键角为109.5°（无角张力）。椅式构象中六个碳是等同的，相邻的碳全部是邻位交叉构象，无扭转张力。因此能量最低，燃烧热与开链烷烃完全相同等。

椅式构象　　　　　　　椅式构象的纽曼式

椅式构象可翻转为另一椅式构象，其中经过半椅式、扭船式和船式构象。

椅式　　　　半椅式　　　　扭船式　　　　船式

椅式构象的一端C^1向上翘起成半椅式。半椅式中五个碳在一个平面上，五个碳上的碳氢键成重叠式，有较大的扭转张力，它有最高的能垒，内能比椅式构象的高 46kJ·mol⁻¹。

　　C¹再往上翘，带动平面上原子运动，重叠的碳氢键错开 30°的距离，缓解了扭转张力及角张力，内能有所下降，成为扭船式，其能量仅比椅式构象的高 23kJ·mol⁻¹。

　　扭船式中 C¹继续往上翘成船式构象。船式构象中船底四个碳在一平面，相邻的碳原子为重叠式构象，有较大的扭转张力。船头的两个"旗杆"氢靠得近，其距离为 0.18nm，比范德华半径（0.24nm）小，有空间张力。它的能量比扭船式得大 6.7kJ·mol⁻¹，介于扭船式合和半椅式之间。

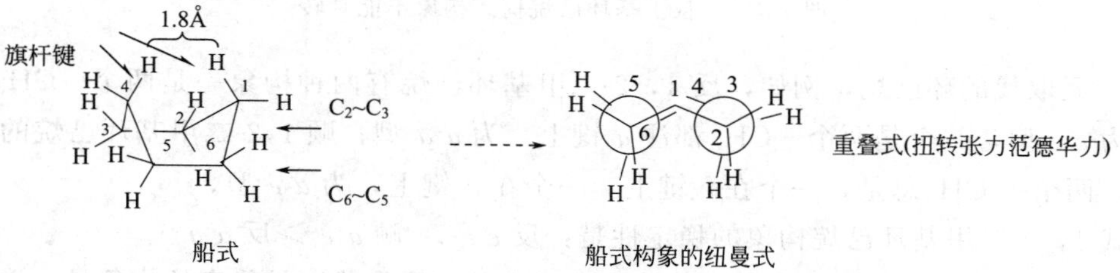

　　船式构象中另一角（C₄）往下翻，再经过扭船式，半椅式转变为另一椅式构象。

　　在室温下，由于分子的热运动，环迅速翻转，由一种椅式构象变为另一种椅式构象。

　　整个平衡中椅式构象约占 99.9%，它与扭船式的比是 10000∶1。

　　② 取代环己烷的构象　环己烷的椅式构象中，C₁、C₃和 C₅形成一个平面，它位于 C₂、C₄和 C₆形成的平面之上，这两个平面相互平行。12 个 C—H 键可以分为两类：有六个 C—H 键与上述平面垂直，叫直立键或 a 键（axial 的缩写），另外六个 C—H 键与直立键成 109°28′的角。即，与上述平面成 109°28′的角，接近在平面内，称为平伏键或 e 键（equatorial 的缩写），而且 a 键和 e 键可以通过环的扭动翻转而互换，需要克服的能垒约为 46kJ· mol⁻¹。翻转以后，C₁、C₃、C₅形成的平面转至 C₂、C₄、C₆形成的平面之上，因此，a 键变为 e 键，而 e 键则变为 a 键，反之亦然。

　　a. 甲基环己烷可以有两个椅式构象，一个是甲基在 a 键上，另一个在 e 键上。如图 18-9 中箭头所示，处于 a 键上的甲基与 C₃、C₅位上的 a 键上的氢距离小于范德华半径，存在较大的范氏张力。甲基转变为 e 键，与 C₃、C₅位上的氢距离增大，不存在范氏张力。因此，比较稳定。甲基环己烷主要以甲基在 e 键上的椅式构象存在。在室温下，平衡混合物中 e-甲基构象约占 95%。

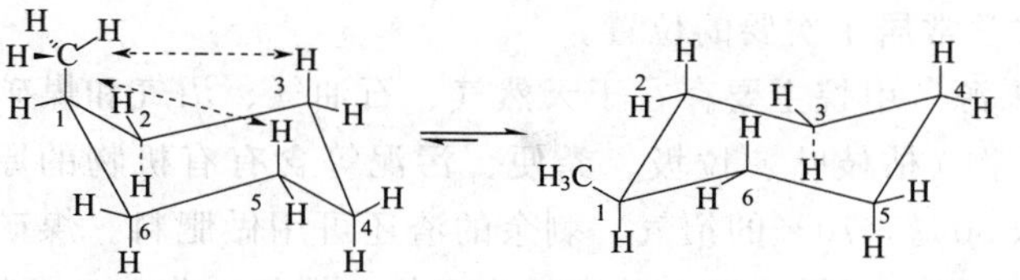

图 18-9　甲基环己烷椅式构象的翻转

b. 叔丁基环己烷两个椅式构象翻转而互换所需要克服的能垒高，叔丁基环己烷基本上是 e-叔丁基椅式构象，如图 18-10。

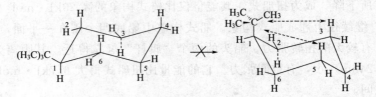

图 18-10　叔丁基环己烷椅式构象不能翻转

c. 二元取代的环己烷，例如，反-1，2-二甲基环己烷有两种构象一是两个—CH₃ 都在 e 键上，为 ee 型，一个是两个—CH₃ 都注 a 键上，为 aa 型；顺 1,2-二甲基环己烷的两种椅式构象，两个— CH₃ 总是，一个在 e 键上，一个在 a 键上，为 ae 型。

椅式 1，2-二甲基环己烷构象的稳定性是：反 ee ＞ 顺 ae ＞反 aa。

可以总结出取代环己烷构象的规律为：环己烷的多元取代物最稳定的构象是 e-取代基最多的构象；环上有不同取代基时，大的取代基在 e 键上的构象最稳定。

（6）多脂环化合物的结构

含两个以上碳环的脂环化合物称为多脂环化合物。这类化合物广泛存在于自然界中，如樟脑、冰片及甾醇。这里只简单介绍这类化合物的母体烃，以十氢化萘为例。

十氢化萘有两种顺反异构体

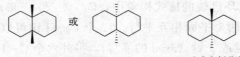

顺式十氢化萘　　　　　反式十氢化萘

顺、反十氢化萘都是由二个椅式构象组成。如果把一个环当作另一环的取代基。则顺式十氢化萘两环以 ae 键相连，反十氢化萘以 ee 键相连，反式十氢化萘比顺式十氢化萘稳定。

反式十氢化萘　　　　　　顺式十氢化萘

18. 1. 3　饱和烃的主要来源和用途

（1）烷烃的主要来源

通常把获取有机化合物的方法分为两类：工业制法和实验室制备方法。工业制法要求成本低，批量大。往往对纯度要求不高；实验室的制备方法几乎总是要求得到纯度很高的化合物，而对成本的考虑常常居于次要的位置。

① 烷烃的工业来源　甲烷主要存在于天然气、石油气、沼气和煤矿的坑气中。

废物和农业副产物（枯枝叶、垃圾、粪便、污泥等含有有机物的原料）经微生物发酵，可以得到含甲烷体积 $50\% \sim 70\%$ 的沼气。剩余的渣还可用做肥料。煤矿的坑气中混有甲烷，当它在空气中的含量达到 5% 时，遇火就会发生燃烧、爆炸，俗称瓦斯爆炸。

C₁～C₄ 的烷烃、正戊烷和异戊烷，都可以从天然气和石油分馏得到纯的产品。新戊烷在自然界中不存在，戊烷以上的异构体沸点差别小，分馏提纯困难，只有靠化学方法合成。

② 烷烃的制法

a. 烯烃氢化得烷烃

$$C_nH_{2n} \xrightarrow[\text{催化剂}]{H_2} C_nH_{2n+2}$$

b. Grignard 试剂水解得烷烃

$$RX+Mg \longrightarrow \underset{\text{Grignard 试剂}}{RMgX} \xrightarrow{H_2O} \underset{\text{烷烃}}{RH}$$

例：

$$CH_3（CH_2）_{15}CH_2Br+Mg \longrightarrow CH_3（CH_2）_{15}CH_2MgBr \xrightarrow{H_2O} CH_3（CH_2）_{15}CH_3$$

（2）环烷烃的主要来源

① 环烷烃的工业来源　五元环、六元环烷烃的衍生物可从石油中获得，三元环、四元环烷烃在自然界含量不多，一般通过合成来制取。

环己烷及其衍生物也可由相应的芳烃经催化氢化还原制得。例如，现在工业上就用这种方法大规模生产环己烷和十氢化萘：

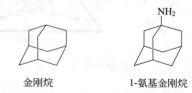

② 环烷烃的制法　通常首先将开链化合物转变成环状化合物，这些反应称为闭环反应。然后，再合成需要的结构。常用的闭环反应有两种：

a. 亚甲基（CH₂）插入法　烯烃和碳烯反应生成环丙烷。

$$H_2C{=\!\!=}CH_2 \xrightarrow{CH_2I_2+Zn(Cu)} \triangle + ZnI_2$$

b. Baeyer 闭环法　用金属锌或钠和二卤代物反应，生成环烷烃。

$$\underset{Br}{\overset{Br}{\square}} \xrightarrow{2Na} \square + 2NaBr$$

（3）烷烃和环烷烃的用途

① 烷烃的用途　烷烃主要用作燃料。$C_1 \sim C_4$ 的烷烃称为"液化气"，$C_6 \sim C_{12}$ 的烷烃为汽油，可做汽油机的燃料。$C_{12} \sim C_{16}$ 的烷烃称为煤油，可做灯火和喷气式发动机的燃料。$C_{16} \sim C_{34}$ 的烷烃称为润滑油，可用于机器的润滑。

② 环烷烃的用途　金刚烷由于结构高度对称，分子接近球形。因此熔点特别高，达到 270℃。金刚烷在石油中含量达百万分之四，碳碳键长 0.154nm，脂溶性很好。1-氨基金刚烷盐酸盐对 A 型感冒病毒和帕金森氏症等疾病是很有效的临床药物。

金刚烷　　　　　1-氨基金刚烷

18.2　不饱和烃

有机化合物分子中含有碳碳双键（C═C）或碳碳三键（C≡C）的脂肪烃统称为不饱和

烃。分子中只含有一个碳碳双键的不饱和烃称为烯烃，它的通式为 C_nH_{2n}，碳碳双键又叫烯键，是烯烃的官能团。分子中含有两个碳碳双键的不饱和烃称为二烯烃，亦称双烯烃，它比相同碳原子数的烷烃少四个氢原子，比相同碳原子数的单烯烃少两个氢原子；分子中含有碳碳三键的不饱和烃称为炔烃，碳碳三键又叫炔键，是炔烃的官能团，双烯烃和炔烃的通式均为 C_nH_{2n-2}。本章主要讨论单烯烃、炔烃和二烯烃三类典型不饱和烃。

18.2.1 单烯烃

（1）烯烃的结构

乙烯是最简单的烯烃，其分子式为 C_2H_4，构造式为 $CH_2{=}CH_2$。现代物理方法证明，乙烯分子的所有原子都处在同一平面内，H—C—H 和 C—C—H 的键角都接近 120°，碳碳双键的键长为 0.134nm，比乙烷中的碳碳单键的键长（0.154nm）短，碳氢键的键长为 0.108nm，也比乙烷中的碳氢键的键长（0.110nm）短，碳碳双键的键能为 610kJ·mol⁻¹，小于两个碳碳单键的键能之和〔（345.5×2−691）kJ·mol⁻¹〕。

	C＝C	C—C
键长/nm:	0.134	0.154
键能/kJ·mol⁻¹	610	345.5

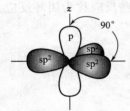

图 18-11 碳原子的三个 sp² 杂化轨道和一个未杂化的 p 原子轨道

对于上述事实，轨道杂化理论认为：乙烯分子中的碳原子在成键时，价电子层轨道采取一种与烷烃中的碳原子不同的杂化方式，即以一个 2s 轨道和两个 2p 轨道进行杂化，组成三个等同的 sp² 杂化轨道，它们的对称轴都处于同一平面内，彼此成 120°夹角。一个未参加杂化的 2p 轨道，垂直于三个 sp² 杂化轨道所在的平面，如图 18-11。

在乙烯分子中，两个成键碳原子各以一个 sp² 杂化轨道沿着 x 轴相互重叠形成一个 C—Cσ 键，以另外两个 sp² 杂化轨道分别与四个氢原子的 1s 轨道相互重叠形成四个 C—Hσ 键，两个碳原子未参加杂化的 2p 轨道"肩并肩"地侧面重叠形成一个 π 轨道，π 轨道中的电子称为 π 电子，由 π 电子构成的共价键称为 π 键（图 18-12），这样就在碳碳之间形成双键。五个 σ 键的对称轴均处在同一平面内。乙烯分子中的 C＝C 双键由一个 σ 键和一个 π 键组成。为了书写方便，一般用两条短线表示双键。

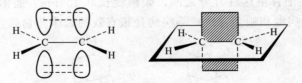

图 18-12 乙烯分子中的 π 键和 σ 键

由于 C＝C 双键比 C—C 单键多了一个 π 键，因而增加了两个碳原子核对电子的吸引力，使碳原子间结合得更紧密，所以 C＝C 双键键长（键长 0.134nm）比 C—C 单键（键长 0.154nm）短；π 键是由两个 p 轨道的侧向重叠而成，因而不如轴向重叠生成的 σ 键那样有效，所以 π 键没有 σ 键牢固，比较容易断裂；C＝C 双键的键能为 610kJ·mol⁻¹，π 键的键能可估算为 610－345.6－264.4（kJ·mol^{-1}）。

因为，π 键的电子云不像 σ 键电子云那样集中在两个原子核的连线上，而是分布在 σ 键所在平面的上下方，故与双键相连的两个碳原子不能自由旋转，否则会使 π 键断裂（图 18-13）。

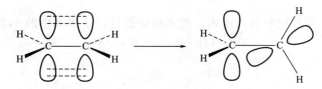

图 18-13　C═C 双键旋转示意

π 电子云离碳原子核较远，原子核对 π 电子的束缚力较小，故 π 电子云具有较大的流动性，受外界电场（如进攻试剂等）影响时容易极化，所以 π 键比 σ 键容易发生反应。

（2）烯烃的物理性质

烯烃的物理性质和烷烃很相似，在常温常压下，$C_2 \sim C_4$ 的烯烃为气体，$C_5 \sim C_{16}$ 的烯烃为液体，C_{17} 以上的烯烃为固体。烯烃不溶于水，易溶于非极性有机溶剂（如四氯化碳、苯、乙醚和石油醚）中。烯烃的相对密度比水小，但较相应的烷烃略高。烯烃的沸点和熔点随分子量的增加而升高（表 18-1）。由于烯烃中双键上的 π 电子松散性和流动性较大而易极化，故烯烃具有比烷烃较大的偶极矩，使其沸点增高。在烯烃的顺、反异构体中，顺式异构体的极性比反式异构体的极性较大，顺式异构体的沸点较反式为高，但它的对称性较差，故熔点较低。

μ/D	0.33	0
沸点/℃	＋3.7	＋0.9
熔点/℃	－138.9	－105.5

表 18-1　某些烯烃的物理性质

名称	构造式	沸点/℃	熔点/℃
乙烯	$CH_2\text{—}CH_2$	－103.7	－169
丙烯	$CH_2CH\text{—}CH_2$	－47.4	－185.2
1-丁烯	$CH_3CH_2CH\text{—}CH_2$	－6.3	－184.3
顺-2-丁烯	$CH_3CH\text{—}CHCH_3$	3.7	－138.9
反-2-丁烯	$CH_3CH\text{—}CHCH_3$	0.9	－106.5
2-甲基丙烯	$(CH_3)_2C\text{—}CH_2$	－6.9	－140.3
1-戊烯	$CH_3CH_2CH_2CH\text{—}CH_2$	30	－138
顺-2-戊烯	$CH_3CH_2CH\text{—}CHCH_3$	36.9	－151.4
反-2-戊烯	$CH_3CH_2CH\text{—}CHCH_3$	36.4	－136
2-甲基-1-丁烯	$CH_3CH_2(CH_3)C\text{—}CH_2$	31.1	－137.6
3-甲基-1-丁烯	$CH_3CH(CH_3)CH\text{—}CH_2$	20.7	－168.5
2-甲基-2-丁烯	$(CH_3)_2C\text{—}CHCH_3$	38.5	－133.8
1-己烯	$CH_3(CH_2)_3CH\text{—}CH_2$	63.3	－139.8
2,3-二甲基-2-丁烯	$(CH_3)_2C\text{—}C(CH_3)_2$	73.2	－74.3

（3）烯烃的化学性质

烯烃的化学性质与烷烃的不同，非常活泼。它的活泼性主要体现在 C=C 双键上。明显的原因是碳碳双键由一个 σ 键一个 π 组成，其中 π 键较弱，容易被打开，它是反应中心。

为了检验乙烯，通常把它通入溴水，溴水很快退色，生成无色的 1,2-溴乙烷。

$$H_2C=CH_2 + Br_2 \longrightarrow \underset{\underset{Br}{|}}{H_2C} - \underset{\underset{Br}{|}}{CH_2}$$

1,2-溴乙烷

反应中 π 键被打开，形成两个 σ 键，不饱和的烯烃变成饱和的取代烷烃。我们把这类两个或多个分子相互作用，生成一个加成产物的反应称为**加成反应**（addition reaction）。加成反应是烯烃的主要反应。

① 亲电加成反应　烯烃的加成反应，是 π 电子与试剂作用的结果。π 键较弱，π 电子受核的束缚较小，结合较松散，因此可作为电子的来源，给别的反应物提供电子。反应时，把它作为反应底物，与它反应的试剂应是缺电子的化合物，俗称亲电试剂。这些物质有酸中的质子、极化的带正电的卤素等，因此烯烃与亲电试剂加成称为亲电加成反应。常用的亲电试剂是卤化氢、水、卤素等。

a. 加卤素　烯烃与氯或溴加成不需要催化剂，反应在常温下就能进行，生成邻二卤代烷：

$$\underset{}{\overset{}{C}}=\underset{}{\overset{}{C} + X_2 \longrightarrow -\underset{\underset{X}{|}}{C} - \underset{\underset{X}{|}}{C}-$$

（X=Cl，Br）

氯比溴反应活性大。氟与烯烃反应时强烈放热，引起 C—C 键断裂，得不到预想的加成产物。碘一般难与烯烃加成反应。烯烃与氯或溴加成有实际应用价值。

卤素与烯烃加成，形成二卤化物，这两个卤原子是同时加上去的，还是分两步加上去的呢？这可通过实验确定。

实验证明，将乙烯通入 NaCl 的水溶液不发生反应。

$$CH_2=CH_2 + NaCl + H_2O \;\not\longrightarrow$$

若将乙烯通入含有溴的氯化钠水溶液中，不仅得 1,2-二溴乙烷，还有 1-氯-2-溴乙烷和 2-溴乙醇生成。

$$CH_2=CH_2 + Br_2 \xrightarrow[H_2O]{NaCl} \begin{cases} \underset{\underset{Br}{|}}{CH_2}-\underset{\underset{Br}{|}}{CH_2} \\[6pt] \underset{\underset{Cl}{|}}{CH_2}-\underset{\underset{Br}{|}}{CH_2} \\[6pt] \underset{\underset{OH}{|}}{CH_2}-\underset{\underset{Br}{|}}{CH_2} \end{cases}$$

如果加成是一步进行，即两个溴原子同时加上去，产物只有 1,2-二溴乙烷。

$$\underset{}{H_2C}=CH_2 \longrightarrow \underset{\underset{Br}{|}}{H_2C}-\underset{\underset{Br}{|}}{CH_2}$$
$$Br-Br$$

现产物中有 1-氯-2-溴乙烷及 2-溴乙醇，说明反应是分步进行的。

实验事实说明，反应式分步进行的，那么首先加上去的是正离子还是负离子呢？这与 π

键性质有关。烯烃中 π 键是一个电子源，首先与卤素正离子反应，难于理解的是卤素是一个非极性化合物，怎么能离解出卤素正离子呢？

实验证明，烯烃和溴在干燥的四氯化碳中反应慢（几个小时或几天），在溶液中加入少量的极性分子如水，反应迅速进行，即刻完成，可见反应需要极性条件。

在极性的环境中，烯中的 π 电子容易极化，极化后双键的一个碳带微量的正电荷，当溴接近 π 键时，受到极化的 π 键的影响，也发生极化，极化的溴分子中的正端与 π 电子结合，形成 π 配合物，由于带部分正电荷的溴原子（$Br^{\delta+}$）较带部分负电荷的溴原子（$Br^{\delta-}$）更稳定，溴 σ 键上断裂后首先生成一个碳正离子中间体，这个正离子能量很高，碳上缺电子，而溴上由孤电子对，具有供电性，两者又很接近，正电荷转移到溴原子上，形成溴镓离子，能量降低。三元环溴镓离子中间体具有较高反应活性，溴负离子从溴的背面进攻碳原子，得到反式加成产物 1，2-二溴乙烷。式中的弯箭头表示电子转移的方向，这是有机化学中用于表示电子转移的符号。历程如下：

溴镓离子与氯负离子结合，形成 1-氯-2-溴乙烷。与水结合再去质子形成 2-溴乙醇。

乙烯与氯化钠水溶液不反应，说明无论是氯离子或水分子都不能代替溴与烯作用，首先加上去的不是负离子，这是上面反应历程的有一个证据。综上所述，溴与烯烃的加成是一个亲电的分步历程，其中生成溴镓离子较困难，是速度的决定步骤。

b. 加质子酸　加成取向和重排。

ⓐ 加卤化氢　烯烃与卤化氢加成，得到一卤代烷

$$HX = HCl, HBr, HI$$

例如：

$$H_2C = CH_2 + HCl \longrightarrow CH_3CH_2Cl$$

在卤化氢中，加成反应的活性随卤化氢的键离解能递减而增大：

$$HI > HBr > HCl$$

可以将干燥的卤化氢，浓的氢碘酸和氢溴酸也能反应。但浓盐酸需加 $AlCl_3$ 催化，常用 CS_2、石油醚或冰醋酸作为溶剂。

ⓑ 加硫酸 硫酸是二元酸，与烯烃加成产物是硫酸氢酯，硫酸氢酯很容易水解成相应的酸。

$$H_2C{=}CH_2 \xrightarrow{98\%H_2SO_4} CH_3CH_2OSO_3H \xrightarrow[\triangle]{H_2O} CH_3CH_2OH$$

硫酸氢乙酯   乙醇

这是工业上一烯为原料制备醇的一种方法，称为烯烃间接水合法。

ⓒ 加次卤酸反应 烯烃与卤素的水溶液反应生成 β-卤代醇。

$$CH_2{=}CH_2 + X_2 + H_2O \longrightarrow \underset{\underset{OH\quad X}{|\quad\;\;|}}{CH_2{-}CH_2}$$

($X_2 = Cl_2$，Br_2)

卤素与水作用生成次卤酸。次卤酸虽也是酸，但因氢原子的电负性较强，使分子极化为 $HO^{\delta-}X^{\delta+}$。这里亲电试剂为 $X^{\delta+}$ 而不是 H^+。

卤代醇是重要的化工原料和有机合成中间体。

ⓓ 加成取向——马氏规则 上面我们以乙烯为例，讨论了烯烃亲电加成反应的主要类型。但是，你可能已经注意到了这样一个问题：如果一个不对称的烯烃与一个不对称的亲电试剂（HBr）加成时，它的取向——也就是氢原子和溴原子分别加到哪个双键碳原子上呢？例如：

$$\underset{\underset{}{}}{\overset{\overset{CH_3}{|}}{CH_3{-}C{=}CH_2}} + HBr \longrightarrow \underset{\underset{\underset{Br}{|}}{}}{\overset{\overset{CH_3}{|}}{CH_3{-}C{-}CH_3}} + \underset{\underset{\underset{Br}{|}}{}}{\overset{\overset{CH_3}{|}}{CH_3{-}CH{-}CH_2}}$$

90%   10%

实验证明，在产物中，2-甲基-2-溴丙烷占 90%，2-甲基-1-溴丙烷占 10%。

考察了许多亲电加成反应的取向问题后，俄国化学家马尔科夫尼科夫于 1869 年提出一个著名的经验规律：凡是不对称结构的烯烃和 HX 加成时，氢总是加在含氢较多的碳上。这就是马尔科夫尼科夫规则，简称马氏规则，也称不对称烯烃加成规则。

马氏规则在实践中起了重要的指导作用，相当准确的预言了不对称烯烃加成产物的结构。

$$CH_3CH_2CH{=}CH_2 + HBr \xrightarrow{CH_3COOH} \underset{\underset{\underset{Br}{|}}{}}{CH_3CH_2CHCH_3} + CH_3CH_2CH_2CH_2Br$$

80%   20%

只生成或差不多只生成一个产物的反应称为**区域选择性反应**。

次卤酸是弱酸，因氧原子电负性较强，使分子极化成 $HO^{\delta+}X^{\delta-}$ 它的带正电荷的部分进攻烯烃键含氢较多的双键碳原子，带负电荷的部分加成到含氢较少的双键碳上。

$$CH_3CH{=}CH_2 + \overset{\delta-\;\;\;\;\delta+}{HO{-}Cl} \longrightarrow \underset{\underset{OH\quad Cl}{|\quad\;\;|}}{CH_3{-}CH{-}CH_2}$$

现在，可以将马氏规则进一步推广为：当不对称烯烃与亲电试剂加成时，总是亲电试剂中带部分正电荷的部分加到含氢较多的双键碳上。

$$
\underset{R-C=CH-R''}{\overset{R'}{|}} + \overset{\delta+}{E} \longrightarrow Nu \longrightarrow \underset{\underset{Nu\ E}{|}}{\overset{R'}{|}} R-C-CH
$$

ⓔ 反应机理　烯烃与质子酸的加成反应可归纳为亲电加成反应的机理。第一步是质子与烯烃形成 π 配合物，质子无电子对，不能形成环状鎓离子，而形成碳正离子中间体。第二步是亲核试剂基团与碳正离子结合，完成加成反应。

$$
\overset{|}{\underset{|}{C}}=\overset{|}{\underset{|}{C} } + H^+ \underset{慢}{\rightleftharpoons} \overset{H^+}{\overset{\vdots}{C=C}} \longrightarrow H-\overset{|}{\underset{|}{C}}-\overset{+}{\underset{|}{C}}
$$

$$
H-\overset{|}{\underset{|}{C}}-\overset{+}{\underset{|}{C}} + Z:^- \overset{快}{\longrightarrow} H-\overset{|}{\underset{|}{C}}-\overset{|}{\underset{|}{C}}-Z
$$

或 $\overset{|}{\underset{|}{C}}=\overset{|}{\underset{|}{C}} + HZ \overset{慢}{\longrightarrow} H-\overset{|}{\underset{|}{C}}-\overset{+}{\underset{|}{C}} \underset{快}{\overset{Z:^-}{\longrightarrow}} H-\overset{|}{\underset{|}{C}}-\overset{|}{\underset{|}{C}}-Z$

碳正离子与自由基一样，是一个活泼中间体。碳正离子带有一个正电荷，最外层六个电子。带正电荷的碳原子以 sp² 杂化轨道与三个原子（或原子团）结合，形成三个 σ 键，与碳原子处于同一个平面，碳原子剩余的 p 轨道与这个平面垂直。碳正离子是平面结构（图 18-14）。

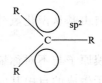

图 18-14　碳正离子的结构

ⓕ 马氏规则的解释　不对称烯烃亲电加成反应的取向为什么符合马式规则的产物呢？

了解了亲电加成反应的机理，这个问题就容易解释了。根据亲电加成反应机理，不对称烯烃第一步反应生成碳正离子中间体有两种可能的取向：

$$
\underset{CH_3-C=CH_2}{\overset{CH_3}{|}} \xrightarrow{H^+}
\begin{cases}
① & \underset{3°}{\underset{H}{|}}CH_3-\overset{CH_3}{\overset{|}{\overset{+}{C}}}-CH_2 \\
② & \underset{1°}{\underset{H}{|}}CH_3-\overset{CH_3}{\overset{|}{C}}-\overset{+}{CH_2}
\end{cases}
$$

这步反应究竟取哪种途径呢？

我们知道，正碳离子活性中间体越稳定，反应活化能越低，则越容易生成。所以，亲电加成反应的取向和反应速度取决于碳正离子中间体生成的难易程度。

根据静电学原理，带电体系的稳定性随着电荷的分散而增大。烷基是给电子基团，碳正离子上连接烷基越多，其稳定性越大。碳正离子相对稳定性顺序为：

$$
\underset{3°}{\underset{R''}{|}}R'-\overset{R}{\overset{|}{\overset{+}{C}}} > \underset{2°}{\underset{H}{|}}R'-\overset{R}{\overset{|}{\overset{+}{C}}} > \underset{1°}{\underset{H}{|}}H-\overset{R}{\overset{|}{\overset{+}{C}}} > \underset{H}{\underset{|}{H}}H-\overset{H}{\overset{|}{\overset{+}{C}}}
$$

由此可知，当亲电试剂和烯烃加成时，根据马式规则，E^+ 总是加在具有更少烷基取代的双键碳原子，而 Nu^- 总是加在有更多烷基取代的碳原子上，这是生成更稳定的活性中间体碳正离子的需要。因此，马氏规则从本质上讲位为：**不对称烯烃的亲电加成总是生成较稳定的碳正离子中间体。**

② 自由基加成反应 不对称烯烃与溴化氢的加成在没有光照或过氧化物存在下，加成反应的取向符合马式规则；但在光照或过氧化物存在下，加成反应的取向正好与马式规则相反。

用过氧化物改变 HBr 与烯烃加成反应取向的作用称为过氧化物效应。在 HX 中，只有 HBr 有过氧化物效应，而 HCl、HI 不存在过氧化物效应。

为什么在光照或过氧化物存在下，HBr 与烯烃发生反马式规则的加成反应呢？

加成反应主产物的不同是由反应机理不同决定的。无过氧化物效应时反应是离子型的亲电加成反应，由生成中间体碳正离子的稳定性决定反应的主产物；有过氧化物效应的反应是自由基型反应，由生成的中间体自由基的稳定性决定反应的主产物。

过氧化物的过氧键（—O—O）的解离能为 $(146.5-209.3)\ kJ \cdot mol^{-1}$，是一个弱的共价键，容易解离生成自由基：

$$R-O-O-R' \xrightarrow[\triangle]{h\gamma} 2RO\cdot$$

自由基从溴化氢分子中夺取一个氢原子生成一个溴原子：

$$RO\cdot + HBr \longrightarrow ROH + \cdot Br$$

溴原子与不对称烯烃的碳碳双键加成右两种取向，生成不同的烷基自由基。反应的取向决定于生成的自由基的稳定性。自由基越稳定，反应的活化能越低，越容易生成。

自由基加成反应总是倾向于生成更稳的自由基，所以溴总是加在含氢较多的双键碳原子上，获得反马氏规则加成产物。

③ 催化氢化 氢化反应是还原反应的一种重要形式。分子氢在常温常压下还原能力很弱，烯烃与氢混合在 200℃时仍不起反应，应为烯烃加氢反应需要很高的活化能。但在催化剂存在下，由于催化剂可以降低烯烃加氢反应活化能，则以接近 100%的收率生成烷烃。

$$R-CH=CH_2 + H_2 \xrightarrow{Cat.} R-CH_2CH_3$$

常用的非均相催化剂是过渡金属，如钌、铑、铂、钯和镍一般是把这些催化剂浸在活性炭或氧化铝载体上。公认的催化加氢历程如下：催化剂将氢及烯吸附在它的表面上，这种吸附是一种化学吸附，吸附后氢分子的原子之间 σ 键变弱，氢几乎以原子状态被吸附在催化剂表面，烯的 π 键打开。即与金属表面成键，氢逐步转移到烯上，氢是在烯烃被吸附的一侧加成，称这种加成为顺式加成。历程如下：

烯烃的加氢反应是一个放热反应。这是因为反应过程中新生成的两个 C—Hσ 键放出的

能量大于断裂一个 π 键和一个 H-Hσ 键所需的能量。每摩尔烯烃催化加氢放出的能量叫氢化热。每个双键的氢化热大约为 $126kJ \cdot mol^{-1}$。不同结构的烯烃氢化热稍有差异，氢化热的大小反映了烯烃的相对稳定性。烯烃结构的相对稳定性我们可以通过戊烯氢化热数值的比较来说明。

戊烯具有六个同分异构体。直链异构体加氢生成正戊烷，支链异构体加氢则形成异戊烷，它们的氢化热数值有明显的差异。

显然，烯烃氢化热的差异是烯烃结构的相对稳定性决定的。烯烃催化加氢放出的能量越多，表明该化合物的能量越高，越不稳定。

氢化热数据表明不同结构的烯烃稳定性的一般规律：连在双键碳上烷基越多，烯烃越稳定；反式异构体比顺式异构体稳定。

不同结构的烯烃相对稳定性次序为：

$$R_2C{=}CR_2 > R_2C{=}CHR > R_2C{=}CH_2 \sim RCH{=}CHR > RCH{=}CH_2 > CH_2CH_2$$

了解烯烃的稳定性顺序比较重要，它是决定卤烃脱卤化氢和醇脱水反应取向的重要因素。

催化加氢是工业上有重要用途的反应。

④ 氧化反应　烯烃可看作一个电子源，它容易给出电子，自身被氧化。不同的试剂，不同的条件会得到不同的氧化产物（主要在双键位置上发生反应）。

a. 高锰酸钾氧化　烯烃与很稀的 $KMnO_4$（质量分数<5%）碱性或中性溶液在较低的温度下氧化生成顺式邻二醇。

用浓的 $KMnO_4$ 溶液，在酸性介质中或温度较高时氧化烯烃，双键断裂得到不同的氧化产物，若双键碳上无氢（$RR'C{=}$）则生成酮；有一个氢（$RCH{=}$）生成羧酸；有两个氢（$CH_2{=}$）生成二氧化碳。

$$RCH{=}CH_2 \xrightarrow[\triangle]{KMnO_4/H_3^+O} RCOOH + CO_2 + H_2O$$

可以根据烯烃的氧化产物推断原料烯烃的构造。

b. 四氧化锇氧化　烯烃用四氧化锇氧化时，先产生环型锇酸酯，然后该环酯水解使 Os—O 键断裂而生成顺式 1,2-醇。

烯烃与 OsO_4 的羟基化反应操作简单，产率高，但 OsO_4 剧毒，且价格昂贵，故妨碍了它的广泛应用。

c. 臭氧化发反应　将含臭氧（6%～8%）的氧气或空气在低温下（−86℃）通入液态

烯烃或烯烃的溶液（如 CCl_4 作溶剂），烯烃与臭氧进行定量地发生反应，生成臭氧化物。

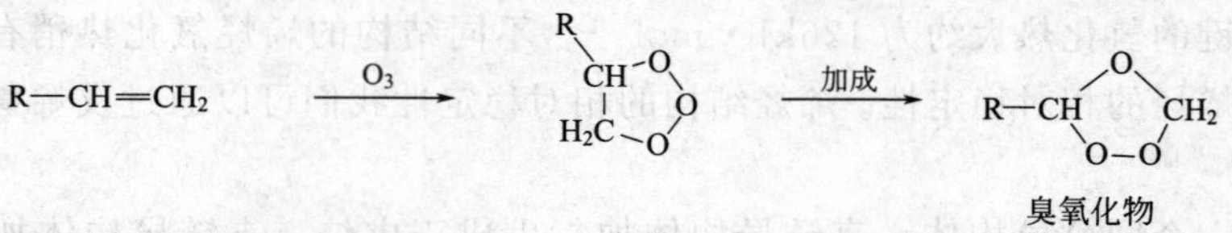

$$R-CH=CH_2 \xrightarrow{O_3} \quad \xrightarrow{\text{加成}} \quad$$

臭氧化物

某些臭氧化物受热易分解引起爆炸，一般可以不分离出纯的臭氧化物，直接进行下一步水解反应，生成羰基化合物——醛或酮。

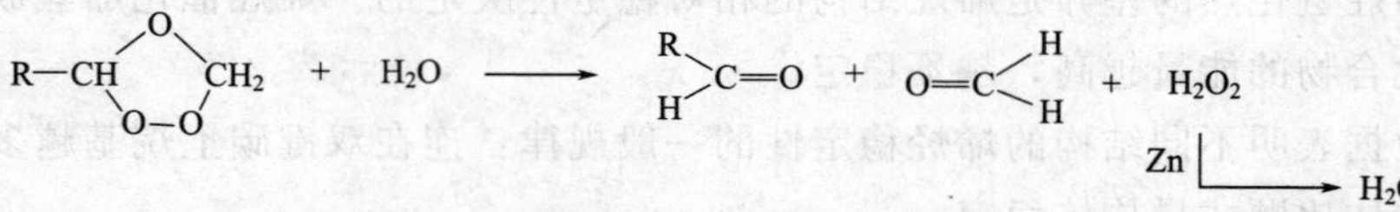

$$+ H_2O \longrightarrow + + H_2O_2$$

$$\xrightarrow{Zn} H_2O$$

为了防止生成的过氧化氢使醛又继续被氧化，通常在加有还原剂锌粉的条件下水解，使过氧化氢还原成水。

有臭氧化物水解所得到的醛或酮保持了原来烯烃的部分碳链结构，因此，分析产物的组成可以推断原来烯烃的结构。例如，某烯烃经臭氧化和水解反应之后得到 6-氧代庚醛。

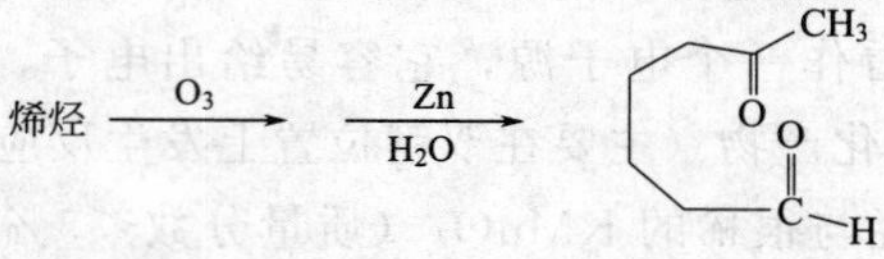

$$\text{烯烃} \xrightarrow{O_3} \xrightarrow{Zn}{H_2O}$$

由此可知，原来的烯烃为 1-甲基-1-环己烯

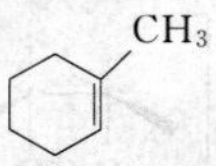

d. 过氧酸氧化　烯烃与过氧酸在较温和的条件下作用生成环氧乙烷类化合物

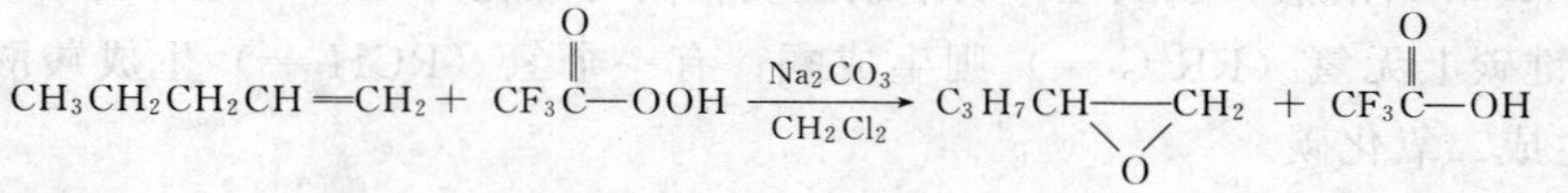

$$C=C + RCOOOH \longrightarrow + R-C=O$$

$$CH_3CH_2CH_2CH=CH_2 + CF_3C-OOH \xrightarrow{Na_2CO_3}{CH_2Cl_2} C_3H_7CH-CH_2 + CF_3C-OH$$

常用的过氧酸有：过氧甲酸、过氧醋酸、过氧苯甲酸、过氧间氯苯甲酸、过氧三氟乙酸等。

e. 催化氧化　催化氧化是工业上最常用的氧化方法，产物大都是重要的化工原料。

乙烯在银催化下，在 250℃用空气氧化得到环氧乙烷。这是工业上制备环氧乙烷的主要方法。

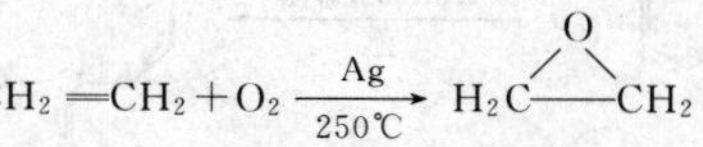

$$CH_2=CH_2 + O_2 \xrightarrow{Ag}{250℃} H_2C-CH_2$$

环氧乙烷是非常重要的有机合成中间体和化工原料。较难氧化的内烯烃可用 H_2O_2 催化氧化，得到很高收率的环氧化物。

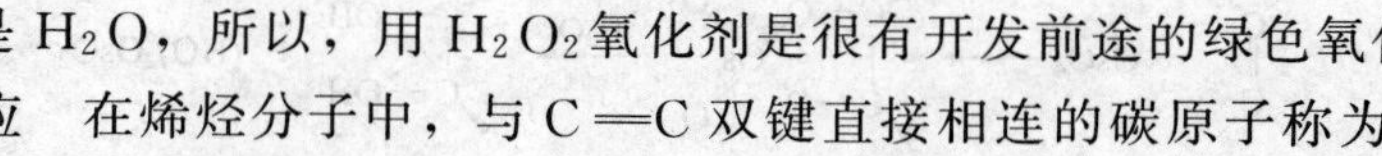

$$(CH_3)_2C=CHCH_3 + H_2O_2 \xrightarrow{SeO_2/C_5H_5N}{n-C_4H_9OH} (CH_3)_2C-CHCH_3 + H_2O$$

由于副产物是 H_2O，所以，用 H_2O_2 氧化剂是很有开发前途的绿色氧化反应。

⑤ α-卤代反应　在烯烃分子中，与 $C=C$ 双键直接相连的碳原子称为 α-碳原子，与 α-碳原子相连的氢原子称为 α-氢原子。α-氢原子由于受到双键的影响变得比较活泼。如果把丙烯和氯气混合，在气相中于高温下它们并不发生加成反应，而发生 α-氢原子取代反应，生成 3-氯丙烯。

$$CH_3-CH=CH_2 + Cl_2 \xrightarrow{\quad CCl_4 \quad} \underset{\underset{Cl}{|}\ \ \underset{Cl}{|}}{CH_3-CH-CH_2} \quad \text{(离子型加成反应)}$$

$$\xrightarrow{\quad 500℃ \quad} \underset{\underset{Cl}{|}}{CH_2-CH=CH_2} \quad \text{(自由基取代反应)}$$

取代反应按自由基机理进行。那么，为什么卤原子在高温下不加到双键上去呢?

影响自由基反应取向的主要因素是中间体自由基的稳定性。由于自由基的稳定性:

$$\dot{C}H_2CH=CH_2 > 3° > 2° > 1° > \dot{C}H_3 > \ H\dot{C}=CH_2$$

$$H_2\dot{C}-CH=CH_2 > CH_3\dot{C}H-CH_2Cl$$

所以，反应按自由基取代反应，而不是按自由基加成反应途径进行。

在实验室最常用来实现对烯烃 α-氢原子进行溴代的一个试剂是 N-溴代丁二酰亚胺，俗称 NBS，它在无水溶剂如 CCl_4 中用过氧化物催化，在低温下就可以取代烯烃分子中的 α-氢原子，生成 α-溴代烯烃和不溶于 CCl_4 的丁二酰亚胺:

$$CH_3-CH=CH_2 + \underset{(NBS)}{\overset{O}{\underset{O}{\overset{\|}{\underset{\|}{C}}}}\ N-Br} \xrightarrow[CCl_4]{过氧化物} \underset{\underset{Br}{|}}{CH_2-CH=CH_2} + \overset{O}{\underset{O}{NH}}$$

这个反应称为瓦尔-齐格勒（Wohl-Ziegler）烯丙溴代反应。

⑥ 聚合反应　烯烃本身互相加成能生成相对分子质量较大的化合物

$$nCH_2=CH_2 \longrightarrow \text{—}[CH_2CH_2]_n\text{—}$$

这种由低相对分子质量的化合物生成高分子化合物的反应称为聚合反应。低相对分子质量的化合物称为单体，反应中生成的高相对分子质量化合物叫聚合物。—CH_2—CH_2—称为一个链节，n 称为聚合度即链节数目。同一种单体形成的聚合物，n 值不同，性质有很大差异。

（4）烯烃的工业来源

低级烯烃如乙烯、丙烯和丁烯等都是重要的基本有机化工原料，它们除了少部分从炼厂气和油田气得到外，绝大部分是通过石油在 $700\sim1000℃$ 下高温裂解来获得，因此石油是烯烃重要的工业来源。

（5）烯烃的制法

烯烃最重要的实验室制法是由醇脱水和卤代烷脱卤化氢。

① 醇脱水　醇在硫酸或磷酸催化下一起加热时，发生脱水反应，生成烯烃:

$$\underset{\underset{H}{|}\ \ \underset{OH}{|}}{-\overset{|}{C}-\overset{|}{C}-} \xrightarrow{\quad H^+ \quad} C=C + H_2O$$

例如:

$$CH_3CH_2OH \xrightarrow[160℃]{浓\ H_2SO_4} CH_2=CH_2 + H_2O$$

$$\underset{\underset{CH_3}{|}}{\overset{\overset{CH_3}{|}}{CH_3-C-OH}} \xrightarrow[90℃]{20\%H_2SO_4} \underset{\underset{CH_3}{|}}{CH_3-C=CH_2}$$

② 卤代烷脱卤化氢　卤代烷与强碱如氢氧化钾的醇溶液共热时，可脱去一分子卤化氢

而生成烯烃：

$$\overset{\overset{\displaystyle|}{\underset{\displaystyle H}{}}\quad\overset{\displaystyle|}{\underset{\displaystyle X}{}}}{-C-C-} + KOH \xrightarrow{醇} C=C + KX + H_2O$$

例如：

$$CH_3CH_2\underset{\underset{\displaystyle Br}{|}}{CH}CH_3 \xrightarrow[KOH]{醇} CH_3CH=CHCH_3 + CH_3CH_2CH=CH_2$$

$$81\% \qquad 19\%$$

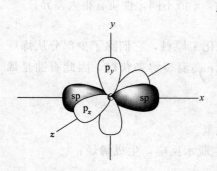

（主要产物）

$$CH_3CH_2CH_2CH_2Cl \xrightarrow[KOH]{醇} CH_3CH_2CH=CH_2$$

18.2.2 炔烃

炔烃是分子中含有碳碳三键的不饱和烃。炔烃系列的通式为：C_nH_{2n-2}，碳碳三键是炔烃的官能团。三键在分子链的端位上，称为端炔烃，若在碳链中间，则称为内炔烃。

（1）炔烃的结构

① 碳原子的 sp 杂化轨道和 C≡C 三键的形成　乙炔是炔烃同系列中最简单的一个化合物，分子式为 C_2H_2，构造式为 H—C≡C—H，炔烃系列的结构特征是分子中具有碳碳三键，C≡C 为炔烃的官能团。

现代物理方法证实，乙炔是一个线型分子，分子中的四个原子都排布在同一条直线上，C≡C 键的键长为 0.121nm，C—H 键键长为 0.106nm，键角为 180°。

$$\underset{0.106nm}{H}\text{—}C\overset{0.121nm}{\equiv}\underset{180°}{C}\text{—}H$$

杂化轨道理论认为，乙炔分子中的碳原子与其他原子结合成键时，是采用一个 2s 轨道和一个 2p（如 $2p_x$）轨道重新组合形成两个等能量、反方向的 sp 杂化轨道。每个 sp 杂化轨道的能量相当于 1/2s 轨道能量和 1/2p 轨道能量之和，其形状与 sp^2 杂化轨道相似，呈葫芦形，并都以同一轴向彼此以 180°相分离，而未参与杂化的另两个 2p 轨道则沿另一对称轴方向，彼此互相垂直，并与 sp 杂化轨道垂直（图 18-15）。

图 18-15　碳原子的两个 sp
杂化轨道和两个未杂化
的 2p 原子轨道

当两个 sp 杂化的碳原子各以一个 sp 杂化轨道彼此"头碰头"相互重叠时，就形成了一个 C—Cσ 键，如果每个碳原子余下的 sp 杂化轨道与氢原子的 1s 轨道相互重叠，就形成两个 C—Hσ 键，这三个 σ 键的对称轴在同一条直线上。此外，C—C 之间碳原子上未杂化的 p 轨道其对称轴两两对应平行发生侧面重叠，形成两个相互垂直的 π 键，其电子云围绕 C—Cσ 键呈圆柱形对称分布，如图 18-16 所示。

由此可见，炔烃分子中的 C≡C 三键是由一个 σ 键和两个 π 键构成的。

② 碳碳三键的特征　a. C≡C 三键的总键能为 835.1kJ·mol^{-1}，比乙烯分子中的 C=C

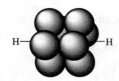 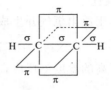

图 18-16　乙炔分子中的 π 键和 σ 键

双键的键能和乙烷分子中的 C—C 单键的键能都大。b. C≡C 三键的键长比乙烯分子中的
C═C 双键的键长和乙烷分子中的 C—C 单键的键长都短些，这是因为 C≡C 三键中有三对电
子吸引两个碳原子核，而 C═C 双键和 C—C 单键中分别只有两对和一对电子吸引两个碳原
子核的缘故。c. 由于 C≡C 三键碳的 sp 杂化轨道中 s 轨道成分（1/2s 成分）比 sp^2 杂化轨道
（1/3s 成分）和 sp^3 杂化轨道（1/4s 成分）都大，因而 sp 杂化轨道中的电子云更靠近碳原子
核而具有较强的电负性，所以以 sp 杂化碳原子结合电子能力比较强。

（2）炔烃的物理性质

炔烃的物理性质与烷烃、烯烃相似，在常温下 $C_2 \sim C_4$ 的炔烃是气体，$C_5 \sim C_{15}$ 的炔烃是
液体，C_{16} 以上的炔烃是固体。它们的沸点、熔点和密度等都随碳原子数的增加而增高，并
且比相应的烷烃和烯烃都高（表 18-2）。三键位于碳链末端的炔烃的沸点比三键位于碳链中
间的异构体的沸点更低些。炔烃难溶于水，但易溶于丙酮、石油醚、苯、四氯化碳等有机
溶剂。

表 18-2　一些炔烃、烯烃和烷烃的物理性质比较

名称	构造	沸点/℃	熔点/℃	相对密度（20℃）
乙炔	HC≡CH	−83	−82	0.618
乙烯	H_2C═CH_2	−103	−169	0.610
乙烷	CH_3—CH_3	−89	−172	0.546
丙炔	CH_3CH═CH_2	−23	−102	0.671
丙烯	CH_3CH—CH_2	−48	−185	0.610
丙烷	$CH_3CH_2CH_3$	−42	−187	0.582
1-丁炔	CH_3CH_2C≡CH	+9	−122	0.668
1-丁烯	CH_3CH_2C—CH_2	−5	−130	0.626
正丁烷	$CH_3CH_2CH_2CH_3$	−0.5	−135	0.579
2-丁炔	CH_3C≡CCH_3	+27	−24	0.694
反 2-丁烯	CH_3CH—$CHCH_3$	+1	−106	0.604
1-戊炔	$CH_3CH_2CH_2C$≡CH	+48	−95	0.695
1-戊烯	$CH_3CH_2CH_2CH$—CH_2	+30	−138	0.643
正戊烷	$CH_3CH_2CH_2CH_2CH_3$	+36	−130	0.626

（3）炔烃的化学性质

炔烃具有不饱和的三键，它可与烯烃一样进行加成、氧化等反应。不同的是炔烃分子中
碳碳三键上的氢具有微弱的酸性。可以成盐，进行烷基化。

① 端基炔氢的酸性

乙炔与金属钠作用放出氢气并生成乙炔钠，其反应如下：

$$2Na + 2HC\equiv CH \xrightarrow{110℃} 2HC\equiv CNa + H_2$$

与过量的钠在更高的温度下反应，可生成乙炔二钠。

$$2Na + HC\equiv CH \xrightarrow{190\sim200℃} NaC\equiv CNa + H_2$$

反应类似于酸或金属钠的反应，说明乙炔具有酸性。乙炔的酸性既不能使石蕊试纸变红，又没有酸味，它只有很小的失去氢离子的倾向。

$$HC\equiv CH \rightleftharpoons H^+ + {}^- C\equiv CH$$

乙炔　　　　　乙炔负离子
弱酸　　　　　强碱

可见乙炔是一个很弱的酸，而它的共轭碱乙炔负离子是一个很强的碱。

乙炔的酸性究竟有多大呢？

乙炔的酸性与水进行比较，乙炔钠与水反应，可生成氢氧化钠和乙炔。

$$HC\equiv CNa + H_2O \longrightarrow NaOH + HC\equiv CH$$

较强的碱　　　较强的酸　　　较弱的碱　　　较弱的酸

根据较强的碱和较强的酸反应，可生成较弱的碱和较弱的酸的规律。反应中乙炔钠作为碱夺取水中的质子生成乙炔，可见乙炔酸性比水弱。

液氨与金属钠作用，生成氨基钠和氢气。

$$NH_3 + Na \xrightarrow{-40℃} NaNH_2 + H_2$$

氨也具有酸性。它的共轭碱氨基钠是很强的碱。

$$NaNH_2 + HC\equiv CH \longrightarrow HC\equiv CNa + NH_3$$

较强的碱　　　较强的酸　　　较弱的碱　　　较弱的酸

反应中乙炔把质子给了氨基钠，说明乙炔的酸性比氨强。这也是制取炔基钠的方法。

总体来说，乙炔的酸性介于水及氨之间：

$$H_2O > HC\equiv CH > NH_3$$

为什么炔氢具有酸性？（乙烷、乙烯的氢却没有酸性）

乙炔中的碳为 sp 杂化，轨道中的 s 成分较大，核对电子的束缚力强，电子云靠近碳原子，使 C—H 键的极性增加，氢具有酸性，离解后的乙炔负离子较稳定。

酸性顺序	$HC\equiv CH$	>	$H_2C=CH_2$	>	H_3C-CH_3
轨道杂化形式	sp		sp²		sp³
轨道中的 s 成分	$\frac{1}{2}$ >		$\frac{1}{3}$ >		$\frac{1}{4}$
pK_a 值	25		44		50

端基炔氢酸性的另一个例子是炔氢能与某些重金属离子反应，生成不溶性的炔化物。例如：将乙炔或端炔烃加入硝酸银的氨溶液中，生成白色的炔化银沉淀。

$$CH\equiv CH + [Ag(NH_3)_2]^+ \longrightarrow CH\equiv CAg\downarrow + NH_4^+$$

$$RC\equiv CH + [Ag(NH_3)_2]^+ \longrightarrow RC\equiv CAg\downarrow + NH_4^+$$

将乙炔或端炔烃加入氯化亚铜的氨溶液中，则生成砖红色的炔化亚铜沉淀。

$$CH\equiv CH + [Cu(NH_3)_2]^+ \longrightarrow CuC\equiv CCu\downarrow + NH_4^+$$

$$RC\equiv CH + [Cu(NH_3)_2]^+ \longrightarrow RC\equiv CCu\downarrow + NH_4^+$$

上述反应灵敏，现象明显，可用于乙炔和端炔烃的鉴定。

金属炔化物干燥后极不稳定，受热或遇撞击易发生爆炸，用后应立即用稀 HNO_3 分解，以免发生危险。

② 催化加氢　炔烃催化氢化时得到烷烃，反应一般不能停在烯烃阶段。

$$-C\equiv C- \xrightarrow[\text{Pd 或 Ni}]{H_2} \overset{\displaystyle H\ H}{-\underset{\displaystyle \ }{C}=\underset{\displaystyle \ }{C}-} \xrightarrow[\text{Pd 或 Ni}]{H_2} \overset{\displaystyle H\ H}{-\underset{\displaystyle H\ H}{C}-\underset{\displaystyle H\ H}{C}-}$$

为使反应停留在烯烃阶段，可采用活性较低的林德拉催化剂或 P-2 催化剂。林德拉催化剂是把金属钯沉淀在 $BaSO_4$ 或 $CaCO_3$ 上用醋酸铅或喹啉使钯部分中毒活性降低。P-2 催化剂为硼化镍（Ni_3B），是用硼氢化钠还原醋酸镍得到的。这两种催化剂都是能使炔烃选择还原生成烯烃。炔与烯烃的催化氢化具有相似的历程。更重要的是由此得到的是有一定立体结构的顺式烯烃。

$$CH_3C\equiv CCH_3 + H_2 \xrightarrow[\text{Pb}]{\text{Pd/CaCO}_3} \left.\begin{array}{c}\overset{H_3C \quad\quad CH_3}{\underset{H \quad\quad\quad H}{C=C}}\\[2em] \overset{C_2H_5 \quad\quad C_2H_5}{\underset{H \quad\quad\quad\quad H}{C=C}}\end{array}\right\}\text{顺式烯烃}$$

$$C_2H_5C\equiv CC_2H_5 + H_2 \xrightarrow{Ni_3B}$$

在液氨中用金属钠和锂还原炔烃，主要得到反式烯烃。

$$R-C\equiv C-R' \xrightarrow[\text{NH}_3\text{（液）}]{\text{Na 或 Li}} \overset{R \quad\quad H}{\underset{H \quad\quad R'}{C=C}}$$

该反应历程如下：反应一开始，炔从钠接收一个电子，生成负离子自由基，负离子自由基有很强的碱性，从氨中夺取一个质子转变为乙烯型自由基。

$$R-C\equiv C-R \xrightarrow{Na} [R-\overset{\cdot\cdot}{C}=\overset{\cdot}{C}-R]^- Na^+ \xrightarrow{NH_3} \overset{R}{\underset{H}{C}}=\overset{}{\underset{R}{C}}\cdot + NaNH_2$$

乙烯型自由基有两种构型，这两种构型可迅速互变，但反式较稳定，因此主要以反式存在。

$$\overset{R}{\underset{H}{C}}=\overset{\cdot}{\underset{R}{C}} \rightleftharpoons \overset{R}{\underset{H}{C}}=\overset{R}{\underset{\cdot}{C}}$$

反式　　　　　顺式

活泼的自由基从金属钠中夺取一个电子，生成稳定的反式乙烯型负离子。乙烯型负离子是很强的碱，立即夺取氨中的氢，转变为反式的烯烃。

$$\overset{R}{\underset{H}{C}}=\overset{}{\underset{R}{C}} \xrightarrow{Na} \overset{R}{\underset{H}{C}}=\overset{}{\underset{R}{C}} \xrightarrow{NH_3} \overset{R}{\underset{H}{C}}=\overset{H}{\underset{R}{C}}$$

反式烯

③ 亲电加成反应　炔烃分子中有两个 π 键可以进行亲电加成反应。但三键碳原子为 sp 杂化原子，对 π 电子的束缚能力强，结合得更紧密，使其不易给出电子，因此炔烃的亲电加成活性比烯烃小一些。例如，烯炔加卤素首先加双键上。

$$H_2C=C\underset{H}{\overset{H_2}{\mathrel{-}C\mathrel{-}C}}\equiv CH \xrightarrow{Br_2} H_2C\underset{Br}{\overset{Br}{\mathrel{-}C\mathrel{-}}}\underset{H}{\overset{H_2}{\mathrel{-}C\mathrel{-}C}}\equiv CH$$

在有机化学中，这种选择性极为重要，尽管某试剂能与同一分子中的几种官能团反应，但常常在一定条件下，它可能仅与分子中一种官能团作用。

a. 加卤素　炔烃与卤素的加成，首先生成一分子反式加成产物（卤代烯），卤素过量，可继续加成得到两分子加成产物——四卤代烷烃。

$$R-C\equiv C-R' \xrightarrow{X_2} \underset{X}{\overset{R}{\mathrel{}}}C=C\underset{R'}{\overset{X}{\mathrel{}}} \xrightarrow{X_2} R-\underset{X}{\overset{X}{C}}-\underset{X}{\overset{X}{C}}-R'$$

反应的特点如下。

ⓐ 加成反应反式

第一步：反式加成

$$CH_3CH_2C\equiv CCH_2CH_3 + Br_2 \longrightarrow \underset{Br}{\overset{C_2H_5}{\mathrel{}}}C=C\underset{C_2H_5}{\overset{Br}{\mathrel{}}}$$

90%

第二步：加成反应较第一步难，控制反应条件，可使反应停留在一分子加成产物阶段。

$$CH_3C\equiv CCH_3 \begin{cases} \xrightarrow[-20℃]{Br_2,\ Et_2O} \underset{Br}{\overset{H_3C}{\mathrel{}}}C=C\underset{CH_3}{\overset{Br}{\mathrel{}}} \\ \xrightarrow[20℃]{2Br_2,\ CCl_4} CH_3CBr_2CBr_2CH_3 \end{cases}$$

ⓑ 反应活性

卤素的活性：$F_2 \gg Cl_2 > Br_2 > I_2$

$$CH\equiv CH + I_2 \xrightarrow{140\sim160℃} \underset{I}{\overset{H}{\mathrel{}}}C=C\underset{H}{\overset{I}{\mathrel{}}}$$

碘与乙炔加成比较困难，主要得到一分子加成产物：(E)-1,2-二碘乙烯。

b. 加卤化氢　炔烃与等摩尔卤化氢加成，生成卤代烯烃。进一步加成（较强烈的条件下），形成偕二卤代物，反应符合马氏规则。

乙炔与氯化氢反应，首先生成氯乙烯。氯乙烯不活泼，反应可停留在第一步。在较强烈的条件下，氯乙烯进一步加成生成1,1-二氯乙烷。

$$HC\equiv CH \xrightarrow[HgCl_2]{HCl} H_2C=CHCl \xrightarrow{HCl} CH_3CHCl_2$$

氯乙烯　　　　1,1-二氯乙烷

不对称的炔与卤化氢加成符合马氏规则，氢加在含氢较多的碳上。这与形成的碳正离子中间体的稳定性一致。

$$R\overset{+}{C}=CH_2 > RHC=\overset{+}{CH}$$

例如：

$$CH_3C\equiv CH \xrightarrow{HBr} H_3C\underset{Br}{\overset{}{C}}=CH_2 \xrightarrow{HCl} CH_3\underset{Br}{\overset{Br}{C}}CH_3$$

2-溴丙烯　　　2,2-二溴丙烷

炔烃加卤化氢常是反式加成。例如：

$$H_3C-\overset{H_2}{C}-C\equiv C-\overset{H_2}{C}-CH_3 + HCl \xrightarrow{Cl^-}$$

（产物结构式）

97%
(Z)-3-氯-3-己烯

c. 催化加水　炔烃与水的加成，需要在 $HgSO_4$-H_2SO_4 催化剂存在下进行。例如水对乙炔加成时，先形成一种不稳定的中间产物乙烯醇，它很快就转化为较稳定的酮式产物——乙醛。因此，水和炔烃的加成涉及两个步骤，即水加到碳碳三键上，随即发生分子内分子重排，这种现象称为酮式-烯醇互变异构现象。例如：

$$HC\equiv CH + H_2O \xrightarrow[HgSO_4]{H_2SO_4} \left[\text{乙烯醇} \right] \underset{\text{互变异构}}{\rightleftharpoons} \text{乙醛}$$

炔烃加水反应的却向符合马氏规则。除乙炔水合得到乙醛外，其他炔烃水合得到的是酮，端炔水合得到甲基酮。例如：

$$R-C\equiv CH + H_2O \xrightarrow{HgSO_4-H_2SO_4} R\overset{O}{\underset{\|}{C}}CH_3$$

$$R-C\equiv C-R + H_2O \xrightarrow{HgSO_4-H_2SO_4} R-\overset{O}{\underset{\|}{C}}-CH_2-R$$

④ 氧化反应　炔烃可被高锰酸钾氧化，生成羧酸或二氧化碳。一般"R—C≡"部分氧化成羧酸；"≡CH"氧化为二氧化碳。

$$R-C\equiv C-R' \xrightarrow[OH^-]{KMnO_4 \quad H^+} R-\overset{O}{\underset{\|}{C}}-OH + HO-\overset{O}{\underset{\|}{C}}-R'$$

$$R-C\equiv C-H \xrightarrow[OH^-]{KMnO_4 \quad H^+} R-\overset{O}{\underset{\|}{C}}-OH + HCOOH \xrightarrow{KMnO_4} CO_2 + H_2O$$

⑤ 聚合反应　乙炔的聚合与烯烃的不同，一般不聚合成高聚物。在不同的条件下它可二聚成乙烯基乙炔、三聚成苯、四聚成环辛四烯。

$$2HC\equiv CH \xrightarrow[NH_4Cl]{CuCl} H_2C=CH-C\equiv CH$$

$$3HC\equiv CH \xrightarrow[1.5MPa, 60\sim70℃]{(Ph_3P)_2Ni(CO)_2} \text{（苯）}$$

$$4HC\equiv CH \xrightarrow[1.5\sim2.0MPa, 505℃]{Ni(CN)_2} \text{环辛四烯}$$

（4）炔烃的制备

① 乙炔工业来源　乙炔是工业上最重要的炔烃。自然界中没有乙炔存在，通常用电石水解法制备。电石是碳化钙的俗名。

$$CaC_2 + H_2O \longrightarrow HC\equiv CH + Ca(OH)_2$$

生产乙炔的另一个方法是由甲烷控制下的高温部分氧化而得。

$$6CH_4 + O_2 \xrightarrow{500℃} 2HC\equiv CH + 2CO + 10H_2$$

近来用轻油和重油裂解制备乙烯和乙炔。

② 乙炔的制法

a. 二卤代烷脱卤代烃　邻二卤代烷在碱作用下脱卤代烃，脱去第一分子卤化氢比较容易，形成卤原子直接与双键结合的卤代烯烃，该卤代烯烃成为乙烯基卤，很不活泼，常需要使用热的氢氧化钾醇溶液或用 $NaNH_2$ 才能形成炔烃。

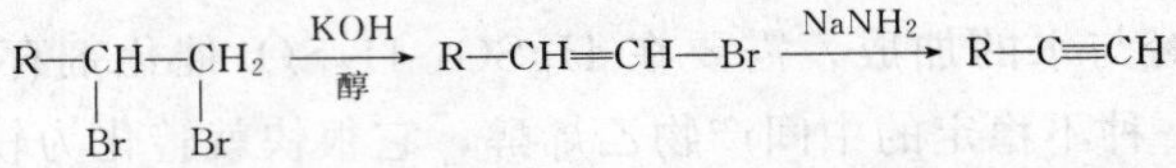

$$R-\underset{\underset{Br}{|}}{C}H-\underset{\underset{Br}{|}}{C}H_2 \xrightarrow[\text{醇}]{KOH} R-CH=CH-Br \xrightarrow{NaNH_2} R-C\equiv CH$$

偕二卤代烷可以直接从酮制取，实际上酮在有吡啶的干燥苯溶液中与 PCl_5 加热，制得炔烃。

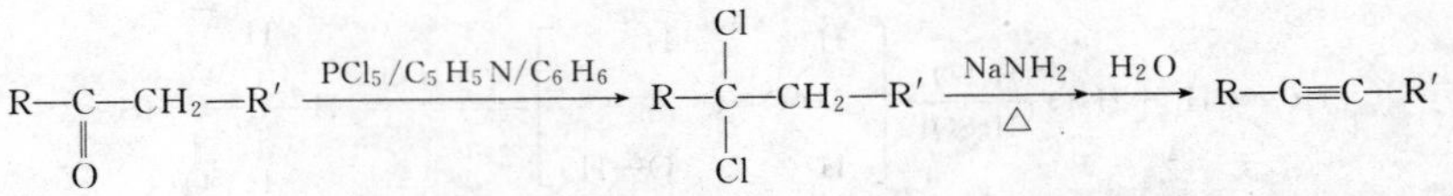

$$R-\underset{\underset{O}{\|}}{C}-CH_2-R' \xrightarrow{PCl_5/C_5H_5N/C_6H_6} R-\underset{\underset{Cl}{|}}{\overset{\overset{Cl}{|}}{C}}-CH_2-R' \xrightarrow[\triangle]{NaNH_2 \quad H_2O} R-C\equiv C-R'$$

b. 伯卤代烃与炔钠的反应　末端炔氢被金属取代，形成的炔基负离子可与伯卤代烃进行取代反应，结果形成新的碳碳键，使一个低级炔烃转变成高级炔烃。

$$CH\equiv CH \xrightarrow[\text{液氨}]{NaNH_2} CH\equiv CNa \xrightarrow{R-Cl} \xrightarrow[\text{液氨}]{NaNH_2} NaC\equiv CR \xrightarrow{R'-Cl} R'C\equiv CR$$

18.2.3　二烯烃

二烯烃是指分子中含有两个碳碳的双键的化合物，它与炔烃是同分异构体，通式为 C_nH_{2n-2}。

（1）二烯烃的分类

二烯烃的性质和分子中两个双键的相对位置由密切的关系。根据两个双键的相对位置可把二烯烃分为三类。

（2）累积二烯烃

两个双键与同一个碳原子相连接，如丙二烯：

$$CH_2=\underset{sp}{C}=CH_2 \qquad \text{丙二烯}$$

该分子中间的碳为 sp 杂化，三个碳原子在一条直线上，两边碳为 sp^2 杂化，它们的 p 轨道分别与中间碳原子两个互相垂直的 p 轨道重叠，形成两个互相垂直的 π 键，两个亚甲基位于垂直的平面上（图 18-17）。

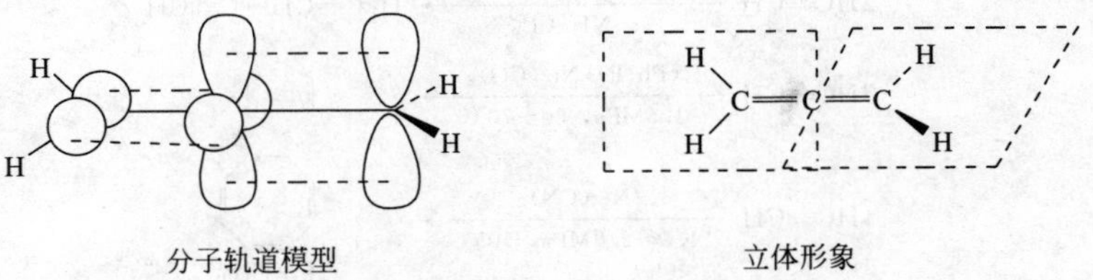

分子轨道模型　　　　　　　立体形象

图 18-17　丙二烯的结构

由于两个 π 键集中在同一碳原子上，因此丙二烯是一个不稳定的化合物。

（3）孤立二烯烃

分子中两个 C＝C 双键之间被一个或一个以上亚甲基隔离 $\diagup C-CH-(CH_2)_n-CH=C\diagdown$ $(n \geqslant 1)$ 的二烯烃称为孤立二烯烃。

$$H_2C=CHCH_2CH=CH_2 \qquad 1,4\text{-戊二烯}$$

1,4-环己二烯

双键被多个单键分开，它们之间不发生影响，因此孤立双烯的性质与一般的烯烃的相似。

（4）共轭二烯烃

共轭二烯烃是指分子中双键和单键相互交替的二烯。即含有 C=CH(R)—CH(R)=C 结构的二烯烃。所谓"共轭"就是指单键、双键互相交替的意思。

2-甲基-1,3-丁二烯   (Z, E)-2,4-己二烯

本章重点讨论共轭二烯烃。最简单的共轭二烯烃是 1，3-丁二烯，下面我们以 1，3-丁二烯为例，讨论共轭二烯烃的结构特征。

① 共轭二烯烃的结构   最简单和最重要的共轭二烯烃是 1,3-丁二烯，构造式为 $CH_2=CH—CH=CH_2$，其构型是四个碳原子和六个氢原子都处于同一平面上，所有的键角都处在同一个平面上，所有的键角都接近 $120°$。如图：

119.8°
0.1438nm
122.4°
0.1373nm

0.154nm
CH_3——CH_3

0.1340nm
CH_2=CH_2

分子中 $C_1—C_2$ 和 $C_3—C_4$ 键的键长 0.1373nm，比乙烯双键键长 0.1340nm 增长。$C_2—C_3$ 键键长 0.1483nm，比乙烷碳碳单键键长 0.1540nm 缩短。分子中原子的公平面性和双键与单键键长的平均化趋势是共轭二烯烃的结构特征。

为什么 1,3-丁二烯会有这样一种结构特征呢？

价键理论认为，在 1,3-丁二烯分子中，四个碳原子都是 sp^2 杂化，碳碳之间和碳氢之间分别形成九个 σ 键，每个碳原子还有一个未杂化的 p 轨道，它们相互平行发生侧面重叠而构成 π 键，使四个碳原子的所有 σ 键都处在同一平面上。

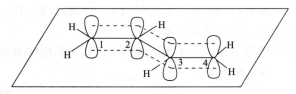

图 18-18   1,3-丁二烯分子中共轭体系和大 π 键的构成

从图 18-18 中可以看出，1,3-丁二烯分子中的 C_2 和 C_3 的 p 轨道不仅分别与 C_1 和 C_4 的 p 轨道发生侧面重叠，而且在它们之间也发生一定程度的侧面重叠，这就形成 1，3-丁二烯分子中的各个碳原子的 p 电子不是定域在两个碳核之间（定域分子轨道），而是可在四个碳的 p 轨道发生"运动"，即发生电子离域，形成一种大 π 键，称为离域 π 键。1，3-丁二烯分子

是由四个 p 轨道带有四个电子相互重叠而形成的大 π 键，即 π_4^4 体系。

由此可见，1,3-丁二烯分子中的 π 键与乙烯分子中的 π 键不同，乙烯分子中的 π 键只局限在成键的两个碳原子之间，称为定域 π 键。而 1,3-丁二烯分子中的两个 π 键上的 π 电子不局限于成键的两个碳原子之间，而是运动于整个碳链，这样，两个 π 键就连贯重叠在一起构成一个整体，称为共轭体系。可见，双键和单键交替出现的共轭体系有其特点：共平面性，键长趋于平均化，共轭体能量降低。

② 共轭二烯烃的化学性质　共轭二烯烃也是烯烃，具有碳碳双键特有的化学性质，并且比单烯烃更活泼。但由于双键处于共轭状态，还表现出某些特殊性。

a. 共轭烯烃的 1,2-加成和 1,4-加成反应　二烯烃分子中双键的排列方式对其化学性质影响很大。具有孤立双键的二烯烃，其化学性质与单烯烃相似；具有交替单、双键的共轭二烯烃，由于分子中两个共轭双键的相互影响，其化学性质通常与一般的单烯烃不同。例如，1,3-丁二烯与溴在四氯化碳中进行加成，可生成两种二溴化物：

$$
H_2C=CH-CH=CH_2 + Br-Br \longrightarrow
\begin{cases}
\text{1,2-加成} \\
\text{1,4-加成}
\end{cases}
$$

当溴化氢与 1,3-丁二烯加成时，同时得到 3-溴-1-丁烯和 1-溴-2-丁烯：

$$
H_2C=CH-CH=CH_2 + H-Br \longrightarrow
\begin{cases}
\text{1,2-加成} \\
\text{1,4-加成}
\end{cases}
$$

在通常情况下，共轭二烯烃与亲电试剂加成时可有两种方式：一种是试剂的两部分加到同一个双键的两个碳原子上（即 C_1 和 C_2 上），这样的加成方式叫做 1,2-加成；另一种是试剂的两部分加到共轭双键的两端碳原子上（即 C_1 和 C_4 上），这样的加成方式叫做 1,4-加成。在 1,4-加成的产物中，双键的位置发生变化，这是 1,4-加成的一个特点，也是共轭二烯烃加成反应所独有的。两种加成反应方式是竞争反应，哪种反应方式占优势呢？两种产物的比例取决于二烯烃的结构，产物的稳定性和反应条件。

b. 影响 1,2-加成和 1,4-加成反应取向的因素。

ⓐ 温度对反应取向有显著影响，1,3-丁二烯与 Br_2 加成反应，在 -80℃ 时得到 1,2-加成产物；80% 在 40℃ 时得到 1,4-加成反应产物。

ⓑ 溶剂的极性也影响反应取向，1,3-丁二烯与 Br_2 加成反应在非极性溶剂中 1,2-加成为主，而在极性溶剂中 1,4-加成为主。

		$n\text{-}C_6H_{14}$	CH_3Cl
1,2-加成	$CH_2=CH-CH_2-CH_2$ (Br,Br)	62%	37%
1,4-加成	$CH_2-CH=CH-CH_2$ (Br,Br)	38%	63%

ⓒ 产物的稳定性也是影响反应取向的重要因素。

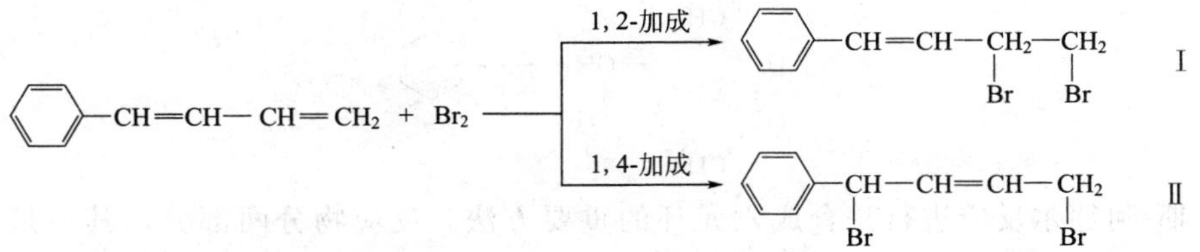

产物Ⅰ由于形成 π-π 共轭体系，热力学稳定，又利于 1,2-加成反应。

共轭烯烃为什么会有 1,2-加成和 1,4-加成两种产物呢？

我们可以从反应机理上来解释这一特性。

c. 亲电加成反应机理　亲电加成反应第一步是质子先与双键进行加成生成碳正离子中间体。反应时，质子加到 C_1 上，生成烯丙基碳正离子，加在 C_3 上则生成伯碳正离子。这两个碳正离子的稳定性决定着质子的加成方向。烯丙基碳正离子电荷分散，能量低，稳定。共轭烯烃加成首先在端基碳原子上加成。

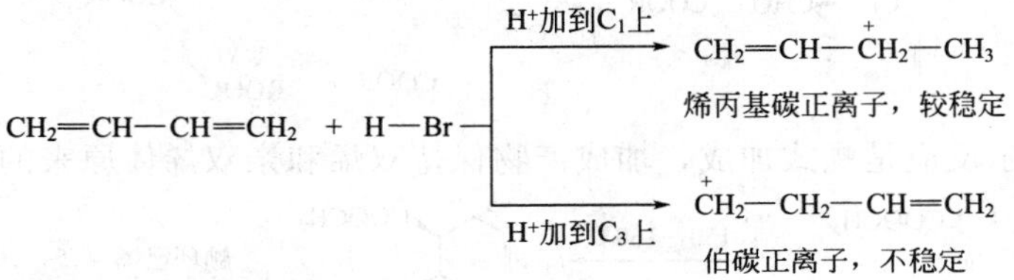

烯丙基碳正离子也可用两个共振式表示：

$$\left[\ \underset{1}{CH_2{=}CH{-}\overset{+}{C}H_2{-}CH_3} \longleftrightarrow \underset{2}{\overset{+}{C}H_2{-}CH{=}CH{-}CH_3}\ \right]$$

共振式 1 为仲碳正离子，2 为伯碳正离子，1 比 2 稳定，但二者又都为烯丙烯正离子，结构十分接近，因此由它们参与形成的烯丙基碳正离子有较大的稳定性，结构与二者类似，

所以烯丙基碳正离子中间体也可以表示为：

$$\underset{4}{\overset{\delta^+}{CH_2}}\cdots\underset{3}{CH}\cdots\underset{2}{\overset{\delta^+}{CH}}{-}\underset{1}{CH_3}$$

电荷主要分布在 C_2 和 C_4 上，C_2 上正电荷更稳定，溴负离子进攻 C_2 和 C_4，分别生成 1,2-和 1,4-加成的产物。

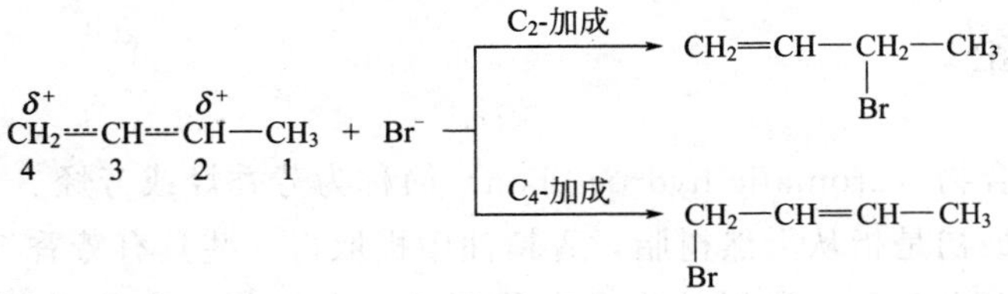

d. 狄尔斯-阿德尔（Diels-Alder）反应（1928 年发现，1950 年诺贝尔化学奖）　共轭二烯烃在光或热的作用下与含有 C-C 双键或 C-C 三键的不饱和化合物发生 1,4-加成反应，生成环状化合物。这个反应是狄尔斯和阿尔德于 1928 年发现的，所以称为狄尔斯-阿德尔反应。

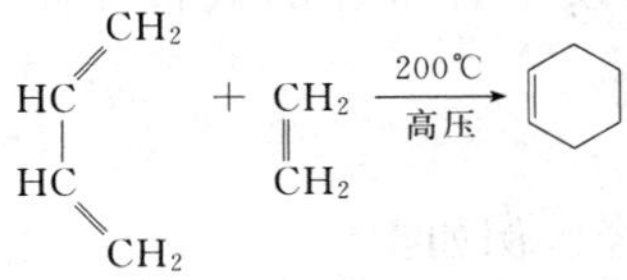

狄尔斯-阿德尔反应进行是合成六元环的重要方法。反应物分两部分,其一是共轭双烯(称双烯体)。另一个为含烯键或炔键的化合物,称为亲双烯体;所以反应又称双烯合成。一般亲双烯体上带有拉电子基团时,具有较高的反应活性。例如:

常用的亲双体:

狄尔斯-阿德尔反应是顺式加成,加成产物保持双烯和亲双烯体原来的构型。

反应中的1,3-丁二烯顺构象参加反应,如果二烯的构型固定为反式,则双烯烃不能进行双烯加成反应。

18.3 芳烃

芳香族碳氢化合物 (aromatic hydrocarbon) 简称为芳香烃或芳烃。

芳香族化合物最初是指从天然树脂,香精油中提取得一些具有芳香气味的物质。这些物质分子中基本上都含有苯环,所以就将含有苯环的一大类化合物称做芳香族化合物。实际上,许多含有苯环的化合物不仅不香,还有十分难闻的气味,显然,“芳香族”这一名称并不十分恰当。与脂肪烃和脂环烃相比,苯环比较容易进行取代反应,不易进行加成反应和氧化反应,这是芳香烃的化学特征——芳香性。现在通常把苯及其衍生物总称为芳香族化合物。根据是否含有苯环以及所含苯环的数目和联结方式的不同,芳香烃又可分为如下四类。

(1) 单环芳烃

分子中只含有一个苯环的芳烃。例如:

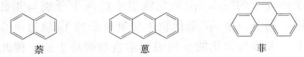

苯　　　　　异丙苯　　　　　苯乙烯

（2）多环芳烃

分子中含有两个或两个以上独立苯环的芳烃。例如：

联苯　　　　　　　　三苯甲烷

（3）稠环芳烃

分子中含有两个或两个以上苯环，苯环之间共用相邻两个碳原子的芳烃。例如：

萘　　　　　　　　蒽　　　　　　　　菲

（4）非苯芳烃

分子中不含苯环结构，但含有结构和性质与苯环相似的芳环，并具有芳香族化合物的共同特性。例如：

环戊二烯负离子　　　环庚三烯正离子　　　　薁

18.3.1　单环芳烃

（1）苯分子的结构

研究表明，苯的分子式为 C_6H_6，这一高度不饱和的分子与烯烃相比，具有很好的稳定性。

① 苯分子的凯库勒结构　　1865 年德国化学家凯库勒从苯的分子式 C_6H_6 出发，根据苯的一元取代物只有一种（说明六个氢原子是等同的事实），提出了苯的环状构造式。他认为苯分子中的 6 个碳原子以单双键交替形式互相连接，构成正六边形平面结构，内角为 120°。每个碳原子连接一个氢原子。该结构实际上是一个环己三烯的结构。

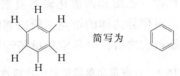

简写为

苯的凯库勒式结构

但凯库勒结构式不能说明苯的全部特性，它的主要缺点如下。

a. 分子中有三个双键，应该具有烯烃的性质。

例如，容易起加成反应与氧化反应，但实验证明在一般情况下苯不易与 Cl_2 或 Br_2 加成，也不被 $KMnO_4$ 所氧化。

b. 苯的邻位二元取代物应有两种异构体，但实际上只有一种。

c. 苯分子中有三个 C ═ C 和三个 C — C 键长应不相同，这样苯环就不是一个正六边形。但实验证明苯环是一个正六边形结构，环中的碳碳键长是完全相等的。

这些问题都是苯的凯库勒结构无法解释的。

② 现代价键理论对苯分子结构的解释　经过现代物理方法（X 射线法、波谱法、偶极距的测定等）的测试，结果表明，苯分子是一个平面正六边形的构型，键角都是120°，碳碳键长都是 0.1397nm。其结构如下：

120° H 0.1397nm
H   H
120°   0.1397nm
H   H
0.110nm H

根据现代价键理论的杂化轨道理论，苯分子中的碳原子都是以 sp^2 杂化轨道成键的，故键角均为 120°，每一个碳原子的三个 sp^2 杂化轨道中的两个分别与相邻碳原子的 sp^2 杂化轨道重叠，形成碳碳 σ 键，剩下一个 sp^2 杂化轨道与氢原子的 1s 轨道重叠形成碳氢 σ 键，故所有原子均在同一平面上。未参与杂化的 p 轨道都垂直与碳环平面，彼此侧面重叠，形成一个封闭的环状共轭离域大 π 键，共轭体系能量降低使苯具有特殊的稳定性（如图 18-19）。由于共轭效应使 π 电子高度离域，电子云完全平均化，故苯环上的碳碳键无单双键之分，所有的碳-碳键都是相同的，故其邻位二元取代物只有一种。

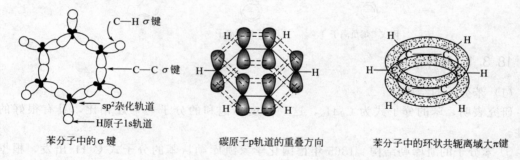

苯分子中的 σ 键　　　　碳原子 p 轨道的重叠方向　　　苯分子中的环状共轭离域大 π 键

图 18-19　现代价键理论表示的苯结构示意

（2）单环芳烃的物理性质

单环芳烃不溶于水，而溶于汽油、乙醚和四氯化碳等有机溶剂。一般单环芳烃都比水轻，沸点随相对分子质量增加而升高，对位异构体的熔点一般比邻位和间位异构体的高，这可能是由于对位异构体分子对称，晶格能较大之故。一些常见单环芳烃的物理性质见表 18-3。

表 18-3　一些常见单环芳烃的物理性质

名称	熔点/℃	沸点/℃	相对密度(20℃)
苯	5.5	80.1	0.8786
甲苯	−95	110.6	0.8669
邻二甲苯	−22.5	144.4	0.8802
间二甲苯	−47.9	139.1	0.8642
对二甲苯	13.3	138.2	0.8611
1,2,3-三甲苯	−25.4	176.1	0.8944
1,2,4-三甲苯	−43.8	169.4	0.8758

续表

名称	熔点/℃	沸点/℃	相对密度(20℃)
1,3,5-三甲苯	−44.7	164.7	0.8652
乙苯	−95	136.2	0.8670
正丙苯	−99.5	159.2	0.8620
异丙苯	−96	152.4	0.8618
丁苯	−88	183	0.8610
仲丁苯	−75	173	0.8621
叔丁苯	−57.8	169	0.8665

（3）单环芳烃的化学性质

① 苯环上的亲电取代反应　苯环平面的上下有 π 电子云，σ 电子相比，苯环的 π 电子裸露在外，被碳原子约束得比较松散，充当着一个电子源，表现出亲核性，可被亲电试剂进攻，类似于烯烃中 π 键的性质。但是苯环中 π 电子又有别于烯烃，闭合共轭 π 键使苯环具有特殊的稳定性，反应中总是保持苯环的结构。苯环的结构特点决定苯的化学行为，它容易发生**亲电取代反应**而不是加成反应。

② 卤代反应　苯环上的氢原子被卤素原子取代的反应叫卤代反应。卤素与苯环上氢原子发生取代反应的活性按氟、氯、溴、碘依次降低。氟的亲电性很强，它与苯的反应难以控制，易生成非芳香性的氟化物和焦油的混合物，因此氟代苯一般用间接的方法合成，而不是用氟和苯直接作用合成。而碘活性不够，只有与非常活泼的芳香化合物才能发生取代反应。苯与氯、溴的取代反应应用十分广泛。

苯与氯或溴在相应卤化铁等 Lewis 酸的作用下反应，生成卤代苯，同时放出卤化氢。

$$\text{（苯）} + X_2 \xrightarrow{\text{FeX}_3} \text{（卤代苯）} + HX$$
$$(X = Cl、Br)$$

实际反应中往往加入少量铁屑，铁屑与卤素反应产生三卤化铁，起到同样的作用。

$$Fe + Br_2 \longrightarrow FeBr_3$$

公认的反应机理如下：

$$:\ddot{X}—\ddot{X}: \;+\; FeX_3 \rightleftharpoons [X\text{-}\text{-}X—FeX_3] \rightleftharpoons X^+ \;+\; FeX_4^-$$

$$\text{（苯）} + X^+ \rightleftharpoons \text{（苯-X）} \xrightarrow{\text{慢}} \text{（+络合物）} \xrightarrow{\text{快}} \text{（卤代苯）} + H^+$$

$$H^+ + FeCl_4^- \longrightarrow HX + FeCl_3$$

卤苯的卤化反应一般要在比较强烈的条件下进行反应，生成二卤代苯，主要是邻、对位二取代产物：

$$\text{（氯苯）} + Cl_2 \xrightarrow{\text{FeCl}_3} \text{（邻二氯苯）} + \text{（对二氯苯）} + 2HCl$$
$$\quad\quad\quad\quad\quad\quad\quad\quad\quad 50\% \quad\quad 45\%$$

烷基苯的卤化比苯容易，也是生成邻位和对位卤代产物。

$$\text{（甲苯）} + Cl_2 \xrightarrow{\text{FeCl}_3} \text{（邻氯甲苯）} + \text{（对氯甲苯）}$$

③ 硝化反应　苯与浓硝酸和浓硫酸的混合物（又称混酸）在 50～60℃ 条件下反应，苯环上氢原子被硝基取代生成硝基苯的反应称为硝化反应。

$$\text{（苯）}+HNO_3 \xrightarrow[50～60℃]{\text{浓 } H_2SO_4} \text{（硝基苯 } NO_2\text{）}+H_2O$$

其反应机理如下：

$$HO-\underset{O}{\overset{O}{S}}-O + H + HO + NO_2 \longrightarrow HO-\underset{O}{\overset{O}{S}}-O^- + NO_2^+ + H_2O$$

$$\text{（苯）} + NO_2^+ \longrightarrow \text{（络合物 }\overset{+}{}\text{ }\overset{H}{}NO_2\text{）} \longrightarrow \text{（硝基苯 }NO_2\text{）} + H^+$$

硝基苯不易继续硝化，要在较高温度下或用发烟硫酸和发烟硝酸的混合物作硝化剂，才能引入第二个硝基，主要生成二硝基苯。引入第三个硝基极为困难。

$$\text{（硝基苯）} \xrightarrow[100～110℃]{\text{浓 } HNO_3-H_2SO_4} \text{（间二硝基苯）} \xrightarrow[110℃]{\text{发烟 } HNO_3-H_2SO_4} \text{（三硝基苯）}$$

极少量

烷基苯比苯容易硝化，产物主要为邻、对位产物。继续硝化，则主要产物是二取代产物，在较高温度下，最后可得到三取代产物。例如三硝基甲苯（TNT 炸药）的合成：

$$\text{（甲苯）} \xrightarrow[30℃]{\text{浓 } HNO_3+\text{浓 } H_2SO_4} \text{邻硝基甲苯（58\%）} + \text{对硝基甲苯（38\%）} \xrightarrow[50℃]{\text{浓 } HNO_3+\text{浓 } H_2SO_4}$$

$$\text{二硝基甲苯} + \text{二硝基甲苯} \xrightarrow[>100℃]{\text{浓 } HNO_3+\text{浓 } H_2SO_4} \text{（TNT）}$$

硝化反应是放热反应，反应热为 152.7kJ·mol^{-1}。

芳烃的硝化反应在工业上具有重要意义。

④ 磺化反应　苯环上的氢原子被磺酸基取代的反应叫磺化反应。苯与浓 H_2SO_4 的反应速度很慢，但与发烟硫酸在室温下作用即生成苯磺酸。

$$\text{（苯）} + \text{浓 } H_2SO_4 \xrightarrow{\triangle} \text{（苯磺酸 } SO_3H\text{）} + H_2O$$

$$\text{（苯）} + H_2SO_4·SO_3 \xrightarrow{25℃} \text{（苯磺酸 } SO_3H\text{）} + H_2O$$

磺化反应常用的磺化剂有：

$$\text{浓 } H_2SO_4、H_2SO_4·SO_3、SO_3 \text{ 和 } ClSO_3H$$

磺化反应在不同的条件下进行时，进攻苯环的亲电试剂是不同的，实验表明，苯在非质子溶剂中与三氧化硫反应，进攻试剂是三氧化硫，在含水硫酸中进行磺化，反应试剂为 $H_3SO_4^+$（$H_3^+O+SO_3$），在发烟硫酸中反应，反应试剂为 $H_3S_2O_7^+$（质子化的焦硫酸）和 $H_2S_4O_{13}$（$H_2SO_4+3SO_3$）。因此，在不同条件下磺化，其反应机理是有些微小差别的。最常见的反应机理如下：

$$2H_2SO_4 \rightleftharpoons SO_3 + H_3O^+ + HSO_4^-$$

苯的磺化反应是可逆反应。若将苯磺酸与稀 H_2SO_4 共热或在磺化所得的混合物中通入过热水蒸气，可使苯磺酸发生水解反应转变为苯。

苯磺酸的水解反应是又一类亲电取代反应，与磺化反应的历程相反，质子（H^+）作为亲电试剂取代了磺酸基。

为什么磺化反应有如此特点呢？因为三氧化硫（SO_3）及质子（H^+）都是好的离去基团。

⑤ 傅瑞德尔-克拉夫茨（Friedel-Crafts）反应 1877 年，法国化学家 Charles-Friedel 和他的美国同事 James M. Crafts 发现了通过卤代烃、酰卤或酸酐在 Lewis 酸催化下与苯反应制备烷基苯和芳酮的新方法。统称这类反应为傅-克反应。

a. 烷基化反应 苯与卤代烷在无水 $AlCl_3$ 等存在下反应生成烷基苯。

对反应机理的研究表明，首先是卤代烷和三氯化铝作用生成碳正离子和卤化铝配合物，碳正离子与苯环进行亲电加成形成 σ 配合物，在消除质子形成烷基苯。决定反应速率的步骤是 σ 配合物的生成。

$$CH_3CH_2Br + AlCl_3 \rightleftharpoons CH_3\overset{+}{C}H_2 + [AlCl_3Br]^-$$

无水三氯化铝是傅-克反应的催化剂，无水 $FeCl$、BF_3、无水 HF 等也可作为催化剂，但催化活性不如三氯化铝。

烷基化反应过程中，亲电试剂是碳正离子中间体。可以预料，反应将伴随着碳正离子重排为另一个较稳定的碳正离子。实验事实证实了这种推测。

苯与正丙基氯反应主要生成异丙苯。

这是由于碳正离子与苯的反应速度较慢，反应中形成的较不稳定的伯碳正离子进行重排，生成较稳定的仲碳正离子。

$$CH_3CH_2CH_2Cl + AlCl_3 \longrightarrow CH_3\overset{H}{\underset{+}{C}}HCH_2 + AlCl_4^-$$

$$CH_3\overset{H}{C}CH_2^+ \xrightarrow{重排} CH_3\overset{}{\underset{+}{C}}HCH_3$$

仲碳正离子作为亲电试剂与苯进行反应，得到异丙苯。由于它的活性不如伯碳正离子，因此产物中仍有一定数量的直链烷基苯。

既然傅-克反应中碳正离子是亲电试剂，那么能产生碳正离子的其他物质也可作烷基化试剂。如醇和烯在酸的催化下可产生碳正离子。

$$ROH + AlCl_3 \xrightarrow{-HCl} ROAlCl_2 \longrightarrow R^+ + {}^-OAlCl_2$$

$$ROH + H^+ \rightleftharpoons R\overset{+}{O}H_2 \rightleftharpoons R^+ + H_2O$$

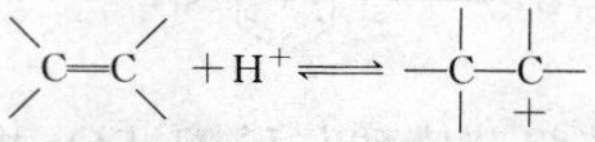

$$\underset{\diagup}{\overset{\diagdown}{C}} = \underset{\diagdown}{\overset{\diagup}{C}} + H^+ \rightleftharpoons -\underset{|}{\overset{|}{C}} - \underset{|}{\overset{|}{\underset{+}{C}}} -$$

因此可采用易得到的醇及烯代替较昂贵的卤代烃制备烷基苯。

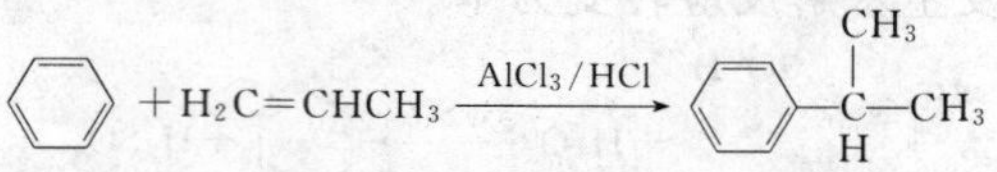

用醇及烯作烷基化试剂的反应中，也伴随着碳正离子的重排反应，如：

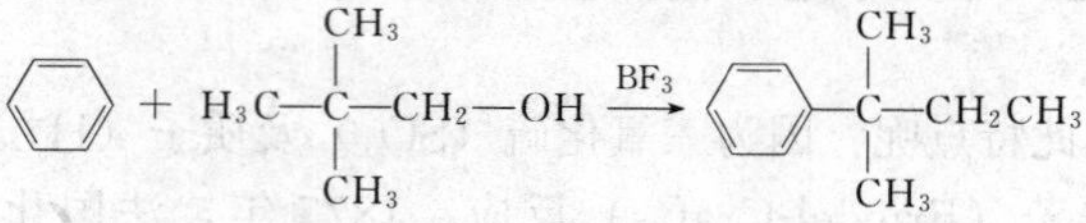

唯一产物

尽管傅-克烷基化反应较复杂，又有一定限制，但能在苯环上直接引入烃基，产生碳-碳键，故仍是一个应用十分广泛的反应。

多卤代烷与苯可制备多苯基的烷烃。如：

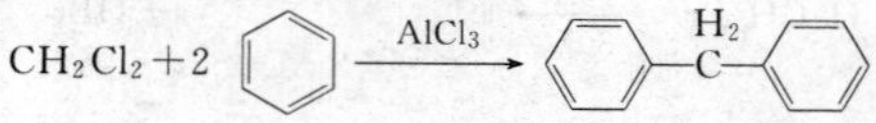

$$CH_2Cl_2 + 2 \text{（苯）} \xrightarrow{AlCl_3} \text{（二苯甲烷）} \quad 二苯甲烷$$

$$CHCl_3 + 3 \text{（苯）} \xrightarrow{AlCl_3} \text{（三苯甲烷）} \quad 三苯甲烷$$

$$CCl_4 + \text{（苯）} \xrightarrow{AlCl_3} \text{（三苯氯化甲烷）} \quad 三苯氯化甲烷$$

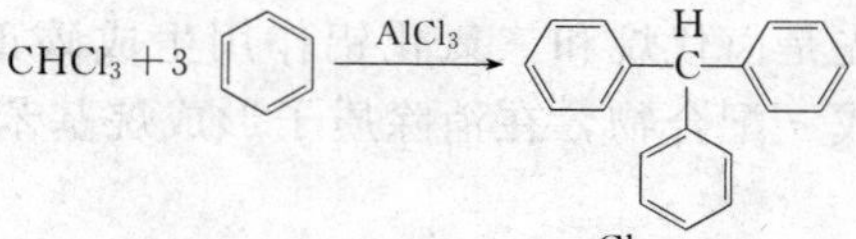

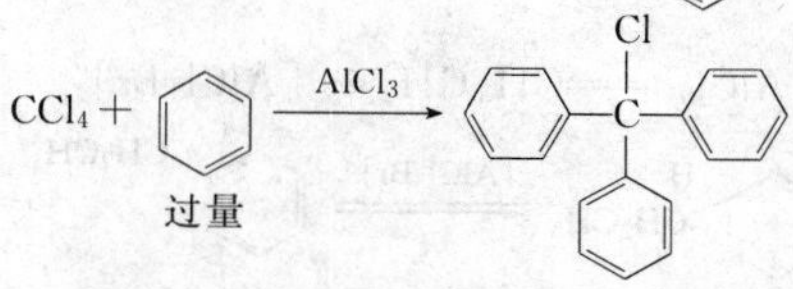

过量 $84\% \sim 86\%$

四氯化碳与苯反应，由于位阻效应只有三个卤素被取代。

b. 酰基化反应 苯与酰卤或酸酐在三氯化铝催化下反应，苯环上的氢原子被酰基取代生成芳香酮类化合物，

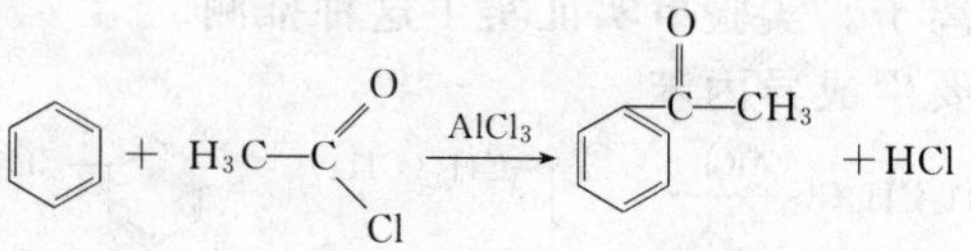

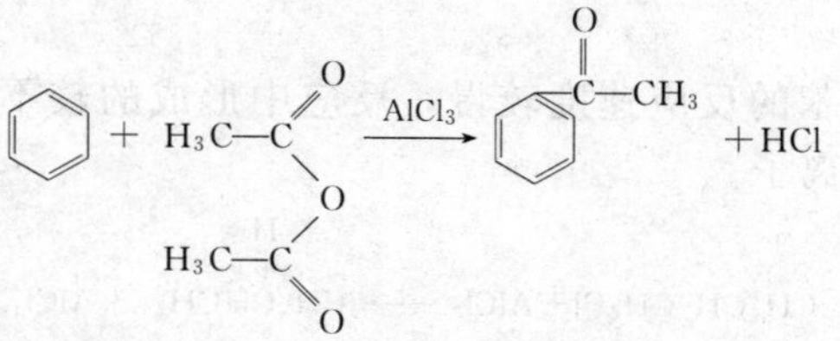

反应的历程与烷基化反应类似。历程如下：

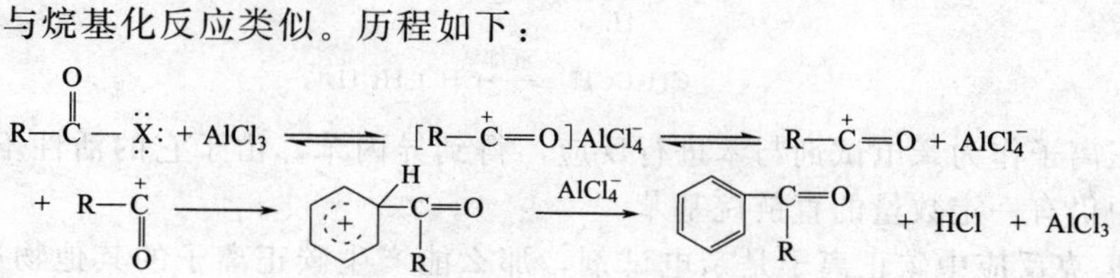

$$R - \overset{\overset{\displaystyle O}{\|}}{C} - \ddot{\underset{\cdot\cdot}{X}}: + AlCl_3 \rightleftharpoons [R - \overset{+}{C} = O]AlCl_4^- \rightleftharpoons R - \overset{+}{C} = O + AlCl_4^-$$

无水 AlCl₃ 是很强的 Lewis 酸，能与含孤电子对的杂原子形成配合物，失去催化作用。所以催化剂用量较大，一般 AlCl₃ 与 RCOX 摩尔比至少为 1∶1，AlCl₃ 与 (RCO)₂O 摩尔比高于 1∶2。

苯环的亲核能力较弱，当环上连有吸电子基时，不能进行酰基化反应。

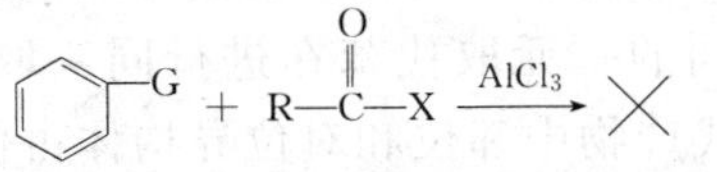

G：—NO₂、—CN、—SO₃H、—CO—

由于酰基化反应无重排现象。利用酰基化反应这一特点，首先合成烷基芳基酮，再还原羰基，可以制备长链正构烷基苯。

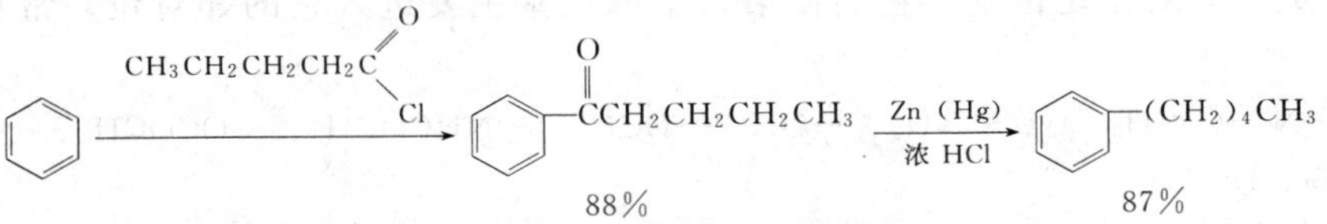

88%　　　87%

环酐与苯的反应可制备双官能团的化合物，在合成上十分重要。例如：

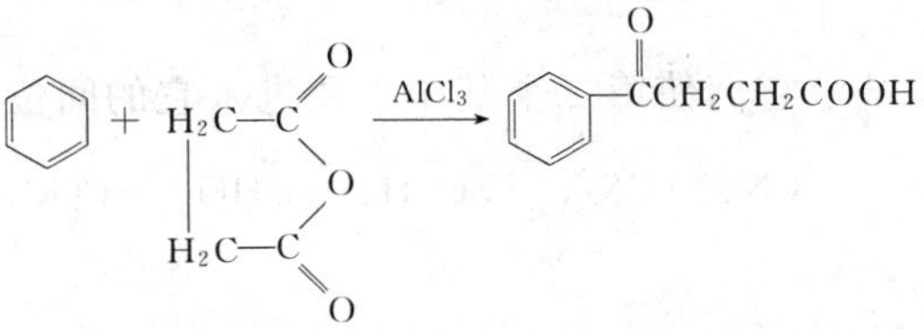

⑥ 氯甲基化反应　苯和甲醛、氯化氢在无水氯化锌催化作用下，苯环上的氢原子被氯甲基取代，称为氯甲基化反应。

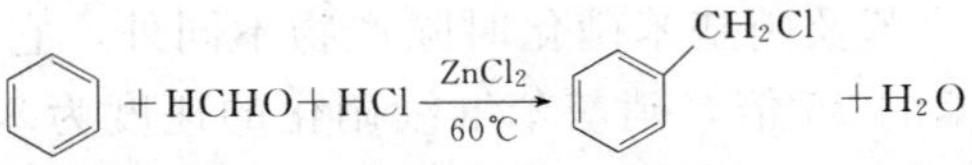

在实际制备过程中，可用三聚甲醛代替甲醛。苯氯甲烷是一个重要的有机合成中间体。

⑦ 苯环的亲电取代定位效应及反应活性

a. 定位效应　苯分子的六个氢原子都是等同的，其一元取代产物只有一种。苯环上已有一个取代基，环上剩余的五个氢原子，两个在邻位，两个在间位，应生成三种取代物。

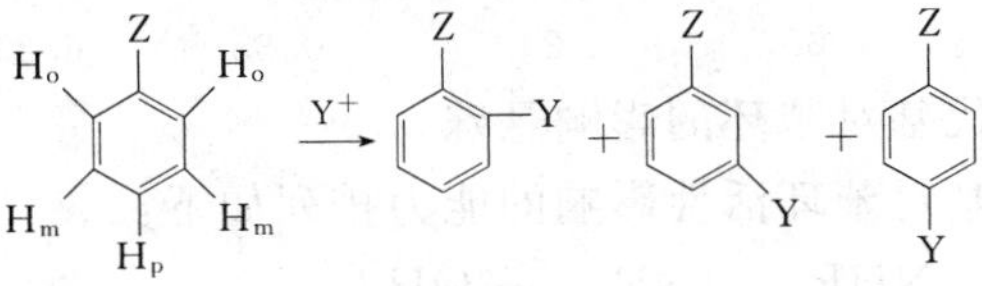

邻　　间　　对

如果五个位置的反应速度相同，则其二取代物地比例应为：邻∶间∶对＝2∶2∶1。实际情况如何呢？甲苯与硝基硝化时：

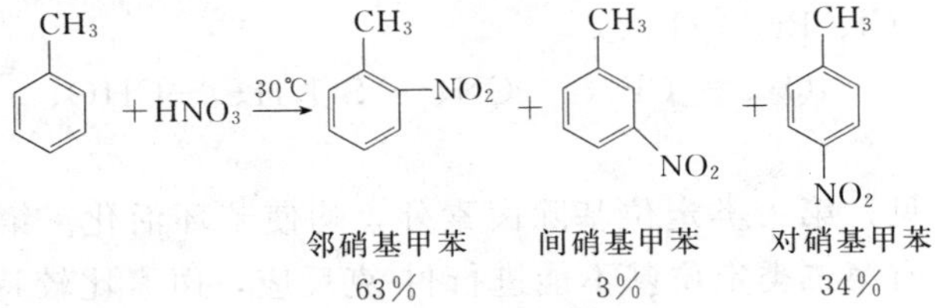

邻硝基甲苯　　间硝基甲苯　　对硝基甲苯
63%　　　3%　　　34%

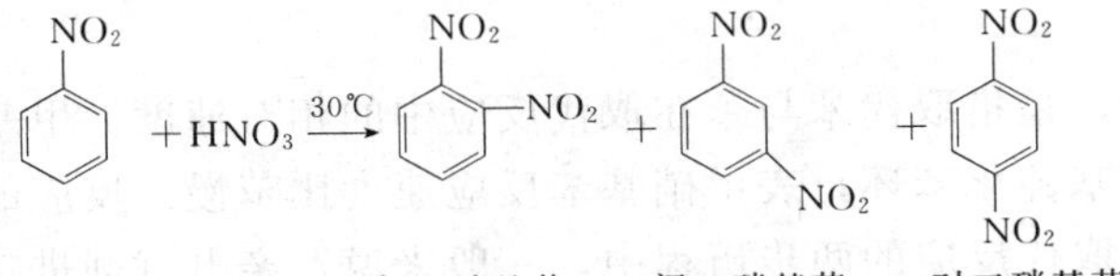

邻二硝基苯　　间二硝基苯　　对二硝基苯
6%　　　93%　　　1%

甲苯主要生成邻对位取代产物；硝基苯主要生成间位取代产物。磺化、卤化等取代反应中也有类似的规律。可见第二个取代基进入的位置，与亲电试剂的类型无关，仅与环上原有取代基的性质有关，受环上原有取代基的控制。我们称这种效应为**定位效应**。

大量的实验结果表明，不同的一元取代苯在进行同一取代反应，按所得产物比例的不同，可以分成两类：一类是取代产物中邻位和对位异构体占优势，且其反应速度一般都要比苯快些；另一类是间位异构体为主，而且反应速度比苯慢。因此，按所得取代物产物的不同组成来划分，可以把苯环上的取代基分为邻对位定位基和间位定位基两类。

ⓐ 第一类，邻对位定位基 它们使第二个取代基主要进入它的邻对位。常见的邻对位定位基有：

—O^-、—N（CH_3）$_2$、—NH_2、—OH、—OCH_3、—$NHCOCH_3$、—$OCOCH_3$、—R、—C_6H_5、—X（F、Cl、Br、I）

这些取代基的结构特点是，与苯环直接相连的原子上只有单键（苯环除外），多为带有孤对电子或负离子的杂原子。

ⓑ 第二类，间位定位基 它们使第二个基团主要进入它的间位。常见的间位定位基有：

—$\overset{+}{N}$（CH_3）$_3$、—NO_2、—CN、—CX_3、—SO_3H、—CHO、—$COCH_3$、—COOH、—$COOCH_3$、—$CONH_2$、—$\overset{+}{N}H_3$

这类取代基的结构特点是直接与苯环相连的原子为具有重键的强极性缺电子原子或带有正电荷的原子。

b. 活化与钝化作用 甲苯及硝基苯硝化时除产物不同外，它们进行亲电取代的活性也不同。甲苯硝化的速度为苯的 25 倍，硝基苯继续硝化的速度为苯的 6×10^{-8} 倍。甲基使苯环活化，硝基使苯环钝化。

硝化反应的相对速度

	C_6H_6	C_6H_5OH	$C_6H_5CH_3$	C_6H_5Cl	$C_6H_5NO_2$
	苯	苯酚	甲苯	氯苯	硝基苯
反应速度：	1	1000	24.5	0.33	6.20×10^{-8}

从实验数据可见，取代基对苯环的影响悬殊。

根据实验数据将取代基对苯环活性影响的能力排列如下：

强烈活化 —NH_2、—NHR、—NR_2、—OH

中等活化 —NHCOR、—OR、—OCOR

弱活化 —R、—Ar

弱钝化 —F、—Cl、Br、—I

钝化 —N^+R_3、—NO_2、—CF_3、—CN、—SO_3H、—CHO、—COR、—COOH、—COOR、—$CONR_2$

从排列的顺序可见，第一类定位基除卤素外，均使苯环活化。第二类定位基使苯环钝化。注意！苯环上带有第二类定位基不能进行付-克反应，卤素比较特殊，为弱钝化的第一类定位基。

所谓活化及钝化，是指取代苯与苯在取代反应中的相对速度。甲基活化苯环，表示甲苯反应速度比苯快。硝基钝化苯环，表示硝基苯反应速度比苯慢。反应的速度与反应的历程密切相关。在苯的亲电取代反应的两步历程中，一般来说，亲电试剂进攻苯环，形成带正电荷中间体的一步是速度决定步骤。

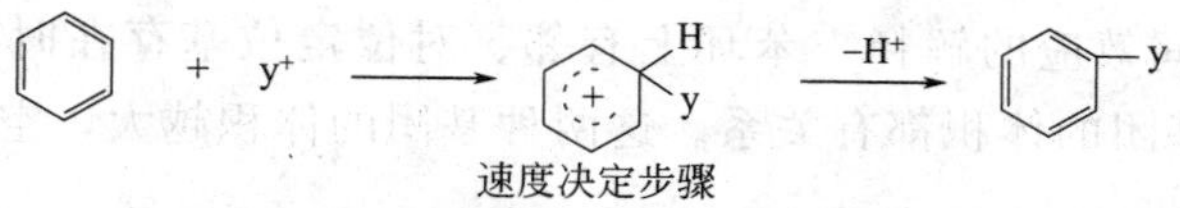

取代苯进行一步反应形成碳正离子中间体,其稳定性与原有取代基的性质有关。

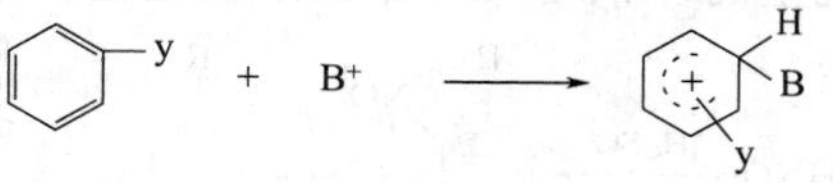

比较苯、甲苯、硝基苯取代反应中间体的稳定性。

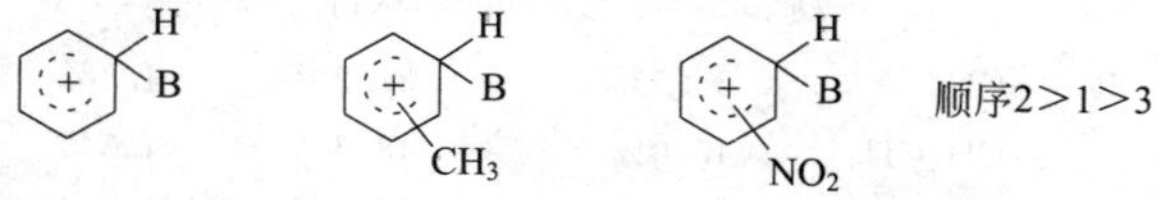

顺序 2>1>3

甲基为给电子基团,可分散环上的正电荷,其中间体 2 的稳定性比 1 大,因此反应速率比苯大。硝基为拉电子基团,增加环上的正电荷,其中间体 3 的稳定性比 1 小,反应速率比苯差。

一般推电子基团使环活化,吸电子基团使环钝化。

c. 定位效应及活化作用的解释

定位效应-苯环上的第一个取代基可以决定第二个取代基进入环的位置,即具有定位效应。

ⓐ 邻、对位定位基对苯环的影响及其定位作用 以甲苯和苯氨为例说明。

甲苯:在甲苯分子中,甲苯的 sp^3 杂化碳原子与苯环的 sp^2 杂化碳原子相连,由于 sp^2 杂化碳的电负性较大,甲基表现为推电子的诱导效应。另外,甲基 C—Hσ 键的轨道与苯环的 π 轨道形成 σ-π 超共轭体系。推电子诱导效应和超共轭效应的结果,苯环上的电子云密度增加,尤其邻、对位增加的更多。因此,甲苯进行亲电取代反应不仅比苯容易,而且主要发生在甲苯的邻位和对位上。

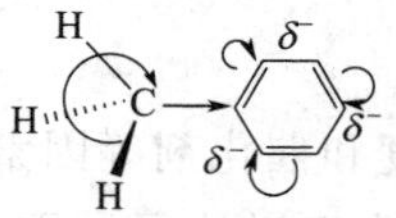

氨基:在苯胺分子中,N—C 键为极性键,—NH₂ 与苯环直接相连时,表现出吸电子的效应,使苯环上的电子密度降低。氮原子的 p 轨道中有孤对电子与苯环的 键形成 共轭体系,N 原子的 p 电子向苯环离域,产生推电子的共轭效应,又使苯环的电子密度增加。

在这里,共轭效应大于诱导效应,综合效果是使苯环上电子云密度增加,尤其是邻位和对位增加更多。所以氨基是活化苯环的邻、对位定位基。

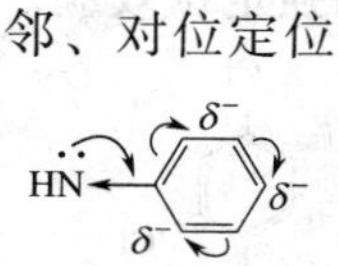

ⓑ 间位定位基对苯环的影响及其定位效应 硝基是典型的钝化苯环的间位定位基。那么,硝基怎样影响苯环的活性和定位效应呢?

在硝基苯中,硝基存在着强的吸电子的诱导效应和吸电子的 π-π 共轭效应

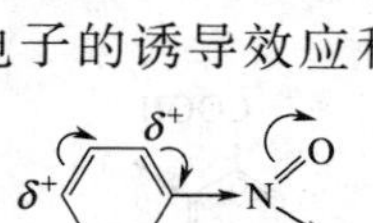

这两种效应都使苯环上电子密度降低,亲电取代反应比苯难;共轭效应的结果,使硝基间位上电子密度降低得少些,表现出间位定位基的作用。

ⓒ 定位规律的空间效应的解释　苯环上有邻、对位定位基存在时，生成邻位和对位产物的比例与环上原有基团的体积都有关系。这两种基团的体积越大，空间位阻越大，邻位产物越少。

烷基苯的硝化反应随着烷基的体积增大，邻位硝基烷基苯的比例减少。

R=			
—CH$_3$	58.5%	37.2%	4.3%
—CH$_2$CH$_3$	45.0%	48.5%	4.5%
—CH (CH$_3$)$_2$	30.0%	62.3%	7.7%
—C (CH$_3$)$_3$	15.8%	72.7%	11.5%

甲苯进行烷基化时，随着引入基团的体积增大，邻位取代产物的比例依次减少。

R=			
—CH$_3$	53.8%	28.8%	17.4%
—CH$_2$CH$_3$	45.0%	25.0%	30.0%
—CH (CH$_3$)$_2$	37.5%	32.7%	29.8%
—C (CH$_3$)$_3$	0%	93.0%	7.0%

苯环上的原有取代基和进入取代基的体积都很大时，仅产生 100% 的对位产物。

除了空间效应的影响外，反应温度和催化剂等因素也影响邻、对位产物的比例。

d. 二元取代苯的定位规律　上面我们讨论了一取代苯的定位规律，当苯环上有两个取代基时，第三个取代基进入苯环的位置如何确定呢？

苯环上亲电取代反应的位置取决于芳环碳原子上的电子云密度大小，电子云密度大的碳原子上氢容易被取代。一般情况下，苯环上有两个取代基时，有三种定位情况。

ⓐ 两个取代基定位效应一致时，加强定位效应。

ⓑ 两个取代基定位效应不一致，属同一类定位基，由定位作用强的取代基决定第三个取代基进入苯环的位置。

ⓒ 不同类定位基，邻、对位定位基起主要定位作用，但产物主要在间位定位基的邻位，

而不是它的对位，例如：

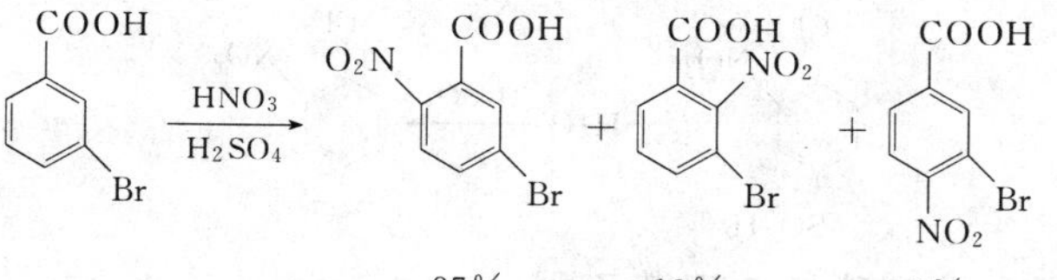

87%　　13%　　0%

称这种现象为邻位效应，原因尚不清楚。

在考虑第三个取代基进入苯环的位置时，除考虑原有两个取代基的定位作用外，还应考虑空间效应的影响。

如致活能力差别不大就很难预测主要产物，如：

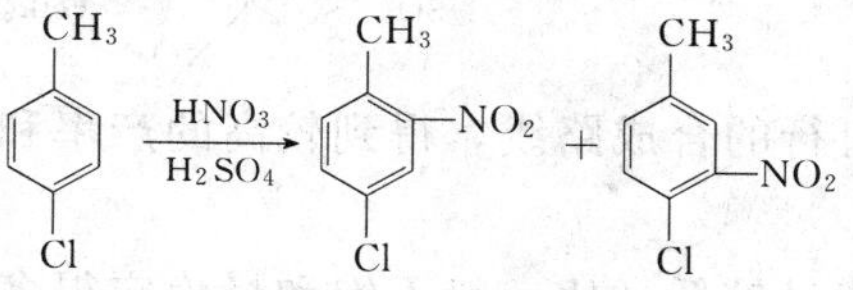

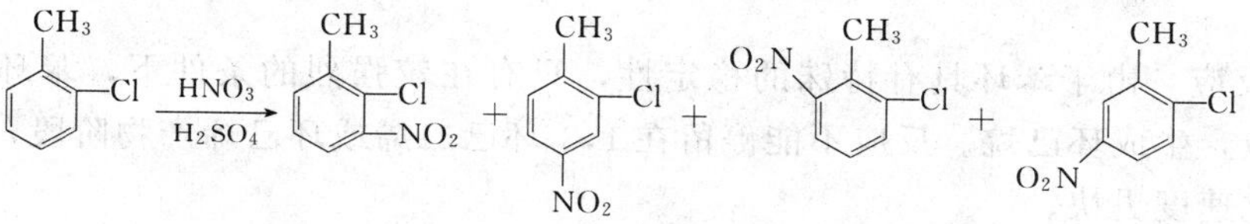

58%　　42%

19%　　17%　　21%　　43%

⑧ 取代基的定位作用在合成上的应用　苯环上亲电取代反应的定位规律不仅可以解释某些现象，还可用它来指导多官能团取代苯的合成，包括预测反应主要产物和正确选择合成路线。

例 1　由苯制备 1-硝基-3-氯苯。硝基是间位定位基，氯是邻对位定位基，应先硝化后氯代。

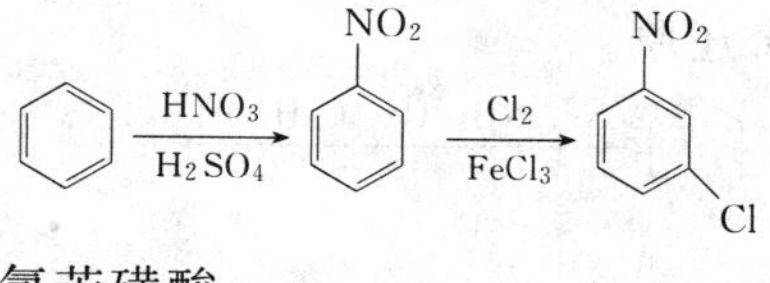

例 2　由苯合成 3-硝基-4-氯苯磺酸

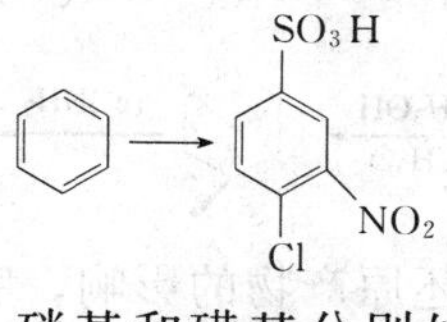

从目标化合物结构中可以看出，硝基和磺基分别处在氯原子的邻对位，必先引入氯原子。但在苯环上引入氯原子之后进行硝化会有两种产物，所以第二基团的引入是磺基，磺酸基由于空间效应，磺化时主要产物在对位。最后进行硝化，磺酸基和氯原子定位效应一致，硝基进入氯原子的邻位。

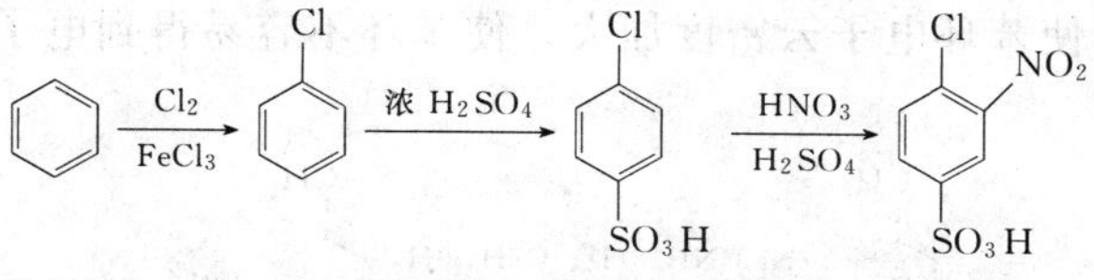

利用磺化反应的可逆性可以除去磺酸类，最终产物为 1-硝基-2-氯苯。在制备邻位产物

时，利用磺基具有占位功能，可以制备一些用一般方法难以制备的化合物。

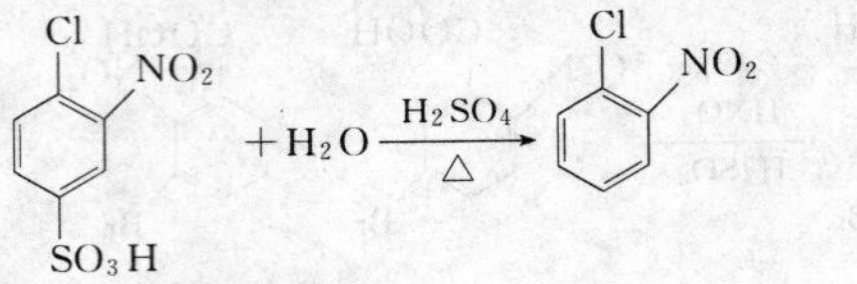

例 3 由苯和乙酐合成 3-硝基-5-溴苯乙酮

目标化合物三个取代基互为间位关系，因此要先引入间位定位基，最后引入邻对位定位基。由于酰基化反应活性限制，必须先酰基化，再硝化，最后溴化。

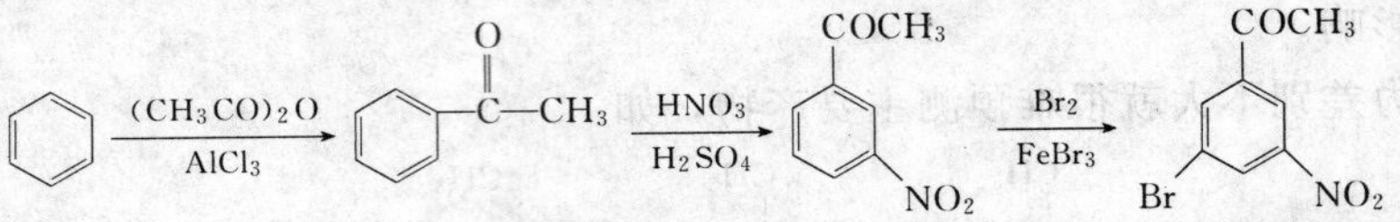

反应定位规律可以选择可行的合成路线，得到较高的产率和避免复杂的分离手续。

⑨ 单环芳烃的加成反应

苯环是闭合共轭体系，能量较低，比一般不饱和烃稳定得多，只有特殊条件下才能发生加成反应。

a. 加氢反应　由于苯环具有特殊的稳定性，只有在较强烈的条件下，苯环才可以进行催化氢化反应，生成环己烷。反应不能停留在 1,3-环己二烯或环己烯产物阶段，因为后两者化合物的氢化速度更快。

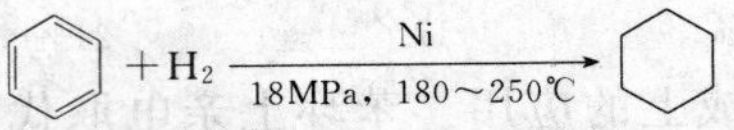

当环上连有两个取代基时，加成产物的顺式产物为主。

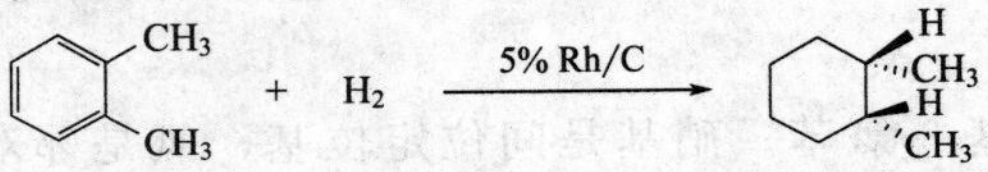

b. 伯奇还原　在液氨与醇的混合液中，用碱金属还原芳香烃化合物，生成 1,4-环己二烯类化合物，这个反应称为伯奇还原。

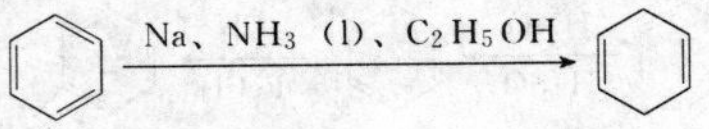

整个历程可以表示为：

$$Na + NH_3 \longleftrightarrow Na^+ + (e^-) NH_3$$

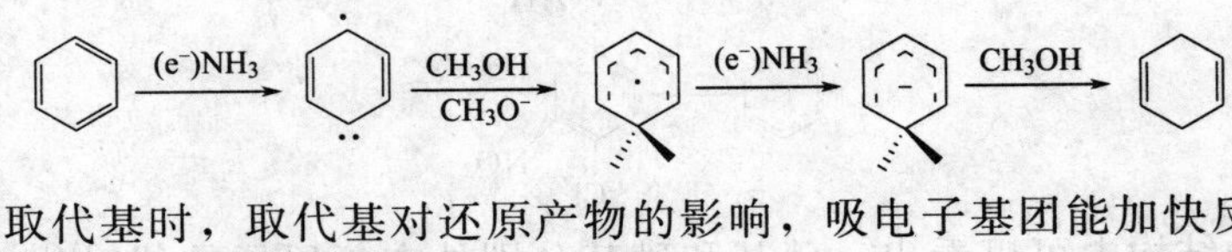

若苯环上有取代基时，取代基对还原产物的影响，吸电子基团能加快反应速度。在产物结构中，吸电子基连在饱和碳原子上。

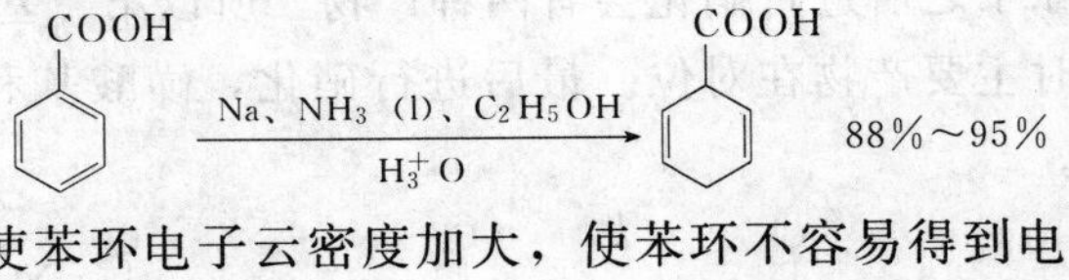

苯环上推电子基团使苯环电子云密度加大，使苯环不容易得到电子，反应速度减慢，氢加在 2 位、5 位上。

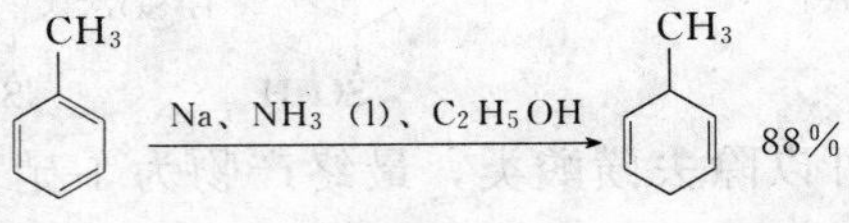

⑩ 芳烃侧链上的反应

由于苯环的影响，和苯环直接相连的侧链　碳原子上的氢原子比较活泼，易发生取代反应和氧化反应。

a. 卤代反应　烷基苯的卤代可发生在苯环上，也可发生在侧链上，控制不同的条件，可得到不同的取代产物，例如：

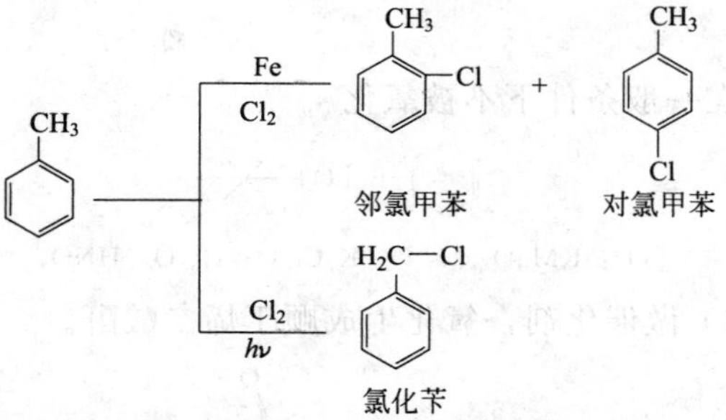

环上的取代是亲电历程，需要卤化铁催化产生卤素正离子。侧链的取代基是自由基历程，类似于烷基的取代，其历程如下：

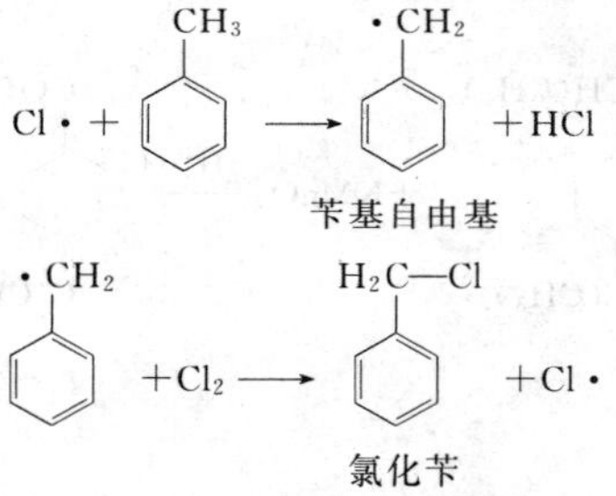

氯化苄了进一步取代，生成 α，α-二氯甲苯，α，α，α-三氯甲苯。

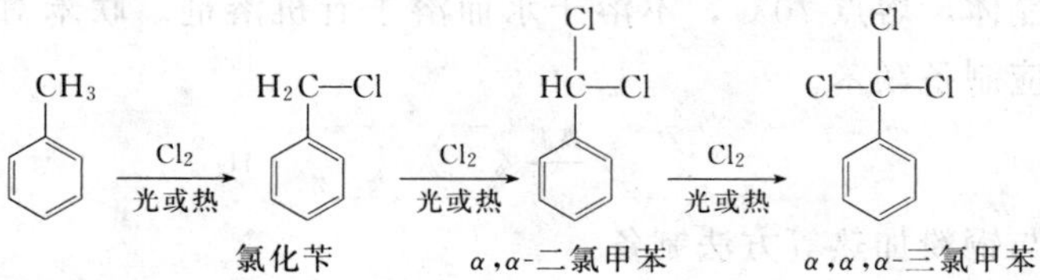

控制氯气用量，可使反应停留在一取代阶段。

乙苯溴代全部生成 α-溴代产物，说明 α 位（苄位）的自由基是十分稳定的。

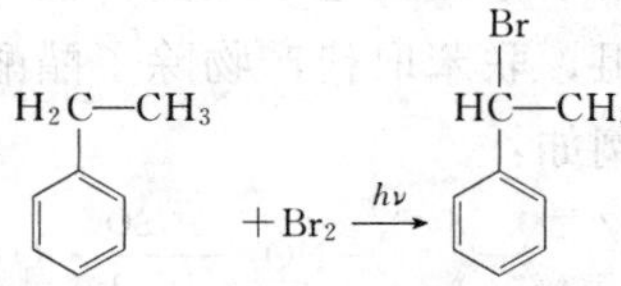

为什么苄位的自由基特别稳定呢？这是因为苄位的自由基与苯环共轭，孤电子分散到苯环上。它的稳定性与烯丙基自由基类似。

自由基稳定性的顺序应拓展为：

苄基～烯丙基＞叔＞仲＞伯＞甲＞苯基自由基～乙烯基

苯基自由基与乙烯基自由基类似，稳定性小，因此卤代发生在侧链而不是环上。苯难于发生自由基取代，但苯在紫外线照射下与氯进行加成反应，不能停留在二氯或四氯阶段，产物是六氯苯，又名"六六六"，它是一种老一代的杀虫剂，由于它污染环境，现在很少应用。

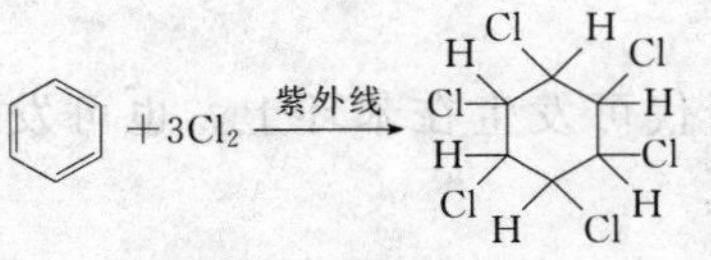

666 粉

b. 氧化反应　苯环在一般条件下不被氧化

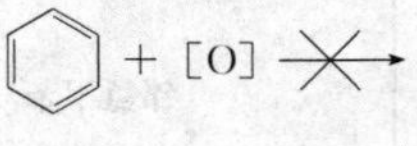

[O]：$KMnO_4/H_3^+O$，$K_2Cr_2O_7/H_3^+O$，HNO_3

苯在高温下，用 V_2O_5 做催化剂，氧化生成顺丁烯二酸酐。

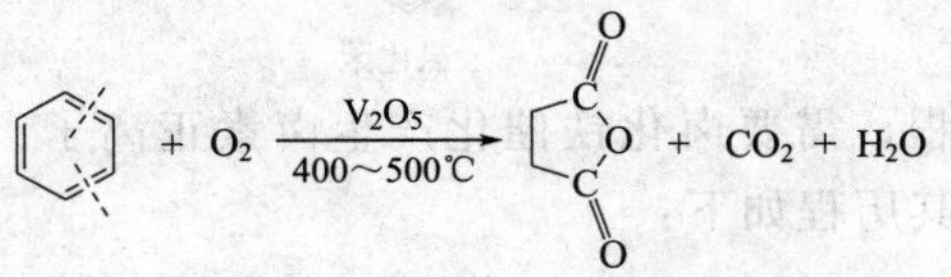

烷基苯比苯容易被氧化，只要含有一个 α-H 的侧链，不论侧链多长，以及侧两上连有什么基团，都能氧化成苯甲酸。

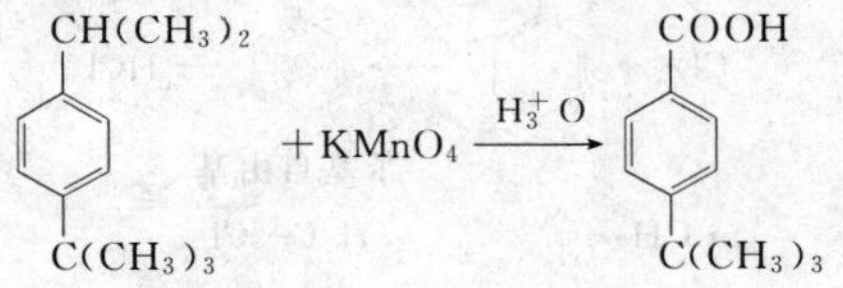

18.3.2　多环芳烃

（1）联苯

联苯为无色晶体，熔点 70℃，不溶于水而溶于有机溶剂。联苯对热十分稳定。工业上用苯在高温下反应制备联苯。

实验室用碘与铜粉加热等方法制备。

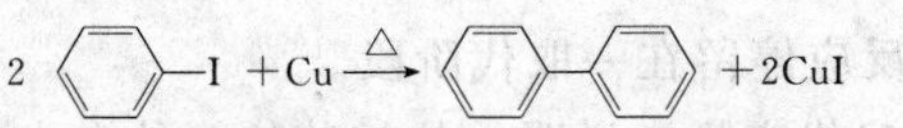

联苯的化学性质与苯相似，由于苯是给电子基团，使另一苯环活化，因此联苯的亲电取代比苯容易。苯的体积大，有位阻，联苯取代产物除了醋酸酐中硝化时生成邻硝基苯外，其它取代反应基本都发生在对位。例如：

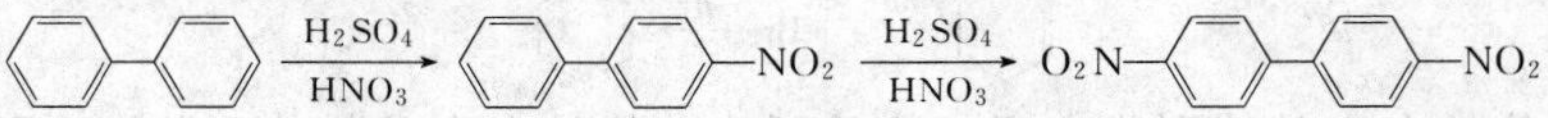

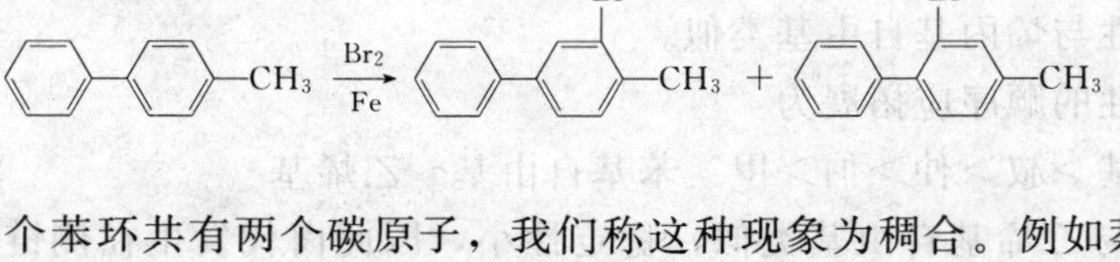

（2）稠环芳烃

稠环芳烃中两个苯环共有两个碳原子，我们称这种现象为稠合。例如萘、蒽、菲等就是稠环化合物。

萘　　　　　　　　蒽　　　　　　　　菲

① 萘　萘来自煤焦油，是煤焦油中含量最多的一种稠环芳烃（5%）。萘是无色晶体，有特殊气味，熔点 80.3℃，容易升华，是制取染料中间等的重要的化工原料。

a. 萘的结构　萘的分子式为 $C_{10}H_8$，是两个苯环以并联形式组成双苯的稠环分子。它是一个平面结构的分子，所有碳原子都是 sp^2 杂化。每个碳原子上未杂化的 p 轨道组成一个大 π 键，10 个 π 电子分布在平面的上下方，具有芳香性。

萘分子结构　　　　　　　萘环的键长　　　　　　　萘环碳原子编号

0.141nm
0.136nm
0.142nm
0.136nm
0.142nm

但是萘环的键长没有完全平均化，因此没有苯环稳定，比苯环容易发生加成反应和氧化反应。

b. 萘的化学性质

ⓐ 亲电取代反应

萘具有芳香性，容易进行亲电取代反应。由于结构的特殊性对称性，它只有两种取代位置，即 α 位和 β 位。α 位电子密度比 β 位高，因此萘环上的亲电取代反应多发生在 α 位上。

卤化反应：在碘催化下，将 Cl_2 通入萘的苯溶液中，主要得到 α-氯萘。

$$\text{萘} + Cl_2 \xrightarrow[C_6H_6]{I_2} \text{α-氯萘} + HCl$$

萘与溴在 CCl_4 溶液中加热回流，反应在不加催化剂的情况下就可以进行，得到 α-溴萘。

$$\text{萘} + Br_2 \xrightarrow[\triangle]{CCl_4} \text{α-溴萘} + HBr$$

硝化反应：萘用混酸硝化，在常温下即可进行，产物几乎全是 α-硝基萘。

$$\text{萘} + HNO_3 \xrightarrow[30\sim60℃]{H_2SO_4} \text{α-硝基萘} + H_2O$$

磺化反应：萘与浓硫酸的磺化反应，在 60℃ 的较低温度下，主要生成 α-萘磺酸；在 165℃ 较高温度下，主要生成 β-萘磺酸。

$$\text{萘} + H_2SO_4 \xrightarrow{60℃} \text{α-萘磺酸} + H_2O$$
$$\xrightarrow{165℃} \text{β-萘磺酸} + H_2O$$

为什么会出现这种情况呢？由于 α 位亲电取代反应速度较快，低温时，主要生成 α-萘磺酸，这是动力学控制产物。

但 β-萘磺酸较 α-萘磺酸稳定，在它的分子中基团间的斥力较小，去磺化的速度比 α-萘磺酸慢。

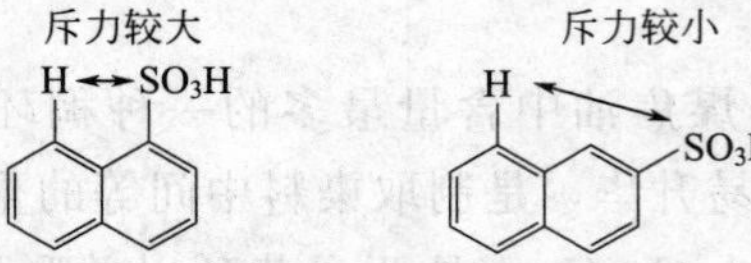

温度升高，去磺化速度加快，α-萘磺酸逐渐转变较稳定的 β-萘磺酸。

付-克酰基化反应：萘比较活泼，付-克烷基化产物比较复杂，因此用处不大，萘的付-克酰基化反应产物较单一，但定位效应与溶剂有关，以 CS_2 或四氯乙烷为溶剂，主要生成 α 取代产物；以硝基苯为溶剂，主要生成 β 取代产物。

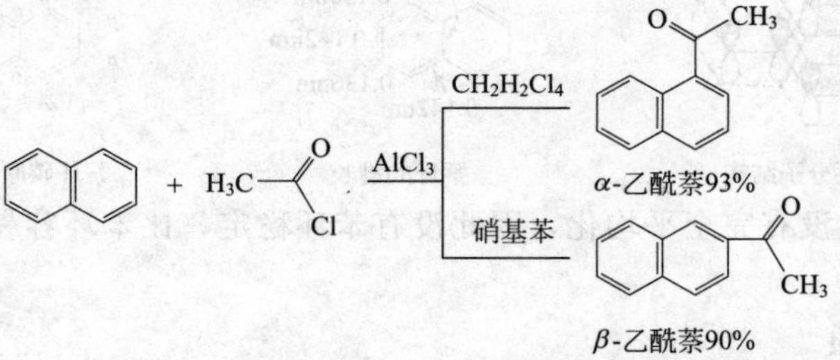

一元取代萘的定位效应：萘的一元取代有 α、β 两种取代产物，但 α 位亲电取代反应的活性大于 β 位。萘的二元取代比较复杂，因第二个取代不仅可以进入已有取代基的同环上（同环取代），还可以进入另一环上（异环取代）。进入的位置取决于原有取代基的定位作用。

ⓑ 芳环亲电取代反应的定位规律 当取代基是邻对位定位基时，它们使环活化，取代发生在同环。若取代基在 1 位，则进一步取代主要在 4 位；若取代基在 2 位，则进一步取代主要在 1 位。1 位和 4 位都是同环的 α 位。例如：

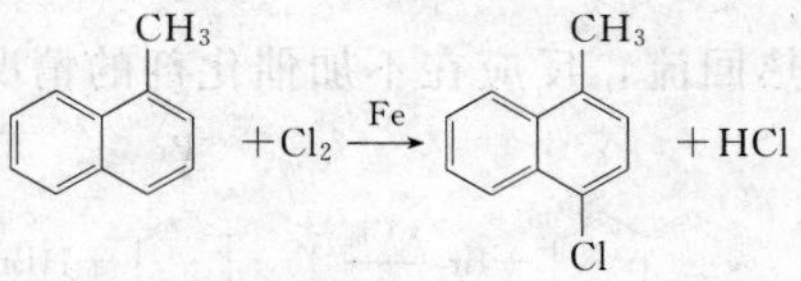

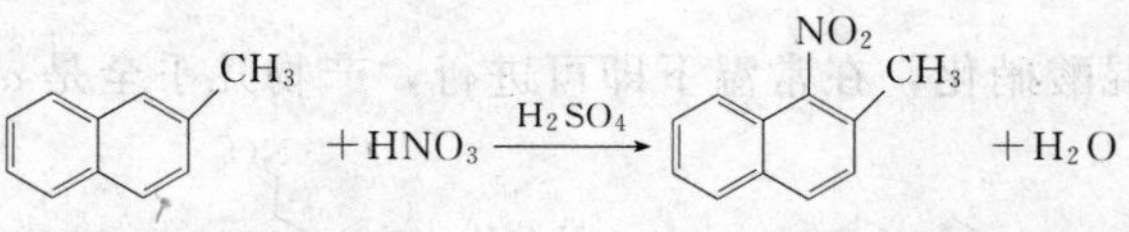

间位定位基使环钝化，无论原有取代基在 1 位或 2 位，第二个取代基进入异环的 8 位及 5 位（即异环的 α 位）。例如：

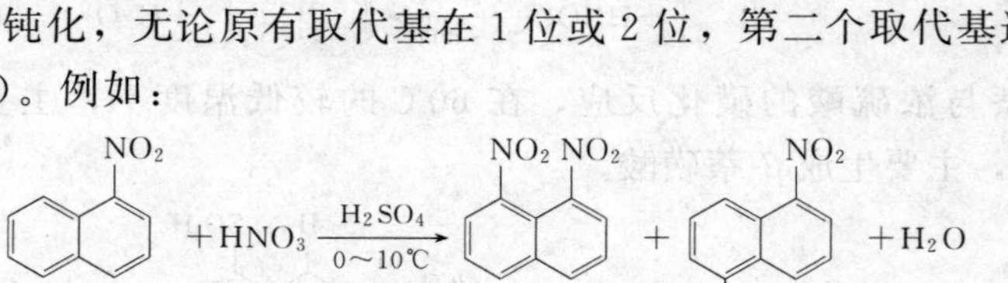

除上述一般规律外，在磺化反应和酰基化反应，常出现一些例外的情况，需要注意。

ⓒ 氧化反应 萘比苯容易被氧化，萘用弱的氧化剂 CrO_3 在低温下氧化生成 1，4-萘醌，但产率较低。

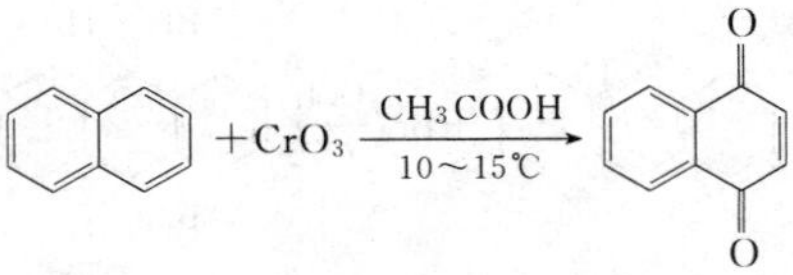

萘在空气催化氧化的强烈条件下，则一环破裂，生成邻苯二甲酸酐。

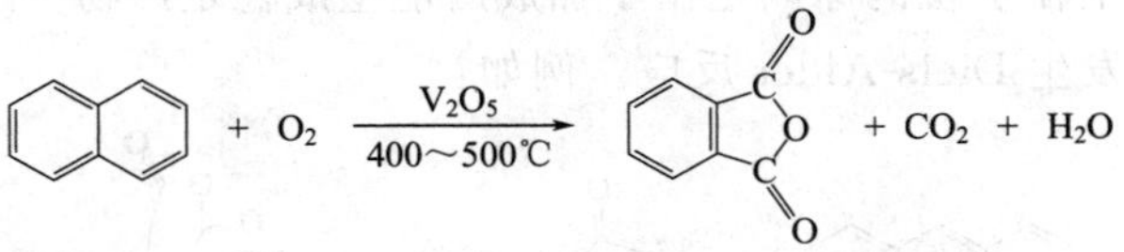

邻苯二甲酸酐是重要的化工原料，用于制造油漆、增塑剂、染料等。

ⓓ 还原反应　萘用醇和钠还原，生成 1,4-二氢化萘，较高温度可还原成四氢化萘。

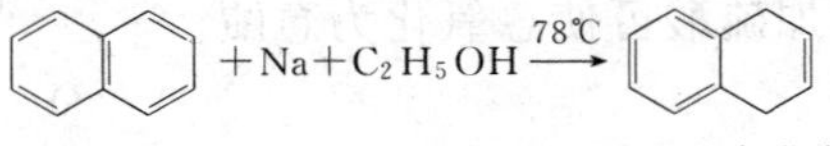

1,4-二氢化萘

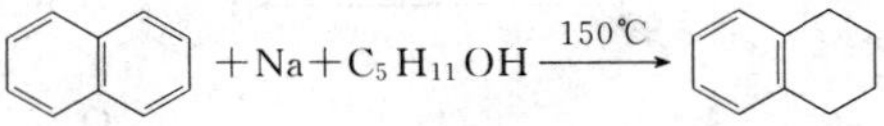

四氢化萘

工业上用催化氢化方法制备四氢化萘和十氢化萘。

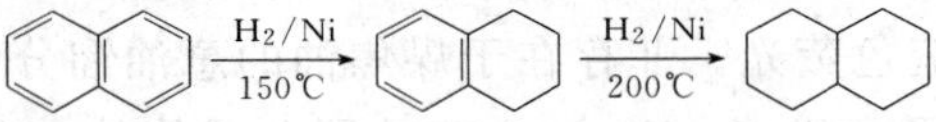

② 蒽

蒽是白色片状结晶，具有蓝色荧光，熔点 216℃，沸点 340℃，不溶于水，难溶于乙醇和乙醚，而能溶于苯等有机溶剂。蒽存在于煤焦油中。

a. 蒽的结构　蒽的分子式为 $C_{14}H_{10}$，分子中含有三个稠合的苯环，所有原子都在一个平面上，环上相邻碳原子的 p 轨道侧面相互交盖，形成了闭合共轭离域大 π 键，键长也没有完全平均化，因此没有苯稳定。蒽环的碳原子编号和键长可表示如下：

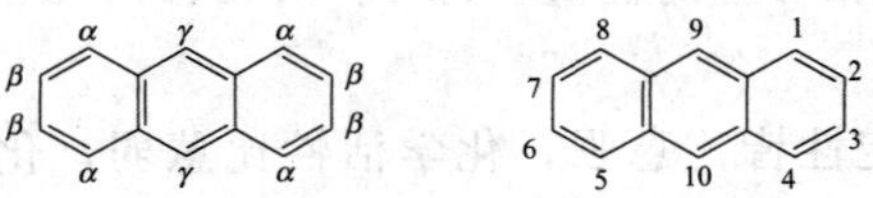

蒽环碳原子编号　　　　　　　蒽环的键长

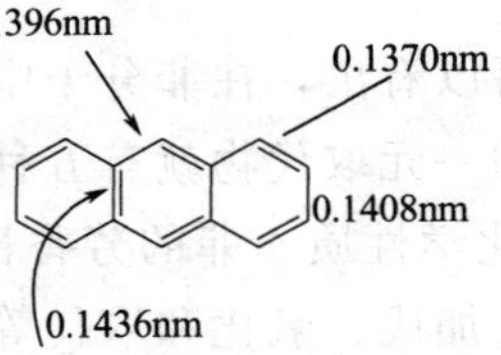

蒽的各碳原子的位置并不完全等同，其 1、4、5、8 位是相同的，称为 α 位；2、3、6、7 位相当，称为 β 位。9、10 位等同，叫做 γ 位，或称中位。因此蒽的一元取代物有 α、β、γ 三种异构体。

b. 蒽的化学性质

ⓐ 加成反应　蒽容易在 γ 位上起加成反应。例如蒽催化加氢或化学还原（Na＋C_2H_5OH）生成 9,10-二氢化蒽：

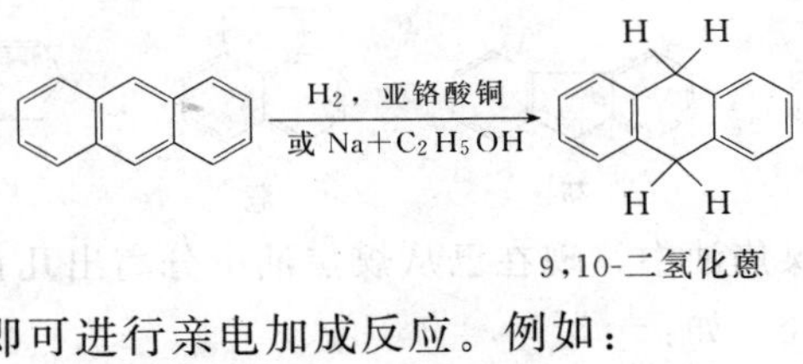

9,10-二氢化蒽

氯或溴与蒽在低温下即可进行亲电加成反应。例如：

9,10-二溴-9,10-二氢化蒽

蒽的加成反应发生在 γ 位的原因是由于加成后能生成稳定产物。

蒽可作为双烯体发生 Diels-Alder 反应。例如：

ⓑ 氧化反应　重铬酸钾加硫酸可使蒽氧化为蒽醌。

$$K_2Cr_2O_7，H_2SO_4$$

9,10-蒽醌

③ 菲　菲为白色片状结晶，有荧光，熔点 101℃，沸点 340℃。不溶于水，易溶于苯和乙醚等有机溶剂，溶液呈蓝色荧光。菲存在于煤焦油的蒽油馏分中。

a. 菲的结构　菲的分子式为 $C_{14}H_{10}$，是蒽的同分异构体。与蒽相似，它也是三个稠合的苯环，所有原子都在一个平面上，环上相邻碳原子的 p 轨道侧面相互交盖，形成了闭合共轭离域大 π 键，但是菲和蒽不同的地方在于，三个六元环不是在一条直线，而是形成了一个角度。菲的结构和碳原子的编号表示如下：

从上式可以看出，在菲分子中有五个相对应的位置，即 1、8；2、7；3、6；4、5 和 9、10。因而菲的一元取代物就有五种。

b. 菲的化学性质　菲的芳香性与稳定性皆比蒽强，化学活性比蒽弱，化学性质与萘相似，也可发生加成、氧化和取代等反应，并首先发生在 9、10 位。

$$CrO_3 + CH_3COOH$$

9,10-菲醌

④ 其他稠环

芳香烃中稠环芳烃很多，其他一些比较著名的稠环芳烃还有茚、芴、苊、芘等。

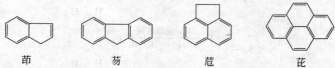

茚　　　芴　　　苊　　　芘

多核芳烃大量存在于煤焦油中，现在已从煤焦油中分离出几百种稠环芳烃。许多多核芳烃都有致癌性，称致癌芳烃。如：

3,4-苯并芘　　　　甲基苯并芘　　　　10-甲基-1,2苯并蒽　　2-甲基-3,4-苯并菲

其中以甲基苯并芘的致癌作用最强，最典型的是 3，4-苯并芘。

18.3.3　芳香性，休克尔（Hückel）规则

（1）芳香性

以上讨论了苯、萘、蒽、菲等含苯环的化合物，它们与苯具有类似的性质，称为芳香化合物，或者说它们具有芳香性。芳香化合物具有如下的共同性质。

① 环状化合物，比相应的开链化合物稳定，环不易破坏。

② 虽然是高度不饱和的，但化学性质上表现为易进行亲电取代反应，不易进行加成反应和氧化反应。

③ 环状地平面的（或近似平面）分子，为一闭合的共轭体系，具有 π 的环电流与抗磁性。

（2）休克尔（Hückel）规则

π 电子离域是苯、萘、蒽、菲等化合物结构的共同特点。依据这一设想，化学家试图合成一些新的类型的具有芳香性的化合物。1912 年合成的环辛四烯，形式上是一个共轭体系，可性质上与苯截然不同，具有明显的烯的性质。尤其是环丁二烯极不稳定，只有在 5K 的超低温下，才能分离出来，温度身高立即聚合。

　　　　　　　　　　　　　　　　　　　$\xrightarrow{35K}$

环辛四烯　　环丁二烯　　　　　　　　二聚体

它们都不具有芳香性，可见对于芳香族化合物来说，仅有 π 电子的离域作用还是不够的。

1931 年，德国化学家休克尔（E. Hückel）从分子轨道理论的角度，对环状化合物的芳香性做出理论总结，提出化合物的芳香性必须具有以下结构特点，即 Hückel 规则：

① 分子具有平面构型；

② 闭合环状共轭体系；

③ 电子数符合 $4n+2$ 规则（$n=0$、1、2、3、…）。

以上三个条件可以作为化合物芳香性的判据。

苯有 6 个 π 电子，符合 $4n+2$ 规则，苯具有芳香性，含苯的萘、蒽、菲等为稠环芳香化合物。其中每一环的电子数符合 $4n+2$ 规则。例如：萘，菲。

10 个 π 电子（$n=2$）　　　14 个 π 电子（$n=3$）

环辛四烯为 8 个 π 电子，不符合 $4n+2$ 规则，没有芳香性。X 射线衍射测定结果表明，环辛四烯分子中碳原子不在同一平面上，它具有烯烃的性质。

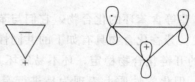

环辛四烯

（3）非苯芳烃

不含苯环的环烯，电子数符合 $4n+2$，因此也具有芳香性，称这类化合物为非苯芳香烃。

① 芳香性离子　电子数符合 $4n+2$ 规则的环状共轭多烯离子都具有芳香性。这些离子的结构特点是环上所有碳原子都是 sp^2 杂化原子，形成平面结构的环状闭合共轭体系。

a. 环丙烯正离子

环丙烯失去一个氢原子和一个电子后，就得到只有两个 电子的环丙烯正离子。它的电子数为 $4n+2$（$n=0$）。环丙烯正离子的三元环中，碳碳键的长度都是 0.140nm，和苯环中碳碳键的键长 0.139nm 很接近，说明环丙烯正离子的两个 π 电子完全离域在三个碳原子。表现出芳香性。

b. 环戊二烯双负离子　环戊二烯没有芳香性，但与强碱作用时，转变为环戊二烯负离子。

环戊二烯双负离子的 π 电子数为 $4n+2=6$，形成环状六个 π 电子体系，是一个平面对称结构，具有芳香性。

c. 环庚三烯正离子　环庚三烯和三苯甲基正离子在 SO_2 溶液中作用生成环庚三烯正离子。

环庚三烯正离子有六个 π 电子，符合 $4n+2=6$ 规则，具有芳香性。

d. 环辛四烯双负离子　环辛四烯分子中的原子不在一个平面上，但环辛四烯在四氢呋喃溶液中加入金属钾，则形成两价负离子：

环辛四烯双负离子位平面八边形的结构，共有十个 π 电子，符合 Hückel 规则，具有芳香性。

② 轮烯　具有交替的单双键的单环多烯烃，当碳原子数等于或多于 10 个时，通称为轮烯。轮烯的分子式为 $(CH)_x$，$x \geqslant 10$。命名是将碳原子数放在方括号中，称为某轮烯。例如：$x=10$ 的叫 [10] 轮烯。

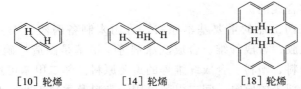

[10]轮烯　　　　　[14]轮烯　　　　　　　[18]轮烯

[10]轮烯和[14]轮烯由于轮内氢原子间斥力大，使环发生扭转，不能共平面，因而不具有芳香性。[18]轮烯轮内氢原子之间斥力微弱，轮环接近于平面，所以具有芳香性。

18.3.4　芳烃的来源、制法与应用

芳烃主要是存在于煤焦油中，煤焦油是从煤的干馏过程中得到的。通过对煤焦油的分馏，收集不同温度区间的馏分，再经过精馏，可以得到不同的纯品芳烃。不同温度区间的煤焦油馏分所含芳烃的种类如表 18-4。需要说明的是各馏分除了芳烃之外，还包含其他化合物，如酚油中其实主要包含有苯酚、甲酚等。

表 18-4　煤焦油馏分中所含芳烃种类

馏分名称	沸点范围/℃	所含芳烃种类
轻　油	<170	苯、甲苯、二甲苯等
酚　油	170~210	异丙苯、均三甲苯等
萘　油	210~230	萘、甲基萘、二甲基萘等
洗　油	230~300	联苯、苊、芴等
蒽　油	300~360	蒽、菲及其衍生物、芘等

煤焦油的产率只相当于煤的 3%，煤焦油内各种芳香族化合物的粗制品仅相当于煤的 0.3%。从 1t 煤中只能得到 1kg 苯、2.5kg 萘及其它芳香化合物。这远远不能满足化工生产的需要。除了煤焦油之外，石油裂解气中也含有一些芳烃，可通过收集，分馏，提纯得到，但含量也是很少。

为了满足化工生产的需要，大量的芳烃主要是通过石油重整得到。石油重整主要是将轻汽油馏分中含 6~8 个碳原子的烃类，在铂或钯等催化剂的存在下，于 450~500℃、约 22.5MPa 压力下进行脱氢，环化和异构化等一系列复杂的化学反应而转变为芳烃，工业上将这一过程称为铂重整，在铂重整中所发生的化学变化叫做芳构化。芳构化主要有下列几种反应。

① 环烷烃催化脱氢

$$\text{甲基环己烷} \xrightarrow{-3H_2} \text{甲苯}$$

② 烷烃脱氢环化、再脱氢

$$\text{CH}_2\text{CH}_2\text{CH}_3 \ / \ \text{CH}_2\text{CH}_2\text{CH}_3 \xrightarrow{-H_2} \bigcirc \xrightarrow{-3H_2} \bigcirc$$

③ 环烷烃异构化、再脱氢

$$\text{甲基环戊烷} \xrightarrow{\text{异构化}} \bigcirc \xrightarrow{-3H_2} \bigcirc$$

烃类化合物是重要的基本有机化工原料，绝大多数芳香类有机化合物，包括高分子材

料，都是以芳烃为原料合成的。

苯是化学工业和医药工业的重要基本原料，可用来制备医药、染料、塑料、树脂、农药、合成药物、合成橡胶、合成纤维、合成洗涤剂等。甲苯是制造三硝基甲苯（TNT）、对苯二甲酸、防腐剂、染料、塑料、合成纤维等的重要原料。邻二甲苯可用作制备邻苯二甲酸酐、染料、药物、增塑剂等的原料。间二甲苯可用于染料及香料工业。对二甲苯是生产聚酯纤维（涤纶）的原料。由苯乙烯聚合制得的聚苯乙烯是一种很好的塑料，具有绝缘、耐水性、耐腐蚀性，又具有良好的透光率和成型性能，可用于制造高频绝缘材料、光学器材、日用品等。苯乙烯还大量用于与其他单体共聚。例如，与1,3-丁二烯共聚，合成丁苯橡胶；与二乙烯苯共聚、磺化，生产离子交换树脂等。

萘曾被用作防蛀剂，但由于它对化纤类织物有溶解性，容易对衣料造成损害，现在已经不用。萘在苯酐、染料、农药等化学工业中也有很广泛的用途。以萘为原料生产的 α-萘乙酸是一种植物生长激素，能促使植物生根、开花、早熟、多产，且对人畜无害。四氢化萘又叫萘满，常温下为液体，沸点 270.2℃；十氢化萘又叫萘烷，常温下也为液体，沸点为191.7℃，都是良好的高沸点溶剂。蒽是蒽醌类染料的原料。以菲为原料制得的菲醌可用作农药。用菲醌作为杀菌拌种剂，可防治小麦莠病、红薯黑斑病等。

此外，苯和甲苯类芳烃，还在化工产品中被广泛地用作溶剂。在化工产品生产和使用过程中应注意，尽量避免使用毒性较大的苯，可以选择使用毒性较小的甲苯代替。2000 年媒体曾广泛报道过福建泉州的一些鞋厂，由于使用用苯作溶剂的胶黏剂，导致大量制鞋女工因苯累积中毒而患上白血病或恶性贫血等造血系统疾病的新闻。所以，从事相关产业的工作人员，要强化自我保护意识，以免受到有毒芳烃的伤害。

18.4 立体化学

18.4.1 异构体的分类

具有相同分子式，但结构不同的化合物称为异构体，产生同分异构现象的本质是在分子中原子或键的顺序和空间排列方式不同。根据有机化合物的分子中原子或键的顺序和空间排列的不同方式，同分异构体主要可分为两大类：构造异构和立体异构。

有机化学中的同分异构体，可以划分成各种类别，它们之间的关系如表 18-5。

表 18-5 有机化学中的同分异构体

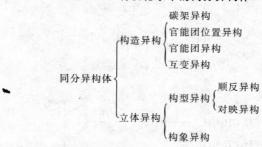

本章着重讨论立体异构中的旋光异构。

18.4.2 对映异构

饱和碳原子具有四面体构型。如果一个碳上连有四个不同的基团，制作它的镜像，得到如下的两个模型。

镜子

$$\underset{c}{\overset{a}{\underset{\big|}{d\cdots C\cdots b}}} \quad | \quad \underset{c}{\overset{a}{\underset{\big|}{b\cdots C\cdots d}}}$$

　　结果发现两个模型不能重叠。如果这两个模型代表两种不同的化合物，那么这两种化合物互为实物和镜像，这对实物和镜像不能重合，它们是一对异构体，互为对映，因此称为**对映异构**。

　　对映异构好比人的左手和右手的关系，左手和右手互为镜像，它们不能重合，就好像左手的手套戴在右手上总不合适，为此把实物和镜像不能重合的现象称为**手性**。

　　2-丁烯水合，分离出两种 2-丁醇

$$H_3C-\underset{H}{\overset{H}{C}}=\underset{H}{\overset{}{C}}-CH_3 + H-OH \xrightarrow{H^+} H_3C-\underset{OH}{\overset{H}{C}}-CH_2CH_3 + H_3C-\underset{H}{\overset{OH}{C}}-CH_2CH_3$$

　　二者互为镜像关系，不能重合，它们是一对映体，或者说具有手性。具有手性的分子称为手性分子。楔形式表示其构型。

镜子

$$HO-\underset{CH_3}{\overset{C_2H_5}{C}}-H \quad | \quad H-\underset{CH_3}{\overset{C_2H_5}{C}}-OH$$

　　其中实楔形表示指向前面，虚楔表示指向纸后面。
　　又如 2-氯丁烷 $CH_3CHClC_2H_5$ 也具有手性。

镜子

$$H-\underset{CH_3}{\overset{C_2H_5}{C}}-Cl \quad | \quad Cl-\underset{CH_3}{\overset{C_2H_5}{C}}-H$$

　　值得注意的是，任何化合物都有镜像，但多数实物和它的镜像都能重合，例如 2-氯丙烷和氯溴甲烷。

$$H-\underset{CH_3}{\overset{CH_3}{C}}-Cl \quad Cl-\underset{CH_3}{\overset{CH_3}{C}}-H \qquad H-\underset{Br}{\overset{Cl}{C}}-H \quad H-\underset{Br}{\overset{Cl}{C}}-H$$

镜子　　　　　　　　　　　　　　　　　　　镜子

　　如果实物和它的镜像能重合，则实物和镜像为同一物质，它是非手性的，无对映体。

　　两个对映体结构差别很小，因此它们具有相同的沸点、熔点、溶解度等，化学性质也基本相同，很难用一般的物理及化学方法区分。它们对平面偏振光作用不同：一个可使平面偏振光向右旋符号为（＋），称为右旋体；另一个使平面偏振光向左旋，符号为（－），称为左旋体，其向右及向左旋转的角度基本相同，因此对映异构也称为**旋光异构**。

　　物质能使平面偏振光旋转的性质称为旋光性或光学活性。具有旋光性的物质称为光学活性物质。例如 2-丁醇为一对对映体，各具有旋光性，为光学活性物质，其比旋光度分别为 $-13.52°$ 和 $+13.52°$。

镜子

$$C_2H_5$$
$$HO-C-H$$
$$CH_3$$

$$C_2H_5$$
$$H-C-OH$$
$$CH_3$$

左旋体
+13.520

左旋体
−13.520

把手性、对映异构、旋光活性联系起来，可得出如下的结论：实物与镜像不能重合，物质具有手性，有对映异构现象，具有光学活性。反之实物和镜像能重合，此物质是非手性的，无对映体，无旋光活性。可见镜像的不重合性是产生对映异构现象的充分必要条件。

具有光学活性的物质可使平面偏振光旋转，那么什么是平面偏振光呢？化合物的旋光性又是怎么测得的？

18.4.3 偏振光和比旋光度

(1) 偏振光

光是一种电磁波，光波振动的方向与其前进的方向垂直，如图 18-20（a）。在自然光线里，光波可在垂直于它前进方向的任何可能的平面上振动，如图 18-20（b），中心圆点 O 表示垂直于纸面的光的前进方向，双箭头如 AA'、BB'、CC'、DD' 表示光可能的振动方向。

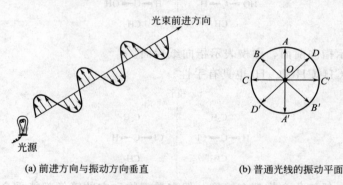

(a) 前进方向与振动方向垂直   (b) 普通光线的振动平面

图 18-20　光的传播

如果将普通光线通过一个尼科尔（Nicol）棱镜（有方解石晶体经过特殊加工制成）如图 18-21，它好像一个栅栏，只允许与棱晶晶轴互相平行的平面上振动的光线（AA'）透过棱镜，而其他平面上振动的光线如 BB'、CC'、DD' 则被阻挡住。这种只在一个平面上振动的光称为平面偏振光，简称偏振光或偏光。

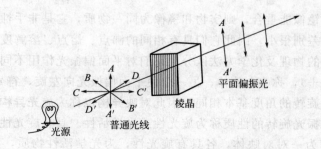

图 18-21　普通光与偏振光

　　若把偏振光透过一些物质（液体或溶液），有些物质如水、酒精等对偏光不发生影响，偏光仍维持原来的振动面，如图 18-22（a）；但有些物质如乳酸、葡萄糖等，能使偏光的振动平面旋转一定的角度（α），如图 18-22（b）。

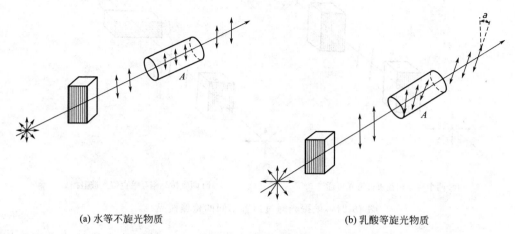

(a) 水等不旋光物质　　　　　　　　　　　　(b) 乳酸等旋光物质

图 18-22　物质的旋光性（A 为盛液体的管子）

　　这种能使偏光振动平面旋转的性质称为物质的旋光性（optical activity）。具有旋光性的物质像上面所述的乳酸称为旋光物质或称光学活性物质。在有机物中，凡是手性分子，都具有旋光性。一个物质的旋光度的大小和旋光方向可用旋光仪测定。

　　（2）比旋光度

　　旋光性物质的旋光度和旋光方向可用旋光仪进行测定。

　　旋光仪主要组成部分包括两个棱镜和一个光源，在两个棱镜中间有一个盛放样品的旋光管。如图 18-23。两个棱镜中起偏镜是固定不动的，其作用是把光源投入的光变成偏光，另一个是检偏镜，它与旋转刻度盘相连，可以转动，用来测定振动平面的旋转角度。旋光管用以盛放待测样品，检偏镜前还有一用以观察用的目镜（省略未画出）。

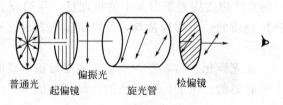

普通光　　起偏镜　　偏振光　　旋光管　　检偏镜

图 18-23　旋光仪的简图

　　如果旋光管不放液体试样，那么经过起偏镜后出来的偏光就可直接射在检偏镜上。显然只有当检偏镜的晶轴和起偏镜的晶轴互相平行时，偏光才能通过，这时目镜处视野明亮，如图 18-24（a）；若两个棱镜的晶轴互相垂直，则偏光完全不能通过，视野黑暗，如图 18-24（b）。

　　如果使通过起偏镜的偏振光也通过检偏镜，那么只有当两个棱镜的晶轴平行时，偏振光才能完全通过；若互相垂直，则完全不能通过。如果在两个平行的棱镜之间放一个管子，若管子里装上旋光性物质，则偏振光不能通过检偏镜，必须把检偏镜旋转一个角度（α 角度）后才能完全通过。观察检偏镜上携带的刻度盘所显示的角度，即为该旋光性物质的旋光度。

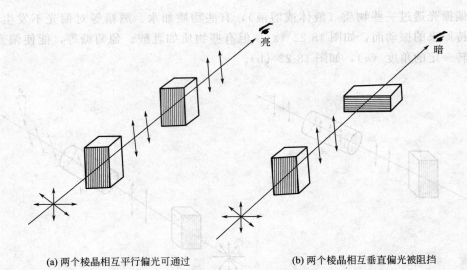

(a) 两个棱晶相互平行偏光可通过   (b) 两个棱晶相互垂直偏光被阻挡

图 18-24 偏振光通过位置不同的检偏棱晶

目前在科研工作中广泛使用的还有自动旋光仪，它可直接显示被测化合物的旋光度和旋光方向。

旋光度除与分子的结构有关外，还与测定时溶液的浓度、厚度（即盛液管的长度）、温度及光源的波长等因素有关。因此，为了统一标准，通常采用比旋光度（specific rotation）$[\alpha]$ 来表示。旋光度和比旋光度之间的关系如下：

$$[\alpha]_\lambda^t = \frac{\alpha}{Cl}$$

式中，t 为测定时的温度；λ 为光源波长；α 为用旋光仪测得的旋光度；C 为溶液浓度（$1g \cdot mL^{-1}$）（纯液体可用密度）；l 为溶液厚度（即旋光管长度），dm；$[\alpha]$ 为比旋光度。当 $C = 1g \cdot mL^{-1}$，$l = 1dm$，则 $[\alpha] = \alpha$。

因此，比旋光度是在一定温度、一定波长下，某种物质单位管长、单位浓度下的旋光度。比旋光度是衡量不同旋光性物质旋光能力大小的物理量，像熔点、沸点、密度、折射率等一样，比旋光度是旋光性物质的一个物理常数，可以定量地表示旋光物质的一个特性——旋光性。

比旋光度对于鉴定一个旋光性化合物或者判断它的纯度是很重要的，因此掌握比旋光度的表示方法及其含义是十分必要的。例如，葡萄糖的比旋光度值为：

$$[\alpha]_D^{20} = +52.5° （水）$$

它的含义即葡萄糖是一个光学活性化合物，右旋，以水为溶剂，在 20℃，用偏振的钠光测定的比旋光度为 +52.5°（D 表示光线中的 D 线，波长相当于 589.3nm，即所用光源为钠光）。

有些化合物使偏光的振动平面向右（顺时针方向）旋转，有些化合物则使偏光振动平面向左（逆时针方向）旋转，这些化合物分别称为右旋光化合物和左旋光化合物，旋光方向分别用"+"、"−"号表示（旧时曾用小写字母"d"，"l"表示）。在表示比旋光度时，还要表示出使用的溶剂。例如，在 20℃用钠光源的旋光仪分别测葡萄糖和果糖水溶液的比旋光度为右旋 52.5°和左旋 93°，写作：

$$[\alpha]_D^{20} = +52.5° （水）\ 和\ [\alpha]_D^{20} = -93° （水）$$

18.4.4　分子的手性和对称因素

分子与其镜像是否能重叠，即分子是否具有手性，决定于它本身的对称性。与分子手性有关的对称因素有以下几点。

（1）对称面

假如有一个平面可以把分子分割成两部分，而一部分正好是另一部分的镜像，这个平面就是分子的对称面。例如：1,2-二氯乙烷分子有一个对称面。

异丙醇也有一个对称面。

$$HO-\underset{\underset{CH_3}{|}}{\overset{\overset{CH_3}{|}}{C}}-H$$

它的实物和镜像能够重合，分子无手性。

平面分子无手性，这个平面就是分子的对称面，如：(E)-1,2-二氯乙烯。

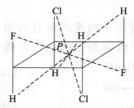

(E)-1,2-二氯乙烯

（2）对称中心

若分子中有一点 P，通过该点画任何直线，如果在离此点等距离的两端有相同的原子，则该点称为分子的对称中心。则"P"点是该分子的对称中心（用 i 表示）。例如：下图2,4-二氟-1,3-二氯环丁烷具有对称中心 i。它的实物和镜像能够重合，分子无手性。

总的来说，一个分子若有对称面，或对称中心，则这个分子无手性。反之，一个分子若没有对称面，又没有对称中心，即可断定它是一个手性分子，有旋光性。如乳酸分子无对称面，无对称中心，所以乳酸有手性，具有旋光性。

乳酸

与之类似氯碘甲基磺酸、2-氯丁烷分子也有手性，具有旋光性。

氯碘甲基磺酸　　　　　　　　　2-氯丁烷

从上面的三个例子可以看出，如果碳周围的四个基团都不相同，就找到不到对称面、对称中心，分子有手性。通常称这个碳为手性碳或手性中心，以前称为不对称碳，在结构式中常用"＊"标出。如乳酸的结构式中的手性碳可表示为：

$$
\begin{array}{c}
COOH \\
| \\
H-C^*-OH \\
| \\
CH_3
\end{array}
$$

乳酸（中间 C＊ 为手性碳原子）

18.4.5 含一个手性碳的化合物

乳酸是含有一个手性碳原子的化合物，它有手性，具有旋光性，有一对对映体。

$$
\begin{array}{c c}
COOH & COOH \\
| & | \\
H-C-OH & HO-C-H \\
| & | \\
CH_3 & CH_3
\end{array}
$$

发酵得到的乳酸是左旋的，其比旋光度为 $[\alpha] = -3.8°$（水）；肌肉运动产生的乳酸是右旋的，其比旋光度为 $[\alpha] = +3.8°$（水）。

从酸奶中得到的乳酸无旋光性，它是等量的左旋乳酸及右旋乳酸的混合物，称为**外消旋体**（racemic form），常用"±"表示。外消旋体是一混合物，之所以无旋光性，是由于一个异构体分子引起的旋光为其对映分子所引起的等量的相反的旋光所抵消。

乳酸分子可用楔形透视式等方式表示。

$$
\begin{array}{c}
COOH \\
| \\
HO-C-H \\
| \\
CH_3
\end{array}
$$

楔形透视式

虽然这类形式可清楚地表示出分子中原子的立体关系，但不利于书写，为了方便，一般采用费歇尔投影式。

投影规则是：投影时将与手性碳原子相连的横着的两个键朝前，竖着的两个键向后。书写时用横线和竖线垂直的交点代表手性碳原子例如：乳酸

$$
\begin{array}{c c}
COOH & COOH \\
| & | \\
H-C-OH & H-|-OH \\
| & | \\
CH_3 & CH_3
\end{array}
$$

楔形透视式　　　　　费歇尔投影式

费歇尔投影式是一平面式，根据投影原则，两条直线的交点为碳，它位于纸平面上，与横线相连的基团伸向纸前面，与竖线相连的基团伸向纸后面。例如：2-甲基-1-丁醇。

$$
\begin{array}{c c c c}
C_2H_5 & C_2H_5 & C_2H_5 & C_2H_5 \\
| & | & | & | \\
HOH_2C-C-H & H-C-CH_2OH & HOH_2C-C-H & H-C-CH_2OH \\
| & | & | & | \\
CH_3 & CH_3 & CH_3 & CH_3
\end{array}
$$

不同的摆法得不同的投影式，尽管其实质相同，但一般将碳链放在竖直方向，把氧化数最高的基团放在上面。

使用费歇尔投影式的注意事项如下。

① 不能离开纸面翻转。若翻转 $180°$，变成其对映体。

$$\begin{array}{ccc}
&\text{COOH}&&\text{COOH}\\
\text{H}\!-\!&\!-\!\text{OH}&\xrightarrow{\text{翻转}}&\text{HO}\!-\!\;\;\!-\!\text{H}\\
&\text{CH}_3&&\text{CH}_3
\end{array}$$

② 沿纸面旋转 $90°$ 或 $270°$ 变成其对映体。

$$\begin{array}{ccc}
&\text{COOH}&&\text{H}\\
\text{H}\!-\!&\!-\!\text{OH}&\xrightarrow{\text{旋转}90°}&\text{H}_3\text{C}\!-\!\;\;\!-\!\text{COOH}\\
&\text{CH}_3&&\text{OH}
\end{array}$$

③ 在纸面上转动（旋转）$180°$，构型不变。

$$\begin{array}{ccc}
&\text{COOH}&&\text{CH}_3\\
\text{H}\!-\!&\!-\!\text{OH}&\xrightarrow{\text{旋转}180°}&\text{HO}\!-\!\;\;\!-\!\text{H}\\
&\text{CH}_3&&\text{COOH}
\end{array}$$

④ 保持 1 个基团固定，而把其他三个基团顺时针或逆时针地调换位置，构型不变。

$$\begin{array}{ccccc}
&\text{CH}_3&&\text{CH}_3&&\text{H}\\
\text{H}\!-\!&\!-\!\text{OH}&=\;\text{C}_2\text{H}_5\!-\!&\!-\!\text{H}&=\;\text{C}_2\text{H}_5\!-\!&\!-\!\text{OH}\\
&\text{C}_2\text{H}_5&&\text{OH}&&\text{CH}_3
\end{array}$$

⑤ 任意两个基团调换偶数次，构型不变。
⑥ 任意两个基团调换奇数次，构型改变。

$$\begin{array}{cccc}
\text{COOH}&\text{COOH}&\text{CH}_3&\text{COOH}\\
\text{H}\!-\!\!-\!\text{OH}\to&\text{HO}\!-\!\!-\!\text{H}\to&\text{HO}\!-\!\!-\!\text{H}\to&\text{H}\!-\!\!-\!\text{OH}\\
\text{CH}_3&\text{CH}_3&\text{COOH}&\text{CH}_3
\end{array}$$

$$\qquad\qquad\qquad\text{对映体}\qquad\qquad\text{原化合物}$$

18.4.6　构型和构型标记

构型是指立体异构体中原子在空间的排列顺序

构造式相同，构型不同的异构体在命名时，有必要对它们的构型分别给以一定的标记。构型标记的方法有多种，过去常用 D-L 构型标记法，现在广为采用的是 *R-S* 构型标记法。

（1）D-L 构型标记法——相对构型

D-L 构型标记法是以甘油醛（2,3-二羟基丙醛）的构型为对照标准来进行标记的。把右旋甘油醛的构型规定为 D 型，左旋甘油醛的构型规定为 L 型。

其他化合物的构型以甘油醛的构型为参照标准，在保持手性碳原子构型不变的转变过程中，可由 D 型甘油醛转化来的化合物构型就是 L 型，可由 L 型甘油醛转化来的化合物构型就是 D 型。

构型与旋光方向是两个概念，没有必然的联系。D 和 L 只表示构型，不表示旋光方向。命名时，若既要表示构型，又要表示旋光方向，则旋光方向用（＋）（－）表示。

（2）*R-S* 构型标记法——绝对构型

① 次序规则——把各种原子或基团按先后次序排列。

要点如下（用 Z,E 标记几何异构的规定相同）。

a. 将各取代基的原子按原子序数大小排列，大者为较优基团，若为同位素，质量大的为较优基团。

$$I>Br>Cl>S>P>Si>F>O>N>C>D>H$$

b. 若所连的第一个原子基团相同时，我们采用外推法（沿着碳链外推比较），确定为止。

c. 当取代基有不饱和键时，把不饱和键看成是单键重复。

② R 和 S 的确定 将手性碳原子所连的四个基团（a、b、c、d）按次序规则排列，如：$a>b>c>d$，然后将次序最小的基团 d 放在观察者最远处。其他三个基团 a、b、c 指向观察者，若 $a \rightarrow b \rightarrow c$（由大到小是顺时针的方向，则构型为 R；反之为 S。）

例如：

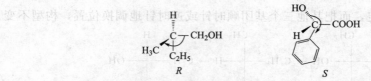

在有机化学中，我们常用费歇尔投影式书写，怎样从 fishcher 式直接判断 R、S 构型呢？还记得横前竖后吗？

a. 当次序最小的基团处于竖线时，就可以直接从另三个基团的排列方向判断 R、S 构型。

b. 次序最小的基团处于横线上时，即在纸面前方。观察者应从纸后面往前看。

c. 大多数化合物在 fishcher 投影式中都属于后一种情况，应特别注意。

R、S 构型是指手性原子的构型与对映体的旋光方向无直接联系。旋光方向是由旋光仪测得。R 构型可以是右旋，也可以左旋；外消旋体写成（±）-、（RS）-、dl-。但有一点却是肯定的，对映体中一个化合物是左旋的，另一个必定是右旋的；一个构型为 R，它的对映体构型必然是 S。

18.4.7 含两个手性碳原子化合物

有机化合物分子中，随着手性碳原子数目的增加，光学异构体的数目增多。当分子中含有两个手性碳原子时，根据他们所连四个基团是否相同，可以分为不相同和相同两类。

（1）含两个取代不同手性碳原子化合物

当分子中含有两个不同的手性碳原子时，就会产生四个构型异构体：

$$
\begin{array}{cccc}
\text{1}(2R,3R) & \text{2}(2S,3S) & \text{3}(2R,3S) & \text{4}(2S,3R)
\end{array}
$$

1 和 2，3 和 4 互为实物和镜像关系，二者不重合，是对映体。1 和 3 及 4 也不重合，它们是立体异构，但不是镜像关系，这种不呈镜像关系的构型异构体称为非对映体。对映体在非手性条件下，物理、化学性质都相同。对于非对映体来说，它们分子中的原子或基团间的相对距离及相互影响都不同，因此，非对映体间的物理、化学性质也有一定的差异。

（2）含两个取代相同手性碳原子化合物

在这类化合物中，两个手性碳原子所连的四个基团是完全相同的。典型的例子是酒石酸，酒石酸分子中的两个手性碳原子所连的四个基团都相同。

$$
\begin{array}{cccc}
\text{1}(2R,3R) & \text{2}(2S,3S) & \text{3}(2R,3S) & \text{4}(2S,3R)
\end{array}
$$

1 与 2 是一对对映体，3 与 4 也互为镜像关系，但能重合，它们是同一种物质，这是由于 3 和 4 分子中有一个对称面，因此分子无手性。

这种有手性中心，但无手性的化合物叫作**内消旋化合物**。内消旋体是由于分子内具有对称因素，虽含手性碳原子，但旋光作用内部抵消，对外不显旋光性。外消旋体是旋光作用外部抵消。注意！这只适用于含两个相同手性碳的分子。

等量的 1 与 2 的混合物为外消旋体，也无旋光性，但外消旋混合物在性质上不同于内消旋化合物。

分子中有两个手性中心，最多可产生四个立体异构体，有三个手性中心，最多可产生八个立体异构体，加入以 n 代表分子中手性碳原子数目，那么立体异构的最高总数应是 2^n 个。

18.4.8　环状化合物的立体异构

环状化合物的立体异构现象往往比较复杂，顺反异构和对映异构常同时存在。1,2-环丙烷二甲酸分子中，两个羧基可以在环的同侧，也可在环的两侧，组成了顺反异构体。顺 1,2-环丙烷二甲酸分子中有一对称面，因此没有手性，为内消旋化合物；反 1,2-环丙烷二甲酸分子中无对称面，也无对称中心，有手性，为一对映体。

$$
\begin{array}{ccc}
\text{1} & \text{2}(1R,2R) & \text{3}(1S,2S)
\end{array}
$$

$$
\begin{array}{cc}
\text{顺 1,2-环丙烷二甲酸} & \text{反 1,2-环丙烷二甲酸} \\
\text{无手性（内消旋）} &
\end{array}
$$

对于具有手性的环状化合物，仅用顺、反标记已不能表明其构型，必须采用 R，S 标记。如：反 1,2-环丙烷二甲酸的命名，不能区分两个对映体，应采用 R，S 标记法，2 表示为（1*R*，2*R*）-1,2-环丙烷二甲酸，3 表示为（1*S*，2*S*）-1,2-环丙烷二甲酸。

环己烷一般处于椅式构象，取代环己烷的椅式构象可能引起手性现象。例如平面结构的顺 1,2-二甲基环己烷有一对称面，无手性。

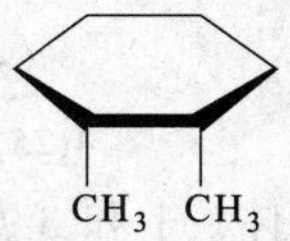

平面结构的顺1,2-二甲基环己烷有对称面，无手性

但它的椅式构象与镜像不能重合，它们是一对对映体，这对对映体可通过构象的反转而互相转换，它们不能拆分（除非低温），无旋光性。这是构象异构与其他立体异构的区别。

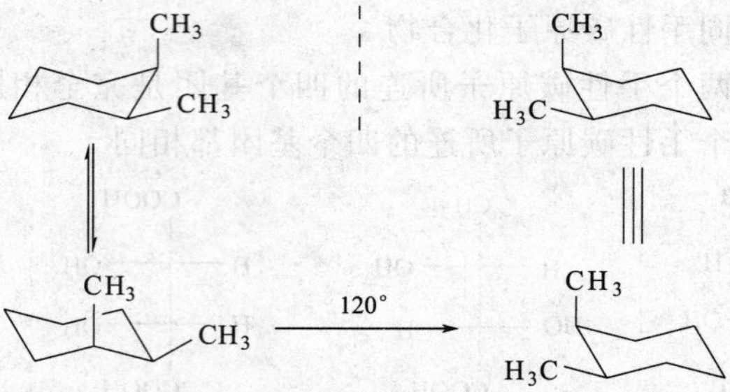

反 1,2 二甲基环己烷既无对称中心，又无对称面，它具有手性，有一对对映体。

镜面

（1*R*, 2*R*)-1,2-二甲基环己烷   （1*S*, 2*S*)-1,2-二甲基环己烷

一对对映体

二者的构象不能重合，但与顺 1,2-二甲基环己烷的构象不同，它们不能通过环的翻转变成其对映体。

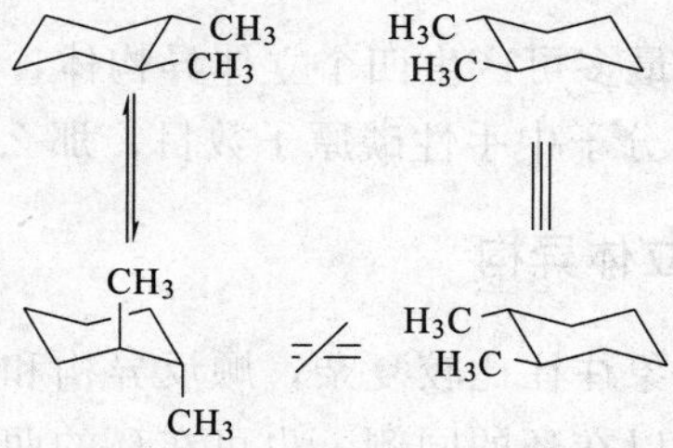

环己烷一般处于椅式构象，而且可以和它的翻转的椅式构象相互转换，但并不影响取代环己烷的构型，所以表示取代环己烷的构型，常将环己烷作为一平面结构来考虑，以利于研究环己烷类型化合物的手性。

18.4.9 不含手性碳原子化合物的旋光异构

有机化合物中，大部分旋光性物质含有手性碳原子，但内消旋化合物无旋光性。而有些旋光性物质分子中并不含有手性碳原子。如下面要讲到的丙二烯型化合物及联苯类化合物。可见分子中是否含有手性碳原子并不是分子具有手性的充分必要条件。判断一个化合物是否具有手性，最可靠的方法是做出分子及镜像的模型，看它们是否重合，另一种简便方法是判断分子是否具有对称面和对称中心。

（1）丙二烯型化合物

做出丙二烯型化合物的模型可以发现，丙二烯两端碳原子上的四个基团两两处在互相垂直的平面上。

$$\underset{B}{\overset{A}{}}C=C=C\overset{A}{\underset{B}{}} \qquad \underset{B}{\overset{A}{}}C=C=C\overset{A}{\underset{B}{}}$$

如果同一碳上的两个基团不同，分子没有对称面，也无对称中心，分子与镜像不能重合，分子有旋光性。例如：2,3-戊二烯的一对对映体。

$$\underset{H}{\overset{H_3C}{}}C=C=C\overset{CH_3}{\underset{H}{}} \qquad \underset{H}{\overset{H_3C}{}}C=C=C\overset{CH_3}{\underset{H}{}}$$

与之类似的化合物，如 4-甲基环己烷去氢基醋酸也已成功地分离得到其对映体。

$$\underset{H_3C}{\overset{H}{}}\!\!\diagup\!\!\bigcirc\!\!=C\overset{COOH}{\underset{H}{}}$$

4-甲基环己烷去氢基醋酸

如果任意一端的碳原子上连有两个相同的基团，则化合物有对称面，无旋光性，如：

$$\underset{H}{\overset{H_3C}{}}C=C=C\overset{CH_3}{\underset{CH_3}{}}$$

2-甲基-2,3-戊二烯

（2）联苯型的旋光异构体

在联苯分子中两个苯环以单键相连，两个苯环可沿单键旋转。但是如果在 $2,2'$；$6,6'$ 位置上的氢被较大的基团取代，则苯环绕单键旋转受到阻碍，两个苯环成一定的角度，如：

如果同一苯环上所连的两个基团不同，整个分子既无对称面，也无对称中心，具有旋光性。这类化合物中首先拆分得到的旋光对映体是 $6,6'$-二硝基联苯-$2,2'$- 二甲酸：

6,6′-二硝基联苯-2,2′-二甲酸

目前已拆分得到 $1,1'$-联萘，$2,2'$-联萘二酚的对映体。

1,1′-联萘　　　　　　2,2′-联萘二酚

18.4.10　旋光异构在研究反应历程中的应用

分子的立体结构特点体现在它的光学性质上，反过来通过对分子光学性质的研究，又可

推测分子的立体结构，从而推测出反应中分子结构的变化，为研究反应历程提供旁证。

(1) 自由基取代反应

正丁烷氯代可得 1-氯丁烷及 2-氯丁烷。

$$H_3C-CH_2-CH_2-CH_3 \xrightarrow[\text{光和热}]{Cl_2} H_3C-CH_2-CH_2-CH_2-Cl + H_3C-CH_2-\overset{*}{CH}-CH_3$$

1-氯丁烷 　　　 2-氯丁烷（Cl 在下方）

2-氯丁烷具有手性，分离 2-氯丁烷，测定无旋光性，可判断产物为外消旋体。

为什么会产生外消旋体呢？

这是由于氯同烷烃的自由基取代的历程中，氯自由基夺去丁烷仲碳上的一个氢，形成仲丁基自由基。

$$H_3C-CH_2-CH_2-CH_3 \xrightarrow{Cl \cdot} H_3C-\overset{\cdot}{CH}-CH_2-CH_3 + HCl$$

仲丁基自由基

仲丁基自由基具有对称的平面结构，是非手性的，在下步与氯的反应中，氯从平面两侧进攻的机会均等，因此得到的两个对映体是完全等量的。

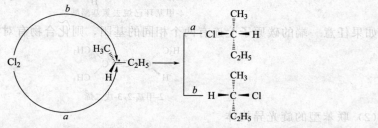

立体化学的结果为自由基取代历程提供了旁证。这个反应也包含普遍的原则。即非手性化合物合成手性化合物（无沦通过什么历程），总是得到外消旋体。换言之，无旋光性的反应物生成无旋光性的产物（或内消旋，或外消旋）。

拆分 2-氯丁烷，得到单一的光学活性的化合物，取其中的一个（如 S 构型）进一步取代，又可产生一手性中心，得到 2,3-二氯丁烷。

$$H-\overset{\overset{\displaystyle CH_3}{|}}{\underset{\underset{\displaystyle C_2H_5}{|}}{C}}-Cl \longrightarrow CH_3\overset{*}{C}HCl\overset{*}{C}HClCH_3$$

(S)-2-氯丁烷 　　　　　 2,3-二氯丁烷

2,3-二氯丁烷应有三个异构体：

CH₃	CH₃	CH₃
H─┼─Cl	H─┼─Cl	Cl─┼─H
H─┼─Cl	Cl─┼─H	H─┼─Cl
CH₃	CH₃	CH₃
内消旋体	一对对映体	
(2S,3R)	(2R,3R)	(2S,3S)

分析上面反应结果，只有二个产物，一为有旋光活性的 (2S,3S)-2,3-二氯丁烷。另一个为内消旋的 (2S,3R)-2,3-二氯丁烷，总的产物显示一定的旋光性。

为什么会有这样的结果呢？

这是由于反应物分子中有一手性碳，具有旋光性，这个碳的构型在反应中不会发生变化，仍是 S 构型。而反应中新产生的手性中心有两种可能的构型，因此有两种非对映异构的产物（S,R 或 S,S）。

　　实验表明这两种产物的量是不等的，有较多的内消旋体（S,R）及较少的（2S,3S)-2，3-二氯丁烷。其比例为 71：29。怎样解释这个现象呢？这与反应中间体自由基的构象及不对称性有关。自由基的稳定构象是分子中大基团尽量远离。两个较大的甲基处于反位。氯从自由基的两边进攻，由于自由基具有手性，从 a 面进攻受到较大基团氯的阻碍，得到较少的 S，S 的产物，从 b 面进攻位阻较小，因此产物主要是内消旋的。

（2）卤素对烯烃的加成

　　前述溴与烯烃的加成，是一个亲电的、分步的，反式的过程。学习了反应的立体化学，对整个反应会有更全面、深入的了解。例如溴与顺-2-丁烯反应，第一步加上一个溴正离子，形成溴鎓离子；第二步溴负离子从三元环反面进攻，由于进攻三元环两端的机会均等，因此得到外消旋的产物。

　　把透视式改写成费歇尔投影式时，需把交叉式构象旋转成重叠式构象，并使碳碳键在一个平面，然后按投影要求写出相应的费歇尔投影式。

　　最初提出的机理认为，溴与顺-2-丁烯加成，溴正离子首先加成在烯键一端，形成一个开链的碳正离子中间体。

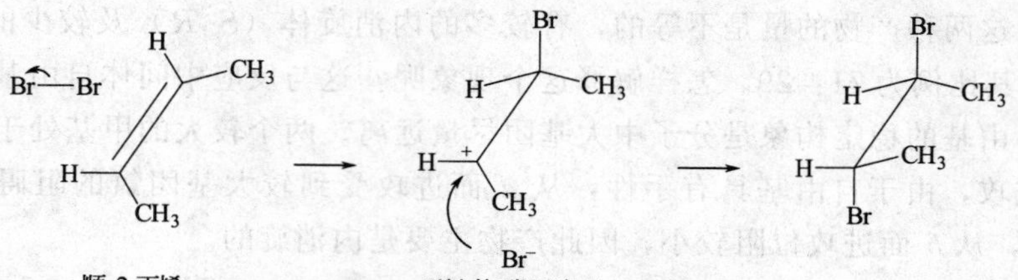

顺-2-丁烯

开链的碳正离子

然后溴负离子进攻碳正离子。由于手性的碳正离子中间体中，溴有较大的体积，故阻碍了溴负离子从上面的进攻，主要得到反式加成的产物。这种选择性是假设单键不能旋转，实际上碳碳单键可以旋转，旋转后得到更稳定的构象，溴负离子从下面进攻，主要产物是内消旋的 2,3-二溴丁烷。

旋转

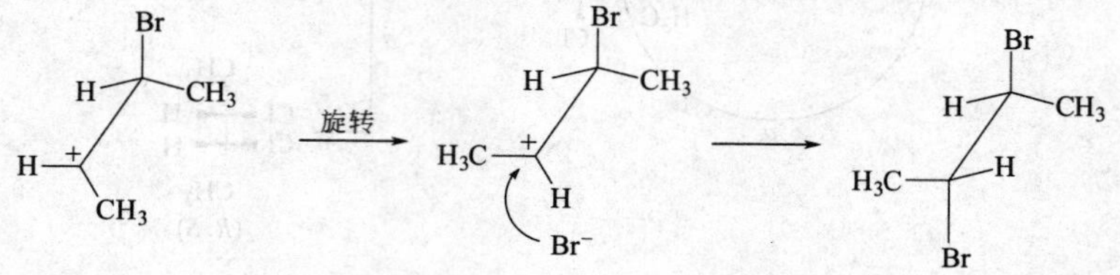

这与实验事实不符，说明原有的反应机理并不完善。

为了克服这个矛盾，1937 年有人提出，反应不经过开链的碳正离子，而是形成环状的溴鎓离子中间体。这个环状的溴鎓离子阻止了碳碳单键的旋转，保证溴从三元环的背面进攻，完满地解释了实验的立体化学结果。这体现了立体化学在研究反应历程中的重要性。

反-2-丁烯与溴加成，形成的溴鎓离子有手性，因此得到一对外消旋的中间体。它们进一步与溴负离子结合，得到内消旋的 2,3-二溴丁烷。

这种从不同的立体构型得到立体构型不同的产物的反应叫做立体专属反应。

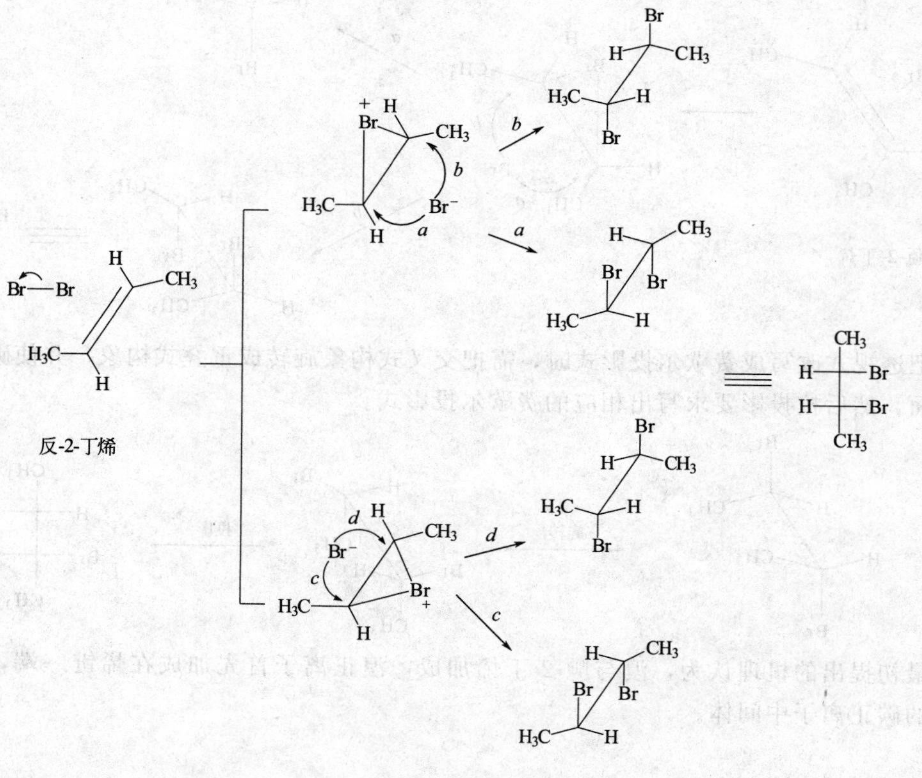

反-2-丁烯

18.4.11　立体专一性

立体专一反应：凡是由构型不同的反应物在反应中产生出不同的立体异构产物。

狄尔斯-阿德尔反应是立体专一性的反应，1,3-丁二烯同顺丁烯二酸酯加成得到内消旋的产物，同反丁烯二酸酯加成得到外消旋产物。

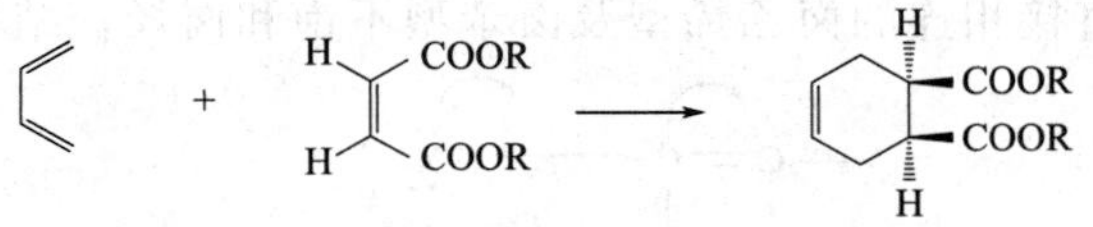

1,3-丁二烯　　　顺丁烯二酸酯　　　　　内消旋体

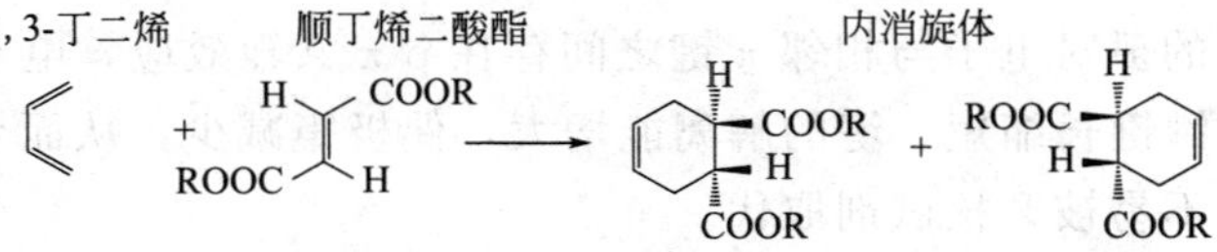

1,3-丁二烯　　　反丁烯二酸酯　　　　　　　外消旋体

18.5　卤代烃

卤代烃是烃分子中一个或多个氢原子被卤原子取代而生成的化合物。

$$RCH_2—H \longrightarrow RCH_2—X \qquad X=Cl \quad Br \quad I$$

自然界中存在极少，主要是人工合成的。

R—X 因 C—X 键是极性键，性质较活泼，能发生多种化学反应转化成各种其他类型的化合物，所以卤代烃是有机合成的重要中间体，在有机合成中起着桥梁的作用。同时卤代烃在工业、农业、医药和日常生活中都有广泛的应用。由此可见，卤代烃是一类重要的化合物。由于氟代烃的性质和制法比较特殊，本章主要介绍氯代烃、溴代烃和碘代烃的化合物性质。

18.5.1　卤代烃的分类与结构

（1）分类

根据卤代烃分子组成和结构特点，主要有三种分类方法。

① 根据烃基的结构不同分为饱和卤代烃和不饱和卤代烃。

$$CH_3CH_2—X \qquad 饱和卤代烃$$
$$CH_2=CH—X \qquad 不饱和卤代烃$$

② 按照与卤原子相连碳原子的不同，卤代烃又可分为伯、仲和叔卤代烃。

$$RCH_2—X \qquad 1°卤代烷$$
$$R_2CH—X \qquad 2°卤代烷$$
$$R_3C—X \qquad 3°卤代烷$$

③ 由分子中所含卤原子的数目分为一元卤烃和多元卤烃。

$$CH_3Br \qquad 一元卤烃$$
$$CHCl_3 \qquad 多元卤烃$$

（2）结构

饱和卤代烃分子中，sp^3 杂化碳原子与卤原子以共价键相结合，由于卤原子的电负性大于饱和碳原子的电负性，碳卤键是极性键，饱和卤烃是极性分子。

$$\overset{\delta^+}{\underset{+}{C}} \xrightarrow{\quad} \overset{\delta^-}{X}$$

不同碳卤键的极性大小次序为：C—Cl＞C—Br＞C—I。而不同碳卤键的可极化度，根据卤原子变形性的大小可推断为 C—I＞C—Br＞C—Cl。碳卤键的 σ 电子偏向卤原子，使碳原子表现出缺电子的特征，易被亲核试剂进攻发生取代反应。

不饱和碳原子与卤素直接相连的卤乙烯型及卤苯型不饱和卤烃，结构特征为：

$$-\overset{|}{C}=\overset{|}{C} \xrightarrow{\quad} \ddot{X}:$$

卤原子 p 轨道中的孤对电子与相邻 π 键之间存在 p-π 共轭效应，电子离域的结果，使电子的密度降低，碳卤键键长缩短，键的解离能增大，偶极矩减少，从而导致不饱和卤烃的化学活性降低，卤原子不易被亲核试剂取代。

18.5.2 物理性质

① 一般为无色液体。
② 卤代烷的蒸气有毒。
③ 沸点
a. 较相应的烷烃高。
b. 随着 C 原子数的增加而升高。
c. RI＞RBr＞RCl＞RF。
d. 直链异构体沸点最高，支链越多沸点降低。
相同 C 原子数 1°RX ＞ 2°RX ＞ 3°RX。
④ 相对密度：大于相同 C 的烷烃。RCl、RF＜1；RI、RBr＞1。
⑤ 溶解性：不溶于水，可溶于有机溶剂

18.5.3 化学性质

（1）亲核取代反应

$$RX+ :Nu \longrightarrow RNu+X^- \qquad HO— \quad RO— \quad NC— \quad NH_3 \quad O_2NO—$$

:Nu—亲核试剂。由亲核试剂进攻引起的取代反应称为亲核取代反应（用 S_N 表示）。

① 水解反应　卤代烃与水共热，卤原子可被羟基取代，生成相应的醇，该反应称为卤代烃的水解。

$$RCH_2—X+NaOH \xrightarrow{\text{水}} RCH_2OH+NaX$$

$$H—OH \;+\; R—CH_2—X \xrightarrow{\triangle} R—CH_2—\overset{+}{O}H_2 \xrightarrow{-H^+} R—CH_2—OH$$

卤代烃的水解是一个可逆反应，一般的卤代烷水解进行得很慢，为了加快反应速度，使反应向生成醇的方向进行，通常用强碱（NaOH 或 KOH）水溶液代替水，活泼的卤代烃可用弱碱（K_2CO_3 或 Na_2CO_3）水溶液代替水，这样一方面 OH^- 是一个比水更强的亲核试剂，可使反应容易进行；另外，反应生成的 HX 可被碱中和，打破平衡，使反应趋于完全。

$$R—X+NaOH \xrightarrow{\text{水}} ROH+NaX$$

a. 加 NaOH 是为了加快反应的进行，是反应完全。

b. 此反应是制备醇的一种方法，但制一般醇无合成价值，可用于制取引入 OH 比引入卤素困难的醇。

② 醇解 醇的亲核性较弱，通常用醇钠与卤代烷反应，卤素原子被烷氧基取代，生成醚。

$$R—X' + RONa \longrightarrow R—OR' + NaX$$
醚

③ 氰解 卤代烃与氰化钠在乙醇溶液中反应，卤原子被氰基（CN）取代而生成腈，该反应称为卤代烃的氰解：

$$RCH_2X + NaCN \xrightarrow{\text{乙醇}} RCH_2CN + NaX$$
腈

a. 反应后分子中增加了一个碳原子，是有机合成中增长碳链的方法之一。

b. CN 可进一步转化为—COOH、—CONH$_2$ 等基团。

④ 氨反应 卤代烷与氨作用，卤原子被氨基（—NH$_2$）取代，生成有机胺，称为氨解反应。氨比水或醇具有更强的亲核性，卤代烷与一摩尔的氨作用后生成铵盐，需要用另一摩尔的氨中和生成的 HX 才能游离出有机胺。

$$R—X + NH_3 \longrightarrow R\overset{+}{N}H_3X^- \xrightarrow{NH_3} RNH_2 + NH_4X$$

生成的有机胺仍然是一个亲核试剂，还可与卤代烷作用生成铵盐，所以，卤代烃的氨解反应是一个连串反应，往往得到的是各种胺的混合物。

$$RNH_2 \xrightarrow{RX} R_2NH \xrightarrow{RX} R_3N \xrightarrow{RX} R_4\overset{+}{N}X^-$$

当氨大大过量时，则主要生成伯胺（RNH$_2$）。

⑤ 卤素的交换反应 氯代烃或溴代烃可与碘化钠在丙酮中反应，生成相应的碘代烃和氯（溴）化钠。

$$R—Cl(Br) + NaI \xrightarrow{\text{丙酮}} R—I + NaCl(Br) \downarrow$$

这里氯（或溴）原子被碘取代，发生了两种卤原子的交换，因此称为卤素的交换反应。交换反应在丙酮溶液中进行时，由于 NaI 在丙酮中溶解度较大，生成的 NaCl（或 NaBr）不溶于丙酮而沉淀出来，是不可逆反应，可使反应向右进行。

⑥ 与炔钠反应 伯卤代烃与炔钠反应生成碳链更长的炔烃。

$$R—X + NaC{\equiv}CR' \longrightarrow RC{\equiv}CR' + NaX$$

这是由低级炔烃制备高级炔烃的重要方法。与前述几个取代反应一样，所用的 RX 必须是伯卤代烃，叔卤代烃主要生成消除反应产物。

⑦ 与羧酸盐反应 羧酸根负离子也有亲核性，当它与活泼的卤代烃作用时，卤原子被羧酸根（RCOO⁻）取代生成羧酸酯。例如乙酸苄酯的合成：

$$C_6H_5CH_2Cl + CH_3COONa \longrightarrow C_6H_5CH_2OOCCH_3 + NaCl$$

⑧ 与 AgNO$_3$ 酒精溶液反应

$$R—X + AgNO_3 \xrightarrow{\text{醇}} R—ONO_2 + AgX \downarrow$$
硝酸酯

由于生成 AgX 沉淀，因此，该反应可用来鉴别卤代烃。一方面可以鉴别不同卤素的卤代烃，因 AgCl 为白色沉淀，AgBr 为淡黄色沉淀，AgI 为黄色沉淀，可根据沉淀颜色的不同来区别是什么卤素组成的卤代烃；另一方面还可鉴别不同烃基结构的卤代烃，因烃基结构不同，反应活性有明显的差异。烯丙型卤代烃（包括苄卤）、叔卤代烃和一般的碘代烃在室温下就能与 $AgNO_3$ 的醇溶液迅速反应，生成 AgX 沉淀。伯、仲氯代烃和伯、仲溴代烃要在加热下才能起反应，生成 AgX 沉淀。而乙烯型（包括卤代芳烃）加热也不发生反应。所以，可根据卤代烃与 $AgNO_3$ 的醇溶液反应，沉淀的难易来区别是什么烃基的卤代烃。

将上述各种取代反应归纳起来，可表示如下：

试剂		取代产物	
Na^+	OH^-	ROH	醇
Na^+	SH^-	RSH	硫醇
Na^+	OR'^-	ROR'	醚
Na^+	SR'^-	RSR'	硫醚
Na^+	CN^-	RCN	腈
R—X +	H—NH_2	RNH_2	胺
Na^+	I^-	RI	碘代烃
Na^+	$C \equiv CR'^-$	$RC \equiv CR'$	炔
Na^+	$OOCR'^-$	ROOCR'	酯
Na^+	ONO_2^-	$RONO_2$	硝酸酯

（2）消除反应

卤代烷与强碱（NaOH 或 KOH）的醇溶液共热时，主要产物不是醇，而是卤代烷脱去一分子 HX，生成不饱和的烯烃。

$$RCH_2CH_2X + NaOH \left\{ \begin{array}{l} \xrightarrow[\text{取代}]{H_2O} RCH_2CH_2OH + NaX \\ \xrightarrow[\text{消除}]{C_2H_5OH} RCH = CH_2 + H_2O + NaX \end{array} \right.$$

这种从分子中脱去一个简单分子（如 HX、H_2O 等）形成不饱和键的反应称为消除反应，用 E 表示，因为消除的 H 原子在 β-C 上，所以，这种消除反应属于 β-消除反应。

$$R - \overset{\beta}{C}H - \overset{\alpha}{C}H_2 \xrightarrow{KOH} RCH = CH_2 + HX$$
$$\quad\quad\quad \lfloor H \quad X \rfloor$$

邻二卤代烃和同碳二卤代烃在碱的醇溶液作用下，加热可脱掉两分子卤化氢，生成炔烃。

$$CH_3CH_2\overset{|}{C}H - \overset{|}{C}H_2 \xrightarrow[C_2H_5OH]{KOH} CH_3CH_2C \equiv CH + 2HX$$
$$\quad\quad\quad X \quad\; X$$

$$R - CH_2 - \overset{|}{C}H - X \xrightarrow[C_2H_5OH]{KOH} R - C \equiv CH + 2HX$$
$$\quad\quad\quad\quad X$$

但邻二卤代烃在许可的情况下，主要生成共轭二烯烃。

$$\xrightarrow[C_2H_5OH]{KOH} + 2HX$$

消除反应在有机合成上，常作为在分子中引入碳碳双键和碳碳三键结构的方法之一。

在消除反应中，如果 β-C 碳上只有一种氢，则消除产物只有一种。

$$(CH_3)_3CX + KOH \xrightarrow{C_2H_5OH} CH_2 = C(CH_3)_2$$

但是，如果有不同的 β-H 时，则消除产物就可能不止一种。例如：

$$CH_3 \underset{\overset{|}{H}}{\overset{\beta}{C}H} - \underset{\overset{|}{Br}}{\overset{\alpha}{C}H} - \underset{\overset{|}{H}}{\overset{\beta'}{C}H_2} + KOH \xrightarrow{C_2H_5OH} CH_3CH = CHCH_3 + CH_3CH_2CH = CH_2$$

$$81\% \qquad\qquad 19\%$$

究竟哪种烯烃是主要产物，俄国化学家查依切夫（Saytzeff）1875 年通过研究最早指出，卤原子总是优先与含氢较少的 β-C 上的氢一起脱去，主要产物是双键两端碳原子上带有较多取代基的烯烃。这是一条经验规则，被称之为查依切夫规则。再如：

$$CH_3CH_2CH_2 \underset{\overset{|}{Br}}{C}HCH_3 \xrightarrow{KOH, \text{乙醇}} CH_3CH_2CH=CHCH_3 + CH_3CH_2CH_2CH=CH_2$$

$$69\% \qquad\qquad\qquad 31\%$$

$$CH_3CH_2 - \underset{\overset{|}{H}}{\overset{\overset{|}{H}}{C}} - CH_3 \xrightarrow{KOH, \text{乙醇}} CH_3CH=\underset{\overset{|}{CH_3}}{\overset{\overset{CH_3}{|}}{C}} + CH_3CH_2CH=CH_2$$

$$71\% \qquad\qquad 29\%$$

在大多数情况下，卤代烷的消除反应常和取代反应同时进行，而且相互竞争，究竟哪一种反应占优势，则与分子结构和其他反应条件有关（详见影响因素一节）。

（3）与活泼金属反应

卤代烃能与某些金属发生反应，生成有机金属化合物——金属原子直接与碳原子相连接的化合物。

① 与金属镁反应　卤代烃与金属镁在无水乙醚中反应，生成金属镁有机化合物。

$$(Ar)R - X + Mg \xrightarrow[\text{回流}]{\text{干醚}} (Ar)R - MgX$$

法国青年化学家格利雅（Grignard V，1875～1935）于 1901 年在他的博士论文研究工作中首次制备了有机镁化合物。这一金属有机化合物在有机合成方面得到广泛应用，为此他获得了 1912 年诺贝尔化学奖。为纪念这一伟大发明成果，称 RMgX 为格氏试剂。

卤代烷与金属镁的反应活性：

$$RI > RBr > RCl > RF；RX > ArX$$

反应常用溶剂为与水互溶的乙醚、丁醚和四氢呋喃等。

a. 格氏试剂的结构　格氏试剂的结构至今还不完全清楚，一般认为在无水乙醚中有下列几种组成物，且存在一定平衡。格氏试剂生成后不用分离提纯，可直接用于下一步反应。

$$\begin{matrix} C_2H_5 & & C_2H_5 \\ & \diagdown O \diagup & \\ R & \!\!-\!\! Mg \!\!-\!\! & X \\ & \diagup O \diagdown & \\ C_2H_5 & & C_2H_5 \end{matrix}$$

格氏试剂的结构中，C—Mg 键是强极性的共价键，烷基碳具有显著的碳负离子的性质，所以，碳负离子非常活泼，能起多种化学反应。

b. 格氏试剂的活性

ⓐ 与含活泼氢的化合物作用　与分子中含活泼氢化合物反应，格氏试剂生成相应的烃。

$$\text{RMgX} + \begin{cases} \xrightarrow{\text{HOH}} \text{R—H} + \text{Mg} \Big\langle \begin{matrix} \text{OH} \\ \text{X} \end{matrix} \\[8pt] \xrightarrow{\text{R—OH}} \text{R—H} + \text{Mg} \Big\langle \begin{matrix} \text{OR} \\ \text{X} \end{matrix} \\[8pt] \xrightarrow{\text{RCOOH}} \text{R—H} + \text{Mg} \Big\langle \begin{matrix} \text{OCOR} \\ \text{X} \end{matrix} \\[8pt] \xrightarrow{\text{HX}} \text{R—H} + \text{Mg} \Big\langle \begin{matrix} \text{X} \\ \text{X} \end{matrix} \\[8pt] \xrightarrow{\text{R—C}\equiv\text{CH}} \text{R—H} + \underset{\overset{\displaystyle |}{\text{X}}}{\text{Mg}}\text{—C}\equiv\text{CR} \end{cases}$$

新的格氏试剂, 很有用

上述反应是定量进行的, 可用于有机分析中测定化合物所含活泼氢的数量 (叫做活泼氢测定法)。

$$\text{CH}_3\text{MgI} + \text{A—H} \longrightarrow \text{CH}_4 \uparrow + \text{AI}$$
定量的   测定甲烷的体积, 可推算出所含活泼氢的个数

格氏试剂遇水就分解, 所以, 在制备和使用格氏试剂时都必须用无水溶剂和干燥的容器。操作要采取隔绝空气中湿气的措施。

在利用 RMgX 进行合成过程中还必须注意含活泼氢的化合物。

ⓑ 与 O_2 和 CO_2 反应　格氏试剂暴露在空气中, 能慢慢地吸收氧气而被氧化, 生成烷氧基卤化镁, 此产物遇水则分解成醇

$$\text{RMgX} + \text{O}_2 \longrightarrow \text{ROMgX} \xrightarrow{\text{H}_2\text{O}} \text{ROH} + \text{Mg(OH)X}$$

格氏试剂还能与空气中的二氧化碳作用, 水解后生成羧酸。

$$\text{RMgX} + \text{O}{=}\text{C}{=}\text{O} \longrightarrow \text{R—}\overset{\displaystyle \text{O}}{\overset{\|}{\text{C}}}\text{—OMgX} \xrightarrow{\text{H}_2\text{O}} \text{R—}\overset{\displaystyle \text{O}}{\overset{\|}{\text{C}}}\text{—OH} + \text{Mg(OH)X}$$

ⓒ 与 R—X 反应　可以使用一般的格氏试剂与活泼的卤代烃反应来制备高级烃。

$$\bigcirc\text{—MgBr} + \text{Cl—H}_2\text{CHC}{=}\text{CH}_2 \xrightarrow{\text{Et}_2\text{O}} \bigcirc\text{—CH}_2\text{CH}{=}\text{CH}_2$$

$$\text{R—C}{\equiv}\text{CMgX} + \text{R}'\text{—X} \xrightarrow{\text{Et}_2\text{O}} \text{R—C}{\equiv}\text{R}' + \text{MgX}_2$$

格氏试剂作为亲核试剂还可与醛、酮、酯、环氧乙烷等多种化合物反应, 生成有机的化合物, 因此, 在有机合成上具有广泛的用途。将在后续各章节中讨论。

② 与金属钠的反应　卤代烷在无水乙醚等惰性溶剂中与金属钠反应, 先生成烷基钠, 烷基钠很活泼, 会继续与卤代烷作用, 生成比原来碳原子数多一倍的烃。

$$\text{RX} + 2\text{Na} \longrightarrow \text{RNa} + \text{NaX}$$
$$\text{RNa} + \text{RX} \longrightarrow \text{R—R} + \text{NaX}$$

这个反应称为武兹 (Wurtz) 反应, 是制备复杂烃的一种方法。但一般只适用于制备 R 相同的卤代烃, 否则产物复杂, 不易分离提纯。

③ 与金属锂反应　卤代烃与金属锂在非极性溶剂 (无水乙醚、石油醚、苯和 THF 等惰性溶剂) 中作用生成有机锂化合物:

$$\text{CH}_3\text{CH}_2\text{CH}_2\text{CH}_2\text{Br} + 2\text{Li} \xrightarrow[-10\text{℃}]{\text{无水乙醚}} \text{CH}_3\text{CH}_2\text{CH}_2\text{CH}_2\text{Li} + \text{LiBr}$$
80% ~ 90%

$$\text{C}_6\text{H}_5{-}\text{Cl} +2\text{Li} \xrightarrow{\text{无水乙醚}} \text{C}_6\text{H}_5{-}\text{Li} +\text{LiCl}$$

烃基锂和卤化锂一般都溶于反应溶剂中，通常不需分离即可用于合成反应中。

在有机锂试剂中，C—Li 键是强极性共价键，烃基是一个强碱，也是一个强的亲核试剂，可以与极性双键、卤代烃、活泼氢、金属卤化物等进行反应。由于它遇水、醇、酸等，会迅速分解成烷烃。故在制备和使用时，必须用彻底干燥的惰性溶剂，最好在氮气或氩气保护下进行。

在烷基锂反应中，重要的是能和 CuI 反应，生成二烃基铜锂。

$$\text{RLi}+\text{CuI} \longrightarrow \text{R}_2\text{CuLi}+\text{LiI}$$

R 可以是烷基、烯基、烯丙基或芳基。二烃基铜锂是一个非常有用的试剂，可以和不同的卤代烃合成结构更复杂的烃类化合物。用通式表示为

$$\text{R}_2\text{CuLi}+\text{R}'\text{X} \longrightarrow \text{R}{-}\text{R}'+\text{RCu}+\text{LiX}$$

这里，R′X 最好是伯卤代烃，也可以是不活泼的乙烯型卤代烃，但叔卤代烃几乎不发生上述反应。另外，分子中含有羰基、酯基、羟基或氰基也能发生此反应。例如：

$$(\text{CH}_3)_2\text{CuLi}+\text{CH}_3(\text{CH}_2)_4\text{I} \xrightarrow{98\%} \text{CH}_3(\text{CH}_2)_4\text{CH}_3 +\text{CH}_3\text{Cu}+\text{LiI}$$

$$(\text{CH}_3)_2\text{CuLi}+ \text{I}{-}\text{C}_6\text{H}_5 \xrightarrow{90\%} \text{CH}_3{-}\text{C}_6\text{H}_5 +\text{CH}_3\text{Cu}+\text{LiI}$$

$$(\text{CH}_2{=}\text{C(CH}_3){-})_2\text{CuLi} + \text{Br}{-}\text{C}_6\text{H}_4{-}\text{CH}_3 \xrightarrow{80\%} \text{CH}_2{=}\text{C(CH}_3){-}\text{C}_6\text{H}_4{-}\text{CH}_3 + \text{CH}_2{=}\text{C(CH}_3)\text{CuLi}+\text{LiBr}$$

此反应叫做科瑞-豪斯（Corey-House）合成法。由于产率较好，甚至还能保持反应原来的几何构型，完全可以代替武兹反应。

（4）亲核取代反应历程及影响因素

卤代烷的亲核取代反应是一类重要反应，由于这类反应可用于各种官能团的转变以及碳碳键的形成，在有机合成中具有广泛的用途，因此，对其反应历程的研究也就比较充分。

在亲核取代反应中，研究得最多的是卤代烷的水解，在反应的动力学、立体化学，以及卤代物的结构，溶剂等对反应速度的影响等都积累了大量的资料，为我们的学习提供了丰富的内容。下面我们以卤代烃水解反应为例，讨论饱和碳原子亲核取代反应机理。

$$\text{R}{-}\text{X}+{}^-\text{OH} \xrightarrow{\text{H}_2\text{O}} \text{R}{-}\text{OH}+\text{X}^-$$

① 动力学分析 在研究水解反应速率与反应物浓度之间关系时发现，卤代烷水解反应一般分为两类。

a. 溴甲烷的碱性水解

$$\text{H}_3\text{C}{-}\text{Br}+{}^-\text{OH} \xrightarrow{\text{H}_2\text{O}} \text{H}_3\text{C}{-}\text{OH}+\text{Br}^-$$

溴甲烷水解反应速率不仅与卤代烷的浓度成正比，也与碱的浓度成正比。反应速率方程为：

$$V=k\,[\text{CH}_3\text{Br}][\text{OH}^-]$$

在动力学研究中，按反应速率式中个浓度项的指数叫做级数，把所有浓度项指数的总和称为该反应的反应级数。从这个反应速率方程可见，这是一个二级的动力学方程，反应是双分子反应，称为双分子亲核取代反应，即 S_N2 反应。

b. 溴代叔丁烷的碱性水解

$$\underset{\substack{CH_3 \\ |}}{\overset{\substack{CH_3 \\ |}}{H_3C-\underset{|}{C}-Br}} + {}^-OH \xrightarrow{H_2O} H_3C-\underset{\substack{| \\ CH_3}}{\overset{\substack{CH_3 \\ |}}{C}}-OH$$

实验表明，叔卤代烷的水解反应中，水解反应速率只与卤代烃的浓度成正比，而与碱的浓度无关。反应速率方程为：

$$V = k\,[t\text{-BuBr}]$$

表明整个水解反应是一级反应，称为单分子亲核取代反应，即 S_N1 反应。

为什么同是水解反应，上述两种不同卤代烷反应的动力学级数不同呢？为什么溴代叔丁烷的水解反应速率与碱的浓度无关呢？

为了解释动力学级数的差异和某些实验事实，归纳总结了亲核取代反应的两种不同的反应机理。

② 双分子亲核取代反应（S_N2）的机理 溴甲烷的碱性水解反应速率不仅与卤代烷的浓度成正比，也与碱的浓度成正比。

$$H_3C-Br + {}^-OH \xrightarrow{H_2O} H_3C-OH + Br^-$$

$$V = k\,[CH_3Br]\,[OH^-]$$

这种由两个反应物质的浓度决定反应速率大小的亲核取代反应称为双分子亲核取代反应（S_N2）。

a. S_N2 反应机理与活化能 在这个 S_N2 反应过程中，首先亲核试剂 ${}^-OH$ 从离去基团溴原子的背面沿着 C—Br 键键轴的方向进攻带有部分正电荷的 α 碳原子。在逐渐接近过程中，C—O 键部分形成，C—Br 键逐渐伸长而变弱，甲基上的三个氢原子也向溴原子所在一边逐渐偏移，中心碳原子由 sp^3 杂化向 sp^2 杂化转化，当中心碳原子转化为 sp^2 杂化状态时，中心碳原子周围连有五个基团，三个正常的 C—H 键在一个平面上，羟基和溴原子与 α 碳形成的两个弱的共价键在平面的两侧，空间拥挤程度大，体系的能量最高，形成反应的过渡态 TS。

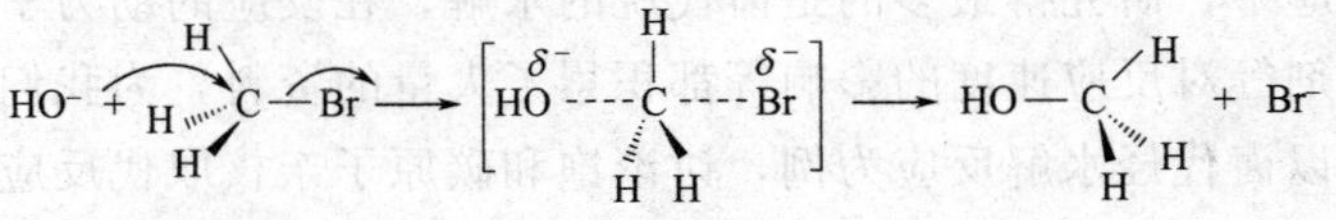

$$HO^{\;-}\;\;\underset{\substack{H \\ |}}{\overset{\substack{H \\ |}}{C}}-Br \longrightarrow \left[\;HO\overset{\delta^-}{\text{----}}\underset{\substack{| \\ H\;\;\;H}}{\overset{H}{C}}\overset{\delta^-}{\text{----}}Br\;\right] \longrightarrow HO-\overset{H}{\underset{\substack{| \\ H}}{C}} + Br$$

过渡态TS

随着 ${}^-OH$ 键连接近碳原子和溴原子继续远离碳原子，体系能量要逐渐降低。最后 ${}^-OH$ 与碳生成 O—C 键，溴则带着一对电子离去成为 Br^-，甲基上的三个氢原子也完全转向到原来溴原子一边，中心碳原子又恢复为 sp^3 杂化状态。

S_N2 反应是一步完成的过程，反应中体系的能量随反应物逐渐形成过渡态，空间拥挤程度增加升至最高，随着 Br^- 离去又逐渐释放出能量生成产物。产物 C—O 键键能大于反应物 C—Br 键键能，产物的能量水平低于反应物，整个反应是放热的。能量曲线图表示如图 18-25。

b. S_N2 反应的立体化学 S_N2 反应机理是新键的生成和旧键的断裂同时进行。一步完成的反应过程，反应前后中心碳原子的立体构型发生了转化，这种现象叫瓦尔登转化。如果卤代烷分子中的卤素是连在手性碳原子上，发生 S_N2 反应，产物的构型与原来反应物的构型完全相反。例如，(S)-$(+)$-2-溴辛烷的碱性水解反应是二级反应，生成构型相反时 (R)-$(-)$-2-辛醇：

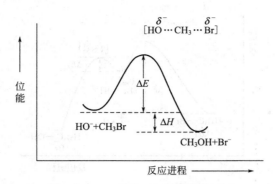

图 18-25　S_N2 反应进程中的能量变化

综上所述，S_N2 反应的特点是：双分子亲核取代反应，反应速率不仅与卤代烷的浓度有关，也与亲核试剂的浓度有关，反应中新键的建立与旧键的断裂是同时进行的，得到的产物通常发生构型翻转。也就是说，完全的构型转化往往可作为双分子亲核取代反应的标志。

③ 单分子亲核取代反应（S_N1）的机理　溴代叔丁烷的碱性水解生成叔丁醇。

$$V = k \, [t\text{-BuBr}]$$

反应速率只与卤代烷的浓度有关，与亲核试剂的浓度无关，在动力学上是一级反应，称为单分子亲核取代反应（S_N1）。

a. S_N1 反应机理与活化能

叔卤代烷的亲核取代反应速率仅取决于分子本身 C—X 键断裂的难易和它的浓度，说明这个反应是分步进行的。

第一步：

过渡态（1）

第二步：

过渡态（2）

反应的第一步是卤代烃电离生成活性中间体碳正离子，碳正离子再与碱进行第二步反应生成产物。故 S_N1 反应中有活性中间体——碳正离子生成。整个反应的能量变化表示如图 18-26。

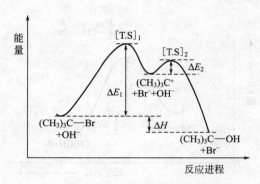

图 18-26　反应的能量变化

b. $S_N 1$ 反应的立体化学

ⓐ 外消旋化（构型翻转 ＋ 构型保持）　$S_N 1$ 反应决定反应速率的是形成的碳正离子中间体，为 sp^2 杂化态，具有平面构型，亲核试剂向平面任何一面进攻的概率相等。

$$R_2 \overset{R_1}{\underset{R_3}{C}} -Br \longrightarrow \left[a\ \overset{R_1}{\underset{R_2\ R_3}{C^+}}\ b \quad HO^- \right] \longrightarrow HO-\overset{R_1}{\underset{R_2\ R_3}{C}} \quad + \quad R_2\overset{R_1}{\underset{R_3}{C}}-OH$$

a 构型转化　　b 构型保持

外消旋体

ⓑ 部分外消旋化（构型翻转 ＞ 构型保持）　$S_N 1$ 反应在有些情况下，往往不能完全外消旋化，而是其构型翻转 ＞ 构型保持，因而其反应产物具有旋光性。例如：

$$\overset{C_6H_{13}}{\underset{H_3C}{\overset{|}{C}}} \overset{H}{} -Br \xrightarrow{60\% H_2O-乙醇} HO-\overset{C_6H_{13}}{\underset{CH_3}{\overset{|}{C}}}\overset{H}{} \quad + \quad \overset{C_6H_{13}}{\underset{H_3C}{\overset{|}{C}}}\overset{H}{} -OH$$

(−)-2-溴辛烷　　　　　　　(+)-2-辛醇　　　　(−)-2-辛醇
　　　　　　　　　　　　　　67%　　　　　　33%

左旋 2-溴辛烷在 $S_N 1$ 条件下水解，得到 67％ 构型翻转的右旋 2-辛醇，33％ 构型保持的左旋 2-辛醇，其中有 33％ 构型翻转的右旋 2-辛醇与左旋 2-辛醇组成外消旋体，还剩下 34％ 的右旋 2-辛醇，所以，其水解产物有旋光性。

理论解释——离子对历程

离子对历程认为，反应物在溶剂中的离解是分步进行的。可表示为：

$$R-X \rightleftharpoons [R^+ X^-] \rightleftharpoons [R^+\ |\ |\ X^-] \rightleftharpoons [R^+] + [X^-]$$

紧密离子对　　溶剂分隔离子对

在紧密离子对中 R^+ 和 X^- 之间尚有一定键连，因此仍保持原构型，亲核试剂只能从背面进攻，导致构型翻转。

在溶剂分隔离子对中，离子被溶剂隔开，如果亲核试剂介入溶剂的位置进攻中心碳，则产物保持原构型，由亲核试剂介入溶剂的背面进攻，就发生构型翻转。

当反应物全部离解成离子后再进行反应，就只能得到外消旋产物。

ⓒ 构型完全保持

例如：

碳正离子　　　　　100%构型保持

理论解释——邻近基团的参与。

分子内中心碳原子邻近带负电荷的基团（上述为羧基负离子）像 Nu: 一样从连接溴原子（离去基团）的背面向中心碳原子进攻，进行了分子内的类似于 S_N2 反应，生成不稳定的内酯。

在内酯中手性碳原子的构型发生了翻转，碳正离子的构型被固定，因此，亲核试剂(^-OH)就只能从原来溴原子离区的方向进攻，手性碳原子的构型再一次发生翻转，经过两次翻转，结果使 100% 保持原来的构型不变。

在有机化学反应中，有很多与次类似的邻近基团参与的亲核取代反应，若反应物分子内中心碳原子邻近有—COO^-、—O^-、—OR、—NR_2、—X、碳负离子等基团存在，且空间距离适当时，这些基团就可以借助它们的负电荷或孤电子对参与分子内的亲核取代反应。反应结果除得到亲核取代产物外，还常常导致环状化合物的形成。

④ 影响亲核取代反应的因素　一个卤代烷的亲核取代反应究竟是按 S_N1 历程还是 S_N2 历程进行，要由烃基的结构、亲核试剂的性质、离子基团的性质和溶剂的极性等因素的影响来决定。下面分别对各因素进行讨论。

a. 烃基结构　卤代烃烃基的影响主要从其电子效应和空间效应两方面来考虑。

⑧ 对 S_N1 反应的影响　如果按 S_N1 历程反应，决定整个反应速度的是第一步碳正离子形成的难易。碳正离子越稳定，越易形成，反应速度就越快。

从反应物的空间效应看，α-C 上连的基团越多、越大，空间拥挤程度越大，对卤素原子的排斥力就越大，就越容易离去 X^- 形成碳正离子。

从反应物的电子效应看，烷基一般为供电子基，α-C 上连的供电子基越多，卤代烃中 α-C 上的电子云密度就越高，卤原子就越容易带着一对成键电子离去。

从形成碳正离子后的稳定性看，由于烷基的供电子作用，α-C 上连的供电子基越多，使 α-C 上的正电荷得到分散得越多，就越稳定。即有：

$$(CH_3)_3\overset{+}{C} > (CH_3)_2\overset{+}{C}H > CH_3\overset{+}{C}H_2 > \overset{+}{C}H_3$$

综上所述，如果按 S_N1 历程进行，反应的速度顺序应为：

$$(CH_3)_3CX > (CH_3)_2CHX > CH_3CH_2X > CH_3X$$

实验测定，溴代烃在较强的极性溶剂（甲酸水溶液）中水解，主要按 S_N1 历程进行，其反应的相对速度顺序为：

$$R—Br + H_2O \xrightarrow{\text{甲酸}} ROH + HBr$$

$$RX: \quad (CH_3)_3CX > (CH_3)_2CHX > CH_3CH_2X > CH_3X$$

相对速度：　　　　　10^8　　　　　45　　　　1.7　　　1.0

所以，如果按 S_N1 历程反应，其速度顺序应与上述顺序一致。

② 对 S_N2 历程的影响　如果按 S_N2 历程反应，决定整个反应速度的是过渡态形成的难易，过渡态越容易形成，反应速度就越快。

从反应物的空间效应看，α-C 上连的基团越多、越大，拥挤程度越大，对亲核试剂进攻 α-C 的空间阻力就越大，形成过渡态所需的活化能就越大，反应就越难进行。

从反应的电子效应看，α-C 上连的供电子基团越多，α-C 上所带的正电荷就被分散得越多，正电性降低，对亲核试剂（如 I^-）的静电吸引力就变小，形成过渡态就变得越难。

因此，如果按 S_N2 历程进行，其反应速度顺序正好与 S_N1 历程相反。

实验测定，在较弱的极性溶剂（无水丙酮）中，溴代烃与碘化钾的交换反应主要按 S_N2 历程进行，其反应的相对速度顺序为：

$$R\text{—}Br + KI \xrightarrow{\text{丙酮}} RI + KBr$$

$$RX: \quad (CH_3)_3CX < (CH_3)_2CHX < CH_3CH_2X < CH_3X$$

相对速度：　　　　1.0　　　　　10　　　　1000　　　1.5×10^5

综上所述，烃基对两种反应历程的反应速度影响如下：

$$S_N1 \xleftarrow[\text{强极性溶剂中}]{\overset{\text{弱极性溶剂中}}{\underset{(CH_3)_3CBr \quad (CH_3)_2CHBr \quad CH_3CH_2Br \quad CH_3Br}{}}} S_N2$$

实际上，S_N1 和 S_N2 反应总是相互并存，相互竞争。究竟哪个反应占主导地位，除了取决于烃基结构外，还受反应条件的影响。一般情况下，易失去卤素形成较稳定碳正离子的叔卤代主要按 S_N1 历程进行；而不易形成稳定碳正离子的甲基卤代烃和伯卤代烃主要按 S_N2 历程进行；对仲卤代烃的亲核取代反应来说，则两种历程同时进行。

但也有特殊情况与上述不符。例如：对伯卤代烃来说，如果 β-C 上的氢被烷基取代，也能阻碍亲核试剂的进攻，不利于过渡态的形成。如下列伯溴代烃与乙醇钠的乙醇溶液在 55℃ 反应，主要按 S_N2 历程进行，生成醚的相对速度为：

$$R\text{—}Br + C_2H_5O^- \xrightarrow{C_2H_5OH} ROC_2H_5 + Br^-$$

$$RX: CH_3CH_2Br \quad CH_3\text{—}CH_2CH_2Br \quad CH_3\text{—}\underset{CH_3}{\overset{CH_3}{\underset{|}{\overset{|}{C}}}}HCH_2Br \quad CH_3\text{—}\underset{CH_3}{\overset{CH_3}{\underset{|}{\overset{|}{C}}}}CH_2Br$$

相对速度：　　　100　　　　　28　　　　　　3　　　　　　0.00042

对于空间位阻较大，又不易形成碳正离子的卤代烃，即不易发生 S_N1 反应，也不易发生 S_N2 反应。例如：在桥环化合物的桥头碳原子上进行的亲核取代反应就是如此。

若按 S_N2 历程进行，亲核试剂从背面进攻中心碳原子，由于氯的背面是一个环，空间位阻较大，亲核试剂不能从背面进攻，所以很难按 S_N2 反应进行。

若按 S_N1 历程进行，首先要离去氯负离子形成碳正离子，但由于受桥环系统牵制，桥头碳正离子不能伸展为平面构型，因此阻碍了氯的解离，取代反应也很难进行。

既是生成碳正离子，由于不能伸展成平面构型，存在着较大的张力，该桥头碳正离子也是很不稳定的碳正离子，虽然它是叔碳正离子，但其稳定性比甲基碳正离子还小。

b. 离去基团的影响　亲核取代反应无论按那种历程进行，离去基团总是带着电子对离开中心碳原子。因此，无论是 S_N1 还是 S_N2 反应，都是离去基团越容易离去，取代反应就越容易进行。

对于卤代烃的亲核取代反应来说，C—X 键断裂的难易，取决于 C—X 键的键能和可极化度。

从 C—X 键的键能看，其大小顺序是：C—F＞C—Cl＞C—Br＞C—I。键能越大，断裂所需的活化能就越高，越不容易断键，反应就越不容易进行。

从键的可极化度看：极化度指的是在电场或试剂场作用下，原子或化学键变形的难易程度。从 F 到 I，原子半径增加，原子核对外层价电子的束缚力减弱，原子或其化学键就越易极化变形。所以 C—X 键的可极化性顺序为：C—I＞C—Br＞C—Cl＞C—F。可极化度越大，在外界条件影响下就越易极化变形，化学键就越易断裂。

综上所述，当烃基相同时，卤代烃的亲核活性顺序为：R—I＞R—Br＞R—Cl＞R—F。

c. 亲核试剂影响　亲核试剂的亲核能力又称亲核性，是指对带正电荷的中心碳原子的亲和力。一般来说，亲核能力越强，越有利于 S_N2 反应，因有利于过渡态的形成。而对 S_N1 反应来说，决定整个反应速度的步骤与亲核试剂无关，所以相对而言，弱亲核试剂对 S_N1 反应有利。有关进攻试剂的亲核性的强弱，在后面还要专门讨论。

d. 溶剂的影响　溶剂和分子或离子通过静电的作用称为溶剂化效应。溶剂的极性对反应历程影响较大，通常分子或离子极性越大，越容易被极性溶剂溶剂化，体系就越稳定。

对 S_N1 历程：

$$R — X \longrightarrow [\overset{\delta^+}{R} ---- \overset{\delta^-}{X}] \longrightarrow R^+ + X^-$$

过渡态的极性大于反应物，因此，增加溶剂的极性，对过渡态比反应物更容易溶剂化，溶剂化越好，释放的能量越大，形成过渡态所需的活化能越小，离解就越容易进行。所以，增加溶剂的极性有利于碳正离子和卤负离子的形成和稳定存在，有利于 S_N1 反应的进行。

对 S_N2 历程：

$$Nu^- + R—X \longrightarrow \left[\overset{\delta^-}{Nu} ---- R ---- \overset{\delta^-}{X} \right] \longrightarrow NuR + X^-$$

亲核试剂电荷比较集中，而过渡态的电荷比较分散，即过渡态的极性没有亲核试剂大。因此，增加溶剂的极性，反而使极性较大的亲核试剂溶剂化，这样必须付出更多的能量，先在亲核试剂周围除掉部分溶剂分子，才能使亲核试剂与中心碳原子形成过渡态，这对 S_N2 过渡态的形成不利。因此，极性小的溶剂对 S_N2 反应有利。

一般来说，改变溶剂的极性和溶剂化的能力，常可改变反应历程。例如：在极性很大的溶剂（如甲酸水溶液）中，伯卤代烷也能按 S_N1 进行。在极性小的非质子性溶剂（如无水丙酮）中，叔卤代烃也可按 S_N2 进行。如：$C_6H_5CH_2Cl$ 水解的反应，在水中按 S_N1 历程，在极性较小的丙酮中则按 S_N2 历程进行。

（5）消除反应历程及影响因素

研究表明，消除反应也存在单分子消除反应（E_1）和双分子消除反应（E_2）两种不同的机理。

① 双分子消除（E₂）历程　动力学实验发现，伯卤代烃，如溴丙烷在乙醇溶液中与强碱 KOH 进行消除反应时，其反应速度与溴丙烷和碱的浓度之积成正比：

$$CH_3CH_2CH_2Br + OH^- \xrightarrow{EtOH} CH_3CH=CH_2 + H_2O + Br^-$$

$$V = k_2\,[CH_3CH_2CH_2Br]\,[OH]^-$$

与 S_N2 反应相似，人们推测该反应的历程为：

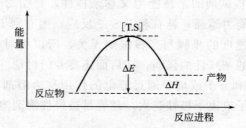

在碱性试剂（OH^-）进攻 β-H 时，当靠近到一定程度，就会部分成键；同时 β-H 和 β-C 之间的成键电子受 OH^- 电荷的排斥，开始向 β-C 和 α-C 之间转移，使碳碳之间开始形成部分 π 键；而 C—X 的成键电子开始向卤原子偏移，卤原子逐渐远离 α-C。当 OH^- 与 β-H 接近到一定程度，反应达到能量最高的过渡态。随着反应的继续进行，最后 β-C—H 键断裂，H 以质子的形式与 OH^- 结合生成 H_2O，而 C—X 键也完全断裂，形成 X^-，β-C 和 α-C 之间形成双键。E_2 反应的能量曲线如图 18-27。

图 18-27　E_2 反应的能量曲线

E_2 反应和 S_N2 反应相似，同时进行，相互竞争。

双分子消除（E_2）反应的立体化学如下所述。

在 E_2 反应中，生成烯烃的过渡态中已有部分双键的性质，当两个离去基团处于反式共平面的位置时，形成双键的两个 p 轨道才能达到最大重叠，最大限度降低过渡态能量，加速反应进程。

实验测得，2-溴丁烷的消除反应产物为：

$$CH_3CH_2CHCH_3 \xrightarrow[70\,℃]{KOEt/HOEt}$$
$$（E\,60\%）\qquad（Z\,20\%）$$

2-丁烯有两种构型，$Z:E$ 比例为 1:3，从 2-溴丁烷消除反应形成的过渡态和产物的稳定性比较不难看出，有利于生成 E-2-丁烯。

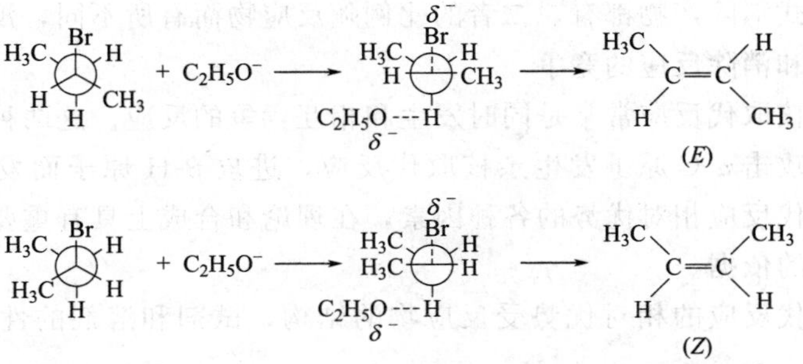

卤代环己烷衍生物的消除反应，只有两个离去基团处于环己烷椅式构象中 a 键的位置上，才能满足离去基团反式共平面的立体化学要求，发生消除反应生成环己烯衍生物。

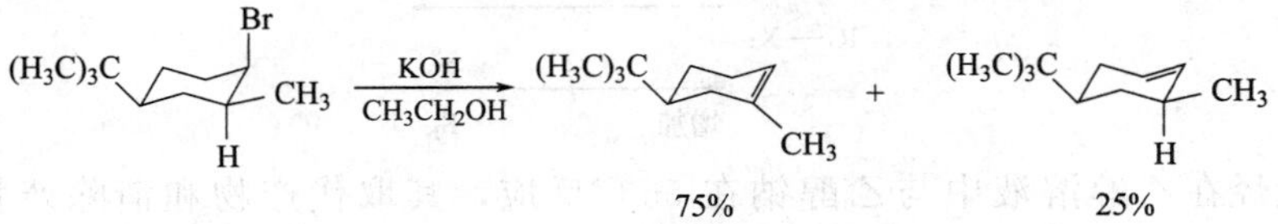

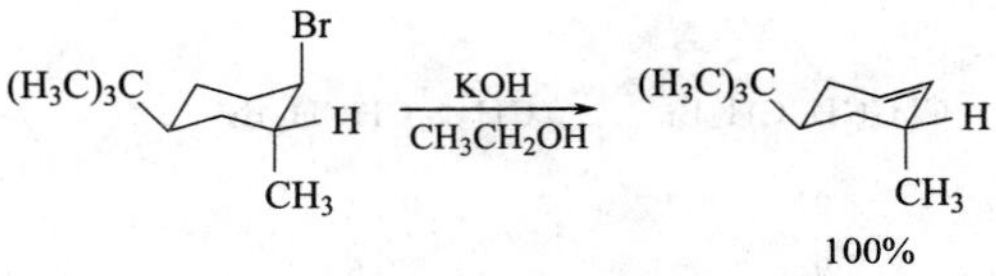

② 单分子消除（E1）历程

实验发现，叔卤代烃与 KOH-乙醇溶液共热时，也容易消除一分子 HX，生成烯烃：

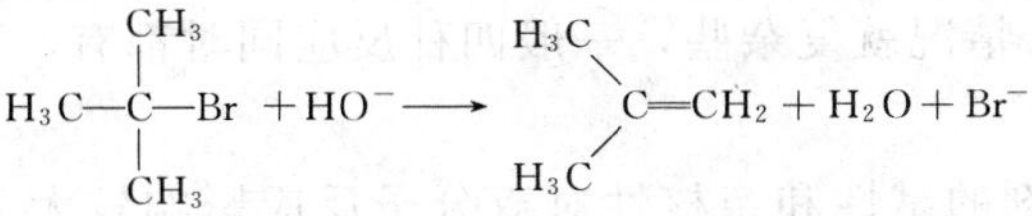

$$V_1 = k_1 \left[(CH_3)_3CBr \right]$$

但是，动力学研究表明，其反应速度只与叔卤代烃浓度成正比，而与碱的浓度无关。

与 S_N1 反应相似，人们认为，其反应历程应为分步反应：

第一步

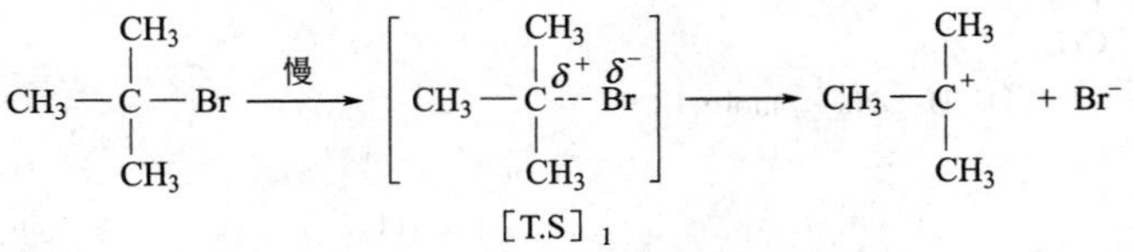

第二步

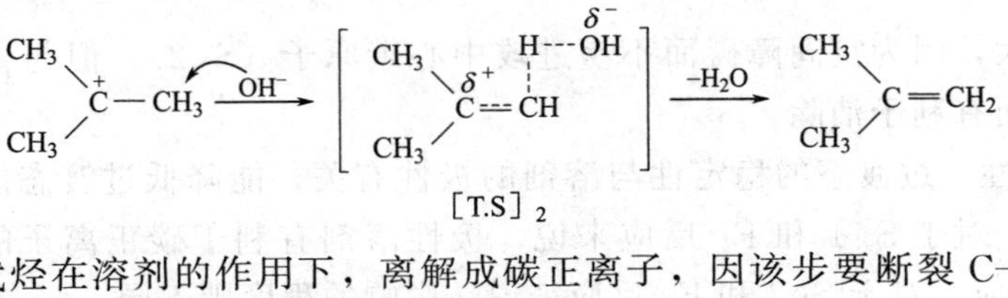

首先，叔卤代烃在溶剂的作用下，离解成碳正离子，因该步要断裂 C—X 键，需要吸收较多的能量，反应速度比较慢，是个慢步骤。

接着，碱性试剂进攻碳正离子的 β-H，脱去一分子水，形成烯烃。这一步虽然也要断裂一个 C—H 键，但由于碳正离子活性较高，同时又形成两个化学键，所以该步反应的活化能较小，反应速度较快。

很显然，E1 与 S_N1 反应也是同时发生，相互竞争。

单分子消除（E1）反应的立体化学：与 E2 不同，E1 消除在立体化学上没有空间定向性，反式消除和顺式消除产物都有，二者的比例随反应物而有所不同，没有明显的规律。

（6）取代反应和消除反应的竞争

消除反应与亲核取代反应常常是同时发生和相互竞争的反应。这两种反应是在同一试剂的作用下引起的。攻击 α-C 原子发生亲核取代反应，进攻 β-H 原子而发生消除反应。研究影响消除反应和取代反应相对优势的各种因素，在理论和合成上具有重要意义，它能够提供有效控制产物比例的依据。

消除反应和取代反应的相对优势受反应物的结构，试剂和溶剂的性质以及反应速率的影响。

① 卤代烷的结构　卤代烷的结构对消除反应和取代反应影响较大，一般的反应趋势为：

$$R-X: \quad \frac{E \quad\quad 增加}{1° \quad 2° \quad 3°}\quad S_N$$

下列溴代烃在乙醇溶液中与乙醇钠在 55℃ 反应，其取代产物和消除产物所占的比例如下：

	CH₃CH₂Br	CH₃CH₂CH₂Br	(CH₃)₂CHCH₂Br	⬡-CH₂CH₂Br
S_N2 产物/%	99	91	40.4	4.4
E_2 产物/%	1	9	59.6	94.6

由于负离子进攻叔卤代烷的中心碳原子时，受到较大的空间位阻作用，但进攻 β-H 所受的空间位阻较小，所以叔卤代烷总是倾向于消除反应。

对于仲卤代烃来说，情况就复杂些，一般四种反应同时都有，哪个是主要的，要看其他条件才能决定。

② 试剂的性质　试剂的碱性和亲核性对双分子反应影响较大。试剂的碱性越强，浓度越高，越有利于消除反应；反之。则有利于取代反应。

$$(CH_3)_3C-Br +C_2H_5ONa \xrightarrow{C_2H_5OH} (CH_3)_3COC_2H_5 + (CH_3)_2C=CH_2$$

$[C_2H_5ONa]$ /mol·L⁻¹		
0	65%	34%
0.08	44%	56%
1.00	2%	98%

试剂的体积大，因为空间障碍而不易进攻中心碳原子（S_N2），但与 β-H 接近不会受到明显的影响，因而有利于消除。

③ 溶剂的极性　过渡态的稳定性与溶剂的极性有关。能降低过渡态能量的溶剂就能降低反应的活化能。对于 S_N1 和 E_1 反应来说，极性溶剂有利于碳正离子的稳定，即有利于 S_N1 反应和 E_1 反应。对于 S_N2 和 E_2 反应来说，影响的程度则不同。

$$S_N2过渡态: \left[Nu^{\delta-} \cdots C \cdots X^{\delta-} \right] \quad 电荷分散在三个原子上$$

$$S_N2过渡态: \left[B^{\delta-}-H \cdots C=C \cdots X^{\delta-} \right] \quad 电荷分散在五个原子上$$

在过渡态中，E_2 的电荷分散程度影响比 S_N2 大，使用较地极性小的溶剂对 E_2 更有利。

一般的消除反应都在醇溶液中进行，取代反应则在水、二甲基亚砜（DMSO），N，N-二甲基甲酰胺（DMF）和丙酮中进行。

$$CH_3CH_2CH_2Br + NaOH \begin{cases} \xrightarrow[S_N2]{H_2O} CH_3CH_2CH_2OH \\ \xrightarrow[E_2]{C_2H_5OH} CH_3CH=CH_2 \end{cases}$$

④ 反应温度 升高反应温度对消除反应和取代反应都有利，但在消除反应中，需要同时异裂 C—X 键和 β-C—H 键，所需反应活化能比取代反应高，所以提高反应温度有利于消除反应。

综上所述，应用消除反应制取烯烃时，宜使用高浓度的强碱性溶剂，极性较小的溶剂，在较高的温度下进行反应。

18.5.4 不饱和卤代烃和卤代芳烃

不饱和卤代烃是一个双官能团化合物，即卤素和不饱和键。因此，不饱和卤代烃的结构和性质与这两个官能团的相对位置有关，相对位置不同，结构和性质会有明显的差异。这里芳环可看作是一个不饱和官能团，因此，把它和卤代烯烃放在一起讨论。

（1）分类

不饱和卤代烃根据卤素和双键的相对位置不同，可分为三类。

① 乙烯型卤代烃 卤原子直接与双键碳相连的卤代烃。通式为：

$$RCH=CH—X \qquad C_6H_5—X$$

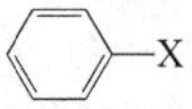

② 烯丙基型卤代烃 卤原子与双键碳相隔一个饱和碳原子的卤代烃。通式为：

$$RCH=CH—CH_2—X \qquad C_6H_5—CH_2—X$$

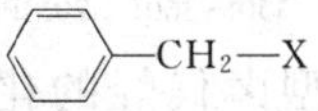

③ 孤立型卤代烯烃 卤原子与双键碳相隔两个或两个以上饱和碳原子的卤代烃。通式为：

$$RCH=CH—(CH_2)_n—X \qquad C_6H_5—(CH_2)_n—X \qquad n>2$$

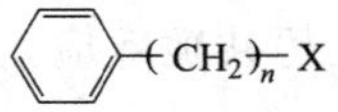

（2）不饱和卤代烃的化学活性

不饱和卤代烃的化学活性与卤素和双键的相对位置有关，距离不同，化学活性也有很大差异。其活性大小可用 $AgNO_3$ 的乙醇溶液来区别。

$$R—X + AgONO_2 \xrightarrow{\text{乙醇}} RONO_2 + AgX\downarrow$$

烯丙型	孤立型	乙烯型
$CH_2=CH—CH_2X$	$CH_2=CH—(CH_2)_nX$	$CH_2=CH—X$
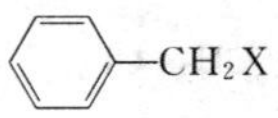 $C_6H_5—CH_2X$	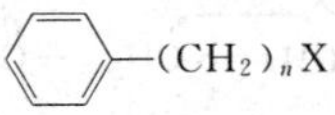 $C_6H_5—(CH_2)_nX$	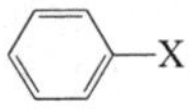 $C_6H_5—X$
$(CH_3)_3CX$	$(CH_3)_2CHX$	
R—I	RCH_2X	
室温立即出现沉淀	室温下不出现沉淀加热才出现沉淀	加热也不出现沉淀

可见，不同的卤代烃沉淀的快慢是不同的。烯丙基卤、苄基卤、叔卤代烃和碘代烃中的卤素最活泼，在室温下就能和 $AgNO_3$ 的乙醇溶液迅速作用，生成 AgX 沉淀；孤立型卤代烃

和伯卤代烷烃、仲卤代烷烃的活泼相似，一般室温下不反应，要在加热下才能起反应生成沉淀；而乙烯型卤代烃和卤苯中的卤素最不活泼，即使加热，也不起反应。据此现象可判断是什么类型的卤代烃。

（3）不饱和卤代烃的结构对化学活性的影响

为什么乙烯型卤代烃不活泼，而烯丙型卤代烃却特别活泼呢？从它们的结构上可以找到原因。

① 乙烯型卤代烃

a. 氯乙烯的结构与活性　在氯乙烯中，氯原子以 σ 键与碳原子成键，氯原子上还有未成键的带一对电子的 p 轨道，当它与 π 键平行时，就会发生 p-π 共轭效应。共轭的结果，使键长平均化，体系内能降低。

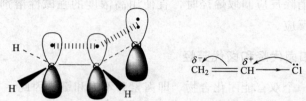

p-π 共轭对 C—Cl 键的影响：由于 p-π 共轭的结果，使 C—Cl 键上具有了 π 键的成分，电子云密度增加，键能加强，键长缩短，反应活性降低。因此，氯原子不易被取代。

b. 氯苯的结构与活性　氯苯的结构与氯乙烯相似，在芳香烃一章已讨论过。它也存在着 p-π 共轭。p-π 共轭的结果使 C—Cl 键上具有了 π 键的成分，电子云密度增加，键能加强，键长缩短，反应活性降低。氯原子一般不易被取代掉。如果要取代，需要高温、高压、用 Cu 作催化剂才能实现。

$$ \text{Cl} \xrightarrow[350\sim360℃,20MPa]{NaOH,Cu} \text{ONa} \xrightarrow{H^+} \text{OH} $$

② 烯丙型卤代烃　烯丙型卤代烃的化学性质比较活泼，很容易发生化学反应。这一点可从产物和过渡态的稳定性得到解释。

如果按 S_N2 历程进行，在过渡态中，双键上的 π 电子云能与正在形成的键和正在断裂的键之间发生电子云交盖，产生超共轭效应。

$$ CH_2=CH-\underset{\underset{H}{|}}{\overset{\overset{H}{|}}{C}}-Cl + OH^- \longrightarrow \cdots \longrightarrow CH_2=CH-\underset{\underset{H}{|}}{\overset{\overset{OH}{|}}{C}}-H $$

共轭的结果使过渡态能量降低，反应活化能降低，有利于 S_N2 反应的进行。

$$ CH_2=CHCH_2Cl \longrightarrow [\overset{\delta^+}{CH_2\text{---}CH\text{---}CH_2}\cdots\overset{\delta^-}{Cl}] \longrightarrow CH_2=CH-\overset{+}{C}H_2 + Cl^- $$

$$ CH_2=CH-\overset{+}{C}H_2 \Longleftrightarrow \overset{\oplus}{CH_2\text{---}CH\text{---}CH_2} $$

α-C 失去氯负离子后，变为 sp^2 杂化，当它空的 p 轨道与 π 键平行时，就会发生 p-π 超共轭，形成共轭体系，使体系电荷分散、内能降低、稳定性增加。

根据"能使产物稳定的因素也能使过渡态稳定"的规律。可以看出在形成过渡态时，也已经有共轭效应存在，因而使过渡态内量降低，反应活化能减小，有利于 S$_N$1 反应的进行。

综上所述，烯丙基卤代烃无论是按 S$_N$1 历程进行，还是按 S$_N$2 历程进行，都是有利的。所以烯丙基卤代烃化学反应活性较高。

③ **孤立型卤代烃**　在孤立型卤代烃中，卤素与双键相隔较远，两者之间相互影响不大，它们的化学性质与一般的卤代烷烃和烯烃相似，不再赘述。

18.5.5　重要的卤代烃

(1) 氯甲烷

氯甲烷室温下为无色气体，有乙醚气味，与空气能形成爆炸性混合物，爆炸极限为 8.1％～17.2％。能溶于常用的有机溶剂，微溶于水。主要用途是作为甲基化试剂、冷冻剂、麻醉剂和制备有机硅化合物的原料。

工业上氯甲烷主要是由甲烷氯化和甲醇与氯化氢在加压下反应制得。

$$CH_3OH + HCl \xrightarrow[\text{加压}]{ZnCl_2} CH_3Cl + H_2O$$

(2) 多卤代烷

多卤代烷的性质和一卤代烷相似，可以进行取代、消除等反应，同一个碳原子上所连的卤原子越多，其反应活性越低。在此介绍几个重要多卤代烃。

① **二氯甲烷**　二氯甲烷为无色液体，沸点 40.1℃，在水中溶解度为 2.50％（15℃）。二氯甲烷有溶解能力强、毒性小、不燃烧、对金属稳定等优点，是一个常用的有机溶剂和萃取剂，也可作局部麻醉剂、冷冻剂和灭火剂等，是层析分离的常用洗脱剂。工业上，二氯甲烷主要是由甲烷氯化制得。

$$CH_4 + 2HCl + O_2 \xrightarrow[300～500℃]{催化剂} CH_2Cl_2 + H_2O$$

② **三氯甲烷**　三氯甲烷俗称氯仿，是一种无色带有甜味的液体，具有麻醉作用，沸点 61.2℃，d_4^{20} 1.4832，微溶于水（0.381％，25℃），是一个良好的不燃性有机溶剂。能溶解碘、硫以及油脂、蜡、有机玻璃、橡胶、沥青等，常用来提取中草药的有效成分、精制抗生素，还广泛用作合成原料。工业上三氯甲烷是由甲烷氯化或四氯化碳还原法生产。

$$CCl_4 + H_2 \xrightarrow{\cdot Fe} CHCl_3 + HCl$$

$$3CCl_4 + CH_4 \xrightarrow{400～650℃} 4CHCl_3$$

③ **四氯化碳**　四氯化碳为无色液体，沸点 76.8℃，d_4^{20} 1.5940，几乎不溶于水（0.08％，20℃）。四氯化碳不燃烧，在常温下对空气和光相当稳定。是一种良好的有机溶剂和常用的灭火剂，因其蒸气比空气重，不导电，可把燃烧的物体覆盖，使之与空气隔绝而达到灭火的效果，适用于扑灭油类和电源附近的火源。但是，四氯化碳在 500℃ 以上的高温时，能发生水解而生成少量的光气，故灭火时要注意空气流通，以防中毒。

$$CCl_4 + H_2O \xrightarrow{高温} COCl_2 + 2HCl$$

四氯化碳除了作溶剂外，又常用作干洗剂，但它有一定的毒性，长期接触，能损坏肝脏，所以，现在许多国家已不再用作溶剂和灭火剂。

四氯化碳是甲烷氯化的最终产物，工业上用甲烷与氯按 1：4 摩尔比混合，在 440℃下反应，四氯化碳的产率可达 96%。此外，在催化剂碘存在下，以干燥的氯气通往二硫化碳中反应，再进行分馏，也能制得四氯化碳。

$$CS_2 + 3Cl_2 \longrightarrow CCl_4 + S_2Cl_2$$
$$2S_2Cl_2 + CS_2 \longrightarrow CCl_4 + 6S$$

④ 1,2-二氯乙烷　1,2-二氯乙烷为无色液体，沸点 83.7℃，d_4^{20}1.252，难溶于水，可溶于乙醚、乙醇等有机溶剂。它是有机合成中的重要原料，可用于合成氯乙烯、丁二腈等化合物，也是常用的有机溶剂。但它易挥发，有剧毒，使用是要特别小心。它的工业制法是乙烯加氯生成的。

（3）氯代烯烃

以氯乙烯为例如下所述。

氯乙烯为无色气体，沸点 -13.4℃。由于是乙烯型氯代烃，在一般条件下，氯乙烯分子中的氯原子不易被取代，其双键在与 HX 加成时速度比一般烯烃慢，脱去氯化氢也比较困难。以上这些特以上这些特性都是氯乙烯分子中双键和氯原子相互影响的结果。

氯乙烯在工业上有三种主要制法。

a. 乙炔法　乙炔与氯化氢在氯化汞催化下进行加成可得到氯乙烯。

$$CH{\equiv}CH + HCl \xrightarrow[150\sim160℃]{HgCl_2/活性炭} CH_2{=}CHCl$$

b. 乙烯氧氯化法　这种方法往往与氯碱工业相配合，利用食盐水电解所得的氯气与乙烯加成，先得到二氯乙烷，然后在加热下消除一分子氯化氢得到氯乙烯。

$$2CH_2{=}CH_2 + Cl_2 + O_2 \longrightarrow 2CH_2{=}CHCl + H_2O$$

c. 烯炔法　该法是将乙烯法和乙炔法联合起来生产氯乙烯，所以又称联合法。该法的优点是充分利用了乙烯法中的副产物氯化氢，没有任何副产物，是符合原子经济的反应。故在工艺上合理、比较经济，现已得到推广。

$$CH_2{=}CH_2 + Cl_2 \longrightarrow CH_2Cl{-}CH_2Cl \longrightarrow CH_2{=}CHCl + HCl$$
$$CH{\equiv}CH + HCl \longrightarrow CH_2{=}CHCl$$

（4）卤代芳烃

卤代芳烃指的是卤素直接连在芳环上和卤素连在芳环侧链的化合物。

① 氯苯　氯苯为无色液体，沸点 132℃，d_4^{20} 为 1.4064，不溶于水，溶于一般有机溶剂。氯苯可用作溶剂，是有机合成的基本原料，可用于合成一硝基氯苯、一硝基苯酚、二硝基氯苯、二硝基苯酚和苦味酸等，这些都是农药、医药和染料的中间体。氯苯属于乙烯型卤代烃，它的氯原子很不活泼，一般条件下不能发生亲核取代反应，除非用非常强的碱和非常苛刻的条件才能反应。但是，如果在氯的邻位或对位引入强的吸电子基（如硝基），氯的亲核活性可被活化，在一般条件下就能被取代掉（见酚的制备和硝基化合物各节）。

氯苯的工业制法是在铁屑或三氯化铁的催化下将氯气通往苯中直接氯化得到的（见芳烃的氯化）。

② 苯氯甲烷　苯氯甲烷又称氯化苄或苄基氯，它是一种有催泪性的液体，沸点 179℃，不溶于水。

苯氯甲烷是典型的烯丙型卤代烃，化学活性较高，可以发生一系列的亲核取代反应，也能很容易制成格氏试剂，所以苯氯甲烷是一个应用较广的有机合成中间体。例如：苯氯甲烷很容易水解为苯甲醇，这是工业上制备苯甲醇的主要方法。

苯氯甲烷的工业制法主要有两种：一是在光照或高温下通氯气到沸腾的甲苯中反应得到；二是采用氯甲基化反应，即将干燥的氯化氢通入无水氯化锌、三聚甲醛和苯形成的悬浮液中，于 60℃ 反应制得。

$$\text{C}_6\text{H}_5-\text{CH}_3 + \text{Cl}_2 \xrightarrow[\text{(或 500)℃}]{\text{光照}} \text{C}_6\text{H}_5-\text{CH}_2\text{Cl} + \text{HCl}$$

$$3\,\text{C}_6\text{H}_6 + (\text{HCHO})_3 + 3\text{HCl} \xrightarrow[60℃]{\text{ZnCl}_2} 3\,\text{C}_6\text{H}_5-\text{CH}_2\text{Cl} + 3\text{HCl}$$

（5）有机氟化物

氟代烃与其他卤代烃相比，性质独特，制备比较困难。由于烃直接氟代反应剧烈，产物复杂，因此，通常氟代烃是由其他卤代烃与无机氟化物进行置换反应得到的。

一氟代烃不太稳定，容易脱去 HF 而生成烯烃。

$$\underset{\underset{\text{F}}{|}}{\text{CH}_3-\text{CH}-\text{CH}_3} \longrightarrow \text{CH}_3-\text{CH}=\text{CH}_2 + \text{HF}$$

当烃分子中含有多个氟原子（特别是同一碳原子上连有多个氟原子）时，则变得比较稳定，由于某些多氟代烃具有极好的耐热性、耐腐蚀性和优良的电绝缘性，所以它们越来越引起人们的注意，现在已成为发展尖端科学不可短少的物质。

① 二氟二氯甲烷（氟利昂-12）　二氟二氯甲烷是无色、无臭、无毒、无腐蚀性、化学性质稳定的气体，沸点 $-29.8℃$，易压缩成不燃性液体，当解除压力后，立即气化，同时吸收大量的热，因此广泛地用作制冷剂、喷雾剂、灭火剂等。它的商品名称叫氟利昂-12 或 F_{12}。

氟利昂（Freon）原为杜邦公司生产的专用商品名称，但现已成为通用名称，它们实际上是一些氟氯烷的总称。许多氟氯烷都有良好的致冷作用，但又有各自不同的特性。商业上不同的氟里昂常用 F××× 来代表它的结构。其中 F 表示它是一个氟代烃，在 F 右下角的数字中，个位数代表分子中的氟原子数，十位数代表氢原子数加一，百位数代表碳原子数减一，如果为零，可以省去不写。例如：

CCl_2F_2	$\text{ClF}_2\text{C}-\text{CF}_2\text{Cl}$	$\text{CFCl}_2\text{CF}_2\text{Cl}$	CCl_3F	CHClF_2
简称：F_{12}	F_{114}	F_{113}	F_{11}	F_{22}

由于氟利昂性质极为稳定，在大气中可长期存在而不发生化学反应，但在大气高空积聚后，可通过一系列的光化学降解反应产生氯自由基，而一个氯自由基就可破坏成千上万个臭氧分子。因此，氟利昂和其他含氯化合物包括氯气，是地球臭氧层的最大破坏者。高空臭氧层具有保护地球免受宇宙强烈紫外线侵害的作用，一旦臭氧层被破坏，将丧失其原来的保护作用，不但人类免疫系统失调，造成白内障、产生皮肤癌，而且还会使地球的气候乃至整个环境发生巨大的变化。所以，现在世界各国已纷纷立法禁止使用氟利昂。

② 四氟乙烯　四氟乙烯为无色气体，沸点 $-76.3℃$，不溶于水，溶于有机溶剂。

在工业上，四氟乙烯的生产是采用氯仿与干燥氟化氢，在五氯化锑（SbCl_5）催化下反应先制得二氟一氯甲烷（F_{22}），后者再经高温分解而生成四氟乙烯。

$$\text{CHCl}_3 + 3\text{HF} \xrightarrow{\text{SbCl}_5} \text{CHClF}_2 + 2\text{HCl}$$

$$CHClF_2 \xrightarrow{600\sim800℃} F_2C=CF_2 + 2HCl$$

四氟乙烯是生产聚四氟乙烯（Teflon）的单体，在过氧化物引发下，在加压条件下，四氟乙烯可聚合成聚四氟乙烯。

$$nF_2C=CF_2 \xrightarrow[50℃, 490.5kPa]{(NH_4)_2S_2O_8, H_2O, HCl} \{CF_2-CF_2\}_n$$

聚四氟乙烯是白色或淡灰色固体，其平均相对分子质量在 400 万～1000 万。具有很好的耐热、耐寒性，可在 $-269\sim250℃$ 范围内使用，$400℃$ 以下不分解。它的化学性质非常稳定，与发烟硫酸、浓碱、氢氟酸等均不反应，甚至在"王水"中煮沸也无变化，抗腐蚀性非常突出，故有"塑料王"之称。它是化工设备理想的耐腐蚀材料，也可作家用炊事用具的"不粘"内衬，在国防工业、电器工业、航空工业、尖端科学技术等行业得到广泛使用。但其缺点是成本高，成型加工困难。

18.6 有机化合物的波谱分析

18.6.1 核磁共振波谱

核磁共振（Nuclear Magnetic Resonance，NMR）是在强磁场下电磁波与原子核自旋相互作用的一种基本物理现象。美国科学家 Rabi 发明了研究气态原子核磁性的共振方法，获 1944 年诺贝尔物理学奖。1946 年美国哈佛大学的 E. Purcell 及斯坦福大学的 F. Bloch 领导的两个研究小组各自独立地发现了磁共振现象。1952 年 Purcell 和 Bloch 共同获得诺贝尔物理学奖。瑞士物理化学家 Richard Ernst 因对 NMR 波谱方法、傅里叶变换、二维谱技术的杰出贡献，而获 1991 年诺贝尔化学奖。瑞士核磁共振波谱学家 Kurt Wüthrich，由于用多维 NMR 技术在测定溶液中蛋白质结构的三维构象方面的开创性研究，而获 2002 年诺贝尔化学奖。1973 年美国纽约州立大学的 Lauterbur 利用梯度磁场进行空间定位，获得两个充水试管的第一幅磁共振图像；1974 年做出了活鼠的核磁图像。1977 年英国科学家 Mansfield 又进一步验证和改进了这种方法，并发现不均匀磁场的快速变化可以使上述方法能更快地绘制成物体内部结构图像。2003 年 Lauterbur 和 Mansfield 获得 2003 年诺贝尔生物医学奖。

核磁共振波谱学是光谱学的一个分支，其共振频率在射频波段，相应的跃迁是原子核自旋在核能级上的跃迁。通常人们所说的核磁共振指的是利用核磁共振现象获取分子结构、人体内部结构信息的技术。核磁共振的方法与技术作为分析物质的手段，由于其可深入物质内部而不破坏样品，并具有迅速、准确、分辨率高等优点而得以迅速发展和广泛应用，已经从物理学渗透到化学、生物、地质、医疗以及材料等学科，在科研和生产中发挥了巨大作用。

（1）核磁共振基本原理

① 原子核的自旋量子数　核磁共振主要是由原子核的自旋运动引起的。原子核的自旋是核磁共振理论中的一个最基本的概念。它与原子核的质量和电荷一样，是原子核的自然属性。不同的原子核，自旋运动的情况不同，可以用核的自旋量子数 I 来表示原子核的自旋运动。自旋量子数与原子核的质子数和中子数之间存在一定的关系，大致分为三种情况，如表 18-6。

表 18-6 原子核的自旋量子数

分类	质子数	中子数	自旋量子数 I	NMR 信号
I	偶数	偶数	0	无
II	偶数	奇数	$1,2,3,\cdots$(I 为整数)	有
III	奇数	奇数或偶数	$1/2,3/2,5/2,\cdots$(I 为整数)	有

质子数和中子数都为偶数的原子核，其自旋量子数为零，如 ^{12}C、^{16}O、^{32}S 等。质子数和中子数一个为奇数，一个为偶数，其自旋量子数为半整数，即 $I=1/2$、$3/2$、$5/2$ 等。质子数和中子数都是奇数的，其自旋量子数为正整数，如 ^2H 和 ^{14}N 等核的 $I=1$。I 值为零的原子核可以看做是一种非自旋的球体，I 为 $1/2$ 的原子核可以看做是一种电荷分布均匀的自旋球体，^1H、^{13}C、^{15}N、^{19}F、^{31}P 的 I 均为 $1/2$，它们的原子核皆为电荷分布均匀的自旋球体。I 大于 $1/2$ 的原子核可以看做是一种电荷分布不均匀的自旋椭球体。一般自旋量子数 $I=1/2$ 的原子核是核磁共振研究的主要对象。

带电的原子核绕一定轴转动，其效果与通电螺线管的环路电流相似。因此，可将这类原子核看成小磁体。具有自旋的原子核会产生自旋角动量。若用 P 来表示原子核的自旋角动量，其绝对值可表示为：

$$|P|=\frac{h}{2\pi}\sqrt{I(I+1)}=\hbar\sqrt{I(I+1)}$$

自旋量子数不为零的原子核具有磁矩，称为核磁矩，通常用 μ 表示。并不是所有的原子核都有磁矩，具有磁矩的原子核称为磁性核，只有磁性核才是 NMR 的研究对象。它与自旋角动量 P 有如下关系：$\mu=\gamma P$，其中磁旋比 $\gamma=\mu/P$，核的磁旋比 γ 值越大，其核的磁性就越强，则检测灵敏度高。具有自旋与磁矩特性的磁性核处于磁感应强度为 B 的均匀磁场中时，若此原子核的磁矩 μ 与 B 的方向不同时，在磁场作用下，原子核将受到一个垂直于 μ 与 B 形成平面的力矩 L，在力矩 L 的作用下自旋角动量 P 的方向会连续发生变化，但大小保持不变，自旋核将发生像陀螺受重力作用是一样的进动。原子核既自旋又围绕外磁场方向发生的进动，这种运动也称为拉莫尔（Lamor）进动。进动角速度一般用 ω_0 表示：$\omega_0=\gamma B_0=2\pi\nu_0$。

② **核磁矩的空间量子化** 具有核自旋的原子核置于静磁场中时，核磁矩的空间取向是量子化的，只能取一些特定的方向。若外磁场沿 z 轴方向，自旋量子数为 I 的核磁矩在 z 轴上的投影为：$\mu_Z=rmh/(2\pi)$，其中 m 称为磁量子数，其可能的取值为 $-I$、$-I+1$、$\cdots$、$I-1$、I，对应于 $2I+1$ 个空间取向。例如，对于自旋量子数 $I=1$ 的核，可有 $m=1$、0、-1 三个取向。对于自旋量子数 $I=1/2$ 的核，m 只能有 $-1/2$、$1/2$ 两个取向。每一个取向代表一个能量状态，$E=-\mu_Z B_0=-rmh/(2\pi B_0)$。量子力学研究表明，原子核自旋能级跃迁的选择定则为 $\Delta m=\pm 1$，这样相邻能级之间发生跃迁所对应的能量差为：$\Delta E=rh/(2\pi B_0)$。

③ **核磁共振条件** 在外磁场中，自旋量子数不为零的原子核能级产生裂分，当受到一个频率等于核自旋进动频率的射频场照射时，处于低能态的核自旋就能够吸收射频能量，由低能级向高能级跃迁，这就产生了核磁共振现象。

假设射频的频率为 ν，则其能量为：

$$E=h\nu=rh/(2\pi B_0)$$

所以，$\nu=\nu_0=rB_0/(2\pi)$，这是产生 NMR 现象的条件。

综上，产生核磁共振需要三个条件：a. 核——必须为磁性核，即 $I\neq 0$；b. 磁——外加磁场 B_0，使核自旋产生能级分裂；c. 共振——$\nu_{射频}=\nu_0$。对于同一种核，磁旋比 r 为定值，B_0 变，射频频率 ν 变。不同原子核，磁旋比 r 不同，需要的磁场强度 B_0 和射频频率 ν 不同。固定 B_0，改变 ν（扫频），不同原子核在不同频率处发生共振。也可固定 ν，改变 B_0（扫场），扫场方式应用较多。

（2）化学位移、偶合常数

① 化学位移　理想化的、裸露的氢核，满足共振条件 $\nu_0 = rB_0/2\pi$，产生单一的吸收峰。实际上，由于有机分子中各种原子核受周围不断运动着的电子影响，因此在核磁共振谱的不同位置上出现吸收峰（图 18-28）。在外磁场作用下，运动着的电子产生相对于外磁场方向的感应磁场，起到屏蔽作用，使氢核实际受到的外磁场作用减小：

$$B = (1 - \sigma)B_0$$
$$\nu_0 = [r/(2\pi)](1 - \sigma)B_0$$

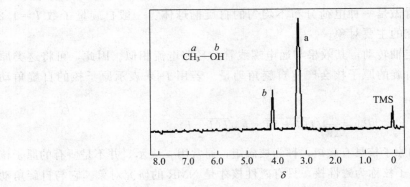

图 18-28　核磁共振谱图

由于屏蔽作用的存在，氢核产生共振需要更大的外磁场强度（相对于裸露的氢核），来抵消屏蔽影响。在有机化合物中，各种氢核周围的电子云密度不同（结构中不同位置）共振频率有差异，即引起共振吸收峰的位移，这种现象称为化学位移。屏蔽效应的大小用屏蔽常数 σ 表示，σ 与核所处化学环境有关，与磁场无关。屏蔽效应越大，屏蔽常数 σ 越大。σ 是一个很小的数值，^{1}H 的 σ 为 10^{-5} 数量级，^{13}C 的 σ 为 10^{-3} 数量级。

化学位移以 δ 值来表示，δ 值是核共振频率的相对差值。对于扫频法，外磁场是固定的，因此，试样 S 和参比物 R 的共振频率分别为：

$$\nu_S = rB_0(1 - \sigma_S)/2\pi \qquad \nu_R = rB_0(1 - \sigma_R)/2\pi$$

化学位移定义为：$\delta = (\nu_S - \nu_R)/\nu_R \times 10^6 = (\sigma_R - \sigma_S)/(1 - \sigma_R) \times 10^6$
$$\approx (\sigma_R - \sigma_S) \times 10^6$$

采用 δ 值表示共振频率具有以下优点，原子核的进动频率较大，而不同环境核的差值很小，测定绝对值不如测定相对值准确、方便。核的进动频率与仪器的 B_0 有关。同一个核在 B_0 不同时，将测得不同的进动频率，不便于比较。而相对差值 δ 与 B_0 无关，仅反映其所处的化学环境。便于对图谱进行比较。δ 小，屏蔽强，共振需要的磁场强度大，在高场出现，图右侧；δ 大，屏蔽弱，共振需要的磁场强度小，在低场出现，如图 18-29。

为了使多数化合物的 δ 为正值，通常选择屏蔽常数大的化合物作为参考。没有完全裸露的氢核，没有绝对的标准。通常采用四甲基硅烷 $Si(CH_3)_4$（TMS）作为相对标准，即内标，将其化学位移规定为 $\delta_{TMS} = 0$。用 TMS 作为基准存在以下的优点，12 个氢处于完全相同的化学环境，只产生一个尖峰；屏蔽强烈，位移最大；与有机化合物中的质子峰不重叠；化学

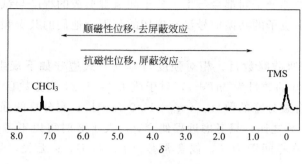

图 18-29 化学位移

惰性；易溶于有机溶剂；沸点低，易回收。

② 自旋-自旋偶合 在高分辨核磁共振[1]H 谱中，每类氢核不总表现为单峰，有时多重峰，这是由于相邻两个氢核之间的自旋偶合（自旋干扰）产生的，这种自旋-自旋偶合包括直接偶合和间接偶合两类。直接偶合是 A 核的核磁矩与 B 核的核磁矩产生的直接偶极相互作用，是空间偶合。间接偶合是 A 核的核磁矩与 B 核的核磁矩通过化学键中的成键电子传递的相互作用，称为自旋-自旋偶合，或叫做 J 偶合。在固体 NMR 谱中，这两种相互作用都存在，在液体 NMR 谱中，由于分子的快速转动，直接偶合作用被平均掉了，但是间接偶合作用没有被平均掉，因此，溶液中高分辨 NMR 谱中的多重峰，就是由于自旋-自旋偶合作用产生的结果。这种自旋-自旋偶合的作用机制很复杂，可以用 Dirac 模型来大体上描述核自旋是如何通过成键电子传递的。

自旋-自旋偶合作用的强弱用偶合常数 J 表示，J 的取值为自旋偶合等间距裂分峰之间的距离（Hz），用符号 $^nJ_{A-B}$ 表示，AB 为相互偶合的核，n 为两核之间的化学键数目。J 可正可负，通常 $^1J_{A-B}$、$^3J_{A-B}$、$^5J_{A-B} > 0$，$^2J_{A-B}$、$^4J_{A-B} < 0$。J 的大小与 B_0 无关，受化学环境影响也很小，取决于相隔化学键的数目。由于 $\Delta\nu$ 与 B_0 有关，B_0 增加，$\Delta\nu$ 增加，而 J 的大小不变，所以增加 B_0 可以使原来不满足一级谱的谱成为一级谱（$\Delta\nu / |J| > 6$ 的谱称为一级谱），减少了谱峰的重叠，这就是为什么发展超导 NMR 谱仪的原因。

自旋-自旋偶合使谱峰产生裂分，谱线裂分数目为 $N = 2nI + 1$，n 为相邻自旋核的数目，I 为自旋量子数。^{1}H 的 $I = 1/2$，$N = n + 1$，称为 $n + 1$ 规则。某组环境相同的氢核，与 n 个环境相同的氢核（或 $I = 1/2$ 的核）偶合，则被裂分为（$n + 1$）条峰；分别与 n 个和 m 个环境不同的氢核（或 $I = 1/2$ 的核）偶合，则被裂分为（$n + 1$）和（$m + 1$）条峰（实际谱图可能出现谱峰部分重叠，小于计算值）。裂分峰的强度符合（$a + b$）^{n} 展开式的系数比。

（3）氢谱和碳谱的解析

① 氢谱的解析 因质子的磁旋比较大，且质子是有机化合物中最常见的原子核，所以核磁共振氢谱是发展最早、研究最多、应用最广泛的 NMR 谱。

氢谱中影响化学位移的主要因素包括诱导效应、共轭效应、磁各向异性效应、范德华效应，以上三种效应称为分子内作用。取代基通过诱导效应和共轭效应具体的影响电子云的分布。诱导效应与取代基的数目以及取代基与观测核的距离大小有关。共轭效应也会改变磁性核周围的电子云密度，使其化学位移发生变化。诱导效应通过化学键传递，而磁各向异性效应则通过空间相互作用。范德华效应与相互影响的两个原子之间的距离密切相关。溶剂效应为分子间作用。溶剂效应主要是因溶剂的各向异性效应或溶剂与溶质之间形成了氢键而产生。氢键效应在分子内和分子间都会产生。分子间氢键形成的程度与试样浓度、温度以及溶剂的类型有关。基团中质子的共振信号没有确切的范围，他们的共振频率随着测定条件的改变在很大范围内变化。

NMR 一级谱图中吸收峰数目、相对强度与排列方式遵守如下规则：对于 弱偶合体系（$\Delta\nu/J$ 大于 6），裂分峰的数目为 $2nI+1$，对于质子 $I=1/2$，裂分数目为 $n+1$。同时受到两组磁不等价质子的偶合裂分峰的数目：$(n_a+1)(n_b+1)$；裂分峰的强度（面积）之比符合 $(a+b)^n$ 展开的各项系数之比；只考虑近程偶合，n 大于 3 时可以不考虑偶合现象。磁等价的核不产生裂分；裂分峰间距为 J，偶合常数（J）与 B，ν 无关，受化学环境的影响也很小。

^{1}H-NMR 谱图解析时区分杂质峰、溶剂峰和旋转边带等非样品峰。注意分子中活泼氢产生的信号，OH、NH、SH 活泼氢的核磁共振信号比较特殊，在解析时应注意。谱图解析的一般步骤如下：

区别杂质与溶剂峰；计算不饱和度；求出各组峰所对应的相对质子数；对每组峰的位移（δ）、偶合常数（J）进行分析；推导出若干结构单元进行优化组合；对推导出的分子结构进行确认（可以辅助其他方法）。

【例 18-1】 已知某有机化合物的化学式为 C_9H_{12}，其质子的 NMR 波谱图如图 18-30。

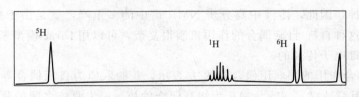

图 18-30 ^{1}H 核磁共振谱图

解 不饱和度：$U=4$
峰的数目：3
峰的强度（面积）比：5∶1∶6，
峰的位移：$\delta=\sim1.2$，（—CH$_3$），$=\sim3.1$，（—CH），$=\sim7.2$，（苯环上的 H）
峰的裂分数：1，7，2
合理的化合物结构为：

② 碳谱的解析　核磁共振碳谱中，因 ^{13}C 的自然丰度仅为 1.1%，因而 ^{13}C 原子间的自旋偶合可以忽略，但有机物分子中的 ^{1}H 核会与 ^{13}C 发生自旋偶合，这样同样能导致峰分裂。现在的核磁共振技术已能通过多种方法对碳谱进行去偶处理，这样，得到的核磁共振碳谱都是完全去偶的，谱图都是尖锐的谱线（图 18-31），而没有峰分裂。

质子宽带去偶谱（proton broadband decoupling）也称作质子噪声去偶谱（proton noise decoupling），是最常见的碳谱。它的实验方法是在测定碳谱时，以一相当宽的频率（包括样品中所有氢核的共振频率）照射样品，由此去除 ^{13}C 和 ^{1}H 之间的全部偶合，使每种碳原

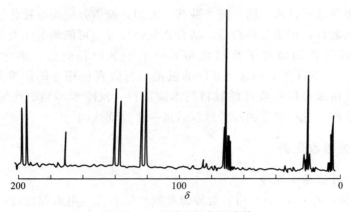

图 18-31　有质子偶合的碳谱

碳原子仅出一条共振谱线。偏共振去偶谱可用来决定各个信号的分裂程度。它的实验方法是将去偶器的频率设定在偏离质子共振频率的一定范围内，即将去偶器的频率设定在比作为内标准的四甲基硅烷信号高出 1 个 ppm 处，并用单一频率的电磁波对 ¹H 核进行照射，由此测得的既有 NOE 效应，又保留了 ¹H-¹³C 剩余偶合的图谱。反转门控去偶是增加延迟时间，延长脉冲间隔，NOE 尚未达到较高值，即尽可能地抑制 NOE，使谱线强度能够代表碳数的多少的方法，而谱线又不偶合裂分，由此方法测得的碳谱称为反转门控去偶谱，亦称为定量碳谱（图 18-32）。

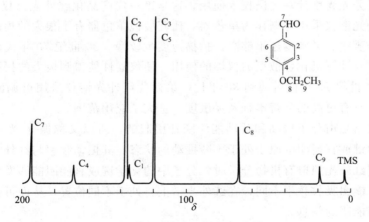

图 18-32　去质子偶合的碳谱

一般来说，碳谱中化学位移是研究碳谱最重要的参数。它直接反映了所观察核周围的基团、电子分布的情况，即核所受屏蔽作用的大小。碳谱的化学位移对核所受的化学环境是很敏感的，它的范围比氢谱宽得多，一般在 0～250。对于相对分子质量在 300～500 的化合物，碳谱几乎可以分辨每一个不同化学环境的碳原子，而氢谱有时却严重重叠。不同结构与化学环境的碳原子，它们的 C 从高场到低场的顺序与和它们相连的氢原子的 H 有一定的对应性，但并非完全相同。如饱和碳在较高场、炔碳次之、烯碳和芳碳在较低场，而羰基碳在更低场。

碳谱的解析由分子式计算出不饱和度，分析 ¹³CNMR 的质子宽带去偶谱，识别杂质峰排除其干扰，由各峰的 δ 值分析 sp³、sp²、sp 杂化的碳各有几种，此判断应与不饱和度相符。若苯环碳或烯碳低场位移较大说明该碳与电负性大的氧或氮原子相连。由 C＝O 的 δ

值判断为醛，酮类羰基还是酸、脂、酰类羰基。由偏共振谱分析与每种化学环境不同的碳直接相连的氢原子的数目，识别伯仲叔碳，结合 δ 值，推导出可能的基团及与其相连的可能的基团，若与碳直接相连的氢原子数目之和与分子中氢键相吻合，则化合物不含—OH、—COOH、—NH₂、—NH 等，因这些基团的氢是不与碳直接相连的活泼氢。在 sp² 杂化碳的共振吸收峰区，由苯环碳吸收峰的数目与季碳数目，判断苯环的取代情况。综合以上分析，推出可能的结构，进行必要的经验计算以进一步验证结构。

18.6.2 红外吸收光谱

（1）红外吸收光谱基本原理

1892 年，朱利叶斯（Julius）用岩盐棱镜及测热辐射计（电阻温度计），测得了 20 多种有机化合物的红外光谱，引起了人们的关注。1905 年，库柏伦茨（Coblentz）测得了 128 种有机和无机化合物的红外光谱，这是红外光谱的发展阶段。到了 20 世纪 30 年代，光的波粒二象性、量子力学及科学技术的发展，为红外光谱的理论及技术的发展奠定了良好的基础。不少学者对大多数化合物的红外光谱进行理论上研究、归纳和总结，用振动理论进行一系列键长、键力、能级的计算，使红外光谱理论日臻完善和成熟。尽管当时的检测手段还比较简单，仪器仅是单光束、手动和非商业化的，但红外光谱作为光谱学的一个重要分支已被光谱学家和物理、化学家所公认。这个阶段是红外光谱理论及实践逐步完善和成熟的阶段。20 世纪中期以后，红外光谱的发展主要表现在仪器及实验技术上。1947 年，世界上第一台双光束自动记录红外分光光度计在美国投入使用，这是第一代商品化红外光谱仪。20 世纪 60 年代，第二代红外光谱仪采用光栅作为单色器，比起棱镜单色器有了很大的提高，但它仍是色散型的仪器，分辨率、灵敏度还不够高，扫描速度也较慢。20 世纪 70 年代，干涉型傅里叶变换红外光谱仪及计算机化色散型的仪器的使用，使仪器性能得到极大的提高，这是第三代红外光谱仪。20 世纪 70 年代后期到 80 年代，第四代红外光谱仪采用可调激光作为红外光源代替单色器，具有更高的分辨本领及灵敏度，扩大了应用范围。

红外吸收光谱是由分子振动和转动能级跃迁引起的，所以又称振-转光谱。在有机物分子中，组成化学键或官能团的原子处于不断振动的状态，其振动频率与红外光的振动频率相当。所以，当用红外光照射有机物分子时，分子中的化学键或官能团能够发生振动吸收，不同的化学键或官能团吸收频率不同，在红外光谱上将处于不同位置，从而可获得分子中含有何种化学键或官能团的信息。

电磁光谱的红外部分根据其同可见光谱的关系，可分为近红外光、中红外光和远红外光。近红外区为 12800～4000cm⁻¹（0.78～2.5μm），能量低，主要用于研究分子中的 O—H、N—H、C—H 键的振动倍频与组频。中红外区为 4000～400cm⁻¹（2.5～50 μm），主要用于研究大部分有机化合物的振动基频。远红外区为 400～25cm⁻¹（25～1000μm），主要用于研究分子的转动光谱以及重原子成键的振动等。

（2）产生红外吸收的条件

红外吸收光谱的产生首先必须使红外辐射光子的能量与分子振动能级跃迁所需要的能量相等，从而使分子吸收红外辐射能量产生振动能级的跃迁。既满足以下条件。

$$\Delta E_\nu = E_{\nu 2} - E_{\nu 1} = h\nu_a，\nu_a 为红外光频率。$$

$E_\nu = (\nu + 1/2) \cdot h\nu_m，\nu_m 为分子振动频率，\nu = 0，1，2，\cdots，振动能量量子数$

其次，分子振动过程中必须伴随偶极矩的变化，只有分子振动时偶极矩作周期性的变化，才能产生交变的偶极场，并与其频率相匹配的红外辐射交变电磁场发生偶合作用，使分子吸收红外辐射的能量，从低振动能级跃迁至高振动能级，因此，只有分子振动过程中伴随偶极矩的变化的分子才具有红外活性。

当一束具有连续波长的红外光通过物质，物质分子中某个基团的振动频率或转动频率和红外光的频率一样时，分子就吸收能量由原来的基态振（转）动能级跃迁到能量较高的振（转）动能级，分子吸收红外辐射后发生振动和转动能级的跃迁，该处波长的光就被物质吸收。所以，红外光谱法实质上是一种根据分子内部原子间的相对振动和分子转动等信息来确定物质分子结构和鉴别化合物的分析方法。将分子吸收红外光的情况用仪器记录下来，就得到红外光谱图。红外光谱图通常用波长（λ）或波数（σ）为横坐标，表示吸收峰的位置，用透光率（$T\%$）或者吸光度（A）为纵坐标，表示吸收强度。

（3）双原子分子的振动

若把两原子间的化学键看成质量可以忽略不计的弹簧，长度为 r（键长），把两个原子看成质量为 m_1、m_2 的小球，则它们之间的伸缩振动可以近似地看成沿轴线方向的简谐振动。因此，双原子分子振动类似简谐振动。红外吸收光谱是由分子振动能级跃迁引起的，分子吸收红外光的频率等于分子化学键的振动频率。分子吸收红外光能量后，可使化学键振动的振幅变大，而其振动频率并不改变，频率只是化学键力常数和原子折合质量的函数。这个体系的振动频率 σ（以波数表示），由经典力学（虎克定律）可导出：

$$\sigma=\frac{1}{2\pi c}\sqrt{\frac{K}{\mu}}$$

式中，c 是光速，$3\times10^8\,\mathrm{m\cdot s^{-1}}$；$K$ 为化学键的力常数，$\mathrm{N\cdot m^{-1}}$；μ 为折合质量，kg。

$$\mu=\frac{m_1 m_2}{m_1+m_2}$$

如果力常数以 $\mathrm{N\cdot m^{-1}}$ 为单位，折合质量 μ 以原子质量为单位，则上式可简化为：

$$\sigma=130.2\sqrt{\frac{K}{\mu}}$$

双原子分子的振动频率取决于化学键的力常数和原子的质量，化学键越强，相对原子质量越小，振动频率越高。原子质量相近时，力常数 K 大，化学键的振动波数高，如 $\sigma_{C\equiv C}$（$2222\mathrm{cm^{-1}}$）$>\sigma_{C=C}$（$1667\mathrm{cm^{-1}}$）$>\sigma_{C-C}$（$1429\mathrm{cm^{-1}}$）。若力常数 K 相近，原子质量 m 小，则化学键的振动波数高，如 σ_{C-H}（$3000\mathrm{cm^{-1}}$）$>\sigma_{C-C}$（$1430\mathrm{cm^{-1}}$）$>\sigma_{C-N}$（$1330\mathrm{cm^{-1}}$）$>\sigma_{C-O}$（$1280\mathrm{cm^{-1}}$）。和 H 原子相连的化学键，红外吸收在高波数区，如 σ_{C-H}（$2900\mathrm{cm^{-1}}$）、σ_{O-H}（$3600-3200\mathrm{cm^{-1}}$）、$\sigma_{N-H}$（$3500\sim3300\mathrm{cm^{-1}}$）。

（4）多原子分子的振动

有机化合物分子都是多原子分子，振动形式比双原子分子复杂得多，但不管多原子分子振动多复杂，都可分解为多个简单的基本振动——简正振动。简正振动是指整个分子质心保持不变，整体不转动，各原子在其平衡位置附近作简谐振动，并且其振动频率和位相都相同，即每个原子都在同一瞬间通过其平衡位置且同时达到其最大位移。分子的任何复杂振动均可视为多个简正振动的线性组合。

简正振动的基本形式可分为两类：伸缩振动和弯曲振动。伸缩振动（ν）是指原子沿键轴方向的伸长和缩短，振动时只有键长的变化而无键角的变化。根据振动方向，伸缩振动又可以分为对称伸缩振动（ν_s）和不对称伸缩振动（ν_{as}）。伸缩振动的力常数比弯曲振动的力常数要大，因而同一基团的伸缩振动常在高频区出现吸收。周围环境的改变对伸缩振动频率的影响较小。弯曲振动又称变形振动，是指基团键角发生周期性变化的振动。弯曲振动的力常数比伸缩振动的小，因此，同一基团的弯曲振动在其伸缩振动的低频区出现，另外弯曲振动对环境结构的改变可以在较广的波段范围内出现，所以一般不把它作为基团频率处理。例如亚甲基 CH_2 的各种振动形式如图 18-33。

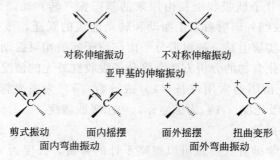

图 18-33　亚甲基 CH_2 的各种振动形式

（5）简正振动的理论数——振动自由度

简正振动的数目称为振动自由度，每个振动自由度相当于红外光谱图中的一个基频吸收带。一个由 n 个原子组成的分子其运动自由度应该等于各原子运动自由度的和。确定一个原子在空间的位置需要三个坐标，对于 n 个原子组成的分子，确定它的空间位置需要 $3n$ 个坐标，即分子有 $3n$ 个自由度。分子的总自由度由平动、转动和振动自由度构成。分子自由度数（$3N$）＝平动自由度 ＋ 转动自由度 ＋ 振动自由度。对于线性分子振动自由度＝$3n-3-2=3n-5$；对于非线性分子振动自由度＝$3n-3-3=3n-6$。

下面以水分子为例说明分子的基本振动形式及红外光谱。水分子为非线性分子，振动自由度数（基本振动数）＝$3\times3-6=3$，即水分子有三种振动形式，如图 18-34（a）所示，其吸收曲线如图 18-34（b）所示。从上面的图示中可以知道水分子理论计算出的简正振动形式与实验谱图中的基频峰数目是一致的。

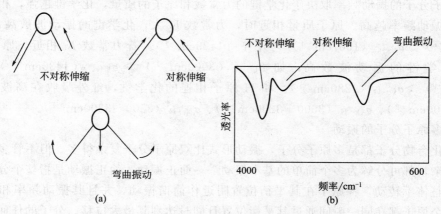

图 18-34　水分子的基本振动及红外谱图

再以 CO_2 分子为例分析分子的基本振动形式及红外光谱（图 18-35）。根据理论计算 CO_2 基本振动数＝$3\times3-5=4$。但在红外谱图上，只出现 $667cm^{-1}$ 和 $2349cm^{-1}$ 两个基频峰。这是因为 CO_2 对称伸缩振动的偶极矩变化为零，不产生吸收；而面内变形和面外变形振动的吸收频率完全一样，发生简并。理论上，每种简正振动都有其特定的振动频率，在红

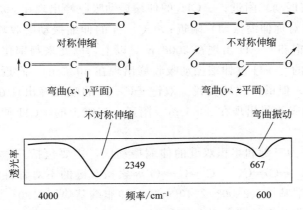

图 18-35　二氧化碳的基本振动及红外光谱图

外光谱区均应产生一个吸收峰带。但实际上，红外光谱中峰数往往远小于理论计算的振动数，原因有以下几点：当振动过程中分子不发生瞬间偶极矩变化时，不引起红外吸收；频率完全相同的振动彼此发生简并；强宽峰往往要覆盖与它频率相近的弱而窄的吸收峰；吸收峰有时落在中红外区以外；吸收强度太弱，以致无法测定。

　　简谐振动跃迁在相邻振动能级之间进行，最主要的是由基态跃迁至第一激发态，称为本征跃迁，产生的吸收带称为基频峰。由于真实分子的非谐振性，由基态跃迁至第二振动激发态、第三激发态的跃迁也可能发生，产生的吸收带称为倍频峰。另外，在两个基频峰波数之和或差处会出现这两个吸收峰的合频峰。倍频峰和合频峰统称泛频峰，一般较弱。基频峰一般都较大，因而基频峰是红外光谱上最主要的一类吸收峰。泛频峰可以观察到，但很弱，可提供分子的"指纹"，是红外光谱中的峰跃迁禁阻峰。

　　(6) 红外光谱特征频率与分子结构的关系

　　相同的化学键或基团，在不同构型的分子中，其振动频率改变不大，因此，物质的红外光谱是其分子结构的反映，谱图中的吸收峰与分子中各基团的振动形式相对应。通常把这种能代表基团存在，并有较高强度的吸收谱带称为基团频率，其所在的位置一般又称为特征吸收峰。红外谱图可以分为高波数段官能团区（$4000 \sim 1300 cm^{-1}$）和低波数段指纹区（$1300 cm^{-1}$ 以下）。官能团区的吸收峰主要是由基团的伸缩振动产生，分布稀疏，受分子中剩余部分的影响小，具有很强的特征性，主要用于鉴定官能团。指纹区峰多而复杂，没有强的特征性，主要是由一些单键 C—O、C—N 和 C—X（卤素原子）等的伸缩振动及 C—H、O—H 等含氢基团的弯曲振动以及 C—C 骨架振动产生。当分子结构稍有不同时，该区的吸收就有细微的差异。这种情况就像每个人都有不同的指纹一样，因而称为指纹区。指纹区对于区别结构类似的化合物很有帮助。

　　官能团区大致可以分为以下几个区间。

　　$4000 \sim 2500 cm^{-1}$ 为 X—H 伸缩振动区，—OH 出现在 $3650 \sim 3200 cm^{-1}$，可以确定醇、酚、羧酸的存在。游离—OH 出现在 $3650 \sim 3580 cm^{-1}$，在非极性溶剂中浓度较小（稀溶液）时为强吸收，峰形尖锐；缔合-OH…X 出现在 $3400 \sim 3200 cm^{-1}$，在极性溶剂中浓度较大时，发生缔合作用，峰形较宽。N—H 伸缩振动也出现在 $3500 \sim 3100 cm^{-1}$，可能会对 O—H 伸缩振动的判断有干扰。饱和 C—H 出现在 $3000 cm^{-1}$ 以下，约 $3000 \sim 2800 cm^{-1}$，取代基对它们影响很小。如—CH$_3$ 的伸缩振动吸收峰出现在 $2960 cm^{-1}$（反对称伸缩振动）和

2876cm^{-1}（对称伸缩振动）附近；—CH$_2$的伸缩振动吸收峰出现在2930cm^{-1}（反对称伸缩振动）和2850cm^{-1}（对称伸缩振动）附近；—C—H的伸缩振动吸收峰出现在2890cm^{-1}附近，但强度很弱。不饱和C—H出现在3000cm^{-1}以上，以此来判别化合物中是否含有不饱和的C—H键。苯环的C—H键伸缩振动吸收峰出现在3030cm^{-1}附近，它的特征是强度比饱和的C—H键稍弱，但谱带比较尖锐。双键＝C—H的吸收峰出现在3010～3040cm^{-1}范围内，末端＝CH$_2$的吸收峰出现在3085cm^{-1}附近。三键上的≡CH伸缩振动吸收峰出现在更高的区域（3300cm^{-1}）。

2500～1900cm^{-1}为三键和累积双键的伸缩振动区，主要包括—C≡C、—C≡N等三键的伸缩振动，以及—C＝C＝C、—C＝C＝O等累积双键的不对称性伸缩振动。对于炔烃类化合物，可以分成端基炔（2100～2140cm^{-1}）和非端基炔（2190～2260cm^{-1}）。—C≡N的伸缩振动吸收峰在非共轭的情况下出现在2240～2260cm^{-1}附近。当与不饱和键或芳香核共轭时，该峰位移到2220～2230cm^{-1}附近。

1900～1200cm^{-1}为双键伸缩振动区，该区域主要包括三种伸缩振动，C＝O伸缩振动吸收峰出现在1900～1650cm^{-1}，是红外光谱中很有特征且往往是最强的吸收，因此很容易判断酮类、醛类、酸类、酯类以及酸酐等有机化合物。酸酐的羰基吸收带由于振动耦合而呈现双峰。C＝C伸缩振动吸收峰出现在1680～1620cm^{-1}，一般很弱。单核芳烃的C＝C伸缩振动吸收峰出现在1600cm^{-1}和1500cm^{-1}附近，有两个峰，这是芳香环的骨架结构，用于确认有无芳核的存在。苯的衍生物的泛频谱带出现在2000～1650cm^{-1}范围，是C—H面外和C＝C面内变形振动的泛频吸收，虽然强度很弱，但它们的吸收在表征芳核取代类型上是有用的。

指纹区大致分为以下几个区间。

1300～900cm^{-1}区域是C—O、C—N、C—F、C—P、C—S、P—O、Si—O等单键的伸缩振动和C＝S、S＝O、P＝O等双键的伸缩振动区。其中甲基的C—H对称弯曲振动吸收峰在1375cm^{-1}，对识别甲基十分有用，C—O的伸缩振动吸收峰在1300～1000cm^{-1}，是该区域最强的峰，也较易识别。

900～650cm^{-1}区域的某些吸收峰可用来确认化合物的顺反构型。例如，烯烃的＝C—H面外变形振动出现的位置，很大程度上取决于双键的取代情况。对RCH＝CH$_2$结构，在990cm^{-1}和910cm^{-1}出现两个强峰。

（7）红外光谱在有机化合物结构分析中的应用

① 化合物的鉴定　用红外光谱鉴定化合物，其优点是简便、迅速和可靠，样品用量少；对样品也无特殊要求，无论气体、固体和液体均可以进行检测。可利用红外光谱鉴别化合物的异同，某个化合物的红外光谱图同熔点、沸点、折射率和比旋度等物理常数一样是该化合物的一种特征。尤其是有机化合物的红外光谱吸收峰多达20个以上，如同人的指纹一样彼此各不相同，因此用它鉴别化合物的异同，可靠性比其他物理手段强。如果两个样品在相同的条件下测得的光谱完全一致，就可以确认它们是同一化合物，例外较少。

② 定性分析　根据红外光谱中主要特征峰可以确定化合物中所含官能团，以此鉴别化合物的类型。如某化合物的红外图谱中只显示饱和C—H特征峰，那么该化合物就是烷烃化合物。如有＝C—H和C＝C或C≡C等不饱和键的吸收峰，该化合物就属于烯烃类或炔化合物类。其他官能团如H—X，X≡Y，C＝O和芳环等也较易认定，从而可以确定化合物

为醇、胺、脂或羰基等。

同一种官能团如果在不同的化合物中，就会因化学环境不相同而影响到它的吸收峰位置，为推断化合物的分子结构提供十分重要的信息。以羰基化合物为例，有酯、醛和酸酐等，利用化学性质有的容易鉴别，有的却很困难，而红外光谱就比较方便和可靠。

（8）傅里叶变换红外光谱仪

傅里叶变换红外光谱仪是 20 世纪 70 年代发展起来的新一代红外光谱仪，它具有以下特点：一是扫描速度快，可以在 1s 内测得多张红外谱图；二是光通量大，可以检测透射较低的样品，可以检测气体、固体、液体、薄膜和金属镀层等不样品；三是分辨率高，便于观察气态分子的精细结构；四是测定光谱范围宽，只要改变光源、分束器和检测器的配置，就可以得到整个红外区的光谱。广泛应用于有机化学、高分子化学、无机化学、化工、催化、石油、材料、生物、医药、环境等领域。

FTIR 光谱仪由 3 部分组成：红外光学台（光学系统）、计算机和打印机。而红外光学台是红外光谱仪的最主要部分。红外光学台由红外光源、光阑、干涉仪、样品室、检测器以及各种红外反射镜、氦氖激光器、控制电路和电源组成（图 18-36）。

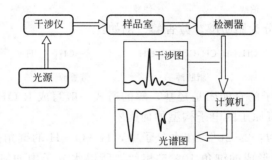

图 18-36　傅里叶变换红外光谱仪结构示意

傅里叶变换红外光谱仪的核心部分是迈克尔逊（Michelson）干涉仪，动镜通过移动产生光程差，由于 γ_m 一定，光程差与时间有关。光程差产生干涉信号，得到干涉图。光程差 $d=2d$，d 代表动镜移动离开原点的距离与定镜与原点的距离之差。由于是一来一回，应乘以 2。若 $d=0$，即动镜离开原点的距离与定镜与原点的距离相同，则无相位差，是相长干涉；若 $d=1/4$，$d=1/2$ 时，位相差为 1/2，正好相反，是相消干涉；$d=1/2$，$d=1$ 时，又为相长干涉。总之，动镜移动距离是 1/4 的奇数倍，则为相消干涉，是 1/4 的偶数倍，则是相长干涉。因此动镜移动产生可以预测的周期性信号。

18.7　醇、酚、醚和环氧化合物

醇和酚是烃的含氧化合物，羟基和脂肪碳直接相连的化合物称为醇。羟基直接和芳环的化合物称为酚。

$$R{-}OH \qquad \text{⬡}{-}OH$$

由于羟基位置不同，它们的性质以及制备方法有明显差异，甚至完全不同。因此将醇、酚、醚和环氧化合物作为独立部分分别加以讨论。

18.7.1 醇

(1) 醇的分类和结构

① 分类

a. 根据醇分子中羟基的数目可分为一元醇、二元醇及多元醇。例如：

$$CH_3CH_2OH \qquad HO-CH_2CH_2-OH \qquad HO-CH_2CHCH_2-OH$$
$$\qquad\qquad\qquad\qquad\qquad\qquad\qquad\qquad\qquad | $$
$$\qquad\qquad\qquad\qquad\qquad\qquad\qquad\qquad\qquad OH$$

　　　　一元醇　　　　　　　　二元醇　　　　　　　三元醇（多元醇）

b. 根据羟基中是否含有不饱和键分为饱和醇、不饱和醇。例如：

$$CH_3CH_2CH_2OH \qquad\qquad CH_2{=}CHCH_2OH$$

　　　　　饱和醇　　　　　　　　　　　不饱和醇

c. 根据与羟基相连的碳原子级数分为一级（伯）、二级（仲）、三级（叔）醇。例如：

$$\qquad\qquad\qquad\qquad\qquad\qquad\qquad\qquad\qquad\qquad OH$$
$$\qquad\qquad\qquad\qquad\qquad\qquad\qquad\qquad\qquad\qquad\ |$$
$$CH_3CH_2CH_2CH_2OH \qquad CH_3CHCH_2CH_3 \qquad H_3C-C-CH_3$$
$$\qquad\qquad\qquad\qquad\qquad\qquad\ |\qquad\qquad\qquad\qquad\ |$$
$$\qquad\qquad\qquad\qquad\qquad\qquad OH\qquad\qquad\qquad\quad OH$$

　　　　伯醇　　　　　　　　　　仲醇　　　　　　　　　叔醇

d. 根据羟基种类可分为脂肪醇、芳香醇。例如：

$$CH_3CH_2CH_2CH_2CH_2OH \qquad\qquad \bigcirc\!\!-\!CH_2-OH$$

　　　　　脂肪醇　　　　　　　　　芳香醇

② 醇的结构　醇分子的官能团是羟基，醇的通式一般写成 R-OH。

那么，醇分子中的氧原子的电子构型如何呢？

氧原子的电子构型为：$2s^2 2p^4$，在水分子中，H—O—H 的键角是 $104.5°$，它与甲烷分子的四个 sp^3 杂化轨道所形成的键角 $109.5°$ 相似，所以水分子中的氧原子也是 sp^3 杂化轨道成键的，其中两条 sp^3 杂化轨道被未共用电子对占据，氧原子作不等性 sp^3 杂化。

在醇分子中，氧原子的一个 sp^3 杂化轨道与氢原子的 1s 轨道重叠形成 O—H 键，氧原子的另一个 sp^3 杂化轨道与碳原子的 sp^3 杂化轨道相互重叠形成 C—O 键，氧原子上还有两对孤电子对占据其他两个 sp^3 杂化轨道。

O原子为sp^3杂化
由于在杂化轨道上有未共用电子对，
两对之间产生斥力，使键角C—O—H小于109.5°

在醇分子中，氧原子的电负性比碳原子强，氧原子上的电子密度较高，醇分子具有较强的极性，氧原子上的未共用电子对具有碱性和亲核性。

(2) 醇的物理性质

① 一般物理性质

a. 物态　$C_1 \sim C_4$：有酒味无色液体；$C_5 \sim C_{11}$：有嗅味油状液体；C_{12} 以上：固体。

b. 沸点　一元醇的沸点比相应烃、卤代烃高。

c. 溶解性　低级醇的沸点及在水中的溶解度要比其他分子量相近的烃和卤烃等高的多。

d. 密度　脂肪饱和醇的密度大于烷烃，但都小于 1。芳香醇的密度一般大于 1。

② 波谱性质　在醇的红外光谱（IR）中，主要有 C—O 及 C—H 两种特征的化学键伸缩振动吸收峰。当醇处于蒸气相或在非极性溶剂（如 CCl_4）中，游离的醇羟基 O—H 键在

3500～3650cm⁻¹处出现窄的强伸缩振动吸收峰；而处于液态或固态的醇，因为分子间氢键的形成，缔合的醇羟基在 3200～3400cm⁻¹ 处出现宽的强伸缩振动吸收峰；分子内缔合羟基在 3000～3500cm⁻¹ 处有伸缩振动吸收峰。这是醇的特征峰。醇分子中的 C—O 键的伸缩振动一般在 1050～1200cm⁻¹ 处有吸收峰。该峰处于指纹区，常用来区别伯、仲、叔醇。例如：伯醇的 C—O 键伸缩振动峰在 1050cm⁻¹ 附近，仲醇在 1100cm⁻¹ 附近，叔醇在 1150cm⁻¹ 附近。

在醇的质子核磁共振谱（¹HNMR）中，羟基上氢的化学位移值出现在较低场处（0.5～5.5）。这是因为羟基之间能形成氢键，缔合作用减少了羟基质子周围的电子云密度，故化学位移向低场移动。

乙醇的红外吸收光谱图和乙醇的质子核磁共振谱见图 18-37 和图 18-38。

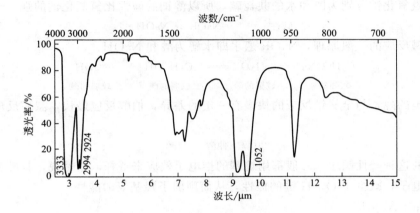

图 18-37　乙醇的红外吸收光谱图（液膜法）

3333cm⁻¹：O-H 伸缩振动，氢键缔合；2994cm⁻¹ 和 2924cm⁻¹：C-H 伸缩振动；

1052cm⁻¹：C-O 伸缩振动，伯醇特征峰

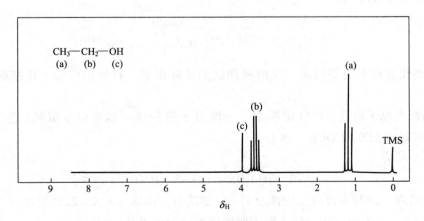

图 18-38　乙醇的¹HNMR 谱图

（3）醇的化学性质

羟基是醇的官能团，醇的化学性质主要由官能团羟基决定的。大部分反应都涉及 O—H 键断裂或 C—O 键断裂：

$$R—CH_2 \vdash O \vdash H$$

① 羟基中氢的反应（O-H 键断裂）

a. 羟基中氢被金属钠、钾置换　已知水与金属钠作用，放出氢气，生成氢氧化钠：

$$H_2O + Na \longrightarrow NaOH + 1/2H_2O$$

醇分子中羟基氢也可被金属钠置换，放出氢气，生成类似物醇钠：

$$C_2H_5OH + Na \longrightarrow C_2H_5ONa + H_2$$
$$\text{乙醇钠}$$

醇钠是有机合成中的重要强碱性试剂，也可以作为亲核试剂，向有机分子导入烷氧基。

b. 醇的酸性及烷基的电子效应　水与金属钠反应非常激烈，往往会引起爆炸，但醇与金属钠反应比较缓和，这表明醇的酸性比水弱。

$$\text{酸性} \qquad ROH < H_2O$$

醇钠和氢氧化钠分别为醇和水的共轭碱，所以醇钠的碱性比氢氧化钠的强。

$$\text{碱性} \qquad NaOR > NaOH$$

根据酸碱反应的一般原理，NaOR 遇水即水解为醇和 NaOH：

$$C_2H_5ONa + H_2O \rightleftharpoons C_2H_5OH + NaOH$$
$$\text{较强的碱} \qquad \text{较强的酸} \qquad \text{较弱的酸} \qquad \text{较弱的碱}$$

不同种类的醇，与金属钠反应的快慢有一定的差异，伯醇反应最快，叔醇反应最慢，仲醇居中。

$$\text{伯醇} > \text{仲醇} > \text{叔醇}$$

对于醇的这种酸性顺序，一般都用烷基的推电子效应来解释，就是说，叔醇分子中有较多的烷基推电子，减少了 O—H 键的极性，从而削弱了羟基氢的酸性。

c. 与 Mg、Al 反应

醇与镁作用生成醇镁：

$$2\,C_2H_5OH + Mg \xrightarrow{I_2} (C_2H_5O)_2Mg + H_2 \uparrow$$

醇与铝反应生成醇铝：

$$6\ H_3C\overset{\overset{\displaystyle CH_3}{|}}{\underset{\underset{\displaystyle H}{|}}{C}}OH + 2Al \longrightarrow 2\left(H_3C\overset{\overset{\displaystyle CH_3}{|}}{\underset{\underset{\displaystyle H}{|}}{C}}O\right)_3 Al + 3H_2$$

醇金属类化合物不但是用途广泛的碱性试剂或催化剂，有些还可用于超细粒子材料的制取。

② 羟基被卤原子取代（C-O 键断裂）　醇分子的羟基可以被卤素取代，生成卤代烃。常用的卤代试剂有 HX、SOCl$_2$、PCl$_5$ 等。

a. 与 HX 反应

$$R-OH + HX \rightleftharpoons R-X + H_2O$$

ⓐ 反应机理　醇与氢卤酸反应涉及 C—O 键断裂。卤素（—X）取代羟基（—OH），属于亲核取代（S_N），不同结构的醇采取不同的机理（S_N1 或 S_N2）。

S_N1：烯丙型醇、苄基型醇、叔醇、仲一般采取 S_N1 机理，以叔丁醇为例。

其反应过程为：

$$H_3C\overset{\overset{\displaystyle CH_3}{|}}{\underset{\underset{\displaystyle CH_3}{|}}{C}}OH + H^+ \underset{\text{快}}{\overset{\text{快}}{\rightleftharpoons}} H_3C\overset{\overset{\displaystyle CH_3}{|}}{\underset{\underset{\displaystyle CH_3}{|}}{C}}\overset{+}{O}H_2 \qquad \text{（羟基质子化）}$$

$$H_3C-\overset{\overset{\displaystyle CH_3}{|}}{\underset{\underset{\displaystyle CH_3}{|}}{C}}-\overset{+}{O}H_2 \underset{慢}{\overset{快}{\rightleftharpoons}} H_3C-\overset{\overset{\displaystyle CH_3}{|}}{\underset{\underset{\displaystyle CH_3}{|}}{C}}+ \ +H_2O \qquad (S_N1\ 的第一步)$$

$$H_3C-\overset{\overset{\displaystyle CH_3}{|}}{\underset{\underset{\displaystyle CH_3}{|}}{C}}+ \ +X^- \overset{快}{\longrightarrow} H_3C-\overset{\overset{\displaystyle CH_3}{|}}{\underset{\underset{\displaystyle CH_3}{|}}{C}}-X \qquad (S_N1\ 的第二步)$$

　　叔醇作为碱首先与质子结合生成盐（质子化醇），接着水分子从中心碳原子上离开而形成叔碳正离子（控制反应的慢步骤），最后叔碳离子很快与 X^- 结合而得取代产物卤代烃。

　　从上列过程可见，取代反应中真正的离去基团不是 ^-OH，而是 H_2O。这也正是反应能够顺利进行的关键，因为 ^-OH 本身为强碱，它不是一个好的离去基团，而 H_2O 本身为弱碱（相应共轭酸 H_3^+O 是强酸），是一个较好的离去基团，也就是说，一般醇分子中的 C—O 键很难断裂，而质子化醇的 $C—^+OH_2$ 键极性进一步增强，断裂变得比较容易，所以酸（提供质子）对反应起了很重要的作用，这种反应称为酸催化。

　　S_N2：伯醇与 HX 作用，按 S_N2 机理反应：

$$RCH_2OH+H^+ \overset{快}{\rightleftharpoons} RCH_3\overset{+}{O}H_2$$

$$X^- + RCH_3\overset{+}{O}H_2 \overset{慢}{\longrightarrow} \left[\overset{d^-}{X} \cdots \overset{\overset{\displaystyle R}{|}}{\underset{\underset{\displaystyle H}{|}}{C}} \cdots \overset{d^+}{OH} \right] \longrightarrow X—CH_2—R+H_2O$$

　　由于伯碳正离子的稳定性较低，质子化地伯醇也不容易解离，因此需要在亲核试剂（X^-）向中心碳原子进攻的推动下，H_2O 才慢慢离开，即反应按 S_N2 机理进行。

　　ⓑ 相对活性　对氢卤酸来说，HI > HBr > HCl。因为 HI 的酸性最强，作为亲核试剂，I^- 的亲核性最强，所以 HI 与醇的反应活性最高。

　　对醇来说，总的羟基被取代的活性顺序为：

烯丙型、苄基型醇 ≈ 叔醇 > 仲醇 > 伯醇 < CH_3OH

　　前已指出，伯醇之所以按 S_N2 机理反应，是因为它不容易解离，按 S_N1 反应活性太低（以致无法按 S_N1 机理反应）。甲醇也按 S_N2 机理反应，由于它的空间位阻较小，S_N2 活性比伯醇高。所以从总的反应活性来看（不管按什么机理），伯醇是处在相对活性的最低点。

　　叔丁醇与氢卤酸的反应速度很快，即使与盐酸在室温下振荡也很快生成叔丁基氯，而伯醇与浓盐酸反应，除加热外，还要用 $ZnCl_2$ 作催化剂。与氢溴酸反应，最好有硫酸存在。

$$(CH_3)_3COH+HCl \overset{室温}{\longrightarrow} (CH_3)_3CCl \qquad\qquad 77\%\sim88\%$$

$$CH_3CH_2CH_2OH+HCl(浓) \overset{ZnCl}{\underset{\triangle}{\longrightarrow}} CH_3CH_2CH_2Cl$$

$$CH_3CH_2CH_2CH_2OH+NaBr \overset{H_2SO_4}{\underset{\triangle}{\longrightarrow}} CH_3CH_2CH_2CH_2Br \qquad 95\%$$

　　ⓒ 重排　醇与氢卤酸反应（S_N1）时，常常会发生重排，特别是在 β-C 上连有支链的仲醇，重排倾向比较突出，例如：

$$H_3C-\overset{\overset{\displaystyle OH}{|}}{CH}-\overset{\overset{\displaystyle CH_3}{|}}{CH}-CH_3 +HBr \longrightarrow H_3C-\overset{\overset{\displaystyle Br}{|}}{\underset{\underset{\displaystyle CH_3}{|}}{C}}-CH_2-CH_3 \qquad (重排产物) 64\%$$

　　反应是 S_N1 机理：

$$H_3C-\overset{\underset{|}{CH_3}}{CH}-\overset{OH}{\underset{}{CH}}-CH_3 \; \underset{\longleftarrow}{\overset{H^+}{\rightleftharpoons}} \; H_3C-\overset{\underset{|}{CH_3}}{CH}-\overset{\overset{+}{OH}}{CH}-CH_3 \; \xrightarrow{-H_2O} \; H_3C-\overset{\underset{|}{CH_3}}{\overset{H}{C}}\cdots\overset{+}{CH}-CH_3$$

$$H_3C-\overset{\underset{|}{CH_3}}{\overset{+}{C}}-CH_2-CH_3 \; \xrightarrow{Br^-} \; H_3C-\overset{\underset{|}{CH_3}}{\overset{Br}{C}}-CH_2-CH_3$$

当羟基所在的碳原子上连有环烷基时，重排生成扩环产物，例如：

$$\square\overset{\underset{|}{CH_3}}{\overset{}{C}}-OH \; \xrightarrow{H^+} \; \square\overset{\underset{|}{CH_3}}{\overset{\overset{+}{OH_2}}{C}} \; \xrightarrow{-H_2O} \; \square\overset{\underset{|}{CH_3}}{\overset{+}{C}} \; \longrightarrow \; \overset{+}{\bigcirc}\overset{CH_3}{\underset{CH_3}{}} \; \xrightarrow{Cl^-} \; \overset{Cl}{\bigcirc}\overset{CH_3}{\underset{CH_3}{}}$$

伯醇一般按 S_N2 机理反应，不发生重排，但也有例外情况，例如：

$$H_3C-\overset{\underset{|}{CH_3}}{\overset{CH_3}{C}}-CH_2-OH \; \xrightarrow{HBr} \; H_3C-\overset{\underset{|}{Br}}{\overset{CH_3}{C}}-CH_2-CH_3 \quad （重排产物）$$

在这里，由于新戊醇的 β-碳上支链较多，烃基的空间障碍大，不利于亲核试剂对中心碳的进攻，所以 S_N2 反应速度很慢。实际上，在这种情况下，反应是 S_N1 机理，所以发生重排。

$$H_3C-\overset{\underset{|}{CH_3}}{\overset{CH_3}{C}}-CH_2-OH \; \underset{\longleftarrow}{\overset{H^+}{\rightleftharpoons}} \; H_3C-\overset{\underset{|}{CH_3}}{\overset{CH_3}{C}}-CH_2-\overset{+}{OH} \; \underset{\longleftarrow}{\overset{-H_2O}{\rightleftharpoons}} \; H_3C-\overset{\underset{|}{CH_3}}{\overset{CH_3}{C}}-\overset{+}{CH_2} \; \longrightarrow$$

$$H_3C-\overset{\underset{|}{CH_3}}{\overset{+}{C}}-CH_2-CH_3 \; \underset{\longleftarrow}{\overset{Br^-}{\rightleftharpoons}} \; H_3C-\overset{\underset{|}{CH_3}}{\overset{CH_3}{C}}-CH_2-CH_3 \quad （重排产物）$$

在有醇转化成卤代烃时，为了防止这种可能发生的重排，可以使用其他卤化试剂，如 PX_3、PX_5 或 $SOCl_2$。

b. 醇与卤化磷（PX_3、PX_5）作用　卤化磷与醇反应得到相应的卤代烃，是 S_N2 反应，反应中心碳原子发生构型转化，没有重排的产物生成。

$$R-OH + PCl_3 \longrightarrow R-Cl + H_3PO_3$$

$$R-OH + PCl_5 \longrightarrow R-Cl + HCl + POCl_3$$

三氯化磷与醇反应可以生成大量的亚磷酸二酯和亚磷酸酯副产物，五氧化磷与醇反应则产生磷酸酯副产物。

在卤代烷的制备过程中，常常是用红磷与溴或碘直接和醇作用。

c. 醇与 $SOCl_2$ 反应

$$R-OH + SOCl_2 \xrightarrow[\triangle]{醚} RCl + SO_2 + HCl$$

在反应中，除卤代烃外，其他两个产物都是气体（SO_2，HCl）。由于它们不断离开体系，有利于使反应向着生成产物的方向进行，而且最终没有其他副产物，氯代烃的分离提纯特别方便。

③ 脱水反应（$C-O$ 键断裂）　醇的脱水反应有两种方式：一种分子内脱水生成烯烃；另一种是分子间脱水生成醚。上述两种脱水反应方式是竞争反应，在反应过程中以哪一种脱

水方式为主呢？

实验表明，影响脱水反应方式的主要因素是醇的结构与反应条件。

a. 分子内脱水成烯 醇在较高温度（400～800℃），直接加热脱水成烯烃。若有催化剂如 H_2SO_4、Al_2O_3 存在，则脱水可在较低温度下进行：

$$C_2H_5OH \xrightarrow[170℃]{H_2SO_4} H_2C=CH_2$$

$$C_2H_5OH \xrightarrow[360℃]{Al_2O_3} H_2C=CH_2$$

ⓐ 反应机理 醇分子内脱水，和卤代烃脱卤化氢一样，是一种消除（β-消除）反应。在酸催化下，按 E1 机理进行反应的过程如下：

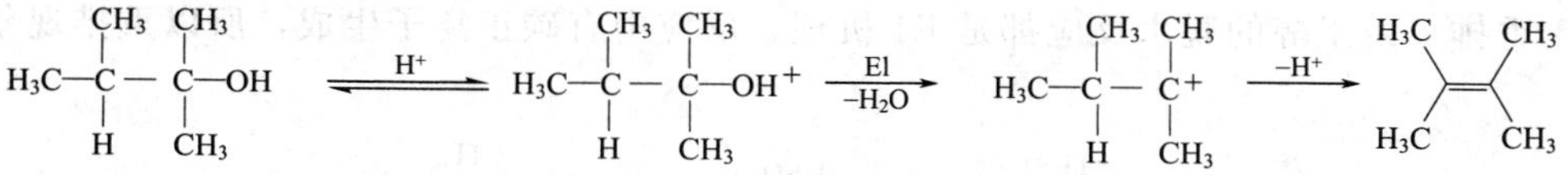

前边已经指出，—OH 不是一个好的离去基团，一般情况下 C—O 键不易断裂，—OH 不易离开中心碳原子。酸的存在可使羟基质子化，从而产生一个较好的离去基团 H_2O。当 H_2O 离开中心碳原子后，碳正离子去掉一个 β-质子而完成消除反应，得到烯烃。

已知卤代烃的消除反应有两种机理。叔卤一般按 E1 机理反应。伯卤一般按 E2 机理反应，仲卤居中。而醇的情况不同，无论是叔卤、仲卤还是伯卤，都按 E1 机理反应。醇消除没有 E2 机理。

ⓑ 相对反应的活性 按 E1 机理脱水的各种醇的相对活性主要取决于碳正离子的稳定性，显然其活性顺序为：

烯丙型醇、苄基型醇＞叔醇＞仲醇＞伯醇

下列几种醇脱水所要求的条件正说明了它们的这种相对活性：

$$CH_3CH_2OH \xrightarrow[170℃]{96\%H_2SO_4} H_2C=CH_2$$

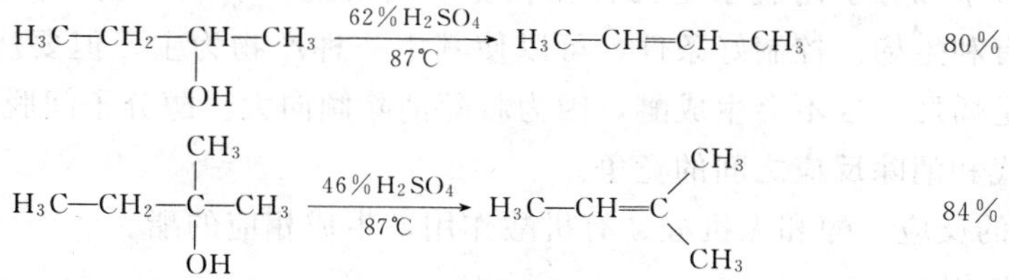

烯丙型、苄基型醇脱水往往生成共轭烯烃，所以它们的反应活性很高，例如：

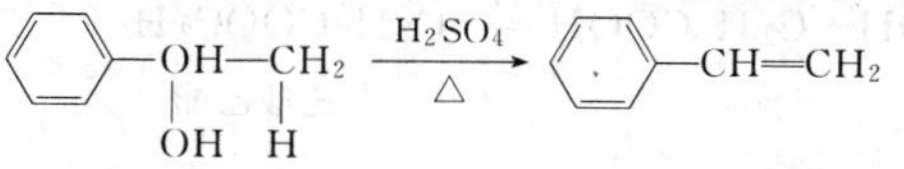

在醇的级别或种类等同的情况下，能生成共轭烯烃的醇，其脱水活性都会比较高。

ⓒ 脱水取向 醇脱水成烯的取向和卤代烃一样，遵循查依切夫（Saytzeff）规则，例如：

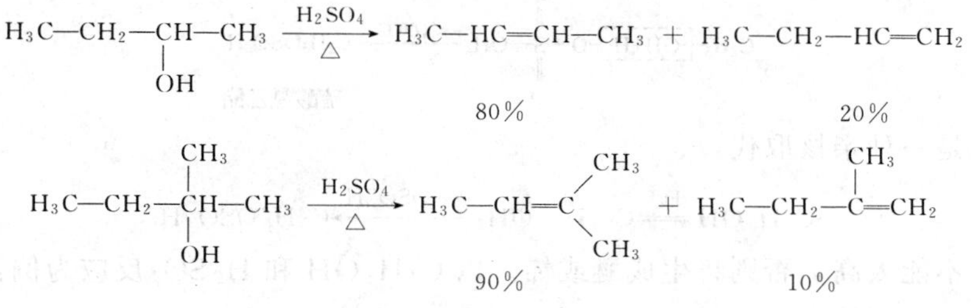

$$\underset{\text{OH}}{\overset{\text{CH}_3}{\bigcirc}} \xrightarrow[\triangle]{H_2SO_4} \underset{84\%}{\overset{CH_3}{\bigcirc}} + \underset{16\%}{\overset{CH_3}{\bigcirc}}$$

某些不饱和醇、二元醇脱水，总是按优先生成稳定的共轭烯烃方向进行，例如：

$$H_2C=CH-CH_2-\underset{OH}{CH}-CH_2-CH_3 \xrightarrow[\triangle]{Al_2O_3} H_2C=CH-CH=CH-CH_2-CH_3$$

$$H_3C-\underset{OH}{\overset{CH_3}{C}}-\underset{OH}{CH}-CH_2-CH_3 \xrightarrow[\triangle]{Al_2O_3} H_3C-\overset{CH_3}{C}=C-CH=CH-CH_3$$

ⓓ 重排　由于醇的脱水反应都是 E1 机理，反应中有碳正离子生成，所以重排现象比较普遍。

仲醇　$H_3C-CH_2-\underset{CH_3}{\overset{H}{C}}-CH_2-OH \xrightarrow[\triangle]{H_2SO_4} H_3C-CH=\overset{CH_3}{\underset{CH_3}{C}}$　（重排产物为主）

伯醇　$H_3C-\underset{CH_3}{\overset{CH_3}{C}}-\underset{OH}{CH}-CH_3 \xrightarrow[\triangle]{H_2SO_4} \underset{H_3C}{\overset{H_3C}{}}C=C\underset{CH_3}{\overset{CH_3}{}}$　（重排产物为主）

b. 分子间脱水成醚　两分子醇之间脱水生成醚，例如：

$$H_3C-CH_2-[OH + H-O]-H_2C-CH_3 \xrightarrow[140℃]{H_2SO_4} C_2H_5-O-C_2H_5$$

两分子醇之间脱水是一种亲核取代反应（S_N2）。其过程可简单表示如下：

$$C_2H_5OH \underset{}{\overset{H^+}{\rightleftharpoons}} C_2H_5-\overset{+}{O}H_2 \xrightarrow{H\ddot{O}C_2H_5} \left[C_2H_5\overset{H^+}{O}\cdots\overset{CH_3}{\underset{H}{C}}\cdots\overset{+}{O}H_2 \right] \xrightarrow{-H_2O} C_2H_5-\overset{H}{\underset{+}{O}}-C_2H_5 \xrightarrow{-H^+} C_2H_5-O-C_2H_5$$

醇分子间脱水和分子内脱水是两种互相竞争的反应，一般来说，较低温度有利于生成醚；较高温度有利生烯。控制好条件，可以使其中一种产物为主。但要注意，对叔醇来说，其主要产物总是烯烃，二不会生成醚，因为叔醇消除倾向大。醇分子间脱水和分子内脱水实际上是亲核取代和消除反应之间的竞争。

④ 生成酯的反应　醇和无机酸、有机酸作用，生成相应的酯。

a. 有机酸作用

$$C_2H_5OH+C_2H_5COOH \rightleftharpoons\overset{H^+}{} C_2H_5COOC_2H_5$$
$$\text{乙酸乙酯}$$

b. 无机酸反应

与硫酸作用相当快，产物为硫酸氢酯：

$$C_2H_5-[OH+H]-O-\overset{O}{\underset{O}{S}}-OH \xrightarrow{<100℃} C_2H_5OSO_3H$$
$$\text{硫酸氢乙酯}$$

该反应也是一种亲核取代：

$$C_2H_5OH \underset{}{\overset{H^+}{\rightleftharpoons}} C_2H_5-\overset{+}{O}H_2 \xrightarrow{^-OSO_3H} C_2H_5OSO_3H$$

反应温度不能太高，否则将生成醚或烯。以 C_2H_5OH 和 H_2SO_4 反应为例：

$$C_2H_5OH + H_2SO_4 \begin{cases} \xrightarrow{<100℃} C_2H_5OSO_3H \\ \xrightarrow{140℃} C_2H_5-O-C_2H_5 \\ \xrightarrow{170℃} H_2C=CH_2 \end{cases}$$

因此控制反应温度对生成什么产物有重要影响。

⑤ **醇的氧化和脱氢** 氧化反应是有机化学中重要的和较普遍的反应。广义地讲，在有机化合物中加入氧或脱去氢都属于氧化反应。在醇分子中，由于羟基的影响，使 α-H 原子较活泼，容易被氧化和脱氢。根据醇的不同结构，氧化情况和所得产物各不相同。

a. 加入氧-氧化反应 伯醇很容易被氧化剂氧化成醛，醛被进一步氧化为羧酸。

$$R-CH_2-OH \longrightarrow \underset{\overset{||}{O}}{R-C-H} \xrightarrow{[O]} \underset{\overset{||}{O}}{R-C-OH}$$

利用高选择性的氧化剂，可将醇氧化为羰基化合物，分子含有不饱和的双键和三键不发生破坏作用。高选择性氧化剂包括：

沙瑞特试剂，它是 CrO_3 和吡啶在盐溶液中的络合盐，是橙红色晶体溶于 CH_2Cl_2，在室温下可将伯醇氧化为醛，产物效率较高，不饱和键不被氧化。

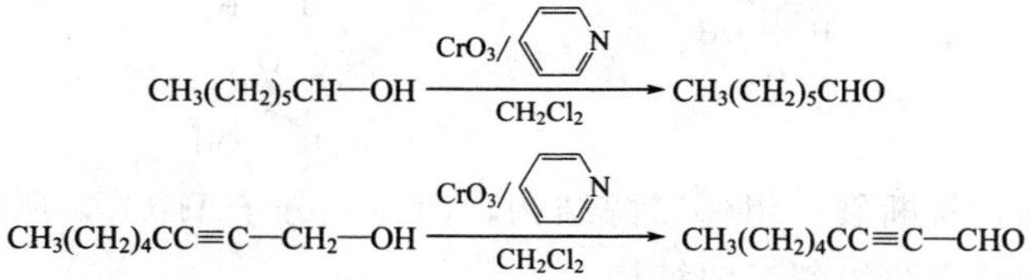

$$CH_3(CH_2)_5CH-OH \xrightarrow[CH_2Cl_2]{CrO_3/\text{吡啶}} CH_3(CH_2)_5CHO$$

$$CH_3(CH_2)_4CC \equiv C-CH_2-OH \xrightarrow[CH_2Cl_2]{CrO_3/\text{吡啶}} CH_3(CH_2)_4CC \equiv C-CHO$$

仲醇氧化生成酮，酮比较稳定，一般不被继续氧化

$$\underset{\overset{|}{OH}}{R-CH-R'} \xrightarrow{[O]} \underset{\overset{||}{O}}{R-C-R'}$$

常用的氧化剂有：$K_2Cr_2O_7$；$KMnO_4$；HNO_3

琼斯试剂是 CrO_3 的稀 H_2SO_4 溶液。反应时将 CrO_3 溶于稀 H_2SO_4 中，将此试剂滴加到醇的丙酮溶液中，反应快速，效率高，且不氧化双键。

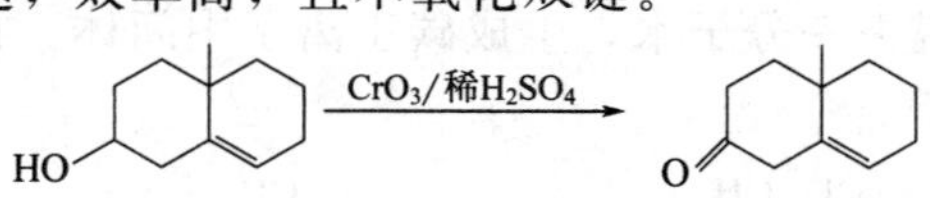

叔醇 α-C 上没有氢原子，在碱性或中性条件下不会被氧化。在强酸介质中，叔醇可以很快脱水生成烯烃，再被氧化生成含碳原子数较少的产物。

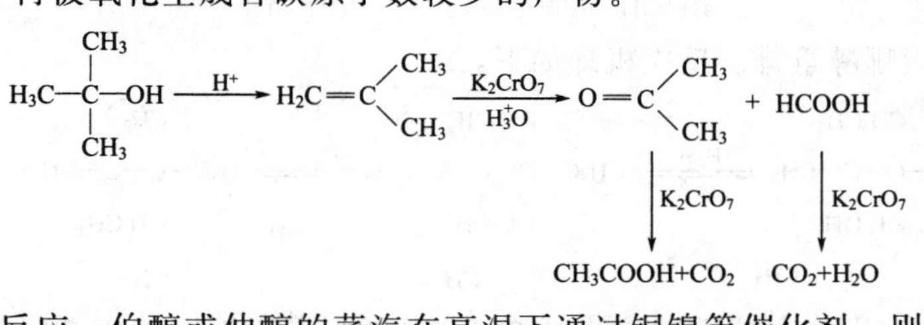

b. **脱氢-氧化反应** 伯醇或仲醇的蒸汽在高温下通过铜镍等催化剂，则脱氢生成醛或酮

$$CH_3CH_2OH \rightleftharpoons CH_3CHO + H_2$$

脱氢反应为吸热可逆反应，若向反应系中通入一定量的空气或氧气，使脱去的氢立即与氧结合生成水并放出热量，不仅可以节约大量能源，也有利于脱氢反应的进行完全。

叔醇分子中不含 α-H，不能脱氢，只能脱水生成烯烃。

c. 邻二醇的氧化　邻二醇用高碘酸氧化，两个羟基之间的碳碳单键断裂，生成两分子的羰基化合物。

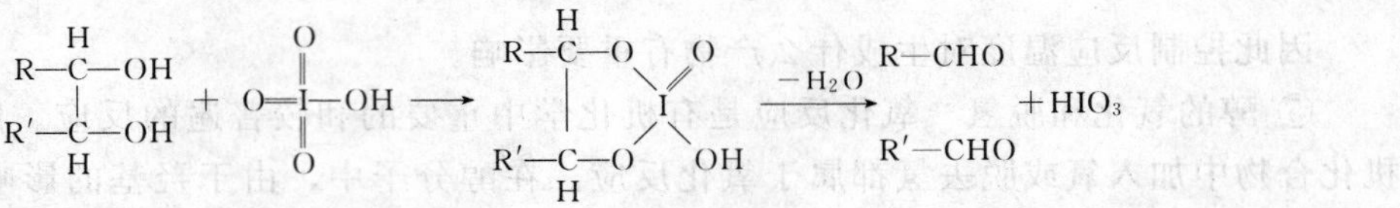

在反应混合物中加 $AgNO_3$ 溶液，有 $AgIO_3$ 白色沉淀生成，反应时定量进行的。1,3-二醇或两个羟基相隔更远的二元醇与高碘酸 HIO_4 不发生反应，所以该反应可用于邻位二醇的鉴别。

此外，还可根据邻位二醇与高碘酸 HIO_4 反应生成的产物来推断邻二醇的结构，如果在分子中有多个相邻羟基，则可以在多处发生断裂：

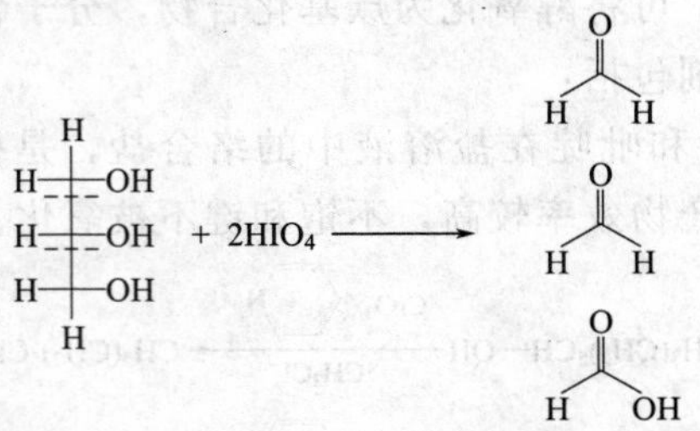

该反应是定量的，每断裂一组邻二醇结构，消耗一分子 HIO_4，所以根据 HIO_4 的用量可推知反应物分子中有多少组邻二醇结构。

⑥ 频哪醇重排　两个羟基都连在叔碳原子上的邻二醇称为频哪醇。

频哪醇在 Al_2O_3 作用下发生分子内脱水反应生成共轭二烯烃。

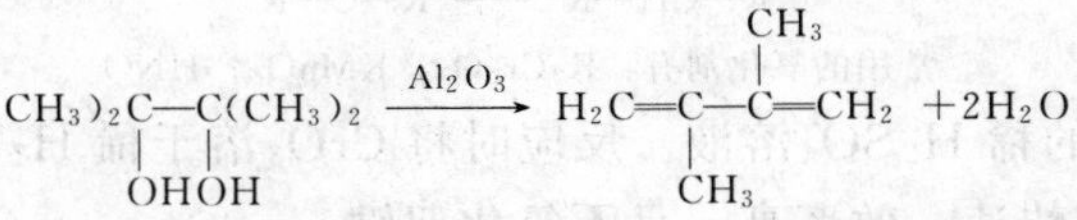

频哪醇在酸性条件下脱去一分子水，生成碳正离子中间体，在质子酸条件下碳正离子发生重排，生成频哪酮。

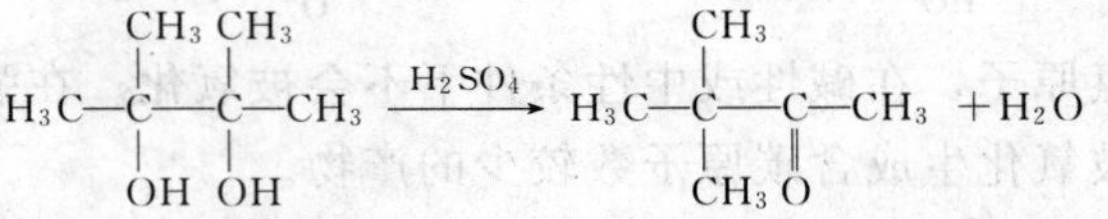

该反应称为频哪醇重排。反应机理如下：

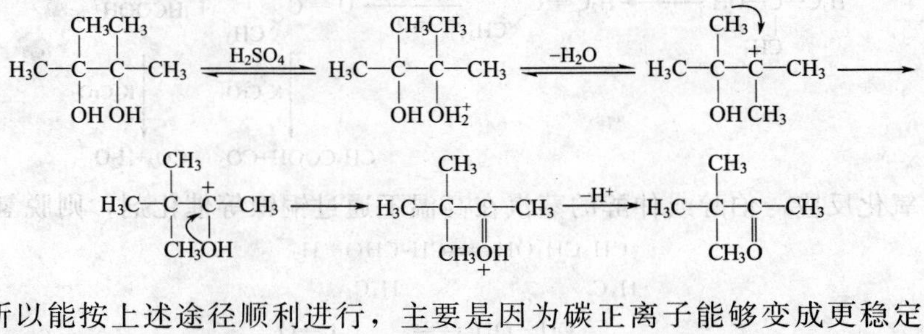

反应之所以能按上述途径顺利进行，主要是因为碳正离子能够变成更稳定的烊正离子，而且这种烊正离子很容易丢掉一个质子而生成更稳定的产物——酮。

当频哪醇分子上的四烃基不同时，如何排列？生成什么产物？情况比较复杂。下面用几个具体实例来说明某些一般的规律。

a. 不对称的频哪醇重排时，优先形成稳定的初始碳正离子中间体。例如：

$$
\begin{array}{c}
C_6H_5\ CH_3\\
C_6H_5-\underset{OH}{\overset{|}{C}}-\underset{OH}{\overset{|}{C}}-CH_3
\end{array}
\xrightarrow[-H_2O]{H^+}
\begin{array}{c}
C_6H_5\ \ OH\\
C_6H_5-\overset{+}{C}-\underset{CH_3}{\overset{|}{C}}-CH_3
\end{array}
\longrightarrow
\begin{array}{c}
C_6H_5\\
C_6H_5-\underset{CH_3}{\overset{|}{C}}-\underset{O}{\overset{\parallel}{C}}-CH_3
\end{array}
$$

在这里，优先生成较稳定的碳正离子决定了反应物的产物。

b. 若两个碳正离子的稳定性相当，富电子基迁移。取代基迁移的速率：供电子的取代芳基＞苯基＞烷基。

$$
\begin{array}{c}
CH_3\ CH_3\\
C_6H_5-\underset{OH}{\overset{|}{C}}-\underset{OH}{\overset{|}{C}}-C_6H_5
\end{array}
\xrightarrow[-H_2O]{H^+}
\begin{array}{c}
C_6H_5\ O\\
C_6H_5-\underset{CH_3}{\overset{|}{C}}-\overset{\parallel}{C}-CH_3
\end{array}
$$

$$
\begin{array}{c}
CH_3\ CH_3\\
C_2H_5-\underset{OH}{\overset{|}{C}}-\underset{OH}{\overset{|}{C}}-C_2H_5
\end{array}
\xrightarrow[-H_2O]{H^+}
\begin{array}{c}
CH_3\ CH_3\\
C_2H_5-\underset{OH}{\overset{|}{C}}-\overset{+}{C}-C_2H_5
\end{array}
$$

甲基迁移 →
$$
\begin{array}{c}
CH_3\\
C_2H_5-\underset{CH_3}{\overset{|}{C}}-\underset{O}{\overset{\parallel}{C}}-C_2H_5
\end{array}\quad 1
$$

乙基迁移 →
$$
\begin{array}{c}
CH_3\\
C_2H_5-\underset{C_2H_5}{\overset{|}{C}}-\underset{O}{\overset{\parallel}{C}}-CH_3
\end{array}\quad 2
$$

该反应中，两种烷基迁移的倾向相当，所以得到两种产物 1 和 2。

（结构式：环戊基频哪醇重排，生成产物 3 和 4）

该反应中，分别生成二种稳定性相当的碳正离子，然后分别进行重排，也得到两种 3 和 4。频哪重排在有机化学中是一类非常普遍的重排反应，只要在反应中形成：

$$
\begin{array}{c}
\ \ \ \ +\\
-\underset{OH}{\overset{|}{C}}-\overset{|}{C}-
\end{array}
$$

结构的碳正离子（及带正电荷的碳原子的邻近碳上连有羟基），都可发生频哪重排，例如：

$$
\begin{array}{c}
CH_3\ CH_3\\
H_3C-\underset{OH}{\overset{|}{C}}-\underset{I}{\overset{|}{C}}-CH_3
\end{array}
\xrightarrow[-I^-]{极性溶剂}
\begin{array}{c}
CH_3\ CH_3\\
H_3C-\underset{OH}{\overset{|}{C}}-\overset{+}{C}-CH_3
\end{array}
\longrightarrow
\begin{array}{c}
O\ \ CH_3\\
H_3C-\overset{\parallel}{C}-\underset{CH_3}{\overset{|}{C}}-CH_3
\end{array}
$$

（4）醇的制法

醇是非常重要的化工原料，可以用多种方法制备，以下介绍的有些是工业制法，多数是实验室制法。

① 发酵法　发酵是制备醇的古老的工业方法，它以农副产品为原料，经过发酵作用得到醇。

$$
淀粉 \xrightarrow{淀粉酶} 麦芽糖 \xrightarrow{麦芽酶} 葡萄糖 \xrightarrow{酒化酶} 酒精
$$

② 由烯烃制备（酸性水合）　以烯烃为原料，可以通过多种反应制备醇。

a. 直接水合法

$$CH_2 = CH_2 + H_2O \xrightarrow[300℃，7～8MPa]{磷酸、硅藻土} CH_3CH_2OH$$

$$CH_2CH = CH_2 + H_2O \xrightarrow[195℃，2MPa]{磷酸、硅藻土} CH_3\overset{\overset{\displaystyle OH}{|}}{CH}CH_3$$

b. 间接水合法　烯烃与硫酸反应生成硫酸氢酯，然后水解得到醇。例如：

$$CH_2 = CH_2 \xrightarrow[60～90℃，1.7～3.5MPa]{H_2SO_4} CH_3CH_2OSO_3H \xrightarrow[\triangle，-H_2SO_4]{H_2O} CH_3CH_2OH$$

③ 卤代烃水解　卤代烃在 NaOH 水溶液中水解生成醇：

$$RX + NaOH \xrightarrow{H_2O} ROH + NaX$$

这种亲核取代反应常常伴随着消除，特别是叔卤，所以不适合制备相应的醇。对于伯醇来说，为了减少消除副反应，可以采用较温和的碱性，如 Na_2CO_3 悬浮在 Al_2O_3 上。

只有在某些卤代烃比醇更容易得到的情况下，才有价值，例如：烯丙基氯、苄基氯容易由烃氯代得到，因此可由它们水解制备烯丙醇和苄醇。

$$H_2C=CH-CH_2 \atop \underset{Cl}{|} \xrightarrow[H_2O]{Na_2CO_3} H_2C=CH-CH_2 \atop \underset{OH}{|}$$

$$\text{苯}-CH_2Cl \xrightarrow[H_2O]{Na_2CO_3} \text{苯}-CH_2OH$$

④ 通过格氏试剂合成醇　在此主要介绍格式试剂和醛酮反应合成醇的方法。

a. 格式试剂与甲醛反应制伯醇

$$\underset{H}{\overset{H}{|}}C=O + R^-Mg^+X \longrightarrow \underset{H}{\overset{\overset{R}{|}}{\underset{|}{C}}}-O^-Mg^+X \xrightarrow{H_2O} RCH_2OH + Mg(OH)X$$

格式试剂首先向甲醛的羰基加成，R^- 是亲核试剂，加在羰基碳上 Mg^+X^- 与氧相连

b. 格氏试剂与醛反应制仲醇

$$\underset{H}{\overset{R'}{|}}C=O + R^-Mg^+X \longrightarrow \underset{R'}{\overset{\overset{R}{|}}{\underset{|}{\overset{H}{C}}}}-O^-Mg^+X \xrightarrow{H_2O} \underset{R'}{\overset{\overset{}{|}}{RCHOH}} + Mg(OH)X$$

c. 格氏试剂与酮反应制叔醇

$$\underset{R''}{\overset{R'}{|}}C=O + R^-Mg^+X \longrightarrow \underset{R'}{\overset{\overset{R}{|}}{\underset{|}{\overset{R''}{C}}}}-O^-Mg^+X \xrightarrow{H_2O} \underset{R'}{\overset{\overset{R''}{|}}{RCOH}} + Mg(OH)X$$

总的来说，通过格式试剂可以合成各种伯醇、仲醇、叔醇。这是实验室制备醇的最好的方法。

（5）重要的醇

① 甲醇　甲醇最初是由木材干馏得到的，故称为木醇。现在工业上生产甲醇是用一氧化碳和氢气，或天然气为原料，在高温、高压、催化剂存在下直接合成：

$$CO + H_2 \xrightarrow[300～410℃，20～30MPa]{CuO\text{-}ZnO\text{-}Cr_2O_3} CH_3OH$$

$$CH_4 + 1/2O_2 \xrightarrow[\text{铜管}]{200℃，10MPa} CH_3OH$$

甲醇为无色易燃液体，能与水和有机溶剂混溶。用金属镁处理甲醇，可以除去甲醇中微量水得无水甲醇。

甲醇有毒，少量饮用会使人失明，量多时甚至死亡。这是因为甲醇在体内被氧化成甲醛，甲醛损坏视网膜，进一步氧化成甲酸后导致酸中毒。

甲醇的用途很多，主要用来合成甲醛、农药，用作溶剂和甲基化试剂，用作有机玻璃、涤纶纤维的原料。还可以单独或混入汽油中作汽车或喷气式飞机的燃料。

② 乙醇　乙醇是酒的主要成分，俗称酒精。我国古代用粮食酿酒实际上就是用微生物发酵的方法制备乙醇。现在工业上生产乙醇主要以石油裂解产物乙烯为原料，用间接水合法或直接水合法得到。

$$CH_2=CH_2+H_2SO_4 \longrightarrow CH_3CH_2OSO_3H \xrightarrow{H_2O} CH_3CH_2OH \quad \text{间接水合法}$$

$$CH_2=CH_2+H_2O \xrightarrow[300℃，压力]{H_3PO_4} CH_3CH_2OH \quad \text{直接水合法}$$

工业酒精是含 95.6% 乙醇与 4.4% 水的恒沸混合物，沸点 78.15℃，不能用直接蒸馏的方法除去所含水分。在实验室，通常用生石灰与乙醇共热，吸收水分后蒸馏得到 99.5% 的无水乙醇。欲使含水量进一步降低，则在无水乙醇中加入镁，除去微量水分后蒸馏，可得到 99.95% 的无水乙醇。

纯乙醇为无色液体，沸点 78.3℃，易燃。乙醇的用途很广，它是重要的化工原料，可以合成许多有机化合物。70% 的乙醇在医药上用作消毒剂、防腐剂，也是常用的溶剂。在汽油中加入乙醇用作燃料，即乙醇汽油。

③ 异丙醇　异丙醇是无色透明液体，有像乙醇的气味，沸点 82.5℃，溶于水、乙醇和乙醚。工业上由丙烯的水合反应生产。以石油裂解产物丙烯为原料，与硫酸反应后水解，经蒸馏得异丙醇。

异丙醇主要用于制备丙酮、二异丙醚、醋酸异丙酯和麝香草酸等。其次是用作溶剂，代替乙醇用于洗净剂和消毒。

④ 苯甲醇　苯甲醇又称苄醇。有芳香气味的无色液体，沸点 205.3℃，微溶于水，能与乙醇、乙醚、苯等混溶，存在于植物的香精油中。工业上由苄基氯与碳酸钠、碳酸钾的水溶液经水解反应制备。

苯甲醇用作制备花香油和药物等，也用作香料的溶剂和定香剂。苯甲醇有微弱的麻醉作用，在青霉素钾盐注射液中，加入适量的苯甲醇可以减轻注射时的疼痛感。

⑤ 乙二醇　乙二醇是有甜味的无色黏稠液体，又称甘醇。沸点 197.3℃，很易吸湿，能与水、乙醇和丙酮混溶，不溶于乙醚。

一般以乙烯为原料，用乙烯次氯酸法和乙烯氧化法制备乙二醇。

$$CH_2=CH_2 \xrightarrow[70\sim80℃]{Cl_2+H_2O} \underset{Cl\ \ OH}{CH_2-CH_2} \xrightarrow[105\sim110℃0.1MPa]{H_2O,\ Na_2CO_3} \underset{OH\ \ OH}{CH_2-CH_2} \quad \text{乙烯次氯酸法}$$

$$CH_2=CH_2 \xrightarrow[250℃，0.1MPa]{O_2,\ Ag} \underset{O}{CH_2-CH_2} \xrightarrow[190℃，0.22MPa]{H_2O} \underset{OH\ \ OH}{CH_2-CH_2} \quad \text{乙烯氧化法}$$

乙二醇可作高沸点溶剂，用于合成树脂、增塑剂、合成纤维、化妆品和炸药等。60% 乙二醇水溶液的凝固点为 −49℃，是较好的防冻剂。

⑥ 丙三醇　丙三醇是无色无臭，具有甜味的黏稠液体，又称甘油。沸点 290℃，能与水以任何比例混溶，有很大的吸湿性，不溶于乙醚、氯仿等有机溶剂。

用油脂经水解反应制肥皂的副产物是甘油。工业上以丙烯为原料用氯丙烯法和丙烯氧化法直接合成甘油。例如用氯丙烯法：

$$CH_3CH=CH_2 \xrightarrow[550℃]{Cl_2} CH_2CH=CH_2 \xrightarrow{Cl_2+H_2O} CH_2CHCH_2 \xrightarrow[60℃]{Ca(OH)_2} CH_2-CHCH_2Cl \xrightarrow[150℃]{10\%NaOH} CH_2CHCH_2$$
$$\quad\quad\quad\quad\quad\quad\quad\quad |\quad\quad\quad\quad\quad\quad\quad | \ \ |\quad\quad\quad\quad\quad\quad \backslash O /\quad\quad\quad\quad\quad\quad\quad | \ \ | \ \ |$$
$$\quad\quad\quad\quad\quad\quad\quad\quad Cl\quad\quad\quad\quad\quad\quad Cl \ OH \ Cl\quad\quad\quad\quad\quad\quad\quad\quad\quad\quad\quad OH \ OH \ OH$$

甘油主要用于制硝化甘油、醇酸树脂。用作化妆品、皮革、烟草、食品以及纺织品的吸湿剂。一定比例甘油的水溶液，对皮肤有润滑作用，可用作药剂的溶剂，如甘油栓剂、酚甘油剂等。

18.7.2　酚

（1）酚的结构

羟基和芳环直接相连的化合物叫做酚。通式为 Ar—OH。

在苯酚分子中，氧原子的价电子是以 sp^2 杂化轨道参与成键的。酚羟基中氧原子上的一对未共用电子对所在的 p 轨道与苯环上六个碳原子的 p 轨道相互平行，侧面重叠形成一个大的 p-π 共轭体系，产生电子离域现象。

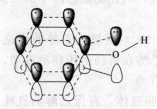

由于氧原子上的未共用电子对离域到整个共轭体系中，对氧原子来说，电子云密度降低，有利于氢原子离解成为质子，表现出酸性。同时，芳环上羟基的邻、对位电子云密度增加，易于发生亲电取代反应。另外，电子的离域作用使 C—O 键具有部分双键的性质，酚中的羟基难于被取代和消除。

（2）酚的物理性质

① 一般的物理性质　大多数酚在常温下是结晶固体，只有少数烷基酚是高沸点的液体。由于酚分子中含有羟基，能在分子间形成氢键，因此其熔点、沸点比分子量相近的芳烃、卤代芳烃高。酚与水也能形成分子间氢键，故苯酚及其低级同系物在水中有一定溶解度。纯净的酚一般是无色的，长期放置的酚类由于被空气中的氧气氧化而略带红色。低级酚有特殊的刺激性气味，尤其对眼睛、呼吸道黏膜、皮肤有刺激和腐蚀作用。酚能溶于乙醇、乙醚、苯等有机溶剂中。

② 波谱性质　酚的红外光谱与醇类似，酚的 O—H 伸缩振动在 3650～3200cm^{-1} 区域显示一个强而宽的吸收峰。酚的 C—O 伸缩振动吸收峰出现在 1230cm^{-1} 左右，是一宽而强的吸收峰。而醇的 C—O 伸缩振动吸收峰在 1050～1200cm^{-1} 区域。

在酚的质子核磁共振谱中，酚羟基质子的化学位移一般为 4～9。

图 18-39 是苯酚的红外光谱图，图 18-40 是对乙基苯酚的核磁共振谱图。

（3）酚的化学性质

① 酚羟基的反应

a. 酚的酸性

酚类化合物具有明显的弱酸性，其酸性大于醇和水，但比碳酸和乙酸弱，所以苯酚能与 NaOH 水溶液作用，生成可溶于水的酚钠盐：

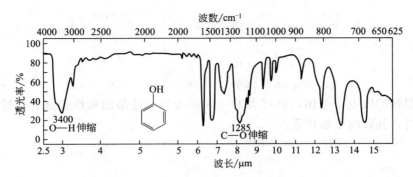

图 18-39 苯酚的红外光谱图

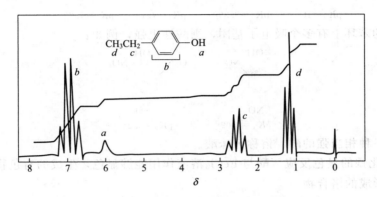

图 18-40 对乙基苯酚的核磁共振谱图

$$\text{C}_6\text{H}_5\text{—OH} + \text{NaOH} \longrightarrow \text{C}_6\text{H}_5\text{—ONa} + \text{H}_2\text{O}$$

较强的酸　　　　　　　　　　　　较弱的酸

苯酚的酸性比碳酸弱，如在苯酚钠溶液中通过 CO_2，则可将苯酚游离出来：

$$\text{C}_6\text{H}_5\text{—ONa} + \text{CO}_2 \xrightarrow{\text{H}_2\text{O}} \text{C}_6\text{H}_5\text{—OH} + \text{NaHCO}_3$$

苯酚不溶于碳酸钠或碳酸氢钠溶液，其原因就是由于苯酚的酸性比碳酸弱。

已知醇的酸性比水弱，当然比苯酚就更弱了，换句话说，苯酚的酸性比醇强，为什么？对于苯酚的酸性比醇强，也可以用一种较简单的方法来解释：以下通过苯酚和环己醇的比较来回答这个问题。

较强的极性　　　　　　　较弱的极性

与环己醇比较，在苯酚分子中，由于氧原子的孤对电子与苯环大 π 键发生 p-π 共轭，使氧原子上的电子向苯环转移而增加了 O—H 键的极性。因而氢比较容易解离下来，表现出较强的酸性。

取代酚的酸性，则与取代基的性质和环上的位置有关。当苯环上连有吸电子基团时，酚的酸性增强；连有供电子基团时，酚的酸性减弱。

甲基是给电子基团，它通过苯环将电子推向羟基，而减弱 O—H 的极性，使苯酚的酸性减弱。当甲基处于酚羟基的邻对位时，推电子作用能更好地传递至羟基，所以这种影响更加明显。

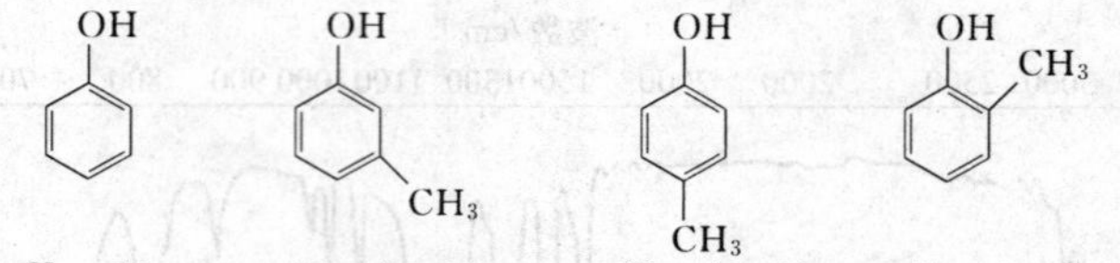

$$pK_a=10 \qquad pK_a=10.09 \qquad pK_a=10.26 \qquad pK_a=10.29$$

硝基是很强的吸电子基团，将增大 O—H 的极性，使酚的酸性变强。同样当硝基处于羟基的邻对时，其影响更加显著。

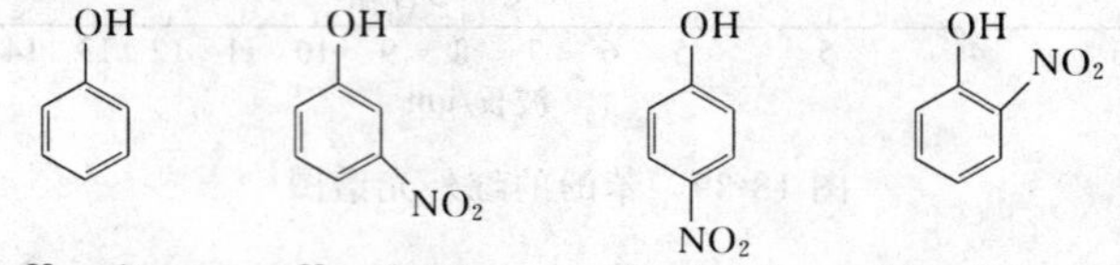

$$pK_a=10 \qquad pK_a=8.39 \qquad pK_a=7.15 \qquad pK_a=7.22$$

如果在酚的苯环上有多个吸电子基团，则酸性更强，例如：

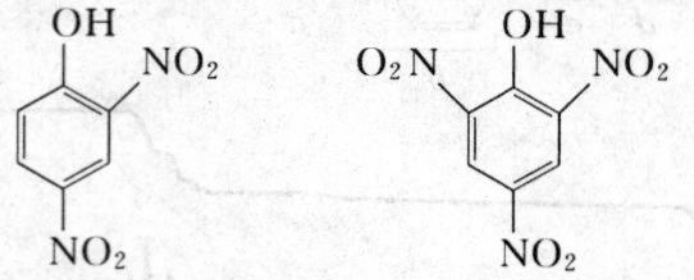

$$pK_a=4.09 \qquad pK_a=0.25$$

后者已是一种相当强的酸，俗称苦味酸。

b. 与三氯化铁的显色反应　酚与 $FeCl_3$ 溶液作用能够显色，生成的有色物质为酚氧离子与高价铁离子形成的络合物

$$6C_6H_5OH+FeCl_3 \longrightarrow [Fe(OC_6H_5)_6]^{3-}+6H^++3Cl^-$$

与 $FeCl_3$ 的颜色反应并不只限于酚类，凡是具有烯醇式结构的脂肪族化合物都可发生这种反应。实际上酚就具有类似烯醇式的结构。

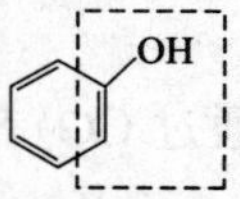

烯醇式结构

不同的酚与 $FeCl_3$ 溶液作用呈现不同的颜色，可以鉴别酚的存在

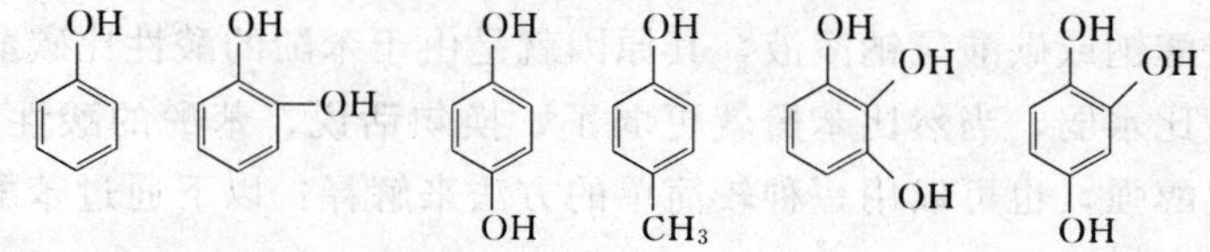

蓝紫色　　深绿色　　暗绿色　　蓝色　　浅棕色　　蓝绿色

c. 酚醚的生成　在强碱的条件下，醇分子间可以脱水成醚，而酚有脱水很困难，因为在这种反应中涉及 C—O 键断裂，酚由于 p-π 共轭使她的 C—O 键结合得特别的牢固，很不容易断裂，可以说，凡是醇所具有的涉及 C—O 键断裂，酚一般都不易发生脱水成醚就是其例之一。

如果再高温催化剂作用下，则苯酚也可以脱水生成二苯醚。

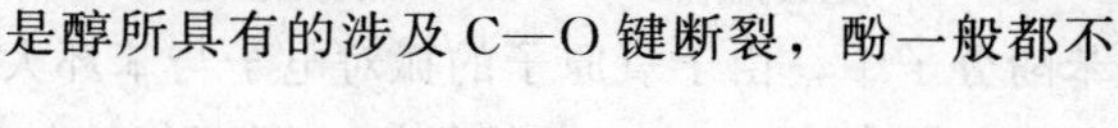

$$\boxed{-OH+H}-O- \xrightarrow[450℃]{ThO_2} -O-$$

我们知道，醇钠与卤代烃作用生成醚。在此不涉及 C—O 键断裂，所以用酚钠与卤代烃作用可以得到相应的脂肪芳香混合醚。

$$ArOH \xrightarrow{NaOH} ArO^-Na^+ \xrightarrow{R-X} Ar-O-R$$

（Ar 代表芳烃）

该反应实际上就是卤代烃的亲核取代。ArO⁻为亲核试剂，由于它是强碱，因此所用的 RX 也必须是伯卤，否则很容易发生消除。

d. 酯的生成 用酚与羧酸反应制备酯是比较困难的，酚酯一般用酰氯或酸酐与酚或酚盐作用获得。例如：

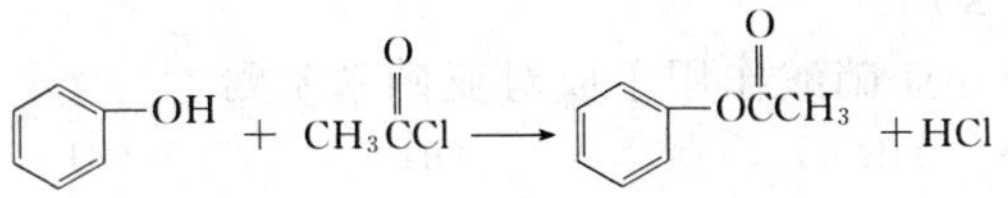

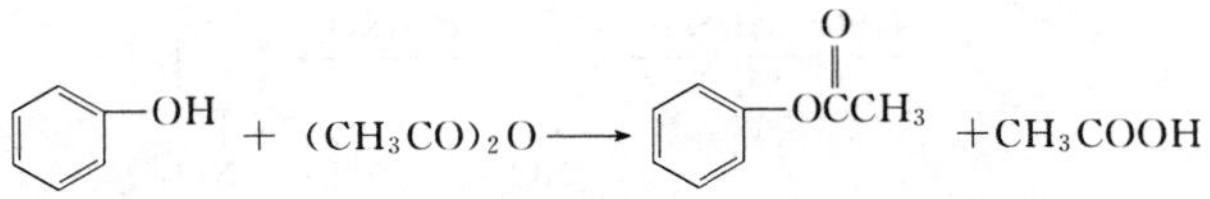

② **芳环上的亲电取代反应** 酚羟基是活化芳环的邻、对位定位基，所以，苯酚易在羟基的邻、对位发生环上的亲电取代反应。

a. 卤化 苯与溴水在一般条件下不发生反应，但苯酚与溴水在室温下，即可生成三溴苯酚：

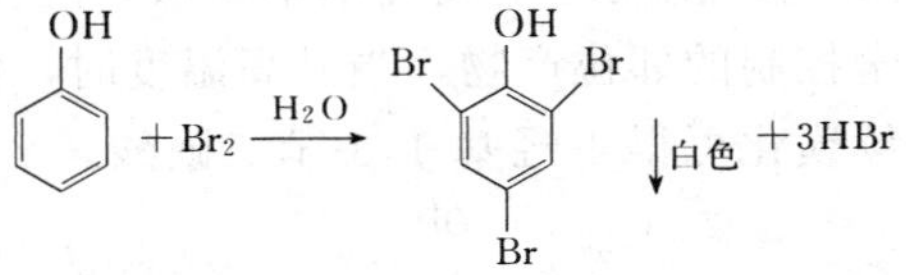

2,4,6-三溴苯酚的溶解度很小，很稀的苯酚溶液与溴水作用都可以得到沉淀，反应非常灵敏，可用于苯酚的定性检验。

在苯酚与溴水的反应中，加入 HBr，可使溴代反应停留在生成二溴代物的阶段：

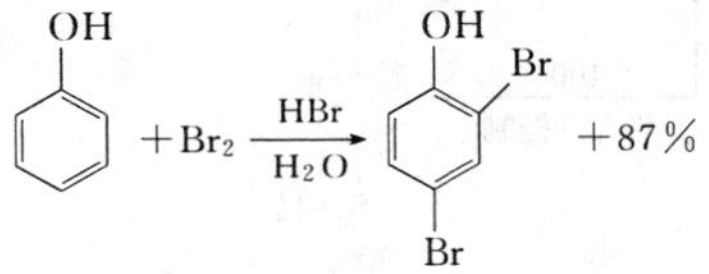

若反应在低极性溶剂（如 CS_2、CCl_4 等）中，并于低温下反应，可以得到一溴苯酚：

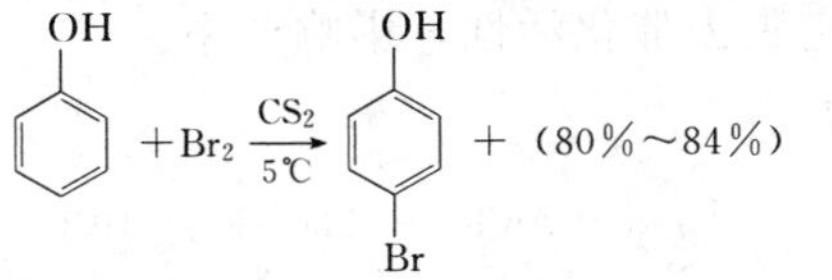

b. 硝化 苯酚在室温下用稀硝酸硝化，生成邻硝基和对硝基苯酚，由于苯酚易被氧化，产率较低。

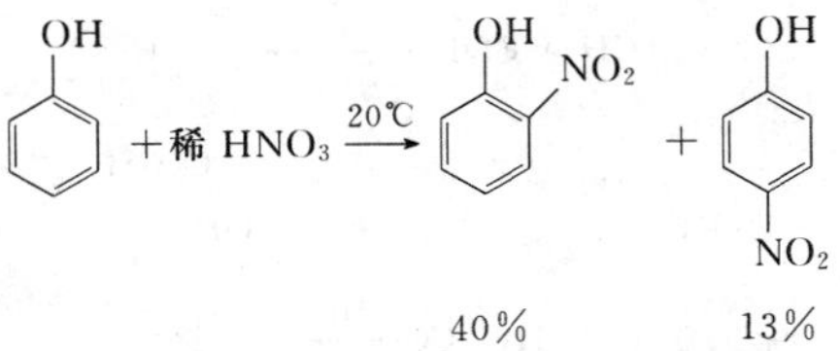

邻位和对位硝基苯酚的混合物可通过水蒸气蒸馏方法分离。邻硝基苯酚易形成分子内氢键，水溶液小，挥发性大，可随水蒸气挥发。对硝基苯酚只能通过分子间氢键缔合，降低了蒸气压，不能随水蒸气蒸馏。

苯酚极易被硝酸氧化，所以多硝化产物一般是分步制得。制备 2,4,6-三硝基苯酚时，先用浓硫酸磺化苯酚，引入吸电子基使苯环钝化提高苯酚的抗氧化能力，再用硝酸硝化，在较高温度下磺酸基被硝基取代。

c. 亚硝化反应 苯酚和亚硝酸作用生成对亚硝基苯酚。

虽然 NO⁺ 的亲电性较弱，但因羟基对苯环的活化，所以可以得到产率较好的取代产物。对亚硝基苯酚可用稀硝酸顺利氧化成对硝基苯酚，因此通过苯酚亚硝化-氧化途径，能得到不含邻位异构体的对硝基苯酚。

d. 磺化 苯酚与浓硫酸发生磺化反应生成羟基苯磺酸。随反应温度不同可以得到不同的产物。在室温主要得动力学控制的邻位产物，当升高温度时，稳定的对位异构体增多，主要得热力学控制的产物，继续磺化可得 4-羟基-1,3-苯二磺酸。

e. 傅-克反应 酚很容易进行傅-克反应但一般不用 $AlCl_3$ 做催化剂，因为 $AlCl_3$ 可与酚羟基形成铝的络盐，从而使它失去催化活性，影响产率。

$$+ AlCl_3 \longrightarrow PhOAlCl_2 + HCl$$

所以酚的傅-克反应常用 H_3PO_4、HF、BF_3 等催化剂，例如：

　　在酰基化反应中，当用 BF_3、$ZnCl_2$ 作催化剂时，酰基化试剂可以直接用羧酸，不必用酰氯。

　　f. 傅瑞斯（Fries）重排　酚酯在 $AlCl_3$ 的作用下，酰基从氧原子上转移到苯环的邻位或对位，生成酚酮称为傅瑞斯重排。得到的两种异构体可以用水蒸气蒸馏的方法分离。

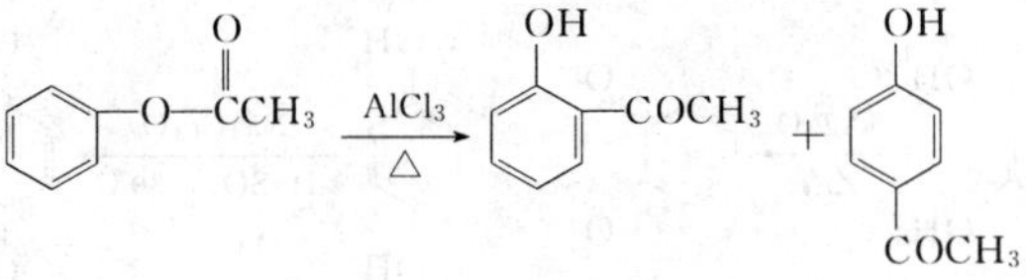

可随水蒸气蒸出

　　反应温度对该反应影响较大。温度较低时，主要生成对位异构体；温度较高时，主要生成邻位异构体。

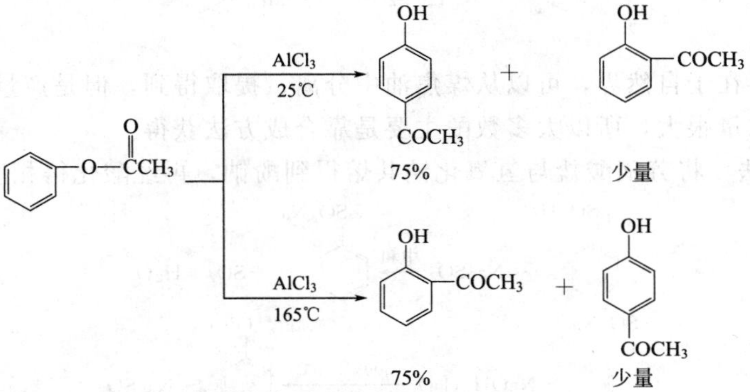

　　有的情况下也可以得到较高收率的单一产物。例如：

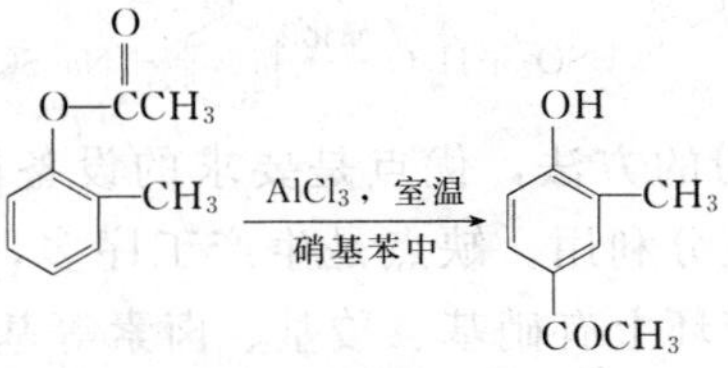

　　如前所述，在 $AlCl_3$ 的催化下，酚进行酰化反应效果不好，用其他的催化剂使用时又不方便。如果选用将酚做成酯，再进行傅瑞斯重排，则可以代替酚直接酰化合成酚酮。该方法的优点是邻、对位异构体分离较方便，总收率较高。

　　③ 酚的氧化和还原

　　a. 氧化反应　酚很容易被氧化，随氧化剂和反应条件的不同，氧化产物也不同。酚或取代酚最常见的氧化产物是 1,4-苯醌（对苯醌）。

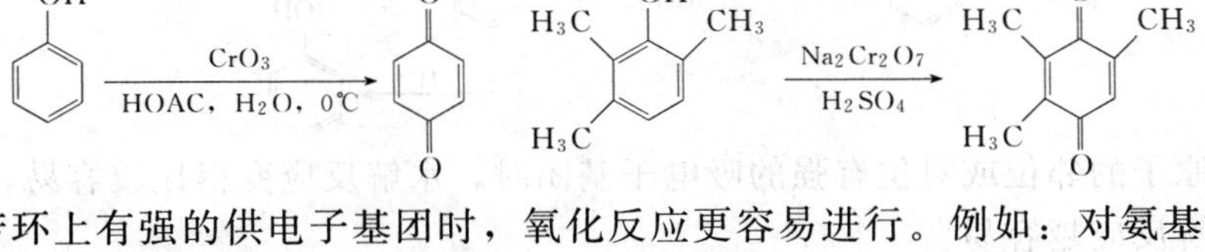

　　当酚的芳环上有强的供电子基团时，氧化反应更容易进行。例如：对氨基苯酚由于氨基的存在，只需用三价铁离子就能将其氧化。

在不同的条件下，邻苯二酚、对苯二酚可以分别被氧化成邻苯醌、对苯醌。

b. 还原反应　酚通过催化加氢生成环己醇，是工业上生成环己醇的方法之一。

（4）酚的制法

酚类化合物存在于自然界，可以从煤焦油中分离、提取得到，但是产量是有限的。由于工业上对酚的需求量很大，所以大多数酚主要是靠合成方法获得。

① 磺化碱熔法　将芳磺酸盐与氢氧化钠共熔得到酚钠，再经酸化得相应的酚。

磺化碱熔法是最早合成苯酚的方法，优点是要求的设备简单，产量较高。在中和、碱熔、酸化中产生的副产物可以充分利用。缺点是生产工序多，操作麻烦，生产难以连续化。同时因为反应的温度较高，当芳环上有硝基、羧基、卤素等基团时，它们会发生变化，所以使用该方法有一定的限制。

磺化碱熔法也可以用于合成苯二酚、烷基酚、萘酚等。

② 氯苯水解法　卤苯的卤素很不活泼，一般条件下很难水解。例如：由氯苯的水解反应制备苯酚，需要 $350\sim400℃$，20MPa，铜催化的条件下，才能被氢氧化钠水解成酚钠，经酸化得到苯酚。

但是当卤原子的邻位或对位有强的吸电子基团时，水解反应变得比较容易，而且吸电子基团越多，水解反应越容易。

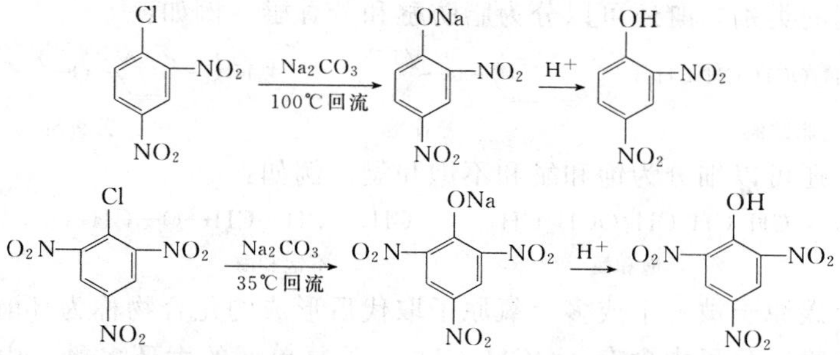

此类反应是按亲核取代反应机理进行的。硝基对芳香族亲核取代反应是活化基，它的存在降低了反应过程中形成的中间体（迈森海默络合物）的能量，有利水解反应的进行。

③ 异丙苯氧化法 异丙苯在 100~120℃ 温度下通入空气，经催化氧化生成过氧化氢异丙苯，后者与稀硫酸作用，经重排后分解成苯酚和丙酮。

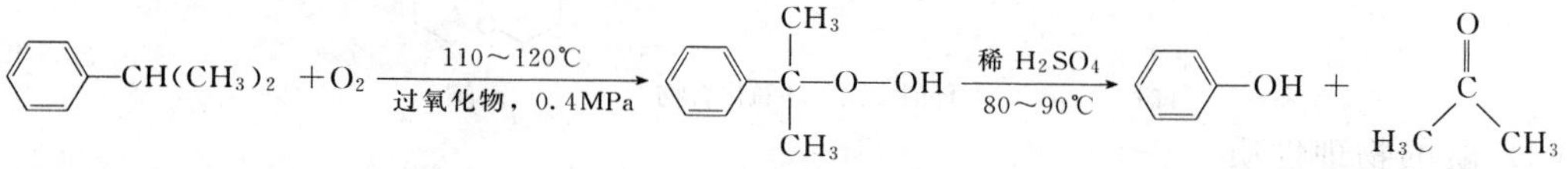

这是目前最主要和最好的生产苯酚的方法。优点是原料易得（苯和丙烯是石油化工产品），副产物丙酮也是一种重要的化工原料，适用规模生产。但是该方法因为涉及过氧化物，所以对设备和技术的要求较高。

18.7.3 醚和环氧化合物

醚可以看作是醇或酚羟基上的氢原子被烃基取代后得到的化合物。醚类化合物都含有醚键（C—O—C）。

（1）醚和环氧化合物的结构

① 醚的结构 醚键（C—O—C）是醚类化合物的结构特征与官能团。醚分子中的氧原子为 sp^3 杂化，醚键的键角接近 109.5°。以甲醚为例，其醚键的键角为 112°。

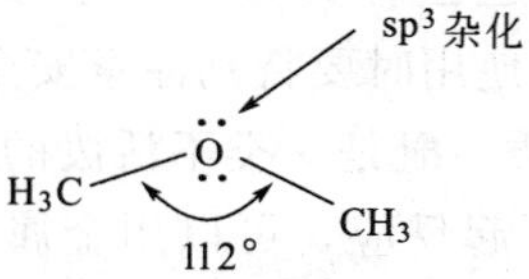

② 环氧化合物的结构 最简单的环氧化合物是环氧乙烷。其分子中两个 C—O 键之间的夹角为 61.5°，另外的两个键角为 59.2°，因此存在着较大的叫角张力，C—O 键容易断裂发生反应。

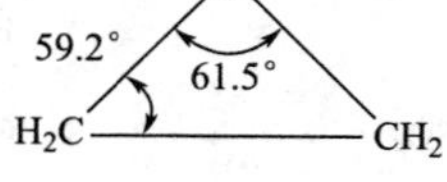

（2）醚的分类

醚分子中，两个烃基相同时称为简单醚，两个烃基不相同时称为混合醚。例如：

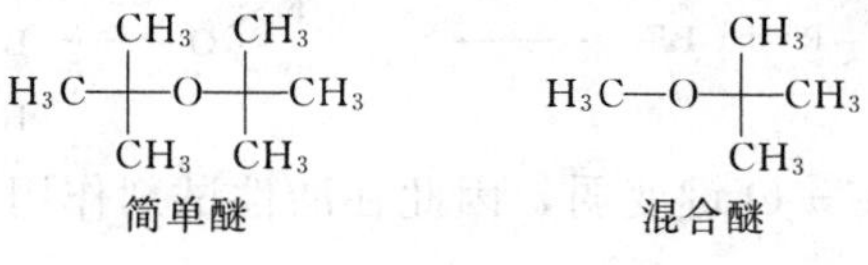

根据两个烃基的类别，醚还可以分为脂肪醚和芳香醚。例如：

$$CH_3CH_2CH_2OCH_2CH_2CH_3$$

脂肪醚　　　　　　　　芳香醚 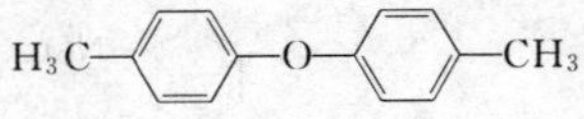　　　　　　　　芳香醚

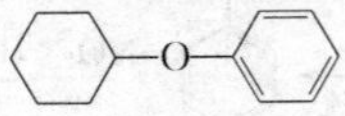

在脂肪醚中，还可以细分为饱和醚和不饱和醚。例如：

$$CH_3CH_2CH_2OCH_2CH_3 \qquad CH_3-CH=CH-O-CH_3$$

饱和醚　　　　　　不饱和醚

脂环烃的环上碳原子被一个或多个氧原子取代后形成的化合物称为环醚，其中特殊三元环醚称为环氧化合物。分子中含有—OCH_2CH_2—重复单元的大环多醚。由于它稳定构型像西方的王冠，故称为冠醚，例如：

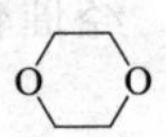

环醚 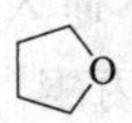　　　　　环醚 　　　环氧化合物 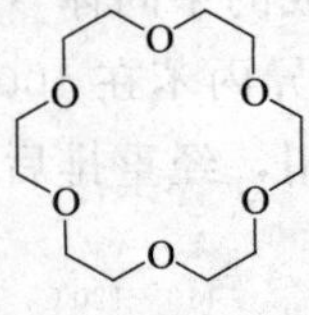　　　　冠醚

（3）醚的物理性质

常温下除甲醚、甲乙醚是气体外，其他醚大多数为无色液体。醚有特殊气味，相对密度小于1，比水轻。由于醚的氧原子上没有氢，分子之间不能形成氢键缔合，所以醚的沸点与分子量相近的醇比要低得多。例如：乙醚的沸点为34.6℃，而丁醇的沸点高达117.7℃。但是醚分子中氧原子可以和水分子中的氢原子形成氢键，所以醚在水中的溶解度比烃大。

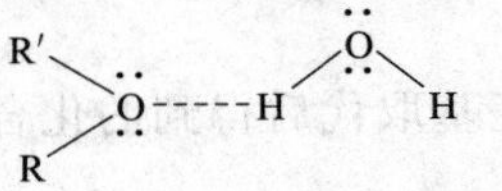

醚与水分子形成氢键

随着分子中醚键的增多，醚在水中的溶解度增大。例如：乙二醇二甲醚、丙三醇三甲醚能与水互溶。高级醇一般难溶于水。

醚易溶于有机溶剂，而且醚本身能溶解很多有机物，因此醚是优良的有机溶剂。低级醚具有高度挥发性，易着火。尤其是乙醚，其蒸气与空气能形成爆炸混合物，爆炸极限为1.85%～36.5%（体积分数），因此使用时要特别注意安全。

（4）醚和环氧化合物的化学性质　醚是一类不活泼的化合物，对碱、氧化剂、还原剂都十分稳定。醚在常温下与金属Na不起反应，可以用金属Na来干燥。醚的稳定性仅次于烷烃。但其稳定性是相对的，由于醚键（C—O—C）的存在，它又可以发生一些特有的反应。

① 𨦡盐的生成　醚的氧原子上有未共用电子对，它作为一种路易斯（Lewis）碱，可与浓酸形成𨦡盐。

$$R-\ddot{O}-R + HCl \longrightarrow R-\overset{+}{\underset{H}{O}}-R + Cl^-$$

$$R-\ddot{O}-R + H_2SO_4 \longrightarrow R-\overset{+}{\underset{H}{O}}-R + HSO_4^-$$

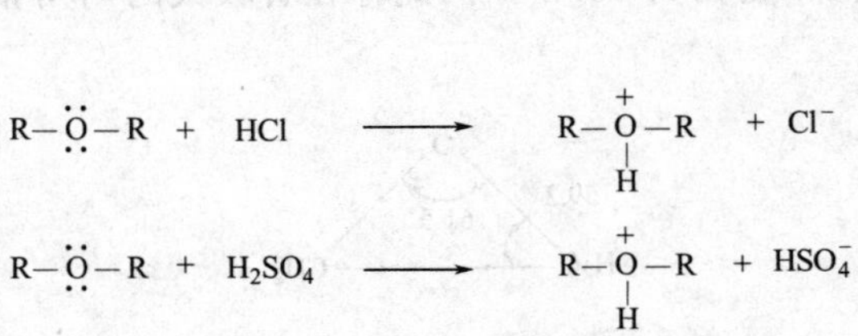

醚还可以和路易斯酸（如BF_3、$AlCl_3$、RMgX）等生成𨦡盐。

$$R-\ddot{O}-R + BF_3 \longrightarrow$$

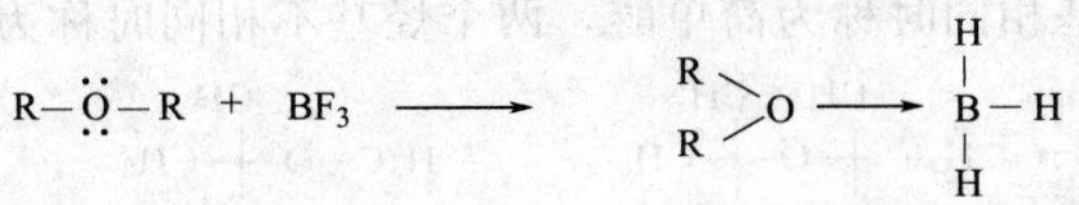

𨦡盐的生成使醚分子中C—O键变弱，因此在酸性试剂作用下，醚链会断裂。

② **醚链的断裂**　醚与强酸作用生成𦎟盐。𦎟盐的生成使醚键变弱，在较高温度下容易发生 C—O 键断裂。使醚链断裂最有效的试剂是浓的氢碘酸（HI）。

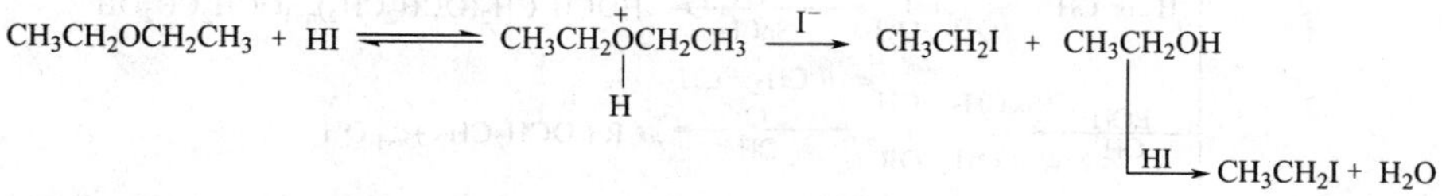

$$CH_3CH_2OCH_2CH_3 + HI \rightleftharpoons CH_3CH_2\overset{+}{\underset{H}{O}}CH_2CH_3 \xrightarrow{I^-} CH_3CH_2I + CH_3CH_2OH$$
$$\xrightarrow{HI} CH_3CH_2I + H_2O$$

在过量的作用下，醚键断裂生成的醇也转变为碘代烃。

HX 的反应活性：

$$HI > HBr > HCl \gg HF（不能反应）$$

醚键断裂的机理取决于醚中烃基的结构，对于二烷基醚：

当 R 为 CH_3- 或伯烷基时，醚键断裂反应按 S_N2 机理进行。首先，醚和酸形成𦎟盐，然后亲核试剂优先进攻空间位阻较小的中心碳原子。

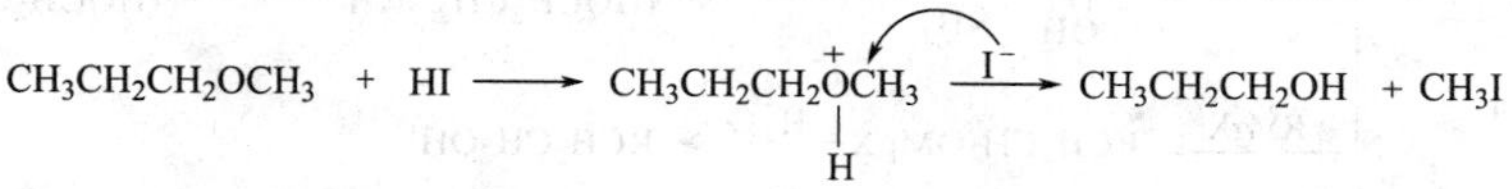

$$CH_3CH_2CH_2OCH_3 + HI \longrightarrow CH_3CH_2CH_2\overset{+}{\underset{H}{O}}CH_3 \xrightarrow{I^-} CH_3CH_2CH_2OH + CH_3I$$

如果 R 为叔烷基，醚键断裂反应按 S_N1 机理进行，也是先生成𦎟盐，然后醚键断裂生成叔碳正离子。若用 H_2SO_4 代替氢卤酸，由于 HSO_4^- 亲核性很弱，以消除反应为主生成烯烃。

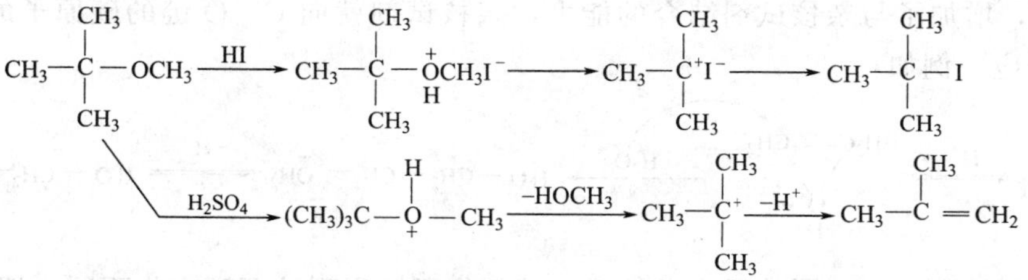

对于烷基芳基醚，断键只能发生在烷氧键之间，因为芳环上 π 电子和氧原子上未共用电子对发生离域，使碳氧键具有部分双键性质，很难发生断键。

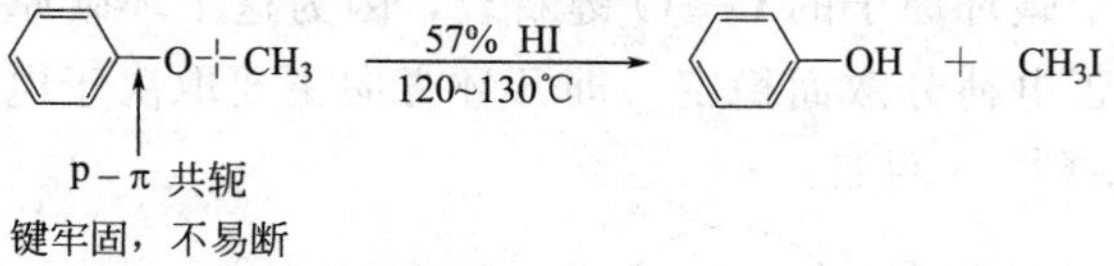

③ **过氧化物的生成**　醚长期与空气接触下，会慢慢生成不易挥发的过氧化物。

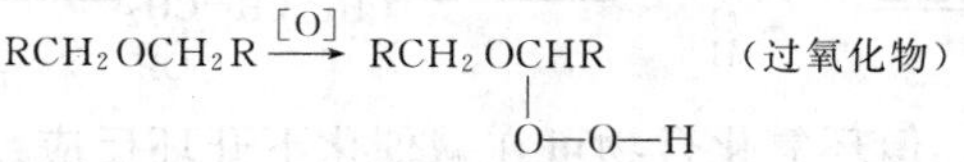

$$RCH_2OCH_2R \xrightarrow{[O]} RCH_2O\underset{\underset{O-O-H}{|}}{C}HR \quad （过氧化物）$$

过氧化物不稳定，加热时易分解而发生爆炸，因此，醚类应尽量避免暴露在空气中，一般应放在棕色玻璃瓶中，避光保存。

蒸馏放置过久的乙醚时，要先检验是否有过氧化物存在，且不要蒸干。

检验方法：硫酸亚铁和硫氰化钾混合液与醚振摇，有过氧化物则显红色。

$$过氧化物 + Fe^{2+} \longrightarrow Fe^{3+} \xrightarrow{SCN^-} Fe(SCN)_6^{3+}$$
$$红色$$

除去过氧化物的方法：加入还原剂 5％的 $FeSO_4$ 于醚中振摇后蒸馏；贮藏时在醚中加入少许金属钠。

④ **环氧化合物的开环反应**　环氧化合物分子内存在着相当大的张力，使环氧乙烷具有非

常高的化学活性，在酸或碱催化下与许多试剂可以发生开环加成反应，生成相应的化合物。

$$\underset{O}{\underset{\diagdown}{CH_2{-}CH_2}} \begin{cases} \xrightarrow[\text{H}^+\ or\ OH^-]{H_2O} \underset{OH\ \ OH}{CH_2{-}CH_2} \xrightarrow[SnCl_4]{n\ \underset{O}{\diagup}CH_2{-}CH_2} HOCH_2CH_2(OCH_2CH_2)_{n-1}OCH_2CH_2OH \\[2mm] \xrightarrow[OH^-]{ROH} \underset{OH\ \ OR}{CH_2{-}CH_2} \xrightarrow[OH^-]{n\ \underset{O}{\diagup}CH_2{-}CH_2} R{+}OCH_2CH_2{+}_{n+1}OH \\[2mm] \xrightarrow{ArONa} \underset{OH\ \ OAr}{CH_2{-}CH_2} \\[2mm] \xrightarrow{HX} \underset{OH\ \ X}{CH_2{-}CH_2} \\[2mm] \xrightarrow{NaCN} \underset{OH\ \ CN}{CH_2{-}CH_2} \\[2mm] \xrightarrow{NH_3} \underset{OH\ \ NH_2}{CH_2{-}CH_2} \xrightarrow{\underset{O}{\diagup}CH_2{-}CH_2} (HOCH_2CH_2)_2NH \xrightarrow{\underset{O}{\diagup}CH_2{-}CH_2} (HOCH_2CH_2)_3N \\[2mm] \xrightarrow{RMgX} RCH_2CH_2OMgX \xrightarrow{H_2^+O} RCH_2CH_2OH \end{cases}$$

所以，环氧乙烷的用途十分广泛，是一个十分重要的有机合成中间体。当用的试剂亲核能力较弱时，需要用酸性催化剂来帮助开环，酸的作用是使环氧化合物的氧原子质子化，氧上带正电荷，需要向相邻的环碳原子吸电子，这样增加了 C—O 键的极性，使环碳原子带有部分正电荷，增加了与亲核试剂结合的能力，亲核试剂就向 C—O 键的碳原子的背后进攻，发生 S_N2 反应。例如：

$$\underset{O}{\underset{\diagdown}{H_2C{-}CH_2}} \xrightleftharpoons{H^+} \underset{\underset{H}{\overset{+}{O}}}{\overset{\frown}{H_2C{-}CH_2}} \xrightarrow{H_2\ddot{O}} HO{-}CH_2{-}CH_2{-}\overset{+}{O}H_2 \xrightleftharpoons{-H} HO{-}CH_2{-}CH_2{-}OH$$

取代的环氧乙烷在不同的反应条件下与试剂作用所得到的开环产物不同。那么亲核亲核试剂进攻哪一个环碳原子？哪一个 C—O 键容易断裂？在在酸性条件下，亲核试剂进攻取代基较多的环碳原子，这个碳环原子的 C—O 键断裂，因为这个环碳原子由于取代基（一般为烷基）的给电子效应使正电荷分散而稳定。即开环方向主要取决于电子效应，故该反应具有类似 S_N1 反应的区域选择性。例如：

$$\underset{O}{\underset{\diagdown}{CH_3{-}CH{-}CH_2}} \xrightleftharpoons{H^+} \underset{\underset{H}{\overset{+}{O}}}{\overset{\frown}{CH_3{-}CH{-}CH_2}} \xrightarrow{H\ddot{O}{-}R} \underset{OH}{\overset{\overset{+}{H}OR}{CH_3{-}CH{-}CH_2}} \xrightarrow{-H^+} \underset{OH}{\overset{OR}{CH_3{-}CH{-}CH_2}}$$

一般的醚对碱很稳定，但环氧化合物可在碱催化下开环反应。碱性开环时，所用试剂活泼，亲核能力强，按 S_N2 机理进行开环反应。取代的环氧化合物的开环取向主要取决于空间效应，亲核试剂优先进攻取代较少的碳原子，因为这个环碳的空间位阻较小。例如：

$$\underset{O}{\underset{\diagdown}{CH_3{-}CH{-}CH_2}} + {}^-OCH_3 \longrightarrow \underset{O^-}{CH_3{-}CH{-}CH_2OCH_3} \xrightarrow{CH_3OH} \underset{OH}{CH_3{-}CH{-}CH_2OCH_3}$$

⑤ 环氧化合物开环反应的立体化学 在环氧化合物的开环反应中，无论是酸催化还是碱催化，都存在环氧原子的空间位阻，所以亲核试剂只能从氧原子的背面进攻中心碳原子，得到反式开环产物。

a. 酸催化下的开环

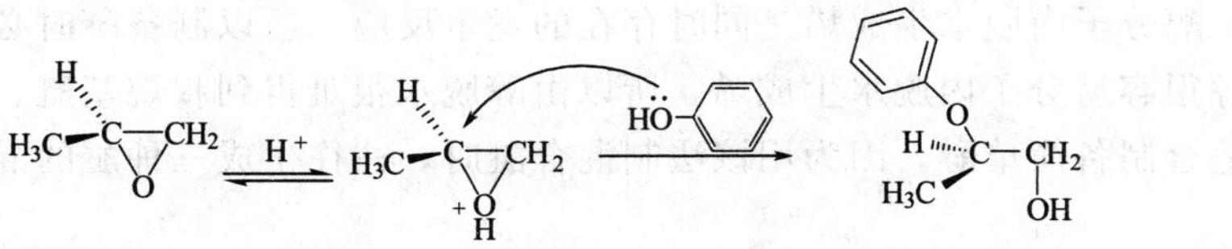

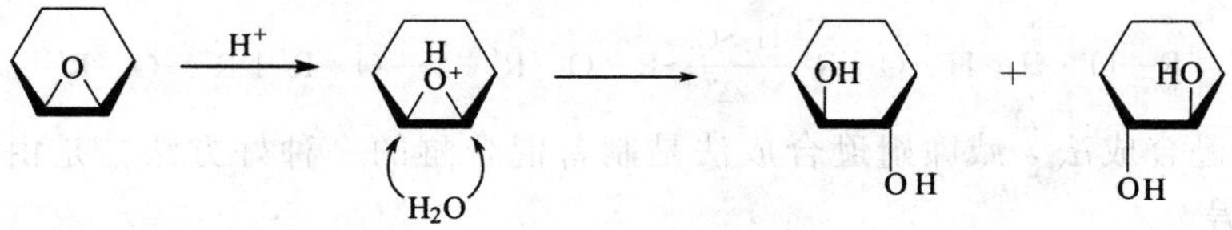

b. 碱催化下的开环

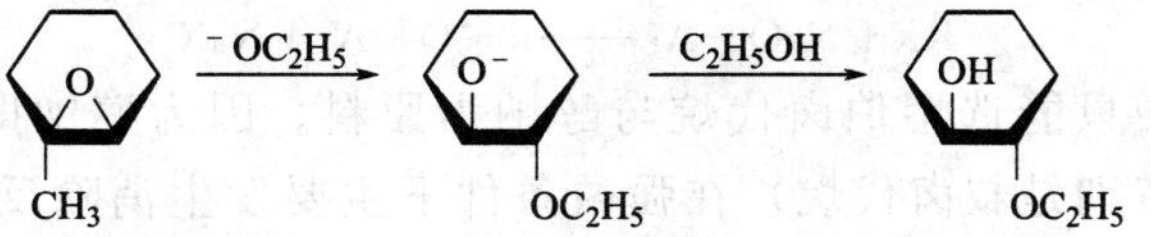

⑥ **克莱森（Claisen）重排**　烯丙基芳基醚在加热下可重排为邻位取代的酚，称为克莱森（Claisen）重排。

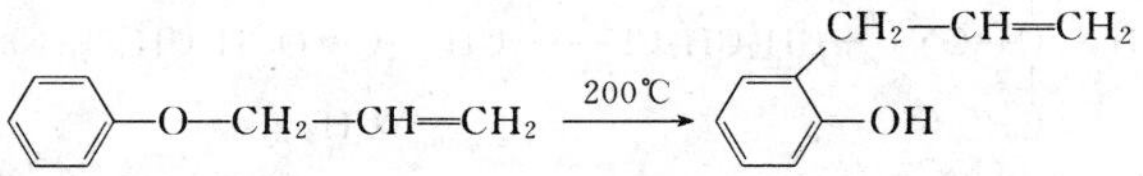

重排反应过程中包含六元环过渡态：

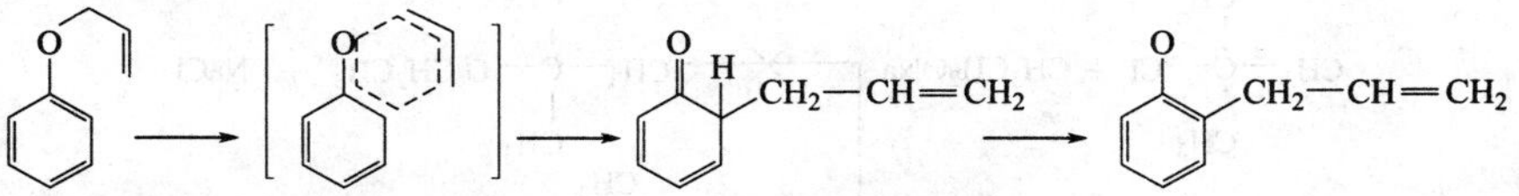

如果两个邻位都有取代基时，则生成对位的重排产物。例如：

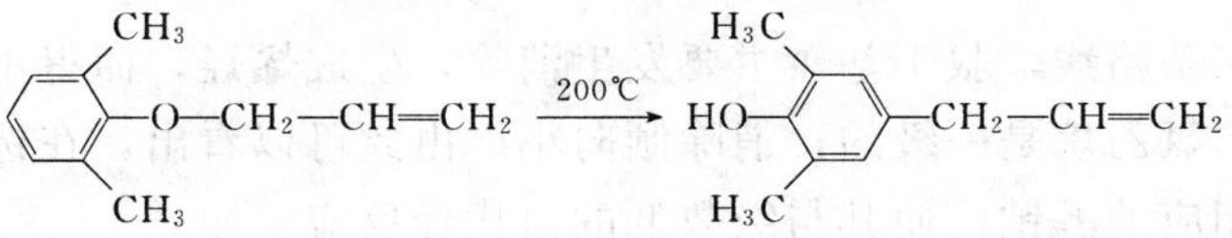

该反应的机理为：

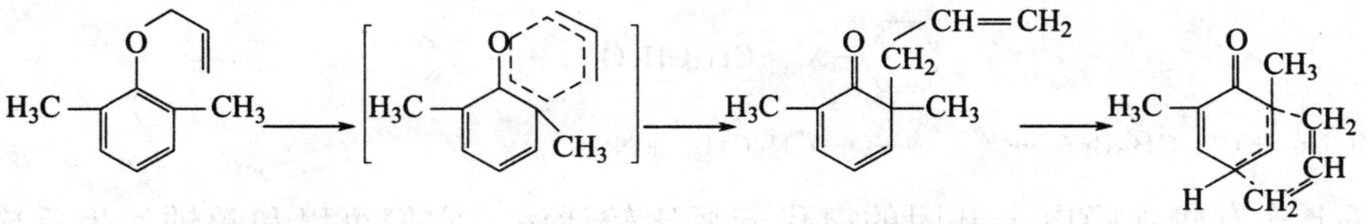

可以看出，在对位重排中，烯丙基先后发生了两次迁移和重排。

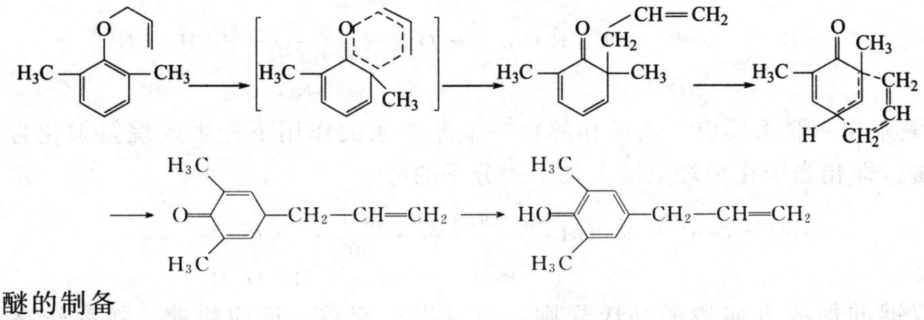

（5）醚的制备

① **醇脱水**　在酸性催化剂作用下，两分子醇之间发生分子间脱水生成醚，无论在工业上还是在实验室，都是制备简单醚的一般方法。

$$R-O-H + H-O-R \xrightarrow[\triangle]{H_2SO_4} R-O-R + H_2O$$

众所周知，醇分子内脱水生成烯是同时存在的竞争反应，所以制备醚时必须控制适当的温度。因为叔醇很容易分子内脱水生成烯，所以由醇脱水很难得到叔烷基醚。

醇脱水只适合制备简单醚，因为用该法制混合醚时，往往生成三种醚的混合物，难以分离，产率很低。

$$R-O-H+H-O-R' \xrightarrow[\triangle]{H_2SO_4} R-O-R'+R-O-R'+R'-O-R'$$

② 威廉姆逊合成法　威廉姆逊合成法是制备混合醚的一种好方法。是由卤代烃与醇钠或酚钠作用而得。

$$RX+NaOR' \longrightarrow ROR'+NaX$$

$$RX+NaO-Ar \longrightarrow R-O-Ar+NaX$$

威廉姆逊合成法中只能选用伯卤代烷与醇钠为原料。因为醇钠即是亲核试剂，又是强碱，仲、叔卤代烷（特别是叔卤代烷）在强碱条件下主要发生消除反应而生成烯烃。例如，制备乙基叔丁基醚时，可以有如下两条合成路线。

路线1：

$$CH_3-\overset{\overset{\displaystyle CH_3}{|}}{\underset{\underset{\displaystyle CH_3}{|}}{C}}-ONa + CH_3CH_2Cl \longrightarrow CH_3-\overset{\overset{\displaystyle CH_3}{|}}{\underset{\underset{\displaystyle CH_3}{|}}{C}}-OCH_2CH_3 + NaCl$$

85%

路线2：

$$CH_3-\overset{\overset{\displaystyle CH_3}{|}}{\underset{\underset{\displaystyle CH_3}{|}}{C}}-Cl + CH_3CH_2ONa \xrightarrow{\times} CH_3-\overset{\overset{\displaystyle CH_3}{|}}{\underset{\underset{\displaystyle CH_3}{|}}{C}}-O CH_2CH_3 + NaCl$$

$$CH_3-\overset{\overset{\displaystyle CH_3}{|}}{C}=CH_2 + CH_3CH_2OH + NaCl$$

很显然，按第二条路线，叔丁基氯主要发生消除，生成烯烃，而得不到预期的醚。所以应选择第一条路线，氯乙烷是一级的，消除倾向小。由此可以看出，在选择原料时，应该把级数高的烃基做成相应的醇钠，使其与级数低的卤代烃反应。

制备芳基醚时，一般用酚钠和卤代烃脂肪烃反应。例如

$$\text{〔苯基〕}-X + CH_3CH_2ONa \longrightarrow \times$$

$$\text{〔苯基〕}-ONa + CH_3CH_2Br \longrightarrow \text{〔苯基〕}-O-CH_2CH_3 + NaI$$

在芳环上连有较强吸电子基团的卤代芳烃比较活泼，它们可以和醇钠发生反应，生成芳脂混合醚。例如：

$$O_2N-\text{〔苯基〕}-Br + CH_3CH_2ONa \longrightarrow O_2N-\text{〔苯基〕}-O-CH_2CH_3 + NaI$$
（带NO₂）

③ 烷氧汞化—脱汞反应　烯烃和醇在三氟醋酸汞的作用下先生成烷氟汞化合物，再经还原得到醚。即相当于在烯烃双键上加了一分子的醇。

$$\underset{}{>}C=C< + R-OH \xrightarrow[OH^-]{Hg(OOCCF_3)_2 \quad NaBH_4} -\overset{|}{\underset{R\ O}{C}}-\overset{|}{\underset{H}{C}}-$$

醇对双键的加成方向遵循马氏规则，而且操作简单，反应快速，效率较高，不发生重排。

$$(CH_3)_3C-CH_2=CH_2 + C_2H_5-OH \xrightarrow[OH^-]{Hg(OOCCF_3)_2 \quad NaBH_4} (CH_3)_3C-\overset{}{C}H-CH_3$$
$$\underset{O-C_2H_5}{|}$$

叔醇也可以加到烯键上。

$$\bigcirc\!\!=\!\! + (CH_3)_3COH \xrightarrow[OH^-]{Hg\,(OOCCF_3)_2\quad NaBH_4}$$

（6）环氧化合物的制备

① 烯烃氧化　乙烯在 Ag 催化下用空气氧化得到环氧乙烷，这是环氧乙烷的工业制法。

$$H_2C\!=\!CH_2 + O_2 \xrightarrow[220\sim280℃]{Ag} H_2C\!\!-\!\!CH_2$$

烯烃与过氧酸反应得到环氧乙烷衍生物。

$$\overset{H_3C}{\underset{H_3C}{}}C\!=\!C\overset{CH_3}{\underset{CH_3}{}} + PhCOOOH \longrightarrow \overset{H_3C}{\underset{H_3C}{}}C\!\!-\!\!C\overset{CH_3}{\underset{CH_3}{}}$$

② 氯乙醇法　α-卤代醇在 Ca（OH）作用下脱卤化氢（分子内的威廉姆逊反应）得到环氧乙烷衍生物。立体化学要求后式消除。

$$H_3C\!-\!\underset{\underset{H}{|}}{\overset{\overset{OH}{|}}{C}}\!-\!\underset{\underset{X}{|}}{\overset{\overset{CH_3}{|}}{C}}\!-\!H \xrightarrow{Ca(OH)_2} H_3C\!\!\underset{H}{\cdots}\!\!C\!\!-\!\!C\!\!\underset{H}{\cdots}CH_3$$

18.8　醛和酮

18.8.1　醛、酮的定义和分类

（1）定义

醛和酮分子中都含有羰基官能团，统称为羰基化合物。羰基碳原子上至少连一个氢原子，称为醛，醛分子中的羰基也称为醛基。羰基碳原子上同时连有两个烃基的化合物称为酮，酮分子中的羰基也叫酮基。

（2）分类

① 根据分子中含羰基数目可分为一元醛酮、多元醛酮。例如：

$$H_3C\!-\!\overset{\overset{O}{\|}}{C}\!-\!CH_3 \qquad H_3C\!-\!CH_2\!-\!CHO \qquad H_3C\!-\!\overset{\overset{O}{\|}}{C}\!-\!CH_2CH_2\!-\!CHO \qquad H_3C\!-\!\overset{\overset{O}{\|}}{C}\!-\!CH_2CH_2\!-\!\overset{\overset{O}{\|}}{C}\!-\!CH_3$$

② 按烃基的类别分脂肪醛酮、芳香醛酮。例如：

$$R\!-\!\overset{\overset{O}{\|}}{C}\!-\!R'(H) \qquad Ar\!-\!\overset{\overset{O}{\|}}{C}\!-\!R'(H)$$

③ 按烃基中有没有不饱和键可分不饱和醛酮、饱和醛酮。例如：

$$R\!-\!HC\!=\!CH\!-\!\overset{\overset{O}{\|}}{C}\!-\!R'(H) \qquad R\!-\!\overset{\overset{O}{\|}}{C}\!-\!R'(H)$$

18.8.2　羰基的结构

羰基碳原子以 sp^2 杂化状态与基态氧原子具有单电子的 p 轨道及其他两个原子轨道构成三个 σ 键，羰基碳原子未杂化的 p 轨道和氧原子上另一具有单电子的 p 轨道相互平行侧面重叠形成 π 键。氧原子上为共同的两对电子分别占据 2s 轨道和 2p 轨道。羰基碳原子及其相连的三个原子处于同一个平面内，相互间键角接近 $120°$，π 键与这个平面相互垂直。平面构型

对试剂进攻的阻碍较小，这是羰基具有较高反应活性的原因之一。

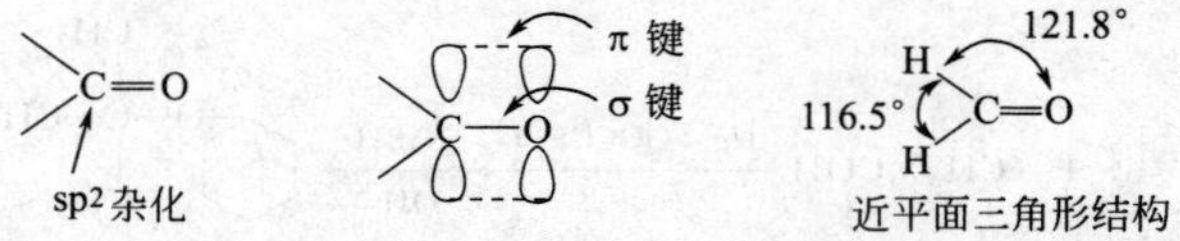

在羰基中，氧原子的电负性大于碳原子，π 电子不是均匀地分布在碳氧之间，而是向氧原子一端离域，使氧原子上带有部分负电荷，碳原子成为缺电子中心，羰基具有极性。羰基的极性是使它具有高化学活性的又一个重要原因。

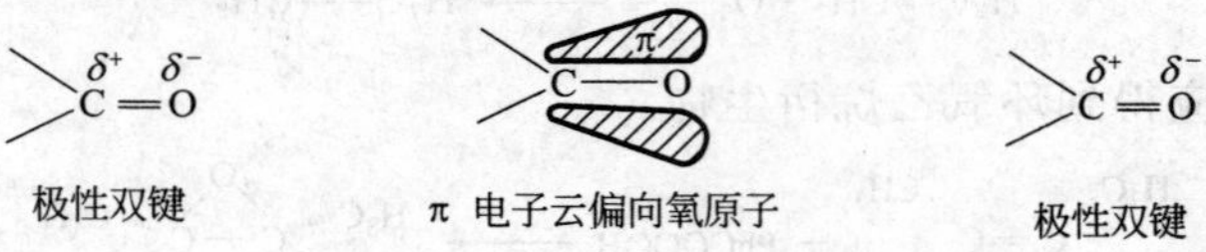

18.8.3 醛、酮的物理性质

（1）一般物理性质

由于羰基具有极性，增加了分子间的吸引力，所以醛和酮的沸点比相应分子量的烷烃高。但由于羰基之间不能形成氢键，因此它们的沸点比相应分子量的醇或羧酸要低。

羰基中的氧可以与水分子形成分子间氢键，所以低级醛酮与水混溶，随着分子量的增加，所连烷基的疏水性逐渐超过羰基的亲水性，因此分子量较大的醛酮不溶于水。芳香族醛酮由于芳环的疏水性而不溶于水。一些常见醛、酮的物理常数见表 18-7。

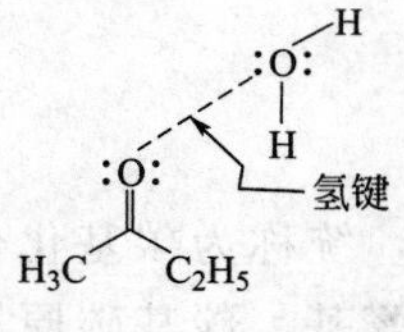

表 18-7 常见醛、酮的物理常数

化合物	熔点/℃	沸点/℃	相对密度(d_4^{20})	溶解度/g·$(100gH_2O)^{-1}$
甲醛（formaldehyde）	-92	-21	0.815	易溶
乙醛（acetaldehyde）	-125	21	0.0795(10℃)	16
丙醛（propanal）	-81	49	0.8058	7
丁醛（butanal）	-99	76	0.8170	微溶
丙烯醛（acrylaldehyde）	-87	52	0.8410	30
苯甲醛（benzaldehyde）	-26	178	1.046	0.3
丙酮（propanone）	-95	56	0.7899	∞
丁酮（butanone）	-86	80	0.8054	26
2-戊酮（2-pentanone）	-78	102	0.8089	6.3
3-戊酮（3-pentanone）	-39	102	0.9478	5
苯乙酮（methyal phenyl ketone）	21	202	1.024	不溶
二苯甲酮（diphenyl methanone）	48	306	1.083	不溶

（2）光波谱性质

醛酮的红外光谱在 $1850\sim1680cm^{-1}$ 之间有一个非常强的伸缩振动吸收峰，这是鉴别羰基最迅速的一个方法。

RCHO	$1740\sim1720cm^{-1}$（强）
$>$C—CHO	$1705\sim1680cm^{-1}$（强）
ArCHO	$1717\sim1695cm^{-1}$（强）
R_2CHO	$1725\sim1705cm^{-1}$（强）
Ar\R C=O	$1700\sim1680cm^{-1}$（强）

当羰基与双键共轭，吸收向低波数位移，与芳环共轭时，芳环在 $1600cm^{-1}$ 区域的吸收峰分裂为两个峰，即在约 $1580cm^{-1}$ 位置又出现一个新的吸收峰，称环振动吸收峰。

醛、酮的核磁共振谱如图 18-41。

RCHO $\delta_H = 9\sim10$

$RCH_2C=O$ $\delta_H = 2\sim2.7$

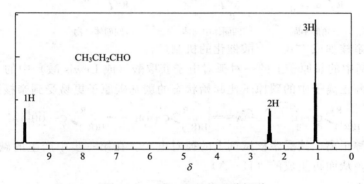

图 18-41 醛、酮的核磁共振谱

18.8.4 醛、酮的化学性质

羰基是醛、酮中的官能团，羰基是怎样产生化学反应的？正如烯烃中的 π 键一样，醛酮中的羰基 C=O 也是一个平面三角形的结构，意味着羰基的平面上下是很"开阔"的——容易受到外来试剂的进攻。

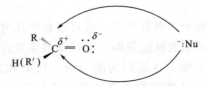

由于羰基中的氧原子比碳的电负性大，π 电子云偏向于氧原子一边，使得羰基成为一个极性很高的基团。高度极化的结果是 C=O 官能团中的碳倾向于受亲核试剂的进攻；而氧原子易受亲电试剂的进攻；此外，受羰基的影响，与羰基直接相连的 α-碳原子上的氢原子（α-H）较活泼，能发生一系列反应。

醛酮的结构决定了醛酮分子有三个区域容易产生化学反应：Lewis 碱的氧原子、具有亲电性的羰基碳原子以及与羰基相邻的碳原子。

$$\text{负电中心} \leftarrow \ddot{:}O$$
$$\text{酸性} \longrightarrow H\underset{R}{\overset{|}{C}}-\overset{|}{C}$$
$$\text{正电中心}$$

（1）醛和酮的亲核加成反应

当醛酮进行加成反应时，第一步是带有负电荷的或具有未共享电子对的原子或分子（亲核试剂）先进攻羰基的正电中心碳原子，第二步是带正电荷的部分（亲电试剂）加到羰基氧原子上。整个反应的速率由第一步亲核试剂的进攻反应决定，因此该反应称为亲核加成反应。

其反应机理可表示如下。

一般地亲核加成有两种方式进行。当亲核试剂（Nu^-）很强时，加成以下面的方式进行：

$$\underset{R'}{\overset{R}{\diagdown}}\!\!C\!=\!\ddot{O} \quad \overset{Nu:^-}{\curvearrowright} \quad \rightleftharpoons \quad \underset{R'}{\overset{OH_2}{\overset{|}{\underset{|}{C}}}}-\ddot{O}:^- \quad \overset{H-Nu}{\rightleftharpoons} \quad \underset{R'}{\overset{Nu}{\overset{|}{\underset{|}{C}}}}-\ddot{O}-H + :Nu^-$$

$$\text{三角形平面} \qquad \text{四面体中间体} \qquad \text{四面体产物}$$

还有另一种亲核加成方式——酸催化的机制进行。

第一步：羰基中的氧原子上的一对孤对电子获取酸（或 Lewis 酸）中的一个质子，生成烯醇正离子。烯醇正离子中的碳原子比起始状态的羰基碳原子更易受到亲核试剂的进攻。

$$\underset{H(R')}{\overset{R}{\diagdown}}\!\!C\!=\!\ddot{O}: + H-A \rightleftharpoons \left[\underset{H(R')}{\overset{R}{\diagdown}}\!\!C\!=\!\overset{+}{O}H \leftrightarrow \underset{H(R')}{\overset{R}{\diagdown}}\!\!\overset{+}{C}-\ddot{O}H \right] + A^-$$

第二步：烯醇正离子接受亲核试剂上的孤对电子。在第一步中产生的碱（A^-）再移去带正电荷的质子，从而再生成酸（H—A）。

$$\underset{H(R')}{\overset{R}{\diagdown}}\!\!\overset{+}{C}-\ddot{O}H + :Nu-H \rightleftharpoons \underset{H(R')}{\overset{R}{\overset{|}{\underset{|}{C}}}}\!\!\overset{+}{N}u \quad \ddot{O}-H \quad :A^- \rightleftharpoons \underset{H(R')}{\overset{R}{\overset{|}{\underset{|}{C}}}}\!\!\overset{Nu:}{\underset{|}{}} \ddot{O}-H + H-A$$

以上两步反应是描述当亲核试剂比较弱时但存在强酸的反应机制。反应的第一步是酸产生一个质子加到羰基氧原子的孤对电子上——形成质子化的羰基，即氧鎓离子，氧鎓离子在受到亲核试剂进攻时表现出高度的活性，因为质子化的羰基比没有质子化的羰基带有更多的正电荷。

亲核试剂可以是带负电的离子如碳负离子，也可以是中性分子如水、醇等。亲核加成反应进行的难易取决于羰基碳原子正电性的强弱、亲核试剂亲核性的强弱，以及空间位阻等因素。但总的来说，醛的活性强于酮，这是因为酮与两个烷基相连，而烷基具有给电子的作用，降低了羰基碳上的正电性；另外酮的两个烷基相比醛的一个烷基，具有更多的空间位阻，阻碍了亲核试剂去接近羰基的碳原子。所以，在亲核加成反应中醛比酮表现得更为活泼。影响亲核加成反应的因素

① 空间因素　醛和酮与 $NaBH_4$ 的加成是双分子反应：

$$\underset{}{\overset{O}{\overset{\|}{R-C}}}-R' + H^--BH_3 \xrightarrow[0℃]{CH_3CH_2CH_2OH} \underset{R'}{\overset{OBH_3}{\overset{|}{\underset{|}{R-C}}}}-H$$

$$V = k\,[RCOR']\,[BH_4^-]$$

不同羰基化合物的活性：

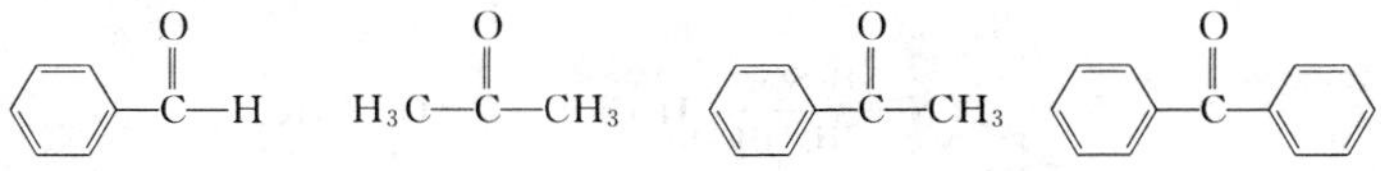

| $k \times 10^4$ | 12400 | 15.1 | 2.0 | 1.9 |

空间的应对羰基亲核加成反应的活性影响可以从两方面解释。

a. 在反应初始阶段，由于 R 或 R 体积增大，增加了对 Nu^- 的排斥作用，使它难于接近羰基碳原子。

b. 在反应过程中，羰基碳原子由 sp^2 杂化转变为 sp^3 化。键角由 120° 减小为 109.5°，若 R、R′ 和 Nu^- 体积增大，分子内化学键间或基团间排斥力都将增大，使反应速率减慢。

② 电子效应　羰基碳原子连有吸电子基团，使羰基活性增加。相反，推电子基团则使羰基活性降低。可以预见，酸催化使羰基原子化，有利于亲核试剂的进攻。

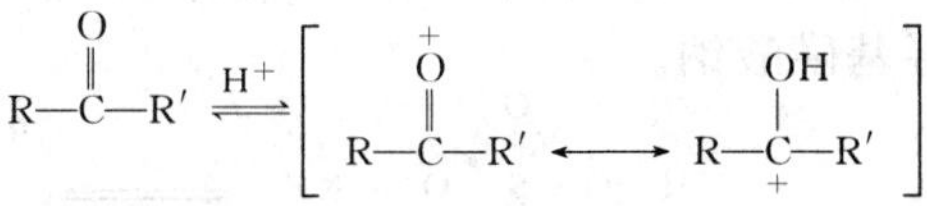

从电子效应和空间效应两方面因素综合考虑，羰基化合物亲核加成反应的活性次序为：

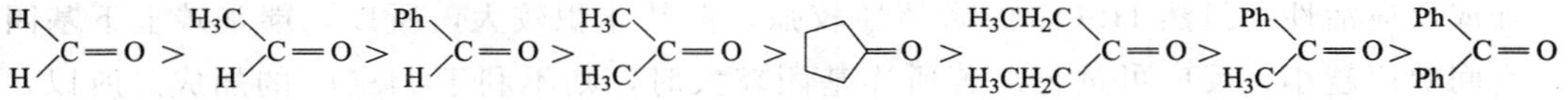

下面介绍几类较为重要的亲核加成反应类型

③ 与 HCN 加成　醛或酮与 HCN 反应可生成 α-羟氰（亦叫氰醇）。^-CN 是强的亲核试剂

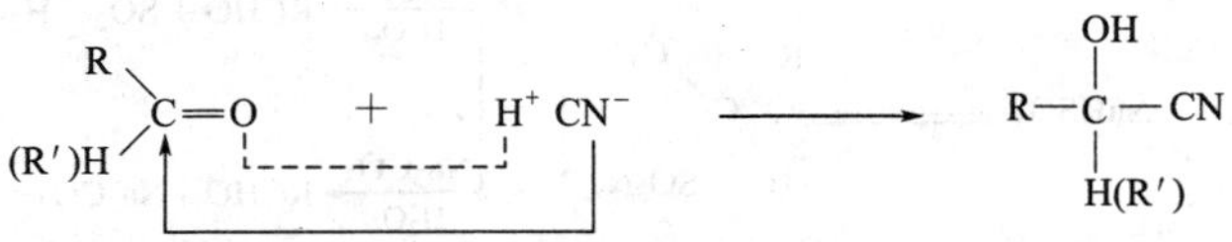

HCN 是一个弱酸，它在水中的解离常数很小，加入微量碱，则加大 HCN 解离，提高亲核试剂的浓度，从而促进了加成反应；加入酸，则抑制了加成反应。

$$HCN \underset{H^+}{\overset{OH^-}{\rightleftharpoons}} H^+ + {}^-CN$$

碱催化下氢氰酸对醛、酮加成反应机理是

$$HCN \overset{快}{\rightleftharpoons} H^+ + {}^-CN$$

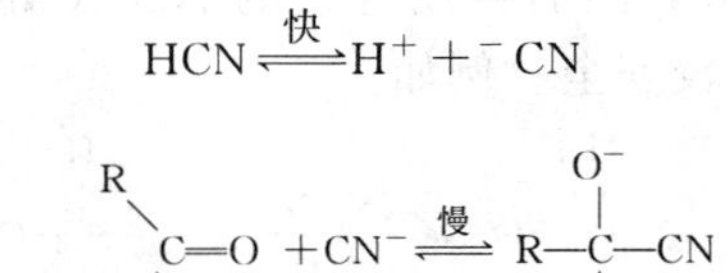

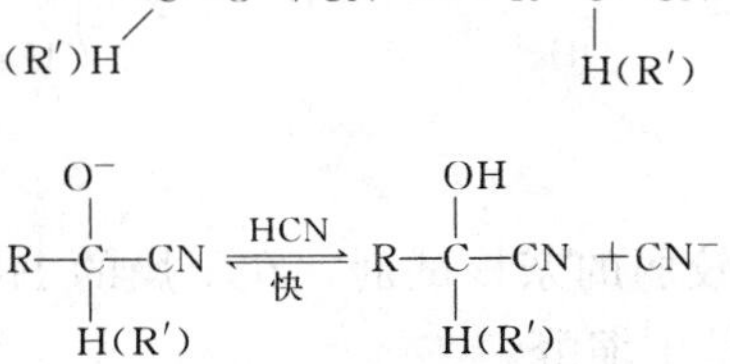

注意：反应开始时需要有 CN^- 来启动反应，反应的第二步又再生了一个 CN^-，因此只需要催化量的氰基负离子来启动这个反应，一旦反应启动，氰基负离子可再生并与其他酮分子继续反应。

产物 α-羟氰是一类很有用的合成中间体，例如，有机玻璃的单体就是由丙酮氰醇在硫酸作用下，发生脱水、酯化而制得的。

$$\underset{\substack{|\\ \mathrm{H(R')}}}{\overset{\substack{\mathrm{OH}\\|}}{R-C-CN}} \xrightarrow[\mathrm{CH_3OH}]{\mathrm{H_2SO_4}} \underset{\substack{|\\ \mathrm{CH_3}}}{\overset{\substack{\mathrm{O}\\\|}}{H_2C=C-C-O-CH_3}}$$
90%

用无水的液体氢氰酸制备氰醇，可以得到满意的结果。但是氢氰酸有剧毒，易挥发（沸点 26.5℃），使用不方便，所以在实验室常常是将醛、酮与 NaCN（或 KCN）水溶液混合，在慢慢向混合液中滴加无机酸。例如：

$$\underset{}{\overset{\overset{\mathrm{O}}{\|}}{H_3C-C-CH_3}} + NaCN \xrightarrow{\mathrm{H_2SO_4}} \underset{\substack{|\\ \mathrm{CN}}}{\overset{\substack{\mathrm{CH_3}\\|}}{H_3C-C-OH}}$$

④ NaHSO₃ 加成　醛脂肪族甲基酮的及少于八个碳的环酮可以与 NaHSO₃ 的饱和水溶液发生加成反应，生成 α-羟基磺酸钠。

$$\underset{\substack{\\ (R')H}}{\overset{\substack{R\\ }}{C=O}} + H-O-\overset{\overset{\mathrm{O}}{\|}}{\underset{\underset{\mathrm{O}}{\|}}{S}}-O^- \quad Na^+ \rightleftharpoons \underset{\substack{|\\ H\ \ SO_3Na}}{\overset{\substack{R\ \ OH\\ |}}{C}} \quad \Big\downarrow \text{白色}$$

加成反应活性：虽然 HSO_3^- 的亲核性较强，但其体积较大，所以，羰基碳上下基团越小，空间效应越小，反应可进行。若所连基团较大时，则不利于 HSO_3^- 的加成。所以，与 NaHSO₃ 的加成反应仅限于醛，脂肪族甲基酮和少于八个碳的环酮。

可逆反应：使用过量的饱和 NaHSO₃ 溶液，使平衡向生成不容于饱和 NaHSO₃ 溶液的 α-羟基磺酸钠的方向移动。加成产物在稀酸或稀碱作用下，则分解为原来的羰基化合物。

$$\underset{\substack{\\ H}}{\overset{\substack{R\\ }}{C=O}} + NaHSO_3 \rightleftharpoons \underset{\substack{|\\ H\ \ SO_3Na}}{\overset{\substack{R\ \ OH\\ |}}{C}} \Big\downarrow \begin{array}{l} \xrightarrow[\mathrm{H_2O}]{\mathrm{HCl}} RCHO+SO_2+H_2O+NaCl \\ \\ \xrightarrow[\mathrm{H_2O}]{\mathrm{Na_2CO_3}} RCHO+Na_2CO_3+NaHCO_3 \end{array}$$

因此，可利用这一反应鉴别，分离和提纯醛，酮。此外，还可以通过年 NaHSO₃ 的加成反应制备氰醇：

$$\underset{\substack{|\\ H\ \ SO_3Na}}{\overset{\substack{R\ \ OH\\ |}}{C}} + NaCN \longrightarrow \underset{\substack{|\\ H\ \ CN}}{\overset{\substack{R\ \ OH\\ |}}{C}} + Na_2SO_4$$

先将醛、酮与 NaHSO₄ 加成，然后再用等量的 NaCN 处理，这种制备氰醇的方法可以避免直接用毒性高的 HCN，比较安全。例如：

$$\text{⬡}-CHO \xrightarrow[\mathrm{H_2O}]{\mathrm{NaHSO_3}} \text{⬡}-\underset{\substack{|\\ OH}}{\overset{\substack{H\\ |}}{C}}-SO_3Na \xrightarrow[\mathrm{H_2O}]{\mathrm{NaCN}} \text{⬡}-\underset{\substack{|\\ OH}}{\overset{\substack{H\\ |}}{C}}-CN \longrightarrow \text{⬡}-\underset{\substack{|\\ OH}}{\overset{\substack{H\\ |}}{C}}-COOH$$
67%

⑤ 与醇的加成

a. 缩醛的生成　醇是一种较弱的亲核试剂。在干燥的 HCl 或无水 H_2SO_4 作用下，醛基与一个分子醇的亲核加成产物是半缩醛。

$$\underset{\substack{\\ H}}{\overset{\substack{R\\ }}{C=O}} + H-O-R' \underset{}{\overset{\mathrm{H^+}}{\rightleftharpoons}} \underset{\substack{|\\ H}}{\overset{\substack{OH\\ |}}{R-C-OR'}} \quad \text{半缩醛}$$

半缩醛继续与另一个分子的醇发生分子间脱水，则生成缩醛。

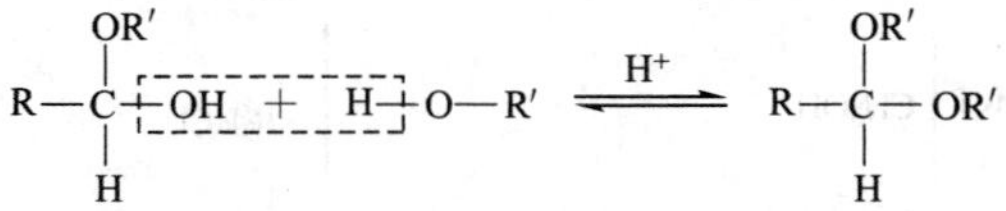

$$R{-}\underset{\underset{H}{|}}{\overset{\overset{OR'}{|}}{C}}{-}\boxed{OH\ +\ H}{-}O{-}R'\ \underset{\longleftarrow}{\overset{H^+}{\longrightarrow}}\ R{-}\underset{\underset{H}{|}}{\overset{\overset{OR'}{|}}{C}}{-}OR'\qquad 缩醛$$

整个酸催化反应机理可表示如下。

首先生成烊盐正离子增强羰基碳原子的缺电性，促进弱亲核试剂酸对羰基碳的加成形成半缩醛。半缩醛羟基原子化，脱水形成碳正离子中间体，与醇继续反应生成缩醛。

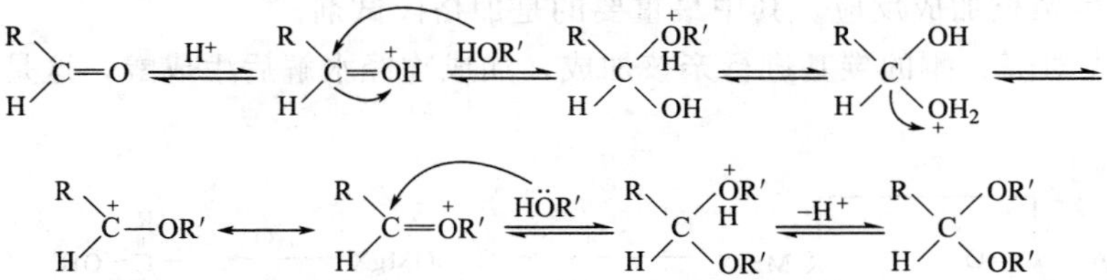

半缩醛不稳定，存在于溶液中不能被分离出来。缩醛稳定，它们可以看做是同碳二醇的醚，性质和醚相近，不受碱的影响，对氧化剂，还原剂和 Griynard 试剂稳定性。但在酸性条件下，易水解生成原来的醛，是可逆反应。

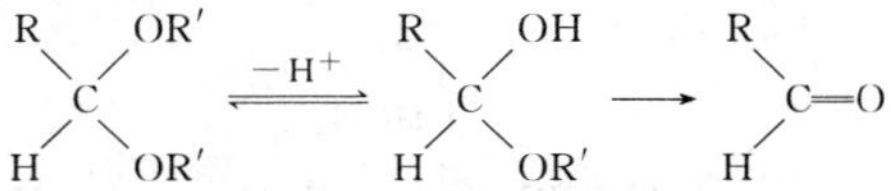

b. 缩酮的生成　在无水酸存在下，酮和醇的反应是很慢的，生成缩酮比较困难。如果与制备缩酮，可用原甲酸酯和酮作用：

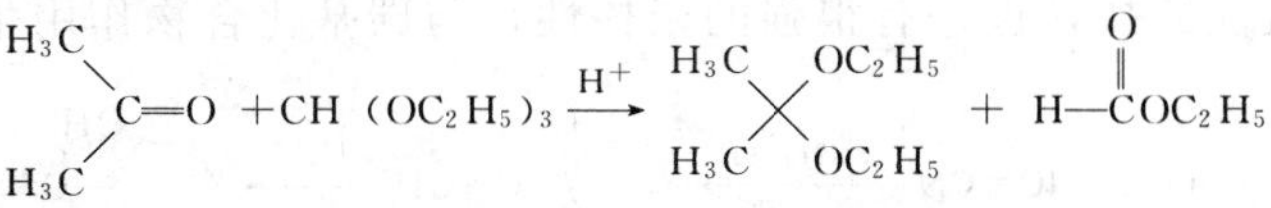

如果用恒沸法或特殊的仪器（如分水器）将反应中生成的水不断除去，酮和醇作用可以得到一定产率的缩酮。例如：

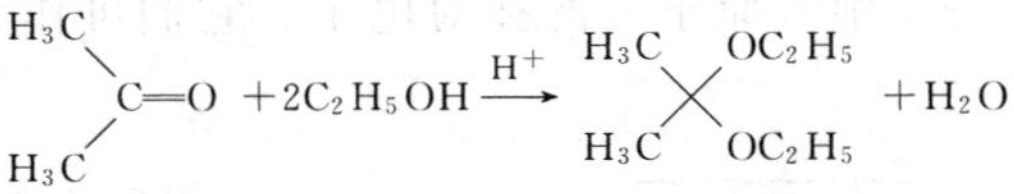

酮和某些二元醇可以顺利地生成环状缩酮，例如：

在稀酸中，环缩酮也水解成原来的酮

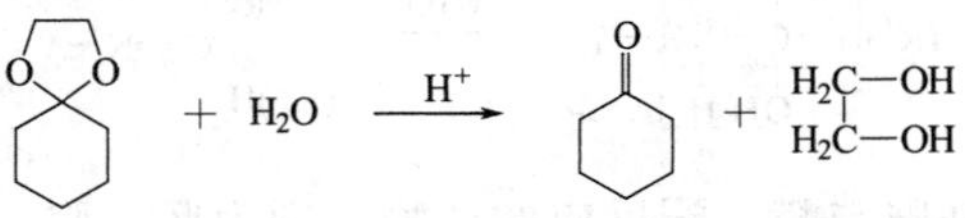

酮与二元醇能够顺利地生成缩酮，当然醛与二元醇生成缩醛就更加容易。

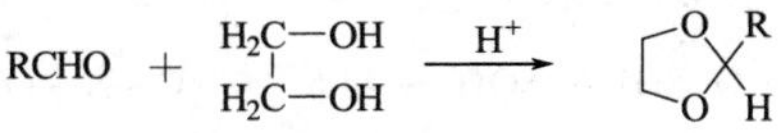

c. 羰基的保护　由于羰基比较活泼，有机合成中，有时不希望羰基参与某种反应，需要把它保护起来。将羰基转化成结构是保护羰基的常用方法。当保护完毕后，当保护完毕，用稀酸处理，原来的羰基即被释放出来。例如：

$$H_2C=CHCH_2CH_2CHO \xrightarrow{转化} H_3C—CH_2CH_2CH_2CHO$$

$$\downarrow 干HCl \mid CH_3OH \qquad \qquad \uparrow 稀HCl$$

$$H_2C=CHCH_2CH_2C\underset{O}{\overset{O}{\big\langle}} \xrightarrow[Ni]{H_2} H_3C—H_2CH_2CH_2C\underset{O}{\overset{O}{\big\langle}}$$

⑥ 加金属有机化合物 醛、酮可以和具有极性的碳-金属键的化合物如 RMgX、NaC≡CR、RLi 等发生亲核加成反应。其中最重要的是加格氏试剂。

格氏试剂先对醛、酮的羰基进行亲核加成，加成物经水解后生成醇，这是格氏试剂制备醇的重要方法。

$$\overset{\vert}{\underset{\vert}{C}}{=}O \quad + \quad R^-Mg^+X \longrightarrow \overset{R}{\underset{\vert}{\overset{\vert}{C}}}—OMgX \xrightarrow{H_3^+O} \overset{R}{\underset{\vert}{\overset{\vert}{C}}}—OH$$

格氏试剂的亲核性很强，绝大多数醛、酮都可以与它发生反应。但当酮羰基上的两个烃基体积太大时，反应也比较困难，这时可用有机锂试剂代替，例如：

$$H_3CHC\underset{CH_3}{\overset{O}{\underset{\vert}{C}}}CHCH_3 \xrightarrow{i\text{-}C_3H_7Li} H_3CHC\underset{CH_3\ OLi}{\overset{CH_3}{\overset{\vert}{\underset{\vert}{C}}}}CHCH_3 \xrightarrow{H_3^+O} H_3CHC\underset{CH_3\ OH\ CH_3}{\overset{CH_3}{\overset{\vert}{\underset{\vert}{C}}}}CHCH_3$$

炔钠是一个强碱性的盐，也是有很强的亲核性，与羰基化合物作用生成 α-炔醇。

$$\bigcirc{=}O \ + \ HC{\equiv}CNa \xrightarrow[-33℃]{NH_3\ (l)} \bigcirc\underset{}{\overset{ONa}{\big\langle}}C{\equiv}CH \xrightarrow{H_3^+O} \bigcirc\underset{}{\overset{OH}{\big\langle}}C{\equiv}CH$$

⑦ 与氨及其衍生物的加成缩合 氨的衍生物羟氨（NH_2OH）、肼（NH_2NH_2）、氨基脲（$NH_2NHCONH_2$）等分子中氮原子上的孤对电子。它们可作为亲核试剂与醛、酮发生加成，用通式表示如下：

$$\overset{R}{\underset{(R')H}{C}}{=}O \quad + \quad H_2\ddot{N}—Y \longrightarrow (R')H—\overset{R}{\underset{OH}{\overset{\vert}{\underset{\vert}{C}}}}—NH—Y$$

由于反应加成产物本身不稳定，容易脱水而生成含碳氮双键的化合物

$$(R')H—\overset{R}{\underset{\lceil OH\rceil}{\overset{\vert}{\underset{\vert}{C}}}}—NH—Y \xrightarrow{H_2O} \overset{R}{\underset{(R')H}{C}}{=}N—Y$$

羟氨、羟氨、肼、氨基脲与醛、酮反应的产物分别为肟、腙、苯腙、缩胺脲

$$\overset{R}{\underset{(R')H}{C}}{=}O \ +H_2N—OH \longrightarrow \overset{R}{\underset{(R')H}{C}}{=}N—OH \qquad 肟$$

$$\overset{R}{\underset{(R')H}{C}}{=}O \ +H_2N—NH_2 \longrightarrow \overset{R}{\underset{(R')H}{C}}{=}N—NH_2 \qquad 腙$$

上述反应一般是在弱酸催化下进行的，酸的作用是增加羰基碳的正电性，提高羰基的活性。

但酸性太强，则使氨的衍生物成盐而丧失亲核能力。

$$H_2N-Y + H^+ \longrightarrow H_3\overset{+}{N}-Y$$

一般控制反应在 pH＝5～6 的条件下进行反应。

加成缩合产物的特性如下。

醛、酮与氨的衍生物的加成缩合产物一般都是固体，颜色多为黄棕色，在稀酸或稀碱作用下，又可水解为原来的醛和酮。

这就为羰基化合物的鉴别，分离和提纯提供了一个有效的方法。在定性分析上常用 2,4-二硝基苯肼，而在分离提纯上常用苯肼。

（2）醛、酮 α-氢的反应

醛和酮分子中与羰基相邻碳原子上的氢原子称为 α-H 原子。醛、酮中的 α-H 受羰基的影响具有很大的活性，它容易在碱的作用下作为质子离去表现出酸性，所以带有 α-H 的醛、酮具有如下的性质。

① 酸性及互变异构　在溶液中有 α-H 的醛、酮是以酮式和烯醇式互变平衡而存在的。

在烯醇式中，α-氢与氧原子相连，而不是与碳原子相连。醛、酮式和烯醇式这两种异构体被称为互变异构体，它们相互变化的过程称为醛、酮-烯醇式互变异构。通常情况下，平衡中醛、酮式异构体是主要的，烯醇异构体只占很少一部分。酮或二酮的平衡体系中，烯醇式能被其他基团稳定化，烯醇式含量会增多。例如：

$$H_3C-\overset{\overset{\displaystyle O}{\|}}{C}-CH_2COOC_2H_5 \rightleftharpoons \quad \text{(烯醇式结构)} \quad 7.5\%$$

$$H_3C-\overset{\overset{\displaystyle O}{\|}}{C}-CH_2-\overset{\overset{\displaystyle O}{\|}}{C}-CH_3 \rightleftharpoons \quad \text{(烯醇式结构)} \quad 80\%$$

$$Ph-\overset{\overset{\displaystyle O}{\|}}{C}-CH_2-\overset{\overset{\displaystyle O}{\|}}{C}-CH_3 \rightleftharpoons \quad \text{(烯醇式结构)} \quad 99\%$$

在平衡体系中，若烯醇式双键能与其他不饱和基团共轭而稳定化，烯醇式的含量随之增加。

由于醛、酮平衡体系中存在酮式和烯醇式两种结构，不仅具有羰基，还具有第二个官能团烯醇，烯醇即是烯，又是醇。基本就有两个反应中心，所以醛、酮反应类型多，产物复杂。

② 卤代及卤仿反应 醛、酮 α-H 可以被卤素取代，生成 α-卤代醛或酮。酸、碱对反应均有催化作用。

a. 酸催化卤化 醛、酮在酸催化下进行氯代、溴代、碘代，可以得到一卤代物，例如：

$$H_3C-\overset{\overset{\displaystyle O}{\|}}{C}-CH_3 + Br_2 \xrightarrow{H_2O,\ HAc} H_3C-\overset{\overset{\displaystyle O}{\|}}{C}-CH_2 + Br^-$$

其反应机理是经历了烯化这一反应的步骤：

（反应机理式）

由于卤原子的吸电子诱导效应较强，生成一卤代物后，羰基氧原子的碱性有所下降，不列于与质子结合再极化为烯形式，所以可以控制反应的一卤代物为主。

b. 碱催化卤化 在碱催化下，卤代反应的机理可表示如下：

（反应机理式）

碱催化卤代反应一般不易控制生成一卤、二卤。因为醛、酮的一个 α-H 被取代后，由于卤原子是吸电子的，它所连的 α-C 上的氢原子在碱的作用下更易离去，因此第二、第三个 α-H 都被取代，得到三卤代醛、酮。例如：

$$H_3C-\overset{\overset{\displaystyle O}{\|}}{C}-CH_3 + Br_2 \xrightarrow{OH^-} H_3C-\overset{\overset{\displaystyle O}{\|}}{C}-CH_2 \longrightarrow H_3C-\overset{\overset{\displaystyle O}{\|}}{C}-CH \xrightarrow{Br_2} H_3C-\overset{\overset{\displaystyle O}{\|}}{C}-C-Br$$

所生成的三卤代丙酮分子中，由于羰基氧和三个卤原子的强吸电子作用，使碳碳键不牢固。在碱的作用下发生断裂，生成卤仿和相应的羧酸。

$$H_3C-\overset{\overset{\displaystyle O}{\|}}{C}-\overset{\overset{\displaystyle X\,X}{\uparrow\,\uparrow}}{\underset{\underset{\displaystyle X}{\downarrow}}{C}}-X \longrightarrow H_3C-\overset{\overset{\displaystyle O}{\|}}{C}-OH + HCX_3$$

由于产物中有卤仿，所以称为卤仿反应。

如果在上诉反应中所用的卤素为碘，则所得到的碘仿（CHI_3）为黄色沉淀，利用这种现象可以鉴别甲基醛酮。在这里要注意的是作为甲基醛、酮的鉴别方法必须用碘仿反应，因为只有碘仿是黄色沉淀，而氯仿、溴仿都是无色的液体，不能用于鉴别。

由于碘的氢氧化钠溶液具有一定的氧化性，能将 α-甲基醇氧化为 α-甲基醛或酮，因此凡是具有 CH_3—CO— 和 CH_3CH（OH）结构单元的化合物，都能发生卤仿反应。例如：

$$H_3C-\overset{\overset{\displaystyle OH}{|}}{C}H-CH_3 \xrightarrow[NaOH]{I_2} H_3C-\overset{\overset{\displaystyle O}{\|}}{C}-CH_3 \xrightarrow[NaOH]{I_2} CHI_3\downarrow + CH_3COONa$$

（3）缩合反应

① 羟醛缩合反应

a. 碱催化下的羟醛缩合　两分子相同的醛在稀碱的作用下，生成羟醛产物，在加热条件下，生成一分子的 α、β-不饱和醛的反应，称为羟醛缩合。α、β-不饱和醛分子中形成 π-π 共轭体系，比较稳定。

$$CH_3CH_2CH=O + \overset{\overset{\displaystyle CH_3}{|}}{H-C}HCH=O \xrightarrow[\triangle]{\text{稀 }OH^- \quad -H_2O} CH_3CH_2CH=\overset{\overset{\displaystyle}{}}{C}CH=O$$
$$\qquad\qquad\qquad\qquad\qquad\qquad\qquad\qquad\qquad\qquad\underset{\displaystyle CH_3}{|}$$

羟醛缩合反应是分步完成的，其反应机理如下。

第一步：

$$OH^- + H-\overset{\overset{\displaystyle CH_3}{|}}{C}H-CH=O \xrightleftharpoons{\text{快}} \left[\overset{\overset{\displaystyle CH_3}{|}}{CH}=CH-O^- \longleftrightarrow \overset{\overset{\displaystyle CH_3}{|}}{CH_3-C}=CH-O\right]$$

第二步：

$$CH_3CH_2CH=O + \overset{\overset{\displaystyle CH_3}{|}}{CH_3-C}H=CH-O \xrightleftharpoons{\text{慢}} CH_3CH_2\overset{\overset{\displaystyle O^-}{|}}{C}H-\overset{\overset{\displaystyle H}{|}}{C}CH=O \xrightleftharpoons{H_2O} CH_3CH_2\overset{\overset{\displaystyle OH}{|}}{C}H-\overset{\overset{\displaystyle H}{|}}{C}CH=O$$
$$\qquad\qquad\qquad\qquad\qquad\qquad\qquad\qquad\qquad\qquad\qquad\qquad\qquad\underset{\displaystyle CH_3}{|} \qquad\qquad\qquad\qquad\qquad\underset{\displaystyle CH_3}{|}$$

第三步：

$$CH_3CH_2\overset{\overset{\displaystyle \boxed{OH \quad H}}{|}}{C}H-\overset{}{C}CH=O \xrightarrow[\triangle]{-H_2O} CH_3CH_2CH=\overset{}{C}CH=O$$
$$\qquad\qquad\qquad\quad\underset{\displaystyle CH_3}{|} \qquad\qquad\qquad\qquad\qquad\qquad\underset{\displaystyle CH_3}{|}$$

从机理上看，羟醛缩合就是羰基上的亲核加成反应，只不过是，它的亲核试剂是一种由醛自身产生的碳负离子而已。此外，由于它的加成物容易脱水，所以该反应的最终产物往往是 α、β-不饱和醛。这正是"缩合"二字的涵义所在，但从广义讲，即便不脱水（有时可以控制）仅生成羟醛化合物的反应，习惯上也称为羟醛缩合。醛要进行羟醛缩合必须有 α-H，否则无法产生碳负离子亲核试剂，不能发生反应。显然要生成脱水产物，醛分子中至少要有两个 α-H。例如；

$$CH_3CH_2CH_2CH_2CH\boxed{+O\ +\ H_2}CCHO \xrightarrow[\triangle]{\text{稀}OH^-\ \ -H_2O} CH_3CH_2CH_2CH_2CH=CCHO$$
$$\underset{CH_2CH_2CH_2CH_3}{|}$$

两种不同的含有 α-H 的醛之间的羟醛缩合，称为交叉羟醛缩合，最少生成有四种产物。分离困难而没有合成上的意义。但在某些特殊条件下，由交叉羟醛缩合也能得到高产率的单一产物。

这些条件是：其中有一个反应物不含 α-H，因而不能自身缩合；不含 α-H 的羰基化合物先与 OH⁻ 混合，再慢慢加入含 α-H 的醛、酮。这样，任何时刻可电离的羰基化合物浓度很低，一旦形成碳负离子即与另一大量存在的羰基化合物作用。例如：

$$C_6H_5-CHO\ +\ CH_3CHO \xrightarrow[\triangle]{\text{稀}OH^-\ \ -H_2O} C_6H_5-CH=CHCH=O$$

$$H-\overset{O}{\overset{||}{C}}-CH_2CH_2CH_2CH_2-\overset{O}{\overset{||}{CH}} \xrightarrow[\triangle]{\text{稀}OH^-\ \ -H_2O}$$

b. 酸催化下的羟醛缩合 羟醛缩合一般都在稀碱溶液中进行，有时也可以用酸催化，酸催化剂可用 $AlCl_3$、HF、HCl、H_3PO_4、磺酸等。例如。

$$2\ CH_3CHO \xrightarrow[-H_2O]{H^+} CH_3CH=CHCHO$$

催化反应的机理为：

$$CH_3CHO \xrightarrow{H^+} H-CH_2-CH=OH^+$$

$$H-CH_2-CH=OH^+ \rightleftharpoons H^+ + \left[H_2C=CH-\overset{..}{O}H \longleftrightarrow {}^-CH_3-CH=OH^+\right]$$

$$CH_3-CH=OH^+ + {}^-CH_2-CH=OH^+ \rightleftharpoons CH_3-CH-OH$$
$$\underset{CH_2-CH=OH^+}{|} \xrightarrow{-H^+}$$

$$\underset{\begin{subarray}{c}|\\CH=O\end{subarray}}{\overset{CH_3-CH\boxed{+OH}}{\underset{CH\boxed{+H}}{}}} \xrightarrow{-H_2O} CH_3CH=CHCHO$$

在酸催化反应中，亲核试剂实际上就是醛的烯醇式，酸的作用除促进烯醇式的生成，还可以活化提供羰基的醛分子。此外在酸性条件下，羟醛化合物更容易脱水而生成 α、β-不饱和醛，因为酸是脱水的催化剂。

② 酮的缩合反应 酮也可发生羟醛缩合（准确地讲，应叫羟酮缩合，但习惯上也常常称为羟醛缩合），但酮羰基的活性相对醛基较低，故缩合产物的产率很低。例如，丙酮在碱性条件下进行缩合，只能得到少量 β-羟基酮。

$$2\ H_3C-\overset{O}{\overset{||}{C}}-CH_3 \xrightarrow[20℃]{Ba(OH)_2} H_3C-\overset{\overset{OH}{|}}{\underset{\underset{CH_3}{|}}{C}}-CH_2-\overset{O}{\overset{||}{C}}-CH_3$$

但是，酮与碱作用所生成的负离子具有较强的亲核性，因而容易与醛基发生交叉羟醛缩合反应。例如：

$$H_3C-CHO+\ H_3C-\overset{O}{\overset{||}{C}}-CH_3 \xrightarrow[\triangle]{\text{稀}OH^-\ \ -H_2O} H_3C-CH=CH-\overset{O}{\overset{||}{C}}-CH_3$$

当脂肪酮有两个不同烃基时，碱催化缩合一般优先发生在取代基较少的 α 碳上（氢的个数多的碳），酸催化缩合发生在取代基较多 α 碳上（氢的个数少的碳），但选择性不是很高，常常得到混合产物。例如：

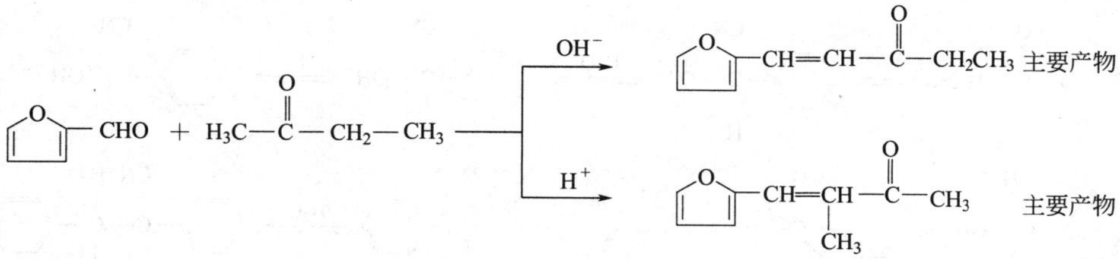

③ 分子内羟醛缩合　二元羰基化合物分子内缩合能生成环状化合物，它比分子间的缩合反应容易，而且产率高。是合成环状化合物的重要方法，例如：

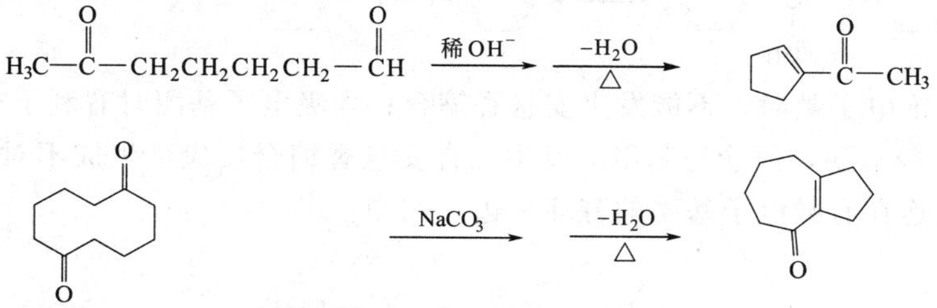

如果有多种成环选择，则一般都形成五、六元环。

④ 柏琴（Perkin）反应　芳醛与脂肪族酸酐在相应酸的碱金属盐存在下共热，发生缩合反应，称为柏琴反应。此反应是碱催化缩合反应，脂肪醛在柏琴反应条件下易自身缩合，故一般不用。这是制备 α、β-不饱和酸的一种方法。

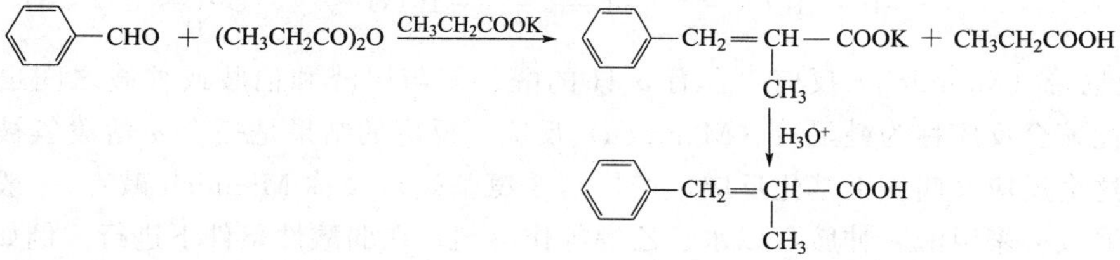

其反应机理如下：

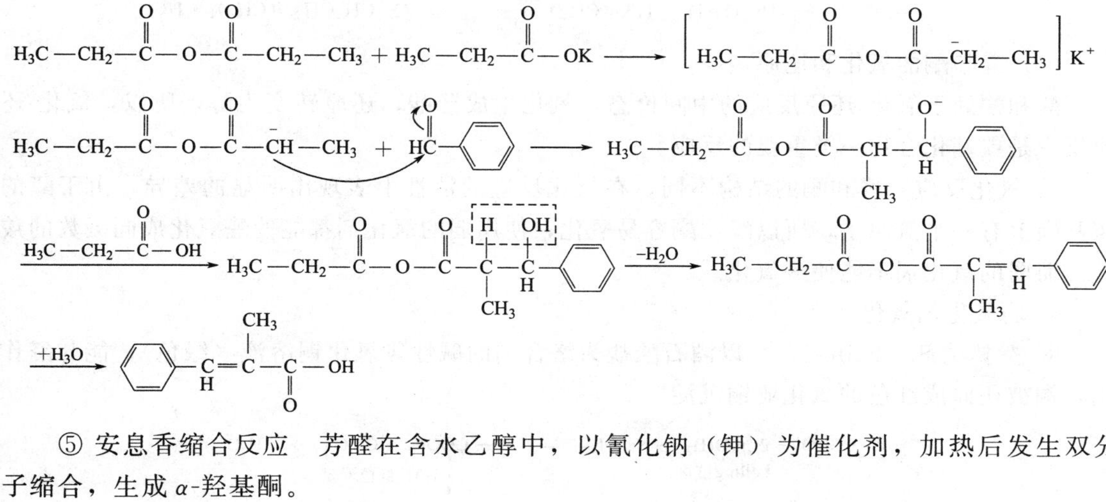

⑤ 安息香缩合反应　芳醛在含水乙醇中，以氰化钠（钾）为催化剂，加热后发生双分子缩合，生成 α-羟基酮。

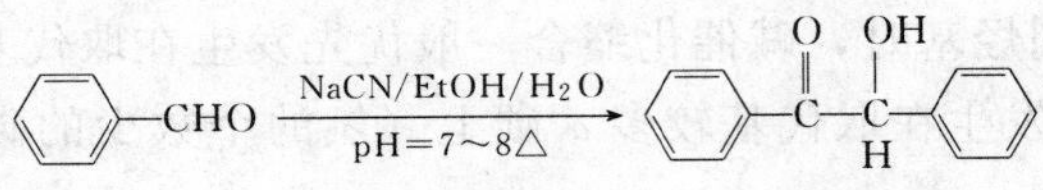

反应机理如下：

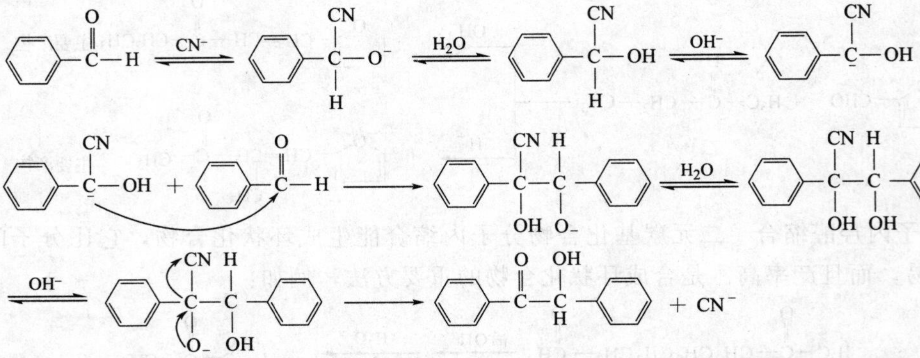

当苯环上有推电子基时，不能发生安息香缩合；含吸电子基团时有利于反应进行，也不能生成对称的 α-羟基酮，但能与苯甲醛发生混合安息香缩合反应，生成不对称的 α-羟基酮。产物中羟基总是连在有吸电子基团的芳环一边。例如：

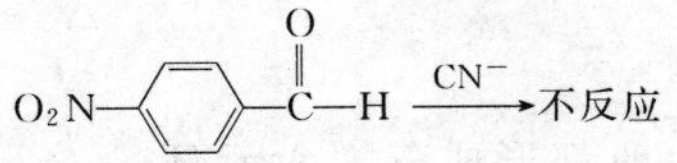

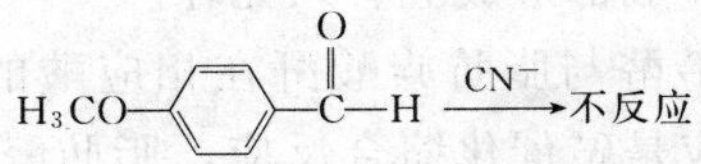

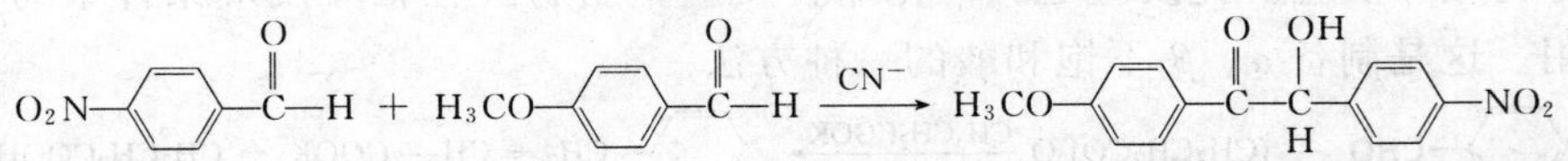

⑥ 曼尼希（Mannich）反应　含有 α-H 的醛、酮与甲醛和伯胺或仲胺之间也能发生缩合反应，此缩合反应称为曼尼希（Mannich）反应。反应的结果是一个 α 活泼氢被胺甲基取代，因此这个反应又叫氨甲基化反应，产物是 β-氨基酮（又称 Mannich 碱）。一般采用甲醛或三聚甲醛或多聚甲醛、仲胺，以水、乙醇等作溶剂，在弱酸性条件下进行。例如：

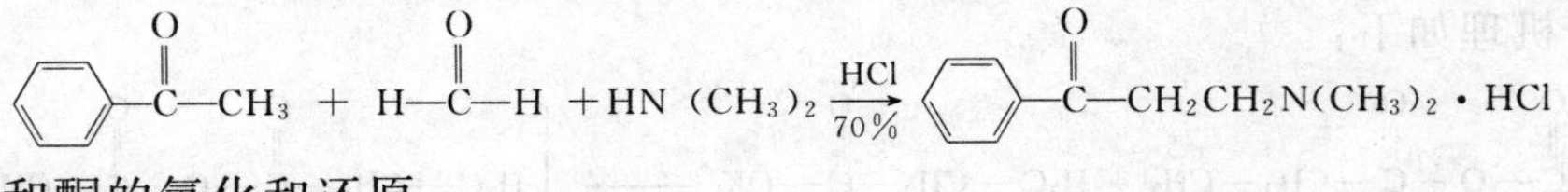

（4）醛和酮的氧化和还原

醛和酮处于氧化-还原反应的中间价态，氧化生成羟酸，还原转变为醇，所以，氧化-还原反应是羰基化合物一类重要的反应。

① 氧化反应　醛和酮的结构不同，在氧化反应的活性上表现出明显的差异，由于醛的羰基碳上有一个氢原子，所以醛比酮容易氧化，使用弱的氧化剂都能使醛氧化成同碳数的羧酸。而弱的氧化剂不能使酮氧化。

a. 弱氧化剂氧化

ⓐ 费林试剂（Felling）　以酒石酸盐为络合剂的碱性氢氧化铜溶液（绿色），能与醛作用，铜被还原成红色的氧化亚铜沉淀。

$$R—CHO + 2Cu(OH)_2 + NaOH \xrightarrow{\triangle} R—COONa + Cu_2O\downarrow + 3H_2O$$

Felling试剂　　　　　　　　　　　　　↓H_3O^+红色沉淀

$$R—COOH$$

费林试剂不能将芳香醛氧化成相应的羧酸，因此可用费林试剂来区别脂肪醛和芳香醛。

ⓑ 托伦斯试剂（Tollens） 醛与硝酸银的氨溶液反应，形成银镜，所以这个反应常称为银镜反应。

$$RCHO + 2Ag(NH_3)_2OH \xrightarrow{\triangle} 2Ag\downarrow + RCOONH_4 + 2NH_3 + H_2O$$
$$\text{Tollens试剂} \qquad\qquad \text{银镜}$$

芳香醛的氧化活性比脂肪醛低，可被托伦斯试剂氧化，但不能与费林试剂作用：

$$Ar—CHO \begin{cases} \xrightarrow{\text{Tollens试剂}} Ag\downarrow + ArCOONH_4 + 2NH_3 + H_2O \\ \qquad\qquad\qquad \text{银镜} \\ \xrightarrow{\text{Felling试剂}} \times \end{cases}$$

费林试剂、托伦斯试剂都不能使酮氧化，故可以用它们鉴别醛和酮。此外费林试剂、托伦斯试剂都只氧化醛基不氧化双键，在有机合成中可用于选择性氧化。例如-不饱和酸可使用这些弱氧化剂制备 α,β-不饱和酸。例如：

$$CH_2—CH=CH—CHO \xrightarrow[\text{或 Felling 试剂}]{\text{Tollens 试剂}} CH_2—CH=CH—COOH$$

b. 强氧化剂氧化 $KMnO_4$、$K_2Cr_2O_7$、H_2O_2 等强氧化剂很容易把饱和醛氧化，生成相应的羧酸。例如：

$$CH_3CH_2CH_2CHO \xrightarrow{KMnO_4 H^+} CH_3CH_2CH_2COOH$$

酮在强烈氧化条件下，碳键在羰基两侧断裂，氧化分解成小分子的羟酸混合物，没有制备意义。

有个别实例，环酮的氧化可得单一产物，具有制备价值。

c. 拜尔-维利格（Baeyer-Villiger）反应 酮类化合物用过氧酸氧化生成酯，这也是个重要的反应，叫拜尔-维利格（Baeyer-Villiger）反应。

其反应的机理为：

对于不对称的酮，有生成两种酯的可能。例如：

究竟哪种产物为主呢？主要取决于羰基两边不同烃基迁移的难易程度。基团进程的能力顺序为：

$$氢 > R_3C- > R_2HC- > \text{环己基} > \text{苯基} > RH_2C- > H_3C-$$

一般迁移的规则是最富电子的烷基（更多取代的碳）优先迁移。例如：

$$\text{（环己酮-甲基）} \xrightarrow{\text{过氧酸}} \text{（内酯-甲基）}$$

d. 坎尼扎罗（Cannizzaro）反应　不含 α-H 的醛在浓碱的作用下，发生歧化反应，一分子醛被氧化为酸，另一分子醛被还原为醇，称为坎尼数罗反应，也叫歧化反应。

$$2HCHO \xrightarrow{\text{浓 NaOH}} CH_3OH + HCOONa$$

$$2\ \text{Ph}CHO \xrightarrow{\text{浓 NaOH}} \text{Ph}CH_2OH + \text{Ph}COONa$$

该反应的机理（以苯甲醛为例）：

$$Ph-CH=O + OH^- \rightleftharpoons Ph-\overset{H}{\underset{OH}{C}}-O^- \xrightleftharpoons{Ph-CH=O} PhC\overset{HO}{=}O + PhCH_2O^-$$

$$\rightarrow PhC\overset{O^-}{=}O + PhCH_2OH$$

$$\underset{PhC\overset{OH}{=}O}{\overset{H^-}{\downarrow}}$$

两种不同的不含 α-H 原子的醛在浓碱存在下可以发生交叉歧化反应，产物复杂（两个酸两个醇）。如果甲醛与另一种无 α-H 的醛在强的浓碱催化下加热，由于甲醛还原性强，反应结果总是另一种醛被还原成醇，而甲醛被氧化成酸。

$$\text{Ph}-CHO + HCHO \xrightarrow{50\% NaOH} \xrightarrow{H_3O^+} \text{Ph}-CH_2OH + HCOOH$$

工业上生产季戊四醇就是由甲醛和乙醛经羟醛催化生成三羟甲基乙醛，再与一分子甲醛发生坎尼扎罗反应合成的。

$$3\ HCHO + CH_3CHO \xrightarrow[\triangle]{Ca(OH)_2} HOCH_2-\overset{CH_2OH}{\underset{CH_2OH}{\overset{|}{\underset{|}{C}}}}-CHO \xrightarrow[Ca(OH)_2]{HCHO} HOCH_2-\overset{CH_2OH}{\underset{CH_2OH}{\overset{|}{\underset{|}{C}}}}-CH_2OH + HCOO^-$$

$$\text{季戊四醇}$$

季戊四醇是油漆等工业的重要原料。

② **还原反应**　醛、酮在不同的条件下进行还原，一类是将羰基还原成羟基；另一类是将羰基还原成烃基。

a. 还原成醇

将醛酮还原成醇，可以采用催化氢化的方式或者使用硼氢化钠（$NaBH_4$）、氢化锂铝（$LiAlH_4$）、异丙醇铝-异丙醇 $[Al(OPr\text{-}i)_3 + i\text{-}PrOH]$ 等还原剂。

ⓐ **催化还原**　醛、酮在某些金属催化剂的存在下，加氢生成伯醇和仲醇。催化剂为铂、镍等。

$$R-\overset{O}{\underset{}{C}}-H(R') + H_2 \xrightarrow{Pt \text{ 或 } Ni} R-\overset{OH}{\underset{H}{C}}-H(R')$$

催化氧化反应的特点是，若分子中还含有 C=C、C=N 等官能团，将同时被还原。

ⓑ 金属氧化物还原 金属氧化物可以使醛、酮还原为醇，金属氧化物如 $NaBH_4$、$LiAlH_4$ 等是还原羰基常用的试剂，在对羰基的还原过程中，对 C=C 不起作用，可用于 α、β-饱和醛、酮的选择性还原。

$$CH_3CH=CHCH_2CHO \xrightarrow[\text{② 水或醇}]{\text{① } NaBH_4} CH_3CH=CHCH_2CH_2OH$$
（只还原 C=C）

$$CH_3CH=CHCH_2CHO \xrightarrow[\triangle]{LiAlH_4,\text{ 干乙醚}} CH_3CH=CHCH_2CH_2OH$$
（不还原 C=C）

$NaBH_4$ 是较缓和的负氧还原剂，它只能还原醛、酮和酰卤。而且反应可以在水和醇溶液中进行。$LiAlH_4$ 是很强的化学还原剂，它对醛、酮化学还原剂，它对醛、酮、卤、羟酸、酯、酸胺、硝基、氰基和卤烃等都有还原能力。

其他的化学还原剂如异丙醇铝-异丙醇，异丙醇铝作还原剂时反应的专一性高，只还原醛酮的羰基。此反应是可逆反应，又称麦尔外因-庞道夫（MeerWein-Ponndorf-Verley）还原法。其逆反应称为奥彭欧尔（Oppenauer）氧化反应。

$$R-\overset{O}{\underset{}{C}}-H(R) + H_3C-\overset{OH}{\underset{H}{C}}-CH_3 \underset{}{\overset{Al(O-CH(CH_3))_3}{\rlap{\rule{3em}{0.4pt}}}} R-\overset{OH}{\underset{H}{C}}-H(R) + H_3C-\overset{O}{\underset{}{C}}-CH_3$$

ⓒ 金属还原法

金属钠/CH_3CH_2OH 还原：醛、酮可以被金属钠在乙醇溶液中还原为醇。

$$R-\overset{O}{\underset{}{C}}-H(R) + Na \xrightarrow{C_2H_5OH} R-\overset{OH}{\underset{H}{C}}-H(R) + C_2H_5ONa$$

在这个还原反应中，生成了两分子的强碱 $NaOC_2H_5$。反应较复杂，醇的效率低。

Mg（Hg）还原：用金属镁或镁汞各在质子溶剂中还原酮，水解后生成频哪醇，在酸作用下，发生重排生成频哪酮。

$$H_3C-\overset{O}{\underset{}{C}}-CH_3 \xrightarrow[\text{苯}]{Mg(Hg)} \xrightarrow{H_3O^+} H_3C-\overset{OH}{\underset{CH_3}{C}}-\overset{OH}{\underset{CH_3}{C}}-CH_3 \xrightarrow{H^+} H_3C-\overset{CH_3}{\underset{CH_3}{C}}-\overset{O}{\underset{}{C}}-CH_3$$

b. 直接还原为烃

ⓐ 克莱门森（Clemmensen）还原反应 醛或酮与锌汞齐及盐酸在苯或乙醇溶液中加热，羰基还原为亚甲基，这个反应称为克莱门森反应。

$$R-\overset{O}{\underset{}{C}}-H(R) \xrightarrow[\triangle]{Zn-Hg,\text{ 浓 } HCl} R-CH_2-H(R)$$

这个反应的机理迄今还不十分明确。由于反应是在酸性介质条件下进行，不适用对酸敏感的羰基化合物的还原。

此法适用于还原芳香酮，是间接在芳环上引入直链烃基的方法。

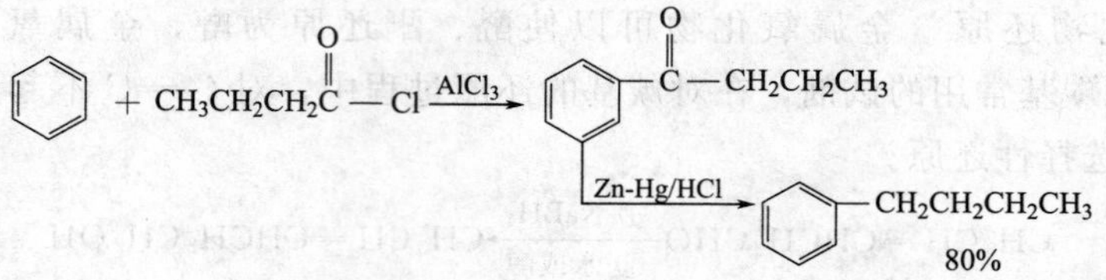

⑥ 乌尔夫-基日聂耳（Wolff-Kishner）还原和黄鸣龙改进法　醛酮在碱性及高温、高压下与肼作用，羰基被还原成亚甲基的反应。此反应是 Kishner 和 Wolff 分别于 1911 年、1912 年发现的。

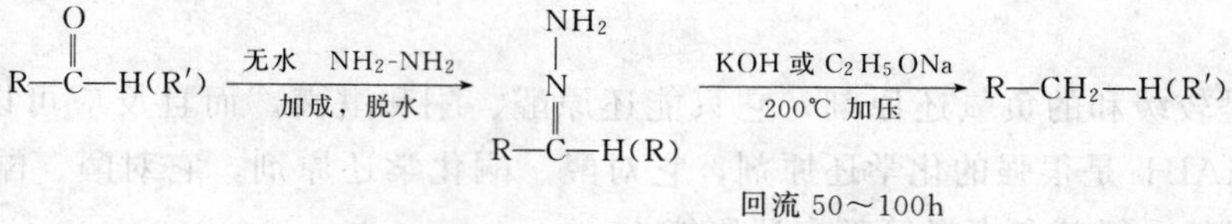

这就是乌尔夫-基日聂耳还原反应。该法的缺点是需要无水肼及高温、高压条件，而且反应时间长，产率较低。

1946 年，我国著名有机化学家黄鸣对该法进行改进。他将酮（或醛）与水合肼、NaOH 及水溶性高沸点溶剂（二甘醇）共混，在常压下加热回流，然后将水和过量肼蒸出，继续加热至 190～200℃，保持回流 1～2h，使完全分解得到烃。

$$C_6H_5COCH_2CH_2CH_3 \xrightarrow[\substack{O (CH_2CH_2OH)_2 \\ 200℃, 3～5h}]{NH_2NH_2, NaOH} C_6H_5CH_2CH_2CH_2CH_3 \quad 82\%$$

黄鸣龙改进方法不仅使反应在常压下进行，而且使用价格便宜的水合肼，同时缩短了反应时间，提高了反应效率，更适合工业生产。

克莱门森还原法和乌尔夫-基日聂耳-黄鸣龙还原法这两种方法分别在酸和碱介质中反应，两种方法可以互相补充，广泛应用于有机合成。需要注意的是这两种方法都不适用于 α,β-不饱和羰基化合物的还原，原因是克莱门森还原法会将 α,β-不饱和羰基化合物的 C＝C 双键一起还原；而在乌尔夫-基日聂耳-黄鸣龙还原法中除了生成还原产物，还会生成杂环化合物。

18.8.5 醛和酮的制法

（1）醇的氧化

伯醇和仲醇可以通过氧化和脱氢反应制备醛和酮。常用氧化剂 $Na_2Cr_2O_7$/稀 H_2SO_4、CrO_3-H_2SO_4 以及 $KMnO_4$ 等。例如：

$$CH_3CH_2CH_2OH \xrightarrow[\triangle]{K_2Cr_2O_7-稀 H_2SO_4} CH_3CH_2CHO$$

1°醇

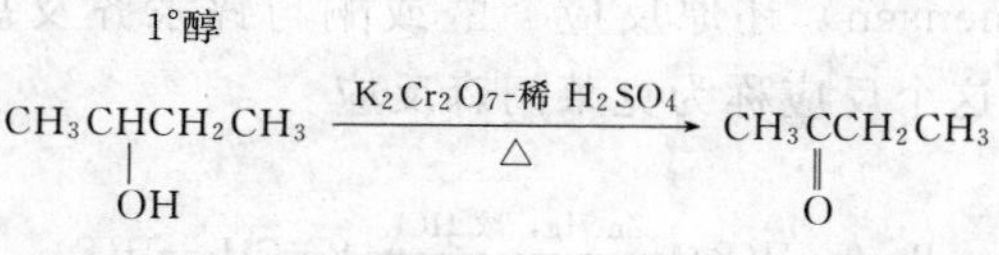

$$\underset{OH}{CH_3\overset{|}{CH}CH_2CH_3} \xrightarrow[\triangle]{K_2Cr_2O_7-稀 H_2SO_4} \underset{O}{CH_3\overset{\|}{C}CH_2CH_3}$$

2°醇

由伯醇制备的醛还会继续氧化成羧酸。为防止醛的进一步氧化，可采用较弱的氧化剂或特殊的氧化剂，所以最好用沙瑞特试剂（CrO_3-吡啶），且双键不受影响。

例如：

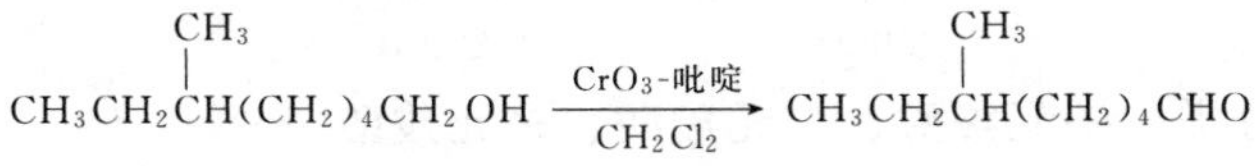

（2）烃类的氧化

① 烯烃的氧化　烯烃经臭氧化 还原生成醛或酮。

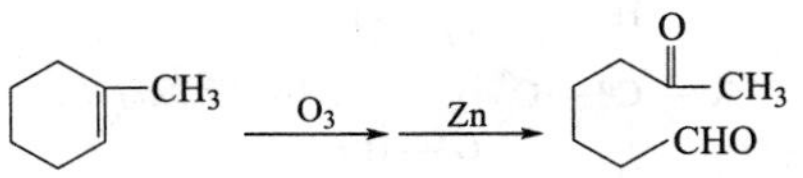

② 烯烃的氧化　芳环侧链上的 α-H 原子受芳环的影响，易被氧化，所以必须控制氧化条件。可由芳烃氧化相应的芳醛和芳酮。例如：

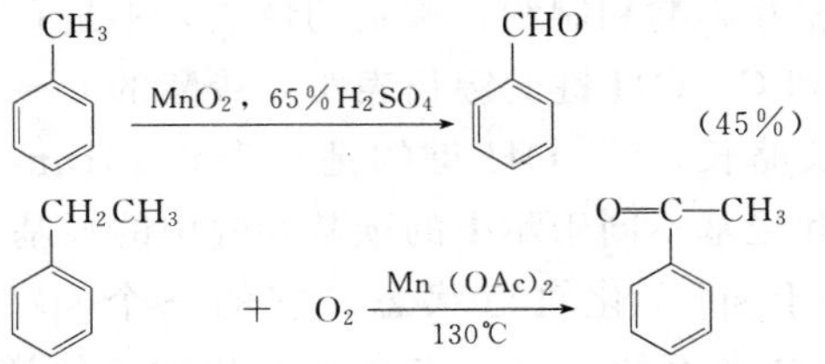

③ 胞二卤物水解　在酸或碱的催化下，偕二卤代物水解生成醛酮。由于脂肪族偕二卤代物的制备较难，故一般不用此法制备脂肪族醛酮。例如：

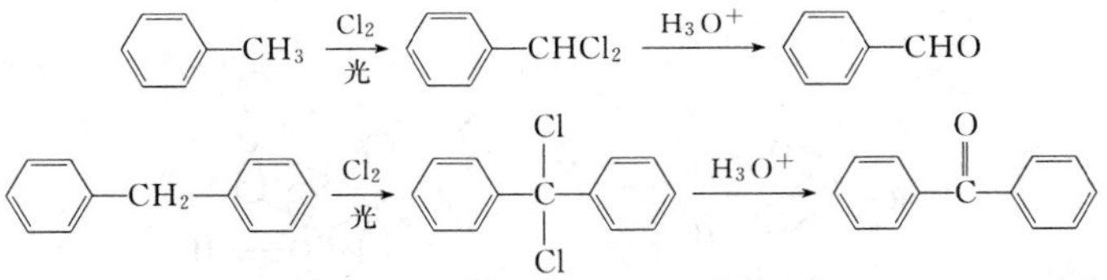

18.9 羧酸及羧酸衍生物

18.9.1 羧酸

（1）羧酸的分类、结构

① 羧酸的分类　羧酸一般有两种分类方法。

a. 按烃基的种类分类

ⓐ 脂肪族羧酸　饱和羧酸、不饱和羧酸

$H_3C—COOH$　乙酸　　$H_2C═CH—COOH$　丙烯酸

ⓑ 脂环族羧酸

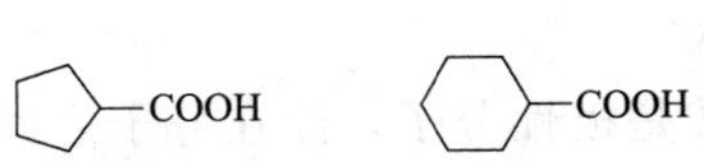

环戊基甲酸　　环己基甲酸

ⓒ 芳香族羧酸

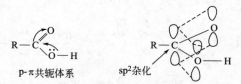

苯甲酸　　　　　　　　　1-萘甲酸

b. 按羧基数目分类　一元羧酸、二元羧酸、多元羧酸。

$$CH_3CH_2CH_2COOH \qquad HOOCCH_2CH_2COOH$$

1-丁酸（一元酸）　　　1,4-丁二酸（二元酸）

② 羧酸的结构　以一元脂肪酸为例，其结构通式（甲酸除外）如下：

R—Cᵅ—C=O（R为氢或烃基）

羧基是羧酸的官能团，它决定着羧酸的主要性质。

从形式上看，羧基是由羰基和羟基组成的，似乎羧酸应具有酮和醇的典型性质。但实际上羰基和羟基之间产生着相互影响和制约，羧基的性质并不是它们性质的简单加合。用物理方法测定甲酸中 C=O 键和 C—OH 键的键长表明，羧酸的 C=O 键长为 0.1245nm，比普通羰基（0.122nm）的键长略长，C—OH 键的键长为 0.131nm，比醇 C—OH 键的键长略短，表明羧酸分子中羰基和羟基不同于酮中的羰基和醇中的羟基。

在羧基中，碳原子处于 sp² 杂化轨道状态，它的三个 sp² 杂化轨道分别同 α-碳原子和两个氧原子形成了三个共平面的 σ 键，未参与杂化的 p 轨道与一个氧原子的 p 轨道重叠形成 C=O 双键中的 π 键。同时，羧基中羟基的氧原子发生了不等性的 sp² 杂化，其未杂化的 p 轨道上未共用电子对与 C=O 双键中的 π 键重叠形成了 p-π 共轭体系，如图所示：

R—C=O ⋯ O—H
p-π共轭体系　　　　　sp²杂化

由于 p-π 共轭体系产生的共轭效应使羟基氧原子上的电子云向羰基方向转移，导致 O—C 键的极性减弱，H—O 键的极性增强，C=O 双键中碳原子上的电子云密度增大。因此，羧酸的酸性比水和醇强得多，它能同金属活动顺序表中氢以前的所有金属反应，能同金属氧化物和氢氧化物起成盐反应等。p-π 共轭效应降低了 O—C 键的活性，致使羧基中的羟基难以发生类似醇的亲核取代反应，但在一定的条件下，它能同某些亲核试剂发生取代反应，生成酰卤、酰胺、酯和酸酐等羧酸的衍生物。p-π 共轭效应降低了 C=O 双键中碳原子上的正电性，不利于亲核试剂对碳原子的进攻，所以 C=O 双键难以发生类似醛、酮的大多数亲核加成反应。

（2）羧酸的物理性质

① 一般物理性质　十个碳原子以下的饱和一元羧酸是具有刺激性或腐败气味的液体，甲酸、乙酸有刺激性酸味，丁酸、戊酸和己酸有不愉快气味；高级脂肪酸是无味蜡状固体；二元羧酸和芳香酸都是结晶固体。

从羧酸的结构可以预计羧酸是极性分子，能在分子之间或与其他类型的分子间形成氢键，因此，脂肪酸有类似醇的溶解性，低级脂肪酸易溶于水，但随着相对分子质量增大水溶度迅速减小。甲酸、乙酸、丙酸、丁酸可与水混溶，戊酸、己酸能与水部分溶解，高级酸几乎与水不溶。最简单的芳香酸——苯甲酸，由于它所含的碳原子太多，与水没有明显的溶解性。羧酸能溶于极性较小的溶剂，如醚、醇、苯等。

由于氢键的存在，羧酸的沸点比相对分子质量相近的醇沸点高。例如，甲酸与乙醇的相对分子质量相同，但乙醇的沸点为 78.5℃，而甲酸为 100.7℃；乙酸与正丙醇的相对分子质量都是 60，正丙醇的沸点为 97.2℃，而乙酸的沸点却是 118.1℃；丙酸（沸点 141℃）比相对分子质量相近的正丁醇（沸点 118℃）的沸点高。

直链饱和一元酸和二元酸的熔点随分子中碳原子数的增加而呈锯齿形变化，即具有偶数碳原子羧酸的熔点比其相邻的两个具有奇数碳原子羧酸的熔点都高，这与分子的对称性有关，在含偶数碳原子的羧酸中，链端甲基和羧基（在二元酸中是两个羧基）分布在碳链异侧，而含奇数碳原子的羧酸链端甲基和羧基分布在碳链的同侧，前者的分子对称性较好，分子在晶体中排列较紧密，分子间的作用力比较大，需要较高温度才能使它们彼此分开，故熔点较高。

(己酸熔点-4℃)　(庚酸熔点-7.5℃)

表 18-8 列出了一些常见羧酸的物理常数。

表 18-8　常见羧酸的主要物理性质

名称	俗名	熔点/℃	沸点/℃	溶解度 /g·(100g 水)$^{-1}$	pK_{a1}(25℃)
甲酸	蚁酸	8.4	100.8	8	3.75
乙酸	醋酸	16.6	118.1	8	4.76
丙酸	初油酸	−20.8	141.4	8	4.87
丁酸	酪酸	−5.5	164.1	8	4.83
戊酸	缬草酸	−34.5	186.4	3.3$^{16℃}$	4.84
己酸	羊油酸	−4.0	205.4	1.10	4.88
庚酸	毒水芹酸	−7.5	223.0	0.25$^{15℃}$	4.89
辛酸	羊脂酸	16	239	0.25$^{15℃}$	4.89
壬酸	天竺葵酸	12.5	253～254	微溶	4.95
癸酸	羊蜡酸	31.4	268.7	不溶	—
十六碳酸	软脂酸	62.8	271.5$^{13.3kPa}$	不溶	—
十八碳酸	硬脂酸	69.6	291$^{14.6kPa}$	不溶	—
乙二酸	草酸	186～187	＞100(升华)	10	1.27
丙二酸	缩苹果酸	(分解)	—	138$^{16℃}$	2.86
丁二酸	琥珀酸	130～135	235(分解)	6.8	4.21
戊二酸	胶酸	(分解)	200$^{2.66kPa}$	63.9	4.34
己二酸	肥酸	189～190	265$^{1.33kPa}$	1.4$^{15℃}$	4.43
庚二酸	蒲桃酸	97.5	272$^{13.3kPa}$	2.5$^{14℃}$	4.50
辛二酸	软木酸	151～153	279$^{13.3kPa}$	0.14$^{16℃}$	4.52
壬二酸	杜鹃花酸	103～105	286.5$^{13.3kPa}$	0.20	4.53
癸二酸	皮脂酸	140～144	294.5$^{13.3kPa}$	0.10	4.55

名称	俗名	熔点/℃	沸点/℃	溶解度 /g·(100g 水)$^{-1}$	pK_{a1}(25℃)
顺丁烯二酸	马来酸	106.5	135(分解)	79	1.94
反丁烯二酸	延胡索酸	134.5	200(升华)	0.7$^{17℃}$	3.02
苯甲酸	安息香酸	130.5	250.0	0.21$^{17.5℃}$	4.21
苯乙酸	苯醋酸	286~287	265.5	加热可溶	4.31
邻苯二甲酸	酞酸	122.4	>191(分解)	0.54$^{14℃}$	2.95

② 光谱性质

a. 红外光谱　羧基是由 C══O 和 OH 组成的，它的红外光谱反映了这一特征。单体羧酸的 $\gamma_{C=O}$ 在 1760cm^{-1}（s）附近有很强的吸收带。在液态或固态，羧酸一般都以二聚体存在。二聚体羧酸的 $\gamma_{C=O}$ 一般在 1725~1700cm^{-1}（s）范围有较强的吸收带。α,β-不饱和酸和芳香酸的二聚体 $\gamma_{C=O}$ 在 1710~1680 cm^{-1}（s）也产生较强的吸收带。这些强吸收带所在的区域中一般不会出现其他基团的强吸收，所以用这些较精确的频率吸收峰可以得到羧酸结构的有关信息。羧酸二聚体在 3300~2500cm^{-1} 之间有很宽和很强的 γ_{C-H} 吸收带。羧酸 C—O 键的伸缩振动在 1250cm^{-1} 附近。在 1400~920cm^{-1} 范围内显示出 O—H 键的弯曲振动谱带（参看图 18-42）。

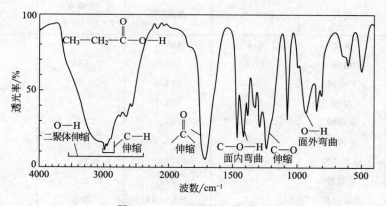

图 18-42　正丙酸的红外谱图

b. ^{1}H-核磁共振谱　羧基质子在一个很窄的范围内有吸收，$\delta=10$~13.2。在这个区域内，很少有其它质子信号出现，故很容易辨认（参看图 18-43）。

（3）羧酸的化学性质

羧酸的官能团是由羰基和羟基复合而成，由于共轭作用，使得羧基不是羰基和羟基的简单加合，所以羧基中既不存在典型的羰基，也不存在着典型的羟基，而是两者互相影响的统一体。羧酸的性质可从结构上预测，有以下几类。

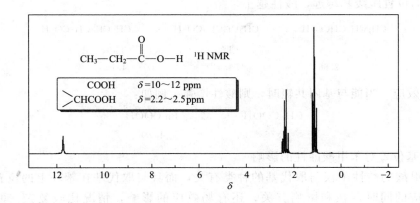

图 18-43 正丙酸 ^1H NMR 谱图

① **羧酸的酸性** 羧酸在水溶液中能电离成氢离子和羧酸根离子,所以其水溶液显酸性:

羧酸一般都是弱酸,其酸性强度以其电离常数 K_a 或它的负对数 pK_a 表示。K_a 值越大或 pK_a 值越小,酸性越强。大多数羧酸的 pK_a 值在 2.5~5 之间。例如甲酸的 pK_a 为 3.75,醋酸的 pK_a 为 4.76。其他饱和一元酸的 pK_a 均在 4.76~5 之间,比碳酸的酸性($pK_a=7$)强。

由于羧酸的酸性比碳酸强,所以它们能与碳酸盐(或碳酸氢盐)作用生成羧酸盐并放出二氧化碳:

$$2ROOH + Na_2CO_3 \longrightarrow 2RCOONa + CO_2 \uparrow + H_2O$$
羧酸钠

羧酸同其他物质的酸碱性比较:

$$RCOOH > ArOH > HOH > ROH > HC \equiv CH > NH_3 > RH$$

影响羧酸酸性的因素复杂,这里主要讨论电子效应和空间效应。

电子效应对酸性的影响如下所述。

a. 诱导效应

吸电子诱导效应使酸性增强。

$$FCH_2COOH > ClCH_2COOH > BrCH_2COOH > ICH_2COOH > CH_3COOH$$

| pK_a 值 | 2.66 | 2.86 | 2.89 | 3.16 | |

供电子诱导效应使酸性减弱。

$$CH_3COOH > CH_3CH_2COOH > (CH_3)_3CCOOH$$

| pK_a 值 | 4.76 | 4.87 | 5.05 |

吸电子基增多酸性增强。

$$ClCH_2COOH > Cl_2CHCOOH > Cl_3CCOOH$$

| pK_a 值 | 2.86 | 1.29 | 0.65 |

取代基的位置距羧基越远，酸性越小。

$$\underset{\underset{Cl}{|}}{CH_3CH_2CHCO_2H} \quad > \quad \underset{\underset{Cl}{|}}{CH_3CHCH_2CO_2H} \quad > \quad \underset{\underset{Cl}{|}}{CH_2CH_2CH_2CO_2H}$$

pK_a值　　　　　　　2.86　　　　　　　　4.41　　　　　　　　4.70

b. 共轭效应　当能与基团共轭时，则酸性增强，例如：

$$CH_3COOH \qquad\qquad Ph\text{-}COOH$$

pK_a值　　　　　　　　　4.76　　　　　　　　4.20

② 取代基位置对苯甲酸酸性的影响

取代苯甲酸的酸性不仅与取代基的种类有关，而且与取代基在苯环上的位置、共轭效应与诱导效应的同时存在和影响有关，还有场效应的影响，情况比较复杂。可大致归纳如下。

a. 邻位取代基（氨基除外）都使苯甲酸的酸性增强（位阻作用破坏了羧基与苯环的共轭），称为邻位效应。

b. 间位取代基使其酸性增强

c. 对位-拉电子基团使酸性增强，给电子基团使酸性减弱。

③ 羧基上的羟基（OH）的取代反应——加成-消去反应

a. 酰卤的生成　最常见的酰卤是酰氯，它是由羧酸与三氯化磷、五氯化磷或亚硫酰氯等氯化剂作用制得的：

$$\underset{\quad}{R-\overset{\displaystyle O}{\overset{\|}{C}}-OH} \ + \ SOCl_2 \ \xrightarrow{\triangle} \ R-\overset{\displaystyle O}{\overset{\|}{C}}-Cl \ + \ SO_2 \ + \ HCl$$

$$3 \ R-\overset{\displaystyle O}{\overset{\|}{C}}-OH \ + \ PCl_3 \ \xrightarrow{\triangle} 3 \ R-\overset{\displaystyle O}{\overset{\|}{C}}-Cl \ + \ H_3PO_3$$

$$R-\overset{\displaystyle O}{\overset{\|}{C}}-OH \ + \ PCl_5 \ \xrightarrow{\triangle} R-\overset{\displaystyle O}{\overset{\|}{C}}-Cl \ + \ POCl_3 \ + \ HCl\uparrow$$

亚硫酰氯在实验室中常用来制备酰氯（也用于制备氯代烷），由于生成的 HCl 和 SO_2 可从反应体系中移出，所以反应的转化率很高。酰氯的产率也高达 90％以上。但由于使用 $SOCl_2$ 过量，应当在制备与它有较大沸点差别的酰氯中使用，以便于蒸馏分离。常用三氯化磷制备沸点较低的酰氯，用五氯化磷制备沸点较高的酰氯，产物可用蒸馏方法来提纯。

b. 酸酐的生成　羧酸在脱水剂（如五氧化二磷）的作用下加热失水，生成酸酐：

$$R-\overset{\displaystyle O}{\overset{\|}{C}}-OH + HO-\overset{\displaystyle O}{\overset{\|}{C}}-R \ \xrightarrow{R_2O_5} \ R-\overset{\displaystyle O}{\overset{\|}{C}}-O-\overset{\displaystyle O}{\overset{\|}{C}}-R$$

因乙酐能较迅速的与水反应，且价格便宜，生成的乙酸有易除去，因此，常用乙酐作为制备酸酐的脱水剂。

$$2 \ \langle\!\!\!\bigcirc\!\!\!\rangle\text{-COOH} +(CH_3CO)_2O \xrightarrow{\triangle} (\langle\!\!\!\bigcirc\!\!\!\rangle\text{CO})_2O+CH_3COOH$$
乙酐(脱水剂)

1,4 和 1,5 二元酸不需要任何脱水剂，加热就能脱水生成环状（五元或六元）酸酐。例如：

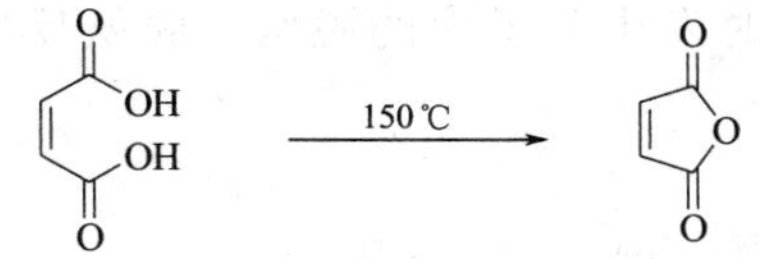

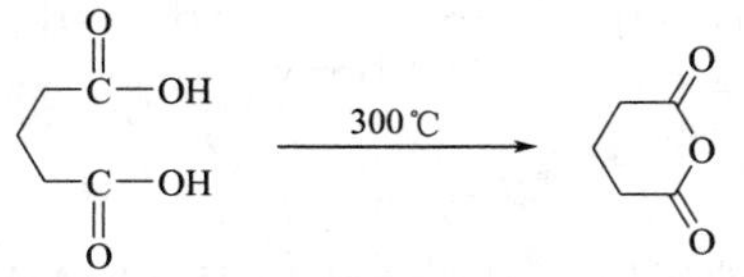

$$\text{马来酸} \xrightarrow{150\ ℃} \text{马来酸酐}$$

$$\text{戊二酸} \xrightarrow{300\ ℃} \text{戊二酸酐}$$

c. 酯化反应　在无机酸催化下，羧酸与醇作用生成酯，这种反应叫做酯化反应：

$$RCOOH^+ + R'OH \xrightleftharpoons{H^+} RCOOR' + H_2O$$

酯化反应是一个可逆反应，其逆反应叫水解反应。酯化反应速率极为缓慢，必须在催化剂和加热下进行。通常使用的催化剂是浓硫酸、氯化氢或三氟化硼等，成酯方式：

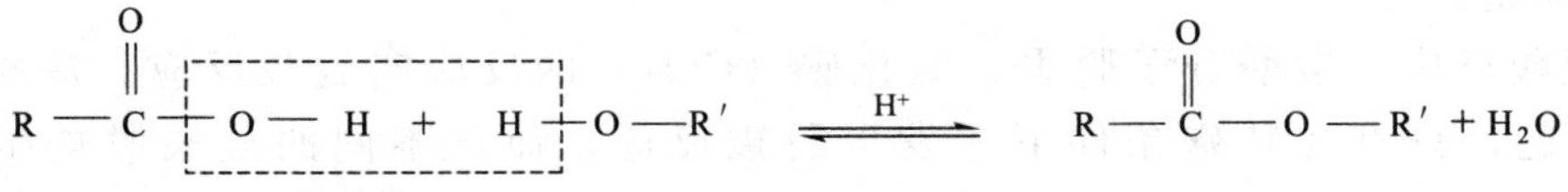

$$R-\overset{\overset{\displaystyle O}{\|}}{C}-\boxed{O-H\ +\ H-O}-R' \xrightleftharpoons{H^+} R-\overset{\overset{\displaystyle O}{\|}}{C}-O-R' + H_2O$$

酰氧断裂

$$R-\overset{\overset{\displaystyle O}{\|}}{C}-O\boxed{-H\ +\ H-O-}R' \xrightleftharpoons{H^+} R-\overset{\overset{\displaystyle O}{\|}}{C}-O-R' + H_2O$$

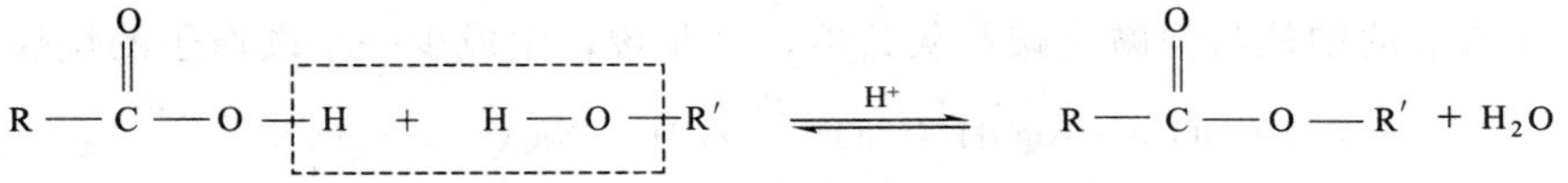

烷氧断裂

在酸催化下，一般酯化反应是羧酸分子中羧基上的 OH 和醇分子中羟基上的 H 脱水生成酯，即羧酸通常是按酰氧键断裂的方式进行。验证：

$$R-\overset{\overset{\displaystyle O}{\|}}{C}-O-H + H-O^{18}-R' \xrightleftharpoons{H^+} R-\overset{\overset{\displaystyle O}{\|}}{C}-O^{18}-R' + H_2O$$

H_2O 中无 O^{18}，说明反应为酰氧断裂。其反应历程：

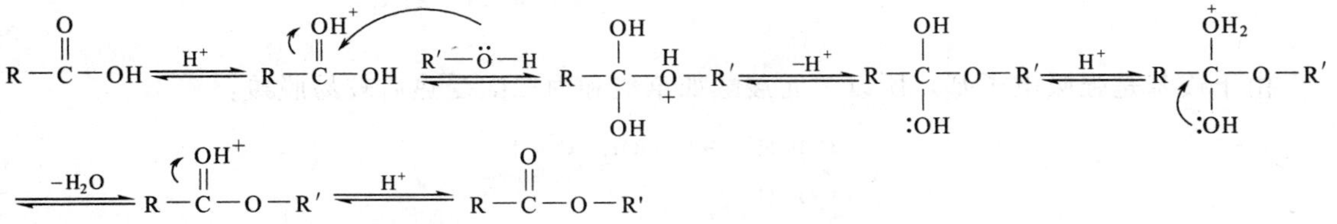

对于酸和醇而言，R 和 R′空间位阻增大均不利于酯化反应。相同的羧酸和不同的醇按上述机理进行酯化反应的活性一般有如下顺序：

$$CH_3OH > RCH_2OH > R_2CHOH > R_3COH$$

同理，羧酸烃基上支链越多，酯化速率越慢，因为含支链多的烃基空间体积大，阻碍了亲核试剂（醇）进攻羧基碳原子，从而影响酯化速率。相同的醇与不同结构的羧酸发生酯化反应时一般活性顺序为：

$$HCOOH > CH_3COOH > RCH_2COOH > R_2CHCOOH > R_3CCOOH$$

d. 酰胺的生成　羧酸同氨或碳酸铵作用得到羧酸铵盐，将铵盐加强热，生成酰胺。

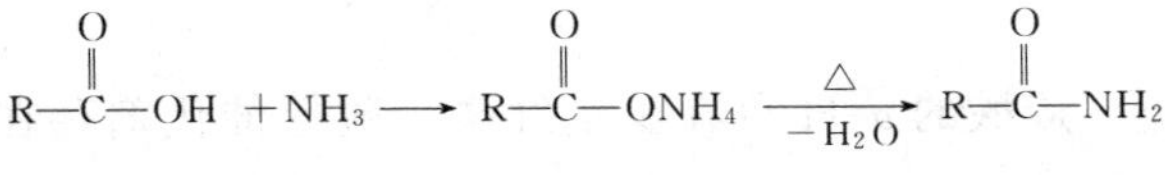

$$R-\overset{\overset{\displaystyle O}{\|}}{C}-OH + NH_3 \longrightarrow \underset{\text{羧酸铵}}{R-\overset{\overset{\displaystyle O}{\|}}{C}-ONH_4} \xrightarrow[-H_2O]{\triangle} \underset{\text{酰胺}}{R-\overset{\overset{\displaystyle O}{\|}}{C}-NH_2}$$

二元羧酸的二铵盐在受热时发生分子内的脱水、脱氨反应，生成五元或六元环状酰亚胺。例如：

$$CH_2COONH_4 \big| CH_2COONH_4 \xrightarrow{300℃} \text{（丁二酰亚胺结构）} + NH_3 + H_2O$$

丁二酰亚胺

④ 还原反应　羧酸不容易被还原，但在氢化铝锂（$LiAlH_4$）的作用下，羧基可以被还原成羟基，在实验室中可用此反应制备结构特殊的伯醇。例如：

$$H_2C=CHCHCOOH \xrightarrow[H_2O]{LiAlH_4} H_2C=CHCHCH_2OH$$

氢化铝锂是一种强还原剂，能还原具有羰基结构的化合物，并且产率较高，但一般不能还原碳碳重键。

⑤ 脱羧反应　羧酸分子脱去二氧化碳（CO_2）的反应叫脱羧反应。羧酸的羧基通常比较稳定，只有在特殊条件下才发生脱羧反应，而且不同的羧酸脱羧生成不同的产物。

饱和一元羧酸的钠盐与强碱或碱石灰共熔，可脱羧，生成少一个碳原子的烷烃：

$$CH_3COONa + NaOH（CaO）\xrightarrow{热熔} CH_4 + Na_2CO_3 \qquad 99\%$$

其他直链羧酸盐与碱石灰热熔的产物复杂，制备意义不大。

羧酸的 α 位碳原子上连有强吸电子基时，容易脱羧。例如：

$$CCl_3COOH \xrightarrow{\triangle} CHCl_3 + CO_2\uparrow$$

$$CH_3CCH_2COOH \xrightarrow{\triangle} CH_3CCH_3 + CO_2\uparrow$$

$$\text{（环己酮-2-羧酸）} \xrightarrow{\triangle} \text{（环己酮）} + CO_2\uparrow$$

由于羧基是强吸电子基，所以二元羧酸如草酸和丙二酸受热后较易脱羧：

$$COOH \big| COOH \xrightarrow{\triangle} HCOOH + CO_2\uparrow$$

$$HOOC—CH_2—COOH \xrightarrow{\triangle} CH_3COOH + CO_2\uparrow$$

丁二酸和戊二酸加热时不脱羧，而是分子内失水，生成稳定的环状酸酐：

$$\text{（丁二酸）} \xrightarrow{\triangle} \text{（丁二酸酐）} + H_2O$$

$$\text{（戊二酸）} \xrightarrow{\triangle} \text{（戊二酸酐）} + H_2O$$

⑥ α-H 的卤代反应　羧酸的 α-H 可在少量红磷、硫等催化剂存在下被溴或氯取代生成卤代酸。

$$RCH_2COOH \xrightarrow[P, \triangle]{Br_2} RCHCOOH \xrightarrow[P, \triangle]{Br_2} R-\overset{\displaystyle Br}{\underset{\displaystyle Br}{C}}-COOH$$

控制条件，反应可停留在一取代阶段。例如：

$$CH_3CH_2CH_2CH_2COOH + Br_2 \xrightarrow[70℃]{P,\ Br_2} CH_3CH_2CH_2\underset{\displaystyle Br}{CHCOOH} + HBr$$

$$80\%$$

α-卤代酸很活泼，常用来制备 α-羟基酸和 α-氨基酸。

（4）羧酸的来源和制备

羧酸广泛存在于自然界，脂肪族羧酸很重要的来源是动物和植物的脂肪。从脂肪中能得到纯度达 90% 以上的六到八个碳原子的直链偶数碳羧酸。现在许多高级脂肪酸主要仍由天然的油、脂、蜡水解获得。

羧酸有许多种制备方法，在此只简单介绍常用的几种主要的方法。

① 氧化法

a. 醛、伯醇的氧化 伯醇经酸性 $KMnO_4$ 或 $K_2Cr_2O_7$ 氧化产生醛，醛比醇更易被氧化，最终生成羧酸。所得羧酸较纯净。

$$CH_3CH_2\underset{\displaystyle CH_3}{CHCH_2OH} \xrightarrow{KMnO_4} CH_3CH_2\underset{\displaystyle CH_3}{CHCOOH}$$

$$CH_3CHO + O_2 \xrightarrow{催化剂} CH_3COOH （工业法）$$

$$CH_3(CH_2)_3\underset{\displaystyle CH_2CH_3}{CHCHO} \xrightarrow[25℃]{KMnO_4} CH_3(CH_2)_3\underset{\displaystyle CH_2CH_3}{CHCOOH}$$

$$RCH_2OH \xrightarrow{K_2Cr_2O_7 + H_2SO_4} RCOOH$$

b. 烯烃的氧化（适用于对称烯烃和末端烯烃）

$$RCH=CH_2 \xrightarrow{KMnO_4} RCOOH + CO_2$$

$$RCH=CH_2R \xrightarrow{KMnO_4} 2RCOOH$$

$$\text{⬡} \xrightarrow{HNO_3 （浓）} HOOC(CH_2)_4COOH$$

c. 芳烃的氧化（有 α-H 芳烃氧化为苯甲酸） 芳香酸主要以芳烃为原料，通过氧化得到。

② 格氏试剂与二氧化碳作用 将二氧化碳气体通到格氏试剂的醚溶液中，或将格氏试剂倾入干冰，可得到羧酸。

格氏试剂加成到 CO_2 的碳氧双键上生成羧酸的镁盐，再用无机酸处理这个镁盐就得到游离的羧酸。

$$RMgX + CO_2 \longrightarrow RCOOMgX \longrightarrow RCOOH + Mg^{2+} + X^-$$

用格氏试剂法制备羧酸时，分子中不可含有其他能与格氏试剂反应的极性基团，如活泼氢、羰基等。

③ 腈的水解　在中性条件下腈不容易水解，但在酸或碱催化下可很快水解成酸。

$$RC \!=\! N + H_2O \longrightarrow RCOOH + NH_3$$
$$ArC \!=\! N + H_2O \longrightarrow ArCOOH + NH_3$$

腈一般由卤代烷与氰化钠作用制得。芳香族腈可从重氮盐制得。

18.9.2　羧酸衍生物

羧酸分子中羧基上的羟基被—X、—OR、—OCOR 和—NH$_2$（或—NHR、—NR$_2$）取代后所生成的化合物，分别称为酰卤、酸酐、酯和酰胺，统称为羧酸衍生物（carboxylic acid derivatives）。

本章讨论重要的羧酸衍生物、β - 二羰基化合物、脂类及碳酸衍生物。

（1）羧酸衍生物的结构

羧酸衍生物常用通式 $R-\overset{\overset{\displaystyle O}{\|}}{C}-L$ 表示，其结构特征是分子中都含有酰基（$R-\overset{\overset{\displaystyle O}{\|}}{C}-$）。酰基中羰基碳原子为 sp^2 杂化，具有平面结构，未参与杂化的 p 轨道与氧原子 p 轨道重叠形成 π 键。与酰基直接相连的杂原子（X、O、N）上都具有未共用电子对，它们所占据的 p 轨道与羰基的 π 轨道形成 p-π 共轭体系，未共用电子对向羰基离域，使 C—L 键具有部分双键的性质。

羧酸衍生物的结构可用共振结构式表示如下：

$$\left[R-\overset{\overset{\displaystyle \ddot{O}}{\|}}{C}-L \ \longleftrightarrow \ R-\overset{\overset{\displaystyle \ddot{O}^-}{|}}{\underset{+}{C}}-L \ \longleftrightarrow \ R-\overset{\overset{\displaystyle \ddot{O}^-}{|}}{C}\!=\!L^+ \right]$$

因此，羧酸衍生物的 C—L 键较典型的单键 C—L 键键长有所缩短。不同类型化合物 C—L 键键长比较见表 18-9。

表 18-9　羧酸衍生物 C—L 键长与典型单键 C—L 键长比较

化合物类型	$CH_3-\overset{\overset{\displaystyle O}{\|}}{C}-Cl$	(CH_3-Cl)	$H-\overset{\overset{\displaystyle O}{\|}}{C}-OCH_3$	(CH_3-OH)	$H-\overset{\overset{\displaystyle O}{\|}}{C}-NH_2$	(CH_3-NH_2)
键长/nm	0.1784	(0.1789)	0.1334	(0.1430)	0.1376	(0.1474)

（2）物理性质

① 一般物理性质　低级的酰卤和酸酐是具有刺激性气味的无色液体；低级的酯则是具有芳香气味的易挥发性无色液体。在酰胺中，除甲酰胺和某些 N-取代酰胺外，其余均为固体。

酰卤、酸酐和酯分子间不能形成氢键，但酰胺分子间可以形成较强氢键。因此，酰卤和酯的沸点较相应的羧酸低；酸酐的沸点较分子量相近的羧酸低；酰胺的熔点和沸点均比相应的羧酸高。当酰胺氮原子上的氢原子被烃基取代后，分子间不能形成氢键，熔点和沸点都降低。

所有羧酸衍生物均能溶于乙醚、氯仿、丙酮、苯等有机溶剂。低级的酰胺（如 N,N-二甲基甲酰胺）能与水混溶，是优良的非质子极性溶剂。

部分羧酸衍生物的物理常数列于表 18-10。

表 18-10　部分羧酸衍生物的物理常数

类别	化合物	结构式	熔点/℃	沸点/℃	相对密度(d_4^{20})
酰卤	乙酰氯	CH_3COCl	−112	52	1.104
	乙酰溴	CH_3COBr	−96	76.7	1.52
	苯甲酰氯	C_6H_5COCl	−1	197.2	1.212
酸酐	乙酸酐	$(CH_3CO)_2O$	−73	139.6	1.082
	苯甲酸酐	$(C_6H_5CO)_2O$	42	360	1.199
	邻苯二甲酸酐		132	284.5	1.527
酯	甲酸乙酯	$HCOOCH_2CH_3$	−80	54	0.969
	乙酸乙酯	$CH_3COOCH_2CH_3$	−84	77.1	0.901
	苯甲酸乙酯	$C_6H_5COOCH_2CH_3$	−35	213	1.051^{15}
酰胺	乙酰胺	CH_3CONH_2	82	222	1.159
	苯甲酰胺	$C_6H_5CONH_2$	130	290	1.341
	N,N-二甲基甲酰胺	$HCON(CH_3)_2$	—	153	$0.948^{22.4}$
	乙酰苯胺	$CH_3CONHC_6H_5$	114	305	1.21^4

② 波谱性质

a. 酰氯　$C=O$ 伸缩振动吸收峰在 1800cm^{-1} 区域。如和不饱和基或芳环共轭，$C=O$ 吸收峰下降至 1750～1800cm^{-1}。

b. 酸酐　$C=O$ 有两个伸缩振动吸收峰在 1800～1850cm^{-1} 区域和 1740～1790cm^{-1} 区域。两个峰相隔约 60cm^{-1}。$C-O$ 的伸缩振动吸收峰在 1045～1310cm^{-1}。

c. 酯　$C-O$ 在 1050～1300cm^{-1} 区域有两个强的伸缩振动吸收峰。可区别于酮。

d. 酰胺　$C=O$ 伸缩振动吸收峰低于酮，在 1630～1690cm^{-1} 区域。$N-H$ 伸缩振动吸收峰在 3050～3550cm^{-1} 区域内。

酰胺的核磁共振谱中 $CONH$ 的质子吸收峰出现在 5～8 的范围内。其吸收峰宽而矮。

(3) 化学性质

羧酸衍生物的结构特征为都含有酰基。酰基中羰基的碳原子易被亲核试剂进攻，发生酰基上的亲核取代反应，也能发生还原反应及与有机金属化合物的加成反应，而且酰基上的 α-氢原子受羰基的影响也表现出活泼性，这是羧酸衍生物的共性。不同的羧酸衍生物还有它们各自的特性。

① 酰基碳上的亲核取代反应-水解、醇解和氨解　羧酸衍生物可以由一种衍生物转变为另一种衍生物，也可以通过水解转变为原来的羧酸。

$$\underset{R-\overset{\overset{\textstyle O}{\|}}{C}-L}{} + Nu \longrightarrow \underset{R-\overset{\overset{\textstyle O}{\|}}{C}-Nu}{} + \overset{..}{\underset{..}{L}}$$

反应的过程是，亲核试剂首先加到羧酸衍生物的羰基碳原子上，形成一个中心碳原子为四面体结构、氧原子上带负电荷的中间体。然后中间体消除一个负性基团（L$^-$），形成另一种羧酸衍生物，统称为亲核加成-消除反应。

$$R-\overset{\overset{\displaystyle O}{\|}}{C}-L + \overset{\cdot\cdot}{Nu}^{-} \longrightarrow \left[R-\overset{\overset{\displaystyle O^{-}}{|}}{\underset{\underset{\displaystyle Nu}{|}}{C}}-L\right] \longrightarrow R-\overset{\overset{\displaystyle O}{\|}}{C}-Nu + \overset{\cdot\cdot}{L}^{-}$$

$$\text{sp}^2 \qquad\qquad\qquad \text{sp}^3$$

影响亲核加成-消除反应活性的因素如下。

a. 电子效应 由反应过程不难理解，R 或 L 的吸电子效应越大，中心碳原子正电荷密度越大，亲核试剂（Nu^-）就越容易加成，反应活性越大。另外，离去基团（L^-）碱性越弱就越稳定，在反应过程中就越容易离去，越有利于反应进行。

离去基团的吸电子效应：$-X > -OCOR > -OR > -NH_2$

离去基团的碱性：$^-X < ^-OCOR < ^-OR < ^-NH_2$

羧酸衍生物的反应活性：$RCOX > RCOOCOR > RCOOR' > RCONH_2$

b. 空间效应 亲核加成反应使酰基碳原子由 sp^2 杂化变成杂化 sp^3，平面三角形结构转变为四面体结构。如果羰基碳原子连接的基团过于庞大，形成的四面体结构空间拥挤，体系能量升高，反应活性降低。

c. 水解反应 羧酸衍生物水解生成相应的羧酸。

$$R-\overset{\overset{\displaystyle O}{\|}}{C}-Cl + H-OH \longrightarrow R-\overset{\overset{\displaystyle O}{\|}}{C}-OH + HCl$$

$$R-\overset{\overset{\displaystyle O}{\|}}{C}-O-\overset{\overset{\displaystyle O}{\|}}{C}-R' + H-OH \overset{\triangle}{\longrightarrow} R-\overset{\overset{\displaystyle O}{\|}}{C}-OH + R'-\overset{\overset{\displaystyle O}{\|}}{C}-OH$$

$$R-\overset{\overset{\displaystyle O}{\|}}{C}-OR' + H-OH \overset{H^+ \text{或} OH^-}{\underset{\triangle}{\longrightarrow}} R-\overset{\overset{\displaystyle O}{\|}}{C}-OH + R'OH$$

$$R-\overset{\overset{\displaystyle O}{\|}}{C}-NH_2 + H-OH \overset{H^+ \text{或} OH^-}{\underset{\triangle}{\longrightarrow}} R-\overset{\overset{\displaystyle O}{\|}}{C}-OH + NH_3$$

低级的酰卤在常温下与水剧烈反应；酸酐在热水中水解；酯和酰胺的水解一般要用酸或碱催化，并在加热条件下进行。酸催化水解反应，由于羰基质子化作用增强了羰基碳原子的正电性，而有利于弱亲核试剂水的进攻；碱催化水解反应则是由于 OH^- 的亲核性比 H_2O 强，从而提高了水解反应的速率。

酸催化下酯的水解是可逆反应，它是酯化反应的逆反应。碱催化酯的水解则是不可逆反应，也称为酯的皂化反应。

$$RCOOR' + NaOH \overset{H_2O}{\longrightarrow} RCOONa' + R'OH$$

酰胺在酸性条件下水解生成羧酸和铵盐，在碱性条件下水解则生成羧酸盐，并放出氨或胺。

$$H_3C-\underset{}{\overset{NO_2}{\bigcirc}}-NH-\overset{\overset{\displaystyle O}{\|}}{C}-CH_3 + KOH \overset{H_2O}{\underset{\triangle}{\longrightarrow}} H_3C-\underset{}{\overset{NO_2}{\bigcirc}}-NH_2 + CH_3COOK$$

d. 醇解反应 羧酸衍生物与醇反应生成酯，称为醇解反应。

$$R-\overset{\overset{\displaystyle O}{\|}}{C}-Cl + R'-OH \longrightarrow R-\overset{\overset{\displaystyle O}{\|}}{C}-OR' + HCl$$

$$R-\overset{\overset{\displaystyle O}{\|}}{C}-O-\overset{\overset{\displaystyle O}{\|}}{C}-R' + R'-OH \longrightarrow R-\overset{\overset{\displaystyle O}{\|}}{C}-OR' + R-\overset{\overset{\displaystyle O}{\|}}{C}-OH$$

$$R-\overset{\displaystyle O}{\overset{\|}{C}}-OR \ +R'-OH \longrightarrow R-\overset{\displaystyle O}{\overset{\|}{C}}-OR' \ +ROH$$

$$R-\overset{\displaystyle O}{\overset{\|}{C}}-NH_2 \ +R'-OH \longrightarrow R-\overset{\displaystyle O}{\overset{\|}{C}}-OR' \ +NH_3$$

酰卤和酸酐的醇解反应比较容易，是合成酯的常用方法。特别是酸酐，它比酰卤易于制备和保存，应用更广泛。例如乙酐与水杨酸作用生成乙酰水杨酸，俗名"阿司匹林"（Aspirin），是具有解热、镇痛作用的药物，还有降低风湿性心脏病发病率和预防肠癌发生的作用。

$$(CH_3CO)_2O+\underset{OH}{\overset{COOH}{\text{苯环}}} \longrightarrow \underset{O-\overset{\displaystyle }{\overset{\|}{C}}-CH_3}{\overset{COOH}{\text{苯环}}} \ +CH_3COOH$$

乙酰水杨酸

酯的醇解反应生成新的醇和新的酯，又称为酯交换反应。酯交换反应是活性较低的可逆反应，需在酸或碱催化下，采用加入过量的醇或将生成的醇除去的方法，使平衡向所需要的方向进行。酰胺的醇解反应是可逆的，需要过量的醇才能生成酯并放出氨。

e. 氨解反应　羧酸衍生物与氨（或胺）反应生成酰胺。

$$R-\overset{\displaystyle O}{\overset{\|}{C}}-Cl \ +H-NH_2 \longrightarrow R-\overset{\displaystyle O}{\overset{\|}{C}}-NH_2 \ +HCl$$

$$R-\overset{\displaystyle O}{\overset{\|}{C}}-O-\overset{\displaystyle O}{\overset{\|}{C}}-R \ +H-NH_2 \longrightarrow R-\overset{\displaystyle O}{\overset{\|}{C}}-NH_2 \ + \ R-\overset{\displaystyle O}{\overset{\|}{C}}-OH$$

$$R-\overset{\displaystyle O}{\overset{\|}{C}}-OR' \ +H-NH_2 \longrightarrow R-\overset{\displaystyle O}{\overset{\|}{C}}-NH_2 \ +R'OH$$

它们进行氨解反应的活性次序与水解和醇解相同。

酰卤和酸酐与氨反应相当快，因此，制备酰胺常用酰卤和酸酐作原料。

$$CH_2CH_2-\overset{\displaystyle O}{\overset{\|}{C}}-Cl \ +2HNR_2 \longrightarrow CH_3CH_2-\overset{\displaystyle O}{\overset{\|}{C}}-NR_2 \ +R_2NH_2Cl$$

$$(CH_3CO)_2O+\underset{}{\overset{NH_2}{\text{环己基}}} \xrightarrow{\text{吡啶}} \underset{}{\overset{HN-\overset{\displaystyle O}{\overset{\|}{C}}-CH_2}{\text{环己基}}}$$

酯在无水条件下，用过量氨处理可得到酰胺。酯的氨解不需要加酸或碱催化剂，并且在室温下就可进行，这是与酯的水解、醇解不同之处。

$$RCOOR'+NH_3 \longrightarrow RCONH_2+R'OH$$

f. 衍生物之间的相互转化关系及机理　从上述反应可以看出，羧酸和各种衍生物之间可通过一定的试剂相互转化。可用下式表示：

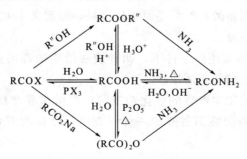

前面我们分析了酯的碱性水解是通过加成-消除历程来完成的，实际上，羧酸衍生物酰卤、酸酐、酯、酰胺的水解、醇解、氨解等都是属于这种历程。可用一通式表示如下：

$$R-\overset{O}{\underset{}{C}}-L + Nu^- \rightleftharpoons R-\overset{O^-}{\underset{L}{C}}-Nu \rightleftharpoons R-\overset{O}{\underset{}{C}}-Nu + L^-$$

从上述历程可以看出，反应的难易主要决定于羰基碳与亲核试剂的反应能力，以及离去基团 L 的稳定性。不难理解，L 的吸电子效应越大，中心碳原子正电荷密度就越大，分子就越不稳定，活性高，亲核试剂（Nu^-）就越容易加成，反应就越快。另外，离去基团 L 越稳定，在反应过程中就越容易离去，越有利于反应进行。

② 与有机金属化合物反应

a. 格氏试剂反应　羧酸衍生物酰卤、酸酐、酯和酰胺都能与 Grignard 试剂反应，但酰胺与 Grignard 试剂反应，产物收率低，一般很少应用。

$$R-\overset{O}{\underset{}{C}}-L \xrightarrow{R'MgX} R-\overset{(^-:OMgX)^+}{\underset{R'}{C}}-L \longrightarrow R-\overset{O}{\underset{}{C}}-R' \xrightarrow{R'MgX} R-\overset{OMgX}{\underset{R'}{C}}-R' \xrightarrow{H_2O} R-\overset{OH}{\underset{R'}{C}}-R'$$

该反应历程经过一个酮的中间体。酰卤和 Grignard 试剂反应能中止在酮的阶段，因为酰卤的活性比酮高，这是制备酮的一种方法。但要得到酮，应控制反应物的物质的量和反应温度，而且是把格氏试剂慢慢滴入酰氯溶液中，若 Grignard 试剂过量，则生成叔醇。而酸酐与 Grignard 试剂作用，虽然也有酮中间体生成，但酮和 Grignard 试剂作用的活性比酸酐高，不能停留在酮的产物阶段，最终产物都为叔醇。例如：

$$CH_3COCl + CH_3CH_2CH_2CH_2MgCl \xrightarrow[-70℃]{乙醚} H_3C-\overset{O}{\underset{}{C}}-CH_2CH_2CH_2CH_3$$

$$\text{(二苯甲酸酐)} \xrightarrow{CH_3MgI} \text{(苯乙酮)} \xrightarrow[H_3^+O]{CH_3MgI} \text{(叔醇)}$$

b. 与烃基铜锂反应　羧酸衍生物中只有酰卤和 R_2CuLi 反应具有实际意义，其他羧酸衍生物与 R_2CuLi 的反应不理想，这是制备酮的方法之一。

$$\text{(苯甲酰氯)}-\overset{O}{\underset{}{C}}-Cl + (CH_3CH_2CH_2CH_2)_2CuLi \longrightarrow \text{(苯基)}-\overset{O}{\underset{}{C}}-CH_2CH_2CH_3$$

③ 还原反应　羧酸衍生物中都含有不饱和键，可以用不同还原剂进行还原。酰氯的还原最容易；酯还原多用于制备醇；酸酐还原也较容易，但意义不大；酰胺是羧酸衍生物中最难还原的，它甚至比羧酸还难。

a. 催化加氢　在催化加氢还原条件下，四种羧酸衍生物都可被还原，但有制备意义的是酰氯的控制加氢还原和酯的加氢还原。

酰氯催化加氢时，若使用中毒后的催化剂就可以停留在醛产物阶段。一般毒化剂为硫-喹啉。该反应是通过酰氯由羧酸制备醛的一种好方法，也称为罗森门德（Rosenmund）还原法。

$$H_3CO-\overset{O}{C}-CH_2CH_2-\overset{O}{C}-Cl \xrightarrow[\text{硫-喹啉}]{Pd/BaSO_4} H_3CO-\overset{O}{C}-CH_2CH_2-\overset{O}{C}-H$$

b. LiAlH₄还原　使用强还原剂 LiAlH₄ 还原羧酸衍生物，反应都进行到底，收率也很高。

酰氯、酯及酸酐的还原产物都是醇：

$$R-\overset{O}{C}-Y \xrightarrow{R'MgX} R-\overset{\overset{\cdot\cdot}{O}LiAlH_3}{\underset{H}{\overset{|}{C}}}-Y \longrightarrow R-\overset{O}{\underset{H}{C}}-H \xrightarrow[H_2O]{LiAlH_4} RCH_2OH$$

$$(Y=Cl-,\ R'O-,\ R'COO-)$$

酸酐的还原要耗用过量的 LiAlH₄。

酰胺的还原也需要过量的 LiAlH₄，还原产物是不同的胺。例如：

$$PhOCH_2CONH_2 \xrightarrow[\text{乙醚}]{LiAlH_4} \xrightarrow{H_3O^+} PhOCH_2CH_2NH_2$$

NaBH₄ 只能对高活性的酰氯进行还原，而不能还原其他羧酸衍生物。

$$RCOCl \xrightarrow{NaBH_4} \xrightarrow{H_3O^+} RCH_2OH$$

④ 酯缩合反应　酯的 α-氢原子具有弱酸性，在醇钠作用下发生分子间缩合反应，结果是一分子酯的 α-氢被另一分子酯的酰基取代，生成 β-酮酸酯，称为克莱森（Claisen）酯缩合反应。

实验表明，克莱森酯缩合反应机理按下列步骤进行。

在酯缩合反应过程中，取代乙酸乙酯 α-氢的酸性弱于乙醇，不利于乙酸乙酯负离子的生成。但乙酰乙酸乙酯负离子的形成具有更大的共振稳定性，使平衡移动趋向于生成缩合产物乙酰乙酸乙酯盐，最后酸化才能得到游离的乙酰乙酸乙酯。

若两个不同的都含有 α-氢原子的酯进行交叉酯缩合反应，理论上可得到四种不同的产物，在制备上的价值不大。若两个不同的酯只有一个具有 α-氢原子，交叉酯缩合反应有制备意义。

$$H-\overset{\underset{\parallel}{O}}{C}-OC_2H_5 + H_3C-\overset{\underset{\parallel}{O}}{C}-OC_2H_5 \xrightarrow[\;H_3^+O\;]{C_2H_5ONa} H-\overset{\underset{\parallel}{O}}{C}-CH_2-\overset{\underset{\parallel}{O}}{C}-OC_2H_5 +C_2H_5OH$$

芳香酸酯的羰基不活泼，需要在强碱的作用下，反应才能顺利进行。

$$\text{C}_6\text{H}_5-\overset{\underset{\parallel}{O}}{C}-OC_2H_5 + H_3C-\overset{\underset{\parallel}{O}}{C}-OC_2H_5 \xrightarrow[\;H_3^+O\;]{C_2H_5ONa} \text{C}_6\text{H}_5-\overset{\underset{\parallel}{O}}{C}-CH_2- + -\overset{\underset{\parallel}{O}}{C}-OC_2H_5 +C_2H_5OH$$

二元酸酯可以发生分子内和分子间的酯缩合反应。己二酸酯和庚二酸酯在醇钠的作用下，形成五元或六元环 β - 酮酸酯，这种分子内的酯缩合反应称为狄克曼（Dieckmann）缩合反应。

$$\xrightarrow[\;H_3^+O\;]{C_2H_5ONa}$$

⑤ 酰胺的特性反应　酰胺分子中的氨基与其他离去基团相比，还具有下列特性。

a. 酸碱性　酰胺分子中氮原子上的未共用电子对与羰基形成共轭体系，氮原子上的未共用电子对向羰基离域，使氮原子上的电子云密度降低，氨基的碱性减弱，所以酰胺是中性化合物。

酰亚胺分子中氮原子上连有两个酰基，氮上的电子云密度显著下降，使其所连氢原子表现出明显的酸性，可与氢氧化钾水溶液作用生成稳定的钾盐。丁二酰亚胺钾盐在较低温度下与溴作用可制备 N-溴代丁二酰亚胺（NBS）。

$$\text{(丁二酰亚胺)NH} + \text{KOH} \longrightarrow \text{(丁二酰亚胺)NK} \xrightarrow{Br_2} \text{(丁二酰亚胺)N}-Br$$

NBS 是制备烯丙型溴代烃的溴化剂。

酰胺的酸碱性是一个相对的概念。当酰胺用强酸处理时，生成质子化酰胺，表现为"弱碱性"。

$$CH_3CONH_2 + HCl \longrightarrow CH_3CONH_2 \cdot + HCl$$

但用强碱处理时则生成盐，又表现为"弱酸性"。

$$CH_3CONH_2 + NaNH_2 \longrightarrow [CH_3CONH]^- Na^+ + NH_3$$

上述两种盐极不稳定，遇水时立即分解为原来的酰胺。

b. 脱水反应　酰胺与强脱水剂（P_2O_5、$POCl_3$、$SOCl_2$ 等）共热，发生分子内脱水反应生成腈，这是制备腈的方法之一。

$$R-\overset{\underset{\parallel}{O}}{C}-NH_2 + P_2O_5 \xrightarrow{\triangle} R-C\equiv N + H_3PO_4$$

c. 霍夫曼（Hoffmann）降级反应　氮原子未取代的酰胺在碱溶液中与卤素作用，脱去羰基生成伯胺。

$$R-\overset{\underset{\parallel}{O}}{C}-NH_2 + X_2 + OH^- \longrightarrow R-NH_2 + CO_3^{2-} + 2X^- + 2H_2O$$

在反应过程中碳链减少了一个碳原子，称为霍夫曼（Hoffmann）降级反应，是以较高收率制备伯胺或氨基酸的重要方法。

d. 与 HNO_2 的反应　氮原子未取代的酰胺与 HNO_2（$NaNO_2 + HCl$）反应生成羧酸，同时定量放出 N_2。

$$RCONH_2 + HO—NO \longrightarrow RCOOH + N_2 + H_2O$$

这个反应可用于酰胺的鉴别和定量分析。

⑥ β-二羰基化合物　分子中含有两个羰基官能团的化合物统称为二羰基化合物。其中两个羰基被一个亚甲基相间隔的化合物称为 β-二羰基化合物。一般有下列三种结构类型。

β-二羰基化合物中有两个吸电子基团可影响它们共同的 α-H，使其变得更活泼。作为有机合成的试剂，β-二羰基化合物是重要的有机合成中间体。

a. β-二羰基化合物的结构特性　β-二羰基化合物的结构特性在于两个羰基共同影响亚甲基，使 α-氢原子的酸性增强。常见羰基化合物的 pK_a 值见表 18-11。

表 18-11　羰基化合物的 pK_a 值

pK_a	名称
20.0	丙酮
13.0	丙二酸二乙酯
11.0	乙酰乙酸乙酯
9.0	2,4-戊二酮

β-二羰基化合物的酸性强于一般羰基化合物，是因为其共轭碱的负电荷在两个羰基间离域，使负电荷分散范围广，体系能量明显降低，有利于氢原子作为质子解离而显酸性。β-二羰基化合物由于酸性较强，伴随氢原子的转移，形成酮式和烯醇式互变的动态平衡体系。在通常情况下，乙酰乙酸乙酯的烯醇式结构和酮式结构在其平衡体系中共存，酮式结构占 92.5%，烯醇式结构占 7.5%。

b. 乙酰乙酸乙酯在合成上的应用　乙酰乙酸乙酯具有一些特殊的性质，在有机合成上占有重要地位。乙酰乙酸乙酯具有活泼亚甲基，在强碱作用下产生碳负离子，可与活泼卤烃发生亲核取代反应或在酰卤的羰基上发生亲核加成-消除反应，生成亚甲基碳原子上烃基化或酰基化的产物。

ⓐ 制备甲基酮　乙酰乙酸乙酯进行一次烷基化反应得到一烷基取代的乙酰乙酸乙酯，然后用稀 NaOH 溶液水解，酸化反应混合物，加热脱羧得到一取代丙酮。

$$\xrightarrow{H^+} H_3C-\overset{O}{\overset{\|}{C}}-\underset{R}{\overset{}{C}}H-\overset{O}{\overset{\|}{C}}-OH \xrightarrow[\triangle]{-CO_2} H_3C-\overset{O}{\overset{\|}{C}}-CH_2-R$$

二次烷基化的乙酰乙酸乙酯，经酮式分解得到 α，α-二烷基取代丙酮。

$$H_3C-\overset{O}{\overset{\|}{C}}-CH_2-\overset{O}{\overset{\|}{C}}-OC_2H_5 \xrightarrow[(2)\ R-X]{(1)\ C_2H_5ONa/C_2H_5OH} H_3C-\overset{O}{\overset{\|}{C}}-\underset{R}{\overset{}{C}}H-\overset{O}{\overset{\|}{C}}-OC_2H_5 \xrightarrow[(2)\ R'X]{(1)\ (CH_3)_3COK,\ (CH_3)_3COH}$$

$$CH_3COCRR'COOC_2H_5 \xrightarrow[(2)\ H^+\ (3)\ -CO_2,\triangle]{(1)\ 稀\ NaOH,\ H_2O} CH_3CO\underset{R'}{\overset{R}{\overset{|}{C}}}H$$

ⓑ **制备甲基二酮**　酰基化的乙酰乙酸乙酯经酮式分解，得到 β-二酮。

$$H_3C-\overset{O}{\overset{\|}{C}}-CH_2-\overset{O}{\overset{\|}{C}}-OC_2H_5 \xrightarrow{NaH \atop DMF} H_3C-\overset{O}{\overset{\|}{C}}-\underset{Na^+}{\overset{}{\overset{-}{C}}}-\overset{O}{\overset{\|}{C}}-OC_2H_5 \xrightarrow{RCOOCl} H_3C-\overset{O}{\overset{\|}{C}}-\underset{\underset{R}{\overset{\|}{C=O}}}{\overset{}{C}}H-\overset{O}{\overset{\|}{C}}-OC_2H_5$$

$$\xrightarrow[(2)\ H^+\ (3)\ -CO_2,\triangle]{(1)\ 稀\ NaOH,\ H_2O} H_3C-\overset{O}{\overset{\|}{C}}-CH_2-\overset{O}{\overset{\|}{C}}-R$$

乙酰乙酸乙酯钠[(CH₃COCHCOOC₂H₅)Na]与碘作用，然后进行酮式分解得 γ-二酮，如以多亚甲基二卤化物 X（CH₂）ₙX 代替碘进行相似的反应，则可得到两个羰基相距更远的二酮。

$$2[CH_3COCHCOOC_2H_5]^-Na^+ + I_2 \xrightarrow{-2NaI} \begin{matrix} CH_3COCHCOOC_2H_5 \\ | \\ CH_3COCHCOOC_2H_5 \end{matrix} \xrightarrow[(2)H^+\ (3)-CO_2,\triangle]{(1)稀\ NaOH,H_2O}$$

$$H_3C-\overset{O}{\overset{\|}{C}}-CH_2CH_2-\overset{O}{\overset{\|}{C}}-CH_3$$

$$2[CCOCHCOOC_2H_5]^-Na^+ + ClCH_2Cl \longrightarrow \begin{matrix} CH_3COCHCOOC_2H_5 \\ | \\ CH_2 \\ | \\ CH_3COCHCOOC_2H_5 \end{matrix}$$

$$\xrightarrow[(2)H^+\ (3)-CO_2,\triangle]{(1)稀\ NaOH,H_2O} H_3C-\overset{O}{\overset{\|}{C}}-CH_2CH_2CH_2-\overset{O}{\overset{\|}{C}}-CH_3$$

ⓒ **γ-酮酸的合成**　如果用 α-卤代羧酸酯进行乙酰乙酸乙酯的烷基化反应，产物再经酮式分解得到 γ-酮酸。这是合成 γ-酮酸的一种方法。

$$[CH_3COCHCOOC_2H_5]^-Na^+ + BrCH_2COOC_2H_5 \longrightarrow H_3C-\overset{O}{\overset{\|}{C}}-\underset{CH_2COOC_2H_5}{\overset{}{C}}H-\overset{O}{\overset{\|}{C}}-OC_2H_5$$

$$\xrightarrow[(2)H^+\ (3)-CO_2,\triangle]{(1)稀\ NaOH,H_2O} H_3C-\overset{O}{\overset{\|}{C}}-CH_2-\overset{O}{\overset{\|}{C}}-OH$$

在制备过程中，选用的卤代烃只能为伯、仲卤代烃，不能使用叔卤代烃和乙烯型卤代烃。

c. **丙二酸二乙酯在合成上的应用**　丙二酸二乙酯能发生乙酰乙酸乙酯类似的反应，进行烃基化或酰基化、水解、脱羧等一系列反应，在有机合成中常用来合成羧酸，这种方法称为丙二酸二乙酯合成法。其他丙二酸酯类化合物也有类似的反应性能，因此丙二酸酯类化合物在有机合成上有较广泛的应用。

ⓐ 制备取代乙酸

丙二酸二乙酯亚甲基上的活泼氢原子可被逐步取代，生成一取代乙酸和二取代乙酸。

$$CH_2(COOC_2H_5) \xrightarrow{C_2H_5ONa} Na^+[CH(COOC_2H_5)_2]^- \xrightarrow{RX} RCH(COOC_2H_5)_2 \xrightarrow{H^+,\ H_3O^+} RCH(COOH)_2$$

$$\xrightarrow[\triangle]{-CO_2} RCH_2COOH$$

$$RCH(COOC_2H_5)_2 \xrightarrow{C_2H_5ONa} Na^+[CR(COOC_2H_5)_2]^- \xrightarrow{R'X} \underset{\underset{R'}{|}}{RC}(COOC_2H_5)_2 \xrightarrow{H^+,\ H_3O^+} \underset{\underset{R'}{|}}{RC}(COOH)_2$$

$$\xrightarrow[\triangle]{-CO_2} \underset{\underset{R'}{|}}{RCH}COOH$$

ⓑ 制备二元酸

控制反应物的物质的量之比，使二卤烷∶丙二酸二乙酯＝1∶2（物质的量），反应产物经水解、脱羧，就能得到二元酸。

$$CH_2(COOC_2H_5) \xrightarrow{C_2H_5ONa} Na^+[CH(COOC_2H_5)_2]^- \xrightarrow{X_2(CH_2)_n} \underset{\underset{CH(COOC_2H_5)_2}{|}}{\overset{\overset{CH(COOC_2H_5)_2}{|}}{(CH_2)_n}}$$

$$\xrightarrow[(2)\ \triangle]{(1)\ H^+,\ H_2O} \underset{\underset{CHCOOH}{|}}{\overset{\overset{CHCOOH}{|}}{(CH_2)_n}} \qquad n=0,\ X=1;\ n=1,\ 2,\ \cdots,\ X=Cl,\ Br,\ I$$

ⓒ 制备环烷酸

1mol 丙二酸二乙酯与 2mol 乙醇钠作用生成二钠盐，再与 1mol 二卤代烷反应可以制备三、四、五和六元环烷酸。例如：

$$CH_2(COOC_2H_5)_2 \xrightarrow{C_2H_5ONa} Na^+[CH(COOC_2H_5)_2]^- \xrightarrow{Br(CH_2)_4Br} \underset{\underset{Br}{|}}{\overset{\overset{CH(COOC_2H_5)_2}{|}}{(CH_2)_4}}$$

$$\xrightarrow{C_2H_5ONa} Na^+[Br-CH_2CH_2CH_2CH_2C^-(COOC_2H_5)_2]^- \longrightarrow$$

$$\xrightarrow[(2)\ \triangle]{(1)\ H^+,\ H_2O} \qquad \text{—COOH}$$

18.10 有机含氮化合物

有机含氮化合物的范围很广。本章只讨论硝基化合物、胺、重氮及偶氮化合物等。

18.10.1 硝基化合物

烃分子中的氢原子被硝基取代后所形成的化合物叫做硝基化合物。硝基化合物的通式是：

$$R\text{—}NO_2 \qquad \text{脂肪族硝基化合物}$$
$$Ar\text{—}NO_2 \qquad \text{芳香族硝基化合物}$$

（1）硝基化合物的结构

硝基化合物具有较高的偶极矩，而且氮原子和两个氧原子键长相等，硝基具有对称的结构。硝基的氮原子的电子层结构为：$1s^2 2s^2 2p^3$。从价键理论的观点看，硝基中氮原子以 sp^2 杂化轨道形成三个共平面的 σ 键，来参加杂化的一对电子的 p 轨道与两个氧原子的 p 轨道形成共轭体系，从而使硝基的负电荷平均分配在两个氧原子上。

由于 π 原子离域，N—O 键长平均化，硝基中的两个氮原子是等价的。硝基的结构也可以用共轭结构式表示为：

（2）物理性质

硝基是强极性基团，所以硝基化合物的沸点比相同分子量的亚硝酸酯要高得多。如硝基乙烷（$C_2H_5—NO_2$）的沸点高达 115℃，而亚硝酸乙酯（$C_2H_5—O—NO$）的沸点仅为 17℃。

脂肪族硝基化合物为无色有香味的液体；芳香族硝基化合物，除了一硝基化合物为高沸点的液体外，一般为结晶固体，无色或黄色，受热时易分解而发生爆炸，可用作炸药，如 2,4,6-三硝基甲苯（2,4,6-trinitrotoluene，TNT）；有的多硝基化合物有香味，可用作香料，如 2,6-二甲基-4-叔丁基-3,5-二硝基苯乙酮（俗称"酮麝香"）。硝基化合物难溶于水，易溶于有机溶剂，液体的硝基化合物能溶解大多数有机物，常被用作一些有机反应的溶剂。但硝基化合物有毒，它的蒸气能透过皮肤被肌体吸收而中毒，故生产上应尽可能不用它作溶剂。

常见硝基化合物的物理常数见表 18-12。

表 18-12 常见硝基化合物的物理常数

名称	构造式	熔点/℃	沸点/℃
硝基甲烷	CH_3NO_2	−28.5	100.8
硝基乙烷	$CH_3CH_2NO_2$	−50	115
1-硝基丙烷	$CH_3CH_2CH_2NO_2$	−108	131.5
2-硝基丙烷	$(CH_3)_2CHNO_2$	−93	120
硝基苯	$C_6H_5NO_2$	5.7	210.8
间二硝基苯	$1,3\text{-}C_6H_4(NO_2)_2$	89.8	303(102658Pa)
1,3,5-三硝基苯	$1,3,5\text{-}C_6H_3(NO_2)_3$	122	315
邻硝基甲苯	$1,2\text{-}CH_3C_6H_4NO_2$	−4	222.3
对硝基甲苯	$1,4\text{-}CH_3C_6H_4NO_2$	54.5	238.3
2,4-二硝基甲苯	$1,2,4\text{-}CH_3C_6H_3(NO_2)_2$	71	300
2,4,6-三硝基甲苯	$1,2,4,6\text{-}CH_3C_6H_2(NO_2)_3$	82	分解

在红外光谱中，硝基有很强的吸收，脂肪族伯和仲硝基化合物的 N—O 伸缩振动在 $1565 \sim 1545\text{cm}^{-1}$ 和 $1385 \sim 1360\text{cm}^{-1}$，叔硝基化合物在 $1545 \sim 1530\text{cm}^{-1}$ 和 $1360 \sim 1340\text{cm}^{-1}$。芳香族硝基化合物的 N—O 伸缩振动在 $1550 \sim 1510\text{cm}^{-1}$ 和 $1365 \sim 1335\text{cm}^{-1}$。硝基乙烷的红外光谱见图 18-44，硝基苯的红外光谱见图 18-45。

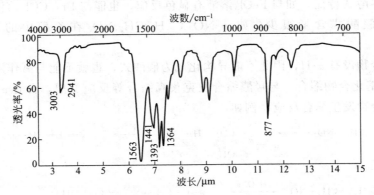

图 18-44　硝基乙烷的红外光谱

1563cm^{-1} 和 1393cm^{-1}：N—O 伸缩振动；877cm^{-1}：NO_2 弯曲振动；3003cm^{-1} 和 2941cm^{-1}：C—H 伸缩振动；
1441cm^{-1}：C—H 弯曲振动（甲基或亚甲基）；1364cm^{-1}：C—H 弯曲振动（甲基）

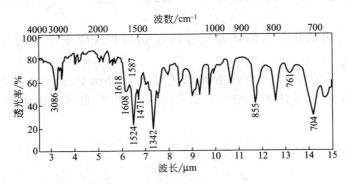

图 18-45　硝基苯的红外光谱

1618cm^{-1}、1608cm^{-1}、1587cm^{-1} 和 1471cm^{-1}：C═C 伸缩振动（芳环）；3086cm^{-1}：
═C—H 伸缩振动（芳香碳氢键）；1524cm^{-1} 和 1342cm^{-1}：N—O 伸缩振动（芳硝基化合物）；
855cm^{-1}：NO_2 弯曲振动；761cm^{-1} 和 704cm^{-1}：单取代苯 C—H 弯曲振动

在核磁共振谱中，直接与硝基相连的亚甲基上的氢(α-H)，因受硝基强吸电子作用，化学位移出现在较低场，一般 $\delta = 4.3 \sim 4.6$，β-H 的 $\delta = 1.3 \sim 1.4$。

（3）化学性质

硝基化合物中由于官能团（—NO_2）的影响，可以发生一些特殊的反应。

① α-H 原子的活泼性　具有 α-H 的硝基化合物能逐渐溶解于强碱溶液而生成盐。因为 α-H 受硝基的影响能发生下列互变异构现象：

$$R-CH_2-\overset{\displaystyle O}{\underset{\displaystyle O}{N}} \rightleftharpoons R-CH=\overset{\displaystyle OH}{\underset{\displaystyle O}{N}}$$

硝基式　　　　　　　假酸式

假酸式中与氧相连的氢有酸性，能与 NaOH 作用生成盐：

$$R-CH_2-\overset{\displaystyle OH}{\underset{\displaystyle O}{N}} \ +NaOH \longrightarrow \left[R-CH=\overset{\displaystyle O}{\underset{\displaystyle O}{N}} \right]^- Na^+ +H_2O$$

假酸式有烯醇式特征，如与 $FeCl_3$ 溶液有显色反应，也能与 Br_2/CCl_4 溶液加成。通常硝基化合物中的假酸式含量很少，如 $p\text{-}NO_2C_6H_5CH_2NO_2$ 在乙醇中的假酸式含量只有 0.18%。

叔硝基化合物没有 $\alpha\text{-}H$，因此不能异构化成为假酸式，也就不能与碱作用。

② 与含羰基化合物缩合　与羟醛缩合及克莱森缩合等反应类似，含有 $\alpha\text{-}H$ 的硝基化合物能与羰基化合物发生缩合反应，例如：

$$\bigcirc\!\!\!\!-CHO \ +CH_3-NO_2 \xrightarrow{OH^-} \bigcirc\!\!\!\!-\underset{\displaystyle OH}{CH}-CH_2-NO_2 \xrightarrow[\triangle]{-H_2O} \bigcirc\!\!\!\!-CH=CH-NO_2$$

$$\bigcirc\!\!\!\!-\overset{\displaystyle O}{C}-OC_2H_5 \ +CH_3-NO_2 \xrightarrow{C_2H_5ONa} \bigcirc\!\!\!\!-\overset{\displaystyle O}{C}-CH_2-NO_2 \ +C_2H_5OH$$

$$\bigcirc\!\!\!\!-CH_2NO_2 \ + \ H_3C-\overset{\displaystyle O}{C}-CH_3 \xrightarrow{OH^-} \bigcirc\!\!\!\!-\underset{\displaystyle NO_2}{CH}-\underset{\displaystyle CH_3}{\overset{\displaystyle OH}{C}}-CH_3$$

缩合反应过程是：硝基烷在碱作用下生成酸式盐，它是一种亲核试剂，与羰基化合物发生缩合。

③ 还原反应　硝基化合物的还原反应随还原剂和反应条件不同，还原产物有量的差异。

a. 催化氢化　目前工业上生产芳胺的主要方法是催化加氢法。催化加氢法以镍、铂等作催化剂，在中性条件下反应，在产品质量，收率和环境保护方面都优于化学还原法。

$$\bigcirc\!\!\!\!-NO_2 \ +H_2 \xrightarrow{Pt/Ni} \bigcirc\!\!\!\!-NH_2$$

$$H_3C-\bigcirc\!\!\!\!-NO_2 \ +H_2 \xrightarrow{Pt/Ni} H_3C-\bigcirc\!\!\!\!-NH_2$$

b. 金属还原剂　金属作为还原剂还原硝基苯时，在不同的还原条件和介质中可以生成各种不同的中间产物，这些中间产物在一定条件下相互转化。

ⓐ 酸性还原　硝基苯在 Fe、Zn、Sn 等金属和盐酸存在下被还原为苯胺。

$$\bigcirc\!\!\!\!-NO_2 \xrightarrow{Fe+HCl} \bigcirc\!\!\!\!-NH_2 \ +2H_2O$$

此还原过程可以表示如下：

$$\bigcirc\!\!\!\!-NO_2 \xrightarrow[-H_2O]{2e^-+2H^+} \bigcirc\!\!\!\!-NO \xrightarrow{2e^-+2H^+} \bigcirc\!\!\!\!-NHOH \xrightarrow[-H_2O]{2e^-+2H^+} \bigcirc\!\!\!\!-NH_2$$

中间产物亚硝基苯及苯基羟胺比硝基苯更容易还原，所以不易控制到中间阶段。

ⓑ 中性还原

硝基苯在中性介质中还原生成苯基羟胺。由苯基羟胺氧化可以制得亚硝基苯。

$$\bigcirc\!\!\!\!-NO_2 \xrightarrow[H_2O,\ 60℃]{Zn+NH_4Cl} \bigcirc\!\!\!\!-NHOH \xrightarrow{[O]} \bigcirc\!\!\!\!-NO$$

ⓒ 碱性还原　在碱性介质中还原时，硝基苯被还原成两分子缩合产物。碱性介质不同，还原产物不同，可分别得到氧化偶氮苯、偶氮苯和氢化偶氮苯。

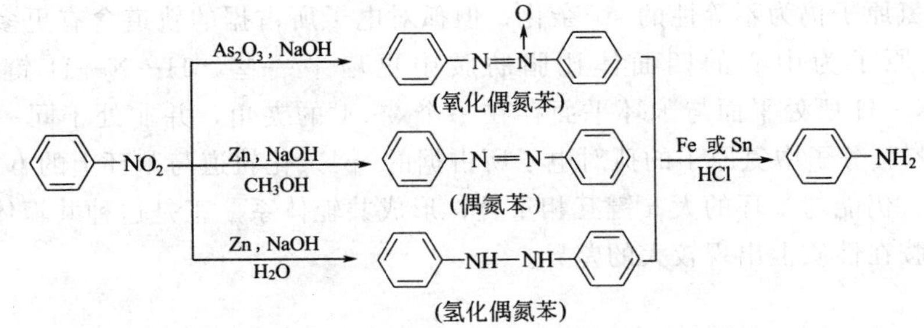

c. 选择性还原　多硝基芳烃在 Na_2S_x、NH_4HS、$(NH_4)_2S$、$(NH_4)_2S_x$ 等硫化物还原剂作用下，可以进行部分还原，即还原一个硝基为氨基。例如：

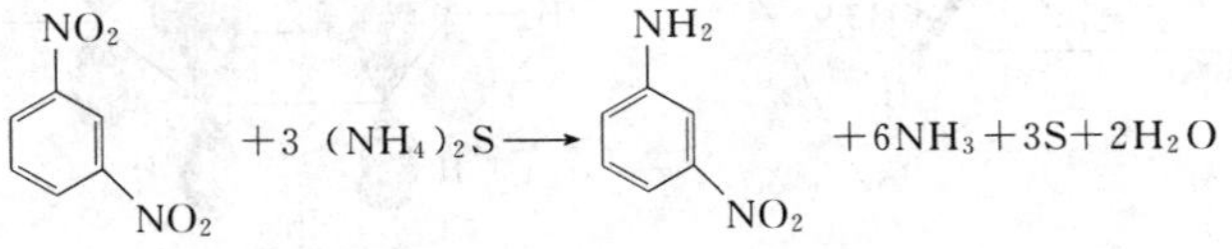

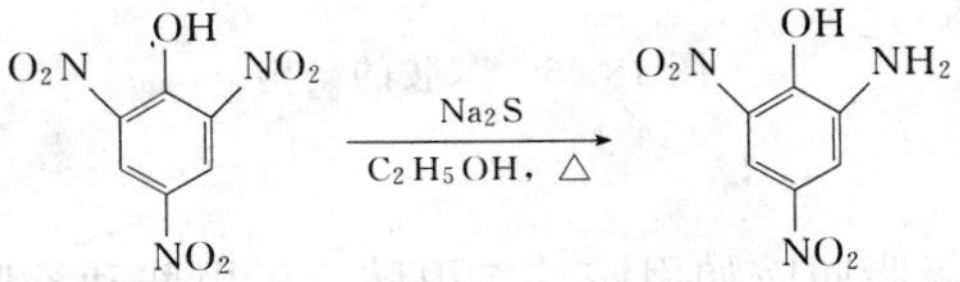

反应机制还不清楚，但这类还原反应在有机合成和工业生产上都有重要应用。

18.10.2　胺类

胺类广泛存在于生物界，具有重要的生理作用。蛋白质、核酸、含氮激素、抗生素、生物碱等都可看作是胺的衍生物，因此，掌握胺的性质与合成方法是研究这些复杂天然产物的基础。

（1）胺的分类与结构

① 分类　胺可以看作是胺的烃基衍生物。

$$H_2N—|—H \longrightarrow H_2N—|—R$$

一般按下列方法进行分类。

a. 根据氢原子上的所连烃基数目，分为胺 NH_3、伯胺（RNH_2）、仲胺（R_2NH）、叔胺（R_3N）、季铵盐（$R_4N^+X^-$）

b. 根据分子中氨基的数目可分为一元胺和多元胺。

$(CH_3)_2CHNH_2$
异丙胺

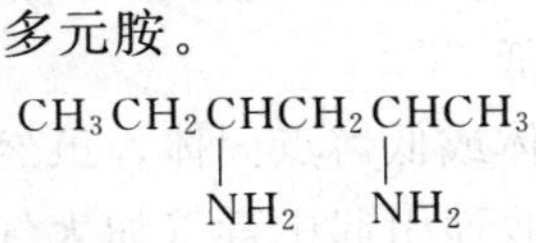

$$\underset{NH_2\quad\ NH_2}{CH_3CH_2\overset{|}{C}HCH_2\overset{|}{C}HCH_3}$$
2,4-己二胺

② 结构　胺的结构与氨相似，氮原子为不等性 sp^3 杂化，4 个杂化轨道中的 3 个分别与氢或碳原子形成 σ 键，整个分子呈三棱锥形结构，氮原子的另一个 sp^3 杂化轨道被一孤对电子所占用，且位于棱锥体的顶端，如同第四个基团一样，所以胺分子中的氮原子与碳的四面体结构相类似，但不是正四面体。

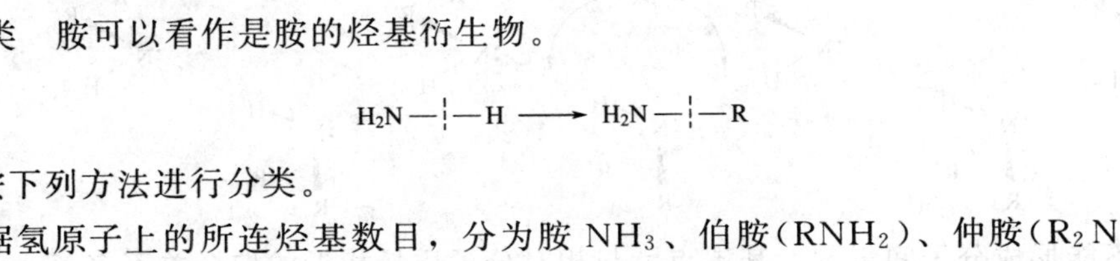

苯胺中的氮原子仍为不等性的 sp^3 杂化，但孤对电子所占据的轨道含有更多 p 轨道的成分。因此以氮原子为中心的四面体比脂肪胺中更扁平一些，H—N—H 键角较大，为 113.9°，H—N—H 所处平面与苯环平面存在一个 39.4° 的夹角，并非处于同一平面内（图 18-46）。尽管苯胺分子中氮原子的孤对电子所占据的 sp^3 杂化轨道与苯环上的 p 轨道不平行，但可以共平面，仍能与苯环的大 π 键互相重叠，形成共轭体系。正是这种共轭体系的形成使芳香胺与脂肪胺在性质上出现较大的差异。

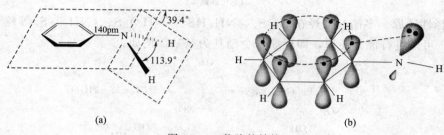

图 18-46 苯胺的结构

（2）物理性质

① 一般物理性质 低级脂肪胺如甲胺、二甲胺、三甲胺和乙胺，在常温下为无色气体，丙胺至十一胺是液体，十一胺以上均为固体。低级胺具有氨的气味（三甲胺有鱼腥气味）。胺和氨相似，为极性分子，除叔胺外，都能形成分子间氢键，所以它们的沸点比相对分子质量相近的烷烃要高。另外，由于氮的电负性比氧小，胺分子间的氢键较醇分子间的氢键弱，所以胺的沸点比相应的醇要低。

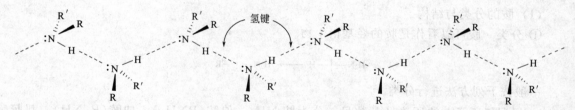

叔胺不能形成分子间氢键，其沸点就与相对分子质量相近的烷烃差不多了。而所有的三类胺都能与水形成氢键，因此低级胺（6 个碳原子以下）能溶于水，但随着相对分子质量的增加，其溶解度迅速降低。

芳香胺为高沸点液体或低熔点固体，虽然气味不浓，但毒性较大。例如苯胺可通过消化道、呼吸道或经皮肤吸收而引起中毒（如大气中苯胺浓度达到 $1\mu g \cdot g^{-1}$，人在此环境中逗留 12h 后会中毒），有些胺如 3,4-二甲基苯胺、β-萘胺、联苯胺等具有致癌作用。

脂肪胺分子的偶极矩比相应的醇小。由于芳胺分子中存在供电子的 p-π 共轭效应，芳香胺分子的偶极矩方向与脂肪胺的相反，大小相近。

$$\mu / \times 10^{-30} C \cdot m \quad\quad CH_3CH_2-NH_2 \quad\quad CH_3CH_2-OH \quad\quad \text{—}NH_2 \quad\quad \text{—}CF_3$$
$$4.00(1.2D) \quad\quad 5.68(1.7D) \quad\quad 4.34(1.3D) \quad\quad 9.68(2.9D)$$

② 光波谱性质 胺的红外光谱有 N—H 键和 C—N 键的特征吸收峰。N—H 键的伸缩振动在 $3500 \sim 3300 cm^{-1}$（其中伯胺为双峰、仲胺为单峰、叔胺无此峰）；弯曲振动 1650~

$1580cm^{-1}$；摇摆振动在 $909\sim666cm^{-1}$。C—N 键的伸缩振动：脂肪胺在 $1250\sim1020cm^{-1}$；芳香胺在 $1380\sim1250cm^{-1}$，其中芳伯胺在 $1340\sim1250cm^{-1}$，芳仲胺在 $1350\sim1250cm^{-1}$，芳叔胺在 $1380\sim1310cm^{-1}$。图 18-47～图 18-49 分别给出了异丁胺、苯胺和 *N*-甲基苯胺的红外光谱图。

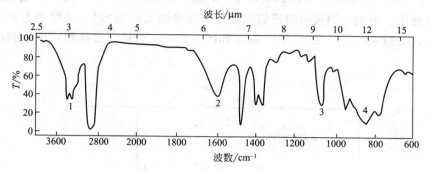

图 18-47　异丁胺的红外光谱

1—N—H 伸缩振动（伯胺）；2—N—H 弯曲振动；3—C—N 伸缩振动；4—N—H 摇摆振动

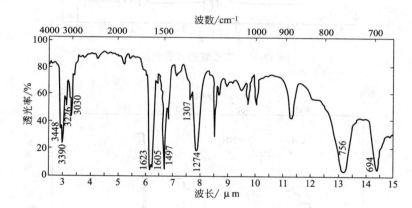

图 18-48　苯胺的红外光谱

$3448cm^{-1}$ 和 $3390cm^{-1}$：N—H 伸缩振动（伯胺）；$3226cm^{-1}$：N—H 伸缩振动（缔合胺）；$3030cm^{-1}$：C—H 伸缩振动（芳环）；$1623cm^{-1}$ 和 $1605cm^{-1}$：N—H 弯曲振动；$1623cm^{-1}$、$1605cm^{-1}$ 和 $1497cm^{-1}$：苯环骨架伸缩振动；$1307cm^{-1}$ 和 $1274cm^{-1}$：C—N 伸缩振动（芳胺）；$756cm^{-1}$ 和 $694cm^{-1}$：一元取代苯环上 C—H 面外弯曲振动

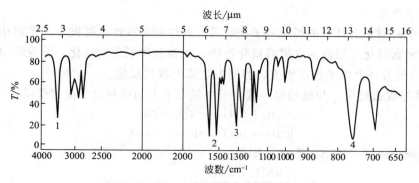

图 18-49　*N*-甲基苯胺的红外光谱

1—N—H 伸缩振动（仲胺）；2—苯环骨架伸缩振动；3—C—N 伸缩振动；4—N—H 摇摆振动

胺的核磁共振谱：由于氮的电负性比碳大，α-C 碳原子上质子化学位移在较低场，δ 值为 2.2～2.9。

$$\underset{\delta}{CH_3-NR_2} \qquad \underset{2.4}{R'CH_2-NR_2} \qquad \underset{2.8}{R'_2CH-NR_2}$$
$$\delta \qquad 2.2$$

β-C 原子上的质子受氮原子的影响较小，δ 值一般为 1.1～1.7。由于形成氢键的程度不同（受样品纯度、溶剂、测量时溶液的浓度和温度等因素的影响），氮原子上质子的化学位移变化较大，一般 $\delta=0.6～3.0$。图 18-50 和图 18-51 分别是二乙胺和对甲苯胺的核磁共振谱图。

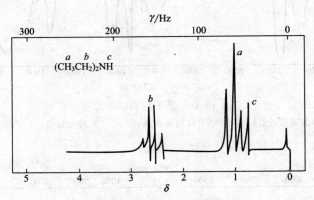

图 18-50　二乙胺的核磁共振谱

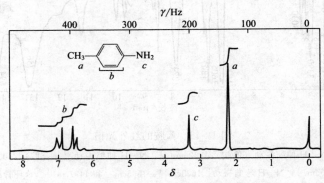

18-51　对甲苯胺的核磁共振谱

（3）化学性质

胺分子中氮原子上具有的孤对电子使胺具有碱性和亲核性，可发生一系列相应的化学反应。胺是氮元素氧化态最低的含氮有机化合物，能被多种氧化剂氧化。芳香胺中氮与芳环的 p-π 共轭效应使芳环上电子密度增大，容易发生亲电取代反应。

① 碱性与成盐反应　与氨相似，胺分子中氮原子上的孤对电子能接受质子，呈碱性。

$$NH_3 + H_2O \rightleftharpoons NH_4^+ + OH^-$$
$$RNH_2 + H_2O \rightleftharpoons RNH_3^+ + OH^-$$

胺类的碱性强度可用 K_b 或 pK_b 表示：

$$K_b = \frac{[RNH_3^+][OH^-]}{[RNH_2]} \qquad pK_b = -\lg K_b$$

一些常见胺的 pK_b 值见表 18-13。

表 18-13 常见胺的 pK_b 值

胺	pK_b
NH$_3$	4.75
甲胺	3.34
二甲胺	3.27
三甲胺	4.19
苯胺	9.4
对甲苯胺	8.92
对硝基苯胺	13.00

胺类一般为弱碱，可与酸成盐，但遇强碱又重新游离析出：

$$CH_3NH_2 \underset{OH^-}{\overset{HCl}{\rightleftharpoons}} [CH_3NH_3]^+ Cl^- \quad (式写作 CH_3NH_2 \cdot HCl)$$

氯化甲铵　　　　　甲胺盐酸盐

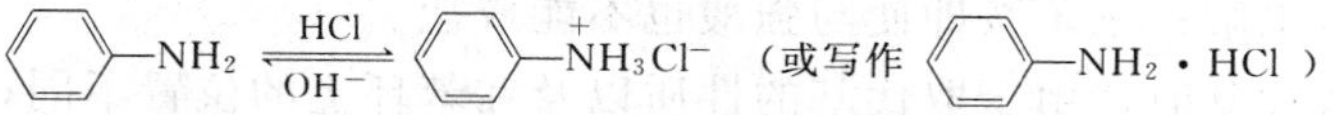

〈苯环〉—NH$_2$ $\underset{OH^-}{\overset{HCl}{\rightleftharpoons}}$ 〈苯环〉—$\overset{+}{N}H_3Cl^-$ （或写作 〈苯环〉—NH$_2 \cdot$ HCl ）

氯化苯铵　　　　　苯胺盐酸盐

胺与酸形成的盐一般都是易溶于水和乙醇的晶形固体。常常利用胺的盐易溶于水而遇强碱又重新游离析出的性质来分离和提纯胺。

胺的碱性强弱与氮上电子密度有关。氮上电子密度越大，接受质子的能力越强，碱性就越强。

因为脂肪烃基是供电子基，能提高氮原子上的电子密度；而芳香胺因氮上孤对电子离域到苯环，降低了氮原子的电子密度，因此碱性显著降低。例如：

$$CH_3{-}NH_2 \qquad NH_3 \qquad 〈苯环〉{-}NH_2$$

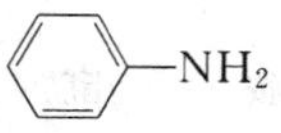

pK_b 值　　　3.34　　　　4.76　　　　9.38

脂肪胺能使红色石蕊试纸变蓝，而芳香胺不能。

对于脂肪胺，在非水溶液或气相中，碱性通常是叔胺＞仲胺＞伯胺（＞氨）。但在水溶液中则有所不同。例如：

$$(CH_3)_2NH \qquad CH_3NH_2 \qquad (CH_3)_3N \qquad NH_3$$

pK_b 　　3.27 　　　　3.34 　　　　4.19 　　　 4.76

这是因为胺在水中的碱性强弱是电子效应、立体效应和水的溶剂化效应共同综合作用的结果。

a. 电子效应的影响　烷基是供电子基，其供电子诱导效应（＋I）使氮上电子密度增高，使质子化后的铵离子更趋稳定。芳香胺中由于氮上的孤对电子参与苯环共轭而分散到苯环，从而使氮原子结合质子的能力降低，即碱性降低。若只是单一的电子效应影响，胺的碱性强弱顺序为：

脂肪叔胺＞脂肪仲胺＞脂肪伯胺＞NH$_3$＞芳香胺

b. 溶剂化效应的影响　胺在水溶液中的碱性主要取决于铵正离子稳定性的大小。铵正离子越稳定，胺在水溶液中的离解越偏向于生成铵离子和 OH$^-$ 的一方。而铵正离子的稳定性大小又取决于它与水形成氢键的机会多少。伯胺氮上的氢最多，其铵正离子最稳定。

$$R-\overset{+}{\underset{\underset{H\cdots:OH_2}{H\cdots:OH_2}}{N}}H\cdots:OH_2 \quad > \quad \overset{R}{\underset{\underset{H\cdots:OH_2}{R}}{N}}H\cdots:OH_2 \quad > \quad \overset{R}{\underset{R}{\underset{R}{N}}}H\cdots:OH_2$$

若只是单一的溶剂化效应，胺的碱性强弱顺序为：伯胺＞仲胺＞叔胺。

c. 空间效应的影响　胺的碱性表现为胺分子中氮原子上的孤对电子与质子结合，氮上连接的基团越多越大，则对氮上孤对电子的屏蔽作用越大，与质子的结合就越不易，碱性就越弱。例如芳香胺有以下碱性强弱顺序：

—NH₂	(C₆H₅)₂NH	(C₆H₅)₃N
pK_b　9.38	13.80	中性

随着氮原子上连接的苯基增多，空间位阻增大，再加上共轭效应的影响，碱性显著下降。事实上，苯胺与盐酸等强酸生成的盐在水溶液中只有部分水解；二苯胺与强酸生成的盐在水溶液中则完全水解；三苯胺即使与强酸也不能成盐。

当苯环上有取代基时，由于取代基的性质以及在苯环上的位置不同，对碱性的影响也不同。例如：

NH₂ OCH₃	NH₂ CH₃	NH₂	NH₂ Cl	NH₂ NO₂	NH₂ NO₂	NH₂ NO₂/NO₂
pK_b　8.66	8.92	9.38	10.48	11.53	13.0	13.82

溶液中胺的碱性强弱是多种因素共同影响的结果。各类胺的碱性强弱大致表现出如下顺序：

脂肪仲胺　脂肪伯胺/叔胺　芳香伯胺　芳香仲胺　芳香叔胺

碱性减弱次序 →

与胺类不同的是，季铵化合物分子中的氮原子已连接四个烃基并带正电荷，再也不能接受质子，这类化合物的碱性由与季铵正离子结合的负离子来决定。对于季铵碱，R_4N^+ 与 OH^- 之间是典型的离子键，季铵碱的碱性就表现为 OH^- 的碱性，故季铵碱为强碱。

② 氮上的烃基化反应　胺和氨一样可作为亲核试剂与卤代烃等烷基化试剂作用，氨基上的氢原子逐步被烷基取代：

伯胺　　　　　　　　　　　仲胺　　　　　　　　　叔胺　　　　季铵盐

最后产物为季铵盐。如 R′为甲基，则常称此反应为"彻底甲基化反应"

工业上也可以在加压、加热和无机酸催化下，用甲醇来进行甲基化。例如：

$$\text{C}_6\text{H}_5-\text{NH}_2 + \text{CH}_3\text{OH} \xrightarrow[2.5\sim3\text{MPa}, 230℃]{\text{H}_2\text{SO}_4} \text{C}_6\text{H}_5-\text{NHCH}_3 + \text{H}_2\text{O}$$

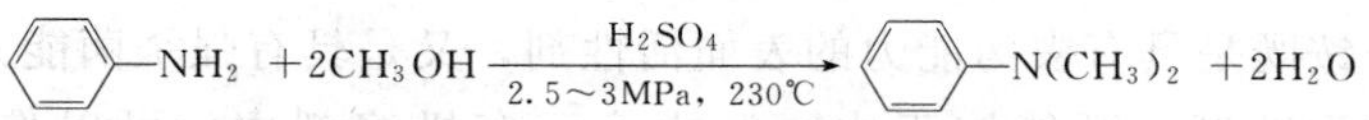

$$\text{——NH}_2 + 2CH_3OH \xrightarrow[2.5\sim3\text{MPa, }230℃]{H_2SO_4} \text{——N(CH}_3)_2 + 2H_2O$$

③ 季铵盐、季铵碱和霍夫曼消除反应　季铵盐是白色晶体，具有盐的性质，易溶于水，不溶于非极性有机溶剂。季铵盐在加热时分解，生成叔胺和卤代烃。

$$[R_4N]^+X^- \xrightarrow{\triangle} R_3N + RX$$

$R_4N^+Cl^-$ 为强酸强碱盐，与强碱作用后不会置换出游离的季铵碱，而是建立如下平衡：

$$R_4N^+X^- + NaOH \rightleftharpoons R_4N^+OH^- + NaX$$

如果反应在醇溶液中进行，由于碱金属卤化物不溶于醇而使反应进行完全。若用湿的氧化银与季铵盐作用，由于生成难溶性的卤化银沉淀，也能使反应顺利进行，得到季铵碱。

$$R_4N^+X^- + AgOH \longrightarrow R_4N^+OH^- + AgX\downarrow$$

季铵碱是有机强碱，与 KOH、NaOH 的碱性相当。它易吸收空气中的二氧化碳，易潮解，能溶于水；受热易分解，分解产物与氮原子上连接的烃基有关。如加热氢氧化四甲铵，生成甲醇和三甲胺：

$$[(CH_3)_4N]^+OH^- \xrightarrow{\triangle} N(CH_3)_3 + CH_3OH$$

如果分子中有比甲基大的烷基，且具有 β-氢原子时，加热时则分解为叔胺和烯烃。例如：

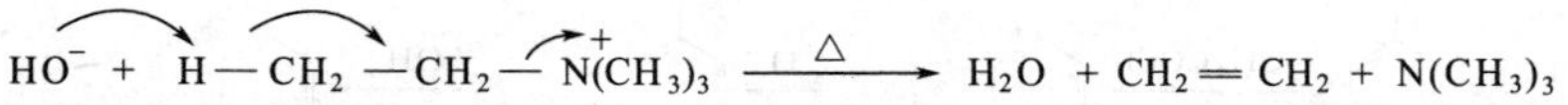

$$HO^- + H\text{——}CH_2\text{——}CH_2\text{——}\overset{+}{N}(CH_3)_3 \xrightarrow{\triangle} H_2O + CH_2\text{=}CH_2 + N(CH_3)_3$$

这是由于 OH^- 进攻 β-氢原子，发生消除反应的缘故（称为**霍夫曼消除反应**）。如果季铵碱分子中可供消除的 β-氢原子类型不止一种时，则主要生成双键碳原子上连有较少烷基的烯烃，即氢原子通常是从含氢较多的 β-碳原子上除去，称为霍夫曼（Hofmann）规则（与札衣采夫规则相反）。

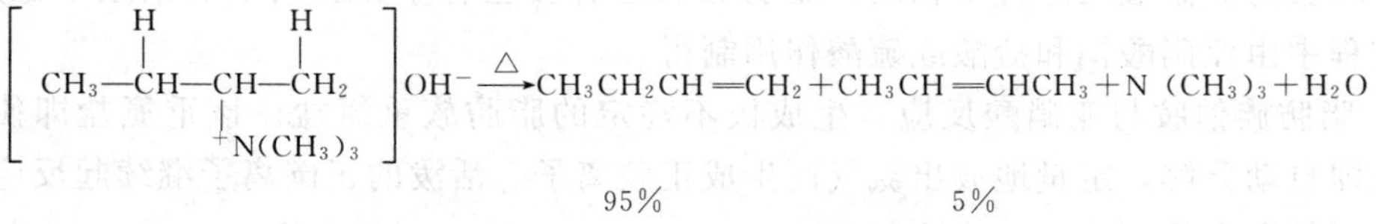

$$\left[\begin{array}{c} \overset{H}{|} \quad \overset{H}{|} \\ CH_3\text{—}CH\text{—}CH\text{—}CH_2 \\ \quad \overset{|}{N(CH_3)_3} \end{array}\right] OH^- \longrightarrow CH_3CH_2CH\text{=}CH_2 + CH_3CH\text{=}CHCH_3 + N(CH_3)_3 + H_2O$$

$$\qquad\qquad\qquad 95\% \qquad\qquad\qquad 5\%$$

如果某个 β-碳原子上连有苯基、乙烯基、羰基等有吸电子共轭效应的基团时，则 β-氢的酸性增大，容易接受碱的进攻而发生消除，得到的烯烃因共轭体系的形成而稳定。例如：

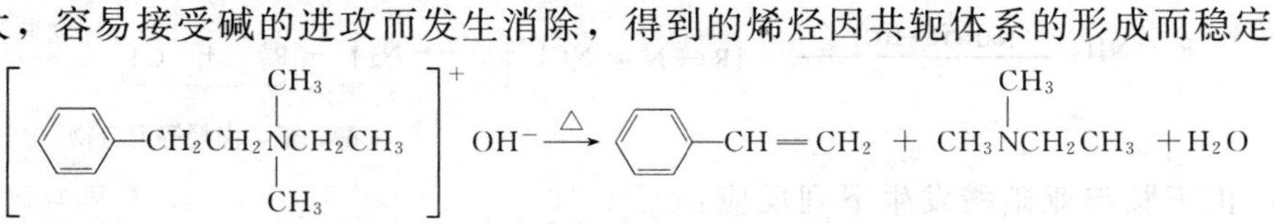

$$\left[\text{——}CH_2CH_2\overset{CH_3}{\underset{CH_3}{\overset{|}{N}}}CH_3\right]^+ OH^- \xrightarrow{\triangle} \text{——}CH\text{=}CH_2 + CH_3\overset{CH_3}{\underset{}{\overset{|}{N}}}CH_2CH_3 + H_2O$$

利用霍夫曼热消除反应可以测定胺类异构体的结构。例如：

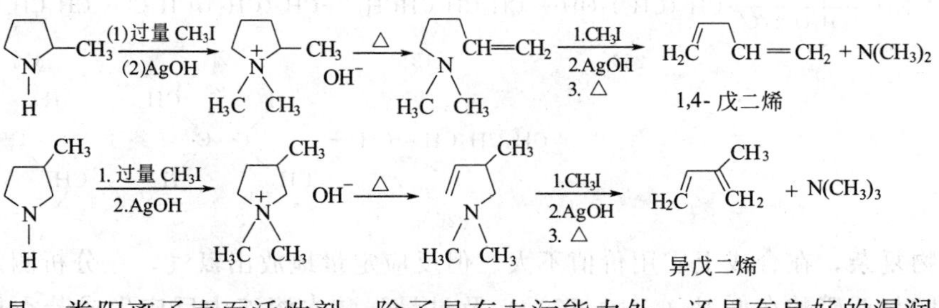

季铵盐是一类阳离子表面活性剂，除了具有去污能力外，还具有良好的湿润、起泡、乳化、防腐性能，以及杀菌、防霉作用。如溴化二甲基十二烷基苄基铵和溴化二甲基十二烷

基-(-2-苯氧乙基）铵既是具有去污能力的表面活性剂，又是具有强杀菌能力的消毒剂。

某些季铵盐或季铵碱，既能溶于水，又能溶于有机溶剂中，可以作为相转移催化剂(phase transfer catalysts)。在它的作用下，很多不溶于水的有机物与水溶性试剂反应时，能极大地提高反应速率。例如：

$$CH_3(CH_2)_7CH{=}CH_2\ (\text{溶于苯}) \xrightarrow[\text{KMnO}_4\text{，水溶液，}40\sim50℃]{[CH_3(CH_2)_6CH_2]_3N^+CH_3Cl^-} CH_3(CH_2)_7COOH > 90\%$$

④ 氮上的酰基化反应　伯胺和仲胺仍像氨一样能与酰卤、酸酐甚至酯等酰基化试剂作用生成酰胺。叔胺氮上没有可以被取代的氢原子，不能起酰化反应。

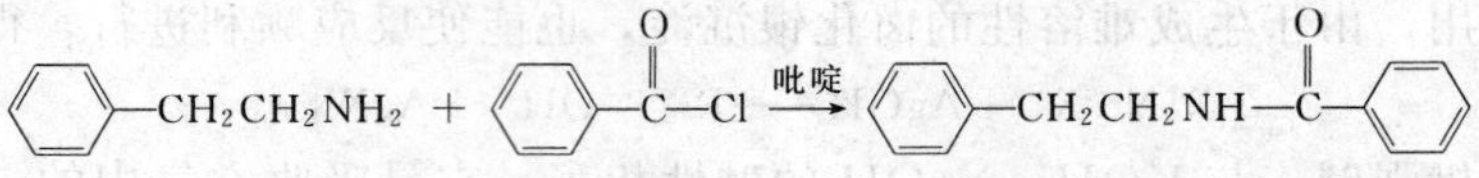

89%～98%

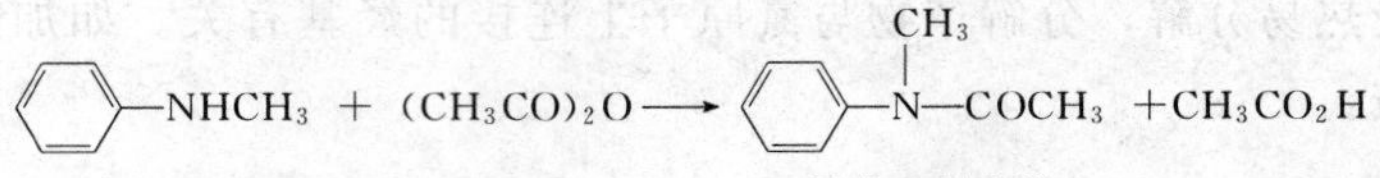

N-甲基乙酰苯胺

酰胺在酸或碱催化下水解，可以除去酰基恢复氨基，因此常用酰基化反应来保护氨基，以避免芳胺在进行某些反应时氨基被氧化破坏。如对氨基苯甲酸的合成：

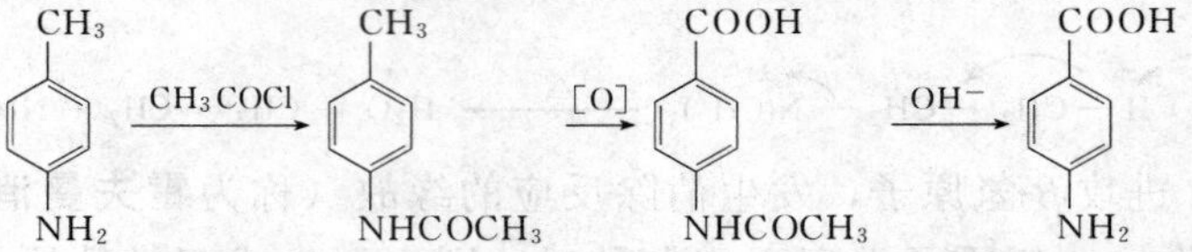

⑤ 与亚硝酸反应　伯、仲、叔胺与亚硝酸反应各不相同，脂肪胺和芳香胺也有差异。由于亚硝酸不稳定，一般在反应过程中由亚硝酸钠和盐酸或硫酸作用制得。

伯、仲、叔胺与亚硝酸反应各不相同，脂肪胺和芳香胺也有差异。由于亚硝酸不稳定，一般在反应过程中由亚硝酸钠和盐酸或硫酸作用制得。

a. 伯胺　脂肪族伯胺与亚硝酸反应，生成极不稳定的脂肪族重氮盐。该重氮盐即使在低温下也会立即自动分解，定量地放出氮气而生成正碳离子。活泼的正碳离子继续起反应生成醇、烯及卤烃等混合物。

$$R-NH_2 \xrightarrow{NaNO_2+HCl} [R-\overset{+}{N}\equiv NCl^-] \longrightarrow N_2\uparrow + \underbrace{R^+ + Cl^-}_{\text{醇、烯、卤烃等混合物}}$$

例如，正丁胺与亚硝酸发生下列反应：

$$CH_3(CH_2)_3NH_2 \xrightarrow[H_2O,25℃]{NaNO_2,HCl} \underset{25\%}{CH_3(CH_2)_3OH} + \underset{13\%}{CH_3CH_2\overset{OH}{\overset{|}{C}}HCH_3} + \underset{5\%}{CH_3(CH_2)_2CH_2Cl} + \underset{3\%}{CH_3CH_2\overset{Cl}{\overset{|}{C}}HCH_3}$$

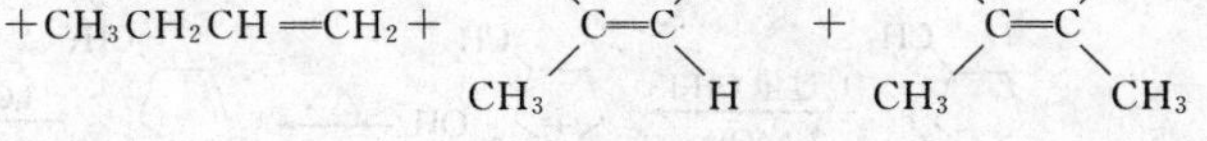

26%　　3%　　7%

由于产物复杂，在合成上实用价值不大。但反应定量地放出氮气，在分析测定中有用。

芳香伯胺与亚硝酸在低温（一般<5℃）及过量强酸水溶液中反应生成芳香重氮盐，这个反应称为重氮化反应（diazotization）。

$$\text{C}_6\text{H}_5\text{—NH}_2 + \text{NaNO}_2 + 2\text{HCl} \xrightarrow{0\sim5℃} \text{C}_6\text{H}_5\text{—}\overset{+}{\text{N}}\equiv\text{NCl}^- + \text{NaCl} + 2\text{H}_2\text{O}$$

氯化重氮苯（重氮苯盐酸盐）

干燥的重氮盐一般极不稳定，受热或振荡容易发生爆炸。因此，重氮盐的制备和使用都要在温度较低的酸性介质中进行。升高温度重氮盐会逐渐分解，放出氮气。

b. 仲胺　脂肪仲胺和芳香仲胺与亚硝酸反应，都是在氮上进行亚硝化，生成 N-亚硝基化合物。

$$(\text{CH}_3\text{CH}_2)_2\text{N—H} + \text{HO—NO} \longrightarrow (\text{CH}_3\text{CH}_2)_2\text{N—NO} + \text{H}_2\text{O}$$

N-亚硝基二乙胺

$$\text{C}_6\text{H}_5\text{—NH}_2 + \text{NaNO}_2 + 2\text{HCl} \xrightarrow{0\sim5℃} \text{C}_6\text{H}_5\text{—}\overset{+}{\text{N}}\equiv\text{NCl}^- + \text{NaCl} + 2\text{H}_2\text{O}$$

氯化重氮苯(重氮苯盐酸盐)

N-亚硝基胺为中性的黄色油状物或固体，绝大多数不溶于水，而溶于有机溶剂；与稀酸共热时，会水解成原来的仲胺，可用来分离或提纯仲胺。N-亚硝基胺类化合物有强烈的致癌作用！

c. 叔胺　脂肪叔胺与亚硝酸作用生成不稳定易水解的盐，若以强碱处理，则重新游离析出叔胺。

$$\text{R}_3\text{N} + \text{HNO}_2 \longrightarrow \text{R}_3\overset{+}{\text{N}}\text{HNO}_2^- \xrightarrow{\text{NaOH}} \text{R}_3\text{N} + \text{NaNO}_2 + \text{H}_2\text{O}$$

芳香叔胺与亚硝酸作用时，则发生芳环上的亲电取代反应，生成对亚硝基取代产物。

$$(\text{CH}_3)_2\text{N—C}_6\text{H}_5 + \text{NaNO}_2 + \text{HCl} \xrightarrow{8℃} (\text{CH}_3)_2\text{N—C}_6\text{H}_4\text{—NO} + \text{H}_2\text{O} + \text{NaCl}$$

N，N-二甲基-4-亚硝基苯胺（绿色晶体，熔点 86℃）

在强酸性条件下实际形成的是一个具有醌式结构的橘黄色的盐，只有用碱中和后才会得到翠绿色的 C-亚硝基化合物。

$$(\text{CH}_3)_2\text{N—C}_6\text{H}_4\text{—N=O} \underset{\text{OH}^-}{\overset{\text{H}^+}{\rightleftharpoons}} \left[(\text{CH}_3)_2\overset{+}{\text{N}}=\text{C}_6\text{H}_4=\text{N—OH}\right]\text{Cl}^-$$

翠绿色　　　　　　橘黄色

综上所述，可以利用亚硝酸与脂肪族及芳香族伯、仲、叔胺的不同反应来鉴别胺类。

⑥ 胺的氧化反应　无论是脂肪胺还是芳香胺均容易被氧化。脂肪族伯、仲胺氧化因产物复杂而无合成价值，叔胺用过氧化氢或过氧酸氧化后得到氧化胺。例如：

$$\text{C}_{12}\text{H}_{25}\text{N}(\text{CH}_3)_2 + \text{H}_2\text{O}_2 \longrightarrow \text{C}_{12}\text{H}_{25}\overset{\overset{\text{O}^-}{|}}{\underset{+}{\text{N}}}(\text{CH}_3)_2 + \text{H}_2\text{O}_2$$

$$\text{C}_6\text{H}_{11}\text{—CH}_2\text{N}(\text{CH}_3)_2 + \text{H}_2\text{O}_2 \longrightarrow \text{C}_6\text{H}_{11}\text{—CH}_2\overset{\overset{\text{O}^-}{|}}{\underset{+}{\text{N}}}(\text{CH}_3)_2 + \text{H}_2\text{O}$$

氧化胺是强极性化合物，易溶于水，不溶于苯，乙醚。

芳香胺，尤其是芳香伯胺，极易氧化。苯胺放置时，就能因空气氧化，由无色透明液体逐渐变为黄色，浅棕色以至红棕色。氧化过程复杂，产物也难以分离。若用二氧化锰在稀硫酸中氧化苯胺，则主要生成对苯醌：

$$\text{C}_6\text{H}_5\text{—NH}_2 \xrightarrow{\text{MnO}_2，稀 \text{H}_2\text{SO}_4} \text{O=C}_6\text{H}_4\text{=O}$$

苯环上含吸电子基（硝基、氰基、磺酸基等）的芳胺较为稳定，N，N-二烷基芳胺和芳胺的盐也较难氧化，往往将芳胺成盐后贮存。

⑦ 芳环上的亲电取代反应 激活苯环，使苯环上的亲电取代反应比苯更容易进行，新进入的基团主要在氨基的邻位和对位。

a. 卤代 芳胺与卤素（通常是氯或溴）容易发生亲电取代反应。例如，在苯胺的水溶液中加入少量溴水，则立即定量生成 2,4,6-三溴苯胺白色沉淀。利用此性质可对苯胺进行定性及定量分析。

$$\text{C}_6\text{H}_5-\text{NH}_2 + 3\text{Br}_2(\text{水溶液}) \longrightarrow \text{Br}-\text{C}_6\text{H}_2(\text{Br})_2-\text{NH}_2 \downarrow + 3\text{HBr}$$

苯胺与碘作用时，则只能得到一元碘代物。

$$\text{C}_6\text{H}_5-\text{NH}_2 + \text{I}_2 \longrightarrow \text{I}-\text{C}_6\text{H}_4-\text{NH}_2$$

如果要制备苯胺的一元溴代物，需将氨基酰化，以降低其对苯环的活化能力。由于乙酰氨基的空间阻碍作用，故取代反应主要发生在对位。

$$\text{C}_6\text{H}_5-\text{NH}_2 \xrightarrow{(\text{CH}_3\text{CO})_2\text{O}} \text{C}_6\text{H}_5-\overset{\text{H}}{\text{N}}-\overset{\text{O}}{\text{C}}\text{CH}_3 \xrightarrow[\text{HOAc}]{\text{Br}_2} \text{Br}-\text{C}_6\text{H}_4-\overset{\text{H}}{\text{N}}-\overset{\text{O}}{\text{C}}\text{CH}_3 \xrightarrow[\text{H}^+ \text{或 OH}^-]{\text{H}_2\text{O}} \text{Br}-\text{C}_6\text{H}_4-\text{NH}_2$$

b. 硝化 苯胺硝化时，因硝酸有较强的氧化作用，故有氧化反应相伴发生。为了避免这一副反应，可先将芳胺溶于浓硫酸中，使之成为硫酸氢盐，然后再硝化。$-\text{NH}_3^+$ 的生成防止了芳胺的氧化，但 $-\text{NH}_3^+$ 是个钝化芳环的间位定位基，硝化产物主要是间硝基苯胺。

$$\text{C}_6\text{H}_5-\text{NH}_2 \xrightarrow{\text{浓 H}_2\text{SO}_4} \text{C}_6\text{H}_5-\overset{+}{\text{N}}\text{H}_3\text{HSO}_4^- \xrightarrow[\triangle]{\text{HNO}_3} \text{NO}_2\text{-C}_6\text{H}_4-\overset{+}{\text{N}}\text{H}_3\text{HSO}_4^- \xrightarrow[\text{OH}^-]{\text{H}_2\text{O}} \text{NO}_2\text{-C}_6\text{H}_4-\text{NH}_2$$

若要制备对硝基苯胺，则需要先将苯胺进行氮原子上的酰基化——保护氨基后再硝化。

$$\text{C}_6\text{H}_5-\text{NH}_2 \xrightarrow{(\text{CH}_3\text{CO})_2\text{O}} \text{C}_6\text{H}_5-\overset{\text{O}}{\underset{\text{H}}{\text{N}}}\text{CCH}_3 \xrightarrow[\text{H}_2\text{SO}_4]{\text{HNO}_3} \text{O}_2\text{N-C}_6\text{H}_4-\overset{\text{O}}{\underset{\text{H}}{\text{N}}}\text{CCH}_3 \xrightarrow{\text{H}_3\text{O}^+} \text{O}_2\text{N-C}_6\text{H}_4-\text{NH}_2$$

若制备邻硝基化合物，需将酰化后的芳胺经磺化后，再硝化，最后水解去除磺酸基和酰基。

$$\text{C}_6\text{H}_5\text{NH}_2 \xrightarrow{(\text{CH}_3\text{CO})_2\text{O}} \text{NHCOCH}_3 \xrightarrow{\text{H}_2\text{SO}_4} \text{NHCOCH}_3(\text{SO}_3\text{H}) \xrightarrow[\text{H}_2\text{SO}_4]{\text{HNO}_3} \text{NHCOCH}_3(\text{NO}_2)(\text{SO}_3\text{H}) \xrightarrow[\triangle]{\text{H}_3\text{O}^+} \text{NH}_2(\text{NO}_2)$$

c. 磺化 苯胺与浓硫酸作用，首先生成硫酸盐，然后加热脱水，再重排生成对氨基苯磺酸。

$$\text{C}_6\text{H}_5\text{NH}_2 \xrightarrow{\text{H}_2\text{SO}_4} \text{C}_6\text{H}_5\overset{+}{\text{N}}\text{H}_2\text{HSO}_4^- \xrightarrow[-\text{H}_2\text{O}]{180℃} \text{HO}_3\text{S}-\text{C}_6\text{H}_4-\text{NH}_2 \rightleftharpoons \text{O}_3\text{S}-\text{C}_6\text{H}_4-\overset{+}{\text{N}}\text{H}_3$$

这是工业上制备对氨基苯磺酸的方法（烘焙法）。对氨基苯磺酸为白色结晶，以内盐形式存在，在 280～300℃分解，难溶于冷水和有机溶剂，较易溶于沸水，是重要的染料中间体和常用的防治麦锈病的农药（敌锈酸）。

（4）胺类的制法

① 硝基化合物还原 将硝基化合物还原可以得到伯胺，这是制备芳胺的常用方法。工业上常用催化加氢还原法，实验室则常用 Zn、Sn 或 SnCl₂ 加盐酸、或硫酸，或醋酸作还原剂。如用 SnCl₂＋HCl 作还原剂，可以避免芳环上的醛基被还原，还可以使多硝基化合物部

分还原。

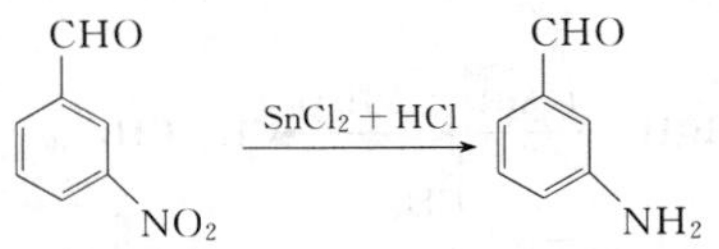

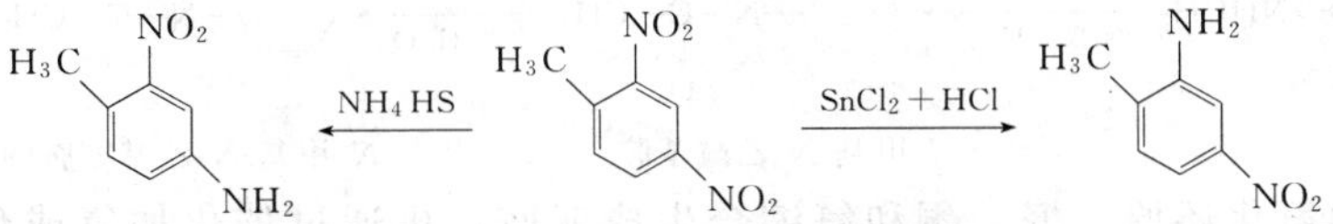

分子中含有在酸性介质容易水解的基团（如对硝基乙酰苯胺），则宜用催化加氢法还原。

虽然 α-萘胺可由 α-硝基萘还原制取，但 β-萘胺却不用 β-硝基萘来制备，因为萘硝化时几乎得不到 β-硝基萘，故采用间接方法制取 β-萘胺：

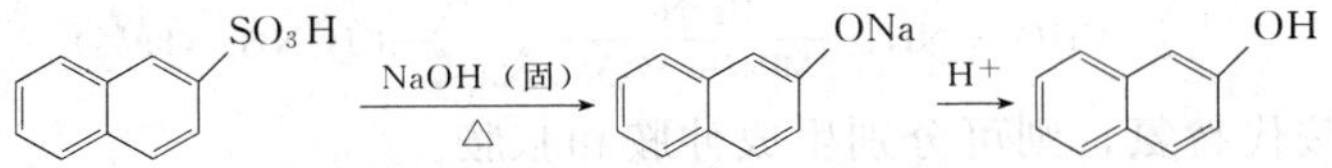

β-萘酚与含有亚硫酸铵（或亚硫酸氢铵）的氨水在 90～150℃ 发生取代反应生成 β-萘胺：

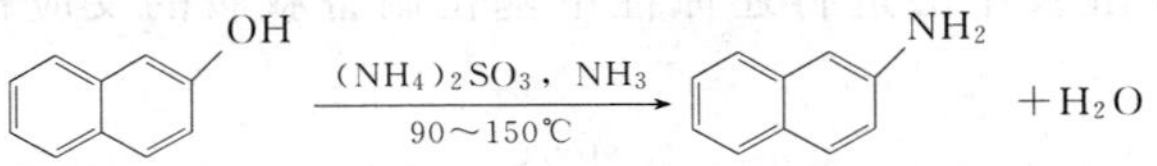

脂肪胺虽然也可以由硝基化合物还原制取，但由于原料不易得到，通常都采用其他方法制取。

② 卤代烃或醇的氨解　卤代烷与氨的水溶液或乙醇溶液作用，首先生成伯胺的氢卤酸盐，再与过量的氨作用，可使伯胺游离出来。

$$R{-}X + NH_3 \longrightarrow R{-}\overset{+}{N}H_3X^- \xrightarrow{NH_3} R{-}NH_2 + NH_4X$$

伯胺继续和 RX 反应，则生成仲胺、叔胺和季铵盐的混合物。可以利用原料的不同配比及控制反应条件，使其中之一为主要产物，但混合物的分离困难使这一方法在应用上受到一定的限制。

卤苯类的氨解要比卤代烷困难得多，只有当苯环上含有硝基等强吸电子基时，芳环上的亲核取代反应才较为容易。例如：

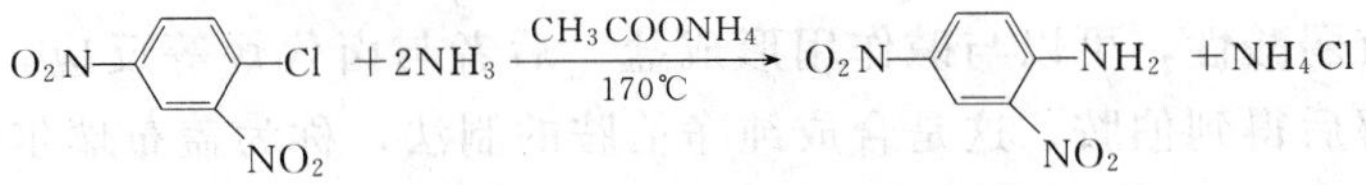

在工业生产中常用醇的氨解来制备脂肪族胺类。这是因为原料来源方便，生产过程中的腐蚀问题不大，所以对生产较为有利。例如工业上用甲醇氨解法制备甲胺、二甲胺和三甲胺：

$$CH_3OH + NH_3 \xrightarrow[380\sim450℃,5MPa]{Al_2O_3} CH_3NH_2 \xrightarrow{NH_3} (CH_3)_2NH \xrightarrow{NH_3} (CH_3)_3N$$

③ 腈、肟和酰胺的还原　腈（RC≡N）、肟（RCH＝NOH）及酰胺（$RCONH_2$）等含 C—N 键的化合物均可用催化加氢或 $LiAlH_4$、$Na + C_2H_5OH$ 等化学试剂还原。

$$N{\equiv}C{-}CH_2CH_2CH_2CH_2{-}C{\equiv}N \xrightarrow{H_2,Ni} H_2N{-}CH_2CH_2CH_2CH_2CH_2CH_2{-}NH_2$$

$$CH_3(CH_2)_4{-}\underset{\underset{N-OH}{\|}}{C}{-}CH_3 \xrightarrow[75\sim80℃,6.8MPa]{H_2,Ni} CH_3(CH_2)_4{-}\underset{\underset{NH_2}{|}}{CH}{-}CH_3$$

$$CH_3(CH_2)_5CH=N-OH \xrightarrow{Na+C_2H_5OH} CH_3(CH_2)_5CH_2-NH_2$$

$$CH_3(CH_2)_{10}\overset{O}{\overset{\|}{C}}-NHCH_3 \xrightarrow{LiAlH_4} \xrightarrow{H_2O} CH_3(CH_2)_{10}-CH_2-NHCH_3(95\%)$$

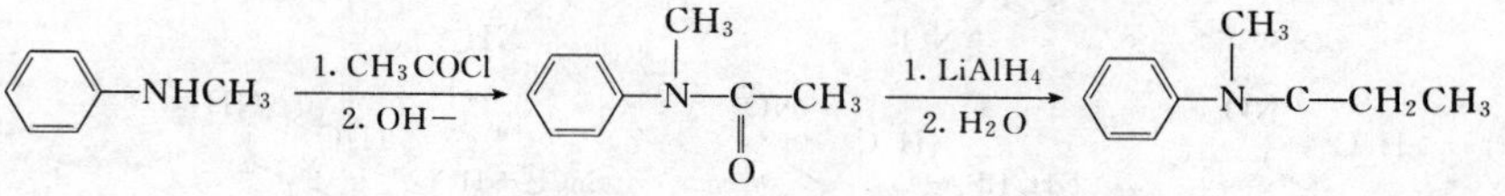

N-甲基-N-乙酰苯胺   N-甲基-N-乙基苯胺(91%)

④ 醛、酮的氨化还原　醛、酮和氨缩合生成亚胺，再通过催化加氢或化学还原剂可顺利地得到伯胺。

$$CH_3(CH_2)_5CHO+NH_3 \underset{-H_2O}{\rightleftharpoons} [CH_3(CH_2)_5CH=NH] \xrightarrow{H_2} CH_3(CH_2)_5CH_2NH_2$$

$-CHO+NH_3 \xrightarrow[9MPa,40\sim70℃]{H_2,Ni}$ $-CH_2NH_2$ (89%)

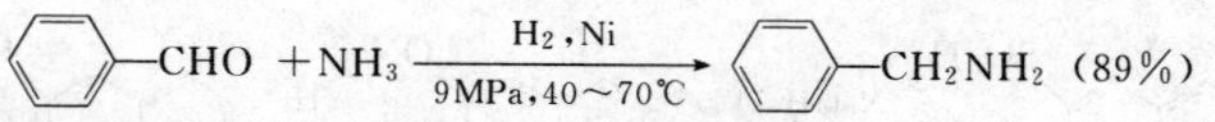

若以伯胺或仲胺代替氨，则可分别生成仲胺和叔胺。

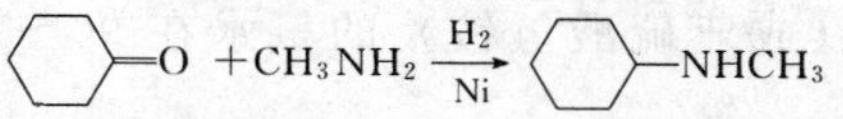

$=O+CH_3NH_2 \xrightarrow{H_2} $ $-NHCH_3$

将伯胺、仲胺和甲醛及甲酸进行还原性甲基化制备叔胺的反应称为 Eschweilar-Clarke 反应。例如：

$$(CH_3)_3C-NH_2+2HCHO+2HCO_2H \xrightarrow{100℃} (CH_3)_3C-N(CH_3)_2+2H_2O+2CO_2$$

二甲基叔丁基胺(95%)

$$(CH_3CH_2)_2NH+HCHO+HCO_2H \xrightarrow{100℃} (CH_3CH_2)_2NCH_3+H_2O+CO_2$$

⑤ 由羧酸衍生物制备

a. 酰胺的霍夫曼降级反应（Hofmann degradation）　酰胺与次卤酸钠溶液共热，可得到比原来的酰胺少一个碳原子的伯胺。

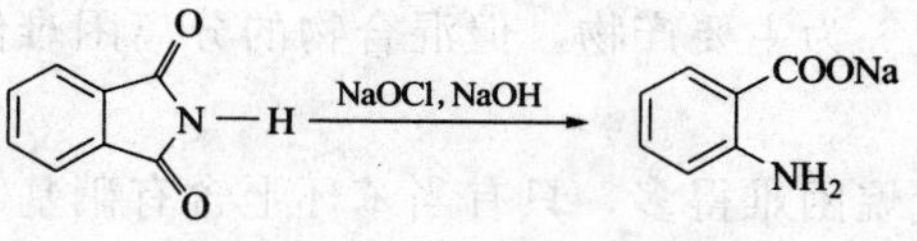

b. 盖布瑞尔（Gabriel）合成法　邻苯二甲酰亚胺分子中亚氨基上的氢原子受两个酰基的吸电子影响，有弱酸性，可以与碱作用形成盐，后者与卤代烃等反应，生成 N-烃基邻苯二甲酰亚胺，水解后得到伯胺，这是合成纯净伯胺的制法，称为盖布瑞尔合成法。

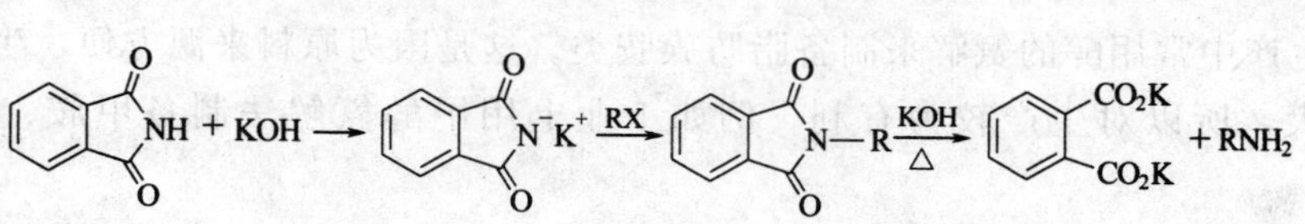

18.10.3　重氮及偶氮化合物

重氮和偶氮化合物（分子中都含有—N_2—基团，若其两端都分别与烃基相连，称为偶氮化合物）。例如：

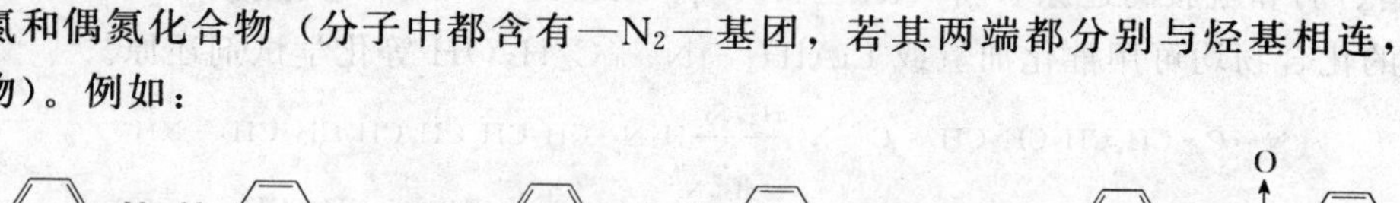

偶氮苯   4-甲基-4′-二甲氨基偶氮苯   氧化偶氮苯

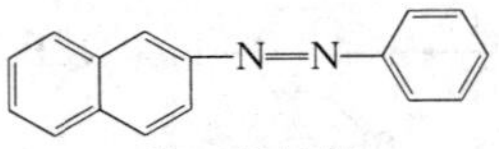

萘-2-偶氮苯 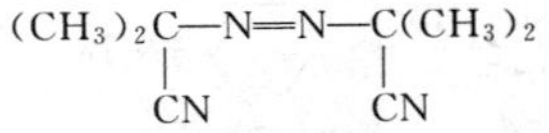　　　偶氮二异丁腈　　　偶氮甲烷

若—N_2—基的一端与烃基相连，另一端与其他非碳原子相连，则称为重氮化合物。例如：

CH_2N_2
重氮甲烷　　　苯重氮酸 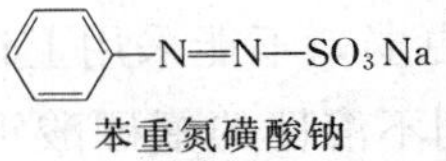　　　苯重氮磺酸钠 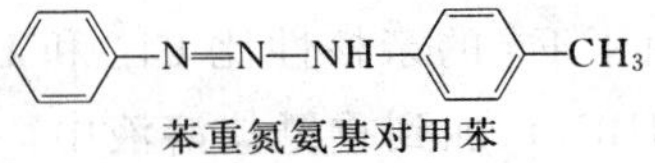　　　苯重氮氨基对甲苯

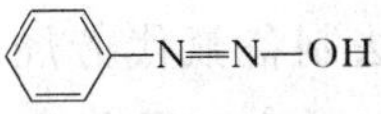

还有一类较为重要的重氮化合物，称为重氮盐。例如：

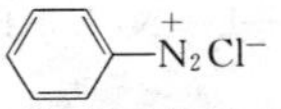

氯化重氮苯 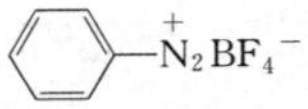　　　苯重氮氟硼酸盐　　　β-萘基重氮硫酸盐

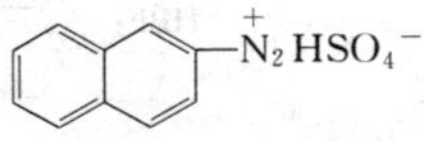

重氮和偶氮化合物在自然界中极少存在，大都是人工合成产物。芳香重氮化合物在有机合成和分析上有广泛用途，由芳香重氮盐偶合而成的偶氮化合物是重要的精细化工产品，如染料、药物、色素、分析试剂等。

（1）重氮盐的化学性质

重氮盐的化学性质非常活泼，可以发生多种化学反应，合成许多有用的产品。其反应可归纳为两大类：放氮反应——重氮基被取代的反应；留氮反应——还原和偶联反应。

① 放氮反应　带正电荷的重氮基 $—\overset{+}{N}\equiv N$ 有较强的吸电子能力，使 C—N 键极性增强，容易异裂而放出氮气。在不同条件下，重氮基可以被羟基、卤素、氰基、氢原子等取代，生成相应的芳烃衍生物。利用这一反应，可以从芳香烃开始合成一系列芳香族化合物。

a. 被羟基取代　将重氮盐的强酸性溶液（通常 40%～50% 的硫酸溶液）加热，重氮盐即发生水解，生成酚并放出氮气。

$$Ar—\overset{+}{N}\equiv NHSO_4^- + H_2O \xrightarrow[\triangle]{H^+} Ar—OH + N_2\uparrow + H_2SO_4$$

强酸性条件可以防止未水解的重氮盐和生成的酚发生偶联反应。若用盐酸重氮盐，则常有副产物氯苯生成。

因为经重氮盐制取酚的路线较长，产率也不高，不如通过磺化-碱熔制酚的方法简捷。但是当苯环上有卤素或硝基等取代基时，不易采用碱熔法制酚，可通过重氮盐的途径。例如：

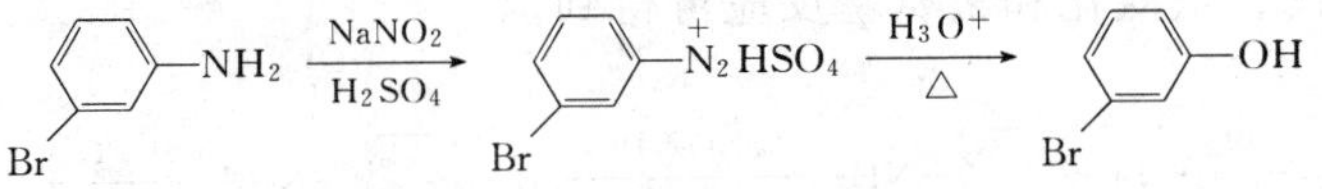

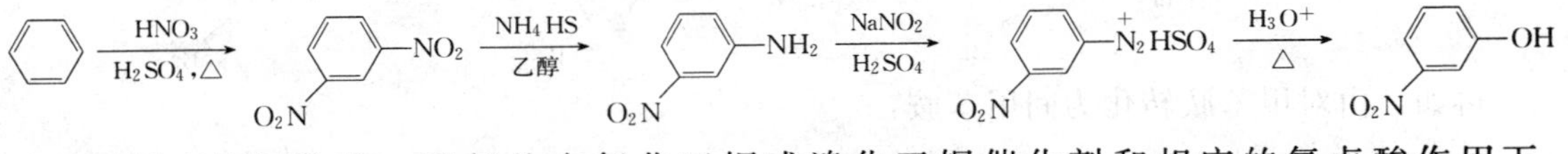

b. 被卤原子取代　重氮盐在氯化亚铜或溴化亚铜催化剂和相应的氢卤酸作用下，重氮基可被氯或溴原子取代并放出氮气。此反应称为桑德迈尔（Sandmeyer）反应。如改用铜粉作催化剂，则称为盖特曼（Gatterman）反应，收率虽然不及前法，但操作简便。例如：

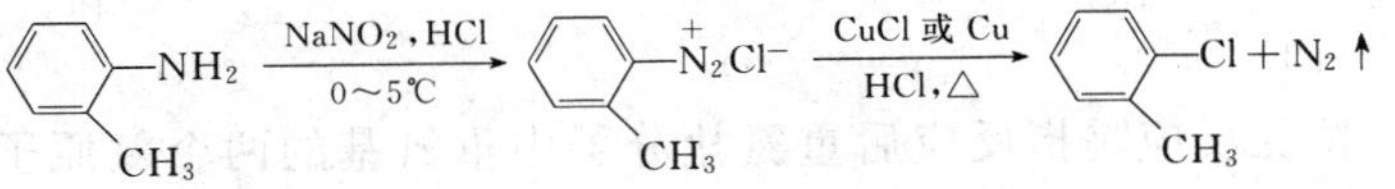

$$\text{(3-氯苯胺)} \xrightarrow[0\sim5℃]{NaNO_2,\,HBr} \text{(3-氯重氮盐)} N_2^+Br^- \xrightarrow[HBr,\,\triangle]{CuBr\,或\,Cu} \text{(3-氯溴苯)}Br + N_2\uparrow$$

重氮盐与碘化钾水溶液共热，不需要催化剂就能生成收率良好的碘化物。例如：

$$Cl-\text{(苯)}-NH_2 \xrightarrow[0\sim5℃]{NaNO_2,\,H_2SO_4} Cl-\text{(苯)}-N_2^+HSO_4^- \xrightarrow[\triangle]{KI,\,H_2O} Cl-\text{(苯)}-I + N_2\uparrow$$

由于 F^- 的亲核性比 Cl^- 和 Br^- 更弱，不能采用上述方法制备氟代芳烃。一般是将氟硼酸（HBF_4）加到重氮盐溶液中，得到不溶性的氟硼酸重氮盐沉淀，经分离并干燥后，小心加热使之分解，即可得到芳香氟化物。

$$\text{(邻溴重氮盐)}N_2^+Cl^- \xrightarrow{HBF_4} \text{(邻溴重氮盐)}N_2^+BF_4^- \downarrow \xrightarrow{165℃} \text{(邻溴氟苯)}F + N_2\uparrow + BF_3$$

此反应又称为希曼（Schiemann）反应。由于碘化物和氟化物不易直接由芳烃的亲电取代反应制得，因此重氮盐的取代反应就很有合成价值。

c. 被氰基取代　重氮盐与氰化亚铜的氰化钾水溶液作用，重氮基被氰基取代（亦称为 Sandmeyer 反应）。例如：

$$\text{(苯)}-NH_2 \xrightarrow[0\sim5℃]{NaNO_2,\,HCl} \text{(苯)}-N_2^+Cl^- \xrightarrow[\triangle]{CuCN,\,KCN} \text{(苯)}-CN + N_2\uparrow$$

氰基可以通过水解而成羧基，所以可利用此反应合成芳香羧酸。例如 2，4，6-三溴苯甲酸可按如下路线合成：

$$\text{(苯胺)}\xrightarrow[]{Br_2} \text{(2,4,6-三溴苯胺)}\xrightarrow[HCl\quad 0\sim5℃]{NaNO_2} \text{(重氮盐)}\xrightarrow[CuCN\quad \triangle]{KCN} \text{(三溴苯腈)}\xrightarrow[H^+]{H_2O} \text{(2,4,6-三溴苯甲酸)}$$

d. 被氢原子取代　重氮盐与次磷酸或乙醇等还原剂作用，重氮基被氢原子取代。例如：

$$\text{(苯)}N_2^+Cl^- + H_3PO_2 + H_2O \longrightarrow \text{(苯)} + H_3PO_3 + HCl + N_2\uparrow$$

$$\text{(苯)}N_2^+HSO_4^- + C_2H_5OH \longrightarrow \text{(苯)} + CH_3CHO + H_2SO_4 + N_2\uparrow$$

此反应提供了一个从芳环上除去—NH_2 的方法，所以又称为去氨基反应。利用氨基的"占位、定位"作用，可将某些基团引入芳环上某个所需的位置，再通过重氮化反应去除氨基，合成一些用其他方法难以得到的芳香族化合物。例如 1,3,5-三溴苯，无法由苯溴代得到，但由苯胺经溴代、重氮化和去氨基反应可得到。

$$\text{(苯胺)}\xrightarrow[H_2O]{Br_2} \text{(2,4,6-三溴苯胺)}NH_2 \xrightarrow[0\sim5℃]{NaNO_2,\,HCl} \text{(2,4,6-三溴重氮盐)}N_2Cl \xrightarrow{H_3PO_2} \text{(1,3,5-三溴苯)}$$

再如，由对甲苯胺转化为间甲苯胺：

$$H_3C-\text{(苯)}-NH_2 \xrightarrow{(CH_3CO)_2O} H_3C-\text{(苯)}-NHCCH_3 \xrightarrow[H_2SO_4]{HNO_3} H_3C-\text{(苯)}-NHCCH_3\,(NO_2)$$

$$\xrightarrow[OH^-]{H_2O} H_3C-\text{(苯)}-NH_2\,(NO_2) \xrightarrow{NaNO_2}{HCl} H_3C-\text{(苯)}-N_2Cl\,(NO_2) \xrightarrow{H_3PO_2} H_3C-\text{(间硝基甲苯)}NO_2 \xrightarrow[HCl]{Sn} H_3C-\text{(间甲苯胺)}NH_2$$

② 留氮反应　留氮反应是指反应后重氮盐分子中重氮基的两个氮原子仍保留在产物的

分子中。

a. 还原反应　在 $SnCl_2$、Zn、Na_2SO_3、$NaHSO_3$ 等还原剂作用下，芳香重氮盐可被还原为芳基肼。例如：

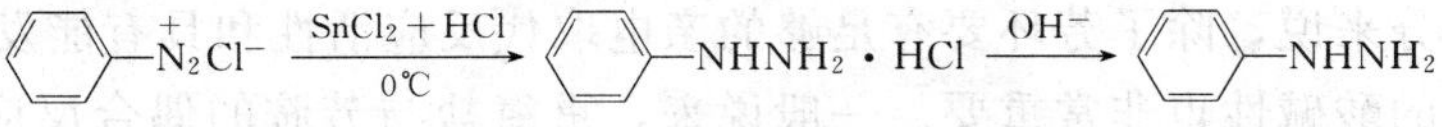

$$\text{Ph—}\overset{+}{N_2}Cl^- \xrightarrow[0℃]{SnCl_2+HCl} \text{Ph—NHNH}_2 \cdot HCl \xrightarrow{OH^-} \text{Ph—NHNH}_2$$

（盐酸苯肼）　　（苯肼）

苯肼是无色液体，沸点 241℃，熔点 19.8℃，不溶于水，在空气中易氧化而成深黑色。苯肼是常用的羰基试剂，也是合成药物和染料的原料，但毒性较大，使用时应注意安全。苯肼可进一步被还原成苯胺：

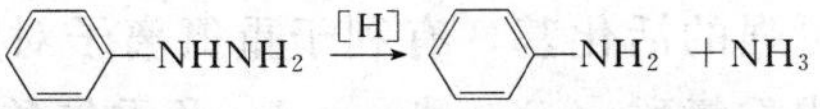

$$\text{Ph—NHNH}_2 \xrightarrow{[H]} \text{Ph—NH}_2 + NH_3$$

b. 偶合反应　重氮盐与酚或芳胺等化合物反应，由偶氮基—N＝N—将两个芳环连接起来，生成偶氮化合物的反应称为偶合反应（coupling reaction）。

重氮离子的共振结构是两个共振式的杂化体：$Ar—\overset{+}{N}＝N: \longleftrightarrow Ar—\overset{..}{N}＝\overset{+}{N}:$。共振结构显示重氮基的两个 N 原子都带有正电荷。因此偶联反应可以看作重氮基是以 $Ar—\overset{..}{N}＝\overset{+}{N}:$ 形式参与反应，属于重氮基进攻芳环的亲电取代反应。由于重氮正离子是较弱的亲电试剂，它只能进攻酚、芳胺等活性较高的芳环，发生亲电取代反应。例如：

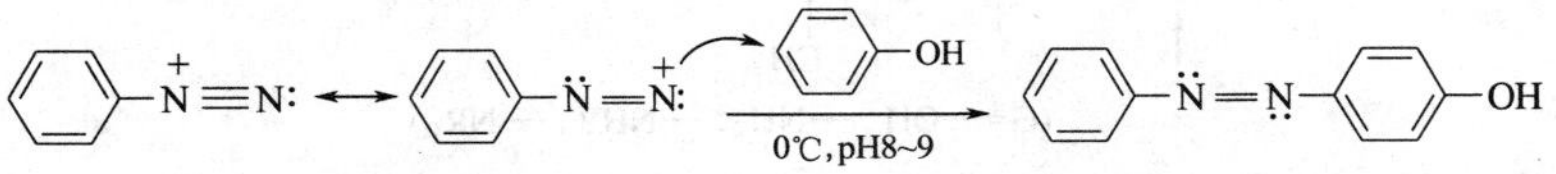

对羟基偶氮苯(橘黄色)

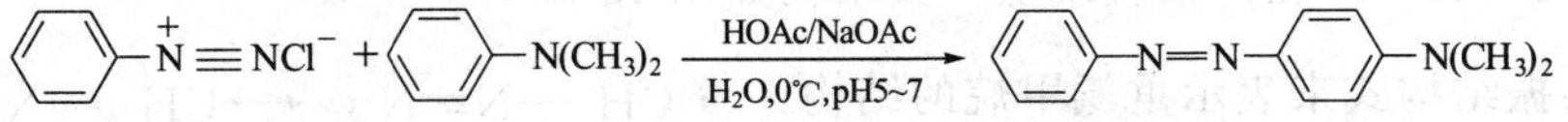

4-二甲氨基偶氮苯(butter yellow, 白脱黄)

参加偶合反应的重氮盐称为重氮组分，酚或芳胺等叫偶合组分。偶合反应通常发生在酚羟基或二甲氨基的对位，当对位被其他取代基占据时，则发生在邻位，一般不发生在间位。

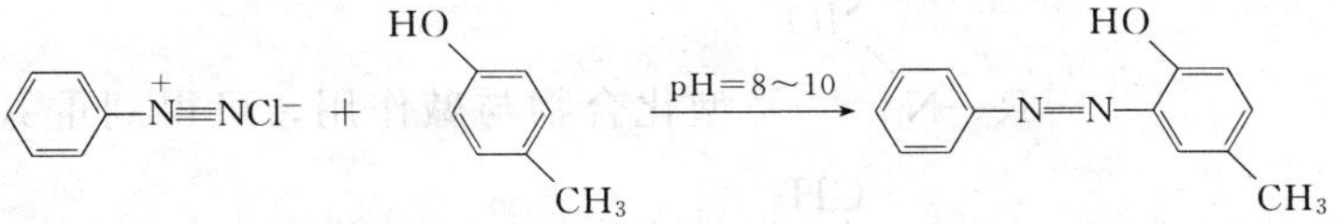

在重氮盐与芳胺的偶合反应中，若芳胺是伯胺或仲胺，则氨基进攻重氮基而生成重氮氨基化合物。

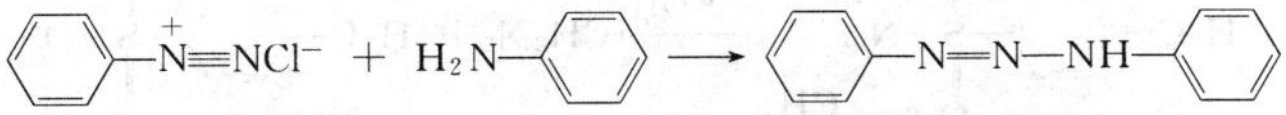

苯重氮氨基苯(杏黄色)

生成的苯重氮氨基苯与盐酸或少量苯胺盐酸盐一起加热，则发生重排，生成偶氮化合物：

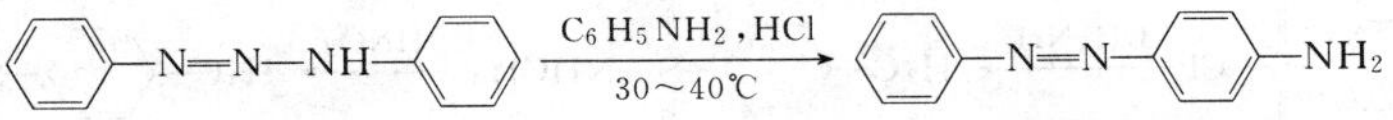

对氨基偶氮苯(黄色)

对于重氮组分来说，在重氮基的邻、对位有吸电子基团时，反应活性增强，如 2,4-二硝基苯重氮盐可与苯甲醚偶合，2，4，6-三硝基苯重氮盐甚至可以与 1,3,5-三甲苯偶合。相反，环上具有供电子基的重氮盐，则偶合能力减弱。

对于偶合组分来说，除了芳环要有足够的亲电取代反应活性和具有能发生偶合反应的位点外，反应介质的酸碱性也非常重要。一般说来，重氮盐与芳胺的偶合反应最佳 pH 为 5～7。pH<5 时芳胺形成铵盐，带正电荷的氨基（$-\overset{+}{N}H_3$、$-\overset{+}{N}H_2R$、$-\overset{+}{N}HR_2$）成为间位定位基和强的钝化基，使芳环上电子密度降低，不利于重氮正离子的进攻。重氮盐与酚类的偶合反应则在弱碱性溶液中进行最快，因为酚在弱碱性溶液中以芳氧负离子 $Ar-O^-$ 参与反应，此氧负离子是比—OH 更强的活化基，有利于重氮离子对芳环的进攻。若在强碱性溶液中（pH>10），重氮盐转变成重氮酸（diazotic acid）及重氮酸盐（diazoate），就不能起偶合反应了。

$$\bigcirc\!\!\!-\overset{+}{N}\!\!\equiv\!\!N: + OH^- \rightleftharpoons \bigcirc\!\!\!-N\!\!=\!\!N-OH \rightleftharpoons \bigcirc\!\!\!-N\!\!=\!\!N-O^- + H^+$$

重氮酸（pH 值为 9～10）　　　重氮酸盐（pH 值为 11～13）

重氮盐与萘酚或萘胺发生偶合反应的位置如箭头所示：

（G=—OH，—NH₂，—NHR，—NR₂）

(2) 重要的重氮和偶氮化合物

① 重氮甲烷　重氮甲烷(CH₂N₂)是最简单又是最重要的脂肪族重氮化合物。它是一个平面型分子，C—N—N 在一条直线上。其结构如图 18-52。

通常用共振结构式来表示重氮甲烷的结构：　$:\overline{C}H_2-\overset{+}{N}\!\!=\!\!N: \longleftrightarrow CH_2=\overset{+}{N}=\overline{N}$

从共振结构式看，CH₂N₂ 中 C 带有一对孤对电子，具有碱性和亲核性；重氮甲烷极易脱去一分子 N₂，生成:CH₂，即碳烯（又称卡宾，carbene），因此是个非常活泼的化合物。

图 18-52　重氮甲烷的结构

a. 重氮甲烷的制备

$R-N\overset{\displaystyle NO}{\underset{\displaystyle CH_3}{\big|}}$ 型化合物与碱作用，可得到重氮甲烷，其中 R 可

以是烃基、酰基或磺酰基。例如：

H₃C—⬡—SO₂—N(NO)(CH₃) ──KOH──→ CH₂N₂ + H₃C—⬡—SO₃⁻

N-甲基-N-亚硝基对甲苯磺酰胺

N-甲基-N-亚硝基对甲苯磺酰胺可由对甲苯磺酰氯为原料来制取：

H₃C—⬡—SO₂Cl ──CH₃NH₂──→ H₃C—⬡—SO₂—NHCH₃ ──HNO₂──→ H₃C—⬡—SO₂—N(NO)(CH₃)

以 *N*-甲基-*N*-亚硝基脲为原料也可方便地制取重氮甲烷：

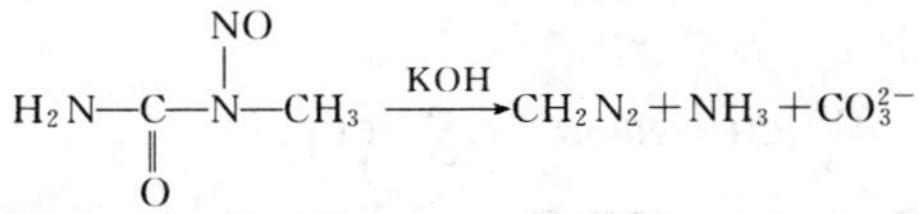

$$H_2N-\overset{\underset{|}{\text{C}=O}}{C}\overset{\overset{NO}{|}}{N}-CH_3 \xrightarrow{KOH} CH_2N_2 + NH_3 + CO_3^{2-}$$

重氮甲烷是有毒的黄色气体，沸点 $-24℃$，纯重氮甲烷容易爆炸，通常在乙醚稀溶液中使用。

b. 重氮甲烷的反应　重氮甲烷分子中的碳原子有碱性，可以从羧酸中接受质子，转变为重氮甲基正离子，随后被亲核性的羧基进攻，脱去 N_2 而生成羧酸甲酯：

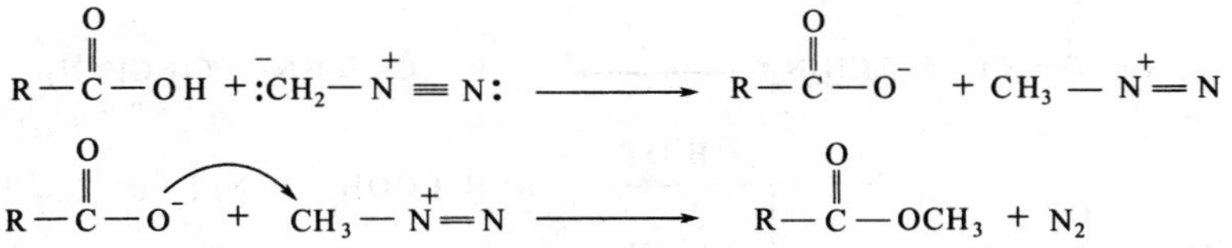

$$R-\overset{\overset{O}{\|}}{C}-OH + {}^-:CH_2-\overset{+}{N}=N: \longrightarrow R-\overset{\overset{O}{\|}}{C}-O^- + CH_3-\overset{+}{N}=N$$

$$R-\overset{\overset{O}{\|}}{C}-O^- + CH_3-\overset{+}{N}=N \longrightarrow R-\overset{\overset{O}{\|}}{C}-OCH_3 + N_2$$

该反应主要用于一些贵重羧酸的酯化反应，产率可达 100%。例如：

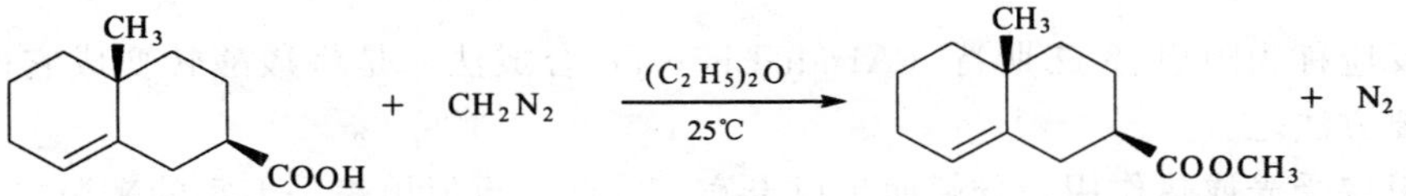

其他的酸如氢卤酸、磺酸、酚和烯醇都可以与重氮甲烷反应，分别生成卤甲烷、磺酸甲酯、酚的甲醚和烯醇甲醚。例如：

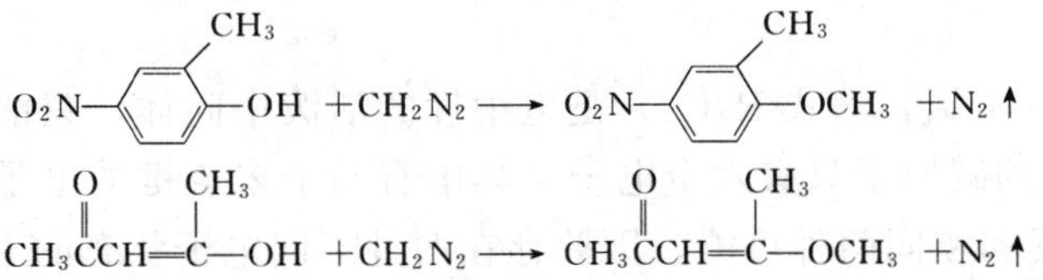

$$O_2N-\langle\!\langle\,\rangle\!\rangle\overset{\overset{CH_3}{|}}{}-OH + CH_2N_2 \longrightarrow O_2N-\langle\!\langle\,\rangle\!\rangle\overset{\overset{CH_3}{|}}{}-OCH_3 + N_2\uparrow$$

$$CH_3\overset{\overset{O}{\|}}{C}CH=\overset{\overset{CH_3}{|}}{C}-OH + CH_2N_2 \longrightarrow CH_3\overset{\overset{O}{\|}}{C}CH=\overset{\overset{CH_3}{|}}{C}-OCH_3 + N_2\uparrow$$

醇的酸性太弱，不足以使重氮甲烷质子化，但在路易斯酸催化下，也可以与重氮甲烷反应生成甲基醚：

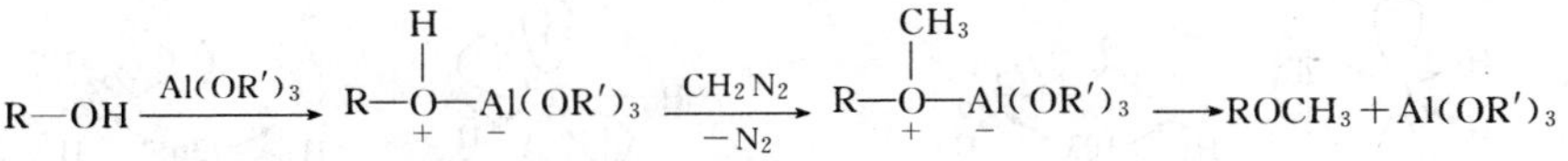

$$R-OH \xrightarrow{Al(OR')_3} R-\overset{\overset{H}{|}}{O}-Al(OR')_3 \xrightarrow[-N_2]{CH_2N_2} R-\overset{\overset{CH_3}{|}}{O}-Al(OR')_3 \longrightarrow ROCH_3 + Al(OR')_3$$

因此，重氮甲烷是一种应用广泛的甲基化试剂。

重氮甲烷具有亲核性，能与醛、酮中的羰基进行亲核加成，反应生成的氧负离子中间体可通过重排生成多一个碳原子的羰基化合物，也可以发生分子内的亲核取代反应生成环氧化合物，在有些反应中后者是主要产物。

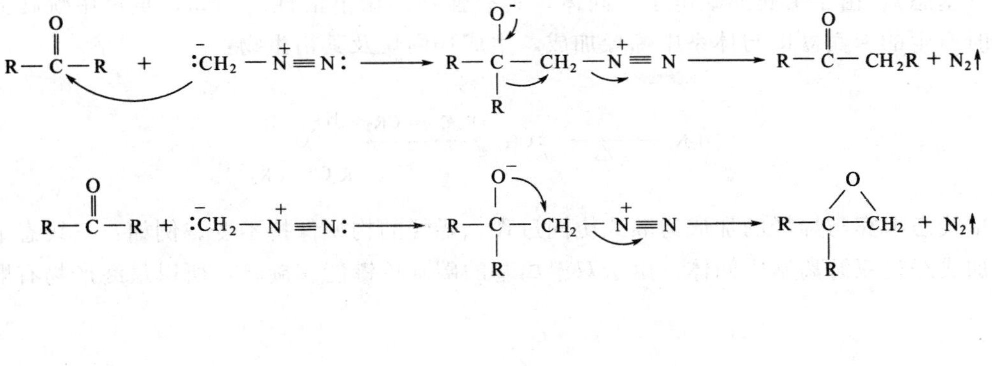

$$R-\overset{\overset{O}{\|}}{C}-R + {}^-:CH_2-\overset{+}{N}=N: \longrightarrow R-\overset{\overset{O^-}{|}}{\underset{R}{C}}-CH_2-\overset{+}{N}=N \longrightarrow R-\overset{\overset{O}{\|}}{C}-CH_2R + N_2\uparrow$$

$$R-\overset{\overset{O}{\|}}{C}-R + {}^-:CH_2-\overset{+}{N}=N: \longrightarrow R-\overset{\overset{O^-}{|}}{\underset{R}{C}}-CH_2-\overset{+}{N}=N \longrightarrow \underset{R}{\overset{O}{R-C{-}\!{-}CH_2}} + N_2\uparrow$$

环酮与重氮甲烷反应可得到多一个碳原子的环酮，是环酮扩环的一种方法。例如：

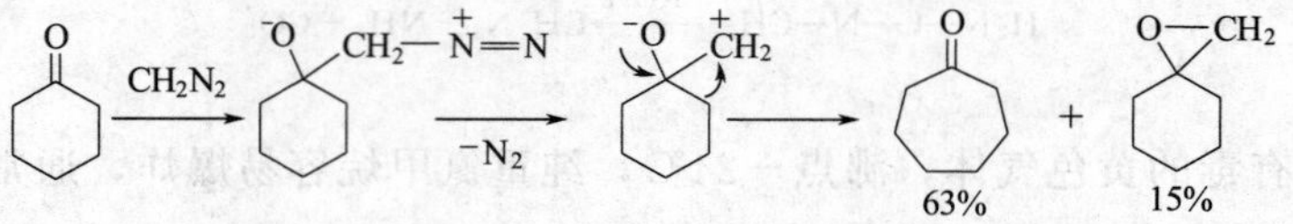

重氮甲烷也能与酰氯作用，生成重氮甲基酮；后者在氧化银催化下与水、醇或氨作用，得到比原来酰氯多一个碳原子的羧酸、酯或酰胺。

这一反应称为阿恩特-艾斯特（Arndt-Eistert）合成法，是将羧酸转变成它的高一级同系物的重要方法之一。

重氮甲烷受光或热作用，分解而生成卡宾。因此，重氮甲烷是卡宾的来源之一。

c. 卡宾 卡宾（碳烯，通式 $R_2C:$）是电中性的活泼中间体，只能在反应过程中短暂的存在（约 1s）。卡宾的碳原子只有六个电子，其中有两个未成键的电子。由于这两个非键电子的自旋方向有相反和相同两种可能，因此存在两种不同电子状态的卡宾：单线态卡宾和三线态卡宾。它们的结构见图 18-53。

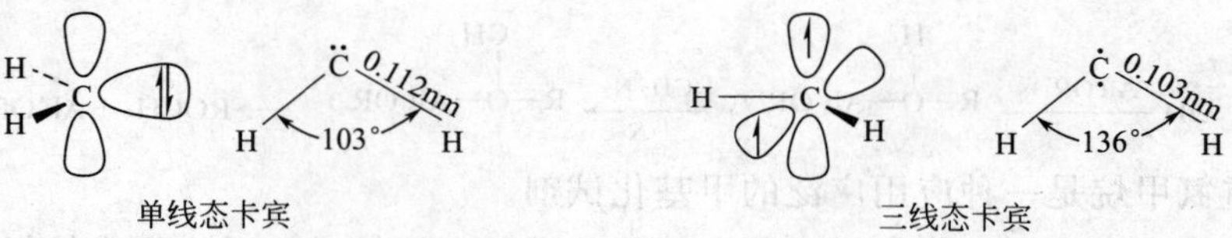

图 18-53 单线态卡宾和三线态卡宾的结构

单线态卡宾（激发态）能量较高，性质更活泼，易失去能量而转变为能量较低的三线态卡宾（基态）。由于卡宾属缺电子中间体，具有强烈的亲电活性。例如，重氮甲烷在光照或加热时产生的卡宾立即与体系中烯烃加成，生成环丙烷及其衍生物：

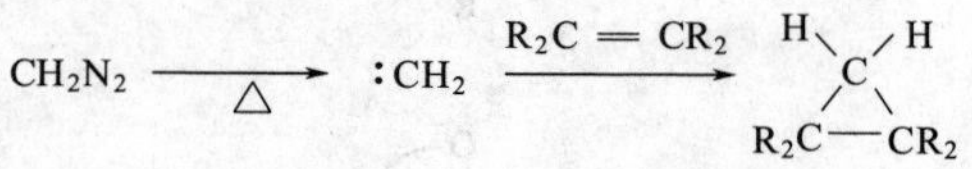

单线态卡宾与烯烃的加成为顺式协同过程，烯烃的构型保持不变。例如：三线态卡宾与烯烃加成经过双游离基中间体，由于双游离基的碳碳单键能够旋转，所以最终产物有顺式和

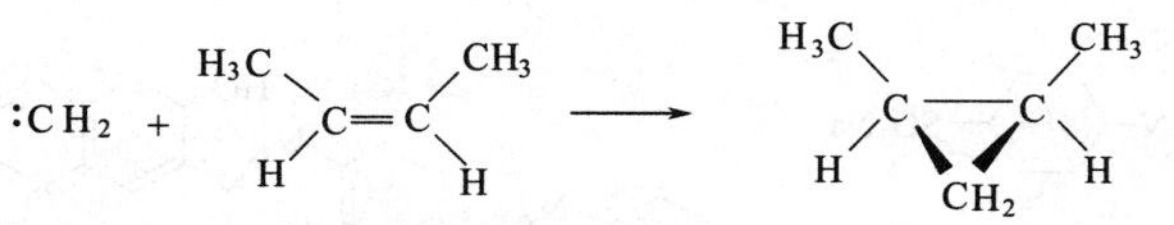

顺2-丁烯 （顺1,2-二甲基环丙烷）

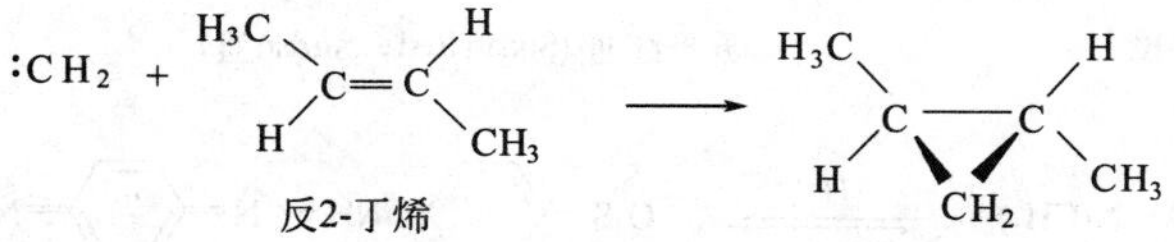

反2-丁烯 （反1,2-二甲基环丙烷）

反式两种异构体。例如：

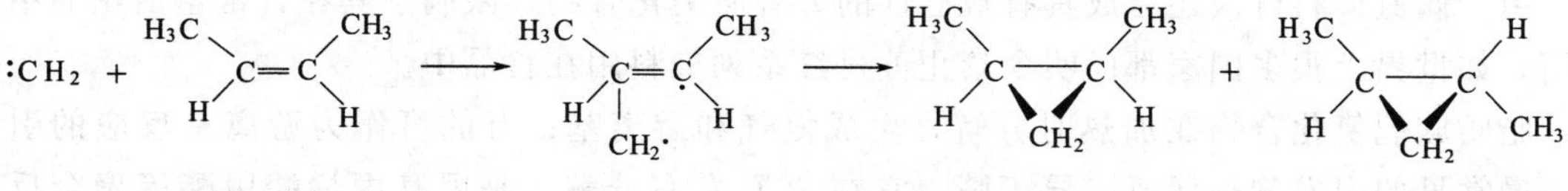

顺2-丁烯 顺1,2-二甲基环丙烷 反1,2-二甲基环丙烷

单线态卡宾还可以插入 C—H 键之间，发生插入反应。

$$-\overset{|}{\underset{|}{C}}-H + :CH_2 \longrightarrow -\overset{|}{\underset{|}{C}}-CH_2-H$$

例如，丙烷与重氮甲烷在光照下作用，重氮甲烷光分解生成的卡宾（在此条件下一般生成单线态），立即插入丙烷的 C—H 键之间，生成丁烷和异丁烷。

$$CH_3CH_2CH_3 \xrightarrow[\text{光}]{CH_2N_2} CH_3CH_2CH_2CH_3 + CH_3\underset{\underset{CH_3}{|}}{C}HCH_3$$

② 偶氮化合物 偶氮化合物分子中的氮原子为 sp^2 杂化，N═N 双键存在顺反异构。合成得到的偶氮苯主要是热力学稳定的 *E*-型，在光照下异构化为 *Z*-型，*Z*-型加热时又可转化成 *E*-型。

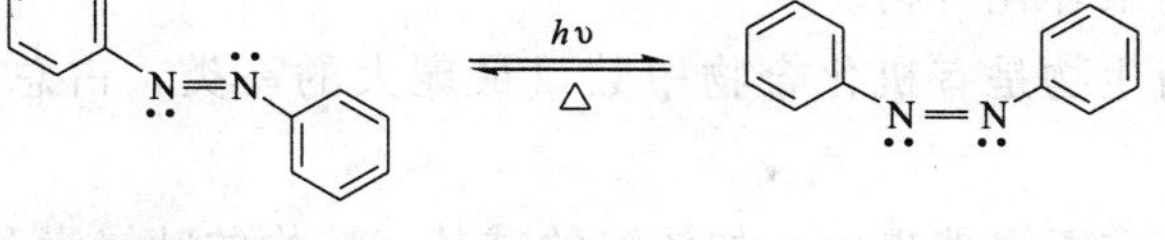

E-偶氮苯 熔点 68℃ *Z*-偶氮苯 熔点 71.4℃

芳香偶氮化合物可用适当的还原剂还原，氮氮双键断裂，生成两分子芳胺。例如：

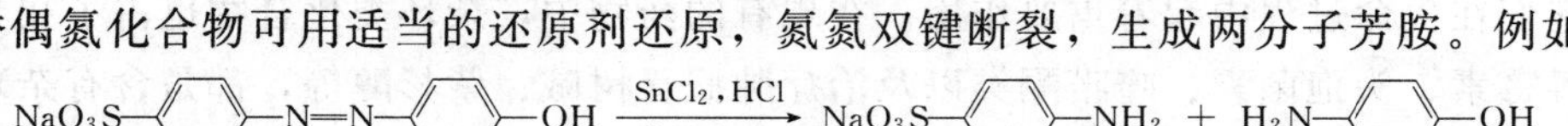

从生成芳胺的结构，能推测原偶氮化合物的构成，或用来合成某些氨基酚或芳胺。

芳香族偶氮化合物具有高的热稳定性，分子中大的共轭体系使它们具有颜色，可作染料，因分子中含有偶氮基，故称为偶氮染料(azo-dyes)，广泛用于棉、毛、丝、麻织品以及塑料、印刷、皮革、橡胶等产品的染色或生物切片的染色剂；而有些偶氮化合物由于颜色随溶液的 pH 值不同而改变，可用作酸碱指示剂。如酸性橙Ⅰ（acid orangeⅠ）常用于染羊毛、蚕丝织物，也可用作生物染色剂；甲基橙（methyl orange）则是常用的酸碱指示剂。

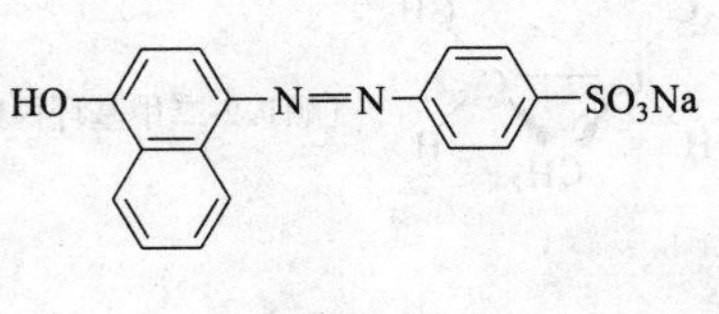

酸性橙 I

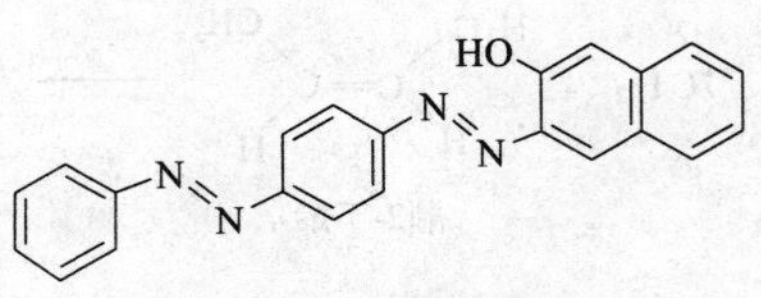

苏丹红 Ⅲ (Sudan Red，Sudan Ⅲ)

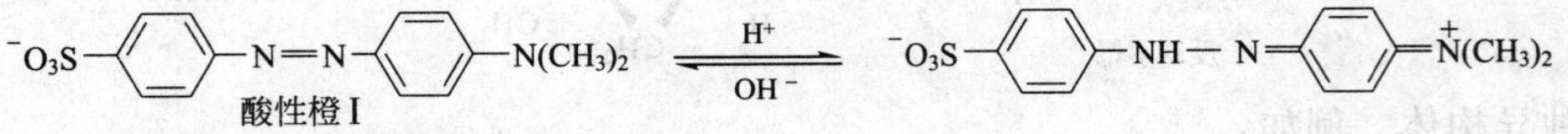

酸性橙 I

甲基橙　pH＞4.4(黄色)　　　　　　　　　　　　　　pH＜3.1(红色)

　　由于偶氮染料可被还原成具有致癌性的芳香胺类化合物，限制了其在日常生活用品中的应用，如世界上很多国家都已明令禁止苏丹红系列染料用在食品中。

　　脂肪族偶氮化合物在加热时分解，生成氮气和游离基；有的可作为游离基反应的引发剂。最常见的引发剂是偶氮二异丁腈，它在 70℃ 左右分解，是甲基丙烯酸甲酯等聚合反应的引发剂。

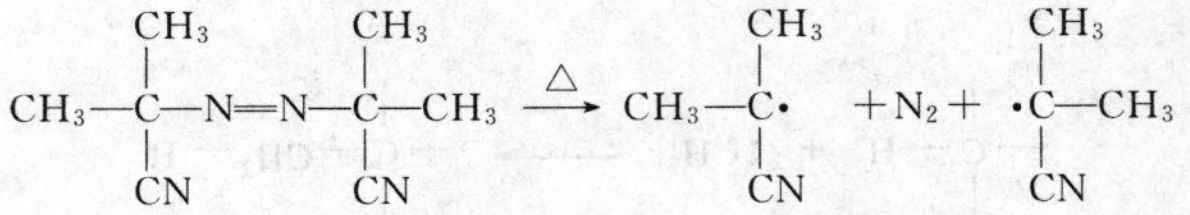

18.11　杂环化合物

　　在环状有机化合物中，构成环的原子除碳原子外，还含有其他的非碳原子，这类化合物总称杂环化合物(heterocyclic compound)；环上除碳以外的原子称为杂原子，常见的杂原子有氧、硫、氮。

　　内酯、内酰胺、环状酸酐、环醚等环状化合物含有杂原子，但它们的性质与相应开链化合物相似，为便于学习，通常将它们放入相关章节讨论。本章主要讨论的是环比较稳定，具有不同程度的芳香性的杂环化合物。

　　杂环化合物及其衍生物是有机化合物中数量最庞大的一类，占总数的 40% 以上，其数量仍在迅速增长。

　　杂环化合物广泛存在于自然界中。如核酸的碱基、植物的叶绿素和生物碱、动物的血红素等，它们在生命过程中起着重要作用。在现有的药物中，杂环类化合物也占了相当大的比重。如青霉素、头孢菌素、喹诺酮类以及治疗肿瘤喜树碱、紫杉醇等，都是含有杂环的化合物。因此杂环化合物对生命科学有极为重要的意义。此外，石油、煤焦油中也含有少量的杂环化合物，香料、染料、高分子材料等领域也都涉及杂环化合物。所以，杂环化合物的研究是有机化学领域中的一个重要部分。

18.11.1　杂环化合物的分类

　　杂环化合物的分类可根据环的多少分为单杂环化合物与稠杂环化合物；根据环的大小分为五元杂环化合物与六元杂环化合物；根据杂原子数目的多少分为单杂原子化合物与多杂原子的杂环化合物；根据所含杂原子和种类分为氧杂环、氮杂环与硫杂环等。

18.11.2　单杂环化合物的结构与芳香性

（1）五元单杂环

吡咯、呋喃与噻吩是含一个杂原子的五元杂环，它们具有相似的电子结构，处在同一平面上的五个原子均以 sp^2 杂化轨道相互连接成 σ 键，四个碳原子各有 1 个电子在 p 轨道上，杂原子有 2 个电子在 p 轨道上，这 5 个 p 轨道都垂直于环所在平面，形成了一个环形封闭的五原子 6π 电子的共轭体系，符合 Hückel 的 $4n+2$ 的规则。因此，具有芳香性。杂原子的第三个 sp^2 杂化轨道中，吡咯有一个电子，与氢原子形成 N-Hσ 键，呋喃和噻吩为一对未共用电子对，见图 18-54。

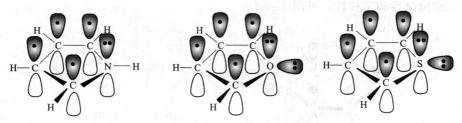

图 18-54　吡咯、呋喃和噻吩的轨道结构示意图

苯、噻吩、吡咯、呋喃的相对共振能值分别为 $150kJ \cdot mol^{-1}$、$121kJ \cdot mol^{-1}$、$89kJ \cdot mol^{-1}$、$66kJ \cdot mol^{-1}$。因此，呋喃、噻吩和吡咯芳香性的强弱次序与苯相比为：苯＞噻吩＞吡咯＞呋喃。

这与杂原子和碳原子的电负性有关，二者相差越小，芳香性越强。这也可从核磁共振位移值测知，芳香性越强的化合物，其邻位质子或碳的化学位移值相差越小，苯则为零。

由于杂原子上有一对电子参与共轭，电子云平均化的结果，使得杂原子上的电荷向碳环移动，所以极性降低。在吡咯、呋喃和噻吩中，诱导效应和共轭效应方向相反。呋喃和噻吩分子中由于分别含有 O、S，它们的电负性较大，吸电子的诱导效应大于供电子的共轭效应，因而偶极矩值比相应的饱和化合物小，但方向相同。而吡咯则由于氮的供电子共轭效应大于吸电子诱导效应，其偶极矩值比相应的饱和化合物大，但方向相反。

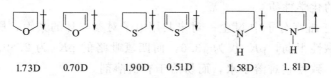

1.73D　　0.70D　　1.90D　　0.51D　　1.58D　　1.81 D

键长平均化程度也不一样。分子中键长数据如下：

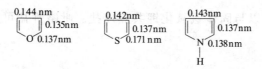

已知经典的键长数据为：

  C—C　0.154nm　　C—O　0.143nm　　C—S　0.182nm　　C—N　0.147nm

  C＝C　0.134nm　　C＝O　0.122nm　　C＝S　0.160nm　　C＝N　0.128nm

由此可见，五元杂环分子中的键长有一定程度的平均化，但不如苯那样完全平均化，因此芳香性较苯差，有一定程度的不饱和性及环的不稳定性，如芳香性较差的呋喃、吡咯可表现出共轭二烯的性质，可进行双烯加成。同时由于共轭，环上电子云密度较苯高，尤其是 α 位，比苯更易发生亲电取代反应。

（2）六元单杂环

吡啶是重要的六元杂环化合物。吡啶的结构与苯相似，只是将苯中一个 CH 换成 N 原子。成环的五个碳原子和一个氮原子都以 sp^2 杂化轨道成键，处于同一平面上，各提供一个电子的 p 轨道相互平行重叠，形成闭合的共轭体系，π 电子数为 6，符合 Hückel 的 $4n+2$ 规则，因而具有芳香性。氮原子上的一对未共用电子对占据在 sp^2 杂化轨道上，未参与成键，可以表现出碱性和亲核性，见图 18-55。

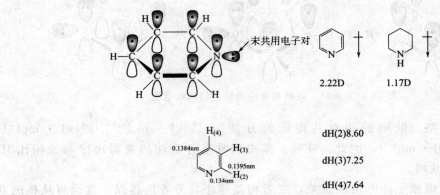

图 18-55　吡啶的结构示意图

在吡啶的分子中，由于氮原子的电负性较强，令杂环碳原子上的电子云密度降低，特别是 α-位和 γ-位降低的更多，因此吡啶环又被称做"缺 π"芳杂环。这一作用也使吡啶具有较强的极性，其偶极距值较大，吡啶的亲电取代反应较苯难发生，且主要进入 β-位，但 α-位和 γ-位可发生亲核取代反应。

18. 11. 3　单杂环化合物的化学性质

（1）五元杂环的化学性质

① 酸碱性　由于吡咯分子中 N 上一对未共用电子对参与环的共轭，所以难与质子结合，与相应的胺比较，碱性很弱，pK_b 仅为 13.6，而四氢吡咯的 pK_b 为 2.89。正因为如此，吡咯与水难形成氢键，致使它难溶于水，而易溶于有机溶剂。

此外共轭的结果，导致氮原子电子云密度降低，使 N—H 键极性增加，表现出弱酸性（$pK_a = 17.5$）。

吡咯在无水条件下可以与固体氢氧化钾共热成盐。吡咯钾盐可继续反应得到各种 α-取代产物。

$$\text{吡咯} + KOH \xrightarrow{\triangle} \text{吡咯钾} + H_2O$$

呋喃中的氧也因参与形成大 π 键而不具备醚的弱碱性。

② 亲电取代反应　吡咯、呋喃和噻吩分子的五原子六 π 电子共轭体系，使环上电子云密度增大，亲电取代反应比苯容易进行，反应活性吡咯＞呋喃＞噻吩＞苯，主要发生在电子云密度高的 α 位。环上已有的取代基和杂原子均有定位作用，故二元取代产物较为复杂，与反应条件密切相关。

a. 卤代　五元单杂环可与卤素迅速反应，生成卤代产物。

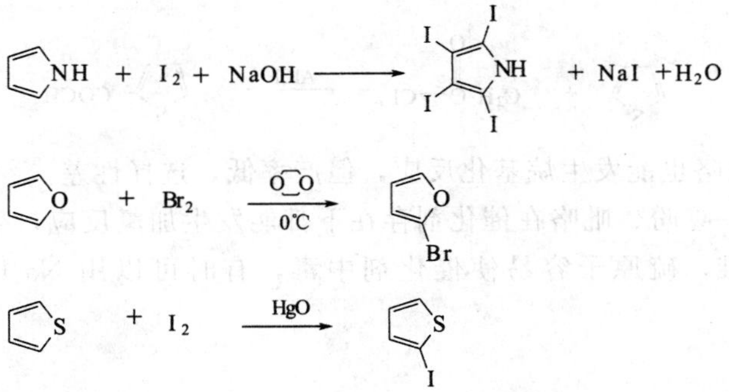

b. 硝化　呋喃与吡咯在强酸性条件下易开环形成聚合物，噻吩用混酸硝化时反应剧烈，易发生爆炸，所以不能采用混酸硝化，而是采用缓和硝化试剂——硝酸乙酰酯来进行：

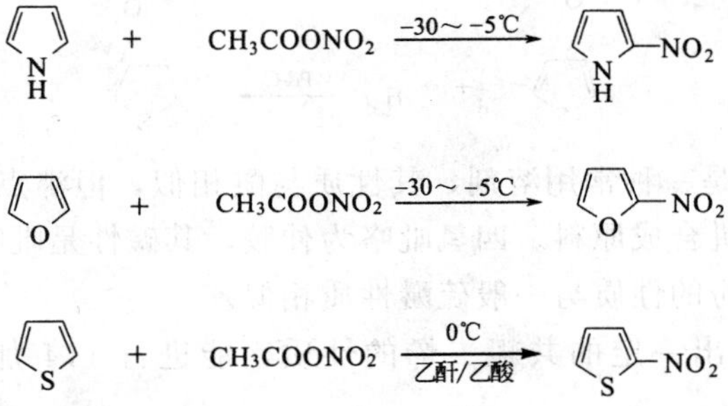

因硝酸乙酰酯具有爆炸性，需临用时现制，方法如下：将欲硝化的物质溶于乙酐中，冷却控制温度滴入硝酸，则按下式生成硝酸乙酰酯，并立即发生硝化反应。

c. 磺化　噻吩在室温下可与浓硫酸顺利发生磺化反应，吡咯、呋喃由于反应活性比噻吩要大，对强酸敏感，易开环聚合，所以，呋喃、吡咯不能直接用硫酸进行磺化反应。通常采用一种温和的磺化剂——吡啶磺酸：

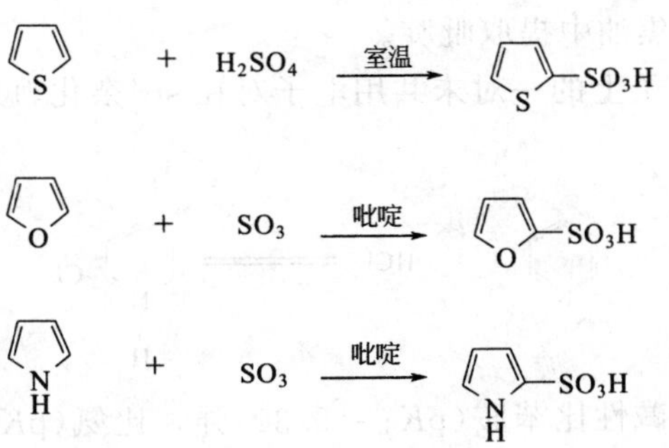

d. 傅-克酰基化

呋喃、噻吩、吡咯也能发生烷基化反应，但产率低，选择性差。

③ 加氢　呋喃、噻吩、吡咯在催化剂存在下都能发生加氢反应，生成相应的四氢化物。噻吩的氢化一般较难，硫原子容易使催化剂中毒，有时可以用 Na-Hg/C_2H_5OH 体系来还原。

四氢呋喃（THF）是一种常用溶剂，其性质与醚相似，但沸点高得多（67℃），且可溶于水，它还是重要的有机合成原料。四氢吡咯为仲胺，其碱性是吡咯的 10^{11} 倍，在有机合成中有重要用途。四氢噻吩的性质与一般硫醚性质相似。

呋喃和吡咯还表现出一定的共轭二烯的性质，能进行 1,4-加成和 Diels-Alder 反应。

（2）六元杂环的化学性质

① 吡啶　吡啶是重要的六元杂环化合物。吡啶存在于煤焦油中，与它一起存在的还有甲基吡啶。工业上多从煤焦油中提取吡啶。

a. 碱性　吡啶中氮原子上的一对未共用电子对在 sp^2 杂化轨道上，可接受质子或给出电子，呈现碱性。

吡啶的 $pK_b=8.81$，碱性比苯胺（$pK_b=9.30$）强，比氨（$pK_b=4.75$）和脂肪胺（$pK_b=3\sim5$）弱，这是由于氮的未共用电子处于 sp^2 杂化轨道上，s 成分较多，电子受原子核束缚较强，给电子倾向较小，较难与质子结合，因而碱性较弱。吡啶容易与无机酸酸反应成盐。实验室中常利用吡啶的这个性质来洗除反应体系中的酸。

　　b. 吡啶的亲电取代反应　　吡啶环上发生亲电取代反应的活性较差，远不如苯。吡啶进行卤代、硝化、磺化反应的条件较激烈，产率较低，主要生成 β-取代产物，不会发生傅-克反应。这是因为环中氮原子的吸电子诱导效应使环上电子云密度降低，此外，当亲电试剂与吡啶作用成盐，吡啶完全转化成正离子，加大了氮的吸电子能力，使环上亲电取代反应更难发生，如果用 Lewis 酸来催化反应，它们也会和吡啶成盐，同样使亲电取代反应更难发生。

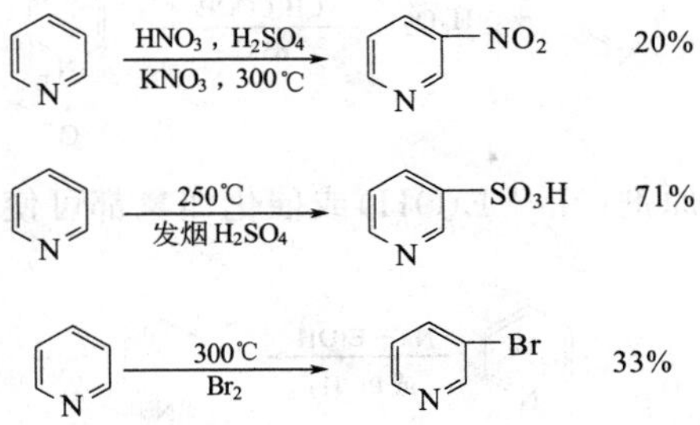

　　c. 吡啶的亲核取代反应　　由于吡啶环中的氮原子的吸电子作用，环上电子云密度的降低，易受强亲核试剂的进攻，在 α 位和 γ 位发生亲核取代反应，其中 α 位占主导地位，这是因为氮原子在 α 位诱导效应较强。吡啶的亲电取代反应中失去的是质子，而在亲核取代反应中，失去的是负氢离子。

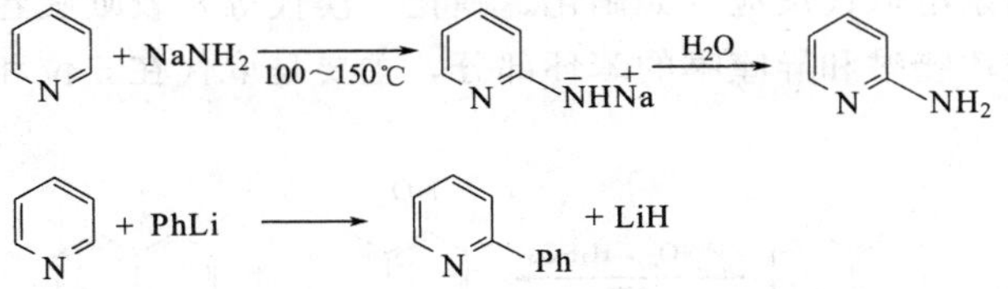

　　当 α 位或 γ 位有较好的离去基团（如卤素、硝基）时，亲核取代反应更易发生。这与形成的中间体负离子的稳定性有关。当亲核试剂在 α 位或 γ 位进攻时，可形成负电荷在电负性较强的氮原子上的共振极限结构，使共振结构因此稳定。例如：

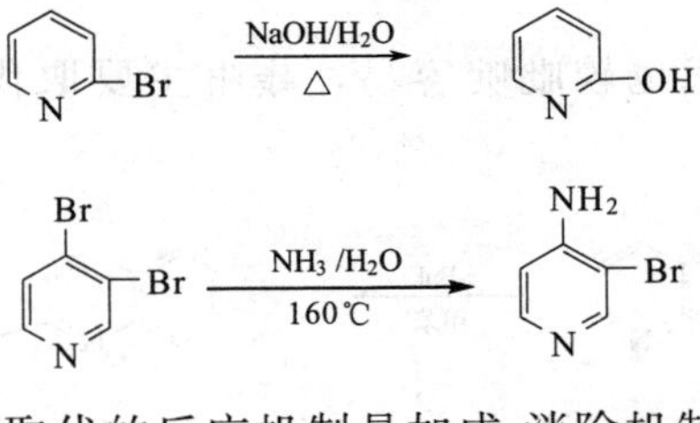

　　吡啶环上卤素被亲核试剂取代的反应机制是加成-消除机制，反应活性是 γ 位大于 α 位，它们远大于 β 位。

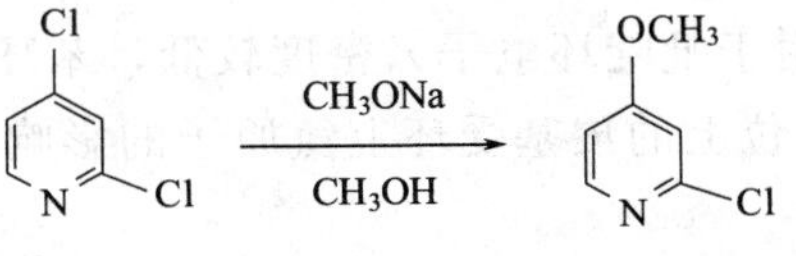

　　d. 吡啶的氧化与还原反应　　吡啶环由于环上电子云密度较低，对氧化剂较苯稳定，不易被氧化剂氧化，但烷基吡啶的侧链易被氧化剂氧化成相应的吡啶甲酸。例如：

吡啶与过酸作用时，可得到在合成上很有用的中间体—吡啶 N-氧化物。

吡啶比苯易还原，用还原剂（Na＋EtOH）或催化加氢都可使吡啶还原为六氢吡啶。

② 喹啉和异喹啉　喹啉和异喹啉在化学性质与萘和吡啶相近。由于喹啉和异喹啉分子中的氮原子的电子构型与吡啶中的氮原子相同，所以它们的碱性（喹啉 $pK_b=9.15$，异喹啉 $pK_b=8.86$）与吡啶相近。

喹啉和异喹啉的亲电取代反应（如硝化、磺化、溴代等）较吡啶容易进行。通常情况下亲电试剂总是优先进攻喹啉和异喹啉的苯环部分，主要是取代在 5 位和 8 位。

喹啉和异喹啉的亲核取代也较吡啶容易，喹啉主要取代在 2 位，异喹啉主要取代在 1 位。

喹啉和异喹啉氧化时，由于吡啶环电子云密度较低，苯环一侧易被氧化。喹啉氧化生成 2,3-吡啶二甲酸，加热后，α 位上的羧基受环上氮原子的影响易发生脱羧反应，生成 β-吡啶甲酸（烟酸）。

还原时，吡啶环优先被还原。如：

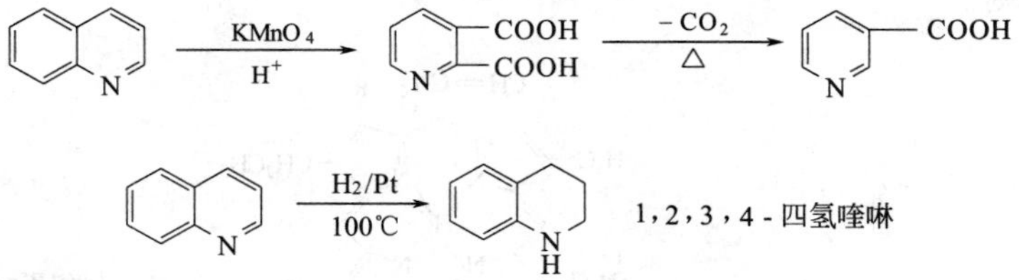

18.11.4　重要五元杂环及衍生物

（1）糠醛

糠醛即 α-呋喃甲醛，是呋喃的重要衍生物，因最初是从米糠中得到，故俗称糠醛。工业上除了用米糠制取糠醛外，还可从其他农副产品如麦秆、玉米芯、甘蔗渣、花生壳、高粱秆、大麦壳等制取。这些物质中含有戊聚糖，在稀酸（硫酸或盐酸）作用下水解成戊醛糖，进一步脱水环化即得糠醛。

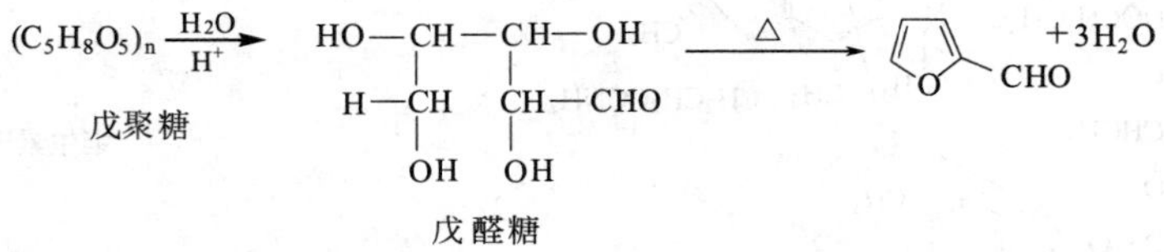

糠醛是无色液体，沸点 162℃，熔点 -36.5℃，可溶于水，并能与醇、醚混溶。糠醛与苯胺在醋酸存在下显红色，可用于糠醛的检验。

糠醛的化学性质与苯甲醛相似。可发生银镜反应、氧化反应、还原反应、交叉羟醛缩合反应等。

糠醛与乙酐在醋酸钠作用下，可发生珀金（perkin）反应。

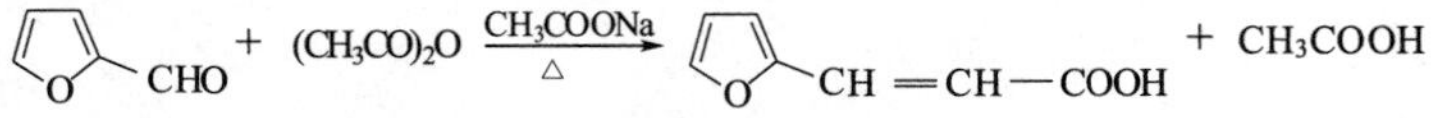

糠醛在浓碱作用下能发生康尼查罗（cannizzaro）反应，生成糠醇及糠酸。

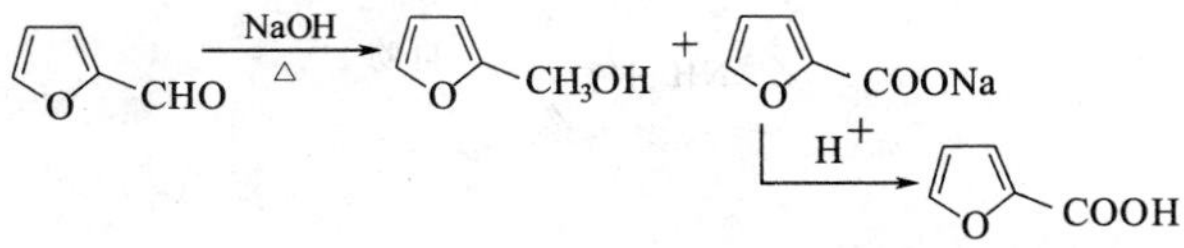

糠醛是常用的优良溶剂，也是有机合成的重要化工原料。它与水蒸气在催化剂作用下加热，可脱去醛基制得呋喃，还可用于酚醛树脂、电绝缘材料、药物及其他精细化工产品的制备。其衍生物如糠醇、糠酸、四氢糠醇等都是很好的合成原料。

（2）吡咯的衍生物

吡咯的衍生物广泛分布于自然界，如叶绿素、血红素都是吡咯衍生物，维生素 B_{12}（Vitamin B_{12}）、生物碱、胆红素等天然物质分子中都含有吡咯或四氢吡咯环。它们在动、植物的生理代谢中起着重要的作用。

叶绿素是绿色植物中的光合作用催化剂（结构式如图所示）；维生素 B_{12} 分子（结构式如图所示）是 1984 年由动物肝脏中提取到的一种深红色结晶，而后直到 1972 年才由 Woodward 等完成人工合成，历时二十余年。正是在合成 B_{12} 的基础上，Woodward 等提出了分子轨道对称守恒定则。

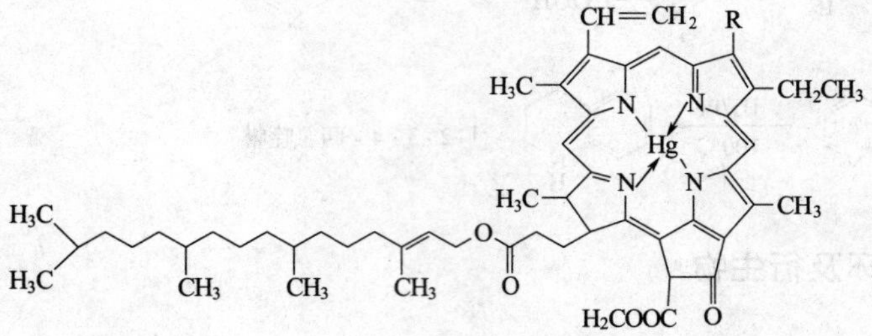

叶绿素结构式

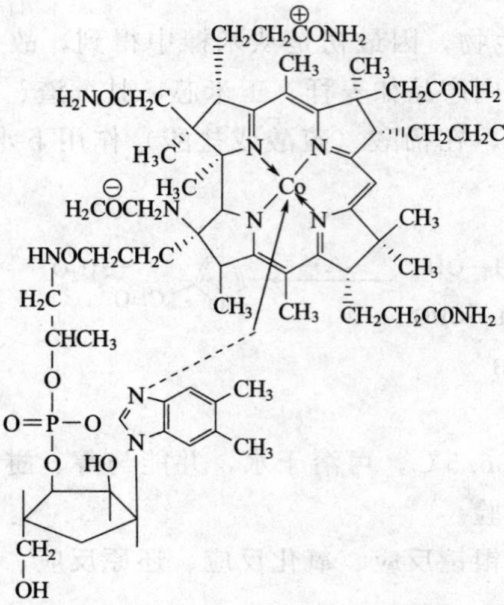

维生素B₁₂的结构式

这三种生物体中维系生命现象的重要活性物质的基本结构是由四个吡咯环的 α 碳原子通过四个次甲基（—CH ＝）相连而成的共轭体系，称为卟吩，再由卟吩环与不同金属离子配合形成的衍生物。

卟吩

第19章

元素化学

19.1 氢、氢能源

氢是宇宙间所有元素中含量最丰富的元素，估计占所有原子总数的90%以上。在自然界中氢主要以化合态存在。空气中氢的含量极微，但在星际空间含量却很丰富，幼年星体几乎100%是氢。水、碳氢化合物及所有生物的组织中都含有氢。

19.1.1 氢原子的性质及其成键特征

氢是元素周期表中第一号元素，在所有元素原子中氢原子的结构是最简单的，氢的电子层结构为$1s^1$。氢的同位素（The isotopes）"isotope"这个词是英国科学家索迪（F. Soddy）于1911年开始使用的，到了1919年另一位英国科学家阿斯顿（F. W. Aston）制成了质谱仪（mass spectroscopy），该仪器可以用来分离不同质量的粒子并且测定其质量。他用质谱仪先后从71种元素中陆续找到了202种同位素。最引人关注的是最轻的元素氢有没有同位素，前后用了十几年时间，没有得到肯定的结果。到了1931年年底美国哥伦比亚大学的尤里（Urey）教授和他的助手把5L液氢在三相点（14K）下缓慢蒸发，在最后剩下的2mL液氢中，发现了质量数为2的重氢，称为氘。后来英国、美国科学家又发现了质量数为3的氚。氘的发现是科学界在20世纪30年代初的一件大事。尤里因该成果，获得1934年的诺贝尔化学奖。

已知氢有三种同位素，其中^1_1H（氕，符号H，protium）占其总量的99.98%，^2_1H（氘，符号D, deuterium）占0.016%，^3_1H（氚，符号T, tritium）占总量的0.004%。由于它们的质子数相同而中子数不同，因而它们的单质和化合物的化学性质基本相同，物理性质和生物性质则有所不同。如H_2沸点=20.4K，D_2沸点=23.5K，因为氘原子的质量比氢原子重一倍，H_2O与D_2O沸点（101.4℃）上的差别反映了重水中的氢键比普通水中的氢键更强些。氢的一些重要性质列于表19-1中。

表 19-1 氢的性质

价层电子构型	原子半径/pm	氧化数	电离能/kJ·mol^{-1}	电子亲和能/kJ·mol^{-1}	电负性
$1s^1$	37	$-1,0,+1$	1312	-72.8	2.20

从表19-1可看出，氢的电离能并不小（比碱金属几乎大2～3倍）；电子亲和能代数值也不太小；电负性在元素中处于中间地位，所以氢与非金属和金属都能化合，它的成键方式

主要有以下几种情况。

（1）失去价电子

氢原子失去 1s 电子就成为 H^+，H^+ 实际上是氢原子的核即质子，由于质子的半径为氢原子半径的几万分之一，因此质子具有很强的电场，能使邻近的原子或分子强烈地变形。H^+ 在水溶液中与 H_2O 结合，以水合氢离子（H_3O^+）存在。

（2）结合一个电子

氢原子可以结合 1 个电子而形成具有氦原子 $1s^2$ 结构的 H^-，这是氢和活泼金属相化合形成离子型氢化物（如 NaH、CaH_2）时的价键特征。

（3）形成共价化合物

氢很容易同其他非金属通过共用电子对相结合，形成共价型氢化物（如 HCl、H_2S、NH_3 等）。

从氢的原子结构和成键特征来看，氢在元素周期表中的位置是不易确定的。氢与ⅠA族、ⅦA族元素相比在性质上有所不同，但考虑氢原子失去一个电子后变成 H^+，与碱金属相似，因此有人将氢归入ⅠA族；如考虑氢原子得到一个电子后变成 H^-，与卤素相似，所以也有人把氢归入到ⅦA族中。可见，氢的化学性质有其特殊性。

19.1.2 氢气的物理性质与化学性质

氢气的主要物理性质列入表 19-2 中。

表 19-2　氢气的主要物理性质

熔点/℃	沸点/℃	气体密度/$g \cdot cm^{-3}$	熔化热/$J \cdot mol^{-1}$	汽化热/$J \cdot mol^{-1}$	热导率/$W \cdot m^{-1} \cdot K^{-1}$
−259.23	−252.77	8.988×10^{-5}（为空气的 1/14 倍）	117.15	903.74	0.187（为空气的 5 倍）

氢气是无色、无臭、无味的气体，是所有气体中最轻的。因此，可用以填充气球。氢气球可以携带仪器作高空探测。在农业上使用氢气球携带干冰、碘化银等试剂在云层中喷撒，进行人工降雨。

氢的扩散性最好，导热性强。由于氢分子之间引力小，致使 H_2 熔点、沸点极低（可利用液态氢获得低温），很难液化。通常是将氢压缩在钢瓶中以供使用。若用液态空气将氢气冷却、压缩，再使其膨胀，可将氢气液化。液氢是重要的高能燃料，美国宇宙航天飞机和我国"长征"三号火箭所用燃料均为液氢。同时液氢还是超低温制冷剂。可将除氦外的所有气体冷冻成为固体。在减压情况下，使液氢蒸发、凝固，可得固态氢（11K 时密度为 $0.0708 g \cdot cm^{-3}$）。另外，早在 20 世纪 70 年代已有关于在 20K、2.8×10^3 kPa 条件下制得金属氢（密度为 $1.3 g \cdot cm^{-3}$）的报导，揭示了金属元素与非金属元素之间并无不可逾越的界限。

氢在水中的溶解度很小，0℃时每升水中可溶解 19.9mL 氢，但它却能大量地被过渡金属镍、钯、铂等所吸收。若在真空中把吸有氢气的金属加热，氢气即可放出。利用这种性质可以获得极纯的氢气。

氢分子在常温下不活泼。由于氢原子半径特别小，又无内层电子，因而氢分子中共用电子对直接受核的作用，形成的 σ 键相当牢固，故 H_2 的解离能相当大。

$$H_2 \longrightarrow 2H; \quad D(H-H) = 436 kJ \cdot mol^{-1}$$

相反，当已解离的氢原子重新结合为分子时，将放出同样多的热量，利用这种性质可以设计能获得 3500℃ 高温的原子氢吹管，用以熔化最难熔的金属（如 W、Ta 等）。

氢气可在氧气或空气中燃烧，得到的氢氧焰温度可高达 3000℃，适用于金属切割或焊接。其反应为

$$H_2 + \frac{1}{2}O_2 \rightarrow H_2O; \quad \Delta_r H_m^T = -285.830 \text{kJ} \cdot \text{mol}^{-1}$$

在点燃氢气或加热氢气时，必须确保氢气的绩效，以免发生爆炸事故。使用氢气的厂房要严禁烟火，加强通风。

加热时，氢气可与许多金属或非金属反应，形成各类氢化物。在高温下，氢作为还原剂与氧化物或氯化物反应，将某些金属或非金属还原出来。电气工业需要的高纯钨和硅就是用这种方法抽取的：

$$2WO_3 + 3H_2 \xrightarrow{\text{高温}} 2W + 3H_2O$$

$$SiHCl_3 + H_2 \xrightarrow{\text{高温}} Si + 3HCl$$

氢气能使粉红色的 $PdCl_2$ 水溶液迅速变黑（析出金属钯粉），借此反应可检出 H_2：

$$PdCl_2 \text{(aq)} + H_2 \text{(g)} \longrightarrow Pd \text{(s)} \downarrow + 2HCl \text{(aq)}$$

高温下（如 2000K 以上），氢分子可分解为原子氢。太阳中存在的主要是原子氢。原子氢比分子氢性质活泼得多，能在常温下将铜、铁、铋、汞、银等的氧化物或氯化物还原为金属，又能直接与硫作用生成硫化氢：

$$2H + CuCl_2 \longrightarrow Cu + 2HCl$$

$$2H + S \longrightarrow H_2S$$

氢气是化学和其他工业和重要原料。据估计，目前世界氢气的年产量在标准状况下的体积大致为 $10^{11} \sim 10^{12} \text{m}^3$，主要用于化学、冶金、电子、建材和航天等工业。

19.1.3　氢气的制备

实验室中通常是用锌与盐酸或稀硫酸作用制取氢气：

$$2H^+ + Zn \longrightarrow Zn^{2+} + H_2 \uparrow$$

军事上使用的信号气球和气象气球所充的氢气，常用离子型氢化物同水的反应来制取：

$$CaH_2 + 2H_2O \longrightarrow Ca(OH)_2 + 2H_2 \uparrow$$

由于 CaH_2 便携带，而水又易得，所以此法很适用于野外作业制氢。

氢的工业制法主要有以下几种。

（1）矿物燃料转化法

在催化剂存在下，天然气（主要成分为 CH_4）或焦炭与水蒸气作用，可以得到水煤气（CO 和 H_2 的混合气）：

$$CH_4\text{(g)} + H_2O\text{(g)} \xrightarrow[700\sim870℃]{\text{Ni-Co 催化剂}} CO\text{(g)} + 3H_2\text{(g)}$$

$$C + H_2O\text{(g)} \xrightarrow{1000℃} CO\text{(g)} + H_2\text{(g)}$$

将水煤气再与水蒸气反应，在铁铬催化剂的存在下，变成二氧化碳和氢的混合气：

$$CO\text{(g)} + H_2O\text{(g)} \xrightarrow[400\sim600℃]{\text{催化剂}} CO_2\text{(g)} + H_2\text{(g)}$$

除去 CO_2 后可以得到氢气。该法制氢伴有大量 CO_2 排出，近年来已开发的无 CO_2 排放的矿物燃料制氢技术，将 CO_2 转化为固体炭，减轻了对大气的污染，且得到纯度较高的

氢气。

（2）电解法

用直流电电解 15%～20%氢氧化钠溶液，在阴极上放出氢气，在阳极上放出氧气。

阴极： $$2H^+ + 2e^- \longrightarrow H_2 \uparrow$$

阳极： $$4OH^- - 4e^- \longrightarrow 2H_2O + O_2 \uparrow$$

阴极上产生的氢气纯度达 99.5%～99.9%，所以工业上氢化反应应用的氢气常通过电解法制得。另外，氯碱工业中电解食盐溶液制备 NaOH 时，产生大量的 H_2。

（3）在野外工作时，利用硅的两性与碱反应

$$Si + 2NaOH + H_2O \longrightarrow Na_2SiO_3 + 2H_2 \uparrow$$

用含硅百分比高的硅铁粉末与干燥的 $Ca(OH)_2$ 和 NaOH 的混合物点火燃烧能剧烈反应，放出 H_2。优点是携带方便，比酸法耗金属少，且所需碱液浓度不高。

据统计，目前世界上的氢气约 96%的产量是由天然气、煤、石油等矿物燃料转化生产的，电解法制氢因耗电量大、成本高，只占 4%。近年来制氢的研究进展较快，许多高新技术用于制氢，如利用太阳能光化学催化分解水、高温电解水、光蒸气及热化学循环分解水等工艺。此外，科学工作者还发现，某些微生物在太阳光作用下能产生氢气，因而探讨微生物产生氢气的原理及如何提高微生物产氢的能力是目前的一个重要研究课题。等离子化学法制氢的研究也极引人注目，一旦工艺成熟，将成为工业制氢的重要途径之一。

19.1.4　氢能源

氢能是人类能够从自然界获取的储量最丰富且高效的能源。作为能源，氢能具有无可比拟的潜在开发价值。

① 氢是自然界存在最普遍的元素，据估计它构成了宇宙质量的 75%，除空气中含有氢气外，它主要以化合物的形态贮存于水中，而水是地球上最广泛的物质。

② 除核燃料外，氢的发热值是所有化石燃料、化工燃料和生物燃料中最高的，达 142.351kJ·kg^{-1}，每千克氢燃烧后的热量约为汽油的 3 倍，酒精的 3.9 倍，焦炭的 4.5 倍。

③ 所有元素中，氢重量最轻。在标准状态下，它的密度为 0.0899g·L^{-1}；氢可以以气态、液态或固态的金属氢化物出现，能适应贮运及各种应用环境的不同要求。

④ 氢燃烧性能好，点燃快，与空气混合时有广泛的可燃范围，而且燃点高，燃烧速度快。

⑤ 氢本身无毒，与其他燃料相比氢燃烧时最清洁，除生成水和少量氮化氢外不会产生诸如一氧化碳、二氧化碳、碳氢化合物、铅化物和粉尘颗粒等对环境有害的污染物质，少量的氮化氢经过适当处理也不会污染环境，而且燃烧生成的水还可继续制氢，反复循环使用。

⑥ 氢能利用形式多，既可以通过燃烧产生热能，在热力发动机中产生机械功，又可以作为能源材料用于燃料电池，或转换成固态氢用作结构材料。用氢代替煤和石油，不需对现有的技术装备作重大的改造，现在的内燃机稍加改装即可使用。

⑦ 所有气体中，氢气的导热性最好，比大多数气体的导热系数高出 10 倍，因此在能源工业中氢是极好的传热载体。

（1）氢能源的开发与制备

① 从含烃的化石燃料中制氢　这是过去以及现在采用最多的方法，它是以煤、石油或天然气等化石燃料作原料来制取氢气。自从天然气大规模开采后，传统制氢的工业中有

96%都是以天然气为原料，天然气和煤都是宝贵的燃料和化工原料，其储量有限，且制氢过程会对环境造成污染，用它们来制氢显然摆脱不了人们对常规能源的依赖和对自然环境的破坏。

② 电解水制氢　这种方法是基于氢氧可逆反应分解水来实现的。为了提高制氢效率，电解通常在高压下进行，采用的压力多为 3.0～5.0MPa。目前电解效率为 50%～70%。由于电解水的效率不高且需消耗大量的电能，因此利用常规能源生产的电能来进行大规模的电解水制氢显然是不合算的。

③ 生物制氢　生物制氢以生物活性酶为催化剂，利用含氢有机物和水将生物能和太阳能转化为高能量密度的氢气。与传统制氢工业相比，生物制氢技术的优越性体现在：所使用的原料极为广泛且成本低廉，包括一切植物、微生物材料，工业有机物和水；在生物酶的作用下，反应条件为温和的常温常压，操作费用十分低廉；产氢所转化的能量来自生物质能和太阳能，完全脱离了常规的化石燃料；反应产物为二氧化碳、氢气和氧气，二氧化碳经过处理仍是有用的化工产品，可实现零排放的绿色无污染环保工程。由此可见，发展生物制氢技术符合国家对环保和能源发展的中、长期政策，前景光明。

a. 微生物制氢　利用微生物在常温常压下进行酶催化反应可制得氢气。这方面的最初探索大概在 1942 年前后。科学家们首先发现一些藻类的完整细胞，可以利用阳光产生氢气。7 年之后，又有科学家通过试验证明某些具有光合作用的菌类也能产生氢气。此后，许多科学工作者从不同角度展开了利用微生物产生氢气的研究。近年来，已查明在常温常压下以含氢元素物质（包括植物淀粉、纤维素、糖等有机物及水）为底物进行生物酶催化反应来制得氢气的微生物可分为 5 个种类，即：异养型厌氧菌、固氮菌、光合厌氧细菌、蓝细胞和真核藻类。其中蓝细胞和真核藻类产氢所利用的还原性含氢物质是水；异养型厌氧菌、固氮菌、光合厌氧细菌所利用的还原性含氢物质则是有机物。按氢能转化的能量来源来分，异养型厌氧菌，固氮菌依靠分解有机物产生 ATP 来产氢；而真核藻类、蓝细胞、光合厌氧细菌则能通光合作用将太阳能转化为氢能。

b. 生物质制氢　在生物技术领域，生物质又称生物量，是指所有通过光合作用转化太阳能生长的有机物，包括高等植物、农作物及秸秆、藻类及水生植物等。利用生物质制氢是指用某种化学或物理方式把生物质转化成氢气的过程。降低生物制氢成本的有效方法是应用廉价的原料，常用的有富含有机物的有机废水，城市垃圾等，利用生物质制氢同样能够大大降低生产成本，而且能够改善自然界的物质循环，很好地保护生态环境。

通过陆地和海洋中的光合作用，每年地球上所产生物量中所含的能量是全世界人类每年消耗量的 10 倍。生物质的使用为液态燃料和化工原料提供了一个有充足选择余地的可再生资源，只要生物质的使用跟得上它的再生速度，这种资源的应用就不会增加空气中 CO 的含量。就纤维素类生物质而言，我国农村可供利用的农作物秸秆达 5 亿～6 亿吨，相当于 2 亿多吨标准煤。林产加工废料约为 3000 万吨，此外还有 1000 万吨左右的甘蔗渣。这些生物质资源中，有 16%～38%是作为垃圾处理的，其余部分的利用也多处于低级水平，如造成环境污染的随意焚烧、采用热效率仅约为 10%的直接燃烧方法等。开发生物质制氢技术将是解决上述问题的一条很好的途径。

（2）氢能的储备

目前储氢技术分为两大类即物理法和化学法。前者主要包括液化储氢、压缩储氢、碳质材料吸附、玻璃微球储氢等；后者主要包括金属氢化物储氢、无机物储氢、有机液态氢化物储氢等。传统的高压气瓶或以液态、固态储氢都不经济也不安全，而使用储氢材料储氢能很好地解决这些问题。目前所用的储氢材料主要有合金、碳材料、有机液体以及络合物等。

① 金属氢化物储氢材料　金属氢化物是氢和金属的化合物。氢原子进入金属价键结构形成氢化物。金属氢化物在较低的压力 100MPa 下具有较高的储氢能力，可达到每立方米 100kg 以上，但由于金属密度很大，导致氢的质量百分含量很低，只有 5% 左右。

储氢合金不仅具有安全可靠、储氢能耗低、单位体积储氢密度高等优点，还有将氢气纯化、压缩的功能，是目前最常用的储氢材料。按储氢合金材料的主要金属元素区分，可分为稀土系、钙系、钛系、锆系、镁系等。

a. 稀土系储氢合金　LaNi 是较早开发的稀土储氢合金，它的优点是活化容易、分解氢压适中、吸放氢平衡压差小、动力学性能优良、不易中毒。但它在吸氢后会发生晶格膨胀，合金易粉碎。

b. 镁系储氢材料　镁系储氢合金具有较高的储氢容量，而且吸放氢平台好、资源丰富、价格低廉，应用前景十分诱人。但其吸放氢速度较慢、氢化物稳定导致释放氢温度过高、表面容易形成一层致密的氧化膜等缺点，使其实用化进程受到限制。镁具有吸氢量大（MgHO 含氢的质量分数为 7.6%）、重量轻、价格低等优点，但放氢温度高且吸放氢速度慢。通过合金化可改善镁氢化物的热力学和动力学特性，从而出现实用的镁基储氢合金。

c. 钛系储氢合金　钛系储氢合金最大的优点是放氢温度低（−30℃）、价格适中，缺点是不易活化、易中毒、滞后现象比较严重。近年来对于 Ti-V-Mn 系储氢合金的研究开发十分活跃，通过亚稳态分解形成的具有纳米结构的储氢合金吸氢质量分数可达 2% 以上。

d. 钒基固溶体型储氢合金　钒可与氢生成 VH 氢化物。钒基固溶体型储氢合金的特点是可逆储氢量大、可常温下实现吸放氢、反应速率大，但合金表面易生成氧化膜，增大激活难度。金属氢化物储氢具有较高的容积效率，使用也比较安全，但质量效率较低。如果质量效率能够被有效提高的话，这种储氢方式将是很有希望的交通燃料的储存方式。

② 碳质储氢材料　在吸附储氢的材料中，碳质材料是最好的吸附剂，它对少数的气体杂质不敏感，且可反复使用。碳质储氢材料主要是高比表面积活性炭、石墨纳米纤维（GNF）和碳纳米管（CNT）。

a. 超级活性炭吸附储氢　超级活性炭储氢始于 20 世纪 70 年代末，是在中低温（77～273K）、中高压（1～10MPa）下利用超高比表面积的活性炭作吸附剂的吸附储氢技术。与其他储氢技术相比，超级活性炭储氢具有经济、储氢量高、解吸快、循环使用寿命长和容易实现规模化生产等优点，是一种很具潜力的储氢方法。

b. 碳纳米管/纳米碳纤维吸附储氢　从微观结构上来看，碳纳米管是由一层或多层同轴中空管状石墨烯构成，可以简单地分为单壁碳纳米管、多壁碳纳米管以及由单壁碳纳米管束形成的复合管，管直径通常为纳米级，长度在微米到毫米级。石墨纳米纤维的储氢能力取决于其纤维结构的独特排布。氢气在碳纳米管中的吸附储存机理比较复杂。根据吸附过程中吸附质与吸附剂分子之间相互作用的区别，以及吸附质状态的变化，可分为物理吸附和化学吸附。

③ 配合物储氢材料　配合物用来储氢起源于硼氢化配合物的高含氢量，日本的科研人员首先开发了氢化硼钠和氢化硼钾等配合物储氢材料，它们通过加水分解反应可产生比其自身含氢量还多的氢气。后来有人研制了一种被称为 "Aranate" 的新型储氢材料：氢化铝配合物。这些配合物加热分解可放出总量高达 7.4%（质量分数）的氢。氢化硼和氢化铝配合

物是很有发展前景的新型储氢材料，但为了使其能得到实际应用，人们还需探索新的催化剂或将现有的钛、锆、铁催化剂进行优化组合以改善 NaAlH 等材料的低温放氢性能，而且对于这类材料的回收再生循环利用也须进一步深入研究。

④ 有机物储氢材料　有机液体氢化物储氢技术是 20 世纪 80 年代国外开发的一种新型储氢技术，其原理是借助不饱和液体有机物与氢的一对可逆反应，即加氢反应和脱氢反应实现的。烯烃、炔烃和芳烃等不饱和有机物均可作为储氢材料，但从储氢过程的能耗、储氢量、储氢剂和物理性质等方面考虑，以芳烃特别是单环芳烃为佳。目前研究表明，只有苯、甲苯的脱氢过程可逆且储氢量大，是比较理想的有机储氢材料。有机物储氢的特点是：储氢量大；便于储存和运输；可多次循环使用；加氢反应放出大量热可供利用。

19.2　ⅠA、ⅡA 族元素及其化合物

19.2.1　概述

s 区元素包括碱金属和碱土金属。碱金属（ⅠA 族）包括：锂、钠、钾、铷、铯、钫。ⅠA 族元素的氢氧化物（MOH）都是易溶于水（LiOH 除外）的强碱，所以称为碱金属。碱土金属（ⅡA 族）包括：铍、镁、钙、锶、钡、镭。ⅡA 族元素的氧化物难熔，被称为"土"，又因为它们与水作用显碱性，所以称为碱土金属。第二周期的 Li 和 Be 元素的性质在各自族中较为特殊。表 19-3 和表 19-4 分别列出了碱金属和碱土金属元素的基本性质。

表 19-3　碱金属元素的基本性质

元素	锂 Li	钠 Na	钾 K	铷 Rb	铯 Cs
原子序数	3	11	19	37	55
电子层结构	[He]2s^1	[Ne]3s^1	[Ar]4s^1	[Kr]5s^1	[Xe]6s^1
金属半径/pm	152	186	227	248	265
M$^+$ 半径/pm	68	95	133	148	169
I_1/kJ·mol^{-1}	520.2	495.8	418.8	403.0	375.7
I_2/kJ·mol^{-1}	7298.1	4561.5	3051.7	2632.6	2233
电负性	1.0	0.9	0.8	0.8	0.8
氧化态	+1	+1	+1	+1	+1

表 19-4　碱土金属元素的基本性质

元素	铍 Be	镁 Mg	钙 Ca	锶 Sr	钡 Ba
原子序数	4	12	20	38	56
电子层结构	[He]2s^2	[Ne]3s^2	[Ar]4s^2	[Kr]5s^2	[Xe]6s^2
金属半径/pm	111	160	197	215	217
M$^+$ 半径/pm	45	72	100	118	136
I_1/kJ·mol^{-1}	899	738	590	549	503
I_2/kJ·mol^{-1}	1757	1451	1145	1064	965
电负性	1.5	1.2	1.0	1.0	—
氧化态	+2	+2	+2	+2	+2

　　碱金属和碱土金属元素的价电子层结构分别是 ns^1 和 ns^2，次外层为稳定的 8 电子（Li 和 Be 为 2 电子）结构，在同一周期中，它们的原子半径大和核电荷少，极易失去最外层 s 电子形成氧化态为 +1 和 +2 的离子，这些阳离子（8 电子构型）的极化作用较小，一般形成离子型化合物。然而，Li^+ 和 Be^{2+} 为 2 电子构型，且半径小于同族其他阳离子，极化作用较大，故锂、铍的化合物具有一定程度的共价性。

　　由表 19-3 和表 19-4 可知，s 区元素的原子结构特点是，最外电子层只有 1～2 个 s 电子，内层为稀有气体的电子层结构。由于最外层电子数目少，内层的电子层结构稳定，原子半径又较大，原子核对最外层电子的吸引力弱，因此 s 区元素表现出很强的金属性。在同一族元素中，由上往下，原子半径显著增大的因素起主要作用，使其金属性依次增强。

　　s 区元素在形成化合物后，其氧化态只有一种，即碱金属只显 +1 价，碱土金属只显 +2 价。这是因为碱金属的第二电离能很大，在化学反应的条件下，失去 1 个电子之后不可能再失去第 2 个电子。碱土金属的第二电离能虽比第一电离能大约 1 倍，但由于生成 M^{2+} 化合物时的晶格能和水合热很大，足以补偿第二电离能，故在固体和水溶液中碱土金属不存在 M^+。

　　由于锂、铍原子的次外层为 2e 构型，而且半径又比其本族其他元素的小，造成锂、铍及其化合物与其本族元素的性质有明显的差别，这称为锂、铍的特殊性。例如，LiCl 的键型有明显的共价性，$BeCl_2$ 为共价化合物，而本族其他元素的氯化物均为离子化合物。

19.2.2　单质的性质

（1）物理性质

　　物理性质碱金属的熔点较低，除锂以外都在 100℃ 以下。其中铯的熔点最低，只有 28.5℃，与镓相似，放在手中就能熔化。碱金属的熔沸点差较大，沸点一般比熔点高 700℃ 以上。碱金属的硬度都小于 1，可以用刀子切割，铯的（莫氏）硬度只有 0.2。碱金属的密度也比较小，属于轻金属，其中锂、钠、钾的密度比水还小。在所有金属中锂的密度最小，只有 0.53，接近于水的一半。

　　在碱土金属晶体中，每个金属原子可以提供 2 个价电子参与成键，因而碱土金属的金属键比碱金属的金属键要强。碱土金属的熔沸点、硬度、密度都比碱金属高得多。碱金属和碱土金属都显银白色，有一定的导电性、导热性。

　　由锂到铯随着原子半径的增大，金属键逐渐减弱，熔点和沸点依次降低，硬度和升华热也依次减小。铯是碱金属中熔点和沸点最低、硬度和升华热最小的金属。碱金属的价电子易受光激发而电离，是制造光电管的优质材料。某些金属单质及其盐在无色火焰中灼烧，能使火焰呈现出各种特征的颜色，这叫焰色反应。碱金属及其离子都有特征的火焰颜色表 19-5。

表 19-5　碱金属及其离子的火焰颜色

锂	钠	钾	铷	铯
红色	黄色	紫色	红紫色	蓝色

据此可以对它们进行定性鉴别。

（2）化学性质

　　碱金属和碱土金属都有很强的还原性，与许多非金属单质直接反应生成离子型化合物。在绝大多数化合物中，它们以阳离子形式存在。除 Mg、Be 外，其他碱金属、碱土金属不能存放于空气中。

① 与水的反应　碱金属及钙、锶、钡与水反应生成氢氧化物和氢气。锂、钙、锶、钡亏水反应比较平稳，因为锂、钙、锶、钡的熔点较高，不易熔化，因而与水反应相对比较缓慢；另外，由于碱土金属的氢氧化物溶解度较小，生成的氢氧化物覆盖在金属表面阻碍金属与水的接触，从而减缓了金属与水的反应速度。铍和镁的金属表面可以形成致密的氧化物保护膜，常温下它们对水是稳定的。加热时，镁可以缓慢地和水反应，铍则同水蒸气也不发生反应。其他碱金属与水反应非常剧烈，量大时会发生爆炸。这些碱金属的熔点很低，与水反应放出的热量使金属熔化为液态，更有利于反应的进行。碱金属的氢氧化物溶解度很大，反应中生成的氢氧化物迅速溶于水中，不会对反应起阻碍作用。

② 与液氨的反应　碱金属及钙、锶、钡都可溶于液氨中生成蓝色的导电溶液。这种液氨溶液含有金属离子和溶剂化的自由电子，由于这种电子非常活泼，所以金属的氨溶液是一种能够在低温下使用的强还原剂。当长时间放置或有催化剂（如过渡金属氧化物）存在时，碱金属的液氨溶液中可以发生如下反应：

$$2Na + 2NH_3 \longrightarrow 2NaNH_2 + H_2$$

③ 空气中的反应　碱金属和碱土金属在空气中缓慢氧化变成普通氧化物。燃烧时：

$$Na \longrightarrow Na_2O_2；Li \longrightarrow Li_2O + Li_3N；Mg \longrightarrow MgO + Mg_3N_2；K \longrightarrow KO_2$$

④ 与 C_2H_5OH 反应　碱金属溶于无水乙醇，生成乙醇盐并放出氢气，如：

$$2Na + 2C_2H_5OH \longrightarrow 2C_2H_5ONa + H_2$$

⑤ 汞齐的生成　金属钠溶于水银，可以形成钠汞齐。钠汞齐的颜色、状态、反应活性决定于 Na∶Hg 比例。钠含量越高，硬度越大、灰色越深、反应活性越高。

19.2.3　重要化合物

（1）氢化物

碱金属和碱土金属（活泼的 Ca、Sr、Ba）在高温下与 H 反应，生成离子型的氢化物 MH 和 MH_2。例如：

$$2Na + H_2 \xrightarrow{\triangle} 2NaH$$

$$Ca + H_2 \xrightarrow{\triangle} CaH_2$$

这类化合物都是白色盐状晶体（常因含少量金属而显灰色），其中的氢以 H^- 的形式存在。离子氢化物的热稳定性差异较大，除 LiH、BaH_2。具有较高熔点（965K、1473K）外，其他氢化物在熔化前就已分解成单质。碱土金属的氢化物比碱金属的氢化物热稳定性要高一些。离子型氢化物可溶解在熔融的碱金属卤化物中，电解此混合物，在阳极得到 H_2，可证明 H^- 的存在。

因此，它们具有很强的还原性。例如，它们易与水反应产生氢气，即：

$$MH + H_2O \longrightarrow MOH + H_2$$

故 CaH_2 常用做野外作业的生氢剂。

在 400℃时，NaH 可以把 $TiCl_4$ 还原成金属钛。

$$TiCl_4 + 4NaH \longrightarrow Ti + 4NaCl + 2H_2$$

离子型氢化物在受热时可分解为氢气和游离金属。

$$2MH \longrightarrow 2M + H_2$$

$$MH_2 \longrightarrow M + H_2$$

　　不同氢化物的分解温度是不同的。碱金属氢化物中，氢化锂最稳定；碱土金属氢化物中，氢化钙最稳定。离子型氢化物在非水极性溶剂中同 B^{3+}、Al^{3+} 等结合形成复合氢化物。这类氢化物包括 $Na[BH_4]$、$Li[AlH_4]$ 等。

$$2LiH + B_2H_6 \longrightarrow 2Li[BH_4]$$

$$4LiH + AlCl_3 \xrightarrow{\text{乙醚}} Li[AlH_4] + 3LiCl_3$$

　　其中 $Li[AlH_4]$ 是重要的还原剂。氢化铝锂在干燥空气中较稳定，遇水则发生猛烈的反应：

$$Li[AlH_4] + 4H_2O \longrightarrow LiOH + Al(OH)_3 + 4H_2\uparrow$$

　　最有实用价值的离子型氢化物是 CaH_2、LiH 和 NaH。由于 CaH_2 反应性能最弱（较安全），在工业规模的还原反应用作氢气源，制备硼、钛、钒和其他单质。而且也可以用作微量水的干燥剂。$Li[AlH_4]$ 在有机合成工业中用于有机官能团的还原，例如将醛、酮、羧酸等还原为醇，将硝基还原为氨基等，在高分子化学工业用作某些高分子聚合反应的引发剂。

　　(2) 氧化物

　　碱金属和氧气作用，所得到的产物并不相同，见表 19-6。

表 19-6　碱金属和氧气作用

名称	存在
普通氧化物	Li_2O、Na_2O、K_2O、CaO
过氧化物	Na_2O_2、K_2O_2
超氧化物	KO_2、RbO_2、CaO_2

　　碱金属在空气中燃烧时，只有锂生成普通氧化物 Li_2O，钠生成过氧化物 Na_2O_2，钾、铷、铯生成超氧化物 MO_2（M＝K、Rb、Cs）。

$$M + O_2 \xrightarrow{\text{燃烧}} M_2O(M = Li)$$

$$2M + O_2 \xrightarrow{\text{燃烧}} M_2O_2(M = Na)$$

$$M + O_2 \xrightarrow{\text{燃烧}} MO_2(M = K、Rb、Cs)$$

　　① 过氧化物　过氧化物是含有过氧基（—O—O—）的化合物，碱金属在一定条件下都能形成过氧化物。过氧化钠（Na_2O_2）是最常见的过氧化物。过氧化钠为淡黄色粉末或粒状物。暴露在空气中很容易变质，颜色变为黄白色，原因是和空气中水和 CO_2 反应生成一层氢氧化钠和碳酸钠：

$$Na_2O_2 + 2H_2O \longrightarrow 2NaOH + H_2O_2$$

$$2Na_2O_2 + 2CO_2 \longrightarrow 2Na_2CO_3 + O_2\uparrow$$

　　因此过氧化钠广泛用于防毒面具、高空飞行和潜水艇里，吸收人们放出的二氧化碳气体并供给氧气。

　　Na_2O_2 与水作用产生 H_2O_2，H_2O_2 立即分解放出氧气：

$$2H_2O_2 \longrightarrow 2H_2O + O_2\uparrow$$

　　所以过氧化钠常用作纺织品、麦秆、羽毛等的漂白剂和氧气发生剂。过氧化钠 Na_2O_2

呈强碱性，含有过氧离子，在碱性介质中过氧化钠是一种强氧化剂，常用作氧化分解矿石的熔剂。例如：

$$Fe_2O_3 + 3Na_2O_2 (熔融) \longrightarrow 2Na_2FeO_4 + Na_2O$$

② 超氧化物　碱金属的超氧化物 MO_2（M＝K、Rb、Cs）中都含有超氧离子，因为超氧离子中有一个未成对的电子，所以超氧化物有顺磁性并呈现出颜色。超氧化钾是橙黄色，超氧化铷是深棕色，超氧化铯是深黄色。超氧化物是很强的氧化剂，和水反应剧烈。例如：

$$MO_2 + 2H_2O \longrightarrow 2MOH + H_2O_2 + O_2 \uparrow (M = K、Rb、Cs)$$

超氧化物还能除去二氧化碳气并再生出氧气，可以用于急救器、潜水和登山等方面。

$$4MO_2 + 2CO_2 \longrightarrow 2M_2CO_3 + 3O_2 (M = K、Rb、Cs)$$

（3）氢氧化物

碱金属的氢氧化物因为对皮肤和纤维有强烈的腐蚀作用又称为苛性碱。NaOH 和 KOH 通常分别称为苛性钠（又名烧碱）和苛性钾。碱金属和碱土金属的氢氧化物都是白色固体，放置在空气中容易吸水而潮解，固体 NaOH 和 $Ca(OH)_2$ 是常用的干燥剂。它们还容易与空气中的 CO_2 反应生成碳酸盐，所以要封存。除了 LiOH 以外，碱金属氢氧化物在水中的溶解度很大，并全部电离。碱土金属氢氧化物的溶解度比碱金属氢氧化物要小得多。表 19-7 列出了碱金属和碱土金属氢氧化物的溶解度。

表 19-7　碱金属和碱土金属氢氧化物的溶解度

碱金属氢氧化物	溶解度		碱土金属氢氧化物	溶解度	
	（20℃）	（15℃）		（20℃）	（15℃）
	/g·(100gH₂O)⁻¹	/mol·L⁻¹		/g·(100gH₂O)⁻¹	/mol·L⁻¹
LiOH	13	5.3	$Be(OH)_2$	0.0002	8×10^{-6}
NaOH	109	26.4	$Mg(OH)_2$	0.0009	5×10^{-1}
KOH	112	19.1	$Ca(OH)_2$	0.156	6.9×10^{-3}
RbOH	180(15℃)	17.9	$Sr(OH)_2$	0.81	6.7×10^{-2}
CsOH	395.5(15℃)	25.8	$Ba(OH)_2$	3.84	2×10^{-1}

$Be(OH)_2$ 为两性氢氧化物，它既溶于酸也溶于碱：

$$Be(OH)_2 + 2H^+ \longrightarrow Be + 2H_2O$$

$$Be(OH)_2 + 2OH^- \longrightarrow [Be(OH)_4]^{2-}$$

对于氢氧化物碱性的强弱，一般可用离子势来粗略地判断。以 ROH 代表氢氧化物，它可以有两种离解方式：

$$H^+ + RO^- \xleftarrow{\text{酸式解离}} R-O-H \xrightarrow{\text{碱式解离}} R^+ + OH^-$$

ROH 离解的方式与中心离子 R 的电荷数 z 和离子半径 r 有关。把中心离子 R 的电荷数 z 除以它的离子半径 r 所得的数值定义为离子势，即

$$离子势(\varphi) = \frac{中心离子电荷(z)}{离子半径(r)}$$

显然，z 值越大，静电引力越强，则 R 吸引氧原子的电子云越强，结果 O—H 键被削弱得越多，使 ROH 越容易以酸式离解为主。反之，z 值越小，则 R—O 键较弱，ROH 就以碱式离解为主。据此，有人提出用 $\sqrt{\varphi}$ 作为判断 ROH 酸碱度的经验规律。如果离子半径

用 nm 为单位时，则

$$\sqrt{\varphi}\text{值} \qquad <7 \qquad 7\sim10 \qquad >10$$

R-O-H 酸碱性　　　碱性　　　两性　　　酸性

从表 19-8 所列的 $\sqrt{\varphi}$ 值可见，$Be(OH)_2$ 为两性氢氧化物，其余都是碱性氢氧化物，而且碱性依 Be 到 Ba 顺序逐渐增强。

表 19-8　碱土金属元素氢氧化物的酸碱性

元素	Be	Mg	Ca	Sr	Ba
氢氧化物	$Be(OH)_2$	$Mg(OH)_2$	$Ca(OH)_2$	$Sr(OH)_2$	$Ba(OH)_2$
R^{n+} 半径/nm	0.031	0.065	0.099	0.113	0.125
$\sqrt{\varphi}$ 值	8.03	5.55	4.50	4.21	3.85
酸碱性	两性	中强碱	强碱	强碱	强碱

19.2.4　盐类

（1）碱金属盐类

绝大多数碱金属盐类属于离子晶体，但由于 Li^+ 的半径特别小，使得某些锂盐（如 LiX）具有不同程度的共价性。不论是在晶体中，还是在水溶液中，所有碱金属离子都是无色的。所以，除了与有色阴离子形成的盐具有颜色外，其他碱金属盐类均无色。除少数碱金属盐类难溶于水外，碱金属盐类一般易溶于水。碱金属的弱酸盐在水中发生水解使溶液呈碱性，因此碳酸钠、磷酸钠、硅酸钠等弱酸盐均可在不同反应中作为碱使用。碱金属盐类有形成结晶水合物的倾向，许多碱金属盐类能以水合物的形式从水溶液中结晶析出。碱金属离子的半径越小，越易形成水合物，因此锂盐和钠盐的水合物较多，而铷盐和铯盐仅有少数水合物。

碱金属盐类通常具有较高的熔点。碱金属盐类熔融时解离出自由移动的阳离子和阴离子，具有很强的导电能力。

一般说来，碱金属盐类具有较高的热稳定性，结晶卤化物在高温时挥发而不分解，硫酸盐在高温时既不挥发又难分解，碳酸盐（除 Li_2CO_3 外）均难分解。但碱金属硝酸盐的热稳定性较差，加热时容易分解：

$$4LiNO_3 \xrightarrow{500℃} 2Li_2O + 4NO_2\uparrow + O_2\uparrow$$

$$2NaNO_3 \xrightarrow{380℃} 2NaNO_2 + O_2\uparrow$$

碱金属盐类，尤其是硫酸盐和卤化物，具有较强的形成复盐的能力。碱金属元素形成的复盐有如下几种类型。

① 光卤石类　其通式为 $M(\text{I})Cl\cdot MgCl_2\cdot 6H_2O$，其中 $M(\text{I})=K^+$、Rb^+、Cs^+。

② 矾类其通式为 $M(\text{I})M(\text{III})(SO_4)_2\cdot 12H_2O$，其中 $M(\text{I})$ 为碱金属离子，$M(\text{III})$ 为 Al^{3+}、Cr^{3+}、Fe^{3+} 等离子。

③ 与矾类相似的硫酸复盐　其通式为 $M2(\text{I})M(\text{II})(SO_4)_2\cdot 6H_2O$，其中 $M(\text{I})$ 为碱

金属离子，M(Ⅱ)为 Ni^{2+}、Co^{2+}、Fe^{2+}、Cu^{2+}、Zn^{2+}、Mn^{2+} 等。

（2）碱土金属盐类

大多数碱土金属盐类为无色的离子晶体。在碱土金属盐类中，有一部分难溶于水，这是它们区别于碱金属盐类的特点之一。碱土金属的硝酸盐、氯酸盐、高氯酸盐和醋酸盐等易溶于水，碱土金属的卤化物（除氟化物外）也易溶于水，碱土金属的碳酸盐、磷酸盐和草酸盐等都难溶于水。碱土金属的硫酸盐和铬酸盐的溶解度差别较大，$BaSO_4$ 和 $BaCrO_4$ 难溶于水，而 $MgSO_4$ 和 $MgCrO_4$ 易溶于水。钙、锶、钡的硫酸盐在浓硫酸中因发生下列反应而使溶解度增大，因此，在浓硫酸溶液中不能使 Ca^{2+}、Sr^{2+}、Ba^{2+} 等离子沉淀完全。

$$MSO_4 + H_2SO_4 \longrightarrow M(HSO_4)_2 \ (M = Ca、Sr、Ba)$$

碱土金属的碳酸盐、草酸盐、铬酸盐、磷酸盐等，均能溶于强酸溶液（如盐酸）中。例如：

$$CaCO_3 + 2H^+ \longrightarrow Ca^{2+} + CO_2\uparrow + H_2O$$
$$2BaCrO_4 + 2H^+ \longrightarrow 2Ba^{2+} + Cr_2O_7{}^{2-} + H_2O$$
$$Ca_3(PO_4)_2 + 4H^+ \longrightarrow 3Ca^{2+} + 2H_2PO_4{}^-$$

因此，要使这些难溶碱土金属盐沉淀完全，应控制溶液 pH 为中性或微碱性。

碱土金属的碳酸盐（除 $BeCO_3$ 外）在常温下是稳定的，只有在强热条件下，才能分解为氧化物和二氧化碳。碱土金属的碳酸盐按 $BeCO_3$、$MgCO_3$、$CaCO_3$、$SrCO_3$、$BaCO_3$ 顺序，热稳定性依次递增，这是由于碱土金属离子的半径按 Be^{2+}、Mg^{2+}、Ca^{2+}、Sr^{2+}、Ba^{2+} 顺序逐渐增大，极化力逐渐减小的缘故。

碱土金属的卤化物除了氟化物外，一般易溶于水。水合氯化铍和水合氯化镁加热时发生分解：

$$BeCl_2 \cdot 4H_2O \xrightarrow{\triangle} BeO + 2HCl\uparrow + 3H_2O\uparrow$$
$$MgCl_2 \cdot 6H_2O \xrightarrow{408K} Mg(OH)Cl + HCl\uparrow + 5H_2O\uparrow$$
$$MgCl_2 \cdot 6H_2O \xrightarrow{>800K} MgO + 2HCl\uparrow + 5H_2O\uparrow$$

制备无水氯化镁时，应将 $MgCl_2 \cdot 6H_2O$ 放在干燥的氯化氢气流中加热脱水。氯化钙可用作制冷剂。按质量比 7∶5 将 $CaCl_2 \cdot 6H_2O$ 与冰水混合，可获得 218K 的低温。无水氯化钙是工业生产和实验室中常用的干燥剂之一。

氯化钡（$BaCl_2 \cdot 2H_2O$）是最重要的可溶性钡盐，它是制备各种钡盐的原料。可溶性钡盐对人、畜皆有毒。对人的致死剂量为 0.8g，使用时切忌入口。

19.2.5　对角线规则

锂、镁的相似性和铍、铝的相似性如下。

（1）锂、镁的相似性

① 氢氧化物均为中强碱，而且在水中的溶解度都不大；

② 氟化物、碳酸盐、磷酸盐等均难溶于水；

③ 锂和镁在过量氧气中燃烧均只生成 Li_2O 和 MgO，并且这些氧化物有较强的共价性；

④ 氯化物均能溶于有机溶剂（如乙醇）中；

⑤ 锂和镁的碳酸盐和氢氧化物热稳定性差，加热分解为 Li_2O 和 MgO。

（2）铍、铝的相似性

① 性质与 Al 相似，是典型的两性金属，易与氧结合表面形成氧化层，减小了金属本身的活性。它们的氧化物和氢氧化物也具有两性。Be、对冷的浓 HNO_3，和浓 H_2SO_4 起钝化作用。

② 它们的卤化物均为共价性化合物，可以加热升华和溶于有机溶剂。

③ 铍盐和铝盐均易水解。

④ 铍原子和铝原子均为缺电子原子，它们的卤化物都是路易斯酸。卤化物都是以聚合分子的形式存在（通过桥键连接）。

它们之间的相似性可以用离子极化来解释，原因是它们的离子极化力相近，例如，Be^{2+} 带两个单位正电荷但半径较小，Al^{3+} 虽然带 3 个单位正电荷但是半径较大，所以 Be^{2+} 和 Al^{3+} 极化力相近。表现出它们性质上的相似性。

（3）对角线规则

ⅠA 族的 Li 与 ⅡA 族的 Mg，ⅡA 族的 Be 与 ⅢA 族的 Al，ⅣB 族的 B 与 ⅥA 族的 Si，这三对元素在周期表中处于对角线位置：

所谓对角线相似即 ⅠA 族的 Li 与 ⅡA 的 Mg、ⅡA 族的 Be 与 ⅢA 族的 Al、ⅢA 族的 B 与 ⅣA 族的 Si 这三对元素在周期表中处于对角线位置：

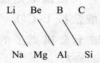

相邻两族对角线上的元素，例如 Li 与 Mg、Be 与 Al、B 与 Si 性质有许多相似之处，这种相似性称为对角线规则。

19.3 ⅢA-ⅦA 族元素及其化合物

19.3.1 硼族元素的特性

（1）价电子层构型与元素性质递变

如表 19-9 所示，硼族元素的原子最外层有 3 个电子，其构型为 ns^2np^1。它们的主要氧化数为 +3。

表 19-9　硼族元素的某些性质

元素	硼(B)	铝(Al)	镓(Ga)	铟(In)	铊(Tl)
原子序数	5	13	31	49	81
价层电子构型	$2s^22p^1$	$3s^33p^1$	$4s^24p^1$	$5s^25p^1$	$6s^26p^1$
主要氧化数	+3	+3	(+1),+3	+1,+3	+1,(+3)
原子半径/pm	82	118	126	144	148
电离能/kJ·mol^{-1}	800.6	577.6	578.8	558.3	589.3
电负性	2.0	1.5	1.6	1.7	1.8
熔点/℃	2197	600	29.8	156.6	303.3
沸点/℃	3658	2327	2250	2070	1453

从表 19-9 中看出，硼族元素原子半径随原子序数增大而增大，元素的电离能趋于减小。硼的原子半径显著小于铝，从镓开始随着核电荷数增加，电子填充到内层 d 亚层或 f 亚层，所以原子半径增大的程度比碱金属和碱土金属小。硼的电离能比铝大得多，从铝到铊递减缓慢，不如碱金属和碱土金属那样递变明显。所以，从硼到铝由非金属过渡到金属，显示较大的突跃。这和硼的原子半径小、电离能大很有关系。

硼是非金属性占优势的元素，硼族中其他元素为金属。元素的金属性随原子序数的增加而增强。它们氧化物的酸碱性递变情况如下：硼的氧化物为酸性，铝和镓的氧化物为两性，铟和铊的氧化物则是碱性。在硼族元素的化合物中形成共价键的趋势依次减弱。硼的化合物完全是共价型的，在水溶液中也不存在 B^{3+}，而其他元素均可形成 M^{3+}。由于惰性电子对效应的影响，低氧化态的铊较稳定，它具有较强的离子键特征。

硼的原子半径较小、电负性较大、电离能高，所以易形成共价化合物。单质硼的熔点、沸点高，硬度大，化学性质稳定，这表明硼晶体中原子间的共价键是相当牢固的。铝的电负性较小，原子半径较大，较易失去价层电子形成 Al^{3+}，由于离子电荷较多，它和不同阴离子构成的化合物性质也不尽相同。例如，氟化铝熔点较高、不易挥发；其他卤化铝熔点则较低，容易挥发。说明除氟化铝外其他卤化铝已具有共价化合物的性质。此外，硼、铝与氧化合时，放出大量的热，形成很牢固的化学键，常称它们是亲氧元素。

（2）缺电子原子和缺电子化合物

硼和铝都有四个价层电子轨道（ns 和 np），但仅有 3 个价电子。当它们以共价键形成化合物时，原子的最外层电子形成了三对共用电子，还剩一个空轨道。价电子数少于价键轨道数，这种元素的原子称为缺电子原子。它们所形成的共价化合物，有时为缺电子化合物。在这类化合物中，成键电子对数少于中心原子的价键轨道数。它们有很强的接受电子对的能力，易形成聚合型分子如 Al_2Cl_6 和配位化合物如 HBF_4。

（3）硼族元素的成键特点

硼族元素形成的 +3 氧化态的共价化合物，由于成键的电子对数少于中心原子的价键轨道数，比稀有气体构型缺少一对电子，被称为"缺电子化合物"。它们属于典型的 Lewis 酸，有非常强的继续接受电子对的能力。缺电子原子在形成共价键时，往往通过形成多中心键（即较多中心原子靠较少电子结合起来的一种离域共价键）的方式来弥补成键电子的不足，分子自身的聚合以及和电子对给予体形成稳定的配合物等。例如 BF_4 很容易与具有孤电子对的氨形成配合物；两个气态 $AlCl_3$ 分子借"氯桥"形成二聚合分子，"氯桥"中的氯原子提供孤电子对与铝原子的空轨道形成配位键，如图 19-1。

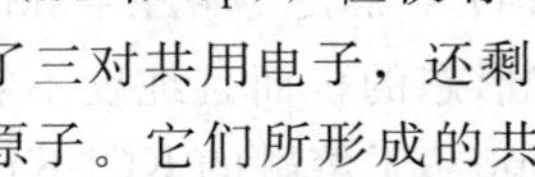

图 19-1　"氯桥"中的氯原子提供孤电子对与铝原子的空轨道形成配位键

表 19-10　B、C、Si 与 H、O 原子形成的单键及各原子自成单键的键能

项目	B—H	C—H	Si—H	B—O	C—O	Si—O	B—B	C—C	Si—Si
$E_b^{\ominus}/kJ \cdot mol^{-1}$	389	411	318	561	358	452	293	346	222

由表 19-10 可见，B—O 键异常稳定，所以在自然界硼主要以含氧化物存在；虽然 B—B、B—H 键的键能比 Si—O、Si—H 键大，但比 C—C、C—H 键要小，因此硼烷虽有一定数量，但少于碳烷多于硅烷。Al、Ga、In、Tl 主要以 +3 氧化态的形式成键。由于惰性电子对效应，+3 氧化态的铊电负性大，离子相互极化作用大，其化合物多为共价化合物。

（4）硼族元素在自然界中的存在形式

B 在自然界中主要有两种矿物：$Na_2B_4O_5(OH)_4 \cdot 8H_2O$，俗名硼砂，在我国主要储藏在西藏地区；$Mg_2B_2O_5 \cdot H_2O$，俗名硼镁矿，在我国东北地区有一定储藏。Al 在自然界中主要有以下三种存在形式。

① 氧化铝，如铝矾土，$Al_2O_3 \cdot nH_2O$；刚玉 Al_2O_3。

② 冰晶石 Na_3AlF_6。

③ 硅铝酸盐矿，如云母、长石等。

Ga、In、Tl 属稀有分散元素，在某些硫化物矿中会含有少量 Ga、In、Tl，如闪锌矿 ZnS 中含有 Ga、方铅矿 PbS 中含有 In、黄铁矿 FeS_2 中含有 Tl。

（5）单质硼的制备方法

单质硼的制备主要有以下四种方法。

① 高温下金属还原法通常所用的金属有 "Li、Na、K、Mg、Be、Ca、Zn、Al、Fe" 等。例如：

$$B_2O_3 + 3Mg \xrightarrow{\triangle} 2B + 3MgO$$

这种方法制备的硼通常是无定形态的，而且纯度不够，一般只能达到 95%～98%。

② 电解还原法　将 KBF_4 在 800℃于熔融的 KCl-KF 中电解还原可得到纯度为 95% 的粉末状硼，这种方法相对成本较低。

③ 氢还原法　用氢还原挥发性的硼化物是一种最有效的制备高纯单质硼的方法，所制得的硼纯度可高达 99.9%。

$$2BBr_3 + 3H_2 \xrightarrow[\text{钨丝}]{1373 \sim 1573K} 2B + 6HBr$$

上面这个反应中的 BBr_3 可以用 BCl_3 代替，而一般不使用 BF_3 和 BI_3。主要原因是 BF_3 所需的温度较高（大于 2000 摄氏度），而 BI_3 较贵且产物的纯化较困难。

④ 硼化合物的热分解法　卤化硼热分解可制得晶态的单质硼。

$$2BI_3 \xrightarrow[\text{钽丝}]{1073 \sim 1273K} 2B + 3I_2$$

（6）硼单质

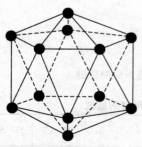

图 19-2　硼的 20 面体

硼单质包括结晶态和无定形态两种同素异形体，结晶态的硼具有多种复杂的结构。常见的 α-菱形硼晶体的结构如图 19-2 所示。在单质硼的晶体中，存在一个由 12 个硼原子构成的正 20 面体基本结构单元，12 个硼原子位于 20 面体的 12 个顶点。由于 20 面体的连接方式不同、化学键不同，可以形成各种晶体类型，但都属于原子晶体，熔点、沸点很高，硬度很大（在单质中仅次于金刚石）。

常温下，硼与 F_2 和 O_2 反应，并放热。经加热可与其他卤素反应，在适宜条件下，硼可用于与各种非金属直接反应，也能与许多金属生成硼化物，如 $M_x B_y$（M 为 Ca、Sr、Ba、La、Ti、Zr、Hf、V、Nb、Ta）。熔点高，硬度大。

硼只能与氧化性酸反应：

$$B(无定型) + HNO_3(浓) + H_2O \longrightarrow B(OH)_3 + NO\uparrow$$

$$2B + 3H_2SO_4(浓，热) \longrightarrow 2B(OH)_3 + 3SO_2\uparrow$$

硼与强碱可以熔融反应：

$$2B(无定型) + 2NaOH + 6H_2O \longrightarrow 2Na[B(OH)_4] + 3H_2\uparrow$$

（7）铝单质

铝在空气中极易被氧化，在表面形成一层致密的氧化铝保护膜，使其不易被一般的无机酸碱所腐蚀。铝能与氧气剧烈反应，并放出大量的热：

$$4Al + 3O_2 \longrightarrow 2Al_2O_3，\Delta_r H_m^{\ominus} = -3235.6kJ \cdot mol^{-1}$$

氧化铝有 α-Al_2O_3、β-Al_2O_3 和 γ-Al_2O_3 三种变体。α-Al_2O_3 俗称"刚玉"，其晶体属于六方紧密堆积型，加之 Al^{3+} 与 O^{2-} 之间有极强的吸引力，晶格能很大，所以 α-Al_2O_3 熔点（2288K±15K）高，硬度大，既不溶于水，也不溶于酸和碱。另外，α-Al_2O_3 还具有耐腐蚀、电绝缘性好、导热性好的特点，因此可用作优良的高硬度耐磨材料、耐火材料和陶瓷材料。天然或人造的 α-Al_2O_3 由于含有不同金属离子而呈现美丽的颜色，如含微量 Cr（+3）的，呈红色，称作红宝石；如含微量 Fe（+2，+3）或 Ti（+3）的，则称为蓝宝石；含微量 Cr_2O_3 的红宝石单晶是重要的激光材料。β-Al_2O_3 具有离子传导能力，是重要的固体电解质。γ-Al_2O_3 属于六方面心紧密堆积构型，铝原子不规则地排列在由氧原子围成的八面体和四面体孔穴中。它不溶于水，但溶于酸和碱，具有很大的比表面积，约 $200 \sim 600m^2 \cdot g^{-1}$，具有很强的吸附能力和催化活性，所以又称作活性氧化铝，是重要的吸附剂和催化剂。

由于铝与氧结合力极强，因此可与某些金属氧化物发生置换反应制备其他金属，这种方法称为"铝热法"。例如：

$$2Al(s) + Fe_2O_3(s) \longrightarrow 2Fe(s) + Al_2O_3(s)，\Delta_r H_m^{\ominus} = -648.0kJ \cdot mol^{-1}$$

铝的电导率虽然低于铜，但密度小。按同等质量比较，铝的电导率比铜高一倍，价格也低得多，所以铝已成为制造电线电缆的主要材质。硬质铝合金可用于制造汽车和飞机发电机。铝合金已深入到日常生活的各个方面，如铝合金炊具和餐具、铝合金门窗等。

（8）硼、铝的重要化合物

① 硼的氢化物　硼虽然不与 H_2 直接化合，但是可以通过其他方法生成一系列共价氢化物，如 B_2H_6、B_4H_{10}、B_6H_{10} 等。这类化合物的性质与烷烃相似，称为硼烷，其通式可表示为 B_nH_{n+4} 和 B_nH_{n+6}。最简单的硼烷是乙硼烷 B_2H_6，而不是甲硼烷 BH_3。

卤化硼与 LiH、NaH、$LiAlH_4$ 或者 $NaBH_4$ 作用可以制备 B_2H_6。

$$6LiH + 8BF_3 \longrightarrow 6LiBF_4 + B_2H_6$$

$$3LiAlH_4 + 4BCl_3 \longrightarrow 3LiCl + 3AlCl_3 + 2B_2H_6$$

$$3NaBH_4 + 4BF_3 \longrightarrow 3NaBF_4 + 2B_2H_6$$

在常温下，B_2H_6 及 B_4H_{10} 为气体，五到八的硼烷为液体，十硼烷以上都是固体。硼烷毒性很大，可与 HCN 和 $COCl_2$ 相比。

B_2H_6 也非常活泼，在空气中易燃烧，反应很快并且会放出大量的热。

$$B_2H_6 + 3O_2 \longrightarrow B_2O_3 + 3H_2O$$

硼烷在水中会发生水解，生成硼酸。

$$B_2H_6 + 6H_2O \longrightarrow 2H_3BO_3 + 6H_2$$

硼烷可以与具有孤对电子的分子（如 NH_3、CO 等）发生加合反应。

$$B_2H_6 + 2CO \longrightarrow 2\,[H_3B \longleftarrow CO]$$

B_2H_6 与 LiH 在乙醚中反应，能生成一种优良的还原剂硼氢化锂 $LiBH_4$。$LiBH_4$ 化学性质稳定，广泛用于有机合成中。

在乙硼烷 B_2H_6 中，B 原子采用不等性的 sp^3 杂化，其中 2 个杂化轨道与 2 个氢原子形成 2 个 σ 键，这 6 个原子在同一个平面上。硼原子利用另外 2 个杂化轨道（1 个没有电子，1 个有 1 个电子）与 2 个氢原子形成 2 个垂直于上述平面的三中心两电子键，由于该化学键好像是 2 个硼原子通过氢原子作为桥梁连接，所以又称为氢桥键，如图 19-3 所示。氢桥键是一种离域共价键。

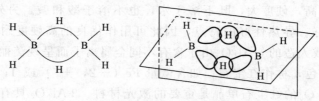

图 19-3　乙硼烷 B_2H_6 结构

② 硼的卤化物　三卤化硼都是共价化合物，熔、沸点都很低，并规律地随 F、Cl、Br、I 的顺序而逐渐增高。其蒸气分子均为单分子。其中较重要的是 BCl_3 和 BF_3。因为三卤化硼是缺电子分子，有强烈地接受电子对的倾向，能接受 H_2O、HF、NH_3、醚、醇、胺类等分子提供的电子对，所以在有机合成中常用作催化剂。

硼的卤化物在潮湿的空气中易水解，形成白色酸雾。

$$BCl_3 + 3H_2O \longrightarrow B\,(OH)_3 \downarrow + 3HCl$$

BF_3 水解产生的 F^- 可以和未水解的 BF_3 形成 $[BF_4]^-$。

$$BF_3 + 3H_2O \longrightarrow B\,(OH)_3 + 3HF$$

$$BF_3 + HF \longrightarrow H^+ + [BF_4]^-$$

其他硼的卤化物不与相应的 HX 加合形成 $[BX_4]^-$。这是由原子相比，Cl、Br、I 原子半径较大，而硼原子半径很小，难以在其周围排列四个半径较大的卤素原子。

③ 硼酸及其盐　含氧酸包括偏硼酸（HBO_2）、正硼酸（H_3BO_3）和多硼酸（$xB_2O_3 \cdot yH_2O$）。通称的硼酸通常是指正硼酸（H_3BO_3）。B_2O_3 溶于水可生成硼酸。

$$B_2O_3 + 3H_2O \longrightarrow 2H_3BO_3$$

硼酸为白色鳞片状晶体。它微溶于冷水，易溶于热水，水溶液呈微弱酸性。

a. 硼酸的电离　硼酸是缺电子化合物。在水中不是离解出 H^+，而是加合了由水离解出来的 OH^-，游离出 H^+，使溶液显酸性。由于，硼酸只有一对孤对电子，在水溶液中一分子硼酸只能结合一分子水中的 OH^- 而离解出一分子 H^+，因此，硼酸是一元弱酸，而不是三元弱酸。

b. 硼酸的脱水　在加热时，H_3BO_3 易失水，当 H_3BO_3 被加热到 100℃，一分子 H_3BO_3 失去一分子水，成为偏硼酸。

$$H_3BO_3 \xrightarrow{100℃} HBO_2 + H_2O$$

HBO_2 仍保持鳞片状，在更高的温度下，可进一步失水成为四硼酸 $H_2B_4O_7$，再加热后又进一步失水成为氧化硼 B_2O_3。实际上 B_2O_3 就是通过 H_3BO_3 失水制得的。

$$4HBO_2 \xrightarrow{\triangle} H_2B_4O_7 + H_2O$$

$$H_2B_4O_7 \xrightarrow{\triangle} 2B_2O_3 + H_2O$$

④ 硼砂　硼酸盐种类很多，有偏硼酸盐、正硼酸盐和多硼酸盐。最重要的硼酸盐是四硼酸钠，俗称硼砂（$Na_2B_4O_7 \cdot 10H_2O$）。

硼砂是无色半透明的晶体或白色结晶状粉末。它稍溶于冷水，易溶于热水。溶液因水解而呈碱性。

$$B_4O_7^{2-} + 7H_2O \longrightarrow 4H_3BO_3 + 2OH^-$$

硼砂在干燥空气中容易失水而风化；受热时逐步脱去结晶水，熔化后成为玻璃状物质。熔化后的硼砂能溶解许多金属氧化物，生成偏硼酸复盐，呈现出各种特征的颜色。例如：

$$Na_2B_4O_7 + CoO \xrightarrow{熔化} 2NaBO_2 \cdot CoO(BO_2)_2 （蓝宝石色）$$

$$3Na_2B_4O_7 + Fe_2O_3 \xrightarrow{熔化} 6NaBO_2 \cdot 2Fe(BO_2)_3 （黄棕色）$$

在分析化学中，利用这些特征颜色可以鉴定金属离子，称为硼砂珠试验。

除天然硼酸外，工业上用硼砂 $Na_2B_4O_7 \cdot 10H_2O$ 的热溶液与强酸反应，冷却后即有硼酸的晶体析出。

$$Na_2B_4O_7 + H_2SO_4 + 5H_2O \longrightarrow Na_2SO_4 + 4H_3BO_3$$

硼砂在陶瓷工业中用作低熔点釉，金属焊接时用作助熔剂；玻璃工业可用它制造耐温度骤变的特种玻璃和光学玻璃；硼砂还用作肥皂、洗衣粉的填料和化学试剂；硼砂正成为农业上的重要角色——硼肥，它对植物体内的糖类代谢起重要的调节作用。总之，硼砂是一种用途很广的化工原料。

（9）氧化铝和氢氧化铝

Al_2O_3 是铝的重要氧化物，它主要有两种变体：α-Al_2O_3 和 γ-Al_2O_3。加热氢氧化铝，在 450℃ 左右脱水可制得了 α-Al_2O_3；若脱水温度高于 1000℃，可以制得 α-Al_2O_3。自然界中存在的刚玉属 α-Al_2O_3，其硬度仅次于金刚石和金刚砂（SiC）。α-Al_2O_3 是白色结晶，呈菱形六面体状。α-Al_2O_3 不溶于水，也不溶于酸或碱。α-Al_2O_3 耐腐蚀，硬度大，电绝缘性好，用作高硬度研磨材料和耐火材料。天然或人造刚玉由于含有不同杂质而呈现多种颜色。如红宝石中含有痕量的 Cr^{3+}；蓝宝石中含有痕量的 Fe^{3+}、Fe^{2+} 或者 Ti^{4+}。人造红宝石或者蓝宝石可作为激光光源产生相干光。γ-Al_2O_3 是具有缺陷的尖晶石结构。这种 Al_2O_3 不溶于水，但能溶于酸或碱。只在低温下稳定，它的比表面很大，具有强的吸附能力和催化活性，又称为活性氧化铝，可作为吸附剂和催化剂。

氢氧化铝是两性氢氧化物，既可溶于酸，也可溶于碱：

$$Al(OH)_3(s) + 3H^+ \longrightarrow Al^{3+} + 3H_2O$$

$$Al(OH)_3(s) + OH^- \longrightarrow [Al(OH)_4]^-$$

光谱实验证实，溶液中含有 $[Al(OH)_4]^-$，简写为 AlO_2^-。

铝盐和铝酸盐在水溶液中易发生水解。如将 Na_2CO_3 溶液和铝盐溶液混合时，产生 $Al(OH)_3$ 的白色沉淀：

$$2Al^{3+} + 3CO_3^{2-} + 3H_2O \longrightarrow 2Al(OH)_3 \downarrow + 3CO_2 \uparrow$$

（10）铝的卤化物和硫酸盐

① 卤化物　铝形成的卤化物 AlX_3，均为共价型化合物（AlF_3 为离子型化合物），铝的卤化物中以 $AlCl_3$ 最为重要。

$AlCl_3$ 溶于有机溶剂或出于熔融状态时都以共价的二聚分子 Al_2Cl_6 形式存在。因为 $AlCl_3$ 为缺电子分子，铝倾向于形成 sp^3 杂化轨道，接受氯原子的一对孤对电子形成四面体构型。2 个 $AlCl_3$ 分子靠氯桥键（三中心两电子键）结合起来形成 Al_2Cl_6 分子，这种氯桥键与 B_2H_6 的氢桥键结构相似，但本质上不同。当 Al_2Cl_6 溶于水时，它立即解离为水合铝离子和氯离子。

无水 $AlCl_3$ 在常温下是一种白色固体，遇水发生强烈水解并放热，甚至在潮湿的空气中也强烈地冒烟。$AlCl_3$ 逐级水解直至产生 $Al(OH)_3$ 沉淀。工业上用熔融的铝与 Cl_2 反应制取无水 $AlCl_3$。还可以用 Cl_2 与 Al_2O_3 和炭的混合物作用制取 $AlCl_3$。

$$Al_2O_3 + 3C + 3Cl_2 \longrightarrow 2AlCl_3 + 3CO$$

以铝灰和盐酸为主要原料，制取的聚碱式氯化铝是一种高效净水剂。它是一种多羟基多核配合物。因其相对分子质量比一般絮凝剂 [$Al_2(SO_4)_3$、明矾或 $FeCl_3$] 大得多，而且有羟基桥式结构，所以它有很强的吸附能力，能去除水中的铁、锰、氟、放射性污染物、重金属、泥沙、油脂、木质素以及印染废水中的疏水性燃料等。

② 硫酸铝和明矾　工业上最重要的铝盐是 $Al_2(SO_4)_3$ 和明矾。无水 $Al_2(SO_4)_3$ 为白色粉末。用浓硫酸溶解纯的 $Al(OH)_3$ 或用硫酸直接处理铝矾土都可制得 $Al_2(SO_4)_3$。

$$2Al(OH)_3 + 3H_2SO_4 \longrightarrow Al_2(SO_4)_3 + 6H_2O$$
$$Al_2O_3 + 3H_2SO_4 \longrightarrow Al_2(SO_4)_3 + 3H_2O$$

常温下从水溶液中得到的为 $Al_2(SO_4)_3 \cdot 18H_2O$ 晶体，它是无色针状结晶。$Al_2(SO_4)_3$ 常易与碱金属（锂除外）的硫酸盐结合形成一类复盐，称为矾，其组成通式为 $MAl(SO_4)_2 \cdot 12H_2O$。复盐晶体中，有 6 个水分子与 Al^{3+} 配位，形成水合铝离子，余下的为晶格中的水分子，它们在水合铝离子与硫酸根阴离子之间形成氢键。硫酸铝钾 $KAl(SO_4)_2 \cdot 12H_2O$，俗称明矾，为无色晶体。

$Al_2(SO_4)_3$ 或明矾都易溶于水且水解，它们的水解过程与 Al_2Cl_3 相同，产物也是碱式盐或 $Al(OH)_3$ 胶状沉淀。由于这些水解产物胶粒的净吸附作用和铝离子的凝聚作用，$Al_2(SO_4)_3$ 和明矾可用作净水剂。

19.3.2　碳族元素

（1）碳族元素概述

碳族元素是元素周期表中 ⅣA 族元素，包括碳（carbon）、硅（silicon）、锗（get-manium）、锡（tin）和铅（lead），其中锗属于稀有分散元素。有关碳族元素的基本性质列于表 19-11 中。

表 19-11　碳族元素的基本性质

元素	碳	硅	锗	锡	铅
元素符号	C	Si	Ge	Sn	Pb
原子序数	6	14	32	50	82
相对原子质量	12.01	28.09	72.59	118.7	207.2

续表

元素	碳	硅	锗	锡	铅
价层电子构型	$2s^2 2p^2$	$3s^2 3p^2$	$4s^2 4p^2$	$5s^2 5p^2$	$6s^2 6p^2$
主要氧化数	$(+2), +4$	$(+2), +4$	$+2, +4$	$+2, +4$	$+2, (+4)$
熔点/K	3925(升华)	1683	1210	505	601
沸点/K	5100	2628	3103	3533	2017
共价半径/pm	77	117	122	140	154
离子半径 M^{4+}/pm	16	42	53	71	84
离子半径 M^{2+}/pm	—	—	73	93	120
第一电离能/$kJ \cdot mol^{-1}$	1086.1	787.1	762.2	708.4	715.4
第二电离能/$kJ \cdot mol^{-1}$	2353	1577	1537.4	1411.3	1449.9
第三电离能/$kJ \cdot mol^{-1}$	4621	3232	3301.9	2943	3081
第四电离能/$kJ \cdot mol^{-1}$	6223	4356	4410	3930	4083
电负性(鲍林标度)	2.25	1.90	2.01	1.96(IV) 1.80(II)	2.33(IV) 187(II)
单键键能/$kJ \cdot mol^{-1}$	345.6	222	188	146.4	—

随着原子序数的增大，元素性质从非金属变到金属。碳和硅是非金属元素，锗是有一些金属性的元素，而锡和铅是典型的金属元素。

碳族元素原子的价层电子构型是，$ns^2 np^2$，价电子数目与价电子轨道数相等，它们被称为等电子原子。它们的最高氧化态为 $+4$。在锗、锡、铅中，随着原子序数的增大，稳定氧化态逐渐由 $+4$ 变为 $+2$，这种递变规律在 ⅢA、ⅤA 等族元素中同样存在。这主要是由于 ns^2 电子对随着挖值增大而逐渐稳定的结果，即所谓"惰性电子对效应"。

碳处于第二周期，半径较小，电负性较大，与同族其他元素相比表现出许多特殊性。碳和硅都有自成键的特性，其中碳的自相结合成链的能力最强，这是由于 C-C 单键的键能要较大，形成重键的倾向比硅要弱得多。因此，含碳的有机化合物的数量达到数百万种。另一方面，由于在同族中碳的原子没有 d 轨道，因此它的配位数仅限于 4，而其他元素有 d 轨道可利用，最大配位数可达 6 或 6 以上。

(2) 碳及其重要化合物

① 碳的同素异形体　碳可形成立方系金刚石结构的原子晶体、六方系的石墨和富勒烯 C_{60} 三种同素异形体。它们的结构模型如图 19-4 所示。

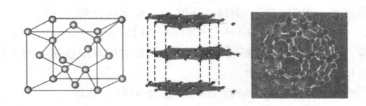

图 19-4　碳的同素异形体结构模型

金刚石是具有立方对称结构的原子晶体，而石墨是六方层状结构。在石墨晶体中，同层

C-C 键键长为 142pm，层与层之间以范德华力结合，C 原子之间相距 335pm。

石墨晶体层与层之间结合力小，距离大，各层之间可以滑移，因此石墨有滑腻感，具有润滑功能。另外，石墨可以导电、导热。

富勒烯 C_{60} 是 1985 年美国科学家克洛托（H. W. Kroto）和斯莫利（R. E. Smalley）发现的碳的第三种同素异形体。现已发现富勒烯具有许多独特的性质，有望在半导体、超导材料、蓄电池材料和超级润滑材料等方面获得重要应用。

② 碳的氧化物　碳的氧化物有 CO 和 CO_2 两种。CO 是无色无嗅的气体，在空气中燃烧产生蓝色火焰，生成 CO_2，并放出大量热。常温下，CO 也能使一些化合物中的金属还原。例如，CO 能把浅红色的 $PdCl_2$ 溶液中的 Pd（Ⅱ）还原为金属 Pd，而使溶液呈黑色。此反应可用于快速检测空气中微量的 CO 的存在。

CO 的特殊性质是能与许多金属加合生成金属羰基配合物，如 $Fe(CO)_2$、$Ni(CO)_2$ 等。CO 与血红蛋白（Hb）中的 Fe（Ⅱ）的结合力比 Fe（Ⅱ）与 O_2 的结合力高出约 140 倍，CO 容易夺取血红蛋白的氧，从而形成更稳定的配合物 Hb·CO，使血液失去输氧功能，引起组织缺氧，导致头痛、眩晕甚至死亡。这就是 CO 中毒的原因，反应式为

$$Hb \cdot O_2 + CO \longrightarrow Hb \cdot CO + O_2$$

CO_2 是无色无嗅的气体，加压易液化。在低温下 CO_2 凝为白色雪花状固体，压紧可成块状，故称干冰，可作致冷剂。CO_2 的临界温度为 304K，加压可液化（258K，1.545MPa），一般储存在钢瓶中，便于运输和计量。在临界温度下，CO_2 可作为优良溶剂进行超临界萃取，选择性地分离各种有机物，如从茶叶中提取咖啡因。它也是主要的温室效应气体，其排放量受到"京都议定书"的限制。

（3）碳酸及其盐

二氧化碳溶于水可得到碳酸，但在水溶液中大部分 CO_2 与 H_2O 分子形成不太紧密的水合物，只有一小部分生成 H_2CO_3，经测定在饱和 CO_2 的水溶液中 $[CO_2]/[H_2CO_3]$ ＝600/1。碳酸为二元弱酸，碳酸盐有正盐（碳酸盐）和酸式盐（碳酸氢盐）两种类型。碱金属（Li 除外）和铵的碳酸盐易溶于水，其他金属的碳酸盐难溶于水。因此自然界中存在很多碳酸盐矿物，如大理石 $CaCO_3$、菱镁矿 $MgCO_3$、菱铁矿 $FeCO_3$、白铅矿 $PbCO_3$、孔雀石 $CuCO_3 \cdot Cu(OH)_2$ 等。对于难溶的碳酸盐来说，相应的酸式碳酸盐溶解度大。例如：

$$CaCO_3（难溶）+ CO_2 + H_2O \longrightarrow Ca(HCO_3)_2（易溶）$$

石灰岩地区形成溶洞就是基于这个反应。其逆反应日积月累地发生即形成了石笋和钟乳石。对于易溶的碳酸盐，情况恰好相反，其酸式盐的溶解度较小，如常温下 100g 水可溶解 21.5g Na_2CO_3，只能溶解 9.6g $NaHCO_3$。

碳酸盐的热稳定性一般都不高，受到强热时，可按下式分解：

$$MCO_3(s) \longrightarrow MO(s) + CO_2(g)$$

不同的碳酸盐，其热分解温度也不同。同一主族元素的碳酸盐从上到下热稳定性逐渐增强，且碳酸盐的热稳定性有如下规律：

碱金属盐＞碱土金属盐＞过渡金属盐＞铵盐

所有酸式碳酸盐和除碱金属以外的碳酸盐，加热至足够高的温度都分解放出 CO_2。碳酸氢盐比碳酸盐易分解，碳酸比碳酸盐更易分解

$$2NaHCO_3(s) \xrightarrow{423 \sim 463K} Na_2CO_3 + CO_2 \uparrow + H_2O$$

$$CaCO_3(s) \xrightarrow{1173K} CaO(s) + CO_2(g)\uparrow$$

由上所述碳酸盐和碳酸氢盐的水解及热分解的情况可知，碱金属和碱土金属的正盐比酸式盐稳定，而酸式盐又比酸稳定，碳酸是不能游离存在的。这种规律往往对于其他酸也适用，如亚硫酸不稳定，酸式亚硫酸盐比较稳定，正盐最稳定；硝酸、亚硝酸、硫酸也是如此。

（4）碳化物

碳与电负性较小的元素形成的二元化合物，称为碳化物。从结构和性质上，碳化物可分为离子型、共价型和金属型三类。它们大都可用碳或烃与气体元素单质或其氧化物在高温下反应制得。

电负性小的金属元素（主要是第 I A、第 II A 族元素和铝等）的碳化物，常具有不透明、不导电等性质，但它们遇水或稀酸均可分解并放出烃，表明其中碳以负离子存在，故称离子型碳化物。例如，Be_2C、Al_4C_3 等遇水放出甲烷 CH_4；CaC_2、BeC_2、GaC_2、Li_2C_2、Cs_2C_2、ZnC_2、HgC_2 等遇水放出乙炔 C_2H_2，故称作乙炔型化合物。

碳与一些电负性相近的非金属元素化合时，生成共价型碳化物，它们多属熔点高、硬度大的原子晶体。在这类化合物中，碳化硅（SiC）最重要。

碳化硅俗称金刚砂，由石英与过量焦炭电弧加热到 2300K 制得：

$$SiO_2 + 3C \xrightarrow{电炉} SiC + 2CO\uparrow$$

碳化硅为无色晶体，但因表面氧化呈蓝黑色。晶体结构中，C、Si 原子均为四面体构型，每个碳原子周围有四个硅原子，每个硅原子周围有四个碳原子以共价键相连，构成原子晶体，因此，碳化硅的熔点（2723K）比较高，硬度（莫氏 9.2）比较大，是重要的工业磨料，在其中掺杂其他元素，便成为半导体材料，如把 N 掺杂到 SiC 中得 n-型半导体，把 Al 或 B 掺杂到 SiC 中便得到 p-型半导体。碳化硅化学性质稳定，机械强度高，热膨胀率低，可作为高温结构陶瓷。

许多 d 区和 f 区金属能与碳形成金属型碳化物。它们的硬度、熔点和难溶性常超过母体金属，其组成一般不符合化合价规则，属非正比化合物。例如，WC 是最重要的金属型碳化物，属超硬材料。

（5）硅及其化合物

① 硅单质 硅有晶形和非晶形两种同素异形体。晶态硅是金刚石型的原子晶体，银灰色，有金属光泽的固体，性质稳定。常用的晶态硅分为多晶硅和单晶硅。在晶体硅中，Si—Si 键的强度比金刚石中 C—C 键的强度低，因此，晶体硅的熔点和硬度都比金刚石低。粉末状硅因为有大的比表面，性质比晶态硅活泼。

硅具有亲氧性和亲氟性，在常温下活性较差，只能与 F_2 反应生成 SiF_4。

$$Si + 2F_2 \longrightarrow SiF_4\uparrow$$

高温时硅的化学活性增强，Si 可与 Cl_2、C、N_2 等反应。

$$Si + O_2 \xrightarrow{600℃} SiO_2$$

$$3Si + 2N_2 \xrightarrow{1300℃} Si_3N_4$$

Si 在含氧酸中被钝化。但在氧化剂如 HNO_3、CrO_3、$KMnO_4$、H_2O_2 存在的条件下，Si 可与 HF 酸反应。

$$3Si + 18HF + 4HNO_3 \longrightarrow 3H_2[SiF_6] + 4NO\uparrow + 8H_2O$$

粉末 Si 能与强碱猛烈反应，放出 H_2。

$$Si + 2NaOH + H_2O \longrightarrow Na_2SiO_3 + 2H_2 \uparrow$$

② 硅的氢化物——硅烷　硅可以形成一系列氢化物，即硅烷，通式为 $Si_n H_{2n+2}$ ($1 \leqslant n \leqslant 7$)。由于硅的自相结合能力比碳差，硅烷比碳的氢化物少得多。

简单的硅烷常用金属硅化物与酸反应，或用强还原剂还原硅的卤化物来制取。

$$Mg_2Si + 4HCl \longrightarrow SiH_4 \uparrow + 2MgCl_2$$

$$2Si_2Cl_6(l) + 3LiAlH_4(s) \longrightarrow 2Si_2H_6 \uparrow + 3LiCl(s) + 3AlCl_3(s)$$

硅烷为无色无臭气体或液体，熔、沸点都很低。硅烷的还原性很强，能与 O_2 或其他氧化剂猛烈反应。它们在空气中能自燃，燃烧时放出大量热。

$$SiH_4 + 2O_2 \longrightarrow SiO_2 + 2H_2O$$

硅烷在纯水中不水解，但在极少量碱的催化下，硅烷猛烈地水解。

$$SiH_4 + (n+2)H_2O \xrightarrow{OH^-} SiO_2 \cdot nH_2O \downarrow + 4H_2 \uparrow$$

硅烷的热稳定性差，且随分子量增大稳定性减弱。适当加热高硅烷，它们分解为低硅烷，低硅烷在温度高于 500℃时即分解为单质硅和氢气，例如：

$$SiH_4 \xrightarrow{\geqslant 500℃} Si + 2H_2 \uparrow$$

③ 硅的氢化物——硅烷　硅的卤化物都是共价化合物，其中重要的有 SiF_4 和 $SiCl_4$。SiF_4 可由氢氟酸与 SiO_2 反应制得；$SiCl_2$ 可由粗硅直接加热氯化或将 SiO_2 与焦炭在氯气氛下加热制得。

$$SiO_2 + 4HF \longrightarrow SiF_4 \uparrow + 2H_2O$$

$$Si + 2Cl_2 \longrightarrow SiCl_4 \uparrow$$

$$SiO_2 + 2Cl_2 + 2C \longrightarrow SiCl_4 + 2CO \uparrow$$

SiF_4 为无色、有刺激性气味的气体；$SiCl_4$ 在室温下为无色、强烈刺激性液体，易挥发（沸点为 68℃）。SiF_4 和 $SiCl_4$ 都易溶于水并水解，这一点与 CCl_4 不同。因为 Si 的外层还有空 3d 轨道，能与 H_2O 配位进而发生水解。$SiCl_4$ 在潮湿的空气中会因水解而产生白雾，因此它可作烟雾剂，反应如下：

$$SiCl_4 + 4H_2O \longrightarrow H_4SiO_4 \downarrow + 4HCl$$

SiF_4 的水解产物为氟硅酸和正硅酸，SiF_4 与氢氟酸能直接生成酸性比硫酸还强的酸。

$$3SiF_4 + 4H_2O \longrightarrow H_4SiO_4 \downarrow + 4H^+ + 2[SiF_6]^{2-}$$

$$SiF_4 + 2HF \longrightarrow 2H^+ + [SiF_6]^{2-}$$

④ 硅的含氧化合物

a. 二氧化硅是天然的二氧化硅有晶态和非晶态两大类。纯石英为无色晶体，大而透明的棱柱状石英俗称水晶。紫水晶、玛瑙和碧玉都是含有杂质的有色晶体。沙子也是含有杂质的石英小晶体，硅藻土和燧石是非晶态二氧化硅。

在 SiO_2 晶体中，硅以 sp^3 杂化轨道与氧成键，形成硅氧四面体 SiO_4 结构单元，四面体单元之间再通过共用氧原子，规则地排列成原子晶体。Si—O 键能很高，因此 SiO_2 熔点高、硬度大。将石英在 1600℃熔融，冷却时，硅氧四面体单元来不及规则地排列，只是缓慢硬化形成非晶态石英玻璃。石英玻璃的热膨胀系数小，耐受温度的剧变，且能透过紫外线，可用来制造光学仪器等。在高纯石英中加入添加剂并将其拉成丝，这种丝具有很高的强度和弹性，具有极高的导光性，可以制成光导纤维。

SiO_2 为酸性氧化物，为硅酸的酸酐。SiO_2 不溶于水，可以和热的强碱溶液或熔融的碳酸钠反应，生成可溶性的硅酸盐。

$$SiO_2 + 2OH^- \longrightarrow SiO_3^{2-} + H_2O$$

$$SiO_2 + Na_2CO_3 \longrightarrow Na_2SiO_3 + CO_2\uparrow$$

将 Na_2CO_3、$CaCO_3$ 和 SiO_2 共熔（约 1600℃），得到硅酸钠和硅酸钙透明混合物，即是普通玻璃。

SiO_2 不能被 H_2 还原，但 Mg、Al、B、C 在高温下可以将 SiO_2 为还原 Si。但当 C 过量时，得到的产物是 SiC。

$$SiO_2 + 2C（适量）\longrightarrow Si + 2CO\uparrow$$

$$SiO_2 + 3C（过量）\longrightarrow SiC + 2CO\uparrow$$

b. 硅酸和硅胶硅酸是组成复杂的白色固体，通常用化学式 H_2SiO_3 表示。用可溶性硅酸盐与酸反应可制得正硅酸 H_4SiO_4。

$$SiO_3^{2-} + 2H^+ + H_2O \longrightarrow H_4SiO_4\downarrow$$

H_4SiO_4 经过脱水可得到一系列其他硅酸，用通式 $xSiO_2 \cdot yH_2O$ 表示，如偏硅酸（H_2SiO_3）、二硅酸（$H_6Si_2O_7$）等。

可溶性硅酸盐与酸反应，开始形成的是能溶于水的单分子 H_4SiO_4，此时的硅酸并不立即沉淀，当这些单分子硅酸逐渐缩合为多酸时，就形成了溶胶。在此溶胶中加入电解质，或在适当浓度的硅酸盐溶液中加酸，可以得到半凝固状、软而透明且有弹性的硅酸凝胶（此时，多酸骨架中包含有大量的水）。将硅酸凝胶充分洗涤除去可溶性盐类，干燥脱水后即成为多孔性固体，称为硅胶。硅胶可作为吸附剂和催化剂载体。若将硅酸凝胶用 $CoCl_2$ 溶液浸泡、干燥活化后可以制得变色硅胶。根据变色硅胶由蓝变红就可以判断硅胶的吸水程度，反应如下：

$$CoCl_2 \rightleftharpoons CoCl_2 \cdot H_2O \rightleftharpoons CoCl_2 \cdot H_2O \rightleftharpoons CoCl_2 \cdot 6H_2O$$

| 蓝色 | 蓝紫 | 紫红 | 粉红 |

c. 硅酸盐钠、钾的硅酸盐是可溶的，其余大多数硅酸盐是不溶性的。把一定比例的 SiO_2 和 Na_2CO_3 放在反射炉中煅烧，可以得到组成不同的硅酸钠，它是一种玻璃态、常因含铁而呈现蓝绿色，用水蒸气处理能使其溶解成黏稠液体，成品俗称"水玻璃"，又称"泡花碱"。水玻璃具有很广泛的用途。它也是制备硅胶和分子筛的原料。

天然硅酸盐都是不溶性的，如石棉 $CaMg_3(SiO_3)_4$、白云母 $KAl_2(AlSi_3O_{10})(OH)_2$、正长石 $K[AlSi_3O_8]$、滑石 $Mg_3[Si_4O_{10}](OH)_2$、钠沸石 $Na[Al_2Si_3O_{10}(H_2O)_2]$ 等。天然硅酸盐的基本结构单元是 SiO_4 四面体。SiO_4 四面体通过不同方式共用氧原子，可以形成链状、片状或环状结构的复杂阴离子，这些阴离子借助金属离子结合成为各种硅酸盐。

(6) 锗、锡、铅及其化合物

① 锗、锡、铅的单质　锗为银白色金属，晶体结构与金刚石相似。高纯锗是良好的半导体材料。锗化学性质不活泼，常温下不与氧气反应，高温下与氧气反应生成氧化物。锗不与非氧化性酸反应。

锡有三种同素异性体：灰锡、白锡和脆锡。低于 286K 白锡会转化为粉末状灰锡，因此锡制品长期处于低温会毁坏，这种现象称为"锡疫"。利用焦炭还原锡石可以制得单质锡。

$$SnO_2 + 2C \longrightarrow Sn + 2CO$$

常温下锡很稳定，既不被空气氧化，又不与水反应。锡与浓盐酸反应生成 $SnCl_2$。锡与稀硝酸反应生成 $Sn(NO_3)_2$，与浓硝酸反应生成 H_2SnO_3。

铅为暗灰色金属，质地软，密度大。铅和铅的化合物都有毒。铅在空气中，表面会迅速生成一层暗灰色氧化铅或碱式碳酸铅保护膜，使铅失去金属光泽且不致进一步被氧化。铅缓慢与盐酸作用，易溶于硫酸和硝酸。冶炼铅时通常先将矿石氧化成氧化物，再用碳还原。

$$2PbS + 3O_2 \longrightarrow 2PbO + 2SO_2$$
$$PbO + C \longrightarrow Pb + CO$$
$$PbO + CO \longrightarrow Pb + CO_2$$

锡和铅的熔点都比较低，是低熔点合金的主要成分。例如焊锡为含 67% Sn 和 33% Pb 的低熔点合金，熔点为 450K。锡还可以用于制造锡箔。铅则可用于制造铅蓄电池、电缆、化工方面的耐酸设备以及汽油抗震剂等。

② 锡、铅的氧化物和氢氧化物　锡、铅有两类氧化物 MO_2 和 MO，相应的氢氧化物有 $M(OH)_2$ 和 $M(OH)_4$。MO_2 两性偏酸，MO 两性偏碱。

氧化亚锡 SnO 呈黑色，热 Sn（Ⅱ）的溶液与 Na_2CO_3 反应可以得到 SnO。氧化锡 SnO_2 冷时白色，加热变黄色，锡在空气中燃烧可以得到 SnO_2。SnO_2 不溶于水，也难溶于酸或者碱，但是能溶于熔融的碱生成锡酸盐。

铅的氧化物除了氧化铅（PbO，黄色）和二氧化铅（PbO_2，棕色）以外，还有常见的混合氧化物四氧化三铅（Pb_3O_4，红色）和三氧化二铅（Pb_2O_3，橙色）。Pb_3O_4 俗称"铅丹"或"红丹"，可用于油漆船舶和桥梁钢架。

PbO_2 是常见的氧化剂。

$$2M^{2+} + 5PbO_2 + 4H^+ \longrightarrow 2MnO_4^- + 5Pb^{2+} + 2H_2O$$
$$PbO_2 + 4HCl \longrightarrow PbCl_2 + Cl_2 + 2H_2O$$

在含有 Sn^{2+} 和 Pb^{2+} 的溶液中加入强碱，会析出 $Sn(OH)_2$ 和 $Pb(OH)_2$ 沉淀。这两种氢氧化物都是两性的，既溶于酸，又溶于碱。

$$Sn(OH)_2 + 2H^+ \longrightarrow Sn^{2+} + 2H_2O$$
$$Sn(OH)_2 + 2OH^- \longrightarrow [Sn(OH)_4]^{2-}$$
$$Pb(OH)_2 + 2H^+ \longrightarrow Pb^{2+} + 2H_2O$$
$$Pb(OH)_2 + OH^- \longrightarrow [Pb(OH)_3]^-$$

在含有 Sn^{4+} 的溶液中加入强碱可得到难溶于水的 α-锡酸。α-锡酸既溶于酸又溶于碱。α-锡酸长时间放置会转变为 α-锡酸，它既不溶于酸也不溶于碱。

③ 锡、铅的盐　锡和铅都可以形成氧化数为 +2 和 +4 的盐类化合物。

常温下 $SnCl_4$ 为无色液体，水解反应剧烈，在潮湿空气中因水解而发烟。$SnCl_2$ 和 $[Sn(OH)_4]^{2-}$ 都具有还原性，而碱性溶液 $[Si(OH)_4]^{2-}$ 还原性更强。

$$2Bi^{3+} + 6OH^- + 3[Sn(OH)_4]^{2-} \longrightarrow Bi + 3[Sn(OH)_6]^{2-}$$

$SnCl_2$ 能将 $HgCl_2$ 还原为白色的 Hg_2Cl_2，过量的 $SnCl_2$ 能将 Hg_2Cl_2 进一步还原成黑色均单质汞，这一反应可以用来检验 Hg^{2+} 或 Sn^{2+} 的存在。

$$2HgCl_2 + SnCl_2 \longrightarrow SnCl_4 + Hg_2Cl_2$$
$$Hg_2Cl_2 + SnCl_2 \longrightarrow SnCl_4 + 2Hg$$

$SnCl_2$ 容易水解，因此配制 $SnCl_2$ 溶液时，需先将 $SnCl_2$ 固体溶解在少量浓盐酸中，再加水稀释，还需要加入一些锡粒防止氧化。

$$SnCl_2 + H_2O \longrightarrow Sn(OH)Cl + HCl$$

铅盐多数难溶而且有颜色，如 $PbCl_2$（白色）、$PbSO_4$（白色）、PbI_2（金黄色）、$PbCrO_4$（黄色）。$PbCl_2$ 难溶于冷水，易溶于热水，在浓盐酸中能溶解。

$$PbCl_2 + 2HCl（浓）\longrightarrow H_2[PbCl_4]$$

$PbCl_2$ 易溶于沸水，或者由于可以生成配合物而溶解于 KCl 的溶液中。

$$PbCl_2 + 2KCl \longrightarrow K_2[PbCl_4]$$

$PbSO_4$ 可溶于乙酸铵中，产物为乙酸铅。

Pb^{2+} 与 CrO_4^{2-} 反应生成 $PbCrO_4$ 沉淀，这一反应可以鉴定 Pb^{2+} 与 CrO_4^{2-} 的存在。

$PbCl_4$ 为黄色液体，极不稳定，容易分解为 $PbCl_2$ 和 Cl_2。

④ 锡、铅的硫化物 锡可以形成 SnS（棕色）和 SnS（黄色）两种硫化物，铅只能形成 PbS（黑色）。SnS 不溶于水、稀酸、Na_2S 和 $(NH_4)_2S$，但是可溶于浓盐酸或碱金属的多硫化物中。

$$SnS + 4Cl^- + 2H^+ \longrightarrow SnCl_4^{2-} + H_2S$$

$$SnS + S_2^{2-} \longrightarrow SnS_3^{2-}$$

实际上 SnS 在实验中也能溶于 Na_2S，这是由于 Na_2S 中含有多硫离子的缘故。SnS_2 能溶于 Na_2S 或 $(NH_4)_2S$。

$$SnS_2 + S^{2-} \longrightarrow SnS_3^{2-}$$

PbS 不溶于水、Na_2S 和稀酸，但是可溶于浓盐酸或硝酸。

$$PbS + 4HCl（浓）\longrightarrow [PbCl_2]^{2-} + H_2S + 2H^+ + Cl_2 \uparrow$$

$$3PbS + 8H^+ + 2NO_3^- \longrightarrow 3Pb^{2+} + 3S + 2NO + 4H_2O$$

19.3.3 氮族元素

（1）概述

周期系第 ⅤA 族的氮、磷、砷、锑、铋五种元素，统称为氮族元素（表 19-12）。

表 19-12 氮族元素

氮族元素符号	N	P	As	Sb	Bi
价层电子构型	$2s^2 2p^3$	$3s^2 3p^3$	$4s^2 4p^3$	$5s^2 5p^3$	$6s^2 6p^3$
氧化值	$-3 \sim +5$	$-3, +3, +5$	$-3, +3, +5$	$(-3), +3, +5$	$+3, (+5)$
最大配位数	4	6	6	6	6

绝大部分的氮以单质状态存在于空气中，磷则以化合物状态存在于自然界中。磷最重要的矿石为磷灰石，其主要成分为 $Ca_3(PO_4)_2$。我国磷矿资源丰富，居世界第二位，但分布不均匀，主要在云南、贵州、湖南、湖北等省。砷、锑、铋是亲硫元素，它们主要的矿石为硫化物矿，例如雄黄（As_4S_4）、雌黄（As_2S_3）、辉锑矿（Sb_2S_3）、辉铋矿（Bi_2S_3）。我国锑矿储量居世界首位，主要分布在湖南锡矿山、广西大厂、甘肃崖湾等地。氮族元素在我国国民经济中有着重要意义。表 19-13 和表 19-14 分别列出了氮族元素的基本性质。

表 19-13　氮族元素的基本性质

性质		N	P	As	Sb	Bi
原子序数		7	15	33	51	83
原子量		14.01	30.97	74.92	121.75	208.98
共价半径/pm		55	110	121	141	154.7
离子半径/pm	M^{3-}	171	212	222	245	—
	M^{3+}	16	44	58	76	98
	M^{5+}	13	35	46	62	74
第一电离势/kJ·mol^{-1}		1402	1011.8	859.7	833.7	703.3
第一电子亲和能/kJ·mol^{-1}		−7	71.7	77	101	100
电负性		3.04	2.19	2.18	2.05	2.02

表 19-14　氮族元素的氧化态

项目	电子构型	氧化态
N	[He]$2s^2 2p^3$	−3,−2,−1,0,+1,+2,+3,+4,+5
P	[Ne]$3s^2 3p^3$	−3,0,+3,+5
As	[Ar]$4s^2 4p^3$	−3,0,+3,+5
Sb	[Kr]$5s^2 5p^3$	−3,0,+3,+5
Bi	[Xe]$6s^2 6p^3$	0,+3,+5

本族元素中氮和磷为典型的非金属，砷和锑表现为准金属，铋则为金属元素，即氮族元素从氮到铋有典型的非金属元素过渡到典型的金属元素。

由于价电子层为 $ns^2 np^3$ 与氧族、卤素比较，它们若要获得三个电子而形成 −3 价的离子是较困难的，只有电负性较大的 N、P 能形成极少数 −3 价的离子型化合物，如 Li_3N、Mg_3N_2、Na_3P、Ca_3P_2 等，由于 N^{3-}、P^{3-} 半径大容易变形，遇水强烈水解生成 NH_3 和 PH_3，如：

$$Mg_3N_2 + 6H_2O \longrightarrow 3Mg(OH)_2 + 2NH_3 \uparrow$$

$$Na_3P + 3H_2O \longrightarrow 3NaOH + PH_3 \uparrow$$

本族元素形成正价的趋势较强，如 NF_3、PBr_5、AsF_5、$SbCl_5$、$BiCl_3$、$SbCl_3$ 等。

氮族元素的原子与其他元素原子化合时主要以共价键结合，而且氮族元素的原子越小，形成共价键的趋势越大。

（2）氮族元素的单质

氮气是空气的重要成分之一，氮气是无色、无臭、无味的气体。难溶于水，沸点为 −195.8℃。常温下氮气的性质极不活泼，加热时氮气与活泼金属 Li、Ca、Mg 等反应，生成离子型化合物。氮分子是双原子分子，两个氮原子以三键结合，电子排布为：$(\sigma_{1s})^2$ $(\sigma_{1s}^*)^2$ $(\sigma_{2s})^2$ $(\sigma_{2s}^*)^2$ $(\pi_{2p_y})^2$ $(\pi_{2p_z})^2$ $(\sigma_{2p_x})^2$，由于 N≡N 键的键能（946kJ/mol）非常大，所以 N_2 是最稳定的双原子分子，氮气表现出高的化学惰性，因此氮气常被用作保护气体。

磷的常见同素异形体有：白磷、红磷和黑磷（图 19-5）。

白磷是透明的、柔软的蜡状固体，由 P_4 分子通过分子间力堆积起来，每个磷原子通过其 p_x、p_y 和 p_z 轨道分别和另外 3 个磷原子形成 3 个 σ 键，键角∠PPP 为 60°，分子内部具有张力，其结构不稳定。所以 P_4 化学性质很活泼，在空气中自燃，能溶于非极性溶剂。

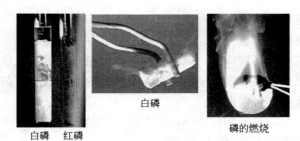

白磷　红磷　　　　　白磷　　　　　磷的燃烧

图 19-5　磷的常见同素异形体和磷的燃烧

将白磷隔绝空气加热到 400℃时可得到红磷。红磷的结构较复杂（图 19-6）。一种观点认为：P_4 分子中的一个 P—P 键断裂后相互连接起来形成长链结构，所以红磷较稳定，400℃以上才燃烧。红磷不溶于有机溶剂。

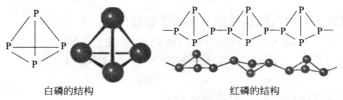

白磷的结构　　　　　　　　　红磷的结构

图 19-6　磷的结构

黑磷具有与石墨类似的层状结构，当与石墨不同的是，黑磷每一层内的磷原子并不都在同一平面上，而是相互连接成网状结构（图 19-7）。所以黑磷具有导电性，也不溶于有机溶剂。

工业上生产氮一般是由分馏液态空气在 15.2MPa（150atm）压力下装入钢瓶备用。或做成液氮存于液氮瓶中，实验室里备少量氮气，如：

$$NH_4Cl\ (s) + NaNO_2\ (饱和) \longrightarrow NH_4NO_2 + NaCl$$

$$NH_4NO_2 \longrightarrow N_2 + 2H_2O$$

产物中有少量 NH_3、NO、O_2 和 H_2O 等杂质，可设法除去。

$$(NH_4)_2Cr_2O_7 \longrightarrow N_2 + Cr_2O_3 + 4H_2O$$

$$2NH_3 + 3CuO \longrightarrow 3Cu + N_2 + 3H_2O$$

$$NaN_3 \longrightarrow Na\ (l) + N_2\ (可得到很纯的氮)$$

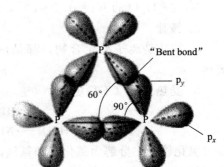

图 19-7　黑磷的结构

N_2 在常温下就和锂直接反应生成 Li_3N，在高温时不但能和镁、钙、铝、硼、硅等化合生成氮化物，而且能与氧、氢直接化合。

把空气中的 N_2 转化为可利用的含氮化合物的过程叫做固氮。雷雨闪电时生成 NO，某些细菌特别是根瘤菌把游离态氮转变为化合态的氮都是自然界中的固氮。人工固氮既消耗能量，产量也很有限。固氮的原理就是使 N_2 活化，削弱 N 原子间的牢固三重键，使它容易发生化学反应。由于电子不易被激发，难氧化；同时 N_2 的最低空轨道不易接受电子而被还原。因此人工固氮很困难，而生物的固氮却容易得多。因此，人们长期以来一直盼望能用化学方法模拟固氮菌实现在常温常压下进行固氮。

（3）氮的氢化物

氨是氮的最重要化合物之一。在工业上氨的制备是用氮气和氢气在高温高压和催化剂存在下合成的。在实验室中通常用铵盐和碱的反应来制备少量氨气。

氨是一种有刺激臭味的无色气体。它在常温下很容易被加压液化，有较大的蒸发热，因此，常用它来作冷冻机的循环制冷剂。氨极易溶于水。氨分子具有极性，液氨的分子间存在着强的氢键，故在液氨中存在缔合分子。液氨是有机化合物的较好溶剂，溶解离子型的无机物则不如水。液氨像水一样可以电离：

$$2NH_3 \longrightarrow NH_4^+ + NH_2^- \quad K = 1.9 \times 10^{-30} \ (223K)$$

氨的主要化学性质有以下几点。

① 还原性　常温下，氨在水溶液中能被 Cl_2、H_2O_2、$KMnO_4$ 等氧化，例如：

$$3Cl_2 + 2NH_3 \longrightarrow N_2 + 6HCl$$

若 Cl_2 过量则得 NCl_3。

$$3Cl_2（过量）+ NH_3 \longrightarrow NCl_3 + 3HCl$$

② 取代反应

取代反应是氨分子中的氢被其他原子或基团所取代

$$HgCl_2 + 2NH_3 \longrightarrow HgNH_2Cl\downarrow（白色）+ NH_4Cl$$
$$COCl_2 + 4NH_3 \longrightarrow CO(NH_2)_2 + 2NH_4Cl$$

（光气）　　　　　　　　（尿素）

这种反应与水解反应相类似，称为氨解反应。

③ 配合反应

氨中氮原子上的孤电子对能与其他离子或分子形成共价配如 $[Ag(NH_3)_2]^+$ 和 $BF_3 \cdot NH_3$ 都是氨配合物。

④ 弱碱性

$NH_3 \cdot H_2O$ 的 $K_b = 1.8 \times 10^{-5}$，可与酸发生中和反应。

⑤ 铵盐

a. 铵盐是离子型化合物，都是白色晶体（NH_4MnO_4 是紫黑色），易溶于水，溶水时吸热。

b. 受热分解（不稳定性）

$$NH_4Cl \longrightarrow NH_3\uparrow + HCl\uparrow$$
$$NH_4HCO_3 \longrightarrow NH_3\uparrow + CO_2\uparrow + H_2O（条件均为加热）$$

氯化铵受热分解为氯化氢和氨气，遇冷时二者又重新结合为氯化铵，类似于"升华"现象，但不同于 I_2 的升华。NH_4HCO_3 加热则完全汽化，也出现类似"升华"的现象。

铵盐受热分解的产物要根据具体情况分析，一般与温度和铵盐里的酸根的氧化性等诸多因素有关。

如：
$$NH_4NO_3 \longrightarrow N_2O\uparrow + 2H_2O（440K）$$

c. 与碱反应

$$NH_4^+ + OH^- \longrightarrow NH_3\uparrow + H_2O（加热）$$

可以用来检验 NH_4^+ 也可用来制作氨气。用湿润红色石蕊试纸在瓶口验满。

d. 铵盐的用途　具有强烈的杀菌和抑霉防蛀性能。氯化十二烷基二甲基苄基铵可用作腈纶的匀染剂。季铵盐分子中的两个烷基是长链烷基的产品，对各种纤维具有良好的柔软作用，能使纤维膨胀柔软，外观美观而平滑，富有良好手感，是一种常用的纤维柔软剂。溴化双十八烷基二甲基铵，不仅是杀菌剂，而且对棉、毛、合成纤维织物都具有显著的柔软作用。十八烷基二甲基羟乙基铵硝酸盐是一种极好的抗静电剂。季铵盐还可作防水剂、缓染剂、石油破乳剂等。用脂肪酸为原料，经氨化制得脂肪腈，再经氢化为脂肪胺，然后将伯胺与溴代烷反应，即得季铵盐。亦可用叔胺为原料，在常压下与溴代烷加热直接缩合为季铵盐。

（4）肼（又称联氨）

当氨分子中的三个氢原子依次被其他原子或基团取代时，所形成的化合物叫做氨的衍生物。

① 制法　肼（N_2H_4）是以次氯酸钠氧化氨（在氨过量的条件下），但仅能获得肼的稀溶液。

$$NaClO + 2NH_3 \longrightarrow N_2H_4 + NaCl + H_2O$$

② 不稳定性　联氨分子结构每个氮原子都用 sp^3 杂化轨道形成键。由于两对孤电子对的排斥作用，使两对孤电子对处于反位，并使 N—N 键的稳定性降低，因此 N_2H_4 比 NH_3 更不稳定，加热时便发生爆炸性分解。

$$N_2H_4 \ (l) + O_2 \ (g) \longrightarrow N_2 \ (g) + 2H_2O \ (l) \qquad \Delta_r H = -624kJ/mol$$

肼和其某些衍生物燃烧时放热很多，可做为火箭燃料。

③ 弱碱性　联氨中每一个 N 有一孤电子对，可以接受两个质子而显碱性，是二元弱碱，碱性稍弱于氨。

$$N_2H_4 + H_2O \longrightarrow N_2H_5^+ + OH^- \qquad K_1 = 1.0 \times 10^{-6} \ (298K)$$
$$N_2H_5^+ + H_2O \longrightarrow N_2H_6^{2+} + OH^- \qquad K_2 = 9.0 \times 10^{-16} \ (298K)$$

④ 氧化还原性　联氨在酸性条件下既是氧化剂又是还原剂，在中性和碱性溶液中主要做还原剂。能将 CuO、IO_3^-、Cl_2、Br_2 还原，本身被氧化为 N_2。

$$4CuO + N_2H_4 \longrightarrow 2Cu_2O + N_2 \uparrow + 2H_2O$$
$$2IO_3^- + 3N_2H_4 \longrightarrow 2I^- + 3N_2 \uparrow + 6H_2O$$

参加反应的氧化剂不同，N_2H_4 的氧化产物除了 N_2，还有 NH_4^+ 和 HN_3。

$$2MnO_4^{4-} + 10N_2H_4^+ + 16H^+ \longrightarrow 10NH_4^+ + 5N_2 \uparrow + 2Mn^{2+} + 8H_2O$$
$$N_2H_5^+ + HNO_2 \longrightarrow HN_3 + H^+ + 2H_2O \ （特殊反应）$$

（5）羟氨

① 不稳定易分解　羟氨可看成是氨分子内的一个氢原子被羟基取代的衍生物，N 的氧化态是 -1，纯羟氨是无色固体，熔点 305K，在 288K 以上便分解为 NH_3、N_2 和 H_2O。

$$3NH_2OH \longrightarrow NH_3 \uparrow + N_2 \uparrow + 3H_2O$$
$$4NH_2OH \longrightarrow 2NH_3 \uparrow + N_2O \uparrow + 3H_2O \ （部分按此式分解）$$

② 是一元弱碱　羟氨易溶于水，其水溶液比较稳定，显弱碱性（比联氨还弱）。

$$NH_2OH + H_2O \longrightarrow NH_3OH^+ + OH^- \qquad K_b = 6.6 \times 10^{-9} \ (298K)$$

它与酸形成盐，如：$[NH_3OH] Cl$ 和 $(NH_3OH)_2SO_4$。

③ 既有还原性又有氧化性　但它主要用作还原剂。羟氨与联氨作为还原剂，不仅它们具有强的还原性，而且它们的氧化产物主要是气体（N_2、N_2O、NO），可以脱离反应体系，不会给反应体系带来杂质。

（6）氮化物

在高温时能与许多金属或非金属反应而生成氮化物如：

$$3Mg + N_2 \longrightarrow Mg_3N_2 \qquad 2B + N_2 \longrightarrow 2BN$$

ⅠA、ⅡA 族元素的氮化物属于离子型氮化物，可以在高温时由金属与 N_2 直接化合，

它们化学活性大，遇水即分解为氨与相应的碱，

$$Li_3N + 3H_2O \longrightarrow 3LiOH + NH_3 \uparrow$$

ⅢA、ⅣA族的氮化物如属于共价型氮化物，BN、AlN、Si_3N_4、Ge_3N_4是固态的聚合物，其中BN、AlN为巨型分子具有金刚石型结构，熔点很高（2273～3273K），它们一般是绝缘体或半导体。

过渡金属的氮化物如TiN、ZrN、Mn_5N_2、W_2N_3，氮原子填充在金属结构的间隙中合金的结构没有变，具有金属的外形，且更充实了，所以性质更稳定一般不易与水、酸起反应，不被空气中的氧所氧化，热稳定性高，能导电并具有高熔点，适合用于作高强度的材料。它们称为间充型氮化物。

（7）氢叠氮酸（HN_3）

无色有刺激性的液体，沸点308.8K，熔点193K。它是易爆物质，只要受到撞击就立即爆炸而分解：

$$2HN_3 \longrightarrow 3N_2 \uparrow + H_2 \uparrow \qquad \Delta_r H = -593.6kJ/mol$$

因为HN_3的挥发性高，可用稀H_2SO_4与NaN_3作用制备HN_3：

$$NaN_3 + H_2SO_4 \longrightarrow NaHSO_4 + HN_3 \uparrow$$

HN_3的水溶液为一元弱酸（$K_a = 1.9 \times 10^{-5}$）

活泼金属如碱金属和钡等的叠化物，加热时不爆炸，分解为氮和金属。

$$2NaN_3 (s) \longrightarrow 2Na (l) + 3N_2 (g)$$

加热LiN_3则转变为氮化物。像Ag、Cu、Pb、Hg等的叠氮化物加热就发生爆炸。

（8）氮的含氧化合物

① 一氧化氮

$$3Cu + 8HNO_3 \longrightarrow 3Cu(NO_3)_2 + 2NO \uparrow + 4H_2O$$

NO微溶于水，但不与水反应，不助燃，在常温下极易与氧反应，还能与F_2、Cl_2、Br_2等反应生成卤化亚硝酰。

$$2NO + Cl_2 \longrightarrow 2NOCl$$

NO共有11个价电子，其结构为$NO[KK(\sigma_{2s})^2(\sigma_{2s}^*)^2(\sigma_{2p_x})^2(\pi_{2p_y})^2(\pi_{2p_z})^2(\pi_{2p_y}^*)^1]$，由一个$\sigma$键，一个双电子$\pi$键和一个3电子$\pi$键组成。在化学上这种具有奇数价电子的分子称为奇分子。

通常奇分子都有颜色，而NO或N_2O_2（NO的双聚体）都是无色的，只是当混有N_2O_3时才显蓝色。NO很容易与吸附在容器壁上的氧反应生成NO_2，NO_2与NO结合生成N_2O_3。

由于NO有孤电子对，NO还能同金属离子形成配合物，例如与$FeSO_4$溶液形成棕色可溶性的硫酸亚硝酸合铁（Ⅱ）。

② 二氧化氮　铜与浓硝酸反应或将一氧化氮氧化均可制得NO_2。

二氧化氮是红棕色气体，易压缩成无色液体。NO_2是奇分子，在低温时易聚合成二聚体N_2O_4（无色）。

$$N_2O_4 \longrightarrow 2NO_2 \qquad \Delta_r H = 57kJ/mol$$

NO_2易歧化

$$2NO_2 + H_2O \longrightarrow HNO_3 + HNO_2 \qquad ①$$

$$2NO_2 + NaOH \longrightarrow NaNO_3 + NaNO_2 \qquad ②$$

$$3HNO_2 \longrightarrow HNO_3 + 2NO\uparrow + H_2O \qquad ③$$
$$①+③: \quad 3NO_2 + H_2O \longrightarrow 2HNO_3 + NO$$

NO_2 在 150℃ 开始分解，600℃ 完全分解为 NO 和 O_2。NO_2 的氧化性相当于 Br_2。碳、硫、磷等在 NO_2 中容易起火燃烧，它和许多有机物的蒸气混合可形成爆炸性气体。

（9）亚硝酸及其盐

将等物质的量的 NO 和 NO_2 混合物溶解在冰水中或向亚硝酸盐的冷溶液中加酸时，生成亚硝酸。

$$NO + NO_2 + H_2O \longrightarrow 2HNO_2$$
$$NaNO_2 + H_2SO_4 \longrightarrow HNO_2 + NaHSO_4$$

亚硝酸，淡灰蓝色、很不稳定，仅存在于冷的稀溶液中，微热甚至冷时便分解为 NO、NO_2 和 H_2O。

亚硝酸是一种弱酸，但比醋酸略强：

$$HNO_2 \longrightarrow H^+ + NO_2^- \qquad K_a = 5 \times 10^{-4} \text{（291K）}$$

亚硝酸盐，特别是碱金属和减土金属的亚硝酸盐，都有很高的热稳定性。

$$2NaNO_3 \longrightarrow 2NaNO_2 + O_2$$
$$Pb + KNO_3 \longrightarrow KNO_2 + PbO$$

除了浅黄色的不溶盐 $AgNO_2$ 外，一般亚硝酸盐易溶于水。亚硝酸盐均有毒，易转化为致癌物质亚硝胺。氮原子的氧化态是处于中间氧化态，因此它既具有还原性（主要产物是 NO_3^-），又有氧化性（主要产物是 NO）。例如，NO_2^- 在溶液中能将 I^- 氧化为单质碘。

$$2NO_2^- + 2I^- + 4H^+ \longrightarrow 2NO\uparrow + I_2 + 2H_2O$$

这个反应可以定量地进行，能用于测定亚硝酸盐含量。

$$2MnO_4^- + 5NO_2^- + 6H^+ \longrightarrow 2Mn^{2+} + 5NO_3^- + 3H_2O$$
$$Cl_2 + NO_2^- + H_2O \longrightarrow 2H^+ + 2Cl^- + NO_3^-$$

NO_2^- 是很好的配体：

$$Co^{3+} + 6NO_2^- \longrightarrow [Co(NO_2)_6]^{3-} \longrightarrow K_3[Co(NO_2)_6]\downarrow \text{（黄色）}$$

此方法可用于检出 K^+。

（10）硝酸

① 硝酸的制法　工业上制硝酸是氨的催化氧化即氨和过量空气混合，通过装有铂铑合金的丝网，氨在高温下被氧化为 NO。

$$4NH_3 + 5O_2 \xrightarrow{\text{Pt-Rh 催化剂}} 4NO + 6H_2O \qquad \Delta_r H = -904\text{kJ} \cdot \text{mol}^{-1}$$
$$2NO + O_2 \xrightarrow{1237K} 2NO_2 \qquad \Delta_r H = -113\text{kJ} \cdot \text{mol}^{-1}$$
$$3NO_2 + H_2O \longrightarrow 2HNO_3 + NO$$

在实验室中，用硝酸盐与浓硫酸反应来制备少量硝酸。此法过去曾用于工业生产上。

$$NaNO_3 + H_2SO_4 \text{（浓）} \longrightarrow NaHSO_4 + HNO_3$$

由于硝酸易挥发，可从反应混合物中把它蒸馏出来。

$$NaHSO_4 + NaNO_3 \longrightarrow Na_2SO_4 + HNO_3$$

需要在 773K 左右进行，这时硝酸会分解，因此这个反应只能利用 H_2SO_4 中的一个氢。

② 硝酸的性质

a. 不稳定性　浓硝酸受热或见光就逐渐分解，生成 NO_2、O_2 和 H_2O，使溶液呈黄色。溶解过量 NO_2 的浓硝酸呈红棕色为发烟硝酸。发烟硝酸具有很强的氧化性。

b. 氧化性　非金属元素如碳、硫、磷、碘等都能被浓硝酸氧化成氧化物或含氧酸。

$$C+4HNO_3（浓）\longrightarrow CO_2\uparrow+4NO_2\uparrow+2H_2O$$
$$S+6HNO_3（浓）\longrightarrow H_2SO_4+6NO_2\uparrow+2H_2O$$
$$P+5HNO_3（浓）\longrightarrow H_3PO_4+5NO_2+2H_2O$$
$$3P+5HNO_3（稀）+2H_2O\longrightarrow 3H_3PO_4+5NO\uparrow$$
$$I_2+10HNO_3（浓）\longrightarrow 2HIO_3+10NO_2\uparrow+4H_2O$$
$$3I_2+10HNO_3（稀）\longrightarrow 6HIO_3+10NO\uparrow+2H_2O$$

除金、铂等金属外，硝酸几乎可氧化所有金属。Fe、Al、Cr 等能溶于稀硝酸，与冷浓硝酸钝化（钝态）。经浓硝酸处理后的"钝态"金属，就不易再与稀酸作用。

HNO_3 与 Sn、Sb、As、Mo、W 和 U 等偏酸性的金属反应后生成氧化物。

$$3Sn+4HNO_3+H_2O\longrightarrow 3SnO_2\cdot H_2O\downarrow+4NO\uparrow$$

其余金属与硝酸反应则生成硝酸盐。

很稀的硝酸与 Mg、Zn 等较活泼的金属反应会生成 H_2、NO、NH_4^+ 等产物。如：

$$4Zn+10HNO_3\longrightarrow NH_4NO_3+4Zn（NO_3）_2+3H_2O$$

铁与不同浓度 HNO_3 反应时的还原产物。可见硝酸的反应是较复杂的。

c. 制王水　浓硝酸与浓盐酸的混合液（体积比为 1:3）称为王水，可溶解不能与硝酸作用的金属，如：

$$Au+HNO_3+4HCl\longrightarrow H[AuCl_4]+NO\uparrow+2H_2O$$
$$3Pt+4HNO_3+18HCl\longrightarrow 3H_2[PtCl_6]+4NO\uparrow+8H_2O$$
$$Au^{3+}+3e^-\longrightarrow Au \qquad E=1.42V$$
$$[AuCl_4]^-+3e^-\longrightarrow Au+4Cl^- \qquad E=0.994V$$

还原型的还原能力增强。

d. 硝化作用　硝酸能与有机化合物发生硝化反应，生成硝基化合物。

利用硝酸的硝化作用可以制造许多含氮染料、塑料、药物，并已用于火箭的推进剂，也可以制造硝化甘油、三硝基甲苯(TNT)、三硝基苯酚（苦味酸）等烈性含氮炸药。硝基化合物大多数为黄色，如皮肤与浓硝酸接触后显黄色，是硝酸与蛋白质作用生成的黄蛋白酸的结果。

e. 硝酸的分子结构　在硝酸分子中，3 个氧原子围绕着氮原子分布在同一平面上，呈平面三角形结构。其中氮原子采用 sp^2 杂化轨道与氧原子形成 3 个 σ 键，氮原子上孤电子对则与两个非羟基氧原子的另一个 2p 轨道上未成对的电子形成一个 3 中心 4 电子大 π 键，表示为 Π_3^4。

在 NO_3^- 中，N 仍然是采取 sp^2 杂化。除与氧原子形成 3 个 σ 键外，还与 3 个氧原子形成一个垂直于 3 个 σ 键所在平面的大 π 键，形成该大 π 键的电子除了由 N 与 3 个氧原子提供外，还有决定硝酸根离子电荷的那个外来电子，共同组成一个 4 中心 6 电子的大 π 键，表示为 Π_4^6。

(11) 硝酸盐

易溶于水，水溶液无氧化性，固体加热则有氧化性。活泼金属硝酸盐受热，生成亚硝酸盐和 O_2，如：

$$2NaNO_3\longrightarrow 2NaNO_2+O_2\uparrow$$

活泼顺序在 Mg 和 Cu 之间的金属的硝酸盐受热，生成氧化物、NO_2 和 O_2。如：

$$2Pb（NO_3）_2\longrightarrow 2PbO+4NO_2\uparrow+O_2\uparrow$$

更不活泼的金属的硝酸盐受热，生成金属、NO_2 和 O_2。如：

$$2AgNO_3\longrightarrow 2Ag+2NO_2\uparrow+O_2\uparrow$$

（12）氮的其他化合物

① 氮化物　ⅠA、ⅡA金属元素的氮化物属于离子型氮化物。

一般可由加热的方法直接得到（如Li、Mg），有的可由加热氨基化合物而得到（如Ba）。

离子型氮化物遇水强烈水解：

$$Mg_3N_2 + 6H_2O \longrightarrow 3Mg(OH)_2\downarrow + 2NH_3\uparrow$$

ⅢA、ⅣA元素的氮化物为共价化合物，如BN、AlN、Si_3N_4，其中BN、AlN为金刚石型结构巨型分子。

过渡金属的氮化物为"间充化合物"，这类化合物化学性质稳定，类似那些硬度高的贵金属。

② 氮的卤化物　已制备的只有NF_3、NCl_3、NBr_3，其中只有NF_3稳定。

NF_3无色气体，化学性质稳定；NCl_3黄色液体，易于爆炸分解；NBr_3极不稳定，在$-100℃$即爆炸。

NF_3不水解，NCl_3易于水解生成NH_3和$HOCl$，并且NH_3能进一步被$HOCl$氧化。

19.3.4　氧族元素

（1）氧族元素的通性

周期系ⅥA族包括氧（O）、硫（S）、硒（Se）、碲（Te）、钋（Po）五种元素统称氧族元素，除O之外的S、Se、Te、Po又称硫族元素。氧和硫在自然界大量以游离态单质状态存在，很多金属在地壳中以氧化物和硫化物的形式存在，因而这两种元素又称为矿物元素。硒、碲则为稀有元素，单质为准金属，通常以硒化物、碲化物存在硫化矿床中。钋则是典型金属元素，是一种放射性元素，存在于含铀和钍的矿床中。本族元素的一些基本性质列于表19-15中。

表 19-15　氧族元素的基本性质

基本性质	O	S	Se	Te
原子序数	8	16	34	52
相对原子质量	16.00	32.06	78.96	127.6
原子半径/pm	73	102	117	135
M^{2-}半径/pm	140	184	198	221
M^{6+}半径/pm	9	29	42	56
价层电子构型	$[He]2S^22P^4$	$[Ne]3S^23P^4$	$[Ar]4S^24P^4$	$[Kr]5S^25P^4$
主要氧化数	-1、-2、0	-2、0、$+4$、$+6$	-2、0、$+2$、$+4$、$+6$	-2、0、$+2$、$+4$、$+6$
第一电离能/kJ·mol^{-1}	1314	1000	941	869
电负性（Pauling）	3.44	2.58	2.55	2.1
第一电子亲和能/kJ·mol^{-1}	141.0	200.4	195.0	190.1
第二电子亲和能/kJ·mol^{-1}	-780.7	-590.4	-420.5	
单键解离能/kJ·mol^{-1}	142	268	172	126

本族元素的ns^2np^4价电子层中有6个价电子，其原子均有获得2个电子达到稀有气体的稳定电子层结构的趋势，故常见氧化数为-2，而表现出较强的非金属性。氧在ⅥA中电负性最大（仅次于氟），所以氧与大多数金属形成二元的离子型化合物（形成离子晶体时晶

格能很大，足以补偿结合第二个电子所需要的能量）。而 S、Se、Te 只能与电负性较小的金属形成离子型化合物（如 Na_2S、K_2Se、BaS 等），与大多数金属元素化合时，主要形成共价化合物（如 CuS、HgS 等）。氧族元素与非金属氧化物均形成共价化合物（如 SO_2、H_2S 等）。

（2）氧及其化合物

① 氧　自然界中的氧含有三种同位素，即 ^{16}O、^{17}O 和 ^{18}O，在普通氧中，^{16}O 的含量占 99.76%，^{17}O 占 0.04%，^{18}O 占 0.2%。^{18}O 是一种稳定同位素，常作为示踪原子用于化学反应机理的研究中。单质氧有氧气 O_2 和臭氧 O_3 两种同素异形体。在高空约 25km 高度处，O_2 分子受到太阳光紫外线的辐射而分解成 O 原子，O 原子不稳定，与 O_2 分子结合生成 O_3 分子。

当 O_3 的浓度在大气中达到最大值时，就形成了厚度约 20km 的环绕地球的臭氧层。O_3 能吸收波长在 220～330nm 范围吸收紫外光后，O_3 又分解为 O_2。因此，高层大气中存在着 O_3 和 O_2 互相转化的动态平衡，消耗了太阳辐射到地球上的能量。正是臭氧层吸收了大量紫外线，才使地球上的生物免遭这种高能紫外线的伤害。

② 氧气（O_2）　　O_2 是一种无色、无臭的气体，在 90K 时凝聚成淡蓝色的液体，54K 时凝聚成淡蓝色固体。O_2 有明显的顺磁性，是非极性分子，不易溶于极性溶剂水中，293K 时 $1dm^3$ 水中只能溶解 $30cm^3$ 氧气。O_2 在水中的溶解度虽小，但它却是水生动植物赖以生存的基础。

a. O_2 分子的结构　基态 O 原子的价电子层结构为 $2s^2 2p^4$，氧分子的分子结构可以利用价键法（VB 法）和分子轨道法（MO）来处理，两种处理方法所得的结果有所不同。

VB 法：$\quad$ O $\quad$ $2s^2$ $\quad$ $2p_x^1$ $\quad$ $2p_y^1$ $\quad$ $2p_z^2$

$$\qquad\qquad\qquad\qquad\quad |\sigma \qquad\quad |\pi$$

$\qquad\quad$ O $\quad$ $2s^2$ $\quad$ $2p_x^1$ $\quad$ $2p_y^1$ $\quad$ $2p_z^2$ $\qquad\qquad$ 即 O＝O

按此方式成键，氧分子中没有成单电子，这与氧分子有明显顺磁性的实验事实相矛盾，因顺磁性表明分子中没有成单电子，由此可见，O_2 分子键合方式不能用 VB 法来判断。

MO 法：O_2 分子的分子轨道表示式为：

$$(\sigma_{1s})^2 (\sigma_{1s}^*)^2 (\sigma_{2s})^2 (\sigma_{2s}^*)^2 (\sigma_{2p_z})^2 (\pi_{2p_y})^2 (\pi_{2p_z})^2 (\pi_{2p_y}^*)^1 (\pi_{2p_z}^*)^1$$

在 O_2 分子中有一个 α 键和两个三电子 π 键，每个三电子键中有两个电子在成键轨道，一个电子在反键轨道，从键能看相当于半个正常的键，两个三电子 π 键合在一起，键能相当于一个正常的键，因此 O_2 分子总键能相当于 O＝O 双键的键能 $494kJ \cdot mol^{-1}$。从 O_2 分子的结构可知，在 O_2 分子的反键轨道上有两个成单电子，所以 O_2 分子是顺磁性的。

b. O_2 的制备　空气和水是制取 O_2 的主要原料，工业上使用的氧气大约有 97% 的氧是从空气中提取的，3% 的氧来自电解水。

工业上制取 O_2，主要是通过物理方法液化空气，然后分馏制 O_2。把所得的 O_2 压入高压钢瓶中储存，便于运输和使用。此方法制得的 O_2，纯度高达 99.5%。

实验室中制备 O_2 最常用的方法如下。

Ⅰ. MnO_2 为催化剂，加热分解 $KClO_3$：$2KClO_3 \xrightarrow[\Delta]{MnO_2} 2KCl + 3O_2 \uparrow$

Ⅱ. $NaNO_3$ 热分解：$2NaNO_3 \xrightarrow{\Delta} 2NaNO_2 + O_2 \uparrow$

Ⅲ. 金属氧化物热分解：$2HgO \xrightarrow{\Delta} 2Hg + O_2 \uparrow$

Ⅳ. 过氧化物热分解 $2BaO_2 \xrightarrow{\Delta} 2BaO + O_2 \uparrow$

c. 氧气的性质 常温下，无色无味无臭气体，在 H_2O 中溶解度很小，O_2 为非极性分子，H_2O 为极性溶剂。光谱实验证明在溶有 O_2 的水中存在氧的水合物。

氧气是活性很高的气体，在室温或较高温度下，可直接剧烈氧化除 W、Pt、Au、Ag、Hg 和稀有气体以外的其他元素，形成氧化物；遇到活泼金属还可以形成过氧化物（如 Na_2O_2 等）或超氧化物（如 KO_2 等）；在适当条件下许多无机物（如 H_2S、CO、S^{2-} 等）及绝大多数的有机物均可直接与氧气作用。

③ 臭氧 臭氧和氧气是由同一种元素组成的不同单质，互称为同素异形体。

臭氧因其具有一种特殊的腥臭而得名，在地表附近的大气层中含有 $0.001mg \cdot L^{-1}$，在离地面 20～40km 有臭氧层，臭氧的浓度高达 $0.2mg \cdot L^{-1}$。

臭氧和氧的性质不同，它们的物理性质见表 19-16。

表 19-16 臭氧和氧的物理性质

性质	氧	臭氧
气体颜色	无色	淡蓝色
气味	无味	鱼腥臭味
液体颜色	淡蓝色	暗蓝色
熔点/K	54.6	21.6
沸点/K	90	160.6
临界温度/K	154	268
273K 时在水中的溶解度/$mL \cdot L^{-1}$	49.1	494
磁性	顺磁性	反磁性
偶极矩/D	0	0.54

a. 臭氧分子的结构 在 O_3 分子中，O 原子采取 sp^2 杂化。sp^2 杂化轨道中的单电子轨道，与配体氧的 $2p_y$ 轨道成 σ 键，确定了分子 "V" 字形结构，并确定了 O_3 的分子平面。中心氧原子的 $2p_z$ 轨道和两个配体氧原子的 $2p_z$ 轨道均垂直于分子平面，互相平行，互相重叠，共有 4 个电子：中心 2 个原子，每个配体 1 个电子。在这 3 个 p_z 轨道中运动，形成了 3 中心 4 电子大 π 键，表示为 Π_3^4。这个大 π 键以单键的强度约束 3 个氧原子，因此中 O_3 的两个 O—O 化学键的强度均介于单双键之间。

b. 臭氧的性质 O_3 不稳定，常温下就可分解，紫外线或催化剂（MnO_2、PbO_2、铂黑）存在下，会加速分解：$2O_3 \longrightarrow 3O_2$，$O_3$ 分解放出热量，说明 O_3 比 O_2 有更大的化学活性，比 O_2 有更强的氧化性。

O_3 是一种极强的氧化剂，氧化能力介于 O 原子和 O_2 分子之间，仅次于 F_2。例如它能氧化一些只具弱还原性的单质或化合物，有时可把某些元素氧化到不稳定的高价状态：

$$PbS + 2O_3 \longrightarrow PbSO_4 + O_2$$

$$2Ag + 2O_3 \longrightarrow 2O_2 + Ag_2O_2 \text{（过氧化银）}$$

$$XeO_3 + O_3 + 2H_2O \longrightarrow H_4XeO_6 + O_2$$

O_3 还能迅速且定量地氧化离子成 I_2，这个反应被用来测定 O_3 的含量：

$$O_3 + 2I^- + H_2O \longrightarrow I_2 + O_2 + OH^-$$

O_3 还能氧化 CN^-，这个反应可用来治理电镀工业中的含氰废水：

$$O_3 + CN^- \longrightarrow OCN^- + O_2$$

$$2OCN^- + 2O_3 \longrightarrow 2CO_2 + N_2 + O_2$$

O_3 还能氧化有机物，特别是对烯烃的氧化反应可以用来确定不饱和双键的位置，例如：

$$O_3 + CH_3CH{=}CHCH_3 \longrightarrow 2CH_3CHO$$

微量的 O_3 能消毒杀菌，对人体健康有益。但空气中 O_3 含量超过时，不仅对人体有害，对农作物等物质也有害，它的破坏性也是基于它的氧化性。

c. 臭氧层空洞　近年来保护地球生命的高空臭氧层面临严重的威胁，随着人类活动的频繁和工农业生产及现代科学技术的大规模发展，造成大气的污染日趋严重。大气中的还原性气体污染物如氟利昂、SO_2、CO、H_2S、NO 等越来越多，它们同大气高层中的 O_3 发生反应，导致了 O_3 浓度的降低。例如氟利昂是一类含氟的有机化合物，CCl_2F_2、CCl_3F 等被广泛应用于制冷系统、发泡剂、洗净剂、杀虫剂、除臭剂、头发喷雾剂等。氟利昂化学性质稳定，易挥发，不溶于水。进入大气层后受紫外线辐射而分解产生 Cl 原子，Cl 原子则可引发破坏 O_3 的循环反应：

$$Cl + O_3 \longrightarrow ClO + O_2$$

$$ClO + O \longrightarrow Cl + O_2$$

由第一个反应消耗掉的 Cl 原子，在第二个反应中又重新产生，又可以和另外一个 O_3 分子反应，因此每个 Cl 原子能参与大量的破坏 O_3 的反应，而 Cl 原子本身只作为催化剂，反复起分解 O_3 的作用。

近年来不断测量的结果证实臭氧层已经开始变薄，乃至出现空洞。例如 1985 年，发现在南极上空出现了面积与美国相近的臭氧层空洞，1989 年又发现在北极上空正在形成的另一个臭氧层空洞。臭氧层变薄和出现空洞，就意味着更多的紫外线辐射到达地面，紫外线对生物具有破坏性，对人的皮肤、眼睛，甚至免疫系统都会造成伤害，强烈的紫外线还会影响鱼虾类和其他水生生物的正常生存，乃至造成某些生物灭绝，会严重阻碍各种农作物和树木的正常生长，又会使由 CO_2 量增加而导致的温室效应加剧。对地球上的生命产生严重的影响。

④ 过氧化氢

a. 过氧化氢分子的结构　过氧化氢分子中有一过氧基（—O—O—），每个氧原子各连着一个氢原子。两个氢原子和氧原子不在一平面上。两个氢原子像在半展开书本的两页纸上，两面的夹角为 $93.51°$，氧原子在书的夹缝上，键角 $\angle OOH$ 为 $96.52°$，O—O 和 O—H 的键长分别为 149pm 和 97pm。

H_2O_2 中的氧原子采取 sp^3 杂化，两个 sp^3 杂化轨道中的单电子同氢原子的 1s 轨道重叠形成 H—O σ 键，另一个则同第二个氧原子的 sp^3 杂化轨道头对头重叠形成 O—O σ 键。其他两个 sp^3 杂化轨道中的电子是孤电子对，每个氧原子上的两个孤电子对间的排斥作用，使得 O—H 键向 O—O 键靠拢，所以键角 $\angle HOO$ 小于四面体的值（$109.5°$）。

b. 过氧化氢的性质和用途　过氧化氢的水溶液为无色透明液体，溶于水、醇、乙醚，不溶于苯、石油醚。

纯过氧化氢是淡蓝色的黏稠液体，是强极性分子，极性大于水（偶极矩为 2.26D），所以它原则上应是一个很好的极性溶剂，但由于它的不稳定性，没有使用价值。H_2O_2分子间具有较强的氢键，发生强烈的缔合作用，比水的缔合作用还大，所以它的沸点（423K）远比水高。但其熔点（272K）与水接近。过氧化氢与水可以任意比互溶，常用的过氧化氢的水溶液有含 H_2O_2 质量分数为 3％ 和 35％ 两种。前者在医药上称为双氧水，有杀菌消毒的作用。

由于过氧基—O—O—内过氧键的键能较小，因此过氧化氢分子不稳定，易分解。

H_2O_2 在较低温度和高纯度时还是比较稳定的，若受热到 426K（153℃）以上便猛烈依下式分解：

$$2H_2O_2 \longrightarrow 2H_2O + O_2 \uparrow \qquad \Delta_r H_m^{\ominus} = -196.4 \text{kJ} \cdot \text{mol}^{-1}$$

H_2O_2 在碱性介质中分解速度远比在酸性介质中快，杂质的存在，如重金属离子 Fe^{2+}、Mn^{2+}、Cu^{2+} 和 Cr^{3+} 等都大大加速 H_2O_2 的分解。波长 320～380nm 的光也促使 H_2O_2 的分解。因此，为防止其分解，通常储存在棕色瓶内并置于阴凉处。有时加入一些稳定剂，如微量的锡酸钠 Na_2SnO_3、焦磷酸钠 $Na_2P_2O_7$、8-羟基喹啉等来抑制所含杂质的催化作用。

H_2O_2 中氧的氧化数为 -1，因此，过氧化氢的特征化学性质是氧化性和还原性。

由电极电势可知，H_2O_2 在酸性溶液中是一种强氧化剂，而在碱性溶液中是一种中等还原剂。

酸性介质：

$$H_2O_2 + 2H^+ + 2e^- \longrightarrow 2H_2O \qquad E^{\ominus} = 1.763\text{V}$$
$$O_2 + 2H^+ + 2e^- \longrightarrow H_2O_2 \qquad E^{\ominus} = 0.695\text{V}$$

碱性介质：

$$HO_2^- + H_2O + 2e^- \longrightarrow 3OH^- \qquad E^{\ominus} = 0.867\text{V}$$
$$O_2 + H_2O + 2e^- \longrightarrow HO_2^- + OH^- \qquad E^{\ominus} = -0.076\text{V}$$

H_2O_2 最常用作氧化剂，因为它不给反应溶液带来可能作为不利杂质的产物。下述反应是定性检出和定量测定 H_2O_2 或过氧化物的常用反应，

$$H_2O_2 + 2I^- + 2H^+ \longrightarrow I_2 + H_2O$$

过氧化氢可以使黑色的 PbS 氧化为白色的 $PbSO_4$，此反应用于油画的漂白

$$4H_2O_2 + PbS \longrightarrow PbSO_4 + 4H_2O$$

表现 H_2O_2 氧化还原性的反应还有：

$$H_2O_2 + H_2SO_3 \longrightarrow SO_4^{2-} + 2H^+ + H_2O$$
$$H_2O_2 + 2Fe^{2+} + 2H^+ \longrightarrow 2Fe^{3+} + 2H_2O$$
$$H_2O_2 + Mn(OH)_2 \longrightarrow MnO_2 + 2H_2O$$
$$3H_2O_2 + 2Na_2CrO_2 + 2NaOH \longrightarrow 2Na_2CrO_4 + 4H_2O$$
$$5H_2O_2 + 2MnO_4^- + 6H^+ \longrightarrow 2Mn^{2+} + 5O_2 \uparrow + 8H_2O$$
$$3H_2O_2 + 2MnO_4^- \longrightarrow 2MnO_2 \downarrow + 3O_2 \uparrow + 2OH^- + 2H_2O$$

纯 H_2O_2 还可用作火箭燃料的氧化剂。在工业上利用 H_2O_2 的还原性除氯，不会给反应体系带来杂质。

$$H_2O_2 + Cl_2 \longrightarrow 2H^+ + 2Cl^- + O_2$$

要注意质量百分比大于 30％ 以上的 H_2O_2 水溶液会灼伤皮肤。

c. 过氧化氢的制备　在实验室中，可以将过氧化钠加到冷的稀硫酸或稀盐酸中来制备过氧化氢：

$$Na_2O_2 + H_2SO_4 + 10H_2O \longrightarrow Na_2SO_4 \cdot 10H_2O + H_2O_2$$

在工业上，最早生产过氧化氢的方法是基于硫酸钡的难溶性与过氧化氢的弱酸性作用于过氧化钡而实现的：

$$BaO_2 + H_2SO_4 \longrightarrow BaSO_4 \downarrow + H_2O_2$$

另外，通二氧化碳与 BaO_2 溶液也可得到过氧化氢：

$$BaO_2 + H_2O + CO_2 \longrightarrow BaCO_3 \downarrow + H_2O_2$$

1908 年发展起来电解-水解法制取过氧化氢。首先以铂片作电极，通直流电于 NH_4HSO_4 饱和溶液中得到二硫酸铵，然后加入适量硫酸以水解过二硫酸铵即得过氧化氢。

阳极： $2SO_4^{2-} \longrightarrow S_2O_8^{2-} + 2e^-$ 阴极：$2H^+ + 2e^- \longrightarrow H_2$

电解反应： $NH_4HSO_4 \longrightarrow (NH_4)_2S_2O_8 + H_2 \uparrow$

$$(NH_4)_2S_2O_8 + 2H_2O \longrightarrow 2NH_4HSO_4 + H_2O_2$$

生成的硫酸氢铵可以循环使用。

1945 年以后发展起来的生产过氧化氢的方法是乙基蒽醌法。以 H_2 和 O_2 作原料，在有机溶剂（重芳烃和氢化萜松醇）中借助 2-乙基蒽醌和钯（Pd）的作用制得过氧化氢

⑤ 水   水是地球上分布最广的物质，差不多占地球表面的 3/4，充满了所有的天然水池——低地海洋、山川和湖泊。

由于自然界中的氢存在的两种同位素——^1H、^2H，氧存在三种的同位素 ^{16}O、^{17}O、^{18}O，因而自然界存在 9 种水，它们之间存在一定的比例，分子式如下：$H_2^{16}O$ 最多。所以普通水的性质即 $H_2^{16}O$ 的性质。

$H_2^{16}O$	$H_2^{17}O$	$H_2^{18}O$
$HD^{16}O$	$HD^{17}O$	$HD^{18}O$
$D_2^{16}O$	$D_2^{17}O$	$D_2^{18}O$

在这 9 种不同的水中，以 $H_2^{16}O$ 最多。所以普通水的性质即 $H_2^{16}O$ 的性质。平时就用 H_2O 表示水分子。除了 H_2O 以外，$D_2^{16}O$ 和 $H_2^{18}O$ 也最为常用，前者叫重水，D_2O 分子式表示，后者叫重氧水。

纯水是一种无色、无臭的透明液体。深层的天然水呈蓝绿色。如海水、湖水。泉水稍有甘甜味。水具有一些异常的物理性质。

水的偶极距为 1.87D，表现出很大的极性。

在所有液态和固态物质中水的比热容最大。

水的熔点、沸点、熔化热和蒸发热比 ⅥA 族其他元素异常高（图 19-8）。

水在 277K 时密度最大（图 19-9），其值为 $1.0\,g \cdot cm^{-3}$。

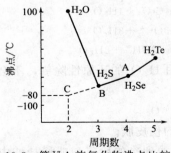

图 19-8   第 ⅥA 族氢化物沸点比较图

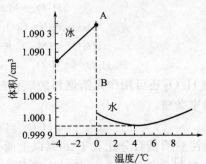

图 19-9   冰、水的体积与温度的关系图

异常的物理性质与水缔合有关。冷却时缔合度增大，降到 277K 时，密度最大。温度继续降低时，出现较多 $(H_2O)_3$ 水分子，结构疏松，冰点时全部水分子缔合成一个巨大的缔合分子，冰的结构中具有较大的空隙，因而密度突然大幅度下降。冰的密度小有利于水生动植物的越冬生存。

（3）硫及其化合物

① 单质硫　硫在地壳中的原子百分含量为 0.03%，是一种分布较广的元素。它在自然界中有两种形态出现——单质硫和化合态硫。天然的硫化物包括金属元素的硫化物和硫酸盐两大类。最重要的是硫铁矿是黄铁矿 FeS_2，它是制造硫酸的重要原料。其次是有色金属元素（Cu、Pb、Zn 等）的硫化物矿。

单质硫有多种同素异形体，最常见的是晶状的斜方硫（α-硫 S_α，也成菱形硫）和单斜硫（β-硫 S_β），在自然条件下，斜方硫最稳定。这两种同素异形体存在以下平衡：

$$S_\alpha \xrightleftharpoons[<95.6℃]{>95.6℃} S_\beta \qquad \Delta_r H_m = 0.398 kJ \cdot mol^{-1}$$

当温度升到 368.5K 以上，斜方硫变成单斜硫；当温度低于 368.5K 时，单斜硫变成斜方硫。S_α 和 S_β 都易溶于 CS_2，都是由环状的 S_8 分子组成，"皇冠"状（图 19-10）。分子中每个硫原子以两个 sp^3 杂化轨道与另两个硫原子形成共价单键，S—S—S 键角为 $108°$，S—S 键长为 204pm，S—S 单键键能为 $240 kJ \cdot mol^{-1}$，而 O—O 单键键能为 $204.2 kJ \cdot mol^{-1}$。

 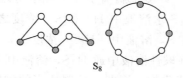 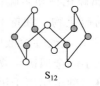

S_4　　　　S_8　　　　S_{12}

图 19-10　S_n 分子图

S_2 是顺磁性的，而 S_4、S_6、S_8、…都是反磁性的

② 硫的化学性质

a. 碱介质中发生歧化反应

$$3S + 6OH^- \longrightarrow 2S^{2-} + SO_3^{2-} + 3H_2O$$

b. 酸介质逆歧化

$$SO_2 + 2H_2S \longrightarrow 3S + 2H_2O$$

c. 还原性

$$S + O_2 \xrightarrow{燃烧} SO_2$$

$$3S + 4HNO_3（浓）\xrightarrow{加热} 3SO_2\uparrow + 4NO\uparrow + 2H_2O$$

d. 氧化性

单质硫能与某些金属直接反应，生成相应的金属硫化物。

$$Hg(l) + S(s) \longrightarrow HgS(s)$$

$$2Al(s) + 3S(s) \longrightarrow Al_2S_3(s)$$

（4）硫化物和多硫化合物

硫是活泼的元素，特别是在略加升温时更甚，除了稀有气体、氮、碲、碘、铱、铂和金外，硫几乎能直接和所有的元素化合得到硫的化合物。

① 硫化氢　硫蒸气能与氢气直接化合生成硫化氢。但实验室中常用硫化亚铁与稀盐酸

作用来制备硫化氢气体：

$$FeS + 2H^+ \longrightarrow Fe^{2+} + H_2S\uparrow$$

H_2S 是无色的有腐蛋臭味的有毒气体，它是一种大气污染物，有麻醉中枢神经作用。空气中如果含 0.1% 的 H_2S 就会迅速引起头疼晕眩等症状。吸入大量 H_2S 会造成人昏迷的死亡。经常与 H_2S 接触会引起嗅觉迟钝、消瘦、头痛等慢性中毒。空气中 H_2S 的允许含量不得超过 $0.01mg \cdot L^{-1}$。

H_2S 在 213K 时凝聚成液体，187K 时凝固。它在水中的溶解度不大，浓度约为 $0.1mol \cdot L^{-1}$。这种溶液称为氢硫酸。

硫化氢是一种弱酸，在水中的电离如下：

$$H_2S \Longrightarrow HS^- + H^+ \qquad K_{a1}^{\ominus} = 1.1 \times 10^{-7};$$
$$HS^- \Longrightarrow S^{2-} + H^+ \qquad K_{a2}^{\ominus} = 1.3 \times 10^{-13}$$

从标准电极电势看，无论在酸性或碱性介质中，H_2S 都具有较强的还原性：$E_A^{\ominus}$ (S/H$_2$S) $= 0.14V$，$E_A^{\ominus}$ (S/S^{2-}) $= -0.45V$，能与多种氧化剂如 Cl_2、Br_2、$KMnO_4$、浓 H_2SO_4 等反应。

$$H_2S + I_2 \longrightarrow 2HI + S\downarrow$$
$$H_2S + 4Br_2 + 4H_2O \longrightarrow H_2SO_4 + 8HBr$$
$$3H_2S + 2KnMO_4 + H_2SO_4 \longrightarrow K_2SO_4 + 2MnO_2 + 3S\downarrow + 4H_2O$$
$$H_2S + H_2SO_4 (浓) \longrightarrow 2SO_2\uparrow + 2H_2O + S\downarrow$$

② 金属硫化物和多硫化合物　许多金属离子在溶液中与硫化氢或硫离子作用，生成溶解度很小的硫化物。在饱和的 H_2S 水溶液中 H^+ 和 S^{2-} 浓度之间的关系是 $[H^+]_2[S^{2-}] = 9.23 \times 10^{-22}$，在酸性溶液中通 H_2S，溶液中 $[H^+]$ 浓度大，$[S^{2-}]$ 浓度低，所以只能沉淀出溶度积小的金属硫化物。而在碱性溶液中通 H_2S，溶液中 $[H^+]$ 浓度小，$[S^{2-}]$ 浓度高，可以将多种金属离子沉淀成硫化物。因此，控制适当的酸度，利用 H_2S 能将溶液中的不同金属离子按组分离。

金属硫化物大多数是有颜色难溶于水的固体，只有碱金属和铵的硫化物易溶于水，碱土金属硫化物微溶于水。硫化物的溶解度不仅取决于温度，还与溶解时的 pH 及 H_2S 的分压有关。金属硫化物在水中不同的溶解度和特性的颜色（表19-17），在分析化学中可用于鉴定和分离不同的金属。

表 19-17　重金属硫化物的溶度积

化合物	K_{sp}	颜色	化合物	K_{sp}	颜色
Ag_2S	2×10^{-49}	黑	Hg_2S	1×10^{-47}	黑
Bi_2S_3	1×10^{-87}	黑	HgS	4×10^{-53}	红
CdS	8×10^{-27}	黄	MnS(晶形)	2×10^{-13}	肉色
$\beta\text{-}CoS$	2×10^{-25}	黑	$\beta\text{-}NiS$	1×10^{-24}	黑
Cu_2S	2×10^{-48}	黑	PbS	1×10^{-28}	黑
CuS	6×10^{-36}	黑	SnS	1×10^{-25}	灰色
FeS	6×10^{-18}	黑	$\beta\text{-}ZnS$	2×10^{-22}	白

由于氢硫酸为弱酸，所以生成的硫化物无论是易溶的还是难溶的，都会发生一定程度的水解，使溶液显碱性。

$$Na_2S + H_2O \longrightarrow NaHS + NaOH$$
$$2CaS + 2H_2O \longrightarrow Ca(HS)_2 + Ca(OH)_2$$
$$PbS + H_2O \longrightarrow HS^- + Pb(OH)^+ （微溶）$$

　　Na_2S 显强碱性，俗称"硫化碱"，可以作为强碱使用，代替氢氧化钠；Al_2S_3、Cr_2S_3 会完全水解；难溶的 PbS 和 CuS 有微弱的水解；因此这些硫化物不能用湿法从溶液中制备。

　　Na_2S 是工业上有较多用途的一种水溶性硫化物，它是一种白色晶状固体，熔点 1453K，在空气中易潮解。常见商品是它的水合晶体 $Na_2S \cdot 9H_2O$。它可以通过还原天然芒硝来进行大规模的工业生产的。

　　a. 用煤粉高温还原 Na_2SO_4：

$$Na_2SO_4 + 4C \xrightarrow[\text{高温转炉}]{1373K} Na_2S + 4CO\uparrow$$

　　b. 用 H_2 还原 Na_2SO_4：

$$Na_2SO_4 + 4H_2 \xrightarrow[\text{高温转炉}]{1273K} Na_2S + 4H_2O$$

　　$(NH_4)_2S$ 是一种常用的水溶性硫化物试剂，它是将 H_2S 通入氨水中制备的，是一种黄色晶体。

$$2NH_3 \cdot H_2O + H_2S \longrightarrow (NH_4)_2S + 2H_2O$$

　　碱土金属、碱土金属的多硫化合物和硫化铵的溶液能够溶解单质硫并且生成多硫化合物。

$$Na_2S + (x-1)S \longrightarrow Na_2S_x$$
$$(NH_4)_2S + (x-1)S \longrightarrow (NH_4)_2S_x$$

　　多硫化合物溶液一般显黄色，其颜色可随着溶解的硫的增多而加深，由黄至橙色，最深变为红色。实验室中的 Na_2S、$(NH_4)_2S$ 等试剂长期放置也会变成多硫化合物（由无色变至黄色溶液），这是因为硫化物会被空气中 O_2 的氧化而析出 S，故使用 $(NH_4)_2S$ 溶液应现配。

$$2(NH_4)_2S + O_2 \longrightarrow 2S\downarrow + 4NH_3 + 2H_2O$$

　　多硫化物在酸性溶液中很不稳定，容易歧化分解生成 H_2S 和单质 S：

$$S_2^{2-} + 2H^+ \longrightarrow H_2S_2 \longrightarrow S\downarrow + H_2S\uparrow$$

　　当多硫化物 M_2S_x 中的 $x=2$ 时，例如 Na_2S_2 或 $(NH_4)_2S_2$，可以叫做过硫化物，过硫化物实际是过氧化物的同类化合物。自然界中，黄铁矿即为铁的过硫化合物。

　　多硫化物是与过氧化物相类似，都具有氧化性与还原性，例如：

氧化性：$\qquad SnS + S_2^{2-} \longrightarrow SnS_3^{2-}$

还原性：$\qquad 4FeS + 11O_2 \longrightarrow 2Fe_2O_3 + 8SO_2\uparrow$

　　多硫化物在分析化学中是常用的分析化学试剂，农业上用作杀虫剂，在制革工业中用于生皮的脱毛和鞣革。

$$Na_2S_2 + SnS \longrightarrow SnS_2 + Na_2S$$

　　（5）硫的含氧化合物

　　硫呈现多种氧化态，能够形成种类繁多的氧化物和含氧酸，呈现出丰富多彩的氧化还原化学行为。氧化物有 S_2O、SO、S_2O_3、SO_2、SO_3、S_2O_7、SO_4 等，其中最重要的是 SO_2 和 SO_3。

　　① 二氧化硫、亚硫酸和亚硫酸盐

　　硫在空气中燃烧生成 SO_2，在工业上常燃烧金属硫化物来制备二氧化硫：

$$3FeS_2 + 8O_2 \longrightarrow Fe_3O_4 + 6SO_2$$

　　而实验室中制备 SO_2 是用酸与亚硫酸盐反应。

$$Na_2SO_3 + 2HCl \longrightarrow 2NaCl + SO_2\uparrow + H_2O$$

SO_2 是一种无色有刺激臭味的气体，比空气重 2.26 倍，它是一种大气污染物。SO_2 的职业性慢性中毒会引起食欲丧失、大便不通和气管炎症。空气中 SO_2 的含量不得超过 $0.02mg \cdot L^{-1}$。

SO_2 分子构型是角尺形，中心 S 原子 sp^2 杂化轨道与两个氧原子各形成一个 σ 键，再以垂直于平面的价层 2p 轨道（含有一对电子）与两个氧原子相互平行 2p（各含一个电子）重叠形成一个 π_3^4 的离域 π 键，所以 S—O 的键长为 143pm，小于 S—O 单键键长 155pm，具有双键的特征，∠OSO 为 119.5°。

SO_2 是极性分子，常压下，263K 就能液化，易溶于水，常况下每立方分米水能溶解 40L 的 SO_2，相当于质量分数为 10% 的溶液，它是造成酸雨的主要因素之一。

SO_2 中 S 的氧化数为 +4，所以 SO_2 既有氧化性又有还原性，但还原性是主要的。只有遇到强还原剂时，SO_2 才表现出氧化性。

a. 还原性

$$3SO_2（过量）+KIO_3+3H_2O \longrightarrow 3H_2SO_4+KI$$
$$SO_2+Br_2+2H_2O \longrightarrow H_2SO_4+2HBr$$

b. 氧化性

$$SO_2+2H_2S \longrightarrow 3S+2H_2O$$
$$SO_2+2CO \xrightarrow[\text{铝矾土}]{773K} S+2CO_2$$

工业上生产 SO_2 主要用于制造硫酸和亚硫酸盐。SO_2 能和一些有机色素结合形成无色化合物，因此，可以用作纸张、草帽等的漂白剂；它能杀灭细菌，可作食物和果品的防腐剂、住宿和用具的消毒剂。

② 亚硫酸　SO_2 极易溶于水（20℃时，100g 水溶解 $3927cm^3$），其溶液称为亚硫酸溶液。存在如下平衡：

$$H_2SO_3 \rightleftharpoons H^+ + HSO_3^- \qquad K_{a1}^{\ominus} = 1.3 \times 10^{-2}$$
$$HSO_3^- \rightleftharpoons H^+ + SO_3^{2-} \qquad K_{a2}^{\ominus} = 6.3 \times 10^{-8}$$

从平衡反应来看，加酸或加热，平衡左移，SO_2 有气体逸出；加碱时，平衡右移，生成亚硫酸的酸式盐或正盐。从 K_1 值可以看出，亚硫酸是一种中强酸，不存在纯的亚硫酸，因为水溶液中，亚硫酸已经部分分解为 SO_2 和 H_2O。

亚硫酸很不稳定，其热稳定性也很差，加热的条件下，亚硫酸也会发生分解

$$H_2SO_3 \longrightarrow H_2O+SO_2 \uparrow$$

同时，遇到强酸也会发生分解作用

$$HSO_3^- + H^+ \longrightarrow H_2O+SO_2 \uparrow$$

在亚硫酸及其盐中，硫的氧化数是 +4，居于中间价态，所以亚硫酸及其盐既有还原性又有氧化性，但它们的还原性是主要的。$E(SO_4^{2-}/H_2SO_3)=0.20V$、$E(SO_4^{2-}/SO_3^{2-})=-0.92V$，由电极电势可知，亚硫酸盐比亚硫酸具有更强的还原性。如 SO_2 在酸性溶液中能使 MnO_4^- 还原为 Mn^{2+}，与 I_2 进行的定量反应已用于容量分析：

$$HSO_3^- + I_2 + H_2O \longrightarrow HSO_4^- + 2H^+ + 2I^-$$

只有在遇到强的还原剂时，才表现出氧化性：

$$2H^+ + SO_3^{2-} + 2H_2S \longrightarrow 3S + 3H_2O$$

$NaHSO_3$ 受热，分子间脱水得焦亚硫酸钠：

$$2NaHSO_3 \longrightarrow Na_2S_2O_5 + H_2O$$

$$\begin{array}{ccc} \overset{\displaystyle O}{\underset{\displaystyle \|}{}} & \overset{\displaystyle O}{\underset{\displaystyle \|}{}} \\ \bar{O}-S-O\overline{H \mid HO}-S-O^- \\ \end{array} \longrightarrow \begin{array}{ccc} \overset{\displaystyle O}{\underset{\displaystyle \|}{}} & \overset{\displaystyle O}{\underset{\displaystyle \|}{}} \\ \bar{O}-S-O-S-O^- \\ \end{array}$$

焦（一缩二）亚硫酸钠，一缩二的意思是两个分子缩一个水，缩水时不变价，$Na_2S_2O_5$ 中的 S 仍为 Ⅳ 价。由于 $NaHSO_3$ 受热易缩水，故不可能用加热的方法从溶液中制备 $NaHSO_3$。

③ 三氧化硫、硫酸和硫酸盐

a. 三氧化硫 一般情况下纯净的三氧化硫 SO_3 是无色挥发的固体，熔点 289.8K，沸点 317.8K。263K 密度为 $2.29g \cdot cm^{-3}$，298K 时为 $1.92g \cdot cm^{-3}$。

固态的 SO_3 主要以两种形式存在：一种是石棉形式，它是由 SO_4 四面体连成无限长链小分子；另一种固态的 SO_3 是斜方修饰的三聚体 $(SO_3)_3$。

液态时，单分子的 SO_3 和三聚 $(SO_3)_3$ 处于平衡，温度升高，平衡向单分子方向移动。气态 SO_3 为单分子状态，分子构型为平面三角形。中心硫原子以 sp^2 杂化轨道与 3 个氧原子各形成一个 a 键，而这 3 个氧原子又分别与分子面垂直的 2p 轨道形成一个 π_4^6 离域 π 键。其中 S—O 键长为 144pm，较 S—O 单键 155pm 的短，具有双键结构特征。

SO_3 是通过 SO_2 的催化氧化来制备的，V_2O_5 是工业上常用催化剂。

$$2SO_2 + O_2 \xrightarrow{V_2O_5} 2SO_3$$

SO_3 是强氧化剂，可以使单质磷燃烧；将碘化物氧化为单质碘：

$$10SO_3 + P_4 \longrightarrow 10SO_2 + P_4O_{10}$$

$$SO_3 + 2KI \longrightarrow K_2SO_3 + I_2$$

SO_3 在工业上主要用来生产硫酸。

$$SO_3 + H_2O \longrightarrow H_2SO_4$$

b. 硫酸 硫酸是一个强的二元酸，在稀溶液中，它的第一步电离是完全的，第二步电离程度则较低，$K_{a_2} = 1.2 \times 10^{-2}$。纯 H_2SO_4 是无色油状液体，凝固点为 283.36K，沸点为 611K（质量分数 98.3%），密度为 $1.854g \cdot cm^{-3}$，相当于浓度为 $18mol \cdot L^{-1}$。

硫酸是 SO_3 的水合物，除了 $H_2SO_4(SO_3 \cdot H_2O)$ 和 $H_2S_2O_7(2SO_3 \cdot H_2O)$ 外，它还能生成一系列稳定的水合物，所以浓硫酸有强烈的吸水性。浓硫酸是工业上和实验室中最常用的干燥剂，用它来干燥氯气、氢气和二氧化碳等气体。它不但能吸收游离的水分，还能从一些有机化合物中夺取与水分子组成相当的氢和氧，使这些有机物碳化。例如，蔗糖或纤维被浓硫酸脱水：

$$C_{12}H_{22}O_{11} \xrightarrow{浓硫酸} 12C + 11H_2O$$

因此，浓硫酸能严重地破坏动植物的组织，如损坏衣服和烧坏皮肤等，使用时必须注意安全。

浓硫酸是一种氧化性酸，加热时氧化性更显著，它可以氧化许多金属和非金属。例如：

$$Cu + 2H_2SO_4 \longrightarrow CuSO_4 + SO_2 + 2H_2O$$

$$C + 2H_2SO_4 \longrightarrow CO_2 + 2SO_2 + 2H_2O$$

但金和铂甚至在加热时也不与浓硫酸作用。此外，冷的浓硫酸（93%以上）不和铁、铝等金属作用，因为铁、铝在冷浓硫酸中被钝化了。所以可以用铁、铝制的器皿盛放浓硫酸。

稀硫酸具有一般酸类的通性，与浓硫酸的氧化反应不同，稀硫酸的氧化反应是由 H_2SO_4 中的

H^+ 引起的。稀硫酸只能与电位顺序 H 以前的金属如 Zn、Mg、Fe 等反应而放出氢气：

$$H_2SO_4 + Fe \longrightarrow FeSO_4 + H_2 \uparrow$$

硫酸是重要的基本化工原料，常用硫酸的年产量来衡量一个国家的化工生产能力。硫酸大部分消耗在肥料工业中，在石油、冶金等许多工业部门，也要消耗大量的硫酸。

c. 硫酸盐　SO_4^{2-} 是正四面体结构，S—O 键有很大程度双键性质。在 SO_4^{2-} 固体盐中往往携带"阴离子结晶水"，水合阴离子的结构为水分子通过氢键与 SO_4^{2-} 中的氧原子相联结。带结晶水的盐通常也称为矾，如胆矾或蓝矾 $CuSO_4 \cdot 5H_2O$、绿矾 $FeSO_4 \cdot 7H_2O$、皓矾 $ZnSO_4 \cdot 7H_2O$。

复盐：　　　　　铁铵矾　$(NH_4)_2SO_4 \cdot FeSO_4 \cdot 6H_2O$

　　　　　　　　铝钾矾　$K_2SO_4 \cdot Al_2(SO_4)_3 \cdot 24H_2O$

　　　　　　　　铁钾矾　$K_2SO_4 \cdot Fe_2(SO4)_3 \cdot 24H_2O$

硫酸盐的热分解　　硫酸盐热分解的基本形式是产生 SO_3 和金属氧化物，如：

$$MgSO_4 \longrightarrow MgO + SO_3$$

特殊情况如下。

温度高时 SO_3 和金属氧化物均可能分解，如：

$$4Ag_2SO_4 \longrightarrow 8Ag + 2SO_3 + 2SO_2 \uparrow + 3O_2 \uparrow$$

若阳离子有还原性，则可能将 SO_3 部分还原，如：

$$2FeSO_4 \longrightarrow Fe_2O_3 + SO_3 + SO_2 \uparrow$$

阳离子生成碱性氧化物，酸根自身发生氧化还原反应：

$$HgSO_4 \xrightarrow{\text{浓硫酸}} HgO + SO_2 \uparrow + O_2 \uparrow$$

④ 硫的其他价态含氧化合物

a. 焦硫酸及其盐　用浓硫酸吸收 SO_3，得纯 H_2SO_4，再溶解 SO_3，则得到发烟硫酸。其化学式可表示为 $H_2SO_4 \cdot xSO_3$，当 $x=1$ 时，成为 $H_2S_2O_7$，称焦硫酸，或称为一缩二硫酸。

$H_2S_2O_7$ 为无色晶体，吸水性、腐蚀性比 H_2SO_4 更强。它是很好的磺化剂。

制备焦硫酸，但脱水时要强热

$$2NaHSO_4 \xrightarrow{\text{强热}} Na_2S_2O_7 + H_2O$$

b. 硫代硫酸及其盐　硫代硫酸不稳定，有实际意义的是其钠盐，$Na_2S_2O_3 \cdot 5H_2O$，称为硫代硫酸钠，俗名大苏打、海波。

这个反应可以用来鉴定 $S_2O_3^{2-}$ 的存在。在制备 $Na_2S_2O_3$ 时，溶液必须控制在碱性范围内，否则将会有硫析出而使产品变黄。

硫代硫酸钠的制备有两种方法：将单质硫溶于沸腾的亚硫酸钠溶液中或将硫化钠和碳酸钠以 2：1 的物质的量之比通入 SO_2 即可制硫代硫酸钠：

$$Na_2SO_3 + S \longrightarrow Na_2S_2O_3$$

$$2Na_2S + Na_2CO_3 + 4SO_2 \longrightarrow 3Na_2S_2O_3 + CO_2$$

硫代硫酸钠水溶液呈弱碱性，它是一中等程度的还原剂，能定量地被碘 I_2 氧化为四硫酸根离子，是定量分析法中碘量法的基础：

$$2Na_2S_2O_3 + I_2 \longrightarrow Na_2S_4O_6 + 2NaI$$

硫代硫酸钠遇酸不稳定，分解产物为硫和二氧化硫：

$$Na_2S_2O_3 + 2HCl \longrightarrow 2NaCl + S\downarrow + H_2O + SO_2\uparrow$$

硫代硫酸根离子可以看做是硫酸根离子中一个氧原子被硫原子代替，具有与硫酸根离子相似的四面体构型。硫代硫酸根离子遇到重金属离子（如 Ag^+）发生沉淀反应和配位反应，利用此反应作定影液：

$$AgBr + 2Na_2S_2O_3 \longrightarrow Na_3[Ag(S_2O_3)_2] + NaBr$$

　　c. 过二硫酸

$$HO-\overset{\displaystyle O}{\underset{\displaystyle O}{S}}-OH \qquad HO-\overset{\displaystyle O}{\underset{\displaystyle O}{S}}-O-\overset{\displaystyle O}{\underset{\displaystyle O}{S}}-OH$$

氧化数：过硫酸 S（Ⅷ）　　　过二硫酸 S（Ⅶ）

连二亚硫酸钠的二水盐 $Na_2S_2O_4 \cdot 2H_2O$，称保险粉，还原性极强，可以还原 O_2、Cu（Ⅰ）、Ag（Ⅰ）、I_2 等，自身被氧化为 S（Ⅳ）。

保险粉可用以保护其他物质不被氧化。过二硫酸及其盐均不稳定，加热时容易分解，例如 $K_2S_2O_8$ 受热会放出 SO_3 和 O_2：

$$2K_2S_2O_8 \xrightarrow{\text{加热}} 2K_2SO_4 + 2SO_3\uparrow + O_2\uparrow$$

（6）硫的卤化物

硫和卤素可以直接化合生成许多种硫卤化合物（或卤化硫，表 19-18）。从这些化合物中可以充分地看出硫的成键特征。在这些化合物中的硫原子显正氧化态，最低 +1（S_2F_2、S_2Cl_2），最高是 +6（SF_6）。

表 19-18　硫的卤化物的一些性质

性质	SF_6	S_2F_{10}	SF_4	SF_2	S_2F_2	SCl_4	SCl_2	S_2Cl_2	S_2Br_2
存在状态	液	液	气	气	气	不稳定	液	液	液
颜色	无色	无色	无色	无色	无色	淡黄	红	无色	红
沸点/K	337	302	233	—	243	258	332	411	427
熔点/K	222.5	181	149	—	145	242	195	193	227

由表可见，硫的各族卤化物均属于低熔、沸点的共价化合物。其中 SF_6 用于变压器油中最为高绝缘性介质，它可以增强变压器油的电绝缘性，在高压装置中也可作优良的绝缘性气体。S_2Cl_2 用于橡胶工业作为硫化剂。S_2Cl_2 是具有恶臭气味的无色溶液，遇水很容易水解。

（7）硒和碲

硒和碲可与大多数元素直接化合，当然要比氧和硫困难一些。最稳定的化合物是：与强正电性的碱金属、碱土金属以及镧系元素形成的硒化物、碲化物；与强电负性 O、F 等生成的 +2 价、+4 价、+6 价氧化态的化合物。

H_2Se 和 H_2Te 均无色且有恶臭气味，其毒性大于 H_2S。H_2S、H_2Se 和 H_2Te 的熔点、沸点依次升高，呈规律性变化。这说明其分子间作用力依次增强。但是分子内部原子之间的作用力却依次减弱。故 H_2S、H_2Se 和 H_2Te 的水溶液的酸性依次增强。不过 H_2Se 和 H_2Te 与 H_2S 的水溶液一样仍属于弱酸。

H_2S，H_2Se，H_2Te 的还原性依次增强，呈规律性变化。可用下面反应制取 H_2Se 和 H_2Te：

$$Al_2Se_3 + 6H_2O \longrightarrow 2Al(OH)_3 + 3H_2Se$$

$$Al_2Te_3 + 6H_2O \longrightarrow 2Al(OH)_3 + 3H_2Te$$

和硫化物相似，大多数的硒化物和碲化物难溶于水。硒和碲在空气中燃烧可分别得到 SeO_2 和 TeO_2，这两种氧化物均为白色固体。SO_2、SeO_2、TeO_2 其还原性依次减弱，但其氧化性却依次增强。SeO_2 和 TeO_2 主要显氧化性，属于中等强度的氧化剂。可以将 SO_2 和 HI 氧化。

但是 H_2SO_4、H_2SeO_4、H_6TeO_6 的酸性却依次减弱：H_2SeO_4 还属于强酸，H_6TeO_6 是弱酸，$K_1 = 6 \times 10^{-7}$。

（8）硒和碲的含氧酸

H_2SeO_4 很不稳定，具有较强的氧化性。H_2SeO_4 是硫属中氧化性最强的含氧酸。Se 和 Te 的 +4 价化合物都不发生歧化反应。和 H_2S 相比，硒和碲的氢化物不稳定。事实上它们能把水还原而放出 H_2。

19.3.5　卤族元素

（1）卤素单质

卤族元素指周期系 ⅦA 族元素。价层电子构型 ns^2np^5，包括氟（F）、氯（Cl）、溴（Br）、碘（I）、砹（At），简称卤素。它们在自然界都以典型的盐类存在，是成盐元素。F、Cl 是本族典型元素，Br、I 和 At 是溴分族（bromine subgroup），从 F 到 At，金属性增强，非金属性减弱，所以 F 是典型的非金属元素，At 元素具有某种金属特性。

a. F　存在于萤石 CaF_2、冰晶石 Na_3AlF_6、氟磷灰石 $Ca_5F(PO_4)_3$，在地壳中的质量百分含量约 0.015%，占第十五位。

b. Cl　主要存在于海水、盐湖、盐井，盐床中，主要有钾石盐 KCl、光卤石（$KCl \cdot MgCl_2 \cdot 6H_2O$）。海水中大约含氯 1.9%，地壳中的质量百分含量 0.031%，占第十一位。

c. Br　主要存在于海水中，海水中溴的含量相当于氯的 1/300，盐湖和盐井中也存在少许的溴，地壳中的质量百分含量约 1.6×10^{-4}%。

d. I　碘在海水中存在的更少，碘主要被海藻所吸收，海水中碘的含量仅为 5×10^{-8}%，碘也存在于某些盐井盐湖中，南美洲智利硝石含有少许的碘酸钠。

e. At　放射性元素研究的不多，对它了解的也很少。

（2）卤素的通性

卤族元素在原子构造上具有相同类型的电子构型（ns^2np^5）。氯、溴、碘无论是单质或化合物，性质极为相似，譬如随着原子序数的增大，外层电子离核越来越远，核对价电子的吸引力逐渐减小，元素的电负性、第一电离势、标准电极电势依次减小。在强调规律变化的同时，还必须指出第二周期氟和第三周期氯之间有着极为明显的差异性。氟的电子亲和能有些反常，其原因是 F 的原子半径小，核外电子云密度较大，因此核外电子的屏蔽效应较强，使得电子感知核电荷能力减弱，因此 F 的电子亲和能没有 Cl 的大。

卤素原子的价电子层结构比稀有气体的稳定，电子层构型只缺少一个电子，在化学反应中卤素原子都有夺取一个电子，成为卤素离子 X^- 的强烈倾向，因此卤素单质最突出的化学性质是它们的强氧化性。随着原子半径的增大，卤素单质的氧化能力依次减弱。尽管氟的电子亲和势反常地小于氯，但因 F_2 的离解能较小，F^- 的水和能较大，所以氟在卤素中仍然是最强的氧化剂。

卤素的基本性质见表 19-19。

表 19-19　卤素的基本性质

基本性质	F	Cl	Br	I
价层电子结构	$[He]2S^2 2p^5$	$[Ne]3S^2 3p^5$	$[Ar]4S^2 4p^5$	$[Kr]5S^2 5p^5$
主要氧化数	−1	−1,0,+1,+3,+5,+7	−1,0,+1,+3,+5,+7	−1,0,+1,+3,+5,+7
解离能/$kJ \cdot mol^{-1}$	157.7	238.1	189.1	148.9
溶解度/$(g/100mgH_2O)$	分解水	0.732	3.58	0.029
原子半径/pm	71	99	114	133
X^- 半径/pm	136	181	195	216
第一电离能/$kJ \cdot mol^{-1}$	1861.0	1251.1	1139.9	1008.4
第一电子亲和能/$kJ \cdot mol^{-1}$	338.8	354.8	330.5	301.7
电负性(Pauling)	3.98	3.16	2.98	2.66
X^- 水合能/$kJ \cdot mol^{-1}$	−506.3	−368.2	−334.7	−292.9
$E^{\ominus}(X_2/X^-)/V$	2.87	1.36	1.08	0.535

（3）卤素单质及其化合物

卤素是相应各周期中原子半径最小、电子亲和能和电负性最大的元素。卤素的非金属性是周期表中最强的。常温常压下，从 F 到 I，随着原子序数的增加，卤素单质呈现由气态-液态-固态的规律性变化。由于原子序数的增加，它们的半径依次增大，相对分子量增大，所以卤素分子之间的色散力增大。卤素单质的熔沸点随着色散力逐渐增大而增高。卤素单质的密度也随着色散力逐渐增大而增高。

单质难溶于水。

F_2 在水中不稳定，与水反应。

$$2F_2 + 2H_2O \longrightarrow 4HF + O_2 \qquad （激烈反应）$$

Cl_2 在水中溶解度不大，100g 水中溶解 0.732g 的 Cl_2，部分 Cl_2 在水中发生歧化反应。

$$Cl_2 + H_2O \longrightarrow HCl + HClO$$

HClO 是强氧化剂，正因为 HClO 的生成，所以氯水具有很强的氧化能力。

Br_2 在水中溶解度是卤素单质中最大的一个，100g 水中溶解溴 3.85g，溴也能溶于一些有机溶剂中，有机的溴化反应就是用单质溴完成的。

I_2 与 Cl_2、Br_2 相比要小些。100g 的水溶解碘 0.029g。碘更易溶于有机溶剂中。碘在 CCl_4 中的溶解度是在水中的 86 倍。所以可利用这一特点提取 I_2，（CCl_4 萃取法）I_2 在 CS_2 中溶解度大于 CCl_4，在 CS_2 中的溶解度是在水中的 586 倍。所以 CS_2 萃取效率更高。I_2 在水中溶解度虽小，但在 KI 或其他碘化物中溶解度变大，而且随 I^- 盐浓度变大溶解度增大。因为 $I^- + I_2 \longrightarrow I_3^-$。

① 与金属作用

a. F_2　在任何温度下都可与金属直接化合，生成高价氟化物，F_2 与 Cu、Ni、Mg 作用时由于金属表面生成一薄层氟化物致密保护膜而中止反应，所以 F_2 可储存于 Cu、Ni、Mg 或合金制成的容器中。

b. Cl_2　可与各种金属作用，但干燥的 Cl_2 不与 Fe 反应，因此 Cl_2 可储存在铁罐中。

c. Br_2、I_2　常温下只能与活泼金属作用，与不活泼金属只有加热条件下反应。

② 与非金属作用

a. F_2　除 O_2、N_2、稀有气体 He、Ne 外，可与所有非金属作用，直接化合成高价氟化物。低温下可与 C、Si、S、P 猛烈反应，生成的氟化物大多具有挥发性。

b. Cl_2　也能与大多数非金属单质直接作用，但不及 F_2 激烈。

$$2P（过量）+3Cl_2 \longrightarrow 2PCl_3（无色发烟液体）$$
$$2P+5Cl_2（过量）\longrightarrow 2PCl_5（黄白色固体）$$
$$2S（过量）+Cl_2 \longrightarrow S_2Cl_2（红黄色液体）$$
$$S+Cl_2（过量）\longrightarrow SCl_2（深红色发烟液体）$$

c. Br_2 和 I_2　反应不如 F_2、Cl_2 激烈，与非金属作用不能氧化到最高价。

$$3Br_2+2P \longrightarrow 2PBr_3（无色发烟）$$
$$3I_2+2P \longrightarrow 2PI_3（红色固体）\qquad 无 P（V）价化合物生成$$

③ 与 H_2 作用　在低温下，暗处，F_2 可与 H_2 发生剧烈反应，放出大量热，导致爆炸。

$$F_2+H_2 \longrightarrow 2HF$$

常温下 Cl_2 与 H_2 缓慢反应，但有强光照射时，将发生链反应导致爆炸。

$$Cl_2+H_2 \longrightarrow 2HCl$$

④ 与水作用　卤素与水可发生两类反应。第一类是卤素对水的氧化作用

$$2X_2+2H_2O \longrightarrow 4HX+O_2\uparrow$$

第二类是卤素的水解作用，即卤素的歧化反应：

$$X_2+2H_2O \Longrightarrow H^++X^-+HXO$$

F_2 氧化性强，只能与水发生第一类反应，且反应激烈。Cl_2 在日光下可缓慢置换出水中的氧气。Br_2 与水反应非常缓慢，但也可以发生反应而放出氧气。但当溴化氢浓度过高时，反应会逆向进行而析出 Br_2。I_2 不能与水反应放出氧气，相反氧作用于 HI 溶液会使 I_2 析出。

Cl_2、Br_2、I_2、与水主要发生第二类反应，此类歧化反应是可逆的。

$$Cl_2+H_2O \longrightarrow HCl+HClO$$

该反应受温度和体系的 pH 的影响很大。

$$Cl_2+2OH^- \longrightarrow Cl^-+ClO^-+H_2O$$
$$Cl_2+OH^- \longrightarrow Cl^-+ClO_3^-+H_2O \qquad（70℃为主）$$
$$Br_2+OH^- \longrightarrow Br^-+BrO^-+H_2O \qquad（0℃为主）$$
$$Br_2+OH^- \longrightarrow Br^-+BrO_3^-+H_2O \qquad（50\sim80℃为主）$$
$$I_2+OH^- \longrightarrow I^-+IO_3^-+H_2O \qquad（定量）$$

在碱中发生歧化反应，在酸中发生逆歧化反应。

Br_2 和 I_2 一般歧化成 -1 和 $+5$，尤其 I_2 更易歧化成 $+5$。歧化反应的可能性从下面元素电势图中（$E_B^{\ominus}$）可以看出。

$$BrO_3^- \xrightarrow{0.53V} BrO^- \xrightarrow{0.46V} Br_2 \xrightarrow{1.07V} Br^-$$
$$\underset{0.52V}{\underline{\qquad\qquad\qquad\qquad}}$$

$$IO_3^- \xrightarrow{0.15V} IO^- \xrightarrow{0.43V} I_2 \xrightarrow{0.54V} I^-$$
$$\underset{0.21V}{\underline{\qquad\qquad\qquad\qquad}}$$

（4）卤素的成键特征

卤族元素最外层电子结构为 ns^2np^5，除氟外其他卤素原子最外层还有 nd 轨道可以用以成键，因此卤素在形成单质和化合物时价键特征如下。

① 价电子层中有一个成单的 p 电子，可组成一个非极性共价键。

② 氧化数为-1 的卤素，有三种成键方式。

a. 与活泼金属化合生成离子型化合物：离子型。

b. 与电负性较小的非金属化合：极性共价键。

c. 在配位化合物中作为电子对给予体与中心离子配位：配位键。

③ 除氟外，氯、溴和碘均可显正氧化态，氧化数经常是＋1、＋3、＋5、＋7，因为有空的 nd 轨道，每拆开一对电子可进入 nd 轨道，多一个成单电子，多形成一个共价键。卤素的含氧化合物和卤素的互化物基本属于这类化合物。

（5）单质的制备

① 氟的制备　F_2 是最强的氧化剂，所以通常不能采用氧化 F^- 的方法制备单质氟。1886年，法国学者亨利·莫瓦桑（Henri Moissan）第一次电解液态 HF 制得 F_2。电解法制备单质氟，是通过电解熔融的氟化氢钾（KHF_2）与氢氟酸（HF）的混合物来完成的。因为 HF 导电性差，所以电解时要向液态 HF 中加入强电解质 LiF 或 AlF_3，以形成导电性强且熔点较低的混合物。混合物的熔点为 345K，电解反应在大约 373K 下进行。

由于 F_2 的贮运困难，实验室中常采用热分解含氟化合物的方法制取少量的氟。

$$K_2PbF_6 \xrightarrow{\triangle} K_2PbF_4 + F_2$$

$$BrF_5 \xrightarrow{\triangle} BrF_3 + F_2$$

由于所用原料是用单质 F_2 制取的，所以这种方法相当于 F_2 的重新释放。因此 K_2PbF_6 和 BrF_5 是 F_2 的贮存材料。

经过 100 年努力，1986 年化学家克里斯特（Christe）终于成功地用化学法制得单质 F_2。由于使 $KMnO_4$、HF、KF、H_2O_2 和 $SbCl_5$ 为原料，先制得化合物 K_2MnF_6 和 SbF_5：

$$2KMnO_4 + 2KF + 10HF + 3H_2O_2 \longrightarrow 2K_2MnF_6 + 8H_2O + 3O_2$$

$$SbCl_5 + 5HF \longrightarrow SbF_5 + 5HCl$$

再以 K_2MnF_6 和 SbF_5 为原料，制备 MnF_4，MnF_4 不稳定，分解放出 F_2。

$$K_2MnF_6 + 2SbF_5 \xrightarrow{423K} 2KSbF_6 + MnF_4$$

$$MnF_4 \xrightarrow{423K} MnF_3 + 1/2F_2$$

制得的少量 F_2 可用特别干燥的玻璃或聚四氟乙烯材质的容器来存放。

② 氯的制备　工业上，采用电解饱和食盐水的方法制取单质氯

$$2NaCl + 2H_2O \xrightarrow{电解} H_2 \uparrow + Cl_2 \uparrow + 2NaOH$$

现代氯碱工业中，常用带有阳离子交换膜的电解池（图 19-11）

阳极区过多的 Na^+ 可以通过离子膜进入阴极区，中和 OH^-。但离子膜阻止 OH^- 进入阳极区，避免了它与阳极产物

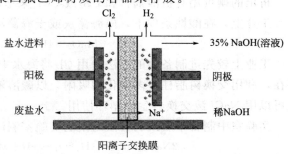

图 19-11　现代氯碱工业电解池示意

Cl_2 的接触。

实验室中，在加热条件下，常用强氧化剂二氧化锰，将浓盐酸氧化，制备少量氯气。

$$MnO_2 + 4HCl(浓) \xrightarrow{\triangle} MnCl_2 + 2H_2O + Cl_2 \uparrow$$

浓盐酸可用食盐和浓硫酸的混合物代替。

$$MnO_2 + 2NaCl + 3H_2SO_4 \xrightarrow{\triangle} 2NaHSO_4 + MnSO_4 + 2H_2O + Cl_2 \uparrow$$

$KMnO_4$ 氧化浓盐酸是实验室中制取 Cl_2 的最简便方法。

将浓盐酸滴加到固体 $KMnO_4$ 上，反应不需要加热

$$2KMnO_4 + 16HCl(浓) \longrightarrow 2MnCl_2 + 2KCl + 5Cl_2 \uparrow + 8H_2O$$

③ 溴的制备 溴主要以 -1 价离子形式存在于海水中。在 pH $= 3.5$ 的酸性条件下，用 Cl_2 氧化浓缩后的海水，生成单质溴：

$$2Br^- + Cl_2 \longrightarrow Br_2 + 2Cl^-$$

利用空气将生成的 Br_2 吹出，并用 Na_2CO_3 溶液吸收

$$3Br_2 + 3Na_2CO_3 \longrightarrow 5NaBr + NaBrO_3 + 3CO_2 \uparrow$$

再调 pH 至酸性，Br^- 和 BrO_3^- 逆歧化反应得到单质 Br_2

$$5HBr + HBrO_3 \longrightarrow 3Br_2 + 3H_2O$$

在实验室中，是在酸性条件下，利用氧化剂氧化溴化物来制备单质溴：

$$MnO_2 + 2NaBr + 3H_2SO_4 \longrightarrow Br_2 + MnSO_4 + 2NaHSO_4 + 2H_2O$$

$$2NaBr + 3H_2SO_4(浓) \longrightarrow Br_2 + 2NaHSO_4 + SO_2 + 2H_2O$$

④ 碘的制备 工业上以 $NaIO_3$ 为原料来制备单质碘。先用 $NaHSO_3$ 将浓缩溶液中的 $NaIO_3$ 还原成 I^-，

$$IO_3^- + 3HSO_3^- \longrightarrow I^- + 3SO_4^{2-} + 3H^+$$

然后加入适量的 IO_3^-，酸性条件下，使其逆歧化，得到单质碘。

$$5I^- + IO_3^- + 6H^+ \longrightarrow 3I_2 + 3H_2O$$

海水也是生产碘的原料，海水中碘的含量很低，可在净化后的海水中，加入等量的硝酸银，形成 AgI 沉淀：

$$I^- + AgNO_3 \longrightarrow AgI + NO_3^-$$

加入足量铁屑还原 AgI，生成单质 Ag 沉淀和 FeI_2 溶液：

$$Fe + 2AgI \longrightarrow 2Ag + FeI_2$$

过滤分离，沉淀用 HNO_3 氧化成 $AgNO_3$，循环使用。溶液中通入氧化剂 Cl_2，得到单质碘。

$$FeI_2 + Cl_2 \longrightarrow I_2 + FeCl_2$$

析出的碘可用有机溶剂，如 CS_2 或 CCl_4 来萃取分离。

工业上，在酸性条件下，向海藻灰或干海藻浸取液中加 MnO_2 和 H_2SO_4，制取 I_2：

$$2I^- + MnO_2 + 4H^+ \longrightarrow 2H_2O + I_2 + Mn^{2+}$$

工业上较先进制备碘的方法是用 Cl_2 将海水中的 I^- 氧化，得到的碘单质以多碘化物形式存在，利用交换树脂柱将多碘化物吸附，以碱溶液洗脱，蒸发洗脱液，得到单质碘沉淀树脂柱可以用 NaCl 液交换再生，循环使用。

实验室中制备单质碘的方法与溴的实验室制法相似：

$$2NaI + MnO_2 + 3H_2SO_4 \longrightarrow I_2 + MnSO_4 + 2NaHSO_4 + 2H_2O$$

$$8NaI + 9H_2SO_4(浓) \longrightarrow 4I_2 + 8NaHSO_4 + H_2S + 4H_2O$$

（6）卤化氢和氢卤酸

HX 的气体分子或纯 HX 液体，称为卤化氢，而它们的水溶液统称为氢卤酸。

① 卤化氢的物理化学性质　卤化氢是具有强烈刺激臭味的无色气体。沸点除 HF 外，逐渐增高，因为 HF 形成分子间氢键，是本族氢化物中沸点最高的。液态 HF，无色液体，无酸性，不导电。常温下 HF 主要存在形式是（HF）$_2$ 和（HF）$_3$，在 359K 以上 HF 是气体才以单分子状态存在。在固态时，氟化氢是由无限的曲折长链所构成的。其他卤化氢气体，常温下以单分子状态存在。卤化氢极易溶于水，与空气中的水蒸气结合成白色酸雾。HF 分子极性大，在水中可无限制溶解；1m^3 的水可溶解 500m^3 HCl。常压下蒸馏氢卤酸，溶液的沸点和组成都在不断地变化，最后溶液的组成和沸点恒定不变时溶液叫恒沸溶液。

恒沸溶液的沸点叫该物质的恒沸点。此时气相、液相组成相同，在此温度下 H$_2$O 和 HX 共同蒸出。溶液的组成保持恒定，故沸点不再改变。例：HCl 水溶液恒沸点为 108.58℃，恒沸溶液含 20.24％氯化氢。100kPa 下，氢卤酸的恒沸溶液的沸点和组成见表 19-20。

表 19-20　氢卤酸的恒沸溶液的沸点和组成

氢卤酸	沸点/℃	质量分数/%
HF	111.38	35.6
HCl	108.58	20.22
HBr	126	47.5
HI	127	57

常温常压下，HX 对空气的相对密度从 HCl 到 HI 逐渐增大，但 HF 反常。反常的原因是 HF 分子间存在氢键，导致分子发生了缔合现象。

氢卤酸在水溶液中可以电离出氢离子和卤离子，因此酸性和卤离子的还原性是卤化氢的主要化学性质。

卤化氢溶解于水得到相应的氢卤酸。

卤化氢和氢卤酸的还原能力按 HF，HCl，HBr，HI 的顺序增强。

酸性：HF（弱酸）≪HCl＜HBr＜HI

除 HF 是弱酸外，其余均为强酸

$$HF(aq) \rightleftharpoons H^+(aq) + F^-(aq) \quad K_a^\ominus = 6.3 \times 10^{-4}$$

当 HF 浓度增大时，其酸性增强，因为存在下列反应：

$$HF(aq) + F^-(aq) \rightleftharpoons HF_2^-(aq) \quad K_1^\ominus = 5.2$$

K$_1$ 值大，表明 HF$_2^-$ 浓度大。HF$_2^-$ 的大量存在，说明 F$^-$ 倾向于同 HF 结合生成 HF$_2^-$，于是削弱 F$^-$ 同 H$^+$ 的结合使 H$^+$ 浓度增大。所以浓度高的氢氟酸酸性较强。HF 另一个独特之处，是可以腐蚀玻璃和瓷器，与其中的 SiO$_2$ 或硅酸盐反应，生成挥发性气体 SiF$_4$。

$$SiO_2 + 4HF \longrightarrow SiF_4\uparrow + 2H_2O$$
$$CaSiO_3 + 6HF \longrightarrow CaF_2 + SiF_4\uparrow + 3H_2O$$

从电极电势上看

$$F_2 + 2H^+ + 2e^- \longrightarrow 2HF \quad E^\ominus = 2.87V$$
$$Cl_2 + 2e^- \longrightarrow 2Cl^- \quad E^\ominus = 1.36V$$
$$Br_2 + 2e^- \longrightarrow 2Br^- \quad E^\ominus = 1.07V$$

$$I_2 + 2e^- \longrightarrow 2I^- \qquad\qquad E^{\ominus} = 0.54V$$

氧化型的氧化能力从 F_2 到 I_2 依次减弱；还原型的还原能力从 F^- 到 I^- 依次增强。HI 溶液可以被空气中的氧气所氧化，形成碘单质：

$$4HI\text{（aq）} + O_2 \longrightarrow 2I_2 + 2H_2O$$

HBr 和 HCl 水溶液不易被空气氧化。尚未找到能氧化 HF（aq）的氧化剂。通过卤化物与氧化性的浓硫酸作用，可比较 X^- 的还原性的强弱

$$NaCl + H_2SO_4\text{（浓）} \longrightarrow NaHSO_4 + HCl$$

$$2NaBr + 3H_2SO_4\text{（浓）} \longrightarrow SO_2\uparrow + Br_2 + 2NaHSO_4 + 2H_2O$$

$$8NaI + 9H_2SO_4\text{（浓）} \longrightarrow H_2S\uparrow + 4I_2 + 8NaHSO_4 + 4H_2O$$

综合以上实验现象可知，X^- 和 HX 还原性次序为

$$I^- > Br^- > Cl^- > F^-$$

$$HI > HBr > HCl > HF$$

在加热条件下，卤化氢按如下方式分解为卤素单质和氢气。

$$2HX \xrightarrow{\triangle} H_2\uparrow + X_2$$

由于各种卤化氢的标准摩尔生成热不同，所以它们的热分解温度不同。形成卤化氢分子时释放的热量越多，则分子越稳定，热分解温度越高。HI 的生成热为 $26.50kJ \cdot mol^{-1}$，加热到 300℃ 时明显分解。

HF 的生成热为 $-273.3kJ \cdot mol^{-1}$，加热至 1000℃ 亦无明显分解。所以，卤化氢的热稳定性顺序为

$$HF > HCl > HBr > HI$$

② 卤化氢的制备

a. 卤化物与浓硫酸作用

$$CaF_2 + H_2SO_4\text{（浓）} \longrightarrow CaSO_4 + 2HF\uparrow$$

此反应需要在 Pt 制的器皿中进行，防止 HF 对于一般容器的腐蚀。

$$2NaCl + H_2SO_4\text{（浓）} \xrightarrow{\triangle} NaHSO_4 + HCl\uparrow$$

利用产物溶解度较大的特点，将形成的卤化氢气体以水吸收。浓硫酸具有难挥发性且产物 HF、HCl 不被浓硫酸氧化，可以使得到的卤化氢比较纯净。制备 HBr、HI 时则不宜使用浓硫酸，因其可以被浓硫酸氧化成单质。HBr、HI 用无氧化性的浓 H_3PO_4 与 NaBr、NaI 反应来制取：

$$H_2SO_4\text{（浓）} + 2HBr \xrightarrow{\triangle} Br_2 + SO_2\uparrow + 2H_2O$$

$$H_2SO_4\text{（浓）} + 8HI \xrightarrow{\triangle} 4I_2 + H_2S\uparrow + 4H_2O$$

$$NaBr + H_3PO_4\text{（浓）} \longrightarrow NaH_2PO_4 + HBr\uparrow$$

$$NaI + H_3PO_4\text{（浓）} \longrightarrow NaH_2PO_4 + HI\uparrow$$

b. 卤素与氢直接化合　F_2 和 H_2 直接化合反应过于激烈，难以控制；Br_2，I_2 与 H_2 化合反应过于缓慢，且温度高时 HX 将发生分解，故反应不完全；只有 Cl_2 和 H_2 直接化合制备 HCl 的反应，可用于工业生产：

$$H_2 + Cl_2 \xrightarrow{\triangle} 2HCl$$

c. 非金属卤化物水解　HBr 和 HI 常用非金属卤化物水解法制备。在实际操作中，是采用卤素与单质磷和水连续作用的方式进行的，具体步骤为：把溴水滴加到磷与少许水的混合

物上，或将水滴加到磷与碘的混合物上，这样，溴化氢或碘化氢即可不断产生。

$$3Br_2 + 2P + 6H_2O \longrightarrow 2H_3PO_3 + 6HBr\uparrow$$

$$3I_2 + 2P + 6H_2O \longrightarrow 2H_3PO_3 + 6HI\uparrow$$

总反应为：$2P + 3X_2 + 6H_2O \longrightarrow 2H_3PO_3 + 6HX$

③ 卤化物　卤化物是指卤素与电负性小的元素形成的化合物。所有元素中，除了氦，氖，氩以外的元素都能形成卤化物。卤素单质的氧化性按氟、氯、溴、碘的顺序依次降低，所以元素在形成氟化物时有较高的氧化态（如 SF_6、IF_7、OsF_8 等），在形成碘化物时有较低的氧化态（CuI）。

卤化物通常按照另一元素的类型分为金属卤化物和非金属卤化物，另外还可以按成键类型分为离子型卤化物和共价型卤化物。

金属卤化物的性质如下。

a. 熔点　金属元素的氧化数越高，半径越小，电离能越大时，其卤化物的共价性就越明显，熔点越低，如 KCl、$CaCl_2$、$ScCl_3$、$TiCl_4$ 的熔点依次降低。卤素离子变形性越小，卤化物的熔点越高，因此氟化物的熔点比其他的卤化物都高。

b. 溶解性　大多数金属卤化物易溶于水。氟化物、溴化物、碘化物的溶解性十分相似，除了极化力较强，极化率较大的金属离子难溶外，其他金属卤化物都易溶于水。氟化物常表现得与其他卤素不一致，AgF 易溶于水，AgCl、AgBr、AgI 都是不溶于水的，原因在于 F^- 半径小，不容易极化，AgF 是离子化合物，易溶于水。

c. 水解性　高价金属卤化物容易发生水解，不同的卤化物水解产物的形式不同。

d. 配位性　卤素元素能与很多金属离子形成配合物。F^- 半径小，电负性大，与阳离子形成稳定的配合物，AlF_6^{3-}、FeF_6^{3-}。由于能形成配合物，故一些难溶金属卤化物在有过量 X^- 存在时能发生溶解。如：

$$CuCl（s）+ Cl^- \longrightarrow CuCl_2^-$$

$$HgI_2（s）+ 2I^- \longrightarrow HgI_4^{2-}$$

④ 非金属卤化物　非金属卤化物都是共价型卤化物，其熔点、沸点低于金属卤化物。对于同一非金属元素，其卤化物的熔点，沸点按氟、氯、溴、碘的顺序依次升高。与金属卤化物相似，大部分非金属卤化物容易水解。

⑤ 卤素互化物　由两种卤素组成的化合物为卤素互化物。卤素互化物一般由卤素单质直接化合制得：$Cl_2 + F_2 \longrightarrow 2ClF$

⑥ 卤素氧化物　卤素氧化物大多是不稳定的，受到撞击或是受光照即可爆炸分解。在已知的卤素氧化物中，碘的氧化物是最稳定的。高价态的卤素氧化物比低价态的卤素氧化物稳定。

在这些卤素氧化物中重要的有 ClO_2、I_2O_5 和 OF_2。OF_2 是无色气体，是强氧化剂，能与金属、硫、磷、卤素剧烈作用生成氟化物和氧化物。把单质氟通入 2% 氢氧化钠溶液中可制得 OF_2：

$$2F_2 + 2NaOH \longrightarrow 2NaF + H_2O + OF_2\uparrow$$

OF_2 溶于水中得中性溶液，溶解在 NaOH 溶液中得到 F^- 和氧气。

ClO_2 是黄色气体，冷凝时是红色液体

制备 ClO_2 的方法：

$$2NaClO_3 + SO_2 + H_2SO_4 \longrightarrow 2ClO_2 + 2NaHSO_4$$

ClO$_2$气体与碱作用生成亚氯酸盐和氯酸盐

$$2ClO_2 + 2NaOH \longrightarrow NaClO_3 + NaClO_2 + H_2O$$

ClO$_2$气体分子中含有成单电子，因此具有顺磁性，ClO$_2$是强氧化剂和氯化剂。

五氧化二碘是白色固体，它是所有卤素氧化物中最稳定的 I$_2$O$_5$ 可以由碘酸加热至 443K 脱水生成：

$$2HIO_3 \longrightarrow I_2O_5 + H_2O$$

I$_2$O$_5$ 可以氧化 NO、C$_2$H$_4$、H$_2$S、CO 等。在合成氨中用 I$_2$O$_5$ 来定量测定 CO 的含量

$$I_2O_5 + 5CO \longrightarrow 5CO_2 + I_2$$

I$_2$O$_4$ 和 I$_4$O$_9$ 是离子化合物，可以看成是碘酸盐，IO$^+$ IO$_3^-$ 和 I^{3+}（IO$_3^-$）$_3$。

（7）卤素含氧酸及其盐

① 次卤酸及其盐　次卤酸的热稳定性很弱，因此没有自由状态的次卤酸，它们主要存在于水溶液中。所有的次卤酸都是弱酸。

卤素与水作用产生的次卤酸：

$$X_2 + H_2O \longrightarrow HX + HXO$$

水解常数 K_h 不大，设法除去产生的 HX，使得原反应继续进行，如加入 CaCO$_3$，或是新沉淀的 HgO。

$$CaCO_3 + 2Cl_2 + H_2O \longrightarrow CaCl_2 + CO_2（g）+ 2HOCl$$

$$2HgO + 2Cl_2 + H_2O \longrightarrow HgO \cdot HgCl_2 + 2HOCl$$

使水解作用彻底的另一种方法是加碱：

$$Cl_2 + 2KOH \longrightarrow KCl + KClO + H_2O$$

也可以由水和一氧化二氯制得：

$$Cl_2O + H_2O \longrightarrow 2HOCl$$

次卤酸不稳定，两种基本的水解反应：

$$2HXO \longrightarrow 2HX + O_2 \tag{1}$$

$$3HXO \longrightarrow 2HX + HXO_3 \tag{2}$$

反应（2）是次氯酸的歧化反应。在酸性介质中，仅次氯酸有歧化反应；在碱性介质中，次卤酸盐都发生歧化反应。

BrO$^-$ 在室温时歧化速度已经相当快

$$3Br_2 + 6OH^- \longrightarrow 5Br^- + BrO_3^- + 3H_2O$$

IO$^-$ 在所有温度下歧化速度都很快，溶液中不存在次碘酸盐。

$$3I_2 + 6OH^- \longrightarrow 5I^- + IO_3^- + 3H_2O$$

次氯酸钙是漂白粉的主要成分。由氯和干燥的消石灰 Ca(OH)$_2$ 作用得到的混合物为漂白粉：

$$2Cl_2 + 2Ca(OH)_2 \longrightarrow Ca(ClO)_2 + CaCl_2 + 2H_2O$$

② 亚卤酸及其盐　亚卤酸中仅亚氯酸存在于溶液中，它的酸性比次氯酸强。

亚氯酸溶液可以由硫酸和亚氯酸钡溶液制得：

$$H_2SO_4 + Ba(ClO_2)_2 \longrightarrow BaSO_4（s）+ 2HClO_2$$

亚氯酸盐在溶液中稳定，有强氧化性，可作漂白剂，可用二氧化氯与碱的反应制备：

$$2ClO_2 + 2OH^- \longrightarrow ClO_2^- + ClO_3^- + H_2O$$

③ 卤酸及其盐　卤酸钡与硫酸作用可以生成卤酸和盐：

$$Ba(XO_3)_2 + H_2SO_4 \longrightarrow BaSO_4（s）+ 2HXO_3$$

用发烟硝酸氧化碘得到碘酸：

$$I_2 + 10HNO_3 \longrightarrow 2HIO_3 + 10NO_2 \uparrow + 4H_2O$$

卤酸都是强酸和强氧化剂，稳定性由强到弱的顺序为：

$$HClO_3 < HBrO_3 < HIO_3$$

④ 卤酸盐的制备　氯酸盐可以由氯和热碱反应，也可以电解热的氯化物溶液得到，溴酸盐可以由溴和碱液反应得到，碘酸盐由碘化物在碱性溶液中氧化得到：

$$KI + 6KOH + 3Cl_2 \longrightarrow KIO_3 + 6KCl + 3H_2O$$

碘单质和热的碱溶液得到碘酸盐：

$$3I_2 + 6NaOH \longrightarrow NaIO_3 + 5NaI + 3H_2O$$

卤酸盐在酸性溶液中都是强氧化剂，在反应中通常还原为相应的卤离子。从 XO_3^- 的标准电极电势来看，它们氧化能力的次序是溴酸盐＞氯酸盐＞碘酸盐。

卤酸盐的热分解很复杂：

$$4KClO_3 \longrightarrow 3KClO_4 + KCl$$

有催化剂存在时，$KClO_3$ 分解为 KCl 和 O_2：

$$2KClO_3 \longrightarrow 2KCl\ (s) + 3O_2\ (g)$$

⑤ 高卤酸及其盐　浓硫酸和高氯酸钾反应得到高氯酸：

$$KClO_4 + H_2SO_4 \longrightarrow KHSO_4 + HClO_4$$

高氯酸是无机酸中最强酸，在水中完全电离成 H^+ 和 ClO_4^-，ClO_4^- 为正四面体结构，对称性高，因此比氯酸根离子稳定的多。

高溴酸盐的制备是用溴酸盐与 F_2 或 XeF_2 反应：

$$BrO_3^- + F_2 + 2OH^- \longrightarrow BrO_4^- + 2F^- + H_2O$$

与高氯酸相应的 HIO_4 是偏高碘酸，高碘酸则为 H_5IO_6

高碘酸由硫酸与高碘酸钡盐作用产生：

$$Ba_5(IO_6)_2 + 5H_2SO_4 \longrightarrow 5BaSO_4 + 2H_5IO_6$$

HIO_4 比 $HClO_4$ 的氧化性要强，与一些试剂作用时反应平稳而又迅速，因此在分析化学中得到应用，如 HIO_4 把 Mn^{2+} 氧化成 MO_4^-：

$$2Mn^{2+} + 5IO_4^- + 3H_2O \longrightarrow 2MnO_4^- + 5IO_3^- + 6H^+$$

高碘酸盐一般难溶于水。通常将氯通入碘酸盐的碱性溶液中可以得到高碘酸盐：

$$IO_3^- + Cl_2 + 6OH^- \longrightarrow IO_6^{5-} + 2Cl^- + 3H_2O$$

也可以用电解法氧化碘酸盐的方法制备高碘酸盐。

(8) 拟卤素和拟卤化合物

非金属原子在组成化合物时有与单质卤素相似的性质，它们的阴离子也与卤离子的性质相同，称这些原子团为拟卤素。

拟卤素主要有氰$(CN)_2$、硫氰$(SCN)_2$、硒氰$(SeCN)_2$和氧氰$(OCN)_2$。和拟卤素对应的阴离子 CN^-、SCN^-、$SeCN^-$、OCN^-。

拟卤素和卤素的相似性表现在下列性质：游离状态有挥发性；与氢形成酸；与金属化合生成盐，银、汞、铅盐均不溶于水；彼此相互化合形成相当于卤素的互化物，如 $CN(SCN)$ 和 $CN(SeCN)$；形成配位化合物，如 $K_2[Hg(SCN)_4]$、$Na[Au(CN)_4]$。

有相似的化学反应如下。

与碱反应：

$$Cl_2 + 2OH^- \longrightarrow Cl^- + ClO^- + H_2O$$
$$(CN)_2 + 2OH^- \longrightarrow CN^- + CNO^- + H_2O$$

与水反应：

$$Cl_2 + H_2O \longrightarrow HCl + HOCl$$
$$(CN)_2 + H_2O \longrightarrow HCN + HOCN$$

与氧化剂反应：

$$4H^+ + 2Cl^- + MnO_2 \longrightarrow Mn^{2+} + 2H_2O + Cl_2 \ (g)$$
$$4H^+ + 2SCN^- + MnO_2 \longrightarrow Mn^{2+} + 2H_2O + (SCN)_2 \ (g)$$

和不饱和烃加成：

$$Cl_2 + H_2C=CH_2 \longrightarrow ClH_2C-CH_2Cl$$
$$(SCN)_2 + H_2C=CH_2 \longrightarrow H_2NCSC-CSCNH_2$$

（9）氰和氰化物

氰是无色气体，有苦杏仁臭味，极毒。氰 $(CN)_2$ 可以加热 AgCN 制得：

$$2AgCN \longrightarrow 2Ag + (CN)_2$$

氰化氢是无色气体，可与水任意比例混合

CN^- 最重要的化学性质是它极易与过渡金属及 Zn、Hg、Ag、Cd 形成稳定的离子，如 $Ag(CN)_2^-$、$Hg(CN)_4^{2-}$、$Fe(CN)_6^{4-}$。

所有氰化物都有剧毒，使用氰化物时要严格注意安全操作。

硫氰和硫氰化合物如下。

硫氰 $(SCN)_2$ 在常温下是黄色液体，在溶液中的化学性质与溴相似：

$$(SCN)_2 + 2I^- \longrightarrow 2SCN^- + I_2$$
$$(SCN)_2 + 2S_2O_3^{2-} \longrightarrow 2SCN^- + S_4O_6^{2-}$$

硫氰酸盐很容易制备，将硫与碱金属氰化物共熔即得：

$$KCN + S \longrightarrow KSCN$$

工业上生产的硫氰酸盐主要是硫氰酸铵，由氨水与二硫化碳反应生成：

$$4NH_3 + CS_2 \longrightarrow NH_4SCN + (NH_4)_2S$$

硫氰根离子 SCN^- 是良好的配位体，与 Fe^{3+} 可以生成深红色的硫氰根络离子：

$$nSCN^- + Fe^{3+} \longrightarrow Fe(SCN)_n^{3-n} \quad n=1, 2, 3, \cdots, 6$$

硫氰酸盐可用作检验 Fe^{3+} 的试剂。

19.4 稀有气体

在地球上，稀有气体主要资源是空气，此外氦（He）也存在于某些天然气中，氡（Rn）是某些放射性元素蜕变的产物。至于月球，那是氦的"聚集地"。据粗略估算，其氦储量约为 300 万～500 万吨，稀有气体是首先被发现的是氦。1868 年法国天文学家 P. Janssen 和英国天文学家 J. N. Lockyer 在观察日全食时，发现太阳光谱上有一条当时地球上尚未发现的橙黄色谱线，这条谱线不属于任何已知元素。英国化学家 S. E. Frankland 认为这条橙黄色谱线对应于太阳外围气氛中的一种新的元素，并称之为氦（helium，希腊文原意为"太阳"）。1895 年英国化学家 W. Ramsay 把钇铀矿放在硫酸中加热，从产生的气体光谱中又看到了这条谱线，亦即在地球上第一次找到氦，他荣获 1904 年 Nobel 化学奖。1892 年，J. W. S. Rayleigh 发现从空气中分离出来的氮气密度比从化合物中分离出来的氮气密度略重（1.2565/1.2507），但不知其原因。1894 年英国物理学家 J. W. S. Rayleigh 和 W. Ramsay 发现从空气中除去氧以后制得的氮的密度为 1.2572g·L⁻¹，而从化合物中分离出来的氮气密度略重（1.2502g·L⁻¹），两者差异是由于空气中尚有某种比氮更重的未知气体造成的，此种气体能产生自己特有的发射光谱，因而被确定是一种新的元素，这种元素因其惰性而被命名为氩（Ar，argon，希腊文表示"懒"的意思）。

氦、氩被发现后，由于它们性质很相似，而和周期系中已发现的元素差异很大。W. Ramsay 认为应属于周期系中新的一族，因而还应该有性质类似的新元素存在。1898 年 Ramsay 又从液态空气中分享出和氩性质相似的三种元素：氖（heon，He）、氪（krypton，Kr）、氙（xenon，Xe）。1900 年 F. E. Dorn 在放射性镭的蜕变产物中发现了氡（radon，Rn），至此，稀有气体氦、氖、氩、氪、氙、氡全部被发现，构成了周期系中的零族元素。

19.4.1 稀有气体的存在、结构、性质和用途

稀有气体都是单原子分子（monatomic molecular），在通常条件下，它们都是气体，也称为惰性气体（noble or inert gases）。

稀有气体的价层电子构型是稳定的 8 电子构型（氦为 2 电子），其电子亲合势都接近于零，而且电离能较大，难以形成电子转移型的化合物；若不拆开成对电子，则不能形成共价键。所以稀有气体在一般条件下不具备化学活性。因而在 1962 年以前，一直将稀有气体称为"惰性气体"，这些气体在自然界中以原子的形式存在。蒸发热、在水中的溶解度以及熔点、沸点都很小，并且随着原子序数的增加而逐渐升高。氦是所有气体中最难液化的物质。He 的沸点为 4.2K，H₂ 的沸点为 20.4K。氦冷却至 2.178K，则变成第二种液体（helium Ⅱ），发生无黏度流动，称为超流体（superfluidity）。He-Ⅱ的热传导是 He-Ⅰ的 10⁶ 倍，比热传导最优的金属银强得多。

在自然界中的分布：在接近地球表面的空气中，每 1000L 空气中约含 9.3L 氩、18mL 氖、5mL 氦、1mL 氪和 0.8mL 氙，所以液态空气是提取稀有气体的主要原料。

稀有气体原子间存在着微弱的色散力，其作用力随着原子序数的增加而增大。因而稀有气体的物理性质如熔点、沸点、临界温度、溶解度等也随着原子序数的增加而递增。

稀有气体的很多用途是基于这些元素的化学惰性和它们的一些物理性质。稀有气体最初是在光学上获得广泛的应用，近年来又逐步扩展到冶炼、医学以及一些重要工业部门。

（1）氦

除氢以外，氦是最轻的气体，常用它取代氢气充填气球和气艇。氦在血液中的溶解度比氮小得多，利用氦和氧的混合物制成"人造空气"供潜水员呼吸，以防止潜水员出水时，由于压力骤然下降使原来溶在血液中的氮气逸出，阻塞血管而得"潜水病"。另外，氦的密度、黏度均小，对呼吸困难者，使用氦-氧混合呼吸气有助于吸氧、排出 CO₂。氦能扩散透过橡胶、聚氯乙烯及大多数玻璃。所有特质中，氦的沸点（4.2K）最低，液态氦蒸发曾得到比绝对零度只高出十分之几摄氏度的低温，因而广泛用作超低温研究中的制冷剂。氦还适合作为低温温度计（如测量 1～18K）的填充气体。氦在电弧焊接中作惰性保护气体。据报道，$^3_2$He（月球上存在氦-3 矿）是较为安全的高效聚变反应原料。

（2）氖和氩

当电流通过充氖的灯管时，能产生鲜艳的红光，充氩则产生蓝光，所以氖和氩常用于霓

虹灯、灯塔等照明工程。氩的导电性和导热性都很小，可用氩和氮的混合气体等来充填灯泡。液氖可用作冷冻剂（制冷温度 25～40K）。氩也常用作保护气体。

（3）氪和氙

氪和氙用于制造特种光源。放电时氪发出黄绿色的辉光，在高效灯泡中常填充氪用作保护气体。氙有极高的发光强度，可用以填充光电管和闪光灯。这种氙灯放电强度高、光线强，有"小太阳"之称。氙与氧气按比例混合使用，可作为无副作用的麻醉剂，用于外科手术，但高浓度氙会使人窒息。此外，氪和氙的同位素常用于医学测量。

（4）氡

氡溶于水、血、煤油、CS_2 及甲苯，易被橡胶、硅胶、活性炭吸附，是核动力工厂和自然 U 和 Th 放射性聚变的产物，是人类在自然界可能接触到的气态放射性元素，其在衰变过程中放出的射线，易诱发癌症、白血病、不孕不育症、胎儿畸形等。在矿物中形成的氡大部分仍留在矿物中，只有少量的氡扩散出来。在地表、湖泊、河流、洞穴、深井中检测到的氡，正是从含有铀的土壤、岩石中渗出的。家居中若氡超标，必须认真检查房基土壤、建材及装饰材料是否有问题。在医学上氡用于恶性肿瘤的放射性治疗。

19.4.2 稀有气体化合物

稀有气体由于具有稳定的电子层结构，过去很长时间以来人们一直认为这些气体的化学性质是"惰性"的，不会发生化学反应，因此在化学键理论中，曾经把"稳定的八隅体"作为化合成键一种趋势。这种简单的价键概念对稀有气体的合成起到一定的阻碍作用。

第一个稀有气体化合物 $Xe^+[PtF_6]^-$［六氟合铂（Ⅴ）酸氙］，于 1962 年被英国化学家 N. Bartlett 将 PtF_6 的蒸气与等摩尔的氙混合，在室温下制得了 $XePtF_6$ 的橙黄色固体，推翻了持续了近 70 年之久的关于稀有气体完全化学惰性的传统说法。

下面我们主要讨论氙的氟化物和含氧化合物。

（1）氙的氟化物（Fluorides of xenon）

① 制备

$$Xe+F_2 \xrightarrow{400℃,\ 1atm} XeF_2$$

（由 Xe 在缺 F_2 情况下加压反应）

$$Xe+2F_2 \xrightarrow{600℃,\ 6atm} XeF_4$$

较易制得，在如上条件下加入 Xe 和 F_2（1∶5）混合物，几十小时后便制得。

$$Xe+3F_2 \xrightarrow{300℃,\ 60atm} XeF_6 \qquad (Xe∶F_2=1∶20)$$

或 $$XeF_4+F_2 \longrightarrow XeF_6（在常压下）$$

在常温下用紫外光对氙气和氟气的混合物照射生成二氟化氙和少量的四氟化氙。

为什么 Xe 与 F_2 混合如此容易化合但六十多年间却没有能合成出 Xe 的化合物？当时拥有的 Xe 的量太少；绝对干燥的玻璃仪器不能获得；实验技术落后，更重要的是思想上有"框框"。

② 性能

a. 氙的氟化物都与水的反应

XeF_2 在水中的溶解放出刺激性臭味，在酸性溶液中水解很慢，但在碱性溶液中水解很快：

$$2XeF2 (s) + 2H_2O (l) = 2Xe (g) + 4HF (g) + O_2 (g)$$

XeF_2 在碱性溶液中发生 Redox 反应：

$$XeF_2 + 2OH^- = Xe + \frac{1}{2}O_2 + 2F^- + H_2O$$

XeF_4 在水中既发生歧化反应，又发生氧化还原反应：

$$6XeF_4 + 12H_2O = 2XeO_3 + 4Xe + 3O_2 + 24HF$$

分解成：$3XeF_4 + 6H_2O = 3Xe + 3O_2 + 12HF$（与水的氧化还原反应）

$$3XeF_4 + 6H_2O = 2XeO_3 + Xe + 12HF（歧化反应）$$

所以上述反应方程式只是 XeF_4 等摩尔参与歧化反应以及与水的氧化还原的配平结果。实际上这是一个多重配平的方程式。

$$XeF_6 + H_2O = XeOF_4 + 2HF$$

$$XeOF_4 + 2H_2O = XeO_3 + 4HF$$

b. 氙的氟化物都是强氧化剂

$$XeF_6 + 8NH_3 = Xe + N_2 + 6NH_4F$$

可以使 $HCl \longrightarrow Cl_2$，$Ce^{(III)} \longrightarrow Ce^{(IV)}$，$NH_3 \longrightarrow N_2$

XeF_6 化学性质非常活泼，甚至与石英反应：

$$2XeF_6 + 3SiO_2 = 2XeO_3 + 3SiF_4 \uparrow$$

XeF_6 在碱性条件下也能发生歧化反应：

$$4XeF_6 + 18Ba(OH)_2 = 3Ba_2XeO_6 + Xe + 12BaF_2 + 18H_2O$$

c. 氙的氟化物都是良好的氟化剂

$$RbF + XeF_6 = RbXeF_7$$

$$XeF_2 + SbF_5 = [XeF][SbF_6]$$

（2）氙的氧化物

① 制备

a. XeO_3 由 XeF_4 和 XeF_6 水解制得。

b. XeO_4 由 XeF_6 在 Ba（OH）$_2$ 中歧化制得的高氙酸钡 Ba_2XeO_6 再与硫酸反应制得：

$$Ba_2XeO_6 + 2H_2SO_4 = 2BaSO_4 + XeO_4 + 2H_2O$$

② 性质

a. 稳定性　无色无味 XeO_3（s）中含有 XeO_3 分子。XeO_3 在水中稳定，但在固态时 XeO_3 会发生爆炸。它在 OH^- 介质中形成 $HXeO_4^-$；此离子发生缓慢歧化，得到 XeO_6^{4-}：

$$8OH^- + 4HXeO_4^- \longrightarrow Xe + 3XeO_6^{4-} + 6H_2O$$

或者：$2HXeO_4^- + 2OH^- \longrightarrow XeO_6^{4-} + Xe + O_2 + 2H_2O$

因此可以得出这样的结论：对于氙的含氧化物，在酸性和中性溶液中 Xe（VI）稳定；在碱性溶液中 Xe（VIII）稳定。

XeO_4 是一种气体，缓慢分解成 XeO_3 和 O_2。当 XeO_4 固态时，即使在室温下都发生爆炸。

b. 氧化性　这三种氙的氟化物均为强氧化剂。例如：

$$2Hg + XeF_4 \xrightarrow{20℃} Xe + 2HgF_2$$

此外，高氙酸盐是最强的氧化剂之一。它能把 Mn^{2+} 氧化成 MnO_4^-，ClO_3^- 氧化成 ClO_4^-。由于大多数情况下，氙化物的还原产物仅是单质 Xe，不会给反应体系引进额外的杂质，且还原产物 Xe 又可循环使用，所以氙的化合物是值得重视的氧化剂。

c. 在碱性溶液中，高氙酸盐的主要形式是 $HXeO_6^{3-}$，它被水缓慢还原，然而在酸性溶液中：瞬间发生以下反应：

$$H_2XeO_6^{2-} + H^+ \longrightarrow HXeO_4^- + H_2O + \frac{1}{2}O_2$$

（3）氙化合物的立体结构

① 符合 VSEPR 理论

$XeF_2 \longrightarrow AB_2E_3$ sp^3d 直线型

$XeF_4 \longrightarrow AB_4E_2$ sp^3d^2 平面四方

$XeO_3 \longrightarrow AB_3E$ sp^3 三角锥

$XeO_4 \longrightarrow AB_4$ sp^3 正四面体

$XeOF_4 \longrightarrow AB_5E$ sp^3d^2 四方锥型

$XeO_2F_2 \longrightarrow AB_4E$ sp^3d 正四面体

$XeO_6^{4-} \longrightarrow AB_6$ sp^3d^2 正八面体

② 孤对电子的呈现（图 19-12）

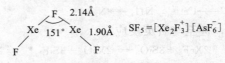

XeF_6（两种扭曲的八面体结构）

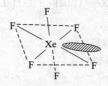

(a) 孤对电子在正八面体的棱上呈现   (b) 孤对电子在正八面体的面上呈现

图 19-12 孤对电子的呈现

19.5 ⅠB、ⅡB 族元素及其常见化合物

19.5.1 铜族（ⅠB）元素

铜族元素位于周期表 ds 区ⅠB 族，包括铜(Cu)、银(Ag)、金(Au)三种元素。

（1）铜族（ⅠB）元素通性

① 铜族元素价层电子构型为$(n-1)d^{10}ns^1$，其特点是次外层 d 轨道全充满，最外层只有一个电子，铜、银、金最常见氧化数分别为+2、+1、+3。

② 铜族元素原子，失去最外层一个电子后，形成的阳离子（M^+）具有 18e 构型，有较强的极化力，并且由于 M^+ 离子半径较大，变形性也较大，所以铜族元素的二元化合物都部分或完全带有共价性。

③ 铜族元素形成的配合物，一般都没有颜色。

（2）铜族元素单质

自然界中，铜、银、金均可以单质状态存在，纯铜为红色，银为银白色，金为黄色。金散存于岩石（岩脉金）或砂砾（冲积金）中。铜的矿物有辉铜矿(Cu_2S)、黄铜矿($CuFeS_2$)、赤铜矿(Cu_2O)、孔雀石$[Cu_2(OH)_2CO_3]$等，银的矿物有闪银矿(Ag_2S)和角银矿

（AgCl）等。

铜、银、金都是不活泼金属，具有密度较大、硬度较小、熔、沸点不太高的特性，同时还具有优良的导电性、传热性和延展性。其中银是所有金属中导电性最好的，铜的导电位居第二。金的延展性好，1g 金可抽成 3km 长的丝。

铜族元素容易形成合金，其中铜合金最多，如黄铜（Cu 60%，Zn 40%）、青铜（Cu 80%，Sn 15%，Zn 5%）等。铜族元素的金属性随原子序数的增加而减弱，这与碱金属恰巧相反。

常温下，铜不与干燥空气中的氧气反应，加热时则生成 CuO。

$$2Cu+O_2 \longrightarrow 2CuO（黑）$$

银、金在空气中加热也不能与氧气反应。

铜在常温下，与潮湿空气反应，生成"铜绿"。

$$2Cu+O_2+H_2O+CO_2 \longrightarrow Cu_2(OH)_2CO_3$$

铜、银、金均不与非氧化性酸如稀硫酸、稀盐酸反应。

铜、能与氧化性酸如硝酸、浓硫酸反应，银也有这样的反应，但比铜难些，金只能溶于王水中。

$$Cu+4HNO_3（浓）\longrightarrow Cu(NO_3)_2+2NO_2\uparrow+2H_2O$$
$$3Cu+8HNO_3（稀）\longrightarrow 3Cu(NO_3)_2+2NO\uparrow+4H_2O$$
$$Cu+2H_2SO_4（浓）\longrightarrow CuSO_4+2SO_2\uparrow+2H_2O$$
$$2Ag+2H_2SO_4（浓）\longrightarrow Ag_2SO_4+2SO_2\uparrow+2H_2O$$
$$Au+4HCl+HNO_3 \longrightarrow H[AuCl_4]+NO\uparrow+2H_2O$$

铜、银、金在碱中稳定。

（3）铜的重要化合物

① 氧化亚铜 Cu_2O 难溶于水，显弱碱性，是共价化合物。

实验室由 CuO 高温分解制取 Cu_2O。

$$4CuO \longrightarrow 2Cu_2O+O_2$$

Cu_2O 溶于稀立即发生歧化反应，即 Cu(I) 在酸性溶液中不稳定。

$$Cu_2O+2H^+ \longrightarrow Cu^++Cu^{2+}+H_2O$$

Cu_2O 与盐酸反应形成难溶于水的 CuCl：

$$Cu_2O+2HCl \longrightarrow 2CuCl\downarrow（白色）+H_2O$$

Cu_2O 溶于氨水形成无色 $[Cu(NH_3)_2]^+$ 配离子，遇空气立即氧化成深蓝色 $[Cu(NH_3)_4]^{2+}$：

$$Cu_2O+4NH_3+H_2O \longrightarrow 2[Cu(NH_3)_2]^++2OH^-$$
$$4[Cu(NH_3)_2]^++O_2+8NH_3+2H_2O \longrightarrow 4[Cu(NH_3)_4]^{2+}+4OH^-$$

② 氧化铜 CuO 黑色粉末，碱性氧化物，难溶于水，易溶于酸。

铜粉在氧气中燃烧得到黑色的 CuO：

$$2Cu+O_2 \longrightarrow 2CuO$$

碳酸铜加热分解也能得到黑色的 CuO：

$$CuCO_3 \longrightarrow CuO+CO_2\uparrow$$

CuO 比较稳定，加热到 1000℃可分解为 Cu_2O 和 O_2

$$4CuO \xrightarrow{1000℃} 2Cu_2O+O_2\uparrow$$

③ 氢氧化铜 $Cu(OH)_2$ 浅蓝色，显两性偏碱，铜盐溶液中加入强碱，可析出浅蓝色的

Cu(OH)$_2$沉淀。

$$Cu^{2+}+2OH^- \longrightarrow Cu(OH)_2 \downarrow$$

Cu(OH)$_2$不稳定，受热即分解为 CuO

$$Cu(OH)_2 \longrightarrow CuO+H_2O$$

Cu(OH)$_2$易溶于酸，也能溶于浓的强碱溶液中，形成配离子。

$$Cu(OH)_2+2H^+ \longrightarrow Cu^{2+}+2H_2O$$

$$Cu(OH)_2+2OH^- \longrightarrow [Cu(OH)_4]^{2-}$$

[Cu(OH)$_4$]$^{2-}$配离子可与葡萄糖反应生成暗红色的 Cu$_2$O。

$$2[Cu(OH)_4]^{2-}+C_6H_{12}O_6 \longrightarrow Cu_2O \downarrow +C_6H_{12}O_7+4OH^-+2H_2O$$

（葡萄糖）　　　　　　　　　（葡萄糖酸）

该反应在有机化学中用来检验醛糖的存在，在医院里则用来检验尿糖，诊断糖尿病。

Cu(OH)$_2$能溶于氨水，生成深蓝色[Cu(NH$_3$)$_4$]$^{2+}$配离子。

$$Cu(OH)_2+4NH_3 \longrightarrow [Cu(NH_3)_4]^{2+}+2OH^-$$

CuOH 极不稳定，至今尚未制得 CuOH

④ 氯化亚铜 CuCl 白色晶体，是共价化合物。

在热的浓盐酸溶液中，用铜粉还原 CuCl$_2$，生成配离子 [CuCl$_2$]$^-$。

$$Cu^{2+}+Cu+4Cl^- \longrightarrow 2[CuCl_2]^-（无色）$$

用水稀释 [CuCl$_2$]$^-$，可以析出白色 CuCl 沉淀。

$$2[CuCl_2]^- \xrightarrow{H_2O} 2CuCl \downarrow +2Cl^-$$

总反应为：

$$Cu^{2+}+Cu+2Cl^- \longrightarrow 2CuCl \downarrow$$

工业上或实验室中，常用这种方法制取 CuCl。

Cu(Ⅰ) 有还原性，在空气中 CuCl 可被氧化，逐渐变成 Cu(Ⅱ) 盐。

$$4CuCl+O_2+4H_2O \longrightarrow 3CuO \cdot CuCl_2 \cdot 3H_2O+2HCl$$

Cu(Ⅰ) 也有氧化性，可用于测量汞含量。将涂有白色 CuI 的纸条挂在室内，若白色变成黄色，表明空气中汞的含量超标。

$$CuI（白色）+2Hg \longrightarrow Hg_2I_2（黄色）+Cu$$

⑤ 氯化铜 CuCl$_2$易溶于水及有机溶剂中，是共价化合物。

无水 CuCl$_2$为棕黄色固体，CuCl$_2 \cdot 2H_2O$ 为绿色晶体。

无水 CuCl$_2$为无限长链结构（如图 19-13 所示）：

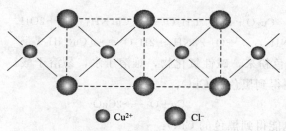

图 19-13　无水 CuCl$_2$ 结构

在极浓的 CuCl$_2$溶液中，可形成黄色的 [CuCl$_4$]$^{2-}$配离子：

$$Cu^{2+}+4Cl^- \longrightarrow [CuCl_4]^{2-}$$

在稀的 CuCl$_2$溶液中，由于 H$_2$O 分子多，H$_2$O 取代了 Cl$^-$，形成 [Cu(H$_2$O)$_4$]$^{2+}$，

溶液呈浅蓝色。

$$[CuCl_4]^{2-} + 4H_2O \longrightarrow [Cu(H_2O)_4]^{2+} + 4Cl^-$$

比较浓的 $CuCl_2$ 溶液是黄色 $[CuCl_4]^{2-}$ 和浅蓝色 $[Cu(H_2O)_4]^{2+}$ 的混合溶液，呈现绿色。

⑥ 硫酸铜 $CuSO_4$　无水 $CuSO_4$ 为白色粉末，易溶于水，不溶于乙醇和乙醚。

无水 $CuSO_4$ 吸水性强，吸水后变成蓝色的 $[Cu(H_2O)_4]^{2+}$，利用这一性质，可以检验乙醇和乙醚的微量水分，也可用作干燥剂。

$CuSO_4 \cdot 5H_2O$ 俗称胆矾，是蓝色晶体。在不同温度下，可以逐步脱水变成白色无水 $CuSO_4$。

$CuSO_4$ 具有较强的杀菌能力，加在蓄水池、游泳池中可防止藻类生长。硫酸铜与石灰乳的混合液称"波尔多液"能消灭植物病虫害。

⑦ 铜的配合物　Cu^+ 的配合物以配位数为 2 的最常见，如 $[Cu(NH_3)_2]^+$、$[CuCl_2]^-$、$[Cu(CN)_2]^-$ 等，这些配离子都是无色的。

$[Cu(NH_3)_2]^+$ 不稳定，遇到空气则被氧化成深蓝色的 $[Cu(NH_3)_4]^{2+}$，利用这个性质可以除去气体中的痕量氧。另外 $[Cu(NH_3)_2]^+$ 吸收 CO 的能力很强，常用于合成氨中，吸收可使催化剂中毒的 CO。

$$[Cu(NH_3)_2]^+ + CO \Longrightarrow [Cu(NH_3)_2(CO)]^+$$

Cu^{2+} 可与配体 NH_3、Cl^-、H_2O 等形成 4 配位的配离子，如 $[CuCl_4]^{2-}$、$[Cu(NH_3)_4]^{2+}$、$[Cu(H_2O)_4]^-$ 等，三者都是平面正方形配离子，它们都有颜色。

Cu^{2+} 盐中加入过量的 $NH_3 \cdot H_2O$，可以形成深蓝色的 $[Cu(NH_3)_4]^{2+}$ 配离子。

$$[Cu(H_2O)_4]^{2+} + 4NH_3 \longrightarrow [Cu(NH_3)_4]^{2+} + 4H_2O$$
$$\quad\text{浅蓝色} \qquad\qquad\qquad \text{深蓝色}$$

上述反应的实质是配离子的转化，可以看出 $[Cu(NH_3)_4]^{2+}$ 的稳定性大于 $[Cu(H_2O)_4]^{2+}$，即配离子的转化是朝着生成更稳定的配离子方向进行。

此外，Cu^{2+} 还可与乙二胺（en）形成稳定的螯合物 $[Cu(en)_2]^{2+}$。

⑧ Cu（Ⅰ）与 Cu（Ⅱ）的转化　Cu^+ 与 Cu^{2+} 的转化，可以从离子电子构型和电势图两方面来说明。

Cu^+ 具有 $3d^{10}$ 构型，有一定的相对稳定性。固态的 Cu（Ⅰ）是稳定的，但 Cu^+ 在水溶液中却不稳定，易发生歧化反应。

在酸性溶液中，铜的标准电极电势图：

$$E_A^{\ominus}/V$$

$$\begin{array}{ccc} & 0.16 & 0.52 \\ Cu^{2+} &\text{---}\ Cu^+\ \text{---}& Cu \\ & 0.34 & \end{array}$$

Cu^+ 不稳定，发生歧化反应：$2Cu^+ \longrightarrow Cu^{2+} + Cu$

Cu^{2+} 转化成 Cu^+ 可在还原剂存在下，设法降低 Cu^+ 的浓度，如形成 Cu^+ 的难溶物或配合物，从而使上述反应逆歧化，实现 Cu^{2+} 向 Cu^+ 的转化。

将 $CuSO_4$ 溶液、NaCl 和 Cu 粉混合加热，可得到白色的 CuCl 沉淀。

$$Cu^{2+} + Cu + 2Cl^- \longrightarrow 2CuCl\downarrow$$

向 Cu^{2+} 盐溶液中加入 KI，得到白色的 CuI 沉淀。

$$2Cu^{2+} + 4I^- \longrightarrow 2CuI\downarrow + I_2$$

向 Cu^{2+} 盐溶液中加入 KCN，可得到白色 CuCN 沉淀。

$$2Cu^{2+} + 4CN^- \longrightarrow 2CuCN\downarrow + (CN)_2\uparrow$$

CN^- 既是还原剂，又是 Cu^+ 的沉淀剂。若 KCN 过量，上述反应则变为：

$$2Cu^{2+} + 8CN^- (过量) \longrightarrow 2[Cu(CN)_3]^{2-} + (CN)_2\uparrow$$

利用 CN^- 的强配合性和还原性，可以对含 CN^- 的有毒废水进行处理，使剧毒物转化为无毒物。

（4）银的重要化合物

① 卤化银 AgX　AgF 为离子型化合物，易溶于水，其余的均难溶于水，按照 AgCl、AgBr、AgI 顺序共价性依次增加，溶解度依次降低，颜色依次加深。

卤化银 AgX 有感光性。在光照下分解：

$$2AgX \xrightarrow{日光} 2Ag + X_2$$

② 硝酸银 $AgNO_3$　$AgNO_3$ 是最重要的可溶性银盐。将单质 Ag 溶于热的稀硝酸，经浓缩、结晶，可得到无水 $AgNO_3$ 晶体。

$$3Ag + 4HNO_3 \longrightarrow 3AgNO_3 + NO\uparrow + H_2O$$

$AgNO_3$ 不稳定，光照或加热到 713K 时分解，必须保存在棕色瓶中。

$$2AgNO_3 \xrightarrow{\Delta} 2Ag + 2NO_2\uparrow + O_2\uparrow$$

$AgNO_3$ 主要用于制造溴化银乳剂，医药上常用它作消毒剂和腐蚀剂。

③ 银的配合物　常见 Ag(I) 的配离子有 $[Ag(NH_3)_2]^+$、$[Ag(S_2O_3)_2]^{3-}$、$[Ag(CN)_2]^-$ 等，它们都是无色的。

$[Ag(NH_3)_2]^+$ 具有弱氧化性，能把醛或某些糖氧化，本身被还原为 Ag。

$$2[Ag(NH_3)_2]^+ + \underset{醛或糖}{RCHO} + 3OH^- \longrightarrow 2Ag\downarrow + RCOO^- + 4NH_3\uparrow + 2H_2O$$

工业上用这类反应制作玻璃镜子，或在暖水瓶胆上镀银。

19.5.2　锌族（ⅡB）元素

锌族元素位于周期表 ds 区 ⅡB 族，包括锌（Zn）、镉（Cd）、汞（Hg）三种元素。

（1）锌族（ⅡB）元素通性

① 锌族元素价层电子构型为 $(n-1)d^{10}ns^2$，其特点是次外层 d 轨道全充满，最外层只有 2 个电子。Zn、Cd、Hg 的主要氧化数为 +2，Hg 还有 +1。

② 锌副族元素原子，失去最外层 2 个电子，形成的阳离子（M^{2+}）具有 18e 构型，有较强的极化力，并且由于 M^{2+} 离子半径较大，变形性也较大，所以锌族元素的二元化合物都部分或完全带有共价性。

③ 锌副族元素形成的配合物，一般都没有颜色。

④ 锌副族元素金属活泼性比铜副族强。

（2）锌族元素单质

自然界中，锌主要以硫化物或氧化物的形式存在，主要的矿石有闪锌矿（ZnS）、红锌矿（ZnO）、菱锌矿（$ZnCO_3$）等。

锌、镉、汞均为银白色金属，其中锌略带蓝白色。

锌、镉、汞的熔点、沸点比较低，且按 Zn、Cd、Hg 的顺序依次降低。所有金属中，

Hg 的熔点最低，Hg 是唯一的常温下呈液态的金属，有"水银"之称。

Hg 能溶解许多金属如钠、钾、银、锌、镉等形成合金，这种合金叫汞齐。钠汞齐既保持钠的活性，又保持汞的惰性。钠汞齐与水反应放出氢气，在有机合成中常用作还原剂。

Hg 蒸气有毒，Hg 被不小心撒落地上时，可撒些硫粉，使 Hg 转化为 HgS，避免 Hg 中毒。值得一提的是汞及其化合物，绝大多数都有毒，使用时一定注意安全。

常温下，锌、镉、汞都很稳定，锌、镉化学性质相似，属于活泼金属，而汞的化学活性比锌、镉差。

加热条件下，锌、镉、汞都可以氧气反应生成 MO 式氧化物。

汞与硫一起研磨，可形成 HgS，由于液态汞与硫粉反应接触面积大，反应活性高。

在潮湿的空气中，锌将生成碱式盐。

$$Zn + O_2 + H_2O + CO_2 \longrightarrow Zn(OH) \cdot ZnCO_3$$

锌与铝相似，具有两性，既可溶于酸，也可溶于碱。

$$Zn + 2H^+ \longrightarrow Zn^{2+} + H_2 \uparrow$$

$$Zn + 2OH^- + 2H_2O \longrightarrow [Zn(OH)_4]^{2-} + H_2 \uparrow$$

锌能与氨水反应生成配离子，而铝不溶于氨水。

$$Zn + 4NH_3 + 2H_2O \longrightarrow [Zn(NH_3)_4](OH)_2 + H_2 \uparrow$$

（3）锌的重要化合物

① 氧化锌 ZnO 和氢氧化锌 Zn(OH)$_2$　纯 ZnO 为白色，俗称锌白。加热条件下，锌与氧反应得到白色粉末状 ZnO。

ZnO 对热稳定，微溶于水，为两性氧化物，能溶于酸、碱分别形成锌盐和锌酸盐。

在锌盐溶液中，加入适量强碱可沉淀出 Zn(OH)$_2$。Zn(OH)$_2$ 是两性氢氧化物，能溶于酸和过量的碱中。

$$Zn(OH)_2 + 2H^+ \longrightarrow Zn^{2+} + 2H_2O$$

$$Zn(OH)_2 + 2OH^- \longrightarrow [Zn(OH)_4]^{2-}$$

Zn(OH)$_2$ 能溶于氨水，形成氨合物。

$$Zn(OH)_2 + 4NH_3 \longrightarrow [Zn(NH_3)_4]^{2+} + 2OH^-$$

② 氯化锌 ZnCl$_2$　无水 ZnCl$_2$ 为白色粉末，极易溶于水，其水溶液由于 Zn^{2+} 的水解而显酸性。

$$ZnCl_2 + H_2O \longrightarrow Zn(OH)Cl + HCl$$

ZnCl$_2 \cdot$ H$_2$O 水合晶体加热时，不能完全脱水，而形成碱式盐。

$$ZnCl_2 \cdot H_2O \longrightarrow Zn(OH)Cl + HCl$$

制备无水 ZnCl$_2$，一般要在干燥 HCl 气氛中加热脱水。如用含水 ZnCl$_2$ 和氯化亚砜 SOCl$_2$ 混合加热，制备无水氯化锌。

$$ZnCl_2 \cdot xH_2O + xSOCl_2 \longrightarrow ZnCl_2 + 2xHCl \uparrow + xSO_2 \uparrow$$

ZnCl$_2$ 浓溶液中，ZnCl$_2$ 和 H$_2$O 形成配合酸，使溶液有显著酸性。配合酸 H [ZnCl$_2$ (OH)] 能溶解金属氧化物。

$$ZnCl_2 + H_2O \longrightarrow H[ZnCl_2(OH)]$$

$$6H[ZnCl_2(OH)] + Fe_2O_3 \longrightarrow 2Fe[ZnCl_2(OH)]_3 + 3H_2O$$

上述反应用于锡焊接金属时，清除金属表面的氧化层。

另外，木材用 ZnCl$_2$ 溶液浸过后，可以防止腐烂。

③ 硫化锌 ZnS   ZnS 是常见难溶硫化物中唯一呈白色的，可作白色颜料。ZnS 同 BaSO$_4$ 共沉淀形成的混合物 ZnS·BaSO$_4$ 称为锌钡白，俗称立德粉，是一种很好的白色颜料。

在锌盐溶液中通入 H$_2$S，可以生成 ZnS。

$$Zn^{2+} + H_2S \longrightarrow ZnS\downarrow + 2H^+$$
白色

无定形 ZnS 在 H$_2$S 气氛中灼烧可以转变为晶体 ZnS。在 ZnS 晶体中加入微量活化剂 Cu、Mn、Ag 等，经光照射后可发出不同颜色的荧光，这种材料可作荧光粉，制作荧光屏。

④ 锌的配合物   Zn^{2+} 与氨水、氰化钾等能形成无色配离子。

$$Zn^{2+} + 4NH_3 \Longrightarrow [Zn(NH_3)_4]^{2+}$$
$$Zn^{2+} + 4CN^- \Longrightarrow [Zn(CN)_4]^{2-}$$

[Zn(CN)$_4$]$^{2-}$ 用于电镀工艺。例如它和 [Cu(CN)$_4$]$^{3-}$ 的混合液用于镀黄铜（Cu-Zn 合金）。

由于

$$[Cu(CN)_4]^{3-} + e^- \Longrightarrow Cu + 4CN^- ; \qquad E^{\ominus} = -1.27V$$
$$[Zn(CN)_4]^{2-} + 2e^- \Longrightarrow Zn + 4CN^- ; \qquad E^{\ominus} = -1.34V$$

铜、锌配合物有关电对的标准电极电势接近，它们的混合液在电镀时，Zn、Cu 可同时在阴极析出。

(4) 汞的重要化合物

① 氧化汞 HgO   HgO 有红色和黄色两种变体，都难溶于水，有毒。

Hg(NO$_3$)$_2$ 加热分解，可以得到红色的 HgO

$$2Hg(NO_3)_2 \xrightarrow{\Delta} 2HgO\downarrow + 4NO_2\uparrow + O_2\uparrow$$
红色

在 Hg(NO$_3$)$_2$ 溶液中加入强碱，可得到黄色 HgO。

$$Hg^{2+} + 2OH^- \longrightarrow HgO\downarrow + H_2O$$
黄色

不同颜色的 HgO 晶体结构相同，只是粒度不同，其中黄色 HgO 粒度较细。

② 氯化汞 HgCl$_2$ HgCl$_2$ 易升华，俗名升汞，剧毒。HgCl$_2$ 是共价化合物，直线型分子 (Cl-Hg-Cl)，微溶于水，电离度很小。HgCl$_2$ 在水溶液中主要以 HgCl$_2$ 分子形式存在，故有假盐之称。

HgCl$_2$ 在过量的 Cl$^-$ 存在下，形成 [HgCl$_4$]$^{2-}$ 配离子而溶解。

$$HgCl_2 + 2Cl^- \longrightarrow [HgCl_4]^{2-}$$

HgCl$_2$ 在水中略有水解，显酸性。

$$HgCl_2 + H_2O \Longrightarrow Hg(OH)Cl + HCl$$

与水解一样，HgCl$_2$ 可以和氨发生氨解反应，形成氨基氯化汞白色沉淀。

$$HgCl_2 + 2NH_3 \longrightarrow Hg(NH_2)Cl\downarrow + NH_4Cl$$
白色

在酸性溶液中，HgCl$_2$ 有氧化性，适量 SnCl$_2$ 将 HgCl$_2$ 还原为氯化亚汞 Hg$_2$Cl$_2$。

$$2HgCl_2 + SnCl_2 \longrightarrow Hg_2Cl_2\downarrow + SnCl_4$$

若 $SnCl_2$ 过量，生成的 Hg_2Cl_2 可进一步被 $SnCl_2$ 还原为黑色金属汞。

$$Hg_2Cl_2 + SnCl_2 \longrightarrow 2Hg\downarrow + SnCl_4$$

该反应在分析化学中，可用于鉴定 Hg^{2+} 或 Sn^{2+}。

③ 氯化亚汞 Hg_2Cl_2 Hg_2Cl_2 为白色固体，有甜味，俗称甘汞。少量 Hg_2Cl_2 无毒，难溶于水，直线型分子。纯 Hg_2Cl_2 为可做泻药，用于制作甘汞电极。

Hg^+ 价电子构型为 $5d^{10}6s^1$，应该有顺磁性，实验证明是反磁性，故认为其以二聚形式存在，写成 Hg_2^{2+}。

金属 Hg 与 $HgCl_2$ 作用，可制得氯化亚汞 Hg_2Cl_2。

$$Hg + HgCl_2 \longrightarrow Hg_2Cl_2$$

Hg_2Cl_2 不稳定，见光易分解，必须保存在棕色瓶中。

$$Hg_2Cl_2 \xrightarrow{\text{光}} HgCl_2 + Hg$$

Hg_2Cl_2 遇氨水应生成白色氨基氯化汞，同时析出黑色汞，使沉淀为灰色。

$$Hg_2Cl_2 + 2NH_3 \longrightarrow \underset{\text{白色}}{Hg(NH_2)Cl}\downarrow + \underset{\text{黑色}}{Hg}\downarrow + NH_4Cl$$

此反应是 $Hg(I)$ 的歧化反应，可用于鉴定 Hg_2^{2+}。

④ 硝酸汞 $Hg(NO_3)_2$ $Hg(NO_3)_2$ 是无色固体，剧毒，易溶于水，离子型化合物。

Hg 溶解在过量的热硝酸中，可以制取 $Hg(NO_3)_2$：

$$Hg + HNO_3(\text{热}) \longrightarrow Hg(NO_3)_2 + 2NO_2\uparrow + 2H_2O$$

$Hg(NO_3)_2$ 溶于水时，易水解生成碱式盐。

$$2Hg(NO_3)_2 + H_2O \longrightarrow HgO \cdot Hg(NO_3)_2\downarrow + 2HNO_3$$

因此在配制 $Hg(NO_3)_2$ 溶液时，应先溶于稀硝酸中，抑制其水解。

$Hg(NO_3)_2$ 受热分解成红色 HgO、NO 和 O_2。

$$Hg(NO_3)_2 \longrightarrow 2HgO + 4NO\uparrow + O_2\uparrow$$

$Hg(NO_3)_2$ 溶液中加入 KI，可产生橘红色 HgI_2 沉淀。

$$Hg^{2+} + 2I^- \longrightarrow HgI_2\downarrow$$

若 KI 过量，HgI_2 沉淀溶解，形成无色配离子 $[HgI_4]^{2-}$。

$$HgI_2 + 2I^- \longrightarrow [HgI_4]^{2-}$$

$Hg(NO_3)_2$ 溶液中加入氨水，生成碱式氨基硝酸汞白色沉淀。

$$2Hg(NO_3)_2 + 4NH_3 + H_2O \longrightarrow HgO \cdot NH_2HgNO_3\downarrow + 3NH_4NO_3$$

⑤ 硝酸亚汞 $Hg_2(NO_3)_2$ $Hg_2(NO_3)_2$ 是无色固体，剧毒，易溶于水，离子型化合物。

过量的 Hg 与冷 HNO_3 作用，生成 $Hg_2(NO_3)_2$。

$$6Hg + 8HNO_3(\text{冷}) \longrightarrow 3Hg_2(NO_3)_2 + 2NO\uparrow + 4H_2O$$

$Hg_2(NO_3)_2$ 易水解，形成碱式硝酸亚汞

$$Hg_2(NO_3)_2 + H_2O \longrightarrow Hg_2(OH)NO_3\downarrow + HNO_3$$

配制 $Hg_2(NO_3)_2$ 溶液时，要先溶于稀硝酸中，抑制其水解。

$Hg_2(NO_3)_2$ 受热易分解，在热分解过程中，$Hg(I)$ 被氧化成 $Hg(II)$。

$$Hg_2(NO_3)_2 \xrightarrow{\Delta} 2HgO + 2NO_2$$

在空气中，$Hg_2(NO_3)_2$ 易被氧化为 $Hg(NO_3)_2$，为防止氧化，可在 $Hg_2(NO_3)_2$ 溶液中加入少量金属 Hg。

$$Hg_2(NO_3)_2 + O_2 + 4HNO_3 \longrightarrow 4Hg(NO_3)_2 + 2H_2O$$

$$Hg^{2+} + Hg \longrightarrow Hg_2^{2+}$$

$Hg_2(NO_3)_2$ 溶液中加入 KI,先生成浅绿色 Hg_2I_2 沉淀,当 KI 过量时,Hg_2I_2 沉淀溶解,形成配离子 $[HgI_4]^{2-}$ 和单质汞。

$$Hg_2^{2+} + 2I^- \longrightarrow Hg_2I_2 \downarrow$$

$$Hg_2I_2 + 2I^- \longrightarrow [HgI_4]^{2-} + Hg \downarrow$$

$Hg_2(NO_3)_2$ 溶液中加入氨水,可析出有碱式氨基硝酸汞白色沉淀和单质汞的灰色混合物

$$2Hg_2(NO_3)_2 + 4NH_3 + H_2O \longrightarrow \underset{\text{白色}}{HgO \cdot NH_2HgNO_3} \downarrow + \underset{\text{黑色}}{2Hg} \downarrow + 3NH_4NO_3$$

⑥ 汞的配合物 Hg(Ⅱ)主要形成四面体型配离子如 $[HgCl_4]^{2-}$、$[HgI_4]^{2-}$、$[Hg(CN)_4]^{2-}$ 等。

Hg^{2+} 与卤离子形成配合物的倾向依 Cl^-、Br^-、I^- 次序增强。

在 Hg^{2+} 溶液中滴加 KI 溶液,首先生成红色 HgI_2,沉淀溶于过量的 KI 中,生成无色的 $[HgI_4]^{2-}$。

$$Hg^{2+} + 2I^- \longrightarrow HgI_2 \downarrow$$

$$\underset{\text{红色}}{HgI_2} + 2I^- \longrightarrow \underset{\text{无色}}{[HgI_4]^{2-}}$$

$[HgI_4]^{2-}$ 的碱性溶液称为制奈斯勒(Nessler)试剂,是 $K_2[HgI_4]$ 和 KOH 的混合溶液,常用于鉴定 NH_4^+,产生红棕色沉淀。

⑦ Hg(Ⅰ)与 Hg(Ⅱ)的相互转化 在酸性溶液中,Hg 的电势图:

$$E_A^\ominus/V$$

$$\overset{\quad 0.911 \qquad 0.796 \quad}{Hg^{2+}\text{-}\text{-}\text{-}Hg_2^{2+}\text{-}\text{-}\text{-}Hg}$$

在酸性溶液中,Hg_2^{2+} 不发生歧化反应,Hg_2^{2+} 与 Hg^{2+} 如下平衡:

$$Hg^{2+} + Hg \rightleftharpoons Hg_2^{2+} \qquad \text{(逆歧化反应)}$$

只要改变 Hg_2^{2+} 与 Hg^{2+} 的存在状态,使平衡移动,则 Hg_2^{2+} 可以发生歧化反应。

Hg(Ⅰ)$\longrightarrow$ Hg(Ⅱ):

存在 Hg(Ⅰ)的沉淀剂、配合剂时,Hg(Ⅰ)发生歧化反应。

$$Hg_2^{2+} + 2OH^- \longrightarrow Hg \downarrow + HgO \downarrow + H_2O$$

$$Hg_2^{2+} + S^{2-} \longrightarrow Hg \downarrow + HgS \downarrow$$

$$Hg_2^{2+} + 4I^- \longrightarrow [HgI_4]^{2-} + Hg \downarrow$$

用氧化剂可以将 Hg(Ⅰ)氧化为 Hg(Ⅱ)。

$$Hg_2Cl_2 + Cl_2 \longrightarrow HgCl_2$$

固相中的分解反应,也可以使 Hg(Ⅰ)氧化为 Hg(Ⅱ)。

碳酸亚汞热分解: $$Hg_2CO_3 \longrightarrow Hg + HgO + CO_2 \uparrow$$

氯化亚汞光分解:$$Hg_2Cl_2 \overset{\text{光}}{\longrightarrow} HgCl_2 + Hg$$

Hg(Ⅱ)$\longrightarrow$ Hg(Ⅰ):

$$2HgCl_2 + SnCl_2 \longrightarrow Hg_2Cl_2 \downarrow + SnCl_4$$

$$Hg^{2+} + Hg \rightleftharpoons Hg_2^{2+}$$

19.6 过渡元素及其常见化合物

19.6.1 过渡元素概述

过渡元素 (transition elements) 包括周期表第 I B～ⅦB，Ⅷ族元素（不包括镧系元素和锕系元素）。过渡元素因位于长式元素周期表中 s 区元素和 p 区元素之间，即典型金属元素和典型非金属元素之间而得名。

过渡元素都是金属，通常称为过渡金属。人们按不同周期将过渡元素划分为四个过渡系：

第一过渡系——第四周期过渡元素从钪（Sc）到锌（Zn）；

第二过渡系——第五周期过渡元素从钇（Y）到镉（Cd）；

第三过渡系——第六周期过渡元素（不包括镧系元素）；

第四过渡系——第七周期过渡元素（不包括锕系元素）。

（1）过渡元素原子的特征

过渡元素的原子结构特点是原子最外层一般只有 1～2 个 s 电子（Pd 例外），次外层分别有 1～10 个 d 电子。过渡元素价层电子构型为 $(n-1) d^{1\sim10} n s^{1\sim2}$（Pd 为 $5s^0$）。

过渡元素的原子半径随原子序数呈周期性变化的情况如图 19-14 所示。

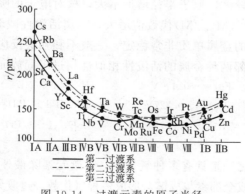

图 19-14 过渡元素的原子半径

由图 19-14 可见，同周期过渡元素的原子半径随着原子序数的增加而缓慢地依次减小，到铜族前后原子半径又稍有增大。这是由于电子逐一填充到次外层的 d 轨道中，这些增加的电子处于次外层，有着较强的屏蔽作用，使有效核电荷增加不明显，从而使原子半径变化不大；I B 和 II B 族次外层为 d^{10} 构型，屏蔽作用更强，因此，原子半径略有增大。

同族过渡元素的原子半径除部分元素外，自上而下随着原子序数的增加而增大。但是，第二过渡系元素与第三过渡系元素的原子半径比较接近，甚至有的相等，这主要是镧系收缩导致的结果。

（2）单质的物理性质

过渡金属外观多呈银白色或灰白色、有光泽。除钪和钛属轻金属外，其余均属重金属。其中Ⅷ族元素锇（Os）、铱（Ir）、铂（Pt）是典型的重金属。

过渡元素的单质（除 II B 外）多为高熔点、高沸点、密度大、硬度大、导电性和导热性良好的金属。其中熔点最高的单质是钨（W），密度最大的单质是锇（Os），硬度最大的金属是铬（Cr），导电性最好的单质是银（Ag）。造成这种特性的原因，一般认为是过渡金属的原子半径较小，采取紧密堆积方式，金属原子间除了有 s 电子外，还有部分 d 电子参与成键，在金属键之外，还有部分共价键，导致原子间结合牢固。

（3）金属活泼性

过渡金属在水溶液中的活泼性，可根据标准电极电势 $E^{\ominus}$ 来判断。第一过渡系金属的标准电极电势 $E^{\ominus}$ 列于表 19-21。

表 19-21　第一过渡系金属的标准电极电势

元素	$E^{\ominus}(M^{2+}/M)/V$	可溶该金属的酸	元素	$E^{\ominus}(M^{2+}/M)/V$	可溶该金属的酸
Sc	—	各种酸	Fe	-0.44	稀 HCl、H_2SO_4 等
Ti	-1.63	热 HCl、HF	Co	-0.277	缓慢溶解在稀 HCl 中
V	-1.13	HNO_3、HF、浓 H_2SO_4	Ni	-0.257	稀 HCl、H_2SO_4 等
Cr	-0.90	稀 HCl、H_2SO_4	Cu	$+0.340$	HNO_3、热浓 H_2SO_4
Mn	-1.18	稀 HCl、H_2SO_4 等	Zn	-0.7626	稀 HCl、H_2SO_4 等

由表 19-21 可看出，在第一过渡系金属中除铜外，$E^{\ominus}(M^{2+}/M)$ 均为负值，其金属单质可从非氧化性酸中置换出氢。另外，同一周期元素从左到右，$E^{\ominus}(M^{2+}/M)$ 值总的变化趋势是逐渐增大，其活泼性逐渐减弱。$E^{\ominus}(Cu^{2+}/Cu)$ 代数值在同周期元素中是最大的。

除ⅢB族外，同族过渡金属的活泼性都是从上到下逐渐减弱。主要原因是由于同族元素从上到下有效核电荷增加较多，原子半径增加不大，核对电子的吸引力增强，使电离能和升华焓增加显著，相应的 $E^{\ominus}(M^{2+}/M)$ 代数值增大，金属活泼性减弱。

第二、三过渡系元素的金属单质非常稳定，一般不和强酸反应，但和浓碱或熔融碱可发生反应。第一过渡系中相邻两种金属的活泼性相似性超过了同族元素之间，例如：

$$E^{\ominus}(Fe^{2+}/Fe)=-0.440V \qquad E^{\ominus}(Ni^{2+}/Ni)=-0.257V$$
$$E^{\ominus}(Co^{2+}/Co)=-0.227V \qquad E^{\ominus}(Pd^{2+}/Pd)=0.915V$$
$$E^{\ominus}(Ni^{2+}/Ni)=-0.257V \qquad E^{\ominus}(Pt^{2+}/Pt)=1.188V$$

（4）氧化数

过渡元素的显著特征之一是具有多种氧化数。过渡元素除最外层 s 电子可以参与成键外，次外层 d 电子也可以部分或全部参与成键，形成多种氧化数。过渡元素相邻两个氧化数间的差值多为 1，因此可以说过渡元素的氧化数变化是连续的。例如，锰的常见氧化数有 +2、+3、+4、+5、+6、+7 等。第一过渡系元素的主要氧化数列于表 19-22 中。

表 19-22　第一过渡系元素的主要氧化数

族	ⅢB	ⅣB	ⅤB	ⅥB	ⅦB	Ⅷ			ⅠB	ⅡB
元素	Sc	Ti	V	Cr	Mn	Fe	Co	Ni	Cu	Zn
主要氧化数	(+2)			+2	+2	+2	+2	+2	+1	+2
	+3	+3	+3	+3	+3	+3	+3	(+3)	+2	
		+4	+4	—	+4					
			+5	—	—					
				+6	+6					
					+7					

注：表中有下划线的数字是稳定的氧化数，有括号的表示不稳定的氧化数。

由表 19-22 可知，第一过渡系元素随着原子序数的增加，元素最高氧化数是逐渐升高的，当 3d 轨道中电子数超过 5 时，元素最高氧化数又逐渐降低。

一般，过渡元素的高氧化数化合物比其低氧化数化合物的氧化性强。过渡元素与非金属元素形成二元化合物时，往往只有电负性较大、阴离子难被氧化的非金属元素（氧或氟）才能与它们形成高氧化数的二元化合物，如 Mn_2O_7、CrF_6 等。而电负性较小、阴离子易被氧化的非金属（如碘、溴、硫等），则难与它们形成高氧化数的二元化合物。在它们的高氧化数化合物中，以其含氧酸盐较稳定。这些元素在含氧酸盐中，以含氧酸根离子形式存在，如 MnO_4^-、CrO_4^{2-}、VO_4^{3-} 等。

过渡元素的较低氧化数（+2 和 +3）大都有简单的 M^{2+} 和 M^{3+}。这些离子的氧化性一般都不强（Co^{3+}、Ni^{3+} 和 Mn^{3+} 除外），因此都能与多种酸根离子形成盐类。

（5）化合物的颜色

过渡元素的另一特征是它们所形成的配离子大都具有颜色，这主要与过渡元素离子的 d 轨道未填满电子有关。第一过渡系元素低氧化数水合离子的颜色如表 19-23 所示。

表 19-23　第一过渡系金属水合离子的颜色

d 电子数	水合离子	水合离子的颜色	d 电子数	水合离子	水合离子的颜色
d^0	$[Sc(H_2O)_6]^{3+}$	无色（溶液）	d^5	$[Fe(H_2O)_6]^{3+}$	淡紫色
d^1	$[Ti(H_2O)_6]^{3+}$	紫色	d^6	$[Fe(H_2O)_6]^{2+}$	淡绿色
d^2	$[V(H_2O)_6]^{3+}$	绿色	d^6	$[Co(H_2O)_6]^{3+}$	蓝色
d^3	$[Cr(H_2O)_6]^{3+}$	紫色	d^7	$[Co(H_2O)_6]^{2+}$	粉红色
d^3	$[V(H_2O)_6]^{2+}$	紫色	d^8	$[Ni(H_2O)_6]^{2+}$	绿色
d^4	$[Cr(H_2O)_6]^{2+}$	蓝色	d^9	$[Cu(H_2O)_6]^{2+}$	蓝色
d^4	$[Mn(H_2O)_6]^{3+}$	红色	d^{10}	$[Zn(H_2O)_6]^{2+}$	无色
d^5	$[Mn(H_2O)_6]^{2+}$	淡红色			

同一中心离子与不同配体形成配合物时，由于配体对中心离子形成的晶体场的强度不同，则 d-d 跃迁时所需的能量也不同，这些配合物吸收和透过的光也不同，因此这些配合物具有不同的颜色。

由表 19-23 可以看出，d^0 和 d^{10} 构型的中心离子形成的配合物，在可见光照射下不发生 d-d 跃迁，如 $[Sc(H_2O)_6]^{3+}$（d^0）、$[Zn(H_2O)_6]^{2+}$（d^{10}）均为无色。

对于某些含氧酸根离子如 MnO_4^-（紫色）、CrO_4^{2-}（黄色）、VO_4^{3-}（淡黄色），它们中的金属元素均处于最高氧化态，锰、铬和钒的形式电荷分别为 +7、+6 和 +5，即表示为 Mn^{7+}、Cr^{6+} 和 V^{5+}，它们均为 d^0 电子构型，其对应的含氧酸根离子应该为无色，之所以呈现颜色是由于电荷迁移引起的。例如 MnO_4^- 的紫色是由于 $O^{2-} \longrightarrow Mn^{7+}$ 电子跃迁（p-d 跃迁）的吸收峰在可见光区 $18500cm^{-1}$ 处。

（6）磁性

多数过渡元素的原子或离子有未成对的电子，所以具有顺磁性。未成对的 d 电子数越多，磁矩 μ 值也越大（如表 19-24 所示）。

表 19-24 未成对 d 电子数与物质磁性的关系

离子	d 电子数	未成对 d 电子数	磁矩 (μ)/B. M.
VO^{2+}	1	1	1.73
V^{3+}	2	2	2.83
Cr^{3+}	3	3	3.87
Mn^{2+}	5	5	5.92
Fe^{2+}	6	4	4.90
Co^{2+}	7	3	3.87
Ni^{2+}	8	2	2.83
Cu^{2+}	9	1	1.73

（7）金属配合物

过渡金属的明显特征是能形成多种多样的配合物。这是由于过渡金属的原子或离子具有接受孤对电子的空轨道和吸引配体的能力，它们的 $(n\text{-}1)$ d 与 ns，np 轨道能量接近，容易形成各种杂化轨道。而且过渡金属的离子一般具有较高的电荷和较小的半径，极化力强，对配体有较强的吸引力。因此，过渡金属具有很强的形成配合物的倾向。

19.6.2 钛族、钒族元素

（1）钛族、钒族元素概述

周期系ⅣB族钛族包括钛（Ti）、锆（Zr）、铪（Hf）、𬬻(Rf) 四种元素；ⅤB族钒族包括钒（V）、铌（Nb）、钽（Ta）、𬭊(Db) 四种元素。其中 Rf、Db 为人工合成的放射性元素。

① 钛（Ti）   钛由于在自然界中存在分散且提取困难，所以钛一直被认为是一种稀有金属，但实际上钛在地壳中含量是比较丰富的。钛在地壳中的丰度为 0.42%，在所有元素中居第十位。

钛的主要矿物有金红石（TiO_2）、钛铁矿（$FeTiO_3$）以及钒钛铁矿等。我国钛资源丰富，四川攀枝花地区有大量的钒钛铁矿，该地区 TiO_2 储量占全国储量的 92% 以上。世界上已探明的钛储量中，我国约占一半。

钛是银白色金属，其熔点较高，密度（$4.506g \cdot cm^{-3}$）比钢小，约为铁的一半，但其具有类似于钢的很高的机械强度。钛的表面易形成一层致密的氧化物保护膜，使其具有优良的抗腐蚀性，尤其是对海水的抗腐蚀性很强。

在室温下，钛对空气和水是十分的稳定。钛能缓慢地溶于浓盐酸或热的稀盐酸中生成 Ti^{3+}。热的浓硝酸也能与钛缓慢地反应生成二氧化钛的水合物 $TiO_2 \cdot nH_2O$。

在高温下，钛能与许多非金属反应，如与氧、氯作用分别生成 TiO_2 和 $TiCl_4$。

由于钛具有质轻、隔热、坚固等优良特性，因此，钛具有广泛的重要用途。如利用钛合金制造超音速飞机、潜水艇以及海洋化工设备等。此外，钛与生物体组织有很好的相容性，可代替损坏的骨头用于接骨和制造人工关节。由纯钛制造的假牙是任何金属材料无法比拟的，所以钛又被称为"生物金属"。Ti 将成为继 Fe、Al 之后应用广泛的第三金属。

② 锆（Zr）和铪（Hf）   锆和铪是稀有金属。锆在自然界中存在分散，主要矿物有锆英石（$ZrSiO_4$）。铪常与锆共生，由于镧系收缩，它们的化学性质极为相似，因此分离十分困难。

锆与铪的分离早期采用分步结晶或分步沉淀法，目前主要应用离子交换和溶剂萃取等方法。例如利用强碱型酚醛树脂 $R\text{-}N(CH_3)_3^+Cl^-$ 阴离子交换剂，可达满意的分离效果；在溶剂萃取中，用三辛胺优先萃取锆的硫酸盐配合物受到广泛重视，获得的 ZrO_2 含 $Hf<0.006\%$，被认为是目前最佳的方案。

锆是反应堆核燃元件的外壳材料，也是耐腐蚀材料。铪在反应堆中用做控制棒。

③ 钒（V） 钒重要的矿石除钒钛铁矿外，还有铀钒钾矿、钒酸铅矿等。我国钒矿储量虽居世界首位，但 91% 是伴生的，回收率低。

钒是银白色金属，钒的硬度比钢大，钒主要用于制造钒钢。钒钢具有强度大、弹性好、抗磨损、抗冲击等优点，广泛用于汽车和飞机制造业等。近年来的研究发现，钒的某些化合物具有重要的生理功能，如葡萄糖的代谢、牙齿和骨骼的矿化、胆固醇的生物合成等都与钒有相当密切的关系，这充分显示出钒化学的重要性。

钒在空气中是稳定的。常温下不与碱及非氧化性的酸作用，但能溶解于浓硝酸和王水中。加热时钒能与浓硫酸和氢氟酸发生作用，也能与大部分非金属反应，钒与氧、氟可直接反应生成 V_2O_5、VF_5，与氯反应仅生成 VCl_4，与溴、碘反应则生成 VBr_3、VI_3。

④ 铌（Nb）和钽（Ta） 铌和钽是我国重要的丰产元素。铌和钽在自然界中总是共生的。共生矿物若以铌为主，称为铌铁矿，若以钽为主，称为钽铁矿。

和锆与铪类似，铌、钽由于半径相近，性质非常相似，因此，分离比较困难。铌是某些硬质钢的组分元素，特别适宜制造耐高温钢。由于钽的低生理反应性和不被人体排斥，它常用于制作修复严重骨折所需的金属板材以及缝合神经的丝和箔等。

（2）钛族、钒族元素的重要化合物

① 钛的重要化合物 钛原子的价层电子构型为 $3d^24s^2$，钛可以形成最高氧化数为 +4 的化合物，此外还可以形成氧化数为 +3、+2、0、-1 的化合物。其中钛的 +4 氧化数的化合物最重要。

在钛（Ⅳ）的化合物中，比较重要的是二氧化钛（TiO_2）、硫酸氧钛（$TiOSO_4$）和四氯化钛（$TiCl_4$）。通常从钛矿石中先制取钛的这些化合物，再以它们为原料来制取钛的其他化合物。

a. 二氧化钛 TiO_2 二氧化钛（TiO_2）在自然界中有三种晶型：金红石、锐钛矿和板钛矿。其中最重要的为金红石，由于其含有少量的铁、铌、钽、钒等而呈红色或黄色。金红石的硬度高，化学性质稳定。

纯二氧化钛为难熔的白色固体，受热后变成黄色，再冷却又变成白色。

TiO_2 难溶于水，是两性（以碱性为主）氧化物，由 $Ti(Ⅳ)$ 溶液与碱反应所制得的 TiO_2（实际为水合物）可溶于浓酸和浓碱，生成硫酸氧钛和偏钛酸钠：

$$TiO_2 + H_2SO_4(浓) \longrightarrow TiOSO_4 + H_2O$$
$$TiO_2 + 2NaOH(浓) \longrightarrow Na_2TiO_3 + H_2O$$

由于 Ti^{4+} 电荷多、半径小，极易水解，所以 $Ti(Ⅳ)$ 溶液中不存在 Ti^{4+}。TiO_2 可看作是由 Ti^{4+} 二级水解产物脱水而形成的。TiO_2 也可与碱共熔，生成偏钛酸盐。此外，TiO_2 还可溶于氢氟酸中：

$$TiO_2 + 6HF \longrightarrow [TiF_6]^{2-} + 2H^+ + 2H_2O$$

TiO_2 的化学性质不活泼，且覆盖能力强、折射率高。TiO_2 在工业上可用作白色涂料，俗称"钛白"。

TiO_2 兼有锌白（ZnO）的持久性和铅白 $[Pb(OH)_2CO_3]$ 的遮盖性，是高档白色颜料，其突出的优点是无毒，在高级化妆品中用作增白剂。TiO_2也用作高级铜板纸的表面覆盖剂，以及用于生产增白尼龙。

在陶瓷中加入TiO_2可提高陶瓷的耐酸性。TiO_2粒子具有半导体性能，且以其无毒、廉价、催化活性高、稳定性好等特点，成为目前多相光催化反应最常用的半导体材料。

此外，TiO_2也用作乙醇脱水、脱氢的催化剂。世界钛矿开采量的90％以上是用于生产钛白的。钛白的制备方法随其用途而异。

工业上生产TiO_2的方法主要有硫酸法和氯化法。

目前我国生产TiO_2主要用硫酸法。即用钛铁矿（$FeTiO_3$）与浓H_2SO_4作用制得硫酸氧钛（$TiOSO_4$），然后用热水水解$TiOSO_4$可得到二氧化钛的水合物$TiO_2 \cdot nH_2O$。加热$TiO_2 \cdot nH_2O$可得到TiO_2。

b. 钛酸盐和钛氧盐　　TiO_2是两性氧化物，可形成两个系列的盐——钛酸盐和钛氧盐。

钛酸盐大都难溶于水。$BaTiO_3$、$PbTiO_3$分别为白色、淡黄色固体，介电常数高，具有压电效应，是最重要的压电陶瓷材料（是一种可以使电能和机械能相互转换的功能材料），广泛用于光电技术和电子信息技术领域。

$BaTiO_3$主要通过"混合-预烧-球磨"流程大规模生产：

$$BaCO_3 + TiO_2 \longrightarrow BaTiO_3 + CO_2 \uparrow$$

若要制备高纯度粉体或薄膜材料，一般采用溶胶-凝胶法。如制备$BaTiO_3$，选用$Ba(OAc)_2$和$Ti(OC_4H_9)_4$，乙醇作溶剂。先制成溶胶，在空气中存贮，经加入（或吸收）适量水，发生水解-聚合反应变成凝胶，在经热处理可制得所需样品。

硫酸氧钛（$TiOSO_4$）为白色粉末，可溶于冷水。在溶液或晶体内实际上不存在简单的钛氧离子TiO^{2+}，而是以TiO^{2+}聚合形成的链状形式存在。在晶体中这些长链彼此之间由SO_4^{2-}连接起来。

TiO_2为两性氧化物，酸、碱性都很弱，对应的钛酸盐和钛氧盐皆易水解，形成白色偏钛酸（H_2TiO_3）沉淀：

$$Na_2TiO_3 + 2H_2O \longrightarrow H_2TiO_3 \downarrow + 2NaOH$$
$$TiOSO_4 + 2H_2O \longrightarrow H_2TiO_3 \downarrow + H_2SO_4$$

c. 四氯化钛 $TiCl_4$　　四氯化钛（$TiCl_4$）是钛最重要的卤化物。$TiCl_4$为共价化合物（正四面体构型），其熔点和沸点分别为$-23.2℃$和$136.4℃$，常温下为无色液体，易挥发，具有刺激气味，易溶于有机溶剂。

$TiCl_4$通常由TiO_2、碳和氯气在高温下反应制得。

$$TiO_2 + 2C + 2Cl_2 \longrightarrow TiCl_4 + 2CO$$

$TiCl_4$在潮湿空气中极易水解，将它暴露在空气中会冒烟：

$$TiCl_4 + 3H_2O \longrightarrow H_2TiO_3 \downarrow + 4HCl \uparrow$$

利用$TiCl_4$的水解性，可以制作烟幕弹。

$TiCl_4$是制备钛的其他化合物的原料。利用氮等离子体，由$TiCl_4$可获得仿金镀层TiN：

$$2TiCl_4 + N_2 \longrightarrow 2TiN + 4Cl_2$$

$TiCl_4$也是有机聚合反应的催化剂。

d. 三氯化钛 $TiCl_3$　　钛的氧化数为$+3$的化合物中，较重要的是的三氯化钛（$TiCl_3$）。在$500\sim800℃$用氢气还原干燥的气态$TiCl_4$，可得$TiCl_3$紫色粉末：

$$2TiCl_4 + H_2 \longrightarrow 2TiCl_3 + 2HCl$$

在酸性溶液中，钛的电势图为：

$$E_A^\ominus/V \qquad TiO^{2+} \underline{\quad 0.1 \quad} Ti^{3+} \underline{\quad -0.37 \quad} Ti^{2+} \underline{\quad -1.63 \quad} Ti$$

（无色）　　（紫色）　　（深褐色）

可见 Ti^{3+} 有较强的还原性。它容易被空气中的氧所氧化：

$$Ti^{3+} + 2H_2O + O_2 \longrightarrow TiO^{2+} + 4H^+$$

在 Ti(Ⅳ) 盐的酸性溶液中加入 H_2O_2 则生成较稳定的橙色配合物 $[TiO(H_2O_2)]^{2+}$：

$$TiO^{2+} + H_2O_2 \longrightarrow [TiO(H_2O_2)]^{2+}$$

这一特征反应常用于比色法来测定钛。

$TiCl_3$ 与 $TiCl_4$ 一样，均可作为某些有机合成反应的催化剂。

② 钒的重要化合物　钒原子的价层电子构型为 $3d^3 4s^2$。在钒的化合物中，钒的最高氧化态为 +5，钒还能形成氧化数为 +4、+3、+2 的化合物，其中以氧化数为 +5 的钒的化合物较重要。钒的化合物都有毒。钒的某些化合物具有催化作用和生理功能。

a. 五氧化二钒 V_2O_5　五氧化二钒（V_2O_5）为橙黄至砖红色固体，无味、有毒，微溶于水，其水溶液呈淡黄色并显酸性。

灼烧偏钒酸铵（NH_4VO_3）可生成 V_2O_5：

$$2NH_4VO_3 \longrightarrow V_2O_5 + 2NH_3 + H_2O$$

工业上是以含钒铁矿熔炼钢时所获得的富钒炉渣（含 $FeO \cdot V_2O_3$）为原料制取 V_2O_5：首先与纯碱反应：

$$4FeO \cdot V_2O_3 + 4Na_2CO_3 + 5O_2 \longrightarrow 8NaVO_3 + 2Fe_2O_3 + 4CO_2 \uparrow$$

然后用水从烧结块中浸出 $NaVO_3$，再用酸中和至 pH=5～6 时加入硫酸铵，调节 pH=2～3，可析出六聚钒酸铵，最后再设法转化为 V_2O_5。

V_2O_5 为两性偏酸的氧化物，易溶于强碱（如 NaOH）溶液中，在冷的溶液中生成正钒酸盐，在热的溶液中生成偏钒酸盐。

$$V_2O_5 + 6OH^- \longrightarrow 2VO_4^{3-} + 3H_2O$$

（正钒酸根，　无色）

$$V_2O_5 + 2OH^- \longrightarrow 2VO_3^- + H_2O$$

（偏钒酸根，黄色）

在加热的情况下 V_2O_5 也能与 Na_2CO_3 作用生成偏钒酸盐。

V_2O_5 可溶于强酸（如 H_2SO_4），但得不到 V^{5+}，而是形成淡黄色的 VO_2^+：

$$V_2O_5 + 2H^+ \longrightarrow 2VO_2^+ + H_2O$$

V_2O_5 是较强的氧化剂，它能与盐酸反应产生氯气，V（V）可被还原为 VO^{2+}：

$$V_2O_5 + 6H^+ + 2Cl^- \longrightarrow 2VO^{2+} + Cl_2 \uparrow + 3H_2O$$

（蓝色）

V_2O_5 是接触法制取硫酸的催化剂，在它的催化作用下，二氧化硫被氧化为三氧化硫。它也是许多有机反应的催化剂。在石油化工中，V_2O_5 用作设备的缓蚀剂。

b. 钒酸盐　钒酸盐是从钒矿提取钒时的重要产物，也是制取钒的其他化合物的原料。

钒酸盐的形式多种多样。钒酸盐有偏钒酸盐 $M^I VO_3$、正钒酸盐 $M_3^I VO_4$ 和多钒酸盐 $M_4^I V_2O_7$、$M_3^I V_3O_9$ 等。

在一定条件下，向钒酸盐溶液中加酸，随着溶液的 pH 值的逐渐减小，钒酸根离子会逐渐脱水，缩合为多钒酸根离子。pH 值越小，缩合程度越大。

$$VO_4^{3-} \longrightarrow V_2O_7^{4-} \longrightarrow V_3O_9^{3-} \longrightarrow H_2V_{10}O_{28}^{4-} \longrightarrow VO_2^+$$

（正钒酸根离子）　　（多钒酸根离子）

钒酸盐在强酸性溶液中（以 VO_2^+ 形式存在）有氧化性。

在酸性溶液中钒的标准电极电势如下：

$E_A^\ominus/V$　　　VO_2^+　$\underline{1.000}$　VO^{2+}　$\underline{0.337}$　V^{3+}　$\underline{-0.255}$　V^{2+}　$\underline{-1.13}$　V

离子颜色（黄色）　　（蓝色）　　（绿色）　　（紫色）

VO_2^+ 具有较强的氧化性。用 SO_2（或亚硫酸盐）、草酸等很容易将 VO_2^+ 还原为 VO^{2+}：

$$2VO_2^+ + SO_3^{2-} + 2H^+ \longrightarrow 2VO^{2+} + SO_4^{2-} + H_2O$$

（钒酰离子）　　　　（亚钒酰离子）

$$2VO_2^+ + H_2C_2O_4 + 2H^+ \longrightarrow 2VO^{2+} + 2CO_2 + 2H_2O$$

VO^{2+} 的还原性较弱，只有用强氧化剂（如 $KMnO_4$）才能把 VO^{2+} 氧化为 VO_2^+：

$$5VO^{2+} + MnO_4^- + H_2O \longrightarrow 5VO_2^+ + Mn^{2+} + 2H^+$$

上述反应由于颜色变化明显，在分析化学中常用来测定溶液中的钒。

19.6.3　铬族元素

（1）铬族元素概述

周期系第ⅥB族铬族包括铬(Cr)、钼(Mo)、钨(W)、𨭎(Sg) 四种元素，其中 Sg 为放射性元素。

铬在自然界中的主要矿物是铬铁矿，其组成为 $Fe(CrO_2)_2$。铬铁矿在我国主要分布在青海的柴达木和宁夏的贺兰山。钼、钨虽为稀有元素，但在我国的蕴藏量极为丰富。我国的钼矿主要有辉钼矿(MoS_2)，钨矿主要有黑钨矿($MnFeWO_4$)和白钨矿($CaWO_4$)。江西大庾岭的黑钨矿($MnFeWO_4$)、辽宁杨家杖子的辉钼矿(MoS_2)堪称大矿。

（2）铬、钼、钨的性质和用途

铬、钼、钨都是银白色金属，它们的原子价层有 6 个电子可以参与形成金属键，另外原子半径也较小，因而它们的熔点和沸点都很高，硬度也大。其中钨是熔点(3410℃)最高的金属，铬是硬度最大的金属。

常温下，铬、钼、钨在空气中或水中都相当稳定。它们的表面容易形成致密的氧化膜，从而降低了它们的反应活泼性。

室温下，无保护膜的纯铬能缓慢溶于稀盐酸或稀硫酸溶液中，形成蓝色 Cr^{2+}。Cr^{2+} 与空气接触，很快被氧化而变为绿色的 Cr^{3+}：

$$Cr + 2H^+ \longrightarrow Cr^{2+} + H_2 \uparrow$$
$$4Cr^{2+} + 4H^+ + O_2 \longrightarrow 4Cr^{3+} + 2H_2O$$

铬还可与热浓硫酸作用：

$$2Cr + 6H_2SO_4(热,浓) \longrightarrow Cr_2(SO_4)_3 + 3SO_2 \uparrow + 6H_2O$$

铬不溶于硝酸或磷酸。

钼和钨彼此非常相似，其化学性质较稳定，与铬有显著区别。钼与稀盐酸或浓盐酸都不反应，能溶于浓硝酸和王水，而钨与盐酸、硫酸、硝酸都不反应，氢氟酸和硝酸的混合物或王水能使钨溶解。

在高温下，铬、钼、钨都能与活泼的非金属反应，与氮、碳、硼也能形成化合物。铬、钼、钨都是重要的合金元素。

铬由于具有良好光泽、高硬度、耐腐蚀等优良性能，在机械工业上，常在金属的表面镀一层铬，这一镀层能长期保持光亮。铬还被大量用于制造合金，如铬钢、不锈钢。钼和钨也大量用于制造耐腐蚀、耐高温和耐磨的合金钢，以满足刀具、钻头、常规武器以及导弹、火箭等生产的需要。此外，钨丝还用于制作灯丝，高温电炉的发热元件等。

（3）铬的电势图

酸性溶液中

$$E_A^{\ominus}/V \qquad Cr_2O_7^{2-} \xrightarrow{+1.36} [Cr(H_2O)_6]^{3+} \xrightarrow{-0.424} [Cr(H_2O)_6]^{2+} \xrightarrow{-0.90} Cr$$
$$\underset{-0.74}{\underline{\qquad\qquad\qquad\qquad\qquad\qquad}}$$

碱性溶液中

$$E_B^{\ominus}/V \qquad CrO_4^{2-} \xrightarrow{-0.13} Cr(OH)_3 \xrightarrow{-1.1} Cr(OH)_2 \xrightarrow{-1.4} Cr$$

由铬的电势图可知：在酸性溶液中，氧化数为 +6 的铬（$Cr_2O_7^{2-}$）有较强氧化性，可被还原为 Cr^{3+}；而 Cr^{2+} 有较强还原性，可被氧化为 Cr^{3+}。因此，在酸性溶液中 Cr^{3+} 最稳定，不易被氧化，也不易被还原。在碱性溶液中，氧化数为 +6 的铬（CrO_4^{2-}）氧化性很弱。

另外，Mo、W 在氧化态的稳定性上彼此非常相似，表现出与 Cr 的差别较大。在酸性或碱性溶液中，氧化数为 +6 的化合物的稳定性按 Cr-Mo-W 的顺序增强（氧化性减弱）；Mo(Ⅱ)、W(Ⅱ)只有在保持着明显的 M—M 金属键的簇状化合物中才稳定存在。

（4）铬的重要化合物

铬原子的价层电子构型为 $3d^5 4s^1$。铬有多种氧化数，能形成氧化数为 +6、+5、+4、+3、+2、+1、0、-1、-2 的化合物。其中以氧化数为 +3 和 +6 的铬的化合物比较常见，也比较重要。

① 铬的氧化物和氢氧化物　将重铬酸铵或三氧化铬热分解，或使金属铬在氧气中燃烧，都可以制备绿色三氧化二铬（Cr_2O_3）固体：

$$(NH_4)_2Cr_2O_7 \longrightarrow Cr_2O_3 + N_2\uparrow + 4H_2O$$
$$4CrO_3 \longrightarrow 2Cr_2O_3 + 3O_2\uparrow$$
$$4Cr + 3O_2 \longrightarrow 2Cr_2O_3$$

Cr_2O_3 是微溶于水，难熔融的两性氧化物，Cr_2O_3 对光、大气、高温及腐蚀性气体（SO_2，H_2S 等）极稳定。高温灼烧过的 Cr_2O_3 不溶于酸溶液、也不溶于碱溶液中，但它与焦硫酸钾（$K_2S_2O_7$）共熔，能形成可溶性的铬（Ⅲ）盐：

$$Cr_2O_3 + 3K_2S_2O_7 \longrightarrow Cr_2(SO_4)_3 + 3K_2SO_4$$

Cr_2O_3 是一种绿色颜料（俗称铬绿），也是制取其他铬的化合物的原料之一。近年来，Cr_2O_3 被广泛应用于印刷、陶瓷、玻璃、涂料等工业中。

向铬（Ⅲ）盐溶液中加入碱，可得灰绿色胶状水合氧化铬（$Cr_2O_3 \cdot xH_2O$）沉淀，水合氧化铬含水量是可变的，通常称为氢氧化铬，习惯上以 $Cr(OH)_3$ 表示。

氢氧化铬难溶于水，是两性氢氧化物。氢氧化铬易溶于酸形成蓝紫色的 Cr^{3+}，也易溶

于碱形成亮绿色的 $[Cr(OH)_4]^-$：

$$Cr(OH)_3 + 3H^+ \longrightarrow Cr^{3+} + 3H_2O$$

$$Cr(OH)_3 + OH^- \longrightarrow [Cr(OH)_4]^-$$

② 铬（Ⅲ）盐　常见的铬（Ⅲ）盐有三氯化铬 $CrCl_3 \cdot 6H_2O$（紫色或绿色），硫酸铬 $Cr_2(SO_4)_3 \cdot 18H_2O$（紫色）和铬钾矾 $KCr(SO_4)_2 \cdot 12H_2O$（蓝紫色），它们都易溶于水。

$CrCl_3 \cdot 6H_2O$ 溶液随温度、离子浓度的变化，有三种不同颜色的异构体。在冷的稀溶液中，由于 $[Cr(H_2O)_6]Cl_3$ 的存在而显紫色，但随着温度的升高和 Cl^- 浓度的加大，由于生成了 $[CrCl(H_2O)_5]Cl_2 \cdot H_2O$（浅绿）或 $[CrCl_2(H_2O)_4]Cl \cdot 2H_2O$（暗绿）而使溶液变为绿色。

将 Cr_2O_3 溶于冷的浓 H_2SO_4 中，可以制得硫酸铬 $Cr_2(SO_4)_3 \cdot 18H_2O$。硫酸铬与碱金属硫酸盐作用则形成铬矾。

用 SO_2 还原重铬酸钾 $K_2Cr_2O_7$ 的酸性溶液，可以制得铬钾矾：

$$K_2Cr_2O_7 + H_2SO_4 + 3SO_2 \longrightarrow 2KCr(SO_4)_2 + H_2O$$

铬钾矾广泛地应用于纺织工业和鞣革（铬化合物使兽皮中胶原羧酸基发生交联的过程）工业。

由于水合氧化铬为难溶的两性化合物，其酸性、碱性都很弱，因而对应的 Cr^{3+} 和 $[Cr(OH)_4]^-$ 盐易水解。

在碱性溶液中，$[Cr(OH)_4]^-$ 有较强的还原性。例如，可用 H_2O_2 将其氧化为 CrO_4^{2-}：

$$2[Cr(OH)_4]^- + 3H_2O_2 + 2OH^- \longrightarrow CrO_4^{2-} + 8H_2O$$
　　（绿色）　　　　　　　　　　　　　　（黄色）

在酸性溶液中，Cr^{3+} 的还原性较弱，需用很强的氧化剂如过硫酸铵 $(NH_4)_2S_2O_8$，才能将 Cr^{3+} 氧化为 $Cr_2O_7^{2-}$：

$$2Cr^{3+} + 3S_2O_8^{2-} + 7H_2O \longrightarrow Cr_2O_7^{2-} + 6SO_4^{2-} + 14H^+$$

③ 铬（Ⅲ）配合物　在铬的配合物中，以 Cr（Ⅲ）配合物最多。Cr（Ⅲ）配合物的配位数多数为 6。在这些配合物中，e_g 轨道全空，在可见光照射下极易发生 d-d 跃迁，所以 Cr（Ⅲ）配合物大都带有颜色。

最常见的 Cr（Ⅲ）的配合物是 $[Cr(H_2O)_6]^{3+}$，它存在于水溶液中，也存在于许多盐的水合晶体中。Cr（Ⅲ）的配合物稳定性较高，在水溶液中解离程度很小。

Cr^{3+} 除了可与 H_2O、Cl^- 等配体形成配合物外，还可与 NH_3（l）、CrO_4^{2-}、OH^-、CN^-、SCN^- 等形成单一配体配合物，如 $[Cr(CN)_6]^{3-}$，$[Cr(NCS)_6]^{3-}$ 等；此外，还能形成含有两种或两种以上配体的配合物，如 $[CrCl(H_2O)_5]^{2+}$、$[CrBrCl(NH_3)_4]^+$ 等。

④ 铬（Ⅵ）化合物　铬（Ⅵ）化合物主要有三氧化铬（CrO_3）、铬酸钾（K_2CrO_4）和重铬酸钾（$K_2Cr_2O_7$）。

铬（Ⅵ）化合物有较大的毒性。

a. 三氧化铬 CrO_3　向 $K_2Cr_2O_7$ 的饱和溶液中加入过量浓硫酸，即可析出 CrO_3 晶体：

$$K_2Cr_2O_7 + H_2SO_4（浓）\longrightarrow 2CrO_3 \downarrow + K_2SO_4 + H_2O$$

CrO_3 是暗红色针状晶体，有毒，其热稳定性较差，加热到 197℃时即分解释放出氧气：

$$4CrO_3 \longrightarrow 2Cr_2O_3 + 3O_2 \uparrow$$

在分解过程中，可形成黑色二氧化铬（CrO_2）中间产物。CrO_2 有磁性，可用于制造高级录音带。

CrO$_3$是铬酸的酐，俗名"铬酐"，CrO$_3$是一种强氧化剂，遇到有机物（如酒精）时猛烈反应，甚至着火、爆炸，本身还原为Cr$_2$O$_3$。

CrO$_3$易潮解，且易溶于水，而生成铬酸(H$_2$CrO$_4$)，溶于碱则生成铬酸盐：

$$CrO_3 + H_2O \longrightarrow H_2CrO_4（黄色）$$

$$CrO_3 + 2NaOH \longrightarrow Na_2CrO_4（黄色） + H_2O$$

CrO$_3$广泛用作有机反应的氧化剂和电镀的镀铬液成分，也用于制取高纯度的铬。

b. 铬酸盐与重铬酸盐　由于铬(Ⅵ)的含氧酸无游离状态，因而常用其盐。

在铬酸盐、重铬酸盐中最重要的是铬的钠盐、钾盐。K$_2$CrO$_4$为黄色晶体，K$_2$Cr$_2$O$_7$为橙红色晶体（俗称红矾钾）。K$_2$Cr$_2$O$_7$在高温下溶解度大（100℃时为102g/100g水），在低温下的溶解度小（0℃时为5g/100g水），K$_2$Cr$_2$O$_7$易通过重结晶法提纯；而且K$_2$Cr$_2$O$_7$不易潮解，又不含结晶水，故常用作化学分析中的基准物。

在铬酸盐溶液中加入足够的酸时，溶液由黄色变为橙红色，其转变为重铬酸盐。而在重铬酸盐溶液中加入足够的碱时，溶液由橙红色变为黄色，其转变为铬酸盐。这表明在铬酸盐或重铬酸盐溶液中存在如下平衡：

$$2CrO_4^{2-} + 2H^+ \underset{OH^-}{\overset{H^+}{\rightleftharpoons}} Cr_2O_7^{2-} + H_2O$$

（黄色）　　　　　（橙红色）

由此可见，CrO$_4^{2-}$和Cr$_2$O$_7^{2-}$的相互转化，取决于溶液的pH值。

实验证明，当pH=11时，Cr(Ⅵ)几乎100%以CrO$_4^{2-}$形式存在；而当pH=1.2时，其几乎100%以Cr$_2$O$_7^{2-}$形式存在。

重铬酸盐大都易溶于水；而铬酸盐，除K$^+$盐、Na$^+$盐、NH$_4^+$盐外，一般都难溶于水。向重铬酸盐溶液中加入Ba^{2+}、Pb^{2+}或Ag$^+$时，可使上述平衡向生成CrO$_4^{2-}$的方向移动，生成相应的铬酸盐沉淀。

$$Cr_2O_7^{2-} + 2Ba^{2+} + H_2O \longrightarrow 2BaCrO_4 \downarrow + 2H^+$$

（柠檬黄）

$$Cr_2O_7^{2-} + 2Pb^{2+} + H_2O \longrightarrow 2PbCrO_4 \downarrow + 2H^+$$

（铬黄色）

$$Cr_2O_7^{2-} + 4Ag^+ + H_2O \longrightarrow 2Ag_2CrO_4 \downarrow + 2H^+$$

（砖红色）

上列第二个反应可用于鉴定CrO$_4^{2-}$。柠檬黄、铬黄可作为颜料。

由铬的电势图可知，重铬酸盐在酸性溶液中是强氧化剂，其可以氧化H$_2$S、H$_2$SO$_3$、HCl、HI和FeSO$_4$等，本身还原为Cr^{3+}：

$$Cr_2O_7^{2-} + 3H_2S + 8H^+ \longrightarrow 2Cr^{3+} + 3S \downarrow + 7H_2O$$
$$Cr_2O_7^{2-} + 3SO_3^{2-} + 8H^+ \longrightarrow 2Cr^{3+} + 3SO_4^{2-} + 4H_2O$$
$$Cr_2O_7^{2-} + 6I^- + 14H^+ \longrightarrow 2Cr^{3+} + 3I_2 + 7H_2O$$
$$Cr_2O_7^{2-} + 6Fe^{2+} + 14H^+ \longrightarrow 2Cr^{3+} + 6Fe^{3+} + 7H_2O$$

最后一个反应在分析化学中常用于Fe^{2+}含量的测定。

重铬酸钾的饱和溶液与浓硫酸的混合后，即得实验室里常用的铬酸"洗液"。铬酸"洗液"的氧化性很强，在实验中用于洗涤玻璃器皿上附着的油污。

在Cr$_2$O$_7^{2-}$的溶液中，加入H$_2$O$_2$，再加一些乙醚，轻轻摇荡，乙醚层中出现蓝色的过

氧铬 $CrO (O_2)_2$（或写成 CrO_5）。

$$Cr_2O_7^{2-} + 4H_2O_2 + 2H^+ \longrightarrow 2CrO(O_2)_2 + 5H_2O$$

这一反应常用来鉴定 $Cr(VI)$ 的存在。

$CrO(O_2)_2$ 不稳定，放置或微热时会分解为 Cr^{3+} 并放出 O_2。$CrO (O_2)_2$ 在乙醚或戊醇中比较稳定。

19.6.4 锰族元素

（1）锰族元素概述

周期系第ⅦB族锰族包括锰（Mn）、锝（Tc）、铼（Re）、𬭛（Bh）四种元素。它们的价层电子构型为 $(n-1)d^5ns^2$，最高氧化数为 +7，Mn 还能形成氧化数为 +6、+5、+4、+3、+2 等的化合物。其中以氧化数为 +7、+6、+4 和 +2 的化合物最常见。

锰在地壳中的丰度在过渡元素中处于第三位，仅次于铁和钛。锰在自然界中主要以软锰矿（$MnO_2 \cdot xH_2O$）的形式存在。我国锰矿有一定的储量，但质量较差。1973 年美国发现在深海中有大量的锰矿——"锰结核（含锰 25%）"。

锰的外形与铁相似，致密的块状锰是白色金属，质硬而脆。粉末状的锰能着火。锰主要用于钢铁工业制造各种合金钢。在常温下，锰能缓慢地溶于水，锰也能与稀酸作用放出氢气。

在有氧化剂的存在下，锰能同熔融碱作用生成锰酸盐。

$$2Mn + 4KOH + 3O_2 \longrightarrow 2K_2MnO_4 + 2H_2O$$

在加热的情况下，锰还能与许多非金属（O_2、F_2 等）反应。

在钢铁生产中，锰用作脱氧剂和脱硫剂。锰钢具有良好的抗冲击、耐磨损及耐腐蚀性，可用作耐磨材料，如制造粉碎机、钢轨和装甲板等。

锰也是人体必需的微量元素之一。

（2）锰的重要化合物

锰以氧化数为 +2、+4 和 +7 的化合物最重要。锰的电势图如下：

酸性溶液中

$$E_A^\ominus / V \quad MnO_4^- \xrightarrow{+0.56} MnO_4^{2-} \xrightarrow{+2.240} MnO_2 \xrightarrow{+0.95} Mn^{3+} \xrightarrow{+1.5} Mn^{2+} \xrightarrow{-1.18} Mn$$

$$\underset{+1.70}{\underline{\hspace{3cm}}} \qquad \underset{+1.23}{\underline{\hspace{3cm}}}$$

$$\underset{+1.51}{\underline{\hspace{6cm}}}$$

碱性溶液中

$$E_B^\ominus / V \quad MnO_4^- \xrightarrow{+0.56} MnO_4^{2-} \xrightarrow{+0.62} MnO_2 \xrightarrow{-0.25} Mn(OH)_3 \xrightarrow{+0.15} Mn(OH)_2 \xrightarrow{-1.56} Mn$$

$$\underset{+0.60}{\underline{\hspace{3cm}}} \qquad \underset{-0.05}{\underline{\hspace{3cm}}}$$

由锰的电势图可知以下几点。

在酸性溶液中，Mn^{3+} 和 MnO_4^{2-} 均容易发生歧化反应：

$$2Mn^{3+} + 2H_2O \longrightarrow Mn^{2+} + MnO_2 + 4H^+$$

$$3MnO_4^{2-} + 4H^+ \longrightarrow 2MnO_4^- + MnO_2 \downarrow + 2H_2O$$

Mn^{2+} 较稳定，不易被氧化，也不易被还原。MnO_4^- 和 MnO_2 有强氧化性。

在碱性溶液中，$Mn(OH)_2$ 不稳定，易被空气中的氧气氧化为 MnO_2；MnO_4^- 也能发生歧化反应，但反应不如在酸性溶液中进行得完全。

在过渡元素中，锰的氧化物及其水合物酸碱性的递变规律是最典型的。随着锰的氧化数的升高，其碱性逐渐减弱，酸性逐渐增强。

碱性增强 ⟵───

MnO（绿）	Mn_2O_3（棕）	MnO_2（黑）		Mn_2O_7（绿）
$Mn(OH)_2$（白）	$Mn(OH)_3$（棕）	$Mn(OH)_4$（棕黑）	H_2MnO_4（绿）	$HMnO_4$（紫红）
碱性	弱碱性	两性	酸性	强酸性

酸性增强 ───⟶

① 锰（Ⅱ）盐　锰（Ⅱ）的强酸盐都易溶于水，只有少数弱酸盐难溶于水，例如 $MnCO_3$ 和 MnS 等。从水溶液中结晶出来的锰（Ⅱ）盐，为带有结晶水的粉红色晶体，例如 $MnSO_4 \cdot 7H_2O$、$MnCl_2 \cdot 4H_2O$ 和 $Mn(NO_3)_2 \cdot 6H_2O$ 等。这些水合锰（Ⅱ）盐中都含有粉红色的 $[Mn(H_2O)_6]^{2+}$，这些盐的水溶液中也有 $[Mn(H_2O)_6]^{2+}$，因此溶液呈现粉红色。

锰（Ⅱ）盐与碱液反应时，产生的白色胶状沉淀 $Mn(OH)_2$ 在空气中不稳定，迅速被氧化为棕色的 $MnO(OH)_2$（水合二氧化锰）：

$$Mn^{2+} + 2OH^- \longrightarrow Mn(OH)_2（白色）$$
$$2Mn(OH)_2 + O_2 \longrightarrow 2MnO(OH)_2（棕色）$$

在酸性溶液中，Mn^{2+}（$3d^5$）比同周期的其他 M（Ⅱ），如 Cr^{2+}（d^4）、Fe^{2+}（d^6）等稳定，只有用强氧化剂，如 $NaBiO_3$、PbO_2、$(NH_4)_2S_2O_8$ 才能将 Mn^{2+} 氧化为呈现紫红色的高锰酸根（MnO_4^-）。

$$2Mn^{2+} + 14H^+ + 5NaBiO_3 \longrightarrow 2MnO_4^- + 5Bi^{3+} + 5Na^+ + 7H_2O$$

这一反应是 Mn^{2+} 的特征反应，由于生成了 MnO_4^- 而使溶液呈紫红色，因此常利用这一反应来检验溶液中的微量 Mn^{2+}。但当 Mn^{2+} 过量时，紫红色出现后会立即消失，这主要是因为生成的产物 MnO_4^- 又与过量的 Mn^{2+} 反应生成 MnO_2 的缘故。

$$MnO_2 + 2MnO_4^- + 2H_2O \longrightarrow 5MnO_2 + 4H^+$$

② 二氧化锰 MnO_2　二氧化锰（MnO_2）是一种重要的氧化物，显弱碱性，呈棕黑色粉末状，以软锰矿形式存在于自然界。

MnO_2 是锰最稳定的氧化物。在酸性溶液中，MnO_2 有强氧化性。例如：浓 HCl 或浓 H_2SO_4 与 MnO_2 在加热时反应式如下：

$$MnO_2 + 4HCl（浓）\longrightarrow MnCl_2 + Cl_2 \uparrow + 2H_2O$$
$$2MnO_2 + 2H_2SO_4（浓）\longrightarrow MnSO_4 + O_2 \uparrow + 2H_2O$$

在实验室中常利用上述第一个反应制取少量氯气。

MnO_2 与碱共熔，可被空气中的氧所氧化，生成绿色的锰酸盐：

$$2MnO_2 + 4KOH + O_2 \longrightarrow 2K_2MnO_4 + 2H_2O$$

MnO_2 在工业上有许多用途。MnO_2 是一种广泛采用的氧化剂，将它加入到熔融态的玻璃中可以除去带色杂质。制造干电池时，将 MnO_2 加入干电池中可以消除极化作用，氧化在电极上产生的氢。MnO_2 还是一种催化剂，例如可以加快氯酸钾或过氧化氢的分解速度和油漆在空气中的氧化速度。

③ 锰酸盐、高锰酸盐　氧化数为 +6 的锰的化合物，比较稳定的是锰酸盐，如锰酸钾（K_2MnO_4）。它仅以深绿色的锰酸根（MnO_4^{2-}）形式存在于强碱溶液中。K_2MnO_4 是在空气或其他氧化剂（如 $KClO_3$、KNO_3 等）存在下，由 MnO_2 同碱金属氢氧化物或碳酸盐共熔而

制得：

$$2MnO_2 + 4KOH + O_2 \longrightarrow 2K_2MnO_4 + 2H_2O$$

$$3MnO_2 + 6KOH + KClO_3 \longrightarrow 3K_2MnO_4 + KCl + 3H_2O$$

在酸性溶液中，锰酸盐容易发生歧化反应：

$$3\,MnO_4^{2-} + 4H^+ \longrightarrow 2\,MnO_4^- + MnO_2 + 2H_2O$$

在中性或弱碱性溶液中，锰酸盐也能发生歧化反应，但反映趋势及反应速率都比较小。

$$3\,MnO_4^{2-} + 2H_2O \longrightarrow 2\,MnO_4^- + MnO_2 + 4OH^-$$

锰酸盐在酸性溶液中有强氧化性，但由于它的不稳定性，所以不用作氧化剂。

应用最广的高锰酸盐是高锰酸钾（$KMnO_4$），俗称灰锰氧。$KMnO_4$ 是深紫色晶体，能溶于水，是一种重要和常用的强氧化剂。

工业上用用 Cl_2 氧化 K_2MnO_4 或电解 K_2MnO_4 的碱性溶液来制备 $KMnO_4$：

$$2\,MnO_4^{2-} + Cl_2 \longrightarrow 2\,MnO_4^- + 2Cl^-$$

$$2\,MnO_4^{2-} + 2H_2O \longrightarrow 2\,MnO_4^- + H_2\uparrow + 2OH^-$$

（阳极）　　　　（阴极）

制备 $KMnO_4$ 的最好的方法电解 K_2MnO_4，这种电解氧化法不但产率高，而且副产品 KOH 可用于锰矿的氧化焙烧，比较经济。

$KMnO_4$ 是一个较稳定的化合物。但加热到 $200℃$ 以上时会分解并放出氧气：

$$2KMnO_4 \longrightarrow K_2MnO_4 + MnO_2 + O_2\uparrow$$

$KMnO_4$ 的溶液并不十分稳定，在酸性溶液中，它缓慢地分解而析出 MnO_2：

$$4\,MnO_4^- + 4H^+ \longrightarrow 4MnO_2\downarrow + 2H_2O + 3O_2\uparrow$$

在中性或碱性溶液中，特别是在黑暗处，分解很慢。光对 $KMnO_4$ 的分解有催化作用，因此配好的 $KMnO_4$ 溶液必须保存在棕色瓶中。

$KMnO_4$ 的氧化能力随介质的酸性减弱而减弱，其还原产物也因介质的酸碱性不同而变化。MnO_4^- 在酸性、中性（或微碱性）、强碱介质中的还原产物分别为 Mn^{2+}、MnO_2 及 MnO_4^{2-}。例如：

$$2\,MnO_4^-（紫色）+ 5\,SO_3^{2-} + 6H^+ \longrightarrow 2Mn^{2+}（粉红色或无色）+ 5\,SO_4^{2-} + 3H_2O$$

$$2\,MnO_4^- + 2\,SO_3^{2-} + H_2O \longrightarrow 2MnO_2\downarrow（棕色）+ 3\,SO_4^{2-} + 2OH^-$$

$$2\,MnO_4^- + SO_3^{2-} + 2OH^- \longrightarrow 2\,MnO_4^{2-}（绿色）+ SO_4^{2-} + H_2O$$

$KMnO_4$ 是良好的氧化剂，在轻化工中用于纤维、油脂的漂白和脱色，$KMnO_4$ 是一种大规模生产的无机盐。在化学工业中用于生产维生素 C、糖精等。在日常生活中，$KMnO_4$ 的稀溶液可用于饮食用具、器皿、蔬菜、水果等消毒。在医疗上用作杀菌消毒剂。

19.6.5　铁系元素和铂系元素

第Ⅷ族中，有 9 种元素，按其性质分为两个系。

铁系元素：铁 Fe、钴 Co、镍 Ni。

铂系元素：钌 Ru、铑 Rh、钯 Pd、锇 Os、铱 Ir、铂 Pt。

（1）铁系元素单质　铁系元素单质都是具有金属光泽的银白色金属，不纯的铁的颜色较深。

铁在地壳中含量居第四位，仅次于氧、硅、铝。在自然界，铁、钴、镍主要以化合物形式存在。铁的主要矿石有赤铁矿 Fe_2O_3、磁铁矿 Fe_3O_4 和黄铁矿 FeS_2 等。钴和镍的主要矿物有辉钴矿 CoAsS 和镍黄铁矿 NiS·FeS。

铁、钴、镍的价层电子构型分别是 $3d^6 4s^2$、$3d^7 4s^2$ 和 $3d^8 4s^2$，由于成单电子数依 Fe、Co、Ni 次序减少，故其熔点逐渐下降。Fe、Ni 延展性好，Co 则硬而脆。

Fe、Co、Ni 都是铁磁性物质，其合金磁都是良好的磁性材料。

铁系元素均为中等活泼的金属，其活泼性依 Fe、Co、Ni 次序降低。

Fe、Co、Ni 都能与稀酸反应释放出氢气。

$$M+2H^+ \longrightarrow Mn^{2+}+H_2\uparrow \quad (M=Fe,Co,Ni)$$

铁系元素 Fe、Co、Ni 对碱稳定，实验室用 Ni 制坩埚处理熔碱。

工业上用铁锅处理熔碱，实际上 Fe 能被热的浓碱侵蚀。

（2）铁系元素化合物

① 氧化物　铁、钴、镍都能形成 +2 和 +3 氧化数的氧化物，均属于碱性氧化物（表 19-25）。

表 19-25　铁钴镍的氧化物

氧化数	氧化物		
+2	FeO 黑色	CoO 灰绿色	NiO 暗绿色
+3	Fe$_2$O$_3$ 砖红色	Co$_2$O$_3$ 黑色	Ni$_2$O$_3$ 黑色

铁、钴、镍的 +2 和 +3 氧化数的氧化物都能溶于酸，而不溶于水。

Fe_2O_3、Co_2O_3、Ni_2O_3 都具有较强的氧化性，依此顺序氧化性递增，稳定性递减。

例如：
$$Fe_2O_3+6HCl \longrightarrow FeCl_3+3H_2O$$
$$Co_2O_3+6HCl \longrightarrow 2CoCl_2+Cl_2\uparrow+3H_2O$$
$$Ni_2O_3+6HCl \longrightarrow 2NiCl_2+Cl_2\uparrow+3H_2O$$

说明 Co_2O_3 和 Ni_2O_3 酸性溶液中，有强氧化性。

铁还能形成混合价态氧化物 Fe_3O_4，亦称为磁性氧化铁，是磁铁矿的主要成分。

Fe_3O_4 是一种 Fe(Ⅲ)酸盐，即 Fe(Ⅱ)与 Fe(Ⅲ)的混合物。

② 氢氧化物　铁、钴、镍都能形成 +2 和 +3 氧化数的氢氧化物，均难溶于水（表 19-26）。

表 19-26　铁、钴、镍的氢氧化物

氧化数	氢氧化物		
+2	Fe(OH)$_2$ 白色	Co(OH)$_2$ 粉红色	Ni(OH)$_2$ 绿色
+3	Fe(OH)$_3$ 红棕色	Co(OH)$_3$ 棕黑色	Ni(OH)$_3$ 黑色

铁、钴、镍的 +2 和 +3 氧化数的氢氧化物，氧化还原性及变化规律与其氧化物类似。

其中 Co(OH)$_2$ 也有蓝色的，但不是稳定状态，放置和受热变成粉红色。

Fe(OH)$_2$ 不稳定，在空气中易被氧化。

向亚铁盐盐溶液中加入强碱，先出现白色 $Fe(OH)_2$ 沉淀，随即迅速被氧化成红棕色的 $Fe(OH)_3$ 沉淀。

$$Fe^{2+}+2OH^-\longrightarrow Fe(OH)_2\downarrow$$
$$4Fe(OH)_2+O_2+2H_2O\longrightarrow 4Fe(OH)_3\downarrow$$

在 Co^{2+} 的溶液中加入强碱，生成 $Co(OH)_2$ 沉淀。$Co(OH)_2$ 较 $Fe(OH)_2$ 稳定，在空气中比较缓慢地被氧化成 $Co(OH)_3$ 沉淀。

在 Co^{2+} 的溶液中加入强碱，生成 $Co(OH)_2$ 沉淀。

$$Co^{2+}+2OH^-\longrightarrow Co(OH)_2\downarrow（粉红色）$$
$$4Co(OH)_2+O_2+2H_2O\longrightarrow 4Co(OH)_3\downarrow$$

在 Ni^{2+} 的溶液中加入强碱，生成 $Ni(OH)_2$ 沉淀。$Ni(OH)_2$ 在空气中很稳定，长时间放置也不被氧化。只有用强氧化剂，才能将其氧化。

$$Ni^{2+}+2OH^-\longrightarrow Ni(OH)_2\downarrow（绿色）$$
$$Ni(OH)_2+ClO^-\longrightarrow 2NiO(OH)\downarrow+Cl^-+H_2O$$

综上所述，铁系元素 $M(\text{II})$ 氢氧化物还原性按 $Fe(OH)_2$，$Co(OH)_2$，$Ni(OH)_2$ 顺序依次降低。

$Co(OH)_2$ 和 $Ni(OH)_2$ 均可溶于过量的 $NH_3\cdot H_2O$ 中，生成相应6配位的配合物 $[Co(NH_3)_6]^{2+}$ 和 $[Ni(NH_3)_6]^{2+}$。而 $Fe(OH)_2$ 不溶于 $NH_3\cdot H_2O$ 中。

铁系元素高氧化数氢氧化物具有氧化性，按 $Fe(OH)_3$、$Co(OH)_3$、$Ni(OH)_3$ 顺序，氧化性依次增强。

$Fe(OH)_3$ 与盐酸只发生中和反应，而 $Co(OH)_3$ 和 $Ni(OH)_3$ 都能氧化盐酸，放出 $Cl_2\uparrow$。

$$Fe(OH)_3+3HCl\longrightarrow FeCl_3+3H_2O$$
$$2Co(OH)_3+6HCl\longrightarrow 2CoCl_2+Cl_2\uparrow+6H_2O$$
$$2Ni(OH)_3+6HCl\longrightarrow 2NiCl_2+Cl_2\uparrow+6H_2O$$

由于 Co^{3+} 和 Ni^{3+} 有强氧化性，它们在水溶液中不能稳定存在。

总之，铁系元素 $M(\text{III})$ 氢氧化物的氧化性和碱性按 $Fe(OH)_3$、$Co(OH)_3$、$Ni(OH)_3$ 顺序依次增强。

③ 盐类　铁系元素的硫化物 FeS、CoS、NiS 都是黑色难溶物，但都溶于稀盐酸。

铁系元素强酸盐如：硝酸盐、硫酸盐和氯化物等都易溶于水，其水溶液因水解略显酸性。

Fe^{2+}、Co^{2+}、Ni^{2+} 在水溶液中以水合离子形式存在，其颜色分别为：
$[Fe(H_2O)_6]^{2+}$ 浅绿色　　　$[Co(H_2O)_6]^{2+}$ 粉红色　　　$[Ni(H_2O)_6]^{2+}$ 苹果绿色

铁系元素的硫酸酸盐能与碱金属或铵的硫酸盐形成复盐，其中硫酸亚铁铵（俗称摩尔盐）$(NH_4)_2\cdot FeSO_4\cdot 6H_2O$ 是比较著名的。摩尔盐很稳定，不易被氧化，是分析化学中常用的还原剂。用于氧化还原滴定中，高锰酸钾溶液的标定。

硫酸亚铁 $FeSO_4\cdot 7H_2O$ 是绿色晶体，俗称绿矾。在空气中，$FeSO_4\cdot 7H_2O$ 会逐渐风化失水，使其表面出现黄褐色斑点，原因是生成黄褐色的碱式硫酸铁。

$$4FeSO_4+2H_2O+O_2\longrightarrow 4Fe(OH)SO_4$$

在酸性溶液中，Fe^{2+} 易被空气氧化。

$$4Fe^{2+}+O_2+4H^+\longrightarrow 4Fe^{3+}+2H_2O$$

因此，在配制和保存 Fe^{2+} 盐溶液时，应先加入足量的相应酸，以防止 Fe^{3+} 生成沉淀；并加入少量铁钉防止 Fe^{2+} 被氧化。

$$2Fe^{3+} + Fe \longrightarrow 3Fe^{2+}$$

Fe^{2+} 离子有还原性，强氧化剂能将它氧化为 Fe^{3+}。

$$MnO_4^- + 5Fe^{2+} + 8H^+ \longrightarrow Mn^{2+} + 5Fe^{3+} + 4H_2O$$

$$H_2O_2 + 2Fe^{2+} + 2H^+ \longrightarrow 2Fe^{3+} + 2H_2O$$

$CoCl_2 \cdot 6H_2O$ 是常用的钴盐，其受热脱水时伴有颜色变化：

$$CoCl_2 \cdot 6H_2O \xrightarrow{52.3℃} CoCl_2 \cdot 2H_2O \xrightarrow{90℃} CoCl_2 \cdot H_2O \xrightarrow{120℃} CoCl_2$$
$$\quad\text{粉红}\qquad\qquad\qquad\text{紫红}\qquad\qquad\text{蓝紫}\qquad\qquad\text{蓝}$$

利用 $CoCl_2$ 的这种特性，将其浸渍在硅胶干燥剂上，制成变色硅胶（蓝色），当它由蓝色变为粉红色时，表明吸水达到饱和。必须在 $120℃$ 失烘烤至蓝色，方可重复使用。

铁系元素中，只有 Fe^{3+} 能形成稳定的盐，因为氧化性不同造成的。

氧化性依 Fe^{3+}、Co^{3+}、Ni^{3+} 顺序递增，氧化性越强，其稳定性则越差。

Co^{3+}、Ni^{3+} 都是强氧化剂，Fe^{3+} 氧化性虽然不如 Co^{3+}、Ni^{3+}，但 Fe^{3+} 仍然属于中强氧化剂。

Fe^{3+} 能氧化 I^-、Sn^{2+}、H_2S 及 Cu 等。

$$2Fe^{3+} + 2I^- \longrightarrow 2Fe^{2+} + I_2$$

$$2Fe^{3+} + H_2S \longrightarrow 2Fe^{2+} + S\downarrow + 2H^+$$

$$2Fe^{3+} + Sn^{2+} \longrightarrow 2Fe^{2+} + Sn^{4+}$$

$$2Fe^{3+} + Cu \longrightarrow 2Fe^{2+} + 2Cu^{2+}$$

最后这个反应在电子工业中，用于刻蚀印刷电路铜版。

三氯化铁 $FeCl_3$ 是重要的铁（Ⅲ）盐，有无水三氯化铁 $FeCl_3$ 和水合三氯化铁 $FeCl_3 \cdot 6H_2O$。

无水 $FeCl_3$ 熔点、沸点都比较低，具有明显的共价性，易溶于有机溶剂中。

气态 $FeCl_3$ 以双聚分子形式存在，其结构如下：

Fe^{3+} 盐易水解，加酸可以抑制水解，Fe^{3+} 水解的最终产物是 $Fe(OH)_3\downarrow$。

$$Fe^{3+} + 3H_2O \longrightarrow Fe(OH)_3\downarrow + 3H^+$$

一般，$FeCl_3$ 以可使蛋白沉淀，可用作止血剂。$FeCl_3 \cdot 6H_2O$ 易潮解，工业上用作净水剂。

④ 配合物　铁系元素是很好的配合物形成体，其中 Co 最典型。它们的重要配合物有氨合物、氰合物、硫氰合物等。

a. 氨合物　Fe^{2+} 与 Fe^{3+} 易水解，在其溶液中加入氨水，不形成氨合物，而是分别形成 $Fe(OH)_2$ 和 $Fe(OH)_3$ 沉淀。

Co^{2+} 与过量氨水反应，能形成土黄色的 $[Co(NH_3)_6]^{2+}$，它在空气中不稳定，会慢慢氧化成红褐色的 $[Co(NH_3)_6]^{3+}$。

$$4[Co(NH_3)_6]^{2+} + O_2 + 2H_2O \longrightarrow 4[Co(NH_3)_6]^{3+} + 4OH^-$$

    Co^{3+} 的氨合物通常由 Co^{2+} 的氨合物氧化制得，而不是由 Co^{3+} 与 NH_3 在水溶液中直接生成，因为 Co^{3+} 在溶液中有强氧化性，不能稳定存在。

    在 $[Co(NH_3)_6]^{2+}$ 和 $[Co(NH_3)_6]^{3+}$ 中，Co^{2+} 采取 sp^3d^2 杂化方式，$[Co(NH_3)_6]^{2+}$ 是外轨型配离子；Co^{3+} 采取 d^2sp^3 杂化方式，$[Co(NH_3)_6]^{3+}$ 是内轨型配离子。

    Co^{3+} 形成氨合物 $[Co(NH_3)_6]^{3+}$，其氧化性降低，稳定性增强。

    另外，Ni^{2+} 在过量氨水中，可生成比较稳定的蓝色 $[Ni(NH_3)_6]^{2+}$。

$$Ni^{2+} + 6NH_3 \longrightarrow [Ni(NH_3)_6]^{2+}$$

Ni^{2+} 配合物都比较稳定，在空气中不被氧化。

    b. 氰合物　Fe^{2+}，Fe^{3+}，Co^{2+}，Ni^{2+} 等离子均能与 CN^- 形成氰合物。

    $K_4[Fe(CN)_6]$ 称为六氰合铁（Ⅱ）酸钾，或亚铁氰化钾，俗称黄血盐。

    黄血盐溶液可由 Fe^{2+} 加入过量 KCN 溶液中得到。先生成白色 $Fe(CN)_2$ 沉淀，KCN 过量时沉淀溶解生成黄色 $[Fe(CN)_6]^{4-}$。

$$Fe^{2+} + 2CN^- \longrightarrow Fe(CN)_2 \downarrow$$
$$Fe(CN)_2 + 4CN^- \longrightarrow [Fe(CN)_6]^{4-}$$

    黄血盐溶液中加入 Fe^{3+}，生成深蓝色 $KFe[Fe(CN)_6]$ 沉淀，称为 Prussian 蓝。

$$Fe^{3+} + K_4[Fe(CN)_6] \longrightarrow KFe[Fe(CN)_6] \downarrow + 2K^+$$

此反应用于鉴定 Fe^{3+} 的存在。

    用氯气氧化 $[Fe(CN)_6]^{4-}$，可以得到 Fe^{3+} 的氰合物 $[Fe(CN)_6]^{3-}$。

$$2[Fe(CN)_6]^{4-} + Cl_2 \longrightarrow 2[Fe(CN)_6]^{3-} + 2Cl^-$$

    $K_3[Fe(CN)_6]$ 是深红色的晶体，称为六氰合铁（Ⅲ）酸钾或铁氰酸钾，俗称赤血盐。

    赤血盐溶液中加入 Fe^{2+}，生成深蓝色 $KFe[Fe(CN)_6]$ 沉淀，称为生成滕氏蓝。

$$Fe^{2+} + K_3[Fe(CN)_6] \longrightarrow KFe[Fe(CN)_6] \downarrow + 3K^+$$

此反应用于鉴定 Fe^{2+} 的存在。

    实验已经证明，普鲁士蓝和滕氏蓝的组成相同都是 $KFe[Fe(CN)_6]$。

    Co^{2+} 与过量 KCN 作用，生成茶绿色的 $[Co(CN)_5(H_2O)]^{3-}$ 配离子，其不稳定，空气中易被氧化为黄色 $[Co(CN)_6]^{3-}$。

    Ni^{2+} 与过量 KCN 作用，则形成橙黄色的 $[Ni(CN)_4]^{2-}$ 配离子，其具有平面正方形结构，是 Ni^{2+} 最稳定配合物之一。

    c. 硫氰合物　向 Fe^{3+} 溶液中加入 KSCN 或 NH_4SCN，则形成血红色的配合物，常用于鉴定 Fe^{3+}。

$$Fe^{3+} + nSCN^- \longrightarrow [Fe(NCS)_n]^{3-n} (n=1\sim6)$$
血红色

溶液的浓度，酸度不同，则 n 值不同。

    Co^{2+} 的配合物 $[Co(NCS)_4]^{2-}$ 在水溶液中稳定性较差，但它在丙酮或乙醚中较稳定。

    在含有 Co^{2+} 的溶液中加入 KSCN(s) 和丙酮，则生成蓝色 $[Co(NCS)_4]^{2-}$ 配离子。它在水溶液中不稳定，易解离成简单离子：

$$Co^{2+} + 4SCN^- \xrightarrow{\text{丙酮}} [Co(NCS)_4]^{2-} (\text{蓝色})$$

利用这一反应可以鉴定 Co^{2+}。

    Ni^{2+} 与丁二酮肟在氨碱性条件下反应生成鲜红色二丁二酮肟合镍沉淀。

该反应是鉴定 Ni^{2+} 的特征反应。

d. 羰基化合物　铁系元素与羰基 CO 易形成羰基化合物（见表 19-27）

表 19-27　几个羰基化合物的物理性质

羰合物	$[Fe(CO)_5]$	$[Co_2(CO)_8]$	$[Ni(CO)_4]$
颜色	浅黄（液）	深橙（固）	无色（液）
熔点/℃	−20	（51~52℃分解）	−25
沸点 t/℃	103		43

铁在 $373 \sim 473K$ 和 $2.03 \times 10^5 Pa$ 下与 CO 作用，生成淡黄色液体 $Fe(CO)_5$。

$$Fe + 5CO \longrightarrow Fe(CO)_5$$

金属镍粉与 CO 共热可制得无色液体 $Ni(CO)_4$。

$$Ni + 4CO \longrightarrow Ni(CO)_4$$

$Ni(CO)_4$ 分解时生成镍和一氧化碳，可用于制备极纯的镍单质。

$$Ni(CO)_4 \longrightarrow Ni + 4CO$$

另外，铁系元素还可形成螯合物，在此不详细介绍了。

（3）铂系元素单质

铂系元素在地壳中的含量均较低，都是稀有金属，与金、银一起统称为贵金属。除锇呈蓝灰色外，其余铂系元素都是银白色的。在自然界的矿物中，铂系金属以单质状态存在，高度分散在各种矿石中，并共生在一起。铂系元素的基本性质见表 19-28 所示。

表 19-28　铂系元素的基本性质

性质	钌	铑	钯	锇	铱	铂
元素符号	Ru	Rh	Pd	Os	Ir	Pt
原子序数	44	45	46	76	77	78
相对原子质量	101.07	102.90	106.42	190.23	192.22	195.08
价层电子构型	$4d^7 5s^1$	$4d^8 5s^1$	$4d^{10}$	$5d^6 6s^2$	$5d^7 6s^2$	$5d^9 6s^1$
原子半径/pm	132.5	134.5	137.6	134	135.7	137.7
密度/$g \cdot cm^{-3}$	12.45	12.41	12.02	22.59	22.56	21.45
熔点/K	2583	2239 ± 3	1825	3318 ± 30	2683	2045
沸点/K	4173	4000 ± 10	3413	5300 ± 100	4403	4100 ± 10
稳定氧化态	+3, +4	+3	+2	+4	+4	+2, +4

根据铂系金属单质的密度，将铂系元素分为两组：钌、铑、钯密度较小，称为轻铂金属；锇、铱、铂密度较大，称为重铂金属。从表 19-28 中可以看出，铂系元素都是难熔金属，同周期的铂系金属从左到右熔、沸点都是逐渐降低，与 Fe、Co、Ni 的变化规律一致。铂系金属的化学性质表现在以下几个方面。

① 铂系金属对酸的稳定性很高。钌和锇，铑和铱不仅不溶于普通强酸，也不溶于王水

中；钯和铂都能溶于王水，钯还能溶于硝酸和热硫酸中。

② 在有氧化剂存在时，铂系金属与碱一起熔融，可以转变成相应的盐。

③ 铂系金属常温下不与氧、硫、卤素等作用，但在高温下可以发生反应。

④ 铂系金属离子 d 电子数比较多，所以铂系金属的重要特性是能与许多配体形成配位化合物。

（5）铂和钯的化合物

铂系的卤化物主要是用单质与卤素直接反应而制得。红热条件下，金属钯直接氯化可以得到 $PdCl_2$。将 CO 通入 $PdCl_2$ 溶液中生成黑色金属 Pd 沉淀，可以用来鉴定 CO 气体。

$$PdCl_2 + CO + 2H_2O \longrightarrow Pd\downarrow + CO_2\uparrow + HCl$$
$$\text{黑色}$$

铂溶于王水得到 H_2PtCl_6，将其加热分解可制得红棕色 $PtCl_4$。

$$3Pt + 4HNO_3 + 18HCl \longrightarrow 3H_2PtCl_6 + 4NO + 8H_2O$$
$$H_2PtCl_6 \longrightarrow PtCl_4 + 2HCl$$

除钯外，所有铂系金属的六氟化物都是已知的。其中有实际应用的是 PtF_6。

PtF_6 沸点为 342.1K，气态和液态呈暗红色，固态呈黑色，具有挥发性，是最强的氧化剂之一。第一个稀有气体化合物 $XePtF_6$ 就是用 PtF_6 做氧化剂制备的。

$$Xe + PtF_6 \longrightarrow XePtF_6（橙色）$$

铂系元素与铁系元素一样可形成很多配合物，氧化态为 +2 的钯和铂离子都是 d^8 结构，可形成平面正方形的配合物。

用王水溶解 Pt 或 $PtCl_4$ 溶于盐酸可得氯铂酸——H_2PtCl_6，它是铂系最重要的配合物酸。

$$PtCl_4 + 2HCl \longrightarrow H_2PtCl_6$$

在含有铂系氯配离子的酸溶液里加入 NH_4Cl 或 KCl，就可得到难溶的铵盐或钾盐。

$$H_2PtCl_6 + 2KCl \longrightarrow K_2PtCl_6 + 2HCl$$
$$H_2PtCl_6 + 2NH_4Cl \longrightarrow (NH_4)_2PtCl_6 + 2HCl$$

将铵盐加热，结果只有金属残留下来，这种方法可用于金属的精制。

Pt(Ⅳ) 有一定的氧化性

$$K_2PtCl_6 + K_2C_2O_4 \longrightarrow K_2PtCl_4 + 2KCl + 2CO_2$$

将 K_2PtCl_6 与醋酸铵作用或用氨处理 $[PtCl_4]^{2-}$ 可制得顺式二氯二氨合铂：

$$K_2PtCl_6 + 2NH_4Ac \longrightarrow Pt(NH_3)_2Cl_2 + 2KAc + 2HCl$$

顺铂是一种抗肿瘤药物。

钯溶于王水中可以生成 $H_2[PdCl_6]$。$H_2[PdCl_6]$ 只存在于溶液中，将其加热蒸发，可以得到 $H_2[PdCl_4]$ 或 $PdCl_2$：

$$H_2[PdCl_6] \longrightarrow H_2[PdCl_4] + Cl_2$$
$$H_2[PdCl_6] \longrightarrow PdCl_2 + 2HCl + Cl_2$$

$PdCl_2$ 是一种重要的催化剂。

19.7 稀土元素

元素周期表中，f 区元素包括镧系和锕系元素。其中从第 57 号元素镧 La 到 71 号元素镥 Lu 共 15 种元素称为镧系元素（以 Ln 表示）。由于钪 Sc、钇 Y 元素的性质与镧系元素很相似，同属于ⅢB族，因此把 Sc、钇 Y 和镧系元素统称为稀土元素，通常用 RE 表示。镧 La、铈 Ce、镨 Pr、钕 Nd、钷 Pm、钐 Sm、铕 Eu 称为铈组稀土或轻稀土；钆 Gd、铽 Tb、镝 Dy、钬 Ho、铒 Er、铥 Tm、镱 Yb、镥 Lu、钪 Sc、钇 Y 称为钇组稀土或重稀土。根据稀土金属的密度，可以区别轻稀土和重稀土。但钇 Y 是由于其性质与其他重稀土相似，才列为重稀土。

　　1794 年芬兰化学家 Gadolin 发现了第一种稀土元素钇（Y）。研究稀土元素，其主要内容当属镧系元素，因此，本章主要讨论镧系元素，同时带上钪 Sc、钇 Y。

19.7.1　镧系元素概述

（1）镧系元素价层电子构型与氧化数

表 19-29　镧系元素价层电子构型

原子序数	元素	元素符号	价层电子构型		
57	镧	La	$[Xe]4f^0$	$5d^1$	$6s^2$
58	铈	Ce	$[Xe]4f^1$	$5d^1$	$6s^2$
59	镨	Pr	$[Xe]4f^3$		$6s^2$
60	钕	Nd	$[Xe]4f^4$		$6s^2$
61	钷	Pm	$[Xe]4f^5$		$6s^2$
62	钐	Sm	$[Xe]4f^6$		$6s^2$
63	铕	Eu	$[Xe]4f^7$		$6s^2$
64	钆	Gd	$[Xe]4f^7$	$5d^1$	$6s^2$
65	铽	Tb	$[Xe]4f^9$		$6s^2$
66	镝	Dy	$[Xe]4f^{10}$		$6s^2$
67	钬	Ho	$[Xe]4f^{11}$		$6s^2$
68	铒	Er	$[Xe]4f^{12}$		$6s^2$
69	铥	Tm	$[Xe]4f^{13}$		$6s^2$
70	镱	Yb	$[Xe]4f^{14}$		$6s^2$
71	镥	Lu	$[Xe]4f^{14}$	$5d^1$	$6s^2$

　　① 镧系元素价层电子构型　从表 19-29 可以看出，镧系元素价层电子构型通式为 $4f^{0\sim14}5d^{0\sim1}6s^2$。镧系元素的外层和次外层的电子构型基本相同，只是 4f 轨道上的电子数不同，但是轨道能级相近，所以它们的性质极其相似。作为洪特规则的特例，第 57 号元素 La 的电子层结构不是 $4f^16s^2$ 而是 $4f^05d^16s^2$；第 64 号元素 Gd 的电子层结构不是 $4f^86s^2$ 而是 $4f^75d^16s^2$；而第 58 号元素 Ce 是特例，它的价电子层结构不是 $4f^26s^2$ 而是 $4f^15d^16s^2$。

　　② 镧系元素的氧化数　镧系元素的特征氧化态是 +3。有些镧系元素除了 +3 稳定氧化态外，如 Ce、Pr、Tb、Dy 常显示 +4 氧化态，Sm、Eu、Tm、Yb 则显示 +2 氧化态，这是因为 4f 电子层保持或接近半充满或全充满状态比较稳定，同时还与离子的水合热等热力学因素有关。从 La 到 Gd，从 Gd 到 Lu，氧化数先升高到 +4，然后降到 +2，再回到 +3，镧系元素的氧化数呈现了两个周期的变化。

　　（2）镧系元素原子半径、离子半径和镧系收缩

　　表 19-30 列出了镧系元素的原子半径和离子半径。随着原子序数的增加，镧系元素的原子半径和离子半径随原子序数的增加而减小的现象称为"镧系收缩"。

表 19-30　镧系元素的原子半径和离子半径　　　　　　　　　　　　　单位：pm

原子序数	元素符号	原子半径	离子半径		
			+2	+3	+4
39	Y	164.0			
39	Y	180		88	
57	La	188		106	
58	Ce	182		103	92
59	Pr	183		101	90
60	Nd	182		100	
61	Pm	180		98	
62	Sm	180	111	96	
63	Eu	204	109	95	
64	Gd	180		94	84
65	Tb	178		92	84
66	Dy	177		91	
67	Ho	177		89	
68	Er	176		88	
69	Tm	175	94	87	
70	Yb	194	93	86	
71	Lu	173		85	

镧系元素随着原子序数的增大，4f 电子逐渐增加。由于 4f 电子的钻穿能力较弱，对原子核的屏蔽作用较小，因此随着原子序数的递增，核对最外层电子的引力增强，使得原子半径和离子半径逐渐减小。

镧系元素离子半径与原子序数关系如图 19-15 所示。

镧系元素原子半径与原子序数关系如图 19-16 所示。

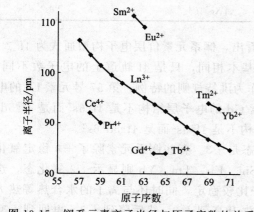

图 19-15　镧系元素离子半径与原子序数的关系

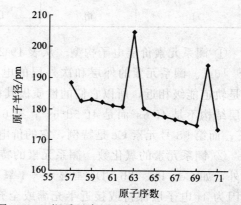

图 19-16　镧系元素原子半径与原子序数的关系

比较图 19-15 与图 19-16 可以看出，镧系元素原子半径总的趋势减小，减小的幅度小于离子半径。但是 Eu 和 Yb 出现了反常。原因是 Eu 和 Yb 元素的轨道处于半充满 4f^7 或全充满 4f^{14} 状态稳定，形成金属键时，只有最外层 2 个 6s 电子参与成键，金属键弱，导致金属原子半径很大，所以 Eu 和 Yb 这两种金属的其他物理性质也与其他镧系金属不同。

由于镧系收缩，使得 Y^{3+} 和 Er^3 半径相近，自然界中的矿物大量存在着"伴生"现象，也是镧系收缩的结果。如 Zr 和 Hf、Nb 和 Ta、Mo 和 W 半径相近，化学性质相似，分离非常困难。

（3）镧系金属的活泼性

镧系金属为银白色，质地比较软，具有延展性，抗拉强度低。

镧系元素随着原子序数的递增，其金属活泼性逐渐减弱。镧系金属在水溶液中是较强的还原剂，容易生成＋3 价离子，有些镧系元素还能以＋2 或＋4 氧化态存在。

镧系金属都是活泼金属，其活泼性仅次于碱金属与镁接近。金属性按 Sc、Y、La 的顺序逐渐增强，按 La 到 Lu 的顺序逐渐减弱，所以 La 最活泼。镧系金属在空气中能缓慢氧化，与冷水反应较慢，与热水作用较快。镧系金属易溶于稀酸并放出氢气，但不溶于碱。

（4）镧系元素离子的颜色

镧系元素离子的颜色与其未成对电子数有关。镧系元素离子的颜色主要是由于 f-f 电子跃迁引起的。表 19-31 列出了 Ln^{3+} 的颜色。除了 La^{3+} 和 Lu^{3+} 的 4f 轨道为全空和全满外，

表 19-31　Ln^{3+} 离子的颜色

离子	未成对电子数	颜色	未成对电子数	离子
La^{3+}	$0(4f^0)$	无色	$0(4f^{14})$	Lu^{3+}
Ce^{3+}	$1(4f^1)$	无色	$1(4f^{13})$	Yb^{3+}
Pr^{3+}	$2(4f^2)$	绿	$2(4f^{12})$	Tm^{3+}
Nd^{3+}	$3(4f^3)$	淡紫,淡红	$3(4f^{11})$	Er^{3+}
Pm^{3+}	$4(4f^4)$	粉红,淡黄	$4(4f^{10})$	Ho^{3+}
Sm^{3+}	$5(4f^5)$	黄	$5(4f^9)$	Dy^{3+}
Eu^{3+}	$6(4f^6)$	淡粉红	$6(4f^8)$	Tb^{3+}
Gd^{3+}	$7(4f^7)$	无色	$7(4f^7)$	Gd^{3+}

从表 19-31 可以看出，镧系元素 Ln^{3+} 中，f 轨道全空 f^0、半充满 f^7、全充满 f^{14} 时，不能发生 f-f 电子跃迁，离子无色；具有 f^1、f^{13} 结构的离子也无 f 电子跃迁，离子也无色；具有 f^x 和 f^{14-x} 结构的离子具有相同或相近的颜色。以 Gd^{3+} 为中心，Ln^{3+} 颜色由浅到深，再由深到浅呈周期性变化。

高氧化态镧系金属化合物中，如果配体具有还原性，则易发生从配体到金属的电荷迁移。这类化合物所显示的颜色是由电荷迁移引起的。如 Ce^{4+}（$4f^0$）橙红色就是由电荷跃迁引起的。

19.7.2　镧系元素的重要化合物

（1）Ln(Ⅲ) 化合物

① 氧化物　镧系元素都能形成 Ln_2O_3 型氧化物。Ln_2O_3 用相应的用氢氧化物、草酸盐、碳酸盐、硝酸盐在空气中灼烧制备。Ln_2O_3 难溶于水易溶于酸中，能吸收空气中水蒸气和 CO_2 生成碱式碳酸盐，同时放出大量的热。由于 Ln_2O_3 均为离子型化合物，具有高熔点，因此是很好的耐火材料。

② 氢氧化物　向 Ln(Ⅲ) 盐溶液中加入氢氧化钠或氨水都能得到 $Ln(OH)_3$ 沉淀。Ln

（OH）$_3$是离子型碱性氢氧化物，其碱性随着离子半径减小而减弱。此外，Ln（OH）$_3$的溶解度也随着离子半径减小而减小，且 Ln（OH）$_3$的溶解度随温度升高而降低。

③ 卤化物　镧系元素的氟化物 LnF$_3$难溶于水，不溶于硝酸。LnF$_3$熔点很高，不吸湿，稳定性好，可用于制备镧系金属。

镧系元素的氢氧化物、氧化物、碳酸盐与盐酸反应均可得到易溶于水的氯化物。从水溶液中析出的氯化物结晶都是水和晶体（LnCl$_3$·nH$_2$O，$n=6$ 或 7），多数氯化物水和晶体加热时都发生水解。

④ 草酸盐　镧系元素的草酸盐难溶于水，也难溶于酸。用镧系元素的氯化物和草酸反应可以制备草酸盐

$$LnCl_3 + H_2C_2O_4 + H_2O \longrightarrow Ln_2(C_2O_4)_3 \cdot H_2O + HCl$$

镧系元素草酸盐溶解度很小，难溶于酸性溶液中，利用这些特性可以将镧系元素和其他金属元素分离开来。

⑤ 硫酸盐　Ln$_2$O$_3$或 Ln（OH）$_3$溶于硫酸可生成易溶于水的硫酸盐，其溶解度随温度升高而降低。除硫酸铈生成 Ce$_2$（SO$_4$）$_3$·9H$_2$O 外，其余都生成 Ln$_2$（SO$_4$）$_3$·8H$_2$O。

水合硫酸盐 Ln$_2$（SO$_4$）$_3$·nH$_2$O 加热脱水得到无水盐 Ln$_2$（SO$_4$）$_3$，无水盐继续加热，最终分解成氧化物 Ln$_2$O$_3$。

稀土硫酸盐 Ln$_2$（SO$_4$）$_3$和碱金属硫酸盐 M$_2$（SO$_4$）易形成稀土硫酸复盐 Ln$_2$（SO$_4$）$_3$·M$_2$（SO$_4$）·nH$_2$O。根据稀土硫酸复盐溶解度不同，可将其分为铈组和钇组，常用于镧系元素的粗分离（分组分离）。

⑥ 配合物　镧系元素生成配合物的能力小于过渡金属，原因在于 Ln^{3+}的半径大于过渡元素。Ln^{3+}的半径大，外层空轨道多，则 Ln^{3+}的配位数一般可以达到 6～12。

Ln^{3+}是"硬酸"，易与"硬碱"氟、氧、氮配位原子成键。

Ln^{3+}同 EDTA 能形成螯合物，螯合物易溶于水，其稳定性随溶液酸度的增大而降低。螯合物广泛用于镧系元素的分离和分析。Ln^{3+}还能与冠醚形成稳定的配合物。

（2）Ln（Ⅱ）和 Ln（Ⅳ）化合物

Sm、Eu、Yb 等能形成＋2 氧化数的化合物，其中以 Eu^{2+}的化合物较为稳定。

Ce、Pr、Tb 等能形成＋4 氧化数的化合物，Ce^{4+}的化合物在水溶液中或在固体中都能存在。CeO$_2$有很强的氧化性，反应速度快，分析化学中用作氧化还原滴定剂。

在中性或碱性介质中，用强氧化剂如 H$_2$O$_2$、KMnO$_4$、（NH$_4$）$_2$S$_2$O$_8$可将 Ce^{3+}氧化成 Ce^{4+}。

Ce^{4+}的二元化合物还有 CeF$_2$，可通过在氟中加热 CeF$_3$得到。

19.7.3　镧系元素的提取

镧系元素的分离和提纯经历了早期化学分离法（包括分离结晶法、分步沉淀法和选择性氧化法）后，现在一般采用溶剂萃取法和离子交换法。

大多数镧系元素的主要资源是独居石和氟碳铈镧矿。我国用独居石提取稀土元素时，现在用 NaOH 法分解处理。矿物中的杂质都能与 NaOH 作用生成可溶性盐，而 Ln、Th、U 等与 NaOH 作用生成沉淀。经过上述富集后，镧系元素再进一步用溶剂萃取法和离子交换法进行提纯。

（1）溶剂萃取法

20 世纪 60 年代后期，开始应用有机溶剂萃取法对稀土元素进行分离。

溶剂萃取法是利用被分离的元素在两个互不相溶的液相中分配系数不同而进行分离的。常用的萃取剂有：氧型萃取剂、磷型萃取剂、胺型萃取剂和螯合型等。

① 溶剂萃取可用于稀土元素分组　1957 年 Peppard 首次报道用二（2-乙基己基）磷酸（HDEHP，P-204）萃取稀土元素，在 60 年代后期实现了工业化萃取分离稀土元素。

② 溶剂萃取可用于单一稀土元素分离　根据在不同萃取剂中稀土离子的分配比不同可进行单一稀土元素的分离。

溶剂萃取法的优点是处理量大、反应速率快、分离效果好。溶剂萃取法已经成为国内外稀土工业生产中分离、提纯的主要方法。

（2）离子交换法

离子交换法即离子交换色层分离法，是快速和有效分离提纯稀土元素的方法之一。离子交换法的原理是利用各种稀土元素配合物性质的差别，在离子交换树脂上，稀土离子先与树脂活性基团的阳离子选择性地进行交换，然后用配位剂淋洗，把吸附在树脂上的稀土离子分步淋洗下来，在离子交换柱上进行多次"吸附"和"解吸"（淋洗）过程，把性质非常相似的元素分离。离子交换法具有处理量少、成本高、不连续性等不足之处，不能应用于大量稀土元素的分离，但还是可以用于高效地制备少量单一高纯稀土元素。

19.7.4　稀土元素的应用

稀土元素是我国丰产元素，用途极为广泛。目前世界稀土消费总量的 70% 左右用于材料方面。稀土材料的应用遍及电子、石油化工、冶金、医药、轻工等国民经济各行业。

发光材料的制备是稀土元素的重要用途之一。稀土氧化物和硫氧化物是能发出不同鲜艳色彩的荧光材料，如以 Y_2O_3 和 Y_2O_2S 为基质的掺铕的荧光粉，都可以作为红色发光粉，其亮度相比非稀土红粉提高 35%～40%，且寿命长，耐压好，是理想的彩色电视发光材料。近年来随着计算机显示屏的彩色化和大屏幕彩电需求量的增加，对荧光粉的需求量也大幅提升。

在钢铁工业中，如在不锈钢中加入稀土，可提高其在热加工时的可煅性，某些合金中加入混合稀土，可改善其抗腐蚀性、抗氧化性，增强其抗张强度。

稀土催化剂广泛应用于石油化工行业，重油催化裂化反应中加少量混合稀土，可增加分子筛催化剂的效率和使用寿命，大大提高汽油产率。

稀土金属及其合金是很好的吸氢材料，镧镍合金（$LaNi_5$）吸收氢和释放氢是可逆反应，反应速度很快，可作氢气储存器。

镧系金属都有顺磁性，迄今已发现最好的永磁材料是稀土钴永磁体。

总之，稀土元素在原子能材料、药物合成、稀土催化剂以及超导技术等高新技术领域的应用也日益广泛。

参考文献

[1] 宋天佑. 无机化学教程. 北京：高等教育出版社，2012.

[2] 大连理工无机化学教研室编. 无机化学. 第 5 版. 北京：高等教育出版社，2006.

[3] 天津大学无机化学教研室编. 无机化学. 第 4 版. 杨宏孝等修订. 北京：高等教育出版社，2010.

[4] 刘新锦，朱亚先，高飞主编. 无机元素化学. 北京：科学出版社，2005.

[5] 黄可龙主编. 无机化学. 北京：科学出版社，2008.

[6] 邢其毅，裴伟伟，徐瑞秋，裴坚编. 基础有机化学（上、下册）. 北京：高等教育出版社，2005.

[7] 李东风，李炳奇主编. 有机化学. 北京：华中科技大学出版社，2008.

[8] 徐寿昌主编. 有机化学. 北京：第 2 版. 高等教育出版社，1993.

[9] Organic Chemistry. John McMurry. Sixth Edition, Conell University，2004.

[10] 物理化学. 第 5 版.（上、下册）. 傅献彩等主编. 北京：高等教育出版社，2005.

[11] 物理化学. 第 5 版.（上、下册）. 天津大学物理化学教研室编. 北京：高等教育出版社，2009.

[12] 印永嘉等主编. 物理化学简明教程. 第 4 版. 北京：高等教育出版社，2007.

[13] 武汉大学分析化学教研组. 分析化学. 第 5 版. 北京：高等教育出版社，2006.

[14] 华东理工大学等编. 分析化学. 第 5 版. 北京：高等教育出版社，2003.

[15] 华中师范大学等编. 分析化学. 第 2 版. 北京：高等教育出版社，1986.

[16] R. Kellner J. M. Mermet M. Otto H. M. Widmer 等编著. 分析化学. 李克安，金钦汉等译. 北京：北京大学出版社，2001.

[17] 范康年主编. 谱学导论. 第 2 版. 北京：高等教育出版社，2011.

[18] 方惠群，于俊生，史坚编. 仪器分析. 北京：科学出版社，2002.

[19] 刘密新等编. 仪器分析. 第 2 版. 北京：清华大学出版社，2008.

[20] 董慧茹主编. 仪器分析. 第 2 版. 北京：化学工业出版社，2010.

[21] （美）斯万贝里编著. 原子和分子光谱学：基础及实际应用. 北京：科学出版社，2011.